HUNNINGTU WAIJIAJI
SHIYONG JISHU SHOUCE

混凝土外加剂
实用技术手册

刘经强　冯竟竟　李　涛　等编著
李继业　主审

化学工业出版社

·北京·

本书分上下两篇，共 26 章。上篇主要介绍了混凝土外加剂基础知识、混凝土普通减水剂、混凝土高效减水剂、混凝土高性能减水剂、引气剂及引气减水剂、混凝土早强剂、混凝土缓凝剂、混凝土泵送剂、混凝土防冻剂、混凝土速凝剂、混凝土膨胀剂、混凝土防水剂、混凝土阻锈剂、混凝土矿物外加剂、混凝土其他常用外加剂；下篇主要介绍了混凝土外加剂在高性能混凝土中的应用、混凝土外加剂在高强混凝土中的应用、混凝土外加剂在泵送混凝土中的应用、混凝土外加剂在防水混凝土中的应用、混凝土外加剂在喷射混凝土中的应用、混凝土外加剂在道路混凝土中的应用、混凝土外加剂在大体积混凝土中的应用、混凝土外加剂在水工混凝土中的应用、混凝土外加剂在轻质混凝土中的应用、混凝土外加剂在纤维增强混凝土中的应用、混凝土外加剂在清水混凝土中的应用等。

本书具有较强的技术性、应用性和针对性，可供在建筑工程、混凝土材料及制品领域工作的设计人员、施工技术人员参考，也可供高等学校土木工程、水利工程及相关专业师生参阅。

图书在版编目（CIP）数据

混凝土外加剂实用技术手册/刘经强等编著. —北京：化学工业出版社，2019.10（2022.8 重印）
ISBN 978-7-122-35153-1

Ⅰ.①混… Ⅱ.①刘… Ⅲ.①混凝土-水泥外加剂-技术手册 Ⅳ.①TU528.042-62

中国版本图书馆 CIP 数据核字（2019）第 201009 号

责任编辑：刘兴春　刘　婧　　　　　　　　装帧设计：韩　飞
责任校对：宋　玮

出版发行：化学工业出版社（北京市东城区青年湖南街 13 号　邮政编码 100011）
印　　装：北京建宏印刷有限公司
787mm×1092mm　1/16　印张 40½　字数 1005 千字　　2022 年 8 月北京第 1 版第 2 次印刷

购书咨询：010-64518888　　　　　　　　售后服务：010-64518899
网　　址：http://www.cip.com.cn
凡购买本书，如有缺损质量问题，本社销售中心负责调换。

定　价：198.00 元

▶ 前 言

混凝土外加剂是水泥混凝土组分中除水泥、集料、混合材料、水以外的第五种组成部分。随着新型化学建材工业的快速发展，混凝土外加剂技术逐渐成为混凝土向高科技领域发展的关键技术。从 20 世纪 60 年代开始，性能优越、品种多样的新型混凝土外加剂产品给水泥混凝土的性能带来新的飞跃，使混凝土在工作性、匀质性、稳定性、耐久性和多样性等方面达到了一个新高度。

混凝土外加剂是一种复合型化学建材。世界上工业发达国家大部分混凝土中都应用了外加剂，目前混凝土科学技术发展的主要方向——高强、轻质、耐久、经济、节能、快硬和高流动，无不与混凝土外加剂密切相关。

大量建筑工程实践证明，在混凝土中掺入适量的外加剂，可以改善混凝土的性能，提高混凝土的强度，节省水泥和能源，改善施工工艺和劳动条件，提高施工速度和工程质量，具有显著的经济效益和社会效益。由于混凝土外加剂可以起到混凝土工艺不能起的作用，从而推动了混凝土技术的发展，促使高性能混凝土作为新世纪的新型高效建筑材料而被广泛用于各类工程中。

工程实践还证明，混凝土外加剂的特点是品种多，掺量少，效果显著，在改善新拌和硬化混凝土的性能中起到重要作用，混凝土外加剂的研究和应用将促进混凝土施工新技术和新品种混凝土的发展。在混凝土中掺入适量的外加剂，不仅可以改善混凝土的和易性，调节水泥的凝结时间，而且可以提高混凝土的强度，增强混凝土的耐久性。

随着城市的快速发展和各类建筑工程向高层化、大荷载、大跨度、大体积、快速、经济、节能方向发展，新型高性能混凝土的大量采用，混凝土材料向高新技术领域的发展有力地促进了混凝土外加剂向高效、多功能和复合化方向的发展。因此，选择优质、适宜的外加剂已成为混凝土改性的一条重要技术途径；如何更好地利用外加剂，提高混凝土的质量，是混凝土外加剂工业面临的新课题。本书是根据国家现行的混凝土外加剂的标准，并结合这些年来的实践经验及有关资料编著而成的，内容比较全面具体，实用性非常强。本书的出版，对从事混凝土外加剂相关工作人员认识、正确掌握、选择和使用外加剂起到指导作用。

在本书编著过程中，吸收和选用了国内外有关外加剂和混凝土方面专家的论著、报告，在此表示谢意。

本书主要由刘经强、冯竟竟、李涛等编著。具体分工如下：李涛编著第一章、第六章、第二十四章；刘经强编著第二章、第十五章、第十七章、第二十五章；冯竟竟编著第三章、第五章、第十四章、第十八章；崔玉琦编著第四章、第十三章、第十九章；李光耀编著第六章、第十一章、第二十一章；刘方毅编著第七章、第十章、第二十二章；王超编著第八章、

第九章、第二十三章；石磊编著第十二章、第二十章；全书由李继业担任主审。

　　本书虽然力求完善，但限于编著者水平及编著时间，书中不足和疏漏之处在所难免，敬请有关专家学者和广大读者批评指正。

编著者

2019 年 6 月于泰山

目录

上篇　混凝土外加剂基础

第十三章　混凝土阻锈剂　208

下篇　混凝土外加剂的应用

第十六章　混凝土外加剂在高性能混凝土中的应用　　291

第二十五章　混凝土外加剂在纤维增强混凝土中的应用　　591

上 篇

混凝土外加剂基础

第一章

混凝土外加剂基础知识

混凝土材料是当今各类建筑工程中使用量最大、应用最为广泛的建筑材料，自发明至今已200余年，已普遍用于高层、超高层建筑，大跨度桥梁，水工建筑物，海洋资源开发等土木建筑工程中。随着建筑技术的不断进步，对混凝土的品种和性能要求也越来越高，混凝土不仅要可调凝、轻质、早强、高强、水化热低、大流动度、脆性低、密度高和耐久性高等，而且还要求其制备成本较低、成型容易、养护简单……工程实践充分证明，为达到以上目的，作为混凝土中的第五组分——混凝土外加剂起着不可替代的作用，并做出了非常重大的贡献。

混凝土外加剂在我国推广应用已经有20多年的时间，从最初为节约水泥用量使用的普通减水剂，到今天为改善混凝土性能、配制各类特殊混凝土使用的复合外加剂，由几种外加剂发展到20多大类、几百个品种，产量由近千吨发展到几百万吨，发展异常迅速。混凝土的应用范围、强度及耐久性大大提高，外加剂起到了混凝土工艺不能起到的作用，同时也推动了混凝土技术的快速发展。

第一节 水泥和混凝土的基本性能

混凝土工程实践证明，化学外加剂已经成为混凝土中不可缺少的组分，也是满足混凝土工程某些性能的重要材料。但混凝土与外加剂仍然是主从关系，严格地讲水泥与外加剂存在主从关系。

在混凝土的配制过程中，许多时候有混凝土外加剂与水泥不相适应或不完全适应的现象，这样就在一定程度上影响混凝土外加剂的使用效果，必然也会影响混凝土的性能。改善混凝土的性能，不管是新拌混凝土的工作性能，还是提高硬化混凝土的耐久性能，必须使所选用的外加剂适应所使用的水泥，存在着水泥与混凝土外加剂相容性的问题。

一、水泥的基本性能

混凝土中的胶凝材料是水泥，水泥在混凝土中起胶结作用，是混凝土中价格最贵、最重要的原材料，是直接影响混凝土的强度、耐久性和经济性的重要因素。因此，在进行混凝土配合比设计时，要根据工程实际正确、合理地选择水泥的品种和强度等级。

水泥按其用途和性能分类，可分为通用水泥、专用水泥和特性水泥三大类。根据国家标准的水泥命名原则，水泥按其主要水硬性矿物名称可分为硅酸盐水泥、铝酸盐水泥、硫酸盐水泥、硫铝酸盐水泥、铁铝酸盐水泥和磷酸盐水泥等。在我国的土木工程建设中，最常用的是通用硅酸盐系水泥。

1. 硅酸盐水泥的矿物组成

不同品种的水泥具有不同的性能，了解其性能和适用范围，是正确选择水泥品种的基础。水泥品种的选择，一般按环境条件不同、工程特点不同和所处部位不同进行比较和选用。

硅酸盐水泥熟料主要由硅酸三钙、硅酸二钙、铝酸三钙和铁铝酸四钙四种矿物组成，其组成及含量范围见表1-1。除表中列出的主要矿物外，还有少量游离氧化钙、游离氧化镁和碱化物等。

表1-1　硅酸盐水泥熟料主要矿物组成及其含量范围

矿物成分	化学组成式	简写	含量/%
硅酸三钙	$3CaO \cdot SiO_2$	C_3S	37～60
硅酸二钙	$2CaO \cdot SiO_2$	C_2S	15～37
铝酸三钙	$3CaO \cdot Al_2O_3$	C_3A	7～15
铁铝酸四钙	$4CaO \cdot Al_2O_3 \cdot Fe_2O_3$	C_4AF	10～18

根据现行国家标准《通用硅酸盐水泥》（GB 175—2007）中的规定，以硅酸盐水泥熟料、适量的石膏及规定的混合材料制成的水硬性胶凝材料，称为通用硅酸盐水泥。通用硅酸盐水泥主要包括硅酸盐水泥（代号P·Ⅰ和代号P·Ⅱ）、普通硅酸盐水泥（代号P·O）、矿渣硅酸盐水泥（代号P·S）、火山灰质硅酸盐水泥（代号P·P）、粉煤灰硅酸盐水泥（代号P·F）和复合硅酸盐水泥（代号P·C）。

通用硅酸盐水泥的各品种的组分和代号应符合表1-2的规定，通用硅酸盐水泥的技术性能应符合表1-3的规定。

表1-2　通用硅酸盐水泥的各品种的组分和代号

水泥品种	代号	组分（质量分数）/%				
		熟料＋石膏	粒化高炉矿渣	火山灰质混合材料	粉煤灰	石灰石
硅酸盐水泥	P·Ⅰ	100	—	—	—	—
	P·Ⅱ	≥95	5	—	—	—
		≥95	—	—	—	≤5
普通硅酸盐水泥	P·O	≥80且<95	>5且≤20①			
矿渣硅酸盐水泥	P·S·A	≥50且<80	>20且≤50②	—	—	—
	P·S·B	≥30且<50	>50且≤70③	—	—	—
火山灰质硅酸盐水泥	P·P	≥60且<80	—	>20且≤40	—	—
粉煤灰硅酸盐水泥	P·F	≥60且<80	—	—	>20且≤40④	—
复合硅酸盐水泥	P·C	≥50且<80	>20且≤50⑤			

① 本组分材料为符合GB 175第5.2.3条的活性混合材料，其中允许用不超过水泥质量8%且符合GB 175第5.2.4条的活性混合材料或不超过水泥质量5%符合GB 175第5.2.5条的窑灰代替。

② 本组分材料为符合GB/T 203或GB/T 18046的活性混合材料，其中允许用不超过水泥质量8%且符合本标准第5.2.3条的活性混合材料或符合本标准第5.2.4条的非活性混合材料或符合本标准第5.2.5条的窑灰中的任一种材料代替。

③ 本组分材料为符合GB/T 2847的活性混合材料。

④ 本组分材料为符合GB/T 1596的活性混合材料。

⑤ 本组分材料为由两种（含）以上符合GB 175第5.2.3条的活性混合材料或/和符合GB 175第5.2.4条的非活性混合材料组成，其中允许用不超过水泥质量8%且符合GB 175第5.2.5条的窑灰代替。掺矿渣时混合材料掺量不得与矿渣硅酸盐水泥重复。

表 1-3　通用硅酸盐水泥的技术性能

<table>
<tr><td rowspan="2">化学指标</td><td colspan="2" rowspan="2">水泥品种　代号</td><td>不溶物</td><td>烧失量</td><td>三氧化硫</td><td>氧化镁</td><td>氯离子</td></tr>
<tr><td colspan="5">质量分数/%</td></tr>
<tr><td rowspan="2">硅酸盐水泥</td><td>P·Ⅰ</td><td>≤0.75</td><td>≤3.0</td><td rowspan="2">≤3.5</td><td rowspan="2">≤5.0①</td><td rowspan="8">≤0.06③</td></tr>
<tr><td>P·Ⅱ</td><td>≤1.50</td><td>≤3.0</td></tr>
<tr><td>普通硅酸盐水泥</td><td>P·O</td><td>—</td><td>≤5.0</td></tr>
<tr><td rowspan="2">矿渣硅酸盐水泥</td><td>P·S·A</td><td>—</td><td>—</td><td rowspan="2">≤4.0</td><td rowspan="2">≤6.0②</td></tr>
<tr><td>P·S·B</td><td>—</td><td>—</td></tr>
<tr><td>火山灰质硅酸盐水泥</td><td>P·P</td><td>—</td><td>—</td><td rowspan="3">≤3.5</td><td rowspan="3">≤6.0②</td></tr>
<tr><td>粉煤灰硅酸盐水泥</td><td>P·F</td><td>—</td><td>—</td></tr>
<tr><td>复合硅酸盐水泥</td><td>P·C</td><td>—</td><td>—</td></tr>
</table>

碱含量	水泥中碱含量按 $Na_2O+0.658K_2O$ 计算值表示。若使用活性集料,用户要求提供低碱水泥时,水泥中的碱含量应不大于 0.60% 或由买卖双方协商确定
凝结时间	硅酸盐水泥初凝不小于 45min,终凝不大于 390min;普通硅酸盐水泥、矿渣硅酸盐水泥、火山灰质硅酸盐水泥、粉煤灰硅酸盐水泥和复合硅酸盐水泥初凝不小于 45min,终凝不大于 600min
安定性	沸煮法合格

<table>
<tr><td rowspan="8">物理指标</td><td rowspan="8">强度</td><td rowspan="2">水泥品种</td><td rowspan="2">强度等级</td><td colspan="2">抗压强度/MPa</td><td colspan="2">抗折强度/MPa</td></tr>
<tr><td>3d</td><td>28d</td><td>3d</td><td>28d</td></tr>
</table>

水泥品种	强度等级	3d	28d	3d	28d
硅酸盐水泥	42.5	17.0	42.5	3.5	6.5
	42.5R	22.0		4.0	
	52.5	23.0	52.5	4.0	7.0
	52.5R	27.0		5.0	
	62.5	28.0	62.5	5.0	8.0
	62.5R	32.0		5.5	
普通硅酸盐水泥	42.5	17.0	42.5	3.5	6.5
	42.5R	22.0		4.0	
	52.5	23.0	52.5	4.0	7.0
	52.5R	27.0		5.0	
矿渣硅酸盐水泥 火山灰质硅酸盐水泥 粉煤灰硅酸盐水泥 复合硅酸盐水泥	32.5	10.0	32.5	2.5	5.5
	32.5R	15.0		3.5	
	42.5	15.0	42.5	3.5	6.5
	42.5R	19.0		4.0	
	52.5	21.0	52.5	4.0	7.0
	52.5R	23.0		4.5	

细度(选择性指标)	硅酸盐水泥和普通硅酸盐水泥以比表面积表示,不小于 $300m^2/kg$;矿渣硅酸盐水泥、火山灰质硅酸盐水泥、粉煤灰硅酸盐水泥和复合硅酸盐水泥以筛余量表示,$80\mu m$ 方孔筛的筛余量不大于 10% 或 $45\mu m$ 方孔筛的筛余量不大于 30%

① 如果水泥压蒸试验合格,则水泥中氧化镁的含量(质量分数)允许放宽至 6.0%。

② 如果水泥中氧化镁的含量(质量分数)大于 6.0%,需进行水泥压蒸安定性试验并合格。

③ 当有更低要求时,该指标由买卖双方协商确定。

2. 水泥矿物的水化

材料试验结果表明，硅酸盐水泥矿物水化反应较水泥单矿物的水化复杂得多，但只有了解单矿物的水化模式，对于调整外加剂与水泥的相容性才会有基本的方向和指导思想。硅酸盐水泥 4 种主要矿物的净浆抗压强度发展曲线如图 1-1 所示，从图中可以看出，硅酸三钙（C_3S）和硅酸二钙（C_2S）的水化物对强度的影响最大，铝酸三钙（C_3A）和铁铝酸四钙（C_4AF）虽然水化反应极其迅速，对总体强度却影响很小。

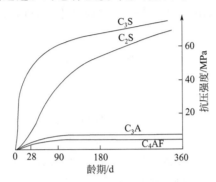

图 1-1　硅酸盐水泥 4 种主要矿物的净浆抗压强度发展曲线

水泥熟料矿物成分遇水后，很快会发生一系列化学反应，生成多种水化物，并放出一定的热量。水泥之所以具有许多优良的性能，主要是水泥熟料中几种主要矿物水化作用的结果。水泥熟料主要几种矿物水化的反应方程式如下：

$$2(3CaO \cdot SiO_2) + 6H_2O \longrightarrow 3CaO \cdot 2SiO_2 \cdot 3H_2O + 3Ca(OH)_2$$
$$2(2CaO \cdot SiO_2) + 4H_2O \longrightarrow 3CaO \cdot 2SiO_2 \cdot 3H_2O + Ca(OH)_2$$
$$3CaO \cdot Al_2O_3 + 6H_2O \longrightarrow 3CaO \cdot Al_2O_3 \cdot 6H_2O$$
$$4CaO \cdot Al_2O_3 \cdot Fe_2O_3 + 7H_2O \longrightarrow 3CaO \cdot Al_2O_3 \cdot 6H_2O + CaO \cdot Fe_2O_3 \cdot H_2O$$

从以上化学反应式可以看出，水泥水化反应后生成的主要水化物为：水化硅酸钙（$3CaO \cdot 2SiO_2 \cdot 3H_2O$）、氢氧化钙 [$Ca(OH)_2$]、水化铁酸钙（$CaO \cdot Fe_2O_3 \cdot H_2O$）和水化铝酸钙（$3CaO \cdot Al_2O_3 \cdot 6H_2O$）。

另外，水化铝酸钙与石膏反应，生成高硫型水化硫铝酸钙也称为钙矾石，其化学反应方程式如下：

$$3CaO \cdot Al_2O_3 \cdot 6H_2O + 3(CaSO_4 \cdot 2H_2O) + 19H_2O \longrightarrow 3CaO \cdot Al_2O_3 \cdot 3CaSO_4 \cdot 31H_2O$$

高硫型水化硫铝酸钙（钙矾石）是一种难溶于水的针状晶体，沉淀在水泥颗粒的表面，从而阻止了水分的进入，降低了水泥的水化速度，缓凝了水泥的凝结时间。

以上是水泥水化的主要反应。在水化产物中水化硅酸钙所占比例最大，约占 70%；氢氧化钙次之，约占 20%。其中水化硅酸钙、水化铁酸钙为凝胶体，对强度形成具有重要作用；而氢氧化钙、水化铝酸钙都为晶体，它将使水泥石在外界条件下变得疏松，使水泥石的强度下降，是影响硅酸盐水泥耐久性的主要因素，也是影响与外加剂相容性的因素。

（1）硅酸三钙的水化　硅酸盐水泥熟料中硅酸三钙一般占 50% 以上，是水泥水化后形成强度的主要部分。水泥材料试验表明，硅酸三钙不仅可以在一年内水化基本完成，而且决定了水泥早期强度的发展和极限强度的大小。硅酸三钙水化模型是弄清温度、外加剂等对水泥水化的影响的重要工具。

硅酸三钙加水产生水化反应，生成水化硅酸钙和氢氧化钙。水化硅酸钙中的氧化钙、二氧化硅和水的比例不固定，是一种无定形物，在工程上被称为 C-S-H 凝胶；另一种产物是氢氧化钙结晶。但实际上其水化反应远没有分子式那么简单，它可以分为早期水化、中期水化和后期水化三大阶段。

① 早期水化阶段　硅酸三钙的早期水化又包括阶段Ⅰ和阶段Ⅱ。阶段Ⅰ是硅酸三钙与水接触后，Ca^{2+} 和 SiO_2 迅速溶于水。SiO_2 浓度很快达到极大值，由于 Ca^{2+} 不断溶入水中，使 SiO_2 的浓度又迅速下降，从而生成了越来越多的 C-S-H 凝胶。水灰比不同会显著影响硅酸三钙的溶解速度和在水中达到的浓度。这种水化并非均匀地进行，而是从若干点开始后逐渐扩大，形成蜂窝状、箔状的 C-S-H 凝胶。

阶段Ⅱ也称诱导期或潜伏期。在这一阶段水化放热比较低，Ca^{2+} 虽达到饱和状态但没有达到最高点。试验结果表明，一直到这个阶段结束，C_3S 的水化也不过进行了 $1\%\sim2\%$，这是因为 C_3S 表面初始水化产物严重影响离子迅速扩散。

② 中期水化阶段　当水泥浆中的 Ca^{2+} 过饱和度达到最大值后，$Ca(OH)_2$ 开始结晶，C-S-H 也开始沉淀和重新排列。这一阶段 C_3S 溶解和水化先是迅速加快，水化放热量也随之提高。水化物积在 C_3S 颗粒周围越来越厚，越来越致密，水的渗透越来越困难，水化速度逐渐慢下来，这样逐渐进入稳定慢速的后期水化阶段。

③ 后期水化阶段　在后期水化阶段水泥的中小颗粒已基本全部被水化，大颗粒的未水化核也无法与水直接接触。这个阶段的水化不是由离子在水中扩散，而是通过离子在固相中移动和重新排列来实现。因此，后期水化阶段一般要经过二三十年的过程，C_3S 仍有未被水化的核被发现在水泥水化物中存在。

（2）硅酸二钙的水化　硅酸二钙在水泥熟料中一般约占 25%，其中大多数是熔融有杂质的 C_2S，即贝利特矿物。水泥熟料中的硅酸二钙分为活性高的 α'-C_2S、α-C_2S、占 C_2S 大多数的活性较低的 β-C_2S 以及少量在常温下几乎没有水硬性的 γ-C_2S。C_2S 的同质多晶体的水化速率相差是很大的，α'-C_2S 和 α-C_2S 的实际活性是否高于 β-C_2S，要看选用的稳定剂的种类，也就是选用的外加剂不同会影响它们的水化速度。

各种 C_2S 同质多晶体的水化模型基本一样，其机理也与 C_3S 相同。不过 β-C_2S 的水化速率只有 C_3S 的 1/20，而且水化产物中的 C-S-H 凝胶比例远大于 $Ca(OH)_2$，因为在 C_2S 水化中 $Ca(OH)_2$ 结晶生长比较慢，过饱和度也较低，晶型却比较大。这种发展比例十分有利于混凝土的强度增长和耐久性提高。

（3）铝酸三钙的水化　水泥熟料中的铝酸三钙（C_3A）是活性很高的矿物，它对水泥的早期水化和混凝土的流变性影响很大，换句话说对混凝土外加剂与水泥相容性的影响非常显著。

铝酸三钙（C_3A）与水接触后立即发生剧烈的水化反应，在颗粒的周围形成胶状物薄片，薄片逐渐生长成六方相的晶体 C_2AH_8 和 C_4AH_{13}。这两种晶体水化物抑制了铝酸三钙（C_3A）进一步水化，起到暂时延缓水化的作用。但是，这两种晶体水化物不稳定，在常温下逐渐转化，当温度达到 $30℃$ 以上就很快转化，转化产物是 C_3AH_6。转化使形成的胶状物薄片消失，水化反应重新快速进行。因此，无论是无机物还是有机物，只要能稳定六方相化合物一段时间，就能阻止铝酸三钙（C_3A）水化同样长的时间。

铝酸三钙（C_3A）水化的结果表明，当六方相向立方相进行转变后，其总体积变小，但凝胶的孔隙增大，从而使微结构破坏和强度下降。铝酸三钙（C_3A）的收缩是硅酸二钙（C_2S）的 3 倍，几乎是铁铝酸四钙（C_4AF）的 5 倍。

在水泥水化的初期，水泥中的石膏量比较充足，铝酸三钙（C_3A）水化生成水化三硫铝酸钙，并含有 32 个结晶水（$C_3A \cdot 3CS \cdot 32H_2O$），国内统称为钙矾石。在水化反应的初期同样生成胶状薄膜，薄膜胶状物随着时间的推移会结晶，生成 $C_6AS_3H_{32}$、$C_3AS_3H_{12}$ 或 C_4AH_{13}、C_2AH_8。水化则随薄膜破裂而重新迅速进行，并生成上述 4 种产物中的某几种。随着水泥中的石膏量越来越少，水化反应就生成越来越多的 C_3AH_6 立方晶体。

（4）铁铝酸四钙的水化 铁铝酸四钙是一种铁铝酸盐，其平均化学组成式为 C_4AF，与完全的单矿物铁铝酸四钙的不同在于熔融的杂质。其中的铝含量越大，矿物的活性也就越高。铁铝酸钙实际上是铝酸钙和铁酸钙的固溶体，即 C_2A-C_2F 系固溶体。

在石膏存在的情况下，C_4AF 水化生成含铁钙矾石和 $Fe(OH)_3$，当石膏基本耗尽时，含铁钙矾石转化为水化单硫铝铁酸钙。但是，当溶液的 pH 值很高时，C_4AF 的早期水化几乎终止进行，其主要原因是溶解度低的钙矾石在 C_4AF 周围形成了致密膜。

C_4AF 水化时主要形成六方相 C_4FH_{13} 和立方体 C_3FH_6 以及无定形 $Fe(OH)_3$。然后继续分解成 C_4FH_4（由 C_4FH_{13} 分解）、α-Fe_2O_3（由 C_3FH_6 分解）和 $Ca(OH)_2$。这些水化产物对混凝土强度的提高都没有明显作用，但对增大水泥石的致密性有较大帮助。

（5）其他少量矿物的水化 水泥熟料中的氧化钙吸收水分后生成 $Ca(OH)_2$，然后逐渐与空气中的 CO_2 反应生成 $CaCO_3$。而当刚生成的 $Ca(OH)_2$ 存在时，会加速 C_3S 的中期水化，又抑制 C_4AF 的迅速水化。游离氧化钙是游离碱的一部分，会对水泥与外加剂的相容性产生重大的干扰。

水泥熟料中还有氧化镁，氧化镁是游离碱的组成部分，而且还在水泥各矿物中有相当溶解量，一般可达硅酸盐水泥质量的 2%。凡超出溶解极限的以方镁石形态存在，因其水化速度缓慢且又在生成氢氧化镁时发生体积膨胀，因此对混凝土强度和安全性有害。

二、混凝土的基本性能

混凝土是土建工程中应用最广、用量最大的建筑材料之一，任何一个现代建筑工程都离不开混凝土。混凝土广泛应用于建筑工程、水利工程、交通工程、地下工程、港口工程和国防工程等，是世界上用量最大的人工建筑材料。

据有关部门估计，目前全世界每年生产的混凝土材料超过 100 亿吨，预计今后每年生产混凝土将达到 120 亿～150 亿吨，随着科学技术的进步，混凝土不仅广泛用于工业与民用建筑、水工建筑和城市建设，而且还可以制成轨枕、电线杆、压力管道、地下工程、宇宙空间站及海洋开发用的各种构筑物等。

进入 21 世纪以来，我国各项建设事业飞速发展，混凝土科学技术的发展呈现欣欣向荣的景象，各种现代化的大型建筑如雨后春笋，混凝土技术和施工工艺不断涌现，并在工程应用中获得巨大的经济效益和社会效益，为我国社会主义现代化建设插上了腾飞的翅膀，有力地促进了国民经济各项事业的发展。

混凝土在未凝结硬化以前，称为混凝土拌合物，它必须具有良好的和易性，以便于浇筑和振捣，保证能获得良好的浇筑质量。混凝土在凝结硬化以后，应具有设计要求的力学强度，以保证建筑物能安全地承受设计荷载，并具有要求的耐久性。

（一）混凝土拌合物和易性

1. 混凝土拌合物和易性的概念

混凝土拌合物的和易性是一项综合性的技术指标，包括流动性、粘聚性和保水性 3 个方面的含义。流动性是指混凝土拌合物在自重或机械振捣作用下，能产生流动并均匀密实地填满模板的性能。流动性的大小反映了混凝土拌合物的稀稠，浇筑振捣的难易程度直接影响着浇捣施工的进度和混凝土的质量。

粘聚性是指混凝土拌合物内部组分之间具有一定的凝聚力，在运输和浇捣的过程中，具有较好的黏性和稳定性，不会发生分层离析现象，使混凝土保持整体均匀的性能，从而就能保证混凝土拌合物的质量。

保水性是指混凝土拌合物具有一定的保持内部水分的能力，在施工过程中不使混凝土产生严重的泌水现象。保水性差的混凝土拌合物，在施工过程中，一部分水易从内部析出至表面，在混凝土内部形成泌水通道，使混凝土的密实性变差，不仅降低混凝土拌合物的和易性，而且也降低混凝土的强度和耐久性。

工程实践充分证明：混凝土拌合物的流动性、粘聚性和保水性，三者互相关联又互相排斥。如粘聚性好的混凝土拌合物，其保水性也比较好，但当流动性增大时，粘聚性和保水性反而变差。因此，所谓混凝土拌合物的和易性良好，就是要使这3个方面的性能在某种具体条件下均达到比较理想的程度。

2. 影响混凝土拌合物和易性的因素

影响混凝土拌合物和易性的因素很多，主要有水泥浆的数量、水泥浆的稠度、混凝土的砂率、组成材料性质、外加剂种类、时间和温度以及拌和条件影响等。

（1）水泥浆的数量　在混凝土拌合物中，水泥浆起着润滑集料、提高混凝土流动性的作用。在水灰比不变的情况下，单位体积混凝土拌合物中，水泥浆的数量越多，则拌合物的流动性越大。但若水泥浆数量过多，不仅水泥用量大，而且将会出现流浆现象，使拌合物的粘聚性变差，同时会降低混凝土的强度和耐久性；若水泥浆数量过少，则水泥浆不能填满集料的空隙，或不能很好地包裹集料的表面，就会出现混凝土拌合物崩塌现象，使其粘聚性变差。因此，混凝土拌合物中水泥浆的数量应以满足施工流动性为度，不宜过多或过少。

（2）水泥浆的稠度　水泥浆的稠度是由水灰比决定的，水灰比是指在混凝土拌合物中用水量与水泥用量的比值。在水泥用量不变的情况下，水灰比越小，水泥浆越稠，拌合物的流动性就越小。当水灰比过小时，水泥浆比较干稠，混凝土拌合物流动性差，浇筑、振捣均比较困难，不仅影响施工速度，而且不能保证混凝土的密实度。当水灰比增大时，混凝土的流动性加大，但水灰比过大，又会造成混凝土拌合物的粘聚性和保水性变差，产生流浆、离析现象，并严重影响混凝土的强度和耐久性。所以，水泥浆的稠度（水灰比）不宜过大或过小，应根据混凝土的强度和耐久性合理选择，一般将水灰比控制在 0.40～0.75 之间。

（3）混凝土的砂率　混凝土的砂率是指混凝土中砂的质量占砂石总质量的百分率。砂率的改变会使集料的空隙率和总表面积有显著改变，因而对混凝土的和易性也会产生显著的影响。如果砂率过大，集料的总表面积和空隙率增大，在水泥浆用量不变的情况下，相对水泥浆则显得少，混凝土拌合物的流动性降低。如果砂率过小，不能保证粗集料之间有足够的砂浆层，也会降低混凝土拌合物的流动性，使其粘聚性和保水性变差。当采用合理的砂率时，在用水量和水泥用量一定的情况下，能使混凝土拌合物获得最大的流动性，并且能保持良好的粘聚性和保水性。

（4）组成材料性质　混凝土所组成材料的性质对和易性影响非常大。如级配良好的集料，其空隙率和总表面积较小，在水泥浆量相同的情况下，包裹在集料表面的水泥浆较厚，混凝土拌合物的和易性则好。碎石比卵石表面粗糙，同样的水泥浆量，卵石配制的混凝土拌合物流动性好。细砂的比表面积大，用细砂配制的混凝土拌合物，比用中砂、粗砂配制的混凝土拌合物流动性小。

水泥对拌合物的和易性影响主要表现在水泥的需水量上。需水量不同的水泥品种，要达到相同的坍落度，所需要的水量是不同的。在六大常用硅酸盐系水泥中，以普通硅酸盐水泥所配制的混凝土拌合物的流动性和保水性较好；矿渣硅酸盐水泥所配制的混凝土拌合物流动性较大，但粘聚性和保水性较差；火山灰质硅酸盐水泥需水量较大，在相同加水量条件下，流动性显著降低，但粘聚性和保水性较好。

（5）外加剂种类 在拌制混凝土时，加入适量的外加剂，能使混凝土拌合物在不增加水泥用量的条件下，获得良好的和易性，不仅使流动性显著增加，而且还可以有效地改善混凝土拌合物的粘聚性和保水性。按功能划分的全部四大类混凝土外加剂中，有 3 类均与调整混凝土拌合物的和易性有关：a. 改善混凝土流变性能的外加剂；b. 改善混凝土凝结时间的外加剂；c. 改变混凝土其他性能的外加剂（其中的一部分品种）。虽然理论上只凭外加剂也可能改善混凝土拌合物的和易性，但从经济性、硬化后混凝土耐久性等方面综合考虑，在主要依靠外加剂调整拌合物和易性的同时，也应当同样考虑配合比的调整和运输、施工工艺的调整。工程实践证明，单纯依靠用外加剂来调整、改善拌合物和易性有时并不可取。

（6）时间和温度 搅拌完毕的混凝土拌合物，随着时间的延长而逐渐变得干稠，流动性越来越小，其原因是一部分水参加水化反应，一部分水被集料吸收，还有一部分被蒸发，再加上混凝土中凝聚结构的逐渐形成，使混凝土拌合物的流动性变差。混凝土拌合物的和易性受温度的影响也很大，随着环境温度的上升，水泥水化速度加快，混凝土拌合物的坍落度减小，同时随时间的推移坍落度也会减小，特别是在夏季施工或较长运输距离的混凝土，上述现象更加明显。

（7）拌和条件 不同搅拌机械拌和出来的混凝土拌合物，即使原材料的条件相同，其和易性也可能出现较明显的差别。特别是搅拌水泥用量大、水灰比小的混凝土拌合物，这种差别尤其显著。搅拌能力强的新型混凝土搅拌机，能使混凝土拌合物搅拌得均匀而充分，具有良好的和易性。工程实践证明：不仅拌和条件对混凝土拌合物的和易性有较大影响，拌和机械维护如何对混凝土拌合物的和易性也有很大影响。即使是同类型搅拌机，如果使用维护不当，叶片被混凝土拌合物包裹，必然会使混凝土拌合物越来越不均匀，和易性也会显著下降。

（二）硬化混凝土的强度

强度是混凝土最重要的力学性质，混凝土强度与混凝土的其他性能关系密切。工程材料试验充分证明，混凝土的强度越高，其刚性、不透水性、抗冻性、抗风化性和抗侵蚀性的能力也越强。因此，在混凝土的施工过程中，通常用混凝土的强度来评定和控制混凝土的质量。

混凝土的强度指标有立方体抗压强度、轴心抗压强度、抗拉强度、抗弯强度和抗剪强度等。其中混凝土的抗压强度最大，因此在工程中主要利用混凝土来承受压力作用。在工程中提到的混凝土强度，一般是指混凝土的抗压强度。

混凝土的抗压强度与其他各种强度和性质之间有一定相关性，可根据抗压强度来估计其他强度及性质。因此，混凝土的抗压强度是混凝土结构设计的主要参数，也是混凝土工程质量验收的重要指标。

1. 影响混凝土强度的主要因素

混凝土结构试验证明，混凝土受压破坏可能有三种形式：一是集料先破坏；二是水泥石先破坏；三是集料与水泥石界面的黏结破坏。前两种破坏形式很少见，第三种类型的破坏可能性最大。试验也证明，水泥石强度、水泥石与集料表面的黏结强度主要与水泥强度等级、水灰比、集料性质等有密切关系，此外还受施工工艺、养护条件、龄期等多种因素的影响。归纳起来，影响混凝土强度的主要因素有水泥强度等级与水灰比，养护温度与湿度，混凝土的养护时间，集料的种类、质量与表面状况，混凝土的试验条件和施工质量的影响等。

（1）水泥强度等级与水灰比 水泥强度等级与水灰比是决定混凝土强度和质量的最重要因素。在水灰比不变时，水泥强度等级越高，硬化后水泥石的强度越大，对集料的胶结能力越强，混凝土的强度也越高。

在水泥强度等级相同的条件下，混凝土的强度高低主要取决于水灰比。从理论上讲，水泥水化时所需的结合水，一般只占水泥质量的23%左右，但为便于浇筑和振捣，在拌制混凝土时多加一些水，其水灰比在0.40～0.75之间。当混凝土硬化后，多余的水分或蒸发形成气孔，或残留在混凝土中，不但会减小混凝土抵抗荷载的有效断面，而且使气孔周围产生应力集中。

因此，在水泥强度等级相同的情况下，水灰比越小，水泥石的强度越高，与集料黏结力越大，混凝土强度越高。但是，如果水灰比过小，混凝土拌合物比较干稠，在一定的施工条件下，混凝土不能被振捣密实，混凝土内部有较多的孔洞、蜂窝，反而会使混凝土强度严重下降。水灰比与龄期对混凝土强度的影响如图1-2所示。

（2）养护温度与湿度 混凝土强度的增长过程是水泥的水化和凝结硬化的过程，必须在一定的温度和湿度条件下进行。混凝土的凝结硬化关键在于水泥的水化作用。在保证足够湿度的条件下，混凝土环境温度升高，水泥的水化反应速度加快，混凝土的强度也随之发展较快。反之，混凝土环境温度降低，水泥的水化反应速度减缓，混凝土强度增长也较慢。当温度下降至0℃以下时，水泥的水化不但会停止，而且有冰冻破坏的危险。

环境湿度对水泥的水化也有显著影响。湿度适当时，水泥水化反应能顺利进行，使混凝土强度正常发展。在干燥的环境中，混凝土强度的发展会随水分的逐渐蒸发而停止，甚至会引起干缩裂缝。这不仅严重降低混凝土的强度，而且影响其耐久性。混凝土强度与湿养护时间的关系如图1-3所示。

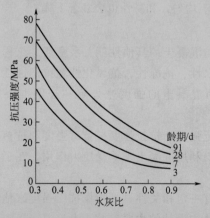

图1-2 水灰比与龄期对混凝土强度的影响

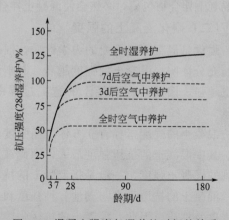

图1-3 混凝土强度与湿养护时间的关系

国家标准规定，混凝土浇筑后应在12h内浇水养护，并覆盖草袋、塑料薄膜等，以防止水分蒸发过快。在自然养护时，对硅酸盐水泥、普通硅酸盐水泥和矿渣硅酸盐水泥配制的混凝土，浇水保湿养护时间不得少于 7d；对粉煤灰硅酸盐水泥、火山灰质硅酸盐水泥、掺有缓凝型外加剂或有抗渗要求的混凝土，浇水保湿养护时间不得少于 14d；对高强和超高强混凝土，成型后必须立即覆盖或采取保湿措施，使混凝土中的水泥充分水化，以保证混凝土强度的不断发展。

（3）混凝土的养护时间 龄期是指混凝土在正常养护条件下所经历的时间。混凝土在正常养护条件下，强度将随龄期的增长而提高，在其初期（3～14d）强度发展较快，以后逐渐变得缓慢，一般 28d 达到设计强度。在混凝土结构使用的环境中，只要保持适当的温度和湿度，其强度增长过程可延续数十年之久。

普通硅酸盐水泥制成的混凝土，在标准条件养护下，混凝土的强度发展大致与其龄期的常用对数成正比例关系，计算式如下：

$$\frac{f_{cu,n}}{\lg n} = \frac{f_{cu,28}}{\lg 28} \tag{1-1}$$

式中 $f_{cu,n}$ ——nd 龄期混凝土的立方体抗压强度，MPa；

$f_{cu,28}$ ——28d 龄期混凝土的立方体抗压强度，MPa；

n——养护龄期，$n \geqslant 3$，d。

根据式(1-1)，可以由所测混凝土的早期强度推算出其 28d 龄期强度，或者可由混凝土的 28d 设计强度，推算出 28d 前混凝土达到某一强度所需养护的天数，以便确定混凝土拆模、构件起吊、放松预应力钢筋、混凝土制品养护和出厂日期等。但是，由于影响混凝土强度的因素很多，按照式(1-1)计算的结果仅作为参考。

（4）集料种类、质量与表面状况 水泥石与集料的界面黏结强度与集料的品种、规格、质量与表面状况有密切关系。碎石表面比较粗糙，与水泥石的黏结强度较高；卵石的表面比较光滑，与水泥石的黏结强度较低。在水泥强度等级和水灰比不变的情况下配制高强混凝土应优先选用碎石。

当集料中含有杂质较多，或集料材质低劣、强度较低时，会降低混凝土的强度。采用级配良好、杂质很少、砂率合理的集料，可使集料组成密实的骨架，不仅可降低用水量和水灰比，而且还有利于强度的提高。

对于高强混凝土，较小粒径的粗集料可明显改善粗集料与水泥石的界面结构，提高其黏结强度。工程实践证明，配制强度等级为 C60 级的混凝土，其粗集料的最大粒径不应大于 31.5mm；配制强度等级为 C60 级以上的混凝土，其粗集料的最大粒径不应大于 25.0mm。

（5）混凝土的试验条件 混凝土的试验条件是指试件的尺寸、形状、表面状态及增加荷载的速度等。试验条件不同，必然会影响混凝土强度的试验值。

① 试件的尺寸 强度试验充分证明：相同配合比的混凝土，试件的尺寸越小，测得的强度值越高。根据现行国家标准《普通混凝土力学性能试验方法》（GB/T 50081—2002）的规定，边长为 100mm、150mm、200mm 立方体抗压强度的换算系数分别为 0.95、1.00 和 1.05。

② 试件的形状 当试件的受压面积（$a \times a$）相同，而其高度（h）不同时，高宽比（h/a）越大，混凝土的抗压强度越小。这是由于试件受压时，试件受压面与试件承压板之间的摩擦力对试件相对于承压板的横向膨胀起着约束作用，该约束有利于强度的提高。越接近试件的端面，这种约束作用就越大，在距端面大约 0.866a 的范围外，约束作用消失。

③ 表面状态 立方体抗压强度试验证明：混凝土试件承压面的状态也是影响混凝土强度的重要因素。当试件受压面上有油脂类润滑剂时，试件在受压时的环箍效应大大减小，试

件将出现直裂破坏，所测得的强度值也比较低。

④ 增加荷载的速度　混凝土抗压强度试验证明：增加荷载的速度越快，测得的混凝土强度值也越大，当施加荷载速度超过 1.0MPa/s 时，这种趋势更加显著。因此，我国现行标准规定抗压强度的施加荷载速度为 0.3～0.8MPa/s，且应连续、均匀地进行加荷。

2. 提高混凝土强度的措施

提高混凝土的强度是施工中的关键，是提高混凝土耐久性的重要措施。工程实践证明：在混凝土施工过程中，可以采取如下技术措施提高混凝土强度。

（1）采用高强水泥或早强水泥　提高混凝土强度的方式有两种：一种是提高混凝土的最终强度或设计强度；另一种是提高混凝土的早期强度。在混凝土配合比相同的情况下，水泥的强度等级越高，混凝土的强度越高。材料试验证明，如果采用早强型水泥，可以提高混凝土的早期强度，有利于加快施工进度。

（2）采用低水灰比干硬混凝土　水灰比是影响混凝土强度的重要指标，低水灰比的干硬性混凝土拌合物中的游离水分少，硬化后混凝土内留下的孔隙少，混凝土的强度可显著提高。因此，尽量降低混凝土水灰比是提高混凝土强度的最有效途径。但是，如果水灰比过小，不仅会影响混凝土拌合物的流动性，而且也会影响混凝土的施工质量；一般可采用掺加减水剂的方法，使混凝土具有良好的流动性。

（3）采用湿热方法养护混凝土　混凝土的湿热处理可分为蒸汽养护及蒸压养护两类，这也是提高混凝土强度的有效措施，在建筑工程预制混凝土构件中应用比较广泛。

蒸汽养护是将混凝土放在温度低于 100℃ 的常压蒸汽中进行养护。一般混凝土经过 16～20h 的蒸汽养护，其强度可达正常条件下养护 28d 强度的 70%～80%。蒸汽养护最适于矿渣硅酸盐水泥、火山灰质硅酸盐水泥和粉煤灰硅酸盐水泥。

蒸汽养护可加速活性混合材料中的活性化合物与水化物进行反应，使混凝土早期强度和后期强度均有所提高。

蒸压养护是将混凝土构件放在温度 175℃ 及 8 个大气压的蒸压釜中进行养护。在高温高压养护条件下，水泥水化析出的 $Ca(OH)_2$ 与 SiO_2 反应，生成结晶较好的水化硅酸钙，可以有效提高混凝土的强度，并加速水泥的水化与硬化。

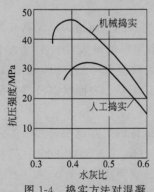

图 1-4　捣实方法对混凝土强度的影响

（4）采用机械搅拌振捣混凝土　机械搅拌比人工拌和能使混凝土拌合物更加均匀，特别是在配制低流动性混凝土拌合物时效果更显著。采用机械振捣，由于振捣力比较大，可使混凝土拌合物的颗粒产生振动，暂时破坏水泥的凝聚结构，从而降低了水泥浆的黏度和集料间的摩阻力，提高了混凝土拌合物的流动性，使混凝土拌合物能很好地充满模板，混凝土内部孔隙率大大减小，从而使混凝土的密实度和强度大大提高。

采用二次搅拌工艺（即造壳混凝土），可改善混凝土中集料与水泥砂浆之间的界面缺陷，有效提高混凝土的强度。

采用先进的高频振动、变频振动及多向振动设备可获得最佳的振动效果和密实度。从图 1-4 中可以看出：机械捣实的混凝土强度高于人工捣实的混凝土强度，尤其在水灰比较小的情况下更为明显。

（5）掺混凝土外加剂和掺合料　适宜的外加剂已成为配制混凝土不可缺少的组分，可以获得良好的增强效果。如在混凝土中掺入早强剂可提高混凝土的早期强度；在混凝土中掺入减水剂可减少用水量，降低水灰比，提高混凝土的强度。

材料试验证明，如果在混凝土中掺入高效减水剂的同时，再掺入磨细的矿物掺合料（硅灰、优质粉煤灰、超细矿渣等），可显著提高混凝土的强度，配制出强度等级为 C60～C100 的高强混凝土。

第二节　水泥与外加剂的相容性

混凝土外加剂以很少的掺量加入混凝土中，可以有效地改善混凝土的物理力学性能，提高混凝土的强度、耐久性，节约水泥，缩小构筑物尺寸，从而达到节约能耗、改善环境的目的。混凝土外加剂的主要品种有普通减水剂、高效减水剂、早强剂、缓凝剂、引气剂、速凝剂、泵送剂、膨胀剂、防水剂、阻锈剂、脱模剂等。同一外加剂掺到不同的水泥中或同一种水泥掺入不同的外加剂时，会得到不同的效果。使用不当则得不到预期的减水、早强、缓凝等效果，甚至产生有害的作用，导致工程质量事故。很显然，外加剂与混凝土之间存在着一个适应性的问题，其中最为关键的是外加剂与水泥的相容性。

一、矿物组成对相容性的影响

材料试验结果表明，硅酸盐水泥中矿物的收缩率大小依次为 C_3A、C_3S、C_2S、C_4AF。近些年来，我国对硅酸盐水泥的标准经过多次修改，主要是水泥中的 C_3S 含量、SO_3 含量（与 C_3A 相匹配）、含碱量、水泥细度的提高，这促进我国水泥生产工艺的改进和水泥质量的提高，同时由于水泥熟料中 C_3A 和 C_3S 含量的提高，使混凝土自收缩和干燥收缩增加。

硅酸盐水泥熟料中 4 种主要矿物的水化热如表 1-4 所列。在不同的龄期，C_3A 的发热量始终最高，3d 的水化热是 C_3S 的 3.6 倍、C_4AF 的 3 倍、C_2S 的 18 倍。高水化热导致混凝土的坍落度损失加快。研究结果还表明，铝酸盐更易吸附水泥中的 SO_4^{2-}，这使石膏与 C_3A 比例偏小的水泥易产生减水剂的不适应性。

表 1-4　硅酸盐水泥熟料中 4 种主要矿物的水化热

龄期	矿物发热量/(J/g)			
	C_3S	C_2S	C_3A	C_4AF
3d	244 ± 34	50 ± 21	890 ± 113	290 ± 11
7d	223 ± 46	42 ± 29	1562 ± 164	496 ± 155
28d	378 ± 29	105 ± 17	1382 ± 164	496 ± 92
3 个月	437 ± 21	176 ± 13	1306 ± 71	412 ± 67
1 年	491 ± 29	227 ± 17	1172 ± 97	378 ± 92
6.5 年	491 ± 29	223 ± 21	1378 ± 105	466 ± 101

二、水泥细度对相容性的影响

水泥的细度是指水泥颗粒的粗细程度，它对水泥的性质影响很大。水泥颗粒越细，与水接触的表面积越大，水化反应越快，早期强度越高。但颗粒如果过细，硬化时收缩较大，易产生裂缝，贮存期间易吸收水分和二氧化碳而失去活性。另外，水泥颗粒越细，则在粉磨的过程中的能耗越大，水泥成本相应提高，因此水泥的细度应适宜。

水泥细度的试验结果表明，水泥的颗粒越细，其早期水化放热越高，不仅对混凝土的后期强度没有提高的功能，而且混凝土的抗冻性也越差，抗拉强度也越低。从外加剂的角度讲，更重要的是水泥细度提高使水泥与减水剂，特别是高效减水剂的相容性变差。表1-5为高效减水剂与不同细度水泥的相容性试验结果。

表1-5　高效减水剂与不同细度水泥的相容性试验结果

水泥细度/(cm²/g)	3014	3486	3982	4445	5054
饱和点/%	0.8	1.2	1.2	1.6	2.0
流动度无损失时的掺量/%	1.6	2.2	1.8	2.4	找不到

注：饱和点即超过此量再多掺高效减水剂，水泥浆体流动性和混凝土坍落度不再增大。

表1-5中的试验数据表明，在同种水泥和同种外加剂前提下进行的测试，随着水泥细度的提高，高效减水剂用量饱和点大大提高，为减小净浆流动度1h损失所需减水剂的掺量也大为增加。

三、石膏形态对相容性的影响

石膏形态不同，在混凝土中的溶解速度不同，按照水泥标准进行产品检验时区别很小，但在掺入减水剂后却会出现截然相反的情况。这是由于还原糖和多元醇﹝存在于木质素磺酸盐减水剂（简称"木钙"减水剂）和糖蜜减水剂中﹞对二水石膏和硬石膏（无水石膏）及氟石膏的溶解度不同。图1-5为"木钙"减水剂对不同石膏溶解度的影响，图1-6为糖蜜减水剂对不同石膏溶解度的影响。

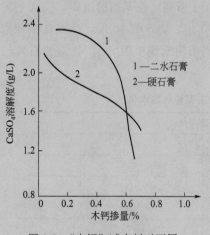

图1-5　"木钙"减水剂对不同
石膏溶解度的影响

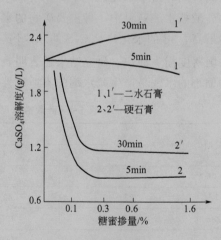

图1-6　糖蜜减水剂对不同
石膏溶解度的影响

上述两图表明：还原糖和多元醇类将会大大降低硬石膏在水中的溶解度，使溶液中可溶性SO_3量不足，不能生成足够的钙矾石来抑制C_3A的水化，而C_3A的快速早期水化会使混凝土产生"假凝"现象。如果水泥熟料中的C_3A含量很低，这种"假凝"现象不会发生。

用硬石膏或氟石膏作为水泥的调节凝结材料，或者磨制水泥时局部温度高，使部分天然石膏脱水成半水石膏或无水石膏，均会使在掺入还原糖和多元醇后发生"假凝"现象。在水泥净浆中，"假凝"会在10min内产生，并使水泥在15min后变硬，使用氟石膏时变硬的速度更快。

材料试验结果表明，羟基羧酸盐、醚类和二甘醇等缓凝剂，不会引起硬石膏的溶解度降低，相反会使其增高。在实际混凝土工程中，对于常产生"假凝"现象的水泥，可以试用以上缓凝剂。

四、可溶性碱对相容性的影响

许多研究结果证明，水泥中的硫酸盐，即可溶性碱对混凝土外加剂与水泥的相容性有着十分重要的影响。水泥矿物组分中的碱，在火焰光度计法测水泥的含碱量时会被测到，但由于这部分碱不溶于水而不参与对减水剂吸附的影响。因此，对外加剂与水泥相容性至关重要的，只是水泥中可溶性的碱含量。

表1-6为可溶性碱对混凝土和易性的影响。当水泥中的 C_3A 含量不高于8％，且水泥中的可溶性碱量较高时，混凝土拌合物的和易性就好，坍落度的损失较小。当水泥中的可溶性碱量很低时，混凝土拌合物的和易性就差。

表 1-6　可溶性碱对混凝土和易性的影响

序号	Na_2O /％	K_2O /％	总碱量 /％	可溶性碱量/％	C_3S /％	C_3A /％	C_4AF /％	减水剂掺量/％	坍落度损失/mm		
									初期	60min	90min
1	0.30	0.69	0.75	0.25	57	8.3	9.6	0.80	250	180	160
2	0.14	0.80	0.67	0.44	55	7.3	8.9	1.28	240	225	200
3	—	0.64	0.42	0.41	66	6.9	10.4	1.00	240	200	160
4	0.10	0.92	0.71	0.62	47	7.0	10.7	1.00	230	230	230
5	0.16	1.05	0.85	0.48	53	6.7	8.7	0.80	230	180	150
6	0.16	1.05	0.85	0.45	54	6.8	9.0	0.80	200	180	150
7	—	0.77	—	0.41	52	8.0	9.6	0.80	220	220	220
8	0.17	0.70	0.63	0.46	59	8.7	8.6	0.80	220	110	80
9	0.16	0.16	0.22	0.22	66	9.4	5.5	0.60	210	120	120
10	0.19	1.05	0.58	0.58	66	8.0	7.7	0.60	230	210	200
11	0.05	0.98	0.47	0.47	53	6.2	9.6	0.60	200	160	100
12	0.22	0.53	0.42	0.42	57	10.0	5.8	0.60	230	210	200
13	0.02	0.15	0.04	0.04	61	6.8	11.3	0.70	210	60	—
14	0.03	0.06	0.03	0.03	64	11.5	9.0	0.70	230	190	150
15	0.19	0.48	0.55	0.55	55	7.7	9.1	0.80	200	170	140
16	0.09	1.19	0.60	0.60	54	10.5	7.0	0.80	240	230	230

注：混凝土配合比为1：1.68：2.23，水灰比为0.33。

材料试验结果表明，当可溶性碱的质量分数为0.4％～0.6％时的水泥使用最佳，而可溶性碱含量较少的水泥，混凝土的坍落度损失较快，对每一种水泥掺入高效减水剂后均会存在一个可溶性碱的最佳含量范围。使用硫酸盐残留量较高的高效减水剂，也能改善混凝土坍落度损失。但水泥中的可溶性碱过高时，对混凝土的负面影响更大。

可溶性碱含量低的水泥使用同样掺量的高效减水剂，而使混凝土拌合物的和易性未得到改善的原因，是由于这种低碱水泥颗粒从孔隙间的溶液中将高效减水剂吸附而消耗掉，使溶液中缺少足够的高效减水剂，不能保证水泥颗粒和其水化产物的良好流动性。

对于可溶性碱量低的水泥，增大高效减水剂掺量可以得到很大的初始坍落度，但坍落度的损失仍然很快。当在饱和点之上再稍增加一点减水剂的掺量，混凝土就会出现明显的离析和泌水。由此可知，高可溶性碱和高碱性水泥与高效减水剂的适应性较好，可溶性硫酸盐少和低碱性水泥与高效减水剂的适应性较差。

五、其他因素对相容性的影响

工程实践和材料试验证明，水泥温度、水泥陈化时间、石膏品种及掺量、填料种类及掺量等因素都会影响混凝土的工作性能。

水泥越"新鲜"，水泥的温度越高，减水剂对其塑化效果就越差。粒化高炉渣矿粉在水泥中可以起到增大水泥浆体初始流动性、减小流动性损失的良好效果。相反，粉煤灰、沸石粉和其他掺合料替代水泥，则会引起水泥浆体初始流动度降低，流动性损失加快的情形。

六、混凝土中其他组分的影响

工程实践证明，混凝土的配合比，混凝土所使用的集料的形状、级配和含泥量，混凝土中辅助胶凝材料等都会影响外加剂与水泥的相容性，而这种相容性反过来又会影响混凝土的性能和质量。因此，一种外加剂与水泥的相容性如何，必须根据现场情况统筹设计和考虑，才能最终使用合格的材料生产出合格的混凝土产品。

七、水泥与外加剂的适应性

材料试验结果表明，在混凝土材料中水泥对外加剂混凝土性能的影响最大，不同减水剂品种对水泥的分散、减水、增强效应不同。对于同一种减水剂，由于水泥矿物成分、混合材料品种及掺量、含碱量、石膏品种及掺量的不同，其分散、减水、增强效果也很不相同。

水泥中的矿物组成中以硅酸三钙（C_3S）、铝酸三钙（C_3A）对水泥水化速度和强度的发挥起决定作用。减水剂掺加到水泥中后，首先被水泥中的铝酸三钙（C_3A）吸附，铝酸三钙含量越高的水泥，吸附的减水剂量就越多，必然使得分散到硅酸三钙（C_3A）、硅酸二钙（C_2S）及其他矿物组分中去的减水剂量显著减少，因此，铝酸三钙（C_3A）含量高的水泥减水效果就比较差。

材料试验结果还表明，水泥熟料中的碱含量过高，能使水泥的凝结时间缩短，水泥的早期强度及流动性降低，因此，碱含量过高的水泥减水效果也较差，也就是说水泥与外加剂的适应性不良。

水泥中作为"调凝剂"的石膏对减水效果影响很大。有的会产生速凝现象，如用无水石膏或工业氟石膏作为"调凝剂"；使用木质素磺酸钙或糖蜜减水剂时会出现异常凝结现象，这是由于上述石膏在木质素磺酸钙或糖蜜溶液中，硫酸钙的溶解量下降，铝酸三钙（C_3A）很快水化，使水泥发生速凝，水泥中铝酸三钙（C_3A）含量越大凝结越快，当铝酸三钙（C_3A）的含量大于 8％时，混凝土就会发生速凝现象。

八、外加剂与水泥适应性

（一）外加剂与水泥适应性的改善措施

改善混凝土外加剂与水泥的适应性，首先重点控制人为因素，即对原材料生产者、混凝土拌合物制备者、施工技术人员进行这方面的宣传和培训。只有让他们意识到混凝土外加剂与水泥之间确实存在着适应性问题，才能正确面对其带来的后果，这样才能促使人们选择有效措施努力解决这一问题。

其次，混凝土的制备者应对每一批水泥和外加剂进行质量检测和混凝土试配试验，了解和掌握混凝土原材料的技术特性，尽量将相互适应好的外加剂与水泥配合使用，以避免因将不相适应的水泥与外加剂共同使用而造成的质量事故、材料浪费或成本提高。

混凝土制备成本固然非常重要，但在混凝土的制备过程中不能只注意节省费用，而无视某些水泥或掺加某种掺合料后配制的混凝土对外加剂掺量的实际需求，因为外加剂的适宜掺量与水泥特性、掺合料性能及掺量等因素有关，而非传统观念上的固定值。

对于外加剂与水泥适应性的问题，水泥生产厂家、外加剂生产商与混凝土制备单位应共同解决，任何一方都不能遮掩自己所存在的技术问题，推卸责任。如水泥生产厂家尽量不采用硬石膏作为调节凝结的外加剂，外加剂生产厂遇到所配合使用的水泥为硬石膏水泥时，应提供不含"木钙"或"糖钙"的外加剂，或采取其他的技术措施；同时，混凝土制备者也应采纳外加剂生产厂的建议，及时改变外加剂的品种和掺量。

在实际的混凝土工程中，水泥与外加剂的适应性试验应当在混凝土拌合物制备前就完成，这样才能正确地选择水泥、掺合料和外加剂，并确定最优化的混凝土配合比。在实际混凝土工程施工中，水泥生产厂家和外加剂供应商应提供质量稳定的产品。如果某批水泥或外加剂出现了不相适应的问题，应立即配合试验分析和查找原因，以寻求有效的对策。

表1-7是针对水泥与外加剂不相适应性常见问题的解决措施，供施工中参考。但必须指出的是，有时导致水泥与外加剂不相适应的原因是多方面的和互相交织的，具体应采取哪种解决措施，要进行充分的前期材料试验和细致周密的分析。另外，此类问题要由水泥厂和外加剂厂、混凝土拌合物制备单位以及施工单位联手解决。

表 1-7　水泥与外加剂不相适应性常见问题的解决措施

不适应现象	可能的原因	相应的解决措施	采取措施的单位
推荐掺量下,萘系高效减水剂塑化效果不佳	高效减水剂磺化不完全	提高减水剂的磺化度	减水剂生产厂
	高效减水剂聚合度不理想	调整减水剂的聚合度	
	水泥中的 C_3A 含量较高，或石膏/C_3A 的比例太小	适当提高减水剂的掺量	混凝土制备单位
		采用减水剂后掺加方法	
		适当在混凝土中补充硫酸根离子	
		采用新型减水剂,如多羧酸系减水剂	
	水泥的含碱量过高	适当提高减水剂的掺量	混凝土制备单位
		适当在混凝土中补充硫酸根离子	
		选用适宜的水泥品种,尽量降低水泥的含碱量	水泥生产厂家
	掺加了品质不佳的粉煤灰	适当提高减水剂的掺量或采用新型减水剂	混凝土制备单位
	掺加了沸石粉、硅灰等		
	水泥比表面积较大	适当提高减水剂的掺量	

续表

不适应现象	可能的原因	相应的解决措施	采取措施的单位
掺加"木钙"或"糖钙"减水剂出现了不正常凝结	水泥中有硬石膏的存在	适当在混凝土中补充硫酸根离子	混凝土制备单位
		将"木钙"、"糖钙"减水剂与高效减水剂复合掺加	混凝土制备单位与减水剂生产厂共同协作
		采用减水剂后掺加方法	
		采用高效减水剂	
掺加某种泵送剂后不能有效控制混凝土坍落度的损失	水泥中的调凝剂部分为硬石膏,而掺加的泵送剂中含有"木钙"或"糖钙"成分	适当在混凝土中补充硫酸根离子	混凝土制备单位
		采用外加剂后掺加方法	
		用其他缓凝组分替代"木钙"或"糖钙"组分	外加剂生产厂
		根据泵送混凝土的实际要求,彻底更换泵送剂的品种	混凝土制备单位
		避免用硬石膏作为调凝剂	水泥生产厂
掺加某种泵送剂后不能有效控制混凝土坍落度的损失	水泥碱含量过高	适当在混凝土中补充硫酸根离子	混凝土制备单位
		适当增加泵送剂掺量	
		采用泵送剂后掺加方法	
		掺加适量的如矿渣粉一类的掺合料	
		增加泵送剂中缓凝组分的比例	
	水泥中的 C_3A 含量较高,或石膏/C_3A 的比例不恰当	适当增加泵送剂的掺量	外加剂生产厂
		适当在混凝土中补充硫酸根离子	
		适当增加缓凝组分的比例	混凝土制备单位
		选择合适的缓凝组分	
	水泥比较新鲜	适当增加泵送剂的掺量	外加剂生产厂
		用活性掺合料替代部分水泥	
	水泥温度过高	避免使用过高温度的水泥	混凝土制备单位
		适当增加泵送剂的掺量	
		适当增加缓凝组分的比例	外加剂生产厂
	使用了低品位的粉煤灰或沸石粉	适当增加泵送剂的掺量	混凝土制备单位
		减少这些低品位掺合料的掺量	
	使用了高碱性的膨胀剂	适当增加缓凝组分的比例	外加剂生产厂
		适当增加泵送剂的掺量	混凝土制备单位

（二）改善外加剂与水泥适应性的工程实例

1. 工程概况

上海市浦东某重点工程,2001 年开始施工。该工程采用商品混凝土,强度等级为 C40,要求混凝土拌合物的初始坍落度为（20±2）cm,1h 的混凝土拌合物的坍落度不得低于 16cm。

根据工程的实际情况，采用的混凝土配合比为水泥∶粉煤灰∶矿渣粉∶砂子∶石子∶泵送剂∶水＝262∶82∶110∶680∶1023∶6.81∶180。原材料如下：江西某厂 52.5 级普通硅酸盐水泥；某电厂的Ⅱ级粉煤灰；上海产 S95 矿渣粉；长江中的河砂，细度模数 2.6；5～25mm 连续级配碎石；上海某厂产 SP 高效泵送剂。

该工程所浇筑用的混凝土由上海某混凝土搅拌站供应，该混凝土搅拌站采用 SP 高效泵送剂制备混凝土。过去所使用的水泥为京阳嘉新牌 P·O52.5 和安徽海螺牌 P·O52.5，按照上述配合比所配制的混凝土的初始坍落度和坍落度保持性均满足工程要求。但是，由于当时上海市建设发展迅速，预拌混凝土的需求量非常大，水泥供不应求，临时改换了江西某厂生产的 P·O52.5。加上搅拌站对该水泥的性能特点不太了解，再用上述配合比所配制的混凝土，遇到了坍落度严重损失的异常情况。当时的具体情况是：混凝土的初始坍落度只有16cm，且即使通过增加用水量使初始坍落度达到 20cm，在停放 30min 后混凝土的坍落度就减小到 6.5cm，根本无法满足运输和泵送要求。

2. 解决措施

针对以上出现的问题，搅拌站的技术人员对其进行了认真分析。通过分析证明：一方面，可能是因为江西某厂生产的 P·O52.5 水泥矿物成分与其他水泥有差别，或者水泥中的石膏与铝酸盐的比例较小；另一方面，当时正处于水泥旧标准向新标准转换的阶段，为满足水泥早期强度的要求，可能这种水泥的粉磨细度较大；再者，也有可能是混凝土泵送剂出现了质量波动，不能满足混凝土泵送的设计要求。根据以上分析，进行了一系列试验进行对比，查找具体原因并提出了相应对策。试验结果如下。

① 采用现行标准检验方法对混凝土泵送剂进行检测，当泵送剂的掺量为水泥质量的1.5％时，当时供应的一批 SP 高效泵送剂和前几批泵送剂的留存样品均符合泵送剂一等品标准，且质量比较稳定，可以排除混凝土泵送剂的质量波动因素。

② 通过对江西某厂生产的 P·O52.5 水泥进行质量检测，其技术性能完全符合国家标准《硅酸盐、普通硅酸盐水泥》（GB 175—1999）中的要求，可以排除水泥的质量因素。

③ 在不掺加掺合料的情况下，对比了京阳嘉新牌水泥、安徽海螺牌水泥、江西某厂水泥与 SP 高效泵送剂的适应性，试验结果如表 1-8 所列。

表 1-8　四种同强度等级的水泥与 SP 高效泵送剂的适应性

序号	混凝土配合比 水泥∶砂子∶石子∶泵送剂∶水	水泥品种	混凝土坍落度/cm		
			0min	30min	60min
1	454∶680∶1023∶6.81∶180	安徽海螺 P·O52.5	21.0	18.5	17.0
2	454∶680∶1023∶6.81∶180	京阳嘉新 P·O52.5	20.5	19.0	17.0
3	454∶680∶1023∶6.81∶180	江西某厂 P·O52.5	17.5	8.0	4.5
4	454∶680∶1023∶9.08∶180	江西某厂 P·O52.5	24.0	19.2	18.4

从表 1-8 中可以看出，同一种 SP 高效泵送剂，其掺量相同，只是水泥的品种不同，所配制的混凝土的坍落度损失情况不同，其中江西某厂的水泥所配制的混凝土坍落度损失较大。通过对混凝土拌合物的观察，序号 3 混凝土拌合物在 0～20min 内的坍落度损失现象非常严重，可以基本将出现不适应性的原因归结在该水泥特性上。

从表 1-8 中还可以看出，当将 SP 高效泵送剂的掺量增加到为水泥质量的 2.0％时，便发现混凝土的坍落度损失大大减小。

另外，在对混凝土原材料的进一步了解中还发现，当时所使用的粉煤灰尽管符合Ⅱ级粉煤灰的标准，但其含碳量相对较高，对于本工程 C40 的配合比，显然粉煤灰的用量较大，也会出现粉煤灰大量吸附减水剂的现象，从而导致混凝土拌合物的坍落度损失过大。

根据以上分析和试验结果，可以采取以下措施来满足采用江西某厂生产的水泥所配制混凝土的拌合物性能的要求：a. 在原混凝土配合比不变的情况下，适当增加 SP 高效泵送剂的掺量；b. 在原混凝土配合比不变的情况下，适当调整 SP 高效泵送剂的复合方案；c. 适当改变混凝土的配合比，如适当减小粉煤灰的用量，而相应增加矿渣粉的用量。

第三节　混凝土外加剂的分类方法及定义

在混凝土拌制过程中掺入的，用以改善混凝土性能，一般情况下掺量不超过水泥质量 5% 的材料，称为混凝土外加剂。混凝土外加剂的应用是混凝土技术的重大突破，外加剂的掺量虽然很小，却能显著改善混凝土的某些性能。

一、混凝土外加剂的类型

混凝土外加剂的种类很多，根据现行国家标准《混凝土外加剂定义、分类、命名与术语》（GB/T 8075—2017）中的规定，分为按主要功能分类和按化学成分分类。

（一）按主要功能分类

混凝土外加剂种类繁多，按其主要功能不同，可以分为以下 4 类：

① 改善新拌混凝土流动性的外加剂，主要包括各种减水剂和泵送剂等。

② 调节混凝土凝结时间和硬化性能的外加剂，主要包括缓凝剂、促凝剂和速凝剂等。

③ 改善混凝土耐久性的外加剂，主要包括引气剂、防水剂、阻锈剂和矿物外加剂等。

④ 改善混凝土其他性能外加剂，主要包括膨胀剂、防冻剂、着色剂等。

（二）按化学成分分类

混凝土外加剂按化学成分不同，可分为无机物外加剂、有机物外加剂和复合型外加剂。

1. 无机物外加剂

无机物外加剂包括各种无机盐类、一些金属单质和少量的氢氧化物等。如早强剂中的氯化钙（$CaCl_2$）和硫酸钠（Na_2SO_4）；加气剂中的铝粉；防水剂中的氢氧化铝等。

2. 有机物外加剂

有机物外加剂占混凝土外加剂的绝大部分。这类外加剂品种极多，其中大多数属于表面活性剂的范畴，有阴离子型、阳离子型和非离子型表面活性剂等。也有一些有机外加剂本身并不具有表面活性作用，却可作为优质外加剂使用。

3. 复合型外加剂

复合型外加剂是用适量的无机物和有机物复合制成的外加剂，具有多种功能或能使某项性能得到显著改善，这是"协同效应"在外加剂中的体现，是外加剂今后的发展方向之一。

二、混凝土外加剂品种及定义

根据现行国家标准《混凝土外加剂》（GB/T 8076—2017）中的规定，混凝土外加剂主要包括：高性能减水剂、高效减水剂、普通减水剂、泵送剂、早强剂、缓凝剂、引气剂、早强剂、防冻剂、调凝剂、促凝剂、减缩剂、着色剂、消泡剂、增稠剂、絮凝剂、保塑剂、阻锈剂、碱-集料反应抑制剂、管道压浆剂、多功能外加剂等。

根据现行国家标准《混凝土外加剂定义、分类、命名与术语》（GB/T 8075—2017）中的规定，它们的定义分别如下。

① 普通减水剂　在混凝土坍落度基本相同的条件下，减水率不小于8％的外加剂。

② 标准型普通减水剂　具有减水功能且对混凝土凝结时间没有显著影响旳普通减水剂。

③ 缓凝型普通减水剂　具有缓凝功能的普通减水剂。

④ 早强型普通减水剂　具有早强功能的普通减水剂。

⑤ 引气型普通减水剂　具有引气功能的普通减水剂。

⑥ 高效减水剂　在混凝土坍落度基本相同的条件下，减水率不小于14％的外加剂。

⑦ 缓凝型高效减水剂　具有缓凝功能的高效减水剂。

⑧ 早强型普通减水剂　具有早强功能的高效减水剂。

⑨ 引气型普通减水剂　具有引气功能的高效减水剂。

⑩ 高性能减水剂　在混凝土坍落度基本相同的条件下，减水率不小于25％，与高效减水剂相比坍落度保持性能好、干燥收缩小、且具有一定引气性能的减水剂。

⑪ 标准型高性能减水剂　具有减水功能且对混凝土凝结时间没有显著影响旳高性能减水剂。

⑫ 缓凝型高性能减水剂　具有缓凝功能的高性能减水剂。

⑬ 早强型高性能减水剂　具有早强功能的高性能减水剂。

⑭ 减缩型高性能减水剂　28d收缩率比不大于90％的高性能减水剂。

⑮ 防冻剂　能使混凝土在负温下硬化，并在规定养护条件下达到预期性能的外加剂。

⑯ 无氯防冻剂　氯离子含量不大于0.1％的防冻剂。

⑰ 复合型防冻剂　兼有减水、早强、引气等功能，由多种组分复合而成的防冻剂。

⑱ 泵送剂　能改善混凝土拌合物泵送性能的外加剂。

⑲ 防冻泵送剂　既能使混凝土在负温下硬化，并在规定养护条件下达到预期性能，又能改善混凝土拌合物泵送性能的外加剂。

⑳ 调凝剂　能调节混凝土凝结时间的外加剂。

㉑ 促凝剂　能缩短混凝土凝结时间的外加剂。

㉒ 速凝剂　能使混凝土迅速凝结硬化的外加剂。

㉓ 无碱速凝剂　氧化钠当量含量不大于1％的速凝剂。

㉔ 有碱速凝剂　氧化钠当量含量大于1％的速凝剂。

㉕ 缓凝剂　能延长混凝土凝结时间的外加剂。

㉖ 减缩剂　通过改变孔溶液离子特征及降低孔溶液表面张力等作用来减少砂浆或混凝土收缩的外加剂。

㉗ 早强剂　能加速混凝土早期强度发展的外加剂。

㉘ 引气剂　能通过物理作用引入均匀分布、稳定而封闭的微小气泡，且能将气泡保留在硬化混凝土中的外加剂。

㉙ 加气剂　或称为发泡剂，是在混凝土制备过程中因发生化学反应，生成气体，使硬化混凝土中有大量均匀分布气孔的外加剂。

㉚ 泡沫剂　通过搅拌工艺产生大量均匀而稳定的泡沫，用于制备泡沫混凝土的外加剂。

㉛ 消泡剂　能抑制气泡产生或消除已产生气泡的外加剂。

㉜ 防水剂　能降低砂浆、混凝土在静水压力下透水性的外加剂。

㉝ 水泥基渗透结晶型防水剂　以硅酸盐水泥和活性化学物质为主要成分制成的、掺入水泥混凝土拌合物中用以提高混凝土致密性与防水性的外加剂。

㉞ 着色剂　能稳定改变混凝土颜色的外加剂。

㉟ 保水剂　能减少混凝土或砂浆拌合物失水的外加剂。

㊱ 黏度改性剂　能改善混凝土拌合物的粘聚性，减少混凝土离析的外加剂。

㊲ 增稠剂　通过提高液相黏度，增加稠度以减少混凝土拌合物组分分离趋势的外加剂。

㊳ 絮凝剂　在水中施工时，能增加混凝土拌合物的粘聚性，减少水泥浆体和集料分离的外加剂。

㊴ 保塑剂　在一定时间内，能保持新拌混凝土塑性状态的外加剂。

㊵ 混凝土坍落度保持剂　在一定时间内，能减少新拌混凝土坍落度顶失的外加剂。

㊶ 膨胀剂　在混凝土硬化过程中因化学作用能使混凝土产生一定体积膨胀的外加剂。

㊷ 硫铝酸钙类膨胀剂　与水泥、水拌和后经水化反应生成钙矾石的混凝土膨胀剂。

㊸ 氧化钙粪膨胀剂　与水泥、水拌和后经水化反应生成氢氧化钙的混凝土膨胀剂。

㊹ 硫铝酸钙-氧化钙类膨胀剂　与水泥、水拌和后经水化反应生成钙矾石和氢氧化钙的混凝土膨胀剂。

㊺ 阻锈剂　能抑制或减轻混凝土或砂浆中钢筋或其他金属预埋件锈蚀的外加剂。

㊻ 混凝土防腐剂　用于抵抗硫酸盐对混凝土的侵蚀、抑制氯离子对钢筋锈蚀的外加剂。

㊼ 碱-集料反应抑制剂　能抑制或减轻碱-集料反应发生的外加剂。

㊽ 管道压浆剂　由减水剂、膨胀剂、矿物掺合料及其他功能材料等干拌而成的、用以制备预应力结构管道压浆料的外加剂。

㊾ 多功能外加剂　能改善新拌和或硬化混凝土两种或两种以上性能的外加剂。

第四节　混凝土外加剂的功能及适用范围

混凝土外加剂是指为改善和调节混凝土的性能而掺加的物质，混凝土外加剂在工程中的应用和功能越来越受到重视。

一、混凝土外加剂的主要功能及适用范围

工程实践充分证明，混凝土外加剂除了能提高混凝土的质量和施工工艺外，不同类型的混凝土外加剂具有相应的功能及适用范围。混凝土外加剂的主要功能及适用范围如表1-9所列。

二、混凝土外加剂的用途

混凝土外加剂是一种在混凝土搅拌之前或拌制过程中加入的、用以改善新拌和硬化混凝土性能的材料。各种混凝土外加剂的应用改善了新拌和硬化混凝土的许多性能，促进了混凝土新技术的发展，促进了工业副产品在胶凝材料系统中的应用，还有助于节约资源和环境保护，已经逐步成为优质混凝土必不可少的第五组分。

表 1-9 混凝土外加剂的主要功能及适用范围

外加剂类型	主要功能	适用范围
普通减水剂	(1)在混凝土和易性和强度不变的条件下,可节省水泥 5%～10%; (2)在保证混凝土工作性及水泥用量不变的条件下,可减少用水量 10%左右,混凝土强度可提高 10%左右; (3)在保持混凝土用水量及水泥用量不变的条件下,可增大混凝土的流动性	(1)可用于日最低气温+5℃以上的混凝土施工; (2)各种预制及现浇混凝土、钢筋混凝土及预应力混凝土; (3)大模板施工、滑模施工、大体积混凝土、泵送混凝土及商品混凝土
高效减水剂	(1)在保证混凝土工作性及水泥用量不变的条件下,减少用水量 15%左右,混凝土强度提高 20%左右; (2)在保持混凝土用水量及水泥用量不变的条件下,可大幅度提高混凝土拌合物的流动性; (3)可节省水泥 10%～20%	(1)可用于日最低气温 0℃以上的混凝土施工; (2)高强混凝土、高流动性混凝土、早强混凝土、蒸养混凝土
引气剂及引气减水剂	(1)可以提高混凝土的耐久性和抗渗性; (2)可以提高混凝土拌合物的和易性,减少混凝土拌合物泌水离析; (3)引气减水剂还兼有减水剂的功能	(1)有抗冻融要求的混凝土、防水混凝土; (2)抗盐类结晶破坏及耐碱混凝土; (3)泵送混凝土、流态混凝土、普通混凝土; (4)集料质量差以及轻集料混凝土
早强剂及早强高效减水剂	(1)可以提高混凝土的早期强度; (2)可以缩短混凝土的蒸养时间; (3)早强高效减水剂还具有高效减水剂的功能	(1)用于日最低气温-5℃以上及有早强或防冻要求的混凝土; (2)用于常温或低温下有早强要求的混凝土、蒸养混凝土
缓凝剂及缓凝高效减水剂	(1)可以延缓混凝土的凝结时间; (2)可以降低混凝土中水泥初期的水化热; (3)缓凝高效减水剂还具有高效减水剂的功能	(1)主要适用于大体积混凝土和夏季、炎热地区的混凝土施工; (2)有缓凝要求的混凝土,如商品混凝土、泵送混凝土以及滑模施工; (3)用于日最低气温+5℃以上的混凝土施工
防冻剂	能在一定的负温条件下浇筑混凝土而不受冻害,并达到预期的强度	主要适用于负温条件下的混凝土施工
膨胀剂	使混凝土的体积,在水化、硬化过程中产生一定的膨胀,减少混凝土的干缩裂缝,提高混凝土的抗裂性和抗渗性能	(1)用于防水屋面、地下防水、基础后浇缝、防水堵漏等; (2)用于设备底座灌浆、地脚螺栓固定等
速凝剂	可以使混凝土或水泥砂浆在 1～5min 之间初凝,2～10min 之间终凝	主要用于喷射混凝土、喷射砂浆、临时性堵漏用的砂浆及混凝土
防水剂	可以使混凝土的抗渗性能显著提高	主要用于地下防水、贮水构筑物、防潮工程等

工程实践证明,混凝土外加剂能够大幅度降低混凝土的用水量、改善新拌混凝土的工作性、提高混凝土强度、减少水泥用量、延长混凝土使用寿命,是显示一个国家混凝土技术水平的标志性产品。具体地讲,混凝土外加剂具有如下用途。

① 在普通混凝土施工和制品生产中,使用减水剂能改善新拌混凝土和易性,减少水泥用量,提高混凝土强度。可以加速构件厂的模型周转,缩短工期,在不扩充场地的条件下可大幅度提高产量。

② 冬季施工的混凝土,必须加入适量的早强剂、防冻剂,以保证混凝土的早期强度和施工质量,提高混凝土的抗冻能力,在负温条件下达到预期强度。

③ 当使用钢模板和木模板浇筑混凝土时,为保证混凝土施工质量、脱模干净、保护延长模板使用寿命必须使用脱模剂。

④ 对于路面、机场、广场、码头、岸坡、坝体、梁柱、异型构件等不易养护的混凝土，应当使用养护剂。将养护剂喷涂在混凝土表面，使混凝土表面有一层薄膜，保持水分达到自养，达到保温保湿的养护效果。

⑤ 对于有防水和防渗要求的混凝土，如地下室、游泳池、地下防水工程等混凝土，在配制时应加入适量的防水剂。对有膨胀要求以抵消混凝土收缩的混凝土，也应掺入适量的膨胀剂。

⑥ 泵送混凝土、商品混凝土要掺用减水剂、引气减水剂、缓凝减水剂、泵送剂。在不增加用水量的情况下，可提高混凝土的流动性。

⑦ 港口和水工混凝土可掺用引气剂、缓凝减水剂，以提高混凝土的抗渗性、降低水化热，减少混凝土的分离与泌水，可提高混凝土抗各种侵蚀盐及酸的破坏力，从而在海水或其他侵蚀水中提高耐久性。

⑧ 配制高强混凝土、高性能混凝土和超高强混凝土，必须掺用高效减水剂或高性能减水剂。

⑨ 混凝土预制构件厂为缩短构件的养护时间，提高模板的周转率，应当掺用早强剂及早强减水剂。

⑩ 夏季滑动模板施工、建筑基础工程和水工坝体等大体积混凝土，应当掺用缓凝剂及缓凝减水剂。

⑪ 喷射混凝土、防水堵漏工程施工，应当掺用速凝剂或堵漏剂。

⑫ 在钢筋混凝土结构中，为防止钢筋出现锈蚀破坏，应当掺用防锈剂。

三、混凝土外加剂的选用

随着混凝土科学技术的快速发展，混凝土外加剂的品种多样、功能各异，国内外工程实践证明，在混凝土工程中科学、合理的选用外加剂，可以获得很好的改性功能和良好的经济效益。混凝土外加剂应根据使用的主要目的进行选用，即要改善混凝土的哪一种性能来进行选择。

为方便工程中对混凝土外加剂的选用，表1-10中提供了选用外加剂的参考资料。

表 1-10　选用外加剂的参考资料

混凝土种类	选用目的	外加剂品种																
		高性能减水剂	高效减水剂	缓凝高效减水剂	普通减水剂	早强减水剂	早强剂	引气减水剂	引气剂	缓凝减水剂	缓凝剂	防水剂	膨胀剂	泵送剂	防冻剂	速凝剂	絮凝剂	阻锈剂
改善新拌混凝土性能	降低单位用水量	✓	✓	✓	✓	✓		✓	✓	✓				✓				
	降低单位水泥用量	✓	✓	✓	✓	✓		✓		✓								
	提高工作性	✓	✓	✓	✓	✓		✓	✓	✓				✓				
	提高黏性		✓	✓	✓	✓		✓						✓				
	引气	✓						✓	✓									
	降低坍落度损失			✓						✓								
	改善泵送性能	✓		✓				✓						✓				
	改善加工性能	✓												✓				

续表

混凝土种类	选用目的	外加剂品种																
		高性能减水剂	高效减水剂	缓凝高效减水剂	普通减水剂	早强减水剂	早强剂	引气减水剂	引气剂	缓凝减水剂	缓凝剂	防水剂	膨胀剂	泵送剂	防冻剂	速凝剂	絮凝剂	阻锈剂
改善硬化中的混凝土性能	延长凝结时间			√	√					√	√							
	缩短凝结时间		√			√	√											
	减少泌水		√		√	√		√	√									
	防止冻害														√			
	降低早期水化热	√		√						√	√							
	减少早期龟裂	√						√		√								
	改善加工性	√			√	√		√										
	提高早期强度	√	√			√	√	√										
改善硬化后的混凝土性能	提高长期强度	√	√							√	√							
	降低水化热	√	√	√						√	√							
	提高抗冻性	√						√	√									
	减少混凝土收缩	√	√	√				√	√				√					
提高混凝土耐久性	提高抗冻融性	√						√	√									
	降低吸水性	√						√	√			√	√					
	降低碳化速率	√	√	√	√	√		√	√	√								
	降低透水性	√						√	√				√					
	降低 AAR	√	√	√				√	√									
	提高抗化学腐蚀性	√	√	√	√	√		√	√	√								
	防止钢筋锈蚀	√																√
生产特种混凝土	轻混凝土	发泡剂、起泡剂																
	预填集料混凝土	预填集料压浆混凝土用外加剂																
	膨胀混凝土												√					
	超高强混凝土	√	√	√														
	水中混凝土																√	
	喷射混凝土															√		

　　表 1-10 中所列的每一种混凝土外加剂除具有主要功能外，还可能具有一种或几种辅助功能，在确定混凝土外加剂的种类后，可根据使用外加剂的主要目的，按主要功能进行选择。但有时可选用的不只是一种，在可选用几种外加剂的情况下，可通过混凝土试配后，结合技术、经济综合效益分析，最后再确定所选用的混凝土外加剂。

四、选用混凝土外加剂时的注意事项

　　在了解混凝土外加剂的功能和根据使用目的选用混凝土外加剂品种后，要想获得预期的使用效果，在使用中有许多问题是值得注意的，否则难以达到预期的目标。

　　① 严禁使用对人体产生危害、对环境产生污染的混凝土外加剂。工程实践证明，有些

化学物质具有某种外加剂的功能，如尿素作为防冻剂的组分，不仅有很好的防冻功能，而且价格适中，用其配制防冻剂，技术经济效益显著，但尿素防冻剂混凝土用于住宅建筑，会放出刺激性的氨气，使人难以居住，所以有些城市明文规定，禁用尿素防冻剂。又如六价铬盐，具有很好的早强性能，但它对人体有较大的毒性，用其配制的外加剂，在使用时冲洗搅拌设备的废水会污染工地环境，因此六价铬盐也禁止使用。由于亚硝酸盐均具有致癌性，所以禁用于与饮水及食品相接触的工程。

② 对于初次选用的混凝土外加剂或外加剂的新品种，应按照国家有关标准进行外加剂匀质性和受检混凝土的性能检验，各项性能检验合格后方可选用。

③ 外加剂的性能与混凝土所用的各种原材料性能有关，特别是与水泥的性能、混凝土的配合比等多种因素有关。在按照有关标准检验合格后，必须用工地所用原材料进行混凝土性能检验，达到预期效果后，方可用于工程中。

④ 普通混凝土减水剂，特别是木质素磺酸盐类的减水剂，它具有减水、引气、缓凝的多种作用，当超量使用时，会使引气量过多，甚至使混凝土不凝结。在水泥中使用硬石膏作为调节凝结的外加剂时，由于木质素磺酸盐能抑制硬石膏的溶解度，有时非但没有缓凝作用，反而会造成水泥的急凝。

⑤ 引气剂及引气减水剂由于能在混凝土中引入大量的、微小的、封闭的气泡，并对混凝土有塑化作用，因此可用于抗冻混凝土、抗渗混凝土、抗硫酸盐混凝土、贫混凝土和轻集料混凝土。控制好混凝土适宜的引气量是使用引气剂的关键因素之一，过多的引气量会使混凝土达不到预期的强度，不同类型的混凝土工程，对混凝土的含气量有不同的要求。

⑥ 缓凝剂及各种缓凝型减水剂可以延缓水泥的凝结硬化，有利于保持水泥混凝土的工作性，其掺量应控制在生产厂推荐的范围之内。如果掺加过量，会使水泥混凝土凝结硬化时间大大延长，甚至出现不凝结，造成严重的工程质量事故。

⑦ 早强剂及各种早强型减水剂可以提高混凝土的早期强度，适用于现浇及预制要求早强的各类混凝土，使用时应注意早期强度的大幅度提高，有时会使混凝土的后期强度有所损失，在混凝土配合比设计时应予以注意。一般最好多选用早强型减水剂，以便由外加剂的减水作用来弥补因早强而损失的后期强度。

⑧ 防冻剂应按照国家标准规定温度选用，防冻剂标准规定的最低温度为−15℃。由于标准规定的负温试验是在恒定的负温下进行的，在实际的混凝土工程中，如果按照日最低气温掌握是偏安全的，因此可在比规定温度低5℃的环境下使用，即按该标准规定在温度为−15℃时检验合格的防冻剂，可在−20℃环境下使用。

⑨ 当几种外加剂复合使用时，由于不同外加剂之间存在适应性问题，因此应在使用前应进行复合试验，达到预期效果才能使用。

⑩ 有缓凝功能的外加剂不适用于蒸养混凝土，除非经过试验，找出合适的静停时间和蒸养制度。

⑪ 各种缓凝型及早强型外加剂的使用效果随温度变化而改变，当环境温度发生变化时，其掺量应随温度变化而增减。各种减水剂的减水率及引气剂的引气量也存在随温度而变化的情况，应予以注意。

⑫ 工程实践证明，混凝土搅拌时的加料顺序也会影响外加剂的使用效果，外加剂检验时采用了标准规定的投料顺序，在为特定工地检验外加剂时，外加剂的加料顺序必须与工地的加料顺序一致。

⑬ 液体外加剂在贮存过程中有时容易发生化学变化或霉变，高温会加速这种变化，低温或者受冻会产生沉淀，因此外加剂的贮存应避免高温或受冻，由低温造成的外加剂溶液不均匀问题，可以通过恢复温度后重新搅拌均匀得到解决。

⑭ 选用混凝土外加剂涉及多方面的问题，选用时必须全面地加以考虑。除了以上应注意事项外，还要特别注意外加剂与水泥适应性的问题。

第五节　混凝土外加剂的性能要求

试验和工程实践证明，混凝土外加剂的用量虽然很小，但对混凝土性能的影响是非常明显的。如何使混凝土外加剂达到改善混凝土性能的目标，关键在于选择外加剂的品种和确保其符合现行标准的要求，并且在使用过程中采取正确的方法。在现行国家标准《混凝土外加剂》（GB 8076—2008）中，对于混凝土外加剂的技术要求有明确的规定。

一、受检混凝土性能指标

受检混凝土是指按照现行国家标准《混凝土外加剂》规定的试验条件配制的掺有外加剂的混凝土，受检混凝土性能指标应符合表 1-11 中的规定。

表 1-11　受检混凝土性能指标

试验项目		外加剂品种					
		高性能减水剂		泵送剂	普通减水剂		
		标准型	缓凝型		早强型	标准型	缓凝型
减水率/%		≥25	≥20	≥12	≥8	≥8	≥8
泌水率比/%		≤60	≤70	≤60	≤95	≤95	≤100
含气量/%		≤6.0	≤6.0	≤5.5	≤3.0	≤3.0	≤5.5
凝结时间之差/min	初凝	<−90	>+90	>+90	−90～+90	−90～+120	>+90
	终凝	<−90	>+90	—			>+90
抗压强度比/%	1d	≥170	—	—	≥140	—	—
	3d	≥160	≥150	≥120	≥130	≥115	≥100
	7d	≥150	≥140	≥115	≥115	≥115	≥115
	28d	≥140	≥130	≥110	≥105	≥110	≥115
收缩率比/%	28d	≥110	≥110	≥135	≥135	≥135	≥135
相对耐久性(200 次)/%		—	—	—	—	—	—
1h 经时变化量	坍落度/mm	—	<100	<100	—	—	—
	含气量/%	—	—	—	—	—	—

试验项目	外加剂品种					
	高效减水剂		引气减水剂	早强剂	缓凝剂	引气剂
	标准型	缓凝型				
减水率/%	≥14	≥14	≥10	—	—	≥6
泌水率比/%	≤90	≤100	≤70	≤100	≤100	≤70

续表

试验项目		外加剂品种					
		高效减水剂		引气减水剂	早强剂	缓凝剂	引气剂
		标准型	缓凝型				
含气量/%		≤3.0	≤4.5	≥3.0	—	—	≥3.0
凝结时间之差/min	初凝	−90～+120	＞+90	−90～+120	−90～+90	＞+90	−90～+120
	终凝				—	—	
抗压强度比/%	1d	≥140	—	—	—	—	—
	3d	≥130	≥125	≥115	≥135	≥100	≥95
	7d	≥125	≥125	≥115	≥130	≥100	≥95
	28d	≥120	≥120	≥110	≥110	≥100	≥90
收缩率比/%	28d	≥135	≥135	≥135	≥100	≥135	≥135
相对耐久性(200次)/%		—	—	≥80	—	—	≥80
1h经时变化量	坍落度/mm	—	—	—	—	—	—
	含气量/%	—	—	≤1.5	—	—	≤1.5

注：1. 除含气量外，表中所列数据为掺外加剂混凝土与基准混凝土的差值或比值。

2. 凝结时间之差性能指标中的"＋"号表示提前，"－"号表示延缓。

3. 相对耐久性（200次）性能指标中的"≥80"表示将28d龄期的受检混凝土试件冻融循环200次后，动弹性模量的保留值≥80%。

4. 其他品种的外加剂是否需要测定耐久性指标，可以双方协商确定。

二、外加剂的匀质性指标

外加剂的匀质性指标应符合表1-12中的规定。

表1-12　外加剂的匀质性指标

试验项目	匀质性指标	试验项目	匀质性指标
氯离子含量/%	不超过生产厂家控制值	总碱量/%	不超过生产厂家控制值
固体含量 S/%	$S＞25\%$ 时，要求控制在 $0.95S～1.05S$　$S≤25\%$ 时，要求控制在 $0.90S～1.10S$	含水率 W/%	$W＞5\%$ 时，要求控制在 $0.90W～1.10W$　$W≤5\%$ 时，要求控制在 $0.80W～1.20W$
密度/(g/cm³)	要求 $D±0.02$	细度	应在生产厂控制范围内
pH值	应在生产厂家控制范围内	硫酸根含量/%	不超过生产厂家控制值

注：1. 生产厂应在产品说明书中明示产品匀质性指标的控制值。

2. 对相同和不同批次之间的匀质性和等效性的其他要求，可由供需双方商定。

第二章

混凝土普通减水剂

混凝土普通减水剂是一种变废为宝、价格低廉，能够有效改变混凝土性能的外加剂。20世纪60～80年代，我国用量最大的外加剂就是普通减水剂，即使在出现高效减水剂和高性能减水剂后，普通减水剂仍然具有不可取代的作用。

第一节　普通减水剂的选用及适用范围

混凝土普通减水剂又称为塑化剂或水泥分散剂，是在混凝土坍落度基本相同的条件下，能减少拌合水量的外加剂。工程实践证明，混凝土普通减水剂的主要作用如下：a. 在不减少混凝土单位用水量情况下，可改善新拌混凝土的和易性，提高混凝土的流动度和工作度；b. 在保持相同流动度下，可以减少单位体积混凝土的用水量，降低混凝土的水灰比，提高混凝土的强度；c. 在保持混凝土强度不变的情况下，可以减少混凝土的单位体积水泥用量，从而降低工程造价。

一、普通减水剂的选用方法

根据现行国家标准《混凝土外加剂应用技术规范》（GB 50119—2013）中的规定，在混凝土工程中常用普通减水剂可以按表 2-1 中的规定进行选用。

表 2-1　普通减水剂的选用方法

序号	选用方法
1	混凝土工程可采用木质素磺酸钙、木质素磺酸钠、木质素磺酸镁等普通减水剂
2	混凝土工程可采用由早强剂与普通减水剂复合而成的早强型普通减水剂
3	混凝土工程可采用木质素磺酸盐类、多元醇类减水剂(包括"糖钙"和低聚糖类缓凝减水剂)，以及木质素磺酸盐类、多元醇类减水剂与缓凝剂复合而成的缓凝型普通减水剂

二、普通减水剂的适用范围

根据现行国家标准《混凝土外加剂应用技术规范》（GB 50119—2013）中的规定，在混凝土工程中普通减水剂的适用范围应符合表 2-2 中的要求。

表 2-2　普通减水剂的适用范围

序号	适用范围
1	普通减水剂宜用于日最低气温在 5℃ 以上、强度等级在 C40 以下的混凝土

续表

序号	适用范围
2	普通减水剂不宜单独用于蒸养混凝土
3	早强型普通减水剂宜用于常温、低温和最低温度不低于－5℃环境中施工的有早强要求的混凝土工程。炎热环境条件下不宜使用早强型普通减水剂
4	缓凝型普通减水剂可用于大体积混凝土、碾压混凝土、炎热气候条件下施工的混凝土、大面积浇筑的混凝土、避免冷缝产生的混凝土、需长时间停放或长距离运输的混凝土、滑模施工或拉模施工的混凝土及其他需要延缓凝结时间的混凝土，不宜用于有早强要求的混凝土
5	使用含糖类或木质素磺酸盐类物质的缓凝型普通减水剂时，可按照现行国家标准《混凝土外加剂应用技术规范》（GB 50119—2013）中附录 A 的方法进行相容性试验，并满足施工要求后再使用

第二节　普通减水剂的质量检验

为了确保混凝土普通减水剂达到应有的功能，在所选用减水剂进场后，应按照现行国家标准《混凝土外加剂应用技术规范》（GB 50119—2013）中的规定进行质量检验。混凝土普通减水剂的质量检验要求如表 2-3 所列。

表 2-3　混凝土普通减水剂的质量检验要求

序号	质量检验要求
1	普通减水剂应按每 50t 为一检验批，不足 50t 时也应按一个检验批计。每一检验批取样量不应少于 0.2t 胶凝材料所需用的减水剂量。每一检验批取样应充分混匀，并应分为两等份；其中一份按照《混凝土外加剂应用技术规范》（GB 50119—2013）第 4.3.2 和 4.3.3 条规定的项目及要求进行检验，每检验批检验不得少于两次；另一份应密封留样保存半年，有疑问时，应进行对比检验
2	普通减水剂进场检验项目应包括 pH 值、密度（或细度）、含固量（或含水率）、减水率，早强型减水剂还应检验 1d 抗压强度比，缓凝型减水剂还应检验凝结时间差
3	普通减水剂进场时，初始或经时坍落度（或扩展度）应按进场检验批次，采用工程实际使用的原材料和配合比与上批留样进行平行对比试验，其允许偏差应符合现行国家标准《混凝土质量控制标准》（GB 50164—2011）的有关规定

第三节　普通减水剂主要品种及性能

我国生产的混凝土普通减水剂的品种主要有木质素磺酸盐类、羟基羧酸盐类、多元醇类、聚氯乙烯烷基醚类、腐殖酸类减水剂等。普通减水剂在混凝土中的技术指标应符合表 2-3 中的规定。

一、木质素磺酸盐减水剂

木质素磺酸盐减水剂是原料来源最丰富、价格最低廉的一类减水剂，其应用也最为广泛。这类减水剂主要包括木质素磺酸钙减水剂、木质素磺酸钠减水剂、木质素磺酸镁减水剂。木质素磺酸钙减水剂、木质素磺酸钠减水剂和木质素磺酸镁减水剂，可分别简称为"木钙"减水剂、"木钠"减水剂和"木镁"减水剂，这些减水剂是木材生产纤维浆或纸浆后的副产品，在实际混凝土工程中最常用的普通减水剂是木质素磺酸钙减水剂。

1. 木质素磺酸盐减水剂的发展概况

木质素磺酸盐减水剂是从 20 世纪 30 年代开始在美国研究和生产的，1935～1937 年，美国学者 E. W. Scripture 研制成功以木质素磺酸盐为主要成分的混凝土减水剂——塑化剂，并申请了技术发明专利，标志着现代意义上的混凝土外加剂历史的开端。当时木质素磺酸盐减水剂的成功使用，使塑性混凝土的制备和浇筑成为可能，并且在很长一段时间在公路、大坝、建筑、桥梁、隧道和地下工程等各种建设中发挥了不可替代的重要作用。自此，很多国家开始了木质素磺酸盐在混凝土中作用的基础研究工作，探明了木质素磺酸盐的分散机理和对混凝土各种性能的影响。

20 世纪 50 年代，日本引进美国的木质素磺酸盐减水剂制造技术，生产了以木质素磺酸盐为代表的混凝土减水剂，并将这种混凝土减水剂大规模用于水库和城市建设，极大地推动了亚硫酸盐制浆废液和木质素磺酸盐的开发与应用。

木质素磺酸盐减水剂的迅速发展和推广应用是从 20 世纪 60 年代开始的。随着混凝土制品种类日益增多，结构物更加复杂并向大型化发展，出现了许多超大型的特种混凝土结构物，如海上钻采平台、大跨度桥梁、运输液化气的水泥船、贮油罐和大型钢筋混凝土塔等，这些新型混凝土制品和特殊工程，仅仅依靠当时已有的振动、加压、真空等工艺已不能满足施工要求，迫切需要为混凝土制备和施工提供性能优异的外加剂。木质素磺酸盐减水剂由于具有原料来源广泛、产品环保、价格低廉等特点，受到工程界的欢迎。

我国对木质素磺酸盐减水剂的研究和开发起步较晚，直到 20 世纪 50 年代，才开始对亚硫酸盐制浆废液的应用研究。我国用传统方法生产的木质素磺酸盐减水剂，由于磺化、分子量范围的选择、脱糖等工艺方面的不完善和不稳定性，近年来一直影响这类减水剂实际工程的应用效果，尤其是各类高性能减水剂推广应用后，木质素磺酸盐减水剂的应用地位严重下降，成为混凝土减水剂的配角，主要以混凝土的复配应用为主。但是在人类对环境保护日益关注、石油资源日益匮乏的今天，采用天然的、可再生的木质素制备木质素磺酸盐减水剂仍有很大的发展空间。

2. 木质素磺酸盐减水剂的化学结构

木质素磺酸盐减水剂源自木质素，木质素是由苯丙烷基结构单元构成的高分子聚合物，也是一种光合作用的产物，在自然界可再生资源中木质素的储量仅次于纤维素，是自然界最为丰富的可再生芳香族化合物，从其化学组成来看，它是由 3 个苯基丙烯烃单体（对香豆醇、松柏醇和芥子醇）经脱氢聚合而成的天然高分子聚合物。这三种单体经过生化酶的催化脱氢，产生了不规则的任意偶合而形成的具有三维空间结构的非结晶质聚合物，因此木质素的结构具有多样性。

木质素磺酸盐减水剂同木质素一样，组成结构是比较复杂的。其反应主体是苯丙基，在硫酸盐制浆条件下被磺化，磺酸基取代羟基，形成水溶性的磺酸盐，由于磺化过程既有断链又有缩合，因此木质素磺酸盐减水剂是一种分子量分布范围非常宽的多聚物分散体，属于阴离子型的表面活性剂。

3. 木质素磺酸盐减水剂质量指标

（1）木质素磺酸钙　由亚硫酸盐法生产纸浆的废液，用石灰中和后浓缩的溶液经干燥所得产品即木质素磺酸钙。木质素磺酸钙是一种多组分高分子聚合物阴离子表面活性剂，外观为浅黄色至深棕色粉末，略有芳香气味，分子量一般在 2000～100000 之间，具有很强的分散性和黏结性。木质素磺酸钙减水剂的质量指标如表 2-4 所列。

表 2-4　木质素磺酸钙减水剂的质量指标

项目	木质素磺酸钙/%	还原物/%	水不溶物/%	pH 值	水分含量/%	砂浆含气量/%	砂浆流动度/mm
指标	＞55	＜12	＜2.5	4～6	＜9.0	＜15	185±5

（2）木质素磺酸钠　木质素磺酸钠是利用制浆造纸废液中的木质素经磺化等一系列处理而得到的副产品。木质素磺酸钠为缓凝减水剂，属于阴离子表面活性物质，对水泥具有良好的吸附及分散作用，不仅能改善混凝土各种物理性能，减少混凝土拌合水 13％以上，而且可改善混凝土拌合物的和易性，并能大幅度降低水泥水化初期水化热。木质素磺酸钠减水剂的质量指标如表 2-5 所列。

表 2-5　木质素磺酸钠减水剂的质量指标

项目	木质素磺酸钠/%	还原物/%	水不溶物/%	pH 值	水分含量/%	硫酸盐/%	钙镁含量/%
指标	＞55	≤4	≤0.4	9～9.5	≤7	≤7	≤0.6

（3）木质素磺酸镁　木质素磺酸镁是以酸性亚硫酸氢镁药液蒸煮甘蔗渣等禾本科植物的制浆废液中主要组分，它是一种木质素分子结构中含有醇羟基和双键的碳-碳键受磺酸基磺化后，形成的木质素磺酸盐化合物。木质素磺酸镁属于阴离子表面活性物质，具有引气减水作用。保持混凝土配比不变，提高混凝土拌合物的和易性；保持水泥用量及和易性不变，提高混凝土强度和耐久性；保持和易性和混凝土 28d 强度基本相同，降低水灰比，节约水泥。木质素磺酸镁减水剂的质量指标如表 2-6 所列。

表 2-6　木质素磺酸镁减水剂的质量指标

项目	木质素磺酸镁/%	还原物/%	水不溶物/%	pH 值	水分含量/%	表面张力/(mN/m)	砂浆流动度
指标	＞50	≤10	≤1.0	6	≤3	52.16	较空白大 60mm

4. 木质素磺酸盐减水剂性能特点

木质素磺酸盐减水剂在掺入混凝土后，表现出一系列优良的性能，成为混凝土改性的主要外加剂。木质素磺酸盐减水剂性能特点如表 2-7 所列。

表 2-7　木质素磺酸盐减水剂性能特点

序号	项目	性能特点
1	改善混凝土性能	掺加木质素磺酸盐减水剂后，当水泥用量相同时，坍落度与空白混凝土相近，可以减少用水量 10％左右，28d 的抗压强度可提高 10％～20％，365d 的抗压强度可提高 10％左右，同时混凝土的抗渗性、抗冻性和耐久性等性能也明显提高
2	节约水泥用量	掺加木质素磺酸盐减水剂，当混凝土的强度和坍落度基本相同时，可节省水泥 5％～10％，这样可降低工程造价
3	改善和易性	材料试验证明，当混凝土的水泥用量和用水量不变时，低塑性混凝土的坍落度可增加 2 倍左右，其早期强度比不掺减水剂的低些，其他各龄期的抗压强度与未掺者接近
4	具有缓凝作用	材料试验证明，掺入水泥用量的 0.25％的"木钙"减水剂后，在保持混凝土坍落度基本一致时，混凝土的初凝时间延缓 1～2h（普通硅酸盐水泥）及 2～3h（矿渣硅酸盐水泥）；终凝时间延缓 2h（普通硅酸盐水泥）及 2～3h（矿渣硅酸盐水泥）。如果不减少用水量而增大坍落度时，或保持相同坍落度以节省水泥用量时，则凝结时间延缓程度比减水更大

序号	项目	性能特点
5	降低早期水化热	在混凝土中掺加木质素磺酸盐减水剂后,放热峰出现的时间比未掺者有所推迟,普通硅酸盐水泥可推迟 3h,矿渣硅酸盐水泥可推迟 8h。放热峰的最高温度与未掺者比较,普通硅酸盐水泥略低,矿渣硅酸盐水泥可降低 3℃ 以上
6	增加含气量	空白混凝土的含气量为 2%～2.5%,掺加水泥用量的 0.25% 的木质素磺酸钙减水剂后,混凝土的含气量为 4%,含气量增加 1～2 倍
7	减小泌水率	材料试验证明,在混凝土坍落度基本一致的情况下,掺加"木钙"减水剂的混凝土泌水率比不掺者可降低 30% 以上。在保持水灰比不变、增大坍落度的情况下,也因为"木钙"减水剂具有亲水性及引入适量的空气等原因,泌水率也有所下降
8	干缩性能	混凝土的干缩性在初期(1～7d)与未掺减水剂者相比,基本上接近或略有减小;28d 及后期(除节约水泥者)略有增加,但增大值均未超过 0.01%
9	对钢筋锈蚀	材料试验证明,掺加木质素磺酸盐减水剂的混凝土对钢筋基本上无锈蚀危害,这是木质素磺酸盐减水剂的显著优点

5. 木质素磺酸盐减水剂对新拌混凝土性能的影响

材料试验证明,"木钙"减水剂的掺量为水泥用量的 0.20%～0.30%,最佳掺量一般为 0.25%。在与不掺加减水剂的混凝土保持相同的坍落度的情况下,减水率为 8%～10%。在保持相同用水量时,可使混凝土的坍落度增加 6～8cm。减水作用的效果与水泥品种及用量、集料的种类、混凝土的配比有关。木质素磺酸盐减水剂对新拌混凝土性能的影响主要表现在以下方面。

(1)减水作用机理 木质素磺酸盐减水剂是阴离子型高分子表面活性剂,具有半胶体性质,能在界面上产生单分子层吸附,因此它能使界面上的分子性质和相间分子相互作用特性发生较大的变化。由于木质素磺酸盐减水剂同时具有分散作用、引气作用和初期水化的抑制作用,使其在低掺量(0.25%)时就具有较好的减水作用,这是木质素磺酸盐减水剂的优点。其同时也存在显著的缺点,当掺量过大时会产生引气过多和过于缓凝,使混凝土的强度降低,特别是在超剂量掺用条件下,会使混凝土长时间不凝结硬化,甚至造成工程事故。

(2)提高混凝土的流动性 提高混凝土拌合物的流动性是木质素磺酸盐减水剂的重要用途之一,是在不影响混凝土强度的条件下,提高混凝土的工作度或坍落度。掺加木质素磺酸盐减水剂在保持相同水灰比的情况下,可使混凝土拌合物的坍落度有较大增加。随着掺量的增加,坍落度也会增加,但如果超量过大会导致混凝土严重缓凝。"木钙"减水剂对混凝土凝结时间的影响如表 2-8 所列。

表 2-8 "木钙"减水剂对混凝土凝结时间的影响

水泥品种	"木钙"减水剂掺量/%	混凝土水灰比	混凝土坍落度/cm	凝结时间/h			
				30℃		20℃	
				初凝	终凝	初凝	终凝
42.5 级普通硅酸盐水泥	0	0.675	6.7～7.0	4.00	5.30	7.00	11.50
	0.25	0.555	6.2～8.0	5.00	7.00	9.00	13.00
42.5 级矿渣硅酸盐水泥	0	0.695	6.4	5.25	8.50	—	—
	0.25	0.610	6.0	7.70	10.50	—	—

(3)具有一定的引气作用 木质素磺酸盐减水剂水溶液的表面张力小于纯水溶液,在 1% 的水溶液中,其表面张力为 $57 \times 10^{-3} N/m$,所以木质素磺酸盐减水剂有引气作用。掺加

木质素磺酸盐减水剂可使混凝土含气量达到 2%～3%，而达不到引气混凝土的含气量（4%～6%）。因此，木质素磺酸盐减水剂不是典型的引气剂。如果将木质素磺酸盐与引气剂按一定比例配合就会得到引气减水剂。材料试验表明，加入适量的消泡剂磷酸三丁酯，可以减小木质素磺酸盐的引气作用。

（4）泌水性和离析性 由于掺加木质素磺酸盐减水剂能减少单位用水量，并能引入少量的气泡，所以能提高混凝土拌合物的均匀性和稳定性，从而减少泌水和离析，防止初期收缩和龟裂等缺点。

（5）对水泥水化放热影响 掺加木质素磺酸盐减水剂后，能使水泥水化放热速率降低，能有效控制水化放热量。试验结果证明，在 12h 内，将不掺减水剂、掺"木钙"减水剂和掺"木钠"减水剂三者对比，掺加木质素磺酸钠减水剂的混凝土水化放热速率最低，这样可防止混凝土产生温度应力裂缝，对大体积混凝土施工是十分有利的。

（6）木质素磺酸盐减水剂类型与凝结时间 在减水剂工业化产品的生产中，为了满足不同工程的要求和在不同条件下使用，通常以一种减水剂为主要成分，经复合其他外加剂配制成标准化、系列化的产品。我国生产的以"木钙"为主要成分的各类减水剂对混凝土的初凝时间影响是不同的。标准型减水剂使混凝土初凝时间与普通混凝土相比略有延缓或与相当；掺早强型减水剂的混凝土，初凝速率在常温下比普通混凝土快 1h 以上；缓凝型减水剂在标准剂量时，比普通混凝土延缓 1～3h，而且不会影响混凝土 28d 的强度。如果将这类减水剂超量掺加 1.5～2 倍，会使混凝土的初凝时间大大延缓，并降低混凝土的早期强度。

6. 木质素磺酸盐减水剂对硬化混凝土性能的影响

工程实践充分证明，掺加木质素磺酸盐减水剂能改善硬化混凝土的物理力学性能。

（1）对混凝土强度的影响 "木钙"减水剂的适宜掺量为水泥用量的 0.25%，在与基准混凝土保持相同坍落度的条件下，其减水率可达到 10% 左右，可使混凝土的强度提高 10%～20%；在保持相同用水量的条件下，可以增加混凝土的流动性；在保持混凝土强度不变的情况下，可节约水泥 10% 左右，1t 木质素磺酸盐减水剂可节约水泥 30～40t。

表 2-9 中列出了"木钙"减水剂对混凝土性能的影响，充分说明了"木钙"减水剂对混凝土具有减水、引气和增强的 3 种应用效果；表 2-10 的数据说明"木钙"早强减水剂对混凝土的增强效果非常显著；表 2-11 为"木钙"掺量对混凝土强度的影响。

表 2-9 "木钙"减水剂对混凝土性能的影响

试验项目	测定结果		试验项目	测定结果	
	未掺"木钙"	掺加"木钙"		未掺"木钙"	掺加"木钙"
"木钙"减水剂掺量/%	0	0.25	抗压强度/MPa	17.20	21.90
水灰比	0.62	0.52	抗拉强度/MPa	2.40	2.50
坍落度/cm	7.0	8.0	抗折强度/MPa	4.35	5.17
减水率/%	—	15.0	弹性模量/MPa	$2.7×10^4$	$3.0×10^4$

表 2-10 "木钙"早强减水剂对混凝土的增强效果

序号	混凝土配合比（水泥∶砂∶石）	"木钙"掺量/%	水灰比	坍落度/cm	抗压强度/MPa		
					28d	90d	1a
1	1∶1.83∶3.28	0	0.55	7.0	35.5	44.8	53.6
		0.25	0.46	7.0	45.7	54.2	58.7

续表

序号	混凝土配合比 （水泥：砂：石）	"木钙"掺量 /%	水灰比	坍落度 /cm	抗压强度/MPa		
					28d	90d	1a
2	1：2.06：3.80	0	0.59	9.0	32.2	38.5	—
		0.25	0.51	7.5	37.5	41.9	—

表 2-11　"木钙"掺量对混凝土强度的影响

"木钙"掺量 /%	水灰比 （W/C）	减水率 /%	坍落度 /cm	抗压强度/MPa				
				1d	3d	7d	28d	90d
0	0.59	—	9.0	5.10	11.08	16.40	31.60	37.80
0.15	0.55	7.0	10.0	6.00	13.70	19.90	35.70	42.80
0.25	0.51	13.5	7.5	5.90	14.90	21.90	36.80	41.10
0.40	0.49	16.0	8.5	3.70	12.50	19.20	33.30	37.50
0.70	0.48	19.0	10.5	0.80	10.30	17.10	27.40	30.00
1.00	0.47	20.5	9.0	0.14	3.70	9.50	14.80	18.70

　　早强减水剂适用于蒸汽养护的混凝土及其制品，能提高蒸养后的混凝土强度，或缩短蒸养时间。表 2-12 表示"木钙"早强减水剂对蒸汽养护混凝土强度的影响，说明"木钙"早强减水剂对蒸汽养护有较好的适应性。

表 2-12　"木钙"早强减水剂对蒸汽养护混凝土强度的影响

水泥 品种	混凝土配合比 （水泥：砂：石）	水灰比	外加剂成分 及掺量/%	坍落度 /cm	抗压强度/MPa					养护 温度 /℃
					2d	3d	7d	28d	90d	
矿渣 水泥	1：1.04：2.75	0.475	0	1.7	4.6/100	—	17.1/100	30.4/100	—	3
	1：1.04：2.75	0.425	"木钙"0.25 Na₂SO₄2.0	2.1	6.9/150	—	26.0/151	40.5/133	—	
普通 水泥	1：2.20：4.17	0.620	0	4.0		4.7/100	10.3/100	21.0/100	23.7/100	15～ 20
	1：2.20：4.17	0.560	"木钙"0.25 Na₂SO₄2.0 三乙醇胺 0.03	4.5	—	13.8/294	20.6/200	30.3/144	31.5/133	

注：表中分子为实测强度值，分母为掺外加剂的混凝土与不掺外加剂的抗压强度比。

　　（2）对混凝土变形性能的影响　混凝土干缩的影响因素比较复杂，主要取决于水泥的组成和用量、水灰比、混凝土配合比及养护条件等。减水剂对混凝土的干缩呈现出不同的影响，甚至有时得到相反的结果。这是由减水剂的使用情况和成分不同而引起的。对木质素磺酸盐减水剂而言有 3 种使用情况：a. 与不掺加外加剂混凝土保持相同的坍落度时，可减少用水量而提高混凝土强度；b. 保持相同的用水量和强度时，可改善新拌混凝土的和易性、提高流动性；c. 保持相同的坍落度和强度时，可减少单位水泥用量和用水量。这 3 种使用情况的混凝土的收缩数值的排列为 b.＞a.＞c.。表 2-13 列出了"木钙"对混凝土变形性能的影响。

　　一般认为，掺加木质素磺酸盐减水剂后，由于减少用水量可以提高混凝土强度和密实度，与不掺减水剂的混凝土相比，应当降低混凝土的干缩值。其实不然，这种情况反而往往增大混凝土的干缩性。虽然掺加木质素磺酸盐减水剂使混凝土的干缩性稍大一些，但仍在混凝土正常性能范围之内，不会造成不利的影响。当木质素磺酸盐减水剂用于减少水泥用量和用水量时，其干缩值要比不掺减水剂的混凝土小。

表 2-13　"木钙"对混凝土变形性能的影响

序号	混凝土配合比 （水泥：砂：石：水）	外加剂掺量 /%	收缩值/×10⁻³				抗渗标号 （B）
			30d	60d	90d	500d	
1	1：1.51：3.28：0.50	0	0.110	0.270	0.374	0.320	6
	1：1.54：3.28：0.50	"木钙"0.25	0.160	0.270	0.406	0.290	12
2	1：1.47：3.45：0.54	0	0.150	—	—	0.187	6
	1：1.47：3.45：0.48	"木钙"0.25	0.190	—	—	0.188	30
3	1：2.06：3.80：0.62	0	0.126	—	0.264	0.406	—
	1：2.06：3.80：0.52	"木钙"0.25	0.176	—	0.310	0.388	—

（3）对混凝土徐变性能的影响　混凝土徐变是一个非常复杂的问题，目前有多种关于水泥砂浆徐变的机理。影响混凝土徐变性能的主要因素有水泥品种、施加荷载时的龄期及水化程度等。各种硅酸盐水泥在任何龄期，它们的水化速率和水化程度各不相同。一般来说，任何一种水泥，当掺加外加剂时，以上两个参数都可能受到影响。

有关专家研究了掺木质素磺酸钙对 C_3A 含量不同的水泥制成的砂浆徐变性能的影响。结果表明掺木质素磺酸钙拌合物均大于不掺拌合物的徐变。如果掺木质素磺酸钙拌合物的 C_3A 含量均大于不掺木质素磺酸钙拌合物，在一定的水化速率下，并且所有拌合物均在同样的水化程度时加荷，且具有同样的应力强度比时，其徐变变形基本相同。这说明施加荷载龄期只是从水化程度和强度的发展两个方面对徐变产生影响。

（4）对混凝土抗渗性能的影响　掺加木质素磺酸钙减水剂，由于减水作用和引气作用能提高混凝土的抗渗性，可以制备抗渗等级较高的混凝土。即使在配制流动性混凝土时，由于减水剂的分散和引气作用，提高了均匀性，引入大量微气泡阻塞了连通毛细管通道，将开放孔变为封闭孔，由此提高混凝土的抗渗透性。掺加"木钙"减水剂提高混凝土抗渗透性的试验结果如表 2-14 所列。

表 2-14　掺加"木钙"减水剂提高混凝土抗渗透性的试验结果

编号	混凝土配合比				"木钙"掺量/%	水灰比	坍落度/cm	抗压强度/MPa			抗渗标号	渗透高度/cm
	水泥	水	砂	石				3d	7d	28d		
4-1	350	195	660	1270	—	0.558	0	16.5	22.5	33.8	B₂₄	—
4-2	350	195	660	1270	0.25	0.558	5.7	12.5	20.7	31.5	＞B₄₀	5.3
4-3	350	195	660	1270	0.25	0.558	9.0	14.3	21.9	34.2	＞B₃₆	3.7
4-4	360	198	660	1250	—	0.550	2.5	6.9	11.6	25.1	—	—
4-5	360	198	660	1250	0.25	0.550	＞2	7.0	10.8	24.6	＞B₂₄	8.2
4-6	360	190	660	1250	0.25	0.528	7.5	7.6	14.0	30.9	＞B₂₈	4.5

注：编号 4-1、4-2、4-3 采用 42.5 普通硅酸盐水泥；编号 4-4、4-5、4-6 采用 42.5 矿渣硅酸盐水泥。

（5）对混凝土抗冻融性能的影响　混凝土抗冻融性与水灰比和含气量两个基本因素密切相关，尽管水灰比对混凝土抗冻融性的影响要比含气量更重要，但这种作用并不是直接的，而是通过水泥石的孔分布表现出来。掺加"木钙"减水剂，由于具有的减水、引气作用能提高混凝土的抗冻融性，但其效果比典型的引气剂要差一些。掺加"木钙"减水剂对混凝土抗冻融性的影响如表 2-15 所列。

表 2-15　掺加"木钙"减水剂对混凝土抗冻融性的影响

编号	混凝土配合比				减水剂		水灰比
	水泥	水	砂	石	品种	掺量/%	
J-162	350	217	660	1240	—	—	0.620
J-163	350	195	660	1240	工地 1 号	0.25	0.558
J-164	350	190	660	1240	"木钙"	0.25	0.543

编号	坍落度/cm	50 次冻融后增减率		75 次冻融后增减率		28d 强度/MPa
		质量/%	强度/%	质量/%	强度/%	
J-162	5.5	−0.0012	−8.3	−0.0012	−13.2	16.8
J-163	5.5	+0.0012	+5.3	−0.0020	−5.5	20.4
J-164	3.5	−0.0020	+2.9	−0.0040	−10.0	21.6

（6）对混凝土弹性模量的影响　当强度相同时，掺加木质素磺酸钙减水剂后，集料与水泥的比增加，这样就使掺加木质素磺酸钙减水剂混凝土的弹性模量略高于空白混凝土的弹性模量。

（7）对混凝土极限抗拉应变的影响　很多混凝土的重要性能之一是极限拉伸应变，如水坝应具有高极限拉伸应变以提高其抗裂性。大量的工程实践证明，掺加木质素磺酸钙减水剂混凝土的极限拉伸应变略有增大。

（8）对混凝土抗硫酸盐溶液侵蚀性的影响　掺加木质素磺酸钙减水剂的混凝土，也能提高混凝土抗硫酸盐溶液的侵蚀性。浸入硫酸盐溶液中混凝土的膨胀比较如表 2-16 所列。

表 2-16　浸入硫酸盐溶液中混凝土的膨胀比较

外加剂	单位水泥用量/(kg/m³)	混凝土坍落度/cm	单位用水量/(kg/m³)	28d 抗压强度/MPa	混凝土膨胀率/%		
					2 个月	6 个月	12 个月
不掺外加剂	304	8.0	194	32.5	0.05	0.36	1.70
文沙引气剂	304	7.5	186	31.5	0.07	0.18	0.66
"木钙"减水剂	304	9.6	178	37.2	0.03	0.16	0.37

二、多元醇系列减水剂

多元醇系列减水剂一般包括高级多元醇减水剂与多元醇减水剂两类，其中高级多元醇减水剂有淀粉部分水解的产物，如糊精、麦芽糖、动物淀粉的水解物等；多元醇减水剂常用的有糖类、糖蜜、糖化钙等。

（一）TF 缓凝减水剂

1. TF 缓凝减水剂的质量指标

TF 缓凝减水剂也称为 QA 减水剂。该产品利用糖厂甘蔗制糖后的废液，经发酵提取酒精后，再经中和、浓缩配制而成。TF 缓凝减水剂的质量指标如表 2-17 所列。

表 2-17　TF 缓凝减水剂的质量指标

项目名称	外观	$C_{12}H_{22}O_{11}$ 含量/%	水分/%	细度	pH 值
质量指标	棕色粉末	45～55	≤5.0	全部通过 0.5mm 筛孔	>12

2. TF缓凝减水剂的主要性能

① 在混凝土中掺加适量的TF缓凝减水剂，能改善新拌混凝土的和易性，在水泥用量和坍落度基本相同的情况下，减水率可达8%～12%，28d混凝土抗压强度可提高15%～30%。

② TF缓凝减水剂掺量为水泥用量的0.15%～0.25%（以固形物占水泥质量计），可使混凝土的凝结时间延缓2～8h。

③ 若TF缓凝减水剂掺量为水泥用量的0.15%～0.25%，且使混凝土的强度保持不变，可节省水泥7%～10%。

④ 在混凝土中掺加适量的TF缓凝减水剂，不仅能提高混凝土的抗冲磨性，而且对混凝土的抗冻性、抗渗性、干缩变形以及钢筋锈蚀均无不良影响。

（二）3FG-2减水缓凝剂

3FG-2减水缓凝剂由甘蔗酒精与糖蜜酒精废液（TF）、杨梅栲胶废渣磺化物（GM）、环氧乙烷脂肪醇聚合物（JFC）三种成分组成，分别按水泥质量的0.18%、0.005%和0.008%的比例复合而成。

工程实践证明，3FG-2减水缓凝剂的适宜掺量为水泥质量的0.24%～0.29%，这类减水缓凝剂的主要性能如下。

① 能较好地改善新拌混凝土的和易性，在水泥用量和坍落度基本相同的情况下，减水率可达10%～17%，28d混凝土抗压强度可提高10%～35%。

② 在常温下，可使混凝土的凝结时间延缓4～17h。

③ 在混凝土中掺加适量的3FG-2减水缓凝剂，能显著降低水泥的水化热峰值，推迟峰值出现的时间。

④ 在混凝土中掺加适量的3FG-2减水缓凝剂，不仅能提高混凝土的抗渗性和抗冲磨性，而且对混凝土的抗冻性、干缩变形以及钢筋锈蚀均无不良影响。

（三）糖蜜缓凝减水剂

1. 糖蜜缓凝减水剂的质量指标

糖蜜缓凝减水剂是在制糖工业将压榨出的甘蔗汁液（或甜菜汁液），经加热、中和、沉淀、过滤、浓缩、结晶等工序后，所剩下的浓稠液体。糖蜜减水剂是一种资源充足、价格低廉、技术效果好的混凝土外加剂。糖蜜缓凝减水剂的质量指标如表2-18所列。

表2-18　糖蜜缓凝减水剂的质量指标

项目名称	含水量/%	细度	pH值（10%水溶液）
质量指标	粉剂：<5.0；液剂：<55	全部通过0.6mm筛孔	11～12

2. 糖蜜缓凝减水剂的主要性能

① 糖蜜缓凝减水剂掺入混凝土拌合物中，能吸附在水泥颗粒表面，形成同种电荷的亲水膜，使水泥颗粒相互排斥，并阻碍水泥水化，从而气缓凝作用。

② 糖蜜缓凝减水剂的适宜掺量（以干粉计）为水泥用量的0.1%～0.2%，混凝土初凝和终凝时间均可延长2～4h，掺量过大会使混凝土长期酥松不硬，强度严重下降。

③ 若混凝土的强度保持不变，可节省水泥6%～10%。减水率可达6%～10%，28d混凝土抗压强度可提高10%～20%。

④ 对混凝土的抗冻性、抗冲磨性、抗渗性也有所改善，对钢筋无锈蚀作用。

（四）ST 缓凝减水剂

1. ST 缓凝减水剂的质量指标

ST 缓凝减水剂是利用糖蜜，经适当的工艺而制成。ST 缓凝减水剂的质量指标如表 2-19 所列。

表 2-19　ST 缓凝减水剂的质量指标

项目名称	外观	表面张力（溶液浓度 0.25%）/（N/cm）	固含量/%	相对密度	pH 值（溶液浓度 5%）
质量指标	褐色黏稠状液体	45～55	43～45	1.2～1.3	12～13

2. ST 缓凝减水剂的主要性能

① ST 缓凝减水剂掺量为水泥用量的 0.25%，如果混凝土的强度保持不变，可以节省水泥 5%～10%。

② ST 缓凝减水剂可使混凝土的凝结时间延缓 2～6h，并能延缓水泥的初期水化热。

③ 掺加 ST 缓凝减水剂的新拌混凝土，其坍落度可以增大 1 倍左右；对钢筋也无锈蚀作用。

（五）TG 缓凝减水剂

1. TG 缓凝减水剂的质量指标

TG 缓凝减水剂是以蔗糖及氧化钙为主要原料制成的产品，其主要成分是蔗糖化钙。材料试验表明，TG 缓凝减水剂除具有缓凝减水剂应有的特性外，还具有较强的黏结性和其他一些独特性能。

近年来，随着人们对 TG 缓凝减水剂认识的进一步深入，TG 系列缓凝减水剂已在国内外建筑、石膏、耐火材料、水煤浆等行业中得到广泛应用，并深受广大用户欢迎。TG 缓凝减水剂的质量指标如表 2-20 所列。

表 2-20　TG 缓凝减水剂的质量指标

项目名称	外观	$C_{12}H_{22}O_{11}$ 含量/%	水分/%	细度	pH 值
质量指标	棕色粉末	45～55	≤5.0	全部通过 0.5mm 筛孔	>12

2. TG 缓凝减水剂的主要性能

① TG 缓凝减水剂的适宜掺量为水泥用量的 0.1%～0.15%，如果混凝土的强度保持不变，可以节省水泥 5%～10%。

② TG 缓凝减水剂对混凝土拌合物具有良好的缓凝作用，能有关降低水泥初始水化热，气温低于 10℃后其缓凝作用加剧。

③ 可改善混凝土的力学性能。当水泥用量相同，坍落度与空白混凝土相近时，可减少单位用水量的 5%～10%，早期强度发展较慢，龄期 28d 时混凝土抗压强度提高 15% 左右。抗拉强度、抗折强度和弹性模量均有不同程度的提高，混凝土的收缩略有减小。

④ 掺加适量 TG 缓凝减水剂的混凝土，其流动性明显提高，混凝土的坍落度可由 4cm 增大到 9cm 左右；对钢筋无锈蚀作用。

TG 缓凝减水剂主要用于有缓凝的混凝土（如大体积混凝土、夏季施工用混凝土和要求延缓水泥初期水化热的混凝土等），或者用于节省水泥、改善混凝土拌合物和易性的工程；但在使用中一定要严格控制掺量，一般为水泥质量的 0.1%～0.3%（粉剂）或 0.2%～0.5%（粉剂），不宜用于蒸汽养护的混凝土。

（六）ZT 减水剂

ZT 减水剂也称为转化糖蜜减水剂，其主要成分为葡萄糖化钙和果糖化钙。ZT 减水剂的主要性能如下。

① 在保持混凝土坍落度不变时，掺加适宜的 ZT 减水剂，混凝土的单位体积用水量可降低 6%～10%。

② 如果混凝土的强度保持不变，掺加水泥质量的 0.1%～0.2%（以干粉计）ZT 减水剂，可以节省水泥 5%～10%，从而可降低工程造价。

③ 在保持混凝土坍落度不变时，掺加适宜的 ZT 减水剂，混凝土 28d 的强度可提高 20%～30%，并可显著提高混凝土的抗冻性、抗渗性、抗冲磨性。

④ 混凝土中掺加 ZT 减水剂后，混凝土的初凝时间和终凝时间不延长或略有延长，对钢筋无锈蚀。

三、腐殖酸减水剂

腐殖酸又名胡敏酸钠，是自然界中广泛存在的大分子有机物质，广泛存在于土壤有机质、泥炭、褐煤、风化煤及湖泊和海洋的沉积物中，可以应用于农、林、牧、石油、化工、建材、医药卫生、环保等各个领域。尤其是现在提倡生态农业建设、绿色建筑、无公害农业生产、绿色食品、无污染环保等，更使"腐殖酸"备受推崇。

腐殖酸分子是由几个相似的结构单元所组成的一个复合体。每个核都有一个或多个活性基团，以酚羟基、羧基、甲氧基为主，另外还有醌基、羰基等，腐殖酸分子的基本结构如图2-1所示。由于这些活性基团的存在决定了腐殖酸的酸性、亲水性、阳离子交换性、结合能力以及较高的吸附能力，是一种阴离子表面活性剂。因其亲水基团结构较长而复杂，呈现的酸性较弱，简单将其作为混凝土的减水剂效果不佳，经磺化或者硝酸氧化可以提高其性能。

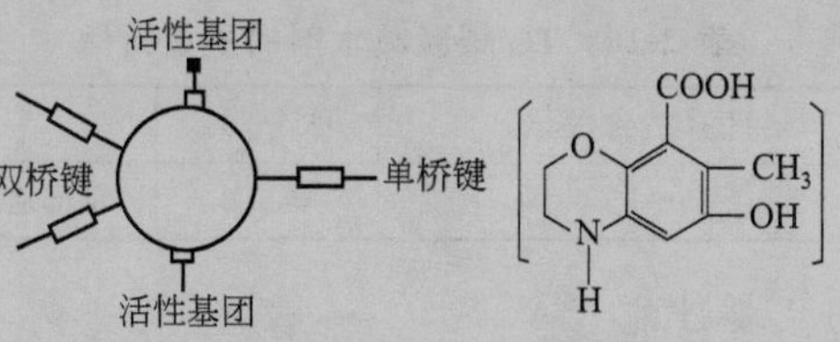

图 2-1 腐殖酸分子的基本结构

腐殖酸及其制品具有多种用途。在农业方面，与氮、磷、钾等元素结合，可制成腐殖酸类肥料，具有肥料增效、改良土壤、刺激作物生长、改善农产品质量等功能；硝基腐殖酸可用作水稻育秧调酸剂；腐殖酸镁、腐殖酸锌、腐殖酸尿素铁分别在补充土壤缺镁、玉米缺锌、果树缺铁上有良好的效果；腐殖酸和除草醚等农药混用，可以有效提高药效、抑制残毒；腐殖酸钠对治疗苹果腐烂病比较有效。在畜牧业方面，腐殖酸钠可用于鹿茸止血，硝基腐殖酸尿素络合物作为牛饲料添加剂也有良好的效果。在工业方面，腐殖酸钠可用于陶瓷泥料的调整；低压锅炉、机车锅炉的防垢；腐殖酸离子交换剂可用于处理含重金属废水；磺化腐殖酸钠可用于水泥减水剂；腐殖酸制品还可用作石油钻井泥浆的处理剂。总之，腐殖酸及其制品的用途非常广泛。

腐殖酸减水剂是将草炭等原料烘干粉碎后，用苛性钠溶液进行煮沸，再将混合液分离后，其清液即为腐殖酸钠溶液。以腐殖酸钠溶液为原料，用亚硫酸钠为磺化剂进行磺化，再经烘干、磨细即制成腐殖酸减水剂。也有的腐殖酸减水剂产品以风化煤为原料经粉碎，以硝酸氧解、真空吸滤、水洗，再以烧碱碱解中和，高塔喷雾干燥等工艺制成。腐殖酸减水剂的制备工艺流程如图 2-2 所示。

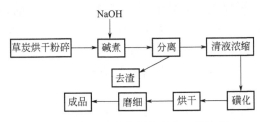

图 2-2 腐殖酸减水剂的制备工艺流程

1. 腐殖酸减水剂的质量指标

腐殖酸减水剂的主要成分是磺化腐殖酸钠，液体腐殖酸减水剂（浓度 30％左右）呈深咖啡色黏稠状，粉剂呈深咖啡色粉末。腐殖酸减水剂的质量指标如表 2-21 所列。

表 2-21 腐殖酸减水剂的质量指标

项目名称	木质素磺酸镁/％	还原物/％	水分/％	水不溶物/％	pH 值	表面张力/(mN/m)
质量指标	>35	≤10	≤1.0	≤4.0	9～10	54

2. 腐殖酸减水剂的主要性能

① 腐殖酸减水剂的适宜掺量为水泥用量的 0.2％～0.35％，如果混凝土的强度保持不变，可以节省水泥 8％～10％。

② 腐殖酸减水剂的减水率为 8％～13％，34d 和 7d 的混凝土强度均有所增长，28d 的抗压强度可提高 10％～20％。

③ 掺加腐殖酸减水剂的新拌混凝土，其坍落度可提高 10cm 左右。

④ 腐殖酸减水剂有一定的引气性，混凝土的含气量增加 1％～2％，抗冻性和抗渗性也得到提高。

⑤ 可延缓水泥初期的水化速率，水化的放热峰推迟 2～2.5h。放热高峰温度也有所下降，初凝和终凝的时间延长约 1h。

⑥ 掺加腐殖酸减水剂的混凝土，其泌水性较基准混凝土降低 50％左右，其保水性能也比较好。

第四节 普通减水剂应用技术要点

① 普通减水剂可以广泛用于普通混凝土、大体积混凝土、大坝混凝土、水土混凝土、泵送混凝土、滑模施工用混凝土及防水混凝土。因其不含有氯盐，可用于现浇混凝土、预制混凝土、钢筋混凝土和预应力混凝土。

② 普通减水剂的减水率一般都比较小，并且具有一定的缓凝、引气作用，加上其引气量较大不宜单独用于蒸养混凝土。单独使用普通减水剂适宜掺量 0.2％～0.3％，掺量过大会引起混凝土强度下降，很长时间不产生凝结。随气温升高可适当增加掺量，但不得超过水泥质量的 0.3％，计量误差不大于±5％。

③ 混凝土拌合物的凝结时间、硬化速度和早期强度发展等，与混凝土的养护温度有密切关系。温度较低时缓凝、早期强度低等现象更为突出。因此，普通减水剂适用于日最低气温5℃以上的混凝土施工，低于5℃时应与早强剂复合使用。

④ 混凝土拌合物从出搅拌机运输到浇筑的时间，与混凝土的坍落度损失及凝结时间有关。混凝土从搅拌出机至浇筑入模的间隔时间宜为：气温20～30℃，间隔不超过1h；气温10～19℃，间隔不超过1.5h；气温5～9℃，间隔不超过2.0h。

⑤ 在进行混凝土配制时，为保证普通减水剂均匀分布于混凝土中，宜以溶液形式掺入，可与拌合水同时加入搅拌机内。

⑥ 需经蒸汽养护的预制构件在使用木质素减水剂时，掺量不宜大于0.05%，并且不宜采用腐殖酸减水剂。

⑦ 应特别注意普通减水剂与胶结料及其他外加剂的相容性问题，如用硬石膏或氟石膏作为混凝土调节凝结的外加剂，在掺用木质素减水剂时会引起假凝。掺加引气剂时不要同时加氯化钙，后者有消泡作用。在复合外加剂中也应注意相容性问题。

⑧ 混凝土使用普通减水剂时，应注意加强养护工作。因普通减水剂具有一定的缓凝和引气作用，需要防止水分过早蒸发而影响混凝土强度的发展。一般可采用在混凝土表面喷涂养护剂或加盖塑料薄膜的方法。

第三章

混凝土高效减水剂

在混凝土坍落度基本相同的条件下，能大幅度减少拌合水量的外加剂，称为高效减水剂或超塑化剂、硫化剂，属非缓凝型减水剂。高效减水剂对水泥有强烈分散作用，能大大提高混凝土拌合物流动性和混凝土坍落度，同时大幅度降低用水量，显著改善混凝土工作性。但有的高效减水剂会加速混凝土坍落度损失，掺量过大时则产生泌水现象。

高效减水剂基本不改变混凝土凝结时间，掺量大时（超剂量掺入）稍有缓凝作用，但并不延缓硬化混凝土早期强度的增长。高效减水剂减水率可达 20％以上，早期增强效果比较显著，广泛用于各种钢筋混凝土及预应力钢筋混凝土，适用于配制早强、高强、流态、自密实及蒸养等混凝土。

第一节　高效减水剂的选用及适用范围

混凝土的发展充分证明，外加剂中的高效减水剂给混凝土的生产和应用带来重大影响。20 世纪 60 年代，日本发明的萘磺酸盐与德国发明的磺化蜜胺树脂，是高效减水剂的代表性产品。日本首先将这种混凝土用于高强桩的生产，20 世纪 70 年代在公路桥和铁路桥上，采用了坍落度中等、强度在 50～80MPa 的混凝土梁；在德国首先将高效减水剂用于水下不分散混凝土，改善混凝土拌合物的流动性，而无需改变混凝土的水灰比。由于强度和流动性可以同时兼顾，因此如今高效减水剂在全世界都用于生产高强、高流动性的混凝土。

第一代高效减水剂——萘基高效减水剂和密胺树脂基高效减水剂是 20 世纪 60 年代初开发出来的，由于性能较普通减水剂有明显提高，因而又被称为超塑化剂。第二代高效减水剂是氨基磺酸盐，虽然按时间顺序是在第三代高效减水剂——聚羧酸高效减水剂之后。聚羧酸高效减水剂既有磺酸基又有羧酸基的接枝共聚物，则是第三代高效减水剂中最重要的，性能也是最优良的高性能减水剂。

一、高效减水剂的选用方法

根据现行国家标准《混凝土外加剂应用技术规范》（GB 50119—2013）中的规定，在混凝土工程中常用高效减水剂可以按表 3-1 中的规定进行选用。

二、高效减水剂的适用范围

工程实践证明，借助高效减水剂将水灰比降低到 0.4 以下可获得高强度的混凝土和砂浆，可以配制混凝土"超塑化拌合物"，即用水量低而流动性非常好的混凝土。这种混凝土硬化后由于孔隙率小，强度高且耐久性优异，使长期暴露于侵蚀环境中的混凝土寿命大大延长。高效减水剂的广泛应用，给混凝土技术的发展增添了新的活力。

表 3-1　高效减水剂的选用方法

序号	选用方法
1	混凝土工程可采用下列高效减水剂： (1)萘和萘的同系磺化物与甲醛缩合的盐类、氨基磺酸盐等多环芳香族磺酸盐类； (2)磺化三聚氰胺树脂等水溶性树脂磺酸盐类； (3)脂肪族羟烷基磺酸盐高缩聚物等脂肪族类
2	混凝土工程可采用由缓凝剂与高效减水剂复合而成的缓凝型高效减水剂

根据现行国家标准《混凝土外加剂应用技术规范》（GB 50119—2013）中的规定，在混凝土工程中高效减水剂的适用范围应符合表 3-2 中的要求。

表 3-2　高效减水剂的适用范围

序号	适用范围
1	高效减水剂可以用于素混凝土、钢筋混凝土、预应力混凝土，并也可以用于制备高强混凝土
2	缓凝型高效减水剂可用于大体积混凝土、碾压混凝土、热气候条件下施工的混凝土、大面积浇筑的混凝土、避免冷缝产生的混凝土、需长时间停放或长距离运输的混凝土、自密实混凝土、滑模施工或拉模施工的混凝土及其他需要延缓凝结时间且有较高减水率要求的混凝土
3	标准型高效减水剂宜用于日最低气温 0℃ 以上施工的混凝土，也可用于蒸养混凝土
4	缓凝型高效减水剂宜用于日最低气温 5℃ 以上施工的混凝土

第二节　高效减水剂的质量检验

为充分发挥高效减水剂减水增强、显著改善混凝土性能的功效，确保其质量符合国家的有关标准，对所选用高效减水剂进场后，应按照现行国家标准《混凝土外加剂应用技术规范》（GB 50119—2013）中的规定进行质量检验。混凝土高效减水剂的质量检验要求如表 3-3 所列。

表 3-3　混凝土高效减水剂的质量检验要求

序号	质量检验要求
1	高效减水剂应按每 50t 为一检验批，不足 50t 时也应按一个检验批计。每一检验批取样量不应少于 0.2t 胶凝材料所需用的减水剂量。每一检验批取样应充分混匀，并应分为两等份；其中一份按照《混凝土外加剂应用技术规范》(GB 50119—2013)第 5.3.2 和 5.3.3 条规定的项目及要求进行检验，每检验批检验不得少于两次；另一份应密封留样保存半年，有疑问时，应进行对比检验
2	高效减水剂进场检验项目应包括 pH 值、密度(或细度)、含固量(或含水率)、减水率，缓凝型减水剂还应检验凝结时间差
3	高效减水剂进场时，初始或经时坍落度(或扩展度)应按进场检验批次，采用工程实际使用的原材料和配合比与上批留样进行平行对比试验，其允许偏差应符合现行国家标准《混凝土质量控制标准》(GB 50164—2011)的有关规定

第三节　高效减水剂主要品种及性能

高效减水剂是一种新型的化学外加剂，其化学性能不同于普通减水剂，在正常掺量范围内时具有比普通减水剂更高的减水率，但没有严重的缓凝及引气量过多的问题。

高效减水剂对水泥有强烈分散作用，能大大提高水泥拌合物流动性和混凝土坍落度，同时大幅度降低用水量，显著改善混凝土工作性。但有的高效减水剂会加速混凝土拌合物坍落度损失，掺量过大时则出现泌水。高效减水剂基本不改变混凝土凝结时间，当掺量大时（超剂量掺入）稍有缓凝作用，但并不延缓硬化混凝土早期强度的增长。

目前我国高效减水剂的品种很多，在混凝土工程中常用的主要品种有萘系高效减水剂、氨基磺酸盐减水剂、脂肪族羟基磺酸盐系减水剂、三聚氰胺高效减水剂等。

一、萘系高效减水剂

萘系高效减水剂是经化工合成的非引气型高效减水剂。化学名称萘磺酸盐甲醛缩合物，它对于水泥粒子有很强的分散作用。萘系高效减水剂是以萘系及其同系物为主要原料，经磺化、缩合、水解，用氢氧化钠或部分氢氧化钠和石灰水中和，经干燥而制成的产品，是工程界应用最多的一种混凝土高效减水剂。该类减水剂所用的萘系及其同系物为石油或煤的工业副产品，不同厂家的萘系及其同系物的含量成分各不相同，所制得的萘系高效减水剂的性能差异很大。萘系高效减水剂合成工艺如图 3-1 所示。

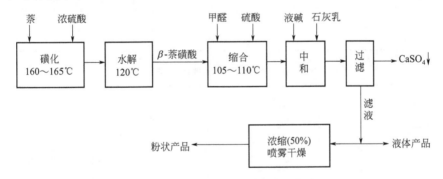

图 3-1　萘系高效减水剂合成工艺图

1. 萘系高效减水剂的作用机理

萘系高效减水剂是一种阴离子表面活性剂，它对水泥胶凝材料所起的表面活性作用，主要可概括为以下几个方面。

① 水泥粒子对萘系高效减水剂的吸附，以及萘系高效减水剂对水泥胶凝材料的分散作用。水泥加水拌和转变为水泥浆后，在微观上呈现为一种絮凝状结构。水化初期开始形成不同的水泥水化产物，水泥主要矿物在水化反应过程中带有不同电荷，因而产生相互吸引。絮凝状结构中包裹了不少水，当减水剂分子被浆体中的水泥粒子吸附时，在其表面形成扩散的双电层，成为一个个极性分子或分子团，憎水端吸附于水泥颗粒表面，而亲水端朝向水溶液，形成单分子层或多分子层的吸附膜。这种效果拉拢了水分子，而隔开了絮凝状的水泥粒子，使其处于高度的分散状态，释放出絮凝体中包裹的水分子。同时，由于表面活性剂的定向吸附，使水泥颗粒朝外一侧带有同种电荷，产生相互排斥作用，其结果是使水泥浆体形成

一种不稳定的悬浮状态。

② 水泥颗粒表面的润滑作用。萘系高效减水剂的极性亲水端朝向水溶液，多以氢键形式与水分子缔合，再加上水分子之间的氢键缔合，构成了水泥微粒表面的一层水膜，阻止水泥颗粒间的直接接触，起到良好的润滑作用。水泥浆中的微小气泡，同样被高效减水剂分子的定向吸附性基团所包裹，使气泡与气泡及气泡与水泥颗粒间也因带同种电荷相互排斥，从而就像在水泥颗粒间加入许多滚珠。

2. 生产所用主要原料及质量要求

（1）工业萘　萘的分子式为 $C_{10}H_8$，分子量为128。生产实践表明：用工业萘含量高的原料，生产的萘系高效减水剂性能较好，引气量也较小。我国大多数萘系高效减水剂是采用工业萘为原料，采用精萘的很少。萘由煤焦油蒸馏提取，固体工业萘为白色，允许带微红或微黄色的片状或粉状结晶；液体工业萘颜色无具体规定。工业萘在80℃时熔化，218℃时沸腾，不溶于水而易于升华，有特殊气味。工业萘按质量分为一级品和二级品，其技术指标应符合表3-4中规定。

（2）硫酸　硫酸是生产萘系高效减水剂的重要原料之一，一般应用浓度大于98%的浓硫酸，其为无色或淡黄色透明的液体，密度为 $1.84g/cm^3$，分子式为 H_2SO_4，分子量为98。浓硫酸分为优等品、一级品和合格品，其性能指标应符合表3-5中的规定。

表 3-4　工业萘的技术指标

技术指标	一级品	二级品
结晶点/℃	≥78.0	≥77.5
不挥发物/%	≤0.04	≤0.06
灰分/%	≤0.01	≤0.02

表 3-5　浓硫酸的性能指标

指标名称	性能指标		
	优等品	一级品	合格品
硫酸（H_2SO_4）含量/%	≥98.0	≥98.0	≥98.0
灰分/%	0.03	0.03	0.10
铁含量/%	0.010	0.010	—
铅含量/%	0.01	—	—
砷含量/%	0.0001	0.005	—
透明度/mm	50	50	
色度/度	≤2.0	≤2.0	

（3）工业甲醛溶液　工业甲醛溶液浓度为35%～37%，无色透明液体，有刺激性气味，15℃时密度为 $1.10g/cm^3$，分子式为 CH_2O，分子量为30。甲醛分为优等品、一级品和合格品，其性能指标应符合表3-6中的规定。

（4）氢氧化钠　工业用氢氧化钠有液体和固体两种。固体产品应先配制成浓度为30%～40%的溶液后再使用。工业用固体氢氧化钠的性能指标应符合表3-7中的规定。

从表3-7中可以看出，用不同方法生产的氢氧化钠，其中氯化钠的含量有较大的差异，水银法生产的氢氧化钠中氯化钠的含量最低，隔膜法生产的氢氧化钠中氯化钠的含量最高。

根据对高效减水剂中氯离子的要求，可选用不同方法生产的氢氧化钠。

工业用液体氢氧化钠的性能指标应符合表 3-8 中的规定。

表 3-6 甲醛的性能指标

指标名称	性能指标		
	优等品	一级品	合格品
外观	清晰无悬浮物液体，低温时允许白色浑浊		
色度(铂-钴比色法)/度	≤10	—	—
甲醛含量/%	37.0～37.4	36.7～37.4	36.5～37.4
甲醇含量/%	≤12	≤12	≤12
酸度(以甲醛计)/%	≤0.02	≤0.04	≤0.05
铁含量/×10⁻⁶	≤1(槽装)	≤3(槽装)	≤5(槽装)
	≤5(桶装)	≤10(桶装)	≤10(桶装)
灰分/%	≤0.005	≤0.005	≤0.005

表 3-7 工业用固体氢氧化钠的性能指标　　　　单位:%

项目	性能指标								
	水银法			苛化法			隔膜法		
	优等品	一级品	合格品	优等品	一级品	合格品	优等品	一级品	合格品
氢氧化钠含量	≥99.5	≥99.5	≥99.0	≥97.0	≥97.0	≥96.0	≥96.0	≥96.0	≥95.0
碳酸钠含量	≤0.40	≤0.45	≤0.90	≤1.5	≤1.7	≤2.5	≤1.3	≤1.4	≤1.6
氯化钠含量	≤0.06	≤0.08	≤0.15	≤1.1	≤1.2	≤1.4	≤2.7	≤2.8	≤3.2
三氧化二铁含量	≤0.003	≤0.004	≤0.005	≤0.008	≤0.01	≤0.01	≤0.008	≤0.01	≤0.02
钙镁总含量(以 Ca 计)	≤0.01	≤0.02	≤0.03	—	—	—	—	—	—
二氧化硅含量	≤0.02	≤0.03	≤0.04	≤0.50	≤0.55	≤0.60	—	—	—
汞含量	≤0.0005	≤0.0005	≤0.0015	—	—	—	—	—	—

表 3-8 工业用液体氢氧化钠的性能指标　　　　单位:%

项目	性能指标								
	水银法			苛化法			隔膜法		
	优等品	一级品	合格品	优等品	一级品	合格品	优等品	一级品	合格品
氢氧化钠含量	≥45.0	≥45.0	≥42.0	≥45.0	≥45.0	≥42.0	≥42.0	≥42.0	≥42.0
碳酸钠含量	≤0.25	≤0.30	≤0.35	≤1.0	≤1.1	≤1.5	≤0.30	≤0.40	≤0.60
氯化钠含量	≤0.03	≤0.04	≤0.05	≤0.70	≤0.80	≤1.00	≤1.60	≤1.80	≤2.00
三氧化二铁含量	≤0.002	≤0.003	≤0.004	≤0.02	≤0.02	≤0.03	≤0.004	≤0.007	≤0.01
钙镁总含量(以 Ca 计)	≤0.005	≤0.006	≤0.007	—	—	—	—	—	—
二氧化硅含量	≤0.01	≤0.02	≤0.02	≤0.50	≤0.55	≤0.60	—	—	—
汞含量	≤0.001	≤0.002	≤0.003	—	—	—	—	—	—

注：工业用液体氢氧化钠的隔膜法生产分为Ⅰ型和Ⅱ型，表中仅列出Ⅰ型产品的性能指标。

3. 萘系高效减水剂的主要性能

工程实践充分证明，萘系高效减水剂具有较高的减水率，可使混凝土的水灰比进一步减小，混凝土的强度进一步提高，并发展到高性能混凝土的阶段，极大地推动了建筑业的发展，是现代混凝土技术的重大进步。同时，高效减水剂通过激发钢渣、粉煤灰等的活性，以及高效减水剂与它们之间的协调作用等，使这些工业废渣能部分替代水泥而成为高性能混凝土中优良的掺合料；具有显著的经济效益和社会效益，也能满足社会的可持续发展战略。

（1）萘系高效减水剂的主要性能　萘系高效减水剂的物理性能如表 3-9 所列。

表 3-9　萘系高效减水剂的物理性能

项目	物理性能	项目	物理性能
外观	液体为棕色至深棕色；粉状淡黄色至棕色	pH 值	7～9
Na_2SO_4	低浓度<25%，中浓度<10%，高浓度<5%	表面张力	65～70mN/m
氯离子含量	一般氯离子含量应<1.0%	总碱量	一般低浓度<16%，高浓度<12%

（2）萘系高效减水剂的性能指标　萘系高效减水剂的性能指标如表 3-10 所列。

表 3-10　萘系高效减水剂的性能指标

项目		性能指标	项目		性能指标
减水率/%		≥14	抗压强度比/%	1d	≥140
泌水率/%		≤90		3d	≥130
含气量/%		≤3.0		7d	≥125
凝结时间之差/min	初凝	−90～+120		28d	≥120
	终凝		收缩率比/%	28d	≤135

（3）萘系高效减水剂掺量对不同水泥浆体流动性的影响　此试验选用了基准水泥 P·I42.5、P·S32.5 水泥、P·P32.5 水泥和 P·O32.5 水泥，水泥净浆的水灰比均为 0.29，水泥净浆流动度与萘系高效减水剂掺量关系的试验结果如表 3-11 所列。

表 3-11　水泥净浆流动度与萘系高效减水剂掺量关系

萘系高效减水剂掺量/% ＼ 流动度/mm ＼ 水泥品种	0.30	0.50	0.75	1.00	1.25	2.00	3.00
基准水泥	172	220	244	260	264		
矿渣水泥	150	220	225	229	231		
普通水泥	75	115	161	184	212		
火山灰质水泥	—	—	74	80	100	111	110

从表 3-11 中可以看出，随着萘系高效减水剂掺量的增加，各种水泥净浆流动度均有不同程度的提高。但火山灰质水泥在同等掺量的情况下水泥净浆的流动度低于其他品种的水泥。当萘系高效减水剂掺量在 0.50%～0.75% 时，水泥净浆的流动度增长较快。

（4）萘系高效减水剂对水泥水化热的影响　减水剂对水泥水化热的影响按现行标准规定方法进行，试验结果如表 3-12 所列。试验结果显示：P·O42.5 水泥在掺加萘系高效减水剂后，水泥水化热有所降低，放热峰出现时间延迟，有利于大体积混凝土工程施工。

表 3-12 萘系高效减水剂对水泥水化热的影响试验结果

序号	水泥品种	减水剂掺量/%	水灰比/%	水化热/(cal/g)		放热峰	
				3d	7d	出现时间/h	温度/℃
1		0	29.0	54.0	59.6	13	34.5
2	P·O42.5	0.50	29.0	50.4	56.6	14	33.2
3		0.50	23.6	45.7	51.3	14	33.6

注：1cal=4.18J。

（5）萘系高效减水剂对新拌混凝土性能的影响 萘系高效减水剂对新拌混凝土性能的影响主要包括对含气量和泌水率的影响、对混凝土凝结时间的影响和对混凝土坍落度损失的影响。

① 对含气量和泌水率的影响 用配合比为 1：2.3：3.77（水泥：砂：石子）、水泥用量 310kg/m³ 的混凝土，以不同的萘系高效减水剂掺量进行含气量和泌水率的影响试验，试验结果如表 3-13 所列。从表 3-13 中可以看出，对于上述水泥掺加萘系高效减水剂后，混凝土中的含气量略有增加，但泌水率大大下降。

表 3-13 萘系高效减水剂对含气量和泌水率的影响

减水剂掺量/%	水灰比	减水率/%	坍落度/cm	含气量/%	泌水率/%	泌水率比/%
0	0.600	0	6.0	1.40	8.50	100
0.30	0.550	8	5.0	2.65	4.30	51
0.50	0.530	12	5.0	3.40	2.90	34
0.75	0.480	20	5.2	3.95	0.77	9
1.00	0.468	22	4.5	4.55	0.05	0.6

注：水泥为基准水泥。

② 对混凝土凝结时间的影响 采用贯入阻力法测定混凝土拌合物筛出砂浆的硬化速率，来确定混凝土的凝结时间。初凝贯入阻力为 3.5MPa，终凝贯入阻力为 28MPa。萘系高效减水剂混凝土拌合物凝结时间和坍落度的影响如表 3-14 所列。

试验结果表明，掺加萘系高效减水剂后，混凝土的凝结时间虽稍有变化，但变化的幅度并不大。在施工过程中不会出现不利影响，可以和未掺加外加剂的混凝土一样作业，无需特殊要求。

③ 对混凝土坍落度损失的影响 在混凝土中掺加萘系高效减水剂，可以明显改善混凝土拌合物的和易性，尤其可增大拌合物的流动性，但对混凝土的坍落度损失也带来影响，一般来说，掺加萘系高效减水剂后，混凝土早期坍落度损失增大。萘系高效减水剂混凝土拌合物坍落度的影响如表 3-14 所列。

表 3-14 萘系高效减水剂混凝土拌合物凝结时间和坍落度的影响

水泥品种	减水剂掺量/%	减水率/%	坍落度/cm	初凝/min	终凝/min
基准水泥	0	0	6.0	308	453
	0.50	8	5.0	300	435
	0.75	12	5.0	306	432
		20	5.2	288	281
	1.00	22	4.5	278	265

续表

水泥品种	减水剂掺量/%	减水率/%	坍落度/cm	初凝/min	终凝/min
32.5 矿渣水泥	0	0	7.0	467	811
	0.50	15	6.3	351	710
42.5 普通水泥	0	0	7.0	415	635
	0.50	15	7.0	422	638
32.5 火山灰质水泥	0	0	5.6	524	781
	0.75	13	4.6	539	885

（6）萘系高效减水剂对硬化混凝土性能的影响　萘系高效减水剂对硬化混凝土性能的影响主要包括混凝土的抗压强度影响和对其他性能的影响。

① 混凝土的抗压强度影响　萘系高效减水剂对硬化混凝土的抗压强度有较大影响。萘系高效减水剂对硬化混凝土抗压强度的影响如表 3-15 所列。

表 3-15　萘系高效减水剂对硬化混凝土抗压强度的影响

水泥用量/(kg/m³)	减水剂掺量/%	水灰比/%	减水率/%	坍落度/cm	抗压强度/MPa	
					7d	28d
400	0	43.8	0	6.0	46.5	54.8
	0.50	38.0	13.2	8.3	55.8	65.2
	0.75	36.0	17.8	8.5	66.9	75.5
	1.00	34.0	22.4	7.8	67.7	77.4
500	0	38.0	0	6.0	52.9	60.1
	0.50	33.0	13.2	7.8	65.2	73.4
	0.75	31.2	17.9	8.0	71.8	84.3
	1.00	29.6	22.1	9.2	73.8	86.2
600	0	34.2	0	8.1	55.2	64.3
	0.50	29.7	13.2	7.5	75.0	85.4
	0.75	28.0	18.1	7.8	83.9	91.0
	1.00	26.7	21.9	8.2	85.8	97.0

② 对其他性能的影响　混凝土试验结果表明，掺加萘系高效减水剂的混凝土，在混凝土拌合物的坍落度基本相同时，硬化混凝土的劈裂强度有所提高，弹性模量也有所增大，收缩性也有所增加。

4. 萘系高效减水剂的主要用途

萘系高效减水剂是目前在混凝土工程中应用比较广泛的外加剂，这类高效减水剂的主要用途如表 3-16 所列。

表 3-16　萘系高效减水剂的主要用途

序号	主要用途
1	作为复合高效减水剂的重要组分。萘系高效减水剂作为一种主要的减水剂品种，它可作为各种复合高效减水剂的重要组分，根据复合外加剂的要求，萘系高效减水剂在其中的用量是不同的
2	配制流动性混凝土。长期以来，混凝土工程界所期望的目标是在保持水灰比相同时，制备一种施工中可安全自流平的混凝土，在浇筑过程中或浇筑后，混凝土不出现泌水，不离析和不降低强度。 选用初始坍落度为 7.5cm 的基准混凝土，掺入适量的萘系高效减水剂，可以配制坍落度超过 20cm 的流动性混凝土，它与普通混凝土的根本区别在于：既能保持良好的凝聚性，又极易流动而成自流平
3	配制减水高强混凝土。利用萘系高效减水剂可以生产强度等级为 C100 的混凝土。当减水混凝土与基准混凝土的强度相同时，减水混凝土 3d 就能达到基准混凝土 7d 的强度，减水混凝土 7d 就能达到基准混凝土 28d 的强度，这对于提高劳动生产率、加快模板周转非常有利

续表

序号	主要用途
4	能降低水泥用量。在相同的强度要求下,保持混凝土和易性和水灰比不变,掺加萘系高效减水剂,可以大幅度促进混凝土强度增长,混凝土的水泥用量随萘系高效减水剂掺量增加而减少

二、氨基磺酸盐高效减水剂

氨基磺酸盐高效减水剂是一种单环芳烃型高效减水剂,这种高效减水剂主要由对氨基苯磺酸、单环芳烃衍生物苯酚类化合物和甲醛在酸性或碱性条件下加热缩合而成。氨基磺酸盐高效减水剂因具有生产工艺简单,对水泥粒子的分散性好,减水率比较高,制得的混凝土强度较高、耐久性好、坍落度经时损失小等显著的优点,成为目前国内较有发展前途的高效减水剂。氨基磺酸盐高效减水剂合成工艺如图 3-2 所示。

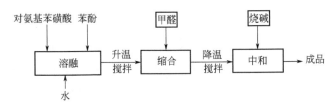

图 3-2 氨基磺酸盐高效减水剂合成工艺图

1. 氨基磺酸盐高效减水剂的主要特点

(1) 减水剂的掺量较低 氨基磺酸盐高效减水剂在水泥表面产生静力和高分子吸附层的立体侧力,具有较强、较持久的分散力。其固体掺量为水泥质量的 0.30%～1.25%,液体掺量为水泥质量的 0.70%～2.75%。如果掺量过大,易使水泥粒子过于分散,混凝土拌合物的保水性变差,不仅出现严重的离析泌水现象,甚至使浆体糊状板结分离。

(2) 具有较高的减水率 材料试验证明,氨基磺酸盐高效减水剂的减水率可达到 30% 以上,可配制 C60～C100 高强超高强混凝土,使用这种减水剂的混凝土填充性良好,适用于配制大流动度的免振捣自密实混凝土。

(3) 混凝土拌合物坍落度损失很小 在常温条件下,混凝土拌合物 90min 的坍落度损失很小,可以满足较长时间、长距离运输的要求;特别适合商品混凝土及泵送混凝土的施工。

(4) 混凝土的早期强度比较高 材料试验证明,掺加氨基磺酸盐高效减水剂的混凝土,其早期强度增长较快,3d 可达到设计强度等级标准值的 70% 以上。

(5) 掺加氨基磺酸盐高效减水剂的混凝土,具有良好的体积稳定性、抗渗性和抗冻融性,从而使这种混凝土具有高耐久性。

(6) 优良的适应性 材料试验表明,氨基磺酸盐高效减水剂与各种硅酸盐水泥的相容性都很好。

(7) 碱含量较低 可防止混凝土碱-集料反应,冬季使用无沉淀结晶。

2. 氨基磺酸盐高效减水剂的性能指标

氨基磺酸盐高效减水剂的匀质性指标如表 3-17 所列,掺氨基磺酸盐高效减水剂后混凝土的性能指标如表 3-18 所列,氨基磺酸盐高效减水剂的减水率指标如表 3-19 所列。

表 3-17　氨基磺酸盐高效减水剂的匀质性指标

项目	MNC-AS 氨基磺酸盐高效减水剂	UNF-5 氨基磺酸盐高效减水剂
外观	棕红色液体	黄褐色粉末
固含量/%	40±1	95
细度(50 目筛余)/%	—	≤8.5
水泥净浆流动度/mm	230	210
碱含量/%	0.5	7.5
氯离子含量/%	无	无
pH 值	8～10	7～9

表 3-18　掺氨基磺酸盐高效减水剂后混凝土的性能指标

项目		MNC-AS 氨基磺酸盐高效减水剂	UNF-5 氨基磺酸盐高效减水剂
减水率/%		10～33	10～25
常压泌水率/%		≤95	≤70
含气量/%		≤1.5	≤3.0
坍落度增加值/mm		100	80
凝结时间差/min		＋60～＋180	−30～＋30
抗压强度比/%	3d	≥145	≥160
	7d	≥160	≥140
	28d	≥155	≥130
对钢筋锈蚀作用		无	无
固体掺量(水泥质量×%)		0.3～1.2	1.0～2.0

表 3-19　氨基磺酸盐高效减水剂的减水率指标

固体掺量(水泥质量 C×%)	0.3	0.375	1.0	1.2	1.5
减水率/%	15	18	27	29	33

3. 氨基磺酸盐高效减水剂对混凝土的影响

氨基磺酸盐高效减水剂对混凝土的影响主要包括：对混凝土坍落度损失的影响、对混凝土缓凝作用的影响和对硬化混凝土的强度影响。

（1）对混凝土坍落度损失的影响　表 3-20 为掺加氨基磺酸盐高效减水剂和萘系高效减水剂混凝土坍落度经时损失值的试验结果。在两种常用掺量的条件下，掺加氨基磺酸盐高效减水剂混凝土的坍落度在 60min 内几乎没有变化，而在 120min 后仅分别降低 2.5cm 和 2.0cm，这说明掺加氨基磺酸盐高效减水剂可有效控制混凝土坍落度经时损失。

表 3-20　掺氨基磺酸盐和萘系高效减水剂混凝土坍落度经时损失值的试验结果

减水剂品种	减水剂掺量/%	坍落度值/cm				
		初始	30min	60min	90min	120min
萘系高效减水剂	0.50	16.5	16.5	15.0	13.0	10.0
	0.75	19.0	18.5	17.0	15.0	11.5
氨基磺酸盐高效减水剂	0.50	18.0	18.0	17.5	16.3	15.5
	0.75	21.5	21.5	21.5	20.5	19.5

（2）对混凝土缓凝作用的影响　试验测定了掺加氨基磺酸盐高效减水剂和萘系高效减水剂在 0.50％ 掺量条件下，水泥净浆与混凝土的凝结时间，并分别与基准水泥和混凝土的凝结时间进行了对比。由表 3-21 可知，掺加萘系高效减水剂的水泥初凝时间和基准水泥差不多，而终凝时间延长 60min 左右；而掺加氨基磺酸盐高效减水剂的水泥净浆，其初凝和终凝时间分别达到 400min、875min。

由表 3-22 可知，掺加氨基磺酸盐高效减水剂的混凝土，其初凝和终凝时间分别达到590min、920min。由此可见，氨基磺酸盐高效减水剂对水泥净浆和混凝土的缓凝作用比较强，特别适用于大体积混凝土的施工。

表 3-21　掺氨基磺酸盐和萘系高效减水剂对水泥净浆凝结时间的影响

减水剂品种	减水剂掺量/％	初凝时间/min	终凝时间/min
基准(不掺减水剂)	0	135	280
萘系高效减水剂	0.50	175	340
氨基磺酸盐高效减水剂	0.50	400	875

表 3-22　掺氨基磺酸盐和萘系高效减水剂对混凝土凝结时间的影响

减水剂品种	减水剂掺量/％	初凝时间/min	终凝时间/min
基准(不掺减水剂)	0	270	470
萘系高效减水剂	0.50	290	440
氨基磺酸盐高效减水剂	0.50	590	920

（3）对硬化混凝土的强度影响　抗压强度是混凝土最重要的力学性能之一。表 3-23 中列出了基准混凝土、掺量为 0.50％ 时氨基磺酸盐高效减水剂和萘系高效减水剂混凝土 3d、7d、28d 龄期的抗压强度试验结果，由试验数据可知，掺加高效减水剂是提高混凝土强度的有效措施，而掺加氨基磺酸盐高效减水剂对混凝土的减水增强作用更好。

表 3-23　掺氨基磺酸盐和萘系对混凝土的减水增强效果

减水剂品种	减水率/％	抗压强度(MPa)及抗压强度比(％)		
		3d	7d	28d
基准(不掺减水剂)	—	9.2/100	17.1/100	28.7/100
萘系高效减水剂	16.9	12.1/131	21.7/127	33.3/116
氨基磺酸盐高效减水剂	26.8	13.6/148	24.3/142	37.2/130

注：表中的分子为抗压强度实测值，分母为与基准混凝土抗压强度比值。

三、脂肪族羟基磺酸盐系减水剂

脂肪族羟基磺酸盐系减水剂，又称为磺化丙酮甲醛树脂、酮醛缩合物，是以羟基化合物为主要原料，经缩合得到的一种脂肪族高分子聚合物。脂肪族羟基磺酸盐高效减水剂属阴离子表面活性物质，具有减水率比较高、强度增长快、生产工艺简单、对环境无污染等显著的优点。

试验结果表明，脂肪族羟基磺酸盐高效减水剂的减水分散效果，优于传统的萘系高效减水剂和氨基磺酸盐高效减水剂，与水泥的适应能力比较强，可用于制备各种强度等级的泵送混凝土、高强混凝土和自密实混凝土，在各类建筑工程中具有广阔的应用前景。

1. 脂肪族羟基磺酸盐系减水剂的主要特点

① 脂肪族羟基磺酸盐系减水剂的各项性能指标均优于国家现行标准要求，其主要性能比萘系高效减水剂更有优势。

② 脂肪族羟基磺酸盐系减水剂能较好地控制混凝土坍落度损失，并对混凝土的流动性有很好的保持能力，特别是能改善混凝土拌合物的和易性，增强浆体对集料的包裹能力，是配制各强度等级混凝土的优选材料。

③ 脂肪族羟基磺酸盐系减水剂对于不同水泥品种、不同掺合料的适应性较好，配制的混凝土抗冻性能很好，使用范围比较广泛，可广泛应用于商品混凝土。

④ 脂肪族羟基磺酸盐系减水剂配制的混凝土硬化初期颜色泛黄，但在空气中可逐渐转化，待一定时间后同一般混凝土硬化后的颜色没有太大区别。

2. 生产所用主要原材料及控制指标

生产脂肪族羟基磺酸盐系减水剂所用主要原材料有工业用甲醛溶液、工业用丙酮、工业无水亚硫酸钠、工业焦亚硫酸钠、工业用氢氧化钠（片碱）和自来水。为确保脂肪族羟基磺酸盐系减水剂的质量，所用的各种原料均应符合相应现行国家或行业标准的要求。表 3-24 列出了生产所用主要原材料及控制指标，表 3-25 列出了生产每吨脂肪族羟基磺酸盐系减水剂所需的原材料消耗数量。

表 3-24 脂肪族羟基磺酸盐系减水剂生产所用主要原材料及控制指标

原料名称	质量控制项目	控制指标
工业用丙酮 GB/T 6026—2013	外观 色度（铂-钴比色法）/度 相对密度 馏程（0℃，101.325kPa）温度范围（包括 56.1℃）/℃ 蒸发后干燥残渣/% 高锰酸钾褪色时间（25℃）/min 含醇量/% 含水量/% 酸度（以乙酸计）/%	透明液体 $\leqslant$10 0.789～0.793 $\leqslant$2.0 $\leqslant$0.005 $\geqslant$35 $\leqslant$1.0 $\leqslant$0.6 $\leqslant$0.005
工业用甲醛溶液 GB/T 9009—2011	色度（铂-钴比色法）/度 甲醛含量/% 甲醇含量/% 酸度（以甲酸计）/% 铁含量/$\times 10^{-6}$ 灰分/%	$\leqslant$10 37.0～37.4 $\leqslant$12 $\leqslant$0.02 $\leqslant$5 $\leqslant$0.005
工业无水亚硫酸钠 HG/T 2967—2010	亚硫酸钠含量/% 铁含量/% 水不溶物含量/% 游离碱含量/%	$\geqslant$93.0 $\leqslant$0.005 $\leqslant$0.03 $\leqslant$0.40
工业焦亚硫酸钠 HG/T 2826—2008	焦亚硫酸钠含量/% 铁含量/% 水不溶物含量/%	$\geqslant$95.0 $\leqslant$0.01 $\leqslant$0.05
工业用氢氧化钠 GB 209—2006	氢氧化钠含量/% 碳酸钠含量/% 氯化钠含量/% 三氧化二铁含量/%	$\geqslant$96.0 $\leqslant$1.30 $\leqslant$2.70 $\leqslant$0.01

表 3-25 生产每吨脂肪族羟基磺酸盐系减水剂所需的原材料消耗数量

原材料名称	每吨耗量/(kg/t)	原材料名称	每吨耗量/(kg/t)
工业用甲醛溶液	400~500	工业焦亚硫酸钠	100~150
工业用丙酮	50~100	工业用氢氧化钠	30~50
工业无水亚硫酸钠	50~100	自来水	300~400

3. 脂肪族羟基磺酸盐系减水剂的性能

（1）对水泥净浆性能的影响 用脂肪族羟基磺酸盐系减水剂与萘系高效减水剂、氨基磺酸盐高效减水剂、三聚氰胺高效减水剂和聚羧酸高性能减水剂进行水泥净浆流动度对比试验，检验其减水塑化的效果，试验结果如表 3-26 所列。水泥为基准水泥，水灰比为 0.29，外加剂掺量以水泥质量分数，按固体有效成分计。脂肪族羟基磺酸盐系减水剂在相同掺量下，流动度高于萘系高效减水剂。

表 3-26 掺加不同种类高效减水剂的水泥净浆流动度

减水剂品种	掺量/%	流动度/mm		流动指数 $F=(D^2-60^2)/60^2$	
		5min	60min	5min	60min
脂肪族羟基磺酸盐减水剂	0.70	280	265	19.6	17.2
萘系高效减水剂	0.70	250	230	16.4	13.7
氨基磺酸盐高效减水剂	0.70	290	300	24.0	22.4
三聚氰胺高效减水剂	0.70	254	249	16.9	16.2
聚羧酸高性能减水剂	0.40	309	305	25.7	25.0

注：D 为水泥净浆扩展直径。

（2）对混凝土性能的影响

① 对凝结时间与泌水率的影响 试验结果表明，掺加脂肪族羟基磺酸盐系减水剂的混凝土的凝结时间略有缩短，其初凝和终凝时间分别比空白混凝土提前 26min 和 54min，符合高效减水剂标准中规定的凝结时间要求。由于掺加脂肪族羟基磺酸盐系减水剂能大幅度降低水泥浆的黏度，新拌混凝土在水灰比较大时容易出现泌水现象，可以采用适当的黏度调节成分或引气剂复合使用。

② 对混凝土性能的影响 按照现行国家标准《混凝土外加剂》（GB 8076—2008）中的试验方法，测定脂肪族羟基磺酸盐系减水剂减水率。由图 3-3 中可以看出，随着脂肪族羟基

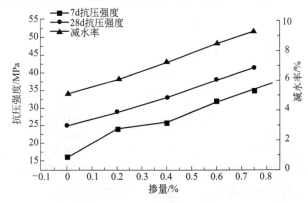

图 3-3 减水率、抗压强度与减水剂掺加量的关系

磺酸盐系减水剂掺加量的增加，不仅混凝土的减水率成比例增加的趋势，而且在低掺量下即具有较强的减水分散效果。

在混凝土坍落度保持不变的条件下，掺加脂肪族羟基磺酸盐系减水剂后，混凝土的抗压强度增长明显。3d、7d和28d的强度随脂肪族羟基磺酸盐系减水剂掺量呈现出线性的增长规律，说明脂肪族羟基磺酸盐系减水剂对混凝土的抗压强度具有良好的增强效果。

图 3-4 为 3d 混凝土抗压强度统计结果；图 3-5 为 7d 和 28d 混凝土抗压强度统计结果；图 3-6 为混凝土含气量统计结果。

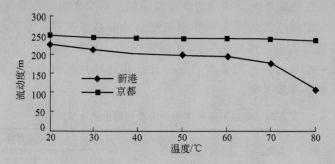

图 3-4　3d 混凝土抗压强度统计结果

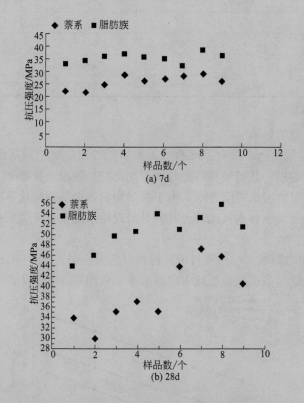

图 3-5　7d 和 28d 混凝土抗压强度统计结果

（3）对混凝土含气量的影响　采用同一批水泥、同样的配合比，在控制坍落度相同的条件下，试验测定了基准混凝土、掺脂肪族羟基磺酸盐系减水剂的混凝土和掺萘系高效减水剂的混凝土的含气量与各龄期抗压强度，一共进行10批次试验。

试验结果表明，掺加脂肪族羟基磺酸盐系减水剂的混凝土平均含气量（1.85%），低于

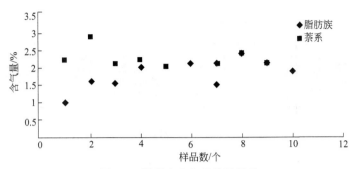

图 3-6　混凝土含气量统计结果

掺萘系高效减水剂的混凝土的平均含气量（2.15%）。掺脂肪族羟基磺酸盐系减水剂的混凝土 3d、7d 和 28d 的抗压强度，比基准混凝土分别提高 44.4%、35% 和 28%，分别高于掺萘系高效减水剂的混凝土的 34%、23% 和 21%。由此可见，掺脂肪族羟基磺酸盐系减水剂对混凝土的抗压强度具有较好的增强效果，引气量低于萘系高效减水剂。

四、三聚氰胺高效减水剂

三聚氰胺高效减水剂也称为蜜胺高效减水剂、光亮剂，是一种水溶性的高分子聚合物树脂，主要用于水泥、石膏和无机胶凝材料添加剂，对水泥有分散减水作用，能大幅度提高混凝土早期强度。三聚氰胺系高效减水剂是一种水溶性阴离子型高聚合物电介质，它对水泥具有极强的吸附和分散作用，是现有混凝土减水剂中综合指标较好的减水剂之一。

三聚氰胺系高效减水剂主要特点是：白色、无毒、无刺激性、非可燃、减水率高、氯离子含量低对钢筋无锈蚀、与各种水泥的适应性好。特别适合于配制高强、超高强混凝土及蒸养工艺的预制混凝土构件。

三聚氰胺高效减水剂始终未能在我国混凝土建筑工程中像萘系高效减水剂那样得以广泛使用，原因除了其生产成本较高、贮存与运输费用高、反应条件严格、质量难以控制外，三聚氰胺高效减水剂的制备工艺不完善和使用单位对三聚氰胺高效减水剂性能特点不了解，也是影响其在工程中应用的重要原因。然而在日本、美国、西欧等发达国家和地区，三聚氰胺高效减水剂已得到广泛应用。

1. 生产所用主要原材料及控制指标

生产三聚氰胺高效减水剂所用主要原材料有工业用甲醛溶液、工业无水亚硫酸钠、工业三聚氰胺。为确保三聚氰胺高效减水剂的质量，所用的各种原料均应符合相应现行国家或行业标准的要求。

表 3-27 中列出了生产三聚氰胺高效减水剂所用主要原材料及控制指标，表 3-28 中列出了生产每吨三聚氰胺高效减水剂所需的原材料消耗数量。

表 3-27　生产三聚氰胺高效减水剂所用主要原材料及控制指标

原料名称	质量控制项目	控制指标
工业用甲醛溶液 GB/T 9009—2011	色度(铂-钴比色法)/度	≤10
	甲醛含量/%	37.0~37.4
	甲醇含量/%	≤12
	酸度(以甲酸计)/%	≤0.02
	铁含量/10^{-6}	≤5
	灰分/%	≤0.005

续表

原料名称	质量控制项目	控制指标
工业无水亚硫酸钠 HG/T 2967—2010	亚硫酸钠含量/％	≥93.0
	铁含量/％	≤0.005
	水不溶物含量/％	≤0.03
	游离碱含量/％	≤0.40
工业三聚氰胺(蜜胺) GB/T 9567—2016	含量/％	≥99.0
	水分含量/％	≤0.20
	灰分/％	≤0.05
	pH 值	7.5～9.5
	甲醛溶解性试验色度(铂-钴比色法)/度	≤30
	高岭土浊度/(°)	≤30

表 3-28　生产每吨三聚氰胺高效减水剂所需的原材料消耗数量

原材料名称	单吨耗量/(kg/t)	原材料名称	单吨耗量/(kg/t)
工业用甲醛溶液	250～340	液碱	20～60
三聚氰胺	150～250	自来水	500～600
工业无水亚硫酸钠	100～160	—	—

2. 对新拌混凝土性能的影响

三聚氰胺高效减水剂对新拌混凝土性能的影响主要包括减水率和凝结时间。三聚氰胺高效减水剂对新拌混凝土性能的影响如表 3-29 所列。

表 3-29　三聚氰胺高效减水剂对新拌混凝土性能的影响

序号	项目	影响结果
1	减水率	对于普通水泥而言,当三聚氰胺高效减水剂掺量为水泥质量的 1.5％～2.0％时,最大减水率可达到 25％左右
2	凝结时间	混凝土或砂浆的凝结时间,不论是初凝时间还是终凝时间,均以三聚氰胺高效减水剂掺量为水泥质量 1.0％的影响为最小

3. 对硬化混凝土性能的影响

三聚氰胺高效减水剂对硬化混凝土性能的影响主要包括混凝土的抗压强度、混凝土的水密性、混凝土的干缩性能、混凝土的耐热性能、混凝土的其他性能。三聚氰胺高效减水剂对硬化混凝土性能的影响如表 3-30 所列。不同品种减水剂对混凝土抗压强度的影响见表 3-31。

表 3-30　三聚氰胺高效减水剂对硬化混凝土性能的影响

序号	项目	影响结果
1	混凝土的抗压强度	三聚氰胺高效减水剂的减水作用很大,不仅对混凝土抗压强度有很大改善,同时对混凝土的抗折强度、抗拉强度和弹性模量都有较大的增强效果。 材料试验证明,强度增长率以三聚氰胺高效减水剂掺量 1.0％～2.0％为最大,在初期的强度,特别是 1d 强度比基准混凝土要提高 2～3 倍,远远超过掺加 2％ $CaCl_2$ 的早强剂的效果,所以三聚氰胺高效减水剂作为早强剂也是非常有效的。不同品种减水剂对混凝土抗压强度的影响如表 3-31 所列。在保持水灰比不变时,将三聚氰胺高效减水剂超量掺加,即使加入 10％,强度降低也是微小的,加入到 4％时强度还有一定的增长,这一点在施工中值得注意
2	混凝土的水密性	在混凝土工作性相同时,掺加 1％的三聚氰胺高效减水剂,由于混凝土的水灰比降低,混凝土更加密实,水密性得到改善,一般掺三聚氰胺高效减水剂混凝土的渗水高度仅为基准混凝土的 50％左右

续表

序号	项目	影响结果
3	混凝土的干缩性能	掺入三聚氰胺高效减水剂混凝土的收缩,与掺入木质素磺酸盐减水剂的混凝土相比,收缩性有很大的改善,在一般情况下其收缩约为掺入木质素磺酸盐减水剂混凝土的1/2
4	混凝土的耐热性能	当混凝土应用矾土水泥,再掺入适量的三聚氰胺高效减水剂,会大大提高混凝土的耐热性能,加热至200℃时,混凝土的强度几乎没有变化
5	混凝土的其他性能	材料试验证明,掺入三聚氰胺高效减水剂的混凝土,对钢筋的黏结力、抗冻融性能、抗碳化性能、抗耐磨性能均有所提高;另外,掺三聚氰胺系减水剂混凝土的抗裂性能优于木质素磺酸盐减水剂混凝土和萘系高效减水剂混凝土

表3-31 不同品种减水剂对混凝土抗压强度的影响

外加剂品种	外加剂掺量/%	减水率/%	混凝土抗压强度/MPa		
			R3	R7	R28
空白	0	0	13.1	21.3	31.9
萘系高效减水剂	0.75	19.1	24.7	32.9	44.1
脂肪酸盐高效减水剂	0.60	19.6	26.6	35.2	45.9
三聚氰胺高效减水剂	0.60	20.0	28.1	36.6	47.2

4. 三聚氰胺高效减水剂的应用

三聚氰胺系高效减水剂能够明显改善混凝土的工作性能,具有减水率高、早强效果显著、引气性低、生产过程对环境污染少等特点,是一种具有较大发展前景的高效减水剂。三聚氰胺高效减水剂的应用如表3-32所列。

表3-32 三聚氰胺高效减水剂的应用

序号	具体应用
1	三聚氰胺系高效减水剂用于蒸汽养护混凝土制品时,可以大幅度缩短混凝土制品的蒸养时间,从而可以节省大量的能源,也能加快工程的施工进度
2	三聚氰胺系高效减水剂用于矾土水泥,在改善混凝土工作性和增强效果方面与普通水泥一样,但矾土水泥用于耐热混凝土,可以降低矾土水泥混凝土在300~400℃时的强度损失
3	三聚氰胺系高效减水剂用于清水混凝土,可以改善混凝土制品的外观,减少混凝土的装饰工作量,从而降低清水混凝土的工程造价
4	三聚氰胺系高效减水剂用于防水砂浆和混凝土,不仅可以防止由于加入防水剂引起的强度降低,而且还可以增加砂浆和混凝土的防水效果
5	三聚氰胺系高效减水剂用于彩色砂浆,不仅可以防止由于加入着色剂而降低砂浆的强度,而且还可以使彩色砂浆的色彩鲜艳,防止砂浆表面出现"白霜"
6	三聚氰胺系高效减水剂用于石灰砂浆,不但可以增加砂浆的强度,而且还可以改善表面硬度、耐磨和耐热性能
7	三聚氰胺系高效减水剂与其他外加剂有较好的适应性,可用于配制多种复合型外加剂,如泵送剂、防冻剂等

五、改性木质素磺酸钙高效减水剂

工程实践证明,尽管木质素磺酸盐减水剂取材广泛、价格低廉、使用方便,是一种环保型普通减水剂,但由于木质素磺酸盐减水剂的最佳掺量低,一般仅为水泥质量的0.25%,所以减水率较低,增强效果也不理想。如果过大增加木质素磺酸盐减水剂的掺量,又会引起混凝土的缓凝作用明显增强、引气量增大等现象,导致混凝土强度严重下降等不良后果。

从20世纪70年代开始,人们寻求用木质素磺酸盐制备高效减水剂的方法。经过多年的研究和实践，目前已经研究出一些对木质素磺酸盐进行改性的方法，可以使其在掺量为水泥质量的 0.50%～0.60% 的情况下，混凝土的减水率达到 15% 以上，且没有其他副作用。

总结木质素磺酸盐改性的措施，对其改性的方法主要有化学改性方法、物理分离方法和复合改性方法 3 种。

（1）化学改性方法　用稀硝酸或重铬酸对木质素磺酸盐进行氧化，可以达到既降低木质素磺酸盐分子量，又能消除其缓凝作用明显的效果，相当于改善了木质素磺酸盐的塑化效果，而且使其缓凝作用减弱。经改性后的木质素磺酸盐，其掺量可以提高到水泥质量的 0.50%，产品性能满足高效减水剂的指标。

另外一种化学改性方法是利用木质素磺酸盐中的化学活性基团苯酚基，将其与甲醛、β-萘磺酸盐或三聚氰胺磺酸盐进行共缩聚反应，从而制备成高效减水剂。

（2）物理分离方法　木质素磺酸盐的成分非常复杂，其分子量为 2000～10000，范围很宽，同时还含有还原糖、树脂等。材料试验证明，用物理分离方法可以将木质素磺酸盐中分子量较大和分子量较小的组分除去，只留下分子量适中而对水泥分散作用较强的那部分，其缓凝作用也比较弱，这样就可以制备出改性木质素磺酸盐高效减水剂。

（3）复合改性方法　将木质素磺酸盐减水剂与萘系高效减水剂或蜜胺高效减水剂按一定比例进行复合，可以制备出复合型的高效减水剂。

表 3-33 为木质素磺酸钙改性前后对混凝土的坍落度、含气量、减水率和强度发展等的影响情况。从表中可以看出，经过改性后的木质素磺酸钙，在掺量为水泥质量的 0.50% 的情况下，与不改性的木质素磺酸钙相比，虽然减水率略有降低（但仍满足高效减水剂的减水要求），但是混凝土的早强效果和对后期强度的改善均有大幅提高。

表 3-33　木质素磺酸钙改性前后对混凝土的影响

外加剂种类	掺量/%	水灰比(W/C)	坍落度/mm	含气量/%	减水率/%	抗压强度/MPa			
						1d	3d	7d	28d
不掺外加剂	—	0.60	62	1.0	0	5.0/100	9.7/100	14.6/100	19.7/100
改性"木钙"	0.50	0.50	58	低	16.7	7.7/154	14.0/144	20.0/137	33.2/168
普通"木钙"	0.50	0.49	64	高	22.4	0/0	9.2/95	15.7/108	21.5/109

注：表中分子数值为抗压强度，分母数值为抗压强度比。

第四节　高效减水剂应用技术要点

根据现行国家标准《混凝土外加剂应用技术规范》（GB 50119—2013）中的规定，高效减水剂在施工的过程中应掌握以下技术要点。

① 所选用高效减水剂的相容性试验，应按照现行国家标准《混凝土外加剂应用技术规范》（GB 50119—2013）中附录 A 的方法进行。

② 高效减水剂在混凝土中的掺量，应根据供方的推荐掺量、环境温度、施工要求的混凝土凝结时间、运输距离、停放时间等经试验确定。

③ 难溶和不溶的粉状高效减水剂应采用干掺法。粉状高效减水剂宜与胶凝材料同时加入搅拌机内，并宜延长搅拌时间 30s 左右；液体高效减水剂宜与拌合水同时加入搅拌机内，计量应准确。为保证混凝土的设计水灰比不变，液体高效减水剂中的含水量应从拌合水中加

以扣除。

④ 高效减水剂可根据情况与其他外加剂复合使用，其组成和掺量应当经试验确定。在配制溶液时，如溶液产生絮凝或沉淀等现象，应分别进行配制，并应分别加入混凝土或砂浆搅拌机内。

⑤ 配制混凝土中需二次添加高效减水剂时，应经过试验后确定，并应记录备案。二次添加的高效减水剂不应包括缓凝、引气组分。二次添加后应确保混凝土搅拌均匀，坍落度应符合施工要求后再使用。

⑥ 掺加高效减水剂的混凝土浇筑和振捣完成后，应及时进行压抹，并应始终保持混凝土表面潮湿，混凝土达到终凝后应浇水养护。

⑦ 掺加高效减水剂的混凝土采用蒸汽养护时其养护制度应经试验确定。

第四章

混凝土高性能减水剂

高性能减水剂是国内外近年来开发的新型外加剂品种，目前主要为聚羧酸盐类产品，它具有"梳状"的结构特点，由带有游离的羧酸阴离子团的主链和侧链组成，通过改变单体的种类、比例和反应条件，可以生产具各种不同性能和特性的高性能减水剂。目前我国开发的高性能减水剂以聚羧酸盐为主。

聚羧酸高性能减水剂，是专门为改善混凝土性能而研制的第三代混凝土外加剂。这类减水剂能够提供强大的减水作用，减水率高达40％以上，不仅具有特别优良的流动性，同时具有超强的粘聚性和高度的自密度，另外还具有良好的工作性保持能力，提高混凝土早期强度的发展，改善收缩性能和降低混凝土的碳化率。

第一节　高性能减水剂的选用及适用范围

高性能减水剂是比高效减水剂具有更高减水率、更好坍落度保持性能、较少干燥收缩，且具有一定引气性能的减水剂。高性能减水剂主要分为早强型、标准型、缓凝型。早强型高性能减水剂、标准型高性能减水剂和缓凝型高性能减水剂，可由分子设计引入不同功能团而生产，也可掺入不同组分复配而成。

一、高性能减水剂的选用方法

根据现行国家标准《混凝土外加剂应用技术规范》（GB 50119—2013）中的规定，在混凝土工程中高性能减水剂的选用方法应符合表4-1中的要求。

表 4-1　高性能减水剂的选用方法

序号	选用方法
1	混凝土工程可根据工程实际采用标准聚羧酸高性能减水剂、早强聚羧酸系高性能减水剂和缓凝聚羧酸系高性能减水剂
2	混凝土工程可采用具有其他特殊功能的聚羧酸高性能减水剂

二、高性能减水剂的适用范围

随着经济发展及建筑技术的进步，高性能混凝土应运而生，高性能减水剂作为高性能中不可缺少的组成部分，在混凝土技术中有着重要的作用。聚羧酸高性能减水剂广泛应用于市政、建筑、水利、电力、地铁、国防、桥梁、公路、铁路、港口等工程，是配制高性能混凝土的首选产品。

高性能减水剂的适用范围应当符合表4-2中的要求。

表4-2 高性能减水剂的适用范围

序号	适用范围
1	聚羧酸高性能减水剂可用于素混凝土、钢筋混凝土和预应力混凝土
2	聚羧酸高性能减水剂宜用于高强混凝土、自密实混凝土、泵送混凝土、清水混凝土、预制构件混凝土和钢管混凝土
3	聚羧酸高性能减水剂宜用于具有高体积稳定性、高耐久性或高工作性要求的混凝土
4	缓凝聚羧酸高性能减水剂宜用于大体积混凝土，不宜用于日最低气温5℃以下施工的混凝土
5	早强聚羧酸高性能减水剂宜用于有早强要求或低温季节施工的混凝土，但不宜用于日最低气温−5℃以下施工的混凝土，且不宜用于大体积混凝土
6	具有引气性的聚羧酸高性能减水剂用于蒸养混凝土时，应经试验验证

第二节 高性能减水剂的质量检验

根据材料试验表明，聚羧酸高性能减水剂是一种性能优良的高性能混凝土组成材料，它与萘系高效减水剂相比，主要具有如下显著的优点。

① 聚羧酸高性能减水剂的减水率明显高于萘系高效减水剂，在达到相同减水率的情况下，聚羧酸高性能减水剂的掺量远远低于萘系高效减水剂。

② 聚羧酸高性能减水剂的保持流动性明显优于萘系高效减水剂，用聚羧酸高性能减水剂配制的大流动性混凝土，在1h后仍能达到泵送的要求；随着掺量的增加，聚羧酸高性能减水剂的极限减水率远高于萘系高效减水剂，这表明聚羧酸高性能减水剂更适合配制水灰比小的高强混凝土。

在实际混凝土工程施工中，为了使选用的聚羧酸高性能减水剂达到以上所述优点，在选用这类减水剂时应按照现行有关规范中规定严格控制其质量。

一、《混凝土外加剂应用技术规范》的规定

为充分发挥高性能减水剂高性能减水增强、显著改善混凝土性能的功效，确保其质量符合国家的有关标准，对所选用高性能减水剂进场后，应按照现行国家标准《混凝土外加剂应用技术规范》（GB 50119—2013）中的规定进行质量检验。混凝土高性能减水剂的质量检验要求如表4-3所列。

表4-3 混凝土高性能减水剂的质量检验要求

序号	质量检验要求
1	聚羧酸高性能减水剂应按每50t为一检验批，不足50t时也应按一个检验批计。每一检验批取样量不应少于0.2t胶凝材料所需用的减水剂量。每一检验批取样应充分混匀，并应分为两等份；其中一份按照《混凝土外加剂应用技术规范》（GB 50119—2013）第6.3.2和6.3.3条规定的项目及要求进行检验，每检验批检验不得少于两次；另一份应密封留样保存半年，有疑问时，应进行对比检验
2	聚羧酸高性能减水剂进场检验项目应包括pH值、密度（或细度）、含固量（含水率）、减水率，早强型聚羧酸高性能减水剂应测1d抗压强度比，缓凝型高效减水剂还应检验凝结时间差

续表

序号	质量检验要求
3	聚羧酸高性能减水剂进场时,初始或经时坍落度(或扩展度)应按进场检验批次,采用工程实际使用的原材料和配合比与上批留样进行平行对比试验,其允许偏差应符合现行国家标准《混凝土质量控制标准》(GB 50164—2011)的有关规定

二、《聚羧酸系高性能减水剂》的规定

根据现行的行业标准《聚羧酸系高性能减水剂》(JG/T 223—2007)中的规定,聚羧酸系高性能减水剂指由含有羧基的不饱和单体和其他单体共聚而成,使混凝土在减水、增强、收缩及环保等方面具有优良性能的系列减水剂。

1. 聚羧酸高性能减水剂的分类

聚羧酸高性能减水剂按照产品的类型,可分为非缓凝型(FHN)和缓凝型(HN)两类;聚羧酸高性能减水剂按照产品的形态,可分为液体(Y)和固体(G)两类;聚羧酸高性能减水剂按照产品的级别,可分为一级品(Ⅰ)和合格品(Ⅱ)。

2. 聚羧酸高性能减水剂的化学性能

聚羧酸高性能减水剂的化学性能应符合表4-4中的要求。

表4-4 聚羧酸高性能减水剂的化学性能

序号	试验项目	性能指标			
		非缓凝型(FHN)		缓凝型(HN)	
		一级品(Ⅰ)	合格品(Ⅱ)	一级品(Ⅰ)	合格品(Ⅱ)
1	甲醛含量(折合固体含量计)/%	$\leqslant 0.05$			
2	氯离子含量(折合固体含量计)/%	$\leqslant 0.60$			
3	总碱量($Na_2O+0.658K_2O$)(折合固体含量计)/%	$\leqslant 15.0$			

3. 聚羧酸高性能减水剂的匀质性能

聚羧酸高性能减水剂的匀质性能应符合表4-5中的要求。

表4-5 聚羧酸高性能减水剂的匀质性能

序号	试验项目	性能指标
1	固体含量	对液体聚羧酸高性能减水剂:$S<20\%$时,$0.90S\leqslant X<1.10S$;$S\geqslant 20\%$时,$0.95S\leqslant X<1.05S$。S是生产厂家提供的固体含量(质量分数),%,X是测试的固体含量(质量分数),%
2	含水率	对固体聚羧酸高性能减水剂:$W\geqslant 5\%$时,$0.90W\leqslant X<1.10W$;$W<5\%$时,$0.80W\leqslant X<1.20W$
3	细度	对固体聚羧酸高性能减水剂,其0.080mm筛的筛余量应小于15%
4	pH值	应在生产厂家控制值的±1.0之内
5	密度	对液体聚羧酸高性能减水剂,密度测试值波动范围应控制在±0.01g/L之内
6	水泥净浆流动度	不应小于生产厂家控制值的95%
7	砂浆减水率	不应小于生产厂家控制值的95%

注:1. 水泥净浆流动度和砂浆减水率可选其中的一项。

2. W是生产厂家提供的含水量(质量分数),%;X是测试的含水量(质量分数),%;下同。

4．掺加聚羧酸高性能减水剂混凝土的性能

掺加聚羧酸高性能减水剂混凝土的性能，应符合表 4-6 中的要求。

表 4-6　掺加聚羧酸高性能减水剂混凝土的性能

序号	试验项目		性能指标			
			非缓凝型（FHN）		缓凝型（HN）	
			一级品（Ⅰ）	合格品（Ⅱ）	一级品（Ⅰ）	合格品（Ⅱ）
1	减水率/%		≥25	≥25	≥25	≥18
2	"泌水率"比/%		≤60	≤70	≤60	≤70
3	含气量/%		≤6.0			
4	1h坍落度保留值/mm		—		≥150	
5	凝结时间差/min		−90～+120		＞+120	
6	抗压强度比/%	1d	≥170	≥150	—	
		3d	≥160	≥140	≥155	≥135
		7d	≥150	≥130	≥145	≥125
		28d	≥130	≥120	≥130	≥120
7	28d 收缩率比/%		≤100	≤120	≤100	≤120
8	对钢筋的锈蚀作用		对钢筋无锈蚀作用			

三、《高强高性能混凝土用矿物外加剂》的规定

在混凝土搅拌过程中加入的、具有一定细度和活性的、用于改善新拌和硬化混凝土性能（特别是混凝土耐久性）的某些矿物类的产品，称为高强高性能混凝土用矿物外加剂。实际上就是高强高性能混凝土用的矿物掺合料。在混凝土工程常用的主要品种有：磨细矿渣、硅灰、磨细粉煤灰、磨细天然沸石及复合矿物外加剂。

根据现行国家标准《高强高性能混凝土用矿物外加剂》（GB/T 18736—2017）中的规定，在混凝土搅拌过程中加入的、具有一定细度和活性的，用于改善新拌混凝土和硬化混凝土性能（特别是混凝土的耐久性）的某些矿物类的产品，其代号为 MA。

1．高强高性能混凝土用矿物外加剂的分类

用于配制高强高性能混凝土的矿物外加剂主要有磨细矿渣、硅灰、磨细粉煤灰、磨细天然沸石、偏高岭土等。

（1）磨细矿渣系指粒状高炉矿渣经干燥，粉磨等工艺达到规定细度的产品，磨细时可添加适量的石膏和水泥粉磨工艺用的外加剂。

（2）硅灰粉系指铁合金在冶炼硅铁和工业硅（金属硅）时，矿热电炉内产生出大量挥发性很强的 SiO_2 和 Si 气体，气体排放后与空气迅速氧化冷凝沉淀而成的物质。

（3）磨细粉煤灰系指干燥的粉煤灰经过粉磨后达到规定细度的产品，磨细时可添加适量的水泥粉磨工艺用的外加剂。

（4）磨细天然沸石系指以一定品位纯度的天然沸石为原料，经过粉磨后达到规定细度的产品，磨细时可添加适量的水泥粉磨工艺用的外加剂。

（5）偏高岭土系指以高岭土类矿物为原料，在适当温度下煅烧，经过粉磨后形成的以无定型铝硅酸盐为主要成分的产品，磨细时可添加适量的水泥粉磨工艺用的外加剂。

2. 高强高性能混凝土用矿物外加剂的性能

高强高性能混凝土用矿物外加剂的性能应符合表 4-7 中的要求。

表 4-7　高强高性能混凝土用矿物外加剂的技术性能

试验项目		磨细矿渣		粉煤灰	磨细天然沸石	硅灰	偏高岭土
		Ⅰ	Ⅱ				
氧化镁（质量分数）/%		≤14.0		—	—	—	≤4.0
三氧化硫（质量分数）/%		≤4.0		≤3.0	—	—	≤1.0
烧失量（质量分数）/%		≤3.0		≤5.0	—	≤5.0	≤4.0
氯离子（质量分数）/%		≤0.06		≤0.06	≤0.06	≤0.10	≤0.06
二氧化硅（质量分数）/%		—		—	—	≥85	≥50
三氧化二铝（质量分数）/%		—		—	—	—	≥35
游离氧化钙（质量分数）/%		—		—	≤1.0	—	≤1.0
吸铵值/(mmol/kg)		—		—	≥1000	—	—
细度	比表面积/(m²/kg)	≥600	≥400	—	—	≥15000	—
	45μm 方孔筛筛余（质量分数）	—		≤25.0	≤5.0	≤5.0	≤5.0
含水率/%		≤1.0		≤1.0	—	≤3.0	≤1.0
需水量比/%		≤115	≤105	≤100	≤115	≤125	≤120
活性指数/%	3d	≥80		—	—	≥90	≥85
	7d	≥100	≥75	—	—	≥90	≥90
	28d	≥110	≥100	≥70	≥95	≥115	≥105

第三节　高性能减水剂主要品种及性能

生产聚羧酸高性能减水剂所用的主要原料有甲氧基聚醚（MPEG）、烯丙基聚醚（APEG）、甲基丁烯基聚醚（TPEG）、甲基烯丙基聚醚（HPEG）、丙烯酸、甲基丙烯酸、顺丁烯二酸酐等。聚羧酸高性能减水剂主要原材料、主要控制指标及检测方法如表 4-8 所列。

表 4-8　聚羧酸高性能减水剂主要原材料、主要控制指标及检测方法

原材料名称	控制指标	检测方法	贮存注意事项
MPEG	羟值/(mgKOH/g)	《非离子表面活性剂　羟值的测定》（GB/T 7383—2007）	贮存时远离火种、防止阳光曝晒。遇明火或高热可引起燃烧，避免接触水分
	色度/度	《液体化学产品颜色测定方法》（GB/T 3143—1982）	
	pH 值（25℃）	《表面活性剂　水溶液 pH 值的测定　电位法》（GB/T 6368—2008）	
	水含量/%	《表面活性剂和洗涤剂　含水量测定　卡尔·费休法》（GB/T 7380—1995）	
APEG TPEG HPEG	羟值/(mgKOH/g)	《非离子表面活性剂　羟值的测定》（GB/T 7383—2007）	贮存时远离火种、高温、高热和氧化剂，防止阳光曝晒
	双键保留率/%	《塑料　聚醚多元醇　不饱和度的测定》（GB/T 12008.6—2010）《表面活性剂　碘值的测定》（GB/T 13892—1992）	

续表

原材料名称	控制指标	检测方法	贮存注意事项
APEG TPEG HPEG	pH 值(25℃)	《表面活性剂　水浴液 pH 值的测定　电位法》(GB/T 6368—2008)	贮存时远离火种、高温、高热和氧化剂,防止阳光曝晒
	水含量/%	《表面活性剂和洗涤剂　含水量测定　卡尔·费休法》(GB/T 7380—1995)	
丙烯酸	含量/%	《工业丙烯酸纯度测定　气相色谱法》(GB/T 17530.1—1998)	本品具有较强的腐蚀性和毒性,对皮肤有刺激性。贮存在15～25℃以下阴凉、通风的库房内,远离火种、热源、氧化剂,防止阳光曝晒。遇明火或高热可引起燃烧爆炸,遇高温容易自聚
	阻聚剂/10^{-6}	《工业丙烯酸及酯中阻聚剂的测定》(GB/T 17530.5—1998)	
	水含量/%	《表面活性剂和洗涤剂　含水量测定　卡尔·费休法》(GB/T 7380—1995)	
甲基丙烯酸	含量/%	《工业丙烯酸纯度测定　气相色谱法》(GB/T 17530.1—1998)	
	阻聚剂/10^{-6}	《工业丙烯酸及酯中阻聚剂的测定》(GB/T 17530.5—1998)	
	水含量/%	《表面活性剂和洗涤剂　含水量测定　卡尔·费休法》(GB/T 7380—1995)	
顺丁烯二酸酐	含量/%	《工业用顺丁烯二酸酐》(GB/T 3676—2008)	贮存于干燥通风的库房内,防火、防潮、防雨淋、日晒

一、常规聚羧酸高性能减水剂性能特点

1. 聚羧酸高性能减水剂分散作用机理

聚羧酸高性能减水剂是由一定长度的活性聚醚大单体与含有羧酸、磺酸等官能团的不饱和单体共聚而成的接枝共聚物分散剂,分散作用的机理如图 4-1 所示。在主链上的羧酸、磺酸等极性基团提供吸附点,长聚醚侧链提供空间位阻效应,从而使共聚物具有良好的分散性能。

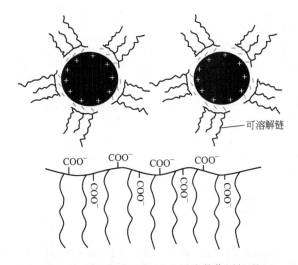

图 4-1　聚羧酸高性能减水剂分散作用机理

2. 聚羧酸高性能减水剂主要性能特点

与掺加萘系等第二代高效减水剂的混凝土性能相比,掺加聚羧酸高性能减水剂的混凝土具有显著的性能特点。聚羧酸高性能减水剂和萘系高效减水剂的总体性能比较来看,聚羧酸

高性能减水剂掺量较低、减水率高、保坍性能好、增强效果好，而且能有效降低混凝土的干燥收缩。另外，接枝共聚物分子结构可变性大，可以根据用户不同的性能要求，设计不同功能的产品，满足不同的工程需要。部分性能特点已被许多检验结果和工程实践所证实，有些还需进一步研究。聚羧酸高性能减水剂和萘系高效减水剂的总体性能比较如表 4-9 所列；聚羧酸高性能减水剂的主要性能如表 4-10 所列。

表 4-9　聚羧酸高性能减水剂和萘系高效减水剂的总体性能比较

性能	萘系高效减水剂	聚羧酸系高性能减水剂
有效成分掺量	0.30%～1.0%	0.10%～0.40%
减水率	15%～25%	最高可达 50%
保坍落度性能	坍落度损失较大	90min 基本不损失
增强效果	120%～135%	140%～250%
混凝土收缩率	120%～135%	80%～115%
结构可调性	不可调	结构可变性多,高性能化的潜力大
作用机理	静电排斥	空间位阻为主
钾钠离子含量	5%～15%	0.2%～1.5%
环保性能及其他有害物质含量	环保性能差,生产过程使用大量甲醛、萘等有害物质,成品中也还有一定量的有害物质	在生产和使用过程中均不含任何有害物质,环保性能优异,是值得推广应用的高性能减水剂

表 4-10　聚羧酸高性能减水剂的主要性能

序号	项目	性能特点
1	掺量低、减水率高	按固体掺量计,聚羧酸高性能减水剂的常用掺量为胶凝材料重量的 0.2% 左右,为萘系减水剂用量的 1/3 左右。目前减水剂按照《混凝土外加剂》(GB 8076—2008)测定其减水率,一般均在 25%～30% 之间,在接近极限掺量 0.5% 时,减水率可达 45% 以上。根据最新报道,聚羧酸高性能减水剂的减水率可达到 60%。与萘系减水剂相比,减水率大幅度提高,掺量大大降低,并且带入混凝土中的有害成分大幅度减少,单方混凝土成本明显低于萘系减水剂,从而最大限度地降低水泥用量,提高混凝土强度和改善混凝土耐久性
2	混凝土的和易性好	掺加聚羧酸高性能减水剂的混凝土抗泌水性能和抗离析性能均很好,泵送阻力比较小,便于混凝土的输送;混凝土的表面无泌水线、无大的气泡、色差比较小;特别适合于外观质量要求较高的混凝土
3	坍落度损失比较小	尽管混凝土拌合物流动性保持性能好是聚羧酸高性能减水剂的显著特点之一,但由于我国水泥品种繁多,水泥和集料质量地区差异很大,所以聚羧酸高性能减水剂仍然存在对水泥矿物组成、水泥细度、石膏形态及掺量、外加剂添加量和添加方法、配合比、用水量以及混凝土拌和工艺的适应性问题。许多对比试验和工程实践证明:在同样原材料条件下,掺加聚羧酸高性能减水剂混凝土拌合物的流动性和流动保持性要明显好于萘系减水剂。当然对于某些适应性不好的水泥品种,仍然可以通过复配缓凝剂或聚羧酸保坍组分,甚至可以通过调整外加剂的分子结构来加以解决
4	混凝土增强效果好	按《混凝土外加剂》(GB 8076—2008)规定检测了国内外 11 种聚羧酸高性能减水剂产品的抗压强度比,与掺萘系减水剂的混凝土相比,掺加聚羧酸高性能减水剂的混凝土各龄期的抗压强度比均有较大幅度提高。以 28d 抗压强度比为例:掺萘系减水剂的混凝土 28d 抗压强度比一般都在 130% 左右,而掺聚羧酸高性能减水剂的混凝土抗压强度比一般都在 150% 左右。并且在掺加了粉煤灰、矿渣等矿物掺合料后,其增强效果更佳。另外,由于聚羧酸分子结构的多变性,可以通过分子结构设计开发出超早强型的聚羧酸外加剂,其强度性能与基准相比,12h 的抗压强度比达 400%,1d 的混凝土抗压强度比可达到 28d 强度的 40%～60%
5	混凝土的收缩率低	掺加聚羧酸高性能减水剂的混凝土体积的稳定性与掺萘系减水剂的混凝土相比有较大提高。按照《混凝土外加剂》(GB 8076—2008)规定检测了国内外 11 种聚羧酸高性能减水剂产品的 28d 收缩率比。11 种样品中掺加聚羧酸高性能减水剂的混凝土收缩率的平均值为 102%,最低收缩率为 91%。而对于掺萘系减水剂的混凝土,国家标准规定 28d 收缩率不大于 135%。很显然聚羧酸高性能减水剂有利于混凝土耐久性的提高。如果以原材料和工艺方面进行优化,再加入适当比例的减缩组分,可以开发出具有减缩功能的聚羧酸高性能减水剂,其减缩、抗裂的效果甚至可以和减缩剂相当,但掺量仅为减缩剂的 1/10 左右

续表

序号	项目	性能特点
6	减水剂中总碱量低	检测结果表明:以上国内外 11 种聚羧酸高性能减水剂产品的总碱量平均值为 1.35%,与萘系等第二代高效减水剂相比,单方混凝土中带入的总碱量仅为数十克,大大降低了外加剂引入混凝土中碱含量,从而最大程度上避免发生碱-集料反应的可能性,提高了混凝土的耐久性
7	生产和使用环境好	聚羧酸高性能减水剂合成生产过程中,不使用甲醛和其他任何有害的原材料,生产和长期使用过程中对人体无危害,对环境不造成任何污染。而萘系等第二代高效减水剂是一类对环境污染较大的化工合成材料,并且其污染是持续性的,在生产和使用的过程中均存在,无法避免。在缩合中残余有甲醛,在配制混凝土后产品中残留的甲醛等有害物质会从混凝土中缓慢逸出,对环境造成污染
8	对钢筋无腐蚀性	聚羧酸高性能减水剂中不含氯离子,因此对钢筋无腐蚀性

二、聚羧酸高性能减水剂对混凝土的影响

在通常情况下,聚羧酸高性能减水剂常用掺量为水泥用量的 0.7%～1.3%,配制超高强混凝土时,掺量可提高到 1.5%～1.8%,在混凝土配合比固定的情况下,增大聚羧酸高性能减水剂的掺量,坍落度的保持能力明显增强,但减水率提高比较小,掺量过高甚至会出现严重的离析和泌水现象;此外随着掺量的增加,混凝土凝结时间会延长。当掺量太低时,新拌混凝土坍落度保持能力会下降。聚羧酸高性能减水剂掺量对混凝土的影响主要包括:掺量对新拌混凝土性能的影响和掺量对硬化混凝土性能的影响。

1. 掺量对新拌混凝土性能的影响

不同掺量的聚羧酸高性能减水剂对新拌混凝土性能的影响如表 4-11 所列。按照《混凝土外加剂》(GB 8076—2008)规定的标准,以基准混凝土在坍落度为 21cm±1cm 为基准,加水量则以控制坍落度为 21cm±1cm 为准。

表 4-11　不同掺量的聚羧酸高性能减水剂对新拌混凝土性能的影响

减水剂掺量/%	减水率/%	坍落度/扩展度的经时变化/cm		凝结时间/min		含气量/%	泌水率/%
		0min	60min	初凝	终凝		
不掺减水剂	—	21.1	—	435	555	1.4	8.6
0.15	21.8	20.8/40.0	19.5/38.0	620	790	1.9	1.0
0.18	27.3	21.0/41.0	19.8/39.0	680	830	2.1	1.5
0.20	31.2	21.0/42.0	20.0/41.0	610	810	2.5	0.5
0.25	34.1	21.3/41.0	21.5/44.0	670	880	2.9	0
0.30	36.9	21.0/40.0	21.5/46.0	725	910	2.9	0
0.35	39.8	21.2/42.0	22.5/48.0	805	1002	3.1	1.5
0.40	40.8	21.5/42.0	23.0/49.0	915	1155	3.3	2.3

试验结果表明:当外加剂掺量为水泥用量的 0.15% 时,就具有 20% 的减水率,其减水率超过目前市场上的一般萘系高效减水剂的水平;当掺量大于水泥用量的 0.30% 时减水率可以达到 30%。当外加剂掺量增加时,减水率也随之增加,但增加的幅度不是很大,而坍落度保持能力更趋稳定,新拌混凝土无论 1h 的坍落度或扩展度都增大;但当外加剂掺量太高时,混凝土会出现一定的泌水。当掺量大于水泥用量的 0.15% 时,无论坍落度或扩展度

都不损失。在实际应用中，如果胶凝材料增加，实际减水率会增大，尤其是在有矿物掺合料时，其流动性能比掺萘系高效减水剂改变更为明显。

2. 掺量对硬化混凝土性能的影响

聚羧酸高性能减水剂掺量对硬化混凝土性能的影响主要包括：对混凝土抗压强度的影响、对混凝土其他力学性能的影响、对混凝土收缩性能的影响。

（1）对混凝土抗压强度的影响　不同掺量聚羧酸高性能减水剂对混凝土抗压强度的影响如表 4-12 所列。

表 4-12　不同掺量聚羧酸高性能减水剂对混凝土抗压强度的影响

减水剂掺量/%	混凝土抗压强度/MPa 及抗压强度比/%			
	3d	7d	28d	90d
0	16.0/100	28.9/100	35.0/100	37.4/100
0.15	31.1/194	46.5/161	59.7/171	58.4/156
0.18	39.1/244	60.0/208	71.7/205	78.5/210
0.20	40.5/253	63.0/218	74.7/213	83.9/224
0.25	40.0/250	65.0/225	75.1/214	85.9/230
0.30	40.3/252	67.0/232	73.5/210	80.4/215
0.35	42.1/263	77.0/266	72.6/207	83.0/222
0.40	39.2/245	70.0/242	75.3/215	78.4/210

注：表中除基准混凝土的抗压强度外，其余各栏中的数据，斜线前面的数值表示混凝土的抗压强度，斜线后面的数值表示该混凝土的抗压强度与基准混凝土的抗压强度的比值。

试验结果表明：聚羧酸高性能减水剂具有很好的增强效果。掺加聚羧酸高性能减水剂，可使混凝土的抗压强度得到迅速提高，尤其是其早期强度，在掺量为水泥用量的 0.15% 时，3d 的抗压强度增加可达 194%；在其他掺量的情况下，混凝土抗压强度增加幅度均达到 200% 以上。同时，不同龄期混凝土抗压强度的增加幅度也是非常明显的。根据试验结果，混凝土 3d 的抗压强度提高 80%～150%，7d 的抗压强度提高 50%～150%，28d 的抗压强度提高 50%～100%，90d 的抗压强度提高 50%～150%。

根据以上所述可知，掺加聚羧酸高性能减水剂的混凝土抗压强度，不仅具有相当高的早期强度，其后期强度也有大幅度的提高，并且在不断稳定增长。这样的增长幅度在混凝土工程应用中是非常突出的。

按照现行国家标准《混凝土外加剂》（GB 8076—2008）中的规定，检测了我国不同厂家生产的聚羧酸高性能减水剂与掺加传统的萘系高效减水剂混凝土抗压强度及抗压强度比（见表 4-13）。从表 4-13 可以看出，聚羧酸高性能减水剂增强效果比较明显，掺加该减水剂后，混凝土无论是早期强度还是中后期强度增长都比较明显，这对配制高强高性能混凝土是十分有利的。

（2）对混凝土其他力学性能的影响　按照《混凝土外加剂》（GB 8076—2008）规定的标准，也检测了我国不同厂家生产的聚羧酸高性能减水剂与掺加传统的萘系高效减水剂对混凝土其他力学性能的影响（见表 4-14）。从表 4-14 可以看出，掺加聚羧酸高性能减水剂的混凝土抗压强度、抗拉强度、抗折强度及静压弹模，与掺萘系高效减水剂的混凝土基本相当，并没有不利的影响。

表 4-13　聚羧酸减水剂与萘系减水剂混凝土抗压强度及抗压强度比

外加剂	掺量/%	水灰比	减水率/%	混凝土抗压强度/MPa 及抗压强度比/%					
				R1	R3	R7	R28	R90	R180
基准	—	0.550	—	8.1/100	19.7/100	27.7/100	37.3/100	44.4/100	48.9/100
PC1	0.20	0.395	25.3	19.6/242	41.4/210	52.1/188	70.0/188	78.2/176	81.6/167
PC2	0.20	0.410	24.6	15.7/194	37.7/191	46.7/169	65.9/177	65.0/146	73.5/150
PC3	0.20	0.390	26.9	12.0/148	32.6/166	43.6/157	53.9/145	64.1/144	68.7/140
FDN	0.50	0.410	25.3	10.4/129	33.9/172	44.6/161	57.3/154	65.5/148	63.7/130

表 4-14　外加剂对混凝土其他力学性能的影响

外加剂	掺量/%	水灰比	减水率/%	其他力学性能			
				抗压强度/MPa	抗拉强度/MPa	抗折强度/MPa	静压弹模/GPa
基准	—	0.550	—	24.2	2.31	2.93	22.3
PC1	0.20	0.395	25.3	43.8	3.43	4.45	48.4
PC2	0.20	0.410	24.6	45.3	3.74	5.02	50.5
PC3	0.20	0.390	26.9	44.7	3.35	4.70	56.8
FDN	0.50	0.410	25.3	36.1	3.60	5.32	44.3

　　在实际混凝土工程应用中，从使用效果和经济效益两个方面考虑，应选用合适的掺量。对聚羧酸高性能减水剂，其一般掺量为胶凝材料总用量的 0.12%～0.30%。同时，研究结果表明，如果在混凝土配合比有大量的矿物掺合料，则掺量可以提高到 0.40%。

　　（3）对混凝土收缩性能的影响　某省建筑科学研究院对比研究了掺加聚羧酸高性能减水剂和萘系高效减水剂的混凝土干燥收缩和净浆的自收缩，试验结果如图 4-2 所示。图 4-2（a）的试验结果表明，与萘系高效减水剂增加混凝土干燥收缩不同，掺加聚羧酸高性能减水剂的混凝土的干缩率低于基准混凝土，在通常的掺量下（即水泥用量的 0.20%），掺加聚羧酸高性能减水剂的混凝土的 60d 干缩率，要比掺萘系高效减水剂混凝土低约 40%。

　　图 4-2（b）的试验结果表明，对于低水胶比的水泥浆体，在掺加聚羧酸高性能减水剂后，其自收缩率要明显低于掺萘系高效减水剂，在相同配合比下 90d 的自收缩大约可降低 30%，因此，聚羧酸高性能减水剂在配制高抗裂性高性能混凝土方面要比传统减水剂具有明显的优势。

三、几种常用聚羧酸高性能减水剂的技术指标

　　在配制高性能混凝土时，常用的高性能减水剂主要有 PC30 系列聚羧酸高性能减水剂、PC20 系列聚羧酸高性能减水剂。这两种聚羧酸高性能减水剂，不仅具有极高的减水率，而且混凝土的粘聚性较高，混凝土的流动性较好，极其适宜于生产高强高性能混凝土和自密实混凝土。应用 PC30 系列聚羧酸高性能减水剂和 PC20 系列聚羧酸高性能减水剂，生产的混凝土胶凝材料用量少，混凝土的最终强度高，收缩值更小。

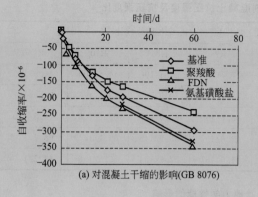

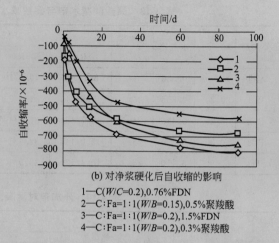

(a) 对混凝土干缩的影响(GB 8076)　　(b) 对净浆硬化后自收缩的影响

1—C(W/C=0.2),0.76%FDN
2—C:Fa=1:1(W/B=0.15),0.5%聚羧酸
3—C:Fa=1:1(W/B=0.2),1.5%FDN
4—C:Fa=1:1(W/B=0.2),0.3%聚羧酸

图 4-2　不同种类的外加剂对混凝土收缩性能的影响

表 4-15 中列出了 PC30 系列聚羧酸高性能减水剂的技术指标，表 4-16 中列出了 PC20 系列聚羧酸高性能减水剂的技术指标。

表 4-15　PC30 系列聚羧酸高性能减水剂技术指标

检测项目		检测结果
减水率/%		≥29.6
泌水率/%		≤0.0
含气量/%		<1.6
凝结时间之差/min	初凝	＋80
	终凝	＋70
抗压强度比/%	3d	≥185
	7d	≥172
	28d	≥165
收缩率比/%	28d	≤104

注：外加剂掺量为水泥质量的 0.35%。

表 4-16　PC20 系列聚羧酸高性能减水剂技术指标

检测项目		检测结果
减水率/%		≥21.6
泌水率/%		≤15.0
含气量/%		<2.4
凝结时间之差/min	初凝	＋80
	终凝	＋70
抗压强度比/%	3d	≥167
	7d	≥164
	28d	≥154
收缩率比/%	28d	≤110

注：外加剂掺量为水泥质量的 1.20%。

第四节　高性能减水剂应用技术要点

聚羧酸高性能减水剂被认为是最新一代的高性能减水剂，人们总是期望这类减水剂在应用中体现出比传统萘系高效减水剂更安全、更高效、适应能力更强的优点。然而，在工程的实际使用中总是遇到各种各样的问题，而且有些问题还是其他品种减水剂应用中从未遇到的，如混凝土拌合物异常干涩、无法顺利卸料，根本无法进行泵送，或者混凝土拌合物分层比较严重等。

应用萘系高效减水剂中所遇到的技术难题，通过近 20 年的研究和实践已基本上从理论及实践上得到解决，而应用聚羧酸高性能减水剂的时间很短，有些技术难题才刚发现，人们正在积极地着手研究和寻找正确的解决措施。根据现行国家标准《混凝土外加剂应用技术规范》（GB 50119—2013）中的规定，聚羧酸高性能减水剂在施工的过程中应掌握以下技术要点。

① 聚羧酸高性能减水剂的相容性试验，应按照现行国家标准《混凝土外加剂应用技术规范》（GB 50119—2013）中附录 A 的方法进行。

② 聚羧酸高性能减水剂不应与萘系和氨基磺酸盐高效减水剂复合或混合使用，与其他种类的减水剂复合或混合使用时，应经试验验证，并应满足设计和施工要求后再使用。

③ 聚羧酸高性能减水剂在运输和贮存时，应采用洁净的塑料、玻璃钢或不锈钢等容器，不宜采用铁质容器。

④ 在高温季节施工时，聚羧酸高性能减水剂应放置于阴凉处；在低温季节施工时，应对聚羧酸高性能减水剂采取防冻措施。

⑤ 聚羧酸高性能减水剂与引气剂同时使用时，宜分别进行掺加。

⑥ 含有引气剂或消泡剂的聚羧酸高性能减水剂，在使用前应进行均匀化处理。

⑦ 聚羧酸高性能减水剂应按照混凝土施工配合比规定的掺量进行添加。

⑧ 使用聚羧酸高性能减水剂配制混凝土时，应严格控制砂石的含水量、含泥量和泥块含量的变化。

⑨ 掺加聚羧酸高性能减水剂的混凝土，宜采用强制式搅拌机均匀搅拌。混凝土搅拌机的最短搅拌时间应符合表 4-17 中的规定。搅拌强度等级 C60 及以上的混凝土时，搅拌时间应适当延长。

表 4-17　混凝土搅拌最短时间　　　　　　　　　　　　　　单位：s

混凝土坍落度/mm	搅拌机机型	搅拌机出料量/L		
		＜250	250～500	＞500
≤40	强制式	60	90	120
40～100	强制式	60	60	90
≥100	强制式	60		

⑩ 掺用过其他类型的减水剂的混凝土搅拌机和运输罐车、泵车等设备，应清洗干净后再搅拌和运输掺加聚羧酸高性能减水剂的混凝土。

⑪ 使用标准型高性能减水剂或缓凝型高性能减水剂时，当环境温度低于 10℃时应采取防止混凝土坍落度的经时增加的措施。

第五章

引气剂及引气减水剂

随着混凝土技术的不断进步和发展，现代混凝土在原材料组成、性能和工艺等方面均发生了巨大的变化，对于混凝土拌合物的流动性和易性，硬化混凝土的强度和耐久性等，提出了更高的要求。而混凝土的抗冻性是当今混凝土耐久性研究领域的重要组成部分，也是严寒和寒冷地区混凝土工程面临的最严峻问题之一。

根据《全国水工混凝土建筑物耐久性及病害处理调查报告》显示，在 32 座大型混凝土坝工程和 40 座中小型混凝土工程中，22％的大坝和 21％的中小型水工建筑物存在比较严重的冻融破坏问题。因此，提高混凝土的抗冻耐久性，从而提高水工建筑物的安全服役年限显得尤为重要。国内外学者研究表明：混凝土孔结构性质是影响混凝土抗冻耐久性的根本所在，在混凝土中引入合适的气泡可以释放混凝土内部的冻融应力，是提升混凝土抗冻耐久性最简便、最经济和最有效的技术途径，高性能混凝土引气剂是其中的关键材料。

国内外混凝土实践证明，进入 21 世纪后，混凝土工程发展重点问题之一，就是大力推广引气剂及引气减水剂，以此来改善混凝土的性能和提高混凝土的质量。目前，在日本、北美、欧洲等发达国家和地区，80％以上的混凝土工程都使用引气剂或引气减水剂，而我国混凝土使用引气剂的不足 1％。在新的形势下，我国的混凝土工程要与国际接轨，就必须充分重视对混凝土引气剂及引气减水剂的使用。

第一节 引气剂及引气减水剂的选用及适用范围

引气剂是一种能使混凝土在搅拌过程中产生大量均匀、稳定、封闭的微小气泡，从而改善其和易性，并在硬化后仍然能保留微小气泡以改善混凝土抗冻融耐久性的外加剂。在新拌混凝土中，引气剂引入的微细气泡类似滚珠，具有良好的润湿和分散作用，可以提高混凝土的和易性，有效减少新拌混凝土的泌水，避免混凝土产生离析；在硬化混凝土中，引入的气泡使硬化混凝土内部毛细管变得细小、曲折、分散，渗透通道大大减少，有利于提高混凝土的抗冻性、密实性和抗渗性，有利于降低碱-集料反应产生的危害性膨胀，将引气剂与减水剂及其他类型的外加剂复合使用，可进一步改善混凝土的性能。

据相关资料报道，美国从 1937 年开始研究应用加气混凝土和加气剂（引气剂），并首先制定了关于引气剂的标准及试验方法。我国从 20 世纪 50 年代开始，仿照美国的"文沙"树脂，生产松香热聚物和松脂皂，在很多混凝土工程中得到了应用。近几年，随着高性能混凝土（HPC）的发展，对于混凝土的耐久性也日益重视，引气剂的研发和生产和生产逐渐成为外加剂领域的热点，产品的种类也日益丰富。

一、引气剂及引气减水剂的选用方法

根据现行国家标准《混凝土外加剂应用技术规范》（GB 50119—2013）中的规定，在混凝土工程中引气剂及引气减水剂的适用范围应符合表 5-1 中的要求。

表 5-1　引气剂及引气减水剂的选用方法

序号	选用方法
1	混凝土工程可采用下列引气剂：①松香热聚物、松香皂及改性松香皂等松香树脂类；②十二烷基磷酸盐、烷基苯磺酸盐、石油磺酸盐等烷基和烷基芳烃磺酸盐类；③脂肪醇聚氧乙烯磺酸钠、脂肪醇硫酸钠等脂肪醇磺酸盐类；④脂肪醇聚氧乙烯醚、烷基苯酚聚氧乙烯醚等非离子聚醚类；⑤三萜皂苷等皂苷类；⑥不同品种引气剂的复合物
2	混凝土工程中可采用由引气剂与减水剂复合而成的引气减水剂

二、引气剂及引气减水剂的适用范围

混凝土引气剂及引气减水剂的适用范围应符合表 5-2 中的规定。

表 5-2　混凝土引气剂及引气减水剂的适用范围

序号	适用范围和不适用范围
1	引气剂及引气减水剂宜用于有抗冻融要求的混凝土、泵送混凝土和易产生泌水的混凝土
2	引气剂及引气减水剂可用于抗渗混凝土、抗硫酸盐混凝土、贫混凝土、轻集料混凝土、人工砂混凝土和有饰面要求的混凝土
3	引气剂及引气减水剂不宜用于蒸养混凝土及预应力混凝土。必须使用时，应经试验验证后确定

三、引气剂及引气减水剂的技术要求

（1）对于抗冻性要求较高的混凝土，必须掺用引气剂或引气减水剂，其掺量应当根据混凝土的含气量要求，通过试验验证加以确定。掺加引气剂及引气减水剂混凝土的含气量，不宜超过表 5-3 的规定。

表 5-3　掺加引气剂或引气减水剂混凝土的含气量

粗集料最大粒径/mm	混凝土的含气量/%	粗集料最大粒径/mm	混凝土的含气量/%
10	7.0	40	4.5
15	6.0	50	4.0
20	5.5	80	3.5
25	5.0	100	3.5

注：表中的含气量，混凝土强度等级为 C50 和 C55 时可降低 0.5%，C60 及 C60 以上时可降低 1.0%，但不宜低于 3.5%。

（2）用于改善新拌混凝土工作性时，新拌混凝土的含气量宜控制在 3%～5%。

（3）混凝土的施工现场含气量和设计要求的含气量允许偏差为 ±1.0%。

第二节　引气剂及引气减水剂的质量检验

为了充分发挥引气剂及引气减水剂引气抗冻、抗渗、泵送等多功能作用，确保其质量符合国家的有关标准，对所选用混凝土引气剂及引气减水剂进场后，应按照有关规定和标准进行质量检验。

一、引气剂及引气减水剂的质量检验依据

根据现行国家标准《混凝土外加剂应用技术规范》（GB 50119—2013）中的规定，混凝土引气剂及引气减水剂的质量检验应符合表 5-4 中的要求。

表 5-4　混凝土早强剂的质量检验要求

序号	质量检验要求
1	引气剂及引气减水剂应按每 10t 为一检验批，不足 10t 时也应按一个检验批计。每一检验批取样量不应少于 0.2t 胶凝材料所需用的减水剂量。每一检验批取样应充分混匀，并应分为两等份：其中一份应按照《混凝土外加剂应用技术规范》（GB 50119—2013）第 7.4.2 和 7.4.3 条规定的项目及要求进行检验，每检验批检验不得少于两次；另一份应密封留样保存半年，有疑问时，应进行对比检验
2	引气剂及引气减水剂进场检验项目应包括 pH 值、密度（或细度）、含固量（或含水率）、含气量、含气量经时损失，引气减水剂还应检验减水率
3	引气剂及引气减水剂进场时，含气量应按进场检验批次，采用工程实际使用的原材料和配合比与上批留样进行平行对比试验，初始含气量允许偏差应为 ±1.0%

二、引气剂及引气减水剂的技术要求

根据现行国家标准《混凝土外加剂应用技术规范》（GB 50119—2013）中的规定，混凝土引气剂及引气减水剂在应用过程中应符合以下技术要求。

（1）混凝土含气量的试验应采用工程实际使用的原材料和配合比，对有抗冻融要求的混凝土含气量应根据混凝土抗冻等级和粗集料最大公称粒径等确定，但不宜超过表 5-5 中规定的含气量。

表 5-5　掺加引气剂及引气减水剂混凝土含气量极限

粗集料最大公称粒径/mm	混凝土含气量极限值/%	粗集料最大公称粒径/mm	混凝土含气量极限值/%
10	7.0	25	5.0
15	6.0	40	4.5
20	5.5	—	—

注：表中的含气量，强度等级为 C50、C55 的混凝土可降低 0.5%，强度等级为 C60 及 C60 以上的混凝土可降低 1.0%，但不宜低于 3.5%。

（2）用于改善新拌混凝土工作性时，新拌混凝土的含气量应控制在 3%～5%。

（3）混凝土现场施工含气量和设计要求的含气量允许偏差应为 ±1.0%。

三、引气剂及引气减水剂的质量要求

根据现行国家标准《混凝土外加剂》（GB 8076—2008）中的规定，用于混凝土的引气剂及引气减水剂，其质量应符合表 5-6 中的要求。引气剂及引气减水剂匀质性应符合表 5-7 中的要求。

表 5-6　引气剂及引气减水剂质量要求

序号	项目		质量指标	
			引气剂	引气减水剂
1	减水率/%		≥6	≥10
2	泌水率/%		≤70	≤70
3	含气量/%		—	≥3.0
4	凝结时间之差/min	初凝	−90～+120	−90～+120
		终凝		
5	1h经时变化量	坍落度/mm	—	—
		含气量/%	−1.5～+1.5	−1.5～+1.5
6	抗压强度比/%	3d	95	115
		7d	95	110
		28d	90	100
7	收缩率比/%	28d	≤135	≤135
8	相对耐久性(200次)/%		≥80	—

表 5-7　引气剂及引气减水剂匀质性

试验项目	技术指标
含固量或含水量	①对于液体外加剂,应在生产厂家控制值相对量的3.0%之内;②对于固体外加剂,应在生产厂家控制值相对量的5.0%之内
密度	对于液体外加剂,应在生产厂家所控制值的±0.02g/cm³之内
氯离子含量	应在生产厂所控制值相对量的5.0之内
水泥净浆流动度	应在生产厂家控制值的95%
细度	0.315mm筛的筛余量应小于15%
pH值	应在生产厂家控制值的±1.0之内
表面张力	应在生产厂家控制值的±1.5之内
还原糖	应在生产厂家控制值的±3.0之内
总碱量(Na₂O+0.658K₂O)	应在生产厂家所控制值相对量的5.0之内
硫酸钠	应在生产厂家所控制值相对量的5.0之内
泡沫性能	应在生产厂家所控制值相对量的5.0之内
砂浆减水率	应在生产厂家控制值的±1.5之内

第三节　引气剂及引气减水剂主要品种及性能

引气剂是混凝土工程中的常用外加剂,能够有效降低固相、气相和液相界面张力,提高气泡膜的强度,使混凝土中产生细小均匀分布且硬化后仍能保留的微气泡。这些气泡可以改善混凝土混合料的工作性,提高混凝土的抗冻性、抗渗性和抗侵蚀性。

引气剂的使用是混凝土发展史上的一个重要发现,因为掺加了这类外加剂后,不仅可以改善新拌混凝土的和易性,延长混凝土的使用寿命,而且还可大大提高沉凝土的耐久性。在水工、港口、公路、铁路等混凝土中必须掺加引气剂，才能达到混凝土的设计要求的性能。随着外加剂技术及其应用的发展，引气减水剂和高效引气减水剂的应用更为普遍。这些新型的引气减水剂不仅可以避免单独使用引气剂会降低混凝土强度的缺点，而且还具有可以较为全面提高混凝土性能的优点，它的应用必将更为全面地提高混凝土工程的综合社会经济效益。

一、引气剂的种类及性能

混凝土引气剂属于表面活性剂的范畴，根据其水溶液的电离性质不同，可分阴离子、阳离子、非离子和两性离子4类，但使用较多的是阴离子表面活性剂。

1. 引气剂的种类

常用于混凝土工程的引气剂主要有香皂类及松香热聚物类引气剂、烷基苯磺酸盐类引气剂、脂肪醇酸盐类引气剂和其他种类的引气剂。

（1）松香皂及松香热聚物类引气剂 松香皂的主要成分是松香酸钠，由松香和氢氧化钠经皂化反应制成；松香热聚物是松香与苯酚在浓硫酸存在及较高温度下发生缩合和聚合作用，变成分子量较大的物质，再经氢氧化钠处理的产物。

（2）烷基苯磺酸盐类引气剂 烷基苯磺酸盐类引气剂包括十二烷基磺酸钠（SDS）、十二烷基苯磺酸钠（LAS）等。

（3）脂肪醇酸盐类引气剂 脂肪醇酸盐类引气剂包括脂肪醇聚氧乙烯醚、脂肪醇聚氧乙烯磺酸钠等。

（4）其他种类的引气剂 其他种类的引气剂包括如烷基苯酚聚氧乙烯醚（OP）、平平加O、烷基磺酸盐、皂角苷类引气剂、脂肪酸及其盐类引气剂等。

工业与民用建筑常用混凝土引气剂如表5-8所列。常用松香类引气剂的性状如表5-9所列。

表5-8　工业与民用建筑常用混凝土引气剂

引气剂类别	掺量（C%）	含气量/%	抗压强度比/%		
			7d	28d	90d
松香皂及松香热聚物	0.003～0.02	3.0～7.0	90	90	90
烷基苯磺酸盐	0.005～0.02	2.0～7.0	—	87～92	90～93
脂肪醇酸盐	0.005～0.02	2.0～5.0	95	94	95
OP乳化剂	0.012～0.07	3.0～6.0		85	
皂角粉	0.005～0.02	1.5～4.0	—	90～100	—

注：C为单位体积混凝土中水泥用量。

表5-9　常用松香类引气剂的性状

引气剂名称	匀质性指标	混凝土砂浆性能	主要用途
松香酸钠	黑褐色黏稠体，pH 值为7.7～8.5，消泡时间长	掺量 0.005%～0.001%，减水率＞10%，可节省砂浆中50%的灰料	耐冻融、抗渗及不泌水离析
改性松香酸盐	粉状，0.63mm 方孔筛筛余＜10%	掺量 0.4%～0.8%，减水率 10%～15%，引气量 3.5%～6.0%，300 次快速冻耐久性指标80%以上	耐冻融、抗渗及泵送，轻集料混凝土，砌筑砂浆
改性松香热聚物	胶状体，pH 值为 7.0～9.0	掺量 0.01%，减水率为 8%～10%，引气量 4.0%～6.0%，28d 强度不降低	耐久性要求高的混凝土

引气剂名称	匀质性指标	混凝土砂浆性能	主要用途
松香胺皂	有效成分78%，pH值为7.0~9.0，消泡时间大于7h	掺量0.005%~0.02%，抗渗等级大于P10，抗冻性可提高12倍	耐久、抗渗、减水、增强
松香酸盐	棕黄色黏稠液	掺量0.005%~0.02%，引气量3.5%~8.5%	要求抗冻抗渗水工及道路工程

2. 引气剂的作用机理

混凝土引气剂基本上都属于阴离子表面活性剂，其分子结构由憎水基团和亲水基团组成，亲水基团在分子溶于水解离后会因释放出阳离子而带正电荷。概括起来讲，引气剂的作用机理在于：在混凝土的搅拌过程中，能使其大量包裹微小的气泡，而这些微小的气泡又能稳定地存在于混凝土体内。具体地分析，引气剂的作用机理主要包括以下几方面。

（1）界面活性作用　当不掺加引气剂时，在搅拌混凝土的过程中，也会裹入一定量的气泡。但是当掺加引气剂后，在水泥-水-空气体系中，引气剂分子很快地被吸附在各相界面上。在水泥-水界面上，形成憎水基指向水泥颗粒，而亲水基指向水的单分子（或多分子）定向吸附膜；在水-空气界面上，形成憎水基指向空气，而亲水基指向水的定向吸附层。由于表面活性剂的吸附作用大大降低了整个体系的自由能，使得混凝土在搅拌的过程中，比较容易引入小气泡。

（2）具有良好的起泡作用　泡可分为气泡、泡沫和溶胶性气泡3种。混凝土中的泡是属于溶胶性气泡。

清净的水中不会起泡，即使在剧烈搅动或振荡作用下，使水中卷入搅成细碎的小气泡而混浊，但静置后，气泡立即上浮而破灭。但是当水中加入引气剂或引气减水剂后，经过振荡或搅动，便可引入大量的气泡。其原因是：液体表面具有自动缩小的趋势，而起泡是一种界面面积大量增加的过程，在表面张力不变的情况下，必然导致体系自由能大大增加，是热力学不稳定的系统，会导致气泡缩小和破灭。但在混凝土掺加引气剂的情况下，由于它能吸附到气-液界面上，从而降低了界面能，即降低了表面张力，因而使得起泡比较容易。

（3）具有较好的稳定气泡作用　通过大量的试验发现，将有些表面活性剂加入混凝土中，在搅拌过程中也能引入大量的微小气泡，但是当将混凝土放置一定时间或经过运输、装卸、浇筑后，混凝土中的含气量却大大下降，大部分气泡都溢出消失了。而引气剂则不同，掺加引气剂后，不但能使混凝土在搅拌过程中引入大量微小气泡，而且这些气泡能较稳定地存在，这是使硬化混凝土中存在一定结构的气孔的重要保证。

3. 引气剂对混凝土性能的影响

混凝土外加剂技术的发展虽然只有50~60年的历史，比混凝土历史短了100多年，但它的发展速度却非常快，并且在当今的高性能混凝土技术发展中扮演着重要的角色。我国正处于大规模基础建设时期，高层、大跨度建筑及桥梁等混凝土工程日益增多，这些重大工程的使用寿命直接关系到国计民生，其耐久性至关重要。混凝土耐久性的研究已经成为土木工程领域的研究热点。

在混凝土中掺加引气剂，引入大量均匀、稳定的微小气泡，能够有效改善混凝土的孔结构，能大幅提高混凝土的性能。引气混凝土的折压比比普通混凝土提高约20%，从而提高了混凝土的韧性和抗裂性；另外加入引气剂是减少混凝土裂纹的一个措施。掺加引气剂的同时还能明显减少混凝土泌水。目前，引气剂作为提高混凝土抗冻性的最主要的技术措施已经被广泛应用于工程实践中，其效果也得到了认可。

（1）引气剂对新拌混凝土性能的影响　在混凝土搅拌的过程中，掺入适量的引气剂，即能在新拌和硬化混凝土中引入适量的微小独立分布的气泡，这些气泡显著的特点是微细、封闭、互不连通。混凝土中引入这些气泡后，毛细管变得细小、曲折、分散，渗透通道将大大减少。引气剂引入的微细气泡，在新拌混凝土中类似滚珠轴承，填充集料与胶凝材料之间空隙，可以提高新拌混凝土的坍落度；由于气泡包裹在胶凝材料浆体中，相当于增加新拌混凝土胶凝材料浆体体积，增加了浆体的黏度和屈服应力，可以提高新拌混凝土的和易性，能有效减少新拌混凝土的泌水，从而弥补了混凝土的结构缺陷，提高了混凝土的密实性和抗渗性。由于引气剂在混凝土中引入气泡，可以降低混凝土的水泥的用量，不仅可以降低工程造价，而且可以降低混凝土的水化热，减少因混凝土水化热较高而引起的混凝土裂缝。

① 对混凝土坍落度的影响　在保持水泥用量和水灰比不变的情况下，在混凝土中掺加适量的引气剂，由于混凝土含气量的增加，微细气泡的滚珠和润滑作用，相应增加了混凝土的坍落度。特别是掺加引气减水剂，由于具有引气和塑化双重作用，混凝土的坍落度将大幅度增加。图 5-1 表示混凝土含气量对坍落度的影响，从图中可以看出，在水灰比不变的情况下，随着含气量的增加，混凝土的坍落度增加。相当于每增加 1% 的含气量，混凝土的坍落度可提高 1cm。

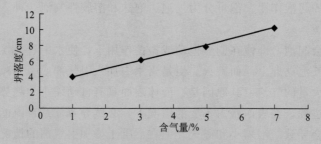

图 5-1　混凝土含气量对坍落度的影响

② 对混凝土减水率的影响　如果保持混凝土的坍落度不变，则在混凝土内部引气后可以减小水灰比，因此掺加引气剂也有助于减水。经试验表明，混凝土含气量每增加 1%，在保持混凝土的坍落度不变的情况下，水灰比可以减小 2%～4%，即单位用水量可减少 4～6kg。如果掺加引气减水剂，则由于其具有引气和减水双重作用，对降低混凝土的水灰比更加有利。

引气剂的减水率大小，常因引气量的大小、集料粒径及级配、水泥种类和用量等的不同而有差异，但是有一点是肯定的，即引气剂的掺量越大，混凝土的含气量越大，其减水率越高。尽管引气剂的减水作用有助于弥补对混凝土强度所产生的负效应，但是混凝土的含气量不得过高，否则混凝土的强度会严重下降。

③ 对混凝土泌水和沉降的影响　材料试验证明，在混凝土中掺加引气剂或引气减水剂，对减少混凝土的泌水和沉降效果十分显著。混凝土泌水和沉降的程度如何，与混凝土中水泥浆的黏度有密切关系，而水泥浆的黏度又与其微粒对引气剂的吸附，以及气泡在粒子表面的附着情况有关。由于大量微小气泡的存在，使整个浆体体系的表面积增大，水泥浆的黏度提高，必然导致混凝土泌水和沉降减少。另外，大量微小气泡的存在和相对稳定，实际上相当于阻碍混凝土内部水分向表面迁移，从而堵塞了泌水通道。再者，由于吸附作用，气泡和水

泥颗粒、集料表面都带有相同的电荷，这样，气泡、水泥颗粒和集料之间处于相对的"悬浮"状态，阻止混凝土中的重颗粒沉降，也有助于减少混凝土的泌水和沉降。

由于掺加引气剂或引气减水剂可减少泌水和沉降，所以可极大地改善混凝土的均匀性，在集料下方形成水囊的可能性减小。另外，复合掺加引气剂或使用引气减水剂，也是配制大流动度混凝土、自密实混凝土的技术保证之一。

（2）引气剂对硬化混凝土性能的影响　工程实践和材料试验证明，掺加引气剂对硬化混凝土的力学性能和耐久性均有较大的影响。

① 对混凝土强度的影响　在混凝土单位体积水泥用量和坍落度不变的情况下，掺加引气剂或引气减水剂，一方面可以增加混凝土中的含气量，另一方面可减少混凝土的单位用水量，即降低混凝土的水灰比，因而会对混凝土的强度产生影响。

从减水的角度来讲，混凝土的强度会有一定的提高，然而，从引气的角度来讲，混凝土的强度一般是下降的。因此，掺加引气剂或引气减水剂后对混凝土的强度影响，应当是以上两种作用的综合结果，不能笼统地讲对混凝土强度是提高或下降。

材料试验结果显示：在水泥用量和坍落度不变的情况下，掺加引气剂的混凝土含气量每增加 1％，28d 的抗压强度降低 2％～3％；若保持水灰比不变，掺加引气剂的混凝土含气量每增加 1％，28d 的抗压强度降低 5％～6％。掺加引气减水剂，由于其减水率较大，混凝土的强度可以不降低或略有提高。图 5-2 为混凝土与含气量的关系。

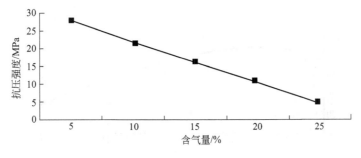

图 5-2　混凝土与含气量的关系

② 对混凝土弹性模量的影响　掺加引气剂或引气减水剂的混凝土，其弹性模量比基准混凝土普遍降低，降低的幅度大于强度的变化幅度。其原因是水泥浆体中有大量微小气泡存在，从而使混凝土的弹性模量降低。

③ 对混凝土干缩性的影响　掺加引气剂或引气减水剂对混凝土干缩性的影响如下：外加剂的引气作用会使混凝土的干缩增大，而外加剂的减水作用又会使混凝土的干缩减小，所以其最终结果实际上是以上两种作用的综合。

工程实践证明，一般掺加引气剂后，混凝土的干缩会有一定的增加，但增加并不十分明显。而掺加引气减水剂的混凝土，由于减水率比较大，其干缩与不掺的基本相当。

④ 对混凝土抗渗性的影响　由于掺加引气剂或引气减水剂，使得混凝土的单位用水量减小，泌水沉降现象降低，也就是使硬化浆体中的大毛细孔减少，集料浆体界面结构改善，泌水通道、沉降裂纹减少，另外，引入的气泡占据了混凝土中的自由空间，破坏了毛细管的连通性，这些作用都将会提高混凝土的抗渗性。中国水利水电科学研究院等单位，对掺加引气剂混凝土抗渗性的影响进行了试验和研究，掺加引气剂对混凝土抗渗性的影响如表 5-10 所列。

表 5-10 掺加引气剂对混凝土抗渗性的影响

集料与水泥比/%	水灰比/%	砂率/%	含气量/%	坍落度/cm	试件最大不透水压力值/MPa
7.1	0.75	45.0	1.3	5.5	0.13
			4.8	10.6	0.68
			9.5	14.6	0.82

⑤ 对混凝土抗化学侵蚀性的影响　与基准混凝土相比，掺加引气剂或引气减水剂的混凝土，由于混凝土中有独立微气泡的存在和抗渗性提高，其抗化学侵蚀性也应当有所提高。但是根据有关单位的试验证明，掺加引气剂或引气减水剂的作用，仅表现在使混凝土受化学介质作用的破坏程度减轻，而不存在质的变化。影响混凝土抗化学侵蚀性的最根本的因素是水泥品种、矿物组成和水灰比。

⑥ 对混凝土抗冻融循环性能的影响　如果在混凝土中掺加一定量的引气剂或引气减水剂，则在混凝土的搅拌过程中，混凝土的内部产生适量微小气泡，将大大改善混凝土的耐久性，尤其是混凝土的抗冻融循环性能显著提高，有的甚至提高几十倍，这对延长混凝土结构的使用寿命十分重要。

许多混凝土专家认为，要使混凝土的抗冻融循环性能良好，气泡间隔系数 L 值最好控制在 $100\mu m$ 以下，混凝土的含气量与冻融循环性能密切相关。图 5-3 为含气量与混凝土耐久性的关系。

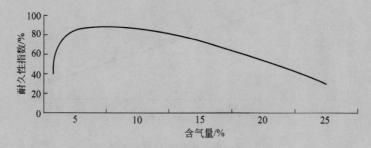

图 5-3 含气量与混凝土耐久性的关系

使用不同种类的引气剂，即使在引气量相同的情况下，由于引入气泡的组织即气泡大小和分布状态不同，其对混凝土抗冻融性的改善效果有差异，掺加不同引气剂对混凝土抗冻融性的改善效果如表 5-11 所列。

表 5-11 掺加不同引气剂对混凝土抗冻融性的改善效果

水泥用量/(kg/m³)	引气剂种类及掺量(C×%)		水灰比	含气量/%	冻融 25 次		冻融 75 次	
					重量损失/%	强度损失/%	重量损失/%	强度损失/%
276	0		0.70	1.6	11.4	65.0	溃散	溃散
	松香热聚物	0.004	0.65	3.7	0	11.9	2.1	28.0
	烷基苯磺酸钠	0.008	0.65	4.4	0.1	9.0	1.4	13.0
	烷基磺酸钠	0.008	0.65	3.7	0.2	13.0	4.0	32.0
	脂肪醇硫酸钠	0.012	0.65	3.6	0.5	4.0	3.6	41.0

注：表中 C 为单位体积混凝土中水泥的质量。

二、引气减水剂的种类及性能

引气减水剂是采用多种表面活性配制而成的缓凝引气高效减水剂。它具有无氯、低碱、缓凝、坍落度损失小，适量掺入引气减水剂可明显地降低混凝土表面张力，改善混凝土的和易性，减少泌水和离析，提高混凝土抗渗性、抗冻融和耐久性等；引气减水剂加入混凝土中可产生均匀稳定并且不易破坏的小气泡，适宜用于港口、码头、水利工程、公路路面、抗冻融、防腐、防渗工程等要求有一定含气量的混凝土。

1. 引气减水剂的特点

引气减水剂是一种兼有引气和减水功能的外加剂。首先，具有引气剂的功能：掺入混凝土后，可以引入无数微细气泡，改善新拌混凝土的和易性，减少混凝土的泌水和沉降，提高混凝土的耐久性和抗侵蚀能力。其次，具有减水剂的功能，即掺入混凝土后可以增强减水，并普遍改善混凝土的其他性能。

引气减水剂最大的特点是在提高混凝土含气量的同时，不降低混凝土的后期强度。在普遍改善混凝土物理力学性能的基础上，可大大提高混凝土的抗冻融性、抗冻性、抗渗性等耐久性能。具有缓凝作用的引气减水剂，还能有效地控制混凝土的坍落度损失。因此，目前在混凝土中单独使用引气剂的比较少，一般都使用引气减水剂。

2. 引气减水剂的品种与性能

引气减水剂作为一种改善混凝土耐久性的外加剂，也越来越广泛地被使用。我国目前引气减水剂的品种、性能还不能适应我国现代化建设的需要，与国外相比还有相当大的差距。因此，研制开发性能优良、对混凝土强度副作用小、耐久性改善效果好的高性能引气减水剂，已是混凝土工程亟待解决的问题。

目前，在我国的混凝土工程中常用的引气减水剂品种主要有：普通引气减水剂和高效引气减水剂两种。

（1）普通引气减水剂　普通引气减水剂主要是指"木钙"、"木钠"、"糖钙"类减水剂。木质素磺酸盐类减水剂本身就具有减水、引气及缓凝的特点，属于引气减水剂的范畴。如果引气量不够还可以与引气剂复合使用，以增加混凝土的引气量。"糖钙"减水剂本身只具有缓凝的作用，不具有引气功能，因此可与引气剂或木质素磺酸盐类减水剂复合制成引气减水剂。

（2）高效引气减水剂　在混凝土工程中采用的萘系、蒽系、树脂系、氨基磺酸盐减水剂均属于高效减水剂，它们的减水率都很高。特别是蒽系减水剂（AF）其本身含有引气性，属于高效引气减水剂。其他几种都是非引气性高效减水剂，可与引气剂复合成为高效引气减水剂。

引气减水剂中的引气性随着减水剂掺量的增大而提高，在相同引气量时，普通引气减水剂和高效引气减水剂分别可减少用量的1/3和1/2。引气减水剂的效果随着水泥品种、集料粒径、施工条件不同而改变。使用效果需经过试验来确定。

三、影响混凝土引气量的因素

掺加引气剂或引气减水剂改善混凝土性能的效果如何，不仅与混凝土中的含气量有关，还与引入气泡的大小、结构等因素有关。引气剂的引气效果也受到诸多因素的影响，如引气剂的掺量、水泥品种和用量、掺合料品种和掺量、集料的种类和级配、搅拌方式和时间、停放时间、环境温度、振捣方法和振捣时间等。

（1）引气剂的掺量　在推荐掺量范围内，混凝土的含气量随着引气剂的掺量增加而增大。对于某种混凝土来说，要引入一定量的气泡，还应考虑水泥用量、混凝土配合比等其他因素，最好是通过材料试验确定其最佳掺量。

（2）水泥品种和用量　掺加引气剂混凝土的含气量与水泥品种及用量有关。试验表明，引气剂的掺量相同时，硅酸盐水泥所配制混凝土的含气量高于火山灰水泥或粉煤灰水泥所配制的混凝土，而低于矿渣水泥所配制混凝土的含气量。这是因为火山灰和粉煤灰对引气剂的吸附作用很强，而矿渣粉颗粒对引气剂的吸附作用较弱。

在混凝土中掺加的引气剂相同时，随着混凝土中水泥用量的增加，含气量逐渐减小。所以，对于粉煤灰水泥和火山灰水泥所配制的混凝土，如果达到相同的引气量，掺加的引气剂要高于硅酸盐水泥，而矿渣水泥混凝土的引气剂掺量应低一些。

（3）掺合料品种和掺量　掺合料品种和掺量对引气剂的引气效果也有很大影响。粉煤灰、沸石粉和硅灰，由于对引气剂的吸附作用较强，替代部分水泥后，将减小引气剂的引气效果，且随着替代量的增大，混凝土的含气量减小。所以对掺加以上几种掺合料的混凝土，应适当增加引气剂的掺量。材料试验表明，要引入相同量的微小气泡，对于掺硅灰的混凝土，其引气剂的掺量要比纯水泥混凝土增加25％～75％。

（4）集料的种类和级配　材料试验表明，在混凝土配合比和引气剂掺量相同时，随着粗集料最大粒径的增大，混凝土的含气量趋于减小。卵石混凝土的含气量一般大于碎石混凝土的含气量。

对于细集料，当其中0.16～0.63mm粒径范围的砂子所占比例增大时，引气剂的引气效果增强；小于0.16mm或大于0.63mm粒径的砂子的比例增加时，混凝土的含气量减小。

当需要引入相同的含气量时，采用人工砂子作为细集料所配制混凝土的引气量，通常要比天然砂子混凝土高出1倍多。

在混凝土的集料和水泥用量、水灰比都相同的情况下，掺加引气剂的引气效果随着砂率的提高而增大。

（5）搅拌方式和时间　搅拌方式、搅拌机的种类、搅拌的混凝土量和搅拌速率等，均会对混凝土的含气量产生影响。工程实践证明，采用人工拌和，混凝土的含气量要比机械搅拌的小得多；当搅拌量从搅拌机额定量的40％增大到100％时，混凝土的引气量从4％增加到8％。

搅拌混凝土时的投料顺序对混凝土的引气量也有一定的影响。混凝土的含气量随着搅拌时间过于延长而减小，也就是说掺加引气剂的混凝土有一个最佳的搅拌时间范围。如掺加松香热聚物引气剂的混凝土，在搅拌时间小于12min时，混凝土的含气量随着搅拌时间而增加，但是在超过12min后，混凝土的含气量有所减小。

（6）混凝土拌合物的环境温度　环境温度不仅影响混凝土原材料的温度，而且影响混凝土拌合物的温度。试验测试结果表明，混凝土拌合物的温度每升高10℃，混凝土的含气量约减小20％。

（7）混凝土拌合物的停放时间　混凝土拌合物制备完成后，如果长时间运输和停放，将导致混凝土的含气量减小。但是掺加不同种类引气剂的混凝土，其含气量随时间减小的程度是不同的，即含气量经时损失率不同。

（8）振捣方法和振捣时间　混凝土在振捣密实的过程中，含气量会产生一定的降低。采用人工振捣的混凝土，其含气量的损失比采用机械振捣的要小，采用高频振捣方法，含气量的损失更加显著。通过对采用振动台进行振动密实的混凝土研究发现，振捣的时间越长，混凝土含气量的损失越严重；振动时间在50s以内，混凝土的含气量损失较大，振动时间超过50s后变化则小一些。

因此，对于要求具有较高抗冻融性的引气混凝土，施工中应严格控制振捣时间，尤其不能采用高频机械振捣。当然，为了保证混凝土在浇筑振捣后的含气量，经过材料配比试验，可以在混凝土配合比设计时通过提高引气剂的掺量来增大混凝土初始含气量，以弥补施工过程中造成的含气量损失。

第四节　引气剂及引气减水剂应用技术要点

（1）正确选用引气剂及引气减水剂的品种。引气剂及引气减水剂的品种有很多，性能也有所不同，尤其是引入气泡的大小和分布，以及气泡的稳定性都不同。应选择引入的气泡结构合理，稳定性能好的引气剂及引气减水剂。

（2）引气减水剂的相容性试验，应按照现行国家标准《混凝土外加剂应用技术规范》（GB 50119—2013）中附录A的方法进行。

（3）引气剂及引气减水剂配制溶液时，必须充分溶解，若产生絮凝或沉淀现象，应加热使其溶化后方可使用。

（4）引气剂宜以溶液掺加，使用时应加入拌合水，引气剂溶液中的水量应当从拌合水中扣除。

（5）引气剂可与减水剂、早强剂、缓凝剂、防冻剂一起复合使用，配制溶液时如产生絮凝或沉淀现象，应分别配制溶液并分别加入搅拌机内。

（6）当混凝土的原材料、施工配合比或施工条件发生变化时，引气剂或引气减水剂的掺量应重新进行试验确定。

（7）检验引气剂和引气减水剂混凝土中的含气量，应在搅拌机出料口进行取样，并应考虑混凝土在运输和振捣过程中含气量的损失。

（8）保证采用正确的施工方法。要求配制的引气混凝土在原材料性质、配合比及搅拌、装卸、浇筑、密实等各方面的控制指标都尽可能保持一致，这样才能使混凝土的含气量波动范围最小。

在振捣混凝土时应当采用一般频率的振捣器，如果工地现场没有条件而必须采用高频率振捣器进行振捣时，应当在保持不同部位的振捣方法和振捣时间一致。

（9）确定正确的掺加方法并严格控制掺量。由于引气剂的掺量很小，在进行掺加时，最好将引气剂溶于水，配制成具有一定浓度的溶液使用，这样既能增强引气剂的作用效果，又会使得计量比较容易和准确。

在掺加引气剂时，计量一定要准确。当掺量过少时，不能达到混凝土设计的含气量，混凝土的性能不满足设计要求；而当掺量过多时，会使混凝土的含气量增加，强度将会严重下降，必然会导致惨重的工程质量事故。

（10）掺加引气剂及引气减水剂的混凝土，宜采用强制式搅拌机搅拌，并应确保搅拌均匀，搅拌时间及搅拌量应经试验确定，最少搅拌时间应符合表4-17中的规定。出料到浇筑的停放时间不宜过长。采用插入式振捣器振捣时，同一振捣点的振捣时间不宜超过 20s。

（11）应根据有关设计规范和施工规程，在进行混凝土配合比设计时，正确选择混凝土的含气量，并根据各种因素对混凝土含气量的影响情况，通过试验得出引气剂或引气减水剂的适宜掺量。同时还要注意，为提高混凝土的耐久性，更重要的是保证硬化后混凝土体内的含气量。

掺加引气剂或引气减水剂混凝土的含气量，不宜超过表 5-11 的规定，对于抗冻融性要求较高的混凝土，宜采用表 5-12 规定的含气量数值。

表 5-12　掺加引气剂或引气减水剂混凝土的含气量

粗集料最大粒径/mm	混凝土含气量/%	粗集料最大粒径/mm	混凝土含气量/%
10	7.0	40	4.5
15	6.0	50	4.0
20	5.5	80	3.5
25	5.0	150	3.0

（12）检验混凝土的含气量应在施工现场进行。对含气量有设计要求的混凝土，当连续浇筑时应每隔 4h 现场检验 1 次；当间歇施工时应每浇筑 200m³ 检验 1 次。必要时，可根据实际增加检验的次数。

第六章

混凝土早强剂

混凝土早强剂是指能提高混凝土早期强度，并且对后期强度无显著影响的外加剂。早强剂的主要作用在于加速水泥水化速率，促进混凝土早期强度的发展；早强减水剂既具有早强功能，又具有一定减水增强功能。

在国外将混凝土早强剂称作混凝土促凝剂，字面的意思是指能够缩短水泥混凝土凝结时间的外加剂，实际上也是早强剂。按照我国现行标准《混凝土外加剂》（GB 8076—2008）中的规定，要求早强剂和早强减水剂的凝结时间之差均为±90min，即要求早强剂或早强减水剂对混凝土凝结时间不能有太大影响。

第一节　混凝土早强剂的选用及适用范围

混凝土早强剂适用于冬季施工的建筑工程，以及常温和低温条件下施工有早强要求的混凝土工程。工程实践证明，掺加早强剂混凝土的硬化速度明显加快，大幅度提高混凝土早期强度和缩短凝结时间，可以获得多方面的技术经济效益：a. 可以提早拆除混凝土的模板，提高模板的周转率；b. 缩短混凝土的养护期，使混凝土不受冰冻或其他因素的影响；c. 缩短施工工期，加快工程进度；d. 全部或部分抵消低温对强度增长的不良影响；e. 减少模板受侧压力的作用时间。

一、早强剂及早强减水剂的作用机理

早强剂易溶于水，它极易与水泥水化产物氢氧化钙作用，生成高分散性的硫酸钙，均匀分布在混凝土中，这些高度分散的硫酸钙，与铝酸三钙的反应比掺加石膏的作用快得多，能使水化硫铝酸钙迅速生成，从而大大加快了水泥的硬化。同时，由于上述反应的进行，使得溶液中的氢氧化钙浓度降低，从而促使硅酸三钙水化加速，使混凝土的早期强度提高。即在水泥水化初期与铝酸三钙生成针柱状的钙矾石晶体，晶体不断发育彼此交叉搭接形成初始骨架，并被 C-S-H 凝胶及其他水化物充填加固，促使水泥石早期强度显著提高。另外，早强剂在水泥水化过程中，与钙、铁等离子生成易溶于水的络离子，在水化的水泥颗粒表面形成可溶性区点，使水泥颗粒表面水化初期不渗透层的形成受到干扰，铝酸三钙、铁铝酸四钙的溶解速度加快，加速与硫酸盐形成钙矾石的反应，使混凝土早期强度较高。

早强减水剂是由早强剂与减水剂复合而成，兼有提高早期强度和减水功能的外加剂。减水剂可以是普通减水剂或高效减水剂。因减水剂具有吸附分散和润湿作用，可以大大降低混

凝土的单位用水量，使混凝土的水灰比降低，水泥石结构中的粗大毛细孔减少，结构趋于密实，混凝土的早期、后期强度以及耐久性都明显提高。减水剂的早强、增强作用，可以有效改善常温下单掺早强剂早强效果不明显的缺点，同时可补偿因早强剂掺量过大导致的后期强度倒缩。掺入早强减水剂，不仅可以显著提高混凝土的早期强度，而且还可以提高混凝土的后期强度，改善混凝土的耐久性。

二、混凝土早强剂的选用方法

混凝土早强剂适用于冬季施工的建筑工程及常温和低温条件下施工有早强要求的混凝土工程。根据现行国家标准《混凝土外加剂应用技术规范》（GB 50119—2013）中的规定，在混凝土工程中早强剂的选用方法应符合表 6-1 中的要求。

表 6-1　混凝土早强剂的选用方法

序号	选用方法
1	混凝土工程可采用下列早强剂： (1)硫酸盐、硫酸复盐、硝酸盐、碳酸盐、亚硝酸盐、氯盐、硫氰酸盐等无机盐类； (2)三乙醇胺、甲酸盐、乙酸盐、丙酸盐等有机化合物类
2	混凝土工程可采用两种或两种以上无机盐类早强剂，或有机化合物类早强剂复合而成的早强剂

三、混凝土早强剂的适用范围

工程实践证明，混凝土早强剂是一种专门解决工程中需要尽快或尽早获得水泥混凝土强度问题的专用外加剂，不同品种的早强剂具有不同的性能，也适用于不同范围。

混凝土早强剂的适用范围应符合表 6-2 中的规定。

表 6-2　混凝土早强剂的适用范围

序号	适用范围和不适用范围
1	混凝土早强剂宜用于蒸养、常温、低温和最低温度不低于−5℃环境中施工的有早强要求的混凝土工程。炎热条件以及环境温度低于−5℃环境时不宜使用混凝土早强剂
2	混凝土早强剂不宜用于大体积混凝土；三乙醇胺等有机胺类早强剂不宜用于蒸养混凝土
3	无机盐类早强剂不宜用于下列情况： (1)处于水位变化区域的混凝土结构； (2)露天结构及经常受水淋、受水冲刷的混凝土结构； (3)相对湿度大于80％环境中使用的混凝土结构； (4)直接接触酸、碱或其他侵蚀性介质的混凝土结构； (5)有装饰要求的混凝土,特别是要求色彩一致或表面有金属装饰的混凝土结构

第二节　混凝土早强剂的质量检验

为了充分发挥早强剂能提高混凝土的早期强度、加快工程施工进度、提高模板和施工机具的周转率等多功能作用，确保其质量符合国家的有关标准，对所选用混凝土早强剂进场后，应按照现行国家标准《混凝土外加剂应用技术规范》（GB 50119—2013）中的规定进行质量检验。混凝土早强剂的质量检验要求如表 6-3 所列。

表 6-3　混凝土早强剂的质量检验要求

序号	质量检验要求
1	混凝土早强剂应按每 10t 为一检验批，不足 10t 时也应按一个检验批计。每一检验批取样量不应少于 0.2t 胶凝材料所需用的减水剂量。每一检验批取样应充分混匀，并应分为两等份：其中一份按照《混凝土外加剂应用技术规范》(GB 50119—2013)第 8.3.2 和 8.3.3 条规定的项目及要求进行检验，每检验批检验不得少于两次；另一份应密封留样保存半年，有疑问时，应进行对比检验
2	混凝土早强剂进场检验项目应包括 pH 值、密度(或细度)、含固量(或含水率)、碱含量、氯离子含量和 1d 抗压强度比
3	检验含有硫氰酸盐、甲酸盐等早强剂的氯离子含量时，应采用离子色谱法

第三节　混凝土早强剂主要品种及性能

　　混凝土早强剂是外加剂发展历史中最早使用的外加剂品种之一。到目前为止，人们已先后开发除氯化物盐类和硫酸盐以外的多种早强型外加剂，如亚硝酸盐、铬酸盐等，以及有机物早强剂，如三乙醇胺、甲酸钙、尿素等，并且在早强剂的基础上，生产应用多种复合型外加剂，如早强型减水剂、早强型防冻剂和早强型泵送剂等。这些种类的早强型外加剂都已经在实际工程中使用，在改善混凝土性能、提高施工效率和节约投资成本方面发挥了重要作用。

　　混凝土早强剂按照化学成分可分为无机盐类、有机盐类和复合型早强剂三大类。无机盐类早强剂主要有硫酸盐、硫酸复盐、硝酸盐、碳酸盐、亚硝酸盐、氯盐、硫氰酸盐等。有机盐类主要是指三乙醇胺、甲酸盐、乙酸盐、丙酸盐等。复合型是指两种或两种以上有机化合物或无机盐的复合物，通常具有更为显著的效果。

一、无机盐类早强剂

1. 氯盐类早强剂

　　氯盐类早强剂是应用历史最长、应用效果最显著的早强剂品种之一。氯盐类早强剂的种类很多，如氯化钾、氯化钠、氯化锂、氯化铵、氯化钙、氯化锌、氯化锡、氯化铁、三氯化铝等，这些氯化物均有较好的早强作用。下面仅介绍在混凝土工程常用的氯盐类早强剂。

　　(1) 氯化钙　材料试验结果表明，氯化钙能促进水泥的早期水化，缩短水泥的凝结时间，提高混凝土的早期强度。在冬季施工中，因氯化钙能显著降低冰点、低温早强，因此常作为防冻组分使用。氯化钙对混凝土产生早强的作用机理是：它能与水泥中的铝酸三钙作用，生成不溶性的水化氯铝酸钙，并与水化产物中的氢氧化钙作用，生成不溶于氯化钙溶液的氧氯化钙；同时，由于这些含有大量化学结合水的复盐的增多，增大了水泥浆中固相的比例，形成坚固的骨架，有助于水泥石结构的形成。此外，由于氯化钙与氢氧化钙的迅速反应，降低了液相中的碱度，使水泥熟料矿物的溶解速率加快，从而促使硅酸三钙的水化反应加快，有利于提高水泥石的早期强度。

　　氯化钙对混凝土的促凝和早强作用，随着掺量、温度和硬化时间的不同而发生变化。当掺量为水泥质量的 1% 以下时，对水泥凝结时间基本无明显影响；当掺量为水泥质量的 2% 时，水泥凝结时间可提前 0.5～2h；当掺量为水泥质量的 4% 时，将引起水泥瞬时凝结。在自然养护条件下，氯化钙对混凝土早期强度的提高作用是：龄期 1d 为 1.6～2.5 倍，3d 为

1.3～1.8 倍，7d 为 1.2～1.3 倍。氯化钙还具有良好的增强效果，28d 时强度可提高 10%～20%，对矿渣硅酸盐水泥和火山灰硅酸盐水泥混凝土的增强效果，比普通硅酸盐水泥混凝土更好。

氯化钙在加速混凝土凝结和硬化的同时，也可以促进水泥水化放热，使水泥水化放热峰出现时间提前。掺加氯化钙早强剂的混凝土，水化热在 24h 内增加约 30%，但总的水化热与空白混凝土基本相同。氯化钙早强剂常用于冬季施工的混凝土工程，它不仅可以提高混凝土的早期强度，而且促进混凝土水化热提前释放，从而避免混凝土遭受冻害；然而，对大体积混凝土而言，易因早期水化热量集中而增大温差应力，从而造成混凝土早期开裂倾向增加。

有关试验结果表明，氯化钙虽然不与硅酸三钙反应，但氯化钙吸附在硅酸三钙的表面，会造成水化产物细化。因此，在掺入氯化钙后，水泥浆体表面积、孔隙率、绝对密度以及层间结构均发生变化，使混凝土的泌水性减小，抗渗性有所提高，对混凝土的收缩有明显的影响。当氯化钙掺量为水泥质量的 0.5% 时，混凝土的收缩约增加 50%；氯化钙掺量为水泥质量的 2.5% 时，混凝土的收缩约增加 115%；氯化钙掺量为水泥质量的 3.0% 时，混凝土的收缩约增加 165%。尤其是在混凝土的养护早期，因对水泥水化程度的显著提高，对混凝土的收缩影响更大。

虽然氯化钙早强剂的早强效果显著，但氯离子对混凝土中的钢筋会产生锈蚀。因此，氯化钙的使用受到严格限制，预应力混凝土结构以及潮湿环境中的钢筋混凝土结构，严禁使用氯盐类早强剂，干燥环境中的钢筋混凝土结构，氯离子掺量也不得超过水泥质量的 0.6%。

（2）氯化钠　氯化钠为白色的晶体，与氯化钙具有相似的作用机理，具有加快水泥早期水化速率、低温早强、降低水的冰点、提高混凝土早期抗冻能力的作用。氯化钠的防冻作用比较好，在相同掺量时，氯化钠降低冰点的效应大于氯化钙，是目前降低冰点最显著的防冻早强组分，氯化钠水溶液的特征如表 6-4 所列。工程实践表明，氯化钠来源广泛、使用方便、价格便宜，是混凝土工程中成本最低的防冻早强剂。

表 6-4　氯化钠水溶液的特征

溶液密度（20℃）/(g/cm³)	溶液浓度/%	冻结温度/℃
1.034	5	−3.1
1.044	7	−4.4
1.071	10	−6.7
1.109	15	−11.0
1.148	20	−16.5
1.172	23	−21.2

在实际工程中，氯化钠的常用掺量为 0.5%～1.0%。作为混凝土的早强剂使用，会造成混凝土后期强度降低，钢筋与混凝土之间的黏结强度，也会随其掺量的增加反而降低，对钢筋也有明显的锈蚀作用。在钢筋混凝土结构中使用，必须按规定复合阻锈剂。氯盐与阻锈剂复合使用，可以防止钢筋锈蚀。氯化钠一般不单独作为混凝土的早强剂，它与三乙醇胺（或三异丙醇胺）复合具有显著的增强效果，一般掺量不大于水泥质量的 1.0%。

（3）氯化铁　氯化铁（$FeCl_3 \cdot 6H_2O$）呈黄褐色块状，有吸湿性，易溶于水，溶液呈酸性。加热至 37℃ 时失水成为无水氯化铁，无水氯化铁溶解时剧烈逸出 HCl 气体。

混凝土工程中氯化铁的常用掺量为 $0.5\%\sim2.0\%$（按 $FeCl_3\cdot6H_2O$ 计），掺入混凝土或水泥砂浆中具有早强、保水作用。氯化铁的密实作用较好，28d 的强度比不掺有显著提高；提高掺量至 2.5% 以上，可作为防水剂使用。氯化铁对钢筋的锈蚀作用小于其他氯盐，在掺量较小时对钢筋基本无锈蚀。

氯化铁单独或与其他外加剂复合，可用于有早强、防水、抗渗、抗冻、耐油要求的混凝土结构，与三乙醇胺（或三异丙醇胺）复合，能显著提高混凝土的早期强度和后期强度，可用于有早强要求或高强度混凝土结构中。

（4）氯化铝　氯化铝（$AlCl_3\cdot6H_2O$）为白色或微黄色结晶，具有很强的吸湿性，微溶于浓盐酸，易溶于水。无水氯化铝是有光泽的黄色粉末，化学性质非常活泼，湿空气中发烟逸出 HCl 气体，遇水及酒精均发生剧烈的反应并释放出大量的热。

在混凝土工程中氯化铝的常用掺量为 $0.5\%\sim2.0\%$。掺入水泥混凝土体系中，液相中的铝离子浓度增大，聚沉作用加快，铝酸盐水化物相互搭接快速形成网络，促进水泥混凝土的凝结，因而具有显著的促凝作用。由于快速形成的铝酸盐晶体结构比较疏松，混凝土后期强度降低较大。

氯化铝一般不单独作为混凝土早强剂使用，与三乙醇胺复合使用具有良好的复合效应，不仅早强的效果好，且因使混凝土密实性提高，混凝土的后期强度也显著增长。由于氯化铝的价格昂贵，在实际工程中应用很少。

另外，氯化钾、氯化锂、氯化铵、氯化锌、氯化铜等，也可作为混凝土的早强剂。但由于这些氯盐各自存在不同的特点和性能，在混凝土工程中应用不广泛。

2. 硫酸盐类早强剂

工程实践证明，相比氯盐类混凝土早强剂，硫酸盐类早强剂不会导致钢筋锈蚀，因而是目前混凝土工程中使用最广泛的早强剂。

（1）硫酸钠　结晶硫酸钠（$Na_2SO_4\cdot10H_2O$）的工业品也称芒硝，在干燥环境下易失水风化，失水后为白色粉末无水硫酸钠（Na_2SO_4），俗称元明粉。硫酸钠资源非常丰富，价格较为低廉。硫酸钠在水中的溶解度见表 6-5，其溶解度随着温度下降而急剧降低，所以不宜作液体早强剂。

表 6-5　硫酸钠在水中的溶解度

温度/℃	0	10	20	30	40
溶解度/(g/100gH$_2$O)	4.9	9.1	19.5	40.8	48.8

硫酸钠掺入混凝土后，能立即与水泥水化产物氢氧化钙作用。反应中所生成的二水硫酸钙颗粒细小，比水泥熟料中的石膏更具有分散性，且在水泥中分布均匀，能与水泥中的铝酸三钙反应，生成水化硫铝酸钙针状晶体，从而形成早期骨架，提高早期强度。同时，由于上述反应的进行，溶液中的氢氧化钙浓度降低，水泥液相碱度降低，水泥熟料矿物的溶解速率增大，加快硅酸三钙水化速率，从而大大加快了混凝土的硬化速率，促进早期强度发展。

硫酸钠的掺量一般为水泥质量的 $0.5\%\sim2.0\%$，早强作用非常明显，1d 强度提高尤为显著。由于早期水化产物结构形成较快，结构致密程度较差一些，因此后期 28d 强度会略有降低。一般早期强度增加越快，后期强度受影响程度越大。

材料试验结果表明，用于蒸养混凝土时，硫酸钠的掺量不宜超过 1%。硫酸钠的掺量过多时，由于快速生成大量的钙矾石，使混凝土膨胀而产生破坏。试验还证明，硫酸钠和硫酸钾用于蒸养混凝土中,提高了混凝土中的大孔数量,对水泥石的抗渗性、耐腐蚀性能均产生不利影响。

对于表面有装饰要求的混凝土,硫酸钠的掺量宜控制在水泥质量的1‰以下。在硫酸钠掺量较高或养护条件不好的情况下,混凝土表面易发生析碱现象。因此,在发生起霜的条件下,且表面有较高装饰要求的混凝土中,宜选用不掺硫酸钠的外加剂。

无水硫酸钠质量指标如表6-6所列,硫酸钠在水中的溶解度如表6-7所列,掺硫酸钠早强剂砂浆及混凝土增强率如表6-8所列。

表6-6　无水硫酸钠质量指标

指标项目	质量指标					
	I类		II类		III类	
	优等品	一等品	一等品	合格品	一等品	合格品
硫酸钠质量分数/%	≥99.3	≥99.0	≥98.0	≥97.0	≥95.0	≥92.0
水不溶物质量分数/%	≤0.05	≤0.05	≤0.10	≤0.20	—	—
钙镁(以Mg计)总含量质量分数/%	≤0.10	≤0.15	≤0.30	≤0.40	≤0.60	
氯化物(以Cl^-计)质量分数/%	≤0.12	≤0.35	≤0.70	≤0.90	≤2.00	
铁(以Fe计)质量分数/%	≤0.002	≤0.002	≤0.010	≤0.040		
水分质量分数/%	≤0.10	≤0.20	≤0.50	≤1.00	≤1.50	
白度(R457)/%	≥85	≥82	≥82	—	—	—

表6-7　硫酸钠在水中的溶解度　　　　　　　　　单位:g/100gH_2O

硫酸钙种类 \ 水的温度	0℃	10℃	20℃	30℃	40℃
Na_2SO_4	4.5	8.4	17.0	29.47	32.6
$Na_2SO_4 \cdot 7H_2O$	19.5	30.0	44.0		48.8
$Na_2SO_4 \cdot 10H_2O$	5.0	9.0	19.4	40.8	—

表6-8　掺硫酸钠早强剂砂浆及混凝土增强率

硫酸钠的用量(水泥用量的百分数)	1:3水泥砂浆强度/%			混凝土强度/%		
	3d	7d	28d	3d	7d	28d
0.5	149	122	110	—	—	—
1.0	184	128	97	126	110	113
1.5	219	134	96	135	126	114
2.0	238	134	91	140	127	114
3.0	232	125	01	108	93	95

(2) 硫酸钾　硫酸钾(K_2SO_4)为白色结晶,其溶解度随温度变化不大,常用掺量为水泥质量的0.5%～2.0%,掺入水泥中的作用机理与硫酸钠基本相同。混凝土的早期强度随着掺量增大而提高,7d的强度增加不明显,28d的强度随掺量的增大而降低。与硫酸钠相比,硫酸钾的早强作用更显著。

材料试验表明,硫酸钾的促凝早强效果与氯化钙的相当,但其收缩率远低于氯化钙;随着养护龄期的增加,不会像氯化钙那样使混凝土出现微裂纹,同时对钢筋也无锈蚀作用。

（3）硫酸钙 硫酸钙（$CaSO_4$）也称为石膏，在水泥的生产中一般掺量为熟料的 3％左右（按无水计），作为调节凝结剂使用，通过与铝酸三钙反应，快速生成钙矾石沉积在铝酸三钙表面，阻止铝酸三钙与水接触，在水泥中起到缓凝作用。

在混凝土中再掺入适量的硫酸钙，则可与水泥中的铝酸三钙、铁铝酸四钙反应，生成水化硫铝酸钙和水化硫铁酸钙及它们的固溶体，很快结晶并形成晶核，促进水泥其他成分的结晶和生长，从而提高混凝土的早期强度。在掺量相同时，其早强效果略低于硫酸钠。

硫酸钙在混凝土中的最佳掺量随水泥中碱含量、铝酸三钙、铁铝酸四钙含量的变化而变化，最佳掺量时能获得最佳增长强度和最小干缩值；如果硫酸钙的掺量过大，在后期水泥石结构发展已较为完善的情况下继续膨胀，将降低混凝土的后期强度，甚至产生膨胀裂缝。

（4）硫酸镁 硫酸镁（$MgSO_4$）为白色结晶，在低温下仍具有很高的溶解度，因此可用作低温液体早强剂和防冻剂，硫酸镁在水中的溶解度如表 6-9 所列。

表 6-9 硫酸镁在水中的溶解度

温度/℃	0	10	20	30	40
溶解度/(g/100gH_2O)	22.0	28.2	33.7	38.9	44.5

硫酸镁在混凝土中适宜的掺量为 0.5％～2.0％。在水化体系中引入硫酸镁，离解出的镁离子可与水泥水化产生的氢氧根迅速反应生成晶体，从而促进水泥中钙离子的溶出，并提供大量晶核降低成核壁垒，促进各种水化产物结晶，加快水泥中各组分尤其是硅酸三钙的水化速率，使混凝土早期强度快速发展。

（5）硫代硫酸钠 硫代硫酸钠（$Na_2S_2SO_4$）又称大苏打，对水泥有塑化作用，不锈蚀钢筋，且能促使水泥砂浆和混凝土早强，28d 的强度增长高于硫酸钠混凝土。一般掺量为水泥质量的 0.5％～1.5％，掺量过大则后期强度降低。

根据现行的行业标准《工业硫代硫酸钠》（HG/T 2328—2006）中的规定，硫代硫酸钠的质量指标应符合表 6-10 中的要求，掺加硫代硫酸钠早强剂混凝土增长率如表 6-11 所列。

表 6-10 硫代硫酸钠的质量指标

指标项目	质量指标	
	优等品	一等品
硫代硫酸钠($Na_2SO_4 \cdot 5H_2O$)质量分数/％	≥99.0	≥98.0
水不溶物含量质量分数/％	≤0.01	≤0.03
硫化物(以 Na_2S 计)的质量分数/％	≤0.001	≤0.003
铁(以 Fe 计)的质量分数/％	≤0.002	≤0.003
氯化钠(以 NaCl 计)质量分数/％	≤0.05	≤0.20
pH 值(200g/L 溶液)	6.5～9.5	6.5～9.5

表 6-11 掺加硫代硫酸钠早强剂混凝土增长率

硫代硫酸钠早强剂掺量($C×$％)	混凝土强度增长率/％			
	1d	3d	28d	90d
0.0	100	100	100	100
0.5	111	122	110	105

硫代硫酸钠早强剂掺量($C\times\%$)	混凝土强度增长率/%			
	1d	3d	28d	90d
1.0	112	113	109	100
1.5	113	109	100	96
2.0	105	115	94	95

3. 碳酸盐类早强剂

工程实践表明，碳酸钠、碳酸钾和碳酸锂均可以作为混凝土的早强剂及促凝剂，在冬季低温施工中使用以上外加剂，可明显缩短混凝土的凝结时间、提高混凝土的早期强度增长率。碳酸盐类早强剂的促凝早强作用机理为：能与水泥水化产物氢氧化钙反应，生成难溶性的碳酸钙，其颗粒细小，能够迅速结晶，作为其他水化产物的晶核，降低其他水化产物的成核壁垒，促进水化产物的形成；同时，消耗混凝土中氢氧化钙的量，降低水泥液相中的碱度，加快水泥熟料矿物的溶解速率，促进水化产物的形成。同时，有的试验结果指出：碳酸盐类早强剂能改变混凝土的内部结构，减少混凝土中的孔隙率，提高混凝土的密度度和抗渗性。

材料试验证明，掺加碳酸钠会使水泥产生假凝，但碳酸钾不会产生假凝。碳酸盐对钢筋不产生锈蚀，但也有一定使用掺量和使用范围，高剂量会引起应力腐蚀和晶格腐蚀，因而不适用于高强钢丝的预应力混凝土结构。掺入碳酸钠、碳酸钾，混凝土中的总碱量增加，若集料中含有活性二氧化硅成分，则发生碱集料反应的可能性增大。碳酸钾能降低水的冰点并促进水泥低温水化，因此碳酸钾又是一种很好的防冻剂组分。

4. 硝酸盐/亚硝酸盐

材料试验表明，碱金属、碱土金属的硝酸盐和亚硝酸盐都具有促进水泥水化的作用，尤其是在低温环境中能作为混凝土的早强剂和防冻剂。

（1）亚硝酸钙/硝酸钙　亚硝酸钙是一种透明、无色或略带淡黄色的单斜晶系人工矿物，常含两个结晶水，常温下易吸湿潮解。常见的亚硝酸钙与硝酸钙共生，而后者的吸湿性更大。亚硝酸钙的冰点为$-28.2℃$，在4%掺量以下时防冻增强效果优于亚硝酸钠，但混凝土的和易性稍差。

硝酸钙是无色透明单斜晶体，易溶于水、甲醇、乙醇，在空气中极易潮解。掺加混凝土中，其和易性较亚硝酸钙好，在低温下坍落度损失较小，并能改善硬化混凝土的孔结构，提高混凝土的密实性，防冻效果也很好。其缺点是低温下混凝土早强增长缓慢，有效降低冰点时的掺量较大。硝酸钙对水溶液冰点的降低作用如表6-12所列，一般溶液浓度越大冰点降低越多。

表6-12　硝酸钙对水溶液冰点的降低作用

溶液密度（20℃）/(g/cm³)	无水硝酸钙的含量/(kg/kg 溶液)	冰点/℃	密度的温度系数/10^{-4}
1.077	0.10	-3.1	3.0
1.094	0.12	-3.8	3.2
1.117	0.15	-5.0	3.5
1.146	0.18	-6.6	3.9

溶液密度(20℃)/(g/cm³)	无水硝酸钙的含量/(kg/kg 溶液)	冰点/℃	密度的温度系数/10⁻⁴
1.154	0.20	−7.6	4.0
1.183	0.22	−9.0	4.3
1.211	0.25	−11.0	4.5
1.240	0.28	−13.0	4.8
1.259	0.30	−14.5	5.1
1.311	0.35	−18.0	5.5
1.360	0.46	−21.6	6.0

　　硝酸钙和亚硝酸钙常复合使用，或者与氯盐复合使用，它们能促进低温下的水泥水化反应，对加速混凝土的硬化、提高混凝土的密实性和抗渗性都有良好的作用，是一种高效的混凝土促进剂。在水泥石微观结构中起到强化水泥矿物的水化过程，增加胶凝物质的体积，使气孔和毛细孔得以封闭，对提高混凝土耐久性有良好的作用。

　　(2) 亚硝酸钠/硝酸钠　亚硝酸钠易溶于水，在空气中也会潮解，与有机物接触易燃烧和爆炸，有一定的毒性，在使用过程中要特别注意安全。在各种常用的防冻物质中，亚硝酸钠的防冻效果较好，最低共熔点为−19.6℃，作为防冻组分可在混凝土硬化温度不低于−16℃时使用。

　　硝酸钠的基本性质与亚硝酸钠相似，但防冻效果不如亚硝酸钠。硝酸钠的阻止钢筋锈蚀的作用不明显，使用前需要先做试验，判断其是否具有良好的阻锈效果，不可盲目乱用。

　　亚硝酸钠和硝酸钠对水泥水化有明显的促进作用，可以有效改善水泥石的孔结构，减少混凝土中大孔的数量，使混凝土的结构趋于密实，抗压强度显著提高。亚硝酸钠是混凝土中常用的阻锈剂，对钢筋锈蚀的阳极反应有抑制作用，常与氯盐复合使用。

　　(3) 硝酸铁　硝酸铁是无色至暗紫色的潮解性晶体，可通过铁或氧化铁与硝酸反应制备。硝酸铁掺入混凝土中，与熟料矿物水解和水化产生的氢氧化钙作用，生成氢氧化铁胶态物质及硝酸钙，既对混凝土有较好的早强作用，又利用氢氧化铁胶态物质进一步填充气孔，使混凝土达到密实抗渗的效果。硝酸铁的阴离子活性较低，则对混凝土中的钢筋无锈蚀作用。

　　5. 无机盐对水泥性能的影响

　　有关资料表明，许多列在元素周期第 1 列和第 2 列的元素（包括副族），对于水泥都有不同程度的促凝和早强作用，对水泥凝结时间及其他物理性能的影响如表 6-13 所列。表中所列无机盐的浓度均为 0.9mol/L，液固比为 0.27。

表 6-13　无机盐对水泥凝结时间及其他物理性能的影响

无机盐名称	分子式	分子量	pH 值	扩散度/mm	凝结时间/min		抗压强度	
					初凝	终凝	1d	28d
基准	—	—	7.00	126	225	360	22.0	73.0
硫酸钠	Na₂SO₄	142.04	7.00	117	180	330	29.3	70.5
氯化钠	NaCl	58.44	7.30	125	120	275	31.6	73.8
溴化钠	NaBr	102.90	7.85	134	160	315	30.6	70.1

无机盐名称	分子式	分子量	pH 值	扩散度/mm	凝结时间/min		抗压强度	
					初凝	终凝	1d	28d
碘化钠	NaI	149.89	8.45	142	165	325	18.0	72.4
亚硝酸钠	NaNO$_2$	69.00	7.50	137	170	315	27.5	61.0
硝酸钠	NaNO$_3$	84.99	7.15	130	150	280	24.5	58.5
氯化钾	KCl	74.56	7.35	142	170	305	34.0	74.0
溴化钾	KBr	119.01	7.90	150	205	340	33.0	68.9
碘化钾	KI	166.01	8.60	159	225	330	20.7	63.5
亚硝酸钾	KNO$_2$	85.11	7.50	154	210	335	28.1	66.3
硝酸钾	KNO$_3$	101.11	7.25	145	180	320	23.2	60.1
氯化铵	NH$_4$Cl	53.49	6.40	146	140	270	33.6	82.8
溴化铵	NH$_4$Br	97.95	6.65	154	155	300	29.0	77.1
碘化铵	NH$_4$I	144.94	7.35	165	180	325	20.3	70.2
亚硝酸铵	NH$_4$NO$_2$	64.00	6.90	159	160	295	22.2	68.7
硝酸铵	NH$_4$NO$_3$	80.04	6.25	151	170	300	14.8	56.2
氯化铷	RbCl	120.92	7.65	150	150	310	28.4	71.2
氯化铯	CsCl	168.37	7.90	157	175	335	28.9	73.1
氯化钙	CaCl$_2$	110.99	7.05	130	110	220	37.2	90.3
溴化钙	CaBr$_2$	199.92	7.10	140	135	235	33.1	81.4
碘化钙	CaI$_2$	293.89	7.95	148	150	250	18.9	70.5
亚硝酸钙	Ca(NO$_2$)$_2$	132.08	6.65	144	160	250	20.0	76.0
硝酸钙	Ca(NO$_3$)$_2$	164.15	6.80	135	120	230	18.2	71.8
氯化铝	AlCl$_3$	133.34	6.90	88	15	60	35.5	84.5
硝酸铝	Al(NO$_3$)$_2$	210.13	6.50	90	15	60	21.0	66.7
硫酸铬	Cr$_2$(SO$_4$)$_3$	392.31	5.05	87	20	70	18.1	71.5
氯化铬	CrCl$_3$	158.45	5.60	92	15	55	35.0	86.2
硝酸铬	Cr(NO$_3$)$_2$	238.15	5.45	95	20	60	20.2	68.5
氯化锰	MnCl$_2$	125.91	5.85	113	35	75	3.7	78.3
硝酸锰	Mn(NO$_3$)$_2$	179.04	5.45	117	30	60	2.1	53.4
硫酸铁	Fe$_2$(SO$_4$)$_3$	399.88	5.10	89	10	45	12.7	62.7
硫酸亚铁	FeSO$_4$	152.05	5.75	91	10	50	8.5	54.2
氯化铁	FeCl$_3$	162.21	5.50	96	15	45	35.2	82.9
硝酸铁	Fe(NO$_3$)$_3$	242.00	5.35	99	10	45	18.3	64.0
氯化锌	ZnCl$_2$	136.28	6.90	102	20	60	3.5	65.7

二、有机物类早强剂

在混凝土工程实践中，实际使用的有机类早强剂要比无机盐早强剂少得多，常用的有机类早强剂主要有羟胺类和羧酸盐类。

1. 羟胺类早强剂

羟胺类早强剂主要包括二乙醇胺、三乙醇胺、三异丙醇胺等，这些早强剂不仅均可以单独用于混凝土中，而且都具有使水泥缓凝且使早期（特别是1～3d）强度增长快的性能。羟胺类早强减水剂效果最佳的是三乙醇胺复合减水剂，随后依次是三异丙醇胺、二乙醇胺和三乙醇胺。单独使用三乙醇胺时，它是一种缓凝剂，早强效果很不明显，甚至会使混凝土的强度略有降低，水泥水化放热加快。将三乙醇胺与无机盐复合使用，尤其是与氯盐复合，才能发挥其早强和增强的作用。

羟胺类的技术性能标准如表6-14所列，三乙醇胺对水泥砂浆强度的影响如表6-15所列，三乙醇胺与硫酸盐复合强度增长效果如表6-16所列，三乙醇胺与氯盐复合对水泥强度增长的效果如表6-17和表6-18所列，三乙醇胺与氯盐复合对混凝土长龄期影响如表6-19所列。

表6-14　羟胺类的技术性能标准

羟胺类名称	相对密度	沸点/℃	熔点/℃	纯度/%	色度/度	含水率/%	产品外观
三乙醇胺	1.120～1.130	360.0	21.2	≥85	≤30	≤0.5	略有氨味，吸潮性强，无色液体
二乙醇胺	1.090～1.097	269.1	28.0	≥85	≤10	≤0.1	无色透明液体，吸湿、稍有氨味
三异丙醇胺	0.992～1.019	248.7	12.0	≥75	≤50	≤0.5	呈碱性，淡黄色稠液体

表6-15　三乙醇胺对水泥砂浆强度的影响

掺量/%	抗压强度比/%			掺量/%	抗压强度比/%		
	3d	7d	28d		3d	7d	28d
0	100	100	100	0.06	36	89	112
0.02	140	129	113	0.08	20	96	106
0.04	132	129	120	0.10	16	43	106

表6-16　三乙醇胺与硫酸盐复合对水泥强度增长的效果

水泥品种	外加剂掺量/%			抗压强度比/%			
	三乙醇胺	硫酸钾	硫酸钠	2d	3d	7d	28d
普通硅酸盐水泥	0	0	0	100	100	100	100
	0.02	2.0	0	161	165	98	88
普通硅酸盐水泥	0	0	0	100	100	100	100
	0.02	1.5	0	134	132	119	101
	0.02	0	1.0	153	145	120	92
普通硅酸盐水泥	0	0	0	100	100	100	100
	0.05	2.0	0	153	126	102	94
	0.05	0	2.0	153	123	100	82

表6-17　三乙醇胺与氯盐复合对混凝土强度增长效果

早强剂(C×%)		普通硅酸盐水泥混凝土				矿渣硅酸盐水泥混凝土			
三乙醇胺	氯化钠	1d	3d	7d	28d	1d	3d	7d	28d
0.03	0.15	—	—	—	—	—	130	112	121

续表

早强剂(C×%)		普通硅酸盐水泥混凝土				矿渣硅酸盐水泥混凝土			
三乙醇胺	氯化钠	1d	3d	7d	28d	1d	3d	7d	28d
0.03	0.30	180	151	121	104	—	143	107	123

注：1. 表中以不掺早强剂的空白混凝土同龄期强度为100；

2. C为单位体积混凝土的水泥用量，下同。

表 6-18　三乙醇胺与氯盐复合对混凝土强度增长效果比较

水泥品种	早强组分掺量/%			抗压强度比/%					
	三乙醇胺	氯化钠	亚硝酸钠	2d	3d	5d	7d	10d	28d
哈尔滨 P·O水泥	0	0	0	100	100	100	100	—	100
	0.05	0.5	0	162	153	134	131	—	116
	0.05	0.5	1	167	175	—	—	—	116
北京 P·S水泥	0	0	0	—	100	100	100	100	100
	0.05	0.5	0	—	143	123	134	128	135
	0.05	0.5	1	—	157	130	146	148	135

表 6-19　三乙醇胺与氯盐复合对混凝土长龄期影响

外加剂(C×%)	抗压强度比/%					水灰比 (W/C)	坍落度 /mm	含气量 /%
	28d	1a	2a	3a	6a			
不掺外加剂	100	197	—	210	226	0.70	37	1.7
三乙醇胺	109	189	209	223	—	0.70	52	2.1

2. 羧酸盐类早强剂

若干小分子量羧酸盐也是性能较好的早强剂，这类早强剂在国外应用比较多，在我国由于资源较缺乏，应用比较少。混凝土工程中采用的羧酸盐类早强剂主要有乙酸钠、甲酸钙等，在实际工程中最常用的是甲酸钙。

甲酸钙化学式为 $Ca(HCOO)_2$，呈白色结晶或粉末，略有吸湿性，味微苦，中性，无毒，溶于水，水溶液呈中性。甲酸钙的溶解度随温度的升高变化不大，在 $0℃$ 时为 $16g/100g$ 水，$100℃$ 时 $18.4g/100g$ 水。相对密度：在 $20℃$ 时为 2.023，堆密度 $900\sim1000g/L$。加热分解温度大于 $400℃$。甲酸钙的早强作用如表 6-20 所列。

表 6-20　甲酸钙的早强作用

Ca(HCOO)_2 或 NaNO_3 掺量(C×%)	Ca(HCOO)_2		Ca(HCOO)_2 或 NaNO_3 掺量(C×%)	Ca(HCOO)_2	
	3d	28d		3d	28d
0	100	100	1.00	106	108
0.25	107	105	1.50	109	111
0.50	106	104	2.00	113	114

三、复合早强剂

各种早强剂都具有其优点和局限性。一般无机盐类早强剂原料来源广且价格较低，早强作用比较显著，但存在使混凝土后期强度降低的缺点；而有些有机类早强剂虽然能提高后期强度，但单掺的早期增强作用不明显。如果将不同的早强剂复合使用，可以做到扬长避短、优势互补，不但能显著提高混凝土的早期强度，而且后期强度也得到一定提高，并且能大大减少无机化合物的掺入量，这样有利于减少无机化合物对水泥石的不良影响。因此使用复合早强剂不但可显著提高混凝土的早期强度，而且可大大拓展早强剂的应用范围。

复合早强剂可以是无机材料与无机材料的复合，也可以是有机材料与无机材料的复合，还可以是有机材料与有机材料的复合。复合早强剂往往比单组分早强剂具有更优良的效果，掺量也可比单组分早强剂有所降低。在众多复合型早强剂中，以三乙醇胺与无机盐复合早强剂效果最好，在混凝土工程中应用面最广。

（1）三乙醇胺-硫酸盐复合早强剂　硫酸盐是目前至今后相当长的时间内仍可能最大量使用的无机早强剂，三乙醇胺是当前使用最为广泛的有机早强剂，将两者复合使用，其早强效果往往大于三乙醇胺和硫酸盐单独使用的算术叠加值。在低温环境下使用，效果更为明显，不仅早期强度有显著增加，而且后期强度基本不降低、三乙醇胺-硫酸盐复合早强剂效果比较如表 6-21 所列。

表 6-21　三乙醇胺-硫酸盐复合早强剂效果比较

养护温度 /℃	早强剂掺量（C×%）		终凝时间 /min	相对强度/%				混凝土外观质量
	硫酸钠	三乙醇胺		12h	1d	7d	28d	
25～30	0	0	435	100	100	100	100	良好
	1.5	0	385	234	172	124	100	良好
	2.0	0	365	241	179	126	102	良好
	0	0.03	360	234	158	121	98	良好
	0	0.05	365	228	156	126	94	良好
5～8	0	0	542	100	100	100	100	良好
	1.5	0	535	109	109	103	95	良好
	2.0	0	525	109	115	106	102	泛霜
	0	0.03	540	100	116	102	100	良好
	0	0.05	545	82	105	100	98	良好
	1.5	0.03	467	500	234	141	102	良好
	2.0	0.03	455	619	235	152	103	良好

注：混凝土配合比为 $C:S:G:W=326:731:1193:150$。

三乙醇胺与硫酸钠复合时，其适宜掺量为 0.02%～0.05%，硫酸钠的适宜掺量为 1%～3%，根据环境温度、水泥品种以及混凝土配合比来确定最佳掺量。试验证明，也可以用三异丙醇胺、二乙醇胺等来代替三乙醇胺来复合，还可以用三乙醇胺的残渣来代替。

（2）三乙醇胺-氯盐复合早强剂　三乙醇胺-氯盐复合早强剂对于大多数水泥都具有较好的适应性，其早期强度的增长值都超过其各单组分增强数值的算术叠加，但 28d 强度略低于算术叠加数值或持平，三乙醇胺-氯盐复合早强剂增强效果比较如表 6-22 所列。因掺加氯盐会加速钢筋的锈蚀，对于预应力以及潮湿环境中的钢筋混凝土结构往往还复合阻锈剂（$NaNO_2$）同时使用。

（3）无机盐类复合早强剂　常用的无机盐对水泥凝结、混凝土强度和收缩的影响见表6-23，常用无机盐复合早强剂的掺量如表 6-24 所列。

无机盐类复合早强剂通常在低温下使用效果最好，而其早强效果随着温度的升高有所降低，这主要是因为水泥水化硬比速率受温度的影响比较大，常温下的水化硬化速率要比低温时快得多，而早强剂主要是加速水泥早期（1～7d）的水化反应速率，常温下水泥水化速率已足够快，早强剂的促进作用也就不突出，其早强效果体现的不明显。而在低温时早强剂的促进作用能比较明显地影响水泥水化速率，早期水化程度有较大提高，水化产物的量增多，从而使早期强度达到或高于常温下水平。

表 6-22　三乙醇胺-氯盐复合早强剂增强效果比较

水泥品种	早强剂组分掺量（C×%）			抗压强度比/%					
	三乙醇胺	氯化钠	亚硝酸钠	2d	3d	5d	7d	10d	28d
哈尔滨 P·O水泥	0	0	0	100	100	100	100	—	—
	0.05	0.05	0	162	153	134	131	—	—
	0.05	0.05	1	167	175	—	—	—	—
北京 P·S水泥	0	0	0	—	100	100	100	1100	100
	0.05	0.05	0	—	143	123	134	128	135
	0.05	0.05	1	—	157	130	146	148	135

表 6-23　常用的无机盐对水泥凝结、混凝土强度和收缩的影响

无机盐早强剂名称	对水泥的促凝作用	对混凝土强度影响	对混凝土收缩影响
氯化钠 $NaCl$	稍有促凝作用	后期强度降低	对混凝土收缩影响大
氯化钙 $CaCl_2$	具有促凝作用	早期强度提高	对混凝土收缩影响大
氯化铵 NH_4Cl	具有促凝作用	早期强度提高	对混凝土收缩影响大
硫酸钠 Na_2SO_4	促凝作用不大	早期强度提高	对混凝土收缩影响大
硫酸钙 $CaSO_4$	具有促凝作用	早期强度提高	对混凝土收缩影响大
碳酸钠 Na_2CO_3	显著促凝、假凝	后期强度降低	对混凝土收缩影响小
碳酸钾 K_2CO_3	促凝作用不大	强度提高不大	对混凝土收缩影响大
硝酸钠 $NaNO_3$	促凝作用不大	强度提高大	对混凝土收缩影响大
亚硝酸钠 $NaNO_2$	具有促凝作用	早期强度提高	对混凝土收缩影响大

表 6-24　常用无机盐复合早强剂的掺量

无机盐类复合早强剂组分	早强剂掺量（C×%）
三乙醇胺＋氯化钠	（0.03～0.05）＋0.5
三乙醇胺＋氯化钠＋亚硝酸钠	0.05＋（0.03～0.05）＋（1～2）
硫酸钠＋亚硝酸钠＋氯化钠＋氯化钙	（1.0～1.5）＋（1～3）＋（0.03～0.05）＋（0.03～0.05）
硫酸钠＋氯化钠	（0.5～1.5）＋（0.03～0.05）
硫酸钠＋亚硝酸钠	（0.5～1.5）＋1.0
硫酸钠＋三乙醇胺	（0.5～1.5）＋0.05
硫酸钠＋二水石膏＋三乙醇胺	（1.0～1.5）＋2.0＋0.05
亚硝酸钠＋二水石膏＋三乙醇胺	1.0＋2.0＋0.05

　　一般而言，无机盐类复合早强剂对混凝土早期强度的影响效果显著，尤其是对 1d、3d 强度的影响突出，但也由此带来一些不足之处。由于早强剂加快了水泥的水化速率，在较短的时间内产生大量的水化产物，这些水化产物的搭接结构疏松，造成水泥浆体的孔隙率增加，混凝土的密实度降低，从而影响混凝土的后期强度和耐久性。

四、早强剂对混凝土性能的影响

混凝土工程实践证明：掺入早强剂对新拌混凝土初终凝时间的影响不大，当掺量较小时未能缩短混凝土的凝结时间，只有当掺量达到一定程度，混凝土的凝结时间才会缩短。随着早强剂的增加，混凝土的早期强度会有较大提高，但是龄期越长其强度增长越不明显。具体地讲，早强剂及早强减水剂对混凝土性能的影响如表 6-25 所列。

表 6-25　早强剂及早强减水剂对混凝土性能的影响

项目		影响结果
对于新拌混凝土性能的影响	流动性	一般无机盐以及有机早强剂只有很小或不具有减水作用，为满足施工要求保证一定的减水率或达到规定的流动性，主要是通过调整减水剂的品种和掺量来满足。三乙醇胺对新拌混凝土稍有塑化作用，同时对新拌混凝土的粘聚性有所改善。 无机盐早强组分与减水剂同时使用，通常会影响减水组分对水泥粒子的分散作用。其原因为：减水剂在液相中发生解离，定向吸附在水泥粒子的表面，使水泥颗粒的 ξ 电位提高，因而颗粒间的静电斥力增大，形成起抑制凝聚倾向的定向吸附层。总而言之，无机盐电解质对扩散层的压缩作用以及离子交换的凝聚作和稀释作用，降低 ξ 电位，影响水泥-水体系的分散，从而会降低新拌混凝土的性能
	含气量	早强剂本身并不具有引气性，掺加氯化钙还会使混凝土含气量减少，大气泡增多。早强减水剂的引气性能通常由所使用的减水剂品种决定，如果使用"木钙"等普通减水剂作为减水组分，可以使混凝土的含气量提高 2%～4%；如果早强剂与高效减水剂复合使用，则不会增加混凝土的含气量
	凝结时间	《混凝土外加剂》(GB 8076—2008)规定，早强剂的凝结时间之差在 −90～+90min 之间，即要求早强剂或早强减水剂对混凝土凝结时间无明显影响。实际上，早强剂对凝结时间的影响受早强剂掺量、水泥品种及其组成等因素的影响，但无机早强剂一般在掺量较大时会显著促凝，而三乙醇胺等有机类早强剂对水泥具有选择性，对凝结时间的影响作用不明确
	泌水	无机早强剂的大量掺入，可以提高液相体系的密度和黏度，一般不会降低泌水率。早强减水剂中减水组分可大大降低拌合水量，则可减少可泌水数量，同时因其表面活性作用能提高新拌混凝土非均相悬浮体系的稳定性，两者协同作用能有效降低混凝土的泌水能力
对于硬化混凝土性能的影响	强度	早强剂可以加快低温及不低于 −5℃ 环境下水泥硬化速率，因而可大幅度提高水泥浆体、砂浆和混凝土的早期强度。早期强度提高的程度，取决于早强剂掺量、环境温湿度、养护条件、水灰比和水泥品种。因为快速形成的水泥石结构不够致密，会导致 28d 及长期强度有所降低。使用早强减水剂可以降低水胶比，可弥补早强剂导致的混凝土后期强度的不足
	弹性模量	弹性模量与混凝土的抗压强度有关。有研究表明，掺入氯化钙的混凝土早期弹性模量增大，但到 90d 时，弹性模量与未掺的几乎一样
	耐久性	提高混凝土耐久性和延长结构寿命是工程界关注的焦点。早强剂的不当使用，可使混凝土本身结构产生劣化，同时降低其抵抗外界侵害的能力。因此，应充分了解早强剂的物理化学性能及结构使用环境，正确选择早强剂的品种及掺量
	收缩	掺无机盐类早强剂，因早期大多数形成膨胀性晶体，使混凝土的体积比不掺时略有增大，试验数据表明，混凝土体积增大 0.5%～1.0%，而后期收缩和徐变有所增加。其原因为：早强剂对早期水化的促进作用使水泥浆体在初期有较大的水化产物表面积，产生一定的膨胀作用，使整个混凝土体积略有增加。早期形成的疏松骨架使混凝土内部的孔隙率提高，结构密度降低，造成混凝土后期干缩增大

五、早强剂使用注意事项

1. 氯盐类早强剂使用注意事项

材料试验证明，氯盐类早强剂大量掺入会加速混凝土中钢筋及预埋件的锈蚀，在设计和施工中应当引起高度重视。不过，在混凝土中少量或微量掺入氯盐，由于引入的氯离子在水化前期即与铝酸盐化学结合形成复盐，结合状态的氯离子不会促进钢筋的锈蚀，因而也不会影响钢筋混凝土结构的耐久性。然而从工程的长期安全角度考虑，预应力钢筋混凝土结构中，严禁使用含有氯盐组分的外加剂，处于干燥环境中的钢筋混凝土结构，也对外加剂及其他材料引入的氯离子总量有严格限制。

现行国家标准《混凝土外加剂应用技术规范》（GB 50119—2013）中明确规定：素混凝土中氯离子掺入量不得超过水泥重量的 1.8％，干燥环境中的钢筋混凝土结构氯离子掺入量不得超过水泥重量的 0.6％，并规定在以下结构中严禁采用含有氯盐配制的早强剂及早强减水剂：a. 预应力钢筋混凝土结构；b. 相对湿度大于 80％ 的环境中使用的结构、处于水位变化部位的露天结构、露天结构及经常受水淋、受水流冲刷的结构；c. 大体积混凝土结构；d. 直接接触酸、碱或其他侵蚀性介质的结构；e. 经常处于温度为 60℃ 以上的结构，需经常蒸养的钢筋混凝土预制构件；f. 有装饰要求的混凝土，特别是要求色彩一致的或是表面有金属装饰的混凝土；g. 薄壁混凝土结构，中级和重级工作制吊车的梁屋架落锤及锻锤混凝土基础等结构；h. 使用冷拉钢筋或冷拔低碳钢丝的结构；i. 集料具有碱活性的混凝土结构。

2. 硫酸盐类早强剂使用注意事项

硫酸盐类早强剂是混凝土工程中目前应用最广泛的早强剂之一，但存在影响混凝土耐久性的不良因素。因此，要特别注意正确选择和合理使用，确保达到预期的技术经济效果；同时，采取相应的有效措施，降低其可能带来的不利影响。

硫酸钠早强剂的掺量宜控制在 2％ 以内，如果掺量过高，不仅延迟钙矾石的形成，而且将破坏已有的水泥石结构，引起混凝土强度和耐久性降低。一般控制混凝土内的 SO_3 总含量不得超过 4％。处于高温、高湿、干湿循环及水下混凝土，在硫酸钠掺量过大时容易产生膨胀性化合物，而导致混凝土开裂和剥落，应控制硫酸钠的掺量小于 1.5％，或最好不要单独使用硫酸钠作为早强剂。

掺入硫酸钠和硫酸钾后，混凝土中液相的碱度增大，当集料中含有活性二氧化硅时，就会促使碱-集料反应的发生，一旦开始后难以抑制其继续发展。在混凝土工程施工中非常重视碱含量，一般要求水泥外加剂等材料中引入的总碱量每立方米混凝土不得超过 3kg。为了避免这种危害的发生，当集料中还有活性成分时，尤其是处于潮湿或露天环境中的混凝土结构物，不应再选用硫酸钠和硫酸钾作为早强剂。

在低温下硫酸钠的溶解度比较小，冬季施工时作为早强剂掺入混凝土中，若掺量高且养护不好，易在表面结晶析出形成白霜，影响表面装饰层与底层的黏附力。因此，对于有饰面要求的混凝土，硫酸钠的掺量不宜超过水泥质量的 0.8％。

硫酸钠以干粉掺入时应控制细度，防止团块在混凝土中，并应适当延长搅拌时间；当以水溶液掺入时，应注意低温析晶而导致的浓度变化。对于单独使用硫酸钠作为早强度的混凝土，更应注意早期的潮湿养护，混凝土的表面最好适当加以覆盖，以保证混凝土的早强效果和防止起霜泛白。

氯盐、硫酸盐、碳酸盐和硝酸盐等无机盐作为强电解质，掺入混凝土中可增加导电性能，严禁用于与镀锌钢材或铝铁等接触部位的结构以及有外露钢筋预埋铁件而无防护措施的结构和使用直流电源的结构以及距离高压电流电源 100m 以内的结构。

含有六价铬盐亚硝酸盐等成分的早强剂因对人体具有毒性，严禁用于饮水工程及与食品相接触的工程。硝铵类外加剂因释放对人体产生危害，并对环境产生污染的氨气，严禁用于办公、居住等建筑工程。

处于与水相接触或潮湿环境中的混凝土，当使用碱活性集料时，由早强剂及早强减水剂带入的碱含量（以当量氧化钠计）不宜超过 1kg/m³ 混凝土，混凝土的总碱量应符合有关标准的规定。

新浇筑的混凝土在硬化过程中水分蒸发，对于掺有早强剂的混凝土，将严重影响混凝土早期强度增长速率，因此应及时进行保湿养护；当养护温度较低时，应注意采取保温措施，以保证混凝土早期强度增长速率。

第四节　混凝土早强剂应用技术要点

（1）供方应当向需方提供早强剂产品的贮存方式、使用注意事项和产品有效期。对含有亚硝酸盐、硫氰酸盐的早强剂应按有关化学品的管理规定进行贮存和管理。

（2）供方应当向需方提供早强剂产品的主要成分及掺量范围，常用早强剂的掺量限值应符合表 6-26 中的规定，其他品种早强剂的掺量应经试验确定。

表 6-26　常用早强剂的掺量限值

混凝土种类	使用环境	早强剂名称	掺量限值（$C \times$％）
预应力混凝土	干燥环境	三乙醇胺 硫酸钠	≤0.05 ≤1.00
钢筋混凝土	干燥环境	氯离子 硫酸钠 与缓凝减水剂复合的硫酸钠 三乙醇胺	≤0.60 ≤2.00 ≤3.00 ≤0.05
	潮湿环境	三乙醇胺 硫酸钠	≤0.05 ≤1.50
有饰面要求的混凝土	—	硫酸钠	≤0.80
素混凝土	—	氯离子	≤1.8

注：预应力混凝土及潮湿环境中使用的钢筋混凝土中均不得掺加氯盐早强剂。

（3）早强减水剂进入工地（或混凝土搅拌站）的检验项目应包括密度（或细度），1d、3d 抗压强度及对钢筋的锈蚀作用。早强减水剂应测减水率，混凝土有饰面要求的还应观测硬化后混凝土表面是否析盐，符合要求方可入库、使用。

（4）粉剂早强剂和早强减水剂直接掺入混凝土干料中应延长搅拌时间。

（5）常温及低温下使用早强剂或早强减水剂的混凝土采用自然养护适宜使用塑料薄膜覆盖或喷洒养护液。终凝后应立即浇水潮湿养护。最低气温低于 0℃ 时除塑料薄膜外还应加盖保温材料。最低气温低于 −5℃ 时应使用防冻剂。

（6）掺早强剂或早强减水剂的混凝土采用蒸汽养护时，其蒸汽养护制度应通过试验确定。

第七章

混凝土缓凝剂

在混凝土工程的施工过程中，常根据施工环境和工艺的需要，要求延缓混凝土的凝结时间，以利于施工操作和保证混凝土的质量。例如，炎热夏天混凝土施工，由于气温比较高，混凝土凝结速度加快，坍落度的损失增大，常规混凝土会很快失去流动性，给施工带来很大困难，严重影响混凝土工程质量，所以要求混凝土有较长的凝结时间。

出于施工和技术上的要求，有些混凝土工程的施工也需要混凝土的凝结时间延长。如混凝土连续浇筑，要求保证混凝土的施工质量，免除夜间作业。大型混凝土构件施工，因上下两层混凝土浇筑间隔时间延长，由于第一层混凝土凝结会形成"冷缝"，则需要延缓混凝土的凝结时间；大体积混凝土施工需要延长混凝土的凝结时间，延缓水泥水化放热过程，减少因温度应力产生的裂缝，这些也需要掺加缓凝剂以改善混凝土的性能。

混凝土缓凝剂是一种能推迟水泥水化反应，从而延长混凝土的凝结时间，使新拌混凝土较长时间保持塑性，方便新拌混凝土浇筑，提高施工效率，减轻施工劳动强度，同时对混凝土后期各项性能不会造成不良影响的外加剂。

第一节　混凝土缓凝剂的选用及适用范围

混凝土缓凝剂具有延长混凝土（砂浆）凝结时间的功能，对于提高新拌混凝土的工作性、改善混凝土的泵送性、方便混凝土的长距离运输、适应高温环境下施工等方面均有很大的作用。为充分发挥混凝土缓凝剂以上的功能，应根据混凝土工程的实际，选用适宜的混凝土缓凝剂的品种和适用范围。

一、混凝土缓凝剂的作用机理

水泥中的矿物成分水化后，溶剂化固相粒子靠近时发生相互作用，立即生成水泥胶凝体的凝聚结构。初始复杂结构的稳定性，主要取决于与粒子间距有关的粒子间的相互作用力。此时，相互作用力可以看成固相粒子表面分子之间的范德华引力和由粒子周围的双电层中的离子之间的静电斥力的代数和。如果水泥胶凝体组成粒子之间存在相当强的斥力，体系将是稳定的；如果不是这样或具有较强的引力，体系就变得不稳定，凝聚过程会很快完成，即水泥凝胶体发生凝结。

水泥凝胶体的凝聚过程的发展，不仅取决于水泥的矿物成分和分散度，同时还取决于水泥中电解质的存在。研究成果表明，水泥化合物与水反应至少在水化初期是通过溶液的反应，即水泥化合物先电离成离子，然后在溶液中形成水化物，且是由于受到化合物中电解质溶解度的限制而形成结晶沉淀。水泥浆体所出现的稠化、凝结核硬化现象，就是水泥水化产物不断结晶的结果。

在以上这种情况下，只要向水泥浆体中加入某种可溶性电解质，使之延缓水泥化合物的电离速度或水化物的结晶速度，就会使水泥浆体的凝结核硬化特征发生改变。而电解质能在水泥粒子表面形成同电荷的双电层，并阻止粒子的相互结合。大多数的混凝土缓凝剂都是盐类电解质，并从上述基本原则出发来达到缓凝的效果。

混凝土缓凝剂对于混凝土凝结时间的影响比较复杂，很难用一种理论概括所用缓凝剂的作用机理。缓凝剂中的组分不同，其对混凝土的缓凝机理不同。混凝土缓凝剂对水泥缓凝机理主要包括沉淀假说、络盐假说、吸附假说、成核生成假说等。

（1）沉淀假说　这种学说认为，有机物或无机物在水泥颗粒表面形成一层不溶性物质薄层，阻碍水泥颗粒与水的进一步接触，因而水泥的水化反应进程被延缓。这些物质首先抑制铝酸盐矿物的水化，且随后对硅酸盐矿物的水化也有一定的抑制作用，使得水泥浆体中C-S-H凝胶、C-S-H晶体的形成过程变慢，从而导致浆体的凝结硬化推迟。

（2）络盐假说　无机盐类缓凝剂分子与溶液中的钙离子易形成络盐，因而会抑制$Ca(OH)_2$的结晶析出，影响水泥浆体的正常凝结。对于羟基羧酸及其盐类的缓凝作用，可用络合物理论来解释其对水泥的缓凝作用。

羟基羧酸盐是络合物形成剂，它们能与过渡金属离子形成稳定的络合物，而与碱土金属离子只能在碱性介质中形成不稳定的络合物。因而，羟基羧酸及其盐能与水泥中的钙离子形成不稳定的络合物，在水化初期控制了液相中的钙离子浓度，产生缓凝作用。随着水化过程的进行，这种不稳定的络合将会破坏，这样水泥的水化将继续正常进行。

硼酸掺入水泥浆体中，将与水泥初始水化溶解出的钙离子形成类似钙矾石的络合物，这种厚实无定型的络合物覆盖在水泥颗粒的表面，阻止水分渗入水泥颗粒内部的能力比水化产物还要强得多，从而延缓了水泥的水化和硬化。

（3）吸附假说　水泥颗粒表面拥有较强的吸附能，能吸附一层起抑制水泥水化作用的缓凝剂膜层，阻碍了水泥的水化过程，也就延缓了水泥浆体的凝结和硬化。水泥浆体的凝结过程是组成水泥旳矿物成分与水发生化学反应，生成这些矿物的水化产物，并使水泥胶粒进入溶液的过程，所以有机缓凝剂主要通过抑制水泥矿物的水化速度来达到缓凝效果。

当在水泥浆中加入缓凝剂时，由于缓凝剂含有羟基等活性基团，可选择性地吸附在水泥的矿物上，与水泥粒子表面的钙离子吸附形成膜，并且羟基可与水泥表面形成氢键阻止水化进行，使晶体相互接触受到屏蔽，改变了结构的形成过程，因此产生缓凝效果。

此外，缓凝剂分子在水泥粒子上的吸附层的存在使分子间的作用力保持在较厚的水化层表面上，使水泥悬浮体趋于稳定，并阻止水泥粒子的凝聚。这种缓凝剂对水泥悬浮体的分散作用，不但在原胶凝物质的粒子表面吸附，而且在水化和硬化过程中吸附在新的晶胚上，并使其比较稳定。这种稳定作用阻止结构形成过程，从而延缓了水泥的水化和硬化。

（4）成核生成假说　液相中首先要形成一定数量的晶核，才能保证更多的物质借助于这些晶核结晶生长。水泥浆体水化，从诱导期到加速期，由于缓凝剂的存在，阻碍了液相中氢氧化钙的成核，也就使得它无法结晶析出，使得浆体中氢氧化钙浓度的平衡无法打破，水泥中的硅酸三钙无法正常水化形成C-S-H凝胶，这样浆体无法正常凝结。

二、混凝土缓凝剂的选用方法

为了区别常用的混凝土缓凝剂，人们通常把延缓凝结时间作用很强的缓凝剂称作"超缓凝剂"。缓凝剂、超缓凝剂都可以与减水组分复合使用，如常用的缓凝型减水剂（缓凝剂、缓凝减水剂、缓凝高效减水剂）都是复合外加剂。

根据现行国家标准《混凝土外加剂应用技术规范》（GB 50119—2013）中的规定，在混凝土工程中常用混凝土缓凝剂可以按以下规定进行选用。

（1）混凝土工程可根据工程实际需要采用下列缓凝剂：a. 葡萄糖、蔗糖、糖蜜、"糖钙"等糖类化合物；b. 柠檬酸（钠）、酒石酸（钾钠）、葡萄糖酸（钠）、水杨酸及其盐类等羟基羧酸及其盐类；c. 山梨醇、甘露醇等多元醇及其衍生物；d. 2-膦酸丁烷-1、1,2,4-三羧酸（PBTC）、氨基三亚甲基膦酸（ATMP）及其盐类等有机膦酸及其盐类，磷酸盐、锌盐、硼酸及其盐类、氟硅酸盐等无机盐类。

（2）混凝土工程可采用由不同缓凝组分复合而成的缓凝剂。

三、混凝土缓凝剂的适用范围

混凝土缓凝剂的适用范围应符合表 7-1 中的规定。

表 7-1　混凝土缓凝剂的适用范围

序号	适用范围和不适用范围
1	缓凝剂宜用于需要延缓混凝土凝结时间的工程
2	缓凝剂宜用于对坍落度保持能力有要求的混凝土、静停时间较长或长距离运输的混凝土、自密实混凝土
3	缓凝剂可用于大体积混凝土工程，如水工混凝土大坝、高层建筑的混凝土基础等
4	缓凝剂宜用于日最低气温 5℃ 以上施工的混凝土，不能用于低温环境下施工的混凝土
5	柠檬酸（钠）及酒石酸（钾钠）等缓凝剂不宜单独用于贫混凝土
6	含有糖类组分的缓凝剂与减水剂复合使用时，应按照《混凝土外加剂应用技术规范》(GB 50119—2013)中附录 A 的方法进行相容性试验

第二节　混凝土缓凝剂的质量检验

为了充分发挥混凝土缓凝剂能延长混凝土凝结时间、提高新拌混凝土的工作性、改善混凝土的泵送性、方便混凝土的长距离运输、适应大体积混凝土施工等方面的功能，确保其质量符合国家的有关标准，对所选用混凝土缓凝剂进场后，应按照现行国家标准《混凝土外加剂应用技术规范》（GB 50119—2013）中的规定进行质量检验。混凝土缓凝剂的质量检验要求如表 7-2 所列。

表 7-2　混凝土缓凝剂的质量检验要求

序号	质量检验要求
1	混凝土缓凝剂应按每 20t 为一检验批，不足 20t 时也应按一个检验批计。每一检验批取样量不应少于 0.2t 胶凝材料所需用的减水剂量。每一检验批取样应充分混匀，并应分为两等份；其中一份按照《混凝土外加剂应用技术规范》(GB 50119—2013)第 9.3.2 和 9.3.3 条规定的项目及要求进行检验，每检验批检验不得少于两次；另一份应密封留样保存半年，有疑问时应进行对比检验

序号	质量检验要求
2	混凝土缓凝剂进场检验项目应包括 pH 值、密度(或细度)、含固量(或含水率)和混凝土凝结时间差
3	混凝土缓凝剂进场时,凝结时间的检测应按进场检验批次采用工程实际使用的原材料和配合比,与上批留样进行对比,初凝和终凝时间允许偏差应为±1h

第三节　混凝土缓凝剂主要品种及性能

混凝土缓凝剂按照其所具有的功能不同,可分为缓凝剂、缓凝型普通减水剂、缓凝型高效减水剂和缓凝型高性能减水剂。掺加缓凝剂、缓凝型普通减水剂、缓凝型高效减水剂和缓凝型高性能减水剂的混凝土技术性能如表 7-3 所列。

表 7-3　掺加各种缓凝剂混凝土技术性能

缓凝剂名称	减水率/%	泌水率比/%	含气量/%	凝结时间差/min		1h 经时变化量		抗压强度比/%		收缩率比/%
				初凝	终凝	坍落度/mm	含气量/%	7d	28d	
缓凝剂	—	≤100	—	>+90	—	—	—	≥100	≥100	≤135
缓凝型普通减水剂	≥8	≤100	≤3.5	>+90	—	—	—	≥110	≥110	≤135
缓凝型高效减水剂	≥14	≤100	≤4.5	>+90	—	—	—	≥125	≥120	≤135
缓凝型高性能减水剂	≥25	≤70	≤6.0	>+90	—	≤60	—	≥140	≥130	≤110

注:1. 本表引自《混凝土外加剂》(GB 8076—2008);

2. 除含气量外,表中所列数据为掺外加剂混凝土与基准混凝土的差值或比值;

3. 凝结时间指标,"+"表示为延缓。

一、糖类缓凝剂

糖是一种碳水化合物,它们的化学式大多是 $(CH_2O)_n$,根据其水解情况又可分为单糖、寡糖(单聚糖)和多糖(多聚糖)三大类。在糖类缓凝剂中主要有蔗糖、葡萄糖、糖蜜、"糖钙"等。在实际混凝土工程中常用的是蔗糖和葡萄糖缓凝剂。

1. 蔗糖类缓凝剂

蔗糖是最常见的双糖,是无色有甜味的晶体,分子式为 $C_{12}H_{22}O_{11}$,可由一分子葡萄糖(多羟基醛)和一分子果糖(葡萄糖的同分异构体,多羟基酮)脱去一分子水缩合而成。蔗糖是一种最常用缓凝剂,由于其低掺量时即具有强烈的缓凝作用,因此,蔗糖通常与减水剂复合使用,相当于起到浓度稀释作用,避免超掺事故发生。工程实践证明,蔗糖在混凝土中通常掺量范围为 0.03%~0.10%。

蔗糖类缓凝剂在低温时缓凝效果过于明显,需要根据施工环境温度进行调整,同时在高温环境下通过提高其掺量,也可以获得比较理想的缓凝效果。蔗糖对水泥凝结时间的影响如表 7-4 所列。

有的研究结果也表明,如果掺入蔗糖过多可具有促凝作用。国外有关专家的试验证明,在水泥中掺入 0.2%~0.3%的蔗糖,水泥浆会迅速发生稠化,经分析认为这是因为糖加速了水泥中铝酸盐的水化,从而出现了促凝作用。材料试验还证明,蔗糖采用"同掺法"和

"后掺法"对基准水泥净浆凝结时间的影响是不同的，如表7-5所列。

表7-4 蔗糖对水泥凝结时间的影响

蔗糖掺加方法	蔗糖掺量 ($C×\%$)	凝结时间/min		
		初凝	终凝	初终凝间隔时间
同掺法	0	160	210	50
	0.03	285	345	60
	0.05	440	510	70
	0.10	1260	1380	120
后掺法	0.10	2220	2280	60
	0.15	8640	11520	2880

表7-5 "同掺法"和"后掺法"蔗糖对基准水泥净浆凝结时间的影响

蔗糖掺量 ($C×\%$)	"同掺法"凝结时间/min		"后掺法"凝结时间/min	
	初凝	终凝	初凝	终凝
0	150	260	150	260
0.03	385	460	420	540
0.05	865	1070	970	1090
0.08	1420	1600	1510	1640
0.10	1830	2080	1890	2170
0.12	1580	1845	2290	2585
0.15	1260	1560	1765	2155
0.20	570	880	1265	1420

注："后掺法"是指2min后再掺入。

从表7-5中可以看出，对于基准水泥，蔗糖掺量在0.1%以上时即出现促凝现象，随着掺量的增加，促凝效果更加明显。研究结果也表明，通过改变掺入方法，即采用滞水后掺法，可以获得正常的缓凝效果，这无疑为实际工程中采用超缓凝措施提供了有效解决途径。

2. 葡萄糖缓凝剂

葡萄糖也是一种常用的缓凝剂，分子式为$C_6H_{12}O_6$，它是常见的单糖，属于醇醛类。常温下葡萄糖是无色晶体或白色粉末，密度为$1.54g/cm^3$，易溶于水。葡萄糖分子含醛基和多个羟基，含有6个碳原子，是一种己糖；因其含有醛基，是一种还原糖。葡萄糖价格比蔗糖高，而缓凝性能基本相同。由于蔗糖价格低廉、材料易得，因此葡萄糖的应用比蔗糖少得多。

二、羟基羧酸及其盐类缓凝剂

在有机缓凝剂中，羟基羧酸盐是最常用的缓凝剂，尤其是某些α-羟基羧酸盐与减水剂复合后可以起到协同作用，有效增加和保持水泥浆体的工作性，起到控制新拌混凝土坍落度损失的作用。国内外公认并大量使用的有机缓凝剂，以葡萄糖酸钠效果最为显著，是与减水剂复合使用的主要品种。

羟基羧酸及盐类可以用于混凝土中的缓凝剂品种有：柠檬酸（钠）、酒石酸（钾钠）、葡萄糖酸（钠）、苹果酸、水杨酸、乳酸、半乳糖二酸、乙酸、丙酸、己酸、琥珀酸、庚糖酸、马来酸及其盐类等。

1. 柠檬酸及柠檬酸钠

柠檬酸的别名为枸橼酸，化学名为 2-羟基-1,2,3-丙三羧酸，分子式为 $C_6H_8O_7$，分子量为 192.12。柠檬酸分为无水物和一水合物两种，常用的为无水柠檬酸。天然产品存在于柠檬等水果中。无水柠檬酸是无色半透明晶体或白色细粉结晶，无臭，有强酸味。柠檬酸溶于水、乙醇和乙醚。1‰水溶液的 pH 值为 2.31。柠檬酸在水中经氧、热、光、细菌以及微生物的作用，很容易发生生物降解。无水柠檬酸在水溶液中的溶解度如表 7-6 所列。

表 7-6　无水柠檬酸在水溶液中的溶解度

温度	10	20	30	36.6	40	50	60	70	80	90	100
溶解度/(g/100gH$_2$O)	54.0	59.2	64.3	67.3	68.6	70.9	73.5	76.2	78.8	81.4	84.0

柠檬酸用于混凝土有明显的缓凝作用，在混凝土中的掺量通常为 0.03‰～0.10‰。当掺量为 0.05‰时，混凝土 28d 的强度仍有所提高，继续增加掺量对强度会有削弱。加入柠檬酸对混凝土的含气量略有改变，对混凝土的抗冻性也有所改善。柠檬酸对混凝土凝结时间和抗压强度的影响如表 7-7 所列，柠檬酸的质量标准应符合表 7-8 中的规定。

表 7-7　柠檬酸对混凝土凝结时间和抗压强度的影响

柠檬酸掺量（C×%）	凝结时间/min		缓凝时间/min		抗压强度/MPa	
	初凝	终凝	初凝	终凝	7d	28d
0	553	989	—	—	11.87	21.87
0.05	852	1281	+299	+292	12.65	24.52
0.10	1409	1977	+856	+988	14.92	26.18
0.15	1797	2757	+1244	+1768	12.35	23.92
0.25	1717	4390	+1164	+3401	4.81	10.98

表 7-8　柠檬酸的质量标准

质量指标名称	技术指标	质量指标名称	技术指标
柠檬酸含量/%	≥99.5	重金属(以 Pb 计)含量/%	≤0.0005
硫酸盐含量/%	≤0.03	氯化物含量(以 Cl⁻计)	≤0.01
草酸盐含量/%	≤0.05	硫酸盐灰分/%	≤0.1
砷含量/%	≤0.0001	—	—

柠檬酸钠也称为枸橼酸钠，分子式为 $Na_3C_6H_5O_7 \cdot 2H_2O$，分子量为 294.1，是一种无色晶体或白色结晶性粉末产品，无臭、味咸、凉。在湿空气中微有潮解性，在热空气中有风化性，易溶于水，但不溶于乙醇。柠檬酸钠对水泥也具有缓凝作用，但在掺量较低时可能会引起促凝，用于缓凝时则需要的掺量较大，因此在实际工程中应用较少。

2. 酒石酸及酒石酸钾钠

酒石酸学名为 2,3-二羟基丁二酸，分子式为 $C_4H_6O_6$，分子量为 150.09。酒石酸为无色结晶或白色结晶粉末，无臭、有酸味，在空气中比较稳定。它是等量右旋和左旋酒石酸的混合物，常含有一个或两个结晶水，加热至 100℃时会失掉结晶水。密度为 1.697g/cm³，水溶解度为 20.6%，乙醚中的溶解度为 1%，乙醇中的溶解度为 5.01%。

酒石酸钾钠也称为罗谢尔盐，分子式为 $KNaC_4H_4O_6 \cdot 4H_2O$，分子量为 282.23，为白色结晶粉末。密度为 $1.79g/cm^3$，pH 值为 $6.8\sim8$，熔点为 $70\sim80℃$，在热空气中稍有风化性。当温度为 $60℃$ 时开始失去部分结晶水，$100℃$ 时失去 3 个水分子，$213℃$ 时变成无水盐，易溶于水，溶液呈微碱性。

酒石酸及酒石酸钾钠对水泥均有强烈的缓凝作用，在普通混凝土中已广泛使用，酒石酸的掺量一般为水泥用量的 $0.01\%\sim0.1\%$。酒石酸由于高温下缓凝作用非常强烈，适于在油井水泥尤其是在超深井固井中采用，用量为水泥的 $0.15\%\sim0.50\%$，当用量在 0.10% 以下时可能会有促凝作用。在温度为 $150℃$ 以上和很高压力下，酒石酸是稳定的高温缓凝剂。不仅能改善水泥浆的流动性能，而且对水泥石的强度没有明显的影响。

将酒石酸和硼酸复合作为缓凝剂，不但具有良好的缓凝效果，并且还能改善水泥石的结构，使水泥石具有细粒、均匀结构，提高水泥石的机械强度。由于掺入酒石酸可以使水泥浆析水量和失水量增大，因此往往与降失水剂一起使用。酒石酸的质量指标应符合表 7-9 中的要求。

表 7-9　酒石酸的质量指标

质量指标名称	技术指标	质量指标名称	技术指标
酒石酸含量/%	≥99.5	熔点范围/℃	200~206
硫酸盐(以 SO_4^{2-} 计)/%	合格	重金属(以 Pb 计)含量/%	≤0.001
易氧化物/%	≤0.05	加热减量/%	≤0.50
砷的含量(以 As 计)/%	≤0.0002	灼烧残渣/%	≤0.10

3. 葡萄糖酸钠及葡萄糖酸

葡萄糖酸钠也称为五羟基己酸钠，其为白色或淡黄色结晶粉末，工业品有芬芳味。分子式为 $C_6H_{11}O_7Na$，分子量为 218.13。在水中的溶解度 $20℃$ 时为 60%，$50℃$ 时为 85%，$80℃$ 时为 133%，$100℃$ 时为 160%。葡萄糖酸钠微溶于醇，但不溶于醚。于水中加热至沸，在短时间内不会分解；与钙离子有较好的螯合作用，与金属离子形成的螯合物，其稳定性随着 pH 值的增大而增高。

由于在葡萄糖酸水溶液中存在水合葡萄糖酸、葡萄糖酸、葡萄糖酸-δ-内酯葡萄糖-γ-内酯的动态平衡，所以在工业上一般不生产无水葡萄糖酸，通常生产的是一水葡萄糖酸（$C_6H_{12}O_7 \cdot H_2O$）晶体，其纯度可达 99.9%，熔点约为 $85℃$，是具有固定组成、结构均一的物质。葡萄糖酸与柠檬酸一样具有清爽的酸味，并且稍带有甜味。葡萄糖酸对水泥也具有缓凝作用，使用葡萄糖酸会导致混凝土出现较明显的泌水，因此不如葡萄糖酸钠应用广泛。

葡萄糖酸钠的技术指标应符合表 7-10 中的要求。

表 7-10　葡萄糖酸钠的技术指标

质量指标名称	技术指标	质量指标名称	技术指标
含量/%	≥95.0	外观	白色或淡黄色结晶粉末
含水量/%	≤4.0	氯化物含量(以 Cl^- 计)	≤0.20
pH 值(1%水溶液)	8~9	还原糖	微小

葡萄糖酸钠用于混凝土中有明显的缓凝作用和辅助塑化效应，在一定范围内提高葡萄糖酸钠的掺量，可以有效减小混凝土坍落度经时损失，在混凝土中的掺量通常为 $0.01\%\sim$

0.10％。当掺量为 0.03％～0.07％时，混凝土的后期强度仍有所提高，继续增加掺量会对混凝土的强度有明显削弱。葡萄糖酸钠对混凝土坍落度及损失的影响如表 7-11 所列，葡萄糖酸钠对混凝土凝结时间和抗压强度的影响如表 7-12 所列。

表 7-11　葡萄糖酸钠对混凝土坍落度及损失的影响

葡萄糖酸钠掺量 (C×%)	坍落度/mm		
	初始	30min	60min
0	190	160	130
0.03	215	180	130
0.05	220	190	170
0.07	220	230	230
0.10	240	240	230
0.15	230	240	240

表 7-12　葡萄糖酸钠对混凝土凝结时间和抗压强度的影响

掺量 (C×%)	凝结时间/min		缓凝时间/min		抗压强度/MPa			
	初凝	终凝	初凝	终凝	3d	7d	28d	90d
0	670	1010	—	—	21.2	30.6	40.5	44.7
0.03	850	1110	+180	+100	19.8	31.4	35.4	41.8
0.05	1100	1650	+430	+640	22.3	30.9	44.7	47.1
0.07	1510	2260	+840	+1310	20.6	34.2	46.8	52.3
0.10	1710	2470	+1040	+1460	12.1	29.0	36.2	40.9
0.15	2120	4350	+1450	+2810	—	19.5	25.6	26.5

4. 单宁酸及衍生物

单宁酸也称为鞣酸、二倍酸、丹宁酸等，其分子式为 $C_{76}H_{52}O_{46}$，分子量为 1701.23。按照 Bategnt 的定义是指分子量为 500～3000 的能沉淀蛋白质、生物碱的水溶性多酚化合物。单宁酸是淡黄色至浅棕色的无定形粉末，或松散、有光泽的鳞片或海绵状固体，是一种由五倍子酸、间苯二酚、间苯三酚、焦橘酚和其他酚衍生物组成的复杂的物质，常与糖类共存。单宁酸广泛存在于中草药（如五倍子、石榴皮）和植物食品（如葡萄、茶叶）中。

单宁酸微有特殊气味，有强烈的涩味呈酸性；易溶于水、乙醇和丙酮，难溶于苯、氯仿、醚、二硫化碳和四氯化碳。在 210～215℃下可分解成焦性没食子酸和二氧化碳。

单宁酸在普通混凝土中的使用很少，主要用作油井水泥的缓凝剂，常用的有单宁酸钠和磺化单宁。它们的性能稳定，水溶性好，适用温度范围大。不仅对水泥流动性有利，而且还有一定的降失水作用，常和适量的分散剂或其他缓凝剂复合使用。磺化单宁主要成分为磺甲基单宁，是油井水泥良好的缓凝剂，并能改善水泥浆体的流动性，稍有降失水性，抗温性好，常用于 4000～5500m 井深，掺加量为 0.06％～1.0％，不宜过大，过大会使水泥浆自由水增多。如将磺化单宁与适量的氧化锌缓凝剂复合，可用于 4000m 以上的中深井固井；如与硼酸、酒石酸等复合使用，可以作为深井缓凝剂。单宁酸产品的质量指标应符合《工业单宁酸》（LY/T 1300—2005）中的规定，如表 7-13 所列。

表 7-13　单宁酸产品的质量指标

指标名称	一级品	二级品	三级品
外观	淡黄色至浅棕色无定形粉末	淡黄色至浅棕色无定形粉末	淡黄色至浅棕色无定形粉末
单宁酸(干基计)含量/%	≥81.0	≥78.0	≥75.0
干燥失重/%	≤9.0	≤9.0	≤9.0
水不溶物含量/%	≤0.6	≤0.8	≤1.0
总色度(0.5%试样溶液用罗维邦比色计测定)/度	≤2.0	≤3.0	≤4.0

三、多元醇及其衍生物

多元醇及其衍生物类的缓凝剂种类很多，如聚乙烯醇、山梨醇、甘露醇、木糖醇、麦芽糖醇、甲基纤维素、羧甲基纤维素钠、羧甲基羟乙基纤维素等，在混凝土工程中最常用的是聚乙烯醇作为缓凝剂。多元醇及其衍生物类缓凝剂作用比较稳定，掺量通常为 0.05%～0.2%；各类纤维素虽然具有缓凝作用，但其增加稠度和保水性更好，其掺量通常在 0.1% 以下。

聚乙烯醇是一种呈白色和微黄色颗粒（或粉末）的具有水溶性的无毒高分子材料，其分子结构中同时拥有亲水基及疏水基两种官能团，具有一定的缓凝作用。将其用作混凝土的缓凝剂时，掺量为水泥用量的 0.05%～0.30%，过大的掺量会出现严重的缓凝现象，使混凝土的强度明显下降。聚乙烯醇对水泥净浆凝结时间和抗压强度的影响如表 7-14 所列。

表 7-14　聚乙烯醇对水泥净浆凝结时间和抗压强度的影响

聚乙烯醇掺量 （C×%）	凝结时间/min		缓凝时间/min		28d 抗压强度 /MPa
	初凝	终凝	初凝	终凝	
0	140	290	—	—	36.0
0.05	145	285	+5	−5	43.0
0.10	155	280	+10	−10	45.0
0.15	165	315	+20	+25	47.8
0.30	170	305	+30	+15	51.0

四、弱无机酸及其盐、无机盐类

弱无机酸及其盐、无机盐类缓凝剂有磷酸盐、偏磷酸盐、硼酸及其盐类、氟硅酸盐、氯化锌、碳酸锌以及铁、铜、锌、镉的硫酸盐等。

无机缓凝剂的缓凝作用不稳定，在实际工程中磷酸盐和偏磷酸盐应用较多，如焦磷酸钠、焦磷酸钾、二聚磷酸钠、三聚磷酸钠、磷酸二氢钠、磷酸二氢钾等，其中最强的缓凝剂是焦磷酸钠，其阴离子和阳离子均会影响水泥的凝结时间。

1. 焦磷酸钠缓凝剂

焦磷酸钠也称为焦磷酸四钠，分子式为 $Na_4P_2O_7$，分子量为 265.90。焦磷酸钠可分为无水焦磷酸钠和十水焦磷酸钠。无水焦磷酸钠为无色透明晶体或白色粉末，相对密度为 2.45，熔点为 988℃，可溶于水，水溶液呈碱性，1% 水溶液 pH 值为 9.9～10.7。十水焦磷酸钠为无色单斜结晶或结晶性粉末，相对密度为 1.824，熔点为 880℃，易溶于水，水溶液呈碱性，不溶于乙醇。在空气中易风化，加热至 100℃时会失去结晶水。

无水焦磷酸钠在水中的溶解度如表 7-15 所列，焦磷酸钠对水泥净浆（W/C）凝结时间的影响如表 7-16 所列，焦磷酸钠的质量指标如表 7-17 所列。

表 7-15 无水焦磷酸钠在水中的溶解度

温度/℃	0	10	20	30	40	50	60	80	100
$Na_4P_2O_7/(g/100gH_2O)$	3.2	4.0	6.2	10.0	13.5	17.4	21.8	30.0	40.3

表 7-16 焦磷酸钠对水泥净浆（W/C）凝结时间的影响

焦磷酸钠掺量/%	初凝/min	终凝/min	初凝延缓/min	终凝延缓/min
0	130	195	—	—
0.20	780	1065	+650	+870
0.30	1320	1800	+1190	+1605
0.40	1680	2025	+1550	+1830

表 7-17 焦磷酸钠的质量指标

质量指标名称	技术指标			
	无水焦磷酸钠			十水焦磷酸钠
	优等品	一等品	合格品	
无水焦磷酸钠($Na_4P_2O_7$)含量/%	97.5	96.5	95.0	—
结晶焦磷酸钠($Na_4P_2O_7 \cdot 10H_2O$)含量/%	—	—	—	98.0
水不溶物含量/%	0.20	0.20	0.20	0.10
pH 值(1%水溶液)	9.9～10.7	9.9～10.7	9.9～10.7	9.9～10.7
正磷酸盐含量	符合检验标准			

2. 三聚磷酸钠缓凝剂

三聚磷酸钠又称为三磷酸五钠，分子式为 $Na_5P_3O_{10}$，分子量为 367.86。三聚磷酸钠是一种白色微粒状粉末，表观密度为 0.35～0.90g/cm³，熔点为 622℃，具有吸湿性，易溶于水，水溶液呈碱性，25℃时 1% 水溶液的 pH 值为 9.7～9.8。三聚磷酸钠有两种结晶形态：即 $Na_5P_3O_{10}$-Ⅰ型（α型，高温型）和 $Na_5P_3O_{10}$-Ⅱ型（β型，低温型）。

三聚磷酸钠与其他无机盐不同，溶于水中时分为瞬时溶解度和最终溶解度之分。如室温下 100 份水可溶解 35 份三聚磷酸钠，经过数日后，溶解度产生下降，达到平衡时有白色沉淀产生，此时的溶解度为最终溶解度，生成的沉淀为六水物。六水物在 80℃ 以下稳定，85～120℃ 时脱水并分解成磷酸二氢钠和焦磷酸钠，120℃ 以上又重新生成三聚磷酸钠。三聚磷酸钠在水中的溶解度如表 7-18 所列。

表 7-18 三聚磷酸钠在水中的溶解度

温度/℃	10	20	30	40	50	60	70	80
溶解度/(g/100gH₂O)	14.5	14.6	15.0	15.7	16.6	18.2	20.6	23.7

三聚磷酸钠用于混凝土中有明显的缓凝作用，其原因在于三聚磷酸钠与溶液中的钙离子形成络盐，从而降低了溶液中钙离子的浓度，阻碍了氢氧化钙的结晶析出，同时形成的络合物吸附在水泥颗粒表面上，抑制了水泥的水泥，达到水泥缓凝的目的。

三聚磷酸钠掺量变化对水泥水化热温升的影响如表 7-19 所列，三聚磷酸钠的质量指标应符合表 7-20 中的要求。

表 7-19　三聚磷酸钠掺量变化对水泥水化热温升的影响

热性能	三聚磷酸钠（$Na_5P_3O_{10}$）掺量			
	0	0.05%	0.15%	0.25%
t_{max}/h	13.5	18.4	23.1	32.4
T_{max}/℃	35.4	34.0	33.6	32.9
$Q(60)$/(kJ/kg)	296	286	279	274

注：t_{max} 为最高水化温升出现时间；T_{max} 为最高水化温升；Q（60）为 60h 水化放热量。

表 7-20　三聚磷酸钠的质量指标

质量指标名称		技术指标		
		优级品	一级品	二级品
外观		白色粒状或粉状	白色粒状或粉状	白色粒状或粉状
五氧化二磷（P_2O_5）含量/%		57.0	56.5	55.0
三聚磷酸钠（$Na_5P_3O_{10}$）含量/%		96	90	85
三聚磷酸钠（Ⅰ型）含量/%		—	5～40	—
水不溶物含量/%		0.10	0.10	0.15
白度/%		90	80	70
pH 值（1%水溶液）		—	9.2～10.0	—
表观密度/(g/cm³)	低密度		0.35～0.50	
	中密度		0.51～0.65	
	高密度		0.66～0.99	
颗粒度（1.0mm 试验筛筛余量）		5.0	5.0	5.0

3. 硫酸亚铁缓凝剂

硫酸亚铁也称为绿矾、铁矾，分子式为 $FeSO_4 \cdot 7H_2O$，分子量为 278.05。硫酸亚铁为蓝绿色单斜结晶或颗粒，无臭、无味，相对密度为 1.89，熔点为 64℃，溶于水，微溶于醇，溶于无水甲醇。硫酸亚铁浓度较低时用于混凝土有一定的缓凝作用，也具有较为稳定的后期补强作用。硫酸亚铁在水中的溶解度如表 7-21 所列。

表 7-21　硫酸亚铁在水中的溶解度

温度/℃	0	10	20	30	40	60	80	90	100
溶解度/(g/100gH₂O)	28.8	40.0	48.0	60.0	73.3	100.7	79.9	68.3	57.8

4. 硼砂缓凝剂

硼砂也称为十水四硼酸钠、硼酸钠、焦硼酸钠，分子式为 $Na_2B_4O_7 \cdot 10H_2O$，分子量为 381.37。硼砂是硼酸盐中最具代表性的化合物，为无色半透明结晶体或白色的单斜晶系结晶粉末，无嗅，味咸，密度为 1.73g/cm³。熔点 75℃，在干燥空气中能风化，溶于水和甘油，而不溶于乙醇和酸。

硼砂在水中的溶解度如表 7-22 所列，硼砂对硫铝酸盐水泥性能的影响如表 7-23 所列，硼砂的质量指标应符合表 7-24 中的要求。

表 7-22　硼砂在水中的溶解度

温度/℃	0	10	20	30	40	60	80	90	100
溶解度/(g/100gH₂O)	1.11	1.60	2.56	3.86	6.67	19.0	31.4	41.0	52.5

表 7-23　硼砂对硫铝酸盐水泥性能的影响

硼砂掺量/%	标准稠度/%	凝结时间/min		抗压强度/MPa			
		初凝	终凝	4h	6h	1d	3d
0	25	42	125	5.0	16.7	45.4	68.8
0.05	25	66	131	4.7	12.4	46.6	68.8
0.10	25	67	136	—	10.4	52.7	68.8
0.20	25	194	228			47.5	79.0
0.30	25	552	722	—	—	41.0	80.2

表 7-24　硼砂的质量指标

质量指标名称	技术指标	
	优等品	无等品
外观	白色细小的结晶体	白色细小的结晶体
十水四硼酸钠(Na₂B₄O₇·10H₂O)含量/%	≥99.5	≥95.0
碳酸钠(Na₂CO₃)含量/%	≤0.10	≤0.20
水不溶物含量/%	≤0.04	≤0.04
硫酸钠(以硫酸根离子计)含量/%	≤0.10	≤0.20
氯化钠(以氯离子计)含量/%	≤0.05	≤0.05
铁(Fe)含量/%	≤0.002	≤0.005

5. 锌盐缓凝剂

锌盐缓凝剂在混凝土工程中常用的有氯化锌和硫酸锌。

氯化锌的分子式为 $ZnCl_2$，分子量为 136.3，是白色六方晶系结晶粉末或颗粒状、棒状，相对密度（25℃）为 2.907，极易吸收空气中的水分而潮解，易溶于水，水溶液对石蕊呈酸性反应。当有大量水分时，少量的氯化锌形成氧氯化锌。氯化锌在水中的溶解度如表 7-25 所列。

表 7-25　氯化锌在水中的溶解度

温度/℃	0	10	20	30	40	60	80	90	100
溶解度/(g/100gH₂O)	342	363	295	437	452	488	541	—	614

硫酸锌可分为无水硫酸锌（$ZnSO_4$）、一水硫酸锌（$ZnSO_4·H_2O$）、六水硫酸锌合物（$ZnSO_4·6H_2O$）、七水硫酸锌（$ZnSO_4·7H_2O$），它们的分子量分别为：无水硫酸锌 161.46、一水硫酸锌 179.47、六水硫酸锌 269.54、七水硫酸锌 287.56。在混凝土工程中常用无水硫酸锌和七水硫酸锌。

无水硫酸锌为无色正交晶系晶，相对密度为 3.54；一水硫酸锌为白色结晶粉末或颗粒,相对密度为 3.28;六水硫酸锌为无色单斜晶系结晶粉末或颗粒,相对密度为 2.072;七水硫酸锌为无色斜方晶系结晶粉末或颗粒,相对密度为 1.957。六水硫酸锌是在 39℃ 以上由七水硫酸锌脱去一个 H_2O 而得到。硫酸锌在水中的溶解度如表 7-26 所列。

表 7-26 硫酸锌在水中的溶解度

温度/℃	0	10	20	30	40	60	80	90	100
$ZnSO_4$/(g/100gH_2O)	41.6	47.2	53.8	61.3	70.5	75.4	71.7	—	60.5
$ZnSO_4 \cdot 7H_2O$/(g/100gH_2O)	—	54.4	60.0	65.5	—				

锌盐缓凝剂掺量对水泥凝结时间的影响如表 7-27 所列,锌盐缓凝剂掺量对水泥水化热的影响如表 7-28 所列。

表 7-27 锌盐缓凝剂掺量对水泥凝结时间的影响

时间		基准	$ZnCl_2$/%			$ZnSO_4$/%		
			0.1	0.2	0.3	0.1	0.2	0.3
凝结时间/min	初凝	204	284	736	1078	222	433	540
	终凝	321	652	1380	1786	270	488	602
延缓时间/min	初凝	—	80	532	874	18	229	336
	终凝	—	331	1059	1465	—51	167	281

表 7-28 锌盐缓凝剂掺量对水泥水化热的影响

时间	基准	$ZnCl_2$/%			$ZnSO_4$/%		
		0.1	0.2	0.3	0.1	0.2	0.3
最高水化温度/℃	40.0	38.4	33.4	30.6	38.9	39.0	37.3
达到最高水化温度的时间/h	12.0	14.0	26.0	35.0	12.0	13.5	15.5
最大水化放热速率/[kJ/(kg·h)]	28.5	24.6	15.8	11.9	27.8	26.8	23.4
达到最大水化放热速率时间/h	9.0	12.3	23.1	30.3	9.5	11.0	13.0
1d 的水化放热量/(kJ/kg)	259	225	155	96	248	251	212
3d 的水化放热量/(kJ/kg)	335	322	301	284	333	338	309

五、缓凝减水剂

缓凝减水剂主要有木质素磺酸盐类和多元醇类减水剂。木质素磺酸盐类在混凝土减水剂中已经介绍,这里主要介绍羟基多元醇类兼有缓凝和减水功能的糖蜜缓凝减水剂、低聚糖缓凝减水剂。

1. 糖蜜缓凝减水剂

糖蜜缓凝减水剂是甘蔗和甜菜制糖下脚料废蜜与石灰乳反应转化为己糖钙、蔗糖钙溶液,而后喷雾干燥而得到的棕红色的"糖钙"粉末。糖蜜的 pH 值为 6~7,"糖钙"的 pH 值为 11~12。糖蜜未转化为"糖钙"的原蜜可用于复合缓凝减水剂,由于糖蜜容易发酵、变质并且性能不容易掌握,在应用时要特别加以注意。

糖蜜缓凝减水剂作为一种廉价、高效、多功能外加剂,具有较强的延缓水化和延长凝结时间的作用。其掺量为水泥用量的 0.1%~0.3%,混凝土的凝结时间可延长 2~4h;当掺量大于1‰时，混凝土长时间酥松不硬；当掺量大于4‰时，混凝土28d的强度仅为不掺的1/10。

工程实践证明，若通过提高糖蜜缓凝减水剂的掺量达到缓凝目的，应当进行适应性试验确定。另外，糖蜜缓凝减水剂在使用硬石膏及氟石膏为调凝剂时会发生速凝现象，以及不同程度的坍落度损失。

糖蜜缓凝减水剂的匀质性指标如表7-29所列，糖蜜缓凝减水剂的混凝土性能如表7-30所列。

表7-29　糖蜜缓凝减水剂的匀质性指标

种类	固含量 （含水量）/%	相对密度	氯离子含量	水泥净浆流动度 /mm	pH 值	表面张力 /(mN/m)	还原糖 /(mg/100mg)
糖蜜	40～50	1.38～1.47	微量	120～130	6～7	—	25～28
"糖钙"	＜5	—	微量	120～140	11～13	69.5	4～6

表7-30　糖蜜缓凝减水剂的混凝土性能

掺量 /%	减水率 /%	坍落度增 加值/cm	缓凝时间/min		抗压强度比/%			收缩率比 /%	抗渗性
			初凝	终凝	3d	7d	28d		
0.1	6～10	3～8	60～120	120～180	115	120	110	+115～+120	＞B15
0.2	6～10	3～8	60～120	150～210	110	120	110	+115～+120	＞B15

2. 低聚糖缓凝减水剂

低聚糖是纤维素、糊精等多糖类物质水解的中间产物，是一种近于黑色的水溶性黏稠液体。干燥粉碎后的固体粉末呈棕色，属于多元醇缓凝减水剂。低聚糖缓凝减水剂的性能如表7-31所列，低聚糖缓凝减水剂的掺量对新拌混凝土性能和强度的影响如表7-32所列。

表7-31　低聚糖缓凝减水剂的性能标准与实测对比

项目	减水率 /%	泌水率 比/%	收缩率 比/%	凝结时间差/min		抗压强度比/%			对钢筋有无 锈蚀作用
				初凝	终凝	3d	7d	28d	
缓凝减水剂标榜	≥8.0	≤100	≤135	＞+90			≥110	≥110	无
实测值 （0.25%掺量）	9.0	133	103	+135	+140	118	119	131	无

表7-32　低聚糖缓凝减水剂的掺量对新拌混凝土性能和强度的影响

掺量 /%	坍落度 /mm	减水率 /%	强度/抗压强度比/(MPa/%)			
			3d	7d	28d	90d
0	64	—	8.0/100	11.6/100	23.0/100	28.0/100
0.10	70	5	8.2/102	13.5/116	24.8/108	33.8/120
0.15	62	6	8.8/110	14.3/123	30.2/131	30.8/109
0.20	50	9	9,9/115	17.5/131	31.1/135	37.0/132

六、缓凝剂对混凝土性能的影响

缓凝剂对混凝土性能的影响主要包括对混凝土凝结时间的影响、对混凝土力学性能的影响、对混凝土拌合物含气量的影响、对混凝土拌合物流动性的影响、对混凝土干缩和徐变的影响、对混凝土抗渗和抗冻耐久性影响。

1. 对混凝土凝结时间的影响

缓凝剂对混凝土凝结时间的延缓程度，主要取决于所用缓凝剂的类型及掺加量、水泥品种及用量、掺和料、水灰比、环境温度、掺加顺序等因素。性能好的缓凝剂应当在掺量少的情况下具有显著的缓凝作用，而在一定掺量范围内（0.01%～0.2%）凝结时间可调整性强，并且不产生异常凝结。另外，最理想的是使初凝时间延缓较长，而初凝与终凝之间时间，间隔要短。

表7-33和表7-34列举了各种缓凝剂对水泥砂浆的凝结时间影响。结果表明，不同缓凝剂的作用差别比较大。在较低掺量下其作用特点可表现为以下两种：一种为显著延长初凝时间，但初凝和终凝间隔时间缩短，说明它们具有抑制水泥初期水化和促进早期水化的特性；另一种是对初凝的影响较小，显著延长终凝时间，但不影响后期正常水化。前者适于控制流动性，后者适于控制水化热。因此，只有正确掌握缓凝剂的性质和变化规律才能合理选用缓凝剂，并达到最佳的效果。

表7-33　各种缓凝剂对水泥砂浆的凝结时间影响

缓凝剂的种类	掺量/%	水灰比(W/C=0.29)		W/C=0.245(掺1.5%UNF-5型减水剂)	
		初凝/min	终凝/min	初凝/min	终凝/min
空白	0	125	190	160	210
水杨酸	0.05	170	218	—	—
柠檬酸	0.05	170	265	240	397
	0.10	295	475	415	590
蔗糖	0.05	255	288	357	395
	0.10	465	520		
三乙醇胺	0.05	205	260	340	375
聚乙烯醇	0.10	225	356	240	475
甲基纤维素	0.05	145	240	200	355
	0.10	170	350	—	—
羧甲基纤维素钠盐	0.05	125	240	188	345
	0.10	175	265	282	405
磷酸	0.05	262	298	340	410
	0.10	350	430	410	470

表7-34　不同缓凝剂对水泥砂浆的凝结时间影响

缓凝剂的种类	掺量/%	凝结时间		缓凝剂的种类	掺量/%	凝结时间	
		初凝/min	终凝/min			初凝/min	终凝/min
空白	—	190	320	酒石酸	0.20	460	720
酒石酸	0.30	580	1690	酒石酸钾钠	0.30	630	780
酒石酸钠	0.10	130	630	柠檬酸三胺	0.30	880	—
磷酸二氢钠	0.30	370	490	三聚磷酸钠	0.10	345	700
双酮山梨糖	0.10	250	400	葡萄糖	0.06	260	450
糖蜜缓凝型减水剂	0.35	360	450				

注：表中水泥砂浆的水灰比（W/C）为0.30。

2. 对水化热和水化热温升速率的影响

水泥水化反应的过程是个放热过程。由于混凝土的导热性较差，大体积混凝土内部水泥水化放出的热量无法及时排出，导致混凝土内部温度较高，而混凝土结构体表面散热相对较快，温度略高于外界的气温。这样大体积混凝土内外存在较大的温差，从而形成温度梯度。而混凝土与其他建筑材料一样，具有热胀冷缩的本性，温度梯度导致内部产生应力。一般表面部分受拉应力作用，当混凝土强度很低时，很容易产生裂缝，通常称之为温度裂缝。掺加缓凝剂可以延缓水泥水化的速率，因而对降低混凝土内部水化热温升速率，降低内部温升，防止混凝土温度裂缝十分有利。

表 7-35 是掺加与不掺加"木钙"缓凝减水剂对混凝土中水泥水化热的影响，以及混凝土内部温升的情况。必须注意的是，掺加缓凝剂虽然延缓了水泥水化，推迟了水泥水化放热峰的出现时间，但对水泥总的水化热影响不大。

表 7-35　掺加与不掺加"木钙"缓凝减水剂对混凝土中水泥水化热的影响

"木钙"掺量 （$C \times \%$）	水化热/（kal/g）			放热峰		放热峰出现时 间延迟/h
	1d	3d	7d	出现时间/h	温度/℃	
0	25.5	39.1	48.2	21.5	33.3	—
0.25	15.4	35.4	48.7	29.4	29.9	7.9

注：表中 C 为 32.5 矿渣水泥的质量。

3. 对混凝土力学性能的影响

缓凝剂会使混凝土的凝结速率减慢，因而使混凝土的初期强度有所降低，尤其是使 1d 的强度降低比较明显，这是缓凝剂所表现出来的缓凝作用。但其凝结后的水化反应并未明显削弱，因而使混凝土的后期强度增长率与未掺加缓凝剂基本一样，即通常 7d 抗压强度与未掺加缓凝剂的强度差别很小。

工程实践充分证明，在合理的掺量范围内，这种缓凝作用对后期的水泥水化反应及结晶过程还可以成为有利因素，有可能使混凝土的后期强度比不掺的有所提高。这种对强度的影响，主要归结为对水化反应起到推迟的作用，使水化程度降低所致。在水泥水化期间，由于缓凝剂的作用，使扩散及沉降速率降低，使水化物生成减慢，其结果使得在水泥颗粒的空隙间生成的水化物分布更为均匀，使水化物的结合面加大，因而能改善硬化体的强度。掺加缓凝剂砂浆的抗压强度和抗弯强度试验结果如表 7-36 所列。

表 7-36　掺加缓凝剂砂浆的抗压强度和抗弯强度试验结果

缓凝剂 的种类	掺量 /%	1d		2d		7d		28d		90d	
		抗压强复 /MPa	抗弯强复 /MPa	抗压强复 /MPa	抗弯强复 /MPa	抗压强复 /MPa	抗弯强复 /MPa	抗压强复 /MPa	抗弯强复 /MPa	抗压强复 /MPa	抗弯强复 /MPa
无	0	11.8	3.5	21.6	4.8	37.8	7.6	45.3	8.6	53.9	8.8
蔗糖	0.5	10.0	2.9	21.6	5.0	47.1	7.8	59.8	8.1	62.8	8.2
蔗糖	1.0	1.3	0.4	11.8	2.8	43.2	7.6	53.2	7.9	60.3	9.4
葡萄糖	1.0	7.1	2.0	23.7	4.9	36.8	6.7	53.4	7.5	58.8	7.9
葡萄糖	2.0	1.0	0.1	8.3	2.5	27.9	5.5	45.6	7.4	51.5	7.9
磷酸	0.5	7.1	1.8	18.1	4.2	48.1	7.6	60.8	8.3	71.1	8.1

续表

缓凝剂的种类	掺量/%	1d		2d		7d		28d		90d	
		抗压强复/MPa	抗弯强复/MPa	抗压强复/MPa	抗弯强复/MPa	抗压强复/MPa	抗弯强复/MPa	抗压强复/MPa	抗弯强复/MPa	抗压强复/MPa	抗弯强复/MPa
磷酸	1.0	2.2	0.5	14.7	3.3	45.1	7.6	64.7	8.5	74.0	8.6
磷酸	2.0	1.2	0.2	12.3	3.2	44.1	7.7	60.3	7.5	69.6	8.0

从表 7-36 中可以看出：随着缓凝剂掺量的增加，缓凝作用逐渐增强；在合理的掺量范围内，掺加缓凝剂不会影响混凝土的后期强度，甚至会有所提高。但超剂量使用缓凝剂不但会产生严重缓凝，而且还会使混凝土的后期强度明显降低。

4. 对混凝土其他性能的影响

掺加缓凝剂对混凝土其他性能的影响如表 7-37 所列。

表 7-37　掺加缓凝剂对混凝土其他性能的影响

项目	影响结果
拌合物含气量	有一些缓凝剂可能有一定的表面活性作用，但它与引气剂的作用不同。有一些缓凝剂（如羟基羧酸等）可以因外加剂作用而使混凝土中的含气量有所降低。至少这类缓凝剂不会引入更多的含气量。因此，对浆集比（水泥浆体与集料之比）参数有较多考虑的高性能混凝土，缓凝剂的应用对含气量的影响应加以注意。 混凝土工程中所用的缓凝剂中，如木质素磺酸盐类都有一定的引气性，糖蜜、"糖钙"、低聚糖、多元醇缓凝减水剂一般不引气
拌合物流动性	工程实践证明，很多混凝土缓凝剂都具有一定的分散作用，能使混凝土拌合物的流动性有不同程度的增大，这在羟基羧酸类缓凝剂中比较常见。如果将缓凝剂与减水剂按一定比例复合使用时，它们对混凝土拌合物流动性的提高往往比单独使用减水剂时要更大一些，因而许多缓凝型减水剂比标准型减水剂的减水率往往还要大一些
干缩和徐变	材料试验证明，含有缓凝剂的硬化水泥浆的干缩与不掺加缓凝剂的普通水泥浆基本相同；但在含有缓凝剂的混凝土中，其干缩性会有轻微的减水或增加，收缩随着剂量的增加而增加。 有关专家曾研究了 65 种不同缓凝剂掺入混凝土后的干缩和徐变，发现在有缓凝剂的情况下，塑性收缩（浆体在不同湿度下放置不同时间，而仍处于塑性状态）一般都增加。大部分缓凝剂对混凝土的干缩和徐变没有有害影响，通常只会增加混凝土的干缩和徐变的速率，但不会影响其极限值，其影响取决于混凝土配合比的设计、水化时间、干燥条件及加载时间
抗渗和抗冻性	掺加缓凝剂后的混凝土通过冻融循环试验证明，其耐久性（包括抗渗和抗冻性）与不掺缓凝剂基本相似。掺加缓凝剂的混凝土由于水灰比的降低，后期水化产物的均匀分布、强度的提高，将有利于抗渗和抗冻性的提高。 试验结果也表明，大多数掺羟基羧酸类缓凝剂的混凝土与不掺缓凝剂的混凝土一样耐久，但多数含木质素磺酸盐缓凝剂混凝土的相对耐久性比掺加其他缓凝剂的混凝土差些，这说明木质素磺酸盐形成的气泡尺寸及间隔系数不如普通引气剂（如松香皂、树脂）那样有效

第四节　混凝土缓凝剂应用技术要点

根据混凝土工程的实践经验，在具体的施工过程中对混凝土缓凝剂的应用应掌握以下技术要点。

一、根据在混凝土中使用目的选择缓凝剂

在混凝土工程中选择缓凝剂的目的通常有以下几点。

① 调节新拌混凝土的初凝和终凝时间，使混凝土按施工要求在较长时间内保持一定的塑性，以利于混凝土浇筑成型。这种目的应选择能显著影响初凝时间，但初凝和终凝时间间隔较短的缓凝剂。

② 控制新拌混凝土的坍落度经时损失，使混凝土在较长时间内保持良好的流动性与和易性，使其经过长距离运输后能满足泵送施工工艺要求。这种目的应选择与所用胶凝材料相容性好，并能显著影响初凝时间，但初凝和终凝时间间隔较短的缓凝剂。

③ 降低大体积混凝土的水化热，并能推迟放热峰值的出现。这种目的应当选择显著影响终凝时间或初凝和终凝时间间隔较长，但不影响后期水化和强度增长的缓凝剂。

④ 提高混凝土的密实性，改善混凝土的耐久性。这种目的可以选择与③中所述的缓凝剂。

⑤ 缓凝减水剂和缓凝高效减水剂的选择，通常应考虑混凝土的强度等级和所选择的施工工艺，根据所需要更减水率性能进行选择。缓凝减水剂通常在强度等级不高、水灰比较大时选择使用；缓凝高效减水剂通常在对强度等级较高、水灰比控制较严时选择使用。

二、根据对缓凝时间的要求选择缓凝剂

① 在缓凝减水剂中，木质素磺酸盐类具有一定的引气性，缓凝时间比较短，因而在一定程度上没有超量掺加后引起后期强度低的缺陷，但超量掺加如引起含气量过高则可导致混凝土结构疏松而出现事故。

②"糖钙"缓凝剂不引气，缓凝与掺量的关系视水泥品种而异，超量掺加后是缓凝还是促凝不确定，这就需要以试验确定，使用中应引起重视。

③ 不同的磷酸盐缓凝剂，其缓凝程度差异非常显著，工程中需要超缓凝时，最好是选择焦磷酸钠，而不应选择磷酸钠。

④ 在应用超缓凝的场合，通常不采用单一品种的缓凝剂，而应采用多组分复合，以防止单一组分缓凝剂剂量过大引起混凝土后期强度增长缓慢。

三、根据施工环境温度选用缓凝剂

① 工程实践和材料试验证明，羟基羧酸类缓凝剂在高温时，对硅酸三钙（C_3S）的抑制程度明显减弱，因此缓凝性能也明显降低，使用时需要加大掺量。而醇、酮、酯类缓凝剂对硅酸三钙（C_3S）的抑制程度受温度变化影响小，在使用中用量调整很少。

② 当施工环境气温降低时，羟基羧酸盐及糖类、无机盐类缓凝时间将显著延长，所以缓凝类外加剂不宜用于5℃以下的环境施工，也不宜用于蒸汽养护的混凝土。

四、按缓凝剂设计剂量和品种使用

① 缓凝剂成品出售均有合格证和说明书，在使用中一般不应超出厂家推荐的掺量。工程实践证明，若超量1~2倍使用可使混凝土长时间不凝结；若含气量增加很多，会引起强度明显下降，甚至造成工程事故。

② 使用某种类缓凝剂（如蔗糖等）的混凝土，如果只是缓凝过度而含气量增加不多，可在混凝土终凝后带着模板保温保湿养护足够的时间，混凝土的强度有可能得到保证。

③ 缓凝剂与其他外加剂，尤其是早强型外加剂存在相容性的问题，或者存在酸与碱产生中和的问题，或者是溶解度低的盐类出现沉淀问题，因此复合使用前必须进行试验。

五、缓凝剂施工应用其他技术要点

根据现行国家标准《混凝土外加剂应用技术规范》（GB 50119—2013）中的规定，在混凝土工程中使用缓凝剂时还应当注意以下技术要点。

① 缓凝剂的品种、掺量应根据环境温度、施工要求和混凝土凝结时间、运输距离、静停时间、强度等级等经试验确定。

② 缓凝剂用于连续浇筑的混凝土时，混凝土的初凝时间应当满足设计和施工的要求。

③ 缓凝剂宜配制成溶液掺加，使用时应加入拌合水中，缓凝剂溶液中的含水量应从拌合水中扣除。难溶和不溶的粉状缓凝剂应采用干掺法，并宜延长搅拌时间 30s。

④ 缓凝剂可以与减水剂复合使用。在配制溶液时，如产生絮凝或沉淀等现象，宜将它们分别配制溶液，并应分别加入搅拌机内。

⑤ 为确保混凝土的施工质量，对于掺加缓凝剂的混凝土浇筑和振捣完毕后，应及时按有关规定进行养护。

⑥ 当混凝土工程的施工环境温度波动超过 10℃时，应观察混凝土的性能变化，并应经试验调整缓凝剂的用量。

⑦ 热天施工、连续浇筑、泵送等特殊机械工艺下的施工中必须使用缓凝型外加剂，在施工前应检验与所用水泥在该气温下的适应性，优选其适用品种。当水泥品种、强度等级、生产厂变动或水泥混凝土性能出现变化时，应重新检验缓凝剂对水泥的适应性。

⑧ 缓凝型外加剂的最佳掺量应根据施工要求的水泥混凝土凝结时间、气温、强度等通过试验确定。施工中，当气温变化、运距和运输时间变动时，可微调其掺量，应始终保持混凝土拌合物具有良好的施工可操作性，并能达到密实度及外观质量要求。

⑨ 缓凝型外加剂应以溶液与拌合水同时掺入拌合物中，粉剂应提前 1d 在施工现场配好溶液，并使其充分溶解，搅拌均匀后使用。溶液中的缓凝型外加剂固体沉淀物，必须每天清除一次。严禁使用分层或沉淀的缓凝型外加剂溶液拌制水泥混凝土。外加剂溶液中水量应从拌合水量中扣除。

⑩ 掺加缓凝型外加剂的水泥混凝土保持在塑性的时间较长，表面水蒸发时间较长，当气候炎热及风力较大时，应在风干或变色时立即喷雾或喷洒养生剂保湿养生，并应在终凝后立即开始浇水养生。当环境气温较低时，在保湿养生的同时应加强保温养生，可覆盖深色塑料薄膜和吸热保温材料。

第八章

混凝土泵送剂

随着我国混凝土工业的快速发展和商品混凝土的推广应用，如今预拌商品混凝土绝大部分都是泵送混凝土，泵送混凝土是在泵的推动下沿着管道进行混凝土运输和浇筑的，因此对混凝土的要求除了满足设计的强度和耐久性等性能外，还要满足管道输送过程中对混凝土拌合物的要求，即要求混凝土拌合物具有较好的可泵性，所以混凝土泵送剂的应用越来越广泛。

随着高层和超高层建筑的出现，超高泵送混凝土技术也在迅猛发展。超高泵送混凝土技术，一般是指泵送高度超过 200m 的现代混凝土泵送技术。近年来，随着城市建设和社会发展，超高泵送混凝土的建筑工程越来越多，因而超高泵送混凝土技术已成为现代建筑施工中的关键技术之一。工程实践证明，超高泵送混凝土技术是一项综合技术，包含混凝土制备技术、泵送参数计算、泵送设备选定与调试、管道布设和泵送过程控制等内容。其中混凝土泵送剂应用是超高泵送混凝土技术成败的关键。

第一节　混凝土泵送剂的选用及适用范围

泵送是一种有效的混凝土运输手段，可以改善工作条件，节约大量的劳动力，提高施工效率，尤其适用于工地狭窄和有障碍物的施工现场，以及大体混凝土结构和高层建筑。用泵送浇筑的混凝土数量在我国已日益增多，商品混凝土在大中城市中泵送率已达 60％以上，有的甚至更高。目前提倡采用的高性能混凝土施工，大多数采用泵送工艺，选择好的泵送剂也是至关重要的因素。

一、混凝土泵送剂的组成

通常不是单一的外加剂就能满足混凝土泵送要求的，而是要根据泵送混凝土工程的特点，以减水剂为主要组分复合配制而成的。复合配制的其他组分包括缓凝组分、引气组分、保水组分和黏度调节组分等。其复合配制的比例应根据不同的使用工程、不同的使用温度、不同的混凝土强度等级、不同的泵送工艺等条件来确定。混凝土泵送剂中使用的减水组分，包括普通减水剂、高效减水剂和聚羧酸高性能减水剂，有的泵送剂中同时采用两种或两种以上的减水组分。混凝土泵送剂主要由以下几种组分组成。

1. 普通减水剂

普通减水剂能够在混凝土用水量不变的条件下，大大提高混凝土拌合物的流动性，以利于混凝土泵送的顺利进行。在工程中应用最多的就是木质素磺酸钙和木质素磺酸钠。工程实践表明，经改性的木质素磺酸盐掺量达到0.5％～0.6％时，混凝土的减水率可达到15％以上，且没有其他的不良效果。

2. 高效减水剂

在泵送混凝土中常用的高效减水剂有萘系减水剂、三聚氰胺减水剂、聚羧酸减水剂等，这些高效减水剂减水率高，能配制高强度、大坍落度的泵送混凝土，但是萘系减水剂、三聚氰胺减水剂经时坍落度损失较大，而聚羧酸减水剂则属于低坍落度损失外加剂，不仅减水率非常高，而且更适用于配制较低水胶比的高性能混凝土。目前我国正在推广使用聚羧酸减水剂，在不久的将来聚羧酸高效减水剂必将成为泵送剂中的最主要成分。

3. 缓凝剂

由于萘系减水剂和三聚氰胺减水剂经时坍落度损失较大的原因，在泵送剂中往往要复配缓凝剂来解决这个问题，用作缓凝剂的有羟基羧酸类物质、多羟基碳水化合物、木质素磺酸盐、无机盐类和糖类等。许多有机缓凝剂兼有减水、塑化的作用，有些缓凝型外加剂在低掺量时是缓凝剂，在高掺量时是缓凝减水剂，不可截然分开。目前我国在泵送工程中使用较多的是糖类缓凝剂，主要是葡萄糖酸钠，其缓凝效果比较好，掺量范围一般是在0.03％～0.07％（以胶凝材料用量计），在掺量适宜的条件下还有增加混凝土强度的作用，但是如果掺加过量反而会引起强度下降，而且随着掺量的变化很明显。

4. 引气剂

材料试验证明，混凝土中含有适当含气量时，微小气泡可以起到滚珠效应，改善混凝土拌合物的流动性，大大减小泵送的阻力。同时由于气泡的存在可以阻断混凝土中由于泌水形成的毛细管孔，进而降低混凝土的离析和泌水，还可以提高抗渗和抗冻融性能。现在我国在泵送剂中复合引气剂的还很少，主要原因是引气剂的掺量很难把握，当掺量过多时，会引起混凝土的强度大幅度降低，引入的气泡数量和形状都很难控制，同时气泡的稳定性不好，随着时间的延长气泡数量逐渐减少。

5. 保水剂

保水剂也称为增稠剂，其作用是增加混凝土拌合物的黏度，常用的主要是纤维素类、聚丙烯酸类、聚乙烯醇类的水溶性高分子化合物。这些材料的分子量都是比较高的，主要是能够提高混凝土的黏度。由于泵送混凝土的特殊施工工艺，要求混凝土一般是离浇筑面有一定的高度，一般都有0.2～0.5m，如果浇筑的混凝土结构再具有一定的高度，则混凝土下落的距离更大，就必须使混凝土具有很高的粘聚性，不致在混凝土进入模具中就出现分层和离析。保水性和流动性是矛盾的两个方面，一方面要求混凝土不能分散离析，另一方面混凝土具有很好的流动性，这就需要把握好这两者之间的尺度。

二、混凝土泵送剂的技术要求

（1）根据不同的施工季节、施工环境、施工要求、混凝土强度要求等，泵送剂的组成都是不同的，选择合适的组成和配比，是保证混凝土顺利进行泵送的关键。在实际混凝土工程中，泵送剂多种多样，对泵送剂的技术要求也各不相同。尤其是减水率变化较大，从12％到40％不等。

近几年大量的研究和工程实践表明，高性能混凝土不宜采用低减水率的泵送剂，否则无法满足混凝土工作性和强度发展的要求；而中低强度等级的混凝土采用高减水率的泵送剂时，很容易出现泌水和离析问题。根据混凝土的强度等级，泵送剂减水率的选择应符合表8-1中的规定。

表 8-1　泵送剂的减水率选择

序号	混凝土强度等级	减水率/%
1	C30 及 C30 以下	12～20
2	C35～C55	16～28
3	C60 及 C60 以上	≥25

（2）在实际工程中，混凝土的坍落度保持性的控制是根据预拌混凝土运输和等候浇筑的时间所决定的。一般浇筑时混凝土的坍落度不得低于120mm。

按照现行国家标准《混凝土外加剂》（GB 8076—2008）中的规定，泵送剂混凝土的坍落度1h经时最大变化量不得大于80mm。对于运输和等候时间较长的混凝土，应选用坍落度保持性较好的泵送剂。通过大量试验和工程实践证明，泵送剂混凝土的坍落度1h经时变化量应符合表8-2中的规定。

表 8-2　送剂混凝土坍落度1h经时变化量的选择

序号	运输和等候的时间/min	坍落度1h经时变化量/mm
1	<60	≤80
2	60～120	≤40
3	>120	≤20

（3）用于自密实混凝土泵送剂的减水率不宜小于20%。

三、混凝土泵送剂的选用方法

泵送是一种有效的混凝土运输和浇筑手段，不仅可以改善工作条件，节约大量的劳动力，提高施工效率，而且尤其适用于工地狭窄和有障碍物的施工现场，以及大体混凝土结构和高层建筑。用泵送浇筑的混凝土数量在我国已日益增多，商品混凝土在大中城市中泵送率已达60%以上，有的甚至更高。目前提倡采用的高性能混凝土施工，大多数采用泵送工艺，选择好的泵送剂也是至关重要的因素。

根据现行国家标准《混凝土外加剂应用技术规范》（GB 50119—2013）中的规定，在混凝土工程中常用混凝土缓凝剂可以按以下规定进行选用。

① 混凝土工程可以采用一种减水剂与缓凝组分、引气组分、保水组分和黏度调节组分复合而的泵送剂。

② 混凝土工程可以采用两种或两种以上减水剂与缓凝组分、引气组分、保水组分和黏度调节组分复合而的泵送剂。

③ 根据混凝土工程的实际情况，也可以采用一种减水剂作为泵送剂。

④ 根据混凝土工程的实际情况，也可以采用两种或两种以上减水剂作为泵送剂。

四、混凝土泵送剂的适用范围

混凝土泵送剂的适用范围应符合表8-3中的规定。

表 8-3 混凝土泵送剂的适用范围

序号	适用范围和不适用范围
1	泵送剂宜用于需要泵送施工的混凝土工程
2	泵送剂可用于工业与民用建筑结构工程混凝土、道路桥梁混凝土、水下灌注桩混凝土、大坝混凝土、清水混凝土、防辐射混凝土和纤维增强混凝土
3	泵送剂宜用于日平气温 5℃以上施工环境
4	泵送剂不宜用于蒸汽养护混凝土和蒸压养护的预制混凝土
5	使用含糖类或木质素磺酸盐的泵送剂时,应按照《混凝土外加剂应用技术规范》(GB 50119—2013)中附录 A 的方法进行相容性试验,并应满足施工要求后再使用

第二节 混凝土泵送剂的质量检验

泵送剂一般由减水、缓凝、早强和引气等复配而成,主要用来提高和保持混凝土拌合物的流动性。泵送剂配方常随使用季节而变,冬季提高早强组分,夏季提高缓凝组分。泵送剂的主要组分是减水组分,也是最关键组分。泵送剂进场时应具有质量证明文件,进场后应按照有关规范进行质量检验,合格后才可用于工程中。

一、混凝土泵送剂的质量检验要求

泵送混凝土是一种采用特殊施工工艺,要求具有能够顺利通过输送管道、摩擦阻力小、不离析、不阻塞和黏塑性良好的性能,因此不是任何一种混凝土都可以泵送的,在原材料选择方面要特别的慎重,尤其是在选择泵送剂时更要严格。

为了确保泵送剂的质量符合国家的有关标准,对所选用混凝土泵送剂进场后,应按照现行国家标准《混凝土外加剂应用技术规范》(GB 50119—2013)中的规定进行质量检验。混凝土泵送剂的质量检验要求如表 8-4 所列。

表 8-4 混凝土泵送剂的质量检验要求

序号	质量检验要求
1	混凝土泵送剂应按每 50t 为一检验批,不足 50t 时也应按一个检验批计。每一检验批取样量不应少于 0.2t 胶材料所需用的减水剂量。每一检验批取样应充分混匀,并应分为两等份:其中一份按照《混凝土外加剂应用技术规范》(GB 50119—2013)第 10.3.2 和 10.3.3 条规定的项目及要求进行检验,每检验批检验不得少于两次;另一份应密封留样保存半年,有疑问时应进行对比检验
2	混凝土泵送剂进场检验项目应包括 pH 值、密度(或细度)、减水率和坍落度 1h 经时变化值
3	混凝土泵送剂进场时,减水率及坍落度 1h 经时变化值应按进场检验批次采用工程实际使用的原材料和配合比,与上批留样进行平行对比,减水率允许偏差为±2%,混凝土坍落度 1h 经时变化值允许偏差应为±20mm

二、混凝土泵送剂生产质量控制

混凝土泵送剂的质量控制应当从提高原材料质量和加强生产控制方面着手,主要是在各组分的生产时要特别注意质量控制,其中任何一组分的质量得不到好的控制,都会影响泵送剂最终的产品质量。根据国内外的生产经验,泵送剂的生产质量控制主要突出在减水率、匀质性、氯离子和碱含量、混凝土性能等方面。

1. 减水率

泵送剂中的最主要成分就是减水剂。目前泵送剂一般都是采用高效减水剂，减水率都在12％以上，多数采用萘系高效减水剂、脂肪族高效减水剂，也有的使用聚羧酸系高性能减水剂，这些减水剂的减水率一般都在25％以上。泵送剂中的减水组分也可以用高效减水剂和普通减水剂复配而成，这样不仅可以节约成本，而且还可以结合所采用的减水剂的优势，但在复配过程中要特别注意两种减水剂的相容性问题，如聚羧酸减水剂不能和萘系减水剂混合，这种相容性问题一定要通过试验来验证。

2. 匀质性

目前我国在混凝土工程中使用的泵送剂，大部分是多种成分按一定比例复配而成，有粉剂泵送剂和水剂泵送剂。粉剂泵送剂只要在工厂生产中混合均匀，在运输、贮存和使用过程中都没有问题；水剂泵送剂使用非常方便，但在复配过程中存在离析、沉淀、分层、浑浊和变质等不利情况。如木质素磺酸钙和糖钠复合使用就会产生沉淀，这就要在复配时充分了解各组分之间的性质差异，以及它们之间的相容性好坏，避免产生质量问题，影响混凝土工程的质量。因此，产品的匀质性是泵送剂质量主要的控制指标之一。

3. 氯离子和碱含量

为确保混凝土的施工质量符合设计要求，混凝土外加剂中的氯离子和碱含量都是必须检测项目。氯离子含量高对钢筋有很强的腐蚀作用，所以泵送剂也必须严格控制氯离子的含量，一般应在生产厂所控制值相对量的5％之内。碱是引发混凝土碱-集料反应的主要原因之一，混凝土外加剂对碱含量也有严格控制，也是应在生产厂所控制值相对量的5％之内。

氯离子检测方法应按照现行国家标准《混凝土外加剂匀质性试验方法》（GB 8077—2012）中的电位滴定法，以银电极或氯电极为指示电极，其电势随 Ag 浓度变化而变化。以甘汞电极为参比电极，用电位计或酸度计测定两电极在溶液中组成原电池的电势，银离子与氯离子反应生成溶解度很小的氯化银白色沉淀。在等当点前滴入硝酸银生成氯化银沉淀，两电极间电势变化缓慢，等当点是氯离子反应生成氯化银沉淀，这时滴入少量硝酸银即引起电势急剧变化，指示出滴定终点。

碱含量测定可采用火焰光度计进行测量，具体试验步骤可参见现行国家标准《混凝土外加剂匀质性试验方法》（GB 8077—2012）中的规定。

4. 混凝土性能

混凝土的性能试验是测定泵送剂质量的重要环节，应进行坍落度增加值、坍落度保留值、含气量、泌水水率比、抗压强度比等项目。凝结时间在一定程度上反映出泵送剂中缓凝组分的含量，它对泵送剂的质量影响很大，在现行标准中虽然未列出凝结时间的指标，但在实际工程中应将凝结时间作为控制指标。受检混凝土的性能指标如表8-5所列。

表 8-5　受检混凝土的性能指标

等级	坍落度增加值/mm	含气量/％	坍落度保留值/mm		收缩率比(28d)/％	泌水率比/％		抗压强度比/％			对钢筋的锈蚀作用
			30min	60min		常压	压力	3d	7d	28d	
一等品	≥100	≤4.5	≥150	≥120	≤135	≥90	≥90	90	90	90	应说明对钢筋有无锈蚀
合格品	≥80	≤5.5	≥120	≥100	≤135	≥100	≥95	85	85	85	

泵送剂进场时，减水率及坍落度1h经时变化值应按进场检验批次采用工程实际使用的

原材料和配合比与上批留样进行平行对比试验，减水率允许偏差应为±2%，混凝土坍落度1h经时变化值的允许偏差应为±20mm。

当掺加泵送剂的混凝土坍落度不能满足施工要求时，泵送剂可以采用二次添加法。为确保二次添加泵送剂的混凝土满足设计和施工要求，泵送剂中不应包括缓凝和引气组分，以避免这两种组分过量掺加，而引起混凝土凝结时间异常和强度下降等问题。二次添加的量应预先经试验确定。如需要采用二次添加法时，建议在泵送剂供方的指导下进行。

三、混凝土泵送剂的质量标准

随着城市化和超高层建筑的快速发展，泵送混凝土已成为城市建设不可缺少的特种混凝土，泵送剂自然而然就成为商品混凝土中不可缺少的外加剂。为确保泵送剂的质量符合施工和物理力学性能的要求，国家相关部门制定了混凝土泵送剂的质量标准，在生产和使用过程中必须按照现行标准严格执行。

1. 《混凝土泵送剂》中的标准

根据现行的行业标准《混凝土泵送剂》（JC 473—2001）中的规定，对于配制混凝土的泵送剂，应满足匀质性和受检混凝土的有关性能要求。

（1）混凝土泵送剂的匀质性要求　混凝土泵送剂的匀质性要求应符合表8-6中的规定。

表 8-6　混凝土泵送剂的匀质性要求

序号	试验项目	性能指标
1	固体含量	液体泵送剂:应在生产厂家控制值相对量的6%之内
2	含水率	固体泵送剂:应在生产厂家控制值相对量的10%之内
3	细度	固体泵送剂:0.315mm筛的筛余量应小于15%
4	氯离子含量	应在生产厂家控制值相对量的5%之内
5	总碱量($Na_2O+0.658K_2O$)	不应小于生产厂家控制值的5%
6	密度	液体泵送剂:应在生产厂家控制值的±0.02g/cm³之内
7	水泥净浆流动度	不应小于生产厂家控制值的95%

（2）受检混凝土的性能指标　受检混凝土系指按照《混凝土泵送剂》（JC 473—2001）中规定的试验方法配制的掺加泵送剂的混凝土。受检混凝土的性能指标应符合表8-7中的要求。

表 8-7　受检混凝土的性能指标

序号	试验项目		性能指标	
			一等品	合格品
1	坍落度增加值/mm		≥100	≥80
2	常压下"泌水率"比/%		≤90	≤100
3	压力下"泌水率"比/%		≤90	≤95
4	含气量/%		≤4.5	≤5.5
5	坍落度保留值/mm	≥30min	≥150	≥120
		≥60min	≥120	≥100

续表

序号	试验项目		性能指标	
			一等品	合格品
6	抗压强度比/%	3d	≥85	≥85
		7d	≥90	≥85
		28d	≥90	≥85
7	收缩率比/%	28d	≤135	≤135
8	对钢筋的锈蚀作用		应说明对钢筋无锈蚀作用	

2.《混凝土防冻泵送剂》中的标准

《混凝土防冻泵送剂》（JG/T 377—2012）中规定，混凝土防冻泵送剂是指既能使混凝土在低温下（0℃以下）硬化，并在规定养护条件下达到预期性能，又能改善混凝土拌合物泵送性能的外加剂。防冻泵送剂的匀质性指标应符合表 8-8 中的要求，混凝土防冻泵送剂配制的受检混凝土性能指标应符合表 8-9 中的要求。

表 8-8　防冻泵送剂的匀质性指标

项目	技术指标
含固量	液体：$S>25\%$时，应控制在 $0.95S\sim1.05S$；$S\leqslant25\%$时，应控制在 $0.90S\sim1.10S$
含水率	粉状：$W>5\%$时，应控制在 $0.90W\sim1.10W$；$W\leqslant5\%$时，应控制在 $0.80W\sim1.20W$
密度	液体：$D>1.1\text{g/cm}^3$ 时，应控制在 $D\pm0.03\text{g/cm}^3$；$D\leqslant1.1\text{g/cm}^3$ 时，应控制在 $D\pm0.02\text{g/cm}^3$
细度	粉状：应在生产厂控制范围内
总碱量	不超过生产厂家的控制值

注：1. 生产厂在相关的技术资料中明示产品匀质性指标的控制值；

2. 对相同和不同批次之间的匀质性和等效性的其他要求可由买卖双方商定；

3. 表中的 S、W 和 D 分别为固体含量、含水率和密度的生产厂家的控制值。

表 8-9　受检混凝土性能指标

项目		技术指标					
		Ⅰ 型			Ⅱ 型		
减水率/%		≥14			≥20		
泌水率/%		≤70					
含气量/%		2.5～5.5					
凝结时间之差/min	初凝	−150～+210					
	终凝						
坍落度 1h 经时变化量/mm		≤80					
抗压强度比/%	规定温度/℃	−5	−10	−15	−5	−10	−15
	R_{28}	≥110	≥110	≥110	≥120	≥120	≥120
	R_{-7}	≥20	≥14	≥12	≥20	≥14	≥12
	R_{-7+28}	≥100	≥95	≥90	≥100	≥100	≥100
收缩率比/%		≤135					
50 次冻融强度损失比/%		≤100					

注：1. 除含气量和坍落度 1h 经时变化量外，表中所列数据为受检混凝土与基准混凝土的差值或比值；

2. 凝结时间之差性能指标中的"−"号表示提前，"+"号表示延缓；

3. 当用户有特殊要求时需要进行的补充试验项目、试验方法及指标，由供需双方协商决定。

第三节　混凝土泵送剂主要品种及性能

工程实践证明，在混凝土原材料中掺入适宜的泵送剂，可以配制出不离析泌水、粘聚性良好、和易性适宜、可操作性优良，具有一定含气量和缓凝性能的大坍落度混凝土，不仅可满足混凝土拌合物的工作性要求，而且硬化后的混凝土具有足够的强度和满足多项物理力学性能要求。用泵送浇筑的混凝土数量在我国已日益增多，商品混凝土在大中城市泵送率达 60％以上，有的甚至更高。高性能混凝土施工大多采用泵送工艺，选择好的泵送剂也是至关重要的因素。

目前，我国对泵送剂的研制和应用非常重视，已经有很多性能优良的泵送剂。上海华联建筑外加剂厂有限公司主要生产混凝土泵送剂，是外加剂中的一个主要产品系列。我国生产的中效泵送剂，实现了低掺量、大流动度的效果，达到了高效泵送剂的同等功效，而外加剂用量则显著减少，可说是一种资源的节约。代表着我国混凝土泵送剂高水平的华联混凝土外加剂，在一些有特殊要求的工程上得到了成功应用，如洋山深水港、跨海大桥、外高桥电厂等的高标号大体积混凝土工程，采用了我们多种原料复合配方的外加剂，达到了低掺量高减水率效果，进入混凝土环保、高效的新境界。

在建筑工程中采用的泵送剂品种很多，在实际工程常见的如 HZ-2 泵送剂、JM 高效流化泵送剂、ZC-1 高效复合泵送剂等。

一、HZ-2 泵送剂

HZ-2 泵送剂由木质素磺酸盐减水剂、缓凝高效减水剂和引气剂复合而成，外观为浅黄色粉末，能有效地改善混凝土拌合物的泵送性能，提高混凝土的可泵性，并能使新拌混凝土在 2h 内保持其流动性和稳定性，其掺量为 0.7％～1.4％，减水率为 10％～20％，1d、3d和 7d 的强度分别提高 30％～70％、40％～80％和 30％～50％，初凝时间和终凝时间均可延长 1～3h，含气量为 3％～4％。

工程实践证明，HZ-2 泵送剂是一种性能优良、应用广泛的砂浆和混凝土的泵送剂。可以直接以粉剂掺入，也可以配制成溶液使用。适用于配制商品混凝土、泵送混凝土、流态混凝土、高强混凝土、大体积混凝土、道路混凝土、港口混凝土、滑模施工、大模板施工、夏季施工等。HZ-2 泵送剂的技术指标如表 8-10 所列。

表 8-10　HZ-2 泵送剂的技术指标

指标名称		技术指标	
		一等品	合格品
产品外观		浅黄色粉末	
细度(4900 孔标准筛筛余量)/％		≤15	
pH 值		10～11	
坍落度增加值/cm		≥10	≥8
常压泌水量/％		≤10	≤120
含气量/％		≤4.5	≤5.5
坍落度保留值/cm	0.5h	≥12	≥10
	1.0h	≥10	≥8

指标名称		技术指标	
		一等品	合格品
抗压强度比/%	3d	≥85	≥80
	7d	≥85	≥80
	28d	≥85	≥80
	90d	≥85	≥80
收缩率比(90d)/%		≤135	≤135
相对耐久性(200 次)/%		≥80	≥300
含固量(或含水量)		固体泵送剂应在生产厂控制值相对量的≤5%之内	
密度		液体泵送剂应在生产厂控制值的±0.02%之内	
氯离子含量		应在生产厂控制值相对量的5%之内	
水泥净浆流动度		应不小于生产厂控制值的95%	

二、JM 高效流化泵送剂

JM 高效流化泵送剂由磺化三聚氰胺甲醛树脂高效减水剂、缓凝剂、引气剂和流化组分复合而成，具有减水率高、泵送性能好等特点。在掺量范围内，减水率可达 15%～25%；由于不含氯盐，不会对钢筋产生锈蚀。

JM 高效流化泵送剂具有可泵性能好、混凝土不泌水、不离析、坍落度损失小等优点，同时能显著提高混凝土的强度和耐久性。由于减水率高，混凝土的强度增加值可达 15%～25%甚至更高，抗折强度等指标也有明显改善。由于掺有引气组分，使混凝土具有良好的密实性及抗渗、抗冻性能。JM 高效流化泵送剂适用于配制商品混凝土、泵送混凝土、高强混凝土和超高强混凝土。JM 高效流化泵送剂的技术指标如表 8-11 所列。

表 8-11　JM 高效流化泵送剂的技术指标

指标名称		技术指标	
		一等品	合格品
坍落度增加值/cm		≥10	≥8
常压泌水量/%		≤10	≤120
含气量/%		≤4.5	≤5.5
坍落度保留值/cm	0.5h	≥12	≥10
	1.0h	≥10	≥8
抗压强度比/%	3d	≥85	≥80
	7d	≥85	≥80
	28d	≥85	≥80
	90d	≥85	≥80
收缩率比(90d)/%		≤135	≤135
相对耐久性(200 次)/%		≥80	≥300
含固量(或含水量)		固体泵送剂应在生产厂家控制值相对量的≤5%之内 液体泵送剂应在生产厂家控制值相对量的3%之内	

续表

指标名称	技术指标	
	一等品	合格品
密度	液体泵送剂应在生产厂家控制值的±0.02%之内	
氯离子含量	应在生产厂家控制值相量的5%之内	
细度	应在生产厂家控制值的±2%之内	
水泥净浆流动度	应不小于生产厂家控制值的95%	

三、ZC-1 高效复合泵送剂

ZC-1 高效复合泵送剂由萘系高效减水剂、木质素磺酸钙缓凝减水剂、保塑增稠剂和引气剂组成。具有较高的减水率、良好的保塑性和对水泥较好的适应性，混凝土早期强度高，常温下 14～20h 即可脱模，适合于配制 C10～C60 不同强度的商品混凝土。

ZC-1 高效复合泵送剂具有如下技术性能。

① ZC-1 高效复合泵送剂对水泥具有较好的适应性和高分散性，可使低塑性混凝土流态化，在保持水灰比相同的条件下，减水率可达到18%～25%，可使混凝土坍落度由5～7cm增大到18～22cm。

② ZC-1 高效复合泵送剂可有效地提高混凝土的抗受压泌水能力，防止管道阻塞。

③ ZC-1 高效复合泵送剂配制的泵送混凝土，坍落度损失比较小，在正常情况下，如混凝土拌合物初始坍落度为18～22cm，其水平管道坍落度降低值为1～2cm/100m。

④ ZC-1 高效复合泵送剂配制的流态混凝土，其早期强度比较高，14～20h 即可脱模，由于特别适合于配制 C10～C60 不同强度的商品混凝土，因此应用范围比较广泛。

ZC-1 高效复合泵送剂与 HZ-2 泵送剂的技术性能基本相同，其技术指标如表 8-10 所列。

四、泵送剂对混凝土性能的影响

（一）对新拌混凝土性能的影响

1. 对和易性的影响

① 泵送剂的主要成分是减水剂，能够显著改善混凝土的和易性，尤其是对低水泥用量的贫混凝土，在不提高水泥用量的情况下大大提高拌合物流动性，使其满足泵送要求。

② 坍落度在12～25cm都符合混凝土泵送的要求，坍落度过小吸入困难，无润滑层，摩擦阻力大，容易堵泵，泵送效率低。如果混凝土的坍落度过大，在泵送压力下弯头处容易产生离析而堵塞混凝土泵。

③ 泵送剂在正确的掺量下能够提高混凝土坍落度8cm以上。根据实际混凝土要求，制定适宜掺量，或根据厂家推荐掺量来用。

④ 在泵送剂掺入使用之前，一定要做泵送剂与水泥的适应性试验，以确保混凝土的正常泵送。

⑤ 混凝土的流动阻力随着水灰比的减小及和易性的降低而增加，但从混凝土的长期性能来看，水灰比大，混凝土的强度和耐久性就降低，所以要求混凝土不仅要水灰比较小，而且和易性要好。

2. 对保水性的影响

① 混凝土的保水性一般是以泌水来表示，保水性好坏可以在做混凝土坍落度试验时看出来，保水性差的混凝土在坍落度筒提起后，有较多的水泥浆从底部淌出。

② 泌水率关系到泵送混凝土的匀质性和可泵性，泵送混凝土是在一定的泵压下由管道输送到浇筑现场，如果发生泌水，不但影响混凝土的质量，而且会堵塞管道，造成堵泵，因此对泵送剂不但有常压泌水率要求，而且有压力作用下泌水率的要求。

③ 在常压情况下泵送混凝土在坍落度（18±1）cm 时的泌水率称为常压泌水率。泵送剂的泌水率用掺泵送剂与不掺泵送剂的混凝土在相同条件下泌水率的比值来表示，现行国家标准规定，泵送剂一等品的压力泌水率比值不大于 100%，合格品不大于 120%。

④ 在混凝土的试验过程中，保水性的好坏可以根据坍落度试验得出，即坍落度筒提起后如果有较多的稀浆从底部析出，锥体部分的混凝土也因失浆而集料外露，则表明此混凝土拌合物的保水性能不好。

⑤ 保水性能不好的混凝土会发生泌水，而泌水是混凝土离析的主要原因，一旦离析必然导致混凝土板结，这就要通过调整泵送剂的组分，降低混凝土的单位用水量，适当增加引气组分，或者调整混凝土的砂率，以达到控制混凝土的泌水。

3. 对粘聚性的影响

① 加入好的泵送剂可使混凝土的粘聚性提高。混凝土的粘聚性在试验中尚无衡量指标，一般凭眼睛观察，粘聚性差的混凝土在试验时容易倒坍和离散，坍落度扩展后的混凝土的中心部分没有集料堆积，边缘部分没有明显的浆体和游离水分离出来。

② 粘聚性好的混凝土砂浆对石子的包裹性能也好，不会在混凝土泵送时出现可以把砂浆泵出去，而在泵车的进料斗中留下大部分的石子，从而产生堵泵的现象。

③ 工程实践证明，砂率是否适宜也是影响泵送混凝土粘聚性的主要因素之一，如果砂率较小容易产生离散现象，所以中低强度泵送混凝土的砂率应在 40% 以上，高强混凝土的砂率在 34%～38% 之间，大流动度的混凝土砂率可达 45% 以上。

4. 对含气量的影响

① 混凝土中具有一定量均匀分布的无害小气泡，对混凝土的流动性具有很大的提高作用，因为微小的气泡能够减小混凝土内部摩擦，降低泵送的阻力。

② 材料试验结果表明，混凝土中具有一定的引气量还可以降低混凝土的离析和泌水，对提高混凝土的抗渗性和耐久性也是有利的。

③ 混凝土中的含气量应当适宜，不得过大或过小。如果混凝土中的含气量过大，会使硬化的混凝土的强度下降很多，所以泵送剂一般的含气量都在 2.5%～4.0% 之间，一般不应大于 5.5%，且要求分布均匀。

5. 对坍落度保留数值的影响

① 对于运输距离远以及气温较高的季节，对于泵送剂的保坍性要求特别高，在不过分延长凝结时间的同时要能够保持坍落度损失很小。现行国家标准《混凝土外加剂》（GB 8076—2008）中规定：加泵送剂的混凝土 1h 坍落度经时变化值≤80mm。要达到此标准的要求，就需要在泵送剂中适量添加缓凝剂、引气剂和保水剂等成分。

② 材料试验表明，混凝土坍落度损失与水泥品种有很大关系，水泥的细度和矿物组成不同，都对坍落度损失有影响。水泥的细度越大，坍落度的损失越大；矿物掺合料掺量越高，坍落度的损失越小。

③ 选择合适的泵送剂组分对坍落度的保留数值有很大的影响，缓凝剂的掺量一定要严格控制，因掺量不当会带来一系列的副作用。掺量过高会使混凝土泌水率增加、抗离析能力降低、强度降低和凝结时间延长。因此，必须选择合适的缓凝剂与掺量，同时复合其他组分，抑制其负面影响。

6. 对混凝土凝结时间的影响

① 泵送剂都具有一定的缓凝作用，特别是对初凝时间有一定的延缓性能。这主要是由于泵送混凝土对坍落度的保留数值有一定的要求，在运送到工地的过程中，不能坍落度损失过大，到工地后要能够顺利进行泵送。

② 在大体积混凝土工程施工时，泵送剂的加入还可以延缓混凝土的早期水化热，降低混凝土在强度很低时由于内外温差而产生的裂缝。

③ 掺加泵送剂的混凝土要特别注意夏季和冬季凝结时间的改变。在加入缓凝剂的时候一定要注意施工温度的改变。在冬季施工时，不少工程希望用泵送剂提高混凝土早期强度，以防止混凝土产生冻害，在泵送剂中掺入特定的组分（如早强剂和防冻剂等）是完全可以做到的。

(二) 对硬化混凝土性能的影响

1. 对混凝土强度的影响

① 泵送剂是一种表面活性剂，能够有效地降低水的表面张力，使水能够很好地润湿水泥颗粒，从而排除吸附在水泥颗粒表面的空气，使水泥颗粒水化更加完全，加速水泥结晶形成过程，产生离子结合。

② 混凝土的强度与混凝土的水灰比有密切关系，与水泥的水化程度有关。泵送剂中主要成分是减水剂，目前市场上泵送剂的减水率都比较高，所以可大幅度降低混凝土的水灰比，因此硬化后的混凝土空隙率较低。

③ 泵送剂中的高效减水剂对水泥的分散性能好，可改善水泥的水化程度，就可使混凝土的各个龄期的强度都有显著的提高，$1 \sim 3d$ 的抗压强度可提高 $40\% \sim 100\%$，28d 的抗压强度可提高 $20\% \sim 50\%$，但一年龄期或更长期的抗压强度提高幅度减小。

④ 由于泵送混凝土中都掺入粉煤灰、矿渣或两者合掺，所以掺加泵送剂的混凝土后期强度有一定增长，同时有利于混凝土综合性能的提高。

2. 对混凝土收缩的影响

① 混凝土的收缩是取决于混凝土的水灰比和水泥用量，目前市场上的泵送剂的减水率都比较高，一般都在 15% 以上，所以水泥的干燥收缩比较小，混凝土的收缩一般都是由水泥的水化引起的体积减小。

② 低强度的混凝土虽然水泥用量比较少，但是一般水灰比较大，所以混凝土的收缩也比较大。

③ 高强混凝土虽然水灰比比较低，但是由于水泥用量较多，混凝土的收缩也是不容忽视的。

④ 好的泵送剂应具有降低混凝土的收缩的功能，目前主要是以掺入减缩剂或膨胀剂来降低混凝土的收缩。

3. 对混凝土碳化的影响

① 混凝土的碳化主要与混凝土的水灰比、矿物掺合料、养护条件等有关系，碳化是由于混凝土表面与空气中 CO_2 反应，水泥中的 $Ca(OH)_2$ 与 CO_2 反应生成 $CaCO_3$。材料试验

表明：环境中 CO_2 的浓度越大，混凝土的碳化深度也就越大。

② 粉煤灰在混凝土中的掺量一直是设计和施工关心的问题，材料试验结果表明，粉煤灰的掺量有一个最佳数值，这要根据不同的水泥和粉煤灰来确定。

③ 泵送剂主要能够降低混凝土的水灰比，并且能够改善混凝土中的孔结构，使混凝土中的孔结构趋于完全封闭，外界的 CO_2 气体和水不能进入混凝土内部，从而降低混凝土碳化程度。

④ 工程实践证明，混凝土泵送剂还可以改善混凝土表面的光洁度，使混凝土的表面平整，也是降低混凝土碳化的一个方面。

4. 对混凝土泌水的影响

① 混凝土泌水就是混凝土在浇筑、振捣后，在硬化的过程中，混凝土中的自由水分通过混凝土内部形成的毛细孔上浮至混凝土表面的现象。

② 泌水在混凝土表面产生流砂水纹缺陷，表面的强度、抗风化和抗侵蚀的能力较差，同时，在水分上浮的过程中，混凝土内部留下许多毛细孔，降低了混凝土的抗渗性能，有些毛细管正好通达粗集料的下部，被粗集料挡住，在其下面形成一层水膜，从而降低了石子与砂浆的黏结力。

③ 泌水能够降低混凝土的水灰比，即使混凝土的部分区域水灰比降低，但是同时也会增大部分区域的水灰比，而混凝土强度是由混凝土的最薄弱环节所决定的，所以综合表现混凝土强度降低。

④ 混凝土的泌水与混凝土的单位用水量有很大关系，泵送剂中的高效减水剂能够大幅度地降低混凝土中的单位用水量，因此掺加泵送剂能够降低混凝土的泌水。另外，混凝土的泌水还与砂率、施工工艺等方面有一定关系。

5. 对混凝土耐久性影响

① 混凝土的耐久性有四大指标，分别是冻融、硫酸盐侵蚀、碱集料反应和氯离子渗透，混凝土泵送剂具有较高的减水作用，一般在大坍落度的情况下，具有比一般混凝土小的水灰比，还具有提高混凝土的密实度作用，使外界有害物质不能进入混凝土内部，从而提高混凝土的耐久性，对混凝土的抗渗性和抗冻融性等有一定的提高。

② 泵送混凝土一般都会掺入矿物混合材料，由于矿物混合材料的细度一般都比较大，有助于填补混凝土的微小孔隙，也有助于提高混凝土的密实度，所以对混凝土的耐久性是有利的。

③ 碱-集料反应，是集料中的碱活性成分与水泥水化产物的碱反应，是破坏混凝土结构的一种作用，泵送混凝土中由于使用泵送剂后，可以大量使用矿物混合材料，矿物掺合料可抑制碱-集料反应和氯离子渗透。

第四节　混凝土泵送剂应用技术要点

2010 年以来，我国商品混凝土年总用量超过 7 亿立方米，商品混凝土在混凝土总产量中所占比例超过了 30%。商品混凝土的发展极大地推动了混凝土的集中化生产供应、泵送施工技术，并保证了混凝土工程质量，提高了水泥的散装率，是建筑业节能降耗的重要环节之一。工程实践也表明，商品混凝土的配制和施工离不开泵送剂，泵送剂的质量好坏决定着商品混凝土的质量优劣，因此在混凝土泵送剂的应用中应注意以下技术要点。

（1）参照产品使用说明书，正确合理选用泵送剂的品种。目前普通型泵送剂已逐渐被市场淘汰，主要原因还是有超量不凝的风险，而且适用范围不是很广泛。但不能否认，C30及C30以下的泵送混凝土，使用普通型泵送剂具有配制方便、成本较低，足够的水泥和粉煤灰也利于泵送等优点。

中等效能的泵送剂适用于C40及C40以下的泵送混凝土，使用十分方便，适用范围较广，特别在我国上海以及苏南地区使用以中等效能的泵送剂为主；高效泵送剂主要是针对C45及C45以上的混凝土使用，或有其他特殊要求以及特殊环境下采用。

新型的聚羧酸高性能减水剂现在很流行，在高强、高耐久性要求的混凝土中得到广泛的应用，但作为泵送剂在预拌混凝土中使用，还存在应用技术的不成熟，价格因素、掺量过低、对水敏感、多数厂家与水泥适应不佳，甚至减水率太高也是影响大范围推广使用的障碍。

（2）关注泵送剂产品的质量，除关注某些厂家不注意原材料质量控制，粗制滥造，以假乱真，提供伪劣产品外，对质量较好的产品也应注意某些问题，如应详细了解产品实际性能，注意生产厂所提供的技术资料和应用说明。在工程应用前，应做到泵送剂与水泥品种匹配适应，更要注意泵送剂与胶凝材料的适应性。匀质性检测只是质量稳定性的控制的手段，最终的应用效果还要做混凝土性能检验，通过试验确定选用外加剂的掺量范围和最佳掺量。

（3）必须按说明书要求采用正确的掺加方法，也可根据施工混凝土设计对泵送剂性能的要求，选择先掺法、同掺法、后掺法，但必须严格控制泵送剂的掺量。掺量过少效果不显著；掺量过大，不仅经济上不合理，而且还可能造成工程事故。尤其是引气、缓凝作用明显的减水剂，更应引起注意，不可超掺量使用。一般不准两种或两种以上的泵送剂同时掺用，除非有可靠的技术鉴定作依据。

（4）注意存储的环境，防止暴晒、泄漏、干涸、受潮、进水，导致泵送剂变质，影响泵送剂的功能。如果存放时间长受潮结块的泵送剂，应经干燥粉碎，试验合格后方可使用。泵送剂产品如果已超过保质期，应经试验检测合格后可以酌情使用。

（5）注意水泥品种的选择。在原材料中，水泥对外加剂的影响最大，水泥品种不同，将影响泵送剂的减水、增强和泵送效果，其中对减水效果影响更明显。高效减水泵送剂对水泥更有选择性，不同水泥减水率相差较大，水泥矿物组成、掺合料、调凝剂、碱含量、细度等都将影响减水剂的使用效果，如掺有硬石膏的水泥，对于某些掺减水剂的混凝土将产生速硬，或使混凝土初凝时间大大缩短，其中萘系减水剂影响较小，糖蜜类会引起速硬，"木钙"类减水剂会使初凝时间延长。

因此，同一种泵送剂在相同的掺量下，往往因水泥不同而使用效果明显不同，或同一种泵送剂，在不同水泥中为了达到相同的减水、增强和泵送效果，泵送剂的掺量明显不同。在某些水泥中，有的泵送剂会引起异常凝结现象。为此，当水泥可供选择时应当选用与水泥适应性良好的泵送剂，提高泵送剂的使用效果；当泵送剂可供选择时，应选择性能优良的泵送剂，为使混凝土泵送剂能发挥更好效果，在正式使用前，应结合工程进行水泥选择试验。

（6）掺用泵送剂的混凝土，均需延长搅拌时间和加强养护。泵送混凝土收缩率较大，大面积混凝土施工早期保湿养护尤为重要，掺加早强防冻型泵送剂的混凝土更要注意早期的保温防护，泵送剂中大都含有引气成分，混凝土浇筑必须进行充分合理的振捣，把混凝土中的气泡引出，但不得过振，也不得漏振。

（7）注意调整混凝土的配合比。一般地说，泵送剂对混凝土配合比没有特殊要求，可按普通方法进行设计。但在减水或节约水泥的情况下，应对砂率、水泥用量、水灰比等作适当调整。施工中对于混凝土配合比主要应注意以下几个方面。

① 当使用液体泵送剂时，应注意将产品中带入的水分从拌合水中扣除，保持混凝土设定的水灰比。

② 砂率对混凝土的和易性影响很大。由于掺入泵送剂后和易性能获得较大改善，因此砂率可适当降低，其降低幅度为 1%～4%，如"木钙"可取下限 1%～2%，引气性减水剂可取上限 3%～4%，若砂率偏高，则降低幅度可增大，过高的砂率不仅影响混凝土强度，也给成型操作来一定的困难。具体配比均应由试配的结果来确定。

③ 注意水泥用量。泵送剂中掺入的减水剂均有不同程度节约水泥的效果，使用普通减水泵送剂可节约 5%～10%，高效减水泵送剂即可节约 10%～15%。用高强度等级水泥配制混凝土，掺减水剂的泵送剂可节约更多的水泥。

④ 注意水灰比变化，掺减水剂混凝土的水灰化应根据所掺加品种的减水率确定。原来水灰比大者减水率也较水灰比小者高。在节约水泥后为保持坍落度相同，其水灰比应与未省水泥时相同或增加 0.01～0.03。现阶段，混凝土原材需水量等品质变化较大，必须加强配合比复核工作，用外加剂来调整坍落度，确保混凝土的工作性能和设计强度。

（8）注意施工特点。如搅拌过程中要严格控制泵送剂和水的用量，选用合适的掺加方法和搅拌时间，保证泵送剂充分起作用。对于不同的掺加方法应有不同的注意事项，如采用干粉掺入时应注意所用的减水剂要有足够的细度，粉粒太粗，溶解不匀，效果就不好；后掺或干掺的，必须延长搅拌时间 1min 以上。

（9）掺泵送剂的混凝土坍落度损失一般较快，应缩短运输及停放时间，一般不超过 60min，否则要用后掺法。在运输过程中应注意保持混凝土的匀质性，避免分层，掺缓凝型减水剂要注意初凝时间延缓，掺高效减水剂或复合剂有坍落度损失较快等特点。

（10）选用质量可靠的泵送剂。混凝土泵送剂是一种特殊产品，在混凝土中通常用量很少，但作用非常明显，因此产品的质量特别重要。不允许有任何质量误差，否则一旦发生混凝土工程事故，后果不堪设想。

（11）施工过程中的技术要点。根据现行国家标准《混凝土外加剂应用技术规范》（GB 50119—2013）中的规定，在泵送混凝土的施工过程中应当注意以下技术要点。

① 泵送剂的相容性试验应当按照现行国家标准《混凝土外加剂应用技术规范》（GB 50119—2013）中附录 A 的方法进行。

② 不同供方、不同品种的泵送剂，不得混合一起使用，以避免产生一些不良化学反应。

③ 泵送剂的品种、掺量应根据工程实际使用的原材料、环境温度、运输距离、泵送高度和泵送距离等经试验确定。

④ 液体泵送剂宜与拌合水预混，溶液中的水量应从拌合水中扣除；粉状泵送剂宜与胶凝材料一起加入搅拌机内，并宜延长混凝土搅拌时间 30s。

⑤ 泵送混凝土的原材料选择、配合比要求，应符合现行标准《普通混凝土配合比设计规程》（JGJ 55—2011）中的有关规定。

⑥ 掺加泵送剂的混凝土采用二次掺加法时，二次添加的外加剂品种及掺量应经试验确

定，并应记录备案。二次添加的外加剂不应包括缓凝和引气组分。二次添加后应确保混凝土搅拌均匀，坍落度应符合要求后再使用。

⑦ 掺加泵送剂的混凝土浇筑和振捣后，应及时进行压抹，并应始终保持混凝土表面潮湿，终凝后还应浇水养护；当气温较低时应加强保温保湿养护。

第九章

混凝土防冻剂

混凝土拌合物从浇筑、密实到凝结、硬化，直至获得设计所需要的强度，始终伴随着水泥的水化反应过程。水泥发生水化作用的充分条件，是水泥颗粒中的活性矿物成分、水的存在，以及水与水泥颗粒相接触。水泥水化作用的速率与水泥中的活性矿物成分、混凝土水灰比、浆体的温度、外加剂种类等因素有关。

材料试验证明，在 0℃ 以上，混凝土中的浆体温度升高，水泥水化作用加快，浆体强度也随之提高；而温度降低，水泥水化作用也将减弱，混凝土强度发展速率减慢。当浆体温度降低到 0℃ 及 0℃ 以下时，存在于混凝土中的自由水开始部分结冰，逐渐由液相的水变为固相的冰。浆体中的水或者浆体硬化后毛细孔中的水结冰，直接后果是水结冰膨胀，很容易导致浆体胀裂。如果混凝土尚未建立初始强度，或混凝土初始强度较低时内部水分结冰，水泥水化作用基本停止，强度不再增长，而结冰引起的冰胀应力更容易破坏混凝土。

在我国的严寒地区和寒冷地区，冬季的气温都在 −5℃ 以下，低温对混凝土的施工十分不利。需要注意的问题是，在这些地区的混凝土的破坏多数与冻融作用有关，混凝土在冻融循环作用下产生破坏，是关系到建筑物的使用寿命、工程质量、安全等方面的重大问题。冻融破坏严重影响建筑物的正常运行，必须充分认识它的严重性，了解其破坏的原因，采取正确的设计、施工和管理措施，以减轻冻融破坏对建筑物的影响。

第一节　混凝土防冻剂的选用及适用范围

我国的严寒和寒冷地区有较长的寒冷季节。由于受施工工期的制约，许多工程的混凝土冬季施工是不可避免的。国内外对混凝土冬季施工理论和方法的探索研究认为，当环境温度降低到 4℃ 时，只要采用适当的施工方法，避免新浇筑的混凝土早期受冻，也会取得在常温下施工时的效果。在严寒和寒冷地区的混凝土配合比设计时，既要考虑到混凝土在低温情况下的施工，又要兼顾到混凝土今后可能遇到冻融循环破坏问题。

一、防止混凝土冻害的措施

针对混凝土低温情况下的施工和抵抗浇筑后的抗冻性问题，主要应解决 3 个方面的难题：

① 如何确定混凝土最短的养护龄期？

② 如何防止混凝土的早期冻害？

③ 如何保证混凝土后期强度和耐久性满足要求？在混凝土的实际工程中，通常可采用

以下具体措施。

1. 正确选择原材料

优化混凝土配合比，对于混凝土浇筑时环境温度在0℃左右的情况，只要通过原材料的选择和配合比调整就可以满足要求。具体的做法如下。

① 选择早强效果好的水泥品种，加快混凝土3d内的早期强度发展。优先选择早强型的水泥品种，如早强型硅酸盐水泥、早强型普通硅酸盐水泥，避免使用粉煤灰硅酸盐水泥、矿渣硅酸盐水泥或火山灰硅酸盐水泥。

② 适当增加水泥的用量，并尽可能降低水灰比。实际上相当于提高混凝土的强度设计等级，这样既有利于混凝土早期强度发展，又能促使早期水泥水化热的释放和内部温度的升高，抵抗外界的寒冷。

③ 掺加混凝土引气剂，引入一定量微小气泡。在保持混凝土配合比不变的情况下，加入引气剂后形成微小气泡，相应增加了水泥浆体的体积，提高拌合物的流动性，改善粘聚性及保水性，缓冲混凝土内水结冰所产生的冻胀应力，从而提高混凝土的抗冻性。另外，气泡的存在还降低了混凝土的导热系数，减少了混凝土内部热量的散失。

④ 掺加早强型混凝土外加剂。早强型混凝土外加剂，如早强剂和早强减水剂的掺入，可以大幅度地加快混凝土早期强度的发展，从而提高混凝土的早期强度，避免早期受冻。

⑤ 选择颗粒硬度高和缝隙少的集料，使其热膨胀系数和周围砂浆的膨胀系数相近。

2. 实施有效的保温措施

对于施工气温较低的情况，可以通过提高混凝土拌合物的入模温度，来抵抗外界的寒冷入侵，加快混凝土早期强度的发展，等寒冷入侵至混凝土的内部时，混凝土拌合物已经凝结硬化，并建立初期温度，可以抵抗冰结所产生的危害。通常可以采取如下措施。

① 用热水搅拌混凝土。将拌合水通入蒸汽或直接加热至50～60℃，加入拌合料中进行搅拌，这样可以提高混凝土拌合物的温度，使其在常温下强度正常增长。

② 加热粗集料和细集料。在集料堆中通入蒸汽，这样不仅能消解集料中的冰碴并提高集料的温度，更能提高混凝土拌合物的温度。

③ 混凝土运输车加装保温层。给混凝土运输车加装保温层，可以有效地防止混凝土拌合物内热量的散失，保证混凝土的入模温度，加快混凝土的凝结、硬化和早期强度的发展。

④ 实施可靠的保温措施。混凝土拌合物入模后，要采取可靠措施对混凝土进行保温，尤其是避免结构的角部与外露表面受冻，并适当延长混凝土的养护龄期。

3. 采取外部加热法

对于施工气温不低于－10℃，且混凝土浇筑体不厚大的工程，可通过加热混凝土构件周围的空气，将热量传给混凝土或直接对混凝土加热，使混凝土处于正温条件下，以便正常凝结和硬化。通常可以采取如下措施。

① 火炉加热 火炉加热一般适用于较小的混凝土施工工地，方法简单，便于操作，但热效率不高，火炉中释放出的二氧化碳易使新浇筑混凝土表面碳化，严重影响工程质量，在实际工程中已很少采用。

② 蒸汽加热 用通入蒸汽的方法升高混凝土表面环境温度，使混凝土在湿热条件下凝结硬化。该法容易控制，加热温度均匀，但需要专门的锅炉设备，费用较高，且热损失较大，劳动条件也不理想。

③ 通电加热 将钢筋作为电极或将电热器贴在混凝土表面，将电能转化为热能，以提

高混凝土的温度。该法简单方便，加热效果好，热损失较少，比较容易控制，但电能消耗量大。

④ 红外线加热　以高温电加热器或气体红外线发生器，对混凝土进行密封辐射加热。

4. 掺加混凝土防冻剂

混凝土遭受冻害最主要的原因是其内部水分结冰，如果借助大自然现象，降低混凝土内部水的冰点，使其在可能遭受冻害的低温情况下不结冰，则水泥仍可发生水化反应，继续产生凝胶体和强度。能使混凝土在低温（负温）下产生凝结硬化，并在规定养护条件下达到预期性能的外加剂称为混凝土防冻剂。

长期以来，尤其是俄罗斯、北欧等国家和地区以及我国的东北和西北地区，在混凝土防冻剂的研发和生产应用方面，开展了卓有成效的工作，取得了丰富的实践经验。

二、冬季施工混凝土的受冻模式

当某一地区室外的日平均气温连续 5d 稳定低于 5℃时，该地区的混凝土工程施工即进入冬季施工。冬季混凝土施工的实质是在自然低温（负温）环境中创造可能的养护条件，使混凝土得以凝结硬化并增长强度。混凝土冬季施工的特点是：混凝土凝结时间长，0～4℃的混凝土凝结时间比 15℃时延长 3 倍；温度低到 −0.5～−0.3℃时，混凝土开始冻结，水化反应基本停止，温度低到 −10℃时，水化反应完全停止，混凝土的强度不再增长，开始出现混凝土冻害。冬季施工混凝土在低温（负温）下硬化并受冻有以下 4 种模式。

① 第一种受冻模式为混凝土初龄期受冻。新拌混凝土在浇筑完毕后，在混凝土初凝前或刚初凝立即受冻，则属于这种情况。这种受冻模式的典型情况是水泥尚未开始水化就受冻，受冻前的混凝土强度等于零。这种受冻特别对于 C10～C15 混凝土，由于水泥用量少，水化热量少，因而会迅速遭到受冻破坏；混凝土受冻后，处于"休眠"状态，恢复正温养护后，混凝土强度可以重新发展，直到与未受冻基本相同，强度损失很小或没有损失。

② 第二种受冻模式为混凝土幼龄期受冻。新拌混凝土中的水泥初凝后，在水化的凝结期间受冻，则属于这种情况。这种受冻模式可使混凝土的后期强度损失 20%～40%。与第一种受冻模式的主要区别在于前者的冻结温度低，冻结速度快，混凝土中的水分在受冻期间基本没有转移现象，而第二种受冻模式的受冻特点是冻结温度较高，冻结速度慢，混凝土中的水分逐渐转移，强度损失的大小主要取决于水分移动程度。

③ 第三种受冻模式为水泥水化结构已经可以抵抗冰冻产生的破坏作用。水泥与水进行水化时所产生的水化生成物的体积减小，基本上可以抵消结冰时体积的增大。在这种情况下，混凝土轻微的受冻是被允许的，混凝土的强度损失最多不超过 5%，但耐久性有所降低。

④ 第四种受冻模式是已硬化达到设计强度的混凝土受冻。在这种情况下，混凝土受冻相当于水泥水化的结晶，其受冻的破坏机理与第①、②种模式截然不同。

三、冬季施工混凝土的受冻机制

根据以上所述的 4 种受冻模式，可以得出不同的受冻模式有不同的受冻机制。

第 1 种受冻机制是由于水化反应刚开始，水化热很小，气温迅速下降到 −20℃或更低，冻结过程非常快，新拌混凝土的冻结特点是没有水分转移或水分转移很少，因此，混凝土基本上没有强度损失或损失很小。

第2种受冻机制与土的冻胀相似，造成破坏的主要原因并不完全是由于混凝土中的水变为冰，在转变过程中体积增大产生的所谓冰胀应力，而是由于在整个混凝土硬化期间受低温（负温）的影响所造成的水分的移动。这种移动的结果，引起水分在混凝土中重新分布，并在混凝土内部生成较大的冰凝聚体，造成极为严重的物理损害。

　　第3种受冻机制是当混凝土达到临界强度时，混凝土中还有小部分拌合水存在，受一次冻结后对混凝土的抗压强度没有什么重大影响，对混凝土的耐久性，特别是抗冻性也没有破坏作用。多次冻融，其受冻机制同第4种受冻模式。

　　第4种受冻机制是混凝土在饱水状态下经多次冻融降低强度或质量。这种受冻模式，其受冻机制是冰晶的膨胀应力起主导作用。在饱水状态下，混凝土经多次冻融循环之所以未破坏，主要是由于混凝土孔隙容积中没有全被水充满，在冻结的过程中，在冰晶生长的压力作用下，水的一部分受到压缩的缘故，即混凝土的抗冻性，它主要取决于其孔隙结构和水在这些结构中的饱和程度，以及冰在孔隙中生成的动力学性质。

　　通过研究人们发现，要保证混凝土不受冻害可采用以下四种方法：一是保持在正温条件下养护；二是使混凝土尽快达到受冻前的临界强度；三是使冰晶发生畸变，使溶液受冻时体积膨胀尽量小，对混凝土不构成冰胀应力，结构就不会受破坏；四是在低温（负温）下仍能存在液态水。

　　在冬期施工期间，当气温处于很低的正温或负温，水泥的水化反应十分微弱甚至停止，此时的水化产物甚少，致使混凝土的强度很低甚至没有强度，这时混凝土受冻，将造成十分严重的后果。为此，要求混凝土在受冻前应有抵抗冻融破坏的最低强度，这个最低强度称为混凝土的受冻临界强度。

　　掺加防冻剂等化学外加剂的混凝土，外加剂作为混凝土内部液相的溶质，其冰点将低于0℃。所以掺加防冻剂混凝土的受冻临界强度，是指混凝土达到规定温度前应具备的可抵抗冻融破坏的最低强度。我国现行规范中规定：当室外温度不低于-15℃时，混凝土受冻临界强度不得低于4.0MPa；当室外温度不低于-30℃时，混凝土受冻临界强度不得低于5.0MPa。

四、混凝土防冻剂的选用方法

　　防冻剂在混凝土中的主要作用是提高其早期强度，防止混凝土受冻破坏。防冻剂中的有效组分之一就是降低冰点的物质，它的主要作用是使混凝土中的水分在可能低的温度下，防止因混凝土中的水分冻结而产生冻胀应力；同时保持了一部分不结冰的水分，以维持水泥水化反应的进行，从而保证在低温（负温）环境下混凝土强度的增长。由此可见，了解混凝土防冻剂的选用方法，正确选用防冻剂是冬期混凝土施工成功的关键。

　　根据现行国家标准《混凝土外加剂应用技术规范》（GB 50119—2013）中的规定，在混凝土工程中常用混凝土防冻剂可以按以下规定进行选用。

　　① 混凝土工程可以采用以某些醇类、尿素等有机化合物为防冻组分的有机化合物类防冻剂。

　　② 混凝土工程可采用下列无机盐类防冻剂：a. 以亚硝酸盐、硝酸盐、磷酸盐等无机盐为防冻组分的无氯盐类；b. 含有阻锈组分，并以氯盐为防冻组分的氯盐阻锈类；c. 以氯盐为防冻组分的氯盐类。

　　③ 混凝土工程可以采用防冻组分与早强、引气和减水组分复合而成的防冻剂。

五、混凝土防冻剂的适用范围

混凝土防冻剂的适用范围应符合表 9-1 中的规定。

表 9-1　混凝土防冻剂的适用范围

序号	适用范围和不适用范围
1	混凝土防冻剂可用于冬季施工的混凝土
2	亚硝酸钠防冻剂或亚硝酸钠与碳酸锂复合防冻剂，可用于冬季施工的硫铝酸盐水泥混凝土
3	含氯盐的防冻剂只适用于不含钢筋的素混凝土、砌筑砂浆。含足够量阻锈剂可用于一般钢筋混凝土，但不适用于预应力钢筋混凝土
4	不含氯盐的防冻剂适用于各种冬季施工的混凝土，不论是普通钢筋混凝土还是预应力混凝土

第二节　混凝土防冻剂的质量检验

混凝土防冻剂是冬期混凝土施工中不可缺少的外加剂，防冻剂的质量如何对于冬期混凝土的施工质量起着决定性的作用。因此，在防冻剂进场后应按照有关规范进行质量检验，合格后才可用于工程中。

一、混凝土防冻剂的组成

混凝土防冻剂绝大多数是复合外加剂，由防冻组分、早强组分、减水组分、引气组分、载体等材料组成。

1. 防冻组分

防冻剂都是由防冻组分、减水剂、引气剂等几种功能组分复配成的。各组分的百分含量随使用地区的冬季气温变化特点而不同，因此防冻剂的地方特色较强，但是其中使用的防冻组分却都差不多。

外加剂中的防冻组分有：a. 亚硝酸盐有亚硝酸钠、亚硝酸钙、亚硝酸钾；b. 硝酸盐有硝酸钠、硝酸钙；c. 碳酸盐有碳酸钾；d. 硫酸盐有硫酸钠、硫酸钙、硫代硫酸钠；e. 氯盐有氯化钠、氯化钙；f. 氨水；g. 尿素；h. 低碳醇有甲醇、乙醇、乙二醇、1,2-丙二醇、甘油；i. 小分子量羧酸的盐类有甲酸钙、乙酸钠、乙酸钙、丙酸钠、丙酸钙、一水乙酸钙。

防冻组分的作用是降低水的冰点，使水泥在低温（负温）环境下仍能继续水化。几种常用防冻盐的饱和溶液冰点如表 9-2 所列；防冻剂常用成分作用如表 9-3 所列。

表 9-2　几种常用防冻盐的饱和溶液冰点

名称	析出固相共熔体时		名称	析出固相共熔体时	
	浓度/(g/100g 水)	温度/℃		浓度/(g/100g 水)	温度/℃
氯化钠	30.1	−21.2	碳酸钾	56.5	−36.5
氯化钙	42.7	−55.6	硫酸钠	3.8	−1.2
亚硝酸钠	61.3	−19.6	乙酸钠	—	−17.5
硝酸钙	78.6	−28.0	尿素	78.0	−17.5
硝酸钠	58.4	−18.5	氨水	161.0	−84.0
亚硝酸钙	31.7	−8.5	甲醇	212.0	−96.0

表 9-3 防冻剂常用成分作用

防冻剂作用\n防冻剂名称	早强	减水	引气	降低冰点	缓凝	冰晶	阻锈
氯化钠	+	−	−	+	−	−	+
氯化钙	+	−	−	+	−	−	−
硫酸钠	+	−	−	+	−	−	−
硫酸钙	+	−	−	−	+	−	−
硝酸钠	+	−	−	+	−	−	−
硝酸钙	+	−	−	+	−	−	−
亚硝酸钠	−	−	−	+	−	−	+
亚硝酸钙	−	−	−	+	−	−	+
碳酸盐	+	−	−	+	−	−	+
尿素	−	−	−	+	+	−	−
氨水	−	−	−	+	+	−	−
三乙醇胺	+	−	−	−	−	−	−
乙二醇	+	−	−	+	−	−	−
"木钙"	−	+	+	−	+	−	−
"木钠"	−	+	+	−	+	−	−
萘系减水剂	+	+	−	−	−	−	−
蒽系减水剂	+	+	−	−	−	−	−
氨基磺酸盐	+	+	−	−	+	−	+
三聚氰胺	+	+	−	−	−	−	−
引气剂	−	+	+	−	−	−	−
有机硫化物	−	−	−	+	−	+	−

注：表中"＋"为具有的作用，"－"为不具有作用。

2. 早强组分

早强组分是冬期混凝土施工中极其重要的组分，它可以促进水泥水化速度，使混凝土获得较高的早期强度，使混凝土尽快达到或超过混凝土的受冻临界强度，促进混凝土早期结构的形成，提高混凝土早期抵抗冻害的能力。混凝土冬季施工中常用的早强组分有硫代硫酸钠、氯化钙、硝酸钙、亚硝酸钙、三乙醇胺、硫酸钠等。

有关建材科研单位将硫代硫酸钠和三乙醇胺复合，通过成型的水泥砂浆试件，在低温试验环境下对比了其在不同组合和不同掺量下的增强效果。在混凝土 28d 强度不降低的前提下，选取合适的早强组分的组成和掺量，按照国家标准《混凝土外加剂》（GB 8076—2008）的检测方法，验证了该早强组分在不同温度环境下的早强性能。结果表明，在较低和较高的气候条件下，该早强组分可起到一定的早强作用，但在低温环境下增强效果更好。对同时掺加粉煤灰和高效减水剂的 C30 混凝土试验表明，该早强组分在不同温度下同样具有早强效果，且新拌混凝土的工作性保持较好，适合冬期混凝土工程应用。

3. 减水组分

减水组分也是混凝土防冻剂中不可缺少的组分，该组分的作用就在于减少混凝土中的用水量，起到分散水泥和降低混凝土的水灰比的作用。减少了混凝土中的绝对用水量，使冰晶粒细小而均匀分散，从而减轻了对混凝土的破坏应力，提高了混凝土的密实性。实质上是减少了混凝土中可冻结水的数量，即减少了受冻混凝土中的含冰率，相应也提高了混凝土防冻性能。另外，防冻剂掺量一般是固定的，由于水灰比的减小，相对地提高了混凝土中减水剂水溶液的浓度，进一步降低了冰点，从而提高了混凝土防早期冻害能力。在冬期混凝土施工中常用的减水组分主要有"木钙"、"木钠"、萘系高效减水剂以及三聚氰胺、氨基磺酸盐、煤焦油系减水剂等。

4. 引气组分

混凝土中的水产生结冰时体积增大9％，严重时可造成混凝土中集料与水泥颗粒的相对位移，使混凝土结构受到损伤甚至破坏，形成不可逆转的强度损失。引气组分在搅拌混凝土过程中能引入大量均匀分布、稳定而封闭的微小气泡。这些气泡对混凝土主要有4种作用：a. 能减少混凝土的用水量，进一步降低水灰比；b. 引入的气泡对混凝土内冰晶的膨胀力有缓冲和消弱作用，减轻冰晶膨胀力的破坏作用；c. 提高了混凝土的耐久性能；d. 小气泡起到阻断毛细孔作用，使毛细孔中的可冻结水减少。

材料试验证明，应用引气减水剂混凝土的冰胀应力，仅为单掺无机盐防冻剂的1/10；混凝土中的含气量以3％～5％为宜。当引入的气泡数量少，体积较大，一般都是可见气泡时，则起不到上述作用，反而会产生一些不利的影响，并且由于振捣排除不力时一些气泡还会聚合成更大气泡，因此称这种气泡为有害气泡，所以使用引气原材料要特别谨慎。引气的组分可以使用引气减水剂如"木钙"、"木钠"、蒽系减水剂等；也可以使用引气剂，如松香热聚物等。

5. 载体

混凝土的载体主要是指掺加的粉煤灰、磨细矿渣、砖粉等，它们的作用主要有：a. 使一些液状或微量的组分掺入，并使各组分均匀分散；b. 便于防冻剂干粉的掺加使用；c. 避免防冻剂受潮结块。

二、混凝土防冻剂的作用机理

混凝土拌合物浇筑后之所以能逐渐凝结硬化，直至获得最终强度，是由于水泥水化作用。而水泥水化作用的速度除与混凝土本身组成材料和配合比有关外，还与外界温度密切相关。当温度升高时水化作用加快，强度增长加快，而当温度降低到0℃时，存在于混凝土中的水有一部分开始结冰，逐渐由液相变为固相，这时参与水泥水化作用的水减少了，水化作用减慢，强度增长相应变慢。温度继续降低，当存在于混凝土中的水完全变成冰，也就是完全由液相变成固相时，水泥水化作用基本停止，此时混凝土的强度不会再增长。

混凝土防冻剂的作用在于降低拌合物冰点，细化冰晶，使混凝土在低温下保持一定数量的液相水，使水泥缓慢水化，改善了混凝土的微观结构，从而使混凝土达到抗冻临界强度。

1. 降低冰点

纯水的冰点为0℃，而在水中加入适量的盐，会使水溶液的冰点降低。复合防冻剂的防冻组分如氯化钙、氯化钠、亚硝酸钠、硝酸钠、硝酸钙、硝酸钾、乙酸钠、尿素等，其作用是降低水的冰点，使水泥在低温（负温）下能够继续水化。此外，不同浓度的某一种溶液，其冰点也不同。常用防冻组分的凝固点与浓度的关系如表9-4所列。

表 9-4　常用防冻组分的凝固点与浓度的关系

防冻剂种类	浓度版冻剂与水的质量比/凝固点(℃)					
NaCl	0.05/-3.1	0.07/-4.4	0.10/-6.7	0.15/-11.0	0.20/-16.5	0.33/-21.2
$CaCl_2$	0.03/-1.5	0.07/-3.6	0.15/-10.5	0.20/-17.6	0.25/-29.0	0.31/-55.0
$NaNO_2$	0.05/-2.3	0.10/-4.7	0.15/-7.5	0.20/-10.8	0.25/-15.7	0.28/-19.6
K_2CO_3	0.08/-2.8	0.10/-3.7	0.14/-5.4	0.16/-6.4	0.19/-8.2	0.21/-9.6
尿素	0.118/-4.1	0.155/-5.0	0.209/-6.6	0.245/-7.3	0.281/-8.0	0.317/-8.5

2. 促凝早强

混凝土早期强度的提高，可以增强混凝土抵抗水在结冰时产生的冰胀应力，混凝土防冻剂中的早强组分主要起到这一作用。

① 防冻剂中的早强组分与铝酸盐或铁铝酸盐反应，形成可以促凝的复杂化合物，而这些复杂化合物又为硅酸盐水泥提供了晶核，加快水泥中硅酸三钙矿物的水化作用。有些早强组分与铝酸盐的反应产物（如氯化物与铝酸盐反应）发生体积膨胀，使水泥石中的孔隙减少，加上该反应物生成较快，从而提高了混凝土的早期强度。

② 防冻剂中的早强剂与水泥水化产物氢氧化钙反应形成复合物，可促进水泥水化。当氯化钙掺量小于 1% 时起缓凝作用，当氯化钙掺量大于 1% 时起促凝作用，能加大水泥水化的早期发热量，从而提高混凝土的早期强度；氯化钙掺量为 2% 时，初凝时间可提前 1h，终凝时间可提前 2h 以上。但是，氯化钙掺量大，会增加混凝土的干缩，加剧碱-集料反应，降低抗硫酸盐侵蚀能力和防冻性能，甚至会造成钢筋锈蚀。氯化钠也有明显的早强效果，但对混凝土后期强度增长不利，其他缺点与氯化钙相似。

③ 掺加氯化物类的外加剂，可使水泥水化形成的硅酸盐胶体状物质的带电性减弱，动电电位大大降低，使细小的胶体颗粒聚集变大而凝聚形成晶体；加上电解质的盐效应、同离子效应都对水泥的水化反应产生影响。

④ 防冻剂中的早强剂促某些矿物的水化，或促进铝酸三钙与石膏之间的反应，加快水泥的水化凝结和硬化。

⑤ 防冻剂中的早强剂在硅酸三钙的水化物表面形成复杂的早强组分的化合物，促进水化作用；改变水化物组成，从而提高了水泥石的强度；降低液相中的 pH 值，使水泥组分溶解性加大，促进硅酸盐相的水化。

⑥ 硫酸盐类与水泥水化产物氢氧化钙发生反应生成细小颗粒的石膏，具有很高的活性，很快形成硫酸钙晶体，使早期强度迅速增长。总之，混凝土中掺入硫酸钠，一般可延缓水泥的凝结时间，而在终凝后又可加快水泥的水化作用，仍然可起到早强的效果。硫酸钠对水泥后期强度的影响，视水泥品种而异，对普通硅酸盐水泥的后期强度稍有降低，对矿渣硅酸盐水泥的后期强度有所提高。

⑦ 有些有机类的早强剂可与水泥中的某些成分形成络合物、络离子或络合物的中间体，前者可改变某种离子的浓度，影响各种矿物成分的溶解度及其化合物的结晶速度；后者对水泥水化起到催化作用。三乙醇胺掺量为 0.01%~0.1% 时便具有显著的早强效果，对混凝土的后期强度基本上无影响，对普通硅酸盐水泥的早强作用比矿渣硅酸盐水泥好些。而当三乙醇胺掺量较小时，对水泥有一定的缓凝作用。

3. 减少用水量

防冻剂中的减水组分主要起到这一作用。一般来说，减水组分可以从以下几个方面改善混凝土的抗冻性。

① 防冻剂中的减水组分可减少混凝土的用水量，既有利于提高混凝土的早期强度，又能起到增强的作用。

② 防冻剂中的减水组分对水泥可起分散作用，扩大水泥颗粒与水的接触面积，加快水泥的早期水化作用，加大初期水化的发热量。

③ 防冻剂中的减水组分可以改变硬化混凝土的孔结构，降低混凝土的孔隙率，提高混凝土的防冻抗渗等性能。

④ 防冻剂中的减水组分可减少可冻结水的数量，从而促进水泥的水化作用。

三、混凝土防冻剂的质量检验

冬期混凝土是一种在特殊气候施工的工艺，要求掺入混凝土防冻剂后确实能够起到减水、引气、防冻、保证强度等作用，因此并不是任何一种混凝土防冻剂都可以满足要求的，在防冻剂选择方面要特别的慎重。

为了确保防冻剂的质量符合国家现行的有关标准，对所选用混凝土防冻剂进场后，应按照国家标准《混凝土外加剂应用技术规范》（GB 50119—2013）中的规定进行质量检验。混凝土防冻剂的质量检验要求如表 9-5 所列。

表 9-5 混凝土防冻剂的质量检验要求

序号	质量检验要求
1	混凝土防冻剂应按每 100t 为一检验批，不足 100t 时也应按一个检验批计。每一检验批取样量不应少于 0.2t 胶凝材料所需用的减水剂量。每一检验批取样应充分混匀，并应分为两等份；其中一份应按照《混凝土外加剂应用技术规范》(GB 50119—2013)第 11.3.2 和 11.3.3 条规定的项目及要求进行检验，每检验批检验不得少于两次；另一份应密封留样保存半年，有疑问时，应进行对比检验
2	混凝土防冻剂进场检验项目应包括氯离子含量、密度（或细度）、含固量（或含水率）、碱含量和含气量，复合类防冻剂还应检测减水率
3	检验含有硫氰酸盐、甲酸盐等防冻剂的氯离子含量时，应采用离子色谱法

四、混凝土防冻剂的质量标准

在冬季施工中，掺有防冻剂的混凝土可以在低温条件下硬化而不需要加热，最终能达到与常温养护的混凝土相同的质量水平，大大降低了冬季施工的能耗，节约了工程成本。混凝土防冻剂的质量如何，关系到冬期混凝土施工的成败，也关系到工程施工进度和工程成本。近些年来，随着城市建设的大规模扩展，非常需要在冬季进行混凝土浇筑，防冻剂的标准建设也随之健全。

1. 《混凝土防冻剂》中的规定

根据现行的行业标准《混凝土防冻剂》（JC 475—2004）中的规定，混凝土防冻剂系指能使混凝土在负温（0℃以下）下硬化，并在规定的养护条件下达到预期性能的外加剂。

（1）混凝土防冻剂的分类 混凝土防冻剂按其组成成分不同，可分为强电解质无机盐类（氯盐类、氯盐阻锈类、无氯盐类）、水溶性有机化合物类、有机化合物与无机盐复合类、复合型防冻剂。

（2）混凝土防冻剂的性能

① 混凝土防冻剂的匀质性　混凝土防冻剂的匀质性应符合表9-6中的要求。

表9-6　混凝土防冻剂的匀质性

序号	项目	技术指标
1	固体含量/%	液体防冻剂:$S \leqslant 5\%$时,$0.95S \leqslant X < 1.05S$;$S < 5\%$时,$0.90S \leqslant X < 1.10S$
2	含水率/%	粉状防冻剂:$W \leqslant 5\%$时,$0.90W \leqslant X < 1.10W$;$W < 5\%$时,$0.80W \leqslant X < 1.20W$
3	相对密度	液体防冻剂:$D > 1.10$时,应控制在$D \pm 0.03$;$D \leqslant 1.10$时,应控制在$D \pm 0.02$
4	氯离子含量/%	无氯盐防冻剂:$\leqslant 0.1\%$(质量分数)
		其他防冻剂,不超过生产厂家控制值
5	碱含量/%	不超过生产厂家提供的最大值
6	水泥净浆流动度/mm	应不小于生产厂家控制值的95%
7	细度/%	粉状防冻剂的细度应为生产厂家提供的最大值

注:1. S是生产厂家提供的固体含量(质量分数),%;X是测试的含水率(质量分数),%。

2. W是生产厂家提供的含水率(质量分数),%;X是测试的含水率(质量分数),%。

3. D是生产厂家提供的密度数值。

② 掺防冻剂混凝土的性能　掺加防冻剂的混凝土性能应符合表9-7中的要求。

表9-7　掺加防冻剂的混凝土性能

序号	试验项目		技术指标					
			一等品			合格品		
1	减水率/%		10			—		
2	"泌水"率比/%		80			100		
3	含气量/%		2.5			2.0		
4	凝结时间差/min	初凝	$-150 \sim +150$			$-210 \sim +210$		
		终凝						
5	抗压强度比/%	规定温度	-5	-10	-15	-5	-10	-15
		R_{-7}	$\geqslant 20$	$\geqslant 12$	$\geqslant 10$	$\geqslant 20$	$\geqslant 10$	$\geqslant 8$
		R_{28}	$\geqslant 100$	$\geqslant 100$	$\geqslant 95$	$\geqslant 95$	$\geqslant 95$	$\geqslant 90$
		R_{-7+28}	$\geqslant 95$	$\geqslant 90$	$\geqslant 85$	$\geqslant 90$	$\geqslant 85$	$\geqslant 80$
		R_{-7+56}	$\geqslant 100$	$\geqslant 100$	$\geqslant 100$	$\geqslant 100$	$\geqslant 100$	$\geqslant 100$
6	28d 收缩率比/%		$\leqslant 135$					
7	渗透高度比/%		$\leqslant 100$					
8	50 次冻融强度损失率比/%		$\leqslant 100$					
9	对钢筋的锈蚀作用		应说明对钢筋无锈蚀作用					

③ 释放氨量　含有氨或氨基类的防冻剂释放量应符合《混凝土外加剂释放氨限量》(GB 18588—2001)中规定的限值。

2.《水泥砂浆防冻剂》中的规定

根据现行的行业标准《水泥砂浆防冻剂》(JC/T 2031—2010)中的规定,水泥砂浆防冻剂的生产与使用不应对人体、生物与环境造成有害的影响,所涉及的生产与使用的安全与环保要求,应符合我国相关国家标准和规范的要求。

水泥砂浆防冻剂匀质性指标应符合表9-8中的规定，受检水泥砂浆技术性能应符合表9-9中的规定，水泥砂浆防冻剂的其他性能应符合表9-10中的规定。

表9-8　水泥砂浆防冻剂匀质性指标

序号	试验项目	性能指标
1	液体砂浆防冻剂固体含量/%	$0.95S \sim 1.05S$
2	粉状砂浆防冻剂含水率/%	$0.95W \sim 1.05W$
3	液体砂浆防冻剂密度/(g/cm³)	应在生产厂所控制值的± 0.02g/cm³
4	粒状砂浆防冻剂细度(公称粒径300μm筛余)/%	$0.95D \sim 1.05D$
5	碱含量($Na_2O + 0.658K_2O$)/%	不大于生产厂控制值

注：1. 生产厂家控制值在产品说明书或出厂检验报告中明示；

2. 表中的S、W、D分别为固体含量、含水率和细度的生产厂家控制值。

表9-9　受检水泥砂浆技术性能

序号	试验项目		性能指标			
			Ⅰ型		Ⅱ型	
1	泌水率比/%		$\leqslant 100$		$\leqslant 70$	
2	分层度/mm		$\leqslant 30$			
3	凝结时间差/min		$-150 \sim +90$			
4	含气量/%		$\geqslant 3.0$			
5	抗压强度比/%	规定温度/℃	-5	-10	-5	-10
		R_{-7}	$\geqslant 10$	$\geqslant 9$	$\geqslant 15$	$\geqslant 12$
		R_{28}	$\geqslant 100$	$\geqslant 95$	$\geqslant 100$	$\geqslant 100$
		R_{-7+28}	$\geqslant 90$	$\geqslant 85$	$\geqslant 100$	$\geqslant 90$
6	收缩率比/%		$\leqslant 125$			
7	抗冻性（25次冻融循环）	抗压强度损失率比/%	$\leqslant 85$			
		质量损失率比/%	$\leqslant 70$			

表9-10　水泥砂浆防冻剂的其他性能

序号	项目名称	性能指标
1	产品外观	水泥砂浆干粉防冻剂产品应均匀一致,不应有结块;液状防冻剂产品应呈均匀状态,不应当有沉淀现象
2	氯离子含量	用于钢筋配置部位的水泥砂浆防冻剂的氯离子含量不应大于0.1%
3	释放氨限量	水泥砂浆防冻剂释放的氨量应符合《混凝土外加剂释放氨限量》(GB 18588—2001)中规定的限值

3.《砂浆、混凝土防水剂》的规定

根据现行的行业标准《砂浆、混凝土防水剂》（JC 474—2008）中的规定，砂浆、混凝土防水剂系指能降低砂浆、混凝土在静水压力下透水性的外加剂。

（1）砂浆、混凝土防水剂的匀质性要求　砂浆、混凝土防水剂的匀质性要求应符合表9-11中的要求。

表 9-11　砂浆、混凝土防水剂的匀质性要求

序号	试验项目	技术指标	
		液体防水剂	粉状防水剂
1	密度/(g/cm³)	$D>1.1$ 时,要求为 $D\pm0.03$；$D\leqslant1.1$ 时,要求为 $D\pm0.02$	—
2	氯离子含量/%	应小于生产厂家的最大控制值	应小于生产厂家的最大控制值
3	总碱量/%	应小于生产厂家的最大控制值	应小于生产厂家的最大控制值
4	含水率/%	—	$W\geqslant5\%$ 时,$0.90W\leqslant X<1.10W$；$W<5\%$ 时,$0.80W\leqslant X<1.20W$
5	细度/%	—	0.315mm 筛的筛余量应小于 15
6	固体含量/%	$S\geqslant20\%$ 时,$0.95S\leqslant X<1.05S$；$S<20\%$ 时,$0.95S\leqslant X<1.10S$。S 是生产厂提供的固体含量(质量分数),%,X 是测试的固体含量(质量分数),%	—

注：1. 生产厂应在产品说明书中明示产品均匀指标的控制值。

2. D 为生产厂商提供的密度值。

3. W 是生产厂提供的含水率（质量分数），%；X 是测试的含水率（质量分数），%。

（2）受检砂浆的性能指标要求　用砂浆、混凝土防水剂配制的受检砂浆的性能指标要求应符合表 9-12 中的要求。

表 9-12　受检砂浆的性能指标要求

序号	试验项目		性能指标	
			一等品	合格品
1	安定性		合格	合格
2	凝结时间	初凝/min	$\geqslant45$	$\geqslant45$
		终凝/h	$\leqslant10$	$\leqslant10$
3	抗压强度比/%	7d	100	85
		28d	90	80
4	进水压力比/%		$\geqslant300$	$\geqslant200$
5	吸水率比(48h)/%		$\leqslant65$	$\leqslant75$
6	收缩率比(28d)/%		$\leqslant125$	$\leqslant135$

注：安定性和凝结时间为受检净浆的试验结果，其他项目数据均为受检砂浆与基准砂浆的比值。

（3）受检混凝土砂浆的性能指标要求　用砂浆、混凝土防水剂配制的受检混凝土的性能指标要求应符合表 9-13 中的要求。

表 9-13　受检混凝土的性能指标要求

序号	试验项目	性能指标	
		一等品	合格品
1	安定性	合格	合格
2	"泌水率"比/%	$\leqslant50$	$\leqslant70$

序号	试验项目		性能指标	
			一等品	合格品
3	凝结时间差/mm	初凝	$\geqslant-90^{①}$	$\geqslant-90^{①}$
4	抗压强度比/%	3d	$\geqslant100$	$\geqslant90$
		7d	$\geqslant110$	$\geqslant100$
		28d	$\geqslant100$	$\geqslant90$
5	渗透高度比/%		$\leqslant30$	$\leqslant40$
6	吸水量比(48h)/%		$\leqslant65$	$\leqslant75$
7	28d 收缩率比/%		$\leqslant125$	$\leqslant135$

① "一"表示时间提前。

注：安定性和凝结时间为受检净浆的试验结果，凝结时间为受检混凝土与基准混凝土的差值，表中其他项目数据均为受检混凝土与基准混凝土的比值。

第三节　混凝土防冻剂主要品种及性能

混凝土防冻剂按照其组成材料不同，可以分为氯盐防冻剂、氯盐阻锈防冻剂和无氯盐防冻剂；按照掺量及塑化效果不同，可以分为高效防冻剂和普通防冻剂；按照低温（负温）养护温度不同，可以分为-5℃、-10℃、-15℃三类防冻剂。

一、常用盐类防冻剂

1. 亚硝酸钠防冻剂

在各种常用的无机盐防冻组分中，亚硝酸钠的防冻效果较好，其最低共熔点为-19.8℃，作为防冻组分可以在不低于-16.0℃的环境条件下使用，其掺量为水泥重量的5%～10%。亚硝酸钠易溶于水，在空气中会发生潮解，与有机物接触易燃烧和爆炸，有较大的毒性，储存和使用中应特别注意。亚硝酸钠的技术指标如表 9-14 所列，亚硝酸钠的水溶性特征如表 9-15 所列，亚硝酸钠对混凝土的强度影响如表 9-16 所列。

表 9-14　亚硝酸钠的技术指标

项目	技术指标		
	优等品	一等品	合格品
亚硝酸钠($NaNO_2$)质量分数(以干基计)/%	$\geqslant99.0$	$\geqslant98.5$	$\geqslant98.0$
硝酸钠质量分数(以干基计)/%	$\leqslant0.80$	$\leqslant1.00$	$\leqslant1.00$
氯化物(以 NaCl 计)质量分数(以干基计)/%	$\leqslant0.10$	$\leqslant0.17$	—
水不溶物质量分数(以干基计)/%	$\leqslant0.05$	$\leqslant0.06$	$\leqslant0.10$
水分的质量分数/%	$\leqslant1.4$	$\leqslant2.0$	$\leqslant2.5$
松散度(以不结块物的质量分数计)/%	$\geqslant85$		

注：本表引自《工业亚硝酸钠》(GB/T 2367—2016)。

表 9-15　亚硝酸钠的水溶性特征

溶液密度 20℃/(g/cm³)	无水亚硝酸钠含量/kg		密度的温度系数	冰点/℃
	1L 溶液中	1kg 溶液中		
1.031	0.051	0.05	0.00028	−2.3
1.052	0.084	0.08	0.00033	−3.9
1.065	0.106	0.10	0.00036	−4.7
1.099	0.164	0.15	0.00043	−7.5
1.137	0.227	0.20	0.00051	−10.8
1.176	0.293	0.25	0.00060	−15.7
1.198	0.336	0.28	0.00065	−19.6

表 9-16　亚硝酸钠对混凝土的强度影响

环境温度 /℃	混凝土强度(与基准混凝土标准养护 28d 强度比)/%			
	7d	14d	28d	90d
−5	30	50	70	90
−10	20	35	55	70
−15	10	20	35	50

亚硝酸钠中的杂质以硝酸钠为主。亚硝酸钠可使水泥中的硅酸三钙水化速度加快，而使硅酸二钙水化速度减慢，因此有早强作用而后期强度增长比较迟缓。亚硝酸钠对钢筋有较好的阻锈作用，是性能良好的阻锈剂，但掺量过高会使混凝土中的自由水减少、含碱量增多，混凝土的强度也不能提高。

2. 亚硝酸钙防冻剂

亚硝酸钙 $Ca(NO_2)_2$ 是一种透明无色或淡黄色单斜晶体系人工矿物，含有 2 个结晶水。在常温下亚硝酸钙容易吸湿潮解，常与吸湿性更大的硝酸钙共生。工业亚硝酸钙通常含有 5%～10% 的硝酸钙，硝酸钙通常含有 1 个结晶水或 4 个结晶水，吸潮性比亚硝酸钙更严重。

亚硝酸钙水溶液与水同时全部成冰的最低共晶温度为 −28.2℃，但在防冻剂中一般只有不到 2% 的亚硝酸钙，折成水溶液中的浓度也不超过 5%。从表 9-17 中可查到开始成冰的温度为 −1.7～−2.6℃。因此，亚硝酸钙的防冻作用主要不是水的冰点降低，而是也依靠部分结冰理论和冰晶变形效果的共同作用。表 9-18 为亚硝酸钙不同掺量混凝土强度增长情况。

表 9-17　亚硝酸钙溶液降低冰点作用

20℃下的溶液相对密度	密度变化温度系数（开始成冰前）	无水亚硝酸钙含量 1L 溶液内	水溶液浓度/% 按重量计	开始成冰的临界温度/℃
1.04	0.00029	0.058	5.3	−1.7
1.06	0.00032	0.087	8.0	−2.6
1.12	0.00041	0.170	15.0	−5.1
1.14	0.00044	0.197	17.3	−6.0
1.18	0.00045	0.253	21.7	−8.7
1.20	0.00046	0.285	23.7	−10.1
1.22	0.00047	0.317	25.7	−11.9

续表

20℃下的溶液相对密度	密度变化温度系数（开始成冰前）	无水亚硝酸钙含量1L溶液内	水溶液浓度/%按重量计	开始成冰的临界温度/℃
1.24	0.00048	0.347	27.8	−13.6
1.26	0.00050	0.380	30.0	−15.6
1.28	0.00051	0.413	31.8	−16.8
1.30	0.00053	0.443	33.7	−18.0
1.32	0.00054	0.473	35.7	−19.2
1.34	0.00055	0.503	37.7	−20.4
1.36	0.00056	0.536	39.3	−21.6
1.38	0.00057	0.560	40.5	−23.8
1.40	0.00058	0.595	41.6	−26.0
1.42	0.00059	0.620	42.1(共晶)	−28.2(共晶)

表 9-18 亚硝酸钙不同掺量混凝土强度增长

编号	掺量/%	受检温度/℃	抗压强度比/%				
			冻 7d	冻 28d	标 7d	标 28d	冻 7 标 28
ND14	1.5	−10	20.0	—	75.0	100.0	95.8
ND15	2.0	−10	20.0	—	89.0	95.0	105.0
ND16	3.0	−10	16.5	—	92.0	86.5	96.0
H0	1.0	−10	12.0	15.0	88.0	—	—
H2	2.0	−10	16.0	24.4	89.5	—	—
H3	3.0	−10	18.3	26.0	86.0	85.0	—
H4	4.0	−10	22.3	26.7	83.0	90.0	—

3. 氯化钠防冻剂

氯化钠（NaCl）俗称为食盐，是一种白色立方晶体或细小结晶粉末，相对密度为2.165，中性。有杂质存在时易产生潮解。溶于水的最大浓度是 0.3kg/L，此时溶液的冰点为 −21.2℃。氯化钠的技术指标如表 9-19 所列，氯化钠溶液降低冰点作用如表 9-20 所列。

表 9-19 氯化钠的技术指标

指标项目	技术指标			
	优等品	一级品	二级品	三级品
氯化钠含量/%	≥94	≥92	≥88	≥83
水不溶物/%	≤0.4	≤0.4	≤0.6	≤1.0
水溶性杂质/%	≤1.4	≤2.2	≤4.0	≤5.0
水分/%	≤4.2	≤5.2	≤7.4	≤11.0

氯化钠的防冻作用比较好，是防冻剂中价格最便宜的组分，但因为对混凝土的其他不良影响十分明显，所以很少单独用作防冻组分。氯化钠有较明显的早强效果，当掺量由 0.3% 增至 1.0% 时，混凝土强度的提高比较显著，掺量再提高混凝土早期强度增长反而不明显提高。当氯化钠掺量为 0.3% 时，对混凝土的早期强度增长虽然开始明显，如果与 0.03%～

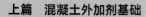

0.05%三乙醇胺复合,则可以得到最佳的早强增强率。氯化钠及复合剂的早强性能如表9-21所列。

表9-20 氯化钠溶液降低冰点作用

溶液密度 20℃/(g/cm³)	氯化钠含量/kg		密度的温度系数	溶液浓度 /%	冰点 /℃
	1L 溶液中	1L 水中			
1.013	0.020	0.020	0.00024	2	−1.2
1.027	0.041	0.042	0.00028	4	−2.5
1.041	0.062	0.064	0.00031	6	−3.7
1.056	0.084	0.087	0.00034	8	−5.2
1.071	0.104	0.111	0.00037	10	−6.7
1.079	0.119	0.123	0.00038	11	−7.5
1.086	0.130	0.136	0.00039	12	−8.4
1.094	0.142	0.150	0.00041	13	−9.2
1.101	0.152	0.163	0.00042	14	−10.1
1.109	0.166	0.176	0.00043	15	−11.0
1.116	0.179	0.190	0.00044	16	−12.0
1.124	0.191	0.205	0.00046	17	−13.1
1.132	0.204	0.220	0.00047	18	−14.2
1.140	0.217	0.235	0.00048	19	−15.3
1.148	0.230	0.250	0.00049	20	−16.5
1.156	0.243	0.266	0.00050	21	−17.9
1.164	0.256	0.282	0.00051	22	−19.4
1.172	0.270	0.299	0.00052	23(共晶)	−21.1(共晶)

表9-21 氯化钠及复合剂的早强性能

序号	防冻剂掺量(水泥用量的百分数)			龄期强度/相对强度/%		
	氯化钠	亚硝酸钠	三乙醇胺	砂浆 R_2	混凝土 R_2	混凝土 R_{28}
1	—	—	—	8.22/100	9.10/100	30.0/100
2	0.3	—	—	10.9/133	—	—
3	0.5	—	—	12.1/147	—	—
4	1.0	—	—	13.2/160	—	—
5	0.3	—	0.05	14.3/175	—	—
6	0.5	—	0.05	—	14.9/164	35.0/117
7	0.5	1.0	0.05	—	15.2/167	35.0/117

由于氯化钠很容易使钢筋发生锈蚀,降低混凝土的耐久性,所以作为防冻组分使用时必须特别注意。

4. 氯化钙防冻剂

氯化钙浓溶液冰点可低到−55.6℃,但是将其掺入混凝土后只凸显其早强性能,而降低冰点的能力比较差。从表9-18中可知,20%浓度的氯化钙溶液(相当于水灰比0.40的混凝

土中掺有 $32kg/m^3$ 左右）冰点在 $-7℃$ 时，而同样浓度的气化钠溶液的冰点是 $-12.7℃$。这是由于氯化钙属于强电解质，溶于水后全部电离成离子，吸附在水泥颗粒的表面，增加水泥的分散度而加速水泥的水化反应。

氯化钙还能与水泥中的铝酸三钙（C_3A）作用生成水化氯铝酸钙；氯化钙与氢氧化钙反应，可降低水泥-水系统的碱度，使硅酸三钙的反应易于进行，这些都有助于提高混凝土的早期强度。氯化钙混凝土的相对强度增长率如表 9-22 所列。

表 9-22　氯化钙混凝土的相对强度增长率

混凝土龄期 /d	普通硅酸盐水泥			火山灰质和矿渣水泥		
	$CaCl_2$ 掺量（$C×\%$）			$CaCl_2$ 掺量（$C×\%$）		
	1%	2%	3%	1%	2%	3%
2	140	165	200	150	200	200
3	130	150	165	140	170	185
5	120	130	140	130	140	150
7	115	120	125	125	125	135
14	105	115	115	115	120	125
28	100	110	110	110	115	120

注：1. 本表按硬化时的平均温度为 $15\sim20℃$ 编制，当硬化平均温度为 $0\sim5℃$ 时，则表内数值增加 25%，$5\sim10℃$ 时增为 15%，也就是气温越低，其早强效果越好。

2. 表中的数据以空白混凝土同龄期强度为 100%。

工程实践证明，氯化钙与硝酸钙、亚硝酸钙复合的防冻剂是全无机盐复合防冻剂中最好的复配方剂之一，随着复合剂浓度的增加混凝土冰点可以从 $-5℃$ 降到 $-50℃$，并且其施工性能和硬化增强性能也较亚硝酸钠-氯化钙复合剂为优。其存在的缺点是深度防冻则需掺量很大，且不宜与低浓度萘系减水剂复合。

氯化钙与硝酸钙、亚硝酸钙水溶液冰点如表 9-23 所列。

表 9-23　氯化钙与硝酸钙、亚硝酸钙水溶液冰点

溶液密度 $20℃/(g/cm^3)$	无水 HHXK 含量/kg		密度的温度系数	冰点/℃
	1L 溶液中	1kg 溶液中		
1.043	0.054	0.05	0.00026	-2.8
1.070	0.087	0.08	0.00029	-4.9
1.087	0.108	0.10	0.00031	-6.6
1.105	0.133	0.12	0.00033	-8.6
1.131	0.170	0.15	0.00036	-12.5
1.157	0.208	0.18	0.00039	-16.6
1.175	0.235	0.20	0.00041	-20.1
1.192	0.262	0.22	0.00043	-24.5
1.218	0.305	0.25	0.00046	-32.0
1.245	0.349	0.28	0.00049	-40.6
1.263	0.379	0.30	0.00052	-48.0

5. 尿素防冻剂

尿素是白色或浅色的晶体，通常加工成颗粒状是在其外层附有包裹膜，以避免其很强的

吸湿性对运输和储存带来损失。纯尿素熔点为 132.6℃，超过熔点即分解，易溶于水、乙醇和苯，在水溶液中呈中性。根据现行国家标准《尿素》（GB 2440—2017）中的规定，尿素的质量标准应符合表 9-24 中的要求。

表 9-24　尿素的质量标准

项目		工业用			农业用		
		优等品	一等品	合格品	优等品	一等品	合格品
总氮含量（以干基计）/%		≥46.5	≥46.3	≥46.3	≥46.4	≥46.2	≥46.2
缩二脲含量/%		≤0.5	≤0.9	≤1.0	≤0.9	≤1.0	≤1.5
水分含量/%		≤0.3	≤0.5	≤0.7	≤0.4	≤0.5	≤1.0
铁（Fe）含量/%		≤0.0005	≤0.0005	≤0.0010	—	—	—
碱度（以 NH_3 计）/%		≤0.01	≤0.02	≤0.03	—	—	—
硫酸盐（以 SO_4^{2-} 计）含量/%		≤0.005	≤0.010	≤0.020	—	—	—
水不溶物/%		≤0.005	≤0.010	≤0.040	—	—	—
亚甲基二脲（以 HCHO 计）含量/%		—	—	—	≤0.60	≤0.60	≤0.60
粒度	0.85～2.80mm 1.18～3.35mm 2.00～4.25mm 4.09～8.00mm	≥90	≥90	≥90	≥90	≥90	≥90

注：1. 若尿素生产工艺中不加甲醛，可不进行亚甲基二脲含量的测定；

2. 指标中粒度项只需要符合四档中任一档即可，包裹标识中应标明。

浓度为 78% 的尿素溶液冰点为 −17.6℃，可使混凝土在高于 −15℃ 气温下不受冻且强度随龄期增长。单掺尿素的混凝土在正温条件下增长仅高于基准混凝土 5%，在负温条件下可以高出 4～6 倍，但强度发展比较慢。

掺有尿素的混凝土，在自然干燥的过程中，内部所含溶液将通过毛细管析出至结构物表面并结晶成白色粉状物，这种现象称为析盐，严重影响建筑物的美观。因此尿素的掺量不能超过水泥重量的 4%。掺有尿素的混凝土，在封闭环境内会散发出刺鼻的臭味，影响人体健康，因此不能用于整体现浇的剪力墙结构或楼盖结构。

6. 其他盐类防冻剂

除了以上所述的盐类防冻剂外，其他常用盐类防冻剂主要有：硝酸钠、硝酸钙琼酸钾、硫代硫酸钠、硫酸钠、乙酸钠及草酸钙等，常用盐类防冻组分水溶液的特性如表 9-25 所列。

表 9-25　常用盐类防冻组分水溶液的特性

防冻剂名称	不同浓度时的冰点值/%							最低共溶性	
	2	4	6	8	10	15	20	共溶点/℃	浓度/%
硝酸钙	−0.6	−1.3	−1.9	−2.5	−3.4	−4.8	−5.8	−28.0	78.6
碳酸钾	—	—	—	—	—	—	—	−37.6	66.7
硫酸钠	−0.6	−1.2	—	—	—	—	—	−1.2	3.8
乙酸钠	—	—	—	—	—	—	—	−17.6	—
氨水	—	—	—	—	—	—	—	−84.0	161.0
硫代硫酸钠	—	—	—	—	—	—	—	−11.0	42.8

二、常用有机物防冻剂

试验研究表明，有机醇类物质，如甲醇、乙二醇、三乙醇胺、乙醇、二甘醇、丙三醇等作为防冻组分，应用于配制冬期混凝土施工用防冻剂具有较好的防冻效果，在建筑工程常用的是甲醇、乙二醇和三乙醇胺。

1. 甲醇

甲醇又称为木精，是一种易燃和易挥发的无色刺激性液体，在水中的溶解度很高且不随温度降低而减小，水溶液的低共熔点为－96℃，工业上主要用于制造甲醛、香精、染料、医药、火药、防冻剂等。几种常用有机防冻组分的水溶液特性如表9-26所列。

表 9-26　几种常用有机防冻组分的水溶液特性

防冻组分名称	不同浓度时水溶液的冰点值/℃			
	10%	15%	20%	100%
甲醇	－4.9	－7.5	－10.0	－97.8
乙二醇	－4.8	－7.4	－9.9	－13.2
二甘醇	—	—	—	－8.0
乙醇	—	—	—	－114.1

研究结果表明：甲醇掺入混凝土中不会产生缓凝；掺甲醇类防冻剂的混凝土虽然在冻结条件下强度增长很慢，但转为正温后混凝土强度增长比较快。有机醇类防冻组分的复合防冻增强效果如表9-27所列。

2. 乙二醇

乙二醇又称为甘醇，是一种无色、无臭、有甜味、黏稠的液体，在水中中的溶解度很高且不随温度降低而减小，水溶液的低共熔点为－9.9℃，工业上主要用于制造树脂、增塑剂、合成纤维、化妆品和炸药，并用作溶剂、配制发动机的抗冻剂，在混凝土中应用较少，其水溶液特性如表9-26所列。

研究结果表明，乙二醇作为防冻组分与防冻剂复合使用后具有较好的防冻增强效果，符合标准对混凝土强度发展的要求，其防冻增强效果可如表9-27所列。

表 9-27　有机醇类防冻组分的复合防冻增强效果

防冻剂及掺量/%	养护温度/℃	水灰比（W/C）	坍落度/mm	受检混凝土抗压强度比/%			
				R_{-7}	R_{28}	R_{-7+28}	R_{-7+56}
防冻剂：2.50	－15	0.45	80±10	7.03	125.3	100.6	102.8
防冻剂：2.45 甲醇：0.05	－15	0.45	80±10	8.40	136.4	113.3	110.5
防冻剂：2.45 乙二醇：0.05	－15	0.45	80±10	9.75	137.7	116.9	117.9
防冻剂：2.45 三乙醇胺：0.05	－15	0.45	80±10	7.41	130.5	85.8	98.8
防冻剂：2.45 乙醇：0.05	－15	0.45	80±10	6.98	118.2	91.0	98.1
防冻剂：2.45 二甘醇：0.05	－15	0.45	80±10	9.00	119.3	100.3	99.7

续表

防冻剂及掺量 /%	养护温度 /℃	水灰比 (W/C)	坍落度 /mm	受检混凝土抗压强度比/%			
				R_{-7}	R_{28}	R_{-7+28}	R_{-7+56}
防冻剂：2.45 丙三醇：0.05	−15	0.45	80±10	7.10	131.7	104.4	101.8

3. 三乙醇胺

三乙醇胺又称为三胺，是一种无色黏稠的液体，常作为早强剂在混凝土中得到广泛应用。三乙醇胺的早强作用是由于其能促进铝酸三钙的水化，三乙醇胺中的 N 原子有一对共用电子，很容易与金属离子形成共价键，发生络合反应，与金属离子形成较为稳定的络合物，这些络合物在溶液中可形成许多可溶区，从而提高了水化产物的扩散速率。可以缩短水泥水化过程中的潜伏期，提高混凝土的强度。

此外，三乙醇胺对硅酸三钙、硅酸二钙水化过程有一定的抑制作用，这又使得后期的水化产物得以充分的生长、密实，保证了混凝土后期强度的提高。有关试验证明，将三乙醇胺与防冻剂复合使用后，发现三乙醇胺具有一定的早期辅助防冻增强的效果，但后期混凝土强度损失较大。

三、防冻剂对混凝土性能的影响

防冻剂对混凝土性能的影响主要包括对新拌混凝土性能的影响和对硬化混凝土性能的影响两个方面。对新拌混凝土性能的影响包括流动性、泌水性和凝结时间；对硬化混凝土性能的影响包括强度、弹性模量和耐久性。

1. 防冻剂对新拌混凝土性能的影响

（1）对流动性的影响　多数混凝土防冻剂均有一定的塑化作用，在流动性不变的条件下，可降低水灰比在 10% 以上，国内防冻剂大多为防冻组分和减水剂复合而成，往往显示出良好的叠加效应，如硝酸盐与萘系减水剂或碳酸盐与木质素磺酸盐复合，就可以明显提高低温（负温）混凝土的流动性或降低防冻剂的掺量。

（2）对泌水性的影响　多数混凝土防冻剂不会促进低温（负温）混凝土泌水而使拌合物离析，因为多数防冻剂都会加速水泥熟料矿物的水化反应而使得液相变得黏稠，可以改善低温（负温）混凝土的泌水现象。但尿素、氨水、有机醇类等防冻剂组分具有一定的缓凝作用，在高流动性混凝土中往往会促进泌水，适当增大砂率可以改善泌水现象。

（3）对凝结时间的影响　工程实践表明，早强型防冻剂（如碳酸钾、氯化钙等）往往会缩短混凝土的凝结时间，因此有利于低温（负温）混凝土的凝结硬化。但是在长距离运输的商品混凝土中应慎用，或与其他外加剂复合使用。

2. 防冻剂对硬化混凝土性能的影响

（1）对混凝土强度的影响　防冻剂对混凝土强度的影响，除与防冻剂的种类、掺量有关外，还与该混凝土受冻时间、受冻温度等因素密切相关。研究表明，掺防冻剂的低温（负温）混凝土力学性能明显优于不掺时低温（负温）混凝土的力学性能。如掺用乙二醇和减水剂复配的液体防冻剂，掺量为胶凝材料的 2.5% 时，混凝土早期强度能提高 30%～40%，而后期强度增长 20% 左右。

（2）对弹性模量的影响　材料试验证明，掺加防冻剂混凝土的弹性模量与基准混凝土的弹性模量没有明显的差别。

（3）对耐久性的影响　研究结果表明，防冻剂可以提高低温（负温）混凝土的耐久性，例如掺用盐类复配的防冻剂可明显提高低温（负温）混凝土的抗渗性；掺用有机物复配的防冻剂可明显提高低温（负温）混凝土的抗冻性和抗碳化性能。掺有机物复配的防冻剂的混凝土可以提高混凝土的抗硫酸盐侵蚀性、抗碱-集料反应性、抗盐析性等性能指标。

第四节　混凝土防冻剂应用技术要点

我国北方地区，冬季混凝土施工应用防冻剂的目的主要是为了防止混凝土的冻害，使浇筑的混凝土能在低温（负温）下继续硬化，从而达到设计要求的强度。混凝土在冬季施工中采用掺加防冻剂，与以往冬季施工中通常采用的加热方法相比，具有设备简单、投资较少、节约能源、使用方便、效果良好等优点。根据现行国家标准《混凝土外加剂应用技术规范》（GB 50119—2013）中的规定，为充分发挥防冻剂的作用，在其应用过程中应注意以下技术要点。

① 防冻剂选用量应符合以下规定：在日最低气温为−5℃，混凝土采用一层塑料薄膜和两层草袋或其他代用品覆盖养护时，可采用早强剂或早强减水剂代替；在日最低气温为−10℃、−15℃、−20℃，采用上述保温措施时，可分别采用规定温度为−5℃、−10℃和−15℃的防冻剂。

② 配制使用防冻剂时应注意：配制复合防冻剂前，应掌握防冻剂各组分的有效成分、水分及不溶物的含量，配制时应按有效固体含量计算。

③ 配制复合防冻剂溶液时，应搅拌均匀，如有结冰或沉淀等现象应分别配制溶液并分别加入搅拌器，不能有沉淀存在，不能有悬浮物、絮凝物存在。产生上述现象则说明配方可能不当，当某些组分发生交互作用，必须找到并调换该组分。

④ 含碱水组分的防冻剂相容性的试验，应按照现行国家标准《混凝土外加剂应用技术规范》（GB 50119—2013）中附录A的方法进行。

⑤ 氯化钙与引气剂或引气减水剂复合使用时，应先加入引气剂或引气减水剂，经过搅拌后，再加入氯化钙溶液。

⑥ 掺防冻剂的混凝土所用原材料，应当符合下列要求：a.宜选用硅酸盐水泥和普通硅酸盐水泥；b.集料应清洁，不得含有冰雪、冻块和其他易裂物质。

⑦ 以粉剂形式供应产品时，生产时应谨慎处理最小组分，使其能均匀分散在最大组分中，粗颗粒原料必须先经粉碎后再混合。最终应能全部通过0.63mm孔径的筛。储存液体防冻剂的容器应有保温或加温设备。

⑧ 防冻剂与其他外加剂同时使用时，应当经过试验确定，并应满足设计和施工要求后再使用。

⑨ 掺加防冻剂混凝土拌合物的入模温度不应低于5℃。

⑩ 掺加防冻剂混凝土的生产、运输、施工及养护，应符合现行的行业标准《建筑工程冬期施工规程》（JGJ/T 104—2011）的有关规定。

⑪ 掺防冻剂混凝土搅拌时间应比不掺防冻剂的延长50%，从而保证防冻剂在混凝土中均匀分布，使混凝土的强度一致。

第十章

混凝土速凝剂

混凝土速凝剂是指能够使混凝土迅速凝结硬化，而不过分影响混凝土长期强度和其他性能的外加剂。众多工程实践表明，混凝土速凝剂是喷射混凝土和快速堵漏材料必不可少的外加剂。混凝土速凝剂能显著缩短混凝土由浆体变为固态所需时间，在几分钟内就可以使之失去流动性并硬化，十几分钟即可使混凝土达到终凝，混凝土的早期强度比较高。这种加速水泥硬化速度的特性，使它在公路、矿山、桥梁、隧道、铁路、水利、工业与民用建筑和国防工程中都有广泛的应用。

喷射混凝土施工具有很多普通模板浇筑混凝土所无法相比的优点，尤其是在各种地下工程的锚喷支护中，因为不用模板支承，成型条件好，施工非常方便，能在短时间内提供支护能力或迅速堵漏，成为现代地下工程和堵漏工程中一项非常重要和必需的措施。特别是近代先进喷射混凝土技术的发展，大大扩展了喷射混凝土在地下工程中的使用范围。过去有些不可能实现的工程项目，有了喷射混凝土后现在变得实际可行。混凝土速凝剂作为喷射混凝土的必要组分，也得到了迅速发展。

我国从 20 世纪 60 年代初开始推广锚固支护新技术，先后在很多大型的铁路和建筑工程中获得成功，并积累了丰富的理论和实践经验。工程实践证明，在这些工程中采用喷锚支护技术，不仅可以大大加快工程建设速度，节省大量的人力和物力，而且还节约了混凝土用量，减少了地下工程的开挖量。如今，混凝土速凝剂在喷射、抢修和止水堵漏工程中发挥着重要作用，应用十分广泛。

第一节　混凝土速凝剂的选用及适用范围

从目前发展状况看，混凝土速凝剂的发展趋势有如下特点：a. 含碱性高的速凝剂开发并应用所占比重逐渐减少，低碱或无碱速凝剂越来越为人们重视；b. 单一的速凝剂向具有良好性能的复合速凝剂发展，通过添加减水剂、早强剂、增黏性、降尘剂等研制新型复合添加剂；c. 有机高分子材料和不同类型表面活性剂在开发中更多地被采用，它们为减少喷射混凝土回弹，粉尘含量从理论研究到实际应用开辟了新途径；d. 新型速凝剂必须具备无毒、无腐蚀、无刺激性，对水泥各龄期强度无较大负影响，功能价格比优越等特征。

一、混凝土速凝剂的作用机理

水泥经过水化作用达到凝结状态是一个物理和化学相结合的过程。一定数量的水化产物形成网络，产生一定的强度，即为混凝土的凝结。这一过程并不需要大量的水化产物，事实上，只要少量的连接点即足以搭结成网络，从而导致混凝土凝结。

由于在混凝土工程中常用的速凝剂多为复合剂，与水泥的水化反应交织在一起，因此，不同种类的混凝土速凝剂往往具有不同的作用机理。但从混凝土的凝结硬化机制分析，各种不同速凝剂的作用本质都在于加快水泥的水化、加速具有胶凝性产物或加速混凝土中絮凝结构的生成等方面。

1. 水化反应生成水化铝酸钙而速凝

典型的铝氧熟料、碳酸盐系速凝剂组成在水泥浆体中发生以下化学反应。

$$Na_2CO_3 + CaO + H_2O \Longrightarrow CaCO_3 + 2NaOH$$
$$Na_2CO_3 + CaSO_4 \Longrightarrow CaCO_3 + Na_2SO_4$$
$$NaAlO_2 + 2H_2O \Longrightarrow Al(OH)_3 + NaOH$$
$$2NaAlO_2 + 3CaO + 7H_2O \Longrightarrow 3CaO \cdot Al_2O_3 \cdot 6H_2O + 2NaOH$$
$$2Al(OH)_3 + 3CaO + 3H_2O \Longrightarrow 3CaO \cdot Al_2O_3 \cdot 6H_2O$$

反应中消耗了部分石膏，使石膏不足以与铝酸三钙进行反应生成钙矾石起到缓凝作用。铝酸三钙与水迅速水化，促使水化铝酸钙的快速生成，从而加快了水泥浆体的凝结；而低溶解度产物的生成和水化热的大量释放促进了凝结过程。

2. 大量生成钙矾石导致混凝土速凝

复合型的硫铝酸盐速凝剂以及以硫酸铝为基础的新型无碱速凝剂掺入水泥浆体中，可以发生如下化学反应。

$$Al_2(SO_4)_3 + 3CaO + 5H_2O \Longrightarrow 3CaSO_4 \cdot 2H_2O + 2Al(OH)_3$$
$$2Al(OH)_3 + 3CaO + 3H_2O \Longrightarrow 3CaO \cdot Al_2O_3 \cdot 6H_2O$$
$$2NaAlO_2 + 3CaO + 7H_2O \Longrightarrow 3CaO \cdot Al_2O_3 \cdot 6H_2O + 2NaOH$$

$$3CaO \cdot Al_2O_3 \cdot 6H_2O + 3CaSO_4 \cdot 2H_2O + 24H_2O \Longrightarrow 3CaO \cdot Al_2O_3 \cdot 3CaSO_4 \cdot 32H_2O$$

因此，在水泥-速凝剂-水体系中，由于硫酸铝等电解质的电离和水泥粉磨时加入石膏的溶解，使液相中的硫酸根浓度骤增，并与溶液中的氢氧化钙等组分迅速反应，生成大量微细针柱状的钙矾石和中间产物次生石膏，这些晶体的生长、发展在水泥颗粒之间形成网络状结构导致速凝。同时，反应热的释放也加快了凝结过程。

3. 形成水化铝酸钙骨架并促进硅酸三钙水化导致速凝

据研究，铝氧熟料反应生成的氢氧化钠能促进硅酸三钙的水化，加快硅离子的溶出速率，同时，水泥水化反应生成的钙离子与速凝剂中的离子迅速反应生成大量的水化铝酸钙，并消耗大量的水，从而增加水泥浆体的黏度，很快形成网络结构导致速凝。此外，水化放热对速凝也起到促进作用。

4. 其他作用机理

对新型早期复合速凝剂的研究认为，絮凝作用是速凝剂的重要作用机理。对于新型早期复合速凝剂，由于速凝剂离子带电与水化物带电电性相反，产生电性中和作用，电位降低，导致水化物粒子聚集絮凝产生沉降而加速凝结。对于掺有水溶性树脂等高分子有机物的速凝剂，由于水泥颗粒和水化物硅氧键中的氧离子会与高分子有机物中的氢原子之间形成氢键，从而产生"架桥"吸附作用。大量分散的微细颗粒被吸附于高分子长链周围，起到增稠的作用，并形成大颗粒的聚集体，具有较大的沉降速度，加速了水泥浆体的凝结。

水泥水化初期，石膏与铝酸三钙（C_3A）反应生成钙矾石，钙矾石就像一个致密的外套包裹在水泥颗粒之外，起着阻滞但并非完全阻断水分向水泥表面渗入的作用，延缓水泥的进一步水化。有研究结果认为，加入铝酸盐类速凝剂，大量的铝酸盐与钙矾石反应生成"单硫酸盐"的硫酸盐。这种单硫酸盐要比钙矾石的透水性强，这样就可以保证水泥正常水化作用在自然状态下进行，从而达到混凝土速凝、早强的效果。

硅酸盐类速凝剂能促进硅酸三钙的水化反应，在较短的时间内形成大量的硅钙石沉淀，从而导致水泥很快的凝结。

有机物速凝剂的作用方式有 2 种：

① 对沉淀在水泥粒子上的氢氧化钙和钙矾石有溶解作用，因而可以使水泥与水的反应不至于延缓，从而加速了水泥和水的反应；

② 与水化产物共同结晶，加固了水泥结构，反应生成物为结晶呈针状体，从而将水泥颗粒交织在一起致使快速凝结。

二、混凝土速凝剂的选用方法

混凝土速凝剂是使水泥混凝土快速凝结硬化的外加剂。掺用速凝剂的主要目的是使新喷射的物料迅速凝结，增加一次喷射层的厚度，缩短两次喷敷之间的时间间隔，提高喷射混凝土的早期强度，以便及时提供支护抗力。因此，选用适宜的速凝剂是喷射混凝土施工能否成功的重要因素。

喷射混凝土有两种施工方法，即干法喷射和湿法喷射。采用干法喷射时，混凝土拌和所需的水从喷嘴处加入；采用湿法喷射时，将预拌混凝土经过管道喷出，而液体速凝剂在喷嘴处加入。

工程实践表明，湿喷可使粉尘大大降低，改善工作环境，黏结性能好，减少材料回弹，施工效率高，质量比较均匀，可提高一次喷射层厚度，可使用其他新型的外加剂，具有规定的水灰比，从而明显提高喷射混凝土的质量。湿喷法要求使用液体速凝剂，而粉状速凝剂一般用于干喷法。

根据现行国家标准《混凝土外加剂应用技术规范》（GB 50119—2013）中的规定，在混凝土工程中常用混凝土速凝剂可以按照表 10-1 中的规定进行选用。

表 10-1　常用混凝土速凝剂

速凝剂名称	常用速凝剂
粉状速凝剂	喷射混凝土工程可采用下列粉状速凝剂： (1)以铝酸盐、碳酸盐等为主要成分的粉状速凝剂； (2)以硫酸铝、氢氧化铝等为主要成分与其他无机盐、有机物复合而成的低碱粉状速凝剂
液体速凝剂	喷射混凝土工程可采用下列液体速凝剂： (1)以铝酸盐、硅酸盐等为主要成分与其他无机盐、有机物复合而成的液体速凝剂； (2)以硫酸铝、氢氧化铝等为主要成分与其他无机盐、有机物复合而成的低碱液体速凝剂

三、混凝土速凝剂的适用范围

混凝土速凝剂的适用范围应符合表 10-2 中的规定。

表 10-2　混凝土速凝剂的适用范围

序号	适用范围
1	混凝土速凝剂可用于喷射法施工的砂浆或混凝土

序号	适用范围
2	粉状速凝剂宜用于干法施工的喷射混凝土,液体速宜用于湿法施工的喷射混凝土
3	永久性支护或衬砌施工使用的喷射混凝土、对碱含量有特殊要求的喷射混凝土工程,宜选用碱含量小于1%的低碱速凝剂

第二节　混凝土速凝剂的质量检验

混凝土速凝剂是一种满足喷射特殊施工工艺，要求掺入混凝土速凝剂后能够在很短时间内达到初凝，并具有一定增强作用的外加剂，因此并不是任何一种混凝土外加剂都可以满足以上要求的，在混凝土速凝剂的选择方面要特别的慎重，通过质量检验一定要确保速凝剂符合现行国家或行业的标准。

一、混凝土速凝剂的质量检验要求

为了确保速凝剂的质量符合国家现行的有关标准，对所选用混凝土速凝剂进场后，应按照国家标准《混凝土外加剂应用技术规范》（GB 50119—2013）中的规定进行质量检验。混凝土速凝剂的质量检验要求如表 10-3 所列。

表 10-3　混凝土速凝剂的质量检验要求

序号	质量检验要求
1	混凝土速凝剂应按每 50t 为一检验批,不足 50t 时也应按一个检验批计。每一检验批取样量不应少于 0.2t 胶凝材料所需用的减水剂量。每一检验批取样应充分混匀,并应分为两等份;其中一份按照《混凝土外加剂应用技术规范》(GB 50119—2013)第 12.3.2 和 12.3.3 条规定的项目及要求进行检验,每检验批检验不得少于两次;另一份应密封留样保存半年,有疑问时,应进行对比检验
2	混凝土速凝剂进场检验项目应包括密度(或细度)、水泥净浆的初凝时间和终凝时间
3	混凝土速凝剂进场时,水泥净浆的初凝时间和终凝时间应按进场检验批次采用工程实际使用的原材料和配合比与上批留样进行平行对比试验,其允许偏差应为±1min

二、混凝土速凝剂的质量标准

根据现行的行业标准《喷射混凝土用速凝剂》（JC 477—2005）中的规定，按照产品形态分为粉状速凝剂和液体速凝剂；按照产品等级分为一等品与合格品。喷射混凝土用速凝剂匀质性指标如表 10-4 所列；掺速凝剂净浆及硬化砂浆的性能要求如表 10-5 所列。

表 10-4　喷射混凝土用速凝剂匀质性指标

试验项目	匀质性指标	
	粉状	液体
密度	应在生产厂家所控制值的±0.02g/cm³	—
氯离子含量	应小于生产厂家最大控制值	应小于生产厂家最大控制值
总碱量	应小于生产厂家最大控制值	应小于生产厂家最大控制值
pH 值	应在生产厂家控制值±1 之内	—
细度	—	80μm 筛筛余应小于 15%

试验项目	匀质性指标	
	粉状	液体
含水率	—	≤2.0%
含固量	应大于生产厂家的最小控制值	—

表 10-5　掺速凝剂净浆及硬化砂浆的性能

产品等级	试验项目			
	净浆		砂浆	
	初凝时间(min∶s)	终凝时间(min∶s)	1d 抗压强度/MPa	28d 抗压强度比/%
一等品	3∶00	8∶00	7.0	75
合格品	5∶00	12∶00	6.5	70

第三节　混凝土速凝剂主要品种及性能

混凝土速凝剂是专门为喷射水泥混凝土施工特制的一种超快硬早强的水泥混凝土外加剂，掺配后水泥混凝土的初凝时间不超过 3min，初凝后就具备了抵抗水泥混凝土自重脱落的能力。由于速凝剂具有这些优异特性，使其广泛应用于公路隧道支护、边坡防护、地下洞室、边坡防护、水池、薄壳、水利、港口、修复加固等喷射或喷锚水泥混凝土结构，也可用于需要速凝堵漏的水泥混凝土或砂浆中。随着喷射混凝土应用范围不断扩大，混凝土速凝剂的品种也越来越多，性能也越来越好。

一、混凝土速凝剂的分类

混凝土速凝剂按形态不同划分，主要有粉状速凝剂和液态速凝剂。按其主要成分划分，有硅酸盐、碳酸盐、铝酸盐、氢氧化物、铝盐以及有机类速凝剂。其他具有速凝作用的无机盐包括：氟铝酸钙、氟硅酸镁、氟硅酸钠、氯化物、氟化物等，可作为速凝剂的有机物则有烷基醇胺类和聚丙烯酸、聚甲基丙烯酸、羟基羧酸、丙烯酸盐等。

作为混凝土速凝剂，一般很少采用单一的化合物，多为各种具有速凝作用的化合物复合而成，这些速凝剂按其主要成分不同可以分为 6 类。由于氯化物速凝剂对钢筋有腐蚀作用，现已不用作喷射混凝土的速凝剂。

1. 铝氧熟料速凝剂

铝氧熟料速凝剂以铝氧熟料为主要成分，可分为铝氧熟料、碳酸盐系和复合硫铝酸盐系。

铝氧熟料、碳酸盐系速凝剂主要成分为铝酸钠、碳酸钠或碳酸钾和生石灰。这类速凝剂的主要缺点是含碱量较高，对混凝土后期强度影响比较大。

复合硫铝酸盐系速凝剂，由于成分中加入石膏等硫酸盐和硫铝酸盐，使后期强度与不掺的相比损失较小，含碱量较低，因而对人体的腐蚀性较小。

2. 水玻璃类速凝剂

水玻璃类速凝剂主要成分为水玻璃（硅酸钠）。单一的水玻璃组分因过于黏稠无法喷射，需要加入无机盐（如重铬酸钾降黏、三乙醇胺早强）以降以黏性，提高流动性，增加早期强度。其掺量一般为水泥质量的 8％～15％。

水玻璃类速凝剂具有水泥适应性好、胶结效果好，与铝酸盐类速凝剂相比，碱含量小得多，对皮肤没有太大腐蚀性等优点。但这类速凝剂会引起喷射混凝土后期强度降低，掺量过大会使混凝土产生较大的干缩变形，同时喷射时的回弹率也较高。

3. 铝酸盐液体速凝剂

铝酸盐液体速凝剂在混凝土工程中应用比较广泛，它既可以单独使用，也可以与氢氧化物或碳酸盐联合使用。铝酸盐液体速凝剂有两种：即铝酸钠和铝酸钾。这类速凝剂具有掺量较少、早期强度增长快等优点，但最终强度降低幅度比较大，有的达到 30％～50％，且其 pH 值很高（＞13），因而腐蚀性较强。

此外，铝酸盐液体速凝剂对水泥品种非常敏感，因此在使用前应先测试所用水泥的相容性。铝酸钾速凝剂可以与多种类型的水泥相作用，通常可以比铝酸钠速凝剂有更快的凝结速率和更高的早期强度效果。

4. 新型无机低碱速凝剂

新型无机低碱速凝剂均为粉体，具有低碱或无碱、对混凝土的强度无影响、原料易得、生产工艺简单等特点。用于干喷混凝土，适合工程量较小的修补以及输送距离长、不时有中断时间的场合。

新型无机低碱速凝剂按其组成主要有以下几种：a. 偏铝酸钠、瓦斯灰、硅粉等；b. 铝氧熟料、煅烧明矾石、硫酸锌、硬石膏、生石灰等；c. 硫酸铝、氟化钙等；d. 氧化铝、氧化钙、二氧化硅等；e. 无定形铝化合物等。

5. 新型液体无碱速凝剂

新型液体无碱速凝剂按主要成分可分为有机物类速凝剂和无机液体速凝剂。价格适中、性能优异的无机中性盐液体无碱速凝剂得到广泛关注，并已开始在国内外推广应用。这类速凝剂大部分以铝化合物为主要成分，代表了速凝剂无碱、液体化的发展方向。从主要成分上看，这类速凝剂又可分为两类：一是羟基铝系列；二是硫酸铝系列。

6. 防水速凝剂

工程实践证明，采用一般速凝剂配制的喷射混凝土存在收缩开裂的问题，只能起支护作用而不能抗裂防渗。为解决喷射混凝土这一缺点，我国研制成功了两种型号的防水速凝剂（FSA），这种速凝剂具有普通速凝剂的特性，又能使喷射混凝土具有不收缩或微膨胀性能，起到支护和抗裂防渗的功能。在北京地铁工程中的成功应用证明，其凝固时间短，抗裂防水效果好，回弹率低，受到用户的欢迎。

喷射混凝土的配合比为 122，水灰比为 0.50，FSA-Ⅰ 的掺量为 15％，FSA-Ⅱ 的掺量为 8％。FSA 混凝土的性能如表 10-6 所列，FSA-Ⅰ 的物理性能如表 10-7 所列，FSA-Ⅱ 的物理性能如表 10-8 所列。

表 10-6　FSA 混凝土的性能

编号	速凝剂品种	掺量/％	28d 抗压强度/MPa	28d 强度比/％	膨胀率/％		抗渗强度	弹性模量/MPa
					3d	28d		
F0	空白	0	42.7	100	0.006	0.004	S15	0.335×10^5
F1	FSA-Ⅰ	15	33.5	83	0.130	0.140	S30	0.296×10^5
F2	FSA-Ⅱ	8	32.9	77	0.021	0.025	S25	0.305×10^5

表 10-7　FSA-Ⅰ的物理性能

编号	FSA-Ⅰ替换水泥率/%	凝结时间（h：min）		砂浆抗压强度/MPa			28d 强度比/%	砂浆膨胀率/%		
		初凝	终凝	1d	3d	28d		1d	3d	28d
F0	空白	1：56	2：58	6.80	30.5	56.3	100	0.048	0.049	0.056
F1	13	2′56″	3′52″	13.5	28.5	49.5	88	0.164	0.193	0.231
F2	15	3′02″	2′48″	15.2	26.4	46.7	83	0.170	0.220	0.268

表 10-8　FSA-Ⅱ的物理性能

编号	FSA-Ⅱ替换水泥率/%	凝结时间（h：min）		砂浆抗压强度/MPa			28d 强度比/%	砂浆膨胀率/%		
		初凝	终凝	1d	3d	28d		1d	3d	28d
F0	空白	1：56	2：58	6.80	30.5	56.3	100	0.048	0.049	0.056
F1	8	1′545′	2′43″	13.7	35.1	47.3	84	0.081	0.094	0.096
F2	10	1′24″	2′23″	16.1	39.2	43.8	78	0.092	0.098	0.014

前 3 种速凝剂产品均以碳酸盐、铝酸盐和硅酸盐等强碱弱酸盐为主要原料制得，具有一定的腐蚀性、回弹率高、混凝土后期强度降低明显等缺点。此外，因碱含量比较高，很有可能引起混凝土产生碱-集料反应。因此，国内外科学工作者致力于开发新型低碱或无碱速凝剂，如美国研制了 HPS 型速凝剂、瑞士生产了非碱性速凝剂、德国开发了中性盐类和有机类速凝剂等。这些新型的速凝剂具有含碱量小或无碱、后期强度损失小、对人体无腐蚀或伤害很小等优点。

为提高喷射混凝土的施工性能和工程质量、克服碱-集料反应、方便施工、减少污染和对人体的伤害，低碱或无碱液体速凝剂将是今后速凝剂的发展方向。

表 10-9 对碱性速凝剂和无碱速凝剂进行了详细比较。无碱速凝剂的应用使得喷射混凝土的强度迅速发展、结构密实度大大提高，从而有效地减少了渗漏水。由于淘汰了传统的高碱速凝剂，施工作业环境得到明显改善，因而施工中的工伤事故大大减少。

表 10-9　碱性速凝剂和无碱速凝剂的比较

项目	无碱速凝剂	碱性速凝剂
作业环境	粉尘较少，化学灼伤的危险低	化学灼伤的危险高
喷射混凝土-外加剂渗漏（如山体地下水）	渗漏很少，与普通混凝土的 pH 值相同	渗漏比较严重，混凝土的 pH 值高
隧道排水	沉积很少	大量渗漏，从而有大规模的沉积
技术特点	回弹低，强度和抗渗性均有增强	极快的凝固，使得回弹高、孔隙率高、结构密实度较低
平均碱含量/%	<0.20	<25.0
速凝剂的 pH 值	4～6	11～13，有的甚至>13

二、速凝剂对混凝土的影响

速凝剂是一种使混凝土在短时间内快速凝结硬化的外加剂，因此这类外加剂的最突出特点是使混凝土早期强度迅速增加。速凝剂对混凝土的性能影响主要包括两个方面：一是对新拌混凝土性能的影响，主要包括拌合物稠度和初凝及终凝时间的影响；二是对硬化砂浆和混凝土性能的影响，主要包括抗压强度、黏结强度、收缩性、弹性模量、抗冻性、抗渗性和碱-集料反应等。

1. 对新拌混凝土的影响

（1）对拌合物稠度的影响　混凝土拌合物的稠度主要取决于水泥用量和速凝剂的适宜掺量。工程实践证明，速凝剂的掺量高，一般能产生凝聚性的混凝土拌合物，并能增加一次性喷射层的厚度。

（2）对凝结时间的影响　在适宜速凝剂掺量时，混凝土拌合物的初凝时间可缩短到5min以内，终凝时间可在10min之内。较高的掺量的速凝剂将会进一步缩短初凝时间。

2. 对硬化混凝土的影响

（1）对抗压强度的影响　掺入速凝剂能使喷射混凝土的早期强度得到显著的提高，混凝土1d的抗压强度可达6.0～15.0MPa，不论采用干喷或湿喷方法，在最佳掺量时喷射混凝土的后期抗压强度一般都低于相应未掺速凝剂的混凝土。

速凝剂使喷射混凝土后期强度下降的原因是：铝酸三钙会迅速水化，并从混凝土的液相中析出，其水化物导致水泥浆迅速凝结；水化初期生成疏松的铝酸盐结构，硅酸三钙的水化受到阻碍使得水泥石的内部结构中存在缺陷；使用速凝剂后混凝土流动性瞬时丧失，混凝土成型中密实度难以保证。以上这些不利因素，应采取相应措施加以解决。

（2）对黏结强度的影响　使用速凝剂在干喷和湿喷两种混合施工工艺中，喷射混凝土和岩石表面之间能得到相当好的黏结性。在一定的范围内，喷射混凝土的黏结强度随着速凝剂掺量的增加而增大；超过一定范围后，随着凝剂掺量的进一步增加而下降。因此，在喷射混凝土的施工中，一定要经过混凝土配合比试验，准确确定混凝土的黏结强度和速凝剂的掺量。

（3）对混凝土收缩的影响　工程实测结果表明，掺速凝剂的混凝土收缩比对应不掺速凝剂的混凝土大。一般来说，混凝土的收缩都随着混凝土拌合物的用水量及速凝剂掺量的增加而增大。主要原因是喷射混凝土的水泥用量比较大、砂率较高及掺入速凝剂的影响。另外，混凝土的收缩和养护条件也有关系，干燥条件下养护比潮湿条件养护时收缩增加。因此在喷射混凝土施工时一定要加强养护，防止收缩开裂。

（4）对弹性模量的影响　与普通混凝土一样，掺加速凝剂的喷射混凝土，其弹性模量随着龄期增长和抗压强度的提高而增大。一般来说，喷射混凝土的抗压强度与弹性模量的关系，与普通混凝土基本相同。

（5）对抗冻性能的影响　工程实践证明，掺加速凝剂的混凝土具有良好的抗冻性能。速凝剂本身虽没有引气作用，但在喷射混凝土中会将一部分空气流带入混凝土中，这些空气在喷射压力的作用下，在混凝土内部形成了较多的、均匀的、相互隔绝的小气泡，从而可提高混凝土的抗冻性。

（6）对抗渗性能的影响　掺加速凝剂的喷射混凝土，一般都采用低水灰比和高水泥用量，因此非常有利于混凝土抗渗性的提高。此外，喷射混凝土一般采用级配良好的坚硬集料，这些集料具有密度高、孔隙率低等特点，使混凝土的抗渗性得到提高。

（7）对碱-集料反应的影响　对于碱性速凝剂，活性集料的使用是十分不利的，很容易加剧混凝土中碱-集料反应。因此，施工时应避免使用活性集料。目前，我国生产的速凝剂绝大多数不含有氯离子，因此对钢筋锈蚀无不良影响。

第四节　混凝土速凝剂应用技术要点

工程实践充分证明，喷射混凝土施工是否成功，涉及很多方面的因素，但速凝剂的选择和应用是最关键的因素。根据现行国家标准《混凝土外加剂应用技术规范》（GB 50119—2013）中的规定，结合我国喷射混凝土工程施工实践经验，为充分发挥速凝剂的作用，在其应用过程中应注意以下技术要点。

① 混凝土速凝剂的掺量宜与其品种和使用环境温度有关。一般粉状速凝剂掺量范围为水泥用量为 2%～5%。液体速凝剂的掺量，应在试验室确定的最佳掺量基础上，根据施工混凝土状态、施工损耗及施工时间进行调整，以确保混凝土均匀、密实。碱性液体速凝剂掺量范围为 3%～6%，低碱液体速凝剂的掺量范围为 6%～10%。当混凝土原材料、环境温度发生变化时，应根据工程的要求，经试验调整速凝剂的用量。

② 当喷射混凝土中掺加速凝土时，需充分注意对水泥的适应性，宜选择硅酸盐水泥或普通硅酸盐水泥，不得使用过期或受潮结块的水泥。当工程有防腐、耐高温或其他要求时，也可采用相应特种水泥。试验证明，水泥中的铝酸三钙和硅酸三钙含量高，掺加速凝剂的效果则好，矿渣硅酸盐水泥的效果较差。

③ 注意混凝土的水胶比一般不要过大。如果水胶比过大，混凝土凝结时间减慢，早期强度比较低，很难使喷射层的厚度超过 5～7cm，混凝土与岩石基底黏结不牢。复合使用减水剂，可以大大降低水胶比，并改善湿法喷射混凝土的和易性及粘聚性，对于混凝土的抗渗性也有明显提高。

④ 掺加速凝剂混凝土的粗集料宜采用最大粒径不大于 20mm 的碎石或卵石，细集料宜采用洁净的中砂。

⑤ 掺加速凝剂的喷射混凝土配合比，宜通过试配制、试喷射后确定，其强度符合设计要求，并应满足节约水泥、回弹量少等要求。在特殊情况下，还应满足抗冻性和抗渗性等要求。砂率宜为 45%～60%，湿喷混凝土拌合物的坍落度不宜小于 80mm。

⑥ 根据工程的具体要求，选择合适的速凝剂类型。例如铝酸盐类速凝剂，最好用于变形大的软弱岩石面，以及要求在开挖后短时间内就有较高早期强度的支护和厚度较大的施工面上。此外，铝酸盐类速凝剂还适用于有流水的混凝土结构部位。水玻璃类速凝剂适合用于无早期强度要求和厚度较小的施工面（最大厚度不大于 15cm），以及修补堵漏工程。永久性支护或衬砌施工使用的喷射混凝土、对碱含量有特殊要求的喷射混凝土工程，宜选用碱含量小于 1% 的低碱或无碱速凝剂。

⑦ 不同类型的液体速凝剂不饱进行复配便用，例如铝酸盐液体速凝剂会和无碱液体速凝剂发生剧烈的化学反应，生成难以溶解的物质，严重影响使用。因此，喷射机械在更换液体速凝剂时应进行充分的清洗。

⑧ 采用湿法施工时，应加强混凝土工作性的检查。喷射作业时每班次混凝土坍落度的检查次数不应少于两次，不足一个班次时，也应按一个班次检查。当原材料出现波动时应及时进行检查。

⑨ 喷射混凝土终凝 2h 后，应及时进行喷水养护，以防止出现混凝土收缩裂缝。当环境温度低于 5℃时，不宜采用喷水养护。

⑩ 掺加速凝剂混凝土作业区的日最低气温不应低于 5℃，当低于 5℃时应选择适宜的作

业时段。

⑪ 采用干法施工时，混合料应随拌随用。无速凝剂掺入的混合料，存放时间不应超过2h，有凝剂掺入的混合料，存放时间不应超过 20min。混合料在运输、存放的过程中，应严防受潮及杂物混入，投入喷射机前应进行过筛。

⑫ 采用干法施工时，混合料的搅拌宜采用强制式搅拌机。当采用容量小于 400L 的强制式搅拌机时，搅拌时间不得少于 60s；当采用自落式或滚筒式搅拌机时，搅拌时间不得少于120s。当掺有矿物掺合料或纤维时，搅拌时间宜延长 30s。

⑬ 强碱性粉状速凝剂和碱性液体速凝剂都对人的皮肤、眼睛具有强腐蚀性；低碱液体速凝剂为酸性，pH 值一般为 4～6，对人的皮肤、眼睛也具有腐蚀性。同时，由于混凝土物料采用高压输送，因此施工中应特别注意劳动保护和人身安全。当采用干法施工时，还必须采用综合防尘措施，并加强作业区的局部通风。

第十一章

混凝土膨胀剂

混凝土膨胀剂是一种在水泥凝结硬化过程中，使混凝土（包括砂浆及水泥净浆）产生可控制的膨胀以减少收缩的外加剂。膨胀剂主要依靠自身的化学反应或与水泥其他成分产生体积膨胀，在膨胀受到约束时将产生预压应力，可以补偿混凝土的收缩，提高混凝土的体积稳定性。在普通混凝土中掺入适量的膨胀剂可以配置补偿收缩混凝土和自应力混凝土，因而在工程中得到很快的发展和应用。

混凝土膨胀剂主要用于为减少干燥收缩而配制补偿收缩混凝土和为了利用膨胀而配制自应力混凝土。应用混凝土膨胀剂的目的在于：a. 提高混凝土抗裂的能力，减少并防止混凝土裂缝的出现；b. 阻塞混凝土毛细孔渗水，提高混凝土的抗渗等级；c. 使超长钢筋混凝土结构保持连续性，满足建筑设计的要求；d. 不设置"后浇带"以加快工程进度，防止"后浇带"处理不好引起地下室渗水。

第一节　混凝土膨胀剂的选用及适用范围

膨胀剂的主要功能是补偿混凝土硬化过程中的干缩和冷缩。选择膨胀剂时，应考虑膨胀剂与水泥和其他外加剂的相容性。掺入膨胀剂一般并不影响水泥混凝土的和易性与凝结硬化速率，但由于水泥水化速率对混凝土强度和膨胀值的影响较大，若与缓凝剂共同使用时，将致使混凝土的膨胀值过大，如果不适当地进行限制，还会导致混凝土强度的降低。因此。膨胀剂与其他外加剂复合使用前应进行试验验证。

一、混凝土膨胀剂的选用

由于混凝土膨胀剂的种类不同，其产生膨胀的机理也有所不同，因此应根据工程的性质、工程部位及工程要求选择合适品种的膨胀剂，并经检验各项指标符合标准要求后方可使用。同时，根据补偿收缩或自应力混凝土的不同用途，进行限制膨胀率、有效膨胀能或最大自应力设计，通过试验找出膨胀剂的最佳掺量。

在选择混凝土膨胀剂时，还要考虑与水泥和其他外加剂的相容性。水泥水化速率对混凝土强度和膨胀值的影响较大，若与其他外加剂复合使用时，可能会导致混凝土的膨胀值降低，坍落度经时损失快，如果没有适当的限制，也可能会导致混凝土强度的降低。因此，膨胀剂与其他外加剂复合使用前应进行试验验证。例如钙矾石类混凝土膨胀剂的使用限制条件应注意如下几个方面。

① 暴露在大气中有抗冻和防水要求的重要结构混凝土，在选择混凝土膨胀剂时一定要慎重。尤其是露天使用有干湿交替作用，并能受雨雪侵蚀或冻融循环作用的结构混凝土，一般不应选用钙矾石类的混凝土膨胀剂。

② 地下水（软水）丰富且流动的区域的基础混凝土，尤其是地下室的自防水混凝土，一般也不应单独选用钙矾石类的混凝土膨胀剂作为混凝土自防水的主要措施，最好选用混凝土防水剂配制的混凝土。

③ 在潮湿条件下使用的混凝土，如集料中含有能引发混凝土碱-集料反应的无定形二氧化硅时，应结合所用水泥的碱含量的情况，选用低碱的混凝土膨胀剂。

④ 混凝土膨胀剂在正式使用前，必须根据所用的水泥、外加剂、矿物掺合料，通过试验确定合适的掺量，以确保达到预期的限制膨胀的效果。

混凝土膨胀剂的主要功能是补偿混凝土硬化过程中的干缩和冷缩，可用于各种抗裂防渗混凝土，由于混凝土膨胀剂的膨胀源不同，并且各有优缺点，从而也决定了各自的适用范围。

在选用混凝土膨胀剂时，首先检验是否达到现行国家标准《混凝土膨胀剂》（GB 23439—2009）的要求，主要是水中 7d 限制膨胀率大小。对于重大的混凝土工程，应到膨胀剂生产厂家考察，在库房随机抽样检测，防止伪劣膨胀剂用于工程，膨胀剂都应通过检测单位检验合格后才能使用。

我国在混凝土工程中常用的膨胀剂是硫铝酸钙类、氧化钙-硫铝酸钙类和氧化钙类。硫铝酸钙类膨胀剂是目前国内外生产应用最多的膨胀剂，但由低水胶比大掺合料高性能混凝土的广泛应用，氧化钙类膨胀剂水化需水量较小，对于湿养护要求比较低，今后将成为混凝土膨胀剂的未来发展方向。

氧化镁膨胀剂在常温下水化比较慢，但在环境温度 40～60℃ 中，氧化镁水化为氢氧化镁的膨胀速率大大加快，经 1～2 个膨胀基本稳定，因此氧化镁只适用于大体积混凝土工程，如果用于常温使用的工民建混凝土工程，则需要选用低温煅烧的高活性氧化镁膨胀剂。

不同品种膨胀剂，其碱含量有所不同，因此在大体积水工混凝土和地下混凝土工程中，必须严格控制水泥的碱含量，控制混凝土中总的碱含量不大于 $3kg/m^3$，对于重要工程碱含量应小于 $1.8kg/m^3$，这样可避免碱-集料反应的发生。

对于不同的混凝土工程，应根据工程的实际情况，经试验选用适宜的混凝土膨胀剂，以达到补偿收缩的目的。

二、混凝土膨胀剂的适用范围

混凝土膨胀剂主要是用于为减少干燥收缩而配制的补偿收缩混凝土，或者为了利用产生的膨胀力而配制的自应力混凝土。补偿收缩混凝土主要用于建筑物、水池、水槽、贮水池、路面、桥面板、地下工程等抗渗抗裂。自应力混凝土用于构件和制品的生产，主要是为了提高其抗裂强度和抗裂缝的能力。

混凝土膨胀剂的适用范围在《混凝土膨胀剂应用技术规范》（GBJ 50119—2003）和《混凝土外加剂应用技术规范》（GB 50119—2013）均有明确的规定。

1. 《混凝土膨胀剂应用技术规范》中的规定

① 根据现行国家标准《混凝土膨胀剂应用技术规范》（GBJ 50119—2003）中的规定，膨胀剂的适用范围应符合表 11-1 中的要求。

表 11-1 膨胀剂的适用范围

序号	膨胀剂用途	适用范围
1	补偿收缩混凝土	地下、水中、海中、隧道等构筑物，大体积混凝土(除大坝外)、配筋路面和板、屋面与浴室厕所间防水、构件补强、渗漏修补、预应力钢筋混凝土、回填槽等
2	填充用膨胀混凝土	结构后浇缝、隧洞堵头、钢筋与隧道之间的填充等
3	填充用膨胀砂浆	机械设备的底座灌浆、地脚螺栓的固定、梁柱接头、构件补强、加固
4	自应力混凝土	仅用于常温下使用的自应力钢筋混凝土压力管

② 含硫铝酸钙类、硫铝酸钙-氧化钙类膨胀剂配制的膨胀混凝土（砂浆）不得用于长期环境温度为 80℃ 以上的工程。

③ 含氧化钙类膨胀剂配制的膨胀混凝土（砂浆）不得用于海水或有侵蚀性水的工程。

④ 掺膨胀剂的混凝土只适用于钢筋混凝土工程和填充性混凝土工程。

⑤ 掺膨胀剂的大体积混凝土，其内部最高温度控制应参照有关规范，混凝土内外温差宜小于 25℃。

⑥ 掺膨胀剂的补偿收缩混凝土刚性屋面宜用于南方地区，其设计、施工应按《屋面工程质量验收规范》（GB 50207—2012）进行。

2. 《混凝土外加剂应用技术规范》中的规定

根据现行国家标准《混凝土外加剂应用技术规范》（GB 50119—2013）中的规定，膨胀剂的适用范围应符合表 11-2 中的要求。

表 11-2 膨胀剂的适用范围

序号	适用范围
1	用膨胀剂配制的补偿收缩混凝土，宜用于混凝土结构自防水、工程接缝、填充灌浆、采取连续施工的超长混凝土结构、大体积混凝土工程等
2	用膨胀剂配制的自应力混凝土，宜用于自应力混凝土输水管、灌注桩等
3	含硫酸钙类、硫铝酸钙-氧化钙类膨胀剂配制的混凝土（砂浆）不得用于长期环境温度为 80℃ 以上的工程
4	膨胀剂应用于钢筋混凝土工程和填充性混凝土工程

第二节 混凝土膨胀剂的质量检验

一、混凝土膨胀剂的质量检验

如何实现以上应用膨胀剂的目的，配制出性能良好的补偿收缩的混凝土和自应力混凝土，关键在于要确定混凝土膨胀剂的质量。为了确保膨胀剂的质量符合国家现行的有关标准，对所选用混凝土膨胀剂进场后，应按照国家标准《混凝土外加剂应用技术规范》（GB 50119—2013）中的规定进行质量检验。混凝土膨胀剂的质量检验要求如表 11-3 所列。

二、混凝土膨胀剂的技术要求

根据现行国家标准《混凝土外加剂应用技术规范》（GB 50119—2013）中的规定，混凝土膨胀剂的技术要求应满足下列具体规定。

① 掺加膨胀剂的补偿收缩混凝土，其限制膨胀率应符合表 11-4 中的规定。

表 11-3　混凝土膨胀剂的质量检验要求

序号	质量检验要求
1	混凝土膨胀剂应按每 200t 为一检验批,不足 200t 时也应按一个检验批计。每一检验批取样量不应少于 10kg。每一检验批取样应充分混匀,并应分为两等份:其中一份应按照《混凝土外加剂应用技术规范》(GB 50119—2013)第 13.3.2 和 13.3.3 条规定的项目及要求进行检验,每检验批检验不得少于两次;另一份应密封留样保存半年,有疑问时,应进行对比检验
2	混凝土膨胀剂进场检验项目应包括水中 7d 限制膨胀率和细度

表 11-4　补偿收缩混凝土的限制膨胀率

序号	膨胀剂的用途	限制膨胀率/%	
		水中 14d	水中 14d 转空气中 28d
1	用于补偿混凝土收缩	≥0.015	≥-0.030
2	用于后浇带、膨胀加强带和工程接缝填充	≥0.025	≥-0.020

② 补偿收缩混凝土限制膨胀率的试验和检验,应按照现行国家标准《混凝土外加剂应用技术规范》(GB 50119—2013)中附录 B 的方法进行。

③ 补偿收缩混凝土的抗压强度应符合设计要求,其验收评定应符合现行国家标准《混凝土强度检验评定标准》(GB/T 50107—2010)中的有关规定。

④ 补偿收缩混凝土的设计强度不宜低于 C25;用于填充的补偿收缩混凝土的设计强度不宜低于 C30。

⑤ 补偿收缩混凝土的强度试件制作与检验,应符合现行国家标准《普通混凝土力学性能试验方法标准》(GB/T 50081—2002)的有关规定。用于填充的补偿收缩混凝土的抗压强度试件制作和检测,应按现行的行业标准《补偿收缩混凝土应用技术规程》(JGJ/T 178—2009)中的附录 A 进行。

⑥ 灌浆用的膨胀砂浆,其性能应符合表 11-5 的规定。抗压强度应采用 40mm×40mm×160mm 的试模,无振动成型,拆模、养护、强度检验,应按现行国家标准《水泥胶砂强度检验方法(ISO 法)》(GB/T 17671—2005)的有关规定进行,竖向膨胀率的测定应按《混凝土外加剂应用技术规范》(GB 50119—2013)中附录 C 的方法进行。

表 11-5　灌浆用的膨胀砂浆性能

扩展度/mm	竖向限制膨胀率/%		抗压强度/MPa		
	3d	7d	1d	3d	28d
≥250	≥0.10	≥0.20	≥20	≥30	≥60

⑦ 掺加膨胀剂配制自应力水泥时,其性能应符合现行的行业标准《自应力硅酸盐水泥》(JC/T 218—1995)的有关规定。

三、混凝土膨胀剂的现行标准

1992 年我国制定了《混凝土膨胀剂》(JC 476—1992)建材行业标准,统一了试验方法和技术指标,但对膨胀剂的掺量和碱含量未做规定,标准水平比较低,对质量较差的膨胀剂约束力不够。随着我国对混凝土碱-集料反应的重视,1998 年对该标准进行了第一次修改,2001 年对该标准又进行了修改。

随着膨胀剂使用量的扩大，市场对膨胀剂的品质要求增加，为了进一步规范膨胀剂的合理应用，2009 年我国制定了《补偿收缩混凝土应用技术规程》（JGJ/T 178—2009）建材行业标准，从设计、施工、浇筑、养护及工程验收等方面，对补偿收缩混凝土的使用进行了详细的规定。2017 年我国废除了膨胀剂的行业标准，颁布实施了新的《混凝土膨胀剂》（GB 23439—2017）国家标准。

1.《混凝土膨胀剂》（GB 23439—2017）

根据现行国家标准《混凝土膨胀剂》（GB 23439—2017）规定：混凝土膨胀剂按水化产物不同，可分为硫铝酸盐混凝土膨胀剂（代号 A）、氧化钙类混凝土膨胀剂（代号 C）和硫铝酸盐-氧化钙类混凝土膨胀剂（代号 AC）；按照限制膨胀率不同，可分为Ⅰ型膨胀剂和Ⅱ型膨胀剂。混凝土膨胀剂的性能指标应符合表 11-6 中的规定。

表 11-6　混凝土膨胀剂的性能指标

项目		指标值	
		Ⅰ型	Ⅱ型
细度	比表面积/(m²/kg)	≥200	
	1.18mm 筛筛余/%	≤0.50	
凝结时间	初凝/min	≥45	
	终凝/min	≤600	
限制膨胀率/%	水中 7d	≥0.035	≥0.050
	空气中 21d	≥−0.020	≥−0.010
抗压强度/MPa	7d	≥22.5	
	28d	≥42.5	

2.《补偿收缩混凝土应用技术规程》（JGJ/T 178—2009）

根据现行的行业标准《补偿收缩混凝土应用技术规程》（JGJ/T 178—2009）中的规定：由膨胀剂或膨胀水泥配制的自应力为 0.2～1.0MPa 的混凝土称为补偿收缩混凝土。补偿收缩混凝土应符合下列基本规定。

① 补偿收缩混凝土宜用于混凝土结构自防水、工程接缝填充、采取连续施工的超长混凝土结构、大体积混凝土等工程。以钙矾石为膨胀源的补偿收缩混凝土，不得用于长期处于环境温度高于 80℃的钢筋混凝土工程。

② 补偿收缩混凝土除应符合现行国家标准《混凝土质量控制标准》（GB 50164—2011）的规定外，还应符合设计所要求的强度等级、限制膨胀率、抗渗等级和耐久性技术指标。

③ 补偿收缩混凝土的限制膨胀率应符合表 11-7 中的规定。

表 11-7　补偿收缩混凝土的限制膨胀率

膨胀剂用途	限制膨胀率/%	
	水中 14d	水中 14d 转空气中 28d
用于补偿混凝土	≥0.015	≥−0.030
用于后浇带、膨胀加强带和工程接缝填充	≥0.025	≥−0.020

④ 补偿收缩混凝土限制膨胀率的试验和检验应按《混凝土外加剂应用技术规范》（GB 50119—2013）的有关规定执行。

⑤ 补偿收缩混凝土的抗压强度应满足下列要求：a. 对于大体积混凝土工程或地下工程，补偿收缩混凝土的抗压强度可以标准养护 60d 或 90d 的强度为准；b. 除对大体积混凝土工程或地下工程外，补偿收缩混凝土的抗压强度应以标准养护 28d 的强度为准。

⑥ 补偿收缩混凝土的设计强度等级不宜低于 C25；用于填充的补偿收缩混凝土的设计强度等级不宜低于 C30。

⑦ 补偿收缩混凝土的抗压强度检验应按照现行国家标准《普通混凝土力学性能试验方法标准》（GB/T 50081—2002）执行。用于填充的补偿收缩混凝土的抗压强度检验，可按照现行的行业标准《补偿收缩混凝土应用技术规程》（JGJ/T 178—2009）中的附录 A 执行。

第三节　混凝土膨胀剂主要品种及性能

在水泥中内掺入适量的膨胀剂，可配制成补偿收缩混凝土或自应力混凝土，大大提高了混凝土结构的抗裂防水能力。这种混凝土可取消外防水作业，延长后浇筑缝的间距，防止大体积混凝土和高强混凝土温差裂缝的出现。

混凝土加入膨胀剂后，膨胀剂会与混凝土中的氢氧化钙发生反应，生成钙矾石结晶颗粒，使混凝土产生适度膨胀，建立一定的预应压力。这一压力大致可抵消混凝土在凝结硬化过程中产生的拉应力，减小混凝土裂缝的产生。

一、混凝土膨胀剂的主要品种

随着混凝土技术的快速发展，膨胀剂的种类和功能也不断增多。混凝土膨胀剂按照化学组成不同，可分为硫铝酸钙系膨胀剂、氧化钙系膨胀剂、金属系膨胀剂、氧化镁系膨胀剂、复合型膨胀剂，目前在工程中应用最广泛的是硫铝酸钙系膨胀剂和氧化钙系膨胀剂。

1. 硫铝酸钙系膨胀剂

硫铝酸钙系膨胀剂是以石膏和铝矿石（或其他含铝较多的矿物），经煅烧或不经煅烧而成。其中，由天然明矾石、无水石膏或二水石膏按比例配合，共同磨细而成的，称为明矾石膨胀剂。这类膨胀剂以水化硫铝酸钙（即钙矾石）为主要膨胀源，各种常用的硫铝酸钙系膨胀剂掺量及碱含量如表 11-8 所列。

表 11-8　各种常用的硫铝酸钙系膨胀剂掺量及碱含量

膨胀剂的品种	基本组成	膨胀源	碱含量/%	掺量/%	带入混凝土碱量/(kg/m³)
U-1 膨胀剂	硫铝酸钙熟料、明矾石、石膏	钙矾石	1.0～1.5	12	0.65～0.80
U-2 膨胀剂	硫铝酸钙熟料、明矾石、石膏	钙矾石	1.7～2.0	12	0.82～0.94
U 型高效膨胀剂	硅铝酸盐熟料、氧化铝、石膏	钙矾石	0.5～0.8	10	0.25～0.35
CEA 复合膨胀剂	石灰、明矾石、石膏	氢氧化钙、钙矾石	0.4～0.6	10	0.20～0.25
AEA 膨胀剂	铝酸钙、明矾石、石膏	钙矾石	0.5～0.7	10	0.20～0.28
明矾石膨胀剂	明矾石、石膏	钙矾石	2.5～3.0	15	1.53～1.80

（1）UEA 膨胀剂　硫铝酸钙（简称为 UEA）系膨胀剂的长期胀缩性能效果较好，UEA 混凝土的长期胀缩性能可参考表 11-9，UEA 混凝土的配合比如表 11-10 所列。硫铝酸

钙（UEA）系膨胀剂配制混凝土的长期强度也是稳定增长的，UEA 混凝土长期强度如表 11-11 所列。

表 11-9　UEA 混凝土的长期胀缩性能

试验项目	水中养护/×10⁻⁴						空气中养护/×10⁻⁴		
	7d	14d	28d	1a	3a	5a	28d	180d	1a
自由膨胀率	5.17	5.44	5.11	5.89	5.27	5.28	—	—	—
限制膨胀率	2.79	2.80	2.97	3.57	3.80	3.82	—	—	—
自由膨胀率	4.83	5.75	—	—	—	—	3.50	0.89	-0.50
限制膨胀率	3.13	3.18	—	—	—	—	1.21	-1.44	-2.06

表 11-10　UEA 混凝土的配合比

单位体积混凝土材料用量/(kg/m³)					水灰比 W/C	砂率 /%	UEA 含量 /%
水泥	UEA	砂子	石子	水			
334	46	657	1175	212	0.56	36	12
380	0	657	1175	212	0.56	36	0

表 11-11　UEA 混凝土长期强度

养护条件	抗压强度/MPa					抗拉强度/MPa				
	7d	28d	1a	5a	10a	7d	28d	1a	5a	10a
雾室	28.1	38.5	50.6	65.1	88.3	2.10	3.40	4.60	6.80	7.10
	27.2	32.1	48.7	63.2	84.3	2.80	3.20	4.10	6.30	7.50
露天	29.2	37.5	51.2	64.3	77.1	3.10	3.30	4.50	6.70	7.40
	26.5	36.2	50.4	63.4	73.5	2.70	3.20	4.40	6.50	7.20

（2）AEA 膨胀剂　AEA 膨胀剂是以铝酸钙即矾土熟料和明矾石（经煅烧）、石膏为主要原料经两磨一烧工业而制得。AEA 膨胀剂中高铝熟料的铝酸钙矿物 CA 等，首先与硫酸钙（$CaSO_4$）和氢氧化钙 [$Ca(OH)_2$] 作用，水化生成水化硫铝酸钙（钙矾石）而膨胀。水泥硬化中期明矾石在石灰、石膏激发下也生成水化硫铝酸钙（钙矾石）而产生微膨胀。

AEA 膨胀剂配制的混凝土，在初期和中期生成的大量钙矾石使混凝土体积膨胀，使混凝土内部结构更致密，改善了混凝土的孔结构、抗渗性大大提高，初期和中期的膨胀能抵消后期的混凝土收缩，获得抗裂防渗的明显效果，相比于其他膨胀剂，其特点是膨胀能量较大，后期强度更高、干缩性很小。掺加 AEA 膨胀剂的水泥物理性能如表 11-12 所列，AEA 膨胀剂的化学组成如表 11-13 所列。

表 11-12　AEA 膨胀剂的水泥物理性能

编号	稠度 /%	掺量 /%	凝结时间(h：min)		限制膨胀率/%		抗压强度/MPa		抗折强度/MPa	
			初凝	终凝	水中 14d	空气 28d	7d	28d	7d	28d
2-1	25.0	10	2：55	5：30	0.044	-0.006	46.0	57.1	6.6	8.0
3-1	25.2	10	3：20	3：20	0.056	0.003	42.0	51.2	6.6	7.1

表 11-13　AEA 膨胀剂的化学组成

Loss	SiO$_2$	Al$_2$O$_3$	Fe$_2$O$_3$	CaO	MgO	SO$_3$	碱含量	合计
3.02	19.82	16.62	2.56	28.60	1.58	25.86	0.51	99.68

注：表中的碱含量为 Na$_2$O+0.658K$_2$O 之和；Loss 表示烧失量，下同。

（3）EA-L 膨胀剂　EA-L 膨胀剂也称为明矾石膨胀剂，以天然明矾石和石膏为主要材料粉磨而成。EA-L 膨胀剂的化学组成如表 11-14 所列，EA-L 膨胀剂的物理性能如表 11-15 所列。

表 11-14　EA-L 膨胀剂的化学组成　　　　　　　单位：％

Loss	SiO$_2$	Al$_2$O$_3$	Fe$_2$O$_3$	CaO	MgO	SO$_3$	K$_2$O	Na$_2$O	合计
6.14	31.32	15.71	2.04	13.21	0.51	27.30	3.23	0.49	99.95

注：表中 Loss 表示烧失量。

表 11-15　EA-L 膨胀剂的物理性能

掺量/%	标准稠度/%	凝结时间(h：min)		限制膨胀率/%		抗压强度/MPa		抗折强度/MPa	
		初凝	终凝	水中 14d	空气 28d	7d	28d	7d	28d
15	28	230	440	0.04	−0.008	40	54	5.3	7.6

注：限制膨胀率为 1：2 水泥砂浆，强度为 1：2.5 水泥砂浆。

2. 氧化钙系膨胀剂

氧化钙系膨胀剂，也称为硫铝酸钙膨胀剂，是指与水泥、水拌和后经水化反应生成氢氧化钙的混凝土膨胀剂。以 CEA（即复合膨胀剂）膨胀剂为代表，膨胀源以氢氧化钙 [Ca(OH)$_2$] 为主、钙矾石（C$_3$A・3CaSO$_4$・32H$_2$O）为次，化学成分中氧化钙（CaO）占 70％。CEA 膨胀剂的化学组成如表 11-16 所列。

表 11-16　CEA 膨胀剂的化学组成　　　　　　　单位：％

损失	SiO$_2$	Al$_2$O$_3$	Fe$_2$O$_3$	CaO	MgO	SO$_3$	K$_2$O	Na$_2$O	合计
2.02	15.92	4.12	1.67	70.80	0.53	4.47	0.35	0.41	99.29

CEA 掺量为 10％的 1：2 水泥砂浆强度及膨胀性能参见表 11-17，表中显示水泥砂浆的限制膨胀率和自应力值在 180d 前，随着龄期的增加而增长；从而趋于稳定或略有下降。

表 11-17　CEA 掺量为 10％的 1：2 水泥砂浆强度及膨胀性能

试验项目	3d	7d	28d	90d	180d	1a	3a	6a
抗压强度/MPa	27.4	40.2	59.0	70.3	74.3	75.9	81.7	83.1
抗折强度/MPa	6.5	7.5	9.9	10.0	10.1	10.0	10.1	10.1
限制膨胀/%	0.021	0.032	0.043	0.048	0.049	0.047	0.048	—
自应力值/MPa	0.58	0.88	1.18	1.31	1.37	1.29	1.32	—

掺加 CEA 的混凝土强度如表 11-18 所列，CEA 掺量为 12％的混凝土抗冻融性能如表 11-19 所列。

表 11-18　掺加 CEA 的混凝土强度

| 外加剂掺量 | | 配合比 | 坍落度 | 标准养护/MPa | | | | | |
PC	CEA	（水泥＋CEA）：砂：卵石：水	/cm	7d	28d	90d	180d	1a	3a
88	12	1：1.84：2.83：0.55	11	20.71	35.60	45.90	48.18	49.76	52.40
89	11	1：2.05：3.80：0.457	7	20.88	45.59	—	—	52.55	—

表 11-19　CEA 掺量为 12％的混凝土抗冻融性能

冻融次数	试件冻融前的质量/g	试件冻融后的质量/g	试件质量损失/％	相当龄期强度/(kgf/cm²)	冻融后强度/(kgf/cm²)	强度损失/％
200	平均 2530	平均 2630	0	540.7	533.0	1.34
250	平均 2510	平均 2510	0.2	589.0	574.1	2.53

注：1kgf/cm² ＝98.065kPa，下同。

3. 金属系膨胀剂

金属系膨胀剂主要是指铁屑膨胀剂和铝粉膨胀剂，但在实际混凝土工程中应用比较少。

（1）铁屑膨胀剂　铁屑膨胀剂主要是利用铁屑和氧化剂、催化剂、分散剂混合制成，在水泥水化时以 Fe_2O_3 形式形成膨胀源。铁屑膨胀剂的主要原料铁屑来源于机械加工的废料，氧化剂有重铬酸盐、高锰酸盐，催化剂主要是氯盐，还可以加一些减水剂作为分散剂。

铁屑膨胀剂基本原理是：铁屑在氧化剂和触媒剂的作用下，生成氧化铁和氢氧化铁等矿物而使体积产生膨胀。氢氧化铁凝胶填充于水泥石的孔隙中，使混凝土更为密实，强度得到提高。铁屑膨胀剂的掺量较大，一般为水泥质量的 30％～35％，主要用于填充用膨胀混凝土（砂浆），但不得用于有杂散电流的工程，也不能与铝质材料接触。

（2）铝粉膨胀剂　用铝粉作膨胀剂配制的水泥，且能使混凝土（水泥净浆）在水化过程中产生一定的体积膨胀，并在有约束条件下产生适宜自应力的水泥。铝粉作为膨胀剂，实际上是一种发气剂，即通过与水泥浆的化学反应产生气体，实际上在压浆时并未起明显的膨胀作用，因为这个时候水泥浆是饱满的，其所产生的气体大部分通过排气孔排出，而在水泥浆硬化过程中水泥浆产生了干缩，为避免在狭长的水泥浆体内产生裂缝、断层的现象，通过发气来补偿水泥浆的干缩。对于强度而言并没有性质上的变化。而其发气补偿的过程也是在一个封闭的空间中进行的，即补偿了干缩即可，多余的气体仍然会排出水泥浆外，其膨胀率也很小。

铝粉膨胀剂的掺量很小，一般为水泥质量的 1/10000，主要用于细石混凝土填补等填充用膨胀混凝土（砂浆）。

4. 氧化镁系膨胀剂

现行的混凝土外加剂规范中，未列入氧化镁（MgO）膨胀剂。试验研究和工程实践证明，在大体积混凝土中掺入适量的氧化镁（MgO）膨胀剂，混凝土具有良好的力学性能和延迟微膨胀特性。充分利用这种特性，可以补偿混凝土的收缩变形，提高混凝土自身的抗裂能力，从而达到简化大体积混凝土温控措施、加快施工进度和节省工程投资的目的。

以氧化镁为膨胀源的膨胀材料目前生产量还不大，但不失为一个混凝土膨胀剂的新品种，值得予以进一步关注。工程实践证明，在混凝土中掺加适宜的氧化镁系膨胀剂，混凝土具有良好的力学性能和延迟微膨胀特性。掺加氧化镁膨胀剂混凝土的力学性能结果如表 11-20 所列，掺加氧化镁膨胀剂对不同龄期混凝土自生体积变形值的影响如表 11-21 所列。

表 11-20　掺加氧化镁膨胀剂混凝土的力学性能结果

试样编号	抗压强度/MPa				抗拉强度/MPa				弹性模量/×10⁶			极限拉伸值/×10⁻⁴		
	7d	28d	90d	180d	7d	28d	90d	180d	7d	28d	90d	7d	28d	90d
M0	14.02	27.31	32.89	35.42	1.66	2.11	2.88	3.03	2.02	3.18	3.83	0.56	0.77	0.84
M1	14.64	28.78	35.30	37.96	1.74	2.28	3.10	3.24	2.11	3.39	4.07	0.60	0.84	0.91
M2	14.92	28.89	35.99	38.64	1.76	2.32	3.14	3.28	2.12	3.41	4.15	0.61	0.85	0.93

注：混凝土试件 28d 龄期的抗渗强度等级均大于 1.2MPa。

表 11-21　掺加氧化镁膨胀剂对不同龄期混凝土自生体积变形值的影响

试样编号	MgO掺量/%	不同龄期混凝土自生体积变形值/×10⁻⁶												
		3d	7d	28d	90d	180d	1a	1.5a	2a	2.5a	3a	3.5a	4a	4.4a
M0	0	1.2	4.2	12.7	28.2	39.4	48.7	50.5	52.2	53.8	55.3	57.0	57.8	58.7
M1	2.5	2.2	11.2	28.2	53.4	64.9	74.6	76.9	77.9	78.8	79.9	80.6	81.1	81.6
M2	3.5	3.8	19.4	37.2	67.3	81.2	92.6	93.2	95.4	96.8	97.7	98.5	99.0	99.4

从表 11-20 和表 11-21 中的试验结果可以看出，氧化镁膨胀剂掺入大体积混凝土中，其产生的膨胀率完全符合补偿收缩的要求，可以解决大体积混凝土冷缩裂缝的问题，这是大体积混凝土施工中应采取的措施之一。

5. 复合型膨胀剂

复合型膨胀剂是指膨胀剂与其他外加剂复合成具有除膨胀性能外，还兼有其他外加剂性能的复合外加剂，如有减水、早强、防冻、泵送、缓凝、引气等性能。有的研究成果认为，混凝土膨胀剂实际上是介于外加剂和掺合料之间的一种外加剂，它在成分、作用和掺量上更接近于水泥和掺合料，本身参与水化反应，其性能与其他外加剂是不同的。复合型膨胀剂与硫铝酸钙系膨胀剂相比，具有干缩性小、抗冻性强、耐热性好、无碱-集料反应和对水养护要求较低等优点。

试验结果表明，各种外加剂都有其使用的最佳适应条件，混凝土膨胀剂与其他外加剂复合可能会不相适应，导致影响膨胀剂的膨胀效果，不能充分发挥混凝土膨胀剂的膨胀作用。不同的混凝土膨胀剂和不同品种的水泥及外加剂的相容性是不同的，因此膨胀剂掺入后会使原有外加剂与水泥的相容性变得复杂，采用固定的搭配变得很不适应，甚至会使水泥发生假凝或急凝的可能。如早强剂的作用是加快水泥早期水化速率，与混凝土膨胀剂复合，在水化初期，水泥的水化加快，混凝土膨胀剂也要水化，可能会造成几种组分相互争水，其结果可能抑制膨胀剂的膨胀，不能更好地发挥膨胀作用，因此应根据工程的实际需要来选择使用哪些外加剂。此外，混凝土膨胀剂不宜与氯盐类外加剂复合使用，氯盐外加剂使混凝土收缩性增大，产生促凝和早强。

二、膨胀剂对混凝土的影响

膨胀剂是一种使混凝土产生一定体积膨胀的外加剂，在混凝土中主要可以起到补偿混凝土收缩和产生自应力的作用，因此混凝土膨胀剂的最突出特点是使混凝土的体积产生微膨胀，达到消除裂缝、防水抗渗、充填孔隙、提高混凝土密实度等目的。

在混凝土中加入混凝土膨胀剂膨，由于膨胀组分在水化中的相互作用，对混凝土的多项性能均会产生一定的影响。膨胀剂对混凝土的性能影响主要包括两个方面：一是对新拌混凝土性能的影响，主要包括拌合物的流动性、泌水性和凝结时间的影响；二是对硬化砂浆和混凝土性能的影响，主要包括抗压强度、抗冻性、抗渗性和补偿收缩与抗裂性能等。

1. 对新拌混凝土的影响

（1）对流动性的影响　掺入混凝土膨胀剂的混凝土，其流动性均有不同程度的降低，在相同坍落度时，掺加混凝土的水胶比要大，混凝土的坍落度损失也会增加，这是因为水泥与混凝土膨胀剂同时水化，在水化过程中出现争水现象，这样必然使混凝土坍落度减小，则坍落度的损失增大。

（2）对泌水性的影响　掺入混凝土膨胀剂的混凝土，其泌水率要比不掺加混凝土膨胀剂的泌水率要低，但并不是十分明显。

（3）对凝结时间的影响　当掺入硫铝酸盐系膨胀剂后，由于硫铝酸盐与水泥反应早期生成的钙矾石加快了水化速率，因此会使混凝土的凝结时间缩短。

2. 对硬化混凝土的影响

（1）对抗压强度的影响　混凝土的早期强度随着混凝土膨胀剂掺量的增加而有所下降，但后期强度增长较快，当养护条件好时，混凝土的密实度增加，掺量适宜时混凝土抗压强度会超过不掺膨胀剂的混凝土，但当膨胀剂掺量过多时抗压强度反而下降。这是由于混凝土膨胀剂掺量过多，混凝土自由膨胀率过大，因而强度出现下降。

工程实践证明，在限制条件下，许多研究表明混凝土抗压强度不但不会下降，反而得到一定的提高，实际工程中混凝土都会受到不同程度的限制，所以工程上掺加膨胀剂的混凝土抗压强度应当比不掺的更高。

（2）对抗渗性能的影响　混凝土膨胀剂在水化的过程中，体积会发生一定的膨胀，生成大于本来体积的水化产物，如钙矾石，它是一种针状晶体，随着水泥水化反应的进行，钙矾石柱逐渐在水泥中搭接，形成网状结构，由于阻塞水泥石中的缝隙，切断毛细管通道，使结构更加密实，极大地降低了渗透系数，提高了抗渗性能。

（3）对抗冻性能的影响　工程实践证明，由于在混凝土中掺加了膨胀剂，混凝土的裂缝大大减少，增加了混凝土的密实性，混凝土的抗冻性得到很大改善，同时大大提高了混凝土的耐久性。

（4）补偿收缩与抗裂性能　混凝土膨胀剂应用到混凝土中，旨在防止混凝土开裂，提高其抗掺性。在硬化初期有微膨胀现象，会产生0.2～0.7MPa的自应力，这种微膨胀效应在14d左右就基本稳定，混凝土初期的膨胀效应延迟了混凝土收缩的过程。一方面由于后期混凝土强度的提高，抵抗拉应力的能力得到增强；另一方面，由于补偿收缩作用，使得混凝土的收缩大大减小，裂纹产生的可能性降低，起到增加抗裂性能的作用。

三、影响膨胀剂膨胀作用的因素

材料试验结果表明，混凝土膨胀剂膨胀作用的发挥，除了与膨胀剂本身的成分和作用有关外，还与水泥及混凝土膨胀的条件有关，膨胀剂的膨胀作用除了有大小不同之外，更重要的是合理发挥的时间，膨胀作用应当在混凝土具有一定强度的一段时间内以一定的速率增长，才能发挥出最佳效果。如果太早则会因强度不够，或是混凝土尚有一定塑性时，膨胀剂的膨胀能力被吸收而发挥不出来；如果太迟又会因混凝土的强度太高，膨胀作用发挥不出来或膨胀作用破坏已形成的结构，因此了解各种因素的影响，控制好膨胀剂的最佳膨胀作用时间与强度是获得良好效果的必要条件。

1. 水泥的影响

对混凝土工程中常用的硫铝酸盐膨胀剂来讲，不同水泥品种其膨胀率不同，水泥的质量对不同养护条件的膨胀率，以及不同抗压强度、抗折强度影响都不一样，主要与水泥中的熟料有关。

根据材料试验结果，水泥对于膨胀剂的影响主要包括：①膨胀剂的膨胀率随水泥中 Al_2O_3、SO_3 含量的增加而增加；②水泥的品种影响膨胀率，如矿渣硅酸盐水泥的膨胀率大于粉煤灰硅酸盐水泥的膨胀率；③水泥用量影响膨胀率，水泥用量越高，混凝土的膨胀值越大，水泥用量越低，混凝土的膨胀值越低；④水泥强度等级影响膨胀率，水泥强度等级低，则膨胀值高，水泥强度等级高，则膨胀值低。

2. 养护条件的影响

养护条件如何对掺加膨胀剂的混凝土非常重要，膨胀剂的膨胀作用主要发生在混凝土浇筑的初期，一般在 14d 以后混凝土的膨胀率则趋于稳定，这也是水泥水化反应的重要阶段，两者之间就有争水现象，如果养护条件不好就有可能出现：或者由于膨胀剂水化不充分而形不成足够的膨胀值，或者由于膨胀速率大与水泥的水化速率不匹配，而影响混凝土强度的发展，甚至膨胀力被尚具有塑性的混凝土吸收。

3. 温度和湿度的影响

温度变化不但影响膨胀剂的膨胀速率，而且还影响膨胀值。温度过高，混凝土坍落度损失加快，极限膨胀值小；温度过低，混凝土坍落度损失减慢，极限膨胀值也减小。硫铝酸盐系膨胀剂、氧化钙系膨胀剂及氧化镁系膨胀剂均具有温度敏感性。

湿度对膨胀剂也很重要，膨胀剂的反应离不开水，尤其是硫铝酸盐系膨胀剂，因为生成钙矾石需要大量的水，钙矾石分子中含有 32 个水分子，更需要较大湿度的环境。尤其是混凝土的早期水化反应，钙矾石如果湿度不够，延长养护时间也很难达到极限膨胀值。

掺加膨胀剂的混凝土与普通混凝土在干燥状态下，均会引起混凝土自身的收缩，但如果恢复到潮湿环境或浸入水中，掺加膨胀剂的混凝土可重新恢复膨胀，因收缩产生的裂纹可能重新恢复原状，这就是膨胀混凝土的自愈作用。而普通混凝土的干缩是不可逆的，这种性能对掺加膨胀剂的混凝土的防水、防渗作用是非常有利的。

4. 混凝土配筋率的影响

试验结果表明，膨胀混凝土的膨胀应力与限制条件有关，在钢筋混凝土中的配筋率为主要的限制条件。配筋率过高，混凝土的膨胀率则小，自应力值不高，而且也不经济；配筋率过低，虽然膨胀变形大，但自应力值也不高。根据实践经验，当混凝土中的配筋率在 0.2%～1.5% 范围内，钢筋混凝土的自应力值随着配筋率的增加而增加。因此，对于配置钢筋的膨胀混凝土，一定要掌握好选择适宜的配筋率。

5. 水灰比对膨胀作用的影响

水灰比对膨胀作用的影响，主要归根于混凝土强度发展历程与膨胀剂膨胀发展历程的匹配关系。当水灰比较小时，混凝土的早期强度高，高强度会限制约束膨胀的发挥，从而减低膨胀效能；当水灰比较大时，混凝土的早期强度发展缓慢，膨胀剂所产生的膨胀会由于没有足够的强度骨架约束而衰减，从而降低有效膨胀。另外，高水灰比水泥浆体的孔隙率较高，这时会有相当一部分膨胀性的水化产物填充孔隙，同样也会降低有效膨胀。

6. 矿物掺合料对膨胀剂的影响

在混凝土中掺入一定量的某些低钙矿物掺合料（如磨细矿渣、粉煤灰等），对任何原因

例如过量 SO_3、碱土集料反应等引起的膨胀都具有抑制作用，但是有些矿物掺合料对膨胀剂的膨胀会产生抑制作用，矿物掺合料对膨胀抑制作用不仅与其掺量有关，而且还与 SO_3 水平有关。也就是说，也与膨胀剂和水泥的组分有关，不同矿物掺合料对膨胀剂的膨胀作用影响规律是不同的。

掺用大量矿物掺合料的高性能混凝土的推广应用是现代混凝土发展的必然趋势。我国混凝土专家认为，在大掺量掺合料的高性能混凝土中，氧化钙类膨胀剂具有更优异的性能，因为氧化钙水化反应生成氢氧化钙产生膨胀后，膨胀的氢氧化钙可以进一步与掺合料所含的活性氧化硅进行二次火山灰反应，生成 C-S-H 凝胶，有利于解决大掺量掺合料混凝土的"贫钙"现象，提高混凝土抗碳化的性能。

7. 约束条件对膨胀作用的影响

对于水泥混凝土，无约束的自由收缩不会引起开裂，有约束的收缩在混凝土内部产生拉应力，达到某数值时必然会引起开裂，而无约束的自由膨胀使混凝土内部疏松，甚至产生开裂，约束下的膨胀则使混凝土内部紧密，补偿混凝土的收缩。

掺加混凝土膨胀剂的作用是利用约束下的膨胀变形来补偿收缩变形，使早期膨胀与结束湿养护后的收缩相叠加，使混凝土中不出现拉应力的负变形，则裂缝可以完全被防止。因此不能只从砂浆和混凝土自由膨胀和收缩来讨论裂缝的防治，必须考虑约束条件，约束条件必须恰当，若约束太小会产生过大的膨胀，削弱混凝土的强度，甚至产生开裂，约束太大，膨胀率太小，不足以补偿混凝土的收缩。

8. 大体积混凝土中温升的影响

掺加膨胀剂的混凝土的膨胀、收缩性质，一般是在养护温度为 $17\sim23℃$ 条件下测定的。随着水泥用量的增加，混凝土强度提高，大体积混凝土温度升高。掺入膨胀剂后，尽管取代部分水泥，但不会降低混凝土的温升，混凝土内部温度可达 $70℃$ 以上，硫铝酸盐系膨胀剂的水化产物为钙矾石，在温度为 $65℃$ 时开始脱水分解，水泥浆体中钙矾石的形成受到限制，早期未参与反应的铝和硫，或水化初期生成的钙矾石，又与水化温升时脱水以致分解，在混凝土使用期的合适条件下，重新生成钙矾石（即二次钙矾石），二次钙矾石的膨胀与混凝土强度发展不协调，不能达到混凝土补偿收缩的目的，甚至还会造成混凝土结构的劣化。因此，在大体积混凝土中一般不宜用硫铝酸盐系膨胀剂，而应选用氧化镁系膨胀剂。

9. 施工对膨胀作用的影响

施工对膨胀作用的影响主要包括：混凝土搅拌对膨胀作用的影响和混凝土后期养护对膨胀作用的影响。

（1）混凝土搅拌对膨胀作用的影响　掺加膨胀剂后，由于膨胀剂在混凝土中分布不均匀，必然会因膨胀不均造成混凝土局部膨胀开裂，因此应严格控制混凝土的搅拌时间和质量，使膨胀剂在混凝土中分散均匀。

（2）混凝土后期养护对膨胀作用的影响　混凝土中水泥和膨胀剂的持续水化离不开水的供给，保持充分的水养护是水泥水化和膨胀剂水化反应的保证。一旦混凝土硬化早期没有及时保水，在混凝土的自由水蒸发后，水泥水化使混凝土内部毛细孔被切断，再恢复浇水养护，水进不到混凝土的内部，得不到应有的膨胀，就会造成较大的自收缩，所以在施工过程中应加强混凝土的后期养护。

10. 膨胀剂的品质对混凝土的影响

膨胀剂的品质对混凝土的影响主要包括膨胀剂的组成与细度、膨胀剂的掺量和膨胀剂的贮存。

（1）膨胀剂的组成与细度　膨胀剂的组成是决定膨胀剂的作用的关键因素，以硫铝酸盐膨胀剂为例，其膨胀源为钙矾石，生成钙矾石的速率和数量主要受氧化铝和三氧化硫含量的影响，其中三氧化硫起主要作用，硫铝酸盐膨胀剂中三氧化硫含量的高低可以决定掺量大小。而石灰系膨胀剂和氧化镁膨胀剂的膨胀性能，则分别取决于氧化钙和氧化镁含量多少。

膨胀剂的细度会影响其膨胀性能大小，硫铝酸盐膨胀剂细度越小，比表面积越大，化学反应速率越快，从而影响钙矾石的生成速率和数量；氧化钙类膨胀剂的颗粒越细，膨胀越大，膨胀稳定期也越长，比较理想的粒径范围是 $30\sim100\mu m$。

（2）膨胀剂的掺量　混凝土的自由膨胀率随着膨胀剂的掺量而增加。

（3）膨胀剂的贮存　膨胀剂在生产过程中经过高温煅烧，其中的水泥组分（如硫铝酸盐熟料、铝酸盐熟料、生石灰等）遇水容易受潮而影响其膨胀性能，因此膨胀剂的贮存期不宜过长，更不可露天存放。

四、膨胀剂应用中存在的问题

近年来，我国在混凝土膨胀剂的研制开发及推广应用方面取得了显著的成绩，但随着膨胀剂品种的增多和混凝土工程要求的提高，使混凝土膨胀剂的应用范围不断扩大，不成功的工程实例也不断出现。根据实践经验，目前混凝土膨胀剂在使用中出现的主要问题如下。

1. 其他外加剂对膨胀剂效能的影响

不同种类的外加剂与膨胀剂复合使用时，会对膨胀剂的膨胀效能产生不同的影响。我国混凝土专家对混凝土膨胀剂与减水剂的适应性进行了试验研究，研究结果表明：萘系高效减水剂在低水灰比、干燥空气中的膨胀混凝土的收缩增大，从而削弱了混凝土膨胀剂的补偿收缩效果。其他种类的外加剂对混凝土膨胀剂的效能有何影响，目前国内外这方面的研究资料还很少见到。

泵送剂是商品混凝土应用的基础，常为两组分或更多品种外加剂的复合，具有高效减水、缓凝、引气、大幅度提高混凝土的流动性等多种功能。当泵送剂与膨胀剂复合使用时，问题将变得十分复杂。材料试验证明，商品混凝土中掺入的泵送剂的不同组分，对膨胀剂效能的发挥均有一定的影响，其中主要涉及以下几个方面。

① 减水剂品种、掺量的改变对膨胀剂的限制膨胀率、自由膨胀率，以及对补偿收缩混凝土强度效能的影响。

② 缓凝剂品种、掺量的改变对膨胀剂的限制膨胀率、自由膨胀率，以及对补偿收缩混凝土强度效能的影响。

③ 引气剂品种、掺量的改变对膨胀剂的限制膨胀率、自由膨胀率，以及对补偿收缩混凝土强度效能的影响。

④ 减水剂与缓凝剂复合掺加时，各组分品种及掺量的改变，对膨胀剂的限制膨胀率、自由膨胀率，以及对补偿收缩混凝土强度效能的影响。

⑤ 减水剂、缓凝剂与引气剂复合掺加时，各组分品种及掺量的改变，对膨胀剂的限制膨胀率、自由膨胀率，以及对补偿收缩混凝土强度效能的影响。

由于以上因素的影响，在某些掺入合格膨胀剂的大体积混凝土、补偿收缩混凝土或高性能混凝土中仍会出现裂缝问题。因此，研究其他外加剂对膨胀剂的膨胀效能的影响，具有非常重要的实际意义。

2. 其他外加剂与膨胀剂相容性问题

工程实践和材料试验均证明，相容性不仅指外加剂与水泥的适应性，更广泛的还应包括外加剂与外加剂之间的适应性。随着混凝土技术的发展，两种或多种外加剂在混凝土中复合使用，已成为现代混凝土技术的发展趋势。

现在很多高性能混凝土、补偿收缩混凝土以及预应力混凝土中，都将膨胀剂与其他外加剂复合使用。因而，膨胀剂与其他外加剂复合使用时，它们之间的相容性已受到众多学者、机构的关注。如复掺减水剂和膨胀剂，在保持流动度不变的情况下，可能会导致混凝土坍落度经时损失快、凝结速率快等问题；在补偿收缩混凝土中复掺减水剂、缓凝剂后可能会引起混凝土泌水、长时间不凝结等问题。

3. 混凝土水胶比变化带来的问题

高强和高性能混凝土的推广应用，使得混凝土的水胶比降低，混凝土中的自由水随水胶比的降低而减少，当掺有硫铝酸盐膨胀剂时，膨胀剂中的硫酸钙的溶出量随自由水的减少而减少。因此，当混凝土的水胶比很低时，硫铝酸盐膨胀剂参与水化反应而产生膨胀的组分数量会受到影响，而早期未参与水化的膨胀剂组分，在合适的条件下可能生成二次钙矾石，破坏混凝土的结构，因此对于低水胶比的混凝土，应选用水化需水量较小的氧化钙类膨胀剂。

4. 大体积混凝土中的温升问题

混凝土强度的提高，拌合物流动性增大，使得水泥用量增多，大体积混凝土中必然温度增高。当硫铝酸盐系膨胀剂取代等量的水泥时，由于含铝相组分和石膏的水化热较大，不仅不会降低混凝土内部的温度，反而可能使混凝土的温升有所提高。如果在施工中控制不当，硫铝酸盐系膨胀剂所产生的膨胀应力不足以补偿温差应力时，混凝土会发生开裂。另外，钙矾石在 70℃左右会分解成单硫型水化硫铝酸钙。当温度下降后，在适当的条件下又会形成钙矾石，混凝土产生膨胀，从而引起混凝土的开裂。因此对于大体积混凝土，应选用氧化镁系膨胀剂。

5. 掺膨胀剂混凝土的耐久性问题

研究结果表明，水泥石中形成的钙矾石抗碳化能力比较弱，钙矾石含量高时，混凝土的抗碳化的性能将降低。混凝土碳化将打破水泥水化产物稳定存在的平衡条件，使高碱性环境中稳定存在的水化产物转化为胶体物质，使混凝土结构的承载能力大幅度下降，同时，碳化还将显著增加混凝土的收缩，使混凝土产生微细的裂缝，而这些微细裂缝又降低了混凝土的密实性，导致混凝土的耐久性下降。材料试验证明，氧化钙类膨胀剂水化可产生膨胀相的氢氧化钙，可以增强混凝土的抗碳化性能。

第四节　混凝土膨胀剂应用技术要点

在掺加膨胀剂混凝土的施工过程中，除了应严格执行现行国家标准《混凝土外加剂应用技术规范》（GB 50119—2013）中的有关规定外，根据众多工程的实践经验，膨胀剂混凝土施工还应注意如下事项。

① 工地或搅拌站不按照规定的混凝土配比掺入足够的混凝土膨胀剂是普遍存在的现象，从而造成浇筑的混凝土膨胀效能比较低，不能起到补偿收缩的作用，因此，必须加强施工管

理，确保混凝土膨胀剂掺量的准确性。

②　粉状膨胀剂应与混凝土其他原材料一起投入搅拌机中，现场拌制的掺膨胀剂混凝土要比普通混凝土搅拌时间延长 30s，以保证膨胀剂与水泥等材料拌和均匀，提高混凝土组分的匀质性。

③　混凝土的布料和振捣要按照施工规范进行。在计划浇筑区段内应连续浇筑混凝土，不宜中断，掺膨胀剂的混凝土浇筑方法和技术要求与普通混凝土基本相同；混凝土振捣必须密实，不得出现遗漏和过振。在混凝土终凝之前，应采用机械或人工进行多次抹压，防止表面沉降干缩裂缝的产生。

④　膨胀混凝土要进行充分的湿养护才能更好地发挥其膨胀效应，必须足够重视养护工作。潮湿养护条件是确保掺膨胀剂混凝土膨胀性能的关键因素。因为在潮湿环境下，水分不会很快蒸发，钙矾石等膨胀源可以不断生成，从而使水泥石结构逐渐致密，不断补偿混凝土的收缩。因此在施工中必须采取相应措施，保证混凝土潮湿养护时间不少于 14d。

⑤　膨胀混凝土最好采用木模板浇筑，以利于墙体的保温。侧墙混凝土浇筑完毕，1d 后可松动模板支撑螺栓，并从上部不断浇水。由于混凝土最高温升在 3d 前后，为减少混凝土内外温差应力，减缓混凝土因水分蒸发产生的干缩应力，墙体应在 5d 后拆模板，以利于墙体的保温、保湿。拆模后应派专人连续不断地浇水养护 3d，再间歇淋水养护 14d。混凝土未达到足够强度前，严禁敲打或振动钢筋，以防产生渗水通道。

⑥　边墙出现裂缝是一个常见质量缺陷，施工中应要求混凝土振捣密实、匀质。有的施工单位为加快施工进度，浇筑混凝土 1～2d 就拆除模板，此时混凝土的水化热升温最高，早拆模板会造成散热过快，增加墙内外温差，易出现温差裂缝。施工实践证明，墙体宜用保湿较好的胶合板制作模板，混凝土浇筑完毕后，在顶部设水管慢淋养护，墙体宜在 5d 后拆除模板，然后尽快用麻袋覆盖并喷水养护，保湿养护应达到 14d。

⑦　为确保墙体施工质量，采取补偿收缩混凝土墙体，也要以 30～40m 分段进行浇筑。每段之间设 2m 宽膨胀加强带，并设置钢板止水片，加强带可在 28d 后用大膨胀混凝土回填，养护时间不宜少于 14d。混凝土底板宜采用蓄水养护，冬季施工要用塑料薄膜和保温材料进行保温保湿养护；楼板宜用湿麻袋覆盖养护。

⑧　工程实践证明，即使采取多种措施，尤其是 C40 以上的混凝土，也很难避免出现裂缝，有的在 1～2d 拆模板后就会出现裂缝，这是混凝土内外温差引起的，在保证设计强度的前提下，要设法降低水泥用量，减少混凝土早期水化热。由于膨胀剂在 1～3d 时膨胀效能还没有充分发挥出来，有时难以完全补偿温差收缩，但是膨胀剂可以防止和减少裂缝数量，减小裂缝的宽度。

混凝土裂缝修补原则：对于宽度小于 0.2mm 的裂缝，不用修补；对于宽度大于 0.2mm 的非贯穿裂缝，可以在裂缝处凿开 30～50mm 宽，然后用掺膨胀剂的水泥砂浆修补。对于贯穿裂缝可用化学灌浆修补。

⑨　混凝土浇筑完毕达到规定标准后，建筑物进入使用阶段前，有些单位不注意维护保养，在验收之前就出现裂缝，这是气温和湿度变化引起的，因此，地下室完成后要及时进行覆土，楼层尽快做墙体维护结构，屋面要尽快做防水保温层。

第十二章

混凝土防水剂

混凝土防水剂是指掺入混凝土中，能够减少混凝土内部孔隙和堵塞毛细通道，从而能降低混凝土在静水压力下的渗透性的混凝土外加剂。这类外加剂不仅具有显著提高混凝土抗渗性、抗碳化和耐久性的作用，使混凝土的抗渗等级可达 P25 以上，同时还具有缓凝、早强、减水、抗裂等功效，并可改善新拌砂浆和混凝土的和易性。

从混凝土耐久性的各种影响因素进行分析不难看出，每项耐久性指标都与混凝土抗渗性存在非常密切的关系，大幅度提高混凝土的抗渗等级是改善混凝土抗化学侵蚀性、抗冻融循环性最直接、最有效的措施，因此，混凝土防水剂的使用实际上也是混凝土高性能化的一项有效措施。国外自 20 世纪 30 年代开始研究应用引气剂防水混凝土，我国也研制出多种引气剂应用于防水混凝土工程中，另外我国还普遍采用掺加减水剂、三乙醇胺和三氯化铁等外加剂的方法来配制防水混凝土。

近 30 年来，人们在混凝土防水工程的材料设计和施工工艺方面积累了丰富的经验，如优化混凝土配合比、合理选择原材料，可以配制出具有一定抗渗等级的防水混凝土；掺加防水剂也可以配制出抗渗等级良好的防水混凝土。然而，对于大面积和大体积混凝土工程，尽管在混凝土材料设计时周密地考虑了混凝土抗渗等级的提高，但由于结构设计不合理、施工和养护不当，或使用过程中的原因，导致混凝土结构体开裂，最终导致防水的失败，从这点来看，混凝土防水是一项涉及设计、材料、施工和管理等多方面的工程。

第一节　混凝土防水剂的选用及适用范围

混凝土防水剂也称为抗渗剂，其主要功能在于防止混凝土的渗水和漏水。混凝土之所以会发生渗漏，是因为在混凝土内部存在着渗水的通道。要防止混凝土渗漏就必须了解混凝土内部的渗水通道是如何形成的。混凝土产生渗漏的根本原因在于混凝土内存在一些开孔，即互相连通的毛细孔隙。作为混凝土防水剂，其作用也就在于通过物理和化学作用，改变混凝土中孔隙的状态，减少孔隙的生成，堵塞和切断毛细孔隙，使开孔的毛细孔隙变为封闭的毛细孔隙，从而提高混凝土的抗渗性能。

一、混凝土防水剂的作用机理

工程实践表明，混凝土防水剂的种类不同，其作用机理和作用效果差别很大。

1. 引气防水剂的作用机理

引气防水剂是国内过去应用较普遍的一种防水剂，其主要组分是引气剂。掺加引气剂可以在混凝土搅拌时引入大量微小封闭的气泡，从而改善混凝土的和易性、抗渗性、抗冻性和耐久性，并且经济效益显著。我国目前在防水混凝土中最常使用的引气剂为松香热聚物和松香酸钠。

掺加引气防水剂能提高混凝土抗渗性的原因如下：引气剂是一种具有憎水作用的表面活性物质，它可以降低混凝土拌合水的表面引力，搅拌时会在混凝土拌合物中产生大量微小、均匀的气泡，使混凝土的和易性显著改善，硬化混凝土的内部结构也得到改善；由于气泡的阻隔作用，混凝土拌合物中自由水的蒸发路线变得曲折、细小、分散，因而改变了毛细管的数量和特征，减少了混凝土的渗水通道；由于水泥保水能力的提高，泌水大为减少，混凝土内部的渗水通道进一步减少；另外，由于气泡的阻隔作用，减少了由沉降作用所引起的混凝土内部的不均匀缺陷，也减少了集料周围黏结不良的现象和沉降孔隙。气泡的上述作用，都有利于提高混凝土的抗渗性。此外，引气剂还可使水泥颗粒憎水化，从而使混凝土中的毛细管壁憎水，阻碍了混凝土的吸水作用和渗水作用，这也有利于提高混凝土的抗渗性能。

2. 减水防水剂的作用机理

以减水剂为主要组分的防水剂称为减水防水剂。减水剂按有无引气作用分为引气型减水剂和非引气型减水剂两类。防水混凝土工程中通常使用的减水剂，如"木钙"减水剂、AF和MF等均属于引气型减水剂，用这些减水剂配制的防水混凝土抗渗性能较好。掺加减水型防水混凝土的配制，可遵循普通防水混凝土的一般规则，只按工程需要调节水灰比即可，减水剂在防水混凝土中的常用掺量，与配制减水剂混凝土相当。

混凝土中掺入减水型防水剂能提高抗渗性的主要原因如下。

① 在混凝土中掺入这类防水剂后，由于减水剂分子对水泥颗粒的吸附-分散、润滑和润湿作用，减少混凝土拌合水的用量，提高新拌混凝土的保水性和抗离析性，尤其是当掺入引气减水剂后，犹如掺入引气剂，在混凝土中产生封闭、均匀分散的小气泡，增加和易性，降低泌水率，从而减少了混凝土中泌水通道的产生，防止了内分层现象的发生。

② 由于在保持相同和易性的情况下，掺加减水剂能减少混凝土拌合水量，使得混凝土中超过水泥水化所需的水量减少，这部分自由水蒸发后留下的毛细孔体积就相应减少，从而提高了混凝土的密实性。

③ 在混凝土中掺入这类防水剂后，可以在混凝土中引入一定量独立、分散的小气泡，由于这种气泡具有阻隔作用，从而改变了毛细管的数量和特征。

3. 三乙醇胺防水剂的作用机理

三乙醇胺原来一直作为混凝土早强剂使用，20世纪70年代开始用来配制防水混凝土，用占水泥质量0.005%的三乙醇胺配制的防水混凝土称为三乙醇胺防水混凝土。三乙醇胺防水混凝土不仅具有良好的抗渗性，而且具有早强和增强作用，适用于需要早强的防水工程。

在混凝土中加入微量三乙醇胺能提高抗渗性的作用机理为：三乙醇胺能加速水泥的水化作用，促使水泥水化早期就生成较多的含水结晶产物，相应地减少了混凝土中的游离水，也就减少了由于游离水蒸发而留下的毛细孔，从而提高了混凝土的抗渗性。

工程上配制的三乙醇胺防水剂，还常常复合掺加氯化钠和亚硝酸钠，通常3种组分的掺量为三乙醇胺0.05%、氯化钠0.5%、亚硝酸钠1%。用这种方法配制防水剂掺入混凝土中，混凝土的抗渗性和抗压强度要比三乙醇胺单掺的效果好。在水泥浆体中，三乙醇胺不但能促进水泥本身的水化，而且还能促进无机盐与水泥成分的反应，促使低硫型硫铝酸钙和六方板状固溶体提前生成，并能增加生成量，由于氯化钠和亚硝酸钠等无机盐在水泥水化过程中能分别生成体积膨胀的络合物，填充了混凝土内部孔隙和堵塞了毛细管通道，因而增加了混凝土的密实度，提高了混凝土的强度和抗渗性，早强效果也非常明显。

4. 氯化铁类防水剂的作用机理

氯化铁类防水剂是防水混凝土中常用的防水剂，在混凝土中加入少量的氯化铁类防水剂，可以配制成具有高抗渗性、高密实度的混凝土。

氯化铁类防水剂的作用机理如下。

① 氯化铁类防水剂的主要成分为氯化铁、氯化亚铁、硫酸铝等，它们能与水泥石中硅酸三钙和硅酸二钙水化释放出的氢氧化钙发生反应，生成氢氧化铁、氢氧化亚铁和氢氧化铝等不溶于水的胶体。这些胶体填充了混凝土内的孔隙，堵塞毛细管渗水通道，从而增加了混凝土的密实性。

② 降低了混凝土的泌水率。混凝土中掺加氯化铁类防水剂后，由于浆体中生成了氢氧化铁、氢氧化亚铁和氢氧化铝等胶状物，混凝土的泌水率大大降低，从而减少了因此而引起的缺陷。

③ 氯化铁类防水剂与氢氧化钙作用生成的氯化钙，不但对混凝土起到填充作用，而且这种新生的氯化钙能激发水泥熟料矿物，加速其水化反应速度，并与硅酸二钙、铝酸三钙和水反应生成氯硅酸钙和氯铝酸钙晶体，提高了混凝土的密实性，从而使混凝土的抗渗性提高。

5. 微膨胀型防水剂的作用机理

在有约束的防水混凝土工程中，常采用膨胀混凝土进行浇筑，由于膨胀混凝土的膨胀和补偿收缩作用，可以减少裂缝的产生，同时增强混凝土的密实性，水泥浆体中膨胀产物还能隔断毛细孔渗水通道，因而提高混凝土的抗渗性能，并且这种防水工程的伸缩缝间距可以增大，在修补防水工程中，这种混凝土更具有独特的功效。

掺加微膨胀型防水剂的混凝土，在凝结硬化的过程中产生一定的体积膨胀，补偿由于干燥失水和温度梯度等原因引起的体积收缩，防止或减少收缩裂缝的产生，增强混凝土的密实性，从而满足防水工程需要的混凝土。

工程实践表明，混凝土表面和内部的裂缝对其抗渗性具有很大的危害性，消除混凝土结构的裂缝，最主要的技术路线就是设法减少混凝土的体积变形。对于普通混凝土就是要减少收缩变形。实践经验证明，在配制混凝土时，掺加一定量的混凝土膨胀剂，能使混凝土在硬化过程中产生适量膨胀，补偿硬化后期的收缩，减少混凝土裂缝的产生，从而提高混凝土结构的抗渗性能。

目前我国已研制出很多混凝土膨胀剂品种，如 UEA、EA、EA-L、FN-M 等，产量逐年增加。在膨胀剂应用技术研究方面，提出了结构自防水、无缝设计施工、大体积混凝土裂缝控制和刚性防水屋面等新技术。总体看来，微膨胀型防水剂的应用具有非常广阔的前景。

6. 多功能复合型防水剂的作用机理

由于引起混凝土渗漏的原因是多方面的，不同类型的防水剂其针对性有所差异。多功能复合型防水剂综合考虑了改善混凝土材料和混凝土结构体抗渗性、抗裂性、强度和耐久性等各项综合性能。CX-SUN 高性能混凝土抗渗防水剂就是属于此类型产品。

CX-SUN 高性能混凝土抗渗防水剂，主要含有减水组分、微膨胀组分、纳米填充组分和憎水组分等，掺加 CX-SUN 高性能混凝土抗渗防水剂，可以使混凝土用水量减少，混凝土的粘聚性增强，密实度大大提高，其抗渗性能也随之提高。CX-SUN 高性能混凝土抗渗防水剂的作用机理有以下几个方面。

（1）改善混凝土结构　将 CX-SUN 高性能混凝土抗渗防水剂掺加到混凝土中，能大幅度提高混凝土的微观结构密实性。CX-SUN 高性能混凝土抗渗防水剂中含有纳米级的密实组分，它们的粒径远小于水泥的粒径，一般仅为水泥平均粒径的 1/200～1/100。这些组分的存在，可使混凝土加水拌和前其胶凝材料具有良好的连续微级配，空隙率大为降低，水泥硬化后大的毛细孔减少。这是因为，掺加 CX-SUN 高性能混凝土抗渗防水剂的水泥，在水化过程中不同粒径的胶凝材料颗粒互相填充，减少了颗粒之间的空隙，从而进一步减少了复合胶凝材料体系凝结硬化后的总孔隙率，有利于大幅度降低混凝土的渗透性。

（2）具有减水效应　在保持水泥用量和坍落度不变的情况下，掺加 CX-SUN 高性能混凝土抗渗防水剂，可以减少混凝土用水量 15％～23％，使混凝土 3d 的抗压强度提高 170％以上，7d 的抗压强度提高 150％左右，28d 的抗压强度提高 40％左右，增强效果和节约水泥用量的效应远远超过高效减水剂。用水量的减少使得混凝土的结构更加密实，由水分蒸发引起的毛细孔将大大减少，这对减少水分的渗透非常有效。此外，掺加 CX-SUN 高性能混凝土抗渗防水剂，可以大幅度改善混凝土的保水性和抗离析性，减少泌水的通道，提高混凝土的表面质量，也减少了混凝土表面的毛细管，从而降低了混凝土的吸水率。

（3）自膨胀补偿后期收缩作用　掺加 CX-SUN 高性能混凝土抗渗防水剂，可以使混凝土在潮湿养护条件下早期产生一定的膨胀（0.01％～0.02％），补偿后期由于失水干燥引起的部分收缩，从而提高混凝土结构物抗裂性、体积稳定性和耐久性。工程实践告诉我们，混凝土的收缩开裂造成的危害很大，混凝土结构一旦开裂，水分将畅通无阻地渗入混凝土内部，混凝土材料本身抗渗性即使再好，也于事无补。所以，混凝土的抗裂性对其防水性的保证至关重要。

（4）具有良好的适应性　CX-SUN 高性能混凝土抗渗防水剂，与各种水泥和掺合料的适应性均较理想，如果与粉煤灰、矿渣粉等活性掺合料复合使用，则可使混凝土的抗渗性更强。例如，只掺加 CX-SUN 高性能混凝土抗渗防水剂，混凝土的通电量可以降低至 1000C 以下，这已属于渗透性很低的范围；如果配合一定量的活性矿物掺合料，再同时掺加 CX-SUN 高性能混凝土抗渗防水剂，所配制的混凝土的通电量可以降低至 100C，属于极低的范畴。

（5）具有较好的憎水作用　材料试验证明，水泥石是亲水性的材料，即水泥在与水的接触角小于 90°，当混凝土接触水后，即使没有外界压力作用情况下水也将沿着水泥石的毛细管壁上升，这种作用将增加混凝土的吸水性和渗透性。由于 CX-SUN 高性能混凝土抗渗防水剂中含有憎水组分，并具有一定的引气性，在水泥石中，防水剂中的憎水组分被吸附在毛细孔壁上，使得水泥石的毛细孔壁有一定的疏水性，这样有助于减小混凝土的吸水性和提高混凝土的抗渗性。

二、混凝土防水剂的选用方法

混凝土防水剂的种类非常多，各自所起的作用也不相同，从而所适用的范围也有区别。根据我国的实际情况，大致可混凝土防水剂大致可分为下列 4 种作用：a. 产生胶体或沉淀，阻塞和切断混凝土中的毛细孔隙；b. 起到较强的憎水作用，使产生的气泡彼此机械地分割开来，互不连通；c. 改善混凝土拌合物的工作性，减少单位体积混凝土的用水量，从而减少由于水分蒸发而产生的毛细管通道；d. 加入合成高分子材料（如树脂、橡胶），使其在水泥石中的气泡壁上形成一层憎水层。

根据现行国家标准《混凝土外加剂应用技术规范》（GB 50119—2013）中的规定，混凝土防水剂的选用应符合表 12-1 中的要求。

表 12-1　常用混凝土防水剂

序号	防水剂类型	常用混凝土防水剂
1	单体防水剂	混凝土工程可采用下列单体防水剂： （1）氯化铁、硅灰粉末、锆化合物、无机铝盐防水剂、硅酸钠等无机化合物等； （2）脂肪酸及其盐类、有机硅类（甲基硅醇钠、乙基硅醇钠、聚乙基羟基硅氧烷等）、聚合物乳液（石蜡、地沥青、橡胶及水溶性树脂乳液等）有机化合物等
2	复合防水剂	混凝土工程可采用下列复合防水剂： （1）无机化合物类复合、有机化合物类复合、无机化合物与有机化合物类复合； （2）本条第 1 款各类复合防水剂与引气剂、减水剂、调凝剂等外加剂复合而成的防水剂

三、混凝土防水剂的适用范围

根据现行国家标准《混凝土外加剂应用技术规范》（GB 50119—2013）中的规定，混凝土防水剂的适用范围应符合表 12-2 中的要求。

表 12-2　防水剂的适用范围

序号	防水剂用途	适用范围
1	有防水要求的混凝土	普通防水剂可用于有防水抗渗要求的混凝土工程
2	有抗冻要求的混凝土	对于有抗冻要求的混凝土工程，宜选用复合引气组分的防水剂

第二节　混凝土防水剂的质量检验

混凝土防水剂的主要功能就是防水抗渗，用来改善混凝土的抗渗性，同时也相应提高混凝土的工作性和耐久性。怎样才能实现混凝土防水剂的以上功能，关键是确保防水剂的质量符合现行国家或行业的标准。

一、混凝土防水剂的质量要求

对所选用混凝土防水剂进场后，应按照国家标准《混凝土外加剂应用技术规范》（GB 50119—2013）中的规定进行质量检验。混凝土防水剂的质量检验要求如表 12-3 所列。

表 12-3　混凝土防水剂的质量检验要求

序号	质量检验要求
1	混凝土防水剂应按每 50t 为一检验批，不足 50t 时也应按一个检验批计。每一检验批取样量不应少于 10kg。每一检验批取样量不应少于 0.2t 胶凝材料所需用的外加剂量。每一检验批取样应充分混匀，并应分为两等份；其中一份按照《混凝土外加剂应用技术规范》（GB 50119—2013）第 14.3.2 和 14.3.3 条规定的项目及要求进行检验，每一检验批检验不得少于两次；另一份应密封留样保存半年，有疑问时，应进行对比检验
2	混凝土防水剂进场检验项目应包括密度（或细度）、含固量（或含水率）

二、《砂浆、混凝土防水剂》中的质量要求

根据现行的行业标准《砂浆、混凝土防水剂》（JC 474—2008）中的规定，砂浆、混凝土防水剂系指能降低砂浆、混凝土在静水压力下透水性的外加剂。砂浆、混凝土防水剂应当符合以下各项质量要求。

1. 砂浆、混凝土防水剂的匀质性要求

砂浆、混凝土防水剂的匀质性要求应符合表 12-4 中的要求。

表 12-4　砂浆、混凝土防水剂的匀质性要求

序号	试验项目	技术指标	
		液体防水剂	粉状防水剂
1	密度/(g/cm³)	$D>1.1$ 时,要求为 $D\pm0.03$; $D\leqslant1.1$ 时,要求为 $D\pm0.02$	—
2	氯离子含量/%	应小于生产厂家的最大控制值	应小于生产厂家的最大控制值
3	总碱量/%	应小于生产厂家的最大控制值	应小于生产厂家的最大控制值
4	含水率/%	—	$W\geqslant5\%$ 时,$0.90W\leqslant X<1.10W$; $W<5\%$ 时,$0.80W\leqslant X<1.20W$
5	细度/%	—	0.315mm 筛的筛余量应小于 15
6	固体含量/%	$S\geqslant20\%$ 时,$0.95S\leqslant X<1.05S$; $S<20\%$ 时,$0.95S\leqslant X<1.10S$	—

注：1. 生产厂应在产品说明书中明示产品均匀指标的控制值。

2. D 为生产厂商提供的密度值。

3. W 是生产厂提供的含水率（质量分数），%；X 是测试的含水率（质量分数），%。

4. S 是生产厂提供的固体含量（质量分数），%；X 是测试的固体含量（质量分数），%。

2. 受检砂浆的性能指标要求

用砂浆、混凝土防水剂配制的受检砂浆的性能指标应符合表 12-5 中的要求。

表 12-5　受检砂浆的性能指标要求

序号	试验项目		性能指标	
			一等品	合格品
1	安定性		合格	合格
2	凝结时间	初凝/min	$\geqslant45$	$\geqslant45$
		终凝/h	$\leqslant10$	$\leqslant10$
3	抗压强度比/%	7d	$\geqslant100$	$\geqslant85$
		28d	$\geqslant90$	$\geqslant80$
4	进水压力比/%		$\geqslant300$	$\geqslant200$
5	吸水率比(48h)/%		$\leqslant65$	$\leqslant75$
6	收缩率比(28d)/%		$\leqslant125$	$\leqslant135$

注：安定性和凝结时间为受检净浆的试验结果，其他项目数据均为受检砂浆与基准砂浆的比值。

3. 受检混凝土砂浆的性能指标要求

用砂浆、混凝土防水剂配制的受检混凝土的性能指标应符合表 12-6 中的要求。

表 12-6　受检混凝土的性能指标要求

序号	试验项目		性能指标	
			一等品	合格品
1	安定性		合格	合格
2	"泌水率"比/%		≤50	≤70
3	凝结时间差/min	初凝	≥-90①	≥-90①
4	抗压强度比/%	3d	≥100	≥90
		7d	≥110	≥100
		28d	≥100	≥90
5	渗透高度比/%		≤30	≤40
6	吸水量比(48h)/%		≤65	≤75
7	收缩率比(28d)/%		≤125	≤135

　　① 安定性和凝结时间为受检净浆的试验结果，凝结时间为受检混凝土与基准混凝土的差值，表中其他项目数据均为受检混凝土与基准混凝土的比值。

　　注："-"表示时间提前。

三、《水性渗透型无机防水剂》中的质量要求

　　根据现行的行业标准《水性渗透型无机防水剂》（JC/T 1018—2006）中的规定，水性渗透型无机防水剂是指以碱金属硅酸盐溶液为基料，加入催化剂、助剂，经混合反应而成，具有渗透性，可封闭水泥砂浆与混凝土毛细孔通道和裂纹功能的防水剂。水性渗透型无机防水剂应当符合表 12-7 中的各项质量要求。

表 12-7　水性渗透型无机防水剂质量要求

序号	试验项目		性能指标	
			Ⅰ型	Ⅱ型
1	外观质量		无色透明,无气味	
2	密度/(g/cm³)		≥1.10	≥1.07
3	pH 值		13±1	11±1
4	黏度/s		11.0±1.0	
5	表面张力/(mN/m)		≤26.0	≤36.0
6	凝胶化时间/min	初凝	120±30	—
		终凝	180±30	≤400
7	抗渗性(渗入高度)/mm		≤30	≤35
8	贮存稳定性(10 次循环)		外观无变化	

四、《建筑表面用有机硅防水剂》中的质量要求

　　根据现行的行业标准《建筑表面用有机硅防水剂》（JC/T 902—2002）中的规定，有机硅防水剂是一种无污染、无刺激性的新型高效防水材料。建筑表面用有机硅防水剂产品分为水性（W）和溶剂型（S）两种，其技术指标应符合表 12-8 中的要求。

表 12-8　建筑表面用有机硅防水剂技术指标

序号	试验项目		性能指标	
			W	S
1	外观质量		无沉淀、无漂浮物，呈均匀状态	
2	pH 值		规定值±1	
3	稳定性		无分层、无浮油、无明显沉淀	
4	固体含量/%		≥20	≥5
5	渗透性	标准状态	≤2mm，无水迹无变色	
		热处理	≤2mm，无水迹无变色	
		低温处理	≤2mm，无水迹无变色	
		紫外线处理	≤2mm，无水迹无变色	
		酸处理	≤2mm，无水迹无变色	
		碱处理	≤2mm，无水迹无变色	

五、《水泥基渗透结晶型防水材料》中的质量要求

根据现行的行业标准《水泥基渗透结晶型防水材料》（GB 18445—2012）中的规定，水泥基渗透结晶型防水材料是指一种用于水泥混凝土的刚性防水材料，其与水作用后，材料中含有的活性化学物质以水为载体在混凝土中渗透，与水泥水化产物生成不溶于水的针状结晶体，填塞毛细孔道和微细缝隙，从而提高混凝土的致密性与防水性。水泥基渗透结晶型防水材料，按使用方法可分为水泥基渗透结晶型防水涂料和水泥基渗透结晶型防水剂。

1. 水泥基渗透结晶型防水涂料

水泥基渗透结晶型防水涂料是指以硅酸盐水泥、石英砂为主要成分，掺入一定量活性化学为质制成的粉状材料，经与水拌合后调配成可刷涂在水泥混凝土表面的浆料；也可以采用干撒并压入未完全凝固的水泥混凝土表面。水泥基渗透结晶型防水涂料的性能应符合表 12-9 中的规定。

表 12-9　水泥基渗透结晶型防水涂料的性能

序号	试验项目		性能指标
1	外观		均匀、无结块
2	含水率/%		≤1.5
3	细度(0.63mm 筛筛余)/%		≤5.0
4	氯离子含量/%		≤0.10
5	施工性	加水搅拌后	刮涂无障碍
		20min	刮涂无障碍
6	抗折强度(28d)/MPa		≥2.8
7	抗压强度(28d)/MPa		≥15.0
8	湿基面黏结强度(28d)/MPa		≥1.0

序号	试验项目		性能指标
9	砂浆抗渗性能	带涂层砂浆的抗渗压力（28d）/MPa	报告实测值
		抗渗压力比（带涂层）（28d）/％	≥250
		去除涂层砂浆的抗渗压力（28d）/MPa	报告实测值
		抗渗压力比（去除涂层）（28d）/％	≥170
10	混凝土抗渗性能	带涂层混凝土的抗渗压力（28d）/MPa	报告实测值
		抗渗压力比（带涂层）（28d）/％	≥250
		去除涂层混凝土的抗渗压力（28d）/MPa	报告实测值
		抗渗压力比（去除涂层）（28d）/％	≥170
		带涂层混凝土的第二次抗渗压力（56d）/MPa	≥0.80

注：基准砂浆和基准混凝土 28d 抗渗压力应为 0.4MPa，并在产品质量检验报告中列出。

2. 水泥基渗透结晶型防水剂

水泥基渗透结晶型防水剂是指以硅酸盐水泥和活性化学物质为主要成分制成的粉状材料，将其掺入水泥混凝土拌合物中使用。水泥基渗透结晶型防水剂的性能应符合表 12-10 中的规定。

表 12-10　水泥基渗透结晶型防水剂的性能

序号	试验项目		性能指标
1	外观		均匀、无结块
2	含水率/％		≤1.5
3	细度（0.63mm 筛筛余）/％		≤5.0
4	氯离子含量/％		≤0.10
5	总碱量/％		报告实测值
6	减水率/％		<8.0
7	含气量/％		≤3.0
8	凝结时间差	初凝/min	>−90
		终凝/h	—
9	抗压强度比/％	7d	≥100
		28d	≥100
10	收缩率比（28d）/％		≤125
11	混凝土抗渗性能	掺防水剂混凝土的抗渗压力（28d）/MPa	报告实测值
		抗渗压力比（带涂层）（28d）/％	≥200
		掺防水剂混凝土的第二次抗渗压力（56d）/MPa	报告实测值
		第二次抗渗压力比（带涂层）（56d）/％	≥150

注：基准混凝土 28d 抗渗压力应为 0.4MPa，并在产品质量检验报告中列出。

第三节　混凝土防水剂主要品种及性能

混凝土防水剂是用来改善混凝土的抗渗性，提高混凝土耐久性的外加剂。提高混凝土抗渗性和耐久性的方法很多，如采用连续级配的砂石材料、控制混凝土的水灰比、掺加减水剂和引气剂、采用混凝土膨胀剂等，这些方法都可以起到防水作用。工程实践证明，在混凝土中加入适量的防水剂，是最有效防水的技术措施。

混凝土防水剂是在搅拌混凝土的过程中添加的粉剂或水剂，在混凝土结构中均匀分布，充填和堵塞混凝土中的裂隙及气孔，使混凝土更加密实而达到阻止水分透过的目的。根据防水工程实践证明，混凝土防水剂按照其组分不同，可分为无机防水剂、有机防水剂和复合防水剂3类。

一、无机防水剂

无机防水剂是由无机化学原料配制而成的、一种能起到提高水泥砂浆或防水混凝土不透水性的外加剂。无机防水剂主要包括氯盐防水剂、氯化铁防水剂、硅酸钠防水剂、无机铝盐防水剂等。

1. 氯盐类防水剂

氯盐类防水剂是指含氯离子且能显著改善混凝土抗渗性能的无机物，将这种防水剂和水按一定比例配制而成，掺入混凝土中，在水泥水化硬化的过程中，能与水泥及水作用生成复盐，填补混凝土中的孔隙，提高混凝土的密实度与不透水性，可以起到防水、防渗的作用。其中在混凝土工程中应用最为广泛的是氯化钙防水剂。

（1）氯化钙的性能特点　氯化钙可以促进水泥水化反应，$CaCl_2$ 与水泥中的铝酸三钙（C_3A）反应生成水化氯铝酸钙和氢氧化钙固体，这些固相的早期生成有利于强度骨架的早期形成，氢氧化钙的消耗有利于水泥熟料矿物的进一步水化，从而获得早期的防水效果。

氯化钙防水剂具有速凝、早强、耐压、防水、抗渗、抗冻等性能，但混凝土的后期抗渗性会有所下降。此外，氯化钙对钢筋有锈蚀作用，所以应当慎用，或者与阻锈剂复合使用。

（2）氯化钙的配制工艺　氯化钙防水剂配制比较简单：将500kg水放置在耐腐蚀的木质或陶瓷容器内30～60min，待水中可能有氯气挥发时，再将预先粉碎成粒径约为30mm的氯化钙碎块460kg放入水中，用木棒充分搅拌直至氯化钙全部溶解为止（在此过程中溶液温度将逐渐上升），待溶液冷却至50～52℃时，再将40kg氯化铝全部加入，继续搅拌至全部溶解，即制成1t氯化钙防水剂。

（3）氯化钙的具体应用　将配制好的氯化钙防水剂溶液稀释至5％～10％即可应用于混凝土，其在混凝土中的掺量为胶凝材料用量的1.5％～3.0％，把它掺入混凝土中能生成一种胶状悬浮颗粒，填充混凝土中微小的孔隙和堵塞毛细通道，有效地提高混凝土的密实度和不透水性。混凝土的抗渗等级可达1.5～3.0MPa。

（4）氯化钙的应用范围　氯化钙防水剂适用于素混凝土，当掺入预应力钢筋混凝土中时，应当与阻锈剂复合使用。这种防水剂具有显著的早强作用，可用于一般防水堵漏工程。

2. 氯化铁防水剂

氯化铁防水剂是由氧化铁皮与工业盐酸经化学反应后，添加适量的硫酸铝或者明矾配制而成的，这是一种新型的混凝土密实防水剂。氯化铁防水剂可以用来配制防水混凝土或防砂浆，因此，近年来在各类工程中应用比较广泛。

（1）氯化铁的性能特点　氯化铁防水剂具有制造简单来源广泛、成本较低、效果良好等优点。氯化铁防水剂配制的混凝土及砂浆具有抗渗性能好、抗压强度高、施工较为方便、成本比较低等优点。

这类防水剂的作用原理主要有两个方面：一是与水泥熟料中的铝酸三钙形成水化氯铝酸钙结晶，增加水泥石的密实性；二是生成氢氧化铁和氢氧化铝胶体，阻塞和切断毛细管通道，同时又与硅酸三钙水化生成的氢氧化钙作用生成水化铝酸钙及水亿铁酸钙，进一步阻塞和切断毛细管通道。

（2）氯化铁的配制工艺　氯化铁防水剂是用废盐酸加废铁皮、铁屑及硫酸矿渣，再加上一部分工业硫酸铝即可制得。氧化铁皮采用轧钢过程中脱落的氧化铁皮，其主要成分为氧化亚铁、氧化铁和四氧化三铁。盐酸的相对密度为 $1.15\sim1.19$。氯化铁防水剂的配合比为：氧化铁皮：铁粉：盐酸：硫酸铝＝80：20：200：12。

氯化铁防水剂的具体制作方法：将铁粉投入陶瓷缸中，加入所用的盐酸的 1/2，用空气压缩机或搅拌机搅拌 15min，使反应充分进行。待铁粉全部溶解后，再加入氧化铁皮和剩余的 1/2 盐酸。倒入陶瓷红内，再用搅拌机搅拌 40～60min，然后静置 3～4h，使其自然反应，直到溶液变成浓稠的深棕色，即形成氯化铁溶液，静置 2～3h，将清液导出，再静置12h，放入工业硫酸铝进行搅拌，待硫酸铝全部溶解，静置过夜后即制成成品氯化铁防水剂。

（3）氯化铁的具体应用　在用氯化铁防水剂配制防水混凝土时，主要应满足以下要求：a. 水灰比一般以 0.55 为宜；b. 水泥用量不小于 $310kg/m^3$；c. 混凝土坍落度控制在 30～50mm 范围内；d. 氯化铁防水剂的掺量为水泥质量的 3％，掺量过多对钢筋锈蚀及水泥干缩有不良影响，如果用氯化铁砂浆抹面，掺量可增至 4％左右。

（4）氯化铁的应用范围　氯化铁防水剂用途十分广泛，在人防工程、地下铁道、桥梁、隧道、水塔、水池、油罐、变电所、电缆沟道、水泥船等需防渗的工程中都得到应用。由于氯化铁防水剂可用来配制防水砂浆和防水混凝土，所以适用于工业与民用地下室、水塔、水池水设备基础等处的刚性防水，其他处于地下或潮湿环境下的砖砌体、混凝土及钢筋混凝土工程的防水及堵漏，也可用来配制防汽油渗透的砂浆及混凝土等。适宜用于水中结构、无筋或少筋的大体积混凝土工程。根据限制氯盐类使用的规定，对于接触直流电源的工程、预应力钢筋混凝土及重要的薄壁结构，禁止使用氯化铁防水混凝土。

表 12-11 中列出了不同氯化铁防水剂掺量配制的混凝土的抗渗性，可供同类工程设计和施工时参考。

表 12-11　不同氯化铁防水剂掺量配制的混凝土的抗渗性

| 混凝土配比 | | | 水灰比 | 固体防水剂掺量/% | 龄期/d | 混凝土抗渗性 | | 抗压强度/MPa |
水泥	砂子	碎石				压力/MPa	渗水高度/cm	
1	2.95	3.50	0.62	0	52	1.5	—	22.5
1	2.95	3.50	0.62	0.01	52	4.0	2～3	33.3
1	2.95	3.50	0.60	0.02	28	>1.5	—	19.9
1	1.90	2.66	0.46	0.02	28	>3.2	6.5～11	50.0

混凝土配比			水灰比	固体防水剂掺量/%	龄期/d	混凝土抗渗性		抗压强度/MPa
水泥	砂子	碎石				压力/MPa	渗水高度/cm	
1	2.50	4.70	—/60	0	14	0.4	—	12.8
1	2.50	4.70	0.45	0.015	14	1.2		20.7
1	2.00	3.50	0.45	0	7	0.6		15.2
1	2.00	3.50	0.45	0.03	7	>3.8		21.6
1	1.61	2.83	0.45	0.03	28	>4.0		29.3

3. 硅酸钠防水剂

硅酸钠防水剂技术于 20 世纪 40 年代初由日本传入我国，1949 年后，我国根据使用经验开始自己生产，建立了硅酸钠防水剂生产厂，并在混凝土工程中推广应用。

（1）硅酸钠的性能特点　硅酸钠防水剂主要是利用硅酸钠与水泥水化物氢氧化钙生成不溶性硅酸钙，堵塞水的通道，从而提高水密性。而掺加的其他硅酸盐类则起到促进水泥产生凝胶物质的作用，以增强水玻璃的水密性。工程实践证明，硅酸钠防水剂具有速凝、防水、防渗、防漏等特点。

硅酸钠防水剂作为堵漏剂使用操作简单、堵漏迅速，是一种不可多得的材料。但其凝结时间过快、防水膜脆性大、抗变形能力低等缺点，使其应用受到很大的限制。

（2）硅酸钠的配制工艺　硅酸钠防水剂是以水玻璃为基料，辅以硫酸铜、硫酸铝钾、硫酸亚铁配制而成的油状液体。按照生产工艺不同，国内生产的硅酸钠防水剂大体可分为 4 种，即二矾防水剂、三矾防水剂、四矾防水剂、五矾防水剂，其区别在于复配助剂种类多少和数量差别。

（3）硅酸钠的具体应用　水玻璃为无定形含水硅凝胶在氢氧化钠溶液中的不稳定胶体，干燥后为包裹着水碱和无水芒硝的凝胶体。与饱和水泥滤液混合后，立即凝聚，形成带有网状裂纹的薄膜。但是，由于这类防水剂中含有大量可溶性氧化钠，易被水溶解而失去防水作用。另外，硅酸钠不脱水硬化时，才能起到密实作用，一旦脱水硬化，产生体积收缩，反而降低密实性，同样起不到防水作用，而且掺加这种防水剂会显著降低强度。由于这类防水剂对水泥有速凝作用，所以一般用于地下混凝土防水结构的局部堵漏。

（4）硅酸钠的应用范围　这类防水剂中含有大量的可溶性氧化钠，易被水溶解而失去防水作用。另外，硅酸钠不脱水硬化时，才能起到密实作用，一旦脱水硬化，产生体积收缩，反而降低密实性，同样起不到防水作用，在应用中应当引起重视。由于硅酸钠防水剂具有操作简单、堵漏迅速、凝结较快、防水防渗等特点，所以可用于建筑物屋面、地下室、水塔、水池、油库、引水渠道的防水堵漏。

4. 无机铝盐防水剂

无机铝盐防水剂是以无机铝盐为主要原料，加入多种无机盐为配料经化学反应复合而成的水性防水剂。

（1）无机铝盐的性能特点　无机铝盐防水剂与水泥熟料中的铝酸三钙（C_3A）发生反应形成水化氯铝酸钙，增加水泥石的密实性，同时生成不溶于水的氢氧化铝及氢氧化铁胶体，填空水泥砂浆内部的空隙及堵塞毛细孔通道，从而提高了水泥砂浆或混凝土自身的憎水性、致密性及抗渗能力，以起到抗渗、抗裂防水的目的。

无机铝盐防水剂本身无毒、无味、无污染，具有抗渗漏、抗冻、耐热、耐压、耐酸碱、早强、速凝、防潮等特点，其掺量为水泥用量 3%～5%。

（2）无机铝盐的配制工艺　无机铝盐防水剂系以无水氯化铝、硫酸铝为主体，掺入多种无机金属盐类，混合溶剂成黄色液体。配方包含的原料主要有无水氯化铝（12%）、三氯化铁（6%）、硫酸铝（12%）、盐酸（10%）和自来水（60%）。配置方法：按照配方首先将水加入带搅拌器的耐酸容器中，注入盐酸，开动搅拌器不断搅拌，然后按配方的质量将无水氯化铝、三氯化铁、硫酸铝投入容器内混合搅拌反应 60min 直至全部溶解，即成无机铝盐防水剂。

（3）无机铝盐的具体应用　无机铝盐防水剂的具体应用工艺十分简单，按水泥质量比的 3%～5% 防水剂掺量，加入水泥砂浆或混凝土中，搅拌均匀即可使用，用铁抹子反复压实压光。冬季施工后，24h 后即可养护，夏季施工 3～5h 后即可养护。

（4）无机铝盐的应用范围　无机铝盐防水剂适用于混凝土、钢筋混凝土结构刚性自防水及表面防水层。可用于屋顶平面、卫生间、建筑板缝、地下室、隧道、下水道、水塔、桥梁、蓄水池、储油池、堤坝灌浆、下水井设施、地下商场、游泳场、水泵站、地下停车场、地下人行道、人防工程及壁面防潮等新建和修旧的防水工程。

二、有机防水剂

有机防水剂是近些年发展非常迅速的性能良好的防水机，主要包括有机硅类防水剂、金属皂类防水剂、乳液类防水剂和复合型防水剂。

1. 有机硅类防水剂

有机硅类防水剂是一种无污染、无刺激性的新型高效防水材料，为世界先进国家所广泛应用。有机硅类防水剂主要成分为甲基硅醇钠和氟硅醇钠，是一种分子量较小的水溶性聚合物，易被弱酸分解，形成不溶水的、具有防水性能的甲基硅醚防水膜。此防水膜包围在混凝土的组成粒子之间，具有较强的憎水性能。

有机硅类防水剂具有防潮、防霉、防腐蚀、防风化、绿色环保、渗透无痕、施工方便、质量可靠、使用安全等显著优点。这类防水剂可在潮湿或干燥基面上直接施工，与基面有良好的黏结性。按照有机硅防水剂产品的状态不同，可分为水溶性有机硅建筑防水剂、溶剂型有机硅建筑防水剂、乳液型有机硅建筑防水剂、固体粉末状有机硅防水剂。

（1）水溶性有机硅建筑防水剂　水溶性有机硅建筑防水剂的主要成分是甲基硅酸钠溶液，也可以是乙基硅酸钠溶液。它是用 95% 的甲基三氯硅烷（含 5% 的二甲基二氯硅烷）在大量水中水解，然后将所将沉淀物过滤并用大量水洗涤，得到湿的甲基硅酸。甲基硅酸再与氢氧化钠水溶液混合，在 90～95℃ 下加热 2h，然后加水，过滤即制甲基硅酸钠溶液。

甲基硅酸钠易被弱酸分解，当遇到空气中的水和二氧化碳时，便分解成甲基硅酸，并很快地聚合生成具有防水性能的聚甲基硅醚。因而可在基材表面形成一层极薄的聚硅氧烷膜而具有憎水性，生成的硅酸钠则被水冲掉。

甲基硅酸钠建筑防水剂的优点是材料易得，价格便宜，使用方便；缺点是与二氧化碳反应速率比较慢，一般需要 24h 才能固化。由于使用的防水剂在一定时间内仍然是水溶性的，因此很容易被雨水冲刷掉。此外，甲基硅酸钠对于含有铁盐的石灰石、大理石，会产生黄色的铁锈斑点。因此不能用于处理含有铁盐的大理石和石灰石，也不能用于已有憎水性的材料做进一步处理。

（2）溶剂型有机硅建筑防水剂　溶剂型有机硅建筑防水剂是充分缩合的聚甲基三乙氧基硅烷树脂。聚甲基三乙氧基硅烷树脂呈中性，使用时必须加入适量的醇类溶剂。当施涂于基材的表面时，溶剂很快挥发，在基材的表面上沉积一层极薄的薄膜，这层薄膜无色、无光，也没有黏性，表面看去根本看不出被涂过东西。这是由于在水分存在的情况下，酯基发生水解，释放出醇类分子并生成硅醇，硅醇的化学性质十分活泼，它与天然存在于混凝土表面的游离羟基发生化学反应，两个分子间通过缩水作用而使化学键连接起来，使混凝土表面连接上一个具有拒水效能的烃基。

溶剂型有机硅建筑防水剂受外界的影响比甲基硅酸钠小得多，用作混凝土和砂浆建筑的防水材料具有储存稳定性好、防水效果优良、渗透能力强、涂层致密、透气性好、保色性好、成膜比较快、不易受环境影响及适用范围广等特点，因而在很多混凝土工程中得到应用。

（3）乳液型有机硅建筑防水剂　乳液型有机硅建筑防水剂是由有机高分子（如丙烯酸、纯丙、苯丙等聚合物乳液）与反应性有机硅乳液（如反应性橡胶或活性硅油）共聚而成的一类新型建筑防水涂料。有机高分子乳液能形成一层透明薄膜，对基材具有良好的黏结性，但耐热性和耐候性比较差；而反应性有机硅乳液中含有交联剂及催化剂等成分，失水后能在常温下进行交联反应，形成网状结构的聚硅氧烷弹性膜，具有优异的耐高低温性、憎水性和延伸性。但是，反应性有机硅乳液对某些填料的黏结性差，将以上两乳液进行复配或改性，可以使两者均扬长避短。

工程实践证明，采用乳液型有机硅建筑防水剂配制比较容易，施工比较简单，处理过的基材具有良好的憎水性，能有效地阻止水分的侵入，并保持混凝土结构原有的透气性能，是一种值得推广应用的建筑防水剂。

（4）固体粉末状有机硅防水剂　固体粉末状有机硅防水剂是采用易溶于水的保护胶体和抗结块剂，通过喷雾干燥将硅烷包裹后获得的粉末状硅烷基防水产品。当砂浆加水拌和后，防水剂的保护胶体外壳迅速溶解于水，并释放出包裹的硅烷使其再分散到拌合水中。在水泥水化后的高碱性环下，硅烷中亲水的有机官能团水解形成高反应活性的硅烷醇基团，硅烷醇基团继续与水泥水化产物中的羟基基团进行不可逆反应形成化学结合，从而使通过交联作用连接在一起的硅烷牢固地固定在混凝土孔壁的表面。

我国生产的固体粉末状有机硅防水剂，以硅烷和聚硅氧烷为防水剂，以非离子表面活性剂为乳化剂，以聚羧酸盐为水泥减水剂和分散剂，以水溶性聚合物为胶体保护剂及水泥防裂剂，以超细二氧化硅为分散载体。由于加入非离子表面活性剂做乳化剂，同时加入聚羧酸盐分散剂和水溶性聚乙烯醇做为保护胶体，使防水剂中的硅烷硅氧烷始终被乳化剂、分散剂及保护胶体包裹，直到与水泥接触，在碱性水介质下水解缩聚，形成憎水的硅树脂。这种固体粉末状有机硅防水剂具有在水中分散性好，同时与水泥、石英砂等集料的混合均匀性好的特点。

防水寿命是有机硅类防水剂一个重要的性能指标。硅树脂网状结构中的硅氧键在碱性条件下，会产生缓慢水解，网状结构逐渐被破坏而流失，从而会失去防水保护的功能。因而硅树脂防水层的耐碱性能直接影响着有机硅类防水剂的防水寿命。材料试验证明，由甲基硅防水剂处理过的混凝土基材，在碱性水溶液中浸泡 4d 后硅树脂的网状结构破坏严重，防水性能急剧下降，这也是目前市场上销售的甲基硅防水剂质量不佳的主要表现。

材料试验也证明，由丙基或辛基的有机硅防水剂处理过的混凝土基材，在碱性水溶液中浸泡 4d 后，其吸水率比未经碱性溶液浸泡过时变化不大，这说明丙基或辛基的有机硅防水剂具有较高的耐碱性能。

有机硅建筑防水剂的使用方法也非常简单，在处理建筑物的表面时采用喷涂或刷涂均可。一般情况下，混凝土、灰土、混凝土预制件等的表面比较粗糙，采用喷涂的方法效果较好；石材、陶瓷等的表面比较光滑，采用刷涂的方法效果较好。无论是喷涂或刷涂，对有机硅建筑防水剂的使用浓度和使用量都是十分重要的。使用的防水剂浓度较低、使用量太少时，防水性能则较差；使用的防水剂浓度太高、使用量太多时，表面上会产生白点，影响饰面的美观。一般建议防水剂内的有机硅的质量分数为2％～3％；屋瓦、瓷片、地砖、墙砖等可采用浸渍方法处理，浸渍液中有机硅含量为1％～5％，浸渍时间不得少于1min。

2. 金属皂类防水剂

金属皂类防水剂是有机防水剂中重要的防水材料，按其性能不同可分为可溶性金属皂类防水剂和不溶性金属皂类防水剂两类。

（1）防水基理　金属皂类防水剂的防水机理，主要是皂液在水泥水化产物的颗粒、集料以及未水化完全水泥颗粒间形成憎水吸附层，并形成不溶性物质，填充微小孔隙、堵塞毛细管通道，从而起到防水的作用。加入皂类防水剂后，凝结时间延长，各龄期的抗压强度降低。这是由于在加入皂类防水剂后，在水泥颗粒表面形成吸附膜，阻碍水泥的水化，同时增大了水泥颗粒距离，因此凝结时间延长，强度有所降低。金属皂类防水剂在浸水状态下长期使用，有效组分易被水浸出，防水效果降低，若增大防水剂的浓度，可有一定的改善。

（2）可溶性金属皂类防水剂　可溶性金属皂类防水剂是以硬脂酸、氨水、氢氧化钾、碳酸钠、氟化钠和水等，按一定比例混合加热皂化配制而成，这是水泥砂浆或混凝土防水工程应用较早的一种防水剂。由于其防水效果不十分理想，所以目前应用较少。但由于该类防水剂具有生产工艺简单、成本很低等优点，因此，如果通过适当的途径，提高其防水效果，该类防水剂仍会拥有较好的市场前景。

可溶性金属皂类防水剂的配制：按配方称取一定量的各试剂和水，首先将50％的水加热至50～60℃，然后依次加入碳酸钠、氢氧化钾、氟化钠，进行搅拌溶解，并保持恒温，将加热熔化后的硬脂酸慢慢地加入，并迅速搅拌均匀，再将剩余的一半水缓慢加入，拌匀制成皂液，待皂液冷却至30℃以下时，加入规定的氨水搅拌均匀，然后用0.6mm筛孔的筛子过滤，将过滤好的滤液装入塑料瓶中密闭保存备用。

（3）不溶性金属皂类防水剂　不溶性金属皂类防水剂根据其组分不同，又可分为油酸型金属皂类防水剂和沥青质金属皂类防水剂两种。

油酸型金属皂类防水剂防水的机理是：一方面使毛细管孔道的壁上产生憎水效应；另一方面起到填塞水泥石孔隙的作用。

沥青质金属皂类防水剂由低标号石油沥青和石灰组成。沥青中的有机酸与氢氧化钙作用生成有机酸钙皂，起到阻塞毛细管通道的作用，其余未被皂化的沥青分子表面也吸附氢氧化钙微粒，形成一种表面活性的防水物质。这类防水剂没有塑化作用，拌合水量略有增加，并还稍有促凝作用。

我国上海建筑防水材料厂生产的是以可溶性氨钠皂为主要成分的避水浆和以不溶性钙皂（油酸钙）为主要成分的防水粉及沥青质防水粉都属于金属皂类防水剂。

3. 乳液类防水剂

材料试验充分证明，如果将石蜡、地沥青、橡胶乳液和树脂乳液类防水剂，充满于水泥石的毛细孔隙中，由于这些材料具有良好的憎水作用，可使混凝土的抗渗性能显著提高。特别是橡胶乳液和树脂乳液类防水剂，在混凝土中会形成高分子薄膜，不仅可以比较显著地提高混凝土的抗渗性，而且还能提高混凝土的抗冲击性、耐腐蚀性和延伸性。乳液类防水剂混凝土防水的机理如表 12-12 所列。

表 12-12　乳液类防水剂混凝土防水的机理

序号	防水机理
1	乳液类防水剂为水性有机聚合物，可以自由地进行流动，并可填充在水泥石空间骨架的孔隙及其与集料之间的孔隙和裂纹等处，与水泥石集料紧密结合，聚合物的硬化和水泥的水化同时进行，减少了基体与集料之间的微裂纹，两者结合在一起形成聚合物与水泥石互相填充的复合材料，即成为聚合物混凝土，从而提高了自身密实性和抗渗性，有效地改善和提高了混凝土的各项性能，形成较高强度和弹性的防水材料
2	由于乳液类防水剂的流动性较好，在保持坍落度不变的情况下，可使混凝土的水灰比降低，大大减少拌合水量，从而减少了混凝土中游离水的数量，同时也相应减少水分蒸发后留下的毛细孔体积，从而提高了混凝土的密实性和不透水性，并有利于提高混凝土强度
3	乳液类防水剂不仅可以有效地封闭了水泥石中的孔隙，再加上其轻微的引气作用，改变了混凝土的孔隙特征，使开口的孔隙变为闭口的孔隙，大大减少了渗水通道，使得混凝土的抗渗性和抗冻性显著提高

综合表 12-12 中的 3 个防水机理可知：乳液类防水剂可以减少混凝土的毛细孔体积，特别是开口孔的体积，从而改变了混凝土中的孔结构，抑制孔隙间的连通，并能填充水泥石与集料间的空隙与裂纹，与水泥石胶结成复合材料，提高了混凝土自身密实性和抗渗性，由此可见乳液类防水剂是一种性能优良的防水剂。

4. 复合型防水剂

复合型防水剂是指有机材料与无机材料组合使用的一种混合型防水剂。复合型防水剂由于具有多种功能、适应性强，所以是目前在混凝土工程最常用的一类防水剂。混凝土作为一种多孔体，内部孔隙的分布及连通状态将直接影响到混凝土的抗渗性，复合型防水剂就是应用了提高混凝土密实度、减少有害孔数量、补偿混凝土收缩等防水机理。当前，市场上的防水剂大多数都是复合型的，兼有无机的分散固体和有机的憎水材料，所以既能切断毛细孔通道，又使毛细管壁憎水，这样既可提高抗渗性，又能减小吸水率。

在实际工程应用中，有的复合型防水剂还根据工程需要，加入一定量的减水剂、引气剂、保塑剂等，因此具有提高新拌混凝土流动性、控制混凝土坍落度经时损失的作用，还具有良好抗冻性的效果，在提高混凝土强度和抗渗性的同时，也使混凝土的耐久性、安全性和使用期延长，体现出高性能防水混凝土外加剂的发展趋势。

一般情况下，在混凝土中掺入适量的减水剂或引气剂都能提高混凝土的抗渗性，假如掺加减水剂是为了保持流动性不变而减小水灰比，则混凝土的强度得以提高，毛细孔道数量大量减少，混凝土的抗渗性也必然得以较大的提高。如掺加减水剂后仍保持混凝土的水灰比不变，同时使混凝土的强度也保持不变，则可以减少水和水泥的用量。在这种情况下，混凝土的抗渗性虽然有所提高，但提高的幅度不大。掺加引气剂在混凝土中引入无数细小、独立封闭的气泡，可以切断毛细管通道，所以可以提高混凝土的抗渗性和抗冻性。减水剂或引气剂单独不能作为防水剂使用，而在复合型防水剂中会有这些组分。

工程实践证明，复合型防水剂配制的防水混凝土能很好地防水抗渗，主要是依靠外加剂的减水塑化作用、引气抗渗作用、保水保塑作用、增密堵渗作用和憎水组分的憎水作用。

（1）减水塑化作用　复合防水剂中大多含有减水组分。减水组分掺入混凝土中，吸附于水泥颗粒表面，使水泥颗粒表面有相同的电荷，在电性斥力的作用下，促使水泥加水初期所形成的絮凝状结构解体，释放出其中的游离水，在保持用水量不变情况下可增大混凝土的流动性，或者在保持混凝土和易性的条件下，达到减水的作用。从而保证复合防水剂能够配制大流态、经时坍落度损失小的泵送混凝土。

复合防水剂的减水效果是由分散水泥粒子得到的，其机理与高性能减水剂或硫化剂没有本质的差别。水泥粒子的分散是由防水剂中承担分散作用的成分吸附在水泥粒子表面而产生的静力斥力、高分子吸附层的相互作用产生的立体斥力及由于水分子的浸润作用而引起的。由于吸附分散剂在水泥表面产生了带电层的场合，说明是相邻的两个粒子间产生静电斥力作用，使水泥粒子分散并防止其再凝聚，由于这种分散作用使混凝土流化。

复合防水剂的减水塑化作用可以改善和易性，降低水灰比，减少混凝土中的各种孔隙，特别是使孔径大于 200nm 的毛细孔、气孔等渗水通道大大减少，即混凝土的总孔隙和孔径分布都得到改善，同时使孔径尺寸减小，因此，复合防水剂的减水塑化作用能使混凝土的抗渗性提高。

（2）引气抗渗作用　复合防水剂中大多数也含有引气组分。引气组分在混凝土搅拌中会产生大量微小、稳定、均匀、封闭的气泡，使混凝土的和易性显著改善，硬化混凝土的内部结构也得到很大改善。由于这些气泡可以起阻断水的渗透作用，混凝土拌合物中自由水的蒸发线变得曲折、细小、分散，因而改变了毛细管的数量和特征，减少了混凝土的渗水通道；由于水泥保水能力的提高，泌水大为减少，混凝土内部的渗水通道进一步减少。由于这些气泡具有阻隔作用，减少了由于沉降作用所引起的混凝土内部的不均匀缺陷，也减少了集料周围黏结不良的现象和沉降孔隙。气泡的上述作用，都有利于提高混凝土的抗渗性。此外，引气组分还可使水泥颗粒产生憎水化，从而使混凝土中的毛细管壁憎水，阻碍了混凝土的吸水作用和渗水作用，这也有利于提高混凝土的抗渗性能。

由于引气组分可在混凝土中形成大量的细小圆形封闭气泡，可进一步提高混凝土拌合物的流动性，减少拌合物的离析和泌水，提高新拌混凝土的均匀性，并能较好地抵抗因干湿交替和温度变化造成的膨胀收缩而形成的裂缝，改善混凝土的抗渗性、抗冻性和耐久性。混凝土的抗渗性是混凝土耐久性的首道防线，抗渗性好的混凝土，其结构必然致密程度高，耐久性肯定就好。混凝土的密实性是决定抗冻、抗侵蚀、抗渗的主要因素，是混凝土优良耐久性的保证，是防水混凝土朝着高性能方向发展的趋势。

（3）保水、保塑作用　复合防水剂中一般也含有保水、保塑作用组分，其作用是使水泥水化初期胶粒质点上的带电量大幅度增加，从而进一步提高水泥-水悬浮体系的稳定性，使水泥颗粒沉降速度减慢，因此，显著改善了新拌混凝土的保水性和粘聚性，所配制的混凝土具有大流动度而不离析、可泵性能好的特性。由于 WG-高效复合防水剂可以显著降低混凝土的泌水性，改善新拌混凝土的粘聚性和保水性，减少了混凝土的沉降缝隙，提高了水泥石与集料的黏结能力，使混凝土的抗渗性能和力学性能都获得较大改善。

（4）增密堵渗作用　复合防水剂所特有的非离子型水溶性高分子聚合物与水泥水化反应，形成大量的保水胶体膜堵塞混凝土的毛细管通道，也就是阻断了渗水的通道，从而可大大减少泌水，提高混凝土的密实性，使结构材料的自防水能力增强。

（5）憎水组分作用 复合防水剂中的憎水组分是一种具有很强憎水性的有机化合物，可以提高气孔和毛细孔内表面的憎水能力，进一步提高混凝土的抗渗性能。也有的憎水组分在催化剂的作用下，与水泥一起，共同在基体表面形成结构致密的薄膜，封闭表面的裂缝、孔隙，从而堵塞水的通道；而且，防水材料自身所具有的憎水特性，可以大大提高新生表面的表面张力，降低水的润湿能力，从而提高处理表面的防水性。

我国研制生产的 WG-高效复合防水剂是一种功能齐全、性能良好、效果显著的防水剂。众多工程应用表明，在混凝土中掺入 0.8%～1.5% 的 WG-高效复合防水剂能显著提高混凝土的保水性、和易性，并且有良好可泵性；可降低大体积混凝土水化热，推迟水化热峰值出现时间；由于减小了混凝土的脆性，提高了抗裂性能，降低了抗弯弹性模量，减小了混凝土干缩和温缩变形。WG-高效复合防水剂经检验，其性能指标全部符合现行标准的规定。WG-高效复合防水剂检验结果如表 12-13 所列。

表 12-13 WG-高效复合防水剂检验结果

检验项目			性能指标		检验结果
			一等品	合格品	
净浆安定性			合格	合格	合格
受检砂浆性能指标	凝结时间	初凝/min	≥ 45	≥ 45	250
		终凝/h	≤ 10	≤ 10	5.45
	抗压强度比/%	7d	≥ 100	≥ 85	133
		28d	≥ 90	≥ 80	122
	透水压力比/%		≥ 300	≥ 200	350
	48h 吸水量比/%		≤ 65	≤ 75	60
	28d 收缩率比/%		≤ 125	≤ 135	122
	对钢筋锈蚀作用		应说明对钢筋有无锈蚀作用		无
受检混凝土性能指标	减水率/%		≥ 12	≥ 10	18.5
	泌水率比/%		≤ 50	≤ 70	42
	凝结时间差/min	初凝	≥ -90	≥ -90	+125
		终凝	—	—	—
	抗压强度比/%	3d	≥ 100	≥ 90	145
		7d	≥ 110	≥ 100	133
		28d	≥ 100	≥ 90	122
	渗透高度比/%		≤ 30	≤ 40	29
	48h 吸水量比/%		≤ 65	≤ 75	63
	28d 收缩率比/%		≤ 125	≤ 135	119
	对钢筋锈蚀作用		应说明对钢筋有无锈蚀作用		无
匀质性指标	含水量/%		5.0 ± 0.3		4.1
	总碱量($Na_2O + 0.658K_2O$)/%		8.0 ± 0.5		6.7
	氯离子含量/%		—		< 0.01
	细度(0.315mm 筛余)/%		15		11.4

第四节　混凝土防水剂应用技术要点

在水泥混凝土中掺加防水剂是水泥混凝土结构有效防水的重要技术手段，同其他外加剂一样，如果使用不合理，则会降低水泥混凝土强度和弹性模量等力学指标，或者提前诱发和加速水泥混凝土中软水侵蚀、冻融破坏、碱集料反应、钢筋锈蚀和硫酸盐腐蚀等，降低结构耐久性能，成为水泥混凝土结构中的诱发病害。

因此，在使用时必须认真选择防水剂品种，正确合理地使用，真正起到混凝土结构防水、耐久的效果。混凝土防水剂的品种不同，其对混凝土抗渗性的改善程度也不同，在使用中注意的事项也有所差别。

一、引气防水剂的应用技术要点

工程实践证明，影响引气防水剂混凝土质量的因素有：引气剂的品种和掺量、水灰比、水泥和砂、搅拌时间、养护和振捣等。这些因素除养护外，都是通过含气量而影响混凝土性能的。

1. 引气剂的掺量

混凝土的含气量是影响防水混凝土质量的决定性因素，而混凝土中含气量的多少，在已确定引气剂品种的条件下，首先取决于引气剂的掺量。从提高抗渗性、改善混凝土内部结构及保持应有的混凝土强度出发，引气防水剂的掺量应以获得 3%～5% 的含气量为宜。松香酸钠的掺量为水泥用量的 0.01%～0.03%，松香热聚物的掺量约为水泥用量的 0.01%。

2. 混凝土的水灰比

掺加引气防水剂混凝土中气泡的生成与混凝土拌合物的稠度有关。水灰比低时，混凝土拌合物的稠度大，不利于气泡的形成，使含气量降低；水灰比高时，混凝土拌合物的稠度小，有利于气泡的形成，使含气量提高。因此，水灰比不仅决定着混凝土内部毛细孔的数量和大小，而且影响气泡的数量和质量。

为了使混凝土中的含气量不超过 6%，保证混凝土的抗渗性和强度要求，在不同水灰比的情况下，引气组分的极限掺量如下：水灰比为 0.50 时，引气剂的掺量为 0.01%～0.05%；水灰比为 0.55 时，引气剂的掺量为 0.005%～0.03%；水灰比为 0.60 时，引气剂的掺量为 0.005%～0.01%。

3. 水泥和砂的比例

水泥和砂的比例影响混凝土拌合物的黏滞性。水泥所占的比例越大，混凝土的黏滞性越大，含气量越小，为了获得一定的含气量，就应增加引气剂的掺量；反之，如果砂子所占的比例大，则混凝土中含气量高，就应减少引气剂的掺量。砂子的粒径影响气泡的大小，砂子越细，气泡尺寸越小；砂子越粗，气泡尺寸越大。但若采用细砂，要增加混凝土配比中的水泥用量和用水量，混凝土的收缩将增大。因此，混凝土工程可因地制宜，一般以采用中砂为宜。

4. 混凝土搅拌时间

混凝土搅拌时间对混凝土含气量有明显的影响。搅拌开始含气量随着搅拌时间的增加而增加，搅拌 2～3min 时含气量达到最大值，如果再继续搅拌，则含气量开始下降，其原因是随着搅拌的进行，拌合物中的氢氧化钙不断与引气剂钠皂反应生成难溶的钙皂，使继续形成气泡变得困难。同时，随着含气量的增加，混凝土变得更加黏稠，生成气泡也越加困难，而最初形成的气泡却在继续搅拌时被不断破坏，消失的气泡多于增加的气泡，因而含气量随搅拌时间的延续而下降，适宜的搅拌时间应通过试验确定，一般应比普通混凝土稍长，为2～3min。

5. 混凝土振捣密实

各种振捣方式均会降低混凝土的含气量，用振动台和平板振动器振捣，空气含量的下降幅度比插入式振动器小，振动的时间越长，混凝土中的含气量下降越大。为了保证混凝土有一定的含气量，振动的时间不宜过长，采用插入式振动器时，一般振动时间不宜超过20s。

6. 混凝土养护

养护对于引气剂防水混凝土的抗渗性能影响很大，要求在一定温度和湿度条件下进行养护。低温养护对引气剂防水混凝土尤其不利，养护湿度越大对提高引气剂防水混凝土的抗渗性能越有利，如在合适温度的水中进行养护，则其抗渗性能最佳。养护湿度对掺加引气剂防水混凝土抗渗性能的影响如表12-14所列。

表 12-14　养护湿度对掺加引气剂防水混凝土抗渗性能的影响

养护条件	引气量/%	抗压强度/MPa	抗渗压力/MPa	渗水高度/cm
自然养护	4.1	27.9	0.8	全透
标准养护	4.1	30.9	1.4	4～5
水中养护	4.1	35.0	1.6	2～3

因此，使用引气防水剂，事先要利用工程实际应用的材料，并结合工程实际环境条件，通过大量的材料试验，确定防水剂的掺量和混凝土的配合比，并在施工时注意混凝土在静停、浇筑和振实过程中的气泡损失。混凝土浇筑完成后，要及时进行覆盖和湿养护，保证其强度的提高和防水性能的改善。

二、减水防水剂的应用技术要点

使用减水防水剂配制的防水混凝土，最重要的是选择减水剂的品种和确定合适的掺量，坚决避免混凝土出现离析和泌水现象。当具备一定条件时，可以采用粉煤灰、矿渣粉等活性掺合料替代部分水泥，以达到最佳的防水效果。

表12-15是几种减水剂对混凝土抗渗性能的影响情况的对比。

表 12-15　减水剂对混凝土抗渗性能的影响

水泥		减水剂		水灰比 W/C	坍落度 /cm	抗渗性	
品种	用量/(kg/m³)	名称	掺量/%			等级	渗透高度/cm
矿渣硅酸盐水泥	300	—	—	0.626	1.0	8	≥12
	300	JN	0.50	0.550	1.3	≥20	3.15
	300	NNO	0.50	0.550	1.4	≥20	7.1
普通硅酸盐水泥	350	—	—	0.570	3.7	8	—
	350	MF	0.50	0.490	8.0	16	—
	350	"木钙"	0.25	0.510	3.5	≥20	10.5

"木钙"减水剂的分散作用虽然不如其他几种减水剂，但"木钙"减水剂具有一定的引

气性，所在混凝土中掺加"木钙"减水剂，对提高混凝土的抗渗性效果十分显著。由于"木钙"减水剂有一定的缓凝作用，所以常用于夏季施工。当施工温度较低时，"木钙"减水剂必须与早强剂复合使用。

混凝土浇筑完成后，要及时加以覆盖和湿养护，保证混凝土强度正常增长和防水能力的改善。

三、氯化铁防水剂的应用技术要点

掺加氯化铁防水剂的防水混凝土的配制和施工，与普通混凝土基本相同，但需注意以下问题。

① 应当选用符合现行国家标准的氯化铁防水剂，不能直接使用市场上出售的氯化铁化学试剂。

② 氯化铁防水剂不能直接掺加到混凝土中，而应当先用水进行稀释制成溶液，然后才能掺入混凝土。

③ 氯化铁防水剂的掺量以水泥质量的 3% 为宜。掺量太少，混凝土的防水效果不显著；掺量太多，会加速钢筋的锈蚀，混凝土的干缩性增大。

④ 混凝土的配合比应准确计算，各种材料的称量要准确，采用机械搅拌时搅拌时间大于 2min 方可出料。

⑤ 氯化铁防水剂混凝土一定要加强养护，在常温下采用自然湿润养护，养护时间不得少于 7d。

氯化铁防水剂混凝土适用于水下工程、无筋或少筋防水混凝土工程及一般地下工程，如水池、水塔、地下室、隧道和油罐等工程。氯化铁防水砂浆则广泛应用于地下防水工程的表面和大面积修补堵漏工程。

四、微膨胀防水剂的应用技术要点

自 20 世纪 70 年代我国开始应用微膨胀防水剂，并在防水混凝土工程中发挥了重要作用。但理论研究和工程实践表明：微膨胀防水剂尽管属于抗裂防水剂，但如果养护措施不当，膨胀无法有效释放，混凝土开裂现象可能会更加严重。因此，混凝土需要加强保温和湿养护，才能实现混凝土防水抗裂的设计目的。在施工过程中应遵循以下几点。

① 在进行混凝土配合比设计和原材料选择时，要符合普通防水混凝土的技术要求，即水泥用量不应太低，严格控制混凝土的水灰比，适当提高砂率，采用较小粒径的粗集料，各种材料的质量良好等。

② 应对膨胀混凝土的自由膨胀采取一定的限制措施，这是施工中要特别注意的问题。因为在自由膨胀的条件下，膨胀对混凝土性能的影响较为明显，随着膨胀剂掺量的增加，混凝土自由膨胀率相应增大，但抗压强度和抗折强度随之降低，只有在限制条件下，膨胀才能产生各种所需的功能，发挥膨胀有利的作用，一般的限制措施为配置钢筋和复合纤维等。

③ 在拌制掺加微膨胀防水剂的混凝土时，应当采用机械搅拌，必须充分搅拌均匀，搅拌时间不得少于 3min，并应比不掺者延长 30s。

④ 混凝土浇筑后宜采用机械振捣，并且必须振捣密实。要加强混凝土表面抹光，最好是在混凝土初凝前再收光一次，这样可以消除混凝土表面的收缩裂缝。

⑤ 夏季高温条件下施工，最好复合掺加一些缓凝剂，如掺加水泥质量1％的糖蜜；冬季低温条件下施工，最好复合掺加一些早强剂，如掺加水泥质量 0.05％的三乙醇胺等，以避免温度对混凝土工程质量的影响。

⑥ 由于微膨胀防水剂性能的发挥离不开水，因此，对微膨胀防水剂混凝土工程要注意加强养护，一般应进行 14d 的湿养护。

第十三章

混凝土阻锈剂

在建筑工程中，钢筋混凝土因具有成本低廉、坚固耐用且材料来源广泛等优点而被土木工程的各个领域普遍采用。钢筋混凝土既保持了混凝土抗压强度高的特性、又保持了钢筋很好的抗拉强度，同时钢筋与混凝土之间有着很好的黏结力和相近的热膨胀系数，混凝土又能对钢筋起到很好的保护作用，从而使混凝土结构物更好地工作，提高了混凝土的耐久性。所以钢筋混凝土已成为现代建筑中材料的重要组成部分。

随着钢筋混凝土的广泛应用，它的优越性得到了进一步的体现。但在使用过程中，混凝土中的钢筋锈蚀问题却不断出现。国内外工程调查资料表明，在影响钢筋混凝土耐久性的诸多因素中，钢筋在混凝土中的腐蚀破坏是首要因素。钢筋锈蚀后，导致混凝土结构性能的裂化和破坏，主要有如下表现。

① 钢筋锈蚀。导致截面积减少，从而使钢筋的力学性能下降。大量的试验研究表明，对于截面积损失率达5％～10％的钢筋，其屈服强度和抗拉强度及延伸率均开始下降，钢筋各项力学性能指标严重下降。

② 钢筋腐蚀。导致钢筋与混凝土之间的结合强度下降，从而不能把钢筋所受的拉伸强度有效传递给混凝土。

③ 钢筋锈蚀生成腐蚀产物，其体积是基体体积的2～4倍，腐蚀产物在混凝土和钢筋之间积聚，对混凝土的挤压力逐渐增大，混凝土保护层在这种挤压力的作用下拉应力逐渐加大，直到开裂、起鼓、剥落。混凝土保护层破坏后，使钢筋与混凝土界面结合强度迅速下降，甚至完全丧失，不但影响结构物的正常使用，甚至使建筑物遭到完全破坏，给国家经济造成重大损失。

针对钢筋混凝土中因钢筋锈蚀对建筑物破坏造成的巨大经济损失，如何防止混凝土中钢筋的锈蚀引起了各国的重视，提出了很多方法。美国混凝土学会在文件（ACI 222R—85）中认为，最有效的防护措施是采用钢筋阻锈剂、环氧涂层钢筋和阴极保护，其中钢筋阻锈剂技术是最为简易、成本最低且长期有效的。前苏联是试验与应用钢筋阻锈剂最早的国家之一。日本于1975年首次采用阻锈剂用于大型工程中，主要是海洋环境中氯盐对结构物的腐蚀，达到提高耐久性的目的。

第一节　混凝土阻锈剂的选用及适用范围

目前，钢筋混凝土广泛地应用在桥梁、建筑物、堤坝、海底隧道和大型海洋平台等结构中。然而，由于钢筋腐蚀导致的耐久性不良，给钢筋混凝土结构的正常使用带来了严重的危害，已经成为混凝土行业乃至整个工程界广泛关注的世界性问题。为此，人们研究开发了一系列锈蚀防护措施，包括补丁修补法；涂层、密封和薄膜覆盖保护法；阴极保护法；电化学除盐法；再碱化法；钢筋阻锈剂等。然而，由于补丁修补法容易引起相邻混凝土中钢筋发生锈蚀；采用涂层、密封或薄膜覆盖保护给施工带来很大困难；采用电化学方法技术难度大，耗费时间长，花费成本高；钢筋阻锈剂具有经济性、实用性以及易操作性，得到了钢筋混凝土业界的重视，并在工程上得到了广泛的应用，为预防、阻止混凝土中钢筋的锈蚀提供了一条切实有效的途径。

国内外实践证明，掺加阻锈剂后可以使钢筋表面的氧化膜趋于稳定，弥补表面的缺陷，使整个钢筋被一层氧化膜所包裹，致密性很好，能有效防止氯离子穿透，从而达到防锈的目的。钢筋在水分和氧气的作用下，由于产生微电池现象而会受到腐蚀，通常，把能阻止或减轻混凝土中的钢筋或金属预埋件发生锈蚀作用的外加剂称为阻锈剂。

我国未来的工程建设中，钢筋混凝土结构将大量使用，而我国漫长的海岸线上大量海上工程的兴建刚刚兴起。无论是从经济成本考虑，还是从环保、资源保护的角度考虑，混凝土钢筋阻锈剂的大力推广和应用具有重大意义。

一、对钢筋阻锈剂的要求

钢筋阻锈剂既是混凝土外加剂家族中的一个重要成员，又是防腐蚀技术领域内的一种产品类别，常称为缓蚀剂或腐蚀抑制剂。其他类混凝土外加剂旨在改善和提高混凝土自身的物理、力学性能和施工性能，而钢筋阻锈剂是专用于阻止或减缓混凝土中钢筋锈蚀的，旨在提高钢筋混凝土结构的耐久性。钢筋阻锈剂通常应满足以下基本要求：①对钢筋有较强的钝化作用（阳极型阻锈剂）或抑制锈蚀的产生与发展（阴极型阻锈剂或混合型阻锈剂）；②钢筋阻锈剂掺入混凝土后，不改变混凝土的基本性能（如强度、抗冻性和抗渗性等）或能改善与提高混凝土的性能；③钢筋混凝土结构在碱性或中性条件下，钢筋阻锈剂能保持长期有效；④钢筋阻锈剂应是环保产品，对人和环境应基本无害。

二、钢筋阻锈剂的作用机理

钢筋阻锈剂与其他混凝土外加剂不同之处，在于它是通过抑制混凝土与钢筋界面孔溶液中发生的阳极或阴极电化学腐蚀反应来保护钢筋的。因此，阻锈的一般原理是阻锈剂直接参与界面化学反应，使钢筋表面形成氧化铁的钝化膜，或者吸附在钢筋表面形成阻碍层，或者两种机理兼而有之。

1. 阳极型阻锈剂

典型的化学物质有铬酸盐、亚硝酸盐、钼酸盐等。这些盐类能够在钢铁的表面形成"钝化膜"。此类阻锈剂的缺点是会产生局部腐蚀或者加速腐蚀，被称为具有"危险性"阻锈剂。目前，国内外仍有的采用亚硝酸盐作为阻锈剂，但总的趋势是向混合型发展，以克服阳极型阻锈剂的负面影响。

2. 阴极型阻锈剂

阴极型阻锈剂是指通过吸附或成膜，能够阻止或减缓阴极过程的物质，如锌酸盐、某些磷酸盐和一些有机化合物等。

3. 混合型阻锈剂

将阴极型、阳极型、提高电阻、降低氧的作用等的多种物质合理搭配而成的阻锈剂，则属于混合型阻锈剂。

由于钢筋阻锈剂的成分不同，它们的作用机理也不相同。钢筋阻锈剂的主要功能，不是阻止环境中的氯离子进入混凝土内部，而是抑制、阻止、延缓钢筋腐蚀的电化学过程。由于混凝土的密实是相对的，在氯离子不可避免地进入混凝土内部后，有钢筋阻锈剂的存在，使有害离子丧失或减缓了对钢筋的侵害能力。一般来说，混凝土中钢筋阻锈剂的含量越多，容许进入（不致钠筋锈蚀）的氯离子的量就越高，这就提高了氯离子腐蚀钢筋的"临界值"。综合以上所述，钢筋阻锈剂推迟了盐害发生的时间并减缓了其发展速度，从而达到延长钢筋混凝土结构使用寿命的目的。

三、混凝土阻锈剂的选用方法

众多工程实例充分证明，在钢筋混凝土中使用阻锈剂可以有效提高结构的耐久性，尤其在海港工程、使用除冰盐的混凝土路面工程、使用海砂的混凝土工程等中，可以有效抑制钢筋的锈蚀，从而大大地提高建筑结构的使用寿命。选用合适的钢筋阻锈剂，大力推广钢筋阻锈剂的应用，在环境保护、资源保护和社会经济等方面，都具有非常重要的意义。

根据现行国家标准《混凝土外加剂应用技术规范》（GB 50119—2013）中的规定，混凝土防水剂的选用应符合表 13-1 中的要求。

表 13-1　常用混凝土阻锈剂

序号	阻锈剂类型	常用混凝土阻锈剂
1	单体阻锈剂	混凝土工程可采用下列单体防水剂： (1)亚硝酸盐、硝酸盐、铬酸盐、重铬酸盐、磷酸盐、多磷酸盐、硅酸盐、铝酸盐、硼酸盐等无机盐类； (2)胺类、醛类、炔醇类、有机磷化合物、有机硅化合物、羧酸及其盐类、磺酸及其盐类、杂环化合物等有机化合物类
2	复合阻锈剂	混凝土工程可采用两种或两种以上无机盐类或有机化合物类阻锈剂复合而成的阻锈剂

四、混凝土阻锈剂的适用范围

经过近 50 年的工程实践证明，在钢筋混凝土中掺加适量的阻锈剂，不仅可以防止钢筋锈蚀、结构开裂破坏，而且可以有效地提高结构的耐久性和安全性。掺加阻锈剂的混凝土施工简单，不需要特殊的施工工艺，在一些比较特殊的防腐蚀部位更能显示出优越性。

根据现行国家标准《混凝土外加剂应用技术规范》（GB 50119—2013）中的规定，混凝土阻锈剂的适用范围应符合表 13-2 中的要求。

表 13-2　阻锈剂的适用范围

序号	适用范围
1	混凝土阻锈剂宜用于容易引起钢筋锈蚀的侵蚀环境中的钢筋混凝土、预应力混凝土和钢纤维混凝土
2	混凝土阻锈剂宜用于新建混凝土工程和修复工程
3	混凝土阻锈剂可用于预应力孔道灌浆

第二节 混凝土阻锈剂的质量检验

混凝土阻锈剂的主要功能就是防止钢筋混凝土中的钢筋锈蚀，使钢筋与混凝土很好地黏结在一起，分别起到抗压和拉伸的作用，用来提高钢筋混凝土结构的整体性、耐久性和安全性。如何才能实现混凝土阻锈剂的以上功能，关键是确保阻锈剂的质量应当符合现行国家或行业的标准。

一、混凝土阻锈剂的质量要求

对所选用混凝土阻锈剂进场后，应按照现行国家标准《混凝土外加剂应用技术规范》（GB 50119—2013）中的规定进行质量检验。混凝土阻锈剂的质量检验要求如表 13-3 所列。

表 13-3 混凝土阻锈剂的质量检验要求

序号	质量检验要求
1	混凝土阻锈剂应按每 50t 为一检验批，不足 50t 时也应按一个检验批计。每一检验批取样量不应少于 10kg。每一检验批取样量不应少于 0.2t 胶凝材料所需用的外加剂量。每一检验批取样应充分混匀，并应分为两等份；其中一份按照《混凝土外加剂应用技术规范》（GB 50119—2013）第 15.3.2 和 15.3.3 条规定的项目及要求进行检验，每检验批检验不得少于两次；另一份应密封留样保存半年，有疑问时，应进行对比检验
2	混凝土阻锈剂进场检验项目应包括 pH 值、密度（或细度）、含固量（含水率）

二、《钢筋防腐阻锈剂》中的规定

在现行国家标准《钢筋防腐阻锈剂》（GB/T 31296—2014）中，对混凝土工程所用的钢筋防腐阻锈剂的质量要求提出了具体规定。

1. 一般要求

标准《钢筋防腐阻锈剂》中包括产品的生产与使用不应对人体、生为和环境造成有害的影响，涉及的生产与使用的安全与环保要求，应符合我国相关国家标准和规范的要求。

2. 技术要求

对钢筋防腐阻锈剂的技术要求主要包括：匀质性指标、受检混凝土性能指标和其他有关物质的含量。匀质性指标如表 13-4 所列，受检混凝土性能指标如表 13-5 所列。

表 13-4 匀质性指标

序号	试验项目	性能指标
1	粉状混凝土防腐阻锈剂含水率/%	$W>5\%$ 时，应控制在 $0.90W\sim1.10W$； $W\leqslant5\%$ 时，应控制在 $0.90W\sim1.20W$
2	液体混凝土防腐阻锈剂密度/(g/cm³)	$D>1.10$ 时，应控制 $D\pm0.03$； $D\leqslant1.10$ 时，应控制在 $D\pm0.02$
3	粉状混凝土防腐阻锈剂细度/%	应在生产厂控制范围内
4	pH 值	应在生产厂控制范围内

注：1. 生产厂家控制值应在产品说明书或出厂检验报告中明示；

2. W、D 分别为含水率和密度的生产厂家的控制值。

表 13-5　受检混凝土性能指标

序号	试验项目		性能指标		
			A 型	B 型	AB 型
1	泌水率比/%		≤100		
2	凝结时间差/min	初凝	−90～+120		
		终凝			
3	抗压强度比/%	3d	≥90		
		7d	≥90		
		28d	≥100		
4	收缩率比/%		≤110		
5	氯离子渗透系数比/%		≤85	≤100	≤85
6	硫酸盐侵蚀系数比/%		≥115	≥100	≥115
7	腐蚀电量比/%		≤80	≤50	≤50

另外，在《钢筋防腐阻锈剂》（GB/T 31296—2014）中还规定：钢筋防腐阻锈剂的氯离子含量不应大于 0.1%，碱含量不应大于 1.5%，硫酸钠含量不应大于 1.0%。

三、《钢筋阻锈剂应用技术规程》中的规定

在现行的行业标准《钢筋阻锈剂应用技术规程》（JGJ/T 192—2009）中，对钢筋阻锈剂的质量要求也提出了具体要求。钢筋混凝土所处环境类别如表 13-6 所列，钢筋混凝土的环境作用等级如表 13-7 所列，内部掺加型钢筋阻锈剂的技术指标如表 13-8 所列，外涂型钢筋阻锈剂的技术指标如表 13-9 所列。

表 13-6　钢筋混凝土所处环境类别

环境类别	环境名称	腐蚀机理
I	一般环境	保护层混凝土碳化引起钢筋锈蚀
II	冻融环境	反复冻融导致混凝土损伤
III	海洋氯化物环境	氯盐引起钢筋锈蚀
IV	除冰盐等其他氯化物环境	氯盐引起钢筋锈蚀
V	化学腐蚀环境	硫酸盐等化学物质对混凝土的腐蚀

表 13-7　钢筋混凝土的环境作用等级

环境作用等级 环境类别	A 轻微	B 轻度	C 中度	D 严重	E 非常严重	F 极端严重
一般环境	I-A	I-B	I-C	—		
冻融环境	—	—	II-C	II-D	II-E	
海洋氯化物环境	—	—	III-C	III-D	III-E	III-F
除冰盐等其他氯化物环境	—	—	IV-C	IV-D	IV-E	
化学腐蚀环境	—	—	V-C	V-D	V-E	

表 13-8　内部掺加型钢筋阻锈剂的技术指标

环境类别	检验项目		技术指标	检验方法
Ⅰ、Ⅱ、Ⅲ	盐水浸烘环境中钢筋腐蚀面积百分率		减少95％以上	按《钢筋阻锈剂应用技术规程》(JGJ/T 192—2009)附录A进行
	凝结时间差/min	初凝	−60～＋120	按现行国家标准《混凝土外加剂》(GB 8076—2008)中的规定进行
		终凝		
	抗压强度比/％		≥0.90	
	坍落度经时损失		满足施工要求	
	抗渗性		不降低	按国家标准《普通混凝土长期性能试验方法标准》(GB/T 50082—2009)中的规定进行
Ⅳ、Ⅴ	盐水溶液中的防锈性能		无腐蚀发生	按《钢筋阻锈剂应用技术规程》(JGJ/T 192—2009)附录A进行
	电化学综合防锈性能		无腐蚀发生	

注：1. 表中所列盐水浸烘环境中钢筋腐蚀面积百分率、凝结时间差、抗压强度比、坍落度经时损失、抗渗性均指掺加钢筋阻锈剂混凝土与基准混凝土的相对性能比较；

2. 凝结时间差指标中的"−"号表示提前，"＋"号表示延缓；

3. 电化学综合防锈性能试验仅适用于阳极型钢筋阻锈剂。

表 13-9　外涂型钢筋阻锈剂的技术指标

环境类别	检验项目	技术指标	检验方法
Ⅰ、Ⅱ、Ⅲ	盐水溶液中的防锈性能	无腐蚀发生	按《钢筋阻锈剂应用技术规程》(JGJ/T 192—2009)附录A进行
	渗透深度/mm	≥50	
Ⅳ、Ⅴ	电化学综合防锈性能	无腐蚀发生	

四、《钢筋混凝土阻锈剂》中的规定

在现行的行业标准《钢筋混凝土阻锈剂》(JT/T 537—2004)中，对钢筋阻锈剂的质量要求提出了更加具体的要求。混凝土阻锈剂匀质性控制偏差如表13-10所列，加入阻锈剂的钢筋混凝土技术性能如表13-11所列。

表 13-10　混凝土阻锈剂匀质性控制偏差

试验项目	控制偏差
含固量或含水量	水剂型阻锈剂,应在生产控制值的相对量的3％内 粉剂型阻锈剂,应在生产控制值的相对量的5％内
密度	水剂型阻锈剂,应在生产控制值的±0.02g/cm³之内
氯离子含量	应在生产控制值的相对含量的5％之内
水泥净浆流动度	应不小于生产控制值的95％
细度	0.315mm筛筛余应小于15％
pH值	应在生产控制值的±1之内
表面张力	应在生产控制值的±1.5之内
还原糖	应在生产控制值的±3.0％之内
总碱量($Na_2O＋0.658K_2O$)	应在生产控制值的相对含量的5％之内
硅酸钠	应在生产控制值的相对含量的5％之内
泡沫性能	应在生产控制值的相对含量的5％之内
砂浆减水率	应在生产控制值的±1.5之内

表 13-11　加入阻锈剂的钢筋混凝土技术性能

项目			技术性能
钢筋	耐盐水浸渍性能		无腐蚀
	耐锈蚀性能		无腐蚀
混凝土	凝结时间差/min	初凝	−60～+120
		终凝	
	抗压强度比	7d	＞0.90
		28d	

注：1. 表中所列数据为掺加钢筋阻锈剂混凝土与基准混凝土的差值或比值；

2. 凝结时间差指标中的"−"号表示提前，"+"号表示延缓。

第三节　混凝土阻锈剂主要品种及性能

钢筋混凝土结构物中，由于混凝土本身呈强碱性（pH＞12），同时钢筋一般也要经过"钝化"处理，在钢筋表面形成几百纳米厚度的 Fe_2O_3 保护膜，称为钝化膜，钢筋在混凝土严密的包裹之下是不容易发生锈蚀的。当混凝土中的氯离子超过一定数量时，氢离子进入混凝土中并到达钢筋表面，当它吸附于局部钝化膜处时，可使该处的值迅速降低，导致钝化膜迅速破坏，从而出现钢筋锈蚀。

混凝土阻锈剂的阻止锈蚀作用机理是：混凝土阻锈剂极易使在混凝土介质中溶解的氧化亚铁氧化，在钢筋表面生成三氧化二铁（Fe_2O_3）水化物保护膜，逐渐使钢筋没有新表面暴露，在有足够浓度的混凝土阻锈剂的作用下，钢筋的锈蚀过程就会停止，从而达到阻止钢筋锈蚀的目的。

一、混凝土阻锈剂的种类

钢筋阻锈剂是通过抑制混凝土与钢筋界面孔溶液中发生的阳极或阴极电化腐蚀反应来直接保护钢筋。因此，根据对电极过程的抑制过程可将钢筋阻锈剂分为阳极型阻锈剂、阴极型阻锈剂和复合型阻锈剂。

1. 按使用方式不同分类

（1）掺入型阻锈剂（DCl）　掺入型阻锈剂是研究开发较早、技术比较成熟的钢筋阻锈剂种类，即将阻锈剂直接掺加到混凝土中，主要用于新建工程，也可用于修复工程。此类阻锈剂在美国、日本和前苏联应用较早、较为广泛。常用的是无机阻锈剂、有机阻锈剂和混合阻锈剂。

（2）渗透型阻锈剂（MCl）　渗透型阻锈剂是近些年国外发展起来的新型阻锈剂，即将阻锈剂涂抹到混凝土表面，利用阻锈剂较强的渗透力，使其渗透到混凝土内部并到达钢筋的周围，主要用于老工程的修复。该类阻锈剂的主要成分是有机物（如脂肪酸、胺、醇、酯等），它们具有易挥发、易渗透特点，能渗透到混凝土的内部，这些物质可通过"吸附"、"成膜"等原理保护钢筋，有些品种还具有使混凝土增加密实度的功能。

2. 按作用原理不同分类

（1）阳极型钢筋阻锈剂　阳极型钢筋阻锈剂作用于"阳极区"，通过阻止和减缓电极的阳极过程达到抑制钢筋锈蚀的目的。典型的阳极型阻锈剂包括亚硝酸钠、铬酸盐、硼酸盐等具有氧化性的化合物。阳极型阻锈剂又被称为"危险型"阻锈剂，用量不足反而会加剧腐蚀，通常需要和其他的阻锈剂复合使用。

① 亚硝酸钠。早期常用亚硝酸钠来做钢筋阻锈剂的主要成分。此类阻锈剂的缺点是在氯离子浓度大到一定程度时会产生局部腐蚀和加速腐蚀，被称作"危险性"阻锈剂。另外该类阻锈剂还具有致癌、引起碱集料反应、影响坍落度等缺点，因此现已很少作为阻锈剂使用。

② 亚硝酸钙。亚硝酸钙为白色结晶体，在混凝土中还具有早强作用，可防止碱-集料反应的发生，逐步取代亚硝酸钠，成为新一代阻锈剂，但需要的掺量较大。

③ 硝酸钙。硝酸钙可以作为混凝土的早强剂及阻锈剂使用，掺量一般为水泥用量的 $2\% \sim 4\%$，具体数值应根据用途而定。

④ 重铬酸盐。重铬酸盐是一种强氧化剂，是有毒重金属的污染源，其作用与亚硝酸钠相同，掺量一般为水泥用量的 $2\% \sim 4\%$。

另外，硼酸、苯甲酸钠等也有较好阻锈作用，可根据实际工程进行选用。

（2）阴极型钢筋阻锈剂　阴极型钢筋阻锈剂是在阴极部位生成一种难溶的膜，从而起到保护钢筋的作用。碳酸盐、磷酸盐、硅酸盐、聚磷酸盐等均属于阴极型钢筋阻锈剂。这类阻锈剂要比阳极型钢筋阻锈剂的防锈能力差，使用时通常用量较大。

① 表面活性剂类物质。主要包括高级脂肪酸盐、磷酸酯等。这些阻锈剂的阻止锈蚀效果不如阳极型钢筋阻锈剂，成本比较高，但安全性好。

② 无机盐类。碳酸钠、磷酸氢钠、硅酸盐等都有一定的阻锈作用，但掺量较大。

（3）复合型钢筋阻锈剂　有些物质能提高阳极与阴极之间的电阻，从而阻止锈蚀的电化学过程。但使用较多的复合型多种阻锈成分的复合型钢筋阻锈剂，其综合效果大大优于单一组分的阻锈剂。实际上目前使用的多为复合型钢筋阻锈剂，使钢筋阻锈剂具有早强、减水、防冻、阻锈等功能。

3. 按化学成分不同分类

（1）无机型钢筋阻锈剂　无机型钢筋阻锈剂其成分主要由无机化学物质组成，如铬酸盐、磷酸盐、亚硝酸盐等。无机阻锈剂的研究起步较早，早期的产品有亚硝酸钠，铬酸盐和苯甲酸钠等。但这些阻锈剂对混凝土的凝结时间，早期强度和后期强度等都有不同程度的负面影响，后期的亚硝酸钙有致癌性。

（2）有机型钢筋阻锈剂　有机型钢筋阻锈剂其成分主要由有机化学物质组成。研究发现，在相同阻止锈蚀效果前提下，与无机型钢筋阻锈剂相比，有机钢筋阻锈剂的自然电位普遍偏高，而极化曲线普遍偏低。醇、胺阻锈剂是良好的有机型钢筋阻锈剂，其阻锈机理是：在钢筋表面形成一层保护膜，在保护膜的外层吸附 $Ca(OH)_2$。掺量在胶凝材料总量的 1.5% 时就能有效保护钢筋。

（3）混合型钢筋阻锈剂　混合型钢筋阻锈剂是根据钢筋混凝土防止锈蚀等综合要求，将无机型钢筋阻锈剂和有机型钢筋阻锈剂按一定比例混合在一起，从而组成既满足钢筋防锈蚀，又满足其他功能的一种外加剂。

二、混凝土阻锈剂的性能指标

国产的混凝土阻锈剂产品一般有粉剂型和水剂型两种类型。水剂型阻锈剂宜稀释后再使用，粉剂型阻锈剂宜配制成溶液进行使用，并要注意在混凝土的加水量中将溶液水扣除。一般来说，阻锈剂主要性能指标应符合表13-12中的要求，阻锈剂产品的匀质性指标应符合表13-13中的要求。

表 13-12　阻锈剂主要性能指标

性能	试验项目	规定指标	
		粉剂型	水剂型
防锈性	钢筋在盐水中的浸泡试验	无锈，电位−250~0mV	无锈，电位−250~250mV
	掺与不掺阻锈剂钢筋混凝土盐水浸烘试验(8次)	钢筋的腐蚀失重率减少40%以上	钢筋的腐蚀失重率减少40%以上
	电化学综合试验	合格	合格

表 13-13　阻锈剂产品的匀质性指标

序号	试验项目	匀质性指标
1	外观	水剂型：色泽均匀，无沉淀现象，无表面结皮 粉剂型：色泽均匀，内部无结块现象
2	含固量/含水量	水剂型：应在生产厂家控制值相对量的±3%之内 粉剂型：应在生产厂家控制值相对量的±5%之内
3	密度	水剂型：应在生产厂家控制值相对量的±0.02g/cm³ 之内
4	细度	粉剂型：应全部通过 0.30mm 筛
5	pH 值	水剂型或粉剂型配制成的溶液：应在生产厂家控制值的±1%之内

三、混凝土阻锈剂的推荐掺量及影响

工程实践证明，在钢筋混凝土配合设计中，由于亚硝酸盐具有阻锈效果好、掺加较方便、价格便宜、资源丰富等特点，所以在实际工程中用量仍然很大。为了克服亚硝酸盐存在的一些不利影响，还需要配合其他的组分。美国、日本均开发出一批以亚硝酸盐为主体，复合其他成分的钢筋阻锈剂，称为亚钙基产品（Nitrite Based Inhibitor）。如美国格雷斯（Grace）公司生产的 DCI-S 产品，美国 Axim 公司生产的 Cataexcol100CI 产品，俄罗斯生产的 ACI 产品等，均属于亚钙基产品。我国原冶金建筑研究总院研制开发的 RI 系列产品，也基本属于亚钙复合型阻锈剂品种。

钢筋阻锈剂随着其种类和阻锈效果要求而掺量各异，在工程应用中一般应通过生产厂家的推荐掺量和现场试验综合确定。表13-14 中列出了浓度为 30% 的亚硝酸钙阻锈剂溶液的推荐掺量范围，以供同类工程施工中参考。

表 13-14　浓度为 30% 的亚硝酸钙阻锈剂溶液的推荐掺量

钢筋周围混凝土酸溶性氯化物含量预期值/(kg/m³)	112	214	316	418	519	712
阻锈剂掺量/(L/m³)	5	10	15	20	25	30

由于亚硝酸盐阻锈剂具有"致癌性"，也可能会加速钢筋点腐蚀，所以在瑞士、德国等国家已经明文规定禁止使用这类阻锈剂。有机阻锈剂越来越受到重视，其推广和应用也越来越多。不同阻锈效率的阻锈剂，其在混凝土中的合适掺量也不相同，具体的掺量还要结合混凝土结构环境条件、阻锈剂本身性能等因素综合考虑后才能确定。

四、阻锈剂对混凝土性能的影响

阻锈剂对混凝土技术性能的影响是评价阻锈剂性能的重要方面之一。通过材料试验证明，掺加阻锈剂的混凝土与基准混凝土相比，在掺加适量的钢筋阻锈剂后，基准混凝土的工作性能都有一定程度的改善，坍落度损失减小，含气量略有增大，混凝土的凝结时间延长，这表明钢筋阻锈剂具有一定的缓凝、保持塑性的功效。此外，在掺入钢筋阻锈剂后，由于其早期的缓凝作用，混凝土的7d强度略有降低，但后期强度增长较快，28d的强度与基准混凝土基本相当。

混凝土浸烘循环试验研究表明，钢筋阻锈剂能有效抑制氯盐对混凝土中钢筋的腐蚀，延缓钢筋发生锈蚀的时间，具有优良的阻锈效果。钢筋阻锈剂能改善混凝土的工作性能，提高混凝土的抗氯离子渗透性，略微降低水泥水化热和混凝土干燥收缩，对混凝土的抗压强度无不利影响。

总之，混凝土拌合物中掺加阻锈剂后对其性能的影响应满足表13-15中的要求。

表 13-15　掺加阻锈剂对混凝土性能的影响

试验项目		技术指标
抗压强度比/%	7d	90
	28d	
凝结时间差/min	初凝时间	−60～+120
	终凝时间	

五、阻锈剂对钢筋的阻锈效果

1. 掺加阻锈剂抑制含氯盐混凝土钢筋腐蚀

以氯盐作为外加剂组分的混凝土工程施工过程中，一般常掺入亚硝酸盐作为阻锈组分。我国在《混凝土外加剂应用技术规范》（GB 50119—2013）中规定：氯盐阻止锈蚀类的混凝土防冻剂，氯盐掺量为水泥质量的0.5%～1.5%时，亚硝酸钠与氯盐之比应大于1。氯盐掺量为水泥质量的1.5%～3%时，亚硝酸钠与氯盐之比应大于1.30。

实际上混凝土中掺入的氯盐和亚硝酸盐的种类、混凝土中钢筋的加速腐蚀方法、钢筋腐蚀的评价方法及加速养护龄期等，都会不同程度地影响防冻剂混凝土中确定抑制钢筋腐蚀所需临界浓度 NO_2^-/Cl^- 物质的量之比。通过高温高湿和低温低湿循环的方法，加速含亚硝酸钠与氯盐混凝土中的钢筋锈蚀，并测定自然电极电位、钢筋腐蚀面积率及钢筋失重率，确定抑制钢筋腐蚀所需 NO_2^-/Cl^- 物质的量之比。

比较可以看出，随着混凝土中氯离子的增加，钢筋的腐蚀越严重。当混凝土中的氯离子含量小于 $3kg/m^3$ 时，钢筋表面产生的锈蚀主要表现为均匀腐蚀；而当混凝土中的氯离子含量超过 $3kg/m^3$ 时，钢筋表面产生的锈蚀主要表现为坑腐蚀。当混凝土中的氯离子含量达到 $4kg/m^3$ 时，完全抑制钢筋腐蚀所需 NO_2^-/Cl^- 物质的量之比应大于1.2。

2. 预掺加阻锈剂可防止氯盐侵蚀引起的钢筋腐蚀

含有氯盐的混凝土可以通过掺加亚硝酸盐的方法防止钢筋腐蚀。工程实践证明，除冰盐、海风、浪花等引起氯离子渗透时，预掺加高浓度亚硝酸盐的方法可以保护钢筋。3%氯化钠水溶液中浸入掺亚硝酸钙的砂浆试件，在高温条件干湿循环加速腐蚀埋入的钢筋时，钢筋表面氯离子渗透浓度和自然电位变化如图13-1所示。表13-16为钢筋表面开始腐蚀（自

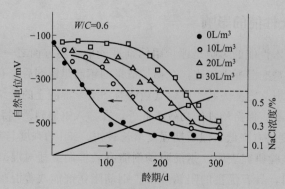

图 13-1　氯化钠渗透浓度和自然电位的变化

然电位为－350mV）时的亚硝酸盐掺量与钢筋表面氯化钠浓度之间的关系。从图 13-1 和表 13-16 中可以看出，混凝土外部渗透氯离子时预先掺入亚硝酸盐阻锈剂可以延长钢筋表面腐蚀的起始时间，从而延长钢筋混凝土结构的使用寿命。

表 13-16　钢筋开始腐蚀（自然电位－350mV）时的钢筋表面浓度

亚硝酸盐的掺量/L	0	10	20	30
天数/d	70	125	190	215
钢筋表面氯化钠浓度/%	0.14	0.26	0.38	0.46

3. 能抑制混凝土碳化引起的钢筋腐蚀

材料试验证明，氯盐和碳化是混凝土中钢筋产生腐蚀的主要原因。亚硝酸盐能抑制氯盐引起的钢筋腐蚀，同时也能抑制碳化引起的钢筋腐蚀。在尺寸为 40mm×40mm×160mm 的砂浆试件中埋入长 150mm、直径 10mm 光圆钢筋，在温度 20℃、相对湿度 60%、CO_2 浓度 10% 的碳化箱中加速碳化，经 1% 酚酞液确认完全碳化后，通过高温的干湿循环对埋入砂浆试件的钢筋加速腐蚀，并利用腐蚀面积率来评价钢筋的腐蚀程度。

试验结果表明，亚硝酸钠含量越高抑制碳化引起的钢筋腐蚀效果越好。当亚硝酸根含量为水泥质量的 1.66% 时，能够完全抑制钢筋的腐蚀。

4. 对混凝土中已产生腐蚀钢筋的修补

利用海砂施工、掺加氯盐外加剂或除冰盐等从外部渗透氯离子引起的钢筋混凝土腐蚀，很难除掉钢筋周围的氯盐，很容易引起钢筋腐蚀，使钢筋的截面积减小。钢筋腐蚀生成物的膨胀还会引起混凝土保护层的剥落，从而加速钢筋腐蚀。此时可在钢筋混凝土表面涂刷一定浓度的亚硝酸盐水溶液，亚硝酸根随时间逐步由表向里扩散达到钢筋表面，逐渐达到临界摩尔浓度，有效地保护钢筋，利用 Fick 第二定律可以求出亚硝酸在混凝土中的扩散浓度。

当 35% 浓度的亚硝酸盐水溶液涂刷在混凝土试件表面时，如果混凝土保护层的厚度为 25mm 时，混凝土表面涂刷亚硝酸盐水溶液进行修补，经过 1 个月时混凝土内部亚硝酸根浓度分布如图 13-2 所示，经过 12 个月时混凝土内部亚硝酸根浓度分布如图 13-3 所示，其中理论值为通过仿真分析得出的亚硝酸根浓度。这说明亚硝酸盐具有很好的扩散性能，如果提高亚硝酸盐水溶液浓度，并增加混凝表面的涂刷量，可以提高混凝土内部各个深度的亚硝酸根浓度和亚硝酸根在钢筋表面的持续性时间，可以有效保护混凝土中的钢筋。

5. 能够有效地抑制混凝土的碳化速度

混凝土的碳化会加速钢筋腐蚀，采用密实混凝土、混凝土表面用装饰材料等方法，都可

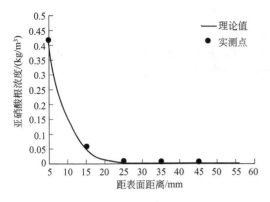

图 13-2　混凝土中硝酸根浓度（1 个月）

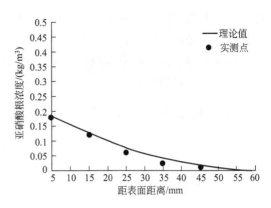

图 13-3　混凝土中硝酸根浓度（12 个月）

以抑制或延缓碳化的速度，另外亚硝酸盐的合理使用能够很好地抑制钢筋腐蚀。如果混凝土试件表面以 $0.5kg/m^2$ 涂刷 40% 浓度的亚硝酸锂水溶液，在 30℃、RH60%、5% 浓度 CO_2 中加速碳化 6 个月时，碳化速度降低到未涂刷试件的 1/2；如果试件表面涂抹 2mm 厚的砂浆，砂浆中的亚硝酸锂浓度为 10% 时，试件的碳化深度降低到未涂刷试件的 1/5；砂浆中的亚硝酸锂浓度为 20% 时，混凝土试件几乎没有碳化。这说明亚硝酸盐的合理利用可以有效地抑制混凝土碳化保护钢筋。

亚硝酸盐抑制混凝土碳化速度的原因可归纳为：亚硝酸锂具有良好的保水性，因此涂抹砂浆内部孔隙中保存较多的水分；亚硝酸锂使砂浆的孔径变小；含亚硝酸锂砂浆内部孔隙含水率较大，致使内部混凝土试件的干燥速度较缓慢。以上 3 种原因使混凝土的碳化速度明显减慢，从而有效地保护混凝土中的钢筋。

6. 混凝土钢筋阻锈剂的长期阻锈效果

氯离子在混凝土的凝结硬化过程中，会与水泥水化物发生反应生成 Friedel 复盐，被吸附在水泥水化产物的表面以及在钢筋锈蚀过程中参与钢筋的电化学反应，使混凝土孔溶液中氯离子浓度随着龄期发生变化；同时亚硝酸根在钢筋腐蚀过程中，也与钢筋的腐蚀生成物发生反应，反应中消耗亚硝酸根。还有一部分亚硝酸根附在水化产物旳表面，使孔溶液的浓度发生变化，这种浓度变化影响亚硝酸盐抑制氯离子引起的钢筋锈蚀效果。亚硝酸根浓度比较大时，亚硝酸根对钢筋腐蚀的抑制反应迅速进行，Fe_2O_3 的钝化膜封闭了阳极部分，也停止了对亚硝酸根的消耗。然而在没有足够亚硝酸根时，抑制反应过程中亚硝酸根被消耗后，会影响钝化膜的形成，从而失去抑制腐蚀的效果。因此有必要探讨氯离子和亚硝酸根离子在钢筋腐蚀反应过程中的浓度变化。

经过研究发现，含有氯盐和亚硝酸盐混凝土，其内部的亚硝酸根与氯离子浓度在 28d 内迅速降低，其后趋于稳定，但混凝土中钢筋底部的 NO_2^-/Cl^- 物质的量之比随着龄期变化不大，到后期只有增加的趋势。这说明混凝土中含有足够 NO_2^-/Cl^- 物质的量之比的亚硝酸盐，可以保证亚硝酸盐对钢筋的长期阻锈效果。

第四节　混凝土阻锈剂应用技术要点

工程实践充分证明，在混凝土施工过程中一次性掺入阻锈剂，阻止锈蚀效果能保持 50

年左右，与钢筋混凝土结构的设计使用年限基本相同，而且具有施工简单、掺加方便、省工省时、费用较低等特点。与环氧涂层钢筋保护法和阴极保护法相比，掺加阻锈剂的成本较低、效果明显。但是，阻锈剂一般都是化学物品，有的甚至是毒性物质，对于人体健康和施工环境均有不良的影响，因此在具体应用的过程中应引起足够的重视。

一、国家标准中的具体规定

根据现行国家标准《混凝土外加剂应用技术规范》（GB 50119—2013）中的规定，在混凝土或砂浆中掺加阻锈剂时应符合下列要求。

1. 新建混凝土工程

（1）掺阻锈剂混凝土配合比设计应符合现行的行业标准《普通混凝土配合比设计规程》（JGJ 55—2011）中的有关规定。当原材料或混土性能发生变化时，应重新进行混凝土配合比设计。

（2）掺阻锈剂或阻锈剂与其他外加剂复合使用的混凝土性能应满足设计和施工的要求。

（3）掺阻锈剂混凝土的搅拌、运输、浇筑和养护，应符合现行国家标准《混凝土质量控制标准》（GB 50164—2011）中的有关规定。

2. 既有混凝土工程

使用掺加阻锈剂的混凝土或砂浆对既有钢筋混凝土工程进行修复时，应符合下列规定。

（1）应先剔除已腐蚀、污染或中性化的混凝土层，并应清除钢筋表面锈蚀物后再进行修复。

（2）当损坏部位较小、修补层较薄时，宜采用砂浆进修复；当损坏部位较大、修补层较厚时，宜采用混凝土进修复。

（3）当大面积施工时，可采用喷射或喷抹相结合的施工方法。

（4）修复的混凝土或砂浆的养护，应符合现行国家标准《混凝土质量控制标准》（GB 50164—2011）中的有关规定。

二、施工中的应用技术要点

根据国内外混凝土工程的施工经验，在使用阻锈剂的混凝土施工过程中，应当掌握以下技术要点。

① 各类混凝土阻锈剂的性能是不同的，在混凝土中所起的作用也不相同，为充分发挥所掺加阻锈剂的作用，应严格按使用说明书规定的掺量使用，并进行现场试验验证。

② 阻锈剂的使用方法与其他化学外加剂基本相同，既可以采用干掺的方法，也可以预先溶于拌合水中。当阻锈剂有结块时，应以预先溶于拌合水中使用为宜，不论采用哪种掺加方法，均应适当延长混凝土的搅拌时间，一般延长 1min 左右。

③ 在掺加钢筋阻锈剂的同时，均应适量加以减少，并按照一般混凝土制作过程的要求严格施工，充分进行振捣，确保混凝土的质量和密实性。

④ 对于一些重要钢筋混凝土工程需要重点保护的结构，可用 5%～10% 的钢筋阻锈剂溶液涂在钢筋的表面，然后再用含阻锈剂的混凝土进行浇筑施工。

⑤ 钢筋阻锈剂可以单独使用，也可以与其他外加剂复合使用。为避免复合使用时产生絮凝或沉淀等不良现象，预先应当进行相容性试验。

⑥ 钢筋阻锈剂用于建筑物的修复时，首先要彻底清除疏松、损坏的混凝土，露出新鲜

的混凝土基面，在除锈或重新焊接的钢筋表面喷涂 10％～20％高浓度阻锈剂溶液，再用掺加阻锈剂的密实混凝土进行修复。

⑦ 掺加阻锈剂混凝土其他的操作过程，如混凝土配制、浇筑、养护及质量控制等，均应按普通混凝土的制作过程进行，并严格遵守有关标准的规定。

⑧ 粉状阻锈剂在储存运输的过程中，应严格按有关规定进行，避免混杂放置，严禁明火，远离易燃易爆物品，并防止烈日直晒和露天堆放。

⑨ 在阻锈剂的贮存和运输过程中，应采取措施保持干燥，避免受潮吸潮，严禁漏淋和浸水。

⑩ 钢筋阻锈剂大多数都具有一定的毒性，在储存、运输和使用中不得用手触摸粉剂或溶液，也不得用该溶液洗刷洗物和器具，工作人员必须注意饭前洗手。

⑪ 阳极型阻锈剂多为氧化剂，在高温环境下易氧化自燃，并且很不容易扑灭，存放时必须注意防火。

⑫ 钢筋阻锈剂不宜在酸性环境中使用，此外，亚硝酸盐类的阻锈剂，不得在饮用水系统的钢筋混凝土工程中使用，以免发生亚硝酸盐中毒。

第十四章

混凝土矿物外加剂

混凝土矿物外加剂也称为混凝土掺合料，是指以氧化硅、氧化铝和其他有效矿物为主要成分，在混凝土中可以代替部分水泥、改善混凝土综合性能，且掺量一般不小于 5％的具有火山灰活性或潜在水硬性的粉体材料。

在现行国家标准《高强高性能混凝土用矿物外加剂》（GB/T 18736—2017）中定义，矿物外加剂是指在混凝土搅拌过程中加入的、具有一定细度和活性的、用于改善新拌硬化混凝土性能（特别是耐久性能）的某些矿物类产品。在混凝土工程中常用的矿物外加剂有磨细矿渣、硅灰、粉煤灰、偏高岭土及其复合矿物外加剂等。矿物外加剂的技术要求如表 14-1 所列。

表 14-1　矿物外加剂的技术要求

试验项目		磨细矿渣		粉煤灰	磨细天然沸石	硅灰粉	偏高岭土
		Ⅰ	Ⅱ				
氧化镁（质量分数）/％		≤14.0		—	—	—	≤4.0
三氧化硫（质量分数）/％		≤4.0		≤3.0	—	—	≤1.0
烧失量（质量分数）/％		≤3.0		≤5.0	—	≤6.0	≤4.0
氯离子（质量分数）/％		≤0.06		≤0.06	≤0.06	≤0.10	≤0.06
二氧化硅（质量分数）/％		—		—	—	≥85	≥50
三氧化二铝（质量分数）/％		—		—	—	—	≥35
游离氧化钙（质量分数）/％		—		—	≤1.0	—	≤1.0
吸铵值/(mmol/kg)		—		—	≥1000	—	—
含水率（质量分数）/％		≤1.0		≤1.0	—	≤3.0	≤1.0
细度	比表面积/(m²/kg)	≥600	≥400	—	—	≥15000	—
	45μm 方孔筛筛余（质量分数）/％			≤25.0	≤5.0	≤5.0	≤5.0
需水量比/％		≤115	≤105	≤100	≤115	≤125	≤120
活性指数/％	3d	≥80	—	—	—	≥90	≥85
	7d	≥100	≥75	—	—	≥95	≥90
	28d	≥110	≥100	≥70	≥95	≥115	≥105

工程实践证明，在普通混凝土中掺加适量的混凝土矿物外加剂，可以改善新拌混凝土的和易性、降低混凝土的水化温升、提高早期强度或增进后期强度、改善混凝土的内部结构、提高混凝土的抗腐蚀能力、提高混凝土的耐久性和抗裂能力。

第一节 磨细矿渣

根据现行国家标准《高强高性能混凝土用矿物外加剂》（GB/T 18736—2017）中规定：磨细矿渣是指粒化高炉矿渣经干燥、粉磨等工艺达到规定细度的产品。粉磨时可添加适量的石膏和水泥粉磨时用的工艺外加剂。

高炉矿渣是冶炼生铁时的副产品，其主要化学成分为 SiO_2、Al_2O_3 和 CaO。经水淬急冷的粒化高炉矿渣含有大量的玻璃体，具有较大的潜在活性，但粒径大于 $45\mu m$ 的矿渣颗粒在混凝土中是很难参与反应，其潜在的活性需经磨细后才能较好、较快地发挥出来。大量的材料试验证明，将粒化高炉矿渣经过研磨达到一定的细度后，其活性将得到较大改善，不仅能等量取代水泥，具有较好的经济效益和社会效益，而且还能显著地改善和提高混凝土的综合性能。

一、高炉矿渣化学成分与活性

高炉矿渣的主要化学成分为 SiO_2、Al_2O_3 和 CaO，另外还含有少量的 MgO、Fe_2O_3、MnO 和 S 等。前 3 种氧化物含量通常情况下可达到 90％左右，完全符合磨细矿渣活性的要求。由于当前世界各国的高炉炼铁工艺基本相同，所以各国高炉矿渣的化学成分也基本相似。表 14-2 所列是美国、日本和我国高炉矿渣的化学成分范围；表 14-3 所列是我国部分钢厂的高炉矿渣化学成分。从表中可以看出，我国的高炉矿渣完全可以生产出高质量的磨细矿渣。

表 14-2　美国、日本和我国高炉矿渣的化学成分范围　　　　单位：％

产地	SiO_2	CaO	Al_2O_3	MgO	Fe_2O_3	MnO	S
中国	32～36	38～44	13～16	≤10	≤2.0	≤2.0	≤2.0
日本	32～35	40～43	13～15	5～7.3	0.1～0.6	0.3～0.9	0.7～1.3
美国	32～40	29～42	7～17	8～19	0.1～0.5	0.2～1.0	0.7～2.2

表 14-3　我国部分钢厂的高炉矿渣化学成分　　　　单位：％

产地	SiO_2	CaO	Al_2O_3	MgO	Fe_2O_3	MnO	S
上钢	33.18	39.25	13.19	9.36	4.18	—	—
首钢	36.38	37.65	12.16	11.71	1.03	—	—
本钢	39.67	45.35	9.11	2.69	0.50	0.85	1.03

矿渣的活性主要决定于矿渣的内部结构，与其化学成分也相关。矿渣的内部结构主要与水淬时的冷却速度有关，经急骤冷却进行水淬处理的矿渣，由于液相黏度增加很快，晶核来不及形成，质点排列也不规则，而形成非晶质的玻璃体，具有热力学不稳定状态，潜藏有较高的化学能，因而具有较高的活性。而在缓慢冷却的条件下，会结晶成大量的惰性矿物，活性很小。化学成分作为评定矿渣活性的一个方面，在同一水淬条件下，矿渣的质量可用质量系数 K 的大小来衡量。$K = (CaO + MgO + Al_2O_3)/(SiO_2 + MnO + TiO_2)$，$K$ 值越大，矿渣的活性越高。

二、磨细矿渣对混凝土的影响

随着科学技术的发展，混凝土的应用越来越多、越来越广泛，生产混凝土的原材料也得到了迅速的发展。各种矿物外加剂的使用，不仅降低了混凝土的成本，而且改善了混凝土的性能，扩大了混凝土的品种。磨细矿渣是由炼铁时排出的水淬矿渣经一定的粉磨工艺制成具有一定的细度和颗粒级配的微粒，按照规定掺入混凝土中后，对新拌混凝土和硬化混凝土的性能均有显著的影响。

1. 对新拌混凝土的影响

（1）需水量和坍落度　在相同配合比、相同减水剂掺量的情况下，掺磨细矿渣混凝土的坍落度得到明显提高。磨细矿渣与减水剂复合作用下表现出的辅助减水作用的机理如下。

① 流变学试验研究表明，水泥浆的流动性与其屈服应力 τ 密切相关，屈服应力 τ 越小，流动性越好，表现为新拌混凝土的坍落度越大。磨细矿渣可显著降低水泥浆屈服应力，因此可改善新拌混凝土的和易性。

② 磨细矿渣是经超细粉磨工艺制成的，粉磨的过程主要以介质研磨为主，颗粒的棱角大都被磨平，颗粒形貌比较接近卵石。磨细矿渣颗粒群的定量体视学分析结果表明，磨细矿渣的颗粒直径在 $6\sim8\mu m$，圆度在 $0.2\sim0.7$ 范围内，颗粒直径越小，其圆度也越大，即颗粒的形状越接近球体。磨细矿渣颗粒直径显著小于水泥且圆度较大，它在新拌混凝土中具有轴承效果，可大大增加流动性。

③ 由于磨细矿渣具有较高的比表面积，会使水泥浆的需水量增大，因此磨细矿渣本身并没有减水作用。但与减水剂复合作用时，以上的优势才能得到发挥，使水泥浆和易性获得进一步改善，表现出辅助减水的效果。

（2）泌水与离析　掺加磨细矿渣混凝土的泌水性与磨细矿渣的细度有很大的关系。当矿渣与水泥熟料共同粉磨时，由于矿渣的易磨性小于水泥熟料，因此当水泥熟料磨到规定细度时，矿渣的细度以及比表面积比水泥小 $60\sim80m^2/kg$，不仅其潜在活性难以发挥，早期强度低，而且粘聚性差，容易产生泌水现象。当磨细矿渣比表面积较大时，混凝土具有良好的粘聚性，泌水较小。一般认为，掺加比表面积在 $400\sim600m^2/kg$ 磨细矿渣的新拌混凝土具有良好的粘聚性，泌水率比较小。

（3）坍落度损失　大量研究结果表明，磨细矿渣的掺入有利于减少混凝土拌合料的坍落度损失。磨细矿渣对坍落度损失改善机理如下。

① 从流变学的角度，磨细矿渣可显著降低水泥浆的屈服应力，使水泥浆处于良好的流动状态，从而有效地控制了混凝土的坍落度损失。

② 磨细矿渣其大比表面积对水分有较大的吸附作用，起到了保水作用，减缓了水分的蒸发速率，有致地抑制了混凝土的坍落度损失。

③ 磨细矿渣在改善混凝土性能的前提下，可等量替代水泥 $30\%\sim50\%$ 配制混凝土，大幅度降低了混凝土单位体积水泥用量。磨细矿渣属于活性掺加料，大掺量的磨细矿渣存在于新拌混凝土中，有稀释整个体系中水化产物的体积比例的效果，减缓了胶凝体系的凝聚速率，从而可使新拌混凝土的坍落度损失获得抑制。

2. 对硬化混凝土的影响

（1）凝结性能　通常磨细矿渣的掺入会使混凝土的凝结时间有所延长，也就是硬化的速度有所减缓，其影响程度与磨细矿渣的掺量、细度、养护温度等有很大关系。一般认为，磨细矿渣比表面积越大、掺量越多，混凝土的凝结时间越长，但初凝和终凝时间少间隔基本不变。

（2）力学性能　磨细矿渣对混凝土的力学性能影响主要包括强度和弹性模量。

① 对强度的影响　掺磨细矿渣混凝土的强度与磨细矿渣的细度及掺量有关。一般认为，在相同的混凝土配合比、强度等级与自然养护的条件下，普通细度磨细矿渣（比表面积 $400m^2/kg$ 左右）混凝土的早期强度比普通混凝土略低，但 28d、90d 及 180d 的强度增长明显高于普通混凝土。

② 对弹性模量的影响　磨细矿渣混凝土弹性模量与抗压强度的关系与普通混凝土大致相同。

（3）耐久性能　掺加磨细矿渣混凝土对耐久性的影响主要包括抗渗性、抗化学侵蚀性、抗碳化性、抗冻性等方面。

1）对抗渗性的影响　活性矿物掺合料能与水泥水化产物 $Ca(OH)_2$ 生成 C-S-H 凝胶，有助于孔的细化和增大孔的曲折度，同时能增强集料与浆体的界面，因此一般认为，磨细矿渣混凝土的抗渗性要高于普通混凝土。

2）对抗化学侵蚀性的影响。

① 抗硫酸盐侵蚀　一般而言，磨细矿渣掺量达到 65％以上时，混凝土是抗硫酸盐侵蚀的，低于 65％时其抗硫酸盐侵蚀的能力在很大程度上取决于磨细矿渣中氧化铝含量，大于 18％对混凝土抗硫酸盐侵蚀性不利，小于 11％则对混凝土抗硫酸盐侵蚀性有改善作用。

② 抗海水侵蚀　磨细矿渣混凝土中的矿渣与混凝土中的 $Ca(OH)_2$ 反应生成 C-S-H 凝胶，而普通混凝土中的 $Ca(OH)_2$ 和海水的硫酸盐反应生成的是膨胀性水化物，因而掺入矿渣的混凝土能降低膨胀性水化物的生成量。此外由于磨细矿渣混凝土具有良好的抗渗性，能抑制海水中劣化离子向混凝土中渗透，因此磨细矿渣混凝土耐海水侵蚀性能高于普通混凝土。

③ 抗酸侵蚀　磨细矿渣混凝土因为改善了混凝土的孔结构，提高了混凝土的致密程度，同时具有比较低的 $Ca(OH)_2$ 含量，因此磨细矿渣混凝土的抗酸侵蚀性优于普通混凝土。

④ 抗氯化物侵蚀　磨细矿渣混凝土具有较高的抗渗性，而且磨细矿渣还具有较强的氯离子吸附能力，因此能有效地阻止氯离子渗透或扩散进入混凝土，提高混凝土的抗氯离子渗透能力，使磨细矿渣混凝土比普通混凝土在有氯离子环境中显著地提高了护筋性。

⑤ 对混凝土碱-集料反应的抑制　材料试验证明，磨细矿渣对碱-硅反应（ASR）的抑制，随着磨细矿渣置换率的增大而提高。

3）对抗碳化性的影响　混凝土的抗碳化能力主要取决于自身抵抗外界侵蚀性气体 CO_2 侵入的能力和浆体的碱含量。磨细矿渣的掺入，有利于混凝土密实性的提高，使混凝土具有较强的抵抗外界侵蚀性气体侵入的能力，但由于磨细矿渣的二次水化反应要消耗大量的 $Ca(OH)_2$，使混凝土液相碱度降低，对抗碳化性能不利。

4）对抗冻性能的影响　一般认为，由于磨细矿渣混凝土的密实性得到较大提高，因此，在同样混凝土配合比与强度等级的情况下，磨细矿渣混凝土的抗冻性优于普通混凝土。

工程实践和材料试验均证明，磨细矿渣对于混凝土的性能影响是较大的。在混凝土拌合物中掺入适量的磨细矿渣，在水泥水化初期，胶凝材料系统中的矿渣微粉分布并包裹在水泥颗粒的表面，能起到延缓和减少水泥初期水化产物相互搭接的隔离作用，从而改善了混凝土拌合物的工作性。

磨细矿渣绝大部分是不稳定的玻璃体，不仅储有较高的化学能，而且有较高的活性。这些活性成分一般为活性 Al_2O_3 和活性 SiO_2，即使在常温条件下，以上活性成分也可与水泥中的 $Ca(OH)_2$ 发生反应而产生强度。用磨细矿渣取代混凝土中的部分水泥后，流动性提高，泌水量降低，具有缓凝作用，其早期强度与硅酸盐水泥混凝土相当，但表现出后期强度高、耐久性好的优良性能。

表 14-4 列出了掺加不同磨细矿渣水泥砂浆试件的抗压强度与抗折强度。

表 14-4　水泥砂浆试件的抗压强度与抗折强度

序号	抗压强度/MPa				抗折强度/MPa			
	3d	7d	28d	60d	3d	7d	28d	60d
1	34.0	37.9	59.6	65.3	5.30	6.47	8.36	9.12
2	35.7	41.0	63.4	69.8	5.46	6.55	9.80	10.96
3	38.9	46.4	72.5	77.6	5.96	8.52	10.58	11.22
4	36.0	46.2	66.8	69.0	5.54	8.68	10.17	11.24
5	28.8	35.6	66.8	69.0	4.96	6.57	8.98	9.99
6	33.0	45.2	71.2	74.3	5.34	7.55	10.03	10.41
7	38.6	48.2	69.6	70.4	5.78	7.80	10.88	—
8	37.5	49.2	73.4	77.1	6.02	10.22	11.36	—
9	34.9	48.2	71.0	76.5	5.82	110.8	11.40	—
10	32.6	39.8	63.4	67.3	4.99	7.05	9.10	9.49
11	22.4	28.1	63.2	67.2	4.55	6.28	9.43	9.83
12	21.3	30.5	59.0	65.2	3.84	5.79	9.28	10.15

三、磨细矿渣的用途及应用范围

粒化高炉矿渣以玻璃体为主，潜在很高的水硬性。将水淬粒化高炉矿渣经过粉磨后达到规定的细度，会产生很高的活性，发挥很高的强度。这种粉磨后的粉体称为磨细矿渣。磨细矿渣既可用作等量取代熟料生产高掺量的新型矿渣水泥，也可作为混凝土的掺和料取代部分水泥。

（1）可用于配制新型矿渣硅酸盐水泥　传统的矿渣硅酸盐水泥是将矿渣和水泥熟料同时进行粉磨而制成。由矿渣的易磨性要比水泥熟料差，因此，水泥中的矿渣活性难以发挥，出现矿渣硅酸盐水泥早期强度低、易泌水等问题。新型矿渣硅酸盐水泥是将矿渣与水泥熟料分别进行粉磨，使矿渣达到规定的细度，矿渣的活性可以充分发挥。我国已研制成功 52.5 级早强低热高掺量矿渣硅酸盐水泥，并成功应用于混凝土工程中。

（2）可用于配制高性能混凝土　将磨细矿渣掺入混凝土中，可以改善混凝土的和易性，提高混凝土的耐久性。因此，磨细矿渣可以用来配制高性能混凝土，特别是适用于对耐久性（如抗氯离子侵蚀）等要求的环境。

四、磨细矿渣的应用技术要点

在现行国家标准《高强高性能混凝土用矿物外加剂》（GB/T 18736—2017）中，对磨细矿渣等矿物外加剂的技术要求作了详细的规定，在实际的工程应用过程中应当采用符合国家标准要求的磨细矿渣。

1. 磨细矿渣的技术要求

磨细矿渣矿物外加剂的技术要求应符合表14-1中的规定。

2. 磨细矿渣的细度

工程实践证明，磨细矿渣的细度对其活性有显著的影响。磨细矿渣是炼铁生产的副产品，充分利用可以变废为宝、物尽其用，同时又符合环保和可持续发展的政策，因此磨细矿渣是一种值得推荐使用的高强高性能混凝土用掺合料。由于掺合料的细度（比表面积）大小直接影响掺合料的增强效果，原则上讲磨细矿渣粉的细度越大则效果越好，但要求过细则粉磨困难，成本将大幅度提高。所以实际应用中应综合考虑磨细矿渣粉的细度，即选择磨细矿渣的最佳细度，使其在成本可以接受的情况下得到应用。在选择磨细矿渣的最佳细度时，要综合考虑以下因素。

① 应考虑磨细矿渣参与水化反应的能力。粒化高炉矿渣在水淬时，除了形成大量玻璃体外，还含有钙铝镁的黄长石和少量的硅酸一钙（CS）或硅酸二钙（C_2S）等组分，因此具有微弱的自身水硬性能。但当其粒径大于 $45\mu m$ 时矿渣颗粒很难参与水化反应。因此，磨细矿渣的比表面积应超过 $400m^2/kg$，才能比较充分地发挥其活性，改善并提高混凝土的性能。

② 要考虑到混凝土的温升。磨细矿渣细度越细，其活性也就越高，掺入混凝土后，早期产生的水化热也就越大，混凝土的温升越快。有资料表明：磨细矿渣等量取代水泥用量30％的混凝土，细度为 $600\sim800m^2/kg$ 的磨细矿渣，其混凝土的绝热温升比细度为 $400m^2/kg$ 的磨细矿渣混凝土有十分显著的提高。

③ 材料试验结果表明，在设计和施工低水胶比并掺有较大量的磨细矿渣的高强混凝土或高性能混凝土时，要考虑混凝土早期产生的自收缩。磨细矿渣的细度越细，混凝土早期产生的自收缩越严重。

④ 要考虑磨细矿渣混凝土的造价。磨细矿渣磨得越细，所耗的电能也越大，生产成本将大幅度提高，磨细矿渣混凝土的造价必然也高。

⑤ 由以上可知，磨细矿渣的细度应当在能充分发挥其活性和水化反应能力的基础上，综合考虑所应用的工程的性质、对混凝土性能的要求以及经济分析等因素来确定，不能简单地认为磨细矿渣的细度越细越好。

3. 矿渣掺量与养护

配制掺加磨细矿渣的混凝土时，矿物外加剂的选用品种与掺量应通过混凝土试验确定。总之，在选择磨细矿渣时应与水泥、其他外加剂之间应有良好的适应性。

一般认为，相对于普通混凝土，养护温度和湿度的提高，将更有利于磨细矿渣混凝土强度等性能的发展。为充分发挥磨细矿渣在混凝土中的作用，掺加磨细矿渣的混凝土，应加强对掺加磨细矿渣混凝土的养护。

第二节　粉煤灰

粉煤灰是电厂排放的固体废弃物，其中含有大量玻璃体，赋予粉煤灰较好的火山灰活性，使其能应用于水泥和混凝土中。粉煤灰在水泥和混凝土中的作用主要表现为三大效应——形态、活性和微集料效应。形态效应主要是粉煤灰中的球状玻璃体可以在水泥浆体中起到滚珠轴承的作用，使颗粒之间的摩擦减小，使浆体的流动性增加。火山灰反应的化学活性则是粉煤灰作用于水泥和混凝土的基础。

粉煤灰玻璃体中的 SiO_2 和 Al_2O_3 能与水泥水化生成的 $Ca(OH)_2$ 发生反应，生成水化硅酸钙和水化铝酸钙，这些水化产物一部分沉积在粉煤灰颗粒的表面，另一部分则填充于水泥水化产物的孔隙中，起到细化孔的作用，使水泥石结构更加密实。由于粉煤灰在水化过程中可以吸收水泥水化产物中结晶程度较高的 $Ca(OH)_2$，因此可使混凝土内部的界面结构得到改善。

另外，粉煤灰是高温煅烧的产物，其颗粒的本身很坚固，具有很高的强度。粉煤灰水泥浆体中有相当数量的未反应的粉煤灰颗粒，这些坚固的颗粒一旦共同参与承受外力，就能起到很好的"内核"作用，即产生"微集料效应"。粉煤灰的三大效应也可概括为火山灰活性作用、孔的细化作用、内核作用和润滑、吸附作用。

一、粉煤灰的主要性能特点

粉煤灰含有大量活性成分，将优质粉煤灰应用于水泥和混凝土中，不但能部分代替水泥，而且能提高混凝土的力学性能。在现代混凝土工程中，粉煤灰已经成为高性能混凝土的一个重要组成部分。粉煤灰的性能是评价其质量优劣的依据，主要包括物理性能、化学性能和其他性能。

1. 粉煤灰的物理性能

粉煤灰的物理性能包括细度、烧失量、需水量等。

（1）细度　细度是粉煤灰一个非常重要的品质指标。粉煤灰越细，比表面积越大，粉煤灰的活性越容易被激发。同样条件下，粉煤灰的细度越细，火山灰活性越高，烧失量也相应比较低，因此对于同一电厂，当煤的来源及煤粉的燃烧工艺没发生变化时，细度可以作为评价粉煤灰的首要指标。有资料认为：$5\sim45\mu m$ 颗粒越多，粉煤灰活性越高，大于 $80\mu m$ 的颗粒，对粉煤灰的活性不利。

（2）烧失量　大量研究证明，粉煤灰中的炭变为焦炭那样的物质以后，其体积是比较安定的，也不会对钢筋有害。但是惰性炭的增多，将导致粉煤灰的活性成分减少。粉煤灰的烧失量与粉煤灰的细度、火山灰活性和需水量有很大关系。一般来说，粉煤灰越细，烧失量越小，相应需水量也越低，火山灰活性越高。

（3）需水量　粉煤灰的需水量指标可以综合反映粉煤灰的颗粒形貌、级配等情况。粉煤灰中表面光滑的球形颗粒越多，相应的需水量就越小，而粉煤灰中多孔的颗粒越多，则需水量必然增加。在粉煤灰的诸多物理性能中，需水量对混凝土的抗压强度影响最大。因为需水量的大小直接影响混凝土拌合物的流动性，也就是说，在保证要求的流动性的条件下，需水量将影响混凝土的水灰比。而水灰比对混凝土性能的影响又超过粉煤灰的化学活性。

材料试验证明，影响粉煤灰需水量的因素包括粉煤灰的细度与颗粒级配、球状玻璃体的含量、烧失量等。

2. 粉煤灰的化学性能

粉煤灰的化学性能主要包括化学组成和火山灰活性。

（1）化学组成　粉煤灰中的氧化硅、氧化铝和氧化铁含量一般到达 70％以上，有的还含有较多的氧化钙。除此之外，还含有少量的砷、镉等微量元素。在粉煤灰的应用过程中要考虑到微量元素对环境和人体带来的影响。

（2）火山灰活性　粉煤灰的火山灰活性也称为粉煤灰活性，对硬化混凝土的性能影响非常大。粉煤灰中玻璃体是粉煤灰火山灰活性的来源。玻璃体有球状的和表面多孔的，球状的玻璃体如同玻璃球一样，需水量小，流动性好，而多孔状玻璃体虽然也有活性，但其表面吸附性强，需水量大，对混凝土来说，其性能则远不如玻璃球体的。粉煤灰中玻璃体含量及球状玻璃体与多孔玻璃体的比率，主要取决于煤的品种、煤粉细度、燃烧温度和电厂运行情况。一般含碳量高的粉煤灰中玻璃体和球状玻璃体的含量比较低。一般认为，粉煤灰中的玻璃体含量越高，粉煤灰的活性越大。

3. 粉煤灰的其他性能

用于混凝土的粉煤灰，除上述品质指标对混凝土的性能影响比较大外，粉煤灰中的游离氧化钙、氧化镁及三氧化硫的含量多少也可能对混凝土有比较大的影响，通常也要进行限定。

（1）安定性　粉煤灰中存在过烧或者欠烧的氧化钙、氧化镁，由于这些氧化物水化速率比较慢，当粉煤灰掺入混凝土后有可能会在混凝土硬化后再生成氢氧化钙和氢氧化镁，并产生比较大的体积膨胀而使混凝土开裂，因此对游离的氧化钙、氧化镁的含量必须加以限制。

（2）SO_3 的含量　SO_3 的含量是用来反映粉煤灰中硫酸盐含量的指标。很多国家标准或规范中都有具体规定，粉煤灰中硫酸盐含量必须加以控制。粉煤灰中的硫酸盐以 SO_3 计算，含量通常控制在 $0.5\% \sim 1.5\%$ 范围内，以硫酸盐计算含量控制在 $1\% \sim 3\%$ 范围内，其中主要类型为 $CaSO_4$、K_2SO_4、$MgSO_4$。其中 $CaSO_4$ 占大多数，并且以单独颗粒或聚集颗粒状态存在于粉煤中。

二、粉煤灰混凝土的凝结性能

材料试验表明，在混凝土中掺入粉煤灰会延长混凝土的凝结时间，其影响程度与粉煤灰的掺量、细度以及化学组成有很大关系。一般来说，在粉煤灰掺量不大的情况下粉煤灰混凝土的凝结时间能满足要求。

粉煤灰混凝土的凝结时间还与养护温度有很大关系。研究结果表明，当混凝土的养护温度较高时，粉煤灰的掺入对凝结时间影响不大，但当混凝土的养护温度较低时粉煤灰的掺入对凝结时间影响非常明显。

1. 水化热与混凝土温升

优质粉煤灰掺入混凝土中，不仅可以降低 7d 以前的混凝土水化热，特别是 1d 的水化热，而且可以使混凝土的放热高峰时间延迟。

2. 粉煤灰混凝土的养护

（1）养护温度　粉煤灰混凝土早期强度的发展相对普通混凝土比较低，因此适当提高养护温度将有利于粉煤灰混凝土强度等性能的发展。但太高的养护温度将过度加速粉煤灰、水泥的水化，可能会引起晶体结构的破坏或生成多孔结构，这样不利于粉煤灰混凝土抗硫酸盐侵蚀、抗碱-集料反应等性能。

（2）养护湿度　相对于普通混凝土，同等工作性的粉煤灰混凝土的用水量较低，因此粉煤灰混凝土对养护湿度更为敏感，保持比较高的养护湿度将有利于粉煤灰混凝土强度等性能的发展。

三、粉煤灰对混凝土的综合作用

粉煤灰在混凝土中的作用，可以归纳为化学和物理作用两个方面。化学作用可以使对混凝土不利的氢氧化钙转化为有利的 C-S-H 凝胶，这就是常说的火山灰活性作用，从而改善浆体与集料界面的黏结；物理作用主要是指粉煤灰颗粒的微集料效应和形态效应。粉煤灰粉磨以及粉煤灰磨细，对于粉煤灰来说一直都是一个生产中关注的问题。由于优质粉煤灰的颗粒大多呈微珠，且粒径小于水泥，在混凝土中就更为突出的起到填充、润滑、解絮、分散水泥等的致密作用，这两方面的共同作用使混凝土的用水量减少，拌合物和易性改善，混凝土均匀密实，从而提高混凝土的强度和耐久性。

掺加适量的优质粉煤灰后，混凝土的许多重要性能得到明显的改善，当然也有个别性能降低。即粉煤灰对混凝土的正面作用较多，但也有不利的作用或负面作用，特别是粉煤灰掺量过大或粉煤灰质量较差时。

1. 粉煤灰正面作用

（1）和易性得到改善　掺加适量的粉煤灰可以改善新拌混凝土的流动性、粘聚性和保水性，使混凝土拌合物易于泵送、浇筑成型，并可减少坍落度的经时损失。

（2）混凝土温升降低　掺加粉煤灰后以可减少水泥用量，且粉煤灰水化放热量很少，从而减少了水化放热量，因此施工时混凝土的温升降低，可明显减少温度裂缝，这对大体积混凝土工程特别有利。

（3）耐久性得到提高　由于粉煤灰的二次水化作用，混凝土的密实度提高，界面结构得到改善，同时由于二次反应使得易受腐蚀的氢氧化钙数量降低，因此掺加粉煤灰后可提高混凝土的抗渗性和抗硫酸盐腐蚀性和抗镁盐腐蚀性等。同时由于粉煤灰比表面积巨大，吸附能力强，因而粉煤灰颗粒可以吸附水泥中的碱，并与碱发生反应而消耗其数量。游离碱数量的减少，可以抑制或减少碱-集料反应。

（4）混凝土变形减小　粉煤灰混凝土的徐变低于普通混凝土。粉煤灰的减水效应使得粉煤灰混凝土的干缩及早期塑性干裂与普通混凝土基本一致或略低，但劣质粉煤灰会增加混凝土的干缩。

（5）混凝土耐磨性提高　粉煤灰的强度和硬度较高，因而掺加粉煤灰混凝土的耐磨性优于普通混凝土。但如果混凝土养护不良，也会导致耐磨性降低。

（6）混凝土成本降低　当粉煤灰混凝土的强度等级保持不变的条件下，用优良粉煤灰掺入混凝土中，可以减少水泥用量为 10％～15％，由于粉煤灰的价格远低于水泥，因而可大大降低混凝土的成本。

2. 粉煤灰负面作用

（1）强度发展较慢、早期强度较低　由于粉煤灰的水化速度小于水泥熟料，故掺加粉煤灰后混凝土的早期强度低于普通混凝土，且粉煤灰掺量越高早期强度越低。但对于高强混凝土，掺加粉煤灰后混凝土的早期强度降低相对较小。粉煤灰混凝土的强度发展相对较慢，故为保证强度的正常发展，需将养护时间延长至 14d 以上。

（2）抗碳化性、抗冻性有所降低　粉煤灰的二次水化使得混凝土中氢氧化钙的数量降低，因而不利于混凝土的抗碳化性和钢筋的防锈。而粉煤灰的二次水化使混凝土的结构更加致密，又有利于保护钢筋。因此，粉煤灰混凝土的钢筋锈蚀性能并没有比普通混凝土差很多。许多研究结果也不完全一致，有的认为钢筋锈蚀加剧，有的则认为钢筋锈蚀减缓。无论什么结果，掺加粉煤灰时，如果同时使用减水剂则可有效地减缓掺加粉煤灰所带来的抗碳化性，从而提高对钢筋的保护能力。

粉煤灰混凝土的抗冻性较普通混凝土有所降低，特别是采用劣质粉煤灰时更加严重。对有抗冻性要求的混凝土应采用优质粉煤灰，当抗冻性要求较高时应掺加引气使含气量达到要求的数值，即可保证混凝土达到优良的抗冻性。

四、配制混凝土用的粉煤灰标准

美国标准 ASTM C618 中把粉煤灰分为 F 级和 C 级两个等级，其技术性能如表 14-5 所列。我国在国家标准《用于水泥和混凝土中的粉煤灰》（GB/T 1596—2005）和《粉煤灰混凝土应用技术规范》（GB/T 50146—2014）中，也把粉煤灰分为 F 类和 C 类，把拌制混凝土和砂浆用的粉煤灰按其品质分为 Ⅰ、Ⅱ、Ⅲ 3 个等级，其具体技术要求如表 14-6 所列。配制高性能混凝土最好采用表 14-6 中的 Ⅰ 等 C 级粉煤灰。

表 14-5　美国对常用粉煤灰的性能要求

粉煤灰等级	粉煤灰的化学成分/%						
	SiO_2	Al_2O_3	Fe_2O_3	CaO	C	平均尺寸/mm	密度/(g/cm³)
F 级	>50	20～30	<20	<5.0	<5.0	10～15	2.2～2.4
C 级	>30	15～25	20～30	20～32	<1.0	10～15	2.2～2.4

表 14-6　我国对配制混凝土和砂浆用粉煤灰的技术要求

技术指标项目		技术要求		
		Ⅰ	Ⅱ	Ⅲ
细度(0.045mm 方孔筛的筛余)/%	F 类	≤12.0	≤25.0	≤45.0
	C 类			
需水量比/%	F 类	≤95	≤105	≤115
	C 类			
烧失量/%	F 类	≤5.0	≤8.0	≤15.0
	C 类			
含水量/%	F 类	≤1.0		
	C 类			
三氧化硫含量/%	F 类	≤3.0		
	C 类			
游离氧化钙含量/%	F 类	≤1.0		
	C 类	≤4.0		

五、粉煤灰对混凝土性能的影响

粉煤灰对混凝土性能的影响，主要包括对新拌混凝土性能的影响和对硬化混凝土性能的影响。

1. 对新拌混凝土的影响

粉煤灰掺入混凝土后，将对混凝土的性能，特别是新拌混凝土的性能产生比较大的影响。

（1）粉煤灰混凝土的工作性能　粉煤灰最初用于混凝土的主要技术优势，就是能非常显著地改善新拌混凝土的工作性能，其作用主要体现在以下几个方面：a. 减少混凝土的需水量；b. 改善混凝土的泵送性能；c. 减少泌水与离析；d. 减少混凝土坍落度损失。

（2）对混凝土外加剂的适应性　材料试验结果表明，粉煤灰对外加剂在混凝土中的作用没有实质性的影响，通常还有利于外加剂的发挥。但是，粉煤灰性质变化比较大，在某些情况下可能对混凝土外加剂的作用产生不利的影响。

① 减水剂。通常分散粉煤灰颗粒所需减水剂的量要小于分散水泥颗粒所需要的量，也就是说减水剂对于分散粉煤灰颗粒比分散水泥颗粒更有效。

② 引气剂。高烧失量的粉煤灰将对混凝土中掺加引气剂的效果产生不利影响，因为高烧失量的粉煤灰通常含有较多粗大、多孔的颗粒，容易吸附引气剂。因此，如果混凝土需要一定的引气量，粉煤灰混凝土特别是掺加高烧失量粉煤灰的混凝土通常需要更大剂量的引气剂。

2. 对硬化混凝土的影响

掺加粉煤灰后对硬化混凝土性能的影响主要有力学性能、体积稳定性和耐久性能等。

（1）力学性能　对粉煤灰混凝土的力学性能影响主要包括强度和弹性模量。

① 强度。工程实践证明，通常随粉煤灰掺量的增加，粉煤灰混凝土强度特别是早期强度降低比较明显，但龄期达到90d后，在粉煤灰掺量不是很大的情况下，粉煤灰混凝土的强度接近普通混凝土的强度，一年后甚至超过普通混凝土的强度。如果粉煤灰用于取代混凝土中的集料，各龄期粉煤灰混凝土的强度则随着粉煤灰掺量的增加而提高。与普通混凝土一样，粉煤灰混凝土的抗弯强度正比于其抗压强度。

② 弹性模量。粉煤灰混凝土的弹性模量与抗压强度成正比关系。相比于普通混凝土，粉煤灰混凝土的弹性模量28d不低于甚至高于相同抗压强度的普通混凝土。粉煤灰混凝土的弹性模量与抗压强度一样，也随着龄期的增长而增长；如果由于粉煤灰的减水作用而减少了新拌混凝土的用水量，则这种增长速度比较明显。

（2）体积稳定性　对粉煤灰混凝土的体积稳定性影响主要包括徐变和收缩。

① 混凝土徐变。粉煤灰混凝土由于具有良好的工作性能，经振捣后的混凝土更为密实，因此会比普通混凝土有更低的徐变。但是由于粉煤灰混凝土早期强度比较低，因此在加荷的初期各种因素影响下，粉煤灰混凝土徐变的程度可能高于普通混凝土。

② 混凝土收缩。粉煤灰掺入混凝土后可以减少混凝土的化学减缩和自干燥收缩。当粉煤灰替代率较低时，粉煤灰水化度高以及微集料效应使水化相孔径细化，细孔失水是影响混凝土收缩的主导因素；混凝土中掺入粉煤灰后，实际水灰比增大，水泥水化率提高，实际上对水化相的数量不会产生太大影响，但由于粉煤灰在后期才开始进行二次水化，导致与同龄期不掺加粉煤灰的混凝土相比，内部可蒸发水含量较高，使混凝土收缩的可能性提高。综上所述，孔结构和可蒸发水含量的影响，对混凝土干燥收缩产生正负两方面的效果，将使掺粉煤灰的混凝土收缩相对于基准混凝土既可能增加也可能减少。

除此以外，粉煤灰的细度、活性、含水率和烧失量等因素，也可能对混凝土的收缩产生一定的影响。

（3）耐久性能　对粉煤灰混凝土的耐久性能影响包括很多方面，如抗渗性能、抗化学侵蚀性能、碱-集料抑制作用、抗碳化性能、钢筋耐锈蚀性能、抗冻性能等。

① 抗渗性能。在混凝土中掺加一定量的粉煤灰后，可以提高混凝土的密实性，有效地改善混凝土的孔结构，因此，一般认为在同样强度等级和施工工艺的条件下，掺加优良粉煤灰混凝土的抗渗性高于普通混凝土。

② 抗化学侵蚀性能。混凝土的抗化学侵蚀性能主要是指抗硫酸盐侵蚀性。由于粉煤灰混凝土具有较高的抗渗性，并且粉煤灰的火山灰化学反应过程中消耗了混凝土中的氢氧化钙以及游离氧化钙，水化硅酸钙具有比较低的钙硅比，因此粉煤灰混凝土的耐硫酸盐侵蚀的性能优于普通混凝土。

③ 碱-集料抑制作用。工程实践证明，掺加粉煤灰是降低混凝土碱-集料反应的有效措施。粉煤灰本身含有大量的活性 SiO_2，其颗粒越细，越能吸收较多的碱，降低了每个反应点上碱的浓度，也就减少了反应产物中的碱与硅酸之比。粉煤灰的品质对抑制混凝土碱-集料反应能力的影响比较大。粉煤灰中碱含量越高，越不利于粉煤灰对碱-集料反应的抑制作用；氧化硅含量越高，则越有利于粉煤灰对碱-集料反应的抑制作用；粉煤灰的细度越细，越有利于粉煤灰对碱-集料反应的抑制作用。一般认为，优质粉煤灰掺量为30%时，可以有效抑制混凝土碱-集料反应。

④ 抗碳化性能。粉煤灰取代混凝土中的部分水泥后，首先水泥熟料发生水化反应，生成氢氧化钙，待 pH 值达到12～13时，氢氧化钙与粉煤灰玻璃体中的活性氧化硅、氧化铝反应，生成水化硅酸硅、水化铝酸钙。因此，粉煤灰混凝土特别是大掺量粉煤灰混凝土的二次水化反应，将消耗大量的氢氧化钙，将使碱储备、液相碱度降低，使碳化中和作用的过程缩短，从而导致粉煤灰混凝土的抗碳化性能降低。粉煤粉混凝土的碳化速率与粉煤灰活品质有关。目前绝大多数的试验结果显示，相同强度等级粉煤灰混凝土的碳化深度要高于普通混凝土。

⑤ 钢筋耐锈蚀性能。工程实践证明，在混凝土中引起钢筋锈蚀有两个诱因，即氯离子含量和混凝土的碳化。前一种情况，钢筋锈蚀与氯离子通过混凝土的扩散有关。因粉煤灰水泥浆体的氯离子有效扩散系数大大低于普通水泥浆体，所以粉煤灰混凝土的保护钢筋不受锈蚀的性能优于普通混凝土。

由混凝土碳化引起的钢筋锈蚀，混凝土保护钢筋的性能主要取决于保护层的碳化速率。粉煤灰混凝土因为粉煤灰的火山灰反应要消耗大量的氢氧化钙，将使混凝土的碱度有所下降，因此粉煤灰混凝土的抗钢筋锈蚀性能相对普通混凝土也有下降的趋势。粉煤灰混凝土的碳化速率与粉煤灰的品质有关，用优质粉煤灰碳化速率慢于质次的粉煤灰。在实际的混凝土工程中，如果粉煤灰的品质在Ⅱ级以上，被取代的水泥质量低于10%～15%，保护层厚度不小于2cm，则粉煤灰混凝土的护钢筋耐久性是可以保证的。

⑥ 抗冻性能。混凝土的抗冻性能与含气量、水灰比、集料性能、水泥品种等因素密切相关。在混凝土中掺加粉煤灰，在不引气的条件下，粉煤灰混凝土的抗冻性较同强度等级的普通混凝土差。掺加引气剂的粉煤灰混凝土的抗冻性与普通混凝土的差别缩小。在有抗冻性要求的混凝土结构和部位，粉煤灰混凝土必须掺加引气剂，混凝土含气量由抗冻要求确定。由于粉煤灰颗粒表面吸附引气剂，为达到混凝土中有相同的含气量，粉煤灰混凝土所需的引气剂掺量要大于普通混凝土。

六、粉煤灰应用技术要点

从20世纪50年代以来，我国就已经在水利工程和各种工业与民用建筑工程中广泛应用粉煤灰混凝土，并且已经积累了相当丰富的经验。在总结经验的基础上，我国于2014年制定颁发了《粉煤灰混凝土应用技术规范》（GB/T 50146—2014），现以该规范为据，介绍粉煤灰混凝土的应用技术要点。

① 粉煤灰用于混凝土工程可根据等级，按下列规定使用：a. 一级粉煤灰适用于钢筋混凝土和跨度小于 6m 的预应力钢筋混凝土；b. 二级粉煤灰适用于钢筋混凝土和无筋混凝土；c. 三级粉煤灰主要用于无筋混凝土，对设计强度等级 C30 及以上的无筋粉煤灰混凝土，宜采用一、二级粉煤灰；d. 用于预应力钢筋混凝土、钢筋混凝土及设计强度等级 C30 及以上的无筋混凝土的粉煤灰等级，如经试验论证，可采用比规定低一级的粉煤灰。

② 粉煤灰用于跨度小于 6m 的预应力钢筋混凝土时，放松预应力前，粉煤灰混凝土的强度必须达到设计规定的强度等级，且不得小于 20MPa。未经试验论证，粉煤灰不允许用于后张有粘接的预应力钢筋混凝土及跨度大于 6m 的先张预应力钢筋混凝土。

③ 配制泵送混凝土、大体积混凝土、抗渗结构混凝土、抗硫酸盐和抗软水浸蚀混凝土、蒸养混凝土、轻集料混凝土、地下工程混凝土、压浆混凝土及碾压混凝土等，宜掺用粉煤灰。

④ 根据各类工程和各种施工条件的不同要求，粉煤灰可与各类外加剂同时使用。外加剂的适应性和合理参量应有实验确定。

⑤ 粉煤灰用于下列混凝土时，应采取相应措施：a. 粉煤灰用于要求高抗冻融性的混凝土时，必须加入引气剂；b. 粉煤灰混凝土在低温条件下施工时，宜掺入对粉煤灰混凝土无害的早强剂或防冻剂，并应采取适当的保温措施；c. 用于早起脱模、提前负荷的粉煤灰混凝土，宜参用高效减水剂、早强剂等外加剂。

⑥ 掺有粉煤灰的钢筋混凝土，对含有氯盐外加剂的限制，应符合现行国家标准《混凝土外加剂应用技术规范》的有关规定。

第三节　硅灰粉

硅灰粉又称为微硅粉或者硅粉，是铁合金厂在冶炼硅铁合金或金属硅时，从烟气净化装置中回收的工业烟尘。硅铁厂在冶炼硅金属时，将高纯度的石英、焦炭投入电弧炉内，在温度高达 2000℃下石英被还原成硅的同时，有 10％～15％的硅化为蒸气，在烟道内随气流上升遇氧结合成一氧化硅（SiO）气体，逸出炉外时，一氧化硅（SiO）遇冷空气再氧化成二氧化硅（SiO_2），最后冷凝成极微细的颗粒。这种 SiO_2 颗粒，日本称为"活性硅"，法国称为"硅尘"，我国统称为"硅灰粉"。

我国是世界硅铁、工业硅生产大国，据估计算，我国硅灰粉的潜在资源每年达 15 万吨以上。近年来以 3000～4000 吨/年的速度在逐年上升，唐山、上海、昆明、安徽、新疆、西宁、北京、天津、吉林、四川等地都有硅灰粉生产。

硅灰粉的颗粒主要呈球状，粒径小于 $1\mu m$，平均粒径约 $0.1\mu m$。硅灰粉中的主要活性成分为无定形的 SiO_2，其含量约占 90％。硅灰粉的小球状颗粒填充于水泥颗粒之间，使胶凝材料具有良好的级配，降低了其标准稠度下的用水量，从而提高了混凝土的强度和耐久性。因此，硅灰粉配制的混凝土多用于有特殊要求的工程，如高强度、高抗渗性、高耐磨性、高耐久性及对钢筋无侵蚀作用的混凝土中。

硅灰粉用于混凝土是研究最早、应用最广的一个领域，它在混凝土中可以起到加速胶凝材料水化，提高混凝土致密度，改善混凝土离析和泌水性能，提高混凝土的抗渗性、抗冻性抗化学腐蚀性，提高混凝土的强度和耐磨性等作用。

由于硅灰粉是生产硅铁和工业硅的副产品，其生产条件基本相似，所以各国硅灰粉的物理性质和化学成分也差不多，表 14-7 为我国某生产单位生产的硅灰粉各种性能指标。

表 14-7　我国某生产单位生产的硅灰粉各种性能指标

序号	性能指标名称	检测值	序号	性能指标名称	检测值
1	SiO_2/%	95.48	10	含碳量/%	0.250
2	Al_2O_3/%	0.400	11	烧失量(900℃)/%	0.900
3	Fe_2O_3/%	0.032	12	密度/(g/cm³)	2.230
4	CaO/%	0.440	13	比表面积/(m²/g)	30.10
5	MgO/%	0.400	14	$45\mu m$ 筛的筛余量/%	0
6	K_2O/%	0.720	15	含水率/%	1.400
7	Na_2O/%	0.250	16	表观密度/(kg/m³)	173.0
8	SO_3/%	0.420	17	耐火度/℃	1710~1730
9	P_2O_5/%	0.690	—	—	—

一、硅灰粉在混凝土中的作用

材料试验和工程实践证明，硅灰粉是配制混凝土极好的矿物外加剂，它能够填充混凝土水泥颗粒间的孔隙，同时与水化产物生成凝胶体，与碱性材料氧化镁反应生成凝胶体。

在水泥基的混凝土和砂浆中，掺入适量的硅灰，可以起到如下作用：

a. 可以显著提高混凝土的抗压强度、抗折强度、抗渗性、耐防腐性、抗冲击性及耐磨性能；b. 硅灰粉具有保水、防止离析、泌水、大幅降低混凝土泵送阻力的作用；c. 可以显著延长混凝土结构的使用寿命，特别是在氯盐污染、硫酸盐侵蚀、高湿度等恶劣环境下，可使混凝土的耐久性提高 1 倍甚至数倍；d. 用硅粉配制的喷射混凝土，可以大幅度降低喷射混凝土和浇筑料的落地灰，提高单次喷射层的厚度；e. 硅灰粉是配制高强度高性能混凝土不可缺少的重要组分，发达国家已将强度等级 C150 的混凝土用于工程中；f. 硅灰粉具有约 5 倍水泥的功效，在普通混凝土和低强度等级的混凝土中应用可降低成本，提高混凝土的耐久性；g. 用硅灰粉配制的混凝土可以有效防止发生混凝土碱-集料反应；h. 硅灰粉可以有效提高耐高温混凝土的致密性，在与 Al_2O_3 并存时更易生成莫来石相，使其高温强度、抗热性和抗震性增强；i. 硅灰粉具有极强的火山灰效应，掺加到混凝土中后，可以与水泥水化产物$Ca(OH)_2$发生二次水化反应，形成胶凝产物，填充水泥石结构，改善浆体的微观结构，提高硬化体的力学性能和耐久性；j. 硅灰粉为无定型球状颗粒，可以提高混凝土的流变性能，防止新拌混凝土坍落度有较大的损失；k. 硅灰粉的平均颗粒尺寸比较小，具有很好的填充效应，可以填充在水泥颗粒空隙之间，提高混凝土强度和耐久性。

二、硅灰粉的主要性能特点

1. 硅灰粉的物理性能

硅灰粉根据其碳含量的不同，颜色可由白色到黑色，常见的为灰色。硅灰粉的颗粒极细，最小颗粒粒径小于 $1\mu m$，平均粒径为 $0.1\sim0.3\mu m$，其中粒径$<1\mu m$ 的颗粒占 80% 以上；其粒径为水泥的 1/100，粉煤灰的 1/70。硅灰粉的比表面积为 15000~20000m²/kg，松散容重为 1500~2000kg/m³，密度为 2.2~2.5g/cm³。

硅灰粉在形成过程中，因相变的过程中受表面张力的作用，形成了非结晶相无定形圆球状颗粒，且表面较为光滑，有些则是多个圆球颗粒粘在一起的团聚体。它是一种比表面积很大、活性很高的火山灰物质。掺有硅粉的混凝土，微小的球状体可以起到润滑的作用。

2. 硅灰粉的化学性能

（1）硅灰粉的化学组成 硅灰粉的主要化学成分为 SiO_2，几乎都呈非晶态。硅灰粉中 SiO_2 的比例随生产国家和生产方法而异。试验证明，硅灰粉中的 SiO_2 含量越高，其在碱性溶液中的活性越大。一般来说，用于混凝土作为矿物外加剂的硅灰粉，其 SiO_2 的含量应在 85％以上，SiO_2 含量低于 80％的硅灰粉对混凝土的作用不大。国外一些国家生产的硅灰粉化学成分如表 14-8 所列，我国部分铁合金厂生产的硅灰粉化学成分如表 14-9 所列。

表 14-8 国外一些国家生产的硅灰粉化学成分 单位：％

国家	SiO_2	Al_2O_3	Fe_2O_3	MgO	CaO	K_2O	Na_2O	C	烧失量
挪威	90～96	0.5～0.8	0.2～0.8	0.15～1.5	0.1～0.5	0.4～1.0	0.2～0.7	0.5～1.4	0.7～2.5
瑞典	86～96	0.2～0.6	0.3～1.0	0.3～3.5	0.1～0.6	1.5～3.5	0.5～1.8	—	—
美国	94.3	0.3	0.66	1.42	0.27	1.11	0.76	—	3.77
加拿大	91～95	0.1～0.5	0.2～2.0	0.8～1.4	0.1～0.7	1.1～1.9	—	0.7～2.1	2.2～4.0
日本	88～91	0.2	0.1	1.0	0.1	—	—	0.5	2.0～3.0
英国	92.0	0.7	1.2	0.2	—	—	0.2	—	2.0～3.0
澳大利亚	88.6	2.44	2.56					3.0	

表 14-9 我国部分铁合金厂生产的硅灰粉化学成分 单位：％

生产厂家	SiO_2	Al_2O_3	Fe_2O_3	MgO	CaO	烧失量
上海铁合金厂	93.38	0.50	0.12		0.38	3.78
北京铁合金厂	85.37	0.56	1.50	0.63	1.17	9.26
宝鸡钢铁厂	85.96	0.84	1.15		0.31	10.00
太原钢铁厂	90.60	1.78	0.64	0.76	0.30	3.04
唐山钢铁厂	86.57	0.96	0.56	0.60	0.34	5.07

（2）硅灰粉的化学性质 合格的硅灰粉具有很高的火山灰活性、极小的粒径和较大的比表面积。虽然硅灰粉的本身基本上不与水发生水化作用，但它能够在水泥水化产物氢氧化钙及其他一些化合物的激发作用下，发生二次水化反应生成具有胶凝性的产物。二次反应产物的堵塞作用，加上硅灰粉的微集料效应，不仅可以使水泥石的强度得到提高，还可以使水泥石中宏观大孔和毛细孔的孔隙率降低，使凝胶孔和过渡孔增加，从而有效改善硬化水泥浆体的微结构，使混凝土的耐久性得到提高。

三、硅灰粉对混凝土的影响

硅灰粉能够在很大程度上改善硬化水泥浆体和混凝土的性能，主要是由于硅灰粉具有较强的火山灰活性及其较小的粒径和较大的比表面积。硅灰粉对硬化水泥浆体微结构的影响机理主要体现在以下几个方面：a. 提高水泥水化度，并与 $Ca(OH)_2$ 发生二次水化反应，增加硬化水泥浆体中的 C-S-H 凝胶体的数量，且改善了传统 C-S-H 凝胶体的性能，从而提高硬化水泥浆体的性能；b. 硅灰粉及其二次水化产物填充硬化水泥浆体中的有害孔，水泥石中宏观大孔和毛细孔孔隙率降低，同时增加了凝胶孔和过渡孔，使孔径分布发生很大变化，大孔减少，小孔增多，且分布均匀，从而改变硬化水泥浆体的孔结构；c. 硅灰粉的掺入可以消耗水泥浆体中的 $Ca(OH)_2$，改善混凝土中硬化水泥浆体与集料的界面性能。

具体地讲，硅灰粉对混凝土性能的影响主要包括：对新拌混凝土性能的影响和对硬化混凝土性能的影响。

1. 对新拌混凝土性能的影响

硅灰粉对新拌混凝土的影响包括需水量与泌水、混凝土和易性、混凝土塑性收缩。

（1）需水量与泌水　由于球状硅灰粉的粒子远远小于水泥颗粒，它们在水泥颗粒间起到"滚珠"作用，使水泥浆体的流动性增加，同时，由于硅灰粉微粒可以填充水泥颗粒空隙，将这些空隙中的填充水置换出来，使其成为自由水，从而使混凝土混合料的流动性大大增加；由于硅灰粉的粒径很小，比表面积大，对混凝土的需水量将产生很大的影响，甚至影响到混凝土的其他各种性能，因此在配制硅灰粉混凝土时，一般将硅灰粉的掺量限制在 $5\%\sim10\%$，并用高效减水剂来调节需水量。

由于硅灰粉的粒径很小，比表面积极大，可以吸附大量自由水而使混凝土泌水减少，因此，掺加硅灰粉的混凝土没有离析和泌水现象。

（2）混凝土和易性　在混凝土水胶比较低的情况下，加入硅灰粉会增加新拌混凝土的粘聚性。为得到与不掺硅粉的混凝土相同的和易性，一般要增加 50mm 的坍落度，但在水泥用量低于 $300kg/m^3$ 情况下，加入硅灰粉可以改善新拌混凝土的粘聚性。

（3）混凝土塑性收缩　新拌混凝土的塑性收缩与水从新拌混凝土表面蒸发的速率和混凝土底层泌水置换水的速率有关。所有减小新拌混凝土泌水的化学和矿物外加剂，都会使混凝土更易于产生塑性收缩裂纹，对于掺加硅灰粉的混凝土更会如此。因此，对于硅灰粉混凝土，应当特别加强其早期的湿养护，以防止出现塑性收缩。

2. 对硬化混凝土性能的影响

硅灰粉对硬化混凝土的影响包括抗压强度、体积稳定性和耐久性能。

（1）抗压强度　材料试验证明，在混凝土中掺入硅灰粉，混凝土强度可显著提高，尤其是在蒸养的条件下，增强的效果更明显。有关文献报道，在普通混凝土中掺入适量的硅灰粉，其强度因掺入方式、硅灰粉品种及掺量不同，抗压强度可提高 $40\%\sim150\%$，是配制高强混凝土的极好材料。

（2）体积稳定性　有关专家的研究结果表明，由于填孔与火山灰反应作用，在水泥浆体中掺入硅灰粉将明显增大浆体的收缩。混凝土中掺入硅灰粉，可能导致混凝土自收缩增大，硅灰粉的掺量越高，自收缩越大。因此，在掺加硅灰粉的同时，可考虑同时掺加其他火山灰质材料，达到取长补短的目的。

（3）耐久性能　硅灰粉对混凝土耐久性能的影响包括抗渗性能、抗冻性能、抑制混凝土碱-集料反应、抗化学侵蚀性能、抗冲磨性能等。

① 抗渗性能。硅灰粉能改善混凝土的抗渗性能。硅灰粉的微集料效应和二次水化反应产物的填充作用，降低了混凝土的孔隙率，改善了孔径分布，使毛细孔和连通孔大大减少，混凝土结构更加密实，阻水能力得到提高，混凝土的抗渗性也自然得到提高。一般硅灰粉增加混凝土抗渗性的效果要大于增强的效果。有资料表明，在普通混凝土中掺入 $5\%\sim10\%$ 的硅灰粉，混凝土的抗渗性可以提高 $6\sim11$ 倍。

② 抗冻性能。混凝土的抗冻性能，由于水的结冰温度与孔径有关，孔径越小，冰点越

低。材料试验表明，在 $1\mu m$ 的孔中，结冰温度为 $-2\sim-3℃$；在 $0.1\mu m$ 的孔中，结冰温度为 $-30\sim-40℃$，而在凝胶孔中的水是不会结冰的。在混凝土中掺硅灰后，大大减少了混凝土中大于 $0.1\mu m$ 的孔，因而其抗冻性得以提高。有资料表明，硅灰粉的掺量在 15% 时，混凝土的抗冻性能约提高 2 倍。

③ 抑制混凝土碱-集料反应。碱-集料反应是指混凝土毛细孔内溶液中的碱与集料中的活性 SiO_2 反应，形成碱的硅酸盐凝胶，致使混凝土出现开裂现象。由于硅灰粉具有火山灰活性，二次反应结合了大量碱，从而减少了混凝土孔溶液中碱的浓度，加上混凝土的抗渗性能提高，所以可有效抑制碱-集料反应。

④ 抗化学侵蚀性能。材料试验证明，混凝土的密实性和氢氧化钙的含量是造成混凝土腐蚀的最主要的内因之一。工程实践证明，掺加硅灰粉后可以明显降低混凝土的渗透性，并减少游离氢氧化钙的含量，因此，硅灰粉混凝土具有良好的抗化学侵蚀性能。

⑤ 抗冲磨性能。据国外有关文献报道，经大规模的试验证明，高强硅灰粉混凝土具有很好的抗冲磨性能。有的混凝土大坝的消力池在使用 20 年后，硅灰粉混凝土的状态仍然良好，其使用寿命是其他混凝土的 2 倍。

四、硅灰粉的应用技术要点

目前，我国主要根据硅灰粉早强、高强、抗蚀性好、防渗性好、抗冲能力强等特性，将其应用于水工、桥梁、公路、铁路、港口和城市交通等工程中。

1. 硅灰粉混凝土配制

（1）用于配制高性能混凝土，显著提高混凝土的强度和泵送性能　在混凝土中掺加 5%～15% 的硅灰粉，采用常规的施工方法，可以配制 C100 级高强混凝土。由于硅灰粉中含有细小的球形颗粒，因此具有很好的填充效应，可以明显改善胶凝材料的级配，使新拌混凝土具有较好的可泵性，不离析，不泌水。但是，在掺加硅灰粉的同时必须同时掺加高效减水剂，否则将导致用水量增大，影响混凝土的物理力学性能。

（2）用于配制抗冲磨混凝土，显著提高混凝土的抗冲磨性能　水工结构的泄水建筑物、输水渠道、输水管道等处的混凝土，由于经常受高速含砂水流的冲击和磨损，表层很容易受到损坏，采用硅灰粉混凝土可以成倍地提高混凝土的抗冲磨性能。

（3）用于配制高抗渗、高耐久性的混凝土　在混凝土中掺加适量的硅灰，可以提高其密实性，能有效地阻止硫酸盐和氯离子等有害介质对混凝土的渗透、侵蚀，避免混凝土中的钢筋受到腐蚀，从而可以延长混凝土的使用寿命。

2. 应用技术要点

（1）硅灰粉的掺量　硅灰粉作为一种活性很高的火山灰质材料，其掺量在适宜的范围内，能显著提高混凝土的强度，改善混凝土的耐久性；但当超过一定范围后，反而会降低混凝土的性能。因此，在实际应用中，要根据使用条件，选择合适的掺量，以达到最佳活性应用。

（2）与其他矿物外加剂的混掺　根据工程实际需要，硅灰粉、矿渣与粉煤灰等其他矿物外加剂混合掺加，可以起到"超叠"效应，取长补短，同时也可提高混凝土的性价比。

（3）由于硅灰粉的颗粒极小，在配制中需水量必然增大，为确保混凝土的坍落度和水灰比不改变，在掺加硅灰粉的同时必须掺加适量的高效减水剂。

（4）加强养护　硅灰粉混凝土必须加强养护，特别是对于平板工程，必须注意防止硅灰粉混凝土的水分过早蒸发，养护时应采用湿养护的方法。

第四节　磨细天然沸石粉

天然沸石是一种经过长期压力、温度、碱性水介质作用沸石化凝灰岩，是一种含有水架状结构铝硅酸盐矿物，由火山玻璃体在碱性水介质作用下经水化、水解、结晶生成的多孔、有较大内表面的沸石结构。

天然沸石是硅铝氧组成的四面体结构，原子以多样连接的方式使沸石内部形成多孔结构，孔内通常被水分子填满，称为沸石水，但稍加热即可将孔内水分子去除。脱水后的沸石多孔因而可有吸附性和离子交换特性，可作为高效减水剂的载体，制成载体硫化剂用以控制混凝土坍落度的损失。未经脱水的天然沸石粉直接掺入混凝土中使其水化反应均匀而充分，可改善混凝土的密实度，其强度发展、抗渗性和徐变因吸附碱离子而抑制碱-集料反应能力均优于粉煤灰和矿粉。

一、磨细天然沸石粉的质量标准和应用

磨细天然沸石粉是指以天然沸石为主要原料，经破碎、磨细而制成的产品，与粉煤灰、硅粉、矿渣等玻璃态的工业废渣不同，这是一种含有多孔结构的微晶矿物，是一种矿产资源。现在已有很多国家都注重开发天然沸石作为水泥混凝土原材料研究，我国在建筑材料中已将天然沸石作为混凝土的矿物外加剂，用以配制高性能混凝土。

材料试验证明，磨细天然沸石粉的细度对沸石粉的活性和混凝土的物理性能影响很大。只有当沸石磨到平均粒径小于 $15\mu m$（比表面积相当 $500\sim700m^2/kg$）时，才能表现出 3d、7d 的早期强度和 28d 强度较快增长。鉴于以上情况，在现行国家标准《高强高性能混凝土用矿物外加剂》（GB/T 18736—2017）中规定，Ⅰ级品的比表面积为 $700m^2/kg$，Ⅱ级品的比表面积为 $500m^2/kg$。

磨细天然沸石具有特殊的格架晶体结构，决定了它具有吸附性、离子交换性和较高的火山灰活性等物理化学性质。沸石粉用作高性能混凝土的矿物掺和料具有很好的改性作用，可提高混凝土拌合物的裹浆量，但坍落度经时损失较大，需要与高效减水剂双掺或与粉煤灰复合"双掺"来改善拌合物的和易性；沸石粉高性能混凝土的早期强度较低，后期密实度和强度都能够提高；沸石粉能有效抑制高性能混凝土的碱集料反应，并能提高混凝土的抗碳化和钢筋锈蚀耐久性。我国的沸石矿藏分布量大面广、价廉并易于开发，用作高性能混凝土的矿物外加剂具有较大的适用性和经济性。

磨细天然沸石粉作为混凝土的一种矿物外加剂，它既能改善混凝土拌合物的均匀性与和易性、降低水化热，又能提高混凝土的抗渗性与耐久性，还能抑制水泥混凝土中碱-集料反应的发生。磨细天然沸石粉适宜配制泵送混凝土、大体积混凝土、抗渗防水混凝土、抗硫酸盐侵蚀混凝土、抗软水侵蚀混凝土、高强混凝土、蒸养混凝土、轻集料混凝土、地下和水下工程混凝土等。

现行国家标准《高强高性能混凝土用矿物外加剂》（GB/T 18736—2017）中规定，配制高强高性能混凝土用的磨细天然沸石粉的性能应符合表 14-1 中的要求。天然沸石的化学成分如表 14-10 所列；天然沸石的质量指标应符合表 14-11 中的要求。

表 14-10　天然沸石的化学成分

化学成分	Al_2O_3	Fe_2O_3	MgO	CaO	K_2O	Na_2O	烧失量
组成比例/％	12～14	0.8～1.5	0.4～0.8	2.5～3.8	0.8～2.9	0.5～2.5	10～15

表 14-11　天然沸石的质量指标

项目	质量指标		
	Ⅰ级	Ⅱ级	Ⅲ级
吸铵值/(mmol/100g)	≥130	≥100	≥90
细度(80μm 方孔筛的筛余)/％	≤4	≤10	≤15
需水量比/％	≤120	≤120	—
28d 抗压强度比/％	≥75	≥70	≥62

注：本表引自《混凝土矿物掺合料应用技术规程》(DBJ/T 01—2002)。

二、磨细天然沸石粉对混凝土强度的影响

高性能混凝土应具有高强度，以满足高层、轻质和大跨结构对材料的要求。混凝土的强度由浆体、集料和浆体/集料界面区的强度所决定，而浆体/集料界面区的结合强度往往成为混凝土强度的控制因素。利用矿物掺和料的密实填充效应和火山灰效应，使胶凝材料体系均匀密实。浆体的孔隙率降低，界面区的 CH 晶相的含量减少，从而可以提高混凝土的后期强度。采用普通硅酸盐水泥，掺加 10％～20％沸石粉等量取代水泥，得出的混凝土抗压强度试验结果认为，沸石粉高性能混凝土的早期强度均比基准混凝土低，且沸石粉取代水泥率越大，强度降低的幅度也越大。而到 28d 龄期时，沸石粉掺量在 10％～20％的高性能混凝土强度都比基准混凝土高，且沸石粉掺量 10％时沸石粉的强度效应发挥得最好。

沸石粉混凝土的早期强度较低，原因是掺加沸石粉取代水泥后，胶凝材料体系中活性较高的熟料矿物 C_3S 和 C_3A 含量相对降低，所以早期强度略低。而在水泥水化后期，沸石粉中活性的 SiO_2 和 Al_2O_3 在高碱性水泥胶凝体系中被激发，与水泥的水化产物 CH 发生火山灰反应，提高了水泥的水化程度，降低了液相中的 CH 浓度，生成对强度贡献较大的 CSH 和 CAH 凝胶，减少了混凝土的孔隙率。而且，由于沸石粉具有内在的格架结构，所以内部孔隙具有巨大的内表面能，沸石粉的亲水性较强，在浆体中起到蓄水作用。沸石粉的内部孔吸收拌合水，克服了混凝土经时泌水性，而使混凝土黏性增加，沸石粉吸水后体系膨胀，集料包裹浆体的量提高，改善了集料/浆体的界面。在水泥持续水化过程中需要用水，这时被沸石粉吸附的水又能逐渐释放出来，对水泥的水化起到自养护作用。另外，浆体内部产生自真空作用使浆体和集料产生紧密的包裹，最终凝结成一个致密的整体，从而使混凝土的后期抗压强度和抗拉强度有较大增长，耐久性得到很大改善。

第五节　复合矿物外加剂

混凝土矿物外加剂（即掺合料）是指以氧化硅、氧化铝和其他有效矿物为主要成分，在混凝土中可以代替部分水泥、改善混凝土综合性能，且掺量一般不小于 5％的具有火山灰活性或潜在水硬性的粉体材料。常用品种有粉煤灰、磨细水淬矿渣微粉（简称矿粉）、硅灰粉、

磨细沸石粉、偏高岭土、硅藻土、烧页岩、沸腾炉渣等矿物材料。

随着混凝土技术的进步，矿物外加剂的内容也在不断拓展，如磨细石灰石粉、磨细石英砂粉、硅灰石粉等非活性矿物外加剂在混凝土制品行业也得广泛应用。特别是近年来研制和应用的复合矿物外加剂，可以说是混凝土技术进步的一个标志。矿物外加剂的运用是混凝土进入高科技时代的重要标志。矿物外加剂的不断发展和应用，把普通混凝土推到了高强高性能化的新阶段。

现行国家标准《高强高性能混凝土用矿物外加剂》（GB/T 18736—2017）中定义，复合矿物外加剂为两种或两种以上矿物外加剂复合而成的产品。在混凝土中加入矿物外加剂一般可达到以下目的：减少水泥用量，改善混凝土的工作性能，降低水化热，增加后期强度，改善混凝土的内部结构，提高抗渗性和抗腐蚀能力，抑制碱-集料反应等。现代复合材料理论表明，不同材料间具有良好的复合效应。如粉煤灰、硅灰、矿渣等矿物外加剂共同掺入水泥基的材料中，可以实现成分互补、形态互补、反应机制互补，将会更有利于提高混凝土材料的性能。

工程实践证明，硅酸盐水泥-矿渣-粉煤灰的复掺体系，能显著提高复合材料中水泥熟料的水化程度，充分发挥不同种类矿物外加剂的潜在活性，获得较高的强度和优良的耐久性能，比单掺加某种矿物外加剂具有更大的潜力。目前，矿物外加剂的复合技术在混凝土工程实际中得到广泛应用。

针对混凝土不同的用途要求，主要应对高性能混凝土的下列性能有重点地予以保证：耐久性、工作性、强度、体积稳定性、经济性等。为此，高性能混凝土在配置上的特点是采用较低的水胶比，选用优质的原材料，且必须掺加适宜而足够数量的矿物细掺料和高效外加剂。多元复合、多重活性激发技术等，已成为矿物外加剂在高性能混凝土中得到大规模应用的关键。为确保复合矿物外加剂在混凝土中真正起到应有的作用，复合矿物外加剂的应用应符合表 14-12 中的要求。

表 14-12　复合矿物外加剂的应用要求

序号	项目	具体要求
1	对复合矿物外加剂品质要求	为确保复合矿物外加剂真正达到成分互补、形态互补、反应机制互补，其所有组成材料（如矿渣、粉煤灰、硅灰粉等）的品质是至关重要的因素，只有性能优良的矿物外加剂才能有效地改善新拌和硬化混凝土的性能
2	复合矿物外加剂的应用场合	在复合矿物外加剂的应用过程中，应当根据不同的应用场合选择合适的矿物掺料组成。如我国开发的 SBT-HDC（Ⅱ）高性能复合矿物外加剂，具有需水量低、超早强、高适应性、高耐久等性能，1d 活性指数≥125%、28d 活性指数≥110%，可以广泛应用于有早强和高耐久性要求的混凝土工程。另外，在有抗冻要求的结构和部位，掺加粉煤灰及矿渣后，必须复合引气剂。当混凝土的保护层厚度小于 20mm 时，不可使用单掺粉煤灰的混凝土
3	复合矿物外加剂的掺量确定	在配制掺加复合矿物外加剂的混凝土时，复合矿物外加剂的选用品种与掺量应通过混凝土现场试验确定，不得随意采用经验掺量。复合矿物外加剂、水泥与其他外加剂之间应有良好的适应性
4	复合矿物外加剂混凝土养护	掺加复合矿物外加剂的混凝土与普通混凝土的性能有很大区别，在凝结硬化的过程中会出现很多预计不到的变化，相对于普通混凝土，对养护温度和湿度加以提高，将更有利于掺加复合矿物外加剂混凝土强度等性能的发展。因此，在实际工程应用中，应加强对掺加复合矿物外加剂混凝土的养护

第十五章

混凝土其他常用外加剂

混凝土外加剂最普遍的定义是：为改善新拌的及硬化后的砂浆或混凝土性质而掺入的物质。在混凝土中掺入适量的外加剂后，对改善混凝土的和易性、提高耐久性、节约水泥、加快工程进度、保证工程质量、方便施工、提高设备利用率等是行之有效的措施，其技术经济效果十分显著。

随着混凝土科学技术的快速发展，对混凝土外加剂的功能要求越来越多，有力地推动了混凝土外加剂品种和综合功能的发展。混凝土外加剂的开发与应用具有长远意义，大力开展和推广应用混凝土外加剂，是促进建筑业科学进步的重要途径。随着科研技术能力的提高，混凝土外加剂品种的也将不断开发增加，质量也逐步提高，应用范围和使用量将逐步增加，外加剂在建筑业中会发挥更大的作用和良好的效益。

第一节　混凝土絮凝剂

絮凝剂也称为抗分散剂，主要是用来配制水下不分散混凝土，通过絮凝剂的絮凝作用，使得混凝土混合料能够实现在水中浇筑成型，不会发生各相、各组分之间的分离，且获得设计所需的强度。水下不分散混凝土具有在水下直接浇筑施工而不分散、不离析，能够在水下自填充模板和自密实的功能，是提高水下浇筑混凝土结构体性能、简化水下浇筑施工工艺、节省劳力和避免对附近水域造成环境污染的重要材料，备受工程界的重视。

众所周知，水泥混凝土尽管是一种典型的水硬性建筑材料，但如果将普通混凝土直接浇筑于水下时，混凝土在穿过水层的过程中，由于受到水流冲刷的作用，混凝土拌合物中的水泥浆体和集料严重分离，水泥浆会被水流冲散流失，浇筑体中不仅水泥浆少，而且水灰比大大增加，混凝土结构均匀性极差，强度和耐久性严重下降。悬浮的水泥颗粒下沉时，往往已呈凝固状态，失去胶结能力，浇筑的混凝土往往分为两层，一层为水泥浆含量较少而集料比例很大的混凝土层，另一层为薄而强度很低的水泥凝聚体或水泥渣，完全不能满足工程要求。由于水泥颗粒的悬浮大量其他粒子的溶出，当采用普通混凝土进行水下浇筑时，对附近水域环境造成的污染和对水中生物的破坏也难以想象。

多年以来，为了提高用普通混凝土浇筑水下结构体的质量，科研部门和工程单位开发并采用过多种施工方法，如围堰排水法、导管法、预填集料灌浆法等。但工程实践证明，采用以上传统的施工方法，存在的缺点仍很多，不仅工程量大，而且稍有不慎，工程质量事故难以避免，失败的工程实例很多。

经过多年的研究和探索，人们终于研制出水下浇筑混凝土的最佳施工方法，那就是在普通混凝土加入絮凝剂，便可取得满足设计要求的施工效果。到目前为止，日本、德国、美国和中国，都先后研制成功并使用混凝土絮凝剂，极大地方便了施工，节约了水下混凝土施工时的人力和物力，保证了水下混凝土工程的质量，并保护了施工中的水环境。

一、混凝土絮凝剂的种类

根据水下混凝土的施工经验，用于混凝土工程中的絮凝剂主要可分为无机高分子絮凝剂和有机高分子絮凝剂。

1. 无机高分子絮凝剂

无机高分子絮凝剂是 20 世纪 60 年代在传统的铁盐和铝盐的基础上发展起来的一类新型絮凝剂。主要包括如聚合氯化铝（PAC）、聚合硫酸铝（PAS）、聚合氯化铁（PFC）以及聚合硫酸铁（PFS）等。这些无机高分子絮凝剂中含有多羟基络离子，以羟基作为架桥形成多核络离子，成为巨大的无机高分子化合物，这就是无机高分子絮凝剂絮凝能力强、絮凝效果好的原因，加上其价格较低，逐步成为混凝土中主流絮凝剂。目前日本、俄罗斯、西欧及我国生产此类絮凝剂已达到工业化、规模化和流程自动化的程度，加上产品质量稳定，无机聚合类絮凝剂的生产已占絮凝剂总产量 30%～60%。

20 世纪 70 年代中期，聚合硫酸铁（PFS）问世后，新型无机高分子絮凝剂的研制主要向复合型絮凝剂的方向发展。20 世纪 80 年代末，研制出一种碱式多核羟基硫酸铝复合物（简称为 PASS），这种外加剂具有较多的活性铝，不仅能生成高密度的絮状物，而且在絮凝时沉降非常迅速。近年来，研制和应用聚合铝、铁、硅及各种复合型无机絮凝剂成为研究的热点，无机高分子絮凝剂的品种逐步成熟，已经形成系列产品。

2. 有机高分子絮凝剂

有机高分子絮凝剂是指能产生絮凝作用的天然的或人工合成的有机分子物质，多为水溶性的聚合物，具有分子量大、分子链官能团多的结构特点。按其所带的电荷不同，可分为阳离子型、阴离子型、非离子型和两性絮凝剂，工程中使用较多的是阳离子型、阴离子型、非离子型絮凝剂。其中合成的有机高分子絮凝剂主要有聚丙烯酰胺、磺化聚乙烯苯、聚乙烯醚等系列，以聚丙烯酰胺系列在水下不分散混凝土中应用最为广泛。

天然有机高分子絮凝剂原料来源广泛，价格便宜，环保无毒，易于降解和再生。按其原料来源不同，一般可分为淀粉衍生物、纤维素衍生物、植物胶改性产物、多聚糖类及蛋白质类改性产物等，其中最具发展潜力的水溶性淀粉衍生物絮凝剂和多聚糖絮凝剂。

二、混凝土絮凝剂的作用机理

用于水下混凝土的絮凝剂，一般都为高分子聚合物，具有长链结构。这种水溶性的高分子化合物掺入混凝土中，使混凝土拌合物的粘聚性增大，黏度大幅度提高。这主要由于絮凝剂在混凝土拌合物中与水泥浆体之间的物理、化学作用的结果。这些物理和化学作用可概括为桥梁作用、表面活性作用和"桥键"作用。

1. 桥梁作用

试验结果表明，高分子的长链结构在分散细颗粒体系中，将水泥颗粒吸附到分子链上，通过分子链在水泥颗粒之间形成纵横交错的桥架，并把许多颗粒连接在一起，形成稳定的网状结构。这是混凝土絮凝剂在混凝土拌合物中表现出的物理作用。

2. 表面活性作用

混凝土絮凝剂是一种表面活性物质，在碱性介质中离解成多电荷的大分子同性离子，因此，改变了混凝土拌合物粗细分散体系中颗粒表面的电位，降低了粒子间的相互排斥作用，增大了颗粒之间的相吸作用，使多相粗分散体系凝聚在一起，同时，排斥作用大分子由团状变成直线状，这样起到增稠的作用。图 15-1 显示了掺与不掺混凝土絮凝剂的水泥粒子间排斥能的对比图，从图中可以看出掺加混凝土絮凝剂的水泥浆粒子的相持能 E_{max} 明显变化。

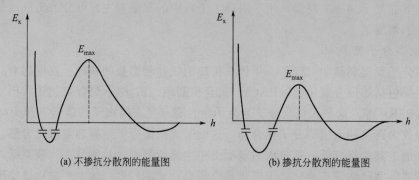

(a) 不掺抗分散剂的能量图　　　　　　　(b) 掺抗分散剂的能量图

图 15-1　掺与不掺混凝土絮凝剂的水泥粒子间排斥能的对比图

3. "桥键"作用

混凝土絮凝剂的长链分子在水中溶解时，其取代基如：羟基和醚键上的氧原子与水分子形成氢键而产生缔合，以及水解电离出的物质与原来水泥中的多价离子结合，形成一种特殊的"桥键"，这种"桥键"结构既有助于混凝土增黏，又能起到减少析出物的作用。后两种作用主要表现为化学作用。

由于以上这几个方面的作用，混凝土拌合物在宏观上表现为凝聚作用，使混凝土的黏度增大，从而提高了在水下施工的抗水洗的能力。

三、絮凝剂对混凝土性能的影响

掺加絮凝剂的水下浇筑混凝土，与普通混凝土的性能有明显的不同。水下施工的混凝土，一般不仅要求有较高的流动性，还要求具有较高的黏性。掺加絮凝剂的混凝土，一般由于黏性的增加，其需水量也将随之增大，所以掺加絮凝剂的混凝土通常还要与减水剂配合使用。

根据水下浇筑混凝土的施工实践，分析掺加絮凝剂后对混凝土各项性能的影响如下。

（1）掺加絮凝剂混凝土的用水量和拌合物的和易性　图 15-2 为达到相同扩展情况下，砂浆水灰比与纤维素醚掺量的关系。从图中可以看出，随着纤维素醚掺量的增加，达到相同扩展情况下，砂浆的水灰比也随之增加，当纤维素醚掺量超过一定数值后，砂浆的水灰比急剧增大。

为使混凝土拌合物达到一定的黏度，起到增加其抗水分散的作用，纤维素醚必须有足够的掺量，这样势必引起混凝土拌合物的流动性降低，为保证混凝土拌合物的流动性，其需水量将适当增加。一般掺加絮凝剂的混凝土，其用水量增加 $20\sim60kg/m^3$。

由于水下浇筑的混凝土无法振捣，为保证水下抗分散混凝土的施工质量，要求水下抗分散混凝土拌合物具有自密实、自流平、自填充的性能。混凝土絮凝剂与高效减水剂复合使用，以保证混凝土拌合物有较高的流动性。水下抗分散混凝土拌合物的流动性，一般采用坍

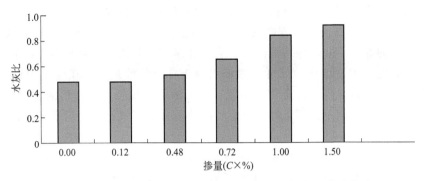

图15-2　达到相同扩展情况下，砂浆水灰比与纤维素醚掺量的关系

落度、坍落度扩展度、倒坍落度筒流出时间等进行评价。水下抗分散混凝土的坍落度一般为20～27cm，坍落度扩展度一般为50～75cm，倒坍落度筒流出时间一般为50～75s。水下抗分散混凝土的坍落度扩展度-坍落度的关系，如图15-3所示。

　　由于掺有絮凝剂的混凝土其黏度大大提高，拌合物几乎不会发生泌水和离析现象，所以水下抗分散混凝土拌合物具有非常优异的施工和易性。图15-4为抗分散剂掺量与混凝土泌水率的关系。

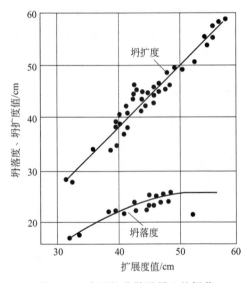

图15-3　水下抗分散混凝土的坍落
度扩展度-坍落度的关系

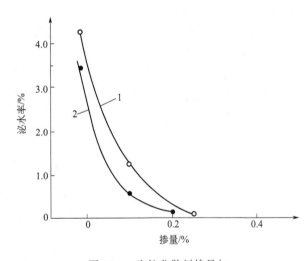

图15-4　为抗分散剂掺量与
混凝土泌水率的关系

1—W/C=0.5, S/C=1; 2—W/C=0.6, S/C=2

　　（2）混凝土的抗分散性　抗分散性是评价水下浇筑混凝土拌合物质量的一个重要指标。抗分散性是指混凝土拌合物在水中自由下落时遭水洗后混凝土性能的变化。混凝土拌合物的黏度大小直接决定了混凝土的抗分散性好坏。

　　美国标准采用THREE DROP试验法来评价混凝土的抗分散性，可采用水泥的流出率，水的透明度的变化来表示，也可以采用水的浊度和pH值来评价。水落后混凝土强度损失大小，也能直接反映出混凝土抗分散性能的好坏。另外，进行水下浇筑混凝土拌合物的试验时，混凝土通过水层的深度、混凝土落下的方式，如导管法、溜槽法、自由下落等，对混凝土的抗分散性的测试结果都有一定的影响。

日本在现行标准中规定，水下抗分散混凝土的水陆抗压强度比，7d 不得小于 65％。20d 不得小于 70％。目前我国尚无这方面的具体标准规定，可参考其他国家的标准执行。

（3）混凝土的黏度　要想保持混凝土拌合物在水中不分散、不被水冲洗，混凝土拌合物必须有足够的黏度。用 L 型流动仪可以测定混凝土拌合物的黏度。在施工中也可采用倒坍落度筒流出时间来评价混凝土拌合物的黏度，流出的时间越长，拌合物的黏度越大。另外，美国开发出了专门用于测定混凝土拌合物黏度的旋转式黏度仪，对测定水下抗分散混凝土的黏度非常有用。

为了兼顾水下抗分散混凝土的抗分散性和其他性能，混凝土拌合物的黏度并非越大越好，因为混凝土拌合物的黏度增加，其絮凝剂的用量也必然增大，导致混凝土的用水量增加，使混凝土的强度下降。

（4）混凝土的引气量　一般来说，混凝土絮凝剂都具有一定的引气性，但不同组分的混凝土絮凝剂其引气性差别很大。适宜的引气量可以改善混凝土拌合物的和易性，但若引气量过大，不仅对混凝土强度的影响较大，也会增加混凝土的渗透性，严重降低混凝土的抗侵蚀性和其他耐久性指标。尤其是纤维素系列的增黏剂，有时引气量可达 10％。所以，混凝土絮凝剂应选用引气量较低的产品。

为了降低混凝土中的含气量，确保在保证混凝土抗分散性的情况下，不至于过分增加混凝土的含气量，造成混凝土强度的较大下降，所以常将混凝土絮凝剂与消泡剂复合使用，以将混凝土中的含气量控制在 2％～5％。但必须注意的是，由于掺加絮凝剂的混凝土其黏度较高，消泡剂的消泡作用有时并不能很好地发挥，或者常需要较高掺量才能起作用，这样又会引起混凝土成本大幅度提高。

（5）混凝土的凝结时间　由于混凝土絮凝剂组分具有缓凝性，往往会引起混凝土的初凝和终凝时间的延长，掺絮凝剂的混凝土的凝结时间如图 15-5 所示。

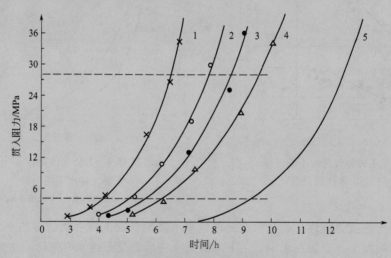

图 15-5　掺絮凝剂的混凝土的凝结时间

1—普通混凝土；2—SCR 掺量 0.6％；3—SCR 掺量 0.9％；4—SCR 掺量 1.2％；5—甲基纤维素掺量 0.6％

为保证水下抗分散混凝土施工时能正常凝结，特别是在冬季水下施工时，常在抗分散剂中复合促凝剂组分，来加速混凝土的凝结和强度发展。

（6）水下抗分散混凝土的抗压强度比和水陆抗压强度比　由于掺加絮凝剂的混凝土其需水量增加，絮凝剂对混凝土本身的强度影响比较大。此外，高分子聚合物在混凝土水化过程中，形成链状的结构，当絮凝剂的掺量过大时，反而形成薄层结构，降低了砂浆的粘聚力。一般表现随着絮凝剂掺量增加，用水量随之增大，混凝土的强度下降。但是，由于掺加絮凝剂的混凝土其抗分散性随着絮凝剂掺量的增加而改善，一般水下成形的试件的抗压强度，随着絮凝剂掺量的增加而增大。

为了评价混凝土絮凝剂对混凝土本身强度的影响，在工程上常采用抗压强度比指标。这一指标的测试可参照现行国家标准《混凝土外加剂》（GB 8076—2008）中的规定进行。抗压强度比越高，说明这种絮凝剂对混凝土用水量的影响越小。

水下抗分散混凝土的强度是水下混凝土结构的重要性能。衡量水下抗分散混凝土抗分散性的重要指标是其在水中浇筑后的强度变化。通常，采用水陆强度比表征掺加某种絮凝剂的混凝土在水中浇筑后的强度变化。水陆强度比为混凝土在水中浇筑试件与陆上浇筑试件的同龄期的抗压强度比。水陆强度比越高，表示混凝土的抗分散性越好。目前，水下混凝土直接施工的方法有自由下落法、溜槽法和导管法 3 种。无论采用何种施工方法均要求水陆强度比达到 70%。

表 15-1 为掺加絮凝剂对混凝土强度、自密实性和抗分散性能的影响，施工中可作为参考。

表 15-1　掺加絮凝剂对混凝土强度、自密实性和抗分散性能的影响

序号	抗分散剂及其掺量 $B/\%$	W/B	28d 抗压强度/MPa 陆上振动	28d 抗压强度/MPa 陆上不振	自密实度 /%	水深 /m	28d 水下抗压强度/MPa	28d 水陆强度比/%
SH-11	TJS,0.5	0.445	36.2	34.9	96.4	0.5	31.5	87.0
						1.0	29.4	81.2
SH-12	TJS,1.0	0.340	53.3	52.4	98.3	0.5	49.4	92.6
						1.0	44.8	84.1
SH-13	国内产品 A,3.0	0.540	32.5	30.0	92.3	0.5	24.3	74.8
						1.0	20.2	62.2
SH-14	国内产品 B,3.0	0.600	28.1	26.0	92.5	0.5	21.0	74.7
						1.0	—	—
SH-15	国内产品 C,3.5	0.582	31.2	29.6	94.9	0.5	23.8	76.3
						1.0	21.3	68.3

（7）混凝土的黏结力　水下抗分散混凝土与旧的硬化混凝土有很好的黏结力，广泛用于水下结构物的修补，完全能保证修补的质量。工程实践也表明，水下抗分散混凝土的施工方法对水下混凝土的黏结力有不同的影响。Saucier 研究了采用不同施工方法时水下混凝土与旧混凝土的黏结力，试验数据如表 15-2 所列。

表 15-2　水下抗分散混凝土与旧混凝土的黏结力

试验编号	外加剂	施工方法	坍落度/cm	水泥流出率/%	黏结强度/MPa
1	减水剂	自由落入水下 1m	21.6	6.0	无黏结力
2	减水剂＋絮凝剂 0.15%	自由落入水下 1m	22.2	2.1	1.27
3	减水剂＋絮凝剂 0.20%	在软管中泵送至水下 1m	14.0	0.8	1.65
4	减水剂＋絮凝剂 0.15%	从斜槽送至水下,槽长 1m	20.3	2.9	1.83

注：表中所用絮凝剂为纤维素醚类。

（8）混凝土的耐久性　水下抗分散混凝土的耐久性直接决定其浇筑后抵抗空气、液体和其他各种有害介质侵蚀的性能，是影响其正常使用寿命的内在因素，也可作为考虑能否将其应用于恶劣环境中时的参考依据，是水下抗分散混凝土非常重要的性能指标。

四、水下浇筑混凝土絮凝剂的应用要点

水下浇筑混凝土絮凝剂是一种性能特殊的混凝土外加剂，在长期的施工实践中，尽管积累了一些应用经验，但如果认识不足，使用不当，准备工作不充分，也会出现工程事故。因此，在施工过程中应注意以下要点。

① 混凝土絮凝剂可以是粉剂掺加到混凝土中，也可以配制成溶液使用，但应注意从拌合水中扣除溶液中的含水量。

② 由于混凝土絮凝剂组分很容易受潮，所以以粉剂供应时最好复配一些不易吸潮的载体，另外，絮凝剂应存放在阴凉干燥处。

③ 配制成液体的混凝土絮凝剂失水后易结皮，不仅影响使用效果，而且影响有效掺量，所以液体混凝土絮凝剂存放时应严防水分蒸发和阳光直射。

④ 混凝土絮凝剂与减水剂复合使用存在适应性的问题。有些减水剂对于掺加某种絮凝剂的混凝土没有任何塑化效果。所以在将絮凝剂与减水剂复合使用时，首先应进行充分的试验，从中选择合适的减水剂品种和掺量。

⑤ 混凝土絮凝剂的溶解有时较慢。当使用粉状的絮凝剂时，必须保证其在混凝土搅拌过程中溶解完毕，否则既降低絮凝剂的絮凝性，又在混凝土硬化中留有后期溶胀的"鱼眼"。因此，为保证混凝土絮凝剂的充分溶解，搅拌时间应比普通混凝土延长 2～3min。也可以在搅拌前将絮凝剂配制成溶液，这样可缩短施工现场的搅拌时间。

⑥ 水下抗分散混凝土也可以采用泵送施工，由于这种混凝土的黏度较大，泵送压力要比普通混凝土的泵送压力高几倍。

⑦ 水下抗分散混凝土的施工一般都采取不振捣的浇筑成形方式，要求混凝土应具有自流平、自密实的性能。

⑧ 即使水下抗分散混凝土具有较好的抗分散性、自流平性和自密实性，在施工中也必须进行很周密的施工组织和施工方法的设计，导管法和溜槽法是水下抗分散混凝土最常用的浇筑方法，这样可以避免水流的冲刷。在采用导管法施工时，应将导管插入已浇筑的混凝土底部，以使混凝土在压力的作用下逐渐冒出散开。不管采用导管法还是溜槽法，事先要根据相关导则设计布点，布点的半径不宜大，否则将无法保证浇筑的均匀性。

⑨ 由于混凝土絮凝剂的性能具有特殊性，水下抗分散混凝土的强度等级设计不宜过高，当工程中无特殊要求时，混凝土的强度等级一般为 C40 以下。

水下抗分散混凝土可以广泛用于水下浇筑的混凝土工程，如水下混凝土、水下钢筋混凝土构筑物、沉箱、沉井底板混凝土、地下连续墙混凝土、灌注柱的下部混凝土、混凝土修补工程等。

水下抗分散混凝土絮凝剂作为一种新型的特殊的混凝土外加剂，至今人们对它的认识尚较浅，尤其是人们关于掺加外加剂的混凝土用水量能够降低、强度能够增加的通常的思维模式，对于混凝土絮凝剂的推广使用产生了一定阻力。混凝土絮凝剂的使用是对水下混凝土施工工艺产生革命性作用的外加剂，对其功能的评价应当从工艺的改善、劳动力的节省、工程质量的保证和工程总造价的降低，以及混凝土性能的改善等多方面出发。

随着我国海洋资源的开发、近海工程的开展，以及隧道、铁路、高速公路、大桥建设量的增加，混凝土絮凝剂在水下抗分散混凝土工程中将发挥重要作用。

第二节　混凝土减缩剂

混凝土的干燥收缩是由毛细孔中的水蒸发而引起的硬化混凝土的收缩，是混凝土内部水分向外部挥发而产生。而混凝土的自收缩是由自干燥或混凝土内部相对湿度降低引起的收缩，是混凝土在恒温条件下，由于水泥水化作用引起的混凝土宏观体积减小的现象。这两种收缩变形是导致混凝土结构非荷载裂缝产生的关键因素，混凝土的裂缝将导致结构渗漏、钢筋锈蚀、强度降低，进而降低混凝土的耐久性，引起结构物的破坏及坍塌，从而严重影响建筑物的安全性能与使用寿命。

混凝土出现收缩裂缝不仅影响结构的美观，更严重的是危及建筑物的整体性、水密性和耐久性。特别是泵送混凝土、高强混凝土、高性能混凝土、高效减水剂和超细掺合料的应用，使得混凝土的裂缝问题越来越严重，因此，如何减少混凝土的收缩一直是混凝土领域值得研究的课题。

目前，国内外采取的对由混凝土材料收缩引起的非荷载裂缝控制措施，除了增设构造钢筋、后浇带、施工缝等结构设计措施外，主要还有：a. 降低混凝土内外温差和加强混凝土的湿养护；b. 用微膨胀水泥替代普通水泥或掺加膨胀剂，利用混凝土的补偿收缩原理。这两种措施对解决混凝土材料自身收缩都有一定的效果，但控制混凝土内外温差和加强湿养护的措施仅仅推迟收缩变形的产生，并不能真正减小最终的收缩值。

工程实践表明，混凝土收缩剂若使用正确，能在一定程度上补偿收缩，为抑制混凝土自收缩和干缩开裂开辟了新的途径。收缩剂是近年来出现的一种只减少混凝土在干燥条件下产收缩的外加剂，它不同于一般的减水剂和膨胀剂。混凝土收缩剂在混凝土中使用后，可一定程度上减小混凝土的干缩和自收缩，延缓混凝土的裂缝产生的时间以及裂缝发展的宽度。但是，混凝土收缩剂本身还存在与水泥的适应性、与减水剂的相容性、有效补偿量和延迟钙矾石生成等问题，在施工中应引起足够的重视。

一、混凝土减缩剂的作用机理

要解释混凝土收缩剂的作用机理，首先要了解混凝土干燥收缩及自收缩的机理。虽然混凝土自收缩和干缩是不同原因而导致的两种收缩，但两者产生收缩的机理在实质上可以认为是一致的，即毛细管张力理论。

对于混凝土干缩，是指混凝土中存在有极细的毛细管，在环境湿度小于100％时，毛细管内部的水从中蒸发出来，水面下降形成弯液面，在这些毛细孔中产生毛细管张力（附加压），使混凝土产生变形，从而造成混凝土的干燥收缩。对于混凝土自收缩，是指水泥初凝后的硬化过程中，由于没有外界水供应或外界水不能及时补偿，导致毛细孔从饱和状态趋向于不饱和状态而产生自干燥，从而引起毛细水的不饱和而产生负压。这两种收缩变形均与毛细管的大小和数量有关。根据拉普拉斯（Laplas）公式，设某一孔径的毛细管张力为 ΔP，与其中液体的表面张力及毛细管中液面的曲率半径的关系为：

$$\Delta P = 2\gamma / r \tag{15-1}$$

式中，γ 为液体的表面张力，dyn/cm（1dyn＝10^{-5}N）；r 为液面的曲率半径，cm。

由上式可以看出，当液体的表面张力减少时，毛细管的张力也减少；毛细管的孔径增大，毛细管中液面的曲率半径增大，毛细管张力也减少。考虑到增大毛细管直径虽能降低表面张力而减少收缩，但孔径的增大反而会带来其他一些缺陷，如混凝土的强度和耐久性的降低等，因此，降低毛细管液相的表面张力以降低毛细管张力、减少收缩就受到人们的重视。

混凝土减缩剂作为一种减少混凝土孔隙中液相的表面张力的有机化合物，其主要作用机理就是降低混凝土毛细管中液相的表面张力，使毛细管中的负压下降，减少收缩应力。显然，当水泥石中孔隙液相的表面张力降低时，在蒸发或者是消耗相同的水分的条件下，引起水泥石收缩的宏观应力下降，从而减小混凝土的收缩。水泥石中孔隙液的表面张力下降得越多，混凝土的收缩也就越小。

二、混凝土减缩剂的主要特点

根据以上所述混凝土减缩剂的作用机理，这类外加剂要起到减少混凝土的收缩开裂的作用，首先要满足以下条件：a. 在强碱性的水泥石溶液中应具有表面活性效果和足够的稳定性；b. 溶于水后能够有效降低水的表面张力，且该作用受温度变化的影响很小；c. 减缩剂掺加到混凝土中后，能均匀地分布其中，不被水泥粒子吸附在其表面；d. 减缩剂掺加到混凝土中后，能降低水泥的水化热，但不妨碍水泥的正常水化；e. 减缩剂掺加到混凝土中后，在一段时间内能使水泥浆体保持良好的塑性；f. 混凝土减缩剂应选用环保型产品，所用的减缩剂具有低挥发性；g. 为保证混凝土的强度符合设计要求，所用的减缩剂不产生异常的引气作用。

由混凝土减缩剂的作用机理还可知，在原材料和混凝土配合比一定时，减缩率是一个相对稳定值，施工养护和环境条件对混凝土减缩率的影响比较小。当养护条件差或空气相对湿度小、风速大、混凝土的收缩增大时，由于减缩率基本一致，故其降低收缩的绝对值也增加；反之亦然。

由于非离子型表面活性剂在水溶液中不是以离子状态存在，所以它的稳定性较高，不易受电解质存在的影响，也不易受酸碱物质的影响，与其他表面活性的相容性较好，在固体表面上不发生强烈的吸附，所以通常用作减缩剂的是非离子型表面活性剂。

混凝土减缩剂主要依靠降低孔隙溶液的表面张力来抑制混凝土的收缩，其减缩过程并不依赖于水源，因此对于干燥环境下混凝土的收缩具有更好的抑制作用，而且在工程应用方面也不和混凝土膨胀剂一样，有比较苛刻的要求。

混凝土减缩剂与膨胀剂相比具有以下特点：a. 混凝土减缩剂的掺量比较小，水剂一般仅为水泥用量的1%～3%，使用非常方便；b. 混凝土减缩剂与其他表面活性的相容性较好，稳定性较高，不受其他物质的影响；c. 混凝土减缩剂是从微观结构上减少收缩，而不是抵消收缩，避免应力失衡而开裂；d. 混凝土减缩剂可以大幅度减少混凝土的收缩，有效提高混凝土的抗变形性能。e. 混凝土减缩剂对混凝土的其他性能（如强度、凝结时间、含气量等）副作用小。

另外，混凝土减缩剂不改变水泥水化产物的矿物组成。对水泥混凝土含气量无明显影响。同时，几乎不存在与水泥适应性的问题，这是因为混凝土减缩剂是通过水的物理过程起作用，与水泥的矿物组成和掺合料无关，同时与混凝土的其他外加剂也有良好的相容性。

三、混凝土减缩剂的品种与组成

混凝土减缩剂的英文名称为 shrinkage reducing agent（SRA），可以分为单组分减缩剂、多组分减缩剂和复合型减缩剂 3 类。

（1）单组分减缩剂　其化学组成为低分子聚醚/聚醇类或高分子聚合物类有机物。从美国专利文献资料看，常用的低分子聚醚/聚醇类减缩剂有一元醇或二元醇类减缩剂、氨基醇类减缩剂、聚氧乙烯类减缩剂、烷基氨类减缩剂等。

（2）多组分减缩剂　是近年来不断发展的一类减缩剂，又称为新型高分子聚合物类减缩剂，主要是由不饱和酸/酸酐与不饱和酯化大单体共聚而成，或由不饱和酸（酯）与含双键的聚醚大单体共聚而成。

（3）复合型减缩剂　主要有低分子量的氧化烯烃和高分子量的含有聚氧化烯链的梳形聚合物、含有羟基的亚烷基二醇和烯基醚/马来酸酐共聚物等。常见的减缩剂的种类、通式和掺量如表 15-3 所列。

表 15-3　常见的减缩剂的种类、通式和掺量

分类	种类		一般掺量/%	最佳掺量/%
单组分	醇类	一元醇	0.5～10	1.5～5.0
		二元醇	0.8～5.0	1.0～3.0
		氨基醇	1.0～10	2.0～5.0
	聚氧乙烯类		0.5～10	1.5～5.0
			0.1～8.0	1.0～6.0
	其他		0.5～10	1.0～5.0
多组分	高分子聚合物类		0.5～5.0	0.5～2.0
复合型	低分子量的氧化烯烃和高分子量的含聚氧化烯链的梳型聚合物		0.1～3.0	0.5～3.0
	氧化烯烃化合物和少量甜菜碱		0.1～5.0	0.5～3.0
	含仲或叔羟基的亚烷基二醇和烯基醚/马来酸酐共聚物		0.1～3.0	0.5～3.0
	亚烷基二醇或聚氧化烯二醇和硅灰组成物		2.0～25	5.0～10
	烷基醚氧化烯加成物和亚烷基二醇		0.1～5.0	0.5～3.0
	烷基醚氧化烯加成物和磺化有机环状物		0.1～5.0	0.5～3.0
	烷基醚氧化烯加成物和氧化烯二醇		0.1～5.0	0.5～3.0

四、混凝土减缩剂的应用试验研究

1. 内掺减缩剂砂浆收缩试验方法

将混凝土减缩剂（SRA）掺入水泥砂浆中，掺量为水泥用量的 0.5%～3%。由于 SRA 能提高水泥砂浆的流动性，可以减去适当的水，以保持水泥砂浆具有相同的流动度。按照《水泥胶砂干缩试验方法》（JTC 603—2008）中的规定，试样在 20℃、相对湿度为 90% 的养护室中养护 24h±2h 后拆模，拆模后在水中养护 2d，测量试样的初步长度，然后再将试样放在温度 20℃、相对湿度为 60% 的养护室中养护至龄期，分别测定 1d、3d、7d、14d、28d、60d、90d 试样的长度变化。

2. 外刷减缩剂水泥砂浆的试验方法

将混凝土减缩剂（SRA）涂刷到水泥砂浆试件的表面，在水中养护7d后取出，待水泥砂浆试件在标准养护条件下放至到试件表面无水时，用毛刷将混凝土减缩剂（SRA）涂刷在试件表面，而后测量试样的初步长度，试样放在温度20℃、相对湿度为60%的养护室中测量试件长度的变化。分别测定1d、3d、7d、14d、28d、60d、90d试样的长度变化。

3. 应用试验研究用的材料和配合比

应用试验研究用的材料和配合比如表15-4所列。

4. 混凝土减缩剂的应用试验结果与讨论

（1）SRA的掺量对水泥砂浆干缩性能的影响　选用适当的混凝土减缩剂，将其掺量调成0.5%～4%，用水泥砂浆检测不同掺量的减缩效果。检测结果表明：随着SRA掺量的增加，试样抗收缩效果明显提高，但从试验结果发现，当SRA掺量大于4%时，对砂浆有明显的缓凝作用，SRA的适宜掺量应小于3%。

表15-4　应用试验研究用的材料和配合比

试验项目	原材料	配合比/kg
砂浆长度变化试验	425硅酸盐水泥	540
	标准砂	1350
	水	238
	减缩剂	水泥用量的0.5%～4%
混凝土的强度试验	425硅酸盐水泥	465
	中砂	671
	5～10cm 小石子	328
	10～25cm 中石子	766
	麦地-100	2.325
	水	170
	减缩剂	水泥用量的1%～3%

SRA掺入水泥砂浆中，减少干缩的大小与其掺量成正比，掺量分别为0.5%、1.0%、2.0%、3.0%、4.0%，其90d的干缩分别减少10.5%、22.0%、33.3%、34.0%、40.0%，其基本规律是减缩剂的掺量越大，水泥砂浆的减缩效果越好。SRA掺量对水泥砂浆干缩的影响如表15-5所列。

表15-5　SRA掺量对水泥砂浆干缩的影响

掺量/%	砂浆试件干缩减少率/%					
	1d	3d	7d	14d	28d	90d
空白	0	0	0	0	0	0
0.5	66.1	27.2	21.0	14.3	12.1	10.5
1.0	61.6	33.5	26.1	21.2	20.7	22.0
2.0	55.4	43.7	40.3	35.8	34.8	33.3
3.0	40.2	45.4	43.8	39.4	36.1	34.0
4.0	57.6	55.6	49.5	44.6	42.5	40.0

（2）SRA 的掺量对水泥砂浆自收缩性能的影响　表 15-6 表明，SRA 不仅能减少水泥砂浆的干缩，而且同时减少水泥砂浆的自收缩，测试方法为 24h 测定试样的初步长度，然后将试样用铝箔严密包裹，将试样放入恒温恒湿的干燥室内，并在 1d、3d、7d、14d、28d、60d 测定试样的长度变化。试验结果表明，掺加 SRA 的试样自收缩明显小于空白试件，当掺量为 2％时，28d 自收缩降低 30.7％，60d 自收缩降低 29.0％；当掺量为 3％时，28d 自收缩降低 47.2％，60d 自收缩降低 48.1％。

（3）外刷 SRA 对混凝土干缩的影响　所有的混凝土试件在水中养护 7d，从水中取出后将 SRA 涂刷在试件表面并测定试件的初步长度，试验结果如表 15-7 所列。试验结果表明，SRA31～SRA34 均能有效减少混凝土的干缩收缩，90d 干缩收缩可减少 27％～35.6％，SRA 可有效降低混凝土的干燥收缩。

表 15-6　SRA 掺量对水泥砂浆自收缩的影响

掺量 /％	砂浆试件自收缩减少率/％			
	7d	14d	28d	90d
空白	0	0	0	0
1.0	2.4	16.8	13.6	15.3
2.0	36.0	23.6	30.7	29.0
3.0	47.6	50.7	47.2	48.1

表 15-7　外刷 SRA 对混凝土干缩的影响

SRA 编号	混凝土试件干缩减少率/％					
	1d	3d	7d	14d	28d	90d
空白	0	0	0	0	0	0
30	57.0	66.9	61.3	51.5	35.8	27.0
31	49.8	66.5	59.1	44.1	30.2	26.4
32	31.2	53.3	57.4	46.6	34.7	31.0
33	36.7	53.5	60.7	49.8	36.8	32.9
34	65.1	61.8	59.8	54.6	37.3	35.6

（4）SRA 对混凝土其他物理力学性能的影响　混凝土减缩剂（SRA）除可减少混凝土因收缩而导致开裂的工程问题外，也对混凝土的其他物理力学性能产生一定的影响，主要包括以下几个方面。

① 对混凝土强度的影响。在适宜的掺量范围内，混凝土减缩剂对硬化混凝土抗压强度的影响不是很显著，当混凝土减缩剂的掺量增大时，对混凝土的抗压强度的最高降幅可达 15％左右。对于 C30 混凝土，当混凝土减缩剂的掺量为 0.5％～3％时混凝土的 28d 强度有较大幅度的下降，60d 和 90d 混凝土强度与空白相比变化较小。C30 混凝土强度与 SRA 掺量的关系如表 15-8 所列。

② 对混凝土凝结时间的影响。在混凝土中掺入减缩剂后，会使混凝土的初凝和终凝时间都有一定的延迟。SRA 掺量与 C30 混凝土凝结时间的关系如表 15-9 所列。

表 15-8 C30 混凝土强度与 SRA 掺量的关系

掺量 /%	SRA 掺量对 C30 混凝土强度的影响					
	28d 抗压强度 /MPa	28d 强度下降率/%	60d 抗压强度 /MPa	60d 强度下降率/%	90d 抗压强度 /MPa	90d 强度下降率/%
空白	46.9	0	50.0	0	50.5	0
0.5	39.0	−16.9	50.2	+0.4	57.8	+14.5
1.0	37.3	−20.5	50.7	+1.4	55.9	+10.7
2.0	41.6	−11.3	48.5	−3.0	48.9	−3.2
3.0	39.9	−15.0	49.0	−2.0	43.1	−14.7

表 15-9 SRA 掺量（内掺）与 C30 混凝土凝结时间的关系

SRA 掺量/%	初凝时间/h	终凝时间/h
0	6.5	9.1
1	7.0	10.3
2	8.0	11.2
3	8.2	11.6
4	9.4	12.8

③ 对混凝土坍落度和含气量的影响。减缩剂采用内掺法时，减缩剂对混凝土的坍落度和含气量的影响很小；凝土减缩剂采用外掺法时，对混凝土坍落度会增大，相当于在混凝土中引入等量的水。混凝土减缩剂掺量（内掺）与 C30 混凝土坍落度和含气量的关系如表 15-10 所列。

表 15-10 减缩剂掺量（内掺）与 C30 混凝土坍落度和含气量的关系

减缩剂掺量/%	含气量/%	初始坍落度/cm	1h 坍落度/cm
空白	2.5	18.0	15.0
1.0	2.4	19.4	16.5
2.0	1.7	18.7	16.5
3.0	2.1	21.0	18.0
4.0	1.7	21.0	17.5

（5）不同类型减缩剂混凝土收缩性能及其他性能对比 试验选用单组分型低分子聚醚类减缩剂（PSRA）与多组分型高分子聚合物类减缩剂（CSRA）进行混凝土收缩性能及其他性能对比。试验用材料和用量如表 15-11 所列。

表 15-11 试验用材料和用量

试验项目	原材料	材料用量/kg
不同类型减缩剂混凝土收缩试验	52.5 硅酸盐水泥	10.25
	中砂	17.50
	10~25cm 大石子	17.75
	5~10cm 小石子	9.38
	水灰比	0.38
	聚羧酸减水剂(对收缩无影响)	根据坍落度而定
	减缩剂	水泥用量的 2%

对比 CSRA 与 PSRA 减缩剂对混凝土干燥收缩性能及其他性能的影响后发现，在掺量为 2％时，PSRA 减少混凝土干燥收缩的能力略优于 CSRA，28d 龄期时分别减少混凝土干燥收缩 29.3％及 33.7％，CSRA 与 PSRA 减缩剂对混凝土干燥收缩性能的影响如图 15-6 所示。但 CSRA 能够在一定程度上提高混凝土的抗压强度，且具有良好的分散性能；而 PSRA28d 时对混凝土抗压强度的最高降幅达到 15％左右，CSRA 与 PSRA 混凝土性能对比如表 15-12 所列。

表 15-12 CSRA 与 PSRA 混凝土性能对比

减缩剂	水灰比	减缩剂掺量 /％	PCA 掺量 /％	含气量 /％	坍落度 /cm	3d 抗压强度 /MPa	28d 抗压 强度/MPa
基准	0.38	—	0.16	2.1	22.0	51.5	78.2
PSRA	0.38	2.0	0.11	2.1	21.0	46.4	67.1
CSRA	0.38	2.0	—	1.7	22.0	53.2	83.0

注：PCA 为高效减水剂。

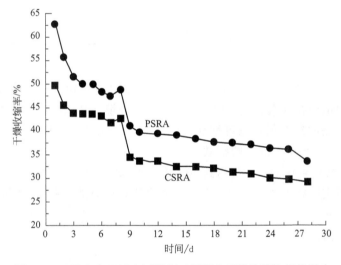

图 15-6 CSRA 与 PSRA 减缩剂对混凝土干燥收缩性能的影响

由此可见，混凝土减缩剂的作用效果与其组成及分子结构密切相关，不同种类的减缩剂具有不同的优缺点。单组分型低分子聚醚类减缩剂的减缩机理非常明确，减缩性能优良且稳定，分子结构容易控制，制备工艺比较简单，但掺量较大时对混凝土的强度有一定影响；多组分型高分子聚合物类减缩剂减缩性能优良，且不影响混凝土的强度，但减缩机理尚不明确。两种减缩剂所存在的共同问题是掺量较大，成本较高。因此，减缩剂在低掺量下实现高效减缩以及由单一型向多功能型转变，将成为今后的研究热点和发展趋势。

五、影响减缩剂效果的主要因素

1. 减缩剂的掺量

减缩剂掺量分别按水泥用量的 0、1.0％、2.0％、3.0％、4.0％。在减缩剂的掺量为 1.0％时，相比基准砂浆 90d 干燥收缩可降低 22.0％；当减缩剂的掺量为 2.0％时，干燥收缩减少量提高 1/2。但当减缩剂的掺量为 3.0％～4.0％时，收缩减少量仅比 2.0％掺量时略高一点，但对砂浆有明显的缓凝作用。这是因为减缩剂的掺量超过 2.0％后，对表面张力的变化很小，因此，减缩剂的掺量应控制在 2.0% 左右。

2. 水灰比的大小

表 15-13 为混凝土不同水灰比对减缩剂减缩效果影响的试验结果。所有的混凝土试件在暴露在控制干燥环境之前养护 3d，对于水灰比小于 0.60 的混凝土，在减缩剂掺量为 1.5% 的情况下，28d 的减缩率可高达 83%，56d 也可达到 70%。当水灰比为 0.68 时，28d 和 56d 的减缩率分别达到 37% 和 36%。

表 15-13 不同水灰比对减缩剂减缩效果影响的试验结果

水泥用量 /(kg/m³)	水灰比	SRA 掺量 /%	收缩数值/mm		减缩率/%	
			28d	56d	28d	56d
280	0.68	0	0.030	0.045	—	—
280	0.68	1.5	0.019	0.029	37	36
325	0.58	0	0.036	0.050	—	—
325	0.58	1.5	0.006	0.015	83	70
385	0.49	0	0.028	0.041	—	—
385	0.49	1.5	0.006	0.013	78	68

3. 混凝土养护条件

对比同配合比的混凝土，湿养护的试件在拆模后湿养护 14d，然后移入控制的干燥环境中；没有湿养护的试件在拆模后直接移入控制的干燥环境。从试验结果可以看出，湿养护可降低早期和长期收缩的绝对值，也可增加减缩的效果，尤其是早期的减缩效果更好。在有 14d 湿养护的情况下，2.0%SRA 减缩效果在 28d 可高达 80%。即使在没有湿养护的条件下，2.0%SRA 减缩效果在 28d 也可达到 70% 左右。虽然长期的湿养护对于降低收缩绝对值有很大帮助，但在实际施工条件下短期湿养护或涂抹养护剂是最常选择用的。在没有湿养护的混凝土中应用减缩剂，不会得到最低的收缩绝对值，但与不掺减缩剂的混凝土相比可以大幅度减少干燥收缩值。

第三节　混凝土增稠剂

混凝土增稠剂（VEA）隶属于水溶性高分子的范畴，其分子结构中含有的亲水基团可以有羧基、醚基、羟基等，不仅使增稠剂具有较强的亲水性，而且还具有许多宝贵的性能，在工程上被称为功能高分子，在工业、石油钻井、交通、涂料、食品和污水处理等行业取得了很好的应用效果。近年来，随着流态混凝土技术的发展，在建筑业中的应用已经引起了重视。目前应用较多的主要有纤维素类聚合物、丙烯酸类聚合物、生物聚合物及无机增稠剂几大类。常用的增稠剂有多聚糖、纤维素醚、聚乙烯醇、羟乙基纤维素、聚醚类、聚丙烯酸钠、淀粉及聚丙烯酰胺等。

混凝土增稠剂用于水泥拌合物中，生成一种既轻又滑而且好似肥皂的物体，起增稠、聚凝和黏结的作用，有助于生成平滑的表面，增加表面的光滑度，可用作高流态自密实水泥砂浆或水泥混凝土的稳定剂，提高拌合物的可操作性，防止拌合物出现分层、离析和泌水，改善拌合物的和易性或工作性，降低水泥砂浆或水泥混凝土的收缩性。

由于水溶性高分子属于聚合物，所以同样一种 VEA 其分子量可以从几百万到几千万波动。VEA 的分子量高低，对于混凝土的流变性体现出截然不同的效果。如果 VEA 的分子量过低，则增稠的效果不显著；如果 VEA 的分子量过高，则有可能出现絮凝，使混凝土失去流动性，并且可能会对减水剂中的钙离子有絮凝作用。因此，在混凝土增稠剂的使用过程中，存在与其他外加剂的相容性问题。

一、混凝土增稠剂的作用机理

材料试验表明，混凝土增稠剂在水泥混凝土中主要可起到增稠作用、假塑性、分散作用和减阻作用。

1. 增稠作用

从增稠剂的增稠机理来看，可以将混凝土增稠剂分为两大类：吸附型增稠剂和非吸附型增稠剂。吸附型增稠剂分子结构中存在强吸附性的官能团，容易吸附在水泥粒子表面形成桥接，同时影响了水泥粒子对减水组分的吸附，因此，吸附型增稠剂在增加浆体黏度的同时，也降低了减水组分的分散作用；而非吸附型增稠剂只是对混凝土中的游离水分作用，通过自身分子链的相互缠绕增加水相体系的黏度。增稠剂的两种增稠原理如图 15-7 所示。

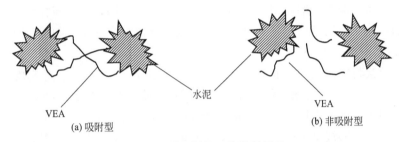

图 15-7　增稠剂的两种增稠原理

2. 假塑性

材料试验证明，在中等剪切速率下，多数高分子水溶液的黏度随着剪切速率的增加而减小，即剪切应力和剪切速率不再呈直线关系。这种假塑性对于水泥基材料而言具有非常重要的意义，将有助于减小在浇筑过程中在自重或泵送压力产生的剪切力作用下的黏度，提高混凝土拌合物的流动性，同时也可以提高其静止黏度，避免静止时出现分层、泌水现象。

不同种类增稠剂的假塑性比较如图 15-8 所示。

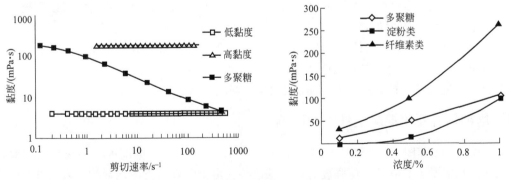

图 15-8　不同种类增稠剂的假塑性比较

从图中可以看出，多聚糖溶液的黏度显著下降，当剪切速率由 $1s^{-1}$ 增加到 $100s^{-1}$ 时，黏度降低了1个数量级，而羟丙基甲基纤维素醚（HPMC）的黏度几乎不变，多聚糖增稠剂表现出明显的假塑性。随着浓度的增加，其黏度也较其他增稠剂增加缓慢，因此掺量可以在一个相对较宽的范围内波动而不至于太敏感。

3. 分散作用

由于大多数水溶性高分子旳侧链上都带有官能团（如羧基、醚基、羟基等），其中某些官能团具有表面活性作用，可以降低水的表面张力，有的虽然不能降低表面张力，但是可以形成空间位阻效应，从而提高分散体系的稳定性。

4. 减阻作用

减阻也称为减摩或降阻，其物理意义在于可以减小流体流过固体表面的湍流摩擦阻力。对于混凝土混合料而言，其意义在于可以在不增加泵送压力的前提下提高管道的输送能力，增长输送的距离，提高灌浆设备的泵送效率，节约工程成本。水溶性高分子中，具有支链少的线型柔性长链大分子结构的聚合物，尤其是具有螺旋型结构的柔性高分子减阻效果更好。单体的结构单元结构是影响减阻效果的重要因素。

二、增稠剂对新拌混凝土性能的影响

材料试验表明，混凝土增稠剂的种类、分子量和掺量不同，对于新拌混凝土的流变性能具有非常大的影响。不同增稠剂种类对灌浆料流动性和泌水率的影响如图15-9所示。

1. 对于灌浆材料流变性的影响

该试验的灌浆材料采用P·Ⅱ42.5R水泥，水灰比为0.35，萘系高效减水剂的掺量为0.5％。该试验方法参照《混凝土结构工程施工质量验收规范》（GB 50204—2002），采用马氏锥流动时间和扩展度来表征新水泥浆的流变性能，比较了混凝土增稠剂的影响规律，由试验结果可知，大多数的混凝土增稠剂在降低泌水的同时，也显著降低了混合料的流动性，存在着泌水率和流锥时间之间的矛盾，无法使浆体获得理想的流变性能。但是多聚糖类的增稠剂随着掺量的增加，浆体的泌水率显著下降，并且在一定范围内对马氏锥流动时间几乎没有影响，假塑性最为明显。当其掺量为0.6×10^{-4}时，浆体的泌水率已接近0，而马氏锥流动时间不仅没有增加，而且还降低了4.5％，明显地改善了浆体的流变性。

从图15-9中还可以看出，混凝土增稠剂存在着最佳的掺量范围，在这个掺量范围内，使得浆体的流动性最大，而泌水率为0或接近0。

2. 对于自密实混凝土流变性的影响

图15-10表示多聚糖类增稠剂对自密实混凝土流变性能的影响，从图中可以看出，随着混凝土增稠剂掺量的增加，混凝土混合料的泌水率显著下降，并且当掺加量不大于0.2×10^{-4}时，扩展度S_f随着增稠剂掺量增加而增大，之后由于黏滞阻力加大，混凝土的扩展度逐渐减小。因此增稠剂存在着最佳掺量，图中为$0.15 \times 10^{-4} \sim 0.2 \times 10^{-4}$，这样可使得混凝土混合料的流动度（扩展）最大，而混凝土的泌水率为0。

三、增稠剂对硬化混凝土性能的影响

由图15-11和图15-12可从看出，在$(0.1 \sim 1.0) \times 10^{-4}$的范围内，多聚糖类增稠剂的掺入对硬化混凝土28d的抗压强度有一定的改善。由于多聚糖类增稠剂的掺入能够有效降低浆体的泌水，改善灌浆料硬化后与预应力筋之间的界面黏结，因而对钢筋黏结力有明显的改善，与不掺加增稠剂的浆体相比28d的钢筋黏结力提高了24.9％。

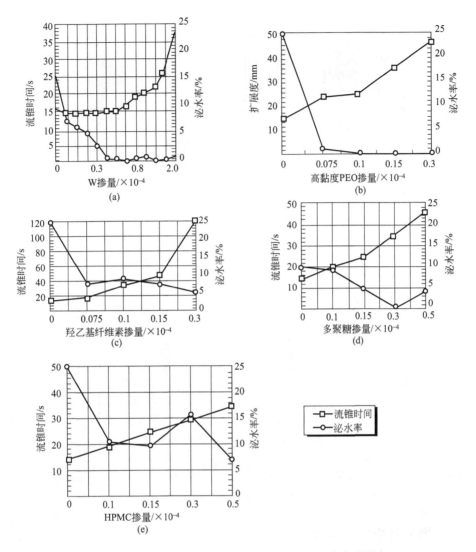

图 15-9　不同增稠剂种类对灌浆料流动性和泌水率的影响

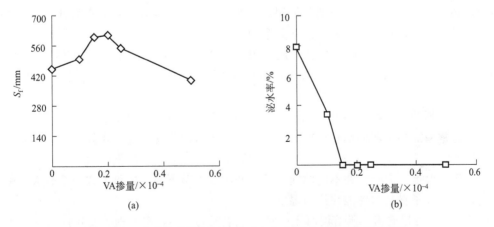

图 15-10　多聚糖类增稠剂掺量对自密实混凝土流态性能的影响

（混凝土配合比为：$C : F : W : S : G = 1 : 0.8 : 0.68 : 3.4 : 3.5$）

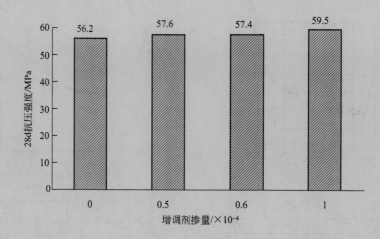

图 15-11　增稠剂掺量对硬化混凝土抗压强度的影响

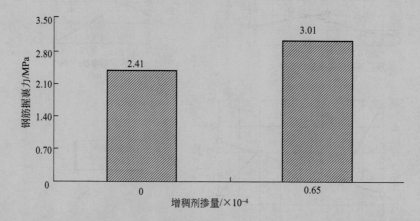

图 15-12　增稠剂掺量对硬化混凝土钢筋黏结力的影响

四、混凝土增稠剂应用技术要点

在水泥混凝土中使用增稠剂时，要特别注意到不同种类的增稠剂其自身的性能也有显著的不同，必须根据所施工混凝土的具体用途，通过配合比试验来确定适宜的种类、分子量和掺量，同时在使用过程中还必须注意下列事项。

（1）碱性环境下的降解　加水拌制的灌浆材料由于水泥水化的 pH 值大于 12，在这样的环境下，大多数混凝土增稠剂都有降解问题，会导致分子量降低，增稠的效果下降。

（2）增稠剂的抗盐性　随着水泥的水化作用的不断进行，钙离子和其他离子的浓度越来越高，而通常的混凝土增稠剂在这样的盐浓度下分子链很容易卷曲，流体力学体积降低，增稠的效果变差。

（3）环境温度的影响　在不同的施工环境和施工季节下，温度可能在一个较大的范围内波动，有机高分子材料的性能往往与温度有关。

由图 15-13 可以看出，随着混凝土中钙离子浓度的增加，多聚糖类增稠剂的黏度不仅没有下降，相反还有少许的上升；在 pH＝12.5 的强碱环境下，多聚糖类增稠剂的黏度随着时间推移仍然保持稳定，而淀粉或纤维素的增稠剂则表现出明显的下降。

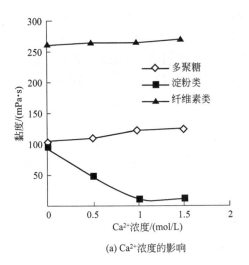

(a) Ca²⁺浓度的影响

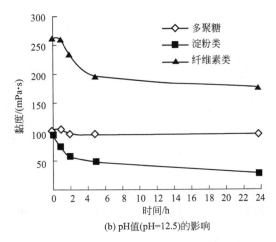

(b) pH值(pH=12.5)的影响

图 15-13　不同种类增稠剂在碱性环境下的稳定性比较

第四节　混凝土保坍剂

随着我国经济的快速发展和建筑水平的提高，对混凝土质量的要求越来越高。聚羧酸减水剂作为一种新型高性能减水剂，因其掺量低、减水率高、新拌混凝土流动性及保坍性好、低收缩、增强潜力大、环境友好等一系列突出性能，已广泛应用于市政、铁路、公路、港口、桥梁、水电等领域。但是，由于国内水泥品种众多且水泥品质波动很大、混凝土砂石品质较差等众多原因，例如含泥量和含石粉量很高以及某些机制砂品质很差等，采用通用型聚羧酸减水剂所配置的混凝土也会出现一些问题，而其中坍落度经时损失过大是最常见的主要问题。尤其是长时间长距离运输时，就会导致混凝土坍落度损失很快，这不但影响施工，还会极大地影响混凝土的性能及质量，由此在一定程度上制约了聚羧酸减水剂的推广。

工程实践也充分证明，在混凝土的施工过程中，混凝土拌合物的坍落度损失是新拌混凝土塑性降低的典型表征，目前仍是判别混凝土拌合物流动性好坏的常用指标。混凝土拌合物的坍落度通常是随着时间的增长而变小的，也就是说混凝土拌合物的流动性随着时间的增长而降低，即混凝土拌合物存在坍落度损失、可塑性降低的现象。

对于预拌混凝土施工来说，新拌混凝土坍落度损失一直是困扰正常施工的迫切需要解决的问题。若新拌混凝土的坍落度损失过快，不但影响施工进度，还会极大地影响混凝土的性能和施工质量。现在商品混凝土拌合物的施工，一般都需要经过长时间的运输，应尽可能地保持初始坍落度水平，以保证混凝土顺利的运输、泵送、浇筑和振捣工作，避免错误地向混凝土中加水的做法。

根据我国的现行规定，加水重塑混凝土在许多场合是被禁止的。工程实践和材料试验证明，如果加水重塑会使硬化混凝土的许多性能（如抗压强度、抗冻性和抗渗性等）受到严重的影响。既然不能向新拌混凝土中加水，就应尽量避免运输过程中混凝土拌合物出现过大的坍落度损失。

在通常情况下，高性能混凝土外加剂的使用，会在一定程度上缓解混凝土拌合物坍落度损失的现象。传统的混凝土外加剂如萘系减水剂、氨基磺酸盐减水剂等外加剂，已经被证明使用这些外加剂的混凝土拌合物的坍落度损失是不可避免的。新一代聚羧酸减水剂的应用，在一定程度上提高了混凝土的坍落度保持能力，但其在许多应用中仍未能令人满意，这个问题在运输时间较长，尤其是在高温的季节，即使使用聚羧酸减水剂也无法有效地防止坍落度损失。

根据商品混凝土施工对坍落度的要求，研制性能优良、生产过程不污染环境的新型混凝土保坍剂是混凝土外加剂行业关注的热点。我国有关材料科研单位，根据混凝土外加剂分子设计原理和绿色化学的观点，研制出一种保坍性能优良、同时不影响混凝土凝结时间的新型接枝聚合物保坍剂。试验结果表明，这种保坍剂不但生产工艺符合绿色化学的要求，而且制备出的产品无论对小坍落度或大流动度的混凝土，都具有很好的保持塑性效果，同时并不影响混凝土凝结时间和强度发展。

混凝土保坍剂又称为混凝土保塑剂，是一种能单独或与减水剂复合使用，保证新拌混凝土在规定的时间内能有效保持塑性（可流动性、可加工成型）的化学外加剂。

一、混凝土保坍剂保塑方法及优缺点

混凝土拌合物坍落度损失的主要原因是：由于水泥的水化、水泥颗粒的凝聚等作用，使混凝土组分中各颗粒间的凝聚力及摩阻力增大，致使混凝土的流动性下降。随着混凝土外加剂的快速发展，减水剂及其复合外加剂在混凝土中被大量运用，混凝土掺加减水剂后，使水泥颗粒具有斥力，处于分散状态，ζ 电位提高，流动性增加；但随着水化反应的进行，减水剂逐步被水化产物覆盖或与水化产物结合，从而不能发挥分散作用，双电层被压缩，ζ 电位降低，空间位阻能力降低，从而导致混凝土坍落度减小。在水泥的各种组分中 C_3A 水化最快，吸附减水剂的能力最强，所以掺加减水剂后 C_3A 含量高的水泥拌制的混凝土的坍落度损失一般都偏大。

迄今为止，为了控制混凝土坍落度损失，许多专家学者已经进行了各种尝试，并做了大量的研究工作，总体归纳起来有以下 5 种保坍的方法。

1. 掺加减水剂的方法

为了控制混凝土坍落度损失，对于减水剂可采用后掺、多次添加或超掺的方法，这种方法是从减少混凝土组分中的水泥或者其他吸附性材料对减水剂的无效吸附的角度出发进行设计的，能在一定程度上缓解由于体系中减水剂不足造成的部分混凝土坍落度损失，但实际工程施工中由于操作的复杂性和搅拌设备的限制，这种方法实用性不强。

此外，生产低水灰比混凝土时，在加入减水剂前，混凝土拌合物难以搅拌均匀，很难获得较好的流动能力，从而增加了施工难度。超掺减水剂则存在最终坍落度无法确切把握的问题，控制不当容易造成混凝土离析等现象。

2. 掺加适量的缓凝剂

水泥剧烈的初期水化反应造成对吸附于水泥粒子表面的减水剂的较多消耗，同时因减水剂残存浓度的减少不能补充这种消耗，而使水泥粒子表层 ξ 电位降低、分散性下降而引起的。水泥水化造成对减水剂的消耗，是由于水化物对部分吸附于水泥粒子表面的减水剂旳覆盖，或水化物与减水剂之间可能存在的作用而引起的。

外掺缓凝剂方法从控制水泥水化的角度出发，减缓水泥水化的速率，从而降低减水剂被水泥掩埋的程度。目前，这种方法的使用最为普遍，也确实能解决部分低强度普通混凝土的坍落度损失问题，但也存在以下限制：a. 高温条件和小流动度的混凝土中应用效果不明显；b. 不可避免地造成混凝土凝结时间延迟，某些有特定凝结时间和早期强度要求的工程不能接受；c. 缓凝剂与水泥相容性出现问题，会发生坍落度损失过快和不正常凝结现象。

3. 掺加反应型高分子

反应型高分子聚合物是一类高分子分散剂，其分子中含有酰基、酸基、酸酐基等官能团，一般采用丙烯酸、马来酸酐、苯乙烯等单体共聚得到。这类聚合物在水泥碱性环境中具有一定的反应性，一般与高效减水剂复合使用，对部分混凝土的坍落度损失有明显的改善作用。由于该类聚合物在制备的过程中必须采用有机溶剂，因此不可避免地会对环境有一定程度的影响，另外，这种聚合物的水溶性较差，施工中应用不方便。

4. 减水剂分子包埋技术

将减水剂分子与蒙脱土或其他填料进行混合制成颗粒状，在使用时通过颗粒的缓慢溶解释放出减水组分，以降低减水剂分子被水泥水化产物掩埋的程度，类似于缓释胶囊或颗粒的作用机理。这种方法由于制成缓释颗粒尺寸和颗粒分布不容易控制，其作用效果还与搅拌、温度、混凝土配合比等因素有关，实际使用中存在一定的难度。特别是部分大颗粒，如果在浇筑混凝土后还没有溶解，则硬化混凝土的性能存在隐患。

5. 掺加聚羧酸外加剂

由于聚羧酸外加剂具有的梳形结构，将其分子内或者分子间的羧基转换成酯基、酰氨基、酸酐或其他亲水性非极性基团，这些基团在水泥颗粒上开始不吸附，但随着水泥水化的进行，在水泥水化提供的高碱性环境下，酯基或者酸酐基团产生水解，而转化成羧基或者其他容易在水泥颗粒上吸附的基团，则逐渐发挥其分散作用，具有缓慢释放的效果。

二、混凝土保坍剂的基本类型

近年来，国内外混凝土方面的专家学者一直致力于开发性能优异的保坍剂，来防止混凝土拌合物出现坍落度损失，以下主要介绍除缓凝剂以外的保坍剂类型，主要包括分子内反应型高分子保坍剂、交联型聚羧酸盐类保坍剂和缓释型聚羧酸类保坍剂。

1. 分子内反应型高分子

2000 年以后，国内外的有些学者开始通过合成减水剂以外的高分子，来缓解混凝土拌合物的坍落度损失，这些方法主要采用水不溶的小分子酯类、酰胺类物质达到缓释作用的效果，这些反应型高分子不溶于水，但在碱性环境下可以逐渐水解，水解的产物溶解、扩展至水中，成为具有分散功能的减水剂分子，从而起到减水分散的作用。

韩国的 Lim 等合成了分子量约为 800 的混凝土坍落度损失控制剂，并对萘系和其他减水剂的流动度进行改进，取得了较好的效果。

天津建筑科学研究院完成了"防止混凝土坍落度损失的高效减水剂"的研究，该项目采用多元羧酸共聚物对萘系减水剂进行改性，有效控制和减少了混凝土拌合物的坍落度损失。该聚合物采用马来酸酐、苯乙烯、丙烯酸羟丙酯、甲基丙烯酸甲酯、丙烯酸乙酯为共聚单体，在油溶性溶剂中用偶氮二异丁腈作为引发剂进行聚合而成。

江苏省建筑科学研究院于 2002 年也开发出羧酸类反应型聚合物，与萘系减水剂复配使用，有效解决了长江某大桥用高性能混凝土拌合物坍落度损失的问题，做到了掺加萘系减水剂的混凝土拌合物坍落度 2h 基本不损失。

2. 交联型聚羧酸保坍剂

采用交联剂将两个或者更多的减水剂分子进行组合，这些交联点一般是酯键构成。使用过程中通过交联点的断开而释放出减水剂分子，持续分散水泥颗粒，从而达到保持混凝土拌合物坍落度的目的。

Tanaka 等研究了交联丙烯酸聚合物（CLAP）对混凝土拌合物坍落度损失的影响，CLAP 分子中羧基随时间发生变化如图 15-14 所示。

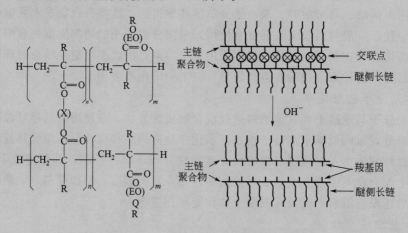

图 15-14 CLAP 分子中羧基随时间发生变化

江苏省建筑科学研究院冉千平博士开发了一种新型接枝聚合物聚羧酸混凝土高效保坍剂，该聚合物将不饱和羧酸单体、少量阻聚剂和催化剂与一定摩尔比的单烷基聚醚和定量的双官能度聚醚酯化后，再聚合而成。

分子结构中引入了对水泥颗粒优先吸附的基团，与水泥中的钙离子形成不溶性的络合物，可以延缓水泥粒子对减水剂的吸附，保持液相中残存的减水剂浓度，从而降低混凝土坍落度的损失；此外，还引入了对水具有良好亲和性的聚醚型长侧链，醚原子与水分子形成强有力的氢键，形成一个稳定的亲水性立体保护层，提供位阻的作用，延缓水泥颗粒的物理凝聚。同时借助于交联大分子的保坍机理，在合成的共聚物中引入了双官能团聚醚，提供交联点，使其在水泥碱性介质中缓慢转化为低分子量的聚合物，进一步提高了新型接枝聚合物高效保坍剂分散性能。这种保坍剂主要用于和传统萘系等缩聚型减水剂复合使用，适宜的掺量为水泥用量的 0.05%～0.08%，无论是对小坍落度的混凝土，还是大坍落度的混凝土，都具有良好的保坍效果；大坍落度的混凝土经时 2h 坍落度基本不损失，并且不影响混凝土强度的发展。

3. 缓释型聚羧酸保坍剂

Hamda 等学者研究一种丙烯酸聚合物系列减水剂（简称 SLCA），该分子中采用长链的聚醚作为分侧链，并将分子中的羧基用酯基代替，可以用最小的缓凝达到较高的混凝土坍落度保持性。

江苏苏博特新材料股份有限公司减水剂研发团队，结合混凝土拌合物流动度的损失机理，合理运用缓释原理对高效保坍型聚羧酸外加剂进行开发研究，合成出系列的保坍性聚合物外加剂，针对性地解决或者改善了混凝土拌合物流动度的损失，并建立了现代混凝土拌合物流动度保持时间从 0.5～5h 的调控新技术，创造性地解决了夏季高温、高黏土含量、长时间和低坍落度等极端条件下混凝土拌合物流动度的保持难题，为我国重大混凝土工程施工提供了有力保障。

三、混凝土保坍剂的作用机理

材料试验证明，掺加保坍剂混凝土坍落度经时损失，主要存在于水泥水化的起始阶段，一般在水化开始后的 30min，这个阶段的损失是由于水泥剧烈的初期水化反应，造成对吸附于水泥粒子表面的减水剂的较多消耗，同时因减水剂残存浓度的减少不能补充这种消耗，而使水泥粒子表层 ζ 电位降低，分散性下降而引起的。水化反应造成对减水剂的消耗，是由于水化物对部分吸附于水泥粒子表面的减水剂的覆盖，或者水化物与减水剂之间可能存在的作用而引起的。掺加高效减水剂一般更会加剧水泥的初期水化反应，同时由于其残存浓度降低较快，从而引起了混凝土较大的坍落度经时损失。

因此，要改善和抑制混凝土拌合物坍落度的经时损失，必须减少减水剂的消耗或能及时补充减水剂的消耗，也就是必须控制水泥的水化反应或维持减水剂较高的残存浓度。此时在保坍剂中的缓凝剂成分具有缓凝性，能够延缓水泥的水化反应，相对减少了减水剂的消耗，尤其是在水化初期的消耗，在保坍剂的掺量达到一定值后，即减水组分和缓凝组分达到最佳配比，就能在较长的时间内维持较高的减水剂残存浓度，使混凝土拌合物坍落度的经时损失速率明显变慢，具有较强的保坍效果。

反应型或缓释型保坍剂的作用效果在水泥强碱性环境中逐渐得到体现，补充了混凝土体系中的减水剂分子数量或者增加了减水剂分子的吸附能力，使混凝土拌合物在一定时间后还能依靠减水剂分子的分散能力达到较大的流动度，从而达到保持良好塑性的效果。

四、混凝土保坍剂的性能评价

目前，在混凝土工程中采用的保坍剂主要有不同类型的缓凝剂和缓释型聚羧酸保坍剂，由于缓凝剂保坍效果不明显以及其本身对混凝土的某些不利影响，以下仅以聚羧酸混凝土高效保坍剂进行性能评价。

1. 掺量对新拌混凝土的影响

按照现行国家标准《混凝土外加剂》（GB 8076—2008）中规定的试验方法，对混凝土保坍剂的掺量与性能关系进行测试，保坍剂的性能检测结果如表 15-14 所列。

从表 15-14 中的数据可以看出，随着保坍剂掺量的增加，混凝土的减水率及保坍效果均有比较明显改善，并且当固体掺量达到 0.26% 时，保坍剂的减水率可达到 23.7%，满足现行国家标准《混凝土外加剂》（GB 8076—2008）中高效减水剂的减水率要求。保坍剂的经时分散能力使其具有优异的混凝土坍落度保持能力，并且随着保坍剂掺量的增加，保坍效果逐渐增强。当固体掺量达到 0.16％时，混凝土 1h 坍落度出现大于初始坍落度现象，说明混凝土流动性经时增加。

表 15-14　保坍剂的性能检测结果

保坍剂掺量/％	减水率/％	含气量/％	坍落度/cm		凝结时间/min		抗压强度/MPa		28d 干燥收缩率/％
			0h	1h	初凝	终凝	3d	28d	
0	—	2.1	20.0	—	425	551	21.1	38.1	0.0295
0.12	19.8	6.0	20.4	16.0	435	540	34.2	51.4	0.0275
0.16	20.3	6.4	20.8	22.0	462	590	33.6	51.0	0.0270
0.20	21.8	6.0	20.5	23.0	500	615	35.0	51.5	0.0272
0.26	23.7	5.1	22.0	23.5	560	685	34.2	53.6	0.0268

由于保坍剂具有良好的减水能力，降低了混凝土的水灰比，所以混凝土的抗压强度明显提高。当保坍剂固体掺量达到 0.26％时，3d 混凝土抗压强度提高 62％，28d 混凝土抗压强度提高 29％。混凝土的干燥收缩率随着保坍剂固体掺量的增加而降低，这主要源于该保塑剂的减缩能力，当保坍剂固体掺量达到 0.26％时，混凝土的减缩率达到 9.2％，减缩效果明显。

混凝土的凝结时间也随着保坍剂掺量的增加而增加，当保坍剂固体掺量达到 0.26％时，混凝土凝结时间延长 2h 左右，但在混凝土的初凝、终凝时间差方面，没有因保坍剂的掺加而发生变化。

2. 保坍剂与混凝土减水剂的相容性

工程中常用的保坍剂作为一种复配型外加剂，必须考察它与其他外加剂的适应性，试验设计主要从混凝土保坍性能方面考虑，选择的聚羧酸减水剂包含不同的主链组成、侧链长度以及主侧链不同的接枝方式等因素。

表 15-15 为混凝土保坍剂对不同种类聚羧酸减水剂的适应性试验结果，从试验结果来看，高性能保坍剂对于改善减水剂的保坍能力有较大的帮助，与常规减水剂复配使用时均未影响其减水率，基本上和目前市场上所供应的聚羧酸减水剂都是适应的，能有效地改善其新拌混凝土的坍落度损失。

表 15-15　保坍剂对不同种类聚羧酸减水剂的适应性试验结果

外加剂		水胶比（W/B）	坍落度损失/cm	
减水剂种类及掺量/％	保坍剂掺量/％		0min	60min
PCA-Ⅱ,0.20	0	0.41	20.5	8.5
PCA-Ⅱ,0.13	0.10	0.41	20.0	15.5
PCA-Ⅳ,0.20	0	0.42	20.8	13.5
PCA-Ⅳ,0.16	0.06	0.42	19.5	17.5
PCA-Ⅴ,0.24	0	0.41	19.0	3.0
PCA-Ⅴ,0.16	0.12	0.42	18.0	15.0

注：混凝土配合比为 52.5，普通水泥∶粉煤灰∶砂∶石子＝330∶60∶733∶967。

3. 混凝土保坍剂的温度敏感性

由于高性能保坍剂的保坍机理是降低其初始的吸附量，因此其分散性能和保坍性能必然受到温度的影响很大。采用的配合比为水泥：粉煤灰：砂：石子＝290：50：756：1134 的混凝土进行温度敏感性试验，试验结果见表 15-16。环境温度越高，保坍性能则越差，初始分散性能增大；环境温度越低，初始分散性越差，但保坍性能越优异，甚至发生 1h 后大幅度增大的现象。由于环境温度升高加速水泥水化，水泥溶液中碱性增强，加快了酯类的水解，而且温度升高，高分子活动能力增强，分子构象舒展，使外加剂容易吸附。所以总体来说，温度升高，外加剂吸附加快，吸附量增加，导致了其分散性能提高。分散保持能力有所下降，于 60min 后出现坍落度的部分损失。

表 15-16　混凝土保坍剂在不同温度条件下的作用效果

水胶比 (W/B)	环境温度 /℃	减水剂掺量 /%	保塑剂掺量 /%	坍落度损失/cm		
				0min	60min	90min
0.47	5	0.09	0.135	10.5	18.0	20.0
0.46	20	0.09	0.135	13.2	18.0	16.0
0.43	30	0.09	0.135	15.5	15.0	12.3

从表 15-16 的结果可以看出，环境温度的变化直接影响减水剂的分散效果及经时变化，保坍剂的保坍作用时间随着温度的升高而逐渐降低，但是均能有效地满足试验所设计的中等流动度混凝土的保坍要求。

4. 混凝土保坍剂的水泥适应性

混凝土外加剂的水泥适应性是指混凝土外加剂与水泥复合应用时能够充分发挥混凝土外加剂的性能特点，不会因水泥成分波动而导致混凝土外加剂的应用性能发生较大改变。混凝土外加剂与水泥适应性差，主要是指减水率低、流动性保持效果差、出现离析泌水等问题，而这些问题直接影响到新拌混凝土的应用性能，所以一直是混凝土外加剂研究的重点。

现行的行业标准《水泥与减水剂相容性试验方法》（JC/T 1083—2008）指出：混凝土外加剂与水泥的相容性分为水泥对外加剂的适应性及外加剂对水泥的适应性。由此可见，外加剂与水泥的不适应不应局限于单方面的原因，而应当从两方面进行分析，查找原因，优化两者之间的相容性。

第五节　混凝土脱模剂

随着混凝土新技术、新工艺的发展，不但对混凝土工作性、耐久性等性能的要求越来越高，而且对混凝土外观质量的要求也越来越高。从混凝土成型工艺来看，不管是混凝土预制构件，还是现浇混凝土，为了保证硬化后的混凝土表面光滑平整，不出现蜂窝麻面，除了要求混凝土具有良好的和易性、保水性和高密实性外，还要求混凝土模板内表面光滑，与混凝土的黏结性小，模板吸水率低。因此，在工程中往往采用一种能涂抹在模板上，减少混凝土与模板的黏结力，使模板易于脱离，从而保证混凝土表面光洁的外加剂，称为脱模剂。

混凝土脱模剂又称混凝土隔离剂或脱模润滑剂，这是一种喷涂或刷涂于模板内壁起润滑和隔离作用，能有效地促使混凝土在拆除模板时顺利脱离模板，保持混凝土结构形状完整无损的材料。

早在 20 世纪 20 年代，各国在混凝土工程中就利用废油、石灰、滑石粉等材料作为混凝土脱模剂，随着混凝土浇筑新技术的广泛应用，木模板、胶合模板、钢模板、钢筋混凝土模板、塑料模板及玻璃模板等新模板出现，以及混凝土表面装饰的要求，对混凝土脱模剂提出了更新、更高的要求。

一、混凝土脱模剂的主要类型

混凝土脱模剂的种类很多，常用的可分为纯油类脱模剂、乳化油类脱模剂、皂化油类脱模剂、石蜡类脱模剂、化学活性脱模剂、水质类脱模剂、合成树脂类脱模剂和其他类脱模剂。

（1）纯油类脱模剂　纯油类脱模剂是指矿物油、动物油及植物油。目前大多数采用石油工业生产的各种轻质润滑油及工业废机油作为脱模剂。但涂刷过量的纯油类脱模剂，会引起混凝土产生斑点与起粉；稠的油会截留空气泡，阻止它们从混凝土中逸出，而影响混凝土的表面质量。普通油会在混凝土表面上留下较多的麻面。

（2）乳化油类脱模剂　乳化油类脱模剂采用润滑油类、乳化剂、稳定剂及助剂配制而成，其又可分为油包水（W/O）和水包油（O/W）两大类。水包油脱模剂由于制作简单，与纯油类脱模剂相比，既可降低成本，又可提高脱模质量，混凝土表面光洁、无油污，色泽比较均匀，所以在木模板的混凝土工程中应用比较广泛。但在低温及雨季不宜使用。

（3）皂化油类脱模剂　皂化油类脱模剂是指茶籽油、菜籽油、机油等与碱类作用而生成水溶性皂类脱模剂。这类脱模剂成本很低，主要适用于混凝土预制场长线台座等脱模用。

（4）石蜡类脱模剂　石蜡类脱模剂分为乳化石蜡类脱模剂和溶剂型石蜡类脱模剂。其脱模效果比较好，但石蜡含量过高时往往在混凝土表面留下石蜡痕迹，有碍于表面装饰。溶剂型石蜡类脱模剂成本偏高，但有较强的耐雨水冲刷及耐低温能力，涂一次可重复使用 2～4 次。

（5）化学活性脱模剂　化学活性脱模剂的活化成分主要是脂肪酸，这些弱酸可与混凝土中游离氢氧化钙等缓慢作用，产生不溶于水的脂肪酸盐，致使表层混凝土不固结而达到脱模的目的。这类脱模剂的脱模效果尚佳，无污染现象，但过量后会引起混凝土表面粉化。

（6）水质类脱模剂　水质类脱模剂主要指肥皂水、纸浆废液、107 胶滑石粉液、海藻酸钠混合液等。这类脱模剂易锈蚀钢模，低温下容易冻结，耐水冲刷的能力差。但由于价格低廉，在我国仍广泛用于混凝土表面质量要求较低的工程，但在国外已很少使用。

（7）合成树脂类脱模剂　合成树脂类脱模剂是指甲基硅树脂、不饱和聚酯树脂、环氧树脂制成的脱模剂，这类脱模剂的脱模效果好，可反复使用多次，但价格较高，更新涂层时清理模板困难。

（8）其他类脱模剂　其他类脱模剂包括很多种类，如喷塑膜、涂橡胶膜及化学活性脱模剂等，这些产品因价格昂贵或引起混凝土表面粉化等，在工程中都未得到推广和应用。

二、混凝土脱模剂的脱模机理

工程实践充分证明，要想使混凝土顺利地从模板中脱出，必须克服模板和混凝土之间的黏结力或自身的内聚力。一般通过下列 3 种作用达到脱模的效果。

（1）机械润滑作用　脱模剂在模板与混凝土之间起机械润滑作用，从而克服了两者之间的黏结力而达到脱模的目的。如纯油类及加表面活性剂的纯油类脱模剂。

（2）成膜隔离作用　脱膜剂涂刷于模板后迅速干燥成膜，在混凝土与模板之间起到隔离作用而脱模。如含有成膜物的树脂类脱模剂、含成膜剂的乳化油脱模剂和溶剂类脱模剂等。

（3）化学反应作用　如含有脂肪酸等化学活性脱模剂涂于模板后，首先使模板具有憎水性，然后与模板内新拌混凝土中的游离氢氧化钙等发生皂化反应，生成具有物理隔离作用的非水溶性皂，既起润滑作用，又能阻碍或延缓模板接触面上很薄一层混凝土凝固，拆除模板时混凝土与脱模剂之间的黏结力大于表面混凝土的内聚力，从而起到脱模的作用。

脱模剂的种类不同，其脱模的形式也不相同，其中以破坏混凝土和脱模剂接触面上产生的黏结力的脱模形式最为理想。

三、混凝土脱模剂应具备的性能

混凝土脱膜剂是混凝土工程施工中不可缺少的组成部分，对工程施工工艺、施工进度和工程质量都起到重要的作用。但是，到目前为止我国尚未制定有关的标准技术检验方法，脱模效果及脱模后混凝土外观好坏的评价还没有一个量化的指标。根据混凝土工程施工的实践经验，混凝土脱膜剂必须具备以下性能。

① 优良的脱模性能。这是对混凝土脱膜剂最基本的要求，即在拆除模板时要求脱模剂能使模板顺利地与混凝土脱离，保持混凝土表面光滑平整，棱角整齐无损。

② 涂刷比较方便，涂刷后不影响混凝土的浇筑，拆除模板容易清理。脱模剂既能进行涂刷，又能进行喷涂，不能因黏度太大不易涂刷，也不能因黏度太小而出现流挂。

③ 成膜型的脱模剂的成膜时间要短，一般不应超过 20min，拆除模板后应易于表面清理，不得影响施工进度和制品的生产效率。

④ 不影响混凝土表面的装饰效果。这对于清水混凝土工程尤其重要，混凝土的表面不得残留浸渍印痕，做到不泛黄，不变色，不发花。

⑤ 不污染钢筋，对混凝土无害。脱模剂应不影响混凝土与钢筋的握裹力，不改变混凝土拌合料的性能（如凝结时间等），不含有对混凝土性能有害的物质（如碱含量、氯离子含量等），对混凝土的强度无影响。

⑥ 能够保护模板，延长模板的使用寿命。钢模板所用的脱模剂应具有防止钢模板锈蚀及由此导致的混凝土表面产生锈斑的作用。木模板所用的脱模剂应能渗入模板中，对木模板起维护和填缝的综合作用，并能防止木模板多次使用后造成的膨胀、鼓起、开裂的保护作用。脱模的 pH 值最好控制在 7～8 之间，从而对木模板及混凝土无侵蚀作用。

⑦ 脱模剂应具有良好的稳定性。混凝土脱模剂应有较长的贮存稳定性，贮存期一般应在半年以上，在贮存期内不应有沉淀分层、发霉、发臭，乳液型脱模剂应不破乳，树脂型脱模剂应不硬化。

⑧ 脱模剂应无毒性，无异味。混凝土脱模剂产品不应含有有毒成分及有毒的有机溶剂，也不应存在有恶心气味的异常味道，不得污染环境和损害操作人员的健康。

⑨ 根据不同的施工条件，对混凝土脱模剂还要有一些特殊要求。露天使用的混凝土脱模剂要具有一定的耐雨水冲刷的能力，雨水冲刷后仍能保持良好的脱模效果。在寒冷的气候条件下使用的脱模剂应具有一定的耐冻性，在零摄氏度以下应能很好使用。对于热养护的混凝土构件，混凝土脱模剂还应具备一定的耐热性。

四、混凝土脱模剂的标准及检测

混凝土工程施工中所用的脱模剂应当符合一定的性能要求。根据国内外的工程实践，混凝土脱模剂的检测项目和判定标准应符合表 15-17 中的规定。混凝土脱模剂的均质性应符合表 15-18 中的规定。

表 15-17　混凝土脱模剂的检测项目和判定标准

检测项目	判定标准
脱模性能	经大于 5000cm² 脱模面积的试验,能够顺利脱模,保持混凝土的棱角完整无损。混凝土表面无斑点、缺陷、起粉,气孔率在正常范围内。脱模后混凝土表面不影响后装修
防雨水冲刷性能	脱模剂的表面洒水 3 遍,不影响脱模效果
对钢模板锈蚀性	无锈蚀现象(只检测用于钢模板的脱模剂,不检测用于其他模板的脱模剂)
喷涂刷性	所用的脱模剂可喷、可涂
配水乳化性	只检测用于吸水性较大的模板的脱模剂
流挂性能	涂刷脱模剂后不出现流挂,成型的试件无水流痕迹
混凝土抗压强度	所用的脱模剂对混凝土的抗压强度无任何影响

表 15-18　混凝土脱模剂的均质性

检测项目	检测方法	技术指标
外观	目测颜色	颜色越浅越好,乳化类脱模剂乳液稳定,不分层
黏度	涂-4 杯	15~25s,误差在±10% 以内,有利于涂喷,均匀不流挂
pH 值	pH 计	7~8
稳定性	自然室内贮存 6 个月	不分层,黏度变化在±10% 以内

五、选用混凝土脱模剂应考虑的因素

在进行混凝土工程施工时,如何正确选用混凝土脱模剂是非常重要方面,有时甚至关系到工程的成败。因此,在选用混凝土脱模剂中应考虑以下因素。

(1)脱模剂对模板的适应性　当脱模剂用于金属模板时,应当选用防锈、阻锈的混凝土脱模剂;当脱模剂用于木模板时,应当选用加表面活性剂的纯油类脱模剂、油包水型乳化油类脱模剂和涂料类脱模剂等,以防止模板吸水变形;胶合板模板可选用涂料类、溶剂型类脱模剂。

(2)混凝土脱模面装饰要求　根据混凝土脱模面装饰的要求选择适宜的脱模剂,对于混凝土脱模面的装饰效果非常重要。例如需抹灰或涂料的混凝土面,应慎重使用油类脱模剂,而应选用不污染混凝土表面的脱模剂。

(3)考虑施工环境不同条件　根据混凝土施工环境不同选择适宜的脱模剂,对于混凝土工程施工是否顺利也非常重要。雨季施工时要选用耐雨水冲刷能力强的脱模剂,冬季施工时要选用冰点低于气温的脱模剂,湿度大、气温低时宜选用干燥成膜快的脱模剂。

(4)对于不同工艺的适应性　在选择混凝土脱模剂时应考虑到对于不同工艺的适应性,如长线台座施工的构件量大面广,应优先选用价格低廉的皂化油类脱模剂,蒸养混凝土宜选用热稳定性好的脱模剂;离心制管及振动挤压工艺,应选用隔离膜坚固的脱模剂,现浇大跨度桥梁构件或断面复杂的异形构件,应选用脱模吸附力低的脱模剂,滑模施工应选用隔离膜式脱模剂。

(5)考虑脱模剂的综合费用　在选择混凝土脱模剂时应考虑到综合费用的高低,即要考虑单价、每平方米模板涂刷脱模剂用量、重复使用的次数、提高制品质量及延长模板寿命的效果、清理模板和维修模板的难易程度等综合因素。

第六节 混凝土养护剂

新浇筑的混凝土在达到初凝后，必须保证水泥颗粒的充分水化条件，才能满足混凝土强度、耐久性等技术指标。尽管一般混凝土拌合物的用水量大于水泥水化的需水量，但是在恶劣的施工条件下，混凝土失水会导致表层湿度降低到80%以下，严重阻碍了水泥水化的进行，从而造成混凝土各项性能下降，无法达到设计的要求。因此，科学有效的混凝土养护是实现混凝土各项性能的重要因素，已经得到了学术界和工程应用的广泛重视。

长期以来，我国工程应用中主要通过以下几种方法进行混凝土的养护：a. 根据工程实际洒水；b. 覆盖湿麻袋和草袋；c. 覆盖塑料薄膜；d. 利用蒸汽养护等。然而，在水资源日益紧张和混凝土结构日益复杂的背景下，上述方法面临着严重的问题。例如，如何在施工用水极度紧张的条件下，利用有限的水资源实现经济环保的混凝土养护；如何解决大体积复杂结构的混凝土养护。在传统养护方法无法高效解决上述问题的背景下，近年来在实际工程应用中越来越多地采用混凝土养护剂养护来代替传统的养护方法。

混凝土养护剂养护主要是通过在混凝土表层形成结构致密的聚合物，或者提高混凝土孔结构的致密程度，实现对混凝土水分蒸发的控制，从而达到养护的目的。相比于传统的养护方法，混凝土养护剂养护具有节约大量的养护用水、延长养护时间、提高混凝土后期强度、提高混凝土的匀质性、节省劳动力和运输力等优点。尤其适用于高温、低湿和大风条件下（如我国的西北地区）的混凝土养护，可成功解决因失水引起的混凝土干燥开裂等问题。然而，市场上目前销售的混凝土养护剂也面临着养护性能不高（保水率低于75%）、施工不便和环境污染较大等问题。

一、混凝土养护剂的种类及作用机理

混凝土养护剂是指喷洒或涂刷于混凝土的表面，能在混凝土的表面形成一层连续的不透水膜层，从而保证混凝土能密闭养护的物质。通常在工程中使用的混凝土养护剂有以下种类。

1. 水玻璃类混凝土养护剂

水玻璃类混凝土养护剂的作用机理主要是利用一定模数的水玻璃与水泥水化产物氢氧化钙迅速反应生成硅酸钙胶体，在混凝土的表面形成一层胶体薄膜，从而阻止了混凝土内部的水分蒸发，使混凝土在湿环境下进行养护。由于这层胶体薄膜与混凝土基体连成一体，实际上也成为混凝土的一部分，因此对以后的混凝土表面装饰无任何影响，但这种混凝土养护剂的保水性能不是很好，保水率在30%～40%。

2. 石蜡类混凝土养护剂

采用石蜡乳液或溶液，浇筑在混凝土的表面，通过石蜡的固化形成保护层，降低混凝土表层的水分蒸发，尽管这类混凝土养护剂的性能优于水玻璃类，但是其保水率也仅在50%左右。另外，由于石蜡残留在混凝土的表面，会严重影响进一步的施工，因此石蜡类混凝土养护剂也将逐渐退出市场。

3. 聚合物乳液类混凝土养护剂

聚合物乳液类混凝土养护剂，主要通过苯丙乳液和其他乳液等聚合物复配各种助剂制备，涂覆在混凝土的表面，经过水分蒸发和聚合物胶结成膜的过程，从而形成结构致密的膜，能有效降低混凝土表面水分蒸发的速率，达到混凝土湿养护的目的。

相对于聚合物溶液类混凝土养护剂，由于这类养护剂采用了水性体系，因此不仅成本较低、绿色环保，而且经过聚合物分子链的结构优化，这类养护剂的保水率也有大幅度的提升，一般保水率在75％以上。目前，在工程中应用最广泛的是聚合物乳液类混凝土养护剂。

4. 聚合物溶液类混凝土养护剂

聚合物溶液类混凝土养护剂，主要采用纯丙烯酸酯聚合物、苯丙聚合物等有机溶液，涂覆在混凝土的表面，经过有机溶剂的挥发，聚合物在混凝土的表层形成致密的膜，从而有效抑制水分蒸发。聚合物溶液类混凝土养护剂主要优点是保水率很高，一般都在90％以上；其缺点是成本较高、环保性较差。

二、混凝土养护剂的性能要求

大型混凝土工程、海上混凝土工程、干旱气候条件下的混凝土工程，以及沙漠缺水地区的混凝土工程等，或因工艺条件限制或因无质量符合标准的水源，对混凝土的人工湿养护难以保证，必须采用混凝土养护剂对混凝土表面进行处理，以保证混凝土的强度发展和防止干缩开裂。

混凝土养护剂的质量控制指标可参照现行的行业标准《水泥混凝土养护剂》（JC/T 901—2002）中的规定。混凝土养护剂的性能要求如表15-19所列。

表15-19　混凝土养护剂的性能要求

检验项目		一级品	合格品
有效保水率/％		≥90	≥75
抗压强度比/％	7d	≥95	≥90
	28d	≥95	≥90
磨耗量/(kg/m²)		≤3.0	≤3.5
固体含量/％		≥20	
干燥时间/h		≤4	
成膜后浸水溶解性		应注明溶或不溶	
成膜耐热性		合格	

注：磨耗量：在对表面耐磨性能有要求的表面上使用混凝土养护剂时为必检指标。

其中，养护剂的主要性能指标为有效保水率。现行标准规定的有效保水率测定方法为把涂覆养护剂和未涂覆养护剂的混凝土试块称重后放入恒温恒湿箱，箱内温度为38℃±1℃、相对湿度为50％±2％，72h后进行称重，然后按公式计算有效保水率。有效保水率大于75％为合格品，有效保水率大于90％为一级品。另外，抗压强度比也是衡量养护剂性能的重要指标，相对于标准养护，合格品养护剂的抗压强度比应达到90％以上，一等品养护剂的抗压强度比应达到95％以上。

工程实践证明，混凝土养护剂的品种选择、用量控制和涂刷时机的把握、涂刷的质量等，对混凝土养护质量的影响很大。混凝土养护剂的品种应根据混凝土结构特点、施工条件进行选择。养护剂的涂刷厚度与单位面积的用量有关，涂刷应保证混凝土表面成膜连续，涂刷过量则造成材料的浪费。养护剂的涂刷应在混凝土达到初凝且表面无明水时立即进行，如果涂刷太早，不仅成膜困难，而且容易造成成膜不连续；如果涂刷太晚，混凝土的水分损失大，很容易产生裂缝。在一般情况下，混凝土养护剂应涂刷至少两遍，第二遍涂刷的方向应当与第一遍涂刷的方向垂直。

第七节　混凝土灌浆剂

随着灌浆技术的广泛应用，不但灌浆理论、方法和施工技术得到了较大的发展，而且目前灌浆材料的研制和应用速度也非常迅速。灌浆材料从最早的石灰、黏土和水泥，发展到水泥-水玻璃浆液、各种化学浆液，如高强度的水玻璃类浆液、中性和酸性水玻璃浆液、非石油来源的多种高分子浆液等。在水利水电工程的实践中，对水泥浆液、水泥黏土浆液进行了改性，根据不同需要使用了改性水泥浆、浓浆和膏状浆液，特别是细颗粒水泥注浆材料的开发，克服了水泥浆液难以渗透到较细颗粒土层中的缺点。由于化学浆液对周围环境及地下水具有不同程度的污染，所以化学高污染的灌浆材料在使用上受到了限制，但是在特殊的条件下，一些低污染的化学灌浆材料仍得到开发改性和使用。

目前，在常规的灌浆施工中，所用的灌浆材料主要有两大类：一类是化学浆液，化学浆液可灌注性好，能注入土层中的细小裂隙或孔隙，其缺点是结石体强度较低、耐久性较差、对周围环境及地下水有污染、价格较贵；另一类是水泥类浆液，至今仍然是一种适用面最广的基本灌浆材料。水泥类浆液虽然具有价格较低、强度较高等优点，但一直存在初凝与终凝时间长且不能准确控制、强度增长慢、容易沉淀、泌水等缺点。近年来，国内外在改善水泥类浆液性能方面做了大量的研究工作，例如用各种化学添加剂来缩短水泥浆液的凝结时间及提高可灌性等，水泥类浆液的发展和应用，逐渐向着超细水泥、高水速凝材料、硅灰粉水泥浆材、纳米水泥材料等方向进行。

一、化学灌浆剂

化学灌浆是将一定的化学材料（无机或有机材料）配制成真溶液，用化学灌浆泵等压力泵送设备将其灌入地层或缝隙内，使其渗透、扩散、胶凝或固化，以增加地层强度、降低地层渗透性、防止地层变形和进行混凝土建筑物裂缝修补的一项加固基础，防水堵漏和混凝土缺陷补强技术。即化学灌浆是化学与工程相结合，应用化学科学、化学浆材和工程技术进行基础和混凝土缺陷处理（加固补强、防渗止水），保证工程的顺利进行或借以提高工程质量的一项技术。我国的化学灌浆主要以水玻璃材料为先导，其他化学灌浆研究均始于 20 世纪50 年代。由于长江三峡水利枢纽工程的需要，进行了环氧树脂与甲基烯酸酯等化学灌浆材料的研究。20 世纪 60 年代，又研制出丙烯酰胺化学灌浆材料；20 世纪 70 年代，又研究了脲醛树脂、铬木素、聚氨酯、木胺、改性水玻璃、丙烯酸盐和新型环氧树脂系列等化学灌浆材料。

所有的化学灌浆材料，从应用目的而言，可以分为防渗补漏和固结补强两大类。其中聚氨酯、木质素、水玻璃、丙烯酸盐和丙烯酰胺属于防渗补漏类；甲基烯酸酯和环氧树脂属于固结补强类。

1. 环氧树脂灌浆剂

环氧树脂灌浆剂作为一种化学灌浆材料，与普通混凝土相比，具有强度较高、黏结力强、耐化学腐蚀、耐寒、耐热、耐冲击和耐震动等优点，广泛用于混凝土裂缝补强加固及机械设备底座和平台等的浇灌。

环氧树脂灌浆材料主要由环氧树脂、稀释剂、固化剂、增韧剂、填料和集料等组成。环氧树脂是灌浆材料的主体，呈热塑性的线型结构，在常温条件下，其本身不会固化，加入固化剂能进行交联固化反应，生成体型网状结构，并具有许多优良的性能。环氧树脂本身的黏度比较大，需要加入稀释剂以降低其黏度，保证环氧树脂灌浆材料具有良好的可灌性，同时稀释剂的加入还能增加填料的掺量，便于施工操作。单纯用固化剂固化的环氧树脂固化物脆性很大，还需要加入增韧剂来提高其韧性。填料和集料的加入，可以减少环氧树脂的收缩，提高它的力学性能，同时也降低工程成本。

目前，我国所用的环氧树脂灌浆材料主要是以丙酮、糠醛为稀释剂，此体系的环氧树脂灌浆材料在我国得到广泛的应用，并解决了许多工程难题。这类材料具有较好的抗压强度和抗拉强度，但存在收缩较大、挥发性大，特别是糠醛的毒性大等问题。同时，具体施工人员长期接触丙酮会对皮肤产生一定的刺激作用，而且对人的呼吸道、食道等器官也有一定的麻醉作用。

2. 水玻璃化学灌浆剂

水玻璃是化学灌浆中使用最早的一种灌浆材料，由于它具有许多优越的综合性能，目前仍是使用最广的化学灌浆材料之一。自 1974 年日本福冈丙烯酰胺注浆引起环境污染造成中毒事件后，水玻璃化学灌浆作为一种污染较小的化学灌浆材料更为世界各国所重视。

水玻璃化学灌浆剂是指水玻璃在胶凝剂的作用下，产生凝胶的一种化学灌浆材料。水玻璃化学灌浆剂按胶凝剂的不同，可分为酸反应剂、金属盐反应剂和碱反应剂 3 种；也可分有机类和无机类水玻璃化学灌浆材料。

（1）传统水玻璃化学灌浆材料　以氯化钙作为胶凝剂的水玻璃化学灌浆材料使用最早，对环境不造成污染，固砂体强度是目前所开发的各类水玻璃化学灌浆材料中最高的，但是由于其瞬时产生固化，除了在处理涌水中有较大优势外，总体来说会给施工带来许多不便，固结安全性等性质较差。碱性反应剂，以铝酸钠为例，其浆液的渗透性好，如注入地层的浆液被地下水稀释，其具有凝胶固化时间变快的性质。

选用有机胶凝剂作为水玻璃化学灌浆材料的添加剂，比选用无机胶凝剂在固化时间的控制上更有优势，而且在凝胶后的固结物质凝胶体中，因反应缓慢进行，故反应效率高，稳定性和固结强度较大，且有利于降低水玻璃浆液的碱性。但是，就目前已开发的有机类水玻璃浆材而言，仍然存在带来一些环境问题。

（2）新型水玻璃化学灌浆材料　黏度较低，可灌性好，造价较低，这是水玻璃浆材的显著优点，但是水玻璃浆材有很多有待改进之处，例如胶凝时间的调节不够稳定，可控范围较小，凝胶的强度低，凝胶体的稳定性差，固砂体的耐久性有待进一步考证，金属离子易胶溶等，在永久性工程中的应用有待进一步研究。水玻璃浆材的潜在效果是巨大的，对它的研究一直在不断进行，加入新型添加剂对水玻璃浆材进行改性的研究工作目前正逐步展开。由于地下工程的复杂性，应根据不同的水文地质环境，不同的工程使用目的，选取不同种类的水玻璃浆材，也就是说当前水玻璃化学灌浆材料总的发展方向应该是研制出适合不同水文地质环境要求的一系列环保型水玻璃浆材。

① 通过在水玻璃和乙酸乙酯中加入两种不同的乳化剂，混合后轻轻搅动即可制成水玻璃-乙酸乙酯微乳化学灌浆材料，该化学灌浆材料具有高固结强度、低成本、无污染、胶凝时间可控等优良，尤其适合在钻井护壁堵漏中使用。

② 一种水玻璃单液高强度的调制剂，其胶凝时间在 3～26h 内可以进行调节，适用于 70～100℃地层中，封堵强度高，堵塞率高，配制比较简单，施工非常方便，且无污染的新型中高温堵剂，能对油田的稳油控水起一定作用。

3. 丙烯酸盐化学灌浆剂

20 世纪 60 年代以丙烯酰胺为主剂的堵水防渗化学灌浆材料，因其低黏度和优异的渗透能力，且固结后为不溶于水的弹性体，被广泛地用于细微裂隙岩石和细砂层的防渗灌浆，作为永久性工程的防渗化学灌浆材料。直到 1974 年日本应用丙烯酰胺化学灌浆造成水质环境污染后，许多国家如日本、美国相继限制使用此种化学灌浆材料。

丙烯酸盐是一种性能与丙烯酰胺相似的灌浆材料，但其毒性远比丙烯酰胺低得多。丙烯酸盐灌浆材料作为丙烯酰胺灌浆材料的替代产品开始受到广泛重视，1980 年美国开始用丙烯酸盐（AC-400）来代替丙烯酰胺浆材。我国研究丙烯酸盐作为灌浆材料始于 20 世纪 70 年代，广州化学研究所对高浓度的丙烯酸盐浆液做了一些室内试验，20 世纪 80 年代中期水利水电科学研究院研制成功了 AC-MS 灌浆材料。此后，长江科学院针对三峡工程的防渗要求，在总结国内外化学灌浆经验的基础上，以引力场和抵抗作用成功研制出黏度较低、不含颗粒成分、浆液毒性轻微、凝胶无毒、可灌入细微裂隙的丙烯酸盐灌浆材料。该项技术于 20 世纪 80 年代应用于江西万安水电站大坝基础防渗灌浆，并取得了较好的防渗效果，从此也为降低化学产品的毒性找到了一个方向。

4. 甲基丙烯酸酯灌浆剂

由于应用丙烯酰胺化学灌浆材料会造成环境污染，从而促进了甲基丙烯酸酯类灌浆材料的研究及其在土木工程中的应用。甲基丙烯酸酯灌浆剂是以甲基丙烯酸酯为主剂，配以油溶性引发剂、促进剂、增韧剂等助剂。其单体黏度仅为 0.69Pa·s，能够灌入 0.05mm 宽的裂缝中。固化后的浆材抗压强度高，一般可达 90MPa。甲基丙烯酸酯灌浆剂的缺点是浆液固化收缩大，施工工艺比较复杂。

针对三峡工程断层破碎带的防渗固结灌浆，长江科学院与中国科学院广州化学研究所，于 20 世纪 60 年代共同开发出甲基丙烯酸酯灌浆材料。该灌浆材料黏度比水低，表面张力约为水的1/3，可以灌入 0.05mm 宽的细微裂缝，并且在-20℃以上即可以固化。该灌浆材料的开发大致可以分为三个阶段：第一阶段（1960～1965 年），研究的成果用于干、细裂缝灌浆补强，获得良好的效果，但具有怕氧、怕水的缺点，灌浆要用二氧化碳排氧；第二阶段（1966～1973 年），开始使用除氧剂对甲苯亚磺酸，从而克服了怕氧的缺点；1974 年，根据物理化学原理，找到了两种添加剂，克服了怕水的缺点，进入第三阶段。在此基础上，长江科学院的谭日升教授提出了湿面粘接理论。

5. 聚氨酯化学灌浆剂

聚氨酯化学灌浆剂是由聚氨酯的预聚物与添加剂（溶剂、催化剂、缓凝土、表面活性剂、增塑剂等）组成的化学浆液，一般是"单液型"的浆液，其主要成分是过量二异氰酸酯（或多异氰酸酯）与聚醚多元醇反应而制得的端异氰酸酯基（NCO）预聚物，也可以是"双液型"的浆液，即由预聚物与固化剂（及促进剂）组成。

在灌浆施工过程中，把聚氨酯化学灌浆材料注入缝隙或疏松多孔性的地基中时，这种预聚物的端异氰酸酯基（NCO）与缝隙表面或碎基材中的水分接触，发生"扩链交联"反应，最终在混凝土缝隙中或基材颗粒的孔隙间形成有一定强度的凝胶状固结体。聚氨酯固化物中含有大量的氨基、甲酸酯基、脲基等极性基团，与混凝土缝隙表面以及土壤、矿物颗粒有强的黏结力，从而形成整体结构，起到了堵水和提高地基强度等作用。并且，在相对封闭的灌浆体系中，反应放出的二氧化碳气体会产生很大的内压力，推动浆液向疏松地层的孔隙、裂缝深入扩散，使多孔性结构或裂缝完全被浆液所填充，从而增强了堵水效果。浆液膨胀受到的限制越大，所形成的固结体越紧密，抗渗能力及压缩强度越高。

聚氨酯化学灌浆材料可分为水溶性（亲水性）、油溶性（疏水性）及改性聚氨酯材料三大类。这三类聚氨酯预聚物材料虽然都能用于防水、堵漏、地基加固，但三者之间也有差别。

（1）水溶性聚氨酯化学灌浆材料　水溶性聚氨酯化学灌浆材料亲水性好，包水量大，适用于潮湿裂缝的灌浆堵漏、流动水地层的堵涌水、潮湿土质表面层的防护等。水溶性聚氨酯化学灌浆材料的突出特点是易分散于水中，遇水后产生自乳化，立即进行聚合反应。生成的固结物具有良好的弹性、抗渗性、耐低温性，对岩石、混凝土、土粒等具有良好的粘接性能，灌浆后对水质无污染。另外，水溶性聚氨酯化学灌浆材料还具有弹性止水和膨胀止水的双重作用。

水溶性聚氨酯化学灌浆材料一般是单组分低黏度液体，其主要成分是端异氰酸酯基（NCO）预聚物，它是以特种亲水性聚醚多元醇与多异氰酸酯制成的预聚物为主剂，加入助剂（稀释剂、增塑剂和其他助剂）配制而成的。为使聚氨酯浆材有良好的水分散性，一般选择 EO 含量较高的 EO/PO 共聚醚。通过调节具有不同 EO/PO 比例的亲水性聚醚，或 EO 聚醚与普通 PPG 型聚醚的混合比例，可以制得不同亲水程度的灌浆材料。聚氨酯浆液的固化时间通过加入促凝剂（催化剂）或缓凝剂，可在几秒钟到十几分钟范围内调节。

水溶性聚氨酯化学灌浆与水玻璃、丙烯酸盐化学灌浆相比，主要有以下几个优点。

① 可在大量水存在的条件下与水反应，固化后形成不透水的固结层，可以封堵涌水。

② 固化反应的同时产生二氧化碳气体，封闭的灌浆体系中初期的气体压力，可把低黏度浆液进一步压进细小裂缝深处以及疏松地层的孔隙中，使多孔性结构或地层充填密实，后期的气泡包封在胶体中，形成体积庞大的弹性固化物。

③ 在含大量水的地层处理中，可选择快速固化的浆液，它不会被水冲稀而流失，形成的弹性固化体也能充分适应裂缝和地基的变形。

④ 灌浆的浆液黏度可调，可以灌入 1mm 左右的细裂中，固化速率调节比较方便。

⑤ 施工设备比较简单，工程投资费用较少。

（2）油溶性聚氨酯化学灌浆材料　油溶性聚氨酯化学灌浆材料国内俗称"氰凝"，是由聚氧化丙烯多元醇（如 N303、N204）与多异氰酸酯（TDI、MDI、PAPI）反应制得的预聚物为基料，以有机溶剂为稀释剂制备的溶剂型单组分或双组分浆材。

油溶性聚氨酯化学灌浆材料的性能值范围比较大，另外还具有耐化学介质腐蚀性能和耐高低温性能，因此它不仅可用作堵漏，而且还可用于补强加固，还可用作涂层剂，具有较好的防渗防腐蚀性能。

（3）改性聚氨酯化学灌浆材料　为了获得较低的黏度、较高的固结体强度，结合几种聚合物的优点，灌浆材料也可采用混合体系。例如南京水科院研制的一种丙烯酸酯改性氰凝灌浆材料 MU，是由丙烯酸酯、特种聚氨酯预聚物、复合固化剂等组成的一种低黏度浆液，采用丙烯酸酯作为活性稀释剂，浆液黏度很低，从而改善了聚氨酯化学灌浆材料的可灌注性。浆料中不含溶剂，使用时不需要加入丙酮、二甲苯等溶剂，可防止因溶剂挥发而收缩。适用时间可在 1~6h 内调节，便于施工操作。其固结体的压缩强度可高达 60MPa，干缝中灌浆的黏结强度可达 2.2~2.5MPa，湿缝中灌浆的黏结强度可达 1.5MPa。这种浆液具有"甲凝"浆液的低黏度、环氧树脂的高强度的特点。另外，环氧树脂改性聚氨酯化学灌浆材料，可以提高聚氨酯的强度。

二、水泥基灌浆剂

水泥作为灌浆材料具有强度高、耐久性好、材料来源广泛、价格较低等优点。水泥基灌浆材料是由普通水泥或超细水泥，加入一些改变浆材性能的添加剂配制而成，添加剂一般包括：高效减水剂、膨胀剂、增稠剂以及矿物添加剂等。一般水泥基灌浆剂是以高效塑化组分、减缩组分、膨胀组分，并辅以多种高分子材料配制而成的特种用途的外加剂，不含氯化物，无毒、无污染，对钢筋无锈蚀，耐久性好，是一种绿色灌浆剂。采用水泥基灌浆剂配制的灌浆材料，具有高流动性和良好的可灌性，工作性能优越，初始流锥时间为 14~18s，60min 内流锥时间基本无损失，流动性保持良好，浆体不泌水、分层。就体积稳定性而言，要求早期具有一定的塑性膨胀、硬化后具有稳定可控的微膨胀以补偿水泥基灌浆材料自身较大的自收缩和化学收缩等体积减缩特性。目前水泥基灌浆剂广泛应用于预应力混凝土灌浆和水工混凝土灌浆中。

在预应力混凝土中，灌浆材料是保护预应力钢筋不锈蚀，使后张预应力钢筋与整体结构连接成一体的关键性材料。灌浆的作用主要有以下几点：a. 保护预应力钢筋不外露锈蚀，保证预应力混凝土结构的安全使用寿命；b. 保证预应力钢筋与混凝土的黏结与协同工作；c. 消除预应力混凝土结构或构件中应力变化对锚具的影响，延长锚具的使用寿命，提高结构的可靠性。因此，灌浆质量的好坏将直接影响到结构的安全性和可靠性，灌浆已经成为有黏结预应力混凝土施工过程中的一道重要工作。目前，采用水泥基灌浆剂配制的灌浆材料依据不同的工程特性，各项指标应分别符合现行标准《混凝土结构工程施工质量验收规范》（GB 50204—2015）、《预应力孔道压浆剂》（GB/T 25182—2010）、《公路桥涵施工技术规范》（JTG/T F50—2011）及《铁路后张法预应力混凝土梁管道压浆技术条件》（TB/T 3192—2008）中的规定。

在水工混凝土中，水泥基浆材是目前注浆工程中应用最广泛的浆材。水泥浆具有结石体强度高和抗渗性好的特点，既可以用于防渗，又可以用于加固地基，而且原材料成本较低，无毒性和环境污染问题，因此被广泛采用，但水泥浆析水性比较大，稳定性较差，注入能力有限，且凝结时间较长，在地下水流速较大的条件下，浆液易受冲刷和稀释影响注入的效果。同时，由于水泥的颗粒较粗，一般只能灌注岩石的大孔隙或宽度为 0.2~0.3mm 的裂缝。为提高水泥浆的可灌注性，采用各种细粒水泥可提高浆液的注入能力。目前粒径最细的超细水泥掺入适当的分散剂后，可以注入 0.05~0.09mm 的岩石裂隙，但超细水泥的高成本影响了其应用范围。为改善水泥浆液的析水性、稳定性、流动性和凝结特征，可掺入适当的助剂进行改性，某些方面的性能也可通过一定的工艺技术得以完善。

三、对灌浆剂的要求

① 灌浆剂的初始黏度比较低，流动性好，可灌性强，能渗透到细小的裂隙或孔隙内。

② 灌浆剂的凝胶时间可以在数秒至数小时范围内任意调整，并能做到准确控制。

③ 灌浆剂的稳定性好，在常温常压下较长时间存放不改变其基本性质，存放过程中不受温度、湿度变化的影响。

④ 灌浆剂应无毒、无刺激性气味、不污染环境，对人体无害，属于非易燃、非易爆品。

⑤ 浆液对灌浆设备、管道、混凝土结构物等无腐蚀性，施工完成后容易进行清洗。

⑥ 灌浆剂固化时不出现收缩现象，固化后与岩石、混凝土、钢筋等有一定的黏结力。

⑦ 灌浆剂灌注后的结石体具有一定的抗压强度和抗拉强度，抗渗透性、抗冲刷性及耐老化性能均比较好。

⑧ 灌浆剂的来源丰富，价格低廉；配制方便，操作简单。

目前，已有的浆液不可能同时满足以上的全部要求，一种浆液只能符合上述浆液的几项要求，因此，在进行灌浆施工时，应根据工程具体情况，选用较为适合的灌浆外加剂配制合适的浆液。

第八节　砂浆外加剂

随着科学技术的发达，砂浆外加剂为各行各业的建筑创造了更大的价值，使建筑的效果更加完美。

砂浆外加剂具有显著的改善砂浆的和易性，很好地克服了墙面施工后空鼓、脱落、气泡、开裂等现象，解决了砂浆和易性的问题；同时，砂浆外加剂还能够有效地防止渗透和裂缝，能够阻塞水的渗入，提高了墙面的抗渗透能力，它含有的高分子聚合物减小了砂浆的收缩，更有效地提高了抗裂性和耐久性；砂浆外加剂还是节能环保、高效的好原料，并且具有隔热、保温等功效，受到了建筑行业的欢迎和支持。

一、砂浆外加剂概述

我国传统的建筑砂浆生产是在现场由施工单位自行拌制而成，其缺陷也日益显现出来，如砂浆质量不稳定、材料浪费大、砂浆品种单一、污染环境等，这些因素都推动了预拌砂浆的发展。商品砂浆也称为预拌砂浆，是近年来随着建筑业科技进步和文明施工要求发展起来的新型材料，具有高性能、品种全、效率高、使用方便、节能节材、对环境污染小等显著优点，另外还可以节约用水，不用石灰，节约能源，减少 CO_2 的排放，减少砂浆用量，大量利用粉煤灰等工业废渣，还可以促进推广应用散装水泥。

预拌砂浆是指由专业生产厂生产的湿拌砂浆或“干混”砂浆。湿拌砂浆是指由水泥、细集料、矿物掺合料、外加剂和水，以及根据性能确定的其他组分，按一定比例，在搅拌站经计算、拌制后，运至使用地点，在规定时间内使用完毕的湿拌砂浆。“干混”砂浆是指经过干燥筛分处理的集料和水泥，以及根据性能确定的其他组分，按一定比例在专业生产厂混合而成，在使用地点按规定比例加水或配套组分拌和使用的“干混”拌合物。工程实践证明，预拌砂浆中最关键的组分是砂浆外加剂。

多年来，人们一直开展砂浆外加剂的开发研究工作。美国在 20 世红 30 年代研制的文沙树脂引气剂，是最早用于建筑砂浆中的外加剂。我国从 20 世纪 50 年代开始应用松香皂及松香热聚物引气剂，起到了节约水泥、取代石灰及提高砂浆性能的效果。目前，常用的砂浆增塑剂主要是两大类：一是松香树脂类；二是合成表面活性剂。

20 世纪 70 年代，我国成功地采用引气剂作为建筑砂浆的外加剂，称为砂浆微沫剂。砂浆微沫剂的应用，对改善砂浆的和易性和保水性，提高施工操作性起到了关键作用。然而，由于传统的微沫剂引入的气泡结构不佳，加之许多生产厂家为降低微沫剂的生产成本，采用工业废料生产微沫剂，从而严重影响了微沫剂的使用效果，使得微沫剂的声誉一度降低。

20 世纪 90 年代开始，随着大中型城市对环境保护的重视，不同程度地限制了城区石灰消化池的存在，砂浆外加剂的研究和发展提上了议事日程。20 世纪 90 年代末，商品砂浆的研制、推广和使用，以及黏土的禁止使用和新型墙体材料的应用，则给商品砂浆和砂浆外加剂的发展带来了春风。

砂浆商品化的优点在于以下几个方面。

(1) 砂浆的品种非常多　在西方国家，商品砂浆从 20 世纪 50 年代初发展到现在，已有 50 多个品种，其中包括砌筑砂浆、抹灰砂浆、修补砂浆和粘贴砂浆几大类。这些砂浆除要求牢固和耐用外，还应根据工程需要而具有不同的功能，如保温、透气、防水、防潮、防霉、耐磨等。不过，抹灰砂浆和砌筑砂浆对保水性的要求明显不同，后者的保水性应比前者低。但即使同样是砌筑砂浆，也应根据不同的砌筑物件而赋予不同的保水性，砌筑吸水系数高的材料，一般要使用保水性好的砌筑砂浆，反之亦然。

对于抹灰砂浆来说，不同的应用场合对力学性能的要求有显著的区别。墙面抹灰砂浆比地面抹灰砂浆一般应有较低的力学性能。即使用于同一建筑物的抹灰砂浆，也会因部位、位向不同而要求具有不同的力学性能；即使同一部位，用于基层、中间层和表层的砂浆，也应具有不同的力学性能。

随着建筑节能的推广及建筑品质的提高，外墙外保温体系正在建筑行业中兴起。用于该体系的高效保温层的黏结和抗冲击保护，必须要用特种砂浆，同时外层可涂敷代替墙面砖的装饰砂浆。这些砂浆都应是均质的，且在生产过程中都要加入一定量的外加剂。特别是外加剂的种类很多，而掺加量很小，对于配制多品种的砂浆具有很大作用。

(2) 备料快、施工快，可加快工程进度　现场砂浆配制设计由于胶凝材料、集料和外加剂需分别购买、存放、计算用量、现场拌制，需要大量的人力物力和空间，效率低、进度慢。若采用商品砂浆仅需列出砂浆的性能要求，就可从购买到符合要求的砂浆，预拌砂浆可随到随用，即使预混砂浆也只要加水搅拌就可使用，可大幅度地提高工作效率；且加入外加剂和易性好，更能大大提高施工效率。如粘贴瓷砖的工效可提高 3 倍以上。

(3) 砂浆的和易性、保水性和耐久性都很好　这是配料合理、混合均匀的结果，是保证施工质量的最关键的环节，也是商品砂浆最主要的优点。现场配制的砂浆由于受设备、技术和管理条件的限制，很难甚至不可能达到商品砂浆的品质，而商品砂浆在专业技术人员的设计和管理下，用专用设备进行配料和混合，其用料合理、配料准确、搅拌均匀，从而使砂浆的品质均一、优良，完全能够达到设计的要求。

(4) 省工、省料、省钱、省心　预拌砂浆备料快、施工快，所以采用商品砂浆可以大幅度降低工时，比现场拌制砂浆省工；预拌砂浆配料合理，施工中用料比较省，且能减少砂浆的损失，这样可以避免不必要的材料浪费，比现场拌制砂浆省料；预拌砂浆专业化生产，产品质量好，避免因质量问题造成的返工，还可以减少后期的维修费用，虽然预拌砂浆的单方成本增加，但综合成本较少，比现场拌制砂浆省钱；预拌砂浆备料、施工简便、且质量好，比现场拌制砂浆省心。

2007年，原国家商务部、公安部、建设部、交通部、质检总局、环保总局联合发布《关于在部分城市限期禁止现场搅拌砂浆工作的通知》，要求北京、上海等127个中心城市3年内，分期分批在施工现场禁止使用水泥搅拌砂浆，建设工程施工中的项目推广使用预拌砂浆。北京、天津等10个城市已于2007年9月1日开始率先启动这项措施。如今，预拌砂浆的使用已经不再局限于一些大城市和省会城市。一些地级市也在逐步接受预拌砂浆的概念和产品。预拌砂浆已经不再是一个新鲜的词汇，它正在向一个新兴的行业蓬勃发展。

我国的自然资源匮乏，如果一味地开发只能带来更严重的生态问题。因此，开发和引进绿色建筑技术，研究环保建筑材料是建筑业可持续发展的正确道路。预计未来15年内，我国建筑业仍然可以保持高速的增长，这也为预拌砂浆的发展提供了潜在的市场基础。预拌砂浆是真正的环保绿色建材，其广泛使用符合社会经济发展需求。因此，相关部门有必要采取一定措施大力推广其应用范围，加快推广的进度。

二、砂浆外加剂的主要品种

按照是否含有石灰类材料，砂浆外加剂可分为石灰类外加剂和非石灰类外加剂。按照所含引气剂类物质的种类，砂浆外加剂可分为松香树脂类外加剂和合成表面活性剂，即烷基苯磺酸盐类外加剂。按照是否复合产品，砂浆外加剂可分为单一组分外加剂（主要指引气剂）和复合类外加剂。砂浆外加剂通常还按照功能不同进行划分，如引气外加剂、增稠外加剂、塑化外加剂等。而砂浆外加剂也通常按照其用途进行分类，如砌筑砂浆外加剂、抹面砂浆外加剂和地面砂浆外加剂等。

由于商品砂浆可以采用"干混"的形式供应，也可以采用预拌（湿拌）的形式供应，而"干混"砂浆只能采用粉剂形式，预拌砂浆则可采用液体外加剂，所以，商品砂浆中所用的砂浆外加剂又可进行细分如下："干混"砌筑砂浆外加剂；"干混"抹面砂浆外加剂；"干混"地面砂浆外加剂；预拌砌筑砂浆外加剂；预拌抹面砂浆外加剂；预拌地面砂浆外加剂。

三、砂浆外加剂的主要组成和作用机理

砂浆外加剂的主要组成有石灰、引气剂、减水剂、增稠剂、早强剂、缓凝剂和其他外加剂。不同的组成物质，其作用机理是不同的，它们各自的作用机理如下。

（1）石灰　砂浆的和易性包括流动性和保水性两个方面，这两项技术指标均符合要求，才能称为和易性良好的砂浆。

砂浆的流动性也称为稠度，表示砂浆在重力作用下流动的性能。砂浆流动性大小用沉入量表示，采用砂浆稠度仪进行测定。沉入量越大，则砂浆的流动性越好。砂浆流动性的选择与砂浆用途、基底种类、施工方法、施工条件等有关。多孔吸水基底上施工，需要流动性大的砂浆。抹面砂浆的流动性应比砌筑砂浆和地面砂浆的流动性好；天气温度高、湿度小的情况下施工，砂浆的流动性应大些。表15-20是砌筑砂浆流动性的选择参考表。表15-21和表15-22分别是预拌砂浆和"干混"砂浆的性能指标。

砂浆保水性是指砂浆能保持住水分而不散失的能力。搅拌好的砂浆在运输、停放和施工的过程中，水与胶凝材料会产生分离，砂浆内部的水分会缓慢泌出。泌水后虽然可以使砂浆的水胶比降低，但泌水的危害性会更大，往往导致砂浆的流动性变差，施工操作比较困难，

甚至出现分层、开裂、起砂等工程质量事故。另外，保水性不好的砂浆，水分容易被基底吸收，这样砂浆中胶凝材料继续水化所需水分将显得不足，反而影响砂浆抗压强度和黏结强度的发展。

表 15-20　砌筑砂浆流动性的选择参考表

砌体工程	沉入量/cm		抹灰工程	沉入量/cm	
	干燥气候或多孔吸水材料	寒冷气候或密实材料		机械施工	手工操作
砖砌体	8~10	6~8	准备层	8~9	11~12
普通毛石砌体	6~7	4~5	底层	7~8	7~8
振捣毛石砌体	2~3	1~2	面层	7~8	9~10
炉渣混凝土砌体	7~9	5~7	灰浆面层	—	0~12

表 15-21　普通预拌砂浆性能

种类		稠度/mm	分层度/mm	凝结时间/h	28d 抗压强度/MPa
砌筑	M5.0 M7.5 M10 M15 M20 M25 M30	50~100	≤25	8、12、24	5.0 7.5 10.0 15.0 20.0 25.0 30.0
抹灰	M5.0 M7.5 M10 M15 M20	70~110	≤20	8、12、24	5.0 7.5 10.0 15.0 20.0
地面	M15 M20 M25	30~50	≤20	4、8	10.0 15.0 20.0

表 15-22　普通"干混"砂浆性能

种类	强度等级	稠度/mm	分层度/mm	28d 抗压强度/MPa
砌筑	M5.0 M7.5 M10 M15 M20 M25 M30	≤90	≤25	5.0 7.5 10.0 15.0 20.0 25.0 30.0
抹灰	M5.0 M10 M15 M20	≤110	≤20	5.0 10.0 15.0 20.0
地面	M15 M20 M25	≤50	≤20	10.0 15.0 20.0

砂浆保水性采用分层度测量仪进行测定，用分层度表示，分层度值越大，表示砂浆的保

水性越差。只有保水性良好的砂浆才不会出现分层、离析和泌水。但保水性太小的砂浆也容易出现干缩性增加的问题。一般要求砂浆的分层度不大于2cm，砌筑砂浆的分层度要求相对较宽，一般为不大于2.5cm。

生石灰加水后经过熟化为熟石灰，其主要成分为氢氧化钙。生石灰在熟化的过程中，体积增大1.0～2.0倍。作为砂浆外加剂使用的生石灰首先要经过熟化，其熟化的方法有消石灰浆法和消石灰粉法。

消石灰浆法就是将生石灰在灰池中进行熟化，然后通过筛网过筛后放入储灰池中待用的方法；而消石灰粉法则是将生石灰加适量的水进行熟化处理的方法。生石灰熟化成熟石灰的理论加水量为生石灰质量的32.1%，由于一部分水分因熟化过程中被蒸发掉，所以消石灰的实际加水量为生石灰质量的60%～80%；而消石灰浆法则是将石灰熟化为膏状物，需要加水量更多。

石灰熟化后形成的石灰浆，或者消石灰粉加水后都形成表面吸附水膜的高度分散的氢氧化钙胶体，掺入砂浆中可以降低颗粒之间的摩擦，具有良好的可塑性，可以显著提高砂浆的流动性和减小分层度。但是由于石灰失水结晶后的强度较低，加之石灰是一种气硬性胶凝材料，加入水泥砂浆后会影响砂浆的强度和耐久性；另外，石灰膏的制备还受石灰的供应、施工季节和施工条件的影响，石灰膏的运输对环境污染也很严重，所以工程中已不主张以石灰类物质作为砂浆外加剂。

(2)引气剂　引气剂是使混凝土拌合物在拌和过程中引入空气而形成大量微小、封闭而稳定气泡的外加剂。绝大部分引气剂的成分为松香衍生物以及各种磺酸盐。引气剂的掺入使砂浆拌合物内形成大量微小的封闭状气泡，这些微气泡如同滚珠一样，减少集料颗粒间的摩擦阻力，使混凝土拌合物的流动性增加。

(3)减水剂　减水剂是一种在维持坍落度不变的条件下，能减少拌合用水量的混凝土外加剂。大多属于阴离子表面活性剂，有木质素磺酸盐、萘磺酸盐甲醛聚合物等。加入砂浆拌合物后对水泥颗粒有分散作用，能改善其工作性，减少单位用水量，改善拌合物的流动性；或减少单位水泥用量，节约水泥。

(4)增稠剂　由于砂浆配合比中，灰砂比往往很小，浆体的量往往显得很不足，浆体与砂粒以及水与水泥颗粒都很容易分离，导致砂浆的流动性和保水性不佳，加入增稠剂则可改善砂浆液相的黏度。水泥增稠剂是一种水泥砂浆塑化剂，一般由生石膏、乙氧基化烷基硫化钠、十二烷基磺酸钠、减水剂等成分组成。在砌筑抹灰砂浆中它能改善砂浆的和易性，提高工效，节能、省工、省料、省钱。

(5)早强剂和缓凝剂　不同季节施工的水泥砂浆，由于施工环境温度的不同，其强度的增进率有较大的差别，而不同的工程进度对砂浆强度发展的要求不同，气温较低和工程进度较快的工程，要求砂浆早期强度快速发展，此时需要在砂浆中加入早强剂。而有些工程，尤其是夏季施工的砂浆，由于气温过高使水泥砂浆凝结时间过短，严重影响施工质量，常常要求在砂浆中掺加延缓水泥水化的缓凝剂。另外，为避免砂浆在正式施工前就凝结硬化而造成浪费，预拌砂浆更需要根据工程进度和材料组成来制订水泥砂浆的凝结时间范围，这也需要掺加缓凝剂进行调整。

(6)其他　改善砂浆的和易性，方便施工，提高其强度、抗渗性和耐久性，增加砂浆的韧性，减少开裂，是砂浆设计和施工中永恒的主题，因此，砂浆工作者在长期的实践中发现了多种可以掺加并对砂浆性能进行改善的材料。除了以上所述的几种砂浆外加剂外，砂浆中还常掺加防水剂、膨润土、石灰石粉、粉煤灰、矿渣粉、乳液、纤维等材料。

四、外加剂对砂浆性能的影响

随着人们对环保及建筑质量的要求不断提高，出现了许多技术性能优良、产品质量优越、使用范围广泛、适应性强、经济效益明显的高效外加剂。预拌砂浆外加剂不仅能改善砂浆的和易性、保水性、强度等性能，还对节约建筑胶凝材料、降低工程成本、减少能源消耗、保证工程质量等具有重要意义。

由于砂浆外加剂通常都是几种组分组成的复配产品，很难通过某项试验来区分其单一的作用。下面就复合型砂浆中的各组分对砂浆性能的影响进行论述。

首先以灰砂比为 1∶5 的水泥砂浆作为基准砂浆，通过试验测试其稠度、分层度和强度等性能，然后有针对性地探讨掺加外加剂和填充料对砂浆各项性能的影响情况。

1. 石灰膏对砂浆性能的影响

不掺加任何外加剂的水泥砂浆，以及掺加部分石灰膏的砂浆的性能如表 15-23 所列。

表 15-23　$C/S＝1∶5$ 普通砂浆和混合砂浆基本性能的测试结果

序号	灰砂比 （C/S）	石灰膏 /%C	水灰比 （W/C）	稠度 /mm	分层度 /mm	抗压强度/MPa	
						7d	28d
SQ0	1∶5	0	1.150	86	54	9.4	11.6
SM0	1∶5	0	1.290	110	61	7.2	9.5
SQ01	1∶5	20	1.000	85	24	8.6	10.2
SM01	1∶5	20	1.110	106	30	6.7	8.6

从试验结果可知如下几点。

① 普通砂浆在稠度满足有关规定的情况下，砂浆的分层度大，泌水离析现象严重。在实际施工的过程中，这种砂浆会因砌体材料或基层迅速将水分吸收而终止水化，严重影响砌体强度和抹面质量，并导致塑性开裂。

② 在配比相同的情况下，普通砂浆的"初始稠度"越大，砂浆的分层度也越大，这是因为砂浆的"初始稠度"越大，其泌水则越严重，砂与水泥净浆的分离现象越加明显。

③ 掺加一定量的石灰膏有助于降低砂浆拌合水量，改善砂浆的抗离析性，减小砂浆的分层度，从而对保证砂浆的性能十分有效果。但是从表 15-23 中的数据也可以看出，掺加石灰膏尽管具有一定的保水性和抗离析性，但会影响砂浆的抗压强度，如果掺加水泥质量 20％的石灰膏，会使砂浆 7d 的抗压强度降低 8％左右，28d 的抗压强度降低 10％左右。

2. 填充料对砂浆性能的影响

由于建筑砂浆的强度等级普遍比较低（M5～M10），水泥用量比较少（200～300kg/m³），水泥颗粒不能完全填充砂子堆积后形成的空隙，要使砂浆具有一定的稠度，必将导致砂浆的用水量大大增加，水分很容易从砂浆中泌出。为了解决砂浆的抗离析和抗泌水性，可采用部分细分材料替代部分砂子，以相对增加浆体的体积。表 15-24 为石粉替代部分砂子对砂浆性能的影响。

从表 15-24 中可以看出，用石粉替代部分砂子，可以使砂浆的水灰比有所降低，从而改善了砂浆的抗离析性，使砂浆的分层度降低，砂浆的抗压强度也有所提高。但从图 15-15 和图 15-16 中的趋势可以看出，当石粉选择的 3 种替代量（5％、10％和 15％）情况下，若保持相同的稠度，则分层度随着石粉替代率增加而逐渐减小，但砂浆的抗压强度先随替代量的增大而提高，当替代量超过 10% 时，反而呈现出下降趋势。这是因为，尽管石粉替代部分砂子后，浆体量虽然有所增加，但石粉毕竟是一种呈化学惰性的粉体，其细度与水泥相当，过多时会将水泥颗粒分隔开来，影响水泥颗粒之间通过水化产物凝胶的连接，从而削弱了砂浆的抗压强度。

表 15-24　石粉替代部分砂子对砂浆性能的影响

序号	灰砂比 (C/S)	石粉替代砂子百分率/%	水灰比 (W/C)	稠度 /mm	分层度 /mm	抗压强度/MPa	
						7d	28d
SQ0	1:5	0	1.150	86	54	9.4	11.6
SQ11	1:5	5	1.120	90	50	10.5	12.6
SQ02	1:5	10	1.060	87	46	10.7	12.4
SQ13	1:5	15	1.020	90	38	9.1	10.5

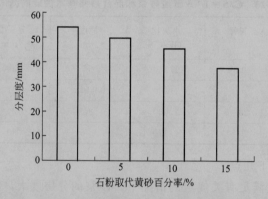

图 15-15　石粉掺量对砂浆分层度的影响

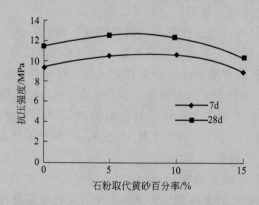

图 15-16　石粉掺量对砂浆抗压强度的影响

从以上试验结果可以看出，为了改善砂浆的和易性，降低砂浆的分层度，同时又不会对砂浆的抗压强度产生负面影响，石粉替代砂子的百分率应控制在 10% 以内。

3. 纤维素和引气剂对砂浆性能的影响

加入起增稠作用的水溶性高分子材料，如各种纤维素、聚丙烯、淀粉等材料，对改善干粉砂浆粘聚性和保水性有益。也可以借鉴贫混凝土的研究成果，在砂浆中掺加适量引气剂，使砂浆在搅拌过程中引入一定量独立存在的微小气泡，相当于增加了水泥浆体的体积，对改善砂浆和易性和减小泌水均有利。

表 15-25 是用石灰粉替代 10％砂子的基础上，掺加纤维素 Mc 和引气剂 AEA 后对砂浆和易性和抗压强度的影响情况。

表 15-25　掺加纤维素 Mc 和引气剂 AEA 对砂浆性能的影响

序号	灰砂比 (C/S)	石粉替代砂子百分率/％	Mc 掺量 /％C	AEA 掺量 /％C	水灰比 (W/C)	稠度 /mm	分层度 /mm	抗压强度/MPa	
								7d	28d
SQ12	1:5	10	—	—	1.060	87	46	10.7	12.4
SQ21	1:5	10	0.01	0	0.960	85	40	11.9	13.6
SQ22	1:5	10	0.02	0	1.120	87	34	10.5	12.8
SQ23	1:5	10	0.05	0	1.230	83	19	5.0	6.5
SQ31	1:5	10	0	0.001	1.030	89	36	12.1	13.5
SQ32	1:5	10	0	0.002	0.960	87	31	11.5	12.7
SQ33	1:5	10	0	0.010	0.877	83	20	4.0	6.4
SQ41	1:5	10	0.01	0.002	0.967	87	17	12.9	14.4
SQ42	1:5	10	0.02	0.002	1.094	85	12	13.3	15.1

将表 15-25 中 Mc 掺量对砂浆性能影响情况的数据进行比较可知：①当 Mc 掺量仅为水泥重量的 0.01％时，砂浆用水量减少，强度比不掺者（SQ12）有略微增加（7d 和 18d 分别增加 11.2％和 9.7％），这是因为砂浆的黏度在一定范围内有所增加和分层度有所减小所带来的好处；②继续增加 Mc 的掺量（如掺加 0.05％的 Mc），则砂浆需水量明显增加，这时尽管砂浆分层度随 Mc 掺量增加而逐渐减小，但对砂浆强度带来较大的负面作用。Mc 是一种水溶性聚合物干粉材料，在液相中首先溶胀进而溶解，在这一过程中，分子中包裹有一定自由水，尽管由于桥键作用，使砂浆均匀性和稳定性提高，抗分层得到改善，但是如果掺量太大，则会引起砂浆需水量的明显增加，良好的保水作用反而不能使砂浆中多余水分被基底吸收，大大降低了强度。因此，作为调节砂浆黏稠度和改善抗离析性的纤维素，对其作用的评价要同时考虑两个方面，这样才能选择出最佳的掺量。

综合试验数据和以上讨论，我们认为 Mc 在砂浆中的掺量不应超过水泥重量的 0.02％。掺加引气剂也能在一定程度上改善砂浆的和易性，随着引气剂掺量的增加，砂浆用水量呈明显减少的趋势，分层度也显著降低，且对提高砂浆的抗压强度有一定作用。但是当掺量大于水泥重量的 0.002％，比如为水泥重量的 0.005％时，则由于引气量过大，导致砂浆的结构疏松，抗压强度将大幅降低。

综上所述，作为改善砂浆和易性外加剂的选择，不仅要考查其改善抗离析的性能，而且要注意其对砂浆抗压强度的影响，要平衡其正反两方面的作用。

表 15-25 中 SQ41 和 SQ42 两组砂浆就是在进行试验结果分析和总结后，通过选择合适的纤维素 Mc 和引气剂 AEA 的掺量后进行的尝试，配制的砂浆不仅分层度均降低到 20mm 以内，而且砂浆的抗压强度比不掺外加剂者（SQ12）有所提高。

图 15-17 和图 15-18 反映了石粉、纤维素 Mc 和引气剂 AEA 3 种物质单掺、双掺和三掺情况下对砂浆性能的改善效果，可以看出当采用同时掺加石粉、纤维素 Mc 和引气剂 AEA 措施时，可以使砂浆的和易性、抗离析性和力学性能均达到最佳状态。其中图 15-17 和图

15-18 中的 SQ0 表示砂浆中不掺加任何物质，SQ12 表示砂浆中只掺加石粉，SQ22 表示砂浆中掺加石粉和纤维素 Mc，SQ32 表示砂浆中掺加石粉和引气剂 AEA，SQ42 表示砂浆中掺加石粉、纤维素 Mc 和引气剂 AEA。

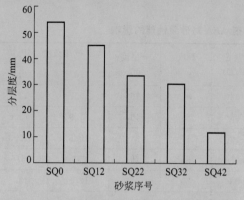

图 15-17　3 种改性物质对砂浆分层度的影响

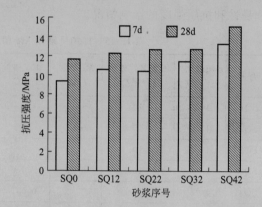

图 15-18　3 种改性物质对砂浆抗压强度的影响

表 15-26 是在不同的灰砂比的情况下，通过用石粉替代砂浆中的部分砂子，并掺加纤维素 Mc 和引气剂 AEA 所配制砂浆的性能。

表 15-26　不同灰砂比情况下砂浆的性能

序号	灰砂比 (C/S)	水灰比 (W/C)	稠度 /mm	分层度 /mm	表观密度 /(kg/m³)	凝结时间 (h:min)	抗压强度/MPa	
							7d	28d
SQ51	1:7	1.160	88	18	1860	5:50	5.2	7.1
SM51	1:7	1.150	104	14	1840	6:40	4.0	5.8
SQ52	1:5	1.094	85	12	2100	4:30	13.3	15.1
SM52	1:5	1.120	110	10	2050	4:55	11.5	13.6
SQ53	1:3	0.680	88	15	2178	3:20	18.4	23.1
SM53	1:3	0.730	104	11	2100	3:50	16.5	20.7

表 15-26 中的数据表示，所配制的砂浆不仅分层度小，满足有关标准规定的要求（干粉砌筑砂浆的分层度≤25mm，干粉砌筑砂浆的分层度≤20mm）外，其他性能（如表观密度凝结时间）均符合相关要求（表观密度 1800kg/m³，凝结时间≤8h）。

根据以上试验结果可知，掺加砂浆外加剂对改善砂浆和易性、提高砂浆抗压强度和减小收缩，都是非常有效的。通过正确选择灰砂比，并掺加适量的砂浆外加剂，可以配制出各项性能均符合标准要求的不同强度等级的砂浆。

4. 砂浆外加剂对砂浆其他性能的影响

由于砂浆外加剂的掺入可以改善砂浆的和易性、降低分层度，所以砂浆的强度也有一定的增长。由此可知，砂浆外加剂对砂浆的弹性模量和收缩率也有一定影响。掺加砂浆外加剂的弹性模量随着砂浆强度的增加而增大；与掺加石灰膏的混合砂浆相比，掺加砂浆外加剂的砂浆其强度较高、弹性模量较大，收缩率有所减小。

表 15-27 是掺加砂浆外加剂的预拌抹灰砂浆与不掺加任何外加剂的砂浆，以及只掺加石灰膏的混合砂浆的和易性比较，掺加砂浆外加剂的预拌抹灰砂浆，砂浆的分层度减小、泌水率大幅降低。

表 15-28 是掺加砂浆外加剂的预拌抹灰砂浆与不掺加任何外加剂的砂浆，以及只掺加石灰膏的混合砂浆的强度比较，掺加砂浆外加剂的预拌抹灰砂浆，由于保水性改善，砂浆的分层度减小、泌水率大幅降低，砂浆硬化后虽然抗压强度变化不大，与基底的黏结强度大幅度提高。

表 15-27　预拌抹灰砂浆与传统砂浆保水性指标的对比

砂浆种类		稠度/mm	分层度/mm	泌水量/mL
传统抹灰砂浆	1:2 水泥砂浆	88	14	40
	1:3 水泥砂浆	97	39	90
	1:1:4 混合砂浆	96	15	4
	1:1:6 混合砂浆	102	20	25
预拌抹灰砂浆	RP5 预拌砂浆	99	9	3
	RP10 预拌砂浆	96	12	2

表 15-28　预拌抹灰砂浆与传统砂浆黏结强度指标的对比

砂浆种类		28d 强度/MPa	
		抗压	黏结
传统抹灰砂浆	1:2 水泥砂浆	34.9	0.169
	1:3 水泥砂浆	29.0	0.188
	1:1:4 混合砂浆	15.8	0.158
	1:1:6 混合砂浆	7.2	0.107
预拌抹灰砂浆	RP20 预拌砂浆	31.4	0.233
	RP15 预拌砂浆	25.5	0.247
	RP10 预拌砂浆	19.9	0.353
	RP5 预拌砂浆	18.1	0.327

　　图 15-19 是缓凝剂对砂浆凝结时间的影响情况。由此可见，可以通过掺加缓凝剂调整砂浆的凝结时间，以保证工程施工中正常使用砂浆。

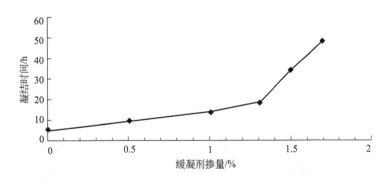

图 15-19　缓凝剂对砂浆凝结时间的影响

　　5. 砂浆外加剂的应用注意事项

　　（1）正确选用外加剂的品种　砂浆外加剂的品种很多，选择时要结合外加剂的特征、作用原理和砂浆性能要求进行，尤其是有防水要求的部位，不得采用普通的砂浆，而应采用必要的措施提高混凝土和砂浆的防水性。《砌体工程施工质量验收规范》（GB 50203—2011）中规定，凡在砂浆中掺入有机塑化剂、早强剂、缓凝剂、防冻剂等，应经检验和配合符合要求后，方可正式使用。有机塑化剂应有砌体强度的形式检验报告。

（2）正确确定外加剂的掺量　砂浆外加剂中通常含有引气和增稠的组分。如果掺量太少，砂浆的引气量不足，稠度也不好，容易产生离析和泌水；如果掺量过多，会导致砂浆的黏度太高，虽然不会出现泌水现象，但砂浆的流动性下降，另外，砂浆外加剂的掺量太大，可能导致砂浆黏度大幅度增加，用水量增加，不利于施工，也会影响工程质量。

（3）严格限制石灰的使用　如果砂浆中需要掺加石灰，生石灰的熟化时间不得少于7d（对于抹灰砂浆，则至少15d）；磨细生石灰的熟化时间不得少于2d。对石灰池中贮存的石灰膏，应当采取的防止干燥、冻结和污染的措施。《砌体工程施工质量验收规范》（GB 50203—2011）中明确规定，配制水泥石灰砂浆时，不得采用脱水的石灰膏；不经熟化的石灰粉不能直接使用于砌筑砂浆中。

（4）砂浆仍需要良好的养护　尽管掺加砂浆外加剂配制的砂浆，其保水性很大改善，但砂浆施工后还应根据施工指导书，采取一定的技术措施进行良好的养护，以保证砂浆强度增长和防止开裂。

（5）冬季施工应掺加防冻剂　砂浆层一般较薄，冬季施工后很容易产生冻结，导致砂浆强度无法正常增长。所以，冬季施工应尽量避免抹面施工，不得已要进行施工时，必须掺加适量的防冻剂，并注意进行保暖养护。

（6）掺加纤维和聚合物是有效的抗裂措施　砂浆层开裂几乎成为砂浆质量的通病。工程实践证明，除了掺加砂浆外加剂外，掺加纤维和聚合物是抹面砂浆抗裂的有效措施。

下 篇

混凝土外加剂的应用

进入 21 世纪以来，我国各项建设事业飞速发展，给混凝土科学技术的发展带来欣欣向荣的景象，各种现代化的大型建筑如雨后春笋，新型混凝土技术和施工工艺不断涌现，并在工程应用中获得巨大的经济效益和社会效益，为我国社会主义现代化建设插上了腾飞的翅膀，有力地促进了国民经济各项事业的发展。

　　根据混凝土专家预测，到 21 世纪以后的更长时期，混凝土材料必然仍是现代建筑的主要建筑材料。随着现代建筑对混凝土功能的更广泛、更严格的要求，对混凝土外加剂也提出了一系列更高、更新的要求。

第十六章

混凝土外加剂在高性能
混凝土中的应用

长期的工程实践充分证明，高强混凝土存在着如下缺陷：①高强混凝土的强度越高，其脆性越大；②高强混凝土自身收缩大，变形性能严重；③掺加硅灰粉的高强混凝土，其后期强度增长减少。特别是21世纪开发重点将转向海洋、沙漠，甚至南极、月球和太空，因此对特殊性能和特殊用途的混凝土要求日趋突出，仅靠提高混凝土的强度，已无法满足这些地区的要求，这就需要改善高强混凝土的性能，高性能混凝土也由此诞生。

第一节　高性能混凝土的概述

水泥混凝土技术，由初期的大流动性混凝土，发展到塑性混凝土；第二次世界大战后，由于混凝土施工机械的发展，需要提高混凝土质量，发展了半干硬性混凝土与干硬性混凝土；新型高效减水剂问世后，发展了流态混凝土；直至今天，由于混凝土技术水平的提高及工程特种性能的要求，高强度、高性能混凝土迅速发展。

一、高性能混凝土的定义

何谓高性能混凝土？在20世纪80年代末，美国首次提出高性能混凝土这一名称，而后世界各国迅速开始研究和应用。在20世纪90年代以前，由于人们的认识不够统一，高性能混凝土至今没有一个确切的定义。

高性能混凝土可以认为是在高强混凝土基础上的发展和提高，也可说是高强混凝土的进一步完善。由于近些年来，在高强混凝土的配制中，不仅加入了超塑化剂，往往也掺入了一些活性磨细矿物掺合料，与高性能混凝土的组分材料相似，而且在有的国家早期发表的文献报告中曾提到："高性能混凝土并不需要很高的混凝土抗压强度，但仍需达到55MPa以上。"因此，至今国内外有些学者仍然将高性能混凝土与高强混凝土在概念上有所混淆。在欧洲一些国家常把高性能混凝土与高强混凝土并提。

高强混凝土仅仅是以强度的大小来表征或确定其何谓普通混凝土、高强混凝土与超高强混凝土，而且其强度指标随着混凝土技术的进步而不断有所变化和提高。而高性能混凝土则由于其技术物性的多元化，诸如良好的工作性，体积稳定性、耐久性、物理力学性能等而难以用定量的性能指标给这种混凝土一个定义。

不同的国家，不同的学者因有各自的认识、实践、应用范围和目的要求上的差异，对高性能混凝土曾提出过不同的解释和定义，而且在性能特征上各有所侧重。

我国工程院院士吴中伟教授在 1996 年就明确提出："有人认为混凝土高强度必然是高耐久性，这是不全面的，因为高强混凝土会带来一些不利于耐久性的因素……高性能混凝土还应包括中等强度混凝土，如 C30 混凝土。"1999 年吴中伟教授又提出："单纯的高强度不一定具有高性能。如果强调高性能混凝土必须在 C50 以上，大量处于严酷环境中的海工、水工建筑对混凝土强度要求并不高（C30 左右），但对耐久性要求却很高，而高性能混凝土恰能满足此要求。"随着对高性能混凝土的深入研究，吴中伟教授结合可持续发展战略问题，提出高性能混凝土，不仅具有高强度、高流动性和高体积稳定性，而且还应当包括节约资源、保护环境、符合可持续发展的原则。

我国混凝土专家冯乃谦教授认为：高性能混凝土首先必须是高强度；高性能混凝土必须是流动性好的、可泵性能好的混凝土，以保证施工的密实性，确保混凝土质量；高性能混凝土一般需要控制坍落度的损失，以保证施工要求的工作度；耐久性是高性能混凝土的最重要技术指标。

根据混凝土技术的不断发展和结构对混凝土性能的需求，现代高性能混凝土的定义可简单概括为：HPC 是一种新型高技术混凝土，是在大幅度提高普通混凝土性能的基础上，采用现代混凝土技术，选用优质的原材料，在严格的质量管理条件下制成的高质量混凝土。它除了必须满足普通混凝土的一些常规性能外，还必须达到高强度、高流动性、高体积稳定性、高环保性和优异耐久性的混凝土。

随着人口急剧增长、生产高度发达，大自然承受的负担日益加剧，以资源枯竭、环境污染最为严重，人类的生存受到严重威胁。1992 年里约热内卢世界环境会议后，绿色事业受到全世界的普遍重视。在建筑领域中，人们对高性能混凝土的涵义有了进一步延伸，提出了将绿色高性能混凝土（GHPC）作为今后发展的方向。目的在于加强人们在建筑界对绿色的重视，加强绿色意识，要求混凝土科学和生产工作者自觉地提高 HPC 的绿色含量，节约更多的资源和能源，将对环境的污染降低到最小程度。这不仅为了混凝土和建筑工程的健康发展，更是对人类生存和更好发展的必需，是造福千秋万代的辉煌事业。

二、实现混凝土高性能的技术途径

根据以上各种观点所述，高性能混凝土的内涵中共同的一点：高性能混凝土首先必须是高强度混凝土，如何实现混凝土的高强度，这是配制高性能混凝土的核心问题。实现混凝土高强化的技术途径如图 16-1 所示。

实现混凝土的高强化，首先必须使胶结料本身高强化，这是混凝土高强度、高性能的必要条件。配制混凝土的胶结料，除了常用的硅酸盐水泥外，还有球状水泥、调粒水泥和活化水泥等。这些水泥最大特点是标准稠度用水量低。因此，在相同水灰比的情况下，水泥浆的流动性大，或者说达到相同的流动性时，混凝土的水灰比可以降低。例如调粒水泥混凝土的水灰比可降低 17.5%，坍落度仍可以达到 25cm 以上。

从集料与胶结材料之间的界面结构看，界面的过渡层约 $20\mu m$ 范围内，氢氧化钙富集及定向排列情况，与其他部分的水泥石相比，是一种多孔质的结构，其强度很低。为了改善其界面结构，可在混凝土中掺入矿物掺合料，例如硅灰、超细矿渣、磨细粉煤灰及超细沸石粉等。这些超细的粒子与界面上存在的氢氧化钙反应，生成 C-S-H 凝胶，降低了氢氧化钙的富集及定向排列，因而可提高界面强度，同时还有利于提高混凝土的抗渗性和耐久性。

在普通混凝土中，集料对强度的影响不太明显。但在高强混凝土中，集料的数量和质量

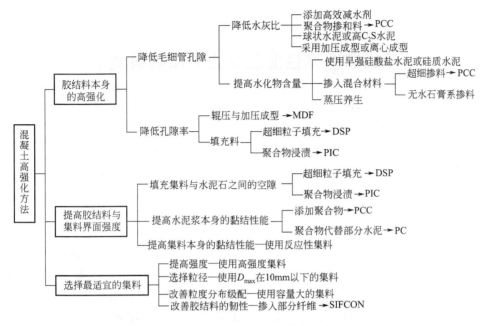

图 16-1　混凝土高强化的技术途径

对混凝土的强度影响很大。当水灰比（W/C）为 0.25 时，用不同粗集料配制的混凝土，其抗压强度相差约 40MPa；而不同细集料配制的混凝土，其抗压强度差值也达 20MPa。因此，在配制高强度混凝土时，粗细集料的品种与品质、单位体积混凝土中粗集料的体积含量与最大粒径，是 3 个必须要考虑的因素。

高性能 AE 减水剂是配制高性能混凝土不可缺少的材料，高性能 AE 减水剂在混凝土中除了降低水灰比、提高混凝土的强度和流动性以外，新型的高性能 AE 减水剂还能降低混凝土的坍落度损失，这也是配制高性能混凝土不可缺少的功能。

大量科学研究表明，影响混凝土强度和耐久性的最主要因素有两个方面：一是混凝土中硬化水泥浆体的孔隙率，孔的分布状态和孔的特征；二是混凝土硬化水泥浆体与集料的界面。要想提高混凝土的强度和耐久性，必须降低混凝土中水泥石的孔隙率，改善孔的分布，减少开口型孔隙。为改善混凝土中硬化水泥浆体与集料界面的结合情况，应设法减少在集料-浆体界面上主要由 $Ca(OH)_2$ 晶体定向排列组成的过渡带的厚度，从而增界面连接强度。

根据混凝土的施工经验，主要从以下几方面技术措施提高高性能混凝土的性能。

① 选用优质、符合国家现行标准要求的水泥和粗、细集料，这是配制高质量混凝土的基本条件，更是配制高性能混凝土的必要条件。

② 选用高效减水剂，这是当今配制高性能混凝土的主要技术措施之一。在满足新拌混凝土大流动性（施工性）的同时，掺加高效减水剂可以降低水灰比，从而使混凝土中水泥石的孔隙率大大降低。

③ 选用具有一定潜水硬性的活性超细粉，例如硅灰粉、超细沸石粉、超细粉煤灰、超细石灰石粉等。通过掺用活性超细粉，在混凝土中可以起到活性效应、微集料效应和复合胶凝效应，从而可以起到二次水化反应、降低孔隙率增大流动性等作用。

④ 改善混凝土的施工工艺，这是制备高性能混凝土的有效途径之一。目前，采用较多的施工工艺有水泥裹砂混凝土搅拌工艺、超声波振动或高频振动密实工艺和成型新拌混凝土

真空吸水工艺等。

第二节　高性能混凝土对原材料要求

工程检测和试验结果表明，普通水泥混凝土结构的受力破坏，主要出现在水泥石与集料界面或水泥石中，因为这些部位往往存在有集料孔隙、水孔隙和潜在微裂缝等结构缺陷，这是混凝土中的薄弱环节。而在高性能混凝土中，其技术性能除了受制作工艺影响外，主要还受原材料性能的影响。只有选择符合高性能要求的混凝土原材料，才能配制出符合高性能设计要求的混凝土。

一、胶凝材料

胶凝材料（主要指水泥）是高性能混凝土中最关键的组分，不是所有的水泥都可以用来配制高性能混凝土的，高性能混凝土选用的水泥必须满足以下条件：a. 标准稠度用水量要低，从而使混凝土在低水灰比时也能获得较大的流动性；b. 水化放热量和放热速率要低，以避免因混凝土的内外温差过大而使混凝土产生裂缝；c. 水泥硬化后的强度要高，以保证以使用较少的水泥用量获得高强混凝土。根据工程实践和材料试验，用来配制高性能混凝土的水泥，主要有中热硅酸盐水泥、球状水泥、调粒水泥、活化水泥和球状水泥。

1. 中热硅酸盐水泥

中热硅酸盐水泥简称中热水泥，是指由适当成分的硅酸盐水泥熟料加入适量石膏，经磨细制成的具有中等水化热的水硬性胶凝材料。强度等级为 42.5 级，是根据其 3d 和 7d 的水化放热水平和 28d 抗压强度来确定的。

中热硅酸盐水泥是一种 C_3A 的含量不超过 6%，C_3S 和 C_3A 的总含量不超过 58% 的硅酸盐水泥。该种水泥具有较高的抵抗硫酸盐侵蚀的能力，水泥的水化热呈现中等，有利于混凝土体积的稳定，避免混凝土表面因温差过大而出现裂缝。中热硅酸盐水泥是我国目前用量最大的特种水泥之一，也是三峡工程水工混凝土的主要胶凝材料。

2. 调粒水泥

调粒水泥是将水泥组成中的粒度分布进行调整，提高胶凝材料的填充率；使水泥粒子的最大粒径增大，粒度分布向着粗的方向移动；同时还掺入适量的超细粉，以获得最密实的填充。这样就能获得流动性良好的水泥浆，具有适当的早期强度，水化热低，水化放热速度慢等方面的优良性能。

3. 活化水泥

将粉状的超塑化剂和水泥熟料按适当比例混合磨细，即制得活性较高的活化水泥。活化水泥的活性大幅度提高，低强度等级的活化水泥可以代替高强度等级的普通硅酸盐水泥。采用活化水泥配制的高性能混凝土如表 16-1 所列。

表 16-1　活化水泥混凝土的性能

混凝土所用水泥种类	水灰比（W/C）	坍落度/cm	抗压强度/MPa	弹性模量/10^4MPa	冻融环循环数	抗冻性系数
普通 32.5MPa 水泥	0.42	3.5	36.2	2.85	300	0.88
活化 32.5MPa 水泥	0.29	20	75.2	3.70	500	1.23

4. 球状水泥

球状水泥是由日本小野田水泥公司与清水建设共同研究开发的,是水泥熟料通过高速气流粉碎及特殊处理而制成的。球状水泥的表面,由于摩擦粉碎,熟料矿物表面没有裂纹,凹凸部分和棱角部分消失,成为 $1\sim30\mu m$ 大小的粒子,平均粒径较小,微粉含量较低。因此,水泥粒子具有较高的流动性与填充性,在保持坍落度相同的条件下,球状水泥的用水量比普通水泥的用水量降低 10% 左右。

二、矿物质掺合料

高性能混凝土除了具有较高强度,还必须具有良好的工作性能和高耐久性。为使普通混凝土高性能化,向混凝土中掺入矿物粉体是一项重要措施。清华大学冯乃谦教授认为:粒径大于 $10\mu m$ 的矿物质粉体称为矿物质超细粉,是高性能混凝土的功能组分之一,已成为高性能混凝土继外加剂后的第 6 组分。矿物质粉体加入普通混凝土以后,具有微观填充作用,能够显著地降低胶凝材料的空隙率,从而提高水泥石的密实度,在相同的水胶比下,比基准水泥浆能提高流动性,硬化后也能提高强度。更重要的是,由于填充效应以及火山灰活性成分反应的进行,改善了混凝土中水泥石与集料的界面结构,使混凝土的强度、抗渗性均得到提高,特别是对改善混凝土的耐久性及防止碱集料反应、降低混凝土水化热等有明显的效果。

随着混凝土的高性能化,矿物质掺合料已成为其中的一个功能组分,对高性能混凝土发挥着重要的作用。矿物质掺合料的种类很多,又各具有不同的特点。因此,掌握各种掺合料粉体的特点及其发挥作用的机理,对于全面合理地利用矿物质掺合料的重要性不言而喻。配制高性能混凝土常用的矿物质掺合料主要有硅粉、磨细矿渣、优质粉煤灰、超细沸石粉、无水石膏及其他微粉等。

三、粗细集料的选择

高性能混凝土集料的选择,对于保证高性能混凝土的物理力学性能和长期耐久性至关重要。清华大学冯乃谦教授认为:要选择适宜的集料配制高性能混凝土,必须注意集料的品种、表观密度、吸水率、粗集料强度、粗集料最大粒径、粗集料级配、粗集料体积用量、砂率和碱活性组分含量等。

1. 细集料的选择

细集料宜选用石英含量高、颗粒形状浑圆、洁净、具有平滑筛分曲线的中粗砂,其细度模数一般应控制在 $2.6\sim3.2$ 之间;对于 C50~C60 强度等级的高性能混凝土,砂的细度模数可控制在 $2.2\sim2.6$ 之间。其砂率控制在 36% 左右。砂的品质应达到现行国家标准《建设用砂》(GB/T 14684—2011) 中规定的优质砂标准。

有些试验研究指出,配制高性能混凝土强度要求越高,砂的细度模数应尽量采取上限。如果采用一些特殊的配比和工艺措施,也可以采用细度模数小于 2.2 的砂配制 C60~C80 的高性能混凝土。

2. 粗集料的选择

(1) 粗集料的表面特征　粗集料的形状和表面特征对混凝土的强度影响很大,尤其在高强混凝土中,集料的形状和表面特征对混凝土的强度影响更大。表面较粗糙的结构,可使集料颗粒和水泥石之间形成较大的粘着力。同样,具有较大表面积的角状集料,也具有较大的黏结强度。但是，针状、片状的集料会影响混凝土的流动性和强度，因此，针、片状的集料含量不宜大于 5%。

（2）粗集料的强度　由于混凝土内各个颗粒接触点的实际应力可能会远远超过所施加的压应力，所以选择的粗集料的强度应高于混凝土的强度。但是，过硬、过强的粗集料可能因温度和湿度的因素而使混凝土发生体积变化，使水泥石受到较大的应力而开裂。所以，从耐久性意义上说，选择强度中等的粗集料，反而对混凝土的耐久性有利。试验证明，高性能混凝土所用的粗集料，其压碎指标宜控制在 10%～15% 之间。

（3）粗集料的最大粒径　高性能混凝土粗集料最大粒径的选择，与普通混凝土完全不同。普通混凝土粗集料最大粒径的控制，主要由构件截面尺寸及钢筋间距决定的，粒径的大小对混凝土的强度影响不大；但对高性能（高强）混凝土来说，粗集料最大粒径的大小对混凝土的强度影响较大。材料试验证明，加大粗集料的粒径，会使混凝土的强度下降，强度等级越高影响越明显。造成强度下降的主要原因是：集料尺寸越大，黏结面积越小，造成混凝土不连续性的不利影响也越大，尤其对水泥用量较多的高性能混凝土，影响更为显著。因此，高性能混凝土的粗集料宜选用最大粒径不大于 15mm 的碎石。

（4）其他几方面的要求　配制高性能混凝土的粗细集料，除了必须满足以上要求外，还应满足以下要求：粗细集料的表观密度应在 2.65g/cm^3 以上；粗集料的吸水率应低于 1.0%，细集料的饱和吸水率应低于 2.5%；粗集料的级配良好，空隙率达到最小；粗集料中无碱活性组分。

四、高效减水剂

由于高性能混凝土的胶凝材料用量大、水灰比低、拌合物黏性大，为了使混凝土获得高工作性，所以在配制高性能混凝土时，必须采用高性能减水剂。在混凝土坍落度基本相同的条件下能大幅度减少拌合水量的外加剂称为高效减水剂。

高效减水剂对水泥有强烈分散作用，能大大提高水泥拌合物流动性和混凝土坍落度，同时大幅度降低用水量，显著改善混凝土工作性；高效减水剂基本不改变混凝土凝结时间，掺量大时稍有缓凝作用，但并不延缓硬化混凝土早期强度的增长；高效减水剂能大幅度降低用水量从而显著提高混凝土各龄期强度，在保持强度恒定时，则能节约水泥 10% 或更多；高效减水剂氯离子含量微小，对钢筋不产生锈蚀作用，能增强混凝土的抗渗、抗冻融及耐腐蚀性，提高了混凝土的耐久性。

配制高性能混凝土所用的高效减水剂，应当满足下列要求：①高减水率，减水剂的减水率一般应大于 20%，当配制泵送高性能混凝土时，减水率应大于 25%；②新拌混凝土的坍落度经时损失要小，使混凝土拌合物能保持良好的流动性；③选用的高效减水剂，与所用的水泥具有良好的相容性。工程实践证明，选好高效减水剂、高效 AE 减水剂、硫化剂，或超塑化剂、超流化剂等外加剂，是制备高性能混凝土的最关键材料。

第三节　高性能混凝土的配制技术

由于高性能混凝土的强度高、水灰比低、受影响因素很多，因此，在高性能混凝土配合比设计方面，原来的普通混凝土配合比设计方法和原则已不适用。但是，迄今为止，世界上尚没有更为适合高性能混凝土配合比的设计的统一方法，各国研究人员在各自的试验基础上，粗略地计算具体的配合比，然后通过试配调整，确定最终配合比。

一、配合比设计的基本要求

高性能混凝土配合比设计的任务，就是要根据原材料的技术性能、工程要求及施工条件，科学合理地选择原材料，通过设计计算和材料试验，确定能满足工程要求的技术经济指标的各项组成材料的用量。根据现代建筑对混凝土的要求，高性能混凝土配合比设计应满足以下基本要求。

（1）高耐久性　高性能混凝土与普通混凝土有很大区别，最重要特征是其具有优异的耐久性，在进行配合比设计时，首先要保证混凝土的耐久性要求。因此，必须考虑到高性能混凝土的抗渗性、抗冻性、抗化学侵蚀性、抗碳化性、抗大气作用性、耐磨性、碱-集料反应、抗干燥收缩的体积稳定性等。

以上这些性能受水灰比的影响很大。水灰比越低，混凝土的密实度越高，各方面的性能越好，体积稳定性亦越强，所以高性能混凝土的水灰比不宜大于 0.40。为了提高高性能混凝土的抗化学侵蚀性和碱-集料反应，提高其强度和密实度，一般宜掺加适量的超细活性矿物质混合材料。

（2）高强度　各国试验证明，混凝土要达到高耐久性，必须提高混凝土的强度。因此，高强度是高性能混凝土的基本特征，高强混凝土也属于高性能混凝土的范畴，但高强度并不一定意味着高性能。高性能混凝土与普通混凝土相比，要求抗压强度的不合格率更低，以满足现代建筑的基本要求。

由于高性能混凝土在施工过程中不确定因素很多，所以，结构混凝土的抗压强度离散性更大。为确保混凝土结构的安全，必须按国家有关规定控制不合格率。我国现行施工规范规定，普通混凝土的强度等级保证率为 95%，即不合格率应控制在 5% 以下；对于高性能混凝土，其强度等级的保证率为 97.5%，即不合格率应控制在 2.5% 以下，其概率度 $t \leqslant -1.960$。

（3）高工作性　在一般情况下，对新拌混凝土施工性能可用工作性进行评价，即混凝土拌合物在运输、浇筑以及成型中不产生分离、易于操作的程度。这是新拌混凝土的一项综合性能，它不仅关系到施工的难易和速度，而且关系到工程的质量和经济性。

坍落度是表示新拌混凝土流动性大小的指标。在施工操作中，混凝土的坍落度越大，流动性越好，则混凝土拌合物的工作性也越好。但是，混凝土的坍落度过大，一般单位用水量也增大，容易产生离析，匀质性变差。因此，在施工操作允许的条件下，应尽可能降低坍落度。根据目前的施工水平和条件，高性能混凝土的坍落度控制在 18～22cm 为宜。

（4）经济性　重视高性能混凝土配合比的经济性，是进行配合比设计时需要着重考虑的问题，它关系到工程的造价高低和混凝土性能好坏。在高性能混凝土的组成材料中，水泥和高性能减水剂的价格最贵，高性能减水剂的用量又取决于水泥的用量。因此，在满足工程对混凝土质量要求的前提下，单位体积混凝土中水泥的用量越少越经济。

众多工程实践证明，水泥用量多少不仅是一个经济问题，而且还是技术上的问题。例如，对于大体积混凝土，水泥用量较少时，可以减少由于水化热过大而引起裂缝；在结构用混凝土中，水泥用量如果过多，会导致干缩增大和开裂。

二、配合比设计的方法和步骤

目前，国际上提出的高性能混凝土配合比设计方法很多，目前应用比较广泛的主要有：美国混凝土协会（ACI）方法、法国国家路桥试验室（LCPC）方法、P. K. Mehta 和 P. C. Aitcin 方法等。这些设计方法各有优缺点，但均不十分成熟。根据我国的实际情况，清华大学的冯乃谦教授创造的设计方法，与普通混凝土配合比设计方法基本相同，具有计算步骤简单、计算结果比较精确、容易使人掌握等优点。

1. 初步配合比的计算

根据选用原材料的性能及对高性能混凝土的技术要求，进行初步配合比的计算，得出供试配混凝土所用的配合比。

（1）配制强度的确定（$f_{cu,o}$）　由于影响高性能混凝土强度的因素很多，变异系数较大，因此，在配合比设计时就应该控制其不合格率。在通常情况下，高性能混凝土的不合格率宜控制在 2.5%，即高性能混凝土的强度保证率为 97.5% 以上。

当设计要求的高性能混凝土强度等级已知时，混凝土的试配强度可按下式确定：

$$f_{cu,o} = f_{cu,k} - t\sigma \qquad (16-1)$$

式中，$f_{cu,o}$ 为高性能混凝土的试配强度，MPa；$f_{cu,k}$ 为设计的混凝土立方体抗压强度标准值，MPa；t 为概率度，当混凝土强度的保证率为 97.5% 时 $t = -1.960$；σ 为混凝土强度标准差，MPa。

混凝土强度标准差（σ）应根据施工单位的具体情况而确定。当施工单位有近期的同一品种混凝土强度资料时，其混凝土强度标准差（σ）可按标准差计算公式进行计算。如果施工单位没有高性能混凝土施工管理水平统计资料，且 σ 也无其他资料可查时，对于 C60 的混凝土，σ 可取值 6MPa；对于大于 C60 的混凝土，应参考有关工程施工经验而确定。

（2）初步确定水胶比 $W/(C+M)$　根据已测定的水泥实际强度 f_{ce}（或选用的水泥强度等级 $f_{ce,k}$）、粗集料的种类及所要求的混凝土配制强度（$f_{cu,o}$），我国混凝土有关专家提出了高性能混凝土的如下关系式。

对于用卵石配制的高性能混凝土：

$$f_{cu,o} = 0.296 f_{ce} [(C+M)/W + 0.71] \qquad (16-2)$$

对于用碎石配制的高性能混凝土：

$$f_{cu,o} = 0.304 f_{ce} [(C+M)/W + 0.62] \qquad (16-3)$$

当无水泥实际强度数据时，公式中的 f_{ce} 值可按下式计算：

$$f_{ce} = \gamma_e f_{ce,k} \qquad (16-4)$$

式中，C 为每立方米混凝土中水泥的用量，kg/m^3；M 为每立方米混凝土中矿物质的掺加量，kg/m^3；W 为每立方米混凝土中的用水量，kg/m^3；γ_e 为水泥强度的富余系数，一般可取值 1.13。

（3）选取单位用水量（W_0）　单位用水量的多少，主要取决于混凝土设计坍落度的大小和高性能减水剂的效果来确定。在混凝土和易性允许的条件下，尽可能采用较小的单位用水量，以提高混凝土的强度和耐久性。一般情况下，单位用水量不宜大于 175kg/m^3。在进行混凝土配合比设计时，可根据试配强度参考表 16-2 中的经验数据；对于重要工程，应通过材料试验确定单位用水量。

表 16-2　最大用水量与试配强度的关系

混凝土试配强度/MPa	最大单位用水量/(kg/m³)	混凝土试配强度/MPa	最大单位用水量/(kg/m³)
60	175	90	140
65	160	105	130
70	150	120	120

（4）计算混凝土的单位胶凝材料用量（C_0+M_0）　根据已选定的每立方米混凝土用水量（W_0）和得出的水胶比［$W/(C+M)$］值，可按下式计算出胶凝材料用量：

$$C_0+M_0=(C+M)W_0/W \tag{16-5}$$

（5）矿物质掺合料（M_0）的确定　矿物质掺合料的掺量多少，主要取决于掺合料中活性 SiO_2 的含量，在一般情况下，其掺量为水泥的 $10\%\sim15\%$。如果活性 SiO_2 含量高（如硅粉），取下限；如果活性 SiO_2 含量低（如优质粉煤灰），取上限。

（6）选择合理的砂率（S_p）　合理的砂率值，主要应根据混凝土的坍落度、粘聚性及保水性要求等特征来确定。由于高性能混凝土的水胶比较小，胶凝材料用量大，水泥浆的黏度大，混凝土拌合物的工作性容易保证，所以，砂率可以适当降低。合理的砂率值，一般应通过试验确定，在进行混凝土配合比设计时，可在 $36\%\sim42\%$ 之间选用。

（7）粗细集料用量的确定　混凝土中粗细集料用量的确定，与普通混凝土配合比设计相同，可采用假定表观密度法计算求得。由于高性能混凝土的密实度比较大，其表观密度一般应比普通混凝土稍高些，可取 $2450\sim2500kg/m^3$。

（8）高性能减水剂用量的确定　高性能减水剂是配制高性能混凝土不可缺少的组分，它具有不仅能增大坍落度，而且又能控制坍落度损失的作用。高性能减水剂的用量多少，应根据掺加的品种、施工条件、混凝土拌合物所要求的工作性、凝结性能和经济性等方面，通过多次试验才能确定其最佳掺量。以固体计，高性能减水剂的掺量，通常为胶凝材料总量的 $0.8\%\sim2.0\%$，建议第一次试配时掺加 1.0%。

（9）含水量的修正　由于上述高性能混凝土配合比设计是基于各种材料饱和面干的情况下，所以在实际拌和中还应根据集料中含水量的不同，要进行适当的粗细集料含水修正。

2. 高性能混凝土配合比的试配与调整

高性能混凝土的配合比设计，与普通混凝土基本相同，也包括两个过程，即配合比的初步计算和工程中的比例调整。由于在初步计算中有一些假设，与工程实际很可能不相符，所以计算得出的数据仅为混凝土试配的依据。工程实际中往往需要通过多次试验配制才能得到适当的配合比。

高性能混凝土配合比的试配与调整的方法和步骤，与普通混凝土基本相同。但是，其水胶比的增减值宜为 $0.02\sim0.03$。为确保高性能混凝土的质量要求，设计配合比提出后，还应当用这个配合比进行 $6\sim10$ 次重复试验确定。

3. 高性能混凝土经验配合比

为方便配制高性能混凝土，特列出高性能混凝土参考配合比（见表 16-3）和自密实高性能混凝土配合比（见表 16-4），供施工单位参考选用。

三、高性能混凝土的基本性能

高性能混凝土的基本性能，主要包括高性能混凝土拌合物的性能和高性能混凝土硬化后的性能两个部分。

表 16-3　高性能混凝土参考配合比

强度等级	平均抗压强度/MPa	情况	胶凝材料/kg			用水量/kg	粗集料/kg	细集料/kg	总量/(kg/m³)	水灰比(W/C)
			PC	FA(或BFS)	CSF					
A	65	1	534	0	0	160	1050	690	2434	0.30
		2	400	106	0	160	1050	690	2406	0.32
		3	400	64	36	160	1050	690	2400	0.32
B	75	1	565	0	0	150	1070	670	2455	0.27
		2	423	113	0	150	1070	670	2426	0.28
		3	423	68	38	150	1070	670	2419	0.28
C	90	1	597	0	0	140	1090	650	2477	0.23
		2	447	119	0	140	1090	50	2446	0.25
		3	447	71	40	140	1090	650	2438	0.25
D	105	—	—	—	—	—	—	—	—	—
		2	471	125	0	130	1100	630	2466	0.22
		3	471	75	40	130	1100	630	2458	0.22
E	120	—	—	—	—	—	—	—	—	—
		2	495	131	0	120	1120	620	2486	0.19
		3	495	79	44	120	1120	620	2478	0.19

注：表中 PC 为硅酸盐水泥；FA 为粉煤灰；BFS 为矿渣；CSF 为硅粉。

表 16-4　自密实高性能混凝土配合比

水胶比W/(C+F)	砂率/%	水/kg	水泥/kg	粉煤灰/kg	砂子/kg	石子/kg	其他/kg	外加剂(C×%)	抗压强度/MPa	
									设计	$f_{ce,28}$
0.370	50	200	350	180	800	800	UEA30	DFS-2(F)0.8	C30	57.0
0.360	50	200	350	180	782	797	UEA30	DFS-2(F)0.8	C30	47.0
0.430	50	200	270	162	834	850	UEA30	DFS-2(F)0.6	C30	37.5
0.365	51	201	382	168	796	760	—	SN1.8	C30	53.3
0.310	44	154	144	197	753	963	矿渣154	SP12.21	C50	60.0

1. 高性能混凝土拌合物的性能

高性能混凝土拌合物的性能，包括混凝土的填充性、流动中产生离析的机理、水泥浆对集料抗摩擦性能的影响、粉体的种类与细度对剪切性能的影响 4 个方面。

(1) 混凝土的填充性　对于高性能混凝土的组成材料，为了具有较高的填充性，不仅要求其具有高的流动性，同时还必须具有优异的抗离析性能。如图 16-2 所示，在钢筋混凝土配筋率较高的情况下，浇筑普通混凝土，在低坍落度范围，混凝土的填充性受其变形性支配；而在高坍落度时，材料的抗离析性是支配填充性的主要因素。如图 16-3 所示，则考虑变形性与抗离析性两者的综合因素，可以得到拌合物最适宜的坍落度。

材料试验和工程实践证明，新拌混凝土中的自由水，是支配混凝土变形及抗离析性能的主要因素，自由水与变形性的关系是一线性关系，而与抗离析性能的关系则为非线性关系，如图 16-4、图 16-5 所示。

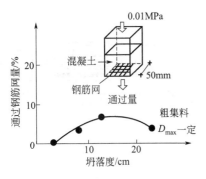

图 16-2　混凝土坍落度与通过钢筋网关系

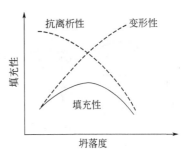

图 16-3　混凝土坍落度与填充性关系

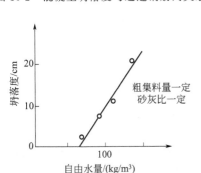

图 16-4　自由水与变形性的关系

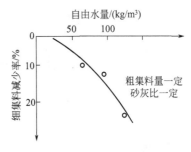

图 16-5　自由水与抗离析性的关系

由以上所述可知，高性能混凝土的填充性主要取决于其变形性能及抗离析性能，变形性能大，抗离析性能高的高性能混凝土拌合物，其填充性也好。但这些最终取决于自由水的含量，自由水含量较低，坍落度的流动数值较大，这是高性能混凝土配合比设计中的最重要的关键技术之一。

（2）流动中产生离析的机理　不需要振动自密实的高性能混凝土拌合物，在浇筑成型填充模具的流动过程中，粗集料与砂浆之间产生的分离现象是非常有趣的。如图 16-6（a）所示，混凝土拌合物在其中流动，由大变小的喇叭口处，产生粗集料的凝聚，进一步继续观察时，不仅发现粗集料成拱，而且发生堵塞。

从图 16-6（b）中可见，当混凝土中的砂浆黏度提高时，混凝土中粗集料浓度基本上不变，混凝土拌合物即使通过喇叭口，粗集料也不会产生分离现象。但是，如果混凝土拌合物中的浓度较低，则易发生如图 16-6（b）中曲线 2 的现象，粗集料在混凝土拌合物中的浓度增加，发生凝聚现象。这是由于两种拌合物在变截面处的剪切变形不同而引起的。砂浆黏度低的混凝土拌合物，在管内的某一处，粗集料间发生激烈的碰撞与摩擦，浆体黏度低，容易发生流失，粗集料间的内摩擦增大，产生凝聚现象。

（3）水泥浆对集料抗摩擦性能的影响　由于粗集料相互间的碰撞及摩擦，应力的传递是不同的，但对混凝土的变形性能有很大的影响。如图 16-7 所示，在两块钢板之间放入水泥浆试样，通过钢板进行直接剪切试验。固体之间的剪切力的传递机理与水泥浆是不同的，也就是说浆体的剪切应力是由摩擦与黏结两者复合而成，如图 16-8、图 16-9 所示。

在水泥浆中掺入增稠剂，其可以控制混凝土中液相的黏度，也影响变形与离析。在含矿渣的水泥浆中，稍微掺入少量的增稠剂就能大大降低剪切应力，但随着增稠剂的增加，剪切应力迅速提高。当增稠剂最适宜的掺量是 0.2%（占矿渣质量%）时，浆体的剪切应力最

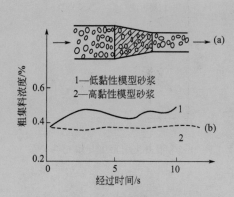

图 16-6　断面缩小处粗集料浓度变化

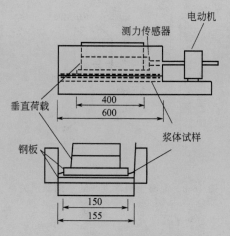

图 16-7　浆体剪切试验装置

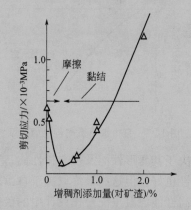

图 16-8　增稠剂添加量与剪切应力关系

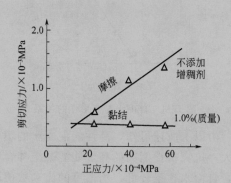

图 16-9　浆体剪切应力与正应力的关系

低，如图 16-7 所示。

从图 16-9 中可以看出，浆体中没有增稠剂时，虽然存在大量的自由水，但当正应力增大时，自由水被挤压出，摩擦阻力增大，如图 16-9(a) 所示。但掺入矿渣含量 1.0％ 的增稠剂后，自由水能保留于浆体之中，即使正应力增大，两钢板之间的摩擦抵抗也是不变的，两者间的相互作用只是由于黏结而引起的，且为线性关系，如图 16-9(b) 所示。

因此，掺入适量的增稠剂能改善固体间的摩擦抵抗，有效地降低体系的剪切力。

(4) 粉体的种类与细度对剪切性能的影响　粉体的种类与细度对剪切性能的影响，如图 16-10、图 16-11 所示。

试验结果证明，试验的 5 种粉体达到最低剪应力时，其曲线形状基本相似。但由于颗粒形状不同，达到最低剪应力时，水粉体比不相同。由于粉煤灰为球形颗粒，所以用水量比水泥及矿渣的低。关于粉体细度的影响，以矿渣材料为例，当矿渣细度提高（达 7860cm²/g）时，其保水能力增强，最低剪应力的水粉比也相应增大。

粉煤灰、矿渣等活性混合材料，通过适宜的配比，水量很低时就能给予浆体所需要的粘性。使用适量的增稠剂，既可以不降低混凝土的变形性能，又能赋予混凝土拌合物抵抗离析分层的能力。

2. 高性能混凝土硬化后的性能

高性能混凝土硬化后的性能，主要包括干燥收缩性能、脱水性能、力学性能、耐久性等

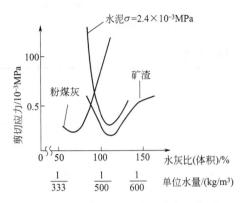

图 16-10　浆体剪切应力与水灰比关系
（粉体种类影响）

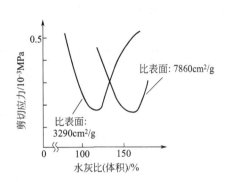

图 16-11　浆体剪切应力与水灰比关系
（粉体黏度影响）

方面。

（1）干燥收缩性能　根据日本工业标准 JISA1129，按表 16-5 中的配合比进行混凝土的干缩试验，其试验结果如图 16-12 所示。虽然高性能混凝土的用水量稍大，粉体的用量也比普通混凝土多，但其干缩率却比普通混凝土低，这是发展高性能混凝土非常有利的方面。

表 16-5　高性能混凝土与普通混凝土试验配合比

组成材料 混凝土	W	C	A_1	A_2	A_3	S	G	Ad	坍落度或流动值 /cm	含气量 /%
高性能混凝土	154	144	10	154	197	753	963	①	57（流动值）	2.1
普通混凝土	150	300	—	—	—	—	1176	②	17	4.2

注：A_1 为膨胀剂；A_2 为矿渣；A_3 为粉煤灰；①为 4800CC 超塑化剂＋6g 增稠剂；②为 750CCAE 剂及减水剂；粗集料最大粒径为 25mm；以上两种混凝土的干缩试验结果如图 16-12 所示。

（2）脱水试验结果　高性能混凝土的脱水试验，主要是检验混凝土的密实度。如果密实度不高，真空脱水时必然有较多的水从孔缝中流出来，脱水量增大。

高性能混凝土与普通 AE 混凝土试验结果，如图 16-13 所示。虽然两者用水量大体相同，但高性能混凝土的脱水量仅为普通 AE 混凝土的 50% 左右。

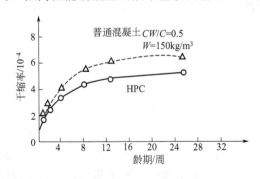

图 16-12　两种混凝土干缩试验结果

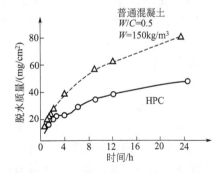

图 16-13　两种混凝土脱水试验结果

（3）力学性能　由于高性能混凝土采用掺加高效减水剂和矿物质掺合料的技术措施，所以高性能混凝土具有很好的物理性能力学性能，力学性能主要表现在抗压强度、劈裂抗拉强度和静力弹性模量方面。

① 抗压强度。表16-6、表16-7和表16-8中，列出了采用不同矿物掺合料配制的高性能混凝土的抗压强度，充分说明了高性能混凝土强度高是最显著的特征之一。

表 16-6　粉煤灰高性能混凝土强度

编号	水泥 /(kg/m³)	粉煤灰 /(kg/m³)	水灰比 (W/C)	配合比 胶结料：细集料：石	减水剂 NF/%	抗压强度/MPa		
						3d	28d	56d
1	495	55	0.36	1：1.340：1.60	0.5	57.4	64.5	72.3
2	520	130	0.29	1：0.958：1.29	0.5	48.9	65.3	74.6
3	594	149	0.28	1：0.753：1.15	1.0	61.9	80.1	86.8

表 16-7　超细矿渣高性能混凝土强度

编号	混凝土组成材料						抗压强度/MPa		
	水 /(kg/m³)	水泥 /(kg/m³)	矿渣 /(kg/m³)	砂子 /(kg/m³)	石子 /(kg/m³)	萘系减水剂/%	7d	28d	91d
1	165	589	—	637	1013	2.6	63.9	74.7	80.9
2	165	353	236	631	1001	2.6	75.0	80.6	85.3

注：超细矿渣比面积为8000cm²/g，混凝土的坍落度为23～25cm。

表 16-8　硅灰粉高性能混凝土强度

编号	水灰比 (W/C)	高效减水剂/%	各种组成材料用量/(kg/m³)					坍落度 /cm	抗压强度/MPa	
			水泥	硅灰粉	水	砂	石		7d	28d
1	0.26	1.0	440	38.9	127	622	1263	5～8	63.7	86.9
2	0.26	1.3	480	53.8	139	640	1182	13～15	63.5	86.1

② 劈裂抗拉强度。工程试验资料表明：掺入矿物质掺合料的高性能混凝土劈裂抗拉强度，高于同强度等级的普通混凝土。

③ 静力弹性模量。高性能混凝土的弹性模量一般在（3.80～4.40）×10⁴MPa 范围内，因此，比普通混凝土的静力弹性模量高得多。

（4）收缩与徐变

① 混凝土的收缩。高性能混凝土的干燥收缩性，与水泥用量、水灰比、掺合料种类、外加剂种类、混凝土配合比、环境相对湿度和温度等有关。

研究资料表明：掺加磨细粉煤灰、磨细沸石粉的高性能混凝土早期干缩较大，最终的收缩数值比普通混凝土稍低；掺加硅灰粉和超细矿渣的高性能混凝土的干缩值低于相同强度等级的高强混凝土。

② 混凝土的徐变。掺加磨细粉煤灰、磨细沸石粉的高性能混凝土的徐变度略高于未掺的基准混凝土；掺加硅灰粉和超细矿渣的高性能混凝土的徐变度低于未掺的基准混凝土。

（5）耐久性　高性能混凝土与普通混凝土相比，其水灰比低、密实度高、强度较高、体积稳定性好，所以，高性能混凝土具有很好的耐久性，这是高性能混凝土得以在工程中应用的最重要原因。高性能混凝土的优良耐久性，主要包括抗渗透性、抗硫酸盐侵蚀、抗冻性、碱-集料反应、耐磨性和抗碳化性等。

① 抗渗透性。高性能混凝土由于水灰比低，并且又以一部分矿物质掺合料代替水泥，所以，混凝土一般不发生离析泌水现象，水泥石与石子界面得到改善，其抗渗性提高。有人

采用内掺 5% 的硅灰粉替代 5% 的水泥，配制高性能混凝土的试验结果证明：硅灰粉高性能混凝土的渗透系数为 6×10^{-14} m/s，普通高性能混凝土的渗透系数为 3×10^{-11} m/s。清华大学研究了掺加沸石粉高性能混凝土的抗渗性，强度为 60MPa 的高性能混凝土，抗渗压力为 2.0MPa 时未发现渗水现象，说明高性能混凝土具有很高的抗渗性。

除抗渗性外，Cl^- 渗透是评价混凝土抗渗性的另一项重要指标。经有关试验证明：硅酸盐水泥的 Cl^- 扩散系数为 $(1.56\sim8.70)\times10^{-12}$ m²/s；而以 F 级粉煤灰取代 30% 水泥后，扩散系数仅为 $(1.34\sim1.35)\times10^{-12}$ m²/s。其他试验结果表明：含粉煤灰的混合水泥 Cl^- 扩散系数比纯水泥浆降低 10%～50%；掺加硅灰粉的水泥石扩散系数比基准水泥石降低 68%～84%。

上述研究试验结果说明高性能混凝土具有很高的抗渗能力和较高的抗 Cl^- 渗透能力。

② 抗硫酸盐侵蚀。挪威工程实践证明：掺加 15% 硅灰粉的高性能混凝土，其抗硫酸盐侵蚀的能力大大优于普通混凝土；德国、法国等国家用磨细的矿渣代替部分胶凝材料的高性能混凝土，处于有硫酸盐侵蚀的环境下，当矿渣含量达到 70% 时，混凝土观察不到膨胀值；内掺 30% 粉煤灰的高性能混凝土能明显改善抗硫酸盐侵蚀的性能。

③ 抗冻性。工程试验证明：用 7.5% 和 15% 的硅灰粉代替相应的水泥，水胶比为 0.45 的砂浆耐久性系数，其抗冻性显著提高，这说明硅灰粉高性能混凝土具有很高的抗冻性。若混凝土中以 20% 磨细粉煤灰代替相应的水泥，其抗冻性也高于相对比的基准混凝土。但随着粉煤灰的掺量继续增加，混凝土的抗冻性反而下降。有的研究资料还表明：掺加超细矿渣的高性能混凝土，也可以获得很高的抗冻性。

④ 碱-集料反应。碱-集料反应是指水泥石中的碱与集料中的活性物质反应，使混凝土产生较大的体积膨胀，最终导致混凝土破坏的现象。

清华大学有关专家测定了掺加沸石粉、粉煤灰、硅灰粉的砂浆棒的膨胀值。粉煤灰的比表面积为 7000cm²/g，硅灰粉的比表面积为 200000cm²/g，沸石粉的比表面积为 7000cm²/g；混凝土中的掺量分别为粉煤灰 20%、沸石粉 20%、硅灰粉 10%。试验结果表明：粉煤灰与沸石粉对于碱集料反应的抑制效果大体相同，当掺量为 20% 时，180d 的膨胀率≤0.03%；硅灰粉抑制效果较好，掺量 10% 时就可达到上述效果。

⑤ 耐磨性。高性能混凝土一般都具有很高的耐磨性，而掺加硅灰粉的高性能混凝土更具有突出的耐磨性能。挪威研究结果表明：120MPa 以上的硅灰粉高性能混凝土，其耐磨性可与花岗岩基本相同，磨耗率仅为 0.6×10^{-4} mm/次，这里的每次相当于以 63km/h 速度行驶的带有防滑铁钉轮胎的货车作用。

我国上海建筑材料所按照水工混凝土试验规程，进行硅灰粉高性能混凝土的抗冲磨试验，在相等水泥用量的情况下，掺加硅粉（7.5%～25%）、$W/C=0.48\sim0.58$ 的高性能混凝土，磨耗率为 1.62～2.01kg/(h·m²)，而不掺加硅灰粉混凝土的磨耗率为 3.74kg/(h·m²)。上述试验结果充分表明：掺加硅灰粉的高性能混凝土可大大提高耐磨性。因此，硅灰粉高性能混凝土可用于高等级路面、机场跑道和有高速水流冲刷的水工建筑。

⑥ 抗碳化性。高性能混凝土中虽然掺入了矿物质掺合料，降低了混凝土内部的碱度，但由于高性能混凝土内部结构致密，侵蚀介质很难进入，碳化的深度与普通混凝土基本相当，而碳化速度却小于普通混凝土。材料试验表明，在一般情况下，当高性能混凝土的强度达到 60MPa 以上时，可不考虑其碳化问题。

四、高性能混凝土的制备与施工

采用高性能混凝土，在施工中的最大优势是不需振捣而密实。因此，高性能混凝土的制备，实际上是高流动性混凝土的制备，经过计量配料、强制搅拌、质量检测等施工过程。其工艺流程如图16-14所示。

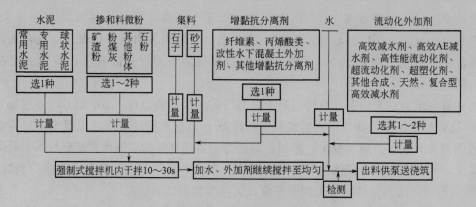

图16-14　高流动性混凝土的制备工艺

采用高性能混凝土施工优点很多，获得的施工效果主要有：①可以确保混凝土施工质量与耐久性；②可以节省大量的人工，施工中比较安全；③在施工过程中，能有效防止施工噪声的产生；④能促进施工体系的改革，科学地组织施工；⑤使混凝土工程施工合理化，不仅可以缩短工期，而且可以减少气候对施工和质量的影响；⑥使工厂构件生产体系更加工业化。

1. 高性能混凝土对模板的要求

由于高性能混凝土具有高流动性，所以对模板的侧压力大幅度增加。设计模板时，应以混凝土自重传递的液压力大小为作用压力，同时还要考虑到分隔板影响、模板形状、面积大小、配筋状况、浇筑速度、凝结速度、环境温度等因素。在混凝土凝结之前是最危险的时刻，若分隔板间的压力差太大，模板的刚度不够或组模不当，下部崩裂后会导致混凝土流出，造成危害。因此，在进行高性能混凝土模板设计时，选择高强度的钢材制作，提高设计安全系数，并取最不利的因素作为设计取值。

2. 高性能混凝土充填性检查

对所有搅拌的高性能混凝土，在正式浇筑之前均要进行充填性检查，这是保证施工质量的重要环节。混凝土充填性检查的方法是：在受料或泵送前的位置设置类似于结构物的钢筋障碍物，以要求的速度通过，判断混凝土的充填性是否良好。不能正常通过该装置的混凝土，不能浇筑于结构，否则会损害整体质量。为保证顺利浇筑，施工中应经常作坍落度流动试验，掌握充填性好坏，以便及时采取措施。

3. 高性能混凝土的泵送性能

高性能混凝土由于材料不易产生分离，变形性优良，泵送在弯管和锥管处发生堵塞的可能性较小。但是，由于高性能混凝土的粘性较高，混凝土与管壁的摩擦阻力增加，所以混凝土与管壁间的滑动膜层的形成比较困难，混凝土作用于轴向的压力增大。与普通混凝土相比，在同样输送量的情况下，其压力损失增大30％～40％。若浇筑停止后，再泵送时需增大压送力。因此，泵送应制定周密的施工计划，合理地布置配管。

4. 高性能混凝土的浇筑方法

高性能混凝土的浇筑，是混凝土施工中最重要的工序，对确保工程质量起着重要作用。浇筑时关键是控制好浇筑的速度，千万不能过快，要防止过量空气的卷入与混凝土供应不足而中断浇筑。如果浇筑速度过快，混凝土的输送阻力将明显增大，且呈非线性增长，所以浇筑时应保持缓慢速度和连续性，注意组织好浇筑及配管计划。

高性能混凝土的充填性优良、浇筑高度较大等优异的施工特点。箱形断面的结构有可能一次浇筑到顶，但其底部模板受到的推力大，应充分考虑到模板设计与安装。另外，混凝土的直接下落高度应小于 3m，以防止下落时产生分离；遵守有关施工缝设置与处理的规定。此外，高性能混凝土虽然不泌水，施工缝处不会出现浮浆现象，但应注意防止干燥。

5. 高性能混凝土的施工要点

以上讲述了高性能混凝土在模板架立、混凝土质量检查和混凝土浇筑等方面应注意事项，除此之外，在施工中还应注意以下方面。

① 如果制备高流动不振捣高性能混凝土，需要采用强制式混凝土搅拌机、储存、称量和检测设备，以确保混凝土的拌制质量。

② 高流动的高性能混凝土，会对模板的侧压力大大增加。在进行模板设计时，应以混凝土自身质量传递的压力大小为作用压力，同时考虑到分隔板影响、模板形状、大小、配筋状况、浇筑速度、施工温度、凝结速度等因素。由于在混凝土凝结之前是最危险的时刻，如果分隔板间的压力差太大，模板的刚度不够或组合模板不当，下部崩裂后会导致混凝土流出。因此，应选择高强钢材制作模板，提高模板设计安全系数，以最不利因素为设计取值。

③ 在浇筑高性能混凝土时，不能正常通过钢筋障碍状物的混凝土不能浇筑，否则会损害混凝土结构的整体质量。为保证浇筑速度，施工中应经常进行坍落度流动试验，掌握混凝土充填性能好坏，以便及时采取措施。

④ 在采用泵送时，高性能混凝土因材料不易分离，变形性优良，在弯管和锥管处堵塞的可能性减小。但混凝土与管壁的摩擦阻力增加，混凝土与管壁间的滑动膜层形成比较困难，混凝土作用于轴向的压力增大。与普通泵送混凝土相比下，其压力损失增大 30%～40%。如果浇筑停止后，再重新浇筑时需增大压送力。因此，泵送工艺时应制定周密计划，合理布置配管。

⑤ 在浇筑高性能混凝土时，应控制好浇筑速度，不能浇筑太快。要防止过量空气卷入与混凝土供应不足而中断浇筑。随着浇筑速度的增加，不振捣混凝土比一般混凝土输送阻力的增加明显增大，且呈直线性增长，所以浇筑时应保持缓和而连续浇筑，注意制订好浇筑及泵送工艺配管计划，大型混凝土结构物可采用分枝配管工法。

⑥ 高性能混凝土充填性优良，浇灌的高度比较大。箱形断面有可能一次浇筑到顶，其顶部模板承受推力大，应考虑模板设计与安装条件。另外，混凝土的自由下落高度不得大于 3m，防止粗集料产生离散。此外，高性能混凝土不泌水，施工缝处不会出现浮浆，但应注意防止干燥，遵守有关施工缝设置与处理的规定。

⑦ 高性能混凝土相对来说，其胶凝材料用量大，水灰比较低，黏度比较大，流动性较差，与普通混凝土相比，坍落度相同时，振捣密实所需时间长。因此，混凝土浇筑完毕后应根据情况适当延长振捣时间。

⑧ 由于高性能混凝土混合物中相对粉体用量多，同时水灰比也较小，所以浇筑完毕后为了充分发展混凝土的后期强度，加强混凝土的养护是非常必要的，特别要注意采取保湿养护措施。

第四节　外加剂在高性能混凝土中的应用实例

高性能混凝土是近期混凝土技术发展的主要方向，高性能混凝土在配制上的特点是低水胶比，选用优质原材料，并且除水泥、水、集料外，必须掺加足够数量的矿物细掺料和高效外加剂。在实际的混凝土工程中，外加剂能使高性能混凝土对下列性能有重点的予以保证：耐久性、工作性、适用性、强度、经济性。特别适用于大体积混凝土、桥梁、高层建筑、道路工程以及暴露在严酷环境中的建筑结构等。用于配制高性能混凝土的外加剂主要有：萘系高效减水剂和聚羧酸高性能减水剂。

一、萘系高效减水剂的应用实例

（一）萘系高效减水剂在桥梁锚碇大体积混凝土工程中的应用

1. 工程概况

润扬长江公路大桥为国家重点工程，是继南京长江大桥、江阴长江大桥和南京长江二桥之后，在江苏省境内跨越长江南北的第四座大桥。润扬长江大桥位于江苏省镇江、扬州两市西侧，当时为中国第一大跨径的组合型桥梁，其建设过程中攻克多项世界性技术难题。该桥全长为 35.66km，桥面平均宽 31.5m（行车道宽 30m），全线采用双向六车道高速公路标准设计。该桥是当时国内工程规模最大、建设标准最高、投资最大、技术最复杂、技术含量最高的现代化特大型桥梁工程，是第一座刚柔相济的组合型桥梁。

大桥的主跨 1490m，其南锚碇基础为重力式结构，基础平面尺寸 69m×51m 底面标高 26.00m，顶面标高＋3.00m，高 29.00m。基础由底板、混凝土芯和顶板三部分组成：底板和顶板均为 3m 厚 C30 钢筋混凝土，底板的钢筋与其周围桩的钢筋拉接；混凝土芯为 23.00m 厚 C15 素混凝土，其与周围排桩接触面进行凿毛处理。由于锚碇的基础平面尺寸大，其长边和短边都大大超过现行规范不设缝的要求。混凝土浇筑量大，整个基础浇筑的混凝土量超过 10 万立方米，为典型的超大体积混凝土块体，具有一系列大体积混凝土的施工问题，如温度应力控制、水平施工缝、混凝土输送浇筑过程中离析和坍落度控制等。

2. 解决的技术要点

对于大体积混凝土，水泥水化产生的水化热会使混凝土内部温度上升，如果不同部位的混凝土温差过大，温度应力超过混凝土的强度，会导致混凝土结构产生开裂。大体积混凝土的温控措施要综合、全面考虑，不能只通过某一种措施解决。合理的混凝土配合比设计是温控措施中非常重要的环节。通过对润扬长江公路大桥南锚碇基础大体积混凝土配合比的设计与优化，并针对实际情况对混凝土的性能进行试验研究，为温控方案的制定和施工措施的采用提供了依据及技术保障。

大体积混凝土配合比的设计中主要考虑降低水泥水化热，减少混凝土的绝热温升。本工程的混凝土配合比设计中，主要从以下 4 个方面来考虑，有利于解决大体积混凝土的温控。

① 在保证混凝土强度和耐久性的同时，尽量降低混凝土的单位用水量，以降低水泥的用量。水泥用量的多少与大体积混凝土的最高温升有直接关系，降低单位体积水泥用量是最有效的温控措施。

② 选用对大体积混凝土温控最有利的外加剂 JM-Ⅷ。缓凝型外加剂 JM-Ⅷ能有效地延缓

水化热的释放时间，降低水化热放热峰值，使混凝土水化热释放比较平缓，这样可避免中心部位混凝土温度急剧上升导致温差增大。

③ 掺加适量的粉煤灰。在混凝土中掺加粉煤灰节约了大量的水泥和细集料；减少了用水量；改善了混凝土拌合物的和易性；增强混凝土的可泵性能；减少了混凝土的徐变；减少水化热、热能膨胀性；提高混凝土抗渗能力；还可以提高混凝土的后期强度。总之，粉煤灰对于大体积的温控极为有利。

④ 改善混凝土的体积稳定性，提高混凝土的抗裂性能。保证一定的粗集料含量可以有效改善混凝土的抗裂能力，在满足混凝土强度和施工性的前提下，采用尽量低的砂率，使混凝土中有足够的粗集料。

3. 填筑芯体大体积混凝土的制备

根据南锚碇基础大体积混凝土的温度控制要求，拟进行的研究内容如下。

进行两种混凝土配合比设计并加以对比和优化，相关技术指标为：设计强度等级为C15，设计标准龄期按照60d进行；混凝土的坍落度为40~80mm；初凝时间不小于20h。

进行混凝土拌合物性能试验，主要包括坍落度、含气量、表现密度、凝结时间等。

确定混凝土抗压强度、绝热温升曲线、混凝土膨胀系数、混凝土弹性模量等相关技术指标。

在满足施工工艺及其他技术指标的前提下，进行混凝土配合比的优选。

（1）原材料试验　为保证大体积混凝土的质量，在正式浇筑混凝土之前，必须对所选用的材料进行试验。

① 水泥。本工程采用中国水泥厂石城牌32.5级矿渣硅酸盐水泥（P·S32.5）和江苏竹簧水泥厂金鸟牌32.5级普通硅酸盐水泥（P·O32.5），其中金鸟牌32.5级普通硅酸盐水泥的物理性能指标如表16-9所列。

表16-9　金鸟牌32.5级普通硅酸盐水泥的物理性能指标

抗折强度/MPa		抗压强度/MPa		凝结时间/min		安定性	标准稠度 /%	细度（80μm筛 筛余）/%
3d	7d	3d	7d	初凝	终凝			
3.7	6.1	17.5	35.6	191	273	合格	27.4	4.8

② 粉煤灰。采用江苏镇江谏壁电厂的Ⅱ级粉煤灰，其物理性能指标如表16-10所列。

表16-10　镇江谏壁电厂的Ⅱ级粉煤灰物理性能

细度（0.045mm筛筛余）/%	烧失量/%	需水量比/%
9.2	2.0	96

③ 细集料。采用赣江的中砂，其物理性能指标及级配如表16-11所列。

表16-11　赣江中砂物理性能指标及级配

表观密度 /(kg/m³)	堆积密度 /(kg/m³)	空隙率 /%	含水量 /%	细度 模数	级配/累计筛余/%						
					10	5	2.5	1.25	0.63	0.315	0.16
2632	1560	40.7	0.6	2.70	0	6.2	20.0	31.5	52.7	82.6	97.0

④ 粗集料。采用船山石灰岩碎石，粒径为5~31.5mm（占70%）和31.5~63.0mm（占30%），两种碎石的物理性能指标及级配如表16-12~表16-14所列。

表 16-12　船山石灰岩碎石的物理性能指标

粒径范围 /mm	表观密度 /(kg/m³)	堆积密度 /(kg/m³)	空隙率 /%	含水量 /%	压碎指标 /%	针片状含量 /%
5～31.5	2694	1535	43.0	0.6	7.9	4.1
31.5～63.0	2695	1482	43.0	0.6	—	—

表 16-13　粒径为 5～31.5mm 的碎石的级配

粒径范围 /mm	级配/累计筛余/%					
	40	31.5	20	10	5	2.5
5～31.5	0	3.2	31.5	79.2	96.8	99.9

表 16-14　粒径为 31.5～63.0mm 的碎石的级配

粒径范围 /mm	级配/累计筛余/%				
	80	63	40	31.5	16.0
5～31.5	0	5.8	65.9	87.7	99.9

⑤ 外加剂。采用江苏博特新材料股份有限公司研制的 JM-Ⅷ缓凝型高效减水剂，其性能指标如表 16-15 所列。

表 16-15　JM-Ⅷ缓凝型高效减水剂的性能

减水率 /%	泌水率比 /%	含气量 /%	凝结时间差(h:min)		抗压强度比/%		固含量 /%	密度 /(kg/m³)
			初凝	终凝	7d	28d		
20.6	85	3.3	16:30	19:50	149	141	38.6	1223

（2）混凝土配合比初选

① 混凝土配合比。依据混凝土配合比的设计原则，考虑有利于大体积混凝土的温控问题，拟采用的填筑芯体大体积混凝土试验配合比如表 16-16 所列，主要考查了粉煤灰掺量和水泥品种对新拌混凝土性能及硬化混凝土物理力学性能的影响，从而优化混凝土的配合比。

表 16-16　试验用混凝土的配合比

编号	水泥品种	粉煤灰掺量 /%	混凝土配合比/(kg/m³)					
			水泥	粉煤灰	砂子	碎石	水	JM-Ⅷ
D₁		30	160	70	700	1430	130	2.76
D₂	32.5P·S	40	135	95	700	1340	130	2.76
D₃		50	115	115	700	1340	130	2.76
D₄		40	135	95	700	1340	130	2.76
D₅	32.5P·O	50	115	115	700	1340	130	2.76
D₆		60	95	135	700	1340	130	2.76

② 新拌混凝土的性能。按照现行的行业标准《水工混凝土试验规程》（SL 352—2006）中的规定，测定新拌混凝土的坍落度、表观密度、含气量和凝结时间等，新拌混凝土的试验结果列于表 16-17 中。

表 16-17　新拌混凝土的性能

编号	坍落度/mm	表观密度/(kg/m³)	含气量/%	凝结时间（h∶min）	
				初凝	终凝
D₁	5.0	2400	2.6	26∶22	32∶47
D₂	7.0	2400	2.6	33∶18	40∶08
D₃	7.5	2400	2.0	39∶30	46∶55
D₄	5.0	2400	2.5	23∶55	26∶46
D₅	7.5	2400	2.1	35∶18	39∶58
D₆	8.0	2400	1.7	40∶00	43∶50

从表 16-17 中的试验结果可以看出，不论是普通硅酸盐水泥还是矿渣硅酸盐水泥，随着粉煤灰掺量的提高，新拌混凝土的流动性都有所提高，含气量有所降低，凝结时间有所延长。粉煤灰是煤粉经过高温燃烧后生成的一种具有较高细度、表面呈球状的粉状物，在混凝土中能起到润滑的作用，能改善混凝土拌合物的和易性，同时，粉煤灰的颗粒因具有较大的比表面积，其颗粒可附着在水泥颗粒的表面，延缓了水泥水化反应的速率，从而可以降低水化热的放热速率。

③ 硬化混凝土的物理力学性能。按照现行的行业标准《水工混凝土试验规程》（SL 352—2006）中的规定，将混凝土制成 150mm×150mm×150mm 的试件，进行标准养护条件下的抗压强度试验，养护龄期为 3d、7d、14d、28d、60d 和 90d，其抗压强度试验结果如表 16-18 所列和图 16-15 所示。

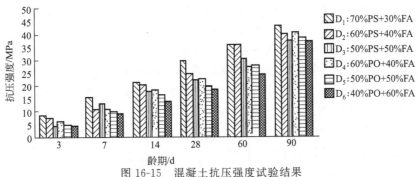

图 16-15　混凝土抗压强度试验结果

按照现行的行业标准《水工混凝土试验规程》（SL 352—2006）中的规定，将混凝土制成 150mm×150mm×150mm 的试件，进行标准养护条件下的弹性模量试验，养护龄期为 28d，混凝土的弹性模量如表 16-18 所列。

表 16-18　混凝土的物理力学性能

编号	抗压强度/MPa						28d 弹性模量/10⁴MPa
	3d	7d	14d	28d	60d	90d	
D₁	9.1	15.8	21.7	29.7	35.8	42.9	3.60
D₂	8.3	11.1	20.6	24.9	35.9	40.1	3.57
D₃	4.6	13.1	18.2	22.4	30.2	37.4	3.50
D₄	6.9	11.3	18.4	22.6	27.4	40.2	3.57
D₅	5.7	10.4	16.9	19.7	27.6	38.4	3.50
D₆	4.7	9.4	14.2	18.3	24.2	37.2	3.45

从图 16-15 和表 16-18 的试验结果可以看出，拟采用的两种水泥，随着粉煤灰掺量的增加，混凝土的抗压强度均有不同程度的降低。同时，由于掺入了大量的粉煤灰，混凝土的早期强度较低，早期强度发展也较慢，但 28d 的抗压强度都能达到 C15 的要求，而且随着龄期的增加，粉煤灰的活性逐渐发挥出来，混凝土抗压强度还一直有较大幅度的增长，所有配合比的混凝土的 90d 抗压强度都基本达到 40MPa 左右，与对应的 28d 弹性模量相比，少则增加 13MPa，多则增加 19MPa。这充分说明，粉煤灰的活性在 28d 后才能真正发挥出来，对混凝土后期强度的增长有很大的好处。

另外，从混凝土 28d 弹性模量试验结果可以看出，随着粉煤灰掺量的提高，混凝土 28d 弹性模量有一定程度的下降，这主要是由于粉煤灰掺量的提高而引起混凝土的强度下降的原因所导致的。

④ 试验结果综述。综合新拌混凝土性能和硬化混凝土的物理力学性能的试验结果，可以得出以下结论：a. 对于普通硅酸盐水泥和矿渣硅酸盐水泥所配制的混凝土中，大量粉煤灰的掺入，可以改善新拌混凝土的性能，有利于提高大体混凝土的施工性能；b. 对于试验所采用的两种水泥，粉煤灰的大量掺入，降低了混凝土的早期强度，但后期强度相差不大，这说明，粉煤灰的大量掺入可以减缓水泥的水化，降低水化放热的速率，即粉煤灰的掺入有利于大体积混凝土的温度控制；另外，粉煤灰的大量掺入，一定程度上降低了混凝土的弹性模量，提高了混凝土的变形能力，因此，粉煤灰的掺入可以提高混凝土的抗变形能力。

（3）萘系缓凝高效减水剂配制的大体积混凝土性能　对于大体积混凝土而言，粉煤灰的大量掺入，不仅有利于提高新拌混凝土性能和硬化混凝土的物理力学性能，而且粉煤灰的大量掺入有利于温度控制。但《公路桥涵施工技术手册》中规定，对于普通硅酸盐水泥应经过水化热试验比较后方可使用，粉煤灰掺量一般为水泥用量的 30%～40%，因此分别选取粉煤灰掺量为 40% 的混凝土配合比（D_2 和 D_4），以及粉煤灰掺量为 50% 的混凝土配合比（D_5），进行南锚碇填筑芯体大体积混凝土的力学性能、线膨胀系数和绝热温升等方面的研究，为施工现场温度控制的方案制定和实施提供有力、可靠的理论支持。

1）混凝土力学性能　根据混凝土温度控制的要求，进行了 D_2、D_4 和 D_5 三组混凝土的物理力学试验，其试验结果如表 16-19 所列。

表 16-19　D_2、D_4 和 D_5 三组混凝土的物理力学试验结果

编号	28d 强度/MPa		弹性模量/10^4MPa			
	抗压	抗拉	3d	7d	14d	28d
D_2	24.9	2.28	1.30	3.04	3.27	3.67
D_4	22.6	2.30	1.38	3.05	3.33	3.57
D_5	19.7	2.31	1.35	3.09	3.27	3.50

从表 16-19 中的数据可知以下内容。

① 所配制的 D_2、D_4 和 D_5 三组混凝土的 28d 的抗压强度均能达到 C15 强度等级的要求。

② 按照现行的行业标准《水工混凝土试验规程》（SL 352—2006）中的规定进行混凝土抗拉强度试验，采用 100mm×100mm×515mm 的棱柱体试件，试验在标准条件下养护 28d 后进行测定，试验结果表明 3 组配合比混凝土的抗拉强度相差不大，均在 2.30MPa 左右。

③ 根据大体积混凝土温度控制要求，测试了试件的 3d、7d、14d 和 28d 的弹性模量，这为现场的温度控制提供了可靠的数据。从试验结果可以看出，由于所配制的混凝土的强度发展较慢，因而早期的弹性模量也较低，而弹性模量随龄期增长而增长的规律，与强度随龄期的发展而发展的规律是一致的。

2）混凝土的线膨胀系数　按照现行的行业标准《水工混凝土试验规程》（SL 352—2006）中的规定进行混凝土线膨胀系数测定试验，其试验设备和试验步骤如下。

① 试验设备。试验设备主要有带有搅拌器的自动控制恒温水箱，温度控制精度为 0.5℃；差动式电阻应变计（测距为 250mm）；水工比例电桥；直径为 200mm、高度为 500mm 的带盖白铁皮筒。

② 试验步骤。试验采用 $\phi 200mm \times 600mm$ 圆柱体试件。混凝土试件成型后养护 7d 后放入恒温水箱内，水箱中水面应超过试件顶面 50mm 以上。水箱中水的起始温度为 18℃，控制水温使其恒定（恒温的标准是每隔 1h 温度不得超过 0.1℃）。当试件中心温度与水温一致时记下试验初始温度，调整恒温箱温度控制器，使水温上升到 60℃，恒温后记下试验终止时的温度。

D_2、D_4 和 D_5 三组混凝土的线膨胀系数试验结果如表 16-20 所列，结果表明用矿渣硅酸盐水泥所配制的混凝土比普通硅酸盐水泥所配制的混凝土的线膨胀系数低。

表 16-20　D_2、D_4 和 D_5 三组混凝土的线膨胀系数

编号	线膨胀系数/$10^{-6}℃^{-1}$
D_2	8.10
D_4	8.20
D_5	8.22

3）混凝土的绝热温升　绝热温升值是大体积混凝土温度控制设计时必需的重要技术参数。依据现行的行业标准《水工混凝土试验规程》（SL 352—2006）中的规定，在绝热条件下，测定混凝土在水泥水化过程中的最高温升值及其变化过程，其试验设备和试验步骤如下。

① 试验设备。混凝土的绝热温升的试验设备主要有以下两种。

Ⅰ.混凝土绝热温升测定仪：仪器由绝热养护箱和控制记录仪两部分组成。绝热养护箱是养护试件和保证水泥水化热不与外界进行热交换的设备，它是通过控制记录仪使试件周围温度紧跟试件中心来实现的。

Ⅱ.混凝土绝热温升试模：为绝热养护箱的配套设备，其大小一般应满足试件最小断面尺寸，大于集料最大粒径 3 倍的要求，试验所用试模的尺寸为 $\phi 41cm \times 39cm$。

② 试验步骤。首先对混凝土绝热温升测定仪进行率定。试验前 24h 应将混凝土所用材料养护箱及试模放在 20℃±5℃的室内，使其温度达到一致。按照 "混凝土拌合物室内拌和方法" 拌制混凝土拌合物。测量混凝土拌合物的温度后，将其分层装入试模中，振捣后的混凝土表面控制在离试模口略低 2cm 左右。将装好混凝土的试模放入养护箱内，在试件中心埋入一根玻璃管，管中盛有少许变压油，然后封好密封盖上放测温探头的小孔，盖上箱盖。接好仪器的线路，启动控制仪，运转 10min 时测试读数一次，直到所需试验龄期为止。

混凝土的绝热温升试验结果如表 16-21 所列；混凝土的绝热温升曲线如图 16-16 所示。

表 16-21 混凝土的绝热温升试验结果

编号	绝热温升/℃													
	1d	2d	3d	4d	5d	6d	7d	8d	9d	10d	11d	12d	13d	14d
D_2	2.2	7.0	12.8	16.0	18.5	20.6	22.4	24.0	25.5	26.9	27.8	28.2	28.3	28.6
D_4	4.3	8.3	14.0	18.5	20.3	22.0	23.2	24.1	24.0	25.7	26.2	26.9	27.4	27.8
D_5	3.1	11.2	15.7	19.2	21.8	23.4	24.0	25.3	26.9	26.3	26.5	26.7	26.9	27.2

编号	绝热温升/℃													
	15d	16d	17d	18d	19d	20d	21d	22d	23d	24d	25d	26d	27d	28d
D_2	29.0	29.4	29.6	29.7	30.0	30.2	30.4	30.5	30.7	30.8	30.8	30.9	31.0	31.1
D_4	28.3	28.5	28.7	28.9	29.1	29.3	29.4	29.6	29.8	30.0	30.3	30.5	30.6	30.8
D_5	27.4	27.5	27.7	27.9	28.1	28.2	28.3	28.4	28.5	28.6	28.7	28.8	29.0	29.1

表 16-21 和图 16-16 中给出了混凝土绝热温升的试验结果，从中可以看出，用 60％矿渣硅酸盐水泥＋40％粉煤灰配制的混凝土的 28d 绝热温升为 31.1℃，而用 60％普通硅酸盐水泥＋40％粉煤灰配制的混凝土的 28d 绝热温升为 30.8℃，用 50％普通硅酸盐水泥＋50％粉煤灰配制的混凝土的 28d 绝热温升为 29.1℃，这说明 D_4 和 D_5 配比混凝土的绝热温升要低于 D_2 配比混凝土，粉煤灰能大幅度地降低水泥的水化放热速率，降低水化热放热的峰值。同时，由于缓凝型高效减水剂 JM-Ⅷ 也能有效延缓水化热的释放，从而使混凝土的水化热释放比较平缓，这对大体积混凝土的温度控制是极为有利的。

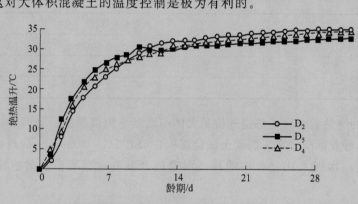

图 16-16 混凝土的绝热温升曲线

4. 基础底板大体积混凝土的制备

根据南锚碇基础大体积混凝土的温度控制要求，拟进行的研究内容如下。

进行两种混凝土配合比设计并加以对比和优化，相关技术指标为：设计强度等级为 C30，设计标准龄期按照 60d 进行；混凝土的坍落度为 160～200mm。

进行混凝土拌合物性能试验，主要包括坍落度、含气量、表现密度、凝结时间等。

确定混凝土抗压强度、绝热温升曲线、混凝土膨胀系数、混凝土弹性模量等相关技术指标。

在满足施工工艺及其他技术指标的前提下进行混凝土配合比的优选。

（1）试验原材料 尽量选用对大体积混凝土温度控制有利的原材料，并根据工程实际情况选用如下原材料进行南锚碇基础底板大体积混凝土的配合比设计与优化。所采用的水泥、粉煤灰、砂子、碎石及外加剂，均与填筑芯体的混凝土相同。

（2）混凝土试验配合比 依据混凝土配合比的设计原则，拟采用的基础底板大体积混凝土试验配合比如表 16-22 所列。

表 16-22 混凝土试验配合比

编号	水泥品种	粉煤灰掺量/%	混凝土配合比/(kg/m³)						砂率/%
			水泥	粉煤灰	砂子	碎石	水	JM-Ⅷ	
D_7	32.5P·S	25	270	90	751	1147	151	3.60	39.5
D_8		30	252	108	751	1147	151	3.60	39.5
D_9		40	216	144	751	1147	151	3.60	39.5
D_{11}	32.5P·O	30	252	108	751	1147	151	3.60	39.5
D_{12}		40	216	144	751	1147	150	3.60	39.5
D_{13}		50	180	180	751	1147	150	3.60	39.5

(3) 混凝土的主要性能

① 混凝土的工作性能。按照现行的行业标准《水工混凝土试验规程》(SL 352—2006) 中的规定,测定新拌混凝土的坍落度、表观密度、含气量和凝结时间等,新拌混凝土的工作性能如表 16-23 所列。

表 16-23 新拌混凝土的工作性能

编号	坍落度/cm	表观密度/(kg/m³)	含气量/%	凝结时间(h:min)	
				初凝	终凝
D_7	17.0	2410	1.8	29:05	32:50
D_8	19.0	2410	1.7	30:10	34:15
D_9	19.5	2410	2.5	32:08	36:58
D_{10}	19.5	2410	2.7	24:10	28:36
D_{11}	20.5	2410	2.6	28:57	33:47
D_{12}	18.0	2410	2.6	28:50	33:50

从试验结果来看,所配制的几组混凝土的工作性能基本上都能满足施工的要求,特别是初凝时间均在 30h 左右,这样可以减缓水泥水化热的释放速率,有利于大体积混凝土的温度控制。

② 混凝土的抗压强度。按照现行的行业标准《水工混凝土试验规程》(SL 352—2006) 中的规定,成型 150mm×150mm×150mm 试件,进行标准养护条件下的抗压强度试验,养护龄期为 3d、7d、14d、28d、60d 和 90d。混凝土抗压强度试验结果如表 16-24 所列。

表 16-24 混凝土抗压强度试验结果

编号	抗压强度/MPa					
	3d	7d	14d	28d	60d	90d
D_7	10.4	19.9	31.0	36.7	42.2	52.5
D_8	8.7	17.9	26.5	34.5	41.5	51.0
D_9	7.3	14.7	24.4	30.0	39.1	49.8
D_{10}	10.5	22.0	29.1	37.9	47.0	55.8
D_{11}	8.9	19.7	28.0	37.6	44.5	52.4
D_{12}	7.0	16.9	24.7	31.4	36.4	47.8

从表 16-24 中的试验结果可以看出，对于所选用的两种水泥，随着粉煤灰掺量的增加，混凝土的抗压强度都有所降低。同时，由于掺入了大量的粉煤灰，混凝土的早期强度较低，但强度发展良好，28d 的抗压强度达到或接近设计强度，而且随着龄期的增加，粉煤灰的活性继续发挥，混凝土 60d 和 90d 的抗压强度还有较大的增长，都能满足设计强度等级 C30 的要求。

③ 混凝土弹性模量。按照现行的行业标准《水工混凝土试验规程》（SL 352—2006）中的规定，成型 150mm×150mm×300mm 试件，进行标准养护条件下的弹性模量试验，养护龄期为 3d、7d、14d 和 28d（部分只测 28d 的弹性模量）。混凝土弹性模量试验结果如表 16-25 所列。

表 16-25　混凝土弹性模量试验结果

编号	弹性模量/10^4MPa			
	3d	7d	14d	28d
D_7	—	—	—	4.00
D_8	1.93	3.15	3.71	3.96
D_9	—	—	—	3.46
D_{10}	—	—	—	3.91
D_{11}	1.89	3.14	3.64	4.08
D_{12}	—	—	—	3.47

根据大体积混凝土温度控制的要求，试验中重点测试了 D_8 和 D_{11} 试件各龄期的弹性模量（为了对比，同时也测试了其他混凝土配合比 28d 的弹性模量），这为现场的温度控制提供了可靠的数据。从试验结果可以看出，粉煤灰掺入混凝土中，对混凝土的弹性模量的影响同对强度的影响一样，随着粉煤灰的掺量增加，弹性模量有所降低。同样，所配制的混凝土的早期弹性模量也较低，而弹性模量随龄期的增长而增长的规律，与强度随龄期的增长而发展的规律是一致的。

④ 混凝土的抗拉强度。按照行业标准《水工混凝土试验规程》（SL 352—2006）中的规定进行混凝土抗拉强度试验，采用 100mm×100mm×515mm 的棱柱体试件，试验在标准条件下养护 28d 后进行测定（重点测试 D_8 和 D_{11} 两个试件），混凝土抗拉强度试验结果如表 16-26 所列。

表 16-26　混凝土抗拉强度试验结果

编号	抗拉强度/MPa	编号	抗拉强度/MPa
D_8	3.26	D_{11}	2.46

⑤ 混凝土的线膨胀系数。按照现行的行业标准《水工混凝土试验规程》（SL 352—2006）中的规定，进行混凝土线膨胀系数测定试验，采用 ϕ200mm×600mm 圆柱体试件。在标准条件下养护 28d 后进行线膨胀系数测定。混凝土线膨胀系数试验结果如表 16-27 所列。

表 16-27　混凝土线膨胀系数试验结果

编号	线膨胀系数/$10^{-6}℃^{-1}$	编号	线膨胀系数/$10^{-6}℃^{-1}$
D_8	8.19	D_{11}	8.25

⑥ 混凝土的干缩变形性能。按照现行的行业标准《水工混凝土试验规程》（SL 352—2006）中的规定，采用100mm×100mm×515mm的棱柱体试件，测试时采用高精度的混凝土变形自动化测试系统，通过计算机自动采集3d、7d、14d、21d和28d的收缩值，试验结果如表16-28和图16-17所示。

表 16-28 混凝土干缩变形性能

编号	干缩率/10^{-6}					
	0d	3d	7d	14d	21d	28d
D_7	0	37	44	73	100	123
D_8	0	38	50	80	119	146
D_9	0	37	62	112	145	167
D_{10}	0	73	124	177	234	259
D_{11}	0	83	132	183	243	268
D_{12}	0	60	94	165	195	209

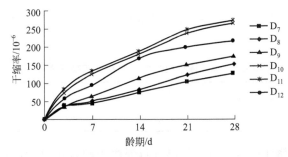

图 16-17 混凝土干缩变形性能

⑦ 混凝土的绝热温升。绝热温升值是大体混凝土温度控制设计时必需的重要技术参数，依据现行的行业标准《水工混凝土试验规程》（SL 352—2006）中的规定进行，在绝热条件下，水泥水化过程中的最高温升值及变化过程，测定结果如表16-29和图16-18所示。

表 16-29 混凝土绝热温升

编号	绝热温升/℃													
	1d	2d	3d	4d	5d	6d	7d	8d	9d	10d	11d	12d	13d	14d
D_8	4.1	14.7	25.2	29.2	32.9	33.4	33.7	34.0	34.3	34.4	34.5	34.6	34.7	34.8
D_{11}	4.5	17.8	24.1	28.4	31.0	31.2	31.5	31.8	32.4	32.8	33.1	33.4	33.7	34.0

编号	绝热温升/℃													
	15d	16d	17d	18d	19d	20d	21d	22d	23d	24d	25d	26d	27d	28d
D_8	34.8	35.1	35.3	35.5	35.6	35.7	35.9	36.0	36.1	36.3	36.3	36.4	36.5	36.6
D_{11}	34.3	34.5	34.7	34.9	35.0	35.2	35.3	35.4	35.5	35.7	35.7	35.8	35.9	35.9

5. 锚体大体积混凝土的制备

（1）原材料的选择 锚体大体积混凝土的原材料选择，主要包括水泥、粉煤灰、细集料、粗集料和外加剂。

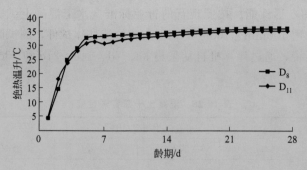

图 16-18　大体积混凝土绝热温升曲线

① 水泥。选用江南水泥厂 32.5 级普通硅酸盐水泥，其物理力学性能如表 16-30 所列。

表 16-30　江南 32.5 级普通硅酸盐水泥的物理力学性能

细度（80μm 筛筛余）/%	标准稠度/%	安定性	凝结时间（h：min）		抗折强度/MPa		抗压强度/MPa	
			初凝	终凝	3d	28d	3d	28d
2.8	27.2	合格	2：39	4：02	4.1	8.9	17.9	48.3

② 粉煤灰。粉煤灰选用镇江谏壁电厂的 Ⅱ 级粉煤灰，进行大体积混凝土配合比设计，其物理性能指标如表 16-31 所列。

表 16-31　镇江谏壁电厂的 Ⅱ 级粉煤灰物理性能指标

细度（45μm 筛筛余）/%	烧失量/%	需水量比/%
9.2	2.0	96

③ 细集料。选取赣江中砂作为细集料进行混凝土配合比设计，其物理性能指标及级配如表 16-32 和表 16-33 所列。

表 16-32　赣江中砂的物理性能指标

表观密度/(g/cm³)	堆积密度/(kg/m³)	空隙率/%	含泥量/%	细度模数
2.6	1560	40.7	0.6	2.7

表 16-33　赣江中砂的级配

孔径/mm	10	5	2.5	1.25	0.63	0.315	0.16
累计筛余/%	0	6.2	20.0	31.5	52.7	82.6	97.0

④ 粗集料。粗集料选取船山石灰岩碎石，粒径为 5～16mm（占 60%）和 16～31.5mm（占 40%），两种碎石的物理性能指标及级配如表 16-34～表 16-36 所列。

表 16-34　船山石灰岩碎石的物理性能指标

粒径范围/mm	表观密度/(g/cm³)	堆积密度/(kg/m³)	空隙率/%	含泥量/%	压碎指标/%	针片状含量/%
5～16	2.7	1616	40.1	0.5	9.1	6.6
16～31.5	2.7	1582	41.0	0.6	9.2	8.1

表 16-35　粒径 5～16mm 碎石的级配

孔径/mm	20	16	10	5	2.5	≤2.5
累计筛余/%	0	2.6	54.1	99.0	99.7	100.0

表 16-36　粒径 16～31.5mm 碎石的级配

孔径/mm	40	31.5	25	20	16	10	5	≤5
累计筛余/%	0	2.3	36.1	66.4	90.8	99.6	99.8	100.0

⑤ 外加剂采用江苏博特新材料股份有限公司研制的 JM-Ⅷ缓凝型高效减水剂，其性能指标如表 16-15 所列。

（2）混凝土配合比依据混凝土配合比设计原则，考虑有利于解决大体积混凝土的温度控制问题，拟采用的锚体 C30 和 C40 大体积混凝土试验配合比如表 16-37 所列。

表 16-37　南锚碇锚体的混凝土配合比

编号	强度等级	胶材总量/(kg/m³)	粉煤灰掺量/%	混凝土配合比/(kg/m³)					
				水泥	粉煤灰	砂子	碎石	水	JM-Ⅷ
D$_{31}$	C30	380	34.2	250	130	775	1075	155	4.18
D$_{32}$		400	37.5	250	150	775	1075	155	4.40
D$_{41}$	C40	400	37.5	250	150	775	1075	145	4.80
D$_{42}$		420	40.0	252	168	775	1075	145	5.04
D$_{43}$		400	30.0	280	120	744	1116	145	4.80

（3）混凝土的性能

① 南锚碇锚体混凝土的工作性能。按照现行国家标准《普通混凝土拌合物性能试验方法》（GB/T 50080—2016）中的规定，测定新拌混凝土的坍落度、表观密度、含气量和凝结时间等，其试验结果如表 16-38 所列。

表 16-38　南锚碇锚体混凝土的工作性能

编号	坍落度/cm	表观密度/(kg/m³)	含气量/%	凝结时间(h:min)	
				初凝	终凝
D$_{31}$	17.0	2390	1.8	20:35	25:50
D$_{32}$	18.5	2410	1.8	23:56	27:56
D$_{41}$	17.0	2410	1.8	29:02	34:31
D$_{42}$	18.5	2430	1.7	26:12	33:03
D$_{43}$	16.5	2410	2.0	22:13	28:07

② 南锚碇锚体混凝土的力学性能。按照现行国家标准《普通混凝土力学性能试验方法》（GB/T 50081—2002）中的规定，成型 150mm×150mm×150mm 试件，分别在标准养护条件下养护至 3d、7d、14d 和 28d 后进行抗压强度试验，并同时成型 150mm×150mm×300mm 试件，在标准养护条件下养护至 14d 和 28d 后进行弹性模量强度试验。

表 16-39　南锚碇锚体混凝土的力学性能

编号	抗压强度/MPa				轴压强度/MPa		弹性模量/GPa	
	3d	7d	14d	28d	14d	28d	14d	28d
D₃₁	20.5	28.5	40.8	51.6	31.5	43.7	37.2	40.9
D₃₂	21.2	32.4	43.7	54.9	36.4	45.1	38.9	42.6
D₄₁	24.5	35.9	44.3	56.4	39.0	48.3	39.5	43.0
D₄₂	23.4	37.1	43.7	55.1	38.6	49.6	40.4	42.4
D₄₃	27.9	41.5	47.4	57.2	39.2	49.4	41.2	42.8

从表 16-39 中的试验结果可以看出，所配制的 C30 混凝土 28d 的抗压强度超标较多，C40 混凝土 28d 的抗压强度已能满足设计要求，各配比混凝土的 28d 弹性模量都大于 40GPa。

按照现行的行业标准《水工混凝土试验规程》（SL 352—2006）中的规定进行混凝土抗压强度试验，采用 100mm×100mm×515mm 的棱柱体试件，试验在标准条件下养护 28d 后进行测定。按照现行的行业标准《水工混凝土试验规程》（SL 352—2006）中的规定进行混凝土线膨胀系数测定试验，试验采用 ϕ200mm×600mm 圆柱体试件，在标准条件下养护 28d 后进行线膨胀系数测定。混凝土的抗拉强度和线膨胀系数试验结果如表 16-40 所列。

表 16-40　混凝土抗拉强度和线膨胀系数试验结果

编号	抗拉强度/MPa	线膨胀系数/10⁻⁶℃⁻¹	编号	抗拉强度/MPa	线膨胀系数/10⁻⁶℃⁻¹
D₃₁	4.14	8.88	D₄₂	4.17	—
D₃₂	4.25	—	D₄₃	4.47	8.89
D₄₁	4.56				

从表 16-40 中的试验结果表明，所有配比混凝土的抗拉强度均大于 4.0MPa，线膨胀系数均非常接近。

③ 南锚碇锚体混凝土的干缩变形性能。按照现行的国家标准《普通混凝土长期性能和耐久性能试验方法》（GB/T 50082—2009）中的规定，成型 150mm×150mm×515mm 试件，测试时采用高精度的混凝土变形自动化测试系统，通过计算机自动采集 1d、3d、7d、14d、21d 和 28d 的收缩值，试验结果如表 16-41 所列和图 16-19 所示。

表 16-41　混凝土的干缩变形性能

编号	干缩率/×10⁻⁶						
	0d	1d	3d	7d	14d	21d	28d
D₃₁	0	21.277	24.468	51.064	108.511	165.957	223.404
D₃₂	0	17.730	39.007	73.050	130.496	212.057	296.454
D₄₂	0	29.078	32.624	44.681	80.851	148.936	203.546

表 16-41 和图 16-19 中给出了南锚碇锚体混凝土的干缩变形性能试验结果。试验结果表明，各配比混凝土的 28d 干缩率均小于 $300×10^{-6}$，但从干缩发展的曲线来看，到 28d 为止，干缩曲线还没有平缓下来，后期可能还会有一定的增加。

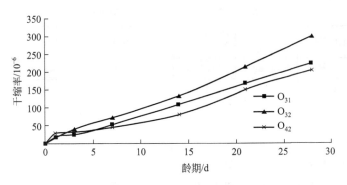

图 16-19　南锚碇锚体混凝土的干缩变形性能

④ 南锚碇锚体混凝土的绝热温升。绝热温升值是大体积混凝土温度控制设计时必需的重要技术参数，依据现行的行业标准《水工混凝土试验规程》（SL 352—2006）中的规定进行，在绝热条件下，测定混凝土在水泥水化过程中的最高温升值及其变化过程，测定结果如表 16-42 所列和图 16-20 所示。

表 16-42　混凝土的绝热温升

编号	绝热温升/℃														
	1d	2d	3d	4d	5d	6d	7d	8d	9d	10d	11d	12d	13d	14d	15d	28d
D_{31}	2.5	4.6	16.5	26.7	33.4	34.5	34.9	35.2	35.5	35.7	35.9	36.1	36.2	36.3	36.4	37.0
D_{43}	3.2	5.0	18.6	33.1	40.4	41.9	42.3	43.1	43.5	43.7	43.8	43.9	44.0	44.1	44.2	44.9

表 16-42 和图 16-20 为南锚碇锚体混凝土的绝热温升试验结果。从试验结果看，胶凝材料总量为 380kg/m³，粉煤掺量为 34.1% 的 D_{31} 组的 28d 绝热温升值为 37.0℃；而胶凝材料总量为 400kg/m³，粉煤掺量为 30.0% 的 D_{43} 组的 28d 绝热温升值为 44.9℃。这也表明水泥用量的增加对绝热温升值的增大的影响是非常明显的。另外，混凝土的温升主要集中在 5d 前，5d 后的绝热温升值较小，这对现场的混凝土温度控制还是比较有利的，但要做好温度控制措施，防止混凝土早期的快速温升和后期温度下降都会造成较大的混凝土内外温差，从而引起较大的温度应力，特别是水泥用量为 400kg/m³ 的 D_{43} 组。

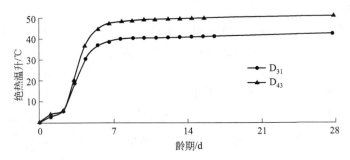

图 16-20　混凝土的绝热温升曲线

6. 工程应用情况

（1）施工用混凝土配合比　经过对混凝土配合比的优化和调整试验，同时考虑到锚体混凝土的外观质量及施工工期，最后确定了各主体部位施工用混凝土配合比。各主体部位施工用混凝土配合比如表 16-43 所列。

表 16-43　各主体部位施工用混凝土配合比

工程部位	强度等级	水泥用量/(kg/m³)	粉煤灰掺量/%	(水泥＋粉煤灰)：砂：碎石：水：JM-Ⅷ	坍落度/mm
顶板、底板	C30	226	37	1：2.09：3.19：0.41：0.010	180
芯体	C15	135	40	1：3.20：6.04：0.58：0.012	160
锚体、散索鞍墩	C30	240	40	1：1.96：2.71：0.36：0.011	185
锚体、散索鞍墩	C40	295	34	1：1.66：2.39：0.38：0.010	185

(2) 工程应用情况

① 底板和顶板。底板分南、北两块先后浇筑，南半部分从 2002 年 5 月 24～27 日一次浇筑，混凝土量计 5040m³；北半部分从 2002 年 5 月 28～30 日一次浇筑，混凝土量计 4789m³。按要求顶板混凝土采用一次连续浇筑，从 2002 年 9 月 6～10 日共浇筑混凝土 9165m³。在浇筑混凝土的过程中，环境温度最高达 30℃，采用冷却水搅拌混凝土，水温控制在 5℃，混凝土入模温度在 25℃左右，经检测混凝土的强度全部合格，混凝土浇筑完成后未出现温度裂缝。

② 填筑芯体。填筑芯体混凝土从 2002 年 6 月 4 日开始进行分块分层浇筑，分南北两块共 12 层，至 2002 年 8 月 20 日结束，共浇筑混凝土 62978m³，经检测混凝土的强度全部合格，混凝土浇筑完成后未出现温度裂缝。

③ 锚体。锚体混凝土从 2002 年 10 月 8 日开始进行分块分层浇筑，分东西两块共 15 层，中间为锚块的后浇段，采用微膨胀混凝土连接，至 2003 年 2 月 21 日全部浇筑完成，共浇筑 C30 级混凝土 26569m³，C40 级混凝土 8724m³，经检测混凝土的强度全部合格，混凝土浇筑完成后未出现温度裂缝。

④ 散索鞍墩。散索鞍墩混凝土从 2002 年 9 月 27 日开始进行分层浇筑，分别为两个独立的部分共分 16 层，至 2002 年 12 月 31 日结束，共浇筑混凝土 11485m³，其中 C30 级混凝土 9543m³，C40 级混凝土 1942m³，经检测混凝土的强度全部合格，混凝土浇筑完成后未出现温度裂缝。

(二) 萘系高效减水剂在水电工程中的应用

1. 工程概况

鲁地拉水电站位于云南省丽江市永胜县与大理白族自治州宾川县交界处的金沙江的干流上，为金沙江中游水电规划 8 个梯级电站中的第 7 个梯级，上、下游分别与龙开口和观音岩两个电站相衔接。鲁地拉水电站属一等大（Ⅰ）型工程，其主要任务是发电，水库建成后具有库区航运、旅游等综合效益。水库正常水位为 1223m，总库容 17.18 亿立方米，调节库容 3.76 亿立方米，具有周调节性能。电站安装 6 台单机容量 360MW、总装机容量 2160MW 的混流式水轮发电机，保证出力 946.5MW，年发电量为 99.57 亿千瓦时，年利用小时数 4610h。

鲁地拉水电站为碾压混凝土重力坝、河床坝身泄洪、右岸地下厂房的布置方案。枢纽由两岸挡水坝、河床溢流表孔和底孔、右岸引水发电系统等建筑物组成。挡河坝为碾压混凝土重力坝，坝顶标高为 1228.00m，最大坝高 140m，坝掇 622m（含进水口坝段）。泄洪建筑物集中布置在主河床，由 5 孔 15m×10m 的表孔和 2 孔 6m×9m 的底孔组成。

鲁地拉水电站设计主体工程开挖总量为 877.6 万立方米，混凝土浇筑总量为 238.85 万立方米，其中大坝工程（不含进水口坝段）开挖总量为 389.7 万立方米，碾压混凝土量为 153.75 万立方米，常态混凝土量为 43.26 万立方米；引水发电系统开挖量为 487.9 万立方米，常态混凝土量为 86.84 万立方米。

2. 关键技术要点

水工混凝土坝体部分，主要可分为碾压混凝土和常态混凝土，碾压混凝土由于成型工艺比较特殊，为分层摊铺碾压成型，与普通混凝土有本质区别，正是由于这种独特的成型工艺，对碾压混凝土的凝结时间提出了特殊的要求，即凝结时间必须足够长，保证上层混凝土浇筑碾压时下层混凝土没有凝结硬化，否则上层碾压时会破坏下层的混凝土结构。同时缓凝剂能够有效地控制混凝土的水化放热速率，避免集中放热形成温度裂缝。

与普通混凝土有所不同，碾压混凝土由于流动性差、体系内自由水含量低、露天施工等条件限制，延长其凝结时间难度很大，尤其在高温的施工环境中，欲使得其凝结时间达到 10h 或更长十分困难，原因在于这种干硬性混凝土中富裕水分很少，固相组分充分接触，只要小部分水泥水化即可形成凝胶网络，达到凝结硬化，而普通混凝土掺加减水剂以后，胶凝材料可以被充分分散在液相体系中，水化凝胶不易形成网络，从而很容易延长凝结时间。

由于当地夏季施工，温度最高可达 40℃ 以上，且气候比较干燥，混凝土失水较快，凝结时间较短。由此可见，克服高温、干燥条件下混凝土坍落度损失和延缓混凝土的凝结时间显得尤为重要，这对混凝土外加剂提出了严格的要求。

3. 外加剂的优选

针对当地特殊的气候条件和施工要求，采用普通缓凝型 JM-2（a），复配特殊高温缓凝型 JM-2（b），两种缓凝剂的用量相同。分别对其进行混凝土试验，试验结果表明，在环境温度 20℃ 和 40℃ 条件下，混凝土的出机温度为 20℃，V_c 值为 6.7，不同缓凝剂不同养护温下混凝土的凝结时间如图 16-21 所示。

从图 16-21 中可以看出，在 20℃ 的施工条件下，普通缓凝剂的缓凝效果非常好，混凝土凝结时间达到 35h 左右，当气温达到 40℃ 时，普通缓凝剂的缓凝效果明显下降，凝结时间只能达到高温缓凝剂产品的 1/2，若

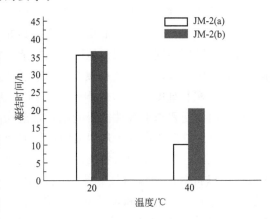

图 16-21　不同缓凝剂不同养护温下混凝土的凝结时间

采用高温缓凝剂组分产品，凝结时间有明显延长，可以达到 20h 左右，完全可以满足施工的要求。

水化热和温升是大坝碾压混凝土必须考虑的最主要问题，实际上，高温施工条件下碾压混凝土用高效减水剂的配制过程中，已经结合了已有水化放热速率的控制技术，可以明显延缓水化热释放速率，使得水化放热速度趋于平缓均匀，避免温度过高而形成温度裂缝。图 16-22 所示是为两种不同缓凝减水剂的水化放热曲线。

4. 工程应用情况

通过试验可知，采用高温缓凝剂配制的 JM-2 产品，不仅可以满足碾压混凝土对凝结时间的要求，同时可以很好地控制水泥水化热释放速率，有利于大体积碾压混凝土的温度控制。经过实际工程应用，完全可以满足鲁地拉大坝碾压混凝土的施工要求，保证了混凝土层

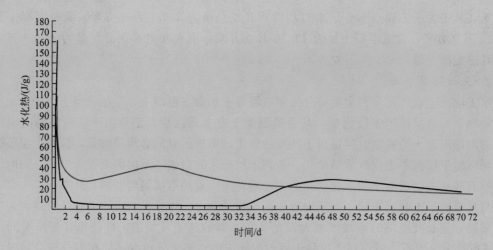

图 16-22　两种不同缓凝减水剂的水化放热曲线

与层之间的结合质量。

二、聚羧酸高性能减水剂的应用实例

（一）聚羧酸高性能减水剂在高铁混凝土工程的应用

高速铁路工程区别于其他国家重点工程的"点式"建设模式，其建设面积广、施工线路长，这样造成了基础建设用混凝土生产遇到如下技术难题：混凝土原材料种类多、品质差异大、减水剂适应性问题频现；地区环境复杂、混凝土耐久性要求高；施工周期短、混凝土产率高；运输距离长、温度条件复杂、混凝土流动性保持难度大；结构部位复杂、精度要求高、混凝土配制难度大。如何能够因地制宜地选用优质材料，特别是选择高性能减水剂产品，生产出满足要求的高性能混凝土，是摆在高铁建设者面前的技术难题。

（1）高速铁路工程施工用聚羧酸高性能减水剂的选用　高速铁路工程建设用的混凝土为高性能混凝土，混凝土原材料的品质要求比现行相关行业标准有所提高，对处于不同环境的混凝土以抗氯离子渗透性、抗冻性、耐蚀性、抗碱-集料反应性等多种耐久性要求进行性能设计。矿物掺合料和聚羧酸高性能减水剂的使用纳入技术标准要求。高速铁路工程主体工程结构分为桩基、承台、墩身、箱梁、轨道板等几个部分，不同部位的施工工艺、性能要求差异较大，表 16-44 中给出了高速铁路工程不同结构部位混凝土的典型配合比。如何选用适宜的聚羧酸高性能减水剂，配制出相应的高性能混凝土是客运专线施工中的关键。

表 16-44　高速铁路工程不同结构部位混凝土的典型配合比

结构部位	强度等级	混凝土配合比/(kg/m³)						聚羧酸减水剂/%
		水泥	粉煤灰	矿粉	砂子	碎石	水	
桩基	C30	260	110		768	1062	160	0.8～1.0
承台	C35	280	120		738	1062	160	0.8～1.0
墩身	C35	280	120		748	1062	160	0.8～1.0
箱梁	C50	360	48	72	708	1062	150	1.0～1.2
轨道板	C55	440		50	684	1116	140	1.2～1.5

1）灌注桩混凝土用聚羧酸高性能减水剂的优选 灌注桩混凝土浇筑采用导管灌注施工工艺，此混凝土属于中低强度、大流态混凝土，要求混凝土具有良好的流动性和和易性，保证灌注施工的连续性，以防止断桩等工程事故的发生。配制灌注桩混凝土用的聚羧酸高性能减水剂应具备如下特点。

① 具有适中的减水率。灌注桩混凝土的水胶比一般控制在 0.38～0.42，聚羧酸高性能减水剂的减水率一般大于 25%，完全可以满足配制高性能混凝土的要求。

② 具有良好的坍落度保持能力。灌注桩混凝土施工要求在入导管时混凝土的扩展度大于 450mm，混凝土流动度的损失控制成为灌注桩混凝土施工成败的关键，当混凝土原材料质量较差导致混凝土坍落度损失过大时，应采用缓凝剂或保坍型聚羧酸外加剂与通用型聚羧酸产品复合应用的方式加以调控。

③ 具有一定的引气能力。材料试验表明，当浆体和集料比达到 0.35∶0.65 时才能实现大流态高性能混凝土新拌性能、力学性能和体积稳定性之间的相互统一。从表 16-44 中 C30 灌注桩混凝土的典型配合比可见，水泥浆体的含量仅达到 0.293，必须通过控制混凝土含气量达到 3%～5%加以调整，使混凝土中水泥浆体的含量达到 0.35，才能满足混凝土施工性能与硬化性能的统一。

2）承台、墩身混凝土用聚羧酸高性能减水剂的优选 承台、墩身混凝土一般采取泵送施工，属于中低强度、高流动度混凝土范畴。试验表明应用于灌注桩混凝土施工的聚羧酸高性能减水剂可满足承台、墩身混凝土施工要求。但由于承台、墩身混凝土对坍落度的要求有所降低（14～18cm），所以应在外加剂的掺量上进行适量调整。由于承台、墩身混凝土属于地上结构，因此应控制混凝土含气量为 2%～4%，以保证混凝土的外观质量。

3）箱梁混凝土用聚羧酸高性能减水剂的优选 箱梁混凝土一般采取泵送施工，属于中低强度、大流态混凝土范畴。配制箱梁混凝土的聚羧酸高性能减水剂应具备如下特点。

① 具有较高的减水率。箱梁混凝土的强度等级为 C50，水胶比一般控制在 0.31～0.33，需要聚羧酸高性能减水剂应具备较高的减水能力，其减水率应大于 27%。

② 具有良好的坍落度保持能力。箱梁混凝土一般需要连续施工 8～10h，所从需要混凝土拌合物的性能稳定，流动度的损失较小。采用缓凝剂或保坍型聚羧酸外加剂与通用型聚羧酸产品复合应用的方式，可以调控箱梁混凝土的流动度损失。

③ 具有一定的降黏能力。材料试验表明，C50 箱梁混凝土经常出现过黏现象，导致混凝土难以泵送施工，很容易造成堵泵事故。在进行聚羧酸高性能减水剂的优选时，应选择饱和掺量高、饱和掺量时减水率高的减水剂，这样可以减少聚羧酸减水剂过饱和导致的混凝土黏度显著增加。另外，适当提高聚羧酸减水剂的引气能力，也是改善混凝土黏度的措施，应通过调整聚羧酸减水剂的结构，达到控制混凝土的含气量为 2%～4%。

4）轨道板混凝土性能要求及聚羧酸高性能减水剂的优选 轨道板混凝土采用中温蒸汽养护生产，属于高强度、中等流动、预制混凝土的范畴。配制轨道板混凝土的外加剂应具备如下特点。

① 具有较高的减水率。轨道板混凝土的强度等级为 C50～C60，水胶比一般控制在 0.28～0.30，需要聚羧酸高性能减水剂应具备较高的减水能力，其减水率应大于 30%。

② 具有良好的早强效果。轨道板混凝土属于预制混凝土构件，为了加快生产进度和模板周转，要求混凝土 16h 的抗压强度大于 48MPa。在选择聚羧酸高性能减水剂时应考虑其凝结时间差，选择凝结时间小于 60min 的聚羧酸减水剂，以缩短养护周期。

（2）聚羧酸高性能减水剂的应用关键　工程实践证明，聚羧酸高性能减水剂在高速铁路工程中的应用，除了要满足特定结构部位的施工工艺技术性能要求外，还要注意一些在应用过程中的共性问题。

① 聚羧酸高性能减水剂与水泥的相容性及解决方案。由于我国水泥产品矿物成分较为复杂，加之掺合料的大量应用，聚羧酸高性能减水剂对不同水泥仍存在适应性的问题。聚羧酸高性能减水剂与水泥的相容性差，主要是由于聚羧酸高性能减水剂在水泥颗粒上的吸附异常。水泥中的碱性硫酸盐过多，会造成聚羧酸高性能减水剂吸附困难，只能通过提高聚羧酸高性能减水剂掺量改善混凝土的流动性。而比表面积大或铝酸三钙含量较高，将导致聚羧酸高性能减水剂吸附过多，加剧了新拌混凝土的流动度损失。另外，煤矸石等材料的掺入水泥也会造成混凝土流动度降低。当遇到上述问题时除了更换水泥外，也可以通过调控聚羧酸高性能减水剂的分子结构，从而改变其吸附行为来解决外加剂与水泥的相容性问题。

② 聚羧酸高性能减水剂对含泥量的敏感性及解决方案。砂石中的黏土对聚羧酸高性能减水剂应用的负面影响是值得重视的问题，但时至今日尚无很好的解决措施。黏土层间结构能够大量吸附聚羧酸高性能减水剂分子，降低了用于分散水泥颗粒的聚羧酸高性能减水剂含量，从而使混凝土的分散性变差，混凝土流动度的保持能力降低。黏土对掺加聚羧酸高性能减水剂水泥净浆流动度的影响如表 16-45 所列。

表 16-45　黏土对掺加聚羧酸高性能减水剂水泥净浆流动度的影响

编号	水泥 /g	水 /g	黏土 /g	聚羧酸减水剂/%		水泥净浆流动度			
				普通型	抗黏土型	3min	15min	30min	60min
1	300	87	0	0.20	—	240	250	255	250
2	300	87	12	0.20	—	110	95	80	
3	300	87	12	—	0.20	210	225	235	235

由表 16-45 中可知，抗黏土型的聚羧酸高性能减水剂对集料含泥量较高混凝土流动度的影响相对较小，这得益于该类减水剂在黏土颗粒上的吸附较少。有关资料介绍，小分子阳离子聚合物更易于吸附在黏土颗粒的表面，当其与聚羧酸减水剂混合应用时，可以与聚羧酸减水剂在黏土颗粒上竞争吸附，从而降低聚羧酸减水剂在黏土颗粒表面的吸附，有利于提高混凝土的流动性。

③ 聚羧酸高性能减水剂的温度敏感性及解决方案。环境温度的变化对聚羧酸高性能减水剂的应用性能影响较大，当聚羧酸高性能减水剂在高温环境下应用时坍落度增大，而当环境温度低于 15℃时坍落度反而会出现增长现象，这使施工人员很难控制混凝土的流动度，从而影响了混凝土的质量。

聚羧酸高性能减水剂的结构可调控性比较强，通过调整吸附基团含量，可以控制其在不同环境温度下的吸附行为，进而改善流动度变化幅度，达到在不同环境温度下应用都能保证混凝土流动度的稳定，保证混凝土施工正常进行。图 16-23 中高温型产品在温度达到 30℃时，混凝土坍落度基本保持稳定，适合于夏季混凝土施工。而低温型产品可以保证环境温度降低至 5℃时，混凝土坍落度不出现增加现象，适合于冬季混凝土施工。

④ 聚羧酸高性能减水剂的缓凝技术。聚羧酸高性能减水剂的对水泥水化有一定的延缓作用，缓凝时间一般为 1～2.5h，然而对于有温度控制要求的大体积混凝土的施工，如此短的延缓时间很难满足工程要求，需要与缓凝剂复合应用。缓凝剂是指能够延缓水泥的水化硬

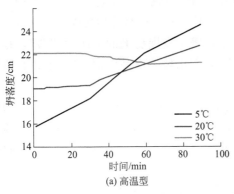

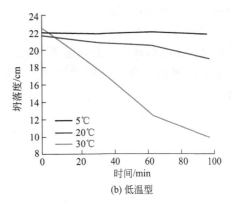

(a) 高温型　　　　　　　　　　　　　(b) 低温型

图 16-23　不同种类聚羧酸减水剂在不同温度环境下的应用性能

化速率，以使新拌混凝土在较长时间内保持塑性的外加剂。对于萘系、三聚氰胺等传统缩聚型的外加剂，国外于 20 世纪 70 年代开始应用，我国在 20 世纪 80 年代开始应用，并曾经作为"八五"攻关项目进行过系统研究，为萘系减水剂的缓凝技术提供了理论支持。然而，大量与萘系减水剂应用效果较好的缓凝剂，在与聚羧酸高性能减水剂复合应用时均出现了相容性问题，例如无机缓凝剂水溶液中溶解度低，缓凝效果稳定性差，柠檬酸、酒石酸等有机缓凝剂降低聚羧酸减水剂的减水率等，其中高温缓凝问题最为突出。

　　在夏季高温天气下，大体积混凝土施工经常要求缓凝时间达到20h以上，常用的缓凝剂几乎不能满足施工要求。这主要源于聚羧酸减水剂中羧基对钙离子的螯合作用，降低了同样需要螯合钙离子的常用缓凝剂的作用效果。而被用作水处理药剂的有机磷酸盐，由于具有坂强的钙离子螯合作用，在与羧基竞争螯合钙离子中占有优势，可以满足聚羧酸减水剂的高温缓凝要求。

　　⑤ 聚羧酸高性能减水剂的含气量控制。聚羧酸高性能减水剂侧链上的聚醚具有非常强的引气能力，导致掺加聚羧酸高性能减水剂的混凝土含气量超过传统的萘系减水剂。侧链上聚醚的分子量以及亲水亲油平衡是影响聚羧酸高性能减水剂引气能力的关键因素，并且能够通过调整侧链聚醚的分子结构来控制混凝土内部气泡质量，优化气泡的结构及分布。而消泡剂引气剂也作为聚羧酸高性能减水剂的含气量控制措施被广泛应用。采用在聚羧酸主链羧基上接枝消泡剂的方法，能够解决消泡剂与聚羧酸高性能减水剂相容性差、消泡效果不稳的问题。聚醚类引气剂与聚羧酸高性能减水剂相容性好，而松香热聚物类引气剂不能与聚羧酸高性能减水剂混合应用。采用消泡剂引气剂复合应用的"先消后引"工艺，可以消除质量消的大气泡，而保留大量尺寸小分布均匀的气泡，提高新拌混凝土的和易性及硬化混凝土的耐久性。

　　（3）聚羧酸高性能减水剂的工程应用　聚羧酸高性能减水剂作为高速铁路混凝土工程中使用的减水剂产品，已成功地应用于京沪、京津、武广、郑西、石武、兰新、兰渝等高速铁路工程中，不仅满足了高速铁路建设对混凝土高耐久的需求，而且在加快建设速度、减少收缩开裂保证混凝土流动性稳定性等方面均取得了极佳的效果。

（二）聚羧酸高性能减水剂在商品混凝土中的应用

1. 工程概况

　　商品混凝土，又称预拌混凝土。商品混凝土是由水泥、集料、水及根据需要掺入的外加剂、矿物掺合料等组分按照一定比例，在搅拌站经计量、拌制后出售，并采用运输车在规定时间内运送到使用地点的混凝土拌合物。商品混凝土的实质就是把混凝土从过去的施工现场搅拌分离出来，由专门生产混凝土的公司集中进行搅拌，并以商品的性质向需方供应。

商品混凝土的产生和出现是建筑材料，特别是混凝土发展史上的一次"革命"，是混凝土工业走向现代化和科学化的标志。比传统的混凝土比较，商品混凝土具有以下独特的优势。

① 环保性。由于商品混凝土搅拌站设置在城市边缘地区，相对于施工现场搅拌的传统工艺减少了粉尘、噪声、污水等污染，改善了城市居民的工作和居住环境。随商品混凝土行业的发展和壮大，在工艺废渣和城市废弃物处理处置及综合利用方面逐步发挥更大的作用，减少环境恶化。

② 质量稳定。由于商品混凝土搅拌站是一个专业性的混凝土生产企业，管理模式基本定型且比较单一，设备配置先进，不仅产量大、生产周期短，而且概率较为准确，搅拌较为均匀，生产工艺相对简洁、稳定，生产人员有比较丰富的经验，而且实现全天候生产，质量相对施工现场搅拌的混凝土更稳定可靠，提高了工程质量。商品混凝土简单来讲，就是水泥、集料、水和外加剂等，采用先进设备按照程序中预定比例混合而成的混凝土半成品。相比早期人工现场搅拌的混凝土，其材料比例、容重等更加准确。因而，现场混凝土施工过程中，无需人工自行添加水或其他组成材料，而自行再次添加也属违规行为，也致使商品混凝土强度等级或质量得不到保证。

③ 技术先进性。随着 21 世纪混凝土工程的大型化、多功能化、施工与应用环境的复杂化、应用领域的扩大化以及资源与环境的优化，人们对传统的商品混凝土材料提出了更高的要求。由于施工现场搅拌一般都是些临时性设施，条件较差，原材料质量难以控制，制备混凝土的搅拌机容量小且计量精度低，也没有严格的质量保证体系。因此，质量很难满足混凝土具有的高性能化和多功能化得需要。而商品混凝土的生产集中、规模大，便于管理，能实现建设工程结构设计的各种要求，有利于新技术、新材料的推广应用，特别有利于散装水泥、混凝土外加剂和矿物掺合料的推广应用，这是保证混凝土具有高性能化和多功能化的必要条件，同时能够有效地节约资源和能用。

④ 提高工效。相比传统意义上的混凝土，商品混凝土大规模的商业化生产和罐装运送，并采用泵送工艺浇筑，不仅提高了生产效率，施工进度也得到很大的提高，明显缩短了工程建造周期。

⑤ 文明性。文明社会是和谐的社会，应用商品混凝土后，减少了施工现场建筑材料的堆放，明显改变了施工现场脏、乱、差等现象，提高了施工现场的安全性，当施工现场较为狭窄时，这一作用更显示出其优越性，施工的文明程度得到了根本性的提高。

⑥ 有利于促进混凝土向高强、特效、高性能和耐久性的方向发展，有利于促进建筑施工设备的不断更新、技术的不断进步。

⑦ 可以提高业主方和施工企业的形象，提升城市化水平。

随着国家对建筑领域节能环保和高质的要求逐步提高，禁限的力度逐年加大，商品混凝土的用量稳步上升。2003 年以前，混凝土商品化率不足 10%。随着相关政策的逐步推进，商品化率由 2006 年的 18% 增长至 2013 年的约 42%。2018 年全年商品混凝土产量已超过 20亿立方米，混凝土商品化率超过 50%。目前发达国家的混凝土商品化率一般在 80% 左右，我国的混凝土商品化率也将进一步提高，预计在 2020 年时能达到 60% 左右。

商品混凝土发展初期，萘系高效减水剂在其中的应用比例极高，并且随着生产习惯的沿袭，虽然进入 21 世纪后我国已成功开发及应用聚羧酸高性能减水剂，但萘系高效减水剂仍然在商品混凝土生产应用中占有较高的比例。经过近 10 年的宣传、推广及应用性能研究，聚羧酸高性能减水剂的减水率高、保坍性好、收缩变形小等优点，已逐步被商品混凝土生产者所理解和接受，聚羧酸高性能减水剂在商品混凝土的应用范围及应用比例正逐年提升，掺加聚羧酸高性能减水剂的商品混凝土优势得以充分体现。

聚羧酸高性能减水剂在商品混凝土中应用的最大优势，是可以显著提高商品混凝土的性价比。聚羧酸高性能减水剂的超高减水率，可以进一步提高商品混凝土的流动性，从而可以降低混凝土的单位用水量，在保证混凝土强度不变的情况下，则可以降低混凝土的水泥用量，达到提高混凝土性价比的目的。同时，聚羧酸高性能减水剂的高保坍性、低收缩性，也能很好地解决商品混凝土的流动性经时损失及开裂问题。

2. 关键技术要点

商品混凝土的生产及施工环节包括：原材料选择、计量、混合、搅拌、运输、泵送施工、振捣摊铺，并且要求混凝土生产全过程质量均匀、无离析泌水，混凝土流动变化小，硬化混凝土的力学性能及耐久性能满足设计要求，尽量避免收缩产生的开裂。

商品混凝土的强度等级跨度比较大（C15～C100），混凝土配合比参数变化很大，在应用聚羧酸高性能减水剂时为保证产品质量，所需的控制关键点也有较大的差别。其中强度等级 C15～C45 的中低强度混凝土中，由于水胶比偏高、胶凝材料用量少等原因，经常出现混凝土离析、堵泵等和易性不良问题；而针对强度等级 C50 以上的高强混凝土，由于其水胶比低、矿物掺合料用量大、浆体含量高等原因，经常出现混凝土黏度大、泵送压力大、泵功率损失大、施工强度高等应用问题。

3. 工程应用情况

（1）聚羧酸高性能减水剂在 C30 混凝土中的应用

① 选择原材料。配制 C30 商品混凝土所用的原材料为：P·O42.5 普通硅酸盐水泥；Ⅱ级粉煤灰；长江中砂，细度模数为 2.6；5～31.5mm 连续级配石灰岩集料。

② 配合比设计。采用相同的原材料分别配制了掺加聚羧酸高性能减水剂和掺加萘系高效减水剂的 C30 商品混凝土，具体配合比设计如表 16-46 所列。考虑到混凝土设计表观密度稳定，将减少的水泥及水用量用等重量的砂石集料补充，并且由于胶凝材料用量的降低，适当提高砂率至 44%。

表 16-46　采用不同减水剂的 C30 商品混凝土配合比

| 编号 | 配合比/(kg/m³) | | | | | | | 水胶比 | 砂率/% |
	水泥	粉煤灰	水	砂子	碎石	JM-9	JM-PCA		
1	300	75	180	767	1058	4.13		0.480	42
2	235	75	155	843	1072		2.48	0.500	44
3	245	75	155	838	1067		2.56	0.484	44
4	255	75	155	834	1061		2.64	0.469	44

表 16-47 中列出了新拌混凝土及硬化混凝土的性能。由表中的数据可见，聚羧酸高性能减水剂配制的新拌混凝土性能较萘系高效减水剂配制的新拌混凝土性能稍好，主要表现在混凝土的坍落度保持方面。聚羧酸高性能减水剂的长侧支链提供的位阻作用，可以提供给混凝土较好的坍落度控制能力，从而保证混凝土的坍落度变化很小。

表 16-47 新拌混凝土及硬化混凝土的性能

编号	坍落度/cm		含气量/%	抗压强度/MPa		
	0min	60min		3d	7d	28d
1	180	110	2.7	24.9	26.8	38.7
2	185	145	3.9	19.3	24.6	34.2
3	190	165	3.6	23.8	25.5	38.1
4	185	170	3.5	25.2	28.7	39.6

另外，虽然掺加聚羧酸高性能减水剂的混凝土中胶凝材料用量较低，但是其粘聚性与保水性却比 1 号混凝土变化很小。这是因为虽然混凝土中胶凝材料用量少了，但是相应的砂的含量提高，并且提高了混凝土的含气量，这样就保证了混凝土中的砂浆体积的含量，达到对混凝土和易性的保证。

由上述结果可见，聚羧酸高性能减水剂配制的 C30 商品混凝土，各项性能均达到甚至超过萘系高效减水剂配制的混凝土，说明聚羧酸高性能减水剂在民用建筑上的应用并没有技术问题。表 16-48 中列出了两种外加剂配制的 C30 商品混凝土的原材料价格。表 16-49 列出了商品混凝土原材料单价，由表 16-49 可见，采用 3 号和 4 号配合比的混凝土价格较 1 号低，并且性能指标超过 1 号配合比。

表 16-48 商品混凝土原材料单价　　　　单位：元/t

水泥	粉煤灰	砂子	碎石	JM-9	JM-PCA
260	140	60	45	2550	6100

表 16-49 C30 商品混凝土的经济性分析　　　　单位：元/m³

编号	水泥	粉煤灰	砂子	碎石	JM-9	JM-PCA	总价
1	78.0	10.5	46.0	47.6	10.5	0	192.6
2	61.1	10.5	50.6	48.2	0	15.1	185.5
3	63.7	10.5	50.3	48.0	0	15.6	188.1
4	66.3	10.5	50.0	47.7	0	16.1	190.7

聚羧酸高性能减水剂的减水率高，可以降低混凝土的单位用水量至 155kg/m³，在保证混凝土强度等级不变的情况下，可以相应降低混凝土中的水泥用量，进而补偿聚羧酸高性能减水剂价格较高的缺点，不过为了使混凝土的和易性有所保证，应适当提高砂率，增加混凝土中砂浆体积分数。聚羧酸高性能减水剂的高效保坍作用可以保证坍落度损失较小，有益于混凝土的泵送施工。另外，聚羧酸高性能减水剂能显著降低混凝土的干燥收缩，对于预防商品混凝土的开裂非常有益。适当地调整混凝土的配合比后，可以获得应用性能和经济性能均优于 C30 萘系高效减水剂的商品混凝土。

(2) 聚羧酸高性能减水剂在清水混凝土工程中的应用

1) 工程概况　郑州国际会展中心是郑州市郑东新区的三座标志性建筑之一。郑州国际会展中心总占地面积 68.6 万平方米，总建筑面积为 33.3 万平方米。该工程采用的是"规划一步到位、建设分期实施"的方式，一期工程建筑面积为 18.3 万平方米，主要包括建筑面积为 4.7 万平方米的 5 层会议中心和建筑面积为 13.6 万平方米的展览中心。建成后的国际会展中心将拥有先进智能化的会展管理系统，是集展览、会议、商务、餐饮、休闲为一体的现代化特大型公共和公益性建筑。

郑州国际会展中心墙板采用超长、超宽、大面积的钢筋混凝土结构，设计要求采用不进行任何装饰、以自然色为饰面的清水混凝土，同时施工正值冬季，天气非常寒冷，施工难度很大，因此在整个施工中具有超大面积混凝土裂缝控制、如何提高混凝土外观质量和混凝土冬季施工等一系列问题。需要特别说明的是，如何满足混凝土冬季施工、如何实现混凝土裂缝控制，是关系到清水混凝土外观质量的主要因素之一，是实现清水混凝土质量的保证，是清水混凝土配制中必须予以重点考虑的关键技术问题。

2）清水混凝土配制的关键技术问题　清水混凝土配制的关键技术问题主要包括：外观质量和墙板抗裂。

① 外观质量。根据设计要求，郑州国际会展中心墙板采用清水混凝土，作为这个工程的特点和亮点。但当时我国对清水混凝土的研究和应用成果非常缺乏。总结国内外的研究成果，以及结合课题组的研究和工程经验，实现清水混凝土生产，提高混凝土的外观质量，课题组采用的措施是从原材料选取、混凝土配制、模板选用施工工艺和养护、修复等几个方面提出了如下技术途径：a. 选择同一产地同一品牌的水泥、掺合料、砂子、碎石、外加剂等原料，并严格控制原材料的质量，确保混凝土性能的稳定性和外观颜色的均匀性；b. 优化混凝土的配合比，通过改善混凝土的粘聚性，减少泌水，避免离析，提高混凝土色泽的均一性；采用"均化"气泡的措施，减少宏观气泡；提高混凝土的密实性，避免混凝土的宏观缺陷；c. 选用透气性良好的模板，减少或避免气泡在模板表面的聚集，严格控制模板表面的光洁度和模板安装的平整度，防止出现漏浆、蜂窝、麻面等现象；d. 制订严谨、科学的清水混凝土的施工方法，采用合适的浇筑和振捣工艺，避免混凝土生产过程的质量波动和局部外观缺陷，提高混凝土整体质量的均匀性和完整性；e. 浇筑完成的混凝土要做好养护和必要的修复措施，并对拆除模板后的混凝土做好必要的保护，以避免混凝土的二次污染，影响混凝土的外观。

② 墙板抗裂。郑州国际会展中心墙板暴露于大气中，是超长、超宽、大面积的钢筋混凝土结构，要实现墙板的外表美观，必须采用技术措施满足其防裂的要求，防止和减少可见裂缝的出现。同时，多项研究成果和工程跟踪调查结果表明，混凝土开裂是加剧混凝土劣化并最终导致失效的重要因素。混凝土一旦开裂出现裂缝，就大大增加了混凝土的渗透性，进而加剧钢筋锈蚀和混凝土的冻融破坏程度，裂缝宽度相应的扩展，渗透性也就进一步增大，对混凝土的破坏程度也累积加剧，从而对混凝土的耐久性产生严重损害。

引起混凝土开裂的原因很多，并且也很复杂，主要可以概括为如下几种：一是混凝土收缩变形约束裂缝——混凝土干缩、温度变形因为受到约束作用所引起的约束拉伸开裂；二是混凝土结构受力裂缝——混凝土结构在设计荷载或其他外力的作用下所引起的裂缝；三是混凝土化学反应胀裂——混凝土内部某种化学反应物的膨胀物在工程外表所引发的裂缝；四是混凝土的塑性裂缝——混凝土在浇筑后呈塑性状态时，因收缩或沉降等引发的开裂。对于郑州国际会展中心的超大面积混凝土而言，由于塑性收缩、干燥收缩和温度应力引起的混凝土开裂，从而降低混凝土的抗裂性能的可能性最大。同时，墙板清水混凝土由于技术的原因，其钢筋保护层的厚度较大，因此，必须通过合适的技术途径来防止和减少塑性收缩、干燥收缩，降低由于水泥水化热而引起的温升。防止墙板裂缝可以采取下列措施。

Ⅰ. 优选混凝土原材料：选取对于降低混凝土绝热温升有利的水泥、掺合料、集料及外加剂，从而降低水泥的水化热，延缓水化过程，降低放热速率及峰值，减少塑性收缩、干燥收缩，避免温度裂缝的产生。

Ⅱ．优化混凝土的配合比，采用控制水胶比、单位体积水泥用量、胶凝材料总量和砂率等技术措施，尽量降低混凝土的绝热温升，减少混凝土的内外温差，同时减小混凝土的干缩和自收缩，提高混凝土的体积稳定性。

Ⅲ．改善混凝土拌合物的和易性，减少泌水，避免离析，提高混凝土作为非均质材料的宏观均匀性，避免产生薄弱区域，提高混凝土构筑物的整体抗变形能力。

Ⅳ．通过掺入合适的掺合料的性能优良的外加剂，改善水泥基体与集料的界面结构状态，提高界面的黏结强度，从而提高混凝土抗拉极限强度。

3）清水混凝土的制备

① 混凝土配合比设计指标

Ⅰ．混凝土的设计强度等级为 C40，28d 的抗压强度大于 48MPa。

Ⅱ．混凝土入模的坍落度控制在 14～18cm 范围内，新拌混凝土的和易性良好，其泌水率小于 2%，凝结时间小于 12h，含气量小于 3.5%。

Ⅲ．混凝土的抗冻性为 D300，碳化满足 100 年要求，抗渗性应大于 P8，氯离子渗透系数应小于 $2.5 \times 10^{-12} \mathrm{m}^2/\mathrm{s}$。

Ⅳ．60d 干缩率不大于 0.015%；不允许出现贯穿裂缝，表面裂缝的宽度不大于 0.2mm。

Ⅴ．在 -10℃ 的施工环境下新拌混凝土不被冻坏，且仍有强度增长。

② 混凝土原材料优选及要求

Ⅰ．水泥：根据试验块和样板墙浇筑的颜色，设计师最终确定了表面呈现浅色调的水泥，该水泥定为郑州七里岗水泥厂生产的 42.5P·O，其主要技术性能要求如表 16-50 所列。

表 16-50　水泥主要技术性能要求

细度(0.08mm 筛筛余)/%	烧失量/%	化学成分/%			凝结时间		抗折强度/MPa		抗压强度/MPa	
		碱含量	MgO	SO₃	初凝	终凝	3d	28d	3d	28d
≤10	≤5.0	≤0.6	≤5.0	≤3.5	≥45min	≤10h	≥3.5	≥6.5	≥16.0	≥42.5

Ⅱ．集料：粗集料要求强度高，连续级配好；低碱活性，同一颜色，产地、规格必须一致，且含泥量小于 2%，泥块含量小于 0.2%，不得带有风化石、杂物等。工程选用河南新乡产的碎石，其主要技术性能要求如表 16-51 所列。

表 16-51　粗集料主要技术性能要求

级配	粒径/mm	针片状含量/%	含泥量/%	泥块泥量/%	压碎指标/%
连续级配	5～20	≤10	≤2.0	≤0.2	≤10

细集料要求级配好，无潜在碱活性，颜色均匀一致的河砂，产地、规格必须一致，细度模数应在 2.5～3.0 范围内的中砂，不得含有粒径大于 10 的卵石，含泥量应小于 2%，泥块含量小于 0.5%，不得带有杂物等。工程选用鲁山中砂，其主要技术性能要求如表 16-52 所列。

表 16-52　细集料主要技术性能要求

细度模数	含泥量/%	泥块泥量/%
2.5～3.0	≤2.0	≤0.5

Ⅲ. 粉煤灰：配制混凝土时用粉煤灰代替部分水泥，不仅可以改善混凝土拌合物的和易性和施工性能，而且能减少混凝土中大气泡的产生。工程选用洛阳首阳山电厂生产的Ⅰ级粉煤灰，其技术性能要求如表 16-53 所列。

表 16-53　粉煤灰技术性能要求

细度/%	烧失量/%	需水量比/%	SO₃ 含量/%	含水率/%
≤12	≤5	≤95	≤3	≤1

③ 混凝土配合比设计原则

Ⅰ. 控制胶凝材料的用量：混凝土中胶凝材料的用量应控制在 $400 \sim 460 \mathrm{kg/m^3}$ 范围内，胶凝材料的用量过低，混凝土拌合物的和易性较差，可泵送性和密实性都不好，易产生离析和泌水现象，不利于混凝土外观色泽均一性；胶凝材料的用量过多，不仅使混凝土在硬化过程中收缩变形大，而且在使用过程中的体积变形大，容易产生由于收缩应力大于混凝土的抗拉强度而引起开裂。在满足施工和易性、混凝土力学性能、耐久性能以及混凝土外观质量的前提下，设计中应尽量降低胶凝材料的用量。

Ⅱ. 单位用水量和水胶比：单位用水量和水胶比是决定混凝土力学性能和耐久性能最为关键的技术参数。水胶比过大，即单位用水量较多，混凝土毛细孔增多，其收缩性加大，特别是混凝土的抗冻融、抗碳化和抗氯离子渗透能力下降，严重影响混凝土的耐久性；水胶比过小，混凝土的黏度加大，不利于泵送和施工，同时还加大水泥材料的自身收缩，影响外加剂材料补偿收缩功能的充分发挥。考虑到此墙板混凝土在冬季施工，因此在配合比设计中混凝土的水胶比控制 $0.37 \sim 0.41$ 范围内。

Ⅲ. 单位水泥用量：控制单位水泥用量实际上就是控制单位水泥熟料含量。如果熟料含量太低，粉煤灰的活性得不到充分发挥，从而导致混凝土碱度降低，影响混凝土抗碳化等耐久性；如果熟料含量过高，混凝土水化热总量加大，不仅其化学收缩也随之加大，而且加大了氢氧化钙晶体沿集料表面在界面定向排列的趋势，从而降低混凝土界面黏结强度。

Ⅳ. 粉煤灰的用量：粉煤灰已普遍应用于制备高性能混凝土，在混凝土中掺入适量的粉煤灰，不仅可以减少水泥用量，降低水泥水化热，减缓水化放热速率，减少混凝土的早期收缩和开裂，同时由于粉煤灰的火山灰效应和微集料效应，提高水化产物的致密性，改善混凝土中的孔结构，提高混凝土的抗渗透性能和耐久性能。本工程采用粉煤灰掺量为 10％、15％、20％和 25％进行对比试验，从中确定粉煤灰的最佳掺量。

Ⅴ. 砂率的确定：在满足混凝土拌合物和易性的前提下，应尽量降低砂率，以增加混凝土中粗集料的含量，从而减少单位用水量，提高混凝土的弹性模量，改善混凝土的体积稳定性。混凝土配制宜采用中粗砂，细度模数大于 2.5，严格控制含泥量、泥块含量和氯离子含量。宜采用连续级配的碎石，不具有碱活性，严格控制含泥量、泥块含量和针片状含量。试验中砂率主要根据新拌混凝土的施工和易性来调整并选取。

④ 混凝土外加剂的优选

Ⅰ. 对外加剂的基本要求：外加剂的减水率不小于 20％；混凝土限制条件下 28d 的干缩率（水养 7d＋干燥 21d）不大于 1.5×10^{-4}；混凝土 1 坍落度损失率不大于 15％；碱含量应小于 0.75％；氯离子的含量小于 0.02％；与水泥、掺合料的相容性好。

Ⅱ. 外加剂的选用思路：多功能外加剂已经成为当今配制高性能混凝土的核心技术之一。采用高性能的外加剂，充分发挥其高效减水、增强、缓凝等功效，才有可能有效控制混凝土的水泥用量与用水量，控制水泥水化放热的速率；采用补偿收缩的外加剂和减缩型外加剂，降低混凝土的收缩，提高混凝土的体积稳定性；采用新型的高性能外加剂，提高混凝土的施工和易性，有利于混凝土的施工和易性，有利于混凝土各组分材料分布更均匀，同时可以减少大气泡的产生，改善混凝土的孔结构，减少混凝土外表面肉眼可见的大孔，提高混凝土的外观质量。

根据上述基本要求和选用思路，结合郑州国际会展中心工程选用的原材料特点和工程实践情况，首先研制开发了郑州国际会展中心清水混凝土专用聚羧酸类高性能外加剂 JM-PCA（Ⅰ），该外加剂不仅具有较高的减水率和良好的保坍性能，而且比传统的萘系外加剂更能减少混凝土的收缩，更主要的是该外加剂能明显改善混凝土的外观质量，表现在混凝土外观颜色一致、无宏观的大气泡且气泡分布均匀；其次，该工程还采用了 JM-Ⅲ（C）膨胀剂，补偿混凝土的收缩。

⑤ 推荐混凝土配合比。考虑到粉煤灰掺量的提高有利于改善混凝土的和易性，有利于降低混凝土的温升，减少混凝土的温差，但在冬季施工中过高的粉煤灰掺量，不利于混凝土强度的发展，因此，综合考虑混凝土墙板的外观质量、防裂要求和冬季施工的特点，课题组建议粉煤灰掺量定为 15％，表 16-54 中给出了可用于浇筑清水混凝土墙板的建议混凝土配合比。

表 16-54　浇筑清水混凝土墙板的建议混凝土配合比

混凝土配合比/（kg/m³）						
W	C	FA	S	G	JM-Ⅲ（C）	JM-PCA（Ⅰ）
172	339	66	719	1078	35	4.40

4）清水混凝土关键技术途径

郑州国际会展中心工程所采取的技术途径要实现的目标是：减少或避免裂缝；避免蜂窝、麻面和大气泡；避免泌水纹和鱼鳞斑；减少表面的色差。从材料和施工工艺两个方面提出确保混凝土的外观质量，实现清水混凝土的技术途径。

① 材料的技术途径

Ⅰ. 混凝土用原材料

A. 优选混凝土用的原材料，选取对于降低混凝土绝热温升有利的水泥、掺合料、集料及外加剂，从而降低水泥水化热，延缓水泥的水化过程，降低放热速率及峰值，减少混凝土的温度收缩，避免温差收缩裂缝的产生。

B. 选择同一产地同一品牌的水泥、掺合料、砂子、碎石、外加剂等原材料，并严格控制水泥和掺合料中的未燃煤含量，粗细集料的颜色、含泥量和泥块含量，确保混凝土性能的稳定性和外观颜色的均匀性。

C. 采用高性能的外加剂，充分发挥其高效减水、增强、缓凝等功效，有效控制混凝土的水泥用量与用水量，控制水泥水化放热的速率；采用补偿收缩和化学减缩的外加剂能降低混凝土的收缩，在提高混凝土体积稳定性上发挥了重要的作用。

D. 采用新型的专门用于配制清水混凝土的高性能外加剂，使混凝土具有更优良的施工和易性，有利于混凝土各组分材料分布更均匀，同时可以减少大气泡的产生，改善混凝土的孔结构，减少混凝土外表面面肉眼可见的大孔，提高混凝土的外观质量。

E. 依据国家或行业有关标准的技术指标和工程的具体情况，对郑州国际会展中心提出原材料的控制指标。

Ⅱ. 混凝土的配合比

A. 优化混凝土的配合比，采用控制水胶比、胶凝材料总量、单位体积水泥用量和砂率等措施，尽量降低混凝土的绝热温升，减少混凝土的内外温差，同时减小混凝土的干缩和自收缩，提高混凝土的体积稳定性。

B. 优化混凝土的配合比，通过改善混凝土的粘聚性，减少混凝土的泌水，避免产生离析，提高混凝土色泽的均一性；采用均匀气泡的措施，减少混凝土中的宏观气泡；提高混凝土的密实性，避免出现宏观缺陷。

C. 优化混凝土的配合比，提高混凝土作为非均质材料的宏观均匀性，避免混凝土产生薄弱区域，提高混凝土构筑物的整体抗变形能力。

D. 通过掺入合适的掺合料和性能优良的外加剂，改善水泥基体与集料的界面结构状态，提高界面的黏结强度，从而提高混凝土的抗拉极限强度。

E. 采用优质的引气剂，引入均匀分布的微小气泡，避免大气泡的产生，同时可改善混凝土的施工和易性和提高混凝土的耐久性能。

F. 如果有必要，可以通过掺加有机纤维，提高混凝土基体的抗裂防渗能力，避免混凝土裂缝的产生。

② 混凝土的施工工艺

Ⅰ. 混凝土的生产控制。生产控制是混凝土从试验室走到工程应用最为关键的一步，优化的混凝土配合比，如果没有严格的生产控制，提高抗裂性能和外观质量将成为一句空话。生产控制环节中，称量误差是影响混凝土均质性最重要的因素。同时，必须控制混凝土的入模坍落度，这是因为过大的坍落度，混凝土虽然易于振捣，但很容易产生表面浮浆；而过小的坍落度，会延长振捣时间，增加了工作量，也不利于混凝土的整体均匀性。在生产控制环节，应注意以下几个方面：a. 严格控制水泥、掺合料、粗细集料、外加剂等材料的批次，以及各批次材料之间的质量稳定性；b. 按照现行的有关规定，定时对称量系统进行校核，配制混凝土中严格控制各种材料的称量误差；c. 按规定及时检查新拌混凝土的各项性能指标，严格控制混凝土的入模坍落度。

Ⅱ. 混凝土的模板工程。模板是影响清水混凝土外观质量的关键，为了满足设计的要求，达到清水混凝土质量标准，应从模板的选择与设计，以及脱模剂的选择等几个方面综合考虑。

A. 模板的选择与设计　在混凝土工程中，钢模板的使用较为普遍，但这种模板透气性很差，混凝土表面气泡不易排出，很容易出现蜂窝麻面；而竹胶板具有强度高、幅度大、重量轻、易脱模、耐水、耐磨等特点。工程实践表明，竹胶板作为混凝土的模板，浇筑出的混凝土构件表面平整光滑，能确保达到清水混凝土外观质量的标准。通过现场试验对比几种不同类型和不同厂家的模板所浇筑的混凝土外观质量，确定适用于本工程的模板类型及厂家。

结合工程实际情况和结构的特点设计与加工模板，同时应考虑以下几点：第一，模板设计要充分考虑在拼装和拆除方面的方便性，支撑的牢固性和简便性，并保持较好的强度、刚度、稳定性及整体拼装后的平整度；第二，根据混凝土结构的规格和形状，配制若干定型模板，以便周转施工所需。对圆形构件可选择钢模板，对E形、T形等截面形式复杂的构件，可采用进口芬兰板或涂塑夹板；第三，模板拼缝部位、对拉螺栓和施工缝的设置位置、形式及尺寸充分考虑结构特点；第四，模板制作时应保证几何尺寸精确，拼缝严密，材质一致，模板面板拼缝高差、宽度应不大于 1mm，模板间接缝高差、宽度应不大于 2mm；第五，模板间接缝处理要严密。模板内板缝用油膏批嵌，外侧用硅胶或发泡剂封闭，以防止漏浆。

B. 模板脱模剂的选择　长期以来，我国在混凝土工程施工中主要采用机油、废机油、乳化机油、皂化动植物油下脚料等作为脱模剂，由于油类脱模剂容易造成混凝土制品表面被沾污，外敷水泥砂浆或涂料黏附不牢、涂抹困难或提早产生局部脱落；皂块脱模剂需用蒸汽加热溶解，施工比较麻烦；使用乳化型脱模剂的混凝土表面光洁，比较容易脱模，成膜后有一定的耐水性，而且成本较低，但长期存放易变质发臭或分层。

近年来，在混凝土工程中应用新结构、新工艺、新材料不断增多，对模板脱模剂的质量要求也越来越高。但到目前为止，快干成膜、无污染、无油浸、不影响装饰质量的新品种脱模剂获得推广应用还很少。因此，本工程应选用对提高混凝土外观质量有利的脱模剂，同时掌握其使用方法。

Ⅲ. 混凝土的浇筑工艺。混凝土的浇筑是清水混凝土工程中的重要工序，要保证色泽一致、光滑美观，消除夹渣、蜂窝、麻面等通病，除了要求配制满足强度等级、坍落度合适、保水性和易操作的混凝土，更重要的是采取合适的浇筑和振捣工艺。制订和采用合适的混凝土浇筑层厚度、浇筑时间、振捣时间、振捣间距，以及采用合适的振捣方法、振捣工艺及振捣器类型。

Ⅳ. 混凝土养护与保温

A. 为了减少混凝土表面色差和水分蒸发引起失水收缩，模板拆除后混凝土的表面应及时地采取养护措施，即选用一种保水率比较高且对混凝土外观无不良影响的养护剂。

B. 混凝土浇筑后，应及时采取一定的保温措施，包括拆模前模板外的保温和拆模后混凝土的保温。混凝土达到初凝后，其水泥水化热开始释放，并在混凝土内部集聚，使混凝土内部的温度上升，为防止混凝土内外的温差过大，应在模板外加保温材料，特别是冬季施工的混凝土更需要进行保温。在拆除模板后，混凝土同样必须采取保温措施，防止温差过大和过快的降温速率。

Ⅴ. 混凝土修复与保护。工程实践表明，虽然清水混凝土在施工过程中采取了严格的控制措施，但是拆模后可能依然存在表面微裂缝、气（水）泡孔、拼缝毛刺，对拉螺栓及预埋件固定螺栓割断后表面不平整，模板拼缝处粘贴的胶带纸一部分附在构件表面上，构件表面局部不平整和木线接槎不良等缺陷。因此，必须采取可行的外观缺陷修复技术，采用能与基体混凝土黏结性好的材料，其硬化后能与表面保持相同的颜色，并无明显的界面区域。

脱模后的清水混凝土，应加强对成品的保护，防止受到周围和上部结构混凝土浇筑时浆体及污水的飞溅而造成的二次污染。

第十七章

混凝土外加剂在高强
混凝土中的应用

随着工程材料质量和施工技术的不断提高，特别是高层建筑和超高层建筑钢筋混凝土结构的发展需要，一般强度的普通水泥混凝土已远远不能满足工程的需要，因此，研究和制备高强混凝土已非常必要。

现代混凝土技术的发展趋势，是混凝土的高强化与高强混凝土的流态化。随着建筑业的飞速发展，提高工程结构混凝土的强度，已成为当今世界各国土木建筑工程界普遍重视的课题，它既是混凝土技术发展的主攻方向之一，也是节省能源、资源的重要技术措施之一。

第一节　高强混凝土的概述

近年来，世界各国使用的混凝土，其平均抗压强度和最高抗压强度都在不断提高。大量混凝土工程实践证明，在建筑工程中采用高强混凝土，不仅可以减小混凝土结构断面尺寸、减轻结构自重、降低材料用量、有效地利用高强钢筋，而且还能增加建筑的抗震能力，加快施工进度，降低工程造价，满足特种工程的要求。因此，在混凝土结构工程中推广应用高强混凝土具有重大的技术经济意义。

一、高强混凝土的定义

高强混凝土是使用水泥、砂、石等传统原材料，通过添加一定数量的高效减水剂，或同时掺加一定数量的活性矿物材料，采用普通成形工艺制成的具有高强性能的一类混凝土。高强混凝土的概念，并没有一个确切的定义，在不同的历史发展阶段，高强混凝土的涵义是不同的。由于各国之间的混凝土技术发展不平衡，其高强混凝土的定义也不尽相同，既使在同一个国家，因各个地区的高强混凝土发展程度不同，其定义也随之改变。正如美国的 S·Shah 教授所指出的那样"高强混凝土的定义是个相对的概念，如在休斯敦认为是高强混凝土，而在芝加哥却认为是普通混凝土。"

日本京都大学教授六车熙指出：20 世纪 50 年代，强度在 30MPa 以上的混凝土称为高强混凝土；20 世纪 60 年代，强度在 30～50MPa 之间的混凝土称为高强度混凝土；20 世纪 70 年代，强度在 50～80MPa 之间的混凝土称为高强混凝土；20 世纪 80 年代，强度在 50～100MPa 之间的混凝土称为高强混凝土；至 20 世纪 90 年代，一些工业发达国家将强度在

80MPa 以上混凝土称为高强混凝土。实际上，在 20 世纪 60 年代，美国在工程中大量应用的混凝土强度已达 30～50MPa，并且已有强度为 50～90MPa 的高强混凝土；到 20 世纪 80 年代末期，美国在西雅图商业大楼的框架柱上，采用了设计强度为 100MPa 的现浇高强混凝土。

我国自 20 世纪 70 年代开始，用高效减水剂配制高强混凝土的研究，为推广应用高强混凝土创造了有利条件，并使高强混凝土迅速用于建筑工程中。根据目前的施工技术水平，我国一些单位在试验室条件下已配制出 100MPa 以上的混凝土，在普通施工条件下采用优质集料、减水剂，也能较容易获得 C60～C80 混凝土。通过以上可以充分说明，我国在高强混凝土的研究与应用方面，已经取得了巨大成绩，高强混凝土在建筑工程中具有美好的前景。

在《高强混凝土结构设计与施工指南》（HSCC 93-1）中，具体给出了采用水泥、砂、石原料按常规工艺配制强度为 50～80MPa 的高强混凝土的技术规定。从我国目前平均的设计施工技术实际出发，将强度在 50MPa 以上的混凝土称为高强混凝土，强度在 30～45MPa 的混凝土称为中强度混凝土，强度在 30MPa 以下的混凝土称为低强度混凝土。因此，在实际工程中，一般采用 50～60MPa 的高强混凝土，是符合中国国情的。经过这些年的工程实践，多数建筑专家认为，在工程中一般应采用 50～80MPa 的高强混凝土，也是比较实际的。

1998 年，中国土木工程学会高强与高性能混凝土委员会，以 30 余个工程应用实例出版了《高强混凝土工程应用》论文集，表明我国高强混凝土工程应用水平已经达到国际先进水平，为编制《高强混凝土应用技术规程》（JGJ/T 281—2012）创造了条件，这将进一步推动我国高强混凝土的应用及发展。

二、高强混凝土的特点与分类

（一）高强混凝土的特点

在当今的普通混凝土结构中，已经有广泛应用高强混凝土的趋势，而且向着轻质高强方向发展，其生产逐渐实现工业化、商品化和自动化。混凝土在 50～80MPa 范围内，可以由预拌混凝土工厂提供。有关试验资料表明：在试验室内，已可以配制成抗压强度高达 100MPa 以上的超高强混凝土。在预拌混凝土工厂中配制高强混凝土，可加快施工速度并减少浇灌时的产品质量损失。在高层建筑中，高强混凝土的优点是：可大幅度减小断面尺寸，降低负荷数量，增加结构的跨度。高强混凝土与普通混凝土一样，仍然属于一种脆性材料。

归纳起来，高强混凝土有如下优点：a. 强度高，变形小，能适用于大跨度、重载和高耸结构；b. 耐久性好，能承受各种恶劣环境条件，使用寿命长；c. 能大大减小结构的截面尺寸，降低结构自身质量荷载；d. 其抗渗性和抗冻性均比普通强度的混凝土好；e. 对于预应力结构，能更早地施加更大的预应力，且预应力损失小。但是，高强混凝土也有如下缺点：a. 对于原材料质量要求非常严格；b. 混凝土质量易受生产、运输、浇筑和养护环境的影响；c. 其延性比普通混凝土还差，即高强混凝土的脆性更大。

（二）高强混凝土的分类

高强混凝土根据不同的工作性、水灰比及成型方式，可分为高工作性的高强混凝土、正常工作性的高强混凝土、工作性非常低的高强混凝土、压实高强混凝土以及低水灰比高强混凝土。其具体分类如表 17-1 所列。

表 17-1　高强混凝土的类型

高强混凝土类型	水灰比（W/C）	28d 抗压强度/MPa	注意事项
大流动性高强混凝土	0.25~0.40	40.0~70.0	150~200mm 坍落度,水泥用量大
正常稠度高强混凝土	0.35~0.45	45.0~80.0	50~100mm 坍落度,水泥用量大
无坍落度高强混凝土	0.30~0.40	45.0~80.0	坍落度小于 25mm,正常水泥用量
低水灰比高强混凝土	0.20~0.35	100~170	采用掺加外加剂
压实施工高强混凝土	0.05~0.30	70.0~240	加压 70.0MPa,甚至更大

第二节　高强混凝土对原材料要求

高强混凝土的原材主要包括水泥、矿物掺合料、砂石集料、外加剂和水等，原料的选择是否正确，是配制高强混凝土的基础和关键。

一、水泥

（一）水泥的品种和强度等级

水泥是影响混凝土强度的主要因素，混凝土的强度主要取决于水泥石与集料之间的黏结力。因此，在配制高强混凝土时，选择适宜的水泥品种和强度等级是非常重要的，它不仅要把松散的集料黏结成一个整体，而且本身硬化后具有较高的强度和耐久性，并能承受设计荷载。另外，混凝土中的能否发挥作用，也与水泥本身的强度和黏结力有很大关系。

水泥是配制高强混凝土的主要胶凝材料，也是决定混凝土强度高低的首要因素。因此，在选择水泥时，必须根据高强混凝土的使用要求，主要考虑如下技术条件：水泥的品种和强度等级；在正常养护条件下，水泥早期和后期强度的发展规律；在混凝土的使用环境中，水泥的稳定性；水泥的其他特殊要求，如水化热的限制、凝结时间、耐久性等。

配制高强混凝土，不一定采用快硬水泥，因为早期强度高不是目的。过去，配制高强混凝土是比较困难的，所选水泥的强度等级往往是混凝土的 0.9~1.5 倍。也就是说，水泥的强度等级一般应高于相应混凝土的强度等级，有时也可以略低于混凝土的强度等级。在我国，现阶段随着材料性质及生产工艺方法的改善，尤其是外加剂的广泛应用，配制高强混凝土也就更加容易。

根据《高强混凝土应用技术规程》（JGJ/T 281—2012）中的规定，配制高强混凝土的水泥，宜选用强度等级为 52.5MPa 或更高强度等级的硅酸盐水泥或普通硅酸盐水泥；当混凝土强度等级不超过 C60 时，也可以选用强度等级为 42.5MPa 硅酸盐水泥或普通硅酸盐水泥。无论选用何种水泥，必须达到强度满足、质量稳定、需水量低、流动性好、活性较高的要求。

（二）水泥熟料的矿物成分

水泥熟料中的矿物成分和细度，是影响高强混凝土早期强度和后期强度的主要因素。对硅酸盐系列的水泥来讲，其熟料中的主要矿物成分为硅酸三钙（C_3S）、硅酸二钙（C_2S）、铝酸三钙（C_3A）和铁铝酸四钙（C_4AF）。C_3S 对早期和后期强度发展都有利；C_2S 的水化速度较慢，但对后期强度起相当大的作用；C_3A 的水化速度最快，主要影响混凝土的早期强度；C_4AF 的水化速度虽较快，但早期和后期的强度都较低。

由以上可以看出，如果早期强度要求较高，应使用 C_3S 含量高的水泥；如果对早期强度无特殊要求，应使用 C_2S 含量高的水泥。由于 C_3A、C_4AF 的早期和后期强度均比较低，所以用于高强混凝土的水泥中，C_3A、C_4AF 含量应严格控制。高细度的水泥能获得早强，但其后期强度很少增加，加上水化热严重，利用单纯增加水泥细度提高早期强度的方法，也是不可取的。水泥的细度一般为 $3500\sim4000cm^2/g$ 比较适宜。

（三）水泥的掺量

生产高强混凝土，胶凝物质的数量是至关重要的，它直接影响到水泥石与界面的黏结力。从便于施工角度加要求，也应具有一定的工作度。从理论上讲，为了增加砂浆中胶凝材料的比例，提高混凝土的强度和工作度，国外水泥用量一般控制在 $500\sim600kg/m$ 范围内。

根据我国上海金茂大厦、广州国际大厦、海口 868 公寓、深圳鸿昌广场大厦、青岛中银大厦等著名的超高层建筑工程实践，高强混凝土的水泥用量一般在 $500kg/m^3$ 左右，最多不超过 $550kg/m^3$。其具体掺加数量主要与水泥的品种、细度、强度、质量等方面有关，另外还与混凝土的坍落度大小、混凝土强度等级、外加剂种类、集料的级配与形状、矿物掺合料等密切相关。

国内外大量的试验表明：如果混凝土中掺加水泥过多，不仅使其产生大量的水化热和较大的温度应力，而且还会使混凝土产生较大的收缩等质量问题。工程成功经验证明：在配制高强混凝土时，如果高强混凝土的强度等级较低（C50～C80），水泥用量宜控制在 $400\sim500kg/m^3$；如果混凝土的强度等级大于 C80，水泥用量宜控制在 $500\sim550kg/m^3$，另外可通过掺加硅粉、粉煤灰等矿物料来提高混凝土强度。

工程实践经验表明，应通过对各种水泥进行试配，以科学的数据确定配制高强混凝土所用水泥的种类和数量。在满足设计要求抗压强度的前提下，经济适用是选用水泥的主要依据。为了使单位体积水泥用量最小，要求集料有最佳级配，并在拌制过程中保持均匀。

二、集料

集料是混凝土中的骨架和重要组成材料，一般可占混凝土总体积的 $75\%\sim80\%$，它在混凝土中既有技术上的作用，又有经济上的意义。英国著名学者悉尼·明德斯在《混凝土》中曾明确指出：高强混凝土的生产，要求供应者对影响混凝土强度的 3 个方面提供最佳状态：a. 水泥；b. 集料；c. 水泥-集料黏结。由此可以看出集料在高强混凝土中的重要作用。从总的方面，要求配制高强混凝土的集料，应当选用坚硬、高强、密实而无孔隙和无软质杂质的优良集料。

（一）粗集料

粗集料是混凝土中集料的主要组成，在混凝土的组织结构中起着骨架作用，一般占集料的 $60\%\sim70\%$，其性能对高强混凝土的抗压强度及弹性模量起决定性的作用。粗集料对混凝土强度的影响主要取决于：水泥浆及水泥砂浆与集料的黏结力、集料的弹性性质、混凝土混合物中水上升时在集料下方形成的"内分层"状况、集料周围的应力集中程度等。因此，如果粗集料的强度不足，其他采用的提高混凝土强度的措施将成为空谈。对高强混凝土来说，粗集料的重要优选特性是抗压强度、表面特征及最大粒径等。

1. 粗集料的抗压强度

混凝土在其他条件均相同时，粗集料的强度越高，配制的混凝土的强度越高。为了配制高强混凝土，要优先采用抗压强度高的粗集料，以免粗集料首先被破坏。当集料的强度大于混凝土强度时，集料的质量对混凝土的强度影响不大，但含有较多的软质颗粒和针片状集料时，混凝的强度会大幅度下降。

在许多情况下，集料质量是获取高强混凝土的主要影响因素。所以，在试配混凝土之前，应合理地确定各种粗集料的抗压强度，并应尽量采用优质集料。优质集料系指高强度集料和活性集料。按有关规定，配制高强混凝土时，最好采用致密的花岗岩、辉绿岩、大理石等作集料，粒型应坚实并带有棱角，集料级配应在要求范围以内。粗集料的强度可用母岩立方体抗压强度和压碎指标值表示。

（1）立方体抗压强度　即用粗集料的母岩制成 50mm×50mm×50mm 的立方体试块，在水中浸泡 48h（达到饱和状态），测其极限抗压强度，即为粗集料的抗压强度。配制高强混凝土所用的粗集料，一般要求标准立方体的抗压强度与混凝土的设计强度之比值（岩石抗压强度/混凝土强度等级）应大于 1.5～2.0。

（2）压碎指标值　即在国家规定的试验方法条件下，测定粗集料抵抗压碎的能力，从而间接地推测其相应的强度。在实际的操作中，对经常性的工程及生产质量控制，采用压碎指标值比立方体抗压强度更为方便。粗集料的压碎指标值可参考表 17-2 采用。

表 17-2　粗集料的压碎指标值

岩石品种	混凝土强度等级	压碎指标值/%	
		碎石	卵石
火成岩	C40～C60	10～12	≤9
变质岩或生成的火成岩	C40～C60	12～19	12～18
喷出的火成岩	C40～C60	≤15	不限

从表 17-2 中可以看出，碎石的压碎指标值比卵石的高，卵石配制的高强混凝土强度明显小于碎石。因此，在实际工程中一般应采用碎石配制高强混凝土，若配制的混凝土强度大于 C60，粗集料的压碎指标值还应再小些。

2. 粗集料的最大粒径

材料试验研究表明，用以制备高强混凝土的粗集料，其最大粒径与所配制的混凝土最大抗压强度有一定的关系。《普通混凝土配合比设计规程》（JGJ 55—2011）中规定：对强度等级为 C60 的混凝土，粗集料的最大粒径不宜超过 31.5mm；对强度等级大于 C60 的混凝土，粗集料的最大粒径不宜超过 25mm。工程试验表明，大于 25mm 的粗集料不能用于配制抗压强度 70MPa 以上的高强混凝土，集料的最大粒径为 9.5～12.5mm 时能获得最高的混凝土强度。因此，配制高强混凝土的粗集料最大粒径一般应控制在 20mm 以内；如果岩石强度较高、质地均匀坚硬，或混凝土强度等级在 C40～C55 以下时，20～30mm 粒径的集料也可以采用。

3. 异形颗粒的含量

异形颗粒的集料主要指针、片状集料，它们严重影响混凝土的强度。对于中、低强度的混凝土，异形颗粒的含量要求较低，一般不超过 15%～25%，但对高强混凝土要求很高，一般不宜超过 5%。

4. 粗集料的表面特征

混凝土初凝时，胶凝材料与粗集料的黏结是以机械式啮合为主，所以要配制高强混凝土，应采用立方体的碎石，而不能采用天然砾石。同时，碎石的表面必须干净而无粉尘，否则会影响混凝土内部的黏结力。

5. 粗集料的坚固性

粗集料的坚固性是反映集料在气候、环境变化或其他物理因素作用下抵抗破坏的能力。集料的坚固性是用硫酸钠饱和溶液法进行检验，即以试样经过 5 次循环浸渍后，集料的损失质量占原试样质量的百分率。粗集料的坚固性要求与混凝土所处的环境有关，具体标准如表17-3 所列。

表 17-3　粗集料的坚固性指标

混凝土所处的环境	在硫酸钠饱和溶液中的循环次数	循环后的质量损失不宜大于/%
在干燥条件下使用的混凝土	5	12
在寒冷地区室外使用，并经常处于潮湿或干湿交替状态下的混凝土	5	5
在严寒地区室外使用，并经常处于潮湿或干湿交替状态下的混凝土	5	3

6. 各种杂质的含量

各种杂质主要包括黏土、云母、轻物质、硫化物及硫酸盐、活性氧化硅等。黏土附着在粗集料的表面，不仅会降低混凝土拌合物的流动性或增加用水量，而且大大降低集料与水泥石间的界面黏结强度，从而使混凝土的强度和耐久性降低。所以，在配制高强混凝土时，要认真将粗集料进行冲洗，严格控制含泥量在1%以内。

硫化物及硫酸盐的含量，应采用比色法试验鉴别，颜色不得深于国家规定的标准色。

7. 集料的颗粒级配

集料的颗粒级配是否良好，对混凝土拌合物的工作性能和混凝土强度有着重要的影响。良好的颗粒级配可用较少的加水量制得流动性好、离析泌水少的混凝土混合料，并能在相应的施工条件下，得到均匀致密、强度较高的混凝土，达到提高混凝土强度和节约水泥用量的效果。

在配制高强混凝土时，最好采用连续级配的粗集料，即不大于最大粒径的石子都要占一定比例，然后通过试验从中选出几组表观密度较大的级配进行混凝土试拌，选择和易性符合要求、水泥用量较少的一组作为采用的级配。配制高强混凝土的粗集料颗粒级配范围，应符合国家标准《建设用卵石、碎石》（GB/T 14685—2011）中的规定。

在保证混凝土工作性的前提下，粗集料应当用量最大。因为高强混凝土中胶凝材料的含量比较高，所以增加粗集料的用量是应该和必须的。

（二）细集料

高强混凝土对细集料的要求与普通混凝土基本相同，在某些方面稍高于普通混凝土对细集料的要求。在高强混凝土的组成中，细集料所占比例同样要比普通强度混凝土所用的量要少些。

1. 细集料的颗粒级配

在高强混凝土中宜采用洁净的中砂，最好是圆球形颗粒质地坚硬级配良好的河砂。高强混凝土细集料的颗粒级配可参考表17-4。

表 17-4　高强混凝土细集料的颗粒级配

方孔筛 \ 级配区	1	2	3
9.50mm	0	0	0
4.75mm	10～0	10～0	10～0
2.36mm	35～5	25～0	15～0
1.18mm	65～35	50～10	25～0
600μm	85～71	70～41	40～16
300μm	95～80	92～70	85～55
150μm	100～90	100～90	100～90

注：1. 表中的数据为累计筛余，%。

2. 砂的实际颗粒级配与表中所列数字相比，除 4.75mm 和 600μm 筛孔外，可以略有超出，但超出总量应小于 5%。

3. 1 区人工砂中 150μm 筛孔的累计筛余可以放宽到 100～85；2 区人工砂中 150μm 筛孔的累计筛余可以放宽到 100～80；3 区人工砂中 150μm 筛孔的累计筛余可以放宽到 100～75。

2. 细集料的杂质含量

砂中的有害物质主要有黏土、淤泥、云母、硫化物、硫酸盐、有机质以及贝壳、煤屑等。黏土、淤泥及云母影响水泥与集料的胶结，含量多时使混凝土的强度降低；硫化物、硫酸盐、有机物对水泥均有侵蚀作用；轻物质本身的强度较低，会影响混凝土的强度及耐久性。因此，配制高强混凝土最好用纯净的砂，有害杂质含量不能超过现行国家规定的限量。

根据工程实践经验证明，配制高强混凝土时，对有害杂质应按以下标准严格控制：含泥量（淤泥和黏土总量）不宜超过 2%；云母含量按质量计不宜大于 2%；轻物质含量按质量计不宜大于 1%；硫化物及硫酸盐（折算成 SO_3）含量按质量计不宜大于 1%；有机质含量按比色法评价，颜色不应深于标准色。

由于高强混凝土中的胶凝材料用量较高，细集料对其工作性的贡献不如对普通混凝土那么明显。细度模数约为 3.0 的粗砂能获得较好的工作性和较高的抗压强度。对于抗压强度达到 70MPa 或更高的混凝土来说，细度模数最好控制在 2.8～3.2 范围内，并在整个工程中所用砂的细度模数相差不应超过 0.1。工程实践证明，高强混凝土若采用细度模数为 2.5～2.7 的砂，会使混凝土的强度降低并使拌合物黏稠难以施工。

三、混凝土掺合料

水泥水化反应是一个漫长的过程，有的持续几十年，有的甚至几百年。材料试验证明：28d 龄期时，水泥的实际利用率仅为 60%～70%。因此，高强混凝土中有相当一部分水泥在混凝土中仅起填充料作用，由此看来，在混凝土中掺加过量的水泥，不仅无助于进一步提高混凝土强度，而且给工程带来巨大的浪费。

在高强混凝土的配制中，若加入适量的活性掺合料，既可促进水泥水化产物的进一步转化，也可收到提高混凝土配制强度、降低工程造价、改善高强混凝土性能的效果。《高强混凝土结构设计与施工指南》建议在配制高强混凝土时，可采用的活性掺合料有磨细粉煤灰、磨细矿渣、磨细天然沸石、硅灰粉等。《高强高性能混凝土用矿物外加剂》（GB/T 18736—2017）中列出了常用矿物掺合料的主要技术要求，选用时应符合表 17-5 中的规定。

表 17-5 矿物掺合料的主要技术要求

试验项目			技术指标						
			磨细矿渣			磨细粉煤灰		磨细天然沸石	硅灰粉
			Ⅰ	Ⅱ	Ⅲ	Ⅰ	Ⅱ	Ⅰ	Ⅱ	
化学性能	MgO/%		≤14			—		—		—
	SO₃/%		≤4			≤3		—		—
	烧失量/%		≤3			≤5	≤8	—		≤6
	Cl/%		≤0.02			≤0.02		≤0.02		≤0.02
	SiO₂/%		—			—		—		≥85
	吸铵值/(mmol/kg)		—			—		130	100	—
物理性能	比表面积/(m²/kg)		750	550	350	600	400	700	500	15000
	含水率/%		1.0			1.0		—		3.0
胶砂性能	含水量比/%		100			95	105	110	115	125
	活性指数/%	3d	85	70	55	—		—		—
		7d	100	85	75	80	75	—		—
		28d	115	105	100	90	85	90	85	85

1. 矿物掺合料能使混凝土高强的作用机理

材料试验证明,矿物掺合料在混凝土高强化中发挥了相当大的作用。因此,目前普遍认为矿物掺合料是配制高强混凝土不可缺少的一个组分。矿物掺合料在混凝土高强化中的作用主要表现在以下几个方面。

(1) 减少作用进一步降低水胶比　高强混凝土对于单位体积的用水量有较高的要求。配制高强混凝土降低用水量是为了降低水胶比,目的在于提高混凝土的强度。从一定意义上讲,混凝土高强化的程度取决于混凝土用水量的降低程度。在高效减水剂使用之前,由于混凝土用水量比较大,很难降低水胶比,使得混凝土强度的提高受到很大限制。在采用高效减水剂后,混凝土的用水量大大减少,水胶比进一步降低,使得混凝土在高强化方面向前推进了一大步。由此可见,减少混凝土的用水量可以提高混凝土的高强化。然而,一些矿物掺合料也具有较强的减水作用,它可以使混凝土的用水量进一步减少,水胶比进一步降低,这一作用对混凝土的高强化是十分重要的。

(2) 填充水泥石的孔隙使毛细孔细化　对于高强混凝土来说,由于水胶比较低,孔隙率通常也是较低的。因此影响混凝土强度的关键因素不是孔隙率,而是混凝土中孔的分布。也就是说,混凝土进一步高强化的关键在于使孔细化,由有害孔转变成无害孔。在混凝土中掺加细度合格的矿物掺合料,由于它们的颗粒很小,可以填充在水泥颗粒的空隙中,因而可以细化水泥石的孔隙。很显然,只有那些较细的矿物掺合料才具有这种细化能力,而较粗的矿物掺合料不具有这种能力。这就是为什么只有那些超细的矿物掺合料才能配制高强混凝土的一个重要原因。

(3) 微集料作用改善硬化水泥石的变形性能　许多研究结果表明,用粉煤灰、硅灰粉等部分地取代水泥后,可以减小硬化水泥石的自生体积变形和干缩变形,这不仅是提高了灌浆料的体积稳定性,更重要的是减少了微裂纹。众所周知,在水泥混凝土中,集料是不发生自身体积变形的,干缩变形也非常小。而硬化水泥石由于水化反应和环境的干燥作用发生变形，这种变形的不一致性则是微裂纹形成的主要原因。掺入矿物掺合料可减小硬化水泥石的这些变形，就意味着减小了微裂纹形成的动力，因而可以有效地减少混凝土中的微裂纹。

（4）改善硬化水泥石与集料的界面结构　硬化水泥石与集料的界面过渡区通常是灌浆料中的最薄弱环节，改善过渡区结构有利于提高灌浆料的强度。然而，矿物外加剂在这一方面有着特别的功能。从界面过渡区的形成过程来看，矿物掺合料对界面过渡区结构有两个方面的作用。

① 可以防止混凝土中水囊的形成　在集料下部形成的水囊对高强混凝土的强度有很大的影响，而这些水囊通常是由于泌水造成的。在混凝土中掺入一些矿物掺合料可提高水泥浆的保水性能，因而可以有效地避免形成水囊。

② 可防止氢氧化钙晶体在界面过渡区的定向排列　水泥水化释放出的氢氧化钙易在集料界面富集，并定向排列，从而形成一个薄弱的过渡区。众所周知，一些火山灰质矿物掺合料可与氢氧化钙反应，生成 C-S-H 凝胶，有效地减少了混凝土中氢氧化钙的含量，加之这些矿物掺合料的保水作用，有效地阻止了氢氧化钙向集料界面富集及其取向作用，使其能够均匀地分布在硬化水泥石中。

由于以上这些作用，使得水泥石与集料的界面过渡区得到有效改善，水泥石与集料共同发挥作用，以促进混凝土强度的提高。工程实践证明，在制备高强混凝土中，掺加适量的磨细矿渣、磨细粉煤灰、磨细天然沸石和硅灰粉等活性矿物掺合料，从而可获得比不掺时更高的强度。

2. 磨细粉煤灰

粉煤灰又称飞灰，或简称为 FA，是一种颗粒非常细以致能在空气中流动并被除尘设备收集的粉状物质。通常所指的粉煤灰是指燃煤电厂在锅炉中燃烧后从烟道排出、被收尘器收集的物质。粉煤灰是一种典型的非均质性物质，通常呈灰褐色的球状颗粒，其比表面积为 $250\sim700 m^2/kg$，颗粒尺寸从几百微米到几微米。

优质粉煤灰中含有大量的 SiO_2 和 Al_2O_3，有时还含有较高的 CaO，它们都是活性较强的氧化物，掺入水泥中能与水化产物 $Ca(OH)_2$ 进行二次反应，生成稳定的水化硅酸钙凝胶，具有明显的增强作用。根据试验研究证明，优质粉煤灰同减水剂一样，也具有一定的减水作用，如Ⅰ级粉煤灰的颗粒较细，在混凝土中能够均匀分布，使水泥石中的总孔隙降低，硬化混凝土更加致密，混凝土的强度也有所提高。由此可见，粉煤灰能提高混凝土的强度是其具有的主要作用。

在优质粉煤灰中含有 70％以上的球状玻璃体。这些球状玻璃体表面光滑、无棱角、性能稳定，在混凝土中类似于轴承的润滑作用，减小了混凝土中各种材料之间的摩擦阻力，能显著改善混凝土拌合料的和易性，泵送高强混凝土掺入粉煤灰后可以提高拌合料的可泵性。

在配制高强混凝土时掺加适量的粉煤灰，由于强度大幅度提高，孔结构进一步细化，孔分布更加合理，因此，也能有效地提高混凝土的抗渗性、抗冻性，混凝土的弹性模量也可提高 5％～10％。

在高强混凝土中掺入适量的粉煤灰，能改善混凝土的性能，提高混凝土的密实性和后期强度，这可以由粉煤灰效应来解释。用于配制高强混凝土的粉煤灰，掺入量一般为水泥质量的 15％～30％。粉煤灰的质量至少应满足现行国家标准《用于水泥和混凝土中的粉煤灰》（GB/T 1596—2017）中Ⅱ级粉煤灰的技术要求。

3. 磨细矿渣

粒化高炉矿渣磨细后的细粉称为磨细矿渣（GGBS）。粒化高炉矿渣是熔化的矿渣在高温状态迅速水淬而成。经过水淬急冷后的矿渣，其中玻璃体的含量较多，结构处在高能量状态不稳定、潜在活性大，但经过磨细才能使潜在的活性发挥出来。粉磨矿渣是提高其活性极为有效的技术措施，目前对其活性的有效利用基是通过细磨（比表面积 $300\sim800\mathrm{m^2/kg}$）乃至超细磨（比表面积 $800\sim1200\mathrm{m^2/kg}$）获得的。

磨细矿渣的主要化学成分为 SiO_2、Al_2O_3 和 CaO。在一般情况下这 3 种氧化物的含量可达到 90%。此外还含有少量的 MgO、Fe_2O_3、Na_2O、K_2O 等。

在高强混凝土中加入适量的磨细矿渣后，可以使得混凝土拌合物的流动性提高，泌水率大大降低，其早期强度与硅酸盐水泥混凝土相当，但混凝土的后期强度高，耐久性好。

由于磨细矿渣混凝土的浆体结构比较致密，且磨细矿渣能吸收水泥水化生成的氢氧化钙，从而改善了混凝土的界面结构。因此，磨细矿渣混凝土的抗渗性明显优于不掺加磨细矿渣的普通混凝土，对混凝土的耐久性也带来了有利的影响。

磨细矿渣对混凝土耐久性的贡献，主要表现在优异的抗氯离子渗透性和抗化学侵蚀性，良好的抗冻性和抗渗性。所以，磨细矿渣混凝土特别适用于海洋构筑物、地下工程及受到污染的、需要抗侵蚀的混凝土结构。

在高强混凝土的配制中，磨细矿渣的掺量一般在 20%～50%，而且经常与其他掺合料，如粉煤灰或者硅灰粉复掺，在上海市东海大桥的建设中，就成功地采用这种复掺技术。

4. 硅灰粉

硅灰粉又称微硅粉。在冶炼硅金属时，将高纯度的石英、焦炭投入电弧炉内，在 2000℃的高温下，石英被还原成硅，即成为硅金属。10%～15%的硅化为蒸气，并进入烟道。硅蒸气在烟道内随气流上升，与空气中的氧结合成为二氧化硅，通过回收硅灰粉的收尘装置，即可收得粉状的硅灰粉。目前，也有采用特种工艺人工制备的。

硅灰粉的主要成分是 SiO_2，一般占 85%以上，绝大部分是无定形的氧化硅。其他成分如氧化铁、氧化钙、三氧化硫等一般都不超过 1%，烧失量为 1.5%～3%。硅灰粉最主要的品质指标是二氧化硅含量和细度。二氧化硅含量越高、细度越细，其对混凝土的改性效果也越好。

由于硅灰粉中主要含有极细（$0.1\sim0.2\mu m$，为水泥粒径的 $1/50\sim1/100$）的无定形的二氧化硅，所以在氢氧化钙碱性激发剂的作用下，无定形的二氧化硅便很快与氢氧化钙反应生成水化硅酸钙。由于硅灰粉中的二氧化硅含量极高且颗粒极细，因此具有极高的火山灰活性，对混凝土的早期和中期强度的发展特别有利。此外，当它均匀分布在水化产物中时，其极细的颗粒还具有良好的微填充效应，使混凝土的孔结构充分细化。上述两个特性导致混凝土的强度和耐久性显著提高。

工程实践证明，在所有的矿物掺合料中，硅灰粉是和生产高强混凝土联系最密切的，因为对于给定的取代水泥比例，它通常产生最大的强度增长。硅灰粉通常用来帮助低于 60MPa 混凝土强度的发展，但当混凝土的强度为 90MPa 或更高时，必须掺加一定量的硅灰粉。

硅灰粉在高强混凝土中的掺加量，一般为胶凝材料的 8%～10%。掺加硅灰粉的高强混凝土的水胶比为 0.22～0.25，利用高效减水剂后混凝土的坍落度可达 20cm 左右，混凝土的强度可达到 120MPa 以上。在配制 C80 以下的混凝土时，硅灰粉的用量一般为胶凝材料总量的 5%～10%。

根据实际调查，硅灰粉还是目前为止价格最高的矿物掺合料，其成本是硅酸盐水泥的若干倍。因此，用硅灰粉取代部分水泥后将使胶凝材料的成本提高较多，但如果要配制 C80以上的高强混凝土，掺加硅灰粉仍是目前国内外常用的简便有效的技术途径。

5. **磨细天然沸石粉**

磨细天然沸石粉是天然的沸石岩磨细而成，颜色为白色。沸石是火山熔岩形成的"架状"结构的铝硅酸盐矿物，主要由 SiO_2、Al_2O_3、H_2O 和碱金属、碱土金属离子组成，其中硅氧四面体和铝氧四面体构成了沸石的三维空间结构，碱金属、碱土金属和水分子结合的松散、易置换，使得沸石具有特殊的应用性能——吸附作用，离子交换作用等。根据材料试验可知，磨细天然沸石粉掺入混凝土中主要具有如下作用。

(1) 提高混凝土的强度和抗渗性　天然沸石对于混凝土的强度效应首先来源于沸石矿物组成、特殊结构和较大内表面积等特点。沸石中的主要化学成分是 SiO_2，约占 70%，另外含有 Al_2O_3 约占 12%，同时还含有较高的可溶硅铝，但天然沸石岩粉本身没有活性。天然沸石掺入混凝土后，一方面在混凝土中的碱性激发下，由于沸石晶体结构中包藏的活性硅和活性铝与水泥水化过程中提供的 $Ca(OH)_2$ 发生二次反应，生成 C-S-H 凝胶及硅酸钙水化物，使混凝土更加密实，强度提高；另一方面，沸石粉加入水泥混凝土后，在搅拌初期，由于沸石粉的吸水，一部分自由水被沸石粉吸走，因而，要得到相同的坍落度和扩展度，减水剂的用量有所增加，但在混凝土硬化过程中，水泥进一步水化需水时，沸石粉排出原来吸入的水分后体积膨胀，使拌合物的黏度提高，粗集料的裹浆增加，因此，粗骨料与水泥的界面得到改善，拌合物比较均匀，和易性好，泌水性减少，从而增加了混凝土的抗渗性。

(2) 抑制混凝土碱-集料反应　由于碱-集料反应对混凝土耐久性的极大危害，碱-集料反应的核心问题是混凝土中的碱与集料中的活性组分发生反应。

混凝土中所含的碱，主要由生产水泥的原料黏土、燃料煤引入及拌合水及化学外加剂中的碱。水泥中的碱一部分以硫酸盐及碳酸盐的形式存在，一部分固溶在熟料矿物中，而拌合水及化学外加剂中的碱类全部是水溶性的，均能参与碱-集料反应。在拌合混凝土时，水泥中以硫酸盐及碳酸盐形式的碱及拌合水、化学外加剂中的碱，可以很快溶入水中，而固溶在熟料中的碱则随着矿物水化的进行而缓慢地溶入水中，同时溶入水中的碱类又被部分被水化产物所吸收，并以不可溶的形式存在，可溶部分很大程度以 Na_2SO_4 存在。

掺入天然沸石能抑制混凝土碱-集料反应的危害，是因为以下几点：①沸石粉替代部分水泥，使混凝土总体系中水泥量减少，降低了混凝土中含碱量；②由于天然沸石具有离子交换性和离子交换选择性，使得混凝土中的 Na^+ 比较容易进入沸石中，而 Ca^{2+} 则被交换出来，降低了 Na^+ 浓度；③如上述的沸石晶体结构中包藏的活性硅和活性铝，可与 $Ca(OH)_2$ 反应生成 C-S-H 凝胶，能吸收一定量的碱，另外沸石强大的吸附特性将混凝土中的游离钠吸附到其特有的晶体孔穴和通道中去，降低了游离钠的浓度。

综上所述，由于混凝土中碱性浓度得到降低，有效地抑制了碱-集料反应的危害。

(3) 降低混凝土的水化热　在高强混凝土中，由于水泥用量较高，混凝土中的水化热也较为集中；在大体积混凝土中，水泥的水化热较高。在掺入沸石粉以后，由于降低了水泥的耗用量，水泥的水化热值也相应降低。虽然水化热高峰有所提前，但水泥水化热值远低于纯水泥混凝土，并且随着沸石掺量的加大，混凝土水化热的降低也加大。以 3d 时的测定结果为例。在沸石粉的掺量为 10% 时，水化热可降低 15%；沸石粉掺量为 20% 时，水化热可降低 30%。在高强混凝土与大体积混凝土中水化热的降低有利于抑制混凝土的膨胀。

(4) 改善混凝土施工性能　沸石对极性水分子有很大的亲和力，在自然状态下，沸石内部的孔穴与管道中吸附大量的水分与空气。在水泥混凝土拌合物中，原来被天然沸石粉吸附的气体被排放到混凝土拌合物中，提高了混凝土拌合物的结构黏度和粗集料的裹浆量，减少了混凝土的泌水量，和易性得到了全面的改善。

流态混凝土是通过掺加高效减水剂或硫化剂将原坍落度为 $80\sim120mm$ 的普通混凝土增加至 $180\sim220mm$ 的一种高流动性混凝土。流态混凝土通常采用泵送施工。混凝土在泵送过程中，将适量的天然沸石粉应用于泵送混凝土中，可以补充细粉料含量的不足，避免了离析分层，使混凝土有利于泵送施工。

为指导天然沸石在混凝土中的应用，住建部颁布了建筑工业行业标准《混凝土和砂浆用天然沸石粉》（JG/T 566—2018）。配制高强高性能混凝土选用的磨细天然沸石粉，在《高强高性能混凝土用矿物外加剂》（GB/T18736—2017）中对其质量提出了更严格的技术要求。

四、化学外加剂

材料试验和工程实践证明，混凝土的强度与水灰比有着非常密切的关系，混凝土的水灰比越低，混凝土的强度越高。因此，高强混凝土的水灰比通常比较低。对于高强混凝土来说，胶凝材料的用量通常是较大的，混凝土中水泥浆体也是较富余的。但若混凝土中的用水量较大的话，在较低水灰比时必然导致混凝土的胶凝材料用量较大。混凝土的胶凝材料用量太大不仅会使得混凝土的成本太高，还会引起混凝土的体积不稳定性、较高的放热量等一系列问题，也不利于集料骨架作用的发挥。因此，在混凝土高强化中，降低混凝土的用水量具有特别重要的意义。

在使用高效减水剂以前，降低混凝土的用水量是以损失流动性为代价的，而流动性的降低给混凝土的浇筑和密实带来很大困难。如果混凝土不能够密实，则达不到高强的目的。所以，损失混凝土的流动性所能减少的混凝土用水量是极其有限的。高效减水剂的作用就是在保证混凝土流动性的前提下，大幅度地减少混凝土的用水量。高效减水剂的减水率越高，在胶凝材料用量适当的情况下，混凝土的水胶比可以降得越低，因而能在可以密实成形的情况下实现混凝土的高强化。

1. 高效减水剂的类型

高效减水剂对水泥有强烈分散作用，能大大提高水泥拌合物流动性和混凝土坍落度，同时大幅度降低用水量，显著改善混凝土工作性。但有的高效减水剂会加速混凝土坍落度损失，掺量过大则泌水。高效减水剂基本不改变混凝土凝结时间，掺量大时（超剂量掺入）稍有缓凝作用，但并不延缓硬化混凝土早期强度的增长。高效减水剂适用于高强、超高强和中等强度混凝土，以及要求早强、适度抗冻、大流动性混凝土。

工程实践证明，配制高强混凝土，必须掺加适量的高效减水剂。目前常用的高效减水剂依据其化学官能基组成可分为两大类，分别为磺酸类高效减水剂和羧酸类高效减水剂。磺酸类高效减水剂包括以磺酸化萘甲醛缩合物为主要成分的磺化煤焦油系减水剂和以三聚氰胺磺酸盐甲醛缩聚物为主要成分的树脂系减水剂等，如 MF、NNO、FDN、NF、SM 等，这些减水剂的减水率一般都在 12% 以上。这类减水剂发展较早，在国内应用较为广泛。

羧酸类高效减水剂主要有聚丙烯酸盐及其共聚物等，这类高效减水剂发展时间较迟，比磺酸类高效减水剂有较佳的工作性能维持效果。羧酸类高效减水剂的减水率一般在 20%～30% 之间。从 20 世纪后期起开始在国内的重点工程中，如上海东海大桥、南水北调工程中得到应用，并且成为很多高速客运专线施工中的指定外加剂，成为目前配制高强混凝土的首选。

2. 高效减水剂的选择

在配制强度等级不太高的高强混凝土中，同时要求混凝土具有较高的抗冻性或较好的可泵性能时，可选用引气高效减水剂或采用高效减水剂与引气剂复合的方式。但必须控制引气剂的技术性能，以防止引入粗大气泡，并注意引气剂的种类和用量，以避免引起混凝土强度的降低。

在配制强度等级较高的高强混凝土时，应首先选用不是引气的高效减水剂，如 NF、FDN、UNF、SN 等，用量一般为胶凝材料的 0.5%～1.5%。

高效减水剂不但要具有较高的减水率，而且还要注意与水泥相容性，即注意水泥品种的选择。在原材料中，水泥对外加剂的影响最大，水泥品种不同，将影响减水剂的减水、增强效果，其中对减水效果影响更明显。高效减水剂对水泥更有选择性，不同水泥其减水率的相差较大，水泥矿物组成、掺合料、碱含量、细度等都将影响减水剂的使用效果。如掺有硬石膏的水泥，对于某些掺减水剂的混凝土将产生速凝或使混凝土初凝时间大大缩短，其中萘系减水剂影响较小，木质素磺酸钙减水剂会使初凝时间延长。因此，同一种减水剂在相同的掺量下，往往因水泥不同而使用效果明显不同，或同一种减水剂，在不同水泥中为了达到相同的减水增强效果，减水剂的掺量明显不同。在某些水泥中，有的减水剂会引起异常凝结现象。为此，当水泥可供选择时，应选用对减水剂较为适应的水泥，提高减水剂的使用效果。当减水剂可供选择时，应选择水泥较为适用的减水剂，为使减水剂发挥更好效果，在使用前应结合工程进行水泥选择试验。

在混凝土的搅拌过程中，混凝土配合料时，应加入一份外加剂以帮助最初的拌和，剩余外加剂通常在施工现场加入。高强混凝土总的外加剂掺量通常超过厂家的"建议掺量"。初始的拌和中使用减水剂或高效减水剂是非常必要的，以确保在低水胶比的情况下充分拌和。在现场加入高效减水剂不仅可帮助获得浇筑需要的工作性，而且导致所需外加剂用量的减少，因为高效减水剂在水泥湿润后加入更为有效。混凝土性能对水泥-外加剂混合体系的敏感性要求，利用试拌来确定最适合的掺量。如果在浇筑过程中混凝土工作性有较大损失，可以添加高效减水剂来重新获得损失的工作性，这样的添加通常导致混凝土强度的增长。

高效减水剂不仅能大幅度提高混凝土的强度，而且对减少徐变、提高混凝土的耐久性也十分有利。但是，在选择高效减水剂时，既要考虑工程特点、施工特点和耐久性要求，也要考虑到高效减水剂的种类、用量和水泥品种等。对于高效减水剂的选择必须通过现场材料试验来确定。

随着高效减水剂在混凝土中的广泛应用，越来越多的人认识到，高效减水剂是配制高强混凝土中除水泥、砂、石和水之外的不可缺少的第五种材料。高效减水剂的特点是品种多、掺量小、在改善新拌和硬化混凝土性能中起着重要的作用。高效减水剂的研究和应用促进了混凝土施工新技术和新品种混凝土的发展。

五、拌合水

1. 普通拌合水

一般来说，普通自来水就能满足配制高强混凝土的要求。但要求水中不能含有影响水泥正常凝结与硬化的杂质，pH 值一般应大于 4。在现行国家标准《混凝土用水标准》（JGJ

63—2006）中，明确规定了混凝土拌合水应满足表 17-6 所规定的技术要求。

表 17-6　混凝土拌合用水水质要求

项目	预应力混凝土	钢筋混凝土	素混凝土
pH 值	$\geqslant 5.0$	$\geqslant 4.5$	$\geqslant 4.5$
不溶物/(mg/L)	$\leqslant 2000$	$\leqslant 2000$	$\leqslant 5000$
可溶物/(mg/L)	$\leqslant 2000$	$\leqslant 5000$	$\leqslant 10000$
Cl^-/(mg/L)	$\leqslant 500$	$\leqslant 1000$	$\leqslant 3500$
SO_4^{2-}/(mg/L)	$\leqslant 600$	$\leqslant 2000$	$\leqslant 2700$
碱含量/(mg/L)	$\leqslant 1500$	$\leqslant 1500$	$\leqslant 1500$

2. 磁化拌合水

普通水经过磁场得以磁化，可以提高水的活性。在用磁化水拌制混凝土时，水与水泥进行水解水化作用，就会使水分子比较容易地由水泥颗粒的表面进入颗粒内部，加快水泥的水化作用，从而提高混凝土的强度。

工程实践证明，用磁化水拌制混凝土的强度一般可以提高 10%～20%，而且混凝土拌合物的工作物可得到改善。在达到同样的坍落度时，用水量可减少 5%～10%，尤其是混凝土的抗冻性可得到较大的改善。

第三节　工程中常用的高强混凝土

高强混凝土作为一种新的建筑材料，以其抗压强度高、抗变形能力强、密度比较大、孔隙率低的优越性，在高层建筑结构、大跨度桥梁结构以及某些特种结构中得到广泛的应用。高强混凝土最大的特点是抗压强度高，一般为普通强度混凝土的 4～6 倍，故可减小构件的截面，因此最适宜用于高层建筑。材料试验表明，在一定的轴压比和合适的配筋率情况下，高强混凝土框架具有较好的抗震性能。而且柱子的截面尺寸减小，减轻自重，避免短柱，对结构抗震也有利，而且提高了经济效益。

高强混凝土材料为预应力技术提供了有利条件，可采用高强度钢材和人为控制应力，从而大大地提高了受弯曲构件的抗弯刚度和抗裂度。因此世界范围内越来越多地采用施加预应力的高强混凝土结构，应用于大跨度房屋和桥梁中。此外，利用高强混凝土密度大的特点，可用作建造承受冲击和爆炸荷载的建（构）筑物，如原子能反应堆基础等。利用高强混凝土抗渗性能强和抗腐蚀性能强的特点，建造具有高抗渗和高抗腐要求的工业用水池等。

随着混凝土科学技术的快速发展，高强混凝土也得到较快的进步，其品种越来越多。在普通高强度混凝土的基础上，目前在工程中常用的高强混凝土有普通高强粉煤灰混凝土、超细粉煤灰高强混凝土、碱矿渣高强混凝土和硅灰粉高强混凝土等。

一、普通高强粉煤灰混凝土

粉煤灰在建筑材料方面的应用一直是世界各国努力探讨的一大课题。我国自 20 世纪 50 年代开始研究应用粉煤灰，是世界上开发利用粉煤灰较早的国家之一。粉煤灰主要作为混凝土的掺合料，不仅可以降低混凝土的初期水化热、改善和易性、抗硫酸盐侵蚀、提高抗渗性等性能，又可节约水泥、减少污染、降低成本，也可配制高强混凝土和缓解能源危机。

（一）磨细粉煤灰在高强混凝土中的作用

经过工程实践和试验证明，磨细粉煤灰在高强混凝土中，主要具有改善原状灰形貌、显著增强效应和较好的微集料功能。

1. 可显著改善原状灰的形貌

材料试验证明，不论是湿排粉煤灰或干排粉煤灰经磨细后，不仅改变了其原来的形貌，而且也显著地改善了其物理性能。表 17-7 中列出了粉煤灰磨细前后的物理性能。

表 17-7　粉煤灰磨细前后的物理性能

编号	粉煤灰种类	表观密度 /(kg/m³)	相对密度	比表面积 /(cm²/g)	颗粒级配 筛孔尺寸/mm			标准稠度需水量 /%
					1.000	0.085	0.045	
F-2-1	湿排粉煤灰	780	2.01	2945	5.1	15.6	9.90	50.0
F-2-2	磨细湿排粉煤灰	788	2.58	5282	0.1	2.10	0.50	33.6
F-3-1	干排粉煤灰	559	1.83	1375	微量	59.2	11.7	84.0
F-3-2	磨细干排粉煤灰	631	2.52	6580	微量	1.10	38.8	
F-5-1	干排粉煤灰	670	2.32	5820	—	2.80	1.50	91.0①
F-5-2	磨细干排粉煤灰	700	2.42	6350		0.20	1.10	89.0①

① 为标准稠度需水量比。

从表 17-7 可以看出，粉煤灰磨细前后的物理性能有很大变化，原状粉煤灰经磨细后，由于形貌、颗粒表面、密实度发生变化，因此，磨细粉煤灰的表观密度、相对密度都比未经磨细粉煤灰有所增加，颗粒级配好，标准稠度需水量有较大幅度的减少，对配制高强混凝土是非常有利的。

2. 火山灰效应明显增强

粉煤灰的火山灰效应是指粉煤灰中的活性成分（SiO_2 和 Al_2O_3）与混凝土中水泥析出的 $Ca(OH)_2$ 的化学反应。材料试验证明，磨细粉煤灰火山灰效应的高低和其反应速度、反应物质性质、结构及反应产物的数量有着密切的关系。低钙质粉煤灰的火山灰效应，主要是可溶二氧化硅和可溶氧化铝与氢氧化钙的化学反应；而高钙粉煤灰除火山灰效应外，还有一些类似于水泥矿物的水化作用。由此可见，粉煤灰中活性成分的含量多少，是粉煤灰火山灰效应高低的主要因素。

表 17-8 中的数据表明了经过磨细后的粉煤灰，其可溶二氧化硅（SiO_2）和氧化铝（Al_2O_3）的含量显著增加，其火山灰效应也随之增加。

表 17-8　原状粉煤灰与磨细粉煤灰活性成分对比

粉煤灰的编号	种类	可溶 SiO_2	可溶 Al_2O_3	可溶 SiO_2＋可溶 Al_2O_3
F-2-1	原状粉煤灰	3.92	1.68	5.60
F-2-2	磨细粉煤灰	6.72	2.92	9.62
F-3-1	原状粉煤灰	4.00	1.53	5.63
F-3-2	磨细粉煤灰	6.45	2.41	8.86
F-5-1	原状粉煤灰	1.58	0.46	2.04
F-5-2	磨细粉煤灰	1.88	0.72	2.60

从表 17-8 中可以看出，粉煤灰磨细后的可溶 SiO_2 和 Al_2O_3 显著增加，最高者增加 18％以上，最低者增加 2.6％。这就充分证明磨细后的粉煤灰的火山灰效应比原状粉煤灰显著增强。

3. 磨细粉煤灰具有较好的微集料功能

由于磨细粉煤灰的颗粒很小，表面比较光滑、密实，分散度也较高，所以在混凝土的搅拌过程中能较均匀地分散在混凝土中，并能填塞混凝土的孔隙和毛细孔通道，使混凝土更加密实。随着水泥水化作用的深化，粉煤灰颗粒与水泥浆体界面之间的距离越来越近，同时发生粉煤灰中可溶 SiO_2、可溶 Al_2O_3 与水泥中析出的 $Ca(OH)_2$ 反应，反应产物凝胶也会使集料之间界面联结和致密，从而增强混凝土的结构强度。

(二) 高强粉煤灰混凝土的配制

高强粉煤灰混凝土的配制，与普通高强混凝土有相似之处，但是应当特别注意混凝土强度与 $W/(C+F)$ 的关系、粉煤灰磨细时间与混凝土强度的关系、磨细粉煤灰水泥取代率与混凝土强度的关系，同时也要注意磨细粉煤灰种类对混凝土强度的影响、磨细粉煤灰对混凝土坍落度的影响。

1. 高强粉煤灰混凝土强度与 $W/(C+F)$ 的关系

经采用强度等级 52.5MPa 普通硅酸盐水泥、掺有萘系减水剂 NNO 和不同磨细粉煤灰取代水泥率试验结果表明，高强粉煤灰混凝土强度与 $W/(C+F)$ 的关系，服从于混凝土强度与 $W/(C+F)$ 的关系。高强粉煤灰混凝土强度与 $W/(C+F)$ 的关系如图 17-1 所示。

2. 粉煤灰磨细时间与高强粉煤灰混凝土强度的关系

试验证明：粉煤灰磨细时间的长短，不仅与高强粉煤灰混凝土的造价有关，而且与高强粉煤灰混凝土的强度有关。某单位曾对成都热电厂的粉煤灰进行了 3h、6h、10h 磨细，以同样水泥取代率配制高强粉煤灰混凝土，粉煤灰不同磨细时间与高强粉煤灰混凝土强度的关系如图 17-2 所示。从粉煤灰磨细时间与高强粉煤灰混凝土强度角度，采用 3～6h 的磨细粉煤灰较好。

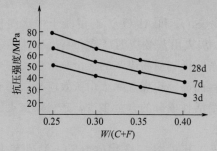

图 17-1　高强粉煤灰混凝土强度
与 $W/(C+F)$ 的关系

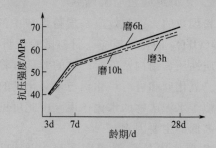

图 17-2　粉煤灰不同磨细时间与高强粉
煤灰混凝土强度的关系

3. 磨细粉煤灰水泥取代率与混凝土强度的关系

试验证明，以一定量的粉煤灰取代混凝土中的部分水泥，当掺量小于 10％时，混凝土的强度有所增加；当掺量超过 10％后，随着掺量的增加混凝土的强度有所下降；当掺量超过 25％后，混凝土的强度下降趋势较大。磨细粉煤灰水泥取代率与混凝土强度的关系如图 17-3 所示。

4. 磨细湿排粉煤灰与干排粉煤灰对混凝土强度的影响

经多次不同水泥取代率试验证明，采用磨细湿排粉煤灰的增强效果，不如磨细干排粉煤灰的增强效果。磨细湿排与干排粉煤灰对混凝土强度的影响如图 17-4 所示。

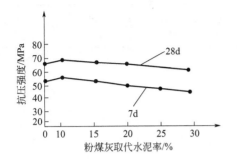

图 17-3　磨细粉煤灰水泥取代率与
混凝土强度的关系

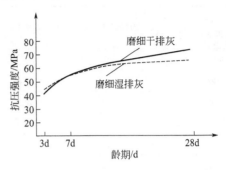

图 17-4　磨细湿排与干排粉煤灰对配制
高强混凝土强度的影响

5. 磨细粉煤灰对配制高强混凝土坍落度的影响

磨细粉煤灰的形貌变化，对所配制的高强混凝土的坍落度影响较大。磨细粉煤灰对混凝土和砂浆的流动性影响，如图 17-5 所示。

根据以上所述的磨细粉煤灰与混凝土强度的几种关系曲线和基本规律，一般可以认为：磨细粉煤灰的细度达到 $6000cm^2/g$ 左右、采用 $W/(C+F)=0.30$、NNO 减水剂掺量为 1.0%、磨细粉煤灰水泥取代率为 $10\%\sim25\%$、52.5MPa 普通硅酸盐水泥用量为 $373\sim480kg/m^3$ 时，可以配制出 60MPa 以上的高强混凝土。

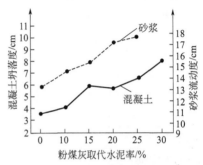

图 17-5　磨细粉煤灰取代
水泥率对混凝土和砂浆
流动性的影响

（三）高强粉煤灰混凝土的性能

高强粉煤灰混凝土的性能主要包括抗压强度、抗渗性、抗冻性、抗碳化性、收缩及其他力学性能。

1. 混凝土抗压强度

高强粉煤灰混凝土的抗压强度试验，是在磨细粉煤灰不同水泥取代率的条件下进行的，同时也对混凝土的长期强度和大坍落度混凝土的强度进行了试验，试验结果如表 17-9、表 17-10 和表 17-11 所列。

表 17-9　高强粉煤灰混凝土的抗压强度

混凝土配合比（水泥:砂:石:水）	粉煤灰掺量/%	$W/(C+F)$	NNO 减水剂/%	坍落度/cm	抗压强度/MPa	
					7d	28d
1:1.13:2.56:0.30	0	0.30	1.0	5.7	59.6	68.6
1:1.52:3.13:0.33	9	0.30	1.0	2.0	58.3	68.4
1:1.47:2.98:0.33	10	0.30	1.0	4.0	53.8	71.1
1:1.63:3.31:0.35	15	0.30	1.0	2.9	48.7	71.1
1:1.90:3.85:0.37	20	0.30	1.0	1.5	50.7	70.8
1:0.98:2.32:0.30	0	0.30	1.0	4.0	54.3	66.9
1:1.09:2.57:0.33	10	0.30	1.0	7.5	55.3	66.7
1:1.15:2.72:0.35	15	0.30	1.0	4.7	53.9	66.3
1:1.22:2.90:0.37	20	0.30	1.0	4.0	53.9	66.2
1:1.30:3.09:0.40	25	0.30	1.0	4.0	47.8	63.4
1:1.40:3.31:0.43	30	0.30	1.0	1.2	46.0	60.7

表 17-10　大坍落度高强粉煤灰混凝土的抗压强度

混凝土配合比 （水泥：砂：石：水）	粉煤灰掺量/%	$W/(C+F)$	NNO 减水剂/%	坍落度/cm	抗压强度/MPa	
					7d	28d
1：0.82：2.08：0.30	0	0.30	1.0	17.8	64.1	68.6
1：0.94：2.24：0.33	10	0.30	1.0	20.5	51.6	65.2
1：1.00：2.37：0.35	15	0.30	1.0	21.0	50.4	68.9
1：1.07：2.52：0.37	20	0.30	1.0	21.5	47.8	61.6
1：1.14：2.69：0.40	25	0.30	1.0	20.5	45.3	63.7
1：1.22：2.88：0.43	30	0.30	1.0	22.0	43.8	60.7

表 17-11　高强粉煤灰混凝土的长期抗压强度

混凝土配合比 （水泥：砂：石：水）	粉煤灰掺量/%	$W/(C+F)$	NNO减水剂/%	坍落度/cm	抗压强度/MPa				
					7d	28d	91d	180d	360d
1：1.15：2.38：0.30	0	0.30	1.0	4.00	59.3	68.0	70.7	76.3	—
1：1.09：2.57：0.33	10	0.30	1.0	1.30	54.0	64.0	76.3	78.9	75.6
1：1.15：2.72：0.35	15	0.30	1.0	5.00	53.0	64.0	70.6	76.7	81.4
1：1.22：2.90：0.37	20	0.30	1.0	4.50	53.6	62.1	85.4	80.4	80.2
1：1.30：3.09：0.40	25	0.30	1.0	11.0	50.8	62.1	80.3	82.3	80.4
1：1.39：3.30：0.43	30	0.30	1.0	14.7	46.0	60.8	75.5	82.3	80.9

2. 抗渗性、抗冻性及抗碳化性

高强粉煤灰混凝土的抗渗性、抗冻性及抗碳化性，明显优于普通混凝土，其不同配合比混凝土的试验指标如表 17-12 所列。

表 17-12　高强粉煤灰混凝土抗渗、抗冻及抗碳化指标

混凝土配合比 （水泥：砂：石：水）	粉煤灰掺量/%	在大气压下水渗透深度/cm	28d 冻融循环		碳化深度(140d)/cm		
			质量损失/%	强度损失/%	人工碳化20% CO_2	自然碳化	
						室内	室外
1：1.09：2.38：0.30	0	1.0	0.21	0.82	4.1	极微	极微
1：1.25：2.61：0.33	10	0.7	0.09	4.83	5.0	极微	极微
1：0.98：2.32：0.30	0	1.2	−0.1	1.75	—	—	极微
1：1.15：2.72：0.35	15	1.8	−0.03	0.82	—	—	极微
1：1.22：2.90：0.37	20	2.5	0.0	2.12	—	—	极微
1：1.30：3.09：0.40	25	2.5	0.03	5.06	—	—	极微

3. 混凝土的收缩性能

高强粉煤灰混凝土的收缩性能试验是在成型后，将试件置放于室内的养护架上，定期测定其收缩值。由于室内温度和相对湿度不断变化，试件的收缩数值不十分稳定，但在半年后可测出规律，即半年后收缩趋于基本稳定。表 17-13 中是几种不同配合比高强粉煤灰混凝土收缩测定值，从中可看出其收缩性能。

表 17-13　高强粉煤灰混凝土的收缩性能

混凝土配合比 （水泥：砂：石：水）	粉煤灰掺量 /%	W/(C+F)	NNO 减水剂/%	收缩值/(mm/m)					
				7d	28d	100d	120d	180d	850d
1：1.18：2.45：0.30	0	0.30	1.0	0.0633	0.162	0.360	0.295	0.643	0.620
1：1.36：2.82：0.33	9.0	0.30	1.0	0.0164	0.186	0.387	0.387	0.691	0.700
1：1.40：2.87：0.33	9.0	0.30	1.0	0.0967	0.214	0.440	0.571	—	0.564
1：0.98：2.32：0.30	0	0.30	1.0	—	0.111	0.294	0.261	—	—
1：1.15：2.72：0.35	15	0.30	1.0	—	0.124	0.279	0.255	—	—
1：1.22：2.90：0.37	20	0.30	1.0	—	0.125	0.377	0.281	—	—
1：1.30：3.09：0.40	25	0.30	1.0	—	0.044	0.370	—	—	—

4. 混凝土的其他力学性能

高强粉煤灰混凝土的其他力学性能，除抗拉强度略低于基准混凝土外，其长期强度、弹性模量、与钢筋的黏结力与基准混凝土基本上一致。但以碎石为粗集料配制的高强粉煤灰混凝土，其抗拉强度和弹性模量均高于基准混凝土。总体上讲，高强粉煤灰混凝土的力学性能优于基准混凝土。高强粉煤灰混凝土的其他力学性能如表 17-14 所列。

表 17-14　高强粉煤灰混凝土的力学性能

混凝土配合比 （水泥：砂：石：水）	粉煤灰掺量 /%	抗压强度 /MPa	抗拉强度 /MPa	长期强度 /MPa	弹性模量 /10⁴MPa	钢筋黏结力 /MPa
1：0.98：2.32：0.30	0	67.3	2.48	54.7	3.34	72.80
1：1.09：2.57：0.33	10	67.1	1.94	55.1	3.15	77.34
1：1.15：2.72：0.36	15	65.6	1.79	56.1	3.22	77.81
1：1.22：2.90：0.37	20	67.8	1.61	55.7	3.24	81.18
1：1.30：3.09：0.40	25	67.6	1.68	56.7	3.15	74.68
1：1.39：3.31：0.43	30	60.0	2.29	49.7	3.16	76.93
1：1.15：2.72：0.35	15	66.7	2.31	57.3	3.94	61.54
1：1.22：2.90：0.37	20	65.7	2.66	60.0	3.93	59.20
1：1.39：3.09：0.40	25	70.8	2.71	59.7	3.88	61.40
1：0.85：2.20：0.30	0	69.9	3.79	62.2	3.31	62.10
1：1.00：2.37：0.35	15	67.5	2.31	59.3	3.12	61.28
1：1.07：2.52：0.37	20	65.1	2.20	60.3	3.10	57.84

（四）配制高强粉煤灰混凝土对材料的要求

配制高强粉煤灰混凝土的原材料，主要是指水泥、细集料、粗集料、外加剂、粉煤灰和水等。

（1）水泥　配制高强粉煤灰混凝土所用的水泥，最好是强度等级为 52.5MPa 的普通硅酸盐水泥，当普通硅酸盐水泥缺乏时，也可以采用强度等级为 52.5MPa 的矿渣硅酸盐水泥，但必须经过试验合格后才能用于实际工程中。

（2）细集料　配制高强粉煤灰混凝土所用的细集料（砂子），其密度为 2.60～2.64g/cm³，表观密度为 1440～1495kg/m³，细度模数 M=2.37～2.64。含泥量、杂质含量、有机质含量、颗粒级配等，均应符合普通高强度混凝土对砂子的要求。

（3）粗集料　配制高强粉煤灰混凝土所用的粗集料，卵石和碎石均可。其抗压强度、表观密度、相对密度、含泥量、有机质含量、颗粒级配等，均应符合国家有关规范规定。

（4）外加剂　配制高强粉煤灰混凝土所用的外加剂，一般多采用萘系高效减水剂，其减水率要达到 15％～20％。

（5）粉煤灰　配制高强粉煤灰混凝土所用的粉煤灰，必须是经过磨细的粉煤灰，颗粒直径大部分为 2μm，这种粉煤灰颗粒应占到 90％以上，其活性成分 SiO_2 和 Al_2O_3 总量要占到 70％以上，比表面积最好在 6000cm²/g 以上。

二、超细粉煤灰高强混凝土

通过空气分离的方法，可以将粉煤灰分成 20μm、10μm 和 5μm 3 级，如果作为混凝土的掺合料，则可以配制成为超细粉煤灰高强混凝土。这种超细粉煤灰所制成的高强混凝土，不仅可以降低混凝土的单位用水量，改善混凝土拌合物的工作度，提高混凝土的强度和抗水性，也能提高混凝土的抗碱-集料反应能力。在实际混凝土工程施工中，一般常用 10μm 的超细粉煤灰（简称 FA10）、细度模数为 2.71 的河砂、粒径为 5～20mm 的硬质粗集料，并掺加适量的超塑化剂 SP，配制超细粉煤灰高强混凝土。

（一）超细粉煤灰高强混凝土的性能

超细粉煤灰高强混凝土的技术性能主要包括：抗压强度、劈裂抗拉强度和静力弹性模量。

1. 抗压强度

当混凝土的水胶结料比一定，单位用水量也一定时，混凝土的抗压强度试验结果如图 17-6 所示。从图 17-6 中可以看出，水胶结料比 25％，以 10％的粉煤灰（FA10）置换等量水泥时，混凝土 7d 龄期强度低于硅酸盐水泥混凝土，但其后期强度发展较快；以 30％的磨细矿渣置换等量水泥的混凝土，28d 龄期后期发展相当大；以 10％的粉煤灰（FA10）及 30％的磨细矿渣（BS）置换等量水泥的混凝土，28d 后的强度发展类似于掺加磨细矿渣的混凝土。

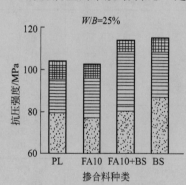

图 17-6　不同混凝土抗压强度比较图

如果将超细粉煤灰（FA10）和磨细矿渣（BS）一起使用，通过控制超塑化剂的量及改变单位用水量，保持混凝土拌合物的坍落度不变（22±2）cm，其强度变化如图 17-7 所示。从图 17-7 中可以看出，混凝土 7d 与 28d 的抗压强度，与普通水泥混凝土一样，随着单位用水量的增加而降低；当混凝土中单位用水量较低时，其强度发展较好。

如果单位胶结料含量及超塑化剂用量保持一个常数，控制单位用水量保持坍落度为一常数（22cm±2cm），在这种情况下混凝土的抗压强度如图 17-8 所示。

由于掺入超细粉煤灰（FA10）具有减水效果，水胶结料比是降低的，所以这种混凝土的强度类似于不含超细粉煤灰（FA10）的硅酸盐水泥混凝土或含磨细矿渣（BS）的混凝土。为此，当超细粉煤灰（FA10）置换混凝土中的相应水泥量，保持用水量及超塑化剂用量不变，混凝土强度发展是很高的，投资也是非常有效的。

2. 劈裂抗拉强度

超细粉煤灰高强混凝土抗压强度与劈裂强度之间的关系，如表 17-15 所列。当超细粉煤灰（FA10）或磨细矿渣（BS）掺入混凝土中，与不含这两种掺合料的混凝土相比，劈裂抗拉强度和抗压强度均比较高。

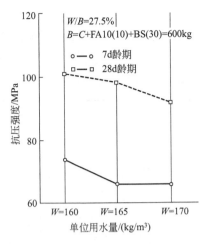

图 17-7　单位用水量及抗压强度关系

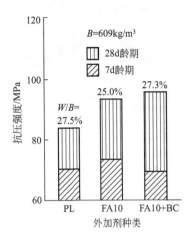

图 17-8　胶结料相同时混凝土抗压强度

表 17-15　抗压强度与劈裂抗拉强度的关系

水胶结料比(W/B)/%	掺合料的种类	劈裂抗拉强度(28d)/MPa	抗压强度(28d)/MPa
27.5	水泥	4.63	99.6
	FA10	5.84	91.9
	FA10＋BS	5.57	94.6
	BS	6.24	94.7
25.0	水泥	6.17	95.5
	FA10	6.01	96.1
	FA10＋BS	6.87	108.6
	BS	6.67	108.2

3. 静力弹性模量

粉煤灰高强混凝土力学性能试验表明，掺加与不掺加超细粉煤灰（FA10）或磨细矿渣（BS）的混凝土，其静力弹性模量基本上是相同的，没有太大的影响。试验结果与 ACI 委员会所提出的经验公式是协调一致的。

（二）超细粉煤灰高强混凝土的注意事项

① 采用超细粉煤灰配制高强混凝土，可以降低单位用水量，从而可降低水灰比，提高混凝土的强度；当单位用水量相同时，超塑化剂的用量可以降低。在超细粉煤灰高强混凝土中，掺入适量的磨细矿渣也能得到同样效果。

② 低的水胶结料比以及超塑化剂的混凝土具有较高的黏性，即使这种混凝土具有与普通混凝土相同的坍落度，这种混凝土也很难进行施工操作。当掺入一定量的超细粉煤灰后，其黏性可以降低，工作度可以得到改善。

③ 当水胶结料比固定时，含超细粉煤灰（FA10）的混凝土早期强度偏低，但 28d 龄期后，强度发展是比较高的，因此，超细粉煤灰可以安全地用于高强混凝土中。

④ 当较低的水胶结料比的混凝土含有 10% 的超细粉煤灰时，对混凝土后期强度发展是十分有效的。如果将超细粉煤灰与磨细高炉矿渣一起配合使用，对混凝土强度发展也是完全可以的。

（三）超细粉煤灰高强混凝土的配合比

超细粉煤灰高强混凝土的配合比，可以参考表 17-16 中的经验配合比进行试配，然后再通过试验确定混凝土的施工配合比。

表 17-16 超细粉煤灰高强混凝土参考配合比

配合比系列		I						II			III		
配合比编号		1	2	3	4	5	6	1	2	3	1	2	3
水-胶结料比（W/B）/%		25.0	25.0	25.0	27.5	27.5	27.5	27.5	27.5	27.5	27.5	25.0	27.3
单位体积混凝土质量 /(kg/m³)	水（W）	170	170	170	168	168	168	160	165	170	168	152	166
	水泥（C）	680	612	408	609	548	365	349	360	371	609	548	365
	粉煤灰（FA10）	0	98	98	0	61	61	58	60	62	0	61	61
	磨细矿渣（BS）	0	0	204	0	0	183	175	180	186	0	61	61
	细集料（S）	564	558	553	596	591	586	602	592	580	596	605	587
	粗集料（G）	964	954	994	997	988	980	1002	989	971	998	1013	982
	超塑化剂（SP）	2.1	1.2	1.8	1.5	1.0	1.2	1.4	1.3	1.1	1.5	1.0	1.5

三、碱矿渣高强混凝土

碱矿渣混凝土是利用粒化高炉渣或磷矿渣、钛矿渣、镍矿渣、铁锰矿渣、碱性化铁炉渣、钢渣、热电站液态渣等废渣中的一种为基本原料，加入适量掺合料制成的胶结材，再加入粗细集料、水和外加剂而制成的混凝土。碱矿渣高强混凝土（简称 JK 混凝土）集高强、快硬、高抗渗、低热、高耐久性等优越性能于一身，它的某些性能是普通硅酸盐水泥混凝土难以达到或不可能达到的，所以被称为"高级混凝土"。由于碱矿渣高强混凝土胶结材的原材料在我国十分丰富，生产工艺和设备简便，用其制作混凝土制品或现浇工程无需更新主要设备，因此是我国具有很大发展前途的一种新型的结构材料。

碱矿渣胶结材料的制造工艺简单，不需要高温煅烧成熟料，只要细度符合要求即可；其施工工艺与普通混凝土基本相同，既可以用来生产预制构件，也可以用于现浇工程，具有普通混凝土的万能性，应用现有的施工方法和施工机具便可施工，推广应用较为方便。

由于碱矿渣高强混凝土的强度很高，容易配制成 C60～C100 高强混凝土，因而可以满足大跨度、超高层等建筑结构的需要，并可以减小构件的断面，减轻建筑物的自重，节省建筑材料，降低工程造价，提高抗震能力。

（一）碱矿渣高强混凝土胶凝材料的配制

碱矿渣高强混凝土中的碱矿渣胶凝材料，是通过矿渣通过碱性激发后，生成沸石类的水化硅铝酸盐。因此，在配制碱矿渣高强混凝土时，如何选择水玻璃模数、掺量及调节凝固时间，成为碱矿渣胶凝材料的技术关键。

1. 水玻璃模数、掺量及养护条件对强度的影响

将磨细的矿渣与不同掺量和水玻璃模数的水玻璃，加入适量的水拌和均匀制备试件，以不同的养护条件养护至规定龄期，分别测定其 3d、7d 和 28d 时的抗压强度，试验结果如表 17-17 所列。

表 17-17　水玻璃模数、掺量及养护条件对抗压强度影响

序号	溶性玻璃		养护条件	抗压强度/MPa		
	模数	掺量/%		3d	7d	28d
1	0.8	10	标准养护	29.5	35.3	49.8
2	1.0	10	标准养护	33.2	38.2	58.2
3	1.5	10	标准养护	25.5	31.7	42.5
4	2.0	10	标准养护	9.00	25.2	39.8
5	1.0	5	普通养护	21.7	30.0	46.6
6	1.0	8	普通养护	26.8	35.1	52.2
7	1.0	10	普通养护	33.2	38.2	58.2
8	1.0	15	普通养护	27.0	35.3	51.0
9	1.0	10	空气中	29.0	35.3	51.5
10	1.0	10	标准养护	33.2	38.2	58.2
11	1.0	10	水中	30.0	34.8	44.4

从表 17-17 中可以看出：1～4 号试件中，当水玻璃掺量一定（均为 10%）时，水玻璃的模数对浆体的强度影响较大，从试验结果来看，当水玻璃模数为 1.0 时效果最佳；5～8 号试件中，当水玻璃模数为 1.0，掺量在 5%～15% 之间变化时，浆体强度随着掺量的增加而提高，但当掺量增至或超过 15% 时，浆体的抗压强度反而下降，所以，水玻璃的最优掺量一般为 10%；9～11 号试件采用 3 种不同的养护制度养护，对其早期强度影响不大，但对 28d 的强度影响较大，一般应优先选择标准养护。

2. 凝结时间的调整

如果采用以上试验的最佳结果，即用水玻璃模数为 1.0、掺量为 10% 的水玻璃制备碱矿渣水泥胶凝材料，从强度方面讲是非常理想的，但这种胶凝材料的初凝及终凝时间很短，给施工带来极大的不便。因此，需要掺入一定量的可溶性碳酸盐，调节其凝结时间，试验结果如表 17-18 所列。

表 17-18　不同掺量可溶性碳酸盐对凝结时间的调整

序号	Na_2CO_3 含量/%	初凝时间/min	终凝时间/min
1	0.00	8	38
2	0.05	17	44
3	0.10	22	58

由表 17-18 中可以看出：掺入 0.10% 的 Na_2CO_3，使初凝时间由 8min 延至 22min，终凝时间由 38min 延至 58min，掺入可溶性碳酸盐后，可以大幅度地调节凝结时间，有利于高温季节的施工。

（二）碱矿渣高强混凝土的配合比设计

碱矿渣高强混凝土不同于普通硅酸盐水泥混凝土，它是由磨细的矿渣（例如粒化高炉矿渣等）碱性组分、集料及水按一定比例配制而成的，因此这种混凝土的配合比设计也与普通混凝土不同。

1. 配合比参数的确定

对于碱矿渣水泥，其强度的高低不仅取决于拌合水的量，而且还取决于碱性组分的加入量。但是，在碱性组分加入量相同的情况下，拌合水的量越多，则溶液中碱性组分的浓度也就越小，因此常常采用固定碱性组分的浓度，确定加水量和碱性组分的加入量。

　　图17-9为使用不同浓度的碱性溶液来拌和混合料时，混凝土强度与矿渣/水比值的关系。在实际工程中可根据对混凝土强度的要求，选择一种碱性组分浓度及加水量适当的矿渣/水比值。在混凝土施工过程中，要求混凝土混合料具有一定的流动性，这样才便于成型和密实。混凝土混合料的流动性大小，与混合料中水泥浆的含量及粗细集料的比例（Y/X）有关。图17-10为混合料中矿渣浆量与混合料流动性的关系，图17-11为混合料集料的砂子份数与混合料流动性的关系。在实际工程使用过程中，应根据对混凝土混合料流动性的要求，根据试验结果确定混合料中水泥浆的含量及集料中砂子的份数。

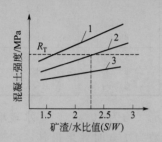

图17-9　混凝土强度与矿渣/水
　　　　比值（S/W）的关系

1—碱性溶液浓度为20%；
2—碱性溶液浓度为15%；
3—碱性溶液浓度为10%；
R_T—混凝土的设计强度

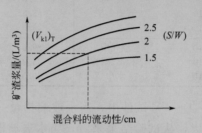

图17-10　混合料流动性与
　　　　　矿渣浆量的关系

$(V_{k1})_T$—在给定混凝土混合料的
　　　　　流动度时，碱矿渣浆体的量

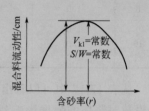

图17-11　混合料流动性与
　　　　　合砂率之间的关系

　　碱矿渣高强混凝土中用水量是一个非常关键的技术数据。在进行配合比初步设计时可参考表17-19中的用水量。

表17-19　每立方米碱矿渣高强混凝土的用水量　　　　　　　　　单位：L

流动性		最大集料粒径/mm							
流动度 /cm	干硬度 (S)/mm	砾石				碎石			
		5	10	20	40	5	10	20	40
10～12	—	235	215	195	183	250	225	203	195
5～7	—	230	205	180	175	240	215	195	185
1～3	—	220	190	165	160	230	200	180	170
—	15～30	210	185	158	155	220	190	175	160
—	30～50	200	175	155	145	210	190	165	155
—	60～80	180	160	145	140	190	170	155	150

注：1. 如果所用砂子的细度模数小于2.5，则每立方米混凝土的用水量增加10L；

2. 如果每立方米混凝土矿渣用量超过400kg，则在400kg以上部分，每增加100kg矿渣，用水量增加10L。

　　2. 配合比设计步骤

　　碱矿渣高强混凝土的配合比设计，可分为选择用水量、确定水渣比和矿渣用量、确定用碱量和确定集料用量4个步骤。

　　（1）选择用水量　碱矿渣高强混凝土混合料中的加水量，取决于混合料的流动性、最大集料粒径、粗集料的种类、矿渣用量和砂的细度模数。在进行初步设计时，可参考表17-15

中的数据。

（2）确定水渣比及矿渣用量　对于碱矿渣高强混凝土，其强度与渣水比呈近似线性关系，在通常条件下，可按下式进行计算：

$$R=0.35(W/S-0.55)R_b \qquad (17\text{-}1)$$

式中，R 为碱矿渣高强混凝土的强度，MPa；W/S 为水用量与矿渣用量的比值；R_b 为碱矿渣水泥的强度，MPa。

在确定用水量 W 和 W/S 比值之后，则可按下式求出矿渣的用量：

$$S=W \cdot S/W \qquad (17\text{-}2)$$

（3）确定用碱量　若已知碱溶液的密度为 ρ，则每立方米混凝土混合料所需碱溶液的体积 P 为：

$$P=W/(\rho-C/1000) \qquad (17\text{-}3)$$

式中，P 为每立方米混凝土混合料所需溶液的体积，L/m^3；ρ 为所选用碱溶液的密度，kg/m^3；C 为溶液中碱的浓度，g/L。

用碱量 A 可用下式计算：

$$A=PC/1000 \qquad (17\text{-}4)$$

（4）确定集料的用量　碱矿渣高强混凝土总的集料用量可按下式计算：

$$X+Y=\gamma_v-(S+P_\rho) \qquad (17\text{-}5)$$

式中，X 为每立方米混凝土混合料中细集料的用量，kg/m^3；Y 为每立方米混凝土混合料中粗集料的用量，kg/m^3；γ_v 为碱矿渣高强混凝土混合料的密度，kg/m^3。

当使用砾石为粗集料时，集料中的含砂率 S_p 一般为 $0.36\%\sim0.38\%$，而使用碎石为粗集料时，集料中的含砂率 S_p 一般为 $0.40\%\sim0.47\%$，则粗细集料的用量可分别按下式计算：

$$X=S_p(X+Y) \qquad (17\text{-}6)$$
$$Y=(X+Y)-X \qquad (17\text{-}7)$$

（三）碱矿渣高强混凝土的技术性能

碱矿渣高强混凝土的技术性能主要包括物理化学性能和力学性能两个方面。

1. 物理化学性能

碱矿渣高强混凝土的物理化学性能包括吸水性、抗渗性、抗冻性、软化系数、抗碳化性、化学侵蚀性和护筋性。

（1）吸水率　混凝土的吸水率反映混凝土中孔隙空间体积的大小，吸水率低的混凝土，说明其密实性高。试验证明，碱矿渣高强混凝土的吸水率很低，如表 17-20 所列，强度为 50MPa 以上的碱矿渣高强混凝土的吸水率在 $2.17\%\sim4.56\%$ 之间，而普通水泥混凝土的吸水率在 $3.40\%\sim7.70\%$ 之间，这充分说明碱矿渣高强混凝土的结构是致密的。

表 17-20　碱矿渣高强混凝土的吸水率

序号	抗压强度/MPa	表观密度/(g/cm^3)	饱水容重/(g/cm^3)	吸水率/%
1	81.6	2.488	2.542	2.17
2	76.5	2.483	2.549	2.66
3	61.2	2.396	2.456	2.50
4	52.9	2.326	2.432	4.56

（2）软化系数　材料的软化系数大小表示其耐水性能好坏，在建筑材料中将软化系数大于0.85者称为耐水性材料。我国生产的几种碱矿渣高强混凝土的软化系数试验结果如表17-21所列，从表中可以清楚地看出，碱矿渣高强混凝土在浸水饱和后，由于水分子的楔入劈裂作用，其抗压强度均有所下降；碱矿渣高强混凝土的软化系数均比较高，大多数大于0.85，这证明它是一种很好的耐水材料。

表 17-21　碱矿渣高强混凝土的软化系数

序号	绝对干燥强度/MPa	饱水强度/MPa	软化系数
1	104.6	91.9	0.88
2	97.1	89.1	0.92
3	77.3	65.8	0.85
4	67.3	63.1	0.94

（3）抗渗性　碱矿渣高强混凝土的抗渗性很好，能达到S35～S40不渗透，不仅比普通混凝土的抗渗性（S16～S20）要好得多，而且也比硅灰粉高强混凝土的抗渗性（S16～S20）好。表17-22为其试验结果，由此可见，高于50MPa的碱矿渣高强混凝土，在渗透压力4.0MPa的情况下，其渗透深度仅1～3mm。

表 17-22　碱矿渣高强混凝土抗渗性试验结果

序号	抗压强度/MPa	渗透压力/MPa	抗渗等级	试验条件及试验结果	渗透深度/mm
1	52.2	4.0	>B40	一个试件在3.8MPa压力时渗漏，其余5个试4.0MPa压力下未产生渗漏	2～3
2	52.4	4.0	>B40	6个试件在4.0MPa压力下16h不透水	2～3
3	99.0	4.0	>B40	6个试件在4.0MPa压力下24h不透水	1

（4）抗冻性　据有关资料报道，碱矿渣高强混凝土的抗冻性能达到300～1000次冻融循环，而相应的普通混凝土一般只能达到300次，这说明碱矿渣高强混凝土的抗冻性很好。以3组配合比的碱矿渣高强混凝土的冻融循环试验结果如表17-23所列。

表 17-23　碱矿渣高强混凝土的冻融循环试验结果

序号	冻融前试件质量/kg	循环次数	冻融后质量/kg	质量变化情况		备注
				/g	/%	
1	2.543	218	2.540	−3	−0.118	质量稍有降低
2	2.527	207	2.530	+3	+0.118	质量无大变化
3	2.462	203	2.466	+4	+0.612	质量无大变化

（5）抗碳化性　碱矿渣高强混凝土的抗碳化性能是在人工碳化箱内进行的，温度为（20±3）℃，相对湿度为（70±5）%，CO_2浓度为（20±3）%，其试验结果如表17-24所列。

表 17-24　碱矿渣高强混凝土的抗碳化性试验结果

序号		1	2	3	4
碳化前抗压强度/MPa		21.7	39.9	43.0	54.0
碳化 3d	抗压强度/MPa	20.1	38.1	46.0	57.0
	碳化深度/mm	14.3	11.2	12.3	8.80

续表

	序号	1	2	3	4
碳化 7d	抗压强度/MPa	20.0	37.7	45.7	54.2
	碳化深度/mm	21.8	17.5	16.5	13.5
碳化 14d	抗压强度/MPa	19.8	37.5	45.5	54.2
	碳化深度/mm	30.0	23.0	20.6	19.1
碳化 28d	抗压强度/MPa	17.8	38.7	45.8	57.4
	碳化深度/mm	40.7	27.6	27.6	23.8

以上试验结果说明，低强度等级的碱矿渣混凝土碳化速度快，碳化深度大，抗碳化能力差；高强度等级的碱矿渣混凝土结构致密，抗碳化能力则强。在碳化 28d 时，强度大于40MPa 的混凝土强度稍有增加（6％以上），C30～C40 碱矿渣混凝土的强度稍有下降（大约4.0％），而 C30 以下碱矿渣混凝土强度下降较大（接近 20％）。

（6）化学侵蚀性 用硫酸镁（2％MgSO$_4$ 或 10％MgSO$_4$）、盐酸（pH＝2）和硫酸溶液（10％H$_2$SO$_4$）对碱矿渣混凝土进行化学侵蚀性试验，以检验其抗化学侵蚀性能力，试验结果如表 17-25 所列。

表 17-25 碱矿渣混凝土化学侵蚀试验结果

试验期限	24 个月				6 个月		1 个月	
侵蚀介质	pH＝2 的 HCl		2％MgSO$_4$		10％H$_2$SO$_4$		10％MgSO$_4$	
抗压强度/MPa	原始	试验后	原始	试验后	原始	试验后	原始	试验后
	82.4	122.8	80.6	112.2	87.7	54.2	96.8	101.9
强度变化率/％	＋48.3		＋39.2		－38.2		＋5.27	

从表 17-25 中可以清楚地看出，在 2％的硫酸镁溶液及 pH＝2 的稀盐酸溶液中，碱矿渣混凝土试件的强度不但没有降低，反而大幅度提高，充分说明碱矿渣混凝土具有良好的抗硫酸盐侵蚀能力。这是因为碱矿渣混凝土结构致密，有害孔隙很少，而且不存在 Ca(OH)$_2$ 等高碱水化物，在硫酸盐的作用下不会生成石膏或钙矾石。因此，其抗硫酸盐侵蚀能力特别强。由于碱矿渣混凝土结构致密，稀盐酸对碱矿渣混凝土的侵蚀作用小于混凝土本身的结构形成作用，因此，混凝土仍有所增长。但在浓酸中碱矿渣混凝土则受到严重侵蚀。

（7）护筋性 为加速碱矿渣混凝土中钢筋的锈蚀，采用规定的方法进行试验，试验结果如表 17-26 所列。由于混凝土中具有足够的碱性，且抗渗性优异，所以混凝土的护筋性也是良好的。经 48～75 次循环破坏后，试件中钢筋无任何变化，失重仅在 0.0047～0.0081g 之间，失重率仅在 0.18％～0.37％之间，基本上未遭受侵蚀。

表 17-26 碱矿渣混凝土的护筋性试验结果

编号	抗压强度/MPa	pH 值	循环次数	试验前钢筋重/g	试验后钢筋重/g	失重/g	失重率/％
1	100.7	12.34	75	25.7782	25.7721	0.0081	0.24
2	86.9	12.24	75	26.1245	26.1198	0.0047	0.18
3	69.0	12.29	75	23.8101	23.8017	0.0084	0.35
4	59.4	11.93	75	26.9286	26.9214	0.0072	0.27
5	21.8	1197	75	26.0241	26.0158	0.0083	0.32

续表

编号	抗压强度 /MPa	pH 值	循环次数	试验前钢筋重 /g	试验后钢筋重 /g	失重 /g	失重率 /%
6	35.3	12.17	48	20.2894	20.2828	0.0066	0.33
7	36.8	12.29	48	22.7983	22.7855	0.0087	0.37
灰砂混凝土	30～40	11.95	48	—	—	—	1.29
水泥砂浆	30～40	12.32	48	—	—	—	1.80

2. 力学性能

碱矿渣高强混凝土的力学性能包括抗压强度、抗折强度、抗拉强度、轴压强度、弹性模量和钢筋黏结力。

碱矿渣高强混凝土的凝结硬化的速度很快，属于快速硬化混凝土与超快速硬化混凝土。根据工程实践证明，有的混凝土 2h 的强度达 8.0MPa 以上，10h 的强度达 30MPa 以上；1d 的强度达 60MPa 以上，2d 的强度达 100MPa 以上。这种强度增长率，普通混凝土是无法比拟的。

特别值得重视的是：碱矿渣高强混凝土不仅前期强度增长很快，而且后期强度可以继续提高，并且没有倒缩现象。碱矿渣高强混凝土的力学性能如表 17-27 所列。

表 17-27　碱矿渣高强混凝土的力学性能

序号	抗压强度 /MPa	抗折强度 /MPa	抗拉强度 /MPa	轴压强度 /MPa	钢筋黏结力 /MPa	弹性模量 /10^4MPa
1	25.6	4.62	2.80	21.6	3.94	3.18
2	36.1	5.98	3.26	28.7	4.86	3.18
3	52.9	6.71	4.04	46.6	6.00	3.77
4	61.2	7.87	4.10	49.6	5.48	3.89
5	76.5	7.50	4.22	—	6.05	4.01
6	81.6	4.43	4.58	65.6	6.21	3.82
7	91.2	—	4.71	78.6	—	3.62
8	120.5	—	5.58	99.6	—	2.95

由表 17-27 中可以看出，随着碱矿渣高强混凝土抗压强度的提高，其抗拉强度也随之提高，但增长的速率很小，这说明碱矿渣高强混凝土和普通混凝土一样，也属于脆性材料。随着抗压强度的提高，碱矿渣高强混凝土的抗折和抗压的比值逐渐下降，一般在 0.180～0.091 之间。其弹性模量和钢筋黏结力比普通混凝土略高。

四、硅灰粉高强混凝土

硅灰粉水泥砂浆试验证明，在水泥生产中掺入适量的硅灰（一般为 6%～15%），可将普通硅酸盐水泥的强度大幅度提高，其中抗压强度可提高 29.0%～37.6%，抗折强度可提高 43.0%以上。不仅如此，在抗渗、耐磨、抗硫酸盐侵蚀能力均有大幅度的改善。但当掺量超过 20%后，有可能导致混凝土产生较大的内干燥收缩。以上充分说明掺入适量硅灰粉后的复合水泥，实际上变为性能优异的特种多功能水泥。

（一）硅灰粉高强混凝土的性能

硅灰粉高强混凝土的性能主要包括抗压强度、抗拉强度、弯折强度、三轴强度、弹性模量、黏结强度、收缩性、抗冻性、抗渗性和抗碳化性等。

1. 抗压强度

硅灰粉高强混凝土的轴心抗压强度与立方强度之比高于普通混凝土，普通混凝土的比值约为 0.70，硅灰粉高强混凝土在 0.75～0.90 之间。

2. 抗拉强度与弯折强度

混凝土的抗拉强度是比较小的，一般只有其抗压强度的 7%～14%，并且抗压强度越高，其与抗压强度之比越小。也就是说，混凝土的抗拉强度不随抗压强度的增长而同步增长。根据有关单位试验证明，硅灰粉高强混凝土的抗拉强度仅为其抗压强度的 6%左右。

硅灰粉高强混凝土的弯折强度略高于其抗拉强度。

3. 三轴强度

用 10cm×10cm×10cm 的混凝土试块加工成 $\Phi5×10cm$ 的圆柱形试件，进行三轴压缩试验，试验结果如表 17-28 所列。通过理论计算可获得该混凝土在纯剪切受力状态时，其理论抗剪强度平均值为 15.1MPa，它比一般混凝土抗剪强度的经验公式计算值小。

表 17-28　硅灰粉高强混凝土三轴强度试验结果

序号	围压（$\sigma_2=\sigma_3$）	轴向破坏荷载/kN	压缩极限应力/MPa
1	0	196.0	101.9
2	8	274.4	142.6
3	16	372.4	193.5
4	24	392.0	203.7

4. 弹性模量

经试验测定，硅灰粉高强混凝土的弹性模量 $E=4.6×10^4$MPa 左右。而一般混凝土强度从 C5～C40 的弹性模量，在 $(1.5～3.0)×10^4$MPa 之间。由此可见，硅灰粉高强混凝土的弹性模量，符合一般混凝土随其增大而增加的规律，说明这种混凝土也具有脆性。

5. 黏结强度

黏结强度即混凝土与钢筋的握裹力。材料试验证明：当混凝土的抗压强度超过 20MPa 时，随着混凝土强度的增长，黏结强度的增长将逐渐减小，对于硅灰粉高强混凝土，黏结强度的增长更小。例如 C30 普通混凝土钢筋滑移 0.25mm 时，光面钢筋的握裹力为 3.23MPa，螺纹钢筋的握裹力为 5.88MPa；而 C100 级混凝土和 C30 级混凝土，其强度比值虽为 3.33，但黏结强度的比值仅为 1.76。

6. 收缩性

普通混凝土的极限收缩数值一般在 0.5～0.6mm/m 之间，硅灰粉高强混凝土试验得出的结果是：除 3d 的收缩数值较大外，其余龄期的收缩数值均小于普通混凝土，这证明硅灰粉高强混凝土的抗收缩性优于普通混凝土。

7. 抗冻性

由于硅灰粉高强混凝土的早期强度高，且孔隙率小，密实度大，水分难以渗入内部，所以其抗冻性很好。试验资料表明，普通混凝土（水灰比 0.60）在接近 0℃时，就会出现一个初期冻害高峰，而掺入 8%硅灰粉的硅灰粉高强混凝土，要到 −20℃时才发生第一次冻害高峰。水灰比 0.60 的硅灰粉高强混凝土其抗冻能力，与水灰比 0.48 的普通混凝土基本相同。

8. 抗渗性

以 C100 的硅灰粉高强混凝土为例，6 个抗渗试件标准养护 28d 后，在 HS-40 型混凝土渗透仪上进行渗透试验，水压由 0.2MPa 开始，每增压 0.2MPa 恒压 8h，直至增压到 4MPa，未发现任何试件出现渗水现象。将试件劈开后观察，几乎无任何渗水痕迹，这充分说明了硅灰粉高强混凝土的密实性很高，也说明了硅灰粉的微填实作用良好，从而使其具有很高的抗渗性能。

9. 抗碳化能力

经过人工碳化试验证明，在相同水灰比的条件下，硅灰粉高强混凝土的抗碳化能力显著优于普通混凝土，如表 17-29 所列。因此，硅灰粉高强混凝土作为钢筋的保护覆盖层性能是比较优异的，置于其中的钢筋不容易发生锈蚀。

表 17-29　混凝土抗碳化能力比较

混凝土种类	28d 混凝土强度/MPa	28d 混凝土碳化深度/cm
普通高强混凝土	64.7	1.0
硅灰粉高强混凝土	114	0

（二）硅灰粉高强混凝土配合比设计

硅灰粉高强混凝土的组成材料与普通混凝土不同，由于硅灰粉的颗粒极细，会引起混凝土用水量的增加，在使用硅灰粉作为高强混凝土的掺合料时，必须掺加高效减水剂，所以其设计方法与普通混凝土相比有较大区别。在进行配合比设计时，必须明确硅灰粉-减水剂的掺量关系、硅灰粉混凝土的强度与水灰比的关系。

1. 硅灰粉-减水剂的掺量关系

与普通高强混凝土相比，硅灰粉高强混凝土的组分中增加了硅灰粉和减水剂。掺入适量的减水剂主要有两个作用：第一是减少混凝土中的单位用水量，以降低水灰比，达到提高强度的目的；第二是减少硅灰粉润湿并帮助分散到混凝土中去，以保持混凝土拌合物的工作性。

为找出减水剂-硅灰粉用量的对应关系，有关单位选定 6 种水灰比（W/C）的混凝土，每种混凝土中分别掺入（0～15)%硅灰，通过调节减水剂用量使各组混凝土的坍落度基本一致（3.0～4.0cm 之间），这样就得到了如表 17-30 所列各种水灰比下的硅灰粉-减水剂掺量线性关系。

表 17-30　硅灰粉-减水剂的掺量关系

水泥用量	W/C	坍落度/cm	硅灰粉掺量/%						$\gamma = AX + B$
			0	2.5	5.0	7.5	10.0	15.0	
340	0.532	3.1～3.8	0.00	0.16	0.31	0.43	0.69	0.98	$\gamma = 0.0661X + 0.0124$
340	0.477	3.0～3.6	0.38	0.62	0.83	0.95	1.19	1.55	$\gamma = 0.0766X + 0.4090$
340	0.413	3.0～4.0	0.86	1.16	1.38	1.57	2.06	—	$\gamma = 0.1120X + 0.8440$
460	0.388	3.2～4.0	0.00	0.24	0.43	0.57	0.74	1.09	$\gamma = 0.0710X + 0.0400$
460	0.323	3.0～4.0	0.48	0.78	0.97	1.09	1.41	1.85	$\gamma = 0.0887X + 0.5070$
460	0.287	3.0～4.0	1.14	1.38	1.71	1.85	2.20	—	$\gamma = 0.1040X + 1.1380$

注：硅灰粉、减水剂的掺量均以水泥质量百分比计。

从表 17-30 中可以看出，在大多数情况下，若选用同一种减水剂，每掺加 1% 硅灰粉要增加 0.07%～0.09% 的减水剂。

2. 硅灰粉混凝土的强度与水灰比的关系

根据以上试验得出的硅灰粉-减水剂掺量关系，通过混凝土试验的 28d 强度与灰水比（C/W）关系，从而形成了在不同硅灰粉掺量下的混凝土强度与水灰比（R-C/W）的关系，如表 17-31 所列。

表 17-31　硅灰粉高强混凝土 R-C/W 的关系

C/W Si/%	1.88	2.10	2.42	2.58	3.10	3.45	$R = AC/W + B$
0.0	35.2	41.4	41.7	49.8	59.2	65.6	$R = 19.32C/W - 1.15$
2.5	38.7	43.6	48.2	50.3	60.8	70.3	$R = 19.46C/W + 1.49$
5.0	41.9	43.8	54.6	55.9	66.7	72.1	$R = 19.88C/W + 2.35$
7.5	43.4	44.2	54.8	57.8	72.4	73.5	$R = 21.64C/W + 1.46$
10	44.0	49.2	57.0	61.5	75.0	77.5	$R = 22.05C/W + 2.51$
15	45.4	52.8	63.3	61.7	77.4	85.6	$R = 24.99C/W + 0.27$

从表 17-31 中可以看出，在相同灰水比（C/W）的情况下，硅灰粉高强混凝土的强度随着硅灰粉的增加而提高。

3. 硅灰粉高强混凝土配合比设计方法

在进行硅灰粉高强混凝土设计时，其中有许多参数与硅灰、减水剂、水泥、砂石品种质量等有密切关系，应根据实际情况加以适当调整，尽量使设计方法与普通混凝土接近。具体步骤如下。

（1）确定需水量　首先根据普通混凝土需水量经验公式 $W = 10(T + K)/3$，初步计算其需水量，由于掺入高效减水剂对混凝土有减水作用，然后减去 15%～25% 计算的需水量。在混凝土强度较低（60MPa 以下）和坍落度较小（6cm 以下）时，减水率取下限，反之取上限。

（2）选定硅灰粉掺量　从表 17-31 中可以看出，硅灰粉高强混凝土的强度，随着硅灰粉掺量的增加而提高。当混凝土的强度大于 50MPa 时，硅灰粉掺量在 5%～10% 之间增强效果比较明显。所以，在选定硅灰粉掺量时，要根据混凝土设计要求的强度，在 5%～10% 间选择，强度大者取上限，强度小者取下限。

（3）确定减水剂用量　在坍落度一定范围内，减水剂用量与硅灰粉掺量、水灰比等因素有关。在混凝土初步设计配合比中，可参考表 17-30 中的数据选定，再通过试拌和进行调整。

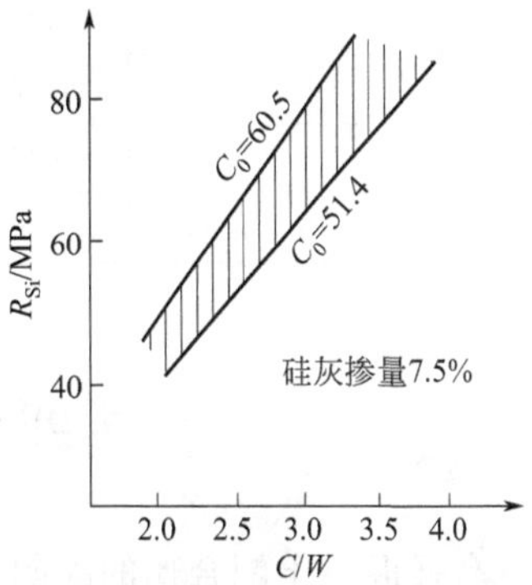

（4）确定灰水比和水泥用量　确定灰水比有两种方法：一种是根据混凝土的设计强度和硅灰掺量，查表 17-31 可得相应的灰水比；另一种是根据硅灰粉掺量为 7.5% 的试验结果，如图 17-12 所示和混凝土设计强度，用插入法求出相应的灰水比。

图 17-12　硅灰粉混凝土 R-C/W 关系

根据查得或求出的灰水比和确定的需水量，通过计算可求出混凝土的水泥用量。

（5）选择砂率　按照普通混凝土配合比设计的方法，选择砂率，在此基础上将砂率再提高 10%～20%。

（6）计算配比　用"绝对体积法"计算混凝土的配合比，硅灰粉可以作为胶结材料之一进行计算，也可用扣除等体积砂的方法计算。

（三）硅灰粉高强混凝土配合比

硅灰粉高强混凝土的配合比，在实际工程施工中常以以下 3 种情况出现，即坍落度不变时掺入硅灰粉取代部分水泥的硅灰粉高强混凝土配合比、水胶比不变时掺入硅灰粉取代部分水泥的硅灰粉高强混凝土配合比和常用的水胶比在坍落度不变时硅灰粉高强混凝土配合比。

坍落度不变时掺入硅灰粉取代部分水泥的硅灰粉高强混凝土配合比、水胶比不变时掺入硅灰粉取代部分水泥的硅灰粉高强混凝土配合比，分别可参考表 17-32 和表 17-33。

表 17-32　坍落度不变时掺入硅灰粉取代部分水泥的硅灰粉高强混凝土配合比

硅灰粉取代水泥数量/%	混凝土配合比/(kg/m³)					新拌混凝土的性能		
	粗集料	细集料	水	水泥	硅灰	坍落度/mm	含气量/%	堆密度/(kg/m³)
0	1318	429	171	502	—	50	1.4	2420
5	1311	447	171	476	25	50	1.4	2430
10	1277	441	187	450	50	50	1.3	2405
15	1224	410	212	416	73	50	1.3	2335
20	1161	395	229	375	126	50	1.3	2290
25	1140	390	239	354	152	50	1.2	2275

表 17-33　水胶比不变时掺入硅灰粉取代部分水泥的硅灰粉高强混凝土配合比

硅灰粉取代水泥数量/%	混凝土配合比/(kg/m³)					新拌混凝土的性能		
	粗集料	细集料	水	水泥	硅灰	坍落度/mm	含气量/%	堆密度/(kg/m³)
0	1318	427	171	502	—	50	1.3	2418
5	1309	447	170	478	25	50	1.3	2429
10	1292	437	171	450	50	10	1.4	2400
15	1292	436	171	425	75	0	1.4	2399

第四节　高强混凝土的配制技术

高强混凝土配合比的配制技术，是根据工程对混凝土提出的强度要求，各种材料的技术性能指标及施工现场的条件，合理选择原材料和确定高强混凝土各组成材料用量之间的比例关系。相比于普通混凝土，高强混凝土配合比的配合比设计显得尤为重量。高强混凝土有比普通混凝土低得多的水胶比和用水量，通常情况下还有高得多的坍落度。为确保高强混凝土符合设计要求，在最终确定最优配合比之前，必须进行大量的试配试验。下面以普通高强混凝土为例说明高强混凝土配制技术。

一、混凝土强度的主要决定因素

混凝土的强度来自水泥石，水泥石本身的强度越高，混凝土的强度也就越高。而水泥石的强度又与水泥强度等级、水灰比有关。因此，决定混凝土强度的主要因素是水泥强度等级和水灰比。另外，还与集料的强度、粒型、级配、质量等有关。

1. 水泥浆体的影响

在组成混凝土的各种原材料分量相同时，所用的水泥的强度等级越高，配制成的混凝土强度等级也越高；如果水泥强度等级相同，混凝土的强度又决定于用水量与水泥用量之比，即水灰比。

水灰比所以是决定混凝土强度的主要因素之一，是因为水泥水化时所需的结合水一般只占水泥用量的 25% 左右，而在配制混凝土时，为了搅拌均匀、方便成型的需要，要求混凝土有一定的流动性，水用量常达水泥用量的 40%～70%，即水灰比为 0.40～0.70。当混凝土硬化后，多余的水分便残留在混凝土中，形成水泡，或蒸发后形成气孔，这些孔隙的存在，降低了混凝土的强度。因此，水灰比越大，因多余的水分而造成的孔隙越多，混凝土的强度越低；反之，水灰比越小，混凝土的强度就越高。所以，在生产中要严格禁止往混凝土中随意加水，否则将严重影响混凝土的强度。

由于影响混凝土强度的主要因素是水灰比，因此在配制高强混凝土时，在保持合适的工作性质始终不变的条件，水灰比应当尽可能低些。因此，生产特干硬性混凝土是一种发展趋势，因为这种混凝土可以降低用水量，从而大大提高混凝土的强度。工程实践证明，采用高强度等级的水泥和适当提高水泥用量，并掺加高效减水剂，可以配制出水灰比为 0.25～0.40、坍落度为 50～200mm 的高强混凝土。高活性的水泥硬化后，形成的水泥石密实坚固，加之高效减水剂把混凝土的水灰比降低到 0.30 以下，同时又可以保持合适的工作性，因而减水剂在配制高强混凝土方面具有很大的潜力。

总之，配制高强混凝土应当采用的工艺是：选用适宜的高强度等级的水泥，适当提高单位体积水泥用量，并采用新型的高效减水剂，同时辅以强烈振捣，使混凝土达到密实。

2. 集料的影响

集料颗粒的粒形、粒径、表面结构和矿物成分，往往影响混凝土过渡区的特性，从而影响混凝土的强度。级配良好的粗集料改变其最大粒径对混凝土强度有着两种不同的影响。水泥用量和稠度一样时，含有较大集料粒径混凝土拌合物比含有较小粒径的强度小，其集料的表面积小，所需的拌合水较少，较大集料趋于形成微裂缝的弱过渡区，其最终影响随着混凝土水灰比和所加应力而不同。

在低水灰比时，降低过渡区孔隙率同样对混凝土强度一开始就起重要作用。在一定拌合物中，水灰比一定时抗拉强度与抗压强度之比将随着粗集料粒径的降低而增加。材料试验表明，增加集料粒径对高强混凝土起反作用，低强度混凝土在一定水灰比时，集料粒径似乎无大的影响。另外，在同一条件下，以钙质集料代替硅质集料会使混凝土强度明显改善。

由于集料颗粒断裂时混凝土要产生破坏，所以集料强度的高低对高强混凝土非常重要。另外，在混凝土出现破坏时，其裂缝显现在水泥石与集料的界面处，集料的粒形也十分重要。因此，在配制高强混凝土时，应选用高强、致密、表面粗糙、级配良好、质量符合要求的集料。

3. 水泥浆体-集料黏结

混凝土力学试验结果表明，水泥浆体与集料间的黏结界面是混凝土的薄弱环节，其结构与性能的好坏直接决定水泥混凝土的强度、收缩、徐变以及扩散和渗透等力学性能和耐久性能等整体性能的优劣，所以应注意改善其对混凝土总体强度的作用。碎石比砾石的表面粗糙，因此，碎石与水泥砂浆的黏结要比卵石好，从而可使混凝土有较高的强度。同样，碎石的表面积与体积之比要比圆形的砾石大，因此，应特别注意保证碎石集料表面的清洁。

二、高强混凝土配合比设计的原则

1. 高强混凝土配制强度的确定

指定水灰比的高强混凝土抗压强度的发展，在很大程度上取决于胶凝材料品种、集料和所用的外加剂，最主要的影响因素包括水泥的强度增长和所用其他火山灰材料的潜在活性。

材料试验表明，采用不同品牌和不同类型的水泥，配制出来的混凝土的抗压强度也不同。其他火山灰材料也一样，如粉煤灰的活性指数可达硅酸盐水泥的 75%～110%，硅灰粉的活性指数可达硅酸盐水泥的 200% 以上。采用矿物掺合料后，混凝土的需水性随掺合料的细度增加而增大。当然，不同的矿物掺合料需水性又不尽相同，如粉煤灰和磨细矿渣的需水性就小于硅酸盐水泥。另外，由于所处环境和条件的不同，通常试验室混凝土试件的强度要高于现场浇筑混凝土的强度。

为满足设计的混凝土强度要求，在进行高强混凝土配合比设计时，要使混凝土的试配强度（试件的平均强）必须高于设计强度，超出的值取决于试验的标准方差和变异系数。按照美国认证协会（ACI）过去的大量试验结果，高强混凝土的标准方差取值范围为 3.5～4.8MPa，而变异系数随着平均强度的提高而降低。高强混凝土的试配强度的预估值可用下式计算：

$$f_{cr} = f_c + 1.34s \tag{17-8}$$

或 $$f_{cr} = f_c + 2.33s - 3.5 \tag{17-9}$$

式中，f_{cr} 为混凝土的试配强度，MPa；f_c 为混凝土的设计强度，MPa；s 为混凝土的标准方差，MPa。

混凝土的抗压强度受养护温度的影响较大，养护温度较低时，混凝土的强度发展较慢。

为达到混凝土的设计强度而进行试配时，考虑养护温度对强度的影响而加上一个修正值是必要的。对于高强混凝土，由于单位体积水泥用量大，混凝土的水化热不易散失，使混凝土结构的温度很高，在现场水中或封闭养护试件的强度不能再视为结构的混凝土强度。为此，水灰比小而单位水泥用量大的高强混凝土的强度修正值，应根据现场实际情况和试验来确定。

在《高强混凝土结构技术规程》（CECS 104—1999）中明确规定：混凝土的配制强度必须大于设计要求的强度标准值，以满足强度保证率的要求。超出的数值应根据混凝土强度标准差确定。当缺乏可靠的强度统计数据时，C50 和 C60 混凝土的配制强度应不低于强度等级值的 1.15 倍；C70 和 C80 混凝土的配制强度应不低于强度等级值的 1.12 倍。

2. 高强混凝土水胶比的确定

材料试验表明，较高的水泥用量和较低的用水量是制备高强混凝土的前提条件。然而，水泥用量超过临界值并非一定有利于提高混凝土的抗压强度；相反，有时还会导致强度倒缩。在通常情况下，0.25～0.40 的水胶比是高强混凝土的取值范围。具体情况要根据水泥的强度等级、外加剂的减水效率、混凝土坍落度要求等因素而定。需要指出的是，当使用液体外加剂时，高效减水剂中的水应考虑在水胶比中。

美国认证协会（ACI）给出了建议的使用高效减水剂的混凝土水胶比最大值，如表17-34所列。当水胶比低于0.40时，由于空间限制水泥不会发生完全的水化。但是，必须注意最大程度的水化以减少毛细孔隙率。所产生的密实微观结构可以限制水进入混凝土的内部，但要求更长时间的湿养护以达到最大程度的水化。

表 17-34　含有硅酸盐水泥和粉煤灰及高效减水剂制得的高强混凝土所建议的最大水胶比

要求的平均抗压强度 /MPa		水胶比			
		最大粗集料粒径/mm			
		9.5	12.5	19.0	25.0
48	28d	0.50	0.48	0.45	0.43
	56d	0.55	0.52	0.48	0.46
55	28d	0.44	0.42	0.40	0.38
	56d	0.48	0.45	0.42	0.40
62	28d	0.38	0.36	0.35	0.34
	56d	0.42	0.39	0.37	0.36
69	28d	0.33	0.32	0.31	0.30
	56d	0.37	0.35	0.33	0.32
76	28d	0.30	0.29	0.27	0.27
	56d	0.33	0.31	0.29	0.29
83	28d	0.27	0.26	0.25	0.25
	56d	0.30	0.28	0.27	0.26

3. 高强混凝土胶凝材料的确定

在《高强混凝土结构技术规程》（CECS 104—1999）中明确规定：配制C50和C60高强混凝土所用的水泥量不宜大于450kg/m³，水泥与掺合料的胶结材料总量不宜大于550kg/m³。配制C70和C80高强混凝土所用的水泥量不宜大于500kg/m³，水泥与掺合料的胶结材料总量不宜大于600kg/m³。粉煤灰掺量不宜大于胶结材料总量的30%，磨细矿渣不宜大于50%，天然沸石岩粉不宜大于10%，硅灰粉不宜大于10%。当使用复合掺合料时，其掺量不宜大于胶结材料总量的50%。

一般而言，在给定的混凝土配比中，胶凝材料的用量产生了混凝土的最大强度。然而，在超过临界用量后，混凝土的强度反而下降。对于给定的胶凝材料用量，混凝土的强度随配比中用水量的变化而变化。同时混凝土的强度也取决于孔隙比，尤其是采用了引气外加剂后。另外，胶凝材料强度的有效性随不同强度等级的最大集料粒径而变化，在使用高强度、小粒径集料的情况下，胶凝材料强度的有效性大。

材料试验表明，随着混凝土配合比中胶凝材料用量的增加，混凝土会变得更加黏稠和工作性能损失，因此在确定胶凝材料用量时，必须综合考虑水泥、火山灰材料和砂率的影响。

4. 高强混凝土单位用水量的确定

在一个合理的水泥用量的情况下，混凝土要获得较高的强度，不仅需要较低的水胶比，而且还需要较低的用水量。对于含有硅酸盐水泥和粉煤灰的混凝土，美国认证协会（ACI）建议的单位用水量如表17-35所列。对于相同的最大集料粒径和坍落度，表17-35中的用水量比普通混凝土建议的要低15～35kg/m³。即使如此，表17-35中的用水量可能用于更高胶凝材料用量的生产，其强度要超过 60MPa。对于高强混凝土，有效的配合比设计可以通过显著地减少用水量至 145kg/m³ 来实现，更可取的单位用水量范围是 125～135kg/m³。

表 17-35　含有硅酸盐水泥和粉煤灰的高强混凝土所需拌合水量

坍落度/mm	所指出的粗集料最大粒径的混凝土用水量/(kg/m³)			
	9.5mm	12.5mm	19.0mm	25.0mm
30～50	185	175	170	165
50～80	190	185	175	170
80～100	195	190	180	180

5. 高强混凝土集料体积的确定

对于高强混凝土来说，集料显得非常重要，因为它与其他组分相比，占有最大的体积分数。在进行混凝土配合比中，细集料的堆积要比粗集料更为密实。在相同质量的情况下，细集料比粗集料含有较大的比表面积。由于所有集料颗粒的表面都必须被水泥浆覆盖，因此粗细集料之比将直接影响水泥浆体的需求量。有的细集料颗粒的形状可能是圆的，也可能带有少量棱角或有很多棱角，细集料的这种特性在净体积保持相同的前提下，将直接影响水泥浆体的需求量。

在通常情况下，常用砂率来表征细集料与粗集料之间的比例，较低的砂率可使水泥浆体的需求量降低，因而也比较经济。然而，如果砂率太低，往往导致混凝土的工作性能恶化。混凝土的砂率一般在所要求的混凝土性能的范围内取最小值，这样可以减少水泥浆体的需求量，达到降低工程造价的目的。砂率随水灰比、单位用水量、含气量及集料粒径、形状而变化。高强混凝土的砂率比普通混凝土小，一般应控制在 26%～32% 范围内。如果配制大坍落度或流态高强混凝土，则应选择较大的砂率，一般可控制在 32%～40% 范围内。

三、高强混凝土配合比设计的步骤

1. 确定水灰比

高强混凝土水灰比的确定，可以根据普通混凝土的方法，计算混凝土的试配强度，然后再以试配强度计算水灰比。在乔英杰等编著的《特种水泥与新型混凝土》中，提供了计算法和查表法，比较简单易行。

（1）计算法　由于原材料的性质不同，其关系式也不相同。同济大学提出的关系式如下。

① 对于用卵石配制的高强混凝土：

$$f_{28}=0.296f_k(C/W+0.71) \tag{17-10}$$

② 对于用碎石配制的高强混凝土：

$$f_{28}=0.304f_k(C/W+0.62) \tag{17-11}$$

式中，f_{28} 为高强混凝土的设计强度，MPa；f_k 为水泥的强度等级，MPa；C/W 为混凝土的灰水比。

（2）查表法　查表法是简捷、快速确定混凝土水灰比的方法，对于一般的高强混凝土工程是完全可以的，在混凝土配合比设计和施工中可参考表 17-36 中进行选用。但对于重要或大型高强混凝土工程仅供参考。

表 17-36　混凝土强度等级与水灰比参考值

水泥品种	水泥强度等级	混凝土强度等级	水灰比参考值	备注
高级水泥	82.5	C70	0.36	—
高级水泥	62.5	C60	0.33	—
普通水泥	52.5	C50	0.40	—
普通水泥		C70	0.30	干硬性
普通水泥	42.5	C60	0.35	干硬性
普通水泥		C50	0.40	—

注：表中水灰比为不掺减水剂的参考值。

2. 选择单位用水量

根据选用的集料种类、最大粒径和混凝土拌合料的设计工作度，可查表 17-37 选择单位用水量。

表 17-37　高强混凝土用水量参考值

粗集料		混凝土拌合料在下列工作度(S)时的用水量/(kg/m³)					
种类	最大粒径 D/mm	30~50	60~80	90~120	150~200	250~300	400~600
卵石	31.5	164	154	148	138	130	128
卵石	20.0	170	160	155	145	140	135
碎石	31.5	174	164	154	144	138	134
碎石	20.0	180	170	160	150	145	140

3. 计算水泥用量

水泥用量可按下式计算：

$$C = W \cdot C/W \tag{17-12}$$

4. 选择砂率

根据工程实践经验和统计资料分析，高强混凝土的砂率一般应控制在 $S_p = 24\% \sim 33\%$ 之间。

5. 计算砂石用量

$$V_{s+g} = 1000 - [(W/\rho_w + C/\rho_c) + 10\alpha] \tag{17-13}$$

式中，V_{s+g} 为砂石集料的总体积；W、C 分别为混凝土中水和水泥的质量；ρ_w、ρ_c 分别为水和水泥的密度；α 为混凝土中含气量百分数，在不使用引气外加剂时 α 取 1。

砂子用量可按下式计算：

$$S = V_{s+g} S_p \rho_s \tag{17-14}$$

式中，S 为 1m³ 混凝土砂子用量；S_p 为砂率，$S_p = S/(S+G) \times 100\%$；$\rho_s$ 为砂子的表观密度，kg/m³。

石子用量可按下式计算：

$$G = V_{s+g}(1-S_p)\rho_G \text{ 或 } G = (S - SS_p)/S_p \tag{17-15}$$

式中，ρ_G 为石子的表观密度。

6. 确定初步配合比

7. 试配和调整

四、高强混凝土经验配合比

为方便配制高强混凝土，现将我国常用的强度等级为 60MPa 的配合比列于表 17-38，以便供高强混凝土设计和施工中参考。

表 17-38　60MPa 高强混凝土配合比

编号	水灰比 (W/C)	砂率 /%	泵送剂 NF /%	每 1m³ 混凝土材料用量/(kg/m³)				7d 强度 /MPa	28d 强度 /MPa
				水泥	水	砂子	石子		
1	0.330	33.0	1.0	500	165	606	1229	—	70.2
2	0.350	35.7	1.2	550	195	566	1020	51.7	62.3
3	0.327	33.8	1.4	550	180	572	1118	52.4	65.1
4	0.360	36.0	1.4	500	180	634	1125	58.1	65.1
5	0.360	35.3	1.4	450 粉煤灰 50	180	613	1125	59.7	69.8
6	0.330	34.8	0.8	550	180	597	1120	63.4	74.2
7	0.330	34.8	1.4(NF-2)	550	180	597	1120	58.4	63.4
8	0.330	34.8	1.2	550	180	597	1120	55.6	60.4
9	0.330	34.8	1.0	550	180	597	1120	61.9	70.1
10	0.390	40.0	1.0	500	195	689	1034	51.1	69.4
11	0.390	40.0	1.3	500	195	689	1034	49.5	67.8
12	0.336	34.0	1.4(NF-0)	550	185	579	1125	59.9	69.7
13	0.360	36.5	1.4	500	180	634	1105	59.9	72.0
14	0.360	35.3	1.4	450 粉煤灰 50	180	613	1125	58.8	70.4
15	0.380	40.0	0.7(NF-1)	513	195	685	1028	57.4	73.1
16	0.400	40.0	0.55(NF-1)	488	195	694	1040	55.4	67.6

五、高强混凝土的施工工艺

加强高强混凝土的施工管理，提高高强混凝土的施工工艺，采取高强混凝土适宜的配制途径，是确保高强混凝土质量的重要措施。

高强混凝土的施工工艺主要包括搅拌工艺、振动成型工艺和养护工艺。

1. 混凝土搅拌工艺

混凝土施工工艺是保证高强混凝土质量的关键，在施工过程中，影响其强度的主要因素是混凝土的搅拌。混凝土搅拌的目的，除了达到混凝土拌合物的均匀混合之外，还要达到强化与塑化的作用。但是，不同的投料程序与拌和方式，对混凝土混合物的均匀性和和易性都有较大的影响。

采用强制式搅拌机、二次投料工艺拌和干硬性混凝土，是配制高强混凝土的重要工艺措施之一。二次投料法是先拌和水泥砂浆，再投入粗集料，制成混凝土混合料。采用这种投料方法时，砂浆中无粗集料，便于砂浆充分搅拌均匀；粗集料投入后，易被砂浆均匀包裹，有利于混凝土强度的提高。

这里应当特别指出，采用日本东晴朗发明的造壳混凝土施工工艺，可以提高混凝土强度30％～40％。造壳混凝土的增强机理是：通过控制砂粒的面干含水率，改善水泥与粗、细集料以及砂浆与粗集料的界面状态。

2. 混凝土成型工艺

假如对混凝土拌合物施加一定的振动作用，则集料和水泥颗粒获得加速度，其值和方向都是变化的。水泥浆在受到振动时，集料和水泥颗粒便有可能占据更加紧凑的空间位置。

在混凝土混合物受到振动而紧密时，产生两个变化过程：一是集料（特别是粗集料）下沉，其空间相对位置紧密；二是水泥浆结构在水泥粒子凝聚过程中密实，即适宜的振动可以降低混凝土混合物的黏度，并使水粒子分散。

法国学者 H. 雷尔密特讨论混凝土混合物在振动下发生的现象时认为：振动频率对混凝土混合物的密实起着主要作用。不同粒度的材料，要振动密实，所需的频率与振幅不同。法国学者 H. 雷尔密特曾经指出，最佳振动频率 ω 与集料颗粒粒度 d 之间的关系，可由下面的条件决定：

$$d < 14 \times 10 / \omega^2 \tag{17-16}$$

对个别具体情况，由上述条件可以得到：$d < 9 \mathrm{cm}$ 时，$\omega = 11 \mathrm{Hz}$；$d < 6 \mathrm{cm}$ 时，$\omega = 25 \mathrm{Hz}$；$d < 1.5 \mathrm{cm}$ 时，$\omega = 50 \mathrm{Hz}$；$d < 0.4 \mathrm{cm}$ 时，$\omega = 100 \mathrm{Hz}$；$d < 0.1 \mathrm{cm}$ 时，$\omega = 200 \mathrm{Hz}$；$d < 0.01 \mathrm{cm}$ 时，$\omega = 600 \mathrm{Hz}$。

实际上，通常采用的振动设备（$\omega = 50 \sim 200 \mathrm{Hz}$）只能振密实集料，而不能振密实水泥水化物和其他小颗粒，无法达到上述水泥粒子振密实的理想状态。目前，我国已广泛地采用了高频电磁振动器，高频电磁振动器不仅能振密实粗、细集料，而且能振密实水泥颗粒。德国采用超声波振动器，已制成抗压强度为 140MPa 的混凝土。

采用适当的减水剂，可使水泥细颗粒均匀分散，降低混凝土的水灰比，形成密实的水泥石，特别是对于干硬性混凝土，可大幅度提高混凝土的流动性，有利于混凝土的振捣密实，提高混凝土的强度。

采用振动加压、高频振动、离心成型或真空吸水、聚合物浸渍等技术措施，都可提高混凝土的强度。

3. 混凝土养护工艺

混凝土混合物经过振动密实成型后，凝结硬化过程仍在继续进行，内部结构逐渐形成。水泥的凝结硬化必须在适宜的温度和湿度条件下，为使已经密实成型的混凝土正常进行水化反应，必须采取必要的养护措施，设立水泥水化反应所必须的介质温度和湿度。

高强混凝土一般多采用早强、高强度等级的水泥，在早期就应立即进行养护，因为部分水化可使毛细管中断，即重新开始养护时，水分将不能进入混凝土内部，因而不会引起进一步水化。

高强混凝土养护工艺的方式很多，其中，蒸压养护是提高混凝土强度的重要途径之一。干-湿热养护是目前比较理想的一种工艺，其优点是混凝土的增强过程合理。在养护制度上，采取适合于水泥特征的养护参数，也将有利于混凝土强度的提高。

总之，要想提高混凝土强度或要达到配制高强混凝土的目的，在一般情况下可以采取如下技术措施：a. 在选择混凝土胶凝材料方面，要改善其矿物组成，增加水泥细度，尽量使用快硬性的高强水泥或其他特种水泥；b. 在选择集料方面，要使用坚硬、致密、级配良好、粒径不宜太大的碎石与质量良好的河砂；c. 在选择混凝土外加剂方面，主要可使用早强剂、减水剂或高效减水剂；d. 在混凝土密实成型方面，要采用强制式搅拌机进行搅拌，采用高频加压振捣、真空作业、离心、喷射等施工工艺，以提高混凝土的密实度。

第五节　外加剂在高强混凝土中的应用实例

在混凝土中，其发展科学和技术的目的是使其达到节能、耐用、高强度和高流动性的特点。为了实现这些目标，外加剂的使用是非常重要的。混凝土外加剂的推广和应用，是混凝土发展历史的一个重大突破。新结构与新施工技术中要求混凝土拥有调凝、早强、高强、大流动性水化热低、低脆性、轻质及高耐久性等特性，同时还要求配制能耗较低、低成本、适用于快速泵送施工和经济良好等特点。以上材料与工艺目的的实现，都是离不开混凝土外加剂的。混凝土外加剂在当今，已成为混凝土中除水泥、砂、石和水之外的第五组成部分，它的广泛应用被视为混凝土发展史上的又一次技术的进步。

一、外加剂在广州保利国际广场工程中的应用

高强高性能混凝土是当前国内外建筑施工技术的一项重大的研究和应用课题。它兼有强度高，流动性好，早期强度高，耐久性好，节材效果显著等特点，高强高性能混凝土在工程中得到越来越广泛的应用。由于应用高强高性能混凝土，有效地减轻了结构的自重，提高有效使用面积，在施工中大大减小了垂直运输的压力，并提高施工单位的管理水平。

广州保利国际广场在整个施工过程中，从优选胶结材料，严格控制粗集料的粒径和级配，采用"双掺"技术，降低水灰比，提高混凝土流动性，精选混凝土配合比，精心组织施工，加强养护等各方面，层层进行监控，使得 C80 高强混凝土施工顺利进行，取得了很好的社会效益和经济效益。

(一) 保利国际广场的工程概况

广州保利国际广场是保利地产集团倾力打造的重点项目，于 2006 年 12 月全面投入使用，是广州市 2006 年少有的可投入使用的超甲级写字楼。项目占地 5.7 万平方米，建筑面积 19.65 万平方米，位于琶洲经济圈的核心位置。由南北两栋 165m 高的"超长板式"办公塔楼和东西两栋 4 层商业群楼围合而成，紧邻琶洲香格里拉酒店及会展中心二期，北望珠江一线江景，被琶洲塔公园、亲水公园、体育公园三面环绕，是琶洲国际会展中心旁边唯一的高端商务办公用地项目。从地下室至地面二层部分混凝土柱采用了 C80 高强混凝土。

(二) 高强混凝土的配合比

1. 试验用原材料

(1) 水泥　经过反复比较和考察，选择质量稳定、活性较高的广州珠江厂 P·Ⅱ42.5R 水泥。

(2) 掺合料　a. 矿渣粉：选择韶关钢厂的 S95 级磨细矿渣粉；b. 硅灰粉：选择挪威埃肯的微硅粉；c. 粉煤灰：选择广州电厂的Ⅰ级粉煤灰。

(3) 粗集料　采用增城石场的 5~20mm 花岗岩碎石。

（4）细集料　采用西江的河砂，细度模数为 2.8～3.0。

（5）外加剂　选用西卡（Sika）公司的 ViscoCrete 聚羧酸高效减水剂。

在同等条件下对韶关钢厂的 S95 级磨细矿渣粉，挪威埃肯的微硅粉，广州电厂的Ⅰ级粉煤灰进行对比试验，试验分为单掺矿渣粉、矿渣粉＋Ⅰ级粉煤灰、矿渣粉＋微硅粉、矿渣粉＋微硅粉＋Ⅰ级粉煤灰 4 种系列，对试验结果进行分析，最后确定矿渣粉＋微硅粉方案。

2．配合比设计与优化

混凝土的水胶比控制在 0.22～0.24 之间；水泥和矿物掺合料用量合计取 $600kg/m^3$；砂率取 38％～40％。最后确定的 C80 高强混凝土配合比如表 17-39 所列。

表 17-39　C80 高强混凝土配合比

材料名称	水泥	掺合料		砂子	碎石		水	外加剂
		微硅粉	矿渣粉		5～16mm	16～20mm		
用量/（kg/m³）	440	30	130	680	303	718	138	30

（三）C80 高强混凝土施工

1．生产过程控制

C80 高强高性能混凝土的水胶比低、单位体积用水量少、对水的敏感性较高，生产时应加强砂石含水量的测量，力求严格控制用水量；为了更好地控制混凝土的生产质量，使其达到设计的要求，混凝土搅拌站专门安排了一条生产线，不和其他配合比的混凝土混在一起生产。C80 高强混凝土表观黏性较大，搅拌时间应适当延长，控制出料混凝土坍落度不宜太大。

2．运输过程控制

C80 高强混凝土的运输应遵循安全快速的原则，选择最佳的运输路线，尽量减少路途中的行驶时间；施工现场和混凝土搅拌站建立直线联系，随时掌握车辆的运行状况。运输混凝土的车辆到达施工现场后，尽快进行混凝土的浇筑，以免混凝土的流动度和坍落度损失过大。

3．施工过程控制

根据在现场进行的试验柱的施工经验，结合现行的施工规范和科研成果，并吸收国内 C80 高强混凝土使用的成功经验，制订 C80 高强混凝土的专项施工方案，并对施工作业层进行详细的技术交底，主要从以下几个方面进行控制。

① 控制混凝土的入模高度不超过 2m，两次入模的时间差不超过 2h，若浇筑高度超过 2m，浇筑时应采用串筒。

② 在浇筑第一层混凝土时，浇筑的厚度应控制不大于 25cm。第二层以上每层混凝土的厚度控制在 30cm 左右，太厚则超出振捣棒的作用范围，难以振捣密实。振捣点要均匀排列逐点进行移动，不得随意加大振捣点的间距，不得跨跳振捣和漏振，振捣上一层混凝土时，振捣棒插入下层混凝土面 10cm；由于 C80 高强混凝土的黏度较大，混凝土内的气泡难以冒出，只有通过高频振捣棒的强烈振捣才能将气泡振出，在振捣第一层混凝土时，振捣棒要"快插慢拔"，拔起时的速度要比振捣普通混凝土慢，以便将混凝土中的气泡带出。

4．C80 混凝土的养护

由于 C80 高强混凝土的黏度较大，拌合水少，水化热较大，表面很容易干燥，所以浇筑完成后要尽早进行养护。由于本工程 C80 高强混凝土的施工时间正值冬季，为减少混凝土表里的温差，计划在表面覆盖薄膜，使混凝土保持充分湿润养护。

5. C80 混凝土的检测

广州保利国际广场 C80 高强混凝土在施工现场取样 39 组，其中 28d 标准养护 27 组，抗压强度最大值为 109.5MPa，最小值为 86.2MPa，平均值 98.6MPa；同条件养护 12 组，抗压强度最大值为 124.8MPa，最小值为 95.4MPa，平均值 107.6MPa。

根据混凝土的配制施工情况，C80 高强高性能混凝土的配合比设计和施工是成功的，测试结果是令人满意的。

二、外加剂在北京静安中心大厦工程中的应用

（一）工程概况

北京静安中心大厦工程为全现浇混凝土框架结构，共 23 层，地下 3 层。总建筑面积为 65000m²。地上各层的柱子采用 C60 混凝土；地下 3 层柱子的混凝土约 700m³，采用 C80 高强混凝土，柱子的高度为 5m，断面尺寸为 1200mm×1200mm，泵送距离约 80m。

本工程施工由于时值严冬，要求混凝土强度高和易性好抗冻性好，泵送时还要有足够的流动性。采用 C80 高强混凝土，28d 强度全部合格，标准养护试件的强度达到设计强度的 112%～141%，施工现场同条件养护试件的 28d 强度达到设计强度的 94%～97%。

（二）原材料选择

（1）水泥　根据工程实际情况，选用质量稳定需水量低、流动性能好、活性较高的水泥，经考察比较，选择冀东水泥厂的 42.5 硅酸盐水泥、邯郸水泥厂的 42.5 普通硅酸盐水泥、唐山启新水泥厂的 42.5 普通硅酸盐水泥。

（2）粗集料　根据工程实际情况，选用质地坚硬、表面粗糙、级配良好的河北三河机制碎石，其粒径为 5～20mm。在石子强度足够的情况下，能有效地提高水泥浆体与碎石界面的黏结强度，以达到配制高强混凝土的要求。

（3）细集料　为确保满足配制高强混凝土的要求，采用洁净、级配良好的中粗砂，其细度模数为 3.0。本工程采用河北昌平龙凤山的中粗砂。

（4）拌合水　本工程配制混凝土所用的拌合水符合现行的行业标准《混凝土用水标准》（JGJ 63—2006）中的要求，采用自来水。

（5）外加剂　材料试验结果表明，高效减水剂是配制高强高性能混凝土的技术关键。减水剂的减水率应在 25% 以上，以减少单位体积用水量，降低混凝土的水灰比，大幅度提高混凝土的强度。为此，本工程选择国内最常用的萘系高效减水剂，并分别与缓凝剂、分散剂、稳定剂、早强剂等组分改性与合成，配制成 YGU-F3 型多功能复合高效减水剂和 YGU-Ⅲ 高效无氯低碱新型防冻剂，分别用于不同季节的高强高性能混凝土的施工。

（6）掺合料　根据混凝土配制试验，本工程应用硅灰粉与磨细矿渣复合，复合物的掺量为水泥用量的 6%～10%。

（三）配合比的选择

1. 外加剂品种及掺量的选定

为了满足不同季节混凝土施工的要求，选用 YGU-F3 型多功能复合高效减水剂、YGU-Ⅲ 高效无氯低碱新型防冻剂和 UNF-5 高效减水剂，分别以推荐掺量范围内不同掺量掺入水泥净浆，测其流动度，考核该产品的最大减水率和增强率，以便从中选择较优品种和最佳掺

量。试验结果表明：水泥净浆流动度在水灰比一定时，随减水剂掺量的增大而增大，达到某一掺量后再增大，水泥净浆的流动度不再增加时，则该点称为饱和点。若外加剂的掺量超过饱和点，因过量的高效减水剂会使水泥和集料离析，反而使混凝土强度降低，同时也很不经济。根据试验结果，确定 YGU-F3 的掺量为 1.8％，YGU-Ⅲ 的掺量为 4.0％。

2. 配制混凝土水泥品种选择

所采用的外加剂与水泥之间如相容性好，对混凝土强度的提高有很大作用。材料试验表明，掺加不同减水剂及水泥的混凝土 28d 强度均随水胶比的降低而增长，但幅度不一。邯郸水泥掺 YGU-F3 剂和 YGU-Ⅲ 型防冻剂，在同一水胶比下强度明显提高，同时也高于其他水泥。冀东水泥和启新水泥掺 YGU-F3 剂和 YGU-Ⅲ 型防冻剂，强度增长的趋势和幅度相差不大。所以配制高强混凝土和高性能混凝土时，优先选用邯郸水泥。试验还说明，同一外加剂掺量下邯郸水泥坍落度高于冀东水泥和启新水泥。

3. 混凝土中掺合料的配制

为改善混凝土基材的化学组分，以便更大幅度地提高混凝土强度，有效控制混凝土坍落度损失，改善混凝土的性能，降低工程成本，用两种超细矿粉按一定比例进行复合，掺入混凝土中，其性能明显优于单掺，充分发挥了这两种材料填充效应、火山灰效应和微集料效应等方面的相互促进和相互补充的作用。

4. 其他参数对强度和坍落度影响

在优选外加剂、水泥品种和掺合料的基础上，需进一步确定配合比中其它参数的合理取值，如水灰比、灰砂比等。采用正交试验法，选取水胶比、灰砂比、砂率和复合掺合料掺量 4 个因素，每个因素选取 3 个水平，采用邯郸 42.5 普通硅酸盐水泥，掺 YGU-F3 减水剂 1.8％进行正交试验，结果为：复合物掺量取 8％～10％，水胶比选择 0.25～0.30，灰砂比选择 0.8～1.0，砂率选择 0.33～0.35。

根据以上的参数范围，选定水泥 480kg，686kg，石子 1119kg，复合掺合料 55kg，外加剂 21.4kg 进行试拌，混凝土拌合物的和易性满足要求。

（四）混凝土拌合物性能试验

① 混凝土坍落度对比试验。在配合比和用水量不变的情况下，掺入减水剂，可比基准混凝土坍落度提高 21.0～22.5cm。

② 掺入复合高效减水剂的混凝土，其凝结时间比基准混凝土延缓 2～3h，这 2～3h 的缓凝时间和 2h 内的坍落度损失率不足 15％，给商品混凝土施工提供了极大的方便，同时对预防高强混凝土因水泥用量较高，过早出现水泥水化热高峰起到了抑制作用。

③ 通过试验测定，新拌混凝土的含气量为 1.7％～2.5％，经过精心振捣，气泡可以大部分溢出，含气量降至 0.7％～1.0％，所以在施工浇筑过程中，应将混凝土充分进行振捣，使其密实，含气量要降至最低限度。

④ 试验测得混凝土的泌水值在 80～105mL 之间，证明混凝土具有良好的可泵性。

（五）硬化混凝土性能试验

1. 混凝土抗渗性试验

经试验，混凝土的抗渗标号可达 S35 以上，可用于钢筋混凝土自防水结构。

2. 混凝土收缩性试验

C80 高强混凝土各龄期的收缩率均小于普通混凝土，收缩率随时间的增长而增长，90d

的收缩率在（1.20～1.50）/10000。通过理论计算，C80 混凝土极限收缩数值约为 6.10/10000，低于 9.30/10000 的极限收缩要求。

3. 碳化速度对比试验

将 C80 混凝土试件与普通 C30 混凝土试件同时置于自然环境中放置，90d 测其碳化深度，C80 高强混凝土的碳化深度为 0，普通 C30 混凝土的碳化深度达到 8～10mm，这充分证明高性能混凝土具有良好的护筋性。

4. 混凝土中含碱量测定

由于 C80 高性能混凝土水泥用量高，为防止碱集料反应，应严格控制各种组分带入混凝土的含碱量，尤其是要控制外加剂中的含碱量。经检测每立方米 C80 高性能混凝土碱含量为 0.762kg，满足每立方米混凝土中碱含量为 1kg 的要求。

5. 变形性能试验

经试验测定，混凝土的静力弹性模量平均值为 4.67×10^4 MPa。由于弹性模量的增高，混凝土的极限变形能力也随之增高，这说明高强混凝土具有增高的极限变形性能，因为作为基相的水泥砂浆具有增高的极限变形性能。由于混凝土采用了高质量的材料和适宜的水灰比，且由于集料与水泥石的黏结强度提高，以及初始混凝土结构缺陷减少，使得微裂缝开始形成的时间推迟，对于混凝土工程结构有利。

6. 抗冻融性能试验

由于 C80 高性能混凝土的水灰比小，强度较高，结构致密，抗冻融性能好，经过 150 次冻融循环后，混凝土强度损失率仅 2.5%～3.1%，远远低于普通混凝土。

7. 其他力学性能试验

混凝土力学试验表明，随着混凝土抗压强度的提高，混凝土的抗折强度、轴心抗压强度、抗拉强度和弹性模量也随着提高。

第十八章

混凝土外加剂在泵送
混凝土中的应用

在普通水泥混凝土工程的施工过程中，由于水泥这种胶凝材料有时间上的严格限制（如初凝时间和终凝时间），所以其搅拌、运输和浇筑是一项繁重的、关键性的工作。随着科学技术的发展和混凝土结构施工高质量要求，水泥混凝土施工不仅要求迅速、及时，而且要保证质量和降低劳动消耗。尤其是对大型钢筋混凝土构筑物和高层建筑，如何正确选择混凝土的运输工具和浇筑方法尤为重要，它往往是施工方案、施工工期、劳动消耗、质量高低和工程投资的关键。

近些年来，在各类建筑工程推广应用的泵送混凝土技术，以其效率较高、费用较低、节省劳力、水平和垂直运输可一次连续完成、适用于大体积混凝土结构和高层建筑、适用于狭窄和有障碍物施工现场等优点，越来越受到人们的重视。

第一节　泵送混凝土的概述

混凝土泵是一种用于输送和浇筑混凝土的施工设备，它能一次连续地完成水平和垂直运输，尤其对于一些工地狭窄和有障碍物的施工现场，用其他运输工具难以直接靠近施工工程，混凝土泵更能有效地发挥作用。工业发达国家早就推广应用，尤其是预拌混凝土生产与泵送施工相结合，彻底改变了施工现场混凝土工程的面貌。这些年来，我国掀起大规模基本建设，泵送混凝土在我国亦得到很大发展，北京、上海、广州等发展泵送混凝土较早的城市，泵送混凝土技术已接近世界先进水平。

一、泵送混凝土的主要特点

泵送混凝土就是将预先搅拌好的混凝土，利用混凝土输送泵泵压的作用，沿管道实行垂直及水平方向输送的混凝土。泵送混凝土以其显著的特点，已在建筑工程中广泛推广应用。归纳起来，泵送混凝土有如下特点。

① 施工效率很高　泵送混凝土与常规混凝土的施工方法相比，施工效率高是其明显的优点。目前，世界上最大功率的混凝土泵的泵送量可达 $159m^3/h$，较大功率的混凝土泵的泵送量可达 $100m^3/h$ 左右，一般混凝土泵的泵送量可达 $60m^3/h$ 左右；混凝土泵的最大水平运距 1600m，最大垂直运距 400m，其施工效率是其他任何一种施工机械难以相比的。

② 施工占地较小　根据施工现场的实践经验证明，混凝土泵可设置在远离或靠近浇筑

点的任何一个方便的位置，由于混凝土泵的机身体积较小，所以特别适用于场地受到限制的施工现场。在配置合适的布料杆后，施工现场不必为混凝土的输送、浇筑留置专用通道，因此在建筑物集中区特别适用。

③ 施工比较方便　泵送混凝土施工的最大优势，是可使混凝土一次连续完成垂直和水平的输送、浇筑，从而减少了混凝土的倒运次数，较好地保证了混凝土的性能；同时，输送管道也易于通过各种障碍地段直达浇筑地点，有利于结构的整体性。

④ 保护施工环境　泵送混凝土是商品（预拌）混凝土，一般不在施工现场拌制，不仅节省了施工场地，而且减少了搅拌混凝土的粉尘污染；再加上泵送混凝土是通过管道封闭运输，又减少了混凝土运输过程中的泥水污染，更加有利于施工现场的文明整洁施工。

⑤ 各方面要求严　泵送混凝土由于施工工艺的要求，其所采用的施工设备、原材料、混凝土配合比、施工组织管理、施工方法等，与普通混凝土不同。尤其是泵送混凝土对材料要求较严，对混凝土配合比要求较高，要求施工组织严密，以保证混凝土连续输送，避免有较长时间的间歇而造成管道堵塞。

二、影响混凝土泵送的主要因素

混凝土能否顺利泵送，主要取决于是否供应可泵送的混凝土拌合物，因为并不是所有的混凝土拌合物都能泵送。工程实践证明，如果混凝土坍落度太小，粗细集料的级配不好，或者集料的最大粒径过大，都会给混凝土泵送带来很大困难。

根据工程实践和材料试验证明：在一般情况下，不同原材料和配合比，所拌制的混凝土的性能固然不同。当原材料和配合比相同时，若拌和时间、温度、搅拌机械及运输车辆等不同时，所显示出的泵送混凝土的性能也不相同。由此可见，影响混凝土泵送的因素既是多方面的，也是非常复杂的。

（一）　水及细粉料对混凝土可泵性能的影响

混凝土拌合物是由表面性质、颗粒大小和密度不同的固体材料与水组成的。当混凝土拌合物在未加水之前，各种固体材料为散状颗粒堆聚体，颗粒之间无任何有机联系。但在加入拌合水之后，则可以使这个散状颗粒堆聚体具有连续性，水泥的水化反应开始。由此可见，在混凝土拌合物中的水是水泥进行水化的必要条件，是各种组成材料之间联络的关键，它主宰着混凝土泵送的全过程。

混凝土拌合物中加水拌和使其流动性满足泵送施工工艺要求，这是水对泵送混凝土有利的一个方面。如果在混凝土拌合物中的细粉料（水泥加 0.3mm 以下的细料）对水没有足够的吸附能力和阻力，一部分水会在泵的压力作用下穿过固体之间的空隙，流向阻力较小的区域内。在泵送混凝土过程中，这种现象在输送管道内会造成压力传递不均，甚至出现水首先流失，集料与水泥浆分离。这是水对泵送混凝土不利的一个方面。

材料试验证明，水通过固体材料之间空隙的阻力，与固体材料的粒径大小有关。较粗颗粒的砂，水通过的阻力非常小，粒径为 0.3mm 以下时才具有阻力，颗粒的粒径越小水通过的阻力越大。因此，在泵送混凝土中更显示出水对细粉料的依赖性，这与混凝土的可泵性能有直接的关系。施工经验证明，每立方米混凝土应当含有 300～400kg 的细粉料。

在泵送混凝土中增加细粉料和使用减水剂的原理，实际上是提高混合物的黏稠和净浆的内聚性，目的是为了防止混凝土拌合物在泵送压力下脱水，以防止在泵送过程中导致管道堵塞。

（二）水泥浆含量多少对泵送混凝土的影响

混凝土泵送工艺的可靠性，主要与水泥用量有很大的关系。因为混凝土拌合物中石子和砂子本身无流动性，它必须均匀地分散在水泥浆体中才能产生相对位移，而且石子产生相对位移的阻力大小与水泥浆的厚度有关。在混凝土拌合物中，水泥浆填充集料之间的空隙并包裹着细集料，水泥砂浆在粗集料的表面形成一个润滑层，随着水泥砂浆层厚度加大，石子产生相对位移的阻力减小。另外，随着水泥浆含量的增加，集料的含量相应减少，混凝土坍落度增大，这样非常有利于混凝土泵送。

水泥浆体的作用原理可以用摩擦理论加以分析，由黏着理论而言，摩擦表面互相黏着，是造成摩擦阻力的根本原因。如果把泵送压力当成一定值，要想降低摩擦系数时，主要途径是设法降低或减弱摩擦的剪切强度，而剪切强度的大小取决于管道内壁表面的润滑性能，实质上是取决于水泥浆含量的多少。因此，对泵送混凝土的水泥用量有最低的数值，我国规定：泵送混凝土的水泥用量应在 280kg/m^3 以上。

泵送混凝土的可泵性，除了水泥用量对其有较大影响外，还与水泥浆本身的稠度有密切的关系。如果稠度过大，混凝土的流动性就会减小，混凝土与管壁的摩阻力增大，由此将会引起混凝土拌合物不能泵送。如果水灰比过大，混凝土拌合物的流动性虽然较好，则水在泵送压力的作用下首先损失，也会使混凝土与管壁摩阻力增加，造成混凝土质量不佳。

（三）石子粒径和表面性质对泵送混凝土的影响

石子是水泥混凝土中用量最多的材料，在混凝土中起着骨架的作用，并能显著影响混凝土的可泵性能和硬化后的物理力学性能。石子粒径的最大尺寸与配筋、施工方法等因素有关。泵送混凝土实践证明，在进行混凝土泵送时，如果输送管内有 3 个大颗粒石子，排在一起就容易造成堵塞。因此，石子的粒径大小和颗粒级配是配制泵送混凝土的重要条件。美国混凝土协会（ACI）304.2R71《泵送混凝土》中建议，石子的最大粒径应不大于输送管内径的 1/3。

此外，石子的形状和表面性质也影响混凝土拌合物的流动性和硬化后混凝土的强度。颗粒较圆、表面较平滑的石子，其空隙率较小，填充空隙和包裹颗粒所需要的水泥浆较少，当水泥浆用量一定时，混凝土的流动性比较大。因此，从泵送混凝土施工工艺来说，卵石比碎石的可泵性能好。但是，表面光滑的卵石和水泥浆之间黏结不如碎石牢固，当混凝土的水灰比相同时，卵石混凝土的强度偏低。

（四）管道和泵送压力对泵送混凝土的影响

管道对混凝土泵送的影响，主要表现在管道内壁表面是否光滑、管道截面变化情况和管线方向是否改变 3 个方面。混凝土泵送最主要的功能是给予混凝土拌合料压力，使其沿着管道向前滑动，也可以说采用混凝土泵的压力来压送混凝土是通过管道实现的。因此，此时混凝土混合料和管道内壁之间的摩擦力，直接影响到混凝土泵的压力。若降低混凝土与管道壁的摩擦力，则希望管道内壁具有光滑的表面。与此同时，需要有水泥浆使输送管内壁形成薄浆层，起到润滑作用。

混凝土拌合物在管内输送的过程中，当改变管线方向或输送管道截面由大变小时，将产生较大的摩擦阻力，对混凝土泵送不利。所以泵送混凝土的管道弯头越少越好，在整个泵送管路系统中最好采用相同直径的管道。在进行泵送混凝土时，泵送的压力必须大于混凝土拌合物在管壁上的抗剪力。此外，作用于管壁上的剪应力必须小于混凝土拌合物的屈服值。

第二节　泵送混凝土对原材料要求

泵送混凝土与普通混凝土一样，具有一定的强度和耐久性指标的要求。但与普通混凝土的施工方法不同，泵送混凝土在施工过程中，为了使混凝土沿管道顺利地进行运输和浇筑，必须要求混凝土拌合物具有较好的可泵性。所谓混凝土的可泵性，即指混凝土拌合物在泵送压力作用下，具有能顺利通过管道、摩阻力小、不离析、不堵塞和黏塑性良好的性能。这对能否顺利泵送和混凝土泵的使用寿命有很大影响。

泵送混凝土的组成材料，与普通水泥混凝土基本相同，主要由水泥、粗细集料、掺合料、外加剂和水等组成，但外加剂的种类和掺量有所不同。

一、泵送混凝土原材料要求

（一）水泥

在泵送混凝土中，水泥是影响泵送效果的重要因素。在选择水泥时，主要考虑水泥品种和水泥用量两个方面。

1. 水泥品种选择

工程实践证明，水泥品种对混凝土拌合物的可泵性能有一定影响。为了保证混凝土拌合物具有可泵性能，必须使混凝土拌合物具有一定的保水性，而不同品种的水泥对混凝土保水性的影响是不相同的。在一般情况下，保水性好、泌水性小的水泥，都宜用于泵送混凝土。根据北京、上海、广州等地的大量工程实践经验，泵送混凝土一般采用硅酸盐水泥、普通硅酸盐水泥为佳。

2. 最小水泥用量

泵送混凝土中的水泥砂浆在输送管道里起到润滑和传递压力的作用，适宜的水泥用量对混凝土的可泵性起着重要作用。如果水泥用量过少，混凝土拌合物的和易性则差，泵送阻力增大，泵和输送管的磨损加剧，容易引起堵塞；如果水泥用量过多，不仅工程造价和水化热提高，而且使混凝土拌合物黏性增大，也会使泵送阻力增大而易引起堵塞，对大体积混凝土还会引起过大的温度应力而产生温度裂缝。适宜的水泥用量，就是在保证混凝土设计强度的前提下，能使混凝土顺利泵送的最小水泥用量。

按照我国现行国家标准《钢筋混凝土结构工程施工质量验收规范》（GB 50204—2015）中规定：泵送混凝土的最小水泥用量为 $280\sim300kg/m^3$。有关试验结果表明：用强度等级为 42.5MPa 的水泥配制 C30 泵送混凝土，适宜的水泥用量为 $380\sim420kg/m^3$；用强度等级为 52.5MPa 的水泥配制 C30 泵送混凝土，适宜的水泥用量为 $350\sim380kg/m^3$。

（二）粗集料

泵送混凝土中粗集料的级配、粒径大小和颗粒形状，对混凝土拌合物的可泵性能都有很大的影响。泵送混凝土对石子粒径大小和级配的要求比普通混凝土严格，泵送是否顺利与石子的最大粒径和形状密切相关，所以泵送混凝土要控制石子的最大粒径，形状以圆球形或近似圆球形为佳。

配制泵送混凝土的粗集料应选用符合《建设用卵石、碎石》（GB/T 14685—2011）中的规定。级配良好的粗集料，其空隙率较小，对节约水泥砂浆和增加混凝土的密实度起很大作用。配制泵送混凝土的粗集料最大粒径与输送管径之比，一般建筑混凝土用碎石不宜大于1：3，卵石不宜大于1：2.5，高层建筑宜控制在（1：3）～（1：4），超高层建筑宜控制在（1：4）～（1：5）。粗集料的最大粒径与输送管径之比，如表18-1所列。

表 18-1　粗集料的最大粒径与输送管径之比

石子品种	泵送高度/m	粗集料最大粒径与输送管径之比	石子品种	泵送高度/m	粗集料最大粒径与输送管径之比
碎石	<50	≤1：3.0	卵石	<50	≤1：2.5
	50～100	≤1：4.0		50～100	≤1：3.0
	>100	≤1：5.0		>100	≤1：4.0

级配良好的粗集料，其空隙率小，对节约砂浆和增加混凝土的密实度都起着很大作用。对于粗集料颗粒级配，国外有一定的规定，各国皆有其推荐的曲线。

在我国现行的行业标准《混凝土泵送施工技术规程》（JGJ/T 10—2011）中，对5～20mm、5～25mm、5～31.5mm和5～40mm的粗集料，分别推荐了最佳级配曲线，图18-1中的粗实线为最佳级配线，两条虚线之间的区域为适宜泵送区，在选择粗集料最佳级配区时宜尽可能接近两条虚线之间范围的中间区域。由于我国的集料级配曲线不完全符合泵送混凝土的要求，所以仅作为参考，必要时，可进一步进行试验，把不同粒径的集料加以合理掺合，以得到理想的混凝土可泵性。

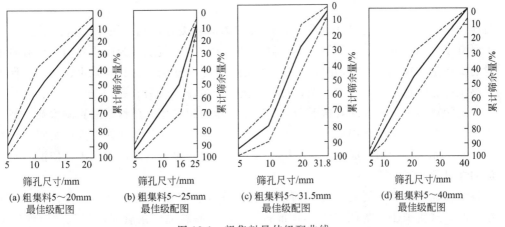

(a) 粗集料5～20mm最佳级配图　(b) 粗集料5～25mm最佳级配图　(c) 粗集料5～31.5mm最佳级配图　(d) 粗集料5～40mm最佳级配图

图 18-1　粗集料最佳级配曲线

（三）细集料

泵送混凝土拌合物之所以能在管道中顺利地移动，是由于靠水泥砂浆体润滑管壁，并在整个泵送过程中使集料颗粒能够不离析的悬浮在水泥砂浆体之中的缘故。因此，细集料对混凝土拌合物可泵性能的影响要比粗集料大得多，这就要求混凝土中的细集料不仅要含量丰富，而且级配要良好。

我国多数工程实践证明，采用中砂适宜泵送，砂中通过0.315mm筛孔的数量对混凝土可泵性能的影响很大。日本建筑学会制定的《泵送混凝土施工规程》中规定，用于配制泵送混凝土的细集料，通过0.3mm筛孔颗粒的含量为10%～30%；美国混凝土协会（ACI）推荐的细集料级配曲线建议为20%。国内工程实践也证明，此值过低在输送管中易产生堵塞，上海、北京、广州等地泵送混凝土施工经验表明，通过0.315mm筛孔的颗粒含量应不小于15%，最好能达到20%。这对改善泵送混凝土的泵送性能非常重要，因为这部分颗粒所占的比例过小会影响正常的泵送施工。

工程实践证明，采用细度模数为 2.3～3.0 的中砂比较适宜泵送，虽然个别工程也有采用粗砂获得成功的，但规程中仍规定泵送混凝土宜采用中砂。

（四）混合材料

所谓混凝土的混合材料，是指除去水泥、水、粗集料和细集料 4 种主要材料外，在搅拌时所加入的其他材料。混合材料一般分为掺合料和外加剂两大类。

1. 矿物掺合料

材料试验结果表明：掺入粉煤灰等硅质矿物掺合料，可显著降低混凝土拌合物的屈服剪切应力，大大提高混凝土拌合物的坍落度，从而提高混凝土拌合物的流动性和稳定性，粉煤灰颗粒在泵送过程中起着"滚珠"的作用，大大减少了混凝土拌合物与管壁的摩阻力。

粉煤灰是一种表面圆滑的微细颗粒，掺入混凝土拌合物后，不仅能使混凝土拌合物的流动性增加，而且能减少混凝土拌合物的泌水和干缩程度。当泵送混凝土中水泥用量较少或细集料中粒径小于 0.315mm 者含量较少时，掺加粉煤灰是最适宜的。

泵送混凝土中掺加粉煤灰的优越性不仅如此，它还能与水泥水化析出的 $Ca(OH)_2$ 相互作用，生成较稳定的胶结物质，对提高混凝土的强度极为有利；同时，也能减少混凝土拌合物的泌水和干缩程度。对于大体积混凝土结构，掺加一定量的粉煤灰，还可以降低水泥的水化热，有利于裂缝的控制。

2. 外加剂

目前，国内外所使用的泵送混凝土，一般都掺加各类外加剂。用于泵送混凝土的外加剂，主要有泵送剂、减水剂和引气剂三大类。对于大体积混凝土，为防止收缩裂缝有时还掺加适量的膨胀剂。在选用外加剂时，宜优先使用混凝土泵送剂，它具有减水、增塑、保塑和提高混凝土拌合物稳定性等技术性能，对泵送混凝土的施工较为有利。

在输送距离不是特别远的泵送混凝土施工中，也可以使用木质素磺酸钙减水剂。减水剂都是表面活性剂，其主要作用在于降低水的表面张力以及水和其他液体与固体之间的界面张力。结果使水泥水化产物形成的絮凝结构分散开来，使包裹着的游离水释出，使混凝土拌合物的流动性显著改善。

材料试验证明，引气剂是一种表面活性剂，掺入后能在混凝土中引进直径约 0.05mm 的微细气泡。这些细小、封闭、均匀分布的气泡，在砂粒周围附着时，起到"滚珠"的作用，使混凝土拌合物的流动性显著增加，而且也能降低混凝土拌合物的泌水性及水泥浆的离析现象，这对泵送混凝土是非常有利的。常用的引气剂有松香热聚物、松香酸钠等。一般普通混凝土引进的空气量为 3%～6%，空气量每增加 1%，坍落度则增加 25mm，但混凝土抗压强度下降 5%，这是应当引起重视的问题。

根据我国大量工程实践证明，在泵送混凝土中同时掺加外加剂和粉煤灰（工程上称为"双掺技术"），对提高混凝土拌合物的可泵性能十分有利，同时还可以节约水泥、降低工程造价，已有比较成熟的施工经验。但是，泵送混凝土所用的外加剂，应符合现行国家标准《混凝土外加剂应用技术规范》（GB 50119—2013）、《混凝土泵送剂》（JC 473—2001）和《预拌混凝土》（GB/T 14902—2012）中有关规定。

二、对泵送混凝土拌合物的要求

水泥浆体是泵送混凝土组成的主要基体，混凝土的泵送和凝结硬化主要依赖于水泥浆体。因此，水泥浆体的结构基本上控制和决定了混凝土的各项物理力学性能。水泥浆体在泵送混凝土中，既是泵送混凝土获得强度的来源，又是混凝土具有可泵性能的必要条件。水泥浆体能使混凝土拌合物稠化，提高石子在混凝土拌和物中均匀分散的稳定性，在泵送过程中形成润滑层，与输送管内壁起着润滑作用，当混凝土拌合物受到的压力超过输送管与砂浆之间的摩阻力时，混凝土拌合物则向前流动。

混凝土的可泵性，可以说是在特殊情况下混凝土拌合物的工作性，是一个综合性技术指标。为了保证浇灌后的混凝土质量，为了能够形成一个很好的润滑层，以保证混凝土泵送能顺利进行，对混凝土拌合物有以下要求。

① 所配制的混凝土拌合物，必须满足混凝土的设计强度、耐久性和混凝土结构所需要的其他各方面的要求。

② 混凝土的初凝时间不得小于混凝土拌合物运输、泵送，直至浇灌完毕全过程所属的时间，以保证混凝土在初凝之前完成上述工作。

③ 必须有足够的含浆量，它除了能填充集料间的所有空隙外，还有一定的富余量使混凝土泵输送管道内壁形成薄浆润滑层。

④ 混凝土拌合物的坍落度一般不得小于5cm，同时要具有良好的内聚性、不离析、少泌水，自始至终保持混凝土拌合物的均匀性。

⑤ 在混凝土基本组成材料中，粗集料的最大粒径应不大于泵送时输送管道内径的1/3，它的颗粒级配应采用连续的级配。

第三节　泵送混凝土的配制技术

泵送混凝土配合比设计的目的，是根据工程对混凝土性能的要求（强度、耐久性等）和混凝土泵送的要求，选择适宜的原材料比例，设计出经济、质量优良、可泵性能好的混凝土。它与传统施工的混凝土相比，其可泵性能是设计的重点和关键。由此可见，泵送混凝土配合比设计的主要内容是原材料选择、施工配制强度和混凝土可泵性。

一、泵送混凝土配合比设计

泵送混凝土的配合比设计，主要是确定混凝土的可泵性、选择混凝土拌合物的坍落度、选择水灰比、确定最小水泥用量、确定适宜的砂率、选择外加剂与粉煤灰。

（一）配合比设计的原则

根据泵送混凝土的工艺特点，确定泵送混凝土配合比设计的基本原则如下。

① 配制的混凝土要保证压送后能满足所规定的和易性、均质性、强度和耐久性等方面的质量要求。

② 根据所用材料的质量、混凝土泵的种类、输送管的直径、压送的距离、气候条件、浇筑部位及浇筑方法等，经过试验确定配合比。试验包括混凝土的试配和试送。

③ 在混凝土配合成分中，应尽量采用减水型塑化剂等化学附和剂，以降低水灰比，改善混凝土的可泵性。

（二）混凝土的可泵性

在常规混凝土的施工中，混凝土工作性的好坏是用和易性表示的；在泵送混凝土施工中，混凝土可泵送性能的好坏是用可泵性能表示的。混凝土的可泵性能，即混凝土拌合物在泵送过程中，不离析、黏塑性良好、摩阻力小、不堵塞、能顺利沿管道输送的性能。

目前，混凝土可泵性能尚没有确切的表示方法，一般可用压力泌水仪试验结合施工经验进行控制，即以其 10s 时的相对压力泌水率 S_{10} 不超过 40%，此种混凝土拌合物是可以泵送的。

压力泌水试验是一种检验混凝土拌合物可泵性能好坏的有效方法。混凝土拌合物在管道中于压力推动下进行输送时，水是传递压力的媒介，如果在混凝土的泵送过程中，由于管道中压力梯度大或管道弯曲、变直径等出现"脱水现象"，水分通过集料间的空隙渗透，而使集料聚结而引起阻塞。

在泌水实验中发现，对于任何坍落度的混凝土拌合物，开始 10s 内的出水速度很快，140s 以后泌出水的体积很小，因而 V_{10}/V_{140} 可以代表混凝土拌合物的保水性能，也反映阻止拌合水在压力作用下渗透流动的内阻力。V_{10}/V_{140} 的值越小，表明混凝土拌合物的可泵性能越好；反之，则表明可泵性能不良。

（三）坍落度的选择

泵送混凝土坍落度，是指混凝土在施工现场入泵泵送前的坍落度。普通方法施工的混凝土坍落度，是根据振捣方式确定的；而泵送混凝土的坍落度，除要考虑振捣方式外，还要考虑其可泵性，也就是要求泵送效率高、不堵塞、混凝土泵机件的磨损小。

泵送混凝土的坍落度应当根据工程具体情况而定。如水泥用量较少，坍落度应当相应减小；用布料杆进行浇筑，或管路转弯较多时，由于弯管接头多，压力损失大，宜适当加大坍落度；向下泵送时，为防止混凝土因自身下滑而引起堵管，坍落度宜适当减小；向上泵送时，为避免过大的倒流压力，坍落度也不宜过大。

在选择泵送混凝土的坍落度时，首先应满足《混凝土结构工程施工质量验收规范》（GB 50204—2015）的规定，另外还应满足泵送混凝土的流动性要求，并考虑到泵送混凝土在运输过程中的坍落度损失。

我国规定泵送混凝土入泵压送之前的坍落度选择范围，可参考表 18-2。

表 18-2　泵送混凝土的坍落度

泵送高度/m	<30	30～60	60～100	>100
坍落度/mm	100～140	140～160	160～180	108～200

在一般情况下，泵送混凝土的坍落度，可以按照现行国家标准《混凝土结构工程施工质量验收规范》（GB 50204—2015）中的规定选用，对普通集料配制的混凝土以 80～180mm 为宜，对轻集料配制的混凝土以大于 180mm 为宜。

在混凝土拌合物进入混凝土泵体时，其坍落度应当符合设计要求，坍落度的允许误差不得超过表 18-3 中的规定。

表 18-3　混凝土拌合物坍落度的允许误差

所需坍落度/mm	坍落度允许误差/mm	所需坍落度/mm	坍落度允许误差/mm
≤100	±20	>100	±30

（四）砂率的选择

在泵送混凝土配合比中除单位水泥用量外，砂率对于泵送混凝土的泵送性能也非常重要。在保证混凝土强度、耐久性和可泵性的情况下，水泥用量最小时的砂率即最佳砂率。影响砂率的因素很多，主要有集料的粒径、粗集料的种类、细集料的粗细和水泥用量等。

泵送混凝土的砂率应比一般施工方法所用普通水泥混凝土的砂率高 2%～5%。这主要是因为输送泵送混凝土的输送管，除配备直管外，还有锥形管、弯管和软管等。当混凝土拌合物经过这些锥形管和弯管时，混凝土拌合物颗粒间的相对位置会发生变化，此时如果砂浆量不足，很容易出现管道的堵塞。经过试验证明，适当提高混凝土的砂率，对改善混凝土的可泵性是非常有利的。但是，如果砂率过大不仅会引起水泥用量和用水量的增加，而且会引起硬化混凝土质量变坏。

根据配制实践充分证明，泵送混凝土的砂率与其粗集料的最大粒径有关。比较适宜的砂率范围如表 18-4 所列。

表 18-4　泵送混凝土的适宜砂率范围

粗集料最大粒径/mm	适宜砂率范围/%	粗集料最大粒径/mm	适宜砂率范围/%
25	41～45	40	39～43

(五) 水灰比的选择

泵送混凝土的水灰比主要受施工工作性能的控制，一般情况要比理想水灰比大。工程实践证明，水灰比大有利于混凝土拌合物的泵送，但对混凝土硬化后的强度和耐久性有重大影响。因此，泵送混凝土水灰比的选择，既要考虑到混凝土拌合物的可泵性，又要满足混凝土强度和耐久性的要求。

有关试验证明，水灰比与泵送混凝土在输送管中的流动阻力有关。混凝土拌合物的流动阻力随着水灰比的减小而增大，其临界水灰比约为 0.45。当水灰比低于 0.45 时，流动阻力显著增大；当水灰比大于 0.60 时，流动阻力虽然急剧减小，但混凝土拌合物易于离析，反而使混凝土拌合物的可泵性能恶化。

我国在现行的行业标准《混凝土泵送施工技术规程》(JGJ/T 10—2011) 中规定，泵送混凝土的水灰比宜为 0.40～0.60。但是，对于高强泵送混凝土，水灰比应适当减小。如 C60 泵送混凝土，水灰比可控制在 0.30～0.35；C70 泵送混凝土，水灰比可控制在 0.29～0.32；C80 泵送混凝土，水灰比可控制在 0.27～0.29。

从以上数据可以看出，水灰比、强度指标和混凝土可泵性能之间，实际上存在着互相制约的因素。因此，泵送混凝土配合比设计在某种意义上，最重要的是根据试配强度和可泵性来选择水灰比值。为了保证泵送混凝土具有必需的可泵性能和硬化后的强度，可以采用掺加减水剂的方法来提高混凝土的流动性和强度。

(六) 最小水泥用量的限制

传统的混凝土施工，水泥用量是根据混凝土的强度和水灰比确定的。而在泵送混凝土施工中，除必须满足混凝土的强度要求外，还必须满足混凝土拌合物可泵性能的要求。因为泵送混凝土是用水泥浆或灰浆润滑管壁的。为了克服输送管道内的摩阻力，必须有足够的水泥砂浆包裹集料表面和润滑管壁，这就要求对泵送混凝土有最小水泥用量的限制。

最小水泥用量与泵送距离、集料种类、输送管直径、泵送压力等因素有关。英国规定泵送混凝土的最小水泥用量为 $300kg/m^3$；美国规定泵送混凝土的最小水泥用量为 $213kg/m^3$。根据我国的工程实践，对于普通混凝土最小水泥用量多为 $280～300kg/m^3$；对于轻集料混凝土多为 $310～360kg/m^3$。

由以上综合分析，根据我国泵送混凝土的施工水平，我国规定：泵送混凝土的最小水泥用量宜为 300kg/m³。

（七）混凝土粘聚性要求

按确定的配合比所拌制的泵送混凝土应具有良好的粘聚性。如果混凝土拌合物的粘聚性不良，易产生离析现象，在泵送过程中易发生输送管道的堵塞。为保证混凝土具有良好的可泵性，有离析现象的混凝土不能进入混凝土输送泵受料斗，对其应及时调整混凝土的配合比，改善混凝土的粘聚性，使其达到泵送的要求。

二、泵送混凝土的参考配合比

泵送混凝土的配合比，一般是先根据经验配合比进行试验，在试验的混凝土各项技术指标符合设计要求后，再确定最终的配合比。

为方便在实际工程中进行泵送混凝土的试配，尽快确定施工所用的配合比，表 18-5 列出了未掺粉煤灰泵送混凝土的配合比，表 18-6 列出了掺加粉煤灰泵送混凝土的配合比。

表 18-5 未掺粉煤灰泵送混凝土的配合比

| 序号 | 强度换算/MPa | | 碎石粒径/mm | 配合比 | | | 每 1m³ 混凝土用料/kg | | | | | 坍落度/cm |
	日本（f28）	中国（f28）		水灰比/%	砂率/%	"木钙"比/%	水泥	砂子	石子	"木钙"	水	
1	15.0	18.8	5～40	71.5	44	0.25	268	854	1036	0.670	192	11～13
2	18.0	22.5	5～40	62.0	43	0.25	310	816	1082	0.775	192	11～13
3	21.0	26.3	5～40	54.8	42	0.25	350	780	1078	0.875	192	11～13
4	15.0	18.8	5～25	71.5	45	0.25	282	861	1055	0.705	202	11～13
5	18.0	22.5	5～25	62.0	44	0.25	326	825	1047	0.815	202	11～13
6	21.0	26.3	5～25	54.8	43	0.25	369	786	1043	0.922	202	11～13

注：表中的"木钙比"为"木钙"掺加量占水泥用量的比例。

表 18-6 掺加粉煤灰泵送混凝土的配合比

| 强度换算/MPa | | 碎石粒径/mm | 配合比 | | | | 每 1m³ 混凝土用料/kg | | | | | | 坍落度/cm |
日本 f28	中国 f28		水胶比/%	砂率/%	"木钙"比/%	粉煤灰比/%	水泥	砂子	石子	"木钙"	粉煤灰	水	
15.0	18.8	5～40	58.5	42	0.25	15	291	780	1078	0.855	51	200	11～13
18.0	22.5	5～40	52.1	41	0.25	15	326	745	1071	0.960	58	200	11～13
21.0	26.3	5～40	47.0	40	0.25	15	361	710	1065	1.062	64	200	11～13
15.0	18.8	5～25	58.5	42	0.25	15	305	770	1061	0.898	54	210	11～13
18.0	22.5	5～25	52.1	42	0.25	15	342	750	1037	1.007	61	210	11～13
21.0	26.3	5～25	47.0	41	0.25	15	379	715	1029	1.118	67	210	11～13

注：表中的水胶比为水占水泥与粉煤灰总量的比例；粉煤灰比为粉煤灰占水泥与粉煤灰总量的比例。

第四节 泵送混凝土的施工工艺

由于泵送混凝土采用混凝土泵输送，所以泵送混凝土的施工工艺比普通混凝土复杂。泵送混凝土主要施工工艺包括对混凝土泵的选择与计算、混凝土泵的现场布置、泵送混凝土的拌制和运输、混凝土输送管道的选用和配置、泵送混凝土的泵送和浇筑等。

一、施工用混凝土泵

混凝土泵是泵送混凝土施工的核心设备，自 1970 年德国开始研究混凝土泵，至今已有 90 多年的历史。1959 年，德国的施文英公司生产出第一台全液压的混凝土泵；1963 年，美国的查伦奇-考克兄弟公司研制出了挤压式混凝土泵；20 世纪 60 年代中叶，德国又研制出了混凝土泵车。根据驱动方式不同，混凝土泵又可分为挤压式、活塞式和气压式 3 类；活塞式又可分为机械式和液压式两种，由于机械式比较笨重，已逐渐被液压式所代替。

1. 挤压式混凝土泵

挤压式混凝土泵首先在美国研制和推广，这是一种小管径的移动式混凝土泵，其工作原理与传统泵有很大不同。挤压式混凝土泵的压力比活塞式混凝土泵小，其输送距离和排出量不如活塞式混凝土泵大。因此，挤压式混凝土泵应用虽然很广，但并不是混凝土泵的发展方向。挤压式混凝土泵的主要工作技术性能，主要包括单位时间内的最大排量和最大输送距离。

2. 活塞式混凝土泵

活塞式混凝土泵是应用最早和最多的一种混凝土泵。20 世纪 50 年代中叶，德国施文英公司生产了以油作为工作液体的混凝土泵。由于液压式混凝土泵功率大，震动小，排量大，运输距离远，可以做到无级调节，泵的活塞可进行逆向运动，将输送管中将要堵塞的混凝土拌合物吸回到混凝土缸中，以减少堵塞的可能性，所以为混凝土泵大规模用于实际工程，创造了非常有利的条件，这是混凝土泵的发展方向。

3. 气压式混凝土泵

气压式混凝土泵是一种没有动力传动装置的风动混凝土输送设备，这种混凝土泵系统由一个压力容器和空气压缩设备组成，它具有结构简单、质量较轻、易于制造、价格便宜和维修方便等优点。

气压式混凝土输送泵要与空压机贮气罐出料器配套使用。气压式混凝土输送泵的工作程序，是被泵送的混凝土由钟形盖加入，经进风弯头将混凝土从出料口处吹出。工作时，首先加料，用喷嘴吹去进料口的污物，关闭钟形盖，打开截止阀使上部充气，然后打开进气阀则可以送混凝土。吹送完毕后关闭进气阀，打开排气阀，再打开钟形盖，准备第二次加料。ZH05 型气压式混凝土输送泵所需空压机能力，如表 18-7 所列。

表 18-7　ZH05 型混凝土泵不同水平距离和垂直高度需配空压机能力

垂直高度 /m	水平距离/m				
	50	100	150	200	250
0	2/3	3/3	4/5	5.5/6	7/8
10	3/3	4/5	5.5/6	7/8	—
20	4/5	5.5/6	7/8	—	—
30	5.5/6	7/8	—	—	—
40	7/8	—	—	—	—

注：表中数字单位为马力（hp），1hp≈745.7W。

二、混凝土泵送计算

泵送混凝土在施工前，首先应根据混凝土工程特点、浇筑工程量、施工进度计划、输送距离、输出量等，选择适宜的混凝土泵的型号，或对已有的混凝土泵进行验算，以便按照设计的工程进度计划顺利施工。

1. 输出量的验算

混凝土泵的主要技术参数是其泵送能力的大小，它是以单位时间内最大输出量（m³/h）和最大输送距离来表示的。这些技术参数一般在混凝土泵的技术资料中标明，这也是在标准条件下所能达到的最高限额。然而，在实际施工中，混凝土泵或泵车的输出量与输送距离有关，输送距离增大，实际的输出量就要降低，也就是最大输出量和最大输送距离不可能同时达到。

因此，对泵送混凝土施工中所能达到的实际输出量必须进行计算，这才是我们实际组织泵送施工需要的数据，才能用该值计算工程中混凝土泵的数量，然后进行布置。实际输出量 Q_A 可按下式计算。

$$Q_A = Q_{max} \alpha \eta \tag{18-1}$$

式中，Q_A 为混凝土的实际平均输出量，m³/h；Q_{max} 为混凝土的最大输出量，m³/h；α 为配管条件系数，如表 18-8 所列；η 为作业系数，根据混凝土运输车与混凝土泵供料的间断时间，拆装输送管和布料停歇等情况，一般取 0.5～0.7。

表 18-8　配管条件系数

水平换算的泵送距离/m	α 值	水平换算的泵送距离/m	α 值
0～49	1.0	150～179	0.70～0.60
50～99	0.90～0.80	180～199	0.60～0.50
100～149	0.80～0.70	200～249	0.50～0.40

由以上计算出的混凝土实际平均输出量 Q_A，就可以判断所选的混凝土泵型是否能满足工程要求，也可以计算需要配置几台混凝土泵才能满足工程的要求，即：

$$N = Q/Q_A t \tag{18-2}$$

式中，N 为混凝土泵所需的数量，台；Q 为混凝土的浇筑数量，m³；t 为混凝土泵送施工作业时间，h。

2. 输送距离的验算

泵送混凝土的输送不可能全部是水平直管，根据工程实际需要，必须设置一定数量的弯管、锥形管、垂直管和软管等，与直管相比，弯管、锥形管、软管的流动阻力大，引起的压力损失也大。垂直向上的直管，除存在与水平直管相同的摩阻力外，还需加上管内混凝土拌合物的重量，因而引起的压力损失比水平直管大得多。因此，在进行混凝土泵选型、验算其输送距离时，必须把向上垂直管、弯管、锥形管、软管等换算成水平直管长度，具体换算可按表 18-9 进行。

在考虑混凝土磨损状态的情况下，计算得出的总水平换算长度，不得超过混凝土泵所能达到的最大输送距离。如果总的水平换算长度超过或接近混凝土泵的最大输送距离，则应考虑在输送管道的适当位置增设接力泵。

表 18-9　混凝土输送管道的水平换算长度

种类	单位	规格		水平换算长度/m
向上垂直管	每米	100A(4B)		3
		125A(5B)		4
		150A(6B)		5
锥形管	每根	175A→150A		4
		150A→125A		8
		125A→100A		16
弯管	每根	90°	R＝0.5m	12
			R＝1.0m	9
软管	每根	5～8m		20

混凝土泵的最大水平输送距离，可以参照产品的性能表确定。必要时通过计算或试验确保。混凝土泵的最大水平输送距离可按式(18-3)进行计算：

$$L_{max}＝P_{max}/\Delta P_H \tag{18-3}$$

$$\Delta P_H＝2/r_0[K_1＋K_2(1＋t_2/t_1)V_2]\alpha_2 \tag{18-4}$$

式中，L_{max} 为混凝土泵的最大水平输送距离，m；P_{max} 为混凝土泵的最大出口压力，Pa；ΔP_H 为混凝土在水平输送管内每流动 1m 产生的压力损失，Pa/m；r_0 为混凝土输送管的半径，m；K_1 为黏着系数，Pa；K_2 为速度系数，Pa/m·s；t_2 为混凝土泵分配阀的切换时间，s；t_1 为活塞推压混凝土的时间，s，t_2/t_1 一般取 0.30；V_2 为混凝土拌合物在输送管内的平均流速，m/s；α_2 为径向压力与轴向压力之比，对于普通混凝土可取 0.90。

混凝土泵的泵送能力的计算结果，应符合以下几点要求：a. 混凝土输送管道的配套管的整体水平换算长度，应当不超过计算所得的最大水平泵送距离 L_{max}；b. 按照表 18-10 和表 18-11 换算的总压力损失，应当小于混凝土泵正常工作的最大出口压力。

表 18-10　混凝土泵送的换算压力损失值

管件名称	换算量	换算压力损失/MPa	管件名称	换算量	换算压力损失/MPa
水平管	每 20m	0.10	90°弯管	每只	0.10
垂直管	每 5m	0.10	管路截止阀	每个	0.80
45°弯管	每只	0.05	3～5m 的橡皮软管	每根	0.20

表 18-11　附属于泵体的换算压力损失值

部位名称	换算量	换算压力损失/MPa
Y 形管 175～125mm	每只	0.05
分配阀	每个	0.08
混凝土泵启动内耗	每台	2.80

三、泵送混凝土的施工

泵送混凝土施工是一种高效率、高质量的施工工艺，这就要求施工技术人员要根据工程特点、工期要求、施工气候和施工条件，正确地选择混凝土泵、泵车和输送管道，对混凝土泵的管道进行科学布置，合理地组织泵送混凝土施工，以求在保证质量、工期的前提下，取得较好的经济效益和社会效益。

泵送混凝土的施工工艺，主要包括泵送混凝土的供应、混凝土泵及管道的布置、混凝土的泵送与浇筑和泵送混凝土的质量控制等。

(一) 泵送混凝土的供应

泵送混凝土的供应，包括泵送混凝土的拌制和混凝土的运输两项内容。泵送混凝土只有按照设计的配合比要求，拌制出高质量的混凝土拌合物，才能保证混凝土的质量和泵送顺利进行；泵送混凝土只有连续不断地、按计划均衡供应，才能保证混凝土结构的整体性和按施工进度完成。因此，泵送施工前周密地组织泵送混凝土的供应，对混凝土泵送施工是极其重要的。

1. 泵送混凝土的拌制

泵送混凝土的拌制，在原材料的计量精度、质量控制、搅拌延续时间等方面，与普通混凝土基本相同。但对泵送混凝土所用集料的粒径和级配应严格控制，防止粒径过大的颗粒和异物拌入混凝土中，造成泵送中的堵塞现象。

泵送混凝土宜采用预拌混凝土，即在商品混凝土工厂制备，用混凝土搅拌运输车运送至施工现场，这样制备的泵送混凝土容易保证质量。如不采用商品混凝土工厂制备的泵送混凝土，在施工现场设混凝土搅拌站（楼）也可以，但必须符合国家现行标准《混凝土搅拌站（楼）技术条件》的有关规定。无论采用何种形式，在拌制泵送混凝土时，都必须符合国家现行标准《预拌混凝土》（GB/T 14902—2012）中的有关规定。

2. 泵送混凝土的运输

泵送混凝土的运输，是泵送混凝土施工工艺的关键，要求所选用的运输机具和方法要保证在运输过程中不使混凝土产生离析，目前常用的是搅拌筒为 $3m^3$ 或 $6m^3$ 的混凝土搅拌运输车。混凝土泵最好是连续作业，这样不仅能提高其泵送量，而且能防止输送管堵塞。要保证混凝土泵连续作业，则泵送混凝土的运输应能满足需要。

泵送混凝土的运输延续时间，在有条件的情况下应当缩短。一般情况下，对未掺加外加剂的混凝土，其运输延续时间不宜超过表 18-12 中的规定；对掺加外加剂的混凝土，其运输延续时间应通过试验确定，也可参考表 18-13 中的规定。

表 18-12　混凝土允许运输延续时间

混凝土的出机温度/℃	允许运输延续时间/min
25～35	50～60
10～25	60～90
5～10	90～120

表 18-13　掺木质素磺酸钙的泵送混凝土运输延续时间　　　　　　单位：min

混凝土强度等级	气温/℃		混凝土强度等级	气温/℃	
	≤25	>25		≤25	>25
≤C30	120	90	>C30	90	60

3. 混凝土运输注意事项

泵送混凝土运输车辆的调配，应保证混凝土输送泵压送时混凝土供应不中断，并且应使混凝土运输车辆的停歇时间最短。混凝土运输车装料之前，要排净滚筒中多余的洗润水，并且在运输过程中不得随意增加水。为保证混凝土的均质性，搅拌运输车在卸料前应先高速运转 20～30s，然后反转卸料。连续压送时，先后两台混凝土搅拌运输车的卸料，应有 5min 的搭接时间。

（二）混凝土泵及输送管的选择与布置

1. 混凝土泵的数量计算

混凝土泵的选型，是根据工程特点、要求的最大输送距离、最大输出量和混凝土浇筑计划（施工进度）来确定。在计算混凝土泵的实际平均输出量、混凝土泵最大水平输送距离和施工作业时间的基础上，按下式即可计算出需要的混凝土泵台数：

$$N_2 = Q/TQ_1 \tag{18-5}$$

式中，N_2 为所需混凝土泵的台数，台；Q 为混凝土浇筑数量，m^3；T 为混凝土泵送施工作业时间，h；Q_1 为每台混凝土泵的实际平均输出量，m^3/h。

2. 混凝土泵的布置

混凝土泵或泵车在现场的布置，要根据工程的轮廓形状、混凝土工程量分布、地形和交通条件等而确定。在具体布置时应考虑以下因素：a. 混凝土泵尽量靠近浇筑地点安排，这样布置一是便于配管、节省管道，二是方便运输、便于施工；b. 为保证混凝土泵连续工作，每台泵的料斗周围最好能同时停放两辆混凝土搅拌运输车，或者能使其快速交替；c. 多台混凝土泵同时浇筑时，各泵选定的位置要使其各自承担的浇筑量相近，最好能同时浇筑完毕；d. 为使混凝土泵能在最优泵送压力下作业，如泵送距离超过混凝土的最大泵送距离时，最好考虑设置中继泵；e. 为便于混凝土泵的清洗，其位置最好靠近供水管道和排水设施；f. 为保证施工安全，在混凝土泵和泵车的作业范围内，不得有高压线、路沟和排水沟等障碍物；g. 在采用泵送混凝土施工工艺时，应当考虑到供电、交通、防火等方面。

3. 输送管和配管设计

（1）输送管的选择　泵送混凝土的技术性能除和泵体的性能有关外，还与配管有着密切的关系。通常配管的管径、质量、弯度、长度、接头等都直接影响着泵送效率。混凝土输送管包括直管、锥形管、弯管、软管、管接头和截止阀。

① 直管。建筑工程施工中应用的混凝土输送直管，常用管径为 100mm、125mm 和 150mm，壁厚一般为 1.6～2.0mm 的焊接钢管或无缝钢管，管段的长度有 0.5m、1.0m、2.0m、3.0m、4.0m 和 5.0m。常用直管的质量，应符合表 18-14 中的要求。

表 18-14　常用泵送混凝土直管的质量要求

管子内径/mm	管子长度/m	管子质量/kg	充满混凝土后的质量/kg
100	4.0	22.3	102.3
	3.0	17.0	77.0
	2.0	11.7	51.7
	1.0	6.4	26.4
	0.5	3.7	13.5
125	3.0	21.0	113.4
	2.0	14.6	76.2

续表

管子内径/mm	管子长度/m	管子质量/kg	充满混凝土后的质量/kg
125	1.0	8.1	33.9
	0.5	4.7	20.1

② 弯管。输送混凝土所用的弯管，其弯曲角度有 15°、30°、45°、60°和 90°，其曲率半径有 1.0m、0.5m 和 0.3m 三种，具有与直管段相应的口径。常用弯管的质量应符合表 18-15 中的要求。

表 18-15　常用泵送混凝土弯管的质量要求

管子内径/mm	弯曲角度/(°)	管子质量/kg	充满混凝土后的质量/kg
100	90	20.3	52.4
	60	13.9	35.0
	45	10.6	26.4
	30	7.1	17.6
	15	3.7	9.0
125	90	27.5	76.14
	60	18.5	50.9
	45	14.0	38.3
	30	9.5	25.7
	15	5.0	13.1

③ 锥形管。锥形管主要用于不同管径的变换处，以便前后管子顺利连接。常用的锥形管有 ϕ175～150mm、ϕ150～125mm、ϕ125～100mm，长度一般多为 1m。

④ 软管。软管的作用主要安装在输送管的末端直接进行布料，其长度可根据实际需要设置，一般为 5～8m。对软管的要求是柔软、轻便和耐用，便于人工搬动。常用的软管质量应符合表 18-16 中的要求。

表 18-16　常用泵送混凝土弯管的质量要求

管子内径/mm	软管长度/m	软管质量/kg	充满混凝土后的质量/kg
100	3.0	14.0	68.0
	5.0	23.3	113.3
	8.0	37.3	181.3
125	3.0	20.5	107.5
	5.0	34.1	179.1
	8.0	54.6	286.6

⑤ 管接头。管接头主要用于管子之间的连接，以便快速装拆输送管道和及时处理堵管部位，这样既方便施工，又可提高工作效率。

⑥ 截止阀。泵送混凝土管道上常用的截止阀，常用的有针形阀和制动阀。截止阀用于垂直向上泵送混凝土过程中，主要为防止因混凝土泵送暂时中断，垂直管道内的混凝土因自重而对混凝土泵产生的逆向压力，不仅可以使混凝土泵得到保护，同时还可以降低混凝土泵

的启动功率。

选择输送管，关键在于输送管直径的选择，它取决于粗集料的最大粒径、要求的混凝土输送量和输送距离、泵送的难易程度。混凝土泵的型号，在满足使用要求的前提下，选用小管径的输送管有以下优点：a. 末端用软管布料时，小直径输送管质量轻，搬运比较方便；b. 泵送混凝土拌合物产生泌水时，在小直径管中产生离析的可能性较小；c. 在正式泵送前润滑管壁所用的材料较少；d. 输送管的购置费用低，可以降低工程造价。

目前，国内常用的输送管，多数直径为 100mm、125mm 和 150mm，相应的英制管径为 4B、5B 和 6B，其中以 125mm 的应用最多。

（2）配管设计　混凝土输送管应当根据工程特点、施工现场情况和制订的混凝土浇筑方案进行配管设计。配管设计方案的好坏关系到施工是否顺利、质量是否合格。根据工程实践经验，配管设计的原则是：满足工程施工的要求，便于混凝土浇筑和管段装拆，尽量缩短管线长度，少用弯管、斜管和软管。

配管设计应绘制布管简图，列出各种管件、管连接环和弯管、软管的规格与数量，提出备件清单，并选用正规厂家生产的优质输送管。在配管设计和具体布置中应主要注意以下事项。

① 混凝土输送管道的布置，要求横平竖直。在同一条管线中，应采用相同管径的混凝土输送管；同时采用新、旧管段时，应将新管段布置在混凝土出口泵送压力较大处；管线尽可能布置成横平竖直。

② 混凝土输送管应根据粗集料最大粒径、混凝土强度等级、混凝土输出量和输送距离及输送难易程度等进行选择，选择的输送管应具有与泵送条件相适应的强度。

③ 选择的混凝土输送管的管径要适宜，不宜太大或太小。如果管径过小，只能使用小粒径的粗集料，会增大混凝土与管壁的摩擦力，缩短可输送距离；如果管径过大，管子本身重量较大，拆装搬运很不方便。

④ 垂直向上配管时，一般需在垂直向上配管下端与混凝土泵之间，配置一定长度的水平管，水平管长度不宜小于垂直管长度的 $1/4$，且不宜小于 15m，或者按照混凝土泵的产品说明书的规定配置。

⑤ 当垂直向上配管的高度很高时，除配置水平管外，还应在混凝土泵 Y 形管出料口 3～6m 处的输送管根部设置截止阀，以防止混凝土拌合物出现倒流。

⑥ 向下倾斜配管，当配管的倾斜角度大于 7° 时，应在倾斜管的上端设排气阀；当高差 h 大于 20m 时，还应在倾斜管下端设 $L=5h$ 长度的水平管。

⑦ 水平输送管每隔一定距离，用支架、台架、吊具等加以固定，以便排除堵塞的管道、装拆和清洗管道；垂直管可用预埋件固定在墙或柱、楼板预留孔处，但不得直接支承在钢筋、模板上。

⑧ 为确保混凝土顺利输送，对于混凝土输送管，夏季应用湿草袋等加以遮盖，以避免阳光直接照射，并注意每隔一定时间洒水湿润，防止管中混凝土因升温而导致堵塞；在严寒季节施工时，混凝土输送管道应用保温材料包裹，以防输送管内的混凝土受冻，确保混凝土的入模温度。

⑨ 当水平输送距离超过 200m，垂直输送距离超过 40m 时，垂直向下的输送管或斜管的前面应设置水平管。

⑩ 当混凝土拌合物中的单位水泥用量低于 300kg/m³ 时，必须慎重选择配管方案和泵

送工艺，通常可采用大直径的混凝土输送管和长的锥形管，尽量少用或不用弯管和软管，以降低混凝土输送阻力。

⑪ 当混凝土输送高度超过混凝土泵的最大输送高度时，可用接力混凝土泵进行泵送，接力泵出料的水平管长度，也不宜小于其上垂直长度的 1/4，且不小于 15m，并要设置一个容量约 1m³、带搅拌装置的贮料斗。

⑫ 混凝土输送管道的铺设不仅应符合经济、适用的要求，而且还要确保安全施工，便于管道的清洗、排除故障和装拆维修。

⑬ 输送管的接头应严密，有足够的强度，并能够快速装拆。

常用的混凝土输送管的规格如表 18-17 所列，输送管道的直径与粗集料粒径的关系如表 18-18 所列。

表 18-17　常用的混凝土输送管的规格

混凝土输送管种类		输送管内径/mm		
		100	125	150
焊接直管	外径/mm	109.0	135.0	159.2
	内径/mm	105.0	131.0	155.2
	壁厚/mm	2.0	2.0	2.0
无缝直管	外径/mm	114.3	139.8	165.2
	内径/mm	105.3	130.8	155.2
	壁厚/mm	4.5	4.5	5.0

表 18-18　混凝土输送管道的直径与粗集料粒径的关系

粗集料最大粒径/mm		输送管最小直径/mm
卵石	碎石	
25	20	100
30	25	100
40	40	125

（三）混凝土泵的排量

混凝土输送泵的实际排量，是施工中进行施工组织管理的重要技术数据，一般用泵的理论排量与容积效率乘积表示。活塞式混凝土泵的排量，是活塞缸的排出容积乘以活塞的行程次数，如果是多缸型混凝土泵，则还需乘以活塞缸数。在同一理论排量的情况下，若活塞缸的内径大，则长度小；若排出容积小，活塞往复行程次数就相应增加。为了尽可能减少混凝土在输送管内断面形状的变化，泵的活塞内径应尽可能与混凝土输送管的内径相接近，一般为 100～150mm。

混凝土输送泵的容积效率一般为 80%～90%，输送的混凝土坍落度越低，则容积效率也随之下降。混凝土输送泵的容积效率一般由试验测定。目前我国工程中混凝土泵的排量，一般分为 <30m³/h、45～65m³/h 和 80～90m³/h 三档，最常见的混凝土泵排量为 60m³/h。

（四）混凝土的泵送与浇筑

混凝土的泵送与浇筑工作内容很多，实际上主要包括泵送前的准备工作、混凝土泵送与混凝土浇筑 3 个方面。

1. 泵送前的准备工作

为保证把混凝土拌合物顺利地用混凝土泵经过输送管送至浇筑地点，必须在正式泵送前做好一系列的准备工作。准备工作主要包括模板和支撑的检查、结构钢筋骨架的检查、检查混凝土泵或泵车的放置、检查混凝土泵和输送管路、检查施工组织方面的准备等。

（1）模板和支撑的检查　泵送混凝土流动性大，施工浇筑速度快，混凝土拌合物对模板的侧压力大，为此模板和支撑必须具有足够的强度、刚度和稳定性，不得产生任何的破坏和变形。在泵送前要逐块、逐件检查，以保证顺利施工和结构的形状、尺寸。同时要检查布料设备，使其不得碰撞或直接放置在模板上，对布料杆下的模板和支撑要适当加固。

（2）结构钢筋骨架的检查　结构钢筋骨架是钢筋混凝土中的关键性材料，在钢筋混凝土中起着重要作用，加之钢筋是隐蔽工程，事后很难采取补救措施。因此，在泵送前要认真检查钢筋的位置、规格、根数、绑扎情况，在正式浇筑混凝土之前进行验收，并由监理工程师签字。板和大体积块体结构的水平钢筋骨架（网），应设置足够的钢筋支撑脚或钢支架，钢筋骨架重要节点处宜采取专门的加固措施。

（3）检查混凝土泵或泵车的放置　混凝土泵或泵车，在泵送混凝土时都有脉冲式振动，如果放置处地基不坚实稳定，或有一定的坡度，很可能因振动而使混凝土泵或泵车滑动，造成不必要的麻烦，所以应将泵体垫平固定。如基坑采用支护结构，则在支护结构设计和施工时，要充分考虑混凝土泵或泵车的地面附加荷载，以确保泵送混凝土时支护结构的安全。

对混凝土泵车，应伸出外伸支腿支承于地面上，必要时支腿下应设置木板，以扩大支承面积，减小单位压强，以防止泵车回转或使用布料杆浇筑混凝土时，因支腿不均匀下降而导致泵车不稳定，在软土地区要特别注意。

（4）检查混凝土泵和输送管路　混凝土泵的安全使用和正确操作，应严格执行使用说明书和其他有关规定。同时，施工管理部门，也可根据具体实际根据使用说明书，制订专门的操作规程。在混凝土泵和输送管路连通后，应按所用混凝土泵使用说明书的规定进行全面检查，符合要求后方能开机进行空运转。

（5）检查施工组织方面的准备　混凝土泵送施工是一个多方配合、相互协作、综合保证、全面管理的系统工程，必须认真做好施工组织方面的准备工作。施工组织检查的内容主要包括：混凝土泵的操作人员是否经过专门培训，是否有劳动部门颁发的上岗证书；水、电、道路是否畅通；指挥人员、管理人员、通讯设备是否齐全；混凝土泵、搅拌运输车、浇筑地点是否明确、协调；施工进度计划是否落实等。

2. 泵送混凝土的运输工具选择

泵送混凝土的运输是混凝土泵送施工工艺的关键，是保证泵送混凝土质量的基础，必须严格按照规范规定进行。

（1）泵送混凝土的运输设备　泵送混凝土的供应，国内外一般采用商品化的预拌混凝土。预拌混凝土的运输工具种类很多，在有条件的单位最好优先使用混凝土搅拌运输车，否则需要在施工现场设置二次搅拌装置。常用混凝土搅拌运输车的料斗容量有 3m 和 6m 两种。

（2）泵送混凝土的运输延续时间　混凝土拌合物的和易性随着运输时间的延长而降低，为保证混凝土拌合物的质量，应尽量缩短运输的延续时间。一般情况下，泵送混凝土的运输延续时间，不宜超过表 18-12 中所列数值。

3. 混凝土的泵送

为防止初泵送时混凝土配合比的改变，在正式泵送前应用水、水泥浆、水泥砂浆进行预泵送，以润滑泵和输送管内壁，一般 $1m^3$ 水泥砂浆可润滑约 300m 长的管道。

混凝土泵的操作方法是否正确，不仅直接影响混凝土的泵送效果，而且也影响混凝土泵的使用寿命。所以，在压送混凝土时混凝土输送泵的操作注意以下几个方面。

（1）开始泵送混凝土时，混凝土泵应当处于低速、匀速并随时可反泵的状态，并时刻观察泵的输送压力，当确认各方面均正常后才能提高到正常运转速度。

（2）混凝土泵送要连续进行，尽量避免出现泵送中断。混凝土在输送管连续压送时处于运动状态，匀质性好；输送出现中断时，输送管内的混凝土处于静止状态，混凝土就会产生泌水，混凝土中的集料也会按照密度不同而下沉分层，停歇的时间越长，越容易使混凝土产生离析，还可能引起输送管道的堵塞。如果出现不正常情况，宁可降低泵送速度，也要保证泵送连续进行，但从搅拌出机至浇筑的时间不得超过 1.5h。

（3）如果由于技术或组织上的原因，在迫不得已停泵时，每隔 4～5min 开泵一次，使泵正转和反转各两个冲程，同时开动料斗中的搅拌器，使之搅拌 3～4 转，以防止混凝土离析。如果泵送时间超过 45min，或混凝土出现离析现象，应及时用压力水或其他方法冲洗输送管，清除管内残留的混凝土。

（4）当混凝土泵出现工作压力异常、输送管路振动增大、液压油温度升高等现象时，不可再勉强高速泵送，操作人员应及时慢速泵送，立即查明原因，采取措施排除。可先用木槌敲击输送管弯管、锥形管等易堵塞部位，并进行慢速泵送或反泵，以防止堵塞。当混凝土输送管堵塞时，可采取下述方法排除。

① 使混凝土泵反复进行反泵和正泵，逐渐吸出堵塞处的混凝土拌合物，在料斗中重新加以搅拌后再进行正常泵送。

② 用木槌敲击输送管，查明堵塞管段，将堵塞处混凝土拌合物敲击松弛后，再通过混凝土泵的反泵和正泵，排除堵塞。

③ 当采用以上两种方法都不能排除堵塞时，可在混凝土泵卸压后，拆卸堵塞部位的输送管，排出堵塞的混凝土后，再接管重新泵送。但在重新泵送前，应先排除输送管内的空气后，方可拧紧管段接头。

（5）在混凝土泵送过程中，如经常发生泵送困难或输送管堵塞时，施工管理人员应检查混凝土的配合比、和易性、匀质性，以及配管方案、操作方法等，以便对症下药，及时解决问题。如事先安排有计划中断时，应在预先确定的中断浇筑部位停止泵送，但中断时间不宜超过 1h。

混凝土泵送即将结束时，应正确计算尚需要的混凝土数量，协调供需关系，避免出现停工待料或混凝土多余浪费。尚需混凝土的数量，不可漏计输送管内的混凝土，其数量可参考表 18-19。

表 18-19　输送管长度与混凝土数量的关系

输送管径	每100m 输送管内的混凝土量/m^3	每 $1m^3$ 混凝土量的输送管长度/m
100A	1.0	100
125A	1.5	75
150A	2.0	50

注：A 指内径大小，100A＝114mm，125A＝140mm，150A＝165mm，下同。

（6）在混凝土输送的过程中，如需要接长输送管，应预先用水泥浆或水对接长管段进行润滑。如果接长管段的长度小于或等于 3m 时也可不进行润滑。

4．混凝土的浇筑

混凝土的浇筑，应预先根据工程结构特点、平面形状和几何尺寸、混凝土制备设备和运输设备的供应能力、泵送设备的泵送能力、劳动力和管理水平，以及施工场地大小、运输道路情况等条件，划分混凝土浇筑区域，明确设备和人员的分工，以保证浇筑结构的整体性和按计划进行浇筑。

根据泵送混凝土的浇筑实践经验，在混凝土浇筑中应注意下列事项：a. 当混凝土入模时，输送管或布料杆的软管出口应向下，并尽量接近浇筑面，必要时可以借用溜槽、串筒或挡板，以免混凝土直接冲击模板和钢筋；b. 为便于集中浇筑，保证混凝土结构的整体性和施工质量，浇筑中要配备足够的振捣机具和操作人员；c. 混凝土浇筑完毕后，输送管道应及时用压力水清洗，清洗时应设置排水设施，不得将清水流到混凝土或模板里。

（五）泵送混凝土的质量控制

泵送混凝土的质量控制，是泵送混凝土施工的核心，是保证工程质量的根本措施。要保证泵送混凝土的质量，必须从原材料的选用开始，并将"百年大计、质量第一"的观念，在原材料计量、混凝土搅拌和运输、混凝土泵送的浇筑、混凝土养护和检验等全过程得以具体体现，进行全面有效的管理和控制，才能使混凝土既有良好的可泵性，又符合设计规定的物理力学指标。

1．原材料的质量控制

集料的级配和形状对混凝土的可泵性能有明显影响。对泵送混凝土所用的集料，除符合《混凝土结构工程施工及验收规范》的有关规定外，还必须特别注意以下事项。

① 我国目前生产的集料难以完全符合最佳的级配曲线，有时施工单位如在施工现场制备泵送混凝土时需自己掺配，对所掺加的集料要进行筛分试验，使级配符合粗集料最佳级配的要求。

② 对集料中的含泥量要严格控制，以保证混凝土的质量，特别是对高强混凝土和大体积混凝土更要严格控制含泥量。

③ 砂中通过 0.315mm 筛孔的数量是影响可泵性能的关键数据，不得小于 15%，砂的细度模数亦要满足要求。

④ 正确选择水泥的品种和强度等级，并要对其包装或散装仓号、品种、出厂日期等进行检查验收，当对水泥质量有怀疑或水泥出厂超过 3 个月时，应对其进行复查试验，并按照试验结果使用。

⑤ 现场制备泵送混凝土时，原材料应按品种、规格分别堆放，不得混杂，更要严禁混入煅烧过的白云石或石灰块。

2．混凝土搅拌的质量控制

混凝土搅拌的质量控制，关键在于保证混凝土原材料的称量精度、搅拌充分。在进行泵送混凝土配合比设计时，应符合现行国家或行业标准《混凝土泵送施工技术规程》（JGJ/T 10—2011）、《普通混凝土配合比设计规程》（JGJ/T 55—2011）的规定。在确定混凝土施工配制强度，应符合现行国家标准《混凝土结构工程施工及验收规范》（GB 50204—2015）的规定。混凝土原材料每盘的称量偏差不得超过表 18-20 中的规定。

表 18-20 混凝土原材料称量允许偏差   单位：%

材料名称	允许偏差
水泥、混合材料	±2
粗、细集料	±3
水、外加剂	±2

混凝土拌合物搅拌均匀，是混凝土拌合物具有良好可泵性能的可靠保证，而达到最短搅拌时间是基本条件。由于泵送混凝土的坍落度都大于 30mm，所以根据搅拌机的种类和出料量不同，要求的最短搅拌时间也不同。对强制式搅拌机，搅拌时间不得少于 60～90s；对自落式搅拌机，搅拌时间不得少于 90～120s。但亦不得搅拌时间过长，若时间过长，会使混凝土坍落度损失加快，造成混凝土泵送困难。

3. 混凝土运输的质量控制

混凝土运输的质量控制，是保持混凝土拌合物原有性能的重要环节。为保证混凝土运输中的质量，首先，要选择适宜的运输工具，最好采用混凝土搅拌运输车，可确保在运输过程中混凝土不离析；其次，选择科学的运输线路，尽量缩短运输距离，减少在运输过程中混凝土的坍落度损失；第三，运输道路要平坦，减少对混凝土的振动。

4. 混凝土泵送的质量控制

混凝土泵送的质量控制，主要是使混凝土拌合物在泵送过程中，不离析、黏塑性良好、摩阻力小、不堵塞、能顺利沿管道输送。混凝土在入泵之前，应检查其可泵性，使其 10s 时的相对泌水率 S10 不超过 40%，其他项目应符合国家现行标准《预拌混凝土》（GB/T 14902—2003）的有关规定。

在混凝土泵送过程中，操作人员应正确操作混凝土泵，以确保泵送过程中不堵塞输送管，并应随时检查混凝土的坍落度，以保证混凝土的质量和可泵性，混凝土入泵时的坍落度允许误差为 ±20mm。一旦出现输送管堵塞，要及时采取措施加以排除，不能强打硬上，以免造成严重事故。

当发现混凝土可泵性能差，出现泌水、离析、难以泵送和浇筑时，应立即对混凝土配合比、混凝土泵、配管、泵送工艺重新进行研究，并应立即采取相应措施加以改善。

在混凝土泵送过程中，对所泵送的混凝土，应按规定及时取样和制作试块，应在浇筑地点取样、制作，且混凝土的取样、试块制作、养护和试验，均应符合国家现行标准《混凝土强度检验评定标准》（GB 50107—2010）的有关规定。

对混凝土坍落度的控制，是混凝土泵送质量控制的重要方面。每一个工作班内应进行 1～2 次试验，如发现混凝土坍落度有较大变化时，应及时进行调整。压送前后，泵送混凝土坍落度的变化不得大于表 18-21 中的规定。

表 18-21 压送前后混凝土坍落度变化允许值

原混凝土配合比要求的坍落度/cm	混凝土坍落度变化允许值/cm
<8	±1.5
8～12	±2.5
>18	±1.5

对混凝土集料的最大粒径、级配、含泥量、含水量、拌合料的表观密度等，每一个工作

班内也要进行 1～2 次试验。

（六）混凝土泵管道的堵塞与排除

在混凝土泵送的施工过程中，混凝土输送管道经常会发生堵塞现象，主要是由于摩擦阻力过大而引起的，而泵送速度、水泥品种、粗细集料的形状、集料级配、配合比等都影响摩擦阻力。混凝土输送管道发生堵塞，不仅影响浇筑速度和混凝土质量，而且还会出现混凝土凝固于管道中的事故，非常难以处理。

为了防止产生混凝土输送管堵塞，在泵送过程中必须注意以下几个方面：a. 输送管道是否清洗干净；b. 混凝土的最小水泥用量、最大集料粒径、砂率和用水量是否合适；c. 输送管道的接头处是否有漏浆现象；d. 混凝土拌合物的坍落度变化是否太大；e. 混凝土搅拌是否均匀，搅拌运输的时间是否太长；f. 混凝土拌合物是否在管道中停留过久而凝固；g. 输送管道是否太长，弯管软管是否用得太多；h. 施工现场外部气温是否过高或过低等。只要特别注意了以上这些方面，就能够有效地防止混凝土输送管的堵塞。

为了防止产生混凝土输送管堵塞，必须严格限制粗集料最大粒径、最低水泥用量，并采用适宜的砂率、适量的用水、适宜的坍落度、良好的配合比、优质的预拌混凝土，掺加适量的外加剂，合理地配管和输送等。

混凝土输送管一旦出现堵塞，要立即停止泵送，查明堵塞的部位，卸下堵塞的管道，用人工清除障碍物，然后把管子重新接上，开动混凝土泵，恢复正常的施工。

第五节　外加剂在泵送混凝土中的应用实例

近年来，随着建筑行业水平的提高，高层及超高层建筑日渐增多，其建筑结构型式日趋大型化、复杂化和现代化。建筑施工技术也更加机械化这使得泵送混凝土得以迅速推广和普及。对于泵送施工的混凝土必须具有良好的可泵性能。所谓良好的可泵性能是在满足混凝土的强度和耐久性的前提下，减少压送阻力，防止离析以及减少坍落度损失等。在泵送混凝土配合比设计中，传统的方法是增大用水量，增加水泥用量，以提高混凝土的坍落度，以此来满足混凝土泵送要求。但用水量的增大往往使混凝土在运输和使用过程中产生离析、泌水，而水泥用量的增加往往使大体积混凝土产生收缩裂纹。为此，现在更多的是采用性能优异的泵送剂，泵送剂的使用不仅减少了用水量，降低了水泥用量，而且也降低了工程成本，节约了能源。

一、泵送混凝土在上海中心大厦中的应用

（一）工程概况

上海中心大厦位于陆家嘴金融贸易区中心，是一座集办公、商业、酒店、观光于一体的摩天大楼，大楼总建筑面积约 58 万平方米，地下 5 层，地上 127 层，高 632m，为中国第一、世界第二高楼。桩基采用超长钻孔灌注桩，结构为钢筋混凝土结构体系，竖向结构包括钢筋混凝土核心筒和巨型柱，水平结构包括楼层钢梁、楼面桁架、带状桁架、伸臂桁架以及组合楼板，顶部为屋顶皇冠。其中，混凝土结构施工时，不同高度采用不同强度等级的混凝土，核心筒体全部采用 C60 混凝土浇筑，巨型柱混凝土 37 层以下为 C70，37～83 层为 C60，83 层以上为 C50，楼板混凝土强度等级为 C35。其中，核心筒体混凝土实体最高泵送高度达

582m，楼板混凝土泵送高度达 610m。

（二）混凝土材料配制技术

本工程对混凝土工作性能要求极高，因此在原材料选择上较为严格，配合比设计时，除考虑强度要求，还需以工作性能为控制指标进行调整。本工程采用的 5～20mm 精品石是通过 5～10mm 和 10～20mm 复配得到。首先研究了两种级配不同比例下的紧密空隙率，如表 18-22 所列。根据混凝土泵送高度分为 4 个泵送区间，不同的泵送高度区间调整级配比例，具体调整情况如表 18-23 所列。由表可得，随着泵送高度的增加，不断增加细颗粒（5～10mm）在整个集料体系的占比，当泵送高度＞500m 后，将粗集料级配调整为 5～16mm。同时，也要调整混凝土胶凝材料总量和掺合料品种，以期进一步改善混凝土工作性能。

表 18-22 不同比例的精品石紧密空隙率

项目	5～10mm 和 10～20mm 复合比例				
	3：7	4：6	5：5	6：4	7：3
紧密空隙率/％	38	36	36	37	38

表 18-23 精品石随高度调整情况

高度区间	5～10mm 和 10～20mm 复合比例	高度区间	5～10mm 和 10～20mm 复合比例
300m 以下	4：6	398.9～407m	6：4
300～393.4m	5：5	501.3m 以上	级配调整为 5～16mm

为改善混凝土流动性，并保证混凝土输送过程中不发生离析，研究高性能外加剂复配技术。首先确定外加剂的主要组分，不同组分的主要作用。不同组分作用主要有减水、保坍、黏度调节，根据混凝土工作性能需要，通过试验确定复合比例。本工程中要求 C35、C50、C60 混凝土拌合物性能 4h 内扩展度应保持 600～750mm，无泌水、工作性能波动小，此外对 C50，C60 混凝土要求 3s＜T60＜8s。通过上述配制方法得到的混凝土工作性能优良，可满足 600m 级混凝土超高泵送施工要求。

（三）泵送设备

泵送设备选型时，采用 150mm 输送管，突破 125mm 输送管泵送压力极限，将混凝土泵送至 600m 高度所需压力估算值为 26.95MPa，若继续采用 HBT90CH-2135D 型混凝土泵泵送，其压力储备值仅为 22％左右，难以应对实际泵送过程中混凝土出现的异常情况。考虑到本工程施工可以为"千米级"建筑建造技术做一定的铺垫性研究，采用创新研发的新型 HBT90CH-2150D 型输送泵，其混凝土输送压力可达 50MPa，压力储备值接近 50％，可保障混凝土超高 600m 级泵送施工。通过该泵的实际工程使用，为"千米级"泵送设备的研发储备基础数据。输送管选用内径为 150mm 的双层复合管，内层耐磨，外层抗爆；材料抗拉强度为 980MPa，满足工程建设要求。

（四）超高混凝土泵送施工

1. 混凝土泵送设备布置

泵送设备布置时，为保障大方量混凝土顺利输送，本工程共布设 3 路泵管，其中 1 路为备用泵管。当工作管路无法正常工作时，可采用备用管路暂时替代，避免影响浇筑进度。考虑到混凝土浇筑量沿着建筑物高度区间变化较大，本工程 500m 以下高度的混凝土浇筑施工采用 2 台 HBT90CH-2150D 型混凝土固定泵，另外配备 1 台备用泵；500m 以上高度采用 1

台 HBT90CH-2150D 型混凝土固定泵，另外配备 1 台备用泵。

2. 混凝土浇筑施工

混凝土泵送施工时，结合混凝土可泵性能和结构密集程度要求，核心筒混凝土采用分区段配制。在核心筒底部区域，由于钢筋密布，采用自密实混凝土，有效降低了施工浇筑难度；在核心筒高段区域，考虑到混凝土可泵性能要求，采用自密实混凝土，其扩展度≥700mm；在核心筒中段区域，采用高流态混凝土，其扩展度≥650mm。同时，严格控制在混凝土工作性能良好的时间段内完成泵送作业，并对入泵扩展度、有效泵送时间等关键性能指标进行界定。

现场浇筑施工时，核心筒体混凝土浇筑采用"两管两布"方案，"布料机"设置在钢平台顶部，"布料机"型号为 HGY28，2 台"布料机"回转半径为 28m。巨型柱和主楼楼板混凝土采用一次连续浇筑方法，先浇筑巨型柱混凝土，然后浇筑楼板混凝土，在巨型柱混凝土终凝前完成楼板混凝土浇筑。巨型柱和组合楼板采用"两管四布"方案，核心筒内楼板与核心筒外楼板同时施工。上述措施显著提升混凝土结构的施工效率，实现了综合性能最优，保障了混凝土结构浇筑施工的顺利完成。

3. 管道拆换技术

本工程混凝土泵送方量大，管道磨损大，当管道磨损严重时，需及时更换。水平管大多铺设在地面或者楼面上，其更换、拆卸比较简单；但对于竖向管道的拆换，目前多是采用人工拆卸方法。由于操作空间有限，拆卸难度大、耗时长，混凝土泵送中止时间过长，易引起其流动性过大损失，再次泵送时易引发堵泵。工程中研制出的特殊顶升装置主要由千斤顶和 2 个托管组成，先将 2 个托管安装到要顶升管道 1，将千斤顶置于托梁上，松开管道 1、管道 2 的连接螺栓组，托管 1 顶住管道 1 的法兰，千斤顶将管道 1 顶起，换下管道 2，将顶升装置拆除，即完成更换管道工作。同时，为方便检修竖向管道，从核心筒第 14 框起，每隔 3 层设 1 个检修平台。

4. 绿色水洗技术

全程采用水洗技术，最大限度地利用输送管内混凝土，设置水洗废料承接架，回收残留的废弃混凝土和砂浆，达到绿色、文明施工要求；在泵车出口位置设置截止阀，避免输送管内混凝土回落带来的冲击，在 8 层位置设分流阀，便于管道切换和水洗。混凝土泵送水洗技术能够达到泵送多高水洗多高，最大限度利用混凝土，最大限度减少管道内残余混凝土浪费。水洗技术的应用显著提高了混凝土的利用率，工程节约混凝土材料约 1000m³。

二、泵送混凝土在天津高银 117 大厦中的应用

(一) 工程概况

天津高银 117 大厦主体结构采用巨型框架＋钢筋混凝土核心筒结构体系。混凝土工程总方量约为 18 万平方米，一泵到顶最大高度 596.2m。超高层混凝土施工主要包括塔楼核心筒剪力墙、核心筒楼板、外框架组合楼板、巨型柱混凝土等。混凝土强度等级为 C30～C70。

(二) 混凝土配合比

1. 试配强度的确定

混凝土配合比设计，根据工程要求，结构型式，设计指标、施工条件和原材料状况，强度保证率采用 95% 时，保证率系数 t 为 1.645；设计抗压强度为 C30 时，混凝土抗压强度标

准差 σ 为 4.5MPa，则混凝土施工配制强度为 37.4MPa。

2．粉煤灰掺量的确定

掺用粉煤灰依据国家标准《用于水泥和混凝土中的粉煤灰》（GB 1596—2017）和《水工混凝土掺用粉煤灰技术规范》（DL/T 5055—2007）中相关规定，本次试验确定粉煤灰掺量 20%。

3．外加剂掺量的确定

掺用外加剂按厂家推荐的最佳使用量，本次采用 AEWR 引气减水剂掺量为 1%。

4．水胶比的确定

在满足工作性能要求的前提下，宜选用较小的用水量，再减去减水剂部分，本次确定用水量 160kg/m³，在满足强度、耐久性及其他条件下，选用合适的水胶比，再减去减水引气剂的因素，确定基准水胶比为 0.39。

5．混凝土拌合物含气量的确定

在没有试验资料时，混凝土的含气量根据抗冻等级和集料最大粒径选用，本工程混凝土的含气量按 4%～6% 控制。

6．砂率的确定

在保证混凝土拌合物具有良好的粘聚性，并达到要求的工作性时用水量最小的砂率，决定本工程的砂率选择为 40%。

（三）泵送设备选型与定位

1．泵送设备选型

天津高银 117 大厦混凝土泵送结构高度 596.5m，现场布置 3 台超高压混凝土输送泵，泵车型号为三一重工生产的 HBT9050CH-5D，编号为 1、2、3 号泵。核心筒混凝土利用布置在顶部模板平台上的 2 台 HGY28 "布料机" 进行浇筑。

2．泵送设备定位

（1）场地硬化　混凝土泵设置处的场地应平整、坚实，周边道路具有重车行走条件。

（2）临路布置　根据天津高银 117 大厦项目总平面布置情况，为方便混凝土浇筑、设备保养及维修，尽可能将泵机布置在场区道路旁。

（3）互不干扰　两泵机布置间距不宜过小，泵机布置处要有足够的场地，保证混凝土搅拌输送车供料和调车方便。

（4）阻滞原则　根据泵管道布置阻滞原则，水平泵管道的折算长度要达到竖向泵管道折算长度的 1/5～1/4。根据现场场地情况，在不影响现场总平面布置的情况下进行排管，确定泵机位置。

（5）二级沉淀池布置　沉淀池应临近泵机进行布置，确保现场排水便利；考虑竖向泵管总长 600m，水平管道总长 150m，管道清洗的总排水量约为 14m³。沉淀池尺寸设计为8m×4m×0.6m；沉淀池布置时需考虑与泵机高低差布置，确保废水靠重力排出。废水经二级沉淀池沉淀处理后可循环利用。

（四）管道的选型与布置

1．管道的选型

1、2、3 号泵的首层水平管、转换层水平管及首层到转换层的竖向管采用单层耐磨材料、壁厚为 12mm、管径为 150mm 的超高压泵管。3 号泵转换层以上附着在巨型柱上的泵管采用 150mm 普通高压泵管，用于巨型柱和楼面浇筑，方便运输、安装、拆卸，每套泵管长 200m，壁厚 5mm。

2. 管道布置原则

(1) 原点布置　管道布置先考虑布置原点（水平与竖向转向点），从原点向两端布置。

(2) 避免产生阻滞现象　在竖向管道内混凝土的自重作用下，水平管道反向压力过大，极易造成管道阻滞。竖向管道越长，阻滞越明显。为避免该现象发生，通常水平管道布置折算长度应达到竖向管道折算长度的 1/5～1/4。经过计算，水平泵管道布置总长约 120m。

(3) 避免形成压力梯度　管道布置时，禁止将 3 个非标准件连续布置，以免形成压力梯度，造成混凝土堵塞。

(4) 等高布置　泵机出口压力对管道的附加冲击荷载很大，为确保混凝土泵送安全，对水平管道、首层竖向 90° 弯头采用混凝土墩进行加固。管道安装过程中先安装泵管、支撑架，后浇筑混凝土支撑墩。水平管道布置时，需将管道布置在同一水平标高上，确保管道顺直、等高布置。

（五）泵送施工技术

大厦巨型柱截面经过 8 次内收，并且整体以 0.88° 向上倾斜，竖向管道布置需设置多处弯头，且泵管道最大理论计算泵送高度只有 200m，如果通长布置极易出现爆管、堵泵危险，因此必须设置水平转换层，以减少巨型柱竖向管道布置长度。天津高银 117 大厦每 20 层设置 1 道转换层，间隔高度约 100m，转换层以下竖向管道采用超高压耐磨泵管，在转换层再设置多个转接口，可实现与 1、2、3 号竖向管道间连接转换。通过设置转换层，保证了混凝土泵送顺利进行，同时大大减小了竖向泵管用量（约 2000m），节约成本。

天津 117 大厦泵送混凝土相关联的水泥、混凝土外加剂、优质机制砂以及粗集料、泵送机械设备等全部都是国产产品，这意味着创世界纪录的超高层混凝土泵送实力完全由"中国制造"构成。将混凝土泵送至 621m 的高度，需要克服种种技术难题，其中的核心难题是"高度、黏度、温度和长度"。据介绍，为确保天津 117 大厦混凝土泵送施工"上得去、不堵管"，通过抽调、吸纳、培养专门技术人才，并邀请国内外知名专家为技术顾问，形成实力雄厚、阵容强大的专业技术团队。试验破解了诸如高强度等级混凝土黏度过高、低强度等级混凝土黏度低、高层泵送易堵管等技术难题，填补了高性能混凝土超高层泵送与技术领域中多项技术空白。

三、泵送混凝土在汾河二库水电站中的应用

（一）工程概况

汾河二库水电站位于汾河干流上游下段，坝址位于太原市郊区悬泉寺附近。汾河二库枢纽工程主要由拦河大坝、供水发电隧洞和水电站等项目组成。拦河大坝的坝高为 88m，主要采用碾压混凝土施工工艺，其他工程包括大坝进水塔，851m 高程灌浆平洞，供水发电隧洞的洞身衬砌、塔筒和排架柱，水电站的主厂房墙、排柱、抗风柱等项目均采用泵送混凝土工艺。截至 1999 年 11 月底，汾河二库总计完成泵送混凝土 16000m³。从成型的抗压、抗冻、抗渗试件结果来看，都满足或超过设计要求。

（二）材料选配

1. 原材料选择

汾河二库工程中所用的泵送混凝土的集料全部由人工集料系统产生。水泥为太原水泥厂

生产的 42.5 普通硅酸盐水泥，掺合料为神头二电厂生产的 I 级粉煤灰。

2. 配合比确定

根据采用的原材料泵送距离、泵的种类、输送管的管径、浇筑方法和气候条件等，并结合混凝土的可泵性，采用双掺法（掺粉煤灰、外加剂）先在室内进行配合比试验，最后确定各部位的配合比。

粉煤灰是一种具有活性的胶凝材料。其本身虽不能自行硬化，但能够与水泥水化析出的氢氧化钙相互作用，形成较强且较稳定的胶结物质。其表面圆滑的微细颗粒，掺入混凝土拌合物后，使流动性显著增加，且能减少混凝土拌合物的泌水和干缩程度。混凝土拌合物掺入粉煤灰后，可以显著改善混凝土的可泵性能，但对混凝土的早期强度、抗冻性及钢筋防锈存在微小的不利影响，为了使掺粉煤灰的混凝土抗冻性不受影响，严格控制粉煤灰的最大掺量（对于 42.5 普通硅酸盐水泥不超过 30%），并且对供水发电洞顶拱混凝土进行抗冻抽检试验，试验结果满足要求。

（三）施工工艺

1. 泵送混凝土的供应

泵送混凝土的连续不间断地、均衡地供应，能保证混凝土泵送施工顺利进行。泵送混凝土按照配合比要求拌制得好，混凝土泵送时则不会产生堵塞，因此，泵送施工前周密地组织泵送混凝土的供应，对泵送混凝土施工是重要的。泵送混凝土的供应包括拌制和运输两部分。

（1）泵送混凝土的拌制　汾河二库泵送混凝土的拌制由拌和站完成。拌和站由 4 台 1.5m³ 的强制式搅拌机组成。拌和系统的进料、拌和、出料等所有工序全部由电脑控制，精确性和机械化程度相当高。

（2）泵送混凝土的运输　汾河二库泵送混凝土的运输采用 8t 自卸汽车运到施工现场外的存料斗后，由 1m³ 挖掘机喂料至混凝土泵，然后由混凝土泵通过输送管将混凝土压入仓内。

2. 混凝土泵送设备及输送管的选择与布置

根据汾河二库工程特点，依据要求的最大输送距离、最大输送量和混凝土浇筑计划，选择混凝土泵的型号为 HBT-50C，输送管道管径直径为 125mm。

混凝土泵的布置，根据工程的轮廓形状，工程量分布、地形和交通条件等，汾河二库供水发电洞的塔筒和进口排架柱的混凝土泵布置在右坝头靠上游 912m 高程平台上；由于供水发电洞出口处地形比较狭窄，因此浇筑洞身的顶拱时，混凝土泵放置在供水发电洞出口处一块平地上；浇筑水电站主厂房墙壁时，混凝土泵放置在水电站基础开挖前原河床上；对于大坝进水塔混凝土，随着坝体混凝土浇筑的升高，坝面变窄，大坝上游的进水塔混凝土浇筑高程达到 874.7m 后，由于受施工场面狭窄的影响，由原来的门机的吊罐运输改为混凝土泵输送。

3. 混凝土的泵送

泵送混凝土前，首先由施工单位质检人员对所浇筑部位进行自检。除对浇筑仓的模板、钢筋等进行检查外，还需检查混凝土泵放置处是否坚实稳定，混凝土泵和输送管是否运行正常，现场组织是否协调等。质检人员检查合格后，由监理工程师进行终检，终检合格后下达开仓令。

混凝土泵送混凝土启动后，需对料斗、泵缸内和输送管内壁等进行湿润，并确认混凝土泵和输送管中无异物后，先按要求泵送一定数量的水泥砂浆，然后开始泵送混凝土。混凝土泵运转应慢速、匀速，泵送要连续进行，不得停顿。遇有运行不正常的情况，可放慢泵送速度，当混凝土供应不及时，宁可降低泵送速度，也要保持连续泵送。短时间停止泵送再运转时，要注意观察压力表，逐渐过渡到正常泵送。长时间停止泵送，若超过 30min，需将混凝土从泵和输送管中清除。

向下泵送时，为防止管路中产生真空，混凝土泵在启动时，要将管路中的气门打开，待下到管路中的混凝土有足够阻力时方可关闭气门。

在泵送混凝土过程中，要定时检查活塞的冲程，尽可能保持最大冲程运转，还应注意料斗内混凝土面不低于上口 20cm。

若发现混凝土输送管堵塞等故障，应及时采取相应措施进行排除，直到正常运行。混凝土泵送结束后，应及时清洗混凝土泵和输送管。

4. 混凝土浇筑

泵送混凝土浇筑时都是按照混凝土浇筑计划（要领图）组织施工的，而浇筑要领图的制定是通过对工程的结构特点、平面形状和几何尺寸、拌和站和运输设备的供应能力、HBT-50C 泵送能力等条件综合考虑，然后将相应的工程划分成若干区域进行浇筑，每一张浇筑要领图代表一个浇筑区域。

（四）结语

① 用混凝土泵输送和浇筑混凝土，可以节省劳动力，提高生产率。汾河二库工程中使用的 HBT-50C 混凝土泵一个台班可完成 400m³ 混凝土。而一台 HBT-50C 混凝土泵的操作人员，一般只需要 10 人。按此计算，劳动生产率约 40m³/工日，这比现行劳动定额规定的数值高出好多倍，而且工人的劳动强度降低，劳动条件得到改善。

② 用混凝土泵输送和浇筑混凝土，从一定程度上讲，能起到保证质量的作用。因为泵送混凝土对配合比和原材料都有较严格的要求。而汾河二库工程采用拌和站拌制混凝土，这样，在配合比、搅拌等方面质量都较好，所以施工质量有保证。

③ 为了改善混凝土的可泵性能，掺加粉煤灰是一种很好的技术措施手段。汾河二库掺加的粉煤灰占水泥用量的 25％，掺加粉煤灰后不仅能改善混凝土的可泵性，而且还可以降低水泥的水化热，有利于裂缝的控制，节约工程成本。

第十九章

混凝土外加剂在防水
混凝土中的应用

防水混凝土也称为抗渗混凝土，是以调整混凝土配合比、掺加化学外加剂或采用特种水泥等方法，提高混凝土的自身密实性、憎水性和抗渗性，使其满足抗渗等级等于或大于抗渗等级 0.6MPa 要求的不透水性混凝土。

第一节　防水混凝土的概述

混凝土结构在实际使用的过程中，往往是在水环境中，有的甚至承受较大的水压力，因此，对于在水环境中的混凝土结构，则需要具有较好的防水性能。但是，普通水泥混凝土有时则不能满足防水的要求，这就需要配制防水混凝土。

一、混凝土产生渗水的原因

在一般情况下，混凝土结构都要求具有一定的抗渗性，防水混凝土则要求具有较高的抗渗性。但是，由于种种原因往往会出现不同程度的渗漏，不仅影响混凝土结构的使用功能，而且影响混凝土结构的使用寿命。混凝土之所以产生渗水，从混凝土的内部结构看，主要是由于下述原因形成了渗水通道。

① 混凝土中的游离水蒸发后，在水泥石的本身和水泥石与砂石集料界面处，形成各种形状的缝隙和毛细管。

② 由于施工过程中管理不严，施工质量不好，混凝土未振捣密实，从而形成缝隙、孔洞、蜂窝等，成为渗水通道。

③ 混凝土拌合物保水性不良，浇筑后产生集料下沉、水泥浆上浮，形成严重的泌水，蒸发水分后，形成连通孔隙。

④ 在混凝土凝结硬化的过程中，未按照施工规范的要求对混凝土进行养护，结果造成混凝土因养护不当，形成许多塑性裂缝。

⑤ 由于温度差、地基不均匀下沉或荷载作用，在混凝土结构中形成裂缝，从而形成渗水的通道。

⑥ 混凝土在使用的过程中，由于受到侵蚀性介质的侵蚀，特别是有压力的侵蚀水的作用，使混凝土结构遭到破坏，在混凝土内部产生大量裂缝等。

混凝土渗水原因主要是其中存在的较大缝隙或毛细管，并不是所有任何缝隙或毛细管都渗水。试验证明，当孔径小于 25nm 的孔和封闭的孔对混凝土的抗渗性影响很小。当孔径大于 25nm 的开口型孔隙才会渗水的，尤其是孔径大于 $1\mu m$ 的孔隙，渗水更加严重。较小的凝胶孔，水在其中流动相当困难，可以说基本是不渗水的。

由此可见，要制备高抗渗性的防水混凝土，必须尽可能地减少混凝土中的孔隙率和微裂缝及各种影响抗渗性的缺陷，尤其是要避免出现孔径大于 $1\mu m$ 的开口孔和毛细管道。

二、防水混凝土的优点及其适用范围

工程实践充分证明，防水混凝土是一种良好的防水材料，用防水混凝土进行防水，与采用油毡卷材防水相比，具有以下优点：a. 可以大大简化施工工艺，缩短施工工期，并兼有防水和承重两种功能；b. 可以有效节约建筑材料，降低工程造价；c. 如果防水结构出现渗漏，不仅容易进行检查，而且便于施工修补；d. 耐久性很好，在正常情况下其防水功能与混凝土寿命基本相同。

防水混凝土的适用范围很广，防水混凝土的分类及适用范围如表 19-1 所列。

表 19-1　防水混凝土的分类及适用范围

防水混凝土种类		最高抗渗压力/MPa	特点	适用范围
普通防水混凝土		＞3.0	施工简单，材料来源广泛	适用于一般工业、民用建筑及公共建筑的地下防水工程
外加剂防水混凝土	引气剂防水混凝土	＞2.2	抗冻性好	适用于北方高寒地区抗冻性要求较高的防水工程及一般防水工程，不适用于抗压强度大于 20MPa 或耐磨性要求较高的防水工程
	减水剂防水混凝土	＞2.2	混凝土拌合物流动性好	适用于钢筋密集或捣固困难的薄壁型防水建筑物，也适用于对混凝土凝结时间（促凝或缓凝）和流动性有特殊要求的防水工程（或泵送混凝土）
	三乙醇胺防水混凝土	＞3.8	早期强度高，抗渗能力强	适用于工期紧迫，要求早强及抗渗性较高的防水工程及一般防水工程
	氯化铁防水混凝土	＞3.8	早期有较高抗渗性，密实性好，抗渗能力强	适用于水中结构的无筋或少筋厚大防水混凝土工程及一般地下防水工程，砂浆修补抹面工程、抗油渗工程
	膨胀剂或膨胀水泥防水混凝土	＞3.8	密实性和抗裂性均好	适用于地下工程和地上防水建筑物、山洞、非金属油罐和主要工程的后浇缝

三、防水混凝土抗渗等级的选择

由于防水混凝土兼有防水和承重两种功能，所以防水混凝土既要满足抗渗要求，又要满足力学性能的要求。防水混凝土的抗渗等级选择，可参照水工混凝土抗渗等级的有关规定确定。一般根据最大计算水头（最高水位高于地下室底面的距离）与混凝土的壁厚的比值来确定，参见表 19-2。

表 19-2　防水混凝土抗渗等级选择（作用水头）

最大作用水头与建筑物最小壁厚之比	抗渗等级	最大作用水头与建筑物最小壁厚之比	抗渗等级
＜5	S4	10～15	S8
5～10	S6	＞15	＞S12

由于采用防水混凝土不允许出现渗漏，所以其抗渗等级一般最低定为 P6（即在 0.6MPa 水压力作用下不产生渗漏）。对于抗渗性要求高的重要工程，其抗渗等级可为 P8～P20。如果按水力梯度（m）来选择抗渗等级，则可按表 19-3 中进行。

表 19-3　防水混凝土抗渗等级选择（水力梯度）

水力梯度/m	<10	10～15	15～25	25～35	>35
设计抗渗等级/MPa	0.6	0.8	1.2	1.6	2.0

四、普通防水混凝土

普通防水混凝土，是以调整配合比的方法，来提高自身密实度和抗渗性的一种混凝土，它是在普通水泥混凝土的基础上发展起来的。它与普通水泥混凝土的不同在于：普通水泥混凝土是根据结构混凝土所需的强度进行配制的，在普通水泥混凝土中，石子是混凝土的骨架，砂子填充石子的空隙，水泥浆填充细集料的空隙，并将集料黏结在一起。而普通防水混凝土，是根据工程所需要的抗渗要求配制的，其中石子的骨架作用并不十分强调，水泥砂浆除满足填充和黏结作用之外，还要求能在粗集料周围形成一定厚度的、良好的砂浆包裹层，以提高混凝土的抗渗性。

普通防水混凝土所以能够防水，是由于在保证一定的施工和易性的前提下，降低混凝土的水灰比，以减少毛细孔的数量和孔径，适当提高水泥的用量、砂率和灰砂比，使粗集料彼此隔离，以隔断沿着粗集料互相连通的渗水孔网；采用较小的集料粒径，以减小沉降孔隙；保证混凝土搅拌、浇筑、振捣和养护的施工质量，以防止和减少施工孔隙的产生。

（一）影响普通防水混凝土抗渗性的主要因素

普通防水混凝土的抗渗性，是其最重要的技术性能，也是评价其质量优劣的主要指标。但是，影响普通防水混凝土抗渗性的因素很多，主要有水灰比及坍落度、水泥品种及强度、水泥用量、砂率及灰砂比、集料、养护条件等。

1. 水灰比及坍落度

水灰比对混凝土硬化后孔隙的大小和数量起着决定性的作用，直接影响混凝土的密实性。从理论上讲，用水量在满足水泥水化和施工和易性的前提下，水灰比越小，混凝土的密实度越高，其抗渗性和抗压强度也越高。但是，工程施工实践证明：如果混凝土的水灰比过小，会使混凝土非常干燥，拌合物的流动性很差，施工操作困难，振捣不密实，反而增加施工孔隙，对提高抗渗性不利。反之，如果混凝土的水灰比过大，混凝土拌合物的流动性虽比较好，施工操作也比较容易，但水分蒸发留下很多孔隙，混凝土的抗渗性也会随之降低。

此外，在相同水灰比和同样砂率的情况下，坍落度不同时，混凝土的泌水率有较大差别。泌水率越大，集料的沉降作用越剧烈，混凝土内部开口型的毛细孔也就越多，这对混凝土的抗渗性带来不利影响。因此，在选择适宜的混凝土水灰比的同时，还必须控制混凝土拌合物的坍落度。从便于施工和确保混凝土的抗渗性两个方面考虑，不掺加减水剂的普通防水混凝土的坍落度以 30～50mm 为宜。

2. 水泥用量、砂率及灰砂比

在一定水灰比限值内，水泥用量和砂率对混凝土的抗渗性有明显的影响。足够的水泥用量和适宜的砂率，可以使混凝土中有一定数量和质量的水泥砂浆，从而使混凝土能具有良好的抗渗性。防水混凝土的抗渗性能随着水泥用量的增加而提高。所以，一般普通防水混凝土中的水泥用量（含掺合料）不小于 $300kg/m^3$，混凝土的抗渗等级可稳定在 P8 以上。

防水混凝土一般采用较高的砂率，因为在防水混凝土中除了填充石子空隙并包裹石子外，还必须具有一定的厚度砂浆层，普通防水混凝土中的砂率的选择必须和水泥用量相适应，在一般水泥用量的情况下，卵石防水混凝土的砂率可在 35％ 左右，碎石防水混凝土的空隙率比较大，砂率以 35％～40％ 为宜；灰砂比宜为 （1：2）～（1：2.5）。

当最小水泥用量确定后，则灰砂比直接影响防水混凝土的抗渗性。因为灰砂比影响水泥砂浆的浓度和水泥包裹砂子的情况。如果灰砂比偏大（砂率偏低），由于砂子数量少，水泥和水的含量多，往往出现不均匀和收缩大的现象，使混凝土的抗渗性降低。如果灰砂比偏小（砂率偏高），由于砂子数量过多，混凝土拌合物会表现为干涩而缺乏黏性，混凝土振捣比较困难，其结果也会使混凝土的抗渗性降低。因此，适当的灰砂比对提高普通防水混凝土的抗渗性是有利的。

工程实践证明，当混凝土的水灰比为 0.60，水泥用量不低于 $300kg/m^3$ 时，砂率应不小于 35％，灰砂比应不小于 1：2.5。

3. 水泥的强度和品种

配制普通防水混凝土的水泥，在一般情况下其强度不宜小于 42.5MPa，其品种应按设计要求进行选用；当混凝土有抗冻要求时，应优先选用硅酸盐水泥或普通硅酸盐水泥。

普通硅酸盐水泥的早期强度比较高，泌水性小，干缩性也小，但其抗水性和抗硫酸盐侵蚀能力不如火山灰质硅酸盐水泥。因此，在配制普通防水混凝土时，应优先选用普通硅酸盐水泥。当有硫酸盐侵蚀时，可选用火山灰质硅酸盐水泥。而矿渣硅酸盐水泥则需要采用相应措施（如掺外加剂）后，才能用于配制普通防水混凝土。

总之，用于配制普通防水混凝土的水泥，除必须满足国家规定的标准外，还要求抗水性好，泌水性小，水化热低，并具有一定的抗侵蚀性。

4. 集料的品种

通过材料试验证明，砂、石级配对混凝土的抗渗性的影响不大，所以配制普通防水混凝土，对粗、细集料无特殊的要求，可按照普通混凝土对砂、石级配的要求。但是，石子的品种和粒径对抗渗性却有明显影响，石子品种对防水混凝土的抗渗性影响如表 19-4 所列。

表 19-4　石子品种对防水混凝土的抗渗性影响

混凝土水灰比	水泥用量/(kg/m³)	砂率/%	石子品种	坍落度/mm	抗压强度	抗渗压力
					MPa	
0.50	400	51.5	卵石	62	21.7	＞2.5
			碎石	11	26.8	2.3
0.55	382	51.5	卵石	75	20.8	＞2.6
			碎石	33	27.7	＞2.5
0.60	333	51.5	卵石	54	21.4	1.4
			碎石	23	23.3	0.9
0.50	340	32.0	卵石	11	27.2	＞2.5
			碎石	1.0	31.4	1.2
0.55	327	32.0	卵石	50	30.3	1.0
			碎石	5.3	30.8	0.8

混凝土 水灰比	水泥用量 /(kg/m³)	砂率 /%	石子品种	坍落度 /mm	抗压强度	抗渗压力
					MPa	
0.60	300	32.0	卵石	110	25.0	1.2
			碎石	3.5	25.6	0.8

材料试验证明，石子的粒径不宜过大，一般最大粒径不宜大于 40mm。因为在混凝土的硬化过程中，石子虽然不产生收缩，但周围的水泥浆会产生收缩。石子的粒径越大，与砂浆收缩的差值越大，容易在砂浆与石子界面间产生微细裂缝，这些裂变会使混凝土的有效阻水截面减小，压力水容易渗透。

同样，石子的粒径也不宜过小，如果石子粒径变小，其总表面积必然增大，为保持混凝土拌合物具有相同的和易性，势必要提高水泥用量和拌合用水量，这样会使混凝土中的游离水增多，待游离水产生蒸发后，必然增加混凝土的收缩，这对混凝土的抗渗性不利。

配制普通防水混凝土所用的集料，要符合国家的有关规定。石子的含泥量（质量比）不得大于 1.0%，泥块含量（质量比）不得大于 0.5%；砂子的含泥量（质量比）不得大于 3.0%，泥块含量（质量比）不得大于 1.0%。

5. 混凝土的养护

混凝土的养护极为重要，这是保证混凝土获得一定抗渗性的必要条件，养护条件对混凝土的抗渗性影响很大。当在水中或潮湿环境中养护时，不仅可以延缓水分的蒸发速度，而且会随着水泥水化的不断深入，水化生成的胶体和晶体体积不断增大，它将填充一部分原来被水占据的空间，阻塞毛细管通道，可以破坏彼此联通的毛细管体系，或使毛细管变细，因而，可以增加混凝土的密实性，提高混凝土的抗渗性。

混凝土浇筑后，如果立即放在室内的干燥空气中，此时，混凝土中的游离水通过表面迅速蒸发，在混凝土中形成彼此联通的毛细管网体系，形成渗水通道，因而使混凝土的抗渗性急剧降低。普通防水混凝土不宜用蒸汽进行养护。因为采用蒸汽养护时，会使混凝土中的毛细管的管径受蒸汽压力而扩张，使混凝土的抗渗性能降低。

（二）普通防水混凝土的主要物理力学性能

普通防水混凝土的主要力学性能，与普通混凝土基本接近，但物理性能有较大的区别，主要表现在抗渗性方面。

1. 抗渗性

抗渗性是普通防水混凝土的主要耐久性技术指标。在一般情况下，普通防水混凝土的抗渗能力是在试验室内通过短期试验进行确定的，而在实际工程中，防水混凝土常年经受水的浸泡，或干湿交替作用，在这种情况下，防水混凝土的抗渗性能，与试验室所获得的结果可能有所不同。实际上，普通防水混凝土在长期压力水和水位变动的作用下，不仅不降低其抗渗性，甚至还会有所提高。这是因为水泥石在受水浸泡后，体积膨胀而将混凝土中的毛细管路堵塞的缘故。

2. 强度

普通防水混凝土的强度与普通水泥混凝土的基本相同。当水泥用量和砂率不变时，其抗压强度随着水灰比的减小而增加，而抗拉强度又随其抗压强度的提高而增长，二者的比值波动在 1/10～1/8 之间。

3. 弹性模量

弹性模量是反映混凝土变形性质的一项主要指标，与混凝土的组成材料的变形性质有关。由于普通防水混凝土的组成材料与普通混凝土基本相同，所以普通防水混凝土的弹性模量略低于普通水泥混凝土。

4. 耐热性

在常温下具有较高抗渗性的普通防水混凝土，而当加热温度至100℃后，其抗渗性会明显降低。当温度超过250℃时，混凝土的抗渗能力急剧下降。因此，普通防水混凝土的使用温度不宜超过100℃。

五、外加剂防水混凝土

外加剂防水混凝土是在普通水泥混凝土拌合物中，掺入适量的有机或无机外加剂，以改善混凝土拌合物的和易性，提高混凝土的密实性和抗渗性，以满足工程防水需要的一系列品种的混凝土。根据所掺加的外加剂种类不同，其防水机理也不相同。外加剂防水混凝土中常用的外加剂有引气剂、膨胀剂、减水剂、防水剂、早强剂等。

外加剂防水混凝土的种类很多，目前在建筑工程上常用的有减水剂防水混凝土、加气剂防水混凝土、氯化铁防水混凝土和三乙醇胺防水混凝土等。

（一）减水剂防水混凝土

减水剂防水混凝土是在混凝土中掺入适量的减水剂配制而成，凡以各种减水剂配制而成的混凝土，统称为减水剂防水混凝土。目前用于配制防水混凝土的减水剂种类很多，主要有木质素磺酸盐、萘磺酸盐甲醛缩合物、三聚氰胺磺酸盐甲醛缩合物和糖蜜等。

1. 减水剂的防水机理

混凝土中掺入适量的减水剂后，由于减水剂具有吸附扩散作用，使得水泥絮凝结构中包裹的游离水释放出来，可以显著地改善混凝土的和易性。因此，在满足混凝土一定和易性要求下，减水剂的使用可以大大降低拌合水，从而减少游离水的数量和减少水分蒸发后留下的毛细孔体积，使混凝土的密实性得到提高。

减水剂溶于水后，离解为阴离子和金属阳离子，阴离子吸附于水泥颗粒的表面，使水泥颗粒带负电荷而相互排斥，因而使水泥颗粒彼此分散，并且分布比较均匀，从而改变了混凝土中孔结构的分布情况，使孔径及总孔隙率明显下降。

掺入适量的引气减水剂，在混凝土中会产生大量封闭、微小的气泡，从而可以大幅度降低混凝土的泌水率，有利于混凝土抗渗性的提高。

2. 减水剂防水混凝土的物理力学性能

减水剂防水混凝土的物理力学性能，主要包括混凝土拌合物的和易性、泌水性、抗渗性、抗冻性和强度。

（1）和易性　由于减水剂对水泥有高度的分散作用，从而显著地改善了混凝土拌合物的和易性。在配合比不变的条件下，掺入减水剂可使混凝土的坍落度明显增大，坍落度增大数值随着减水剂的品种、掺量、水泥品种的不同而异。

减水剂防水混凝土的坍落度值，还与基准混凝土的坍落度有关。材料试验结果表明，干硬性混凝土以及大坍落度混凝土（＞100mm）的坍落度增大的幅度并不明显，而对于低流动性混凝土的增大效果极为显著。由于减水剂能增大混凝土的流动性，所以掺加减水剂的混凝土，其最大施工坍落度可不受50mm的限制，但也不宜过大，一般以50～100mm为宜。

（2）泌水性　混凝土拌合物的泌水性，对硬化后混凝土的抗渗性影响很大。不同品种的减水剂对混凝土的泌水性均有所降低，如表 19-5 所列。

表 19-5　减水剂防水混凝土的泌水性

减水剂品种	减水剂掺量/%	坍落度/mm	泌水率/%	泌水率比/%
	0	0	4.87	0
NNO	0.50	35	3.81	78
MF	0.50	165	2.05	42
"木钙"	0.25	35	1.17	24

（3）抗渗性　使用减水剂配制的混凝土，由于可以减少拌合水的用量，改善了混凝土的和易性，降低了混凝土的泌水率，从而可以显著提高混凝土的密实性和抗渗性。具有引气性的减水剂，还同时在混凝土中产生大量封闭气泡，可进一步提高混凝土的抗渗性。

材料试验表明，当混凝土的坍落度相同时，减水剂防水混凝土的抗渗性可比基准混凝土的抗渗性提高 1 倍以上。减水剂对混凝土抗渗性的影响如表 19-6 所列。

表 19-6　减水剂对混凝土抗渗性的影响

减水剂		水泥		水灰比	坍落度/cm	抗渗性	
品种	掺量/%	品种	用量/(kg/m³)			抗渗等级	渗渗高度/cm
NNO	0	P·O32.5	300	0.60	1～3	S8	全透
	1.00	P·O32.5	264	0.60	1～3	S15	全透
"木钙"	0	P·S32.5	380	0.54	5.2	S6	全透
	0.25	P·S32.5	380	0.48	5.6	S30	全透
MF	0	P·S32.5	350	0.57	3.5	S8	全透
	0.50	P·S32.5	350	0.49	8.0	S10	全透
"木钙"	0.25	P·S32.5	350	0.51	3.5	≥S20	10.5
JN	0	P·S32.5	300	0.626	1.0	S8	全透
	0.50	P·S32.5	300	0.550	1.3	≥S20	3.2

（4）抗冻性　在我国北方地区的室外防水混凝土工程，由于天气寒冷的原因，不仅要求混凝土具有较好的抗渗性能，而且要求具备一定的抗冻性能。试验证明，在混凝土坍落度相同和其他材料相同的条件下，掺加减水剂防水混凝土的水灰比减小，产生混凝土冻害的物质减少，所以其抗冻性一般优于不掺减水剂的混凝土。

为了提高混凝土的抗冻性，过去传统的方法是掺加引气剂。随着高效减水剂的出现，现在已改为同时掺加减水剂。工程实践证明，引气剂与减水剂复合使用，不仅可以增加混凝土中的气泡数目，减小气泡的间隙系数，而且可以充分发挥气泡对混凝土结冰冻胀的缓冲作用，从而大大提高混凝土的抗冻性。

（5）强度　由于减水剂具有明显减少拌和水量的效应，因而不但可以降低混凝土的水灰比，提高凝土的抗渗性，同时也能大幅度地提高混凝土的抗压强度。此外，在混凝土掺加减水剂后，对混凝土的抗拉强度、弹性模量、与钢筋的握裹力等均无不利影响，且有一定程度的提高。

3. 减水剂防水混凝土减水剂的选择

在采用减水剂防水混凝土施工中，应根据结构要求、施工工艺、施工温度以及混凝土原材料的组成、特性等因素，正确地选择减水剂的品种。对所选用的减水剂，应经过试验复核产品说明书所列技术指标，不能完全依赖说明书推荐的"最佳掺量"，应以实际所用材料和施工条件，进行模拟试验，求得减水剂的适宜掺量。各类减水剂适宜掺量可参考表 19-7。

表 19-7 各类减水剂适宜掺量参考表

减水剂名称	木质素磺酸盐类（"木钙"）	多环芳香族磺酸盐类	糖蜜类	三聚氰胺类	腐植酸类
适宜掺量（占水泥重量的）/%	0.15～0.3	0.5～1.0	0.2～0.35	0.5～2.0	0.2～0.3

① NNO 减水剂是一种高效能分散剂，其减水率为 12%～20%，增强率为 15%～30%；早期（3d 和 7d）增强作用非常明显，并可使混凝土的抗渗性提高 1 倍以上，但是其价格较高，应用不太广泛。

② MF 减水剂是一种兼有引气作用的高效能分散剂，其减水和增强作用可以与 NNO 减水剂媲美，其抗渗性和抗冻性的效果还优于 NNO 减水剂。如果施工中不加强振捣，会降低混凝土的强度，所以使用时应用高频振动器排出混凝土中的大气泡。

③ "木钙"减水剂也是一种兼有引气作用的减水剂，但其分散作用不如 MF 和 NNO 减水剂，一般可减水 10%～15%，增强 10%～20%；对混凝土抗渗性能的提高特别明显，且具有一定的缓凝作用，适宜夏季混凝土施工。缺点是当温度较低时，强度发展比较缓慢，需要与早强剂复合使用。"木钙"减水剂价格低廉，在工程中应用最广泛。

④ 糖蜜减水剂是一种与"木钙"减水剂基本相同的减水剂，其性能也与"木钙"相似，优点是比"木钙"的掺量少，但材料来源不如"木钙"广泛。

4. 减水剂防水混凝土的配制要点

减水剂防水混凝土除了应遵循普通防水混凝土配制的一般原则，还应注意以下几点。

（1）根据工程具体需要调整配合比　当工程需要混凝土坍落度较大（如自密实混凝土等）时，可以不减少或稍减水拌合水量。当工程需要混凝土坍落度较小（如干硬性混凝土等）时，可以大大减少拌合水量，这样可更好地改善混凝土的抗渗性和其他物理力学性能。

（2）选择最佳减水剂品种和掺量　不同的防水混凝土，其使用的水泥品种也不尽相同。不同品种的减水剂和不同品种的水泥的相容性也相差很大。甚至同品种、同强度等级的水泥，不同的生产厂家和不同的生产批次，均会对其与减水剂的相容性产生影响。因此，在选用减水剂品种时，需要经试验验证其与水泥的相容性和最佳掺量。

此外，对于粉剂的减水剂应在拌和前溶于拌合水中，同时要注意加强对减水剂防水混凝土的养护。

（二）引气剂防水混凝土

引气剂防水混凝土是目前应用较为普遍的一种外加剂混凝土，它是在普通混凝土拌合物中掺入微量的引气剂配制而成的。引气剂防水混凝土具有良好的和易性、抗渗性、抗冻性和耐久性，且具有较好的技术经济效果，可以用于一般防水工程和对抗冻性、耐久性要求较高的防水工程。

掺加引气剂的混凝土可弥补矿渣硅酸盐水泥泌水率大、火山灰质硅酸盐水泥需水量高等缺陷。不仅可以有效地改善混凝土拌合物的和易性，而且还可以节省水泥用量，弥补集料级配不佳给施工操作带来的困难。目前，国内常用的引气剂是松香热聚物和松香酸钠，此外还有烷基磺酸钠、烷基苯磺酸钠、松香皂和氯化钙复合外加剂。

1. 引气剂防水混凝土的防水机理

引气剂是一种具有憎水作用的表面活性剂，在混凝土中加入加气剂后，它能显著降低混凝土拌合物的表面张力，在混凝土中产生大量微小而均匀的气泡，这些微小的气泡具有下列作用。

（1）掺入引气剂后，混凝土拌合物中产生无数微细的气泡，使混凝土拌合物中砂子颗粒之间的接触点大大减少，降低了体系的摩擦力，显著地改善了混凝土拌合物的和易性，便于混凝土的浇筑和振捣密实。

（2）引气剂掺入混凝土后，与水泥微粒之间产生吸附，在其外面生成凝胶状薄膜，从而使水泥颗粒相互黏结并增大水泥的黏滞性，混凝土拌合物不易松散离析。

（3）由于混凝土拌合物的黏滞性增大及微细气泡的阻隔作用，沉降阻力也相应增大，抑制了沉降离析和泌水作用，减少了由于沉降作用而引起的混凝土不均匀的结构缺陷、集料周围黏结不良的现象和沉降孔隙。

（4）由于大量微小气泡以密闭状态均匀分布在水泥浆中，这种由密闭气泡形成的密闭球壳阻塞了毛细孔通道，使混凝土拌合物中自由水的蒸发线路变得曲折、细小、分散，因而改变了毛细管的数量和特征，减少了混凝土的渗水通路。

（5）在混凝土中掺加适量的引气剂，可以使水泥颗粒憎水化，从而使混凝土的毛细管壁憎水化，阻碍了混凝土的吸水和渗水作用，有利于提高混凝土的抗渗性。

引气剂中微小气泡的上述作用，都有利于提高混凝土的密实度和抗渗性。此外，引气剂还能使水泥颗粒产生憎水性，从而也使混凝土中的毛细管壁产生憎水性，这就阻碍了混凝土的吸水和渗水作用，也有利于提高混凝土的抗渗性。

2. 引气剂防水混凝土的物理力学性能

引气剂防水混凝土的物理力学性能，主要包括抗冻性、抗渗性、抗压强度和弹性模量等。

（1）抗冻性　试验结果表明，在普通水泥混凝土中掺加适量的引气剂，能显著提高混凝土的抗冻性。如松香皂引气剂防水混凝土的抗冻性可比普通混凝土高3～4倍，如表19-8所列。这是因为引气剂防水混凝土具有较好的抗渗性，压力水难以渗入混凝土的内部，也相应地减轻了混凝土的冻害。同时，引气剂在混凝土中形成无数微小封闭的气泡，增加了混凝土的抗变形能力，当水渗入混凝土产生结冰而体积膨胀时，附近的气泡能吸收和消除混凝土的内应力，保护混凝土不受损坏。

表 19-8　引气剂防水混凝土的抗冻性

水灰比 （W/C）	水泥品种 （42.5级）	水泥用量 /（kg/m³）	引气剂掺量 /×10⁻⁴	抗压强度 /MPa	冻融循环150 次强度损失/%
0.50	抗硫酸盐水泥	312	0.50	19.0	4
0.47	普通硅酸盐水泥	345	0.75	30.4	0
0.47	矿渣硅酸盐水泥	357	0.75	35.7	0

引气剂防水混凝土的含气量在12%以下时，其抗冻性随着含气量的增加而提高；当含

气量超过 12%时，混凝土的抗冻性不再提高。

增加水泥用量和降低水灰比，可以有效地提高混凝土的抗冻性。因此，对抗冻性要求较高的混凝土工程，应同时采用低水灰比（0.40～0.45）和足够水泥用量（320～400kg/m³）的措施。用矿渣硅酸盐水泥配制的引气剂防水混凝土，其抗冻性能稍差。

（2）抗渗性　混凝土中只有因沉降和泌水造成的缝隙和较大毛细孔，以及养护时游离水蒸发造成的较大毛细孔，才会影响混凝土的抗渗性。如上所述，引气剂能改善混凝土拌合物的和易性，减少其沉降和泌水，因而使混凝土的渗水渠道大为减少。

引气剂防水混凝土中的微小气泡是密闭的，由于这些气泡的存在，影响了毛细管的形成与发展，从而有助于减少混凝土中的孔隙。再加上毛细管网具有憎水因素，使引气剂防水混凝土的抗渗性等级较高。

引气剂防水混凝土的抗渗性能与含气量有关，在一般情况下，混凝土中的含气量为 3%～6%时，其抗渗性能最好。试验证明，混凝土中的含气量在 10%以内时，其抗渗性能仍高于不掺加引气剂的混凝土，但此时的混凝土强度损失过大。

（3）抗压强度　引气剂防水混凝土的早期抗压强度较低，后期强度有与普通混凝土接近的趋势。其早期强度较低的是因为引气剂的定向吸附薄膜削弱了水泥的水化作用。到混凝土的后期，水化晶体的生长逐渐突破了吸附薄膜，而使混凝土的强度增长正常。引气剂防水混凝土的强度增长速率如表 19-9 所列。

表 19-9　引气剂防水混凝土强度增长速率

混凝土中的含气量 /%	不同龄期混凝土强度相对值/%			
	3d	7d	28d	90d
0	37.8	57.6	100	119.7
3	34.8	57.0	100	122.5
5	32.8	55.9	100	124.7
7	31.3	53.9	100	125.6

在一般情况下，引气剂防水混凝土的含气量每增加 1%，28d 的强度则下降 3%～5%；但掺加引气剂能改善混凝土拌合物的和易性，在保持水泥用量及和易性不变的情况下，可相应地减少拌和用水量，从而减少混凝土强度的损失。

（4）弹性模量　当混凝土中加入引气剂后，其弹性模量有所下降。在一般情况下，混凝土中的含气量每增加 1%，弹性模量约降低 3%。这是因为混凝土中微小气泡的存在，使得引气剂防水混凝土受力变形有所增大。混凝土弹性模量的降低，有利于提高混凝土的抗裂性，而对于预应力混凝土构件，则将加大其预应力的损失。

3. 引气剂防水混凝土的配制要点

根据试验和施工实践经验，加气剂防水混凝土的配制应注意以下几点。

（1）引气剂掺量　混凝土的含气量是影响防水混凝土质量的决定因素，而含气量的多少又主要取决于引气剂的掺量。引气剂的掺量适宜，则混凝土中的气泡较小、均匀，混凝土的结构比较均匀，抗渗性能得以提高。我国常用的引气剂有松香及改性松香。松香酸钠加气剂掺量一般为水泥重量的 0.03%，掺入搅拌均匀后再加入 0.075%（占水泥重量）的氯化钙。松香热聚物加气剂掺量为水泥重量的 0.005%～0.015%。

引气剂掺量对混凝土抗渗性的影响如表 19-10 所列。

表 19-10　引气剂掺量对混凝土抗渗性的影响

松香酸钠掺量/10⁻⁴	含气量/%	吸水量/%	抗渗压力/MPa	渗透高度/cm
0	1.0	10.0	1.4	—
1.0	4.5	9.1	≥2.2	11.5
3.0	5.5	9.3	≥2.2	12.0
5.0	6.5	9.2	≥2.2	12.5
10.0	8.0	9.7	1.8	—

（2）水灰比与水泥用量　混凝土的水灰比在一定范围内，防水混凝土的含气量和抗渗性才能达到满意的效果。为了保证防水混凝土具有要求的抗渗性和强度，且含气量不超过6%，引气剂防水剂混凝土的水灰比宜控制在 0.50～0.60 之间，最大不宜超过 0.65，水泥用量一般为 250～300kg/m³，最小水泥用量不低于 250kg/m³。

引气剂掺量与水灰比的关系如表 19-11 所列，引气剂防水混凝土抗渗等级与水灰比的关系如表 19-12 所列。

表 19-11　引气剂掺量与水灰比的关系

水灰比	0.50	0.55	0.60
引气剂掺量/10⁻⁴	1～5	0.5～3	0.5～1

表 19-12　引气剂防水混凝土抗渗等级与水灰比的关系

水灰比	0.40～0.50	0.55	0.60	0.65
抗渗等级	≥S12	≥S8	≥S6	≥S4

（3）灰砂比　混凝土的黏滞性很大程度上受到灰砂比的影响。灰砂比越大即水泥所占的比例越高，混凝土的黏滞性越大，含气量越低。为了获得需要的含气量，就要增大引气剂的掺量；反之，灰砂比较低，混凝土的黏滞性下降，就应考虑减少引气剂的掺量。

（4）砂率　引气剂防水混凝土由于产生许多微小的气泡，所以其用砂量不如减水剂防水混凝土多，在一般情况下砂率宜在 28%～35% 之间。

（5）砂的细度　材料试验研究表明，砂的粒径越小，引气剂引入气泡越细小且越均匀，对抗渗性能的提高较为有利。但如果砂子过细，会增加水泥用量和用水量，混凝土的收缩也会增高，所以引气剂防水混凝土宜选用优质的中砂，细度模量在 2.33 左右为宜。砂的粒径对混凝土抗渗性的影响如表 19-13 所列。

表 19-13　砂的粒径对混凝土抗渗性的影响

砂子特性		坍落度/mm	含气量/%	拌合物堆积密度/(kg/m³)	抗渗压力/MPa
中砂∶细砂	细度模数				
100∶0	2.88	90	9.10	2300	0.6
50∶50	2.34	95	7.35	2320	0.8
0∶100	1.79	87	7.10	2360	1.0

（6）含气量　由于混凝土中有微小气泡的存在，会提高混凝土的抗冻性和抗渗性，但如果含气量过大会严重降低混凝土的强度，所以，经试验证明混凝土的含气量宜控制在 3%～6% 之间，根据我国的实际以 3%～5% 为宜。

（7）砂石级配、坍落度　引气剂防水混凝土的砂石集料级配和混凝土拌合物的坍落度，与普通防水混凝土基本相同。

（8）搅拌时间　引气剂防水混凝土含气量与搅拌时间有明显的关系。在一定的时间范围内，随着搅拌时间的延长，含气量增加，但超过搅拌时间的最佳范围，搅拌时间继续延长会使混凝土中的含气量下降。试验结果表明，一般引气剂防水混凝土含气量在搅拌 2～3min 时达最大值，在施工过程中应严格控制搅拌时间。

（9）混凝土养护　引气剂防水混凝土要在一定的温度和湿度条件下进行养护。低温养护对引气剂防水混凝土尤其不利，而养护湿度越高，对提高引气剂防水混凝土的抗渗性越有利，如在合适温度的水中进行养护，可以获得最佳的抗渗性。

（10）混凝土振捣　为了保证引气剂防水混凝土中有一定的含气量，振捣的时间不宜过长。因为振捣时间越长，混凝土中的含气量损失越大。使用插入式内部振动器，振捣时间不宜超过 20s；使用高频率低振幅的振动器效果较好，可使混凝土内的气泡细小均匀，混凝土的强度较高，抗渗性较好。

4. 引气剂防水混凝土施工注意事项

① 引气剂防水混凝土宜采用机械搅拌。搅拌时首先将砂、石、水泥倒入混凝土搅拌机，引气剂预先加入混凝土拌合水中搅拌均匀溶解后，再加入搅拌机内。引气剂不能直接加入搅拌机，以免气泡集中而影响混凝土质量。

② 在搅拌过程中，应按规定检查混凝土拌合物的和易性（坍落度）和含气量，使其严格控制在规定的范围内。

③ 引气剂防水混凝土宜采用高频振捣器振捣，以排除混凝土中的大气泡，保证混凝土的抗冻性。

④ 养护的温度和湿度对引气剂防水混凝土的抗渗性有很大影响。如果在 5℃ 条件下养护，混凝土几乎完全失去抗渗能力，因此冬季施工必须特别注意温度影响。养护湿度越高，对提高防水混凝土的抗渗性越有利。

（三）三乙醇胺防水混凝土

三乙醇胺防水混凝土，是在混凝土中随着水掺入一定量的三乙醇胺防水剂配制而成的。具有防水、早强和增强的多种作用，特别适用于需要早强的防水工程，是一种良好的防水混凝土。在建筑工程中广泛用于水塔、水池、地下室、泵房、地沟、设备基础等。

1. 三乙醇胺防水混凝土的防水机理

在混凝土中加入三乙醇胺后，能加强水泥颗粒的吸附分散与化学分散作用，加速水泥的水化，水化生成物增多，水泥石结晶变细，结构密实，从而提高了混凝土的抗渗性。它的抗渗性能良好，且具有早强和强化作用，施工简便，质量稳定，有利于提高模板周转率、加快施工进度和提高劳动生产率。此种防水混凝土尤其适合工期要求紧，要求早强及抗渗的地下防水工程。

当三乙醇胺和氯化钠、亚硝酸钠等无机盐复合时，三乙醇胺不仅能促进水泥本身的水化，而且还能促进氯化钠、亚硝酸钠等无机盐与水泥的反应，可加速水泥的水化，使水泥早期就生成较多的水化产物，夺取较多的水与其结合，相应地减少混凝土中的游离水，也就减少了由于游离水蒸发而遗留下来的毛细孔，从而提高了混凝土的抗渗性。

2. 三乙醇胺防水混凝土的配制

① 严格按配方配制防水剂溶液，并应充分搅拌至完全溶解。防止氯化钠和亚硝酸钠溶

解不充分，或三乙醇胺分布不均而造成不良后果。

②　三乙醇胺对不同品种的水泥具有不同的作用，如果调换水泥的品种，则应当重新进行试验。

③　严格掌握三乙醇胺的掺量，并且不得将防水剂材料直接投入搅拌机内，致使拌合不均匀而影响混凝土的质量。配好的防水剂应和拌合用水掺和均匀使用。

④　工程中常用的三乙醇胺防水剂，一般有 3 种配方，如表 19-14 所列。工程实践证明，靠近高压电源和大型直流电源的防水工程，宜采用 1 号配方来配制防水混凝土，不宜采用 2 号或 3 号配方。

表 19-14　三乙醇胺防水剂常用配方

1 号配方		2 号配方			3 号配方			
三乙醇胺 0.05%		三乙醇胺 0.05%＋氯化钠 0.5%			三乙醇胺 0.05%＋氯化钠 0.5%＋亚硝酸钠 1%			
水	三乙醇胺	水	三乙醇胺	氯化钠	水	三乙醇胺	氯化钠	亚硝酸钠
98.75/98.33	1.25/1.67	86.25/85.83	1.25/1.67	1.25/1.25	61.25/60.83	1.25/1.67	1.25/1.25	25/25

注：1. 表中的百分数为水泥重量的百分数。

2. 1 号配方适用于常温和夏季施工，2、3 号配方适用于冬期施工。

3. 表中资料分子为采用 100% 纯度三乙醇胺的量，分母为采用 75% 工业品三乙醇胺的用量。

⑤　在冬季施工时，除了掺入占水泥重量 0.05% 的三乙醇胺外，再加入 0.5% 的氯化钠及 1% 的亚硝酸钠，其防水效果更好。

⑥　配制三乙醇胺防水混凝土必经严格控制水泥用量，当设计抗渗压力在 0.8～1.2MPa 时，水泥用量以 300kg/m³ 为宜。

⑦　配制三乙醇胺防水混凝土，砂率必须随水泥用量的降低而相应提高，使混凝土中有足够的砂浆量，以确保混凝土的密实性，从而提高混凝土的抗渗性。当水泥用量为 280～300kg/m³ 时，砂率以 40% 左右为宜。掺加三乙醇胺早强防水剂后，灰砂比可以小于普通防水混凝土 1∶2.5 的限值。

⑧　三乙醇胺防水混凝土对石子的级配无特殊要求，只要在一定水泥用量范围内，并且保证混凝土有足够的砂率，无论采用何种级配的石子，都可以使混凝土具有良好的密度和抗渗性。

⑨　三乙醇胺防水剂对不同品种水泥均有较强的适应性，特别是能够改善矿渣硅酸盐水泥的泌水性和黏滞性，提高矿渣水泥混凝土的抗渗性。对要求低水化热的防水工程，以选用矿渣水泥为宜。

3. 三乙醇胺防水混凝土的物理力学性能

(1) 抗渗性　工程实践证明，在混凝土中掺入单一的三乙醇胺或三乙醇胺与氯化钠复合剂，可显著提高混凝土的抗渗性能。抗渗压力可提高 3 倍以上，如表 19-15 所列。

表 19-15　三乙醇胺防水混凝土的抗渗性

序号	水泥品种、强度	配合比 水泥∶砂∶石	水灰比	水泥用量 /(kg/m³)	早强防水剂/%		抗压强度 /(N/mm²)	抗渗压 /(N/mm²)
					三乙醇胺	氯化钠		
1	52.5 普通水泥	1∶1.60∶2.93	0.46	400	—	—	35.1	1.2
2	52.5 普通水泥	1∶1.60∶2.93	0.46	400	0.05	0.5	46.1	＞3.8

续表

序号	水泥品种、强度	配合比 水泥：砂：石	水灰比	水泥用量 /(kg/m³)	早强防水剂/% 三乙醇胺	早强防水剂/% 氯化钠	抗压强度 /(N/mm²)	抗渗压 /(N/mm²)
3	42.5 矿渣水泥	1：2.19：3.50	0.60	342	—		27.4	0.7
4	42.5 矿渣水泥	1：2.19：3.50	0.60	334	0.05		26.2	>3.5
5	42.5 普通水泥	1：2.66：3.80	0.60	300	0.05		28.2	>2.0

注：序号 1、2、5 的砂子细度模数为 2.16～2.71，石子粒级为 20～40mm；序号 3、4 的石子粒级为 5～40mm。

（2）混凝土的强度　在混凝土中掺加适量的三乙醇胺早强剂，混凝土 3d 的抗压强度明显提高，比不掺加者提高 60％左右，28d 的抗压强度提高 15％以上，365d 的抗压强度仍继续增长，但增长的幅度较小。

（3）凝结时间　从混凝土的强度增长可以认为，凡是掺加早强型外加剂的混凝土，一定会加速混凝土的凝结，甚至会影响混凝土的正常浇筑。试验结果表明，在混凝土中单掺三乙醇胺外加剂，对混凝土的凝结时间基本上无大的影响，当掺加三乙醇胺和氯化钠复合剂时出现较大的影响，但也不影响混凝土的正常施工。

（4）钢筋锈蚀　在三乙醇胺早强防水剂的配方中，有的含有氯化钠，因此，人们担心钢筋会产生锈蚀。有的配方中掺有亚硝酸钠阻锈剂，可抑制钢筋的锈蚀。单独掺加氯化钠时，因其掺量较少，只为规范允许掺量的 25％，所以钢筋的锈蚀也很轻微，且发展非常缓慢，只要遵循有关规定，一般情况下还是可以采用的。

4. 三乙醇胺防水混凝土的参考配合比

三乙醇胺防水混凝土的参考配合比如表 19-16 所列。

表 19-16　三乙醇胺防水混凝土参考配合比

序号	配合比 水泥：砂：石	水灰比	水泥 /(kg/m³)	砂率 /%	坍落度 /cm	三乙醇胺 /(kg/50kg 水泥)	强度 /MPa	抗渗压力 /MPa
1	1：1.84：4.07	0.58	320	31	2.0		28.2	2.2
2	1：2.12：3.80	0.58	320	36	2.5		27.6	2.2
3	1：2.40：3.62	0.58	320	41	1.7		21.6	2.4
4	1：2.00：4.33	0.62	300	31	4.0	2.0	21.6	0.6
5	1：2.30：4.08	0.62	300	36	3.0		23.9	1.2
6	1：2.60：3.80	0.62	300	41	1.6		26.1	2.2
7	1：2.50：4.41	0.66	280	36	3.4		24.7	0.4
8	1：2.82：4.09	0.66	280	41	1.5		24.0	1.8

（四）膨胀水泥防水混凝土

膨胀水泥防水混凝土，又称为补偿收缩防水混凝土，在工程上习惯称为补偿收缩防水混凝土。补偿收缩防水混凝土是用膨胀水泥，或在普通混凝土中掺入适量的膨胀剂配制而成的一种微膨胀混凝土。补偿收缩防水混凝土，适用一般的工业和民用建筑的地下防水结构、水池、水塔等构筑物、人防、洞库以及修补堵漏、压力灌浆、混凝土后浇缝等。

1. 膨胀水泥防水混凝土防水原理

补偿收缩混凝土是依靠水泥本身水化过程中形成（或掺入微量膨胀剂）大量膨胀性柱状或针状的结晶水化物——水化硫铝酸钙，这种结晶水化物往往向阻力较小的孔隙中生长、发育，它的固相体积可增大 $1.22\sim1.75$ 倍。在混凝土的硬化后期，水化硅酸钙、氢氧化钙和钙矾石交织在一起，不断填充、堵塞、切断连通的毛细孔道，改善了混凝土的孔隙结构，使大孔减少，孔隙率降低，形成了非常致密的水泥石结构，从而使混凝土的抗渗性大大提高。

采用膨胀水泥配制的钢筋混凝土，在约束其膨胀的情况下，由于混凝土膨胀而张拉钢筋，被张拉的钢筋对混凝土本身产生了压缩应力。这一压缩应力能大致抵消混凝土干缩和徐变所产生的拉应力，从而可以达到补偿收缩和抗裂防渗的良好效果。

2. 常用的膨胀水泥和膨胀剂

(1) 常用的膨胀水泥　配制补偿收缩防水混凝土的膨胀水泥种类很多，各国的分类方法也不尽相同，我国习惯上按基本组成不同和按膨胀值不同进行分类。

1) 按基本组成不同分类　膨胀水泥按其基本不同分类，可分为硅酸盐膨胀水泥、铝酸盐膨胀水泥和硫铝酸盐膨胀水泥 3 种。

① 硅酸盐膨胀水泥：硅酸盐膨胀水泥是以硅酸盐水泥为主，外加适量的高铝水泥和石膏而制成的水泥。

② 铝酸盐膨胀水泥：铝酸盐膨胀水泥是以高铝水泥为主，外加适量的石膏而制成的水泥。

③ 硫铝酸盐膨胀水泥：硫铝酸盐膨胀水泥是以无水硫铝酸钙（$4CaO \cdot 3Al_2O_3 \cdot SO_3$）和硅酸二钙（$\beta\text{-}2CaO \cdot SiO_2$）矿物为主，外加石膏而制成的水泥。

2) 按膨胀值大小分类　配制膨胀水泥混凝土所用的水泥，按其膨胀值大小不同可分为膨胀水泥和自应力水泥。

① 膨胀水泥。膨胀水泥的线膨胀率一般在 1% 以下，可以用来补偿普通混凝土的收缩，因此又称为不收缩水泥或补偿收缩水泥。当用钢筋限制其自由膨胀时，使混凝土受到一定的预压应力，这样能大致抵消由于干燥收缩所引起的混凝土产生的拉应力，从而提高了混凝土的抗裂性，防止混凝土干缩裂缝的产生，也必然提高了混凝土的防水性能。如果膨胀率较大，其膨胀除补偿收缩变形外，尚有少量的线膨胀值。

② 自应力水泥。自应力水泥是一种具有强膨胀性的膨胀水泥，与一般的普通膨胀水泥相比，具有更大的膨胀性能。用自应力水泥配制的砂浆或混凝土，其线膨胀率为 1%～3%，所以膨胀结果不仅使混凝土避免收缩，而且还有一定的多余线膨胀值，在限制条件下，还可以使混凝土受到压应力，从而达到了预应力的目的。

(2) 常用膨胀剂　膨胀剂掺入混凝土内能使混凝土体积在水化过程中一定膨胀，以补偿混凝土产生的收缩，达到抗裂目的。常用膨胀剂的主要品种与性能如表 19-17 所列。

表 19-17　膨胀剂主要品种与性能

产品名称	产品性能	掺量/%	适用范围及说明
YS-PNC 型膨胀剂	比表面积 $\geqslant 2500 cm^2/g$，0.08mm 方孔筛余量≤10%；限制膨胀率水中 14d $\geqslant$ 0.04%,空气中 28d≥0.02；胶砂强度 7d $\geqslant$ 30MPa, 28d $\geqslant$50MPa；对钢筋无锈蚀作用	按照内掺加方法用 PNC 取代水泥，防水混凝土掺量为 10～14，填充型膨胀混凝土掺量为 10～16,膨胀砂浆掺量为 8～10	(1)优先选用 425 号及以上普通硅酸盐水泥或矿渣水泥，水泥用量不宜少于 $300kg/m^3$ (2)有抗裂、抗渗性能,适用于接缝、填充用混凝土工程和水泥制品等

续表

产品名称	产品性能	掺量/%	适用范围及说明
U 型混凝土膨胀剂（简称 UEA）	Al_2O_3：10.19% SiO_2：31.39% Fe_2O_3：1.05% CaO：16.80% SO_3：31.92% MgO：0.45% 密度 2.88g/cm^2	高配筋混凝土 11～14 低配筋混凝土 11～13 填充性混凝土 12～15 UEA 加入量按照内掺加法计算	（1）宜用于 525 号普通硅酸盐水泥、425 号普通硅酸盐水泥或矿渣水泥。火山灰水泥和粉煤灰水泥要经试验确定 （2）抗裂、防渗、接缝、填充用混凝土工程和水泥制品等均可使用
复合膨胀剂（简称 CEA）	膨胀组分：氧化钙、明矾石、石膏； 水化产物：钙矾石、氢氧化钙	8～12	用于地下室、地铁、贮水池、自防水屋面板、坝体后浇缝、梁柱接头等
EA-L 膨胀剂（明矾石膨胀剂）	自由膨胀率为 0.05%～0.10%；自应力值为 0.2～0.7MPa； 提高混凝土抗压强度 10%～30%、抗渗性 2～3 倍、节约水泥 10%；对钢筋无锈蚀	15～17	适用于防水混凝土及防水砂浆
MNC-D 型膨胀防水剂	混凝土强度可达 30～50MPa；抗渗标号 S30—S50；微膨胀率为 $(1～2)×10^{-4}$；对钢筋无锈蚀作用	6～8 （按内掺法计算）	抗裂、防渗、接缝、填充用混凝土工程均可用

3. 膨胀水泥防水混凝土的配制

混凝土的配合比，首先可按普通防水混凝土的技术参数进行试配，初步选定出水灰比、水泥用量和用水量，然后按所确定的砂率计算出每立方米混凝土的砂、石用量，求出初步配合比。一般采用膨胀水泥防水混凝土的配制要求如表 19-18 所列。

表 19-18　膨胀水泥防水混凝土的配制要求

项目	技术要求	项目	技术要求
水泥用量/(kg/m^3)	350～380	坍落度/mm	40～60
水灰比	0.5～0.52；0.47～0.50(加减水剂后)	膨胀率/%	<0.1
砂率/%	35～38	自应力/MPa	0.2～0.7
砂子	宜用中砂	负应变	不大于 0.02%

按表 19-18 配制要求拌制的混凝土（或采用膨胀剂拌制的混凝土），需制作强度试件和膨胀试件（包括自由膨胀试件和限制膨胀试件），以检验其是否满足设计要求。当满足设计要求即可在施工现场试拌，考虑砂石的含水率，计算出施工配合比。

4. 膨胀水泥防水混凝土的性能

补偿收缩防水混凝土的物理力学性能，主要包括混凝土的抗渗性、胀缩可逆性、强度、和易性和耐高温性能等。

（1）抗渗性　膨胀水泥防水混凝土在水化硬化的过程中，由于形成大量结晶膨胀的钙矾石，填充和堵塞了混凝土内部的孔隙，切断了毛细管和其他孔隙的联系，并使孔径大大缩小，从而提高了混凝土的抗渗性。在相同水泥用量的条件下，膨胀水泥防水混凝土的抗渗等级远远高于普通防水混凝土，其抗渗性如表 19-19 所列。

（2）胀缩可逆性　用膨胀水泥配制的防水混凝土，具有一定的胀缩可逆性，即产生膨胀后如果水分充足还将会出现回缩，但只要水分重新充足时，混凝土又会产生膨胀。这一特性十分有利于膨胀水泥防水混凝土微裂缝的自愈合。

表 19-19　膨胀水泥防水混凝土的抗渗性

水泥品种	水泥用量/(kg/m³)	配合比（水泥∶砂∶石）	水灰比（W/C）	养护龄期/d	抗渗压力/MPa	恒压时间/h	渗透高度/cm	抗渗介质
AEC 水泥	360	1∶1.61∶3.91	0.50	28	3.6	8.00	13	水
	350	1∶2.13∶3.20	0.52	28	1.0	11.6	1～2	汽油
	380	1∶1.28∶2.83	0.52	28	2.5	11.0	13～44	水
CSA 水泥	400	1∶1.73∶2.66	0.52	28	3.0	11.0	1.2～2.5	水
普通水泥	370	1∶2.08∶3.12	0.47	28	1.2	8.00	12～13	水

试验证明，当膨胀水泥防水混凝土长期处于水中或湿度在 90% 以上的工作环境中，不仅可以充分发挥膨胀混凝土的膨胀作用，而且可持久保持混凝土不产生收缩。

（3）强度　膨胀水泥防水混凝土的抗压强度、抗拉强度、抗压弹性模量、极限拉伸变形等力学性能，如表 19-20 所列。

表 19-20　膨胀水泥防水混凝土的力学性能

水泥品种	强度/MPa		抗压弹性模量/10⁴MPa	极限拉伸变形值/(mm/m)
	抗压	抗拉		
AEC 膨胀水泥	27.0	2.2	3.75～3.85	—
CSA 膨胀水泥	31.0～37.0	2.2～2.8	3.50～3.65	0.14～0.154
石膏高铝水泥	36.0	3.5	3.50～4.10	—

（4）和易性　混凝土配制实践证明，在保持混凝土拌合物坍落度相同时，膨胀水泥的需水量比普通水泥多，但早期水化作用却比较快。因此，膨胀水泥防水混凝土的流动度低于相同加水量的普通混凝土；而且其流动度随时间延长降低速度也较快，坍落度损失比较大，在施工中应引起特别重视。

（5）耐高温性能　凡是以生成钙矾石为膨胀源的膨胀水泥，在其环境温度高于 80℃ 时，易发生晶形转化，使混凝土的孔隙率增大，强度下降，抗渗性变差。因此，对于混凝土结构处于高温的情况下，不宜选用膨胀水泥作为防水混凝土。

5. 防水混凝土应用膨胀时应注意事项

（1）对于暴露在大气中有抗冻和防水要求的重要结构混凝土，在选择混凝土膨胀剂时一定要慎重。尤其是露天使用有干湿交替作用，并能受到雨雪侵蚀或冻融循环作用的结构混凝土，一般不应选用钙矾石类的混凝土膨胀剂。

（2）地下水（软）丰富且流动的区域的基础混凝土，尤其是地下室的自防水混凝土，一般也不应单独设计选用钙矾石类的混凝土膨胀剂作为混凝土自防水的主要措施，最好选用复合型防水剂配制的混凝土。

（3）潮湿条件下使用的混凝土，如集料中含有能引发混凝土碱-集料反应（AAR）的无定形 SiO_2 时，应结合所用水泥中的碱含量的情况，慎重选用低碱度的混凝土膨胀剂。

（4）膨胀剂混凝土施工时，必须保证正在硬化的混凝土本身的温度在 15℃ 以上和 70℃ 以下的条件下保湿养护 14d 以上，以满足设计所要求的前期膨胀效果。

（5）混凝土膨胀剂在使用前必须根据所用原材料，通过材料试验确定合适的掺量，以确保达到预期的限制膨胀的效果。

（五）其他防水剂混凝土

由于目前混凝土所用的防水剂的品种很多，其性能也各不相同，所以组成的防水剂混凝土的种类也很多，使用不同品种的防水剂，其混凝土施工配合比均不相同。

1. HE 防水混凝土

HE 混凝土高效防水剂集高效减水、缓凝泵送、抗裂防渗、高强耐久等功能于一体，具有掺量低、混凝土工作性优异等特点，既可用于施工现场配制防水混凝土，亦可用于配制商品防水混凝土，是一种多功能兼容的高效防水剂。

HE 防水混凝土主要适用于防水功能要求较高的地下构（建）筑物，以及水塔、水池、储油罐、大型设备基础、后浇缝、预应力混凝土，制作高强预应力混凝土构件或管道等。

1）HE 混凝土高效防水性的特性

① 掺量低、效能高。掺量低于同类产品，仅为 6%～8%，而限制膨胀率已达到行业标准《混凝膨胀剂》中一等品的要求。

② 功能多。其集高效减水、缓凝泵送、抗裂防渗、高强耐蚀等功能于一体，既可用于配制普通或高强的塑性防水混凝土，又可用于配制商品化泵送防水混凝土，且不需要同其他外加剂配合使用，是一种多功能兼容的高效防水剂。

③ 高性能。高强、高工作性和高耐久性是高性能混凝土的三大重要特征。一般情况下，高强与高耐久性二者密切相关，由于 HE 混凝土高效防水剂配制的防水混凝土不仅结构致密、且具有抗裂能力，故侵蚀性介质不易渗入，从而使具有破坏性的化学反应不会发生；又由于防水剂本身不含氯、碱等成分，从而消除了钢筋锈蚀及碱集料反应等隐患，这是使混凝土具有高强、高耐久性的切实保证。HE 混凝土高效防水剂可使混凝土具有缓凝性，可在 2h 以内保持混凝土的高工作性，这对混凝土的夏季施工及商品混凝土的普及应用是非常有益的。

④ 综合经济效益好。由于 HE 混凝土高效防水剂的优异特性，从而可以大量节省生产、运输、贮存、管理等方面所需费用，其综合效益好。

2）HE 防水混凝土的配制要求　　HE 防水混凝土的配制，除应符合现行国家标准的有关规定之外，还应当注意以下几个方面。

① 水泥宜选用强度等级不低于 42.5MPa 的硅酸盐水泥、普通水泥、矿渣水泥。

② 水泥用量应以水泥与 HE 高效防水剂之和计，且二者总量不得少于 330kg/m³。HE 高效防水剂掺量为水泥重量的 6%～8%，后浇筑混凝土缝的掺量应以 8%～10% 为宜。

③ 用于配制混凝土的原材料不得随意更换，否则应重新试验选定配合比。

④ 混凝土原材料必须按照配合比计算、并称量准确，其中 HE 高效防水以及拌合水的重量误差不得大于±1%。

⑤ 投料顺序：HE 高效防水剂与水泥一起和砂搅拌均匀，再投入石子继续干拌均匀，然后再加水进行湿拌，要注意拌和水一次加入，搅拌过程中不得随意增加拌合水的用量。

⑥ HE 防水混凝土的搅拌时间较普通混凝土延长 30～60s。

⑦ 混凝土浇筑后应振捣密实，不漏振、不过振。

⑧ 混凝土浇筑完毕，应以草帘子或塑料薄膜进行覆盖、并浇水养护 10～14d。对于混凝土暴露面，特别是阳光直射和寒气侵袭的表面，应当进行双层覆盖养护。

⑨ 施工缝的设置同普通防水混凝土，施工缝的处理应先将表面凿毛，然后将表面杂物除去，清洗干净，并在表面铺上渗入 6%～8%HE 型高强防水剂的 1:2 水泥砂浆，厚度为

2～2.5cm，再继续浇注 HE 型高效防水剂混凝土；施工缝处拆模后，可沿施工缝上下 7～8cm 范围凿毛，然后将凿毛表面清洗干净，再以 HE 型高效防水剂的水泥砂浆作 4 层防水抹面。

⑩ 无缝施工技术：HE 防水混凝土具有补偿收缩功能，当混凝土结构超长时，可采用无缝施工技术，即根据工程情况沿长度方向每隔 20～40m 设置加强带，加强带的宽度一般为 2～3m，带内水平配筋率增加 10%～15%，且每立方米混凝土的水泥用量增加 50kg。

2. 聚合物水泥混凝土

聚合物加入混凝土或砂浆中，其形成的弹性网膜将混凝土、砂浆中的孔隙结构填塞，经化学作用加大了聚合物同水泥水化产物的黏结强度，有效地对混凝土和砂浆进行改性，抗渗性得到显著提高。聚合物水泥混凝土主要适用于地下建（构）筑物防水，以及游泳池、水泥池、化粪池等防水工程。如直接接触饮用水，应选用符合要求的聚合物。

(1) 用于聚合物水泥混凝土的主要助剂

① 稳定剂。为避免聚合物乳液与水泥水化产物中出现多价金属离子作用而致破乳、凝聚，以及在搅拌过程中聚合物乳液产生析出及凝聚，必须加入一定的稳定剂，从而改善聚合物乳液对水泥水化生成物的化学稳定性以及对搅拌剪切力的机械稳定性，使聚合物与水泥有效地混合均匀，并紧密黏附成稳定的聚合物水泥多相体。

稳定剂多采用表面活性剂，其种类及掺量对效果有直接影响，所以应根据聚合物的品种选择适宜的稳定剂及掺量。常用的聚合物水泥混凝土的稳定剂主要有 OP 型乳化剂、均染剂 102、农乳 600 等。

② 消泡剂。为避免因聚合物乳液中乳化剂、稳定剂的表面活化影响而在拌合时产生的大量气泡，必须加入适量的消泡剂，从而消除产生的气泡，降低混凝土拌合物的孔隙率，减少对混凝土强度的影响。

③ 抗水剂。当选用耐水性较差的聚合物、乳化剂、稳定剂时，应加入适量的抗水剂。

④ 促凝剂。为避免由于聚合物掺量较多而延缓聚合物水泥混凝土的凝结，可加入一定量的促凝剂，以加快混凝土的凝结。

(2) EVA（乙酸乙烯-乙烯的共聚物）高分子乳液　EVA 高分子乳液具有以下技术特点。

① 具有优良的机械力学性能。在适当配合比下，EVA 聚合物水泥防水砂浆的抗压强度，可比相同配合比的普通水泥砂浆有所提高，抗拉强度和抗折强度提高 1.5 倍。

② 具有优良的抗裂性。EVA 聚合物水泥防水砂浆抗拉和抗折强度大幅度提高，这就赋予了材料优良的抗干缩和冷缩能力，加之聚合物膜对水泥石中的毛细孔封闭作用，减缓了干湿环境变化下体系的水分蒸发速率，进一步提高了体系抗裂性。

③ 具有优良的防水性能和抗渗性能。聚合物分子链上的极性基团对水有一定的吸附作用，在水的作用下，适度交联的聚合物仍有一定的遇水溶胀作用，这种溶胀作用可使水泥石孔隙中的聚合物发生体积膨胀，可从防止水的进一步渗透，使材料具有优良的防水抗渗性能。

④ 对多种异质材料具有良好的黏结性。由于聚合物分子链上的极性基团会与水泥无机相产生化学吸附作用，所以能提高两相接口间的黏结力。聚合物特殊的化学结构使聚合物水泥防水砂浆对普通砂浆和混凝土材料具有良好的湿态黏结性，这在防水工程中尤其是在已发生渗漏和潮湿的基面上的施工，具有非常特殊意义。

⑤ 工作性可调范围宽。EVA 聚合物水泥防水砂浆可通过助剂的调整随意安排体系的可工作性，其凝结时间可控制在几分钟至几小时范围内。可随意控制的工作性使该材料的适用范围大大加宽，即可作为厕所和浴间及一般地下工程的防水、防渗，又可作潮湿工作面上及有一定慢渗水压的已渗漏防水工程的防水、防渗的维修。

EVA 聚合物水泥砂浆可在潮湿基层上施工，适用于人防、隧洞、地铁、地下沟道，以及水下隧道等需防水结构；若以助剂调整砂浆凝结时间，则可用于堵漏工程，或根据需要控制砂浆工作性，扩大适用范围，满足不同工程的要求。另外，EVA 聚合物水泥砂浆还有重量轻、耐候性、耐冻融性、耐冲击性优良的特点，因而适用于地面、道路、机场跑道，以及船舶、桥梁等工程。

第二节　防水混凝土对原材料要求

防水混凝土的原材料组成，与普通混凝土基本相同。其主要由水泥、粗细集料和水组成，只是对水泥和集料的质量要求有所不同。

1. 对水泥的要求

配制普通防水混凝土所用的水泥，一般应选用普通硅酸盐水泥，这种水泥早期强度较高，强度增进率也较快，保水性较好，收缩性较小，不容易使混凝土结构内部形成渗水的通道。在普通硅酸盐水泥缺乏时，也可选用粉煤灰硅酸盐水泥或火山灰硅酸盐水泥，这两种水泥泌水性较小，有较强的抗水溶蚀能力，同时水泥的水化热较低，适宜于在一些体积较大的防水混凝土工程中使用，如果在冬季低温条件下施工，应掺加适量的早强剂和抗冻剂。

在有条件的情况下，配制普通防水混凝土尽量不采用硅酸盐水泥和矿渣硅酸盐水泥。硅酸盐水泥收缩性较大，水化热较高；矿渣硅酸盐水泥泌水性大，容易使混凝土拌合物产生离析，从而降低混凝土结构的防水性能。

2. 对粗细集料的要求

配制普通防水混凝土所用的粗细集料质量、级配和杂质含量等，对混凝土的抗渗性影响很大。因此，粗细集料应分别符合下列要求。

(1) 对于粗集料的要求　配制普通防水混凝土的粗集料，应选择质地坚硬致密，杂质含量很少的碎石或卵石，同时应满足下列要求：a. 粗集料的最大粒径不得大于 40mm，粒径范围应控制在 5～30mm；b. 软弱颗粒的含量不得大于 10%，如果还有抗冻性要求，含量不得大于 5.0%；c. 风化颗粒的含量不得大于 1%；d. 颗粒级配应为连续级配；e. 其他方面的质量要求应符合《建设用卵石、碎石》(GB/T 14685—2011) 中的规定。

(2) 对于细集料的要求　配制普通防水混凝土的细集料，以选用洁净质地坚固的河砂为宜，同时应满足下列要求：a. 砂中的含泥量不得大于 3.0%，泥块含量不得大于 1.0%；b. 砂子无风化现象；c. 砂的细度模数以 2.4～3.3 为宜；d. 砂的平均粒径在 0.4mm 左右；e. 其他方面的质量要求应符合《建设用砂》(GB/T1 4684—2011) 中的规定。

3. 对拌合水和养护用水的要求

配制和养护防水混凝土的水，与普通水泥混凝土相同，应采用 pH=6～7 的洁净水。

第三节　防水混凝土的配制技术

普通混凝土是一种非均质多相材料，其内部存在贯通整个空间的微细孔隙，因而其防水功能通常比较弱。防水混凝土是指采取一定技术手段，调整配合比或掺入少量外加剂，改善混凝土孔结构及内部各界面间的密实性，或补偿混凝土的收缩以提高混凝土结构的抗裂抗渗性能，或掺入憎水性物质使混凝土具有一定的憎水性，使其满足抗水渗透的压力大于0.6MPa，具有一定防水功能的一类混凝土。

一、防水混凝土配合比设计的原则

防水混凝土配合比设计，与普通水泥混凝土相同，一般采用绝对体积法。在进行混凝土配合比设计时应考虑以下原则。

① 首先应满足混凝土抗渗性要求，这是进行防水混凝土配合比设计的前提。根据工程实际要求，如混凝土抗渗性、耐久性、使用条件及材料情况确定水泥品种；由混凝土的强度确定水泥的强度，并根据施工性能，适当提高水泥用量。

② 合理选用混凝土的组成材料，对于砂石一般优先选用当地的材料，适当提高砂率及灰砂比。

③ 水灰比的选择，主要依据工程要求的抗渗性和施工最佳和易性来确定。施工和易性主要由结构条件和施工方法综合考虑决定。

二、防水混凝土配合比设计的步骤

（一）确定水灰比、拌合水用量

根据工程设计要求的抗渗指标、强度和施工条件，选定混凝土拌合物的坍落度、水灰比、用水量，并计算水泥用量。为确保防水混凝土的抗渗性，普通防水混凝土的最大允许水灰比应符合表19-21的规定。

表 19-21　普通防水混凝土最大允许水灰比

抗渗等级	最大水灰比		
	C20 混凝土	C25 混凝土	C30 混凝土
S6	0.60～0.65	0.55～0.60	0.50～0.55
S8～S10	0.55～0.60	0.50～0.55	0.45～0.50
＞S10	0.50～0.55	0.45～0.50	0.40～0.45

防水混凝土拌合水用量与砂石材料种类、搅拌条件等因素有关，在确定混凝土拌合水用量时，可根据混凝土拌合物的坍落度、砂率，参见表19-22选择。最后根据混凝土的试配的结果确定。

表 19-22　防水混凝土拌合用水量

混凝土拌合物的坍落度 /mm	砂率/%		
	35	40	45
10～30	175～185	185～195	195～205

续表

混凝土拌合物的坍落度/mm	砂率/%		
	35	40	45
30～55	180～190	190～200	200～210

注：1. 表中石子的粒径为5～20mm，若石子最大粒径为40mm时，用水量减少5～10kg/m³。表中石子按卵石考虑，若采用碎石时，用水量增加5～10kg/m³。

2. 表中采用火山灰质硅酸盐水泥，若采用普通硅酸盐水泥时，则用水量增加5～10kg/m³。

（二）选择砂率

防水混凝土的砂率比普通水泥混凝土稍高，可根据石子的空隙率和砂子的平均粒径，按表19-23中选用。

表 19-23 普通防水混凝土的砂率选用表

石子空隙率/%		30	35	40	45	50	55
砂的平均粒径/mm	0.30	35～37	36～38	36～38	36～39	37～39	38～40
	0.35	35～37	36～38	36～38	37～39	38～39	38～40
	0.40	35～37	36～38	37～39	38～40	38～40	39～41
	0.45	35～37	36～38	38～40	39～41	39～41	40～42
	0.50	36～38	36～39	38～40	40～42	41～43	42～44

注：1. 石子空隙率＝(1－石子松堆密度/石子表观密度)×100%；

2. 表中所用的粗集料最大粒径为20～30mm，当最大粒径取值较小时砂率取较高值，反之取较低值。

（三）计算砂石用量

普通防水混凝土的砂石用量，可按绝对体积法或假定表观密度法确定，或按以下方法进行确定。

① 根据选用的砂率，按下式计算砂石的混合密度：

$$\rho_{砂石} = \rho_{砂} S_p + \rho_{石} \cdot (1 - S_p) \tag{19-1}$$

式中，S_p 为混凝土的砂率，%；$\rho_{砂石}$ 为砂石的混合密度，kg/m³；$\rho_{砂}$、$\rho_{石}$ 分别为砂、石的密度，kg/m³。

② 按照下式计算砂石混合用量：

$$a = \rho_{砂石}(1000 - m_w/\rho_w - m_c/\rho_c) \tag{19-2}$$

式中，a 为混凝土中砂石的混合用量，kg/m³；m_w、m_c 分别为水和水泥的用量，kg；ρ_w、ρ_c 分别为水和水泥的密度，kg/m³。

③ 按下式计算砂子和石子的用量：

$$m_s = S_p a \tag{19-3}$$

式中，m_s 为砂子的用量，kg。

$$m_g = a - m_s \tag{19-4}$$

式中，m_g 为石子的用量，kg。

根据上述计算的各种材料的用量，初步确定其配合比进行试配，如果与工程要求不符，则应进行适当调整，直至满足设计所提出的所有要求。

对于普通防水混凝土配合比设计，应增加混凝土的抗渗性能试验，试验结果应符合下列规定。

① 试配时要求的抗渗水压值应比设计值提高 0.2MPa。

② 试配时应采用水灰比最大的配合比进行抗渗性能试验，其试验结果应符合下式的要求。

$$P_t \geqslant P/10 + 0.2 \qquad\qquad (19\text{-}5)$$

式中，P_t 为 6 个试件中 4 个试件不出现渗水时的最大水压值，MPa；P 为混凝土设计要求的抗渗等级，MPa。

③ 对于掺加引气剂的混凝土还应进行含气量试验，普通防水混凝土的含气量宜控制在 3%～5% 范围内。

三、防水混凝土的参考配合比

在配制普通防水混凝土时，可以根据混凝土的抗渗等级、混凝土强度等级、材料组成和材料品种等，参考表 19-24 中的配合比。

表 19-24 普通防水混凝土参考配合比

混凝土强度等级/MPa	混凝土抗渗等级/MPa	混凝土组成材料/(kg/m³)						坍落度/cm
		水泥		砂	石子		粉煤灰	水	
		品种	数量		品种/mm	数量			
C20	S8	42.5 级普通	360	细砂 564	碎石 5～40	1256	20	200	2.0～4.0
C20	S8	42.5 级普通	360	中砂 800	碎石 5～40	1050	—	190	3.0～5.0
C20	S8	42.5 级普通	360	细砂 539	卵石 5～40	1456	—	176	3.0～5.0
C20	S8	42.5 级普通	360	细砂 450	卵石 5～40	1505	—	176	3.0～5.0
C20	S8	42.5 级普通	360	细砂 552	碎石 5～40	1228	—	200	2.0～4.0
C20	S12	42.5 级普通	360	中砂 800	碎石 5～40 碎石 20～40	415 735	—	190	3.0～5.0
C25	S6	42.5 级矿渣	380	细砂 626	碎石 5～40	1218	—	191	3.0～5.0
C30	S10	42.5 级普通	420	中砂 644	卵石 5～40	1156	50	182	2.0～4.5
C40	S8	42.5 级普通	455	中砂 627	碎石 5～20	1115	—	191	3.5～5.0

第四节 防水混凝土的施工工艺

由于防水混凝土是在普通混凝土的基础上配制而成，具有防水的特殊功能，因此，在施工工艺方面，与普通混凝土的施工既有相同点，也有很多不同之处。即使都是防水混凝土，不同种类的防水混凝土，其施工工艺也有很大不同。

一、防水混凝土的一般施工要点

防水混凝土的施工，除严格执行普通混凝土的有关规定外，在整个施工过程中，还应注意下列一些问题。

(1) 防水混凝土在施工条件允许的情况下，应当尽可能一次浇筑完成，以保证混凝土结构的整体性。因此，须根据选用的机械设备制订周密的施工方案。尤其对于大体积混凝土结构更应当慎重对待，应计算由水泥水化热所能引起的混凝土内部温升，以采取分区浇筑、使用水化热较低的水泥或掺加外加剂等相应技术措施；对于圆筒形构筑物，如沉箱、水池、水塔等，应优先采用滑模施工方案；对于运输通廊等，可按伸缩缝位置划分不同区段，采取间隔施工方案。

（2）配制防水混凝土所用的水泥、砂子和石子等原材料，必须符合国家有关的质量要求。水泥如有受潮、变质或过期现象，只能当作废品或用于其他方面，不能降格用于防水混凝土。砂石的含泥量直接影响防水混凝土的收缩性和抗渗性，因此要严格控制这一指标，砂子的含泥量不得大于 3%，石子的含泥量不得大于 1%。

（3）为确保防水混凝土的施工质量，用于防水混凝土的模板要求严密不漏浆。内外模板不得用螺栓或铁丝穿透，以免形成渗水的通路。

（4）钢筋骨架不能用铁钉或铁丝固定在模板上，必须用相同配合比的细石混凝土或水泥砂浆制作垫块，以确保混凝土的保护层厚度。防水混凝土的保护层要求十分严格，不允许出现负误差。此外，若混凝土配置上、下两排钢筋时，最好用吊挂方法固定上排钢筋，若不可能而必须采用"马凳"进行固定时，则"马凳"应在施工过程中及时取掉，否则就需要在"马凳"上加焊止水钢板，以增加混凝土的阻水能力，防止地下水沿着"马凳"渗入。

（5）为保证防水混凝土拌合物的均匀性，其搅拌时间应比普通水泥混凝土稍长，尤其是对掺加引气剂的防水混凝土，要求搅拌延长 2~3min。外加剂防水混凝土所用的各种外加剂，必须经过严格检查符合国家的有关规定，必须将其预溶成较稀的溶液加入搅拌机内，严禁将外加剂干粉和高浓度溶液直接加入搅拌机，以防止外加剂或产生的气泡集中，影响防水混凝土的质量。采用引气剂的防水混凝土，还要按规定抽查混凝土中的含气量，以控制含气量在 3%~5%范围内。

（6）光滑的混凝土泛浆面层，水泥浆含量较高，结构比较密实，对防止压力水渗透具有一定作用，所以，使用的模板面一定要光滑，在安装模板前，要及时清除模板表面上的水泥浆。

（7）为确保防水混凝土的抗渗性，防水混凝土不允许用人工进行捣实，必须采用机械进行振捣。机械振捣要严格遵守混凝土振捣的有关规定，不准出现漏振和跳振现象。对于引气剂防水混凝土和减水剂防水混凝土，宜用高频振动器排除大气泡，以提高混凝土的抗冻性、抗渗性和强度。

（8）施工缝是防水工程中的薄弱环节，在条件允许的情况下，最好不留或少留，如必须设置施工缝时，应设置企口施工缝（如凸槽式、凹槽式、V 形槽式或阶梯式等），当防水要求较高，但混凝土壁的厚度又较薄时，宜在施工缝处加设钢板止水片。

（9）混凝土早期出现脱水，或养护过程中缺少必要的水分和温度，混凝土的抗渗性将大幅度降低。为此，保证养护条件对于防水混凝土是十分重要的。当混凝土终凝之后，应立即开始浇水养护，养护的时间一般不应少于 14d。在冬季施工时，应采取保温措施，使混凝土表面温度控制在 30℃左右。

（10）由于防水混凝土对养护要求比较严格，因此不能过早地拆除模板。拆模时混凝土表面的温度与周围气温之差不得超过 20℃，以防止混凝土表面出现收缩裂缝。在模板拆除以后应及时回填土，以利于混凝土后期强度的增长和获得预期的抗渗性。

（11）防水混凝土的浇筑不得留有脚手孔洞，浇筑平台和脚手架应当随浇筑随拆除。如施工过程中无法当时拆除脚手架的，则必须采用表面凿毛的混凝土作垫块。浇筑完毕后的防水混凝土严禁打洞，所有预留孔都应事先埋设准确。

二、补偿收缩防水混凝土的施工要点

（1）浇注前，应检查模板的坚固性、稳定性，使模板所有接缝严密，不得漏浆，并宜将模板及与混凝土接触的表面先行湿润或保潮，且保持清洁。

（2）严格掌握补偿收缩防水混凝土的配合比，尤其是膨胀剂要有精度高的计量装置，避免因计量误差造成过量膨胀对工程的破坏；并依据施工现场的情况变化，及时正确的调整其用量。

（3）补偿收缩防水混凝土要注意充分搅拌，避免因膨胀剂在混凝土中分布不均匀，使局部因膨胀剂多而造成混凝土的破坏。

（4）补偿收缩防水混凝土的坍落度损失较大，如现场施工温度超过 30℃，或混凝土运输、停放时间超过 30～40min，应在拌和前加大混凝土坍落度的措施。

（5）补偿收缩防水混凝土拌制宜采用机械搅拌，搅拌时间要比普通混凝土时间适当延长。当采用 UEA 补偿收缩防水混凝土时，采用强制式搅拌机搅拌，时间要比普通混凝土延长 30s 以上；采用自落式搅拌机搅拌，时间要延长 1min 以上。搅拌时间的长短，主要应以拌合均匀为准。

（6）补偿收缩防水混凝土无泌水现象，适用于泵送工艺，但应注意早期保养，并采取挡风、遮阳、喷雾等措施，以防产生塑性收缩裂缝。

（7）为了提高补偿收缩防水混凝土的防渗、抗裂能力，必须要求混凝土中能建立 0.2～0.7MPa 的自应力值，则要求混凝土具有一定的膨胀率；选择合理的混凝土配筋率，也是提高混凝土防渗和抗裂性能的重要措施。

（8）防水工程的混凝土要求一次浇灌完毕，尽可能不留施工缝，若因客观因素导致停工间歇时间过长，应按规定设置施工缝。施工缝是防水工程的薄弱环节之一，应当特别注意施工缝的设置位置和施工质量。

（9）补偿收缩防水混凝土浇注温度不宜超过 35℃；亦不宜低于 5℃，当施工温度低于 5℃时，应采取保温措施。使用 UEA 混凝土不能用于长期处于温度 80℃以上的工程，否则因钙矾石晶体转变而使强度下降。

（10）刚刚浇筑完毕的混凝土，应避免阳光直射，及时用草袋等覆盖，注意加强养护，特别要注意早期养护。常温下，浇注后 8～12h，即可覆盖浇水，并应保持湿润养护至少 14d，使混凝土经常保持湿润状态。也可用塑料薄膜覆盖，或喷涂养护剂养护。

三、减水剂防水混凝土的施工要点

1. 进行配合比设计

减水剂防水混凝土的配合比，可以参考普通防水混凝土各项技术参数，但应注意控制水灰比，充分发挥减水剂的优越性，并应在试配制的过程中，特别注意所用水泥是否与所选减水剂相适应，在有条件的情况下，宜对水泥和减水剂进行多品种比较，不宜在单一的狭隘范围内寻求"最佳掺量"。此步骤应结合经济效益一并分析考虑。

2. 严格计量和掺加方法

施工中，应严格控制减水剂掺量，误差宜控制在 1％以内。如减水剂为干粉状，宜在使用前，先将干粉倒入 60℃左右的热水中搅匀，配制成 20％浓度的溶液（以比重计控制溶液浓度），再根据实际情况决定减水剂的掺加方法（先加法或后加法）。严禁将减水剂干粉倒入混凝土搅拌机内拌和。

3.其他注意事项

① 若以粉煤灰为粉细料掺入混凝土，由于粉煤灰含有一定量的碳，可降低减水效果，应调整减水剂的用量。

② 使用引气减水剂时，为消除过多的有害气泡，可采取高频振动、插入振动或与消泡剂复合使用等方法，以增加混凝土的密实性。

③ 应注意减水剂防水混凝土的养护，特别是采取潮湿养护的方法。

4.减水剂防水混凝土的配制要求

减水剂防水混凝土配制，除了应遵循普通防水混凝土的规定外，还应注意以下技术要求。

① 根据工程需要调节水灰比。当工程需要混凝土的拌合物坍落度 80～100mm 时，可不减少或稍减少拌合水量；当要求坍落度 30～50mm 时，可大大减少拌合水量。

② 由于减水剂能增大混凝土拌合物的流动性，所以掺加减水剂的防水混凝土，其最大施工坍落度可不受 50mm 的限制，但也不宜过大，以 50～100mm 为宜。

③ 混凝土拌合物泌水率大小对硬化后混凝土的抗渗性有很大影响。由于加入不同品种的减水剂后，均能获得降低泌水率的良好效果，一般有引气作用的减水剂（如 MF 等）效果更为显著，故可采用矿渣硅酸盐水泥配制防水混凝土。

④ 减水剂的掺量必须严格控制，其适宜掺量应符合现行规定。

四、三乙醇胺防水混凝土的施工要点

三乙醇胺防水混凝土在施工过程中，除按照普通混凝土施工有关规定外，还要严格遵循以下施工要点。

① 要求严格按照设计的配方配制三乙醇胺防水剂溶液，并对其充分进行搅拌，防止氯化钠和亚硝酸钠溶解不充分，或三乙醇胺在溶液中分布不均匀，而影响三乙醇胺防水混凝土的质量。

② 配制好的防水剂溶液应与拌合水混合均匀后使用，不得将防水材料直接投入混凝土搅拌机中，以防混凝土拌和不均匀，影响混凝土拌合物的质量。

③ 靠近高压电源的防水工程，如果采用三乙醇胺防水混凝土，只允许单独掺加三乙醇胺防水剂，而不能掺加氯化钠和亚硝酸钠。

第五节　外加剂在防水混凝土中的应用实例

一、江南大厦地下混凝土工程大面积渗漏治理

（一）工程背景

"江南大厦"续建工程为两座 22 层塔楼组成，由原停建工程的九层裙楼续建而成，建筑面积共 104644m²，其中地下室 3 层共 15000m²。地下室及裙楼的钢筋混凝土结构已施工完成约 7 年的时间，其他作业均未施工。当年混凝土结构底板和外墙体只设置了自防水混凝土，未做任何外防水工程。由于本工程基地离海岸较近，地下水位较高，水量相当丰富。施

工进入现场时，原地下室已存满水，水位已至地下一层中间。将地下室内水抽出后，现状为：地下 3 层结构底板存有大量淤泥，并有多处渗水水流涌出；混凝土外墙有多处渗漏点，成网状分布；原预留预埋线管、线盒均已锈蚀严重；原安装模板用预埋钢筋、钢管均未割除，并遍布底板及墙体表面。该工程墙地面严重渗漏，渗水点多、渗水压力高和预埋金属物件的处理等问题成为该工程渗漏治理的难点。

（二）技术分析

1. 渗漏原因分析

由于本工程紧靠海岸，加之已施工的混凝土结构工程年久无人管理，地下水和污水等多成分水质汇集于地下室内，水中又含有对混凝土有害的氯化物和硫化物等多种腐蚀性介质。又因当年地下室施工用的自防水混凝土是采用膨胀剂组分配制的，虽然设计者的初衷是想提高混凝土的密实度，增强其防水功能，但由于混凝土中的膨胀组分"钙矾石"不耐上述条件下的软水和其他腐蚀性介质的侵蚀。因此，该工程地下防水混凝土的实际应用效果却适得其反，从而导致了混凝土底板和墙面的大面积严重渗漏。

根据自防水混凝土近几年的研究成果分析，上述设计方案的防水理念存在一定的片面性，至少在有些地区是不适用的。本工程所面临的现实即是证明。因为膨胀混凝土在流动的地下软水作用下，由于混凝土中 $Ca(OH)_2$ 的不断溶出而导致混凝土膨胀组分钙矾石的结晶水发生蜕变，甚至是被溶出。所以膨胀组分在这种条件下不但起不到密实防水的作用，反而因结晶水蜕变和钙矾石溶出加速了混凝土内部微孔结构透水通道的形成和扩展，所以引起了混凝土地面和墙面的严重渗漏。这种溶出性侵蚀对混凝土内部结构的密实度影响较大，使混凝土的强度和耐久性都受到了很大损害，因此导致该地下室混凝土底板及墙体多处都形成了大面积的网状渗漏区域。

2. 止水理论分析及方案选择

（1）由于地下室混凝土结构已施工完毕并回填，在迎水面作外防水的传统做法已不可能实现，混凝土结构底板更是如此。因此，必须采用内防水（即背水面）的治理方案。

（2）根据现场渗水和水压情况分析，内防水施工如采用卷材等传统柔性防水做法则相当复杂，既不便于施工及结点的处理，其防水功能的可靠性也受到质疑，更谈不上对原有混凝土结构的保护，因此采用卷材的柔性防水的治理方案在技术、经济方面的可行性被否定。

（3）如果选用聚合物水泥（乳液）防水涂料，虽然该涂料与混凝土黏结强度较高，耐久性好，背水面防水效果也较理想，并有成功的先例。但对于该工程已经被侵蚀的混凝土内部结构却无任何修复和保护作用。因此，对于该工程混凝土结构的耐久性帮助并不大。

（4）鉴于上述情况，分析了混凝土内部形成网状破坏的特征及漏水特性，又通过座谈研究听取了混凝土防水专家的建议，决定选择既能修复混凝土内部微观结构又能起到防水作用的刚性防水方案，即选用已列入地下防水设计和施工验收规范的水泥基渗透结晶型防水材料。以期达到其与混凝土结合后，能有效封闭混凝土的毛细孔和微孔结构，形成更为密实的结构整体，既能止水防渗，又能提高地下室既有混凝土的强度和耐久性的双重目的。

3. 治理方案的设计

该工程的防水施工选择先降水堵漏，再做整体防水的设计方案。对少量宏观裂缝引起的主漏（涌）水处，先用水性聚氨酯液体堵漏剂进行注浆封闭堵漏，再对混凝土底板和墙面的微裂缝和毛细孔所引起的大面积网状渗漏面，采用水泥基渗透结晶型防水材料进行整体的堵漏和防水涂刷处理。

4. 防水材料的选择

根据实际情况，通过考察国内外各种刚性防水材料，选择了对混凝土结构有可靠修复作用的进口水泥基渗透结晶型防水材料，即加拿大的"赛柏斯"（XYPEX）。它是我国近几年引进并成功应用、建设部已下文推广并已列入规范的新型混凝土功能性材料，其特点及工作原理如下。

赛柏斯（XYPEX）是引进加拿大专有技术而生产的含有特殊活性化学物质，以渗透结晶方式为主的无机防水材料。其防水性能优越，是一种无毒无公害环保型混凝土功能性材料。赛柏斯（XYPEX）与混凝土结合后，在水的引导下，可向混凝土内部渗透，在混凝土中形成不溶于水的微结晶体，填塞毛细孔道，从而使混凝土内部变得更加致密、防水。

经赛柏斯（XYPEX）处理过的混凝土多年后如再遇水，材料中的活性物质还能被重新激活，与混凝土中未完全水化的水泥成分再发生反应产生结晶，封闭后期形成的微裂缝；它属无机物，不老化，线膨胀系数与混凝土基本一致，防水年限基本与混凝土结构的寿命相同，并且具有增强混凝土的强度和耐久性，延缓混凝土的碳化过程，防止钢筋锈蚀的特殊功能性作用；同时赛柏斯（XYPEX）防水还有施工工艺简便，无明火作业，无毒，无刺激性气味，与基层混凝土共同工作，可承受 $1.5 \sim 1.9$MPa 的强水压，并能直接在潮湿的基面上施工等优点。

（三）防水效果及技术经济效益分析

（1）在注浆堵漏与防水施工均完成后，按照养护要求充分进行养护，并达到规定的养护期为止。此时将降水水泵停止，使地下室周边的地下水位恢复至正常水位，通过对地下室所有混凝土墙体、底板进行了一周时间的实际观察，未发现有任何渗漏现象，防水施工的效果明显，一次到位，非常成功，建设方十分满意。目前该工程已投入使用。

（2）通过本工程的实践，笔者认为：对治理原有混凝土地下室大面积渗漏问题，采用赛柏斯（XYPEX）作混凝土基层刚性内防水的方案，在技术和经济上是非常合理、可行的方案。其与柔性外防水方案比较主要优势有如下 3 点。

① 施工方法简便易行，工期短、费用较低。避免了外防水方案复杂的施工方法、过高的施工费用和较长的工期采用内防水方案可节省费用 179.2 万元，由于不需要场区土方开挖，内防水又不占用总工期，所以可节省工期 80d。

② 直接采用刚性防水方案，既满足了防水层与混凝土基层结合牢固，能共同工作的要求，又达到了防水功能可靠，使用维护费较低的目的。

③ 赛柏斯（XYPEX）还能通过长期的水化反应，不断修复原有混凝土内部的微观缺陷，逐年增加原有混凝土的密实度，从而提高了其强度，进一步保护了钢筋，有效地防止了各种腐蚀介质对混凝土的侵蚀，大大延长混凝土的使用寿命。

（四）总结

本工程的实践证明：对于地下室混凝土工程大面积渗漏的治理，采用水性聚氨酯注浆堵漏和水泥基渗透结晶型防水材料整体内防水的综合治理方案，虽打破传统观念，选用了以刚性防水为主、柔性防水为辅的治理方案，但也符合规范建议的"刚柔相济"的治理原则，且实际治理效果显著。该方案与其他方案比较，具有可靠、实用、科学和经济的特点，值得同类工程推广应用。

随着新型防水材料的不断涌现和自防水混凝土工程实践的积累，我们应进一步加强对自防水混凝土的技术特性、防水机理和耐久性问题的研究、探讨，同时我们还应打破传统防水理念，从根本上研究解决目前困扰建筑界的防水方面的难题，特别应以新的防水理论来指导我们的工程实践，充分利用已经开发出的一些新型防水材料来解决当前一些防治渗漏方面的难点热点问题。

二、龙江明珠 3# 楼地下室防水混凝土施工实例

（一）工程背景

"龙江明珠 3# 楼"工程，位于漳州市龙江明珠小区内。地下室一层（层高为 4.5m）设有采光井，本工程地下室防水采用 4mm 厚 SBS 高聚物改性沥青防水卷材和结构混凝土自防水，现结合本工程防水混凝土施工实践，介绍地下室防水混凝土施工措施。

（二）结构自防水混凝土的配制

承台、基础梁、地下室底板、外墙、柱、水池、地下室顶板均采用 C30S8 等级防水混凝土。首先优选原材料和配合比；其次，掺用膨胀剂，利用膨胀剂在水化过程中的膨胀变形特性，达到补偿或部分补偿混凝土收缩的目的。

1. 材料选择

水泥选择水化热低，自身水化学反应收缩小，其他性能稳定的矿渣 525 水泥，细集料利用石屑复合中细砂，改良细集料的级配；粗集料选用 5～20mm 级配良好的花岗岩碎石；活性矿物细掺料选用 II 级粉煤灰取代部分水泥，外加剂选用高效缓凝减水剂作泵送剂；膨胀剂选用高效型 UEA 膨胀剂。这些选择有利于降低水泥用量，降低因水泥引起的收缩和利用适度膨胀补偿收缩。

2. 配合比选择

从多个配合比配制试验中比较选定，应使混凝土满足抗渗性能、力学性能、施工性能的要求，使 UEA 膨胀率的值能全部或大部分补偿收缩。在配置混凝土的强度等级方面，除了应满足强度评定要求外，还应有足够的富余，以抵消不确定因素可能给长期强度带来的不利影响。

（三）结构自防水混凝土施工要点

地下室结构混凝土自防水施工过程中，注意事项如下。

（1）预拌混凝土到达交货地点进行逐车坍落度检查，实测的混凝土坍落度与要求坍落度之间的允许偏差符合要求。

（2）混凝土入模温度地下室大体积底板混凝土入模温度不宜超过 35℃，因为再加上水泥水化的温升，如果混凝土体内温度过高，将出现温度应力集中和温度膨胀裂缝，给混凝土保温增加困难。

（3）混凝土浇筑温度混凝土的浇筑走向合理，采用布料器分层均匀分布。振捣力求均匀密实，不漏振，也不过振，观察混凝土表面呈现浮浆为度。鉴于泵送混凝土砂浆量大，在地下室底板混凝土浇捣完成后，在混凝土初凝前应二次压实，用预先准备好的 0.5～1cm 碎石洒在其较厚浮浆面，并及时压入拍平，防止干裂。

（4）施工缝处理底板采取无缝施工方法。侧墙采取分层分段的办法，所形成的水平和竖向施工缝除按一般混凝土施工缝处理外，应留设止水带或止水条。混凝土复浇筑之前应充分洗净并润湿与旧混凝土接触的表面，特别是相隔时间长久之混凝土的接触面。

（5）穿墙管的拉结，凡穿过防水混凝土构件的各类穿墙管的埋设，均应做防水套，防水

套应做到闭合有效，预埋正确，固定牢固。当防水混凝土的支模使用拉结螺栓时，在螺栓中部设止水环，防止水经螺栓渗流。

（6）分层浇筑应控制好时间，在第二层覆盖第一层时，第一层未初凝。但预拌混凝土增加缓凝剂延缓初凝时间控制在 4h 以上。

（7）拆模养护防水混凝土的养护十分重要，因为膨胀剂的膨胀特性是在充分水化条件下才发挥出来。底板浇筑抹压收光完毕，待混凝土表面稍稍"收汗"，立即覆盖湿草垫或湿麻袋，后再浇水养护。侧墙一般 3d 拆模，拆模后立即铺挂麻袋浇水养护，保持混凝土湿润至少 14d 需用保温的大体积混凝土，则应根据保温计算要求进行盖塑料布、草袋和搭棚，备用加热等措施，根据测温状况作控制保温。混凝土内外温差应控制在 25℃ 以内。

（四）特殊部位的细部处理

1. 混凝土"后浇带"防水处理

本工程在地下室底板、侧墙、顶板均设有一条 800mm 宽的"后浇带"。施工"后浇带"的混凝土应采用无收缩混凝土或微膨胀混凝土，其混凝土强度等级应提高 5MPa。"后浇带"浇筑后应加强养护（养护时间宜为 14d）。施工时应按设计要求设置好加强筋。"后浇带"防水构造应严格按国标 10J301 要求设置好。

外墙"后浇带"位置外侧砌"U"形砖墙将其封闭，砖墙内净空至少保证 800mm× 1400mm，砖墙厚度为 240mm，高度砌平外墙顶。砖墙外侧批 20mm 厚 1∶2.5 水泥砂浆找平，阴角处批成弧角，再做防水卷材，面上再做保护层。砖墙下浇筑 C15 垫层 150mm 厚，垫层比砖墙两面各凸出 100mm。外墙"后浇带"两侧止水螺栓头保留，用作日后固定"后浇带"模板。

2. 墙板施工缝处理

严格按照墙板施工缝的留置与处理没有严格按照施工规范和设计要求进行。按照地下防水工程施工及验收规范规定，墙板施工缝应留在底板向上不少于 200mm 的墙体上，并按混凝土墙板的厚度大小相应留置阶梯、凹凸和止水板等形式。为方便工程施工，当底板上设置有垂直墙板的地基梁时，应把墙板施工缝设置在高于梁顶标高的位置。

在墙与柱交接处，应保证凸缝处混凝土完全达到不缺棱掉角的强度时，方可拆除凸缝两侧模板。对于凸缝处损坏的部位，可在墙板上凿除部分混凝土重新形成凸缝；对于凸缝台阶处成型不密实的混凝土，应在安装上部墙模板之前凿去，直到肉眼观察无细小气孔为止，并将凸缝的凸出部分凿毛，除去表面浮浆层，认真检查施工缝封口模板的密实性及牢固性。铺设水泥砂浆的厚度以盖住凸缝为标准，铺浆长度要适应混凝土的浇筑速度，不宜过长或漏铺。当混凝土砂浆在墙板中的卸料高度＞3m 时，可根据墙板厚度选用柔性流管浇筑，避免混凝土出现离析现象。

3. 地下室变形缝处防水处理

工程 11a 轴及 1b 轴间设有一条 200mm 宽的变形缝。变形缝处应增加卷材附加层，附加层的总宽度为 600mm。变形缝两侧的混凝土应分两次浇筑。在施工时，把止水带的中部夹于变形缝端部模板上，同时沥青木丝板钉在端部模板上，并把止水带的翼边用铅丝固定在底板钢筋上，然后浇筑混凝土，待混凝土强度达到一定强度后拆除端模板，用铅丝将止水带另一翼边固定在底板钢筋上，再浇筑另一侧混凝土。木丝板端用密封油膏填严。

施工注意事项：施工过程中应保证止水带与混凝土牢固结合，除混凝土的水灰比和水泥用量要严格控制外，接触止水带的混凝土不应出现粗集料集中或漏振捣现象。振捣时，止水带处混凝土应振捣密实，赶出气泡。振捣棒插入点应离开止水带 250mm 以上，严禁在进行浇筑混凝土时振捣棒触及止水带。

4. 地下室降水井防水处理

在地下室结构后浇混凝土施工完毕后，即可进行地下室内降水井的封闭。封闭前应将井内垃圾、泥浆等杂物清理干净，降水井钢管外壁的铁锈用钢丝刷清除干净；割除多余部分的钢管，在钢管内灌注 C40S8 微膨胀混凝土，然后用法兰盘、螺栓、橡胶垫片封死钢管。降水井中的二次浇筑混凝土的强度等级，应是所在区域地下室底板提高一级的膨胀混凝土，且新旧混凝土接槎面应凿毛后清洗干净并充分湿润。

（五）结语

由于在施工中加强质量控制，严格按照设计图纸及有关规范要求执行，该工程经过 1 年来的运用与观察，未发现渗漏水现象，防水效果良好。

三、防水混凝土在福建煤炭大厦地下室结构自防水中的应用

（一）工程背景

福建煤炭大厦位于福州市西二环路，工程结构为混凝土结构，地下二层，地面以上 27 层，其中裙楼 5 层，建筑高度为 99.75m，建筑面积 41000m²，是一幢集商场、宾馆、写字楼、会所、餐饮于一体的多功能高层建筑。基础采用直径 800mm、1000mm、1200mm 3 种不同桩径的钻孔灌注桩 171 根。地下室底板面积 3080m²。底板尺寸为 67.6m×53.3m，底板厚度为 1.0m，独立桩承台厚度为 2.2m，中心筒体厚度为 3.0m，地下室外壁板钢筋混凝土墙周长 220m，壁厚为 450mm。施工图设计不考虑地下室设置"后浇带"。防水做法如下。

① 地下室底板底：在素混凝土垫层上采用 1：2 水泥砂浆找平抹光 20mm 厚，上面采用 2mm 聚合物改性水泥基防水涂料，20mm 厚 1：3 水泥砂浆保护层，底板混凝土掺 11%（水泥用量）UEA 微膨胀剂。

② 外壁板：外壁 1：2 水泥砂浆找抹光。采用 2mm 厚聚合物改性水泥基防水涂料，砌 120mm 厚砖墙保护，外壁板混凝土掺 11%（水泥用量）UEA 微膨胀剂。

③ 地质情况：地表下 2.0m 为杂填土，2.0m 以下为沉积黏性土，东面约 250m 范围内为淤泥土。

板底部可见沉积黏性土，基坑开挖深度 8.6～10.6m，从开挖的基坑情况来看，在西面杂填土区有少量水渗出，其他面无渗水现象，基坑原地质钻探孔有 5 个孔位冒水，未与岩层相通的地层无渗水现象，整个基坑处于不透水层之中。

（二）技术分析

由于本方案确定底板仅做结构自防水，混凝土本身的抗渗要求极其重要，在正确选择外加剂、配合比后，接下来的混凝土浇筑各道工序必须严格把关，为确保自防水的浇筑质量，整个浇筑过程自始至终积极采取了以下的施工技术措施。

1. 研究编制周密的浇筑方案

本工程底板混凝土采用 2 台混凝土泵车同时由东向西后退式浇筑方式，减小了浇筑带宽度，避免产生施工缝。配备足够的混凝土搅拌车，确保工程能一次连续浇捣完毕。春节期间的备料困难，工程项目部应与混凝土站加强配合，精确计算各种材料的用量，保证施工材料满足浇筑量的使用，为连续施工奠定了基础。

2. 提高混凝土搅拌和施工质量

在浇筑预拌商品混凝土施工过程，技术人员严格跟班作业主要对水泥、砂、石的质量进行认真检查，控制自动投料系统是否准确，严格控制混凝土搅拌时间不低于 2mm。要求外加剂预先溶成较小溶度加入进行搅拌，确保外加剂的均匀分布。通过严格控制，混凝土搅拌质量达到预期目的。在混凝土浇筑时，严格施工顺序，采用斜面自然分层的方式依次推进。为保证混凝土的密实性，严格控制混凝土的坍落度在 12~14cm 的范围。在振捣过程中做好泌水的处理尤为重要，由于流动的混凝土为一个大坡面，泌水由坡面流至坑底，通过侧模板底部开孔或基坑底留洞集水将泌水排出基坑，泌出的水用排水设备排向外水沟，大大提高了混凝土的质量和减少表面积水，避免水泥浆产生浮浆现象。

3. 电脑测温加强养护

早期脱水或养护过程中缺少必要的水分和温度，其抗渗性能将会大幅度降低，该底板混凝土浇筑时间在冬季。混凝土表面温差应控制在一定范围，采取了塑料薄膜加覆盖麻袋进行保温养护，为确保内外温度控制（≤25℃），采取 24h 测温控制，随时提供温差变化情况，及时采取保温措施。施工 3m 厚底板时曾出现超过控制温度，对该区进行增加"一膜一麻"技术措施，以达到混凝土的温度控制要求，效果比较明显，限制了温度裂缝的产生。

（三）地下室底板防水方案确定

按照设计底板的防水做法，地下室防水是可靠的。由于甲方工期要求在 1999 年 1 月 17 日春节前，要完成地下室底板浇筑，避免雨季来临对基坑围护造成不利影响，相邻工程采用静压桩施工基础，对基坑围护结构一旦产生破坏，更是不可估量损失。而基坑开挖工作在 1998 年 12 月 28 日才能结束。按照设计防水要求，则需待基坑开挖结束，垫层浇筑、水泥砂浆抹平，有一定的干燥度方能进行防水施工，防水层做好，进行砂浆抹面保护。钢筋绑扎 600 多吨，混凝土浇筑量达 5200m³，施工工期远远不能满足甲方的要求。

要使工期符合甲方的要求，在 1 月 17 日前完成底板浇筑任务，必须在施工措施和设计改进方面做详细的布置。施工方面采取流水作业，分为三段：首段流水，开挖整平—垫层素混凝土浇筑—施工放线—钢筋绑扎；第二段、第三段流水重复第一段流水工序，确保钢筋绑扎结束的最后日期为 1 月 12 日，底板混凝土浇筑时间安排 3d。设计方面应采取措施，取消底板的防水，采用结构自防水的措施，如需要柔性防水。改为背水面防水。这一建议得到设计、监理、建设单位的充分认可，认为针对煤炭大厦的地质状况。底板处在不透水层的沉积黏性土上，地质钻探孔冒水采取封堵处理后，板底部的静水压力几乎没有，结构自防水足以抵抗混凝土的毛细孔隙渗水，只要选择一种较好的外加剂即能解决因混凝土材料收缩引起的裂缝补偿，又能改善混凝土的毛细孔隙进行填充，取消板底部的柔性防水层是完全可以的，重点加强外壁板的防水措施。

（四）混凝土外加剂选择

选择合适混凝土加剂成了最为关键的一步，选择的原则是外加剂必须能改善混凝土的抗掺性能，又要有一定的微膨胀，综合绝大部分外加剂的优点，确保混凝土自防水的成功。目前福州市场用于防水混凝土的外加剂主要有很多种，其中 EC 为近期研制成的新型混凝土外加剂，属于减水、缓凝型外加剂。从性能对比可知，FDN 高效减水剂，虽然减水率很大，泌水率很小，但其限制膨胀率为 0，甚至 28d 混凝土出现收缩，可能引起混凝土的开裂，不利于混凝土的抗渗性，普通减水剂亦如此。UEA 为微膨胀剂，主要是有微膨胀功能，但不具备减水性能。

EC 外加剂综合了其他外加剂的优点，其最大特点是具有高减水率，并可以降低泌水率，属缓凝型外加剂，缓凝时间调节至 10～15h，可代替商品混凝土的减水剂。经过材料试验证明，相同强度等级的混凝土，掺加 EC 外加剂的可节省 10％水泥用量，其掺入量为水泥用量 8％～10％。且具备一定的微膨胀功能，这些特点决定了该外加剂能大大提高混凝土的抗渗性能。因此决定选用 EC 作为本工程地下室底板结构自防水混凝土的外加剂。

　　（五）结论

　　① 本工程底板混凝土浇筑完成后至今未出现裂缝，且整个地下室没有渗湿现象，并通过专家及质检部门验收为优良分项，28d 混凝土抗渗性能由技术检测部门检验其抗渗等级达到 S20。说明 EC 外加剂的微膨胀性能起到重要作用，对防水抗渗作用非常明显。

　　② 本工程设计未留置后浇带，且长度超过 50m，连续侧壁板长度大于 200m，整个地下室未出现裂缝现象，主体完工后沉降观测基础没有不均匀沉降，是个有利条件外，分析 EC 材料很大优点是有很好的微膨胀，能改善混凝土的性能，激活水泥的活性，填充混凝土自身孔隙抵消温度微裂缝，对同类结构问题有一定的借鉴作用。

　　③ 未出现渗水现象。混凝土试块试压均达到设计抗渗等级，用该种外加剂能改善混凝土自身抗渗性能，可以达到结构自防水目的。

　　④ 底板混凝土使用 EC 外加剂防水起到良好效果后，决定对外壁板抗渗混凝土也采用 EC 外加剂，施工拆除模板后早期有发现中段局部竖向几处小裂缝及个别螺栓眼有渗透现象，派专人每天观察其发展情况，经过一段时间后裂缝全部闭合，螺栓眼的渗透现象也没有了，说明该外加剂后期微膨胀性能明显。

第二十章

混凝土外加剂在喷射混凝土中的应用

喷射混凝土是指将掺加速凝剂的混凝土，利用压缩空气的力量喷射到岩面或建筑物表面的混凝土。混凝土与基面紧密地黏结在一起，并能填充岩面上的裂缝和凹坑，把岩面或建筑物加固成完整、稳定的结构，从而使岩层或结构物得到加强和保护。

喷射混凝土是用于加固和保护结构或岩石表面的一种具有速凝性质的混凝土，这种混凝土在常温下其初凝时间一般为 2~5min，终凝时间不大于 10min。由于混凝土具有这种速凝的特性，其施工必须采用特制的混凝土喷射机进行喷射施工，因此称为喷射混凝土。

第一节　喷射混凝土的概述

20 世纪 70 年代以来，国内外十分重视对喷射混凝土技术的研究开发工作，在技术方面取得了许多突破。从 1973 年起，由美国工程基金会组织的"地下喷射混凝土支护技术"国际学术讨论会，已先后在美国、奥地利和哥伦比亚等国召开了多次，对于推动国际间喷射混凝土的发展起着良好的作用。美国混凝土学会，于 1960 年成立了喷射混凝土专业委员会（简称 506 委员会），1977 年制定了《喷射混凝土的材料、配比与施工规定》（ACI 506-77）。联邦德国钢筋混凝土学会，于 1974 年制定了《喷射混凝土施工规范》（DIN 18551），于 1976 年制定了《喷射混凝土维修和加固混凝土结构的规程》，于 1983 年对喷射混凝土维修规程作了较大全面修改，颁发了喷射混凝土维修建筑结构的新规程。

我国冶金、水电、军工、铁道、煤炭、公路、建筑等部门，相继推广应用了喷射混凝土，并制定了有关喷射混凝土锚杆支护的标准，于 1979 年国家建委批准颁发了《锚杆喷射混凝土支护设计施工规定》，于 2001 年国家正式颁发了《锚杆喷射混凝土支护技术规范》（GB 50086—2001），2004 年又颁布了《喷射混凝土加固技术规程》（CECS 161—2004），随着技术的成熟，标准也正在进行不断完善和修改。以上国家对喷射混凝土标准化建设的重视程度，充分反映了喷射混凝土在土木建筑工程中的重要地位，也标志着喷射混凝土技术的开发和应用已进入一个新的阶段。

一、喷射混凝土的特点及应用

喷射混凝土是一种原材料与普通混凝土相同，而施工工艺特殊的混凝土。喷射混凝土是将水泥、砂、石和外加剂按一定的比例混合搅拌后，送入混凝土喷射机中，用压缩空气将干的拌合料输送到喷头处，在喷头的水环处加水后，高速喷射到巷道围岩表面，起支护作用的一种支护形式和施工方法。

1. 喷射混凝土的特点

喷射混凝土是一种用特殊施工方法进行作业的新型混凝土，由于混凝土组成材料和配比不同，再加上施工工艺比较特殊，因此与普通混凝土相比有以下优点。

（1）喷射混凝土是利用特殊的喷射机械，将混凝土拌合物直接喷射在施工面上，施工中可以不用模板或少用模板。这样，不仅可以节省大量模板、降低工程造价，而且可以节省安装模板与拆除模板时间，加快工程施工进度。

（2）喷射混凝土施工是利用喷射机械喷出具有一定冲击力的混凝土，使混凝土拌合物在施工面上反复连续冲击而使混凝土得以压实，因此具有较高的强度和抗渗性能。在喷射施工中，混凝土拌合物还可以借助喷射压力黏结到旧结构物或岩石缝隙之中，因此喷射混凝土与施工基面有较高的黏结强度。

（3）在施工时混凝土的喷射方向可以任意调节，所以特别适用于在高空顶部狭窄空间及一些形状复杂的施工面上进行操作。

工程实践充分证明，喷射混凝土施工具有一般不用模板，可以省去支模、浇筑和拆模工序，可以将混凝土的搅拌、输送、浇筑和捣实合为一道工序，具有加快施工进度、强度增长快、密实性良好、施工准备简单、适应性较强、应用范围较广、施工技术易掌握、工程投资较少等优点。

但是，喷射混凝土施工也有厚度不易掌握、回弹量较大、表面不平整、劳动条件较差、对施工环境有污染、需用专门的施工机械等缺点。特别是如何降低混凝土回弹率（即反弹落下的混凝土量占喷射混凝土总量的百分比），已成为喷射混凝土应用研究中的重要课题。为进一步提高喷射混凝土的强度和抗收缩性，近几年又在纤维增强混凝土的基础上研制出喷射纤维混凝土。

2. 喷射混凝土的应用

喷射混凝土是利用压缩空气、借助喷射机械，把按一定配比的速凝混凝土高速高压喷向岩石或结构物表面，从而在被喷射面形成混凝土层，使岩石或结构物得到加强和保护。喷射混凝土是由喷射水泥砂浆发展起来的，它主要用于矿山、竖井平巷、交通隧道、水工涵洞、地下电站等地下建筑物和混凝土支护或喷锚支护；公路、铁路和一些建筑物的护坡及某些建筑结构的加固和修补；地下水池、油罐、大型管道的抗渗混凝土施工；各种热工窑炉与烟囱等特殊工程的快速修补；大型混凝土构筑物的补强与修补等。

喷射混凝土喷射施工，按混凝土在喷嘴处的状态，有干法和湿法两种工艺。将水泥、砂、石子按一定配合比例拌合而成的混合料装入喷射机内，混凝土在"微湿"状态下（$W/C=0.1\sim0.2$）输送至喷嘴处加水加压喷出者，称为干式喷射混凝土。将水灰比为 $0.45\sim$ 0.50 的混凝土拌合物输送至喷嘴处加压喷出者，称为湿式喷射混凝土。

目前，在喷射混凝土施工中，提倡采用湿式喷射混凝土。这种施工工艺在施工过程中，可以使工作面附近空气中的粉尘含量降低到每立方米 2mg 以下，符合国家规定的卫生标准；混凝土的回弹量可以减少到 $5\%\sim10\%$，既可以改善施工工作条件，又可以降低原材料消耗，是喷射混凝土施工首选的施工方法。其所存在的问题是：因为混凝土拌合料含水量小，与喷射机管道的摩阻力较大，如果处理不当，混凝土拌合物容易在输送管中产生凝固和堵塞，造成清洗比较困难。

二、喷射混凝土技术的发展趋势

自 20 世纪 80 年代以来，喷射混凝土技术引起各国的高度重视，无论在施工机械、施工工艺、新材料开发方面，还是在结构设计、革新模板体系等方面，均取得了较大的突破，使喷射混凝土技术健康迅速发展。归纳起来，喷射混凝土技术的最新发展趋势，主要表现在以下几个方面。

1. 施工机械向系列化、配套化、自动化方向发展

在瑞士成功研制转子式混凝土喷射机的基础上，美国、日本、中国等国家进行多方面改进，现已研制出结构紧凑、体积小、质量轻、综合性能好的新型转子式混凝土喷射机，为喷射混凝土的推广应用做出了很大贡献。

美国巧仑奇公司研制成功的挤压泵送型湿喷机，不仅生产能力高达 $18m^3/h$，而且还附有能精确控制速凝剂添加的装置，其回弹率仅 5%～8%，混凝土抗压强度达 2.8MPa。瑞典研制成用于单独输送钢纤维的专门设备，为喷射钢纤维混凝土施工攻克了难关。

遥控喷射机械手的问世，为加快施工进度、减少作业坍塌、降低劳动强度创造了有利条件。在地下工程中，采用喷射机械手同配料、运输、搅拌联合作业的三联机组相结合的施工方式，不仅能大大提高工效，而且有利于稳定岩层、安全施工和减轻粉尘。

2. 新型外加剂与喷射水泥的开发促进了喷射混凝土的发展

喷射混凝土是一种快速凝结的混凝土，外加剂和水泥的特性对喷射混凝土的凝结速度有着重要的影响。

近些年来，各国为推广喷射混凝土技术，在外加剂研制方面都花费了很大精力，并获得巨大成功。如我国研制的"782"型速凝剂，其含碱量较低，当掺量为水泥重量的 6%～8% 时，混凝土后期强度的损失仅为其他速凝剂的 50%；美国研制的新型非碱性速凝剂，pH 值仅为 7.5，当掺量为水泥重量的 2% 时，初凝时间仅为 38s，后期强度损失和混凝土回弹也较小。

20 世纪 70 年代初期，美国、日本等国研制成的喷射水泥（Jet cement），对改善喷射混凝土的性能和扩大喷射混凝土的应用范围，起到巨大的推动作用。喷射水泥与硅酸盐水泥相比，具有良好的快硬性能、凝结时间能任意调节、低温下强度发展良好、干缩性较小、抗渗性好等特性，是喷射混凝土的优良胶凝材料。

3. 地下工程喷射混凝土支护的设计方法日趋成熟

20 世纪 80 年代以来，国内外在地下工程喷射混凝土支护设计理论研究方面取得了令人可喜的成果，一种以工程类比法为主、与监控量测和理论计算法相结合的综合设计法，正在日趋成熟，为经济可靠地建造地下工程提供了重要保证。

近几年，随着喷射混凝土支护力学形态的量测元件的发展，使喷射混凝土支护的监控量测法设计得到更加广泛的应用。这种方法可以通过现场量测，比较准确地了解围岩的变形特征，适时地调整支护抗力，使之与围岩变形控制相协调，能将支护的经济性和稳定性统一起来。另外，块体平衡理论、弹塑性理论和位移分析计算法等，已成功地用于地下工程支护的设计。

4. 钢纤维喷射混凝土在工程中得到广泛应用

国内外试验研究表明，在 $1m^3$ 喷射混凝土中掺入 90kg 左右、直径为 0.25～0.40mm、长度为 20～30mm 的钢纤维，可以明显地改善喷射混凝土的诸多性能，抗压强度可提高

50％，抗拉强度可提高 50％～80％，抗弯强度可提高 60％～100％，韧性可提高 20～50 倍，抗冲击性可提高 8～30 倍，其抗冻融能力、疲劳强度、耐磨性和耐热性都有明显改善，是一种综合性能极好的建筑材料。目前，钢纤维喷射混凝土已在国内外的矿山巷道、交通隧道、边坡维护、薄壳圆顶结构等工程中得到广泛的应用。

5. 喷射混凝土在"新奥法"中得到不断革新

"新奥法"是奥地利以最大限度地发挥岩石的自支承作用为理论基础，以喷射混凝土、锚杆和量测技术为三大支柱的新的隧道设计施工法。其主要特点是：有一整套保护岩体原有强度、容许围岩变形又不致出现有害松散的基本原则，在施工中能及时地掌握围岩和支护的变形动态，以此作为指导设计和施工的信息，使围岩变形与限制变形的支护抗力保持动态平衡，具有极大的适用性和经济性。

三、喷射混凝土的技术性能

喷射混凝土的技术性能，主要包括力学性能、变形性能、耐久性等方面，它与原材料的品种和质量、混凝土的配合比、施工方法、施工条件等因素有关。

1. 力学性能

喷射混凝土的抗压强度是其主要的力学性能，包括抗压强度、抗拉强度、黏结强度和弹性模量四大方面。

（1）抗压强度　喷射混凝土的抗压强度是其主要的力学性能，也是用来评定喷射混凝土质量的主要指标。由于喷射混凝土的水灰比较小，加上高速喷射使水泥和集料受到连续冲击，使混凝土层连续地得到密实，因而喷射混凝土一般都具有良好的密实性和较高的强度。喷射混凝土的强度与水泥品种、强度等级与用量、混凝土配合比、外加剂种类和掺量、水灰比大小、施工温度、施工技术水平等有关。

在喷射混凝土中加入适量的速凝剂，其早期强度增长较快，一般喷射后 2h 开始具有强度，8h 抗压强度达 1～2MPa，24h 高达 6.0～15.0MPa，28d 龄期抗压强度可达 30MPa 以上。但掺入速凝剂后，虽然使喷射混凝土的早期强度得到明显提高，但后期强度会有一定下降。

（2）抗拉强度　喷射混凝土的抗拉强度与衬砌的支护能力有很大关系，因为在薄层喷射混凝土衬砌中，衬砌突出部位附近会产生较大的拉应力。喷射混凝土用于薄层衬砌、隧洞工程和水工建筑中，抗拉强度则是一个重要的技术参数。确定喷射混凝土抗拉强度有两种方法，即轴向受拉或劈裂受拉试验，工程上常用后者，其试件制取与抗压强度试件相同。

喷射混凝土的抗拉强度为抗压强度的 10％～12％。大量的实测资料表明，喷射混凝土的抗拉强度，随着龄期的增加而增加，也随着混凝土抗压强度的提高而提高。因此，提高混凝土的抗拉强度可以采取以下措施：a. 采用碎石配制喷射混凝土拌合料；b. 采用 C_4AF 含量高、C_3A 含量低的水泥；c. 掺加适宜的减水剂，减小混凝土的水灰比；d. 采用钢纤维混凝土；e. 采用粒径较小的集料。

（3）黏结强度　喷射混凝土常用于地下工程支护和建筑结构的补强加固，为了使喷射混凝土与基层共同工作，其黏结强度是保证工程质量的重要指标之一。

喷射混凝土的黏结强度，主要包括抗拉黏结强度与抗剪切黏结强度两项。抗拉黏结强度是衡量喷射混凝土在受到垂直于结合面上的拉应力时保持黏结的能力，而抗剪切黏结强度则是抵抗平行于结合面上作用力的能力，作用在结合面上的应力，常常是两种黏结强度的结合。

喷射料冲出喷嘴的速度为 40～60m/s。由于材料颗粒高速冲击着受喷射面，并要在初期形成 5～10mm 厚的砂浆层后，石子才能嵌入。这样水泥颗粒会牢固地黏附在受喷射的面上，因此喷射混凝土与岩石面、砖结构及旧混凝土有良好的黏结强度，对地下工程的喷射混凝土支护及结构物的补强加固都是有益的。

（4）弹性模量　由于混凝土配合比设计、混凝土龄期、抗压强度和试件类型的不同，因而国内文献报导的喷射混凝土的弹性模量有较大的离散，最小值与最大值有的相差 1 倍以上。

同普通混凝土一样，喷射混凝土的弹性模量大小，与混凝土的强度和表观密度有关，与集料的弹性模量有关，与试件的试验状态有关。一般情况下，混凝土的强度和表观密度越大，弹性模量也越大；集料的弹性模量越大，则喷射混凝土的弹性模量也越高，潮湿的混凝土试件比干燥试件的弹性模量高。

2. 变形性能

（1）收缩变形　同普通混凝土一样，喷射混凝土在其硬化过程中，由于物理化学反应及混凝土的温度变化，而引起体积变化，最大的变形是收缩。在一定程度上，喷射混凝土水泥和水的用量较大、砂率较高，加上速凝剂的影响和表面系数较大，其干缩率比普通混凝土还大。

喷射混凝土的收缩变形主要包括干缩和热缩。干缩主要由水灰比所决定的，较大的水灰比会出现较大的收缩，而采用粒径较大与级配良好的粗集料，可以减少收缩。热缩是由水泥水化过程的温升值所决定的，采用水泥含量大、速凝剂含量高或采用速凝快硬水泥的喷射混凝土热缩较大。

养护条件，也就是喷射混凝土硬化过程中的空气温度和混凝土自身保水条件，它对喷射混凝土的收缩也有明显的影响。养护实践表明，喷射混凝土在潮湿条件下，养护的时间越长，则收缩量越小，从而可减弱内应力，减小混凝土开裂的危险。

（2）徐变变形　喷射混凝土的徐变变形，是其在恒定荷载长期作用下变形随时间增长的性能。一般认为，徐变变形取决于水泥石的塑性变形及混凝土基本组成材料的状态。徐变在加荷的初期增加得比较快，以后就逐渐减缓而趋于某一极限值。喷射混凝土徐变稳定较早，持荷 120d 的徐变度为 $6.6 \times 10^{-5} \mathrm{mm}^2/\mathrm{N}$，即接近极限值。

影响混凝土徐变的因素要比影响其收缩的因素要多，如水泥品种与用量、水灰比、粗集料的种类、集料杂质含量、混凝土的密实度、施加荷载龄期、周围介质、混凝土本身的湿度、温度及混凝土的相对应力值等。特别是掺加速凝剂的喷射混凝土，更会使混凝土的徐变增大，这是应当引起注意的。

3. 耐久性

喷射混凝土的耐久性，主要是指抗渗性和抗冻性。

（1）喷射混凝土的抗渗性　喷射混凝土的抗渗性是水工及其他构筑物所用混凝土的重要性能，抗渗性如何主要取决于孔隙率和孔隙结构。由于喷射混凝土的水泥用量较大、水灰比较小、砂率较高，并采用粒径较小的粗集料，这些都有利于在粗集料周边形成足够数量的砂浆包裹层，有助于隔离沿着粗集料互相连通的渗水孔网，同时也可以减少混凝土多余水分蒸发形成的毛细孔渗水通路。因此，工程实践经验普遍认为，喷射混凝土具有较好的抗渗性能，其抗渗压力一般均在 0.7MPa 以上。

但是，如果混凝土配合比不当、水灰比控制不好、施工中回弹较大、岩面上有渗水等，喷射混凝土难以达到稳定的抗渗指标，这已经成为一个世界性的工程质量通病，应当引起高度重视。

（2）喷射混凝土的抗冻性 喷射混凝土的抗冻性，是在饱和水状态下经受反复冻结与融化的性能。引起冻融破坏的主要原因，是水结冰时对孔壁及微裂缝孔所产生的压力。

喷射混凝土一般具有良好的抗冻性，这是因为在拌合料在高速喷射的过程中，会自行带入一部分空气。据测定，喷射混凝土中的空气含量为 2.5％～5.3％，这些气泡一般是不贯通的，并且有适宜的大小和分布状态，类似于加气混凝土的气孔结构，它有助于减少水的冻结压力对混凝土的破坏。

有多种因素影响着喷射混凝土的抗冻性。坚硬的集料、较小的水灰比、优良的施工质量、较多的空气含量和适宜的气泡组织等都有利于提高喷射混凝土的抗冻性，相反则不能保证其良好的抗冻性。

第二节 喷射混凝土对原材料要求

喷射混凝土的原材料，与普通混凝土相比，集料和水基本相同，但由于这类混凝土要求其具有速凝性，所以水泥和外加剂有所不同。

一、水泥

水泥是喷射混凝土中的关键性原材料。对水泥品种和强度等级的选择，主要应满足工程使用要求。一般情况下，喷射混凝土应优先选用不低于强度等级 42.5MPa 的硅酸盐水泥和普通硅酸盐水泥，这两种水泥熟料中硅酸三钙（C_3S）和铝酸三钙（C_3A）含量较高，不仅能速凝、快硬、后期强度也较高，而且与速凝剂的相容性好。矿渣硅酸盐水泥凝结硬化较慢，但对抗硫酸盐腐蚀的性能比普通硅酸盐水泥好。

用于喷射混凝土的水泥，由于要求其早期强度比较高，所以根据喷射混凝土施工经验，一般宜选用硅酸盐水泥、普通硅酸盐水泥、喷射水泥、双快水泥和超早强水泥，在某些情况下也可采用矿渣硅酸盐水泥。从总体上讲，用于喷射混凝土的水泥可分为以下三类。

第一类是硅酸盐系列的水泥，如硅酸盐水泥、普通硅酸盐水泥和矿渣硅酸盐水泥，其强度等级一般不低于 42.5MPa。该类水泥中硅酸三钙（C_3S）和铝酸三钙（C_3A）含量较高，与速凝剂的相容性好，能够速凝、快硬，后期强度也比较高。

第二类是专用的喷射水泥。这种水泥由于含有速凝结、快硬化的矿物成分"氟铝酸钙"（$11CaO \cdot 7Al_2O_3 \cdot CaF_2$），因此喷射水泥的本身即具备了快速凝结的性质，一般 10～20min 即可终凝，6h 的强度可达到 10MPa 以上，1d 的强度可达到 30MPa 以上。同时该水泥还含有一定量的硅酸三钙（C_3S），因此后期强度也比较高。

第三类是一些特殊场合使用的水泥。例如修补炉衬可以选用具有耐火性能的高铁水泥；有硫酸盐腐蚀的环境可以选用抗硫酸盐水泥和硫铝酸盐水泥等。在这些水泥当中一般不掺加速凝剂。

应当特别指出，选择水泥品种时要注意与速凝剂的相容性。如果水泥品种选择不当，不仅可以造成混凝土急速凝结或缓凝、初凝与终凝的时间过长等不良现象，而且还会增大回弹量、影响喷射混凝土强度的增长，甚至会造成工程的失败。

二、细集料

喷射混凝土宜采用细度模数大于 2.5、质地坚硬的中粗砂，或者选用平均粒径为 0.25～0.50mm 的中砂，或者选用平均粒径大于 0.50mm 的粗砂。砂子过细，会使混凝土干缩增大；砂子过粗，会使喷射中回弹增加。砂子中小于 0.075mm 的颗粒不应超过 20%，否则由于砂粒周围粘有灰尘，将影响水泥与集料的黏结。

喷射混凝土所用砂子的颗粒级配应满足表 20-1 要求，喷射混凝土所用砂子的技术要求应满足表 20-2 中的标准。

表 20-1　细集料的级配限度

筛孔尺寸/mm	通过百分数（以重量计）	筛孔尺寸/mm	通过百分数（以重量计）
10	100	0.613	25～60
5	95～100	0.315	10～30
2.5	80～100	0.150	2～10
1.25	50～85	—	—

表 20-2　喷射混凝土用砂技术要求

技术要求项目	技术要求标准
硫化物和硫酸盐含量（折算为 SO_3，按质量计）/%	≤1
泥土杂质（按质量计）/%	≤3
有机物含量（用比色法试验）	颜色不应深于标准色

三、粗集料

喷射混凝土用的石子，卵石或碎石均可，但以卵石为优。卵石对喷射设备及管路的磨蚀较小，也不会像碎石那样针片状含量多而易引起管路的堵塞。喷射混凝土中所用的石子粒径越大，混凝土的回弹则越多，尽管我国生产的喷射机能使用 25mm 的集料，但使用效果并不理想。因此，喷射混凝土石子的最大粒径应小于喷射机具输送管道最小直径的 1/3～2/5。

目前大多数国家多以 15mm 作为喷射混凝土石子的最大粒径，我国目前规定喷射混凝土粗集料的最大粒径不宜超过 20mm。

集料级配如何对喷射混凝土拌合物的可泵性、通过管道的流动性、在喷嘴处的水化、对受喷射面的黏附，以及对混凝土的最终质量和经济性能都具有重要作用。为取得最大的混凝土表观密度，一般宜采用连续级配的石子，这样不仅可以避免混凝土拌合物产生分离、减少混凝土的回弹，而且还可以提高喷射混凝土的质量。

当喷射混凝土若需掺入速凝剂时，不得用含有活性二氧化硅的石材作为粗集料，以免碱集料反应而使喷射混凝土开裂破坏。

喷射混凝土用石子的技术要求如表 20-3 所列。粗集料的级配应符合表 20-4 中的要求。

表 20-3　喷射混凝土用石子的技术要求

颗粒级配	筛孔尺寸/mm		5	10	20
	累计筛余/%		90~100	30~60	0~5
强度	以岩石试块（5cm×5cm×5cm）在水饱和状态下极限抗压强度与混凝土设计强度之比/%		—	≥150	—
软弱颗粒含量（按质量计）/%				≤5	
针、片状颗粒含量（按质量计）/%				≤15	
泥土杂质含量（用冲洗法试验）/%				≤1	
硫化物和硫酸盐含量（折算成 SO_3，按质量计）/%				≤1	
有机物含量（用比色法试验）				颜色不深于标准色	

表 20-4　喷射混凝土用石子的颗粒级配

筛孔尺寸/mm	通过每个筛子的质量百分比/%		筛孔尺寸/mm	通过每个筛子的质量百分比/%	
	级配 1	级配 2		级配 1	级配 2
20.0	—	100	5.0	10~30	0~15
15.0	100	90~100	2.5	0~10	0~5
10.0	85~100	40~70	1.2	0~5	—

四、拌合水

喷射混凝土用的拌合水，基本与普通混凝土相同。不得使用污水、pH 值小于 4 的酸性水、含硫酸盐量（按 SO_3 计）超过水总量 1% 的井水或海水。总之，其技术指标应符合现行的行业标准《混凝土用水标准》（JGJ 63—2006）中的要求。

五、外加剂

工程实践表明，用于喷射混凝土的外加剂，主要有速凝剂、引气剂、减水剂、防水剂、早强剂和增黏剂等。

1. 速凝剂

无论是干式或湿式喷射混凝土施工，速凝剂都是必不可缺少的外加剂。一般来说，干喷使用粉状速凝剂，湿喷使用液体速凝剂。

使用速凝剂的主要目的是使喷射混凝土速凝快硬，减少混凝土的回弹损失，防止喷射混凝土因重力作用而引起脱落，提高其在潮湿或含水岩层中使用的适应性能，也可以适当加大一次喷射厚度和缩短喷射层间的间隔时间。

喷射混凝土所用的速凝剂与普通混凝土所用的速凝剂，在化学成分上有很大的不同。喷射混凝土所用的速凝剂一般含有下列可溶盐：碳酸钠、铝酸钠和氢氧化钙等。

当某一品种速凝剂对某一品种水泥认为可以采纳时，最好应符合以下 4 个条件：a. 初凝时间在 3min 以内；b. 终凝时间在 12min 以内；c. 8h 后的强度不小于 0.3MPa；d. 28d 的强度不低于不掺加速凝剂的混凝土强度的 70%。

材料试验表明，速凝剂的掺量一般为水泥用量的 2%~8%，掺量可随着速凝剂品种、施工温度和工程要求适当进行调整。在现行的行业标准《喷射混凝土用速凝剂》中就速凝剂的技术指标有详细的要求。速凝剂匀质性指标如表 20-5 所列，掺速凝剂净浆及硬化砂浆的性能要求见表 20-6。

表 20-5　速凝剂匀质性指标

试验项目	指标	
	液体速凝剂	粉状速凝剂
密度	应在生产厂所控制值的 $\pm0.02g/cm^3$ 之间	—
氯离子含量	应小于生产厂最大控制值	应小于生产厂最大控制值
总碱量	应小于生产厂最大控制值	应小于生产厂最大控制值
pH 值	应在生产厂所控制值的 ±1 之内	—
细度	—	$80\mu m$ 筛筛余应小于 15%
含水率	—	$\leqslant2.0\%$
含固量	应大于生产厂最小控制值	—

表 20-6　掺速凝剂净浆及硬化砂浆的性能要求

产品等级	试验项目			
	净浆		砂浆	
	初凝时间（min：s）	终凝时间（min：s）	1d 抗压强度/MPa	28d 抗压强度/MPa
一等品	$\leqslant3:00$	$8:00$	$\geqslant7.0$	75
合格品	$\leqslant5:00$	$12:00$	$\geqslant6.0$	70

2. 早强剂

喷射混凝土所用的早强剂，也不同于普通混凝土，一般要求速凝和早强作用兼而有之，而且速凝效果应当与其他速凝剂相当。喷射混凝土常用的早强剂主要有氯化钙、氯化钠、亚硝酸钠、三乙醇胺、硫酸钠等。

在工程施工过程中，为使混凝土达到更好的早强效果，一般多采用复合型早强剂，主要有以下类型。

① 氯化钠 0.5% ＋三乙醇胺 0.05% 复合早强剂：用于一般的钢筋混凝土结构。

② 亚硝酸钠 1% ＋三乙醇胺 0.05% ＋二水石膏 2% 复合早强剂：用于严禁使用氯盐的钢筋混凝土结构。

③ 亚硝酸钠 0.5% ＋氯化钠 0.5% ＋三乙醇胺 0.05% 复合早强剂：用于对钢筋锈蚀有严格要求和采用矿渣硅酸盐水泥的钢筋混凝土结构。

当采用硅酸盐系列的水泥时，为增加喷射混凝土的早期强度，往往需要掺加适量的早强剂。早强剂的选用应当通过材料试验确定。另外，如果是配筋混凝土，应当选用对钢筋无锈蚀作用的早强剂；使用喷射水泥和高铝水泥时，由于它们本身早期强度很高，不需要再掺加早强剂。

3. 减水剂

在混凝土中掺入适量的减水剂，一般减水率可达 $5\%\sim15\%$，在保持流动性不变的条件下，可显著地降低水灰比。由于水灰比的降低，喷射混凝土的速凝效果可显著提高。

国内外的实践证明，在喷射混凝土中加入少量（水泥质量的 $0.5\%\sim1.0\%$）减水剂，不仅可以减少混凝土的回弹、提高混凝土的强度，而且还可以明显地改善其不透水性和抗冻性，具有一举多得的优越性。

在选择减水剂时，要认真考查其对水泥是否具有缓凝作用，有缓凝作用的减水剂不能用于喷射混凝土，所以最好要选择具有早强作用的减水剂。

4. 增黏剂

在喷射混凝土拌合物中，加入一定量的增黏剂，可以明显地减少施工粉尘和回弹损失，对于改善工作条件和节省材料有重大作用。工程实践证明，对于干法喷射，在混凝土拌合料中加入水泥质量 3% 的增黏剂，可以使粉尘减少 85%（在喷嘴处加水）或 95%（集料预湿）；对于湿法喷射，在水灰比为 0.36～0.40 的条件下，加入水泥质量 0.3% 的增黏剂，可以使粉尘浓度减少 90% 以上。

5. 防水剂

喷射混凝土的高效防水剂的配制原则是：减少混凝土的用水量，减少或消除混凝土的收缩裂缝，增强混凝土的密实性，提高混凝土的强度。

喷射混凝土常用的防水剂，是由明矾石膨胀剂、三乙醇胺和减水剂按一定比例复合而成。它可使喷射混凝土抗渗强度达到 3.0MPa 以上，比普通喷射混凝土可提高 1 倍以上；其抗压强度可达到 40MPa，比普通喷射混凝土提高 20%～80%。

6. 引气剂

对于湿喷法施工的喷射混凝土，可在混凝土拌合物中掺加适量的引气剂。

引气剂是一种表面活性剂，通过其表面活性作用，降低水溶液的表面张力，引入大量微细气泡，这些微小封闭的气泡可增大固体颗粒间的润滑作用，改善混凝土的塑性与和易性。气泡还对水转化成冰所产生的体积膨胀起缓冲作用，因此能显著地提高抗冻融性和不透水性，同时还增加一定的抗化学侵蚀的能力。

我国常用的引气剂是松香皂类的松香热聚物和松香酸钠，也可以用合成洗涤剂类的烷基本磺酸钠、烷基磺酸钠或洗衣粉。

六、纤维材料

在目前的土木工程建设中，经常将钢纤维掺加到喷射混凝土中，从而形成钢纤维喷射混凝土。钢纤维喷射混凝土中不仅含有抗压强度高的混凝土基体材料，而且含有抗裂性极好和弹性模量高的钢纤维材料，这种复合材料能充分发挥各自的优势。掺加钢纤维的目的是改善喷射混凝土的性能，如抗拉强度、抗弯强度、抗冲击强度、抗裂性和韧性。

钢纤维喷射混凝土的原材料，主要包括钢纤维、水泥、粗集料。对于水泥的要求，与普通喷射混凝土基本相同，但对钢纤维和粗集料有以下特殊的要求。

① 钢纤维的技术要求。钢纤维喷射混凝土中常用的钢纤维，其直径一般为 0.25～0.40mm，长度为 20～30mm，长径比一般为 60～100。钢纤维喷射混凝土中钢纤维的掺量以每立方米混凝土 60～100kg 为宜。

不同品种的钢纤维具有不同的功能，适用于不同的场合。例如碳素钢纤维用于常温下的喷射混凝土，不锈钢钢纤维则可用于高温下的喷射混凝土。端头带弯钩的钢纤维具有较高的抗拉强度，在比平直的钢纤维掺量少时，也能获得相同性能的喷射混凝土。

② 粗集料的技术要求。由于在混凝土中掺加了一定长度和直径的钢纤维，并要求粗集料完全被钢纤维所包裹，以保证其具有良好的力学性能，因此，粗集料的最大粒径应根据掺入钢纤维的长度来确定，但一般不得超过 10mm。

第三节 喷射混凝土的配制技术

喷射混凝土能否顺利进行施工，喷射后能否符合设计要求，在很大程度上取决于其配合比设计。喷射混凝土不同于普通混凝土，因此，在进行喷射混凝土配合比设计时，必须满足一定的技术要求，并按照规定的步骤进行。

一、喷射混凝土配合比的设计要求

喷射混凝土配合比的设计要求，基本上与普通混凝土相似，但由于施工工艺有很大差别，所以还必须满足一些特殊要求。无论干喷法或湿喷法施工，喷射混凝土配合比设计必须符合下列要求。

① 喷射混凝土必须具有良好的黏附性，必须喷射到设计规定的厚度，并能获得密实、均匀的混凝土。

② 喷射混凝土应具有一定的早强作用，喷射后 4～8h 的强度应能具有控制地层变形的能力。

③ 喷射混凝土在速凝剂用量满足可喷性和早期强度的条件下，必须达到设计的 28d 强度。

④ 喷射混凝土在工程施工中，应做到粉尘浓度较小，混凝土回弹量较少，且不发生管路堵塞。

⑤ 喷射混凝土设计要求的其他性能，如耐久性、抗渗性、抗冻性等。

二、喷射混凝土配合比的设计参数

（1）"胶集比" 喷射混凝土的"胶集比"，即混凝土中的胶凝材料（水泥＋掺合料）与集料之比，一般可采用（1∶4）～（1∶4.5）。

（2）砂率 喷射混凝土的砂率比普通混凝土的砂率大，一般为 45%～60%。

（3）水胶比 水胶比是影响喷射混凝土强度的关键因素。一般来说，当水胶比太大时，喷射混凝土表面易出现流淌、滑移、拉裂；若水胶比太小，喷射混凝土表面易出现干斑，作业中粉尘大，混凝土回弹较多。水胶比适宜时，混凝土表面比平整，粉尘和回弹均比较少。根据工程实践经验，喷射混凝土的适宜水胶比一般为 0.40～0.50。

三、喷射混凝土配合比的设计步骤

1. 确定喷射混凝土集料的最大粒径和砂率

集料的最大粒径是影响混凝土可喷性的关键数据。一般情况下，喷射混凝土集料的最大粒径，不得大于喷射系统输料管道最小断面直径的 1/5～1/3，亦不宜超过一次喷射厚度的 1/3，最好控制在 20mm 以内。

砂率对喷射混凝土的稠度和粘聚性影响很大，对喷射混凝土的强度也有一定影响。砂率对喷射混凝土回弹损失、管路堵塞、湿喷时的可泵性能、水泥用量、混凝土强度和混凝土收缩等性能的影响，如表 20-7 所列。

根据喷射混凝土施工工艺的特点，为了能最大限度地吸收二次喷射时的冲击能，必须选

表 20-7 砂率对喷射混凝土性能的影响

性能	砂率		
	＜45％	＞55％	45％～55％
回弹损失	大	较小	较小
管路堵塞	易	不易	不易
湿喷时的可泵性能	不好	好	较好
水泥用量	少	多	较少
混凝土强度	高	低	较高
混凝土收缩	较小	大	较小

择较大的砂率。综合权衡砂率大小所带来的利弊，喷射混凝土拌合料的砂率以 45％～55％
为宜，一般粗集料的最大粒径越大，其砂率应当越小。另外，砂粒较粗时，砂率可以偏大一
些；砂粒较细时，砂率可以偏小些。当喷射拱肩及拱顶部位时，宜采用较大的砂率。

喷射混凝土的砂率，也可以根据集料的最大粒径、喷射部位和围岩表面状况，参照表
20-8 进行初选，然后经试拌、试喷射确定最佳砂率。

表 20-8 喷射混凝土砂率与最大集料粒径的关系

集料最大粒径/mm	10	15	20	25	30
砂率允许范围/％	65～85	52～75	45～70	40～65	38～62
砂率的平均值/％	75.0	63.5	57.5	52.5	50.0

2. 确定水泥及细粉掺料的用量

水泥及细粉掺料（如粉煤灰、火山灰等）总称为细粉料。细粉料的用量与集料的最大集
料粒径有关，如表 20-9 所列。

表 20-9 喷射混凝土的细粉料用量

集料的最大粒径 D_{max}/mm	10	15	20	25	30
细粉料用量[C]/(kg/m³)	453	411	382	364	357

水泥的用量，可以用喷射混凝土的胶集比表示，即水泥与集料之比，常为（1∶4）～
（1∶4.5）。水泥过少，回弹量大，初期强度增长慢；水泥过多，不仅能使粉尘量增多，而且
硬化的强度不一定增加，反而使混凝土产生过大的收缩变形。

水泥用量过多，对喷射混凝土后期强度的增长也有不利影响。铁道科学研究西南研究所
的研究结果表明，当水泥用量超过 400kg/m³ 时，喷射混凝土的强度并不随水泥用量增大而
提高。水泥用量对喷射混凝土抗压强度的影响如表 20-10 所列。日本有的研究报告中指出，
水泥用量对抗压强度的影响很大，但水泥用量最大时会使强度降低。

表 20-10 水泥用量对喷射混凝土抗压强度的影响

单位体积混凝土的材料用量/(kg/m³)						混凝土抗压 强度/MPa	表观密度 /(kg/m³)
水泥		砂子		石子			
设计	实测	设计	实测	设计	实测		
380	526	950	883	950	810	31.4	2450
542	689	812	698	812	730	22.6	2370
692	708	692	716	692	644	19.0	2360

3. 确定喷射混凝土的水灰比

水灰比是影响喷射混凝土强度、耐久性和施工工艺的主要因素。当水灰比为 0.20 时，水泥不能获得足够的水分与其水化，硬化后有一部分未水化的水泥质点，反而使混凝土的强度降低；当水灰比为 0.60 时，过量的水分蒸发后，在水泥石中形成毛细孔，也造成混凝土的强度和抗渗性下降。

对于干法喷射混凝土施工，预先不能准确地给定拌合料中的水灰比，水量全靠喷射手在喷嘴处调节。一般来说当喷射混凝土表面出现流淌、滑移、拉裂等现象时，表明混凝土的水灰比太大；若喷射混凝土表面出现干斑，作业中粉尘较大，回弹较多，表明喷射混凝土的水灰比太小。水灰比适宜时，混凝土表面平整，呈水亮光泽，粉尘和回弹均较少。

喷射混凝土的水灰比，取决于喷射物要求的稠度，它与水泥净浆标准稠度用水量、砂率、砂的粒径、细粉掺料及外加剂的种类与掺量等有关。工程实践证明，在不掺加减水剂的情况下，喷射混凝土的水灰比，一般以 0.40～0.50 为宜。

材料试验和工程实践证明，喷射混凝土砂率与水灰比的关系密切，当采用湿法喷射施工工艺时，喷射混凝土的水灰比可参考表 20-11。

表 20-11 砂率与水灰比的关系

砂率 $S_P/\%$	35	40	45	50	55	60	65	70	75
水灰比（W/C）	0.41	0.43	0.45	0.47	0.49	0.52	0.54	0.56	0.58

4. 确定混凝土中的砂、石用量

确定混凝土中的砂、石用量，可用普通水泥混凝土配比时求砂石用量的绝对体积法计算，也可用假定表观密度法进行计算。如果采用表观假定密度法，喷射混凝土的表观密度可以假定为 2450～2500kg/m³。

5. 速凝剂的掺量

喷射混凝土中掺加适宜的速凝剂，是加速混凝土凝结硬化、防止混凝土流淌和脱落、减少混凝土回弹损失的重要技术措施之一。但是，并不是所有的喷射混凝土都要掺加速凝剂，更不是掺量越多越好。

由于国内目前生产的大多数速凝剂都在不同程度上降低混凝土的最终强度，所以对速凝剂的掺量应当严格控制。根据工程实践证明，红星Ⅰ型及 711 型速凝剂的掺量不应大于水泥质量的 4%；782 型速凝剂的掺量不应大于水泥质量的 8%。

四、喷射混凝土的参考配合比

喷射混凝土按施工工艺不同，可分为干式喷射混凝土和湿式喷射混凝土。表 20-12 和表 20-13 分别列出了干式喷射混凝土和湿式喷射混凝土的最佳配合比，可供喷射混凝土施工时试配和试喷参考。

表 20-12 干式喷射混凝土的最佳配合比

因素	混凝土的几种配合比		
	回弹率最小的配合比	28d 强度最大的配合比	综合最佳配合比
水泥用量/（kg/m³）	350	350	350
砂率/%	70	50	60

续表

因素	混凝土的几种配合比		
	回弹率最小的配合比	28d 强度最大的配合比	综合最佳配合比
水灰比（W/C）	0.60	0.40	0.50
速凝剂掺量/%	2	2	2
粗集料种类	碎石	卵石	碎石
喷射面角度/(°)	90	90	90
喷射距离/cm	70	70	70
平均回弹率/%	23.6±6.2	47.3±6.3	32.1±6.3
28d 龄期平均抗压强度/MPa	12.23±0.99	18.18±0.99	12.51±0.99

表 20-13 湿式喷射混凝土的最佳配合比

因素	混凝土的几种配合比			
	回弹率最小的配合比	28d 强度最大的配合比	粉度最小的配合比	综合最佳配合比
水泥用量/(kg/m³)	340	340	340	340
砂率/%	50	50	60	60
水灰比（W/C）	0.47	0.42	0.47	0.42~0.74
速凝剂掺量/%	5.0	1.0	1.5	顶拱 5；侧壁 1
砂细度模数	3.0	3.0	2.0	2.5
喷射面角度/(°)	90	45	90	—
缓凝剂掺量/%	0.2	0	0.4	0.4

第四节 喷射混凝土的施工工艺

喷射混凝土的施工根据配料方式、搅拌工艺和喷射方式不同，主要可以分为干式喷射施工和湿式喷射施工两种。近几年来，随着喷射混凝土施工技术的发展，在水泥裹砂混凝土施工方法的基础上又发展起来造壳喷射施工新工艺。

一、喷射混凝土施工工艺流程

不论采用何种施工工艺，喷射混凝土的施工机具设备大体上相同，除了配料计量设备外，主要还包括混凝土喷射机、喷嘴、混凝土搅拌机、上料装置、混合料输送机、空气压缩机及贮水容器等。混凝土喷射机又分干式和湿式两类。干式喷射设备简单，价格较低，能进行远距离压送，易加入速凝剂，喷嘴脉冲现象少；但施工粉尘多，回弹比较严重，工作条件较差。湿式喷射施工粉尘少，回弹比较轻，混凝土质量易保证；但设备比较复杂，不宜远距离压送，不易加入速凝剂。国内以干式喷射机为主。

根据喷射混凝土采用的施工机具不同，干式喷射和湿式喷射的施工工艺流程也不同，各自的工艺流程如图 20-1 所示。

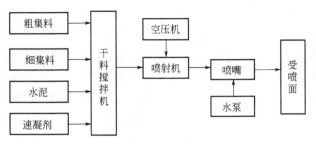

(a) 干式喷射工艺流程

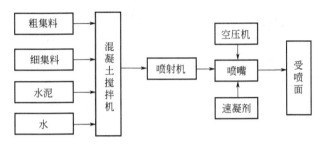

(b) 湿式喷射工艺流程

图 20-1 喷射混凝土施工工艺流程

二、喷射混凝土的施工步骤

(一) 待喷面的准备工作

在正式进行喷射施工之前，除了应当搞好配料、设备试运转、施工劳动组织等工作外，做好待喷面的准备工作，是保证喷射混凝土顺利施工的关键。待喷面的准备工作，主要包括清除危石、待喷面冲洗、作业区段划分和其他准备工作等。

1. 清除喷面危石

在将要实施喷射混凝土的垂直岩面上，必须认真清除松动的岩块，这是保证工人安全施工的最基本要求，也是使混凝土发挥支护作用的需要。工程实践充分证明，可能暂时稳定的松动岩石，它会在无任何预警的情况下，随着喷射混凝土衬砌一起塌落，不仅造成不可意料的损失，而且也影响喷射混凝土与岩石的相互作用。

2. 冲洗待喷射面

喷射混凝土造成脱落、下垂和空隙的原因，主要是受喷射面冲洗不当而黏结不良。对于喷敷初始层或相继层，可通过料管吹入压缩空气并在喷嘴处加水，直至冲净表面上的泥土，并吹除积水为止；对于土层，其表面要严格压实和整平，吹除松散土和积水，才能喷射混凝土；对于旧建筑物，首先要清除其表面所有松散物质，然后再用压力水彻底冲洗，使表面湿润而不积水时喷射混凝土。

3. 作业区段划分

喷射施工要按一定的顺序有条不紊地进行。喷射作业区段的宽度，应根据施工机具、受喷射面的具体情况而定，一般应以 1.5～2.0m 为宜。对于水平坑道，其喷射顺序为先墙后拱、自下而上；侧墙应自墙基开始，拱圈应自拱脚开始，封拱区宜沿轴线由前向后。如图 20-2 所示。

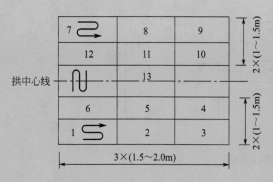

图 20-2　喷射施工作业区段的划分

4. 其他准备工作

喷射混凝土施工的其他准备工作很多，归纳起来主要包括以下几个方面：a. 检查喷射面的尺寸、几何形状是否符合设计的要求；b. 拆除影响喷射作业的障碍物，确实不能拆除者应采取措施加以保护；c. 如果夜间也进行喷射混凝土施工，作业区应安装足够的照明设施，灯具应有保护装置；d. 对有涌水的部位，要做好排水工作；e. 喷射面上若有冻结，应清扫掉融化后的水分；f. 当喷射面具有较强的吸水性时，要预先洒水进行养护。

（二）喷射混凝土的作业

根据我国喷射混凝土的施工经验，以干式喷射施工机具为例，在具体作业中应当注意以下问题。

1. 工作风压的选择

喷射机在正常进行喷射作业时，工作罐内所需的风压称为工作风压。选择适宜的工作风压，是保证喷射混凝土顺利施工和工程质量的关键。工程实践证明，工作风压是否适宜，对喷射混凝土的粉尘大小与回弹率高低影响甚大。不同类型的喷射机有不同的工作风压，而且它还与喷射方向、拌合料输送距离、混凝土配合比、含水量等有关。当其他条件变化不大时，工作风压主要取决于输料管道的长度。

喷射机在工作开始时，应打开进气阀，在机械空转中调好空载压力；待开始喷射拌合料后，风压逐渐增大，使其达到某一较稳定的数值；在实际操作中，再根据喷嘴处粉尘和回弹大小，对工作风压进行微调，使之达到满意的压力。表 20-14 为我国常用的双罐式、螺旋式喷射机的空载风压和工作风压，可供施工中参考。

表 20-14　喷射机空载风压与工作风压　　　　　　　　　　　单位：MPa

输料管长度 /m	双罐式喷射机		螺旋式喷射机	
	空载风压	工作风压	空载风压	工作风压
20	0.03～0.04	0.10～0.11	0.05～0.07	0.12～0.13
40	0.05～0.06	0.14～0.16	0.10～0.12	0.14～0.20
60	0.07～0.08	0.17～0.18	0.13～0.14	0.21～0.23
80	0.09～0.10	0.20～0.22	0.15～0.16	0.24～0.26

表 20-14 中所列数值为水平输料时的情况，在实际的喷射作业中，作业人员应根据工程实际情况及时调整风压。当输送距离或方式变化时，工作风压的调整可参考下列数值：a. 水平输送距离每增加 100m，工作风压应提高 0.08～0.10MPa；b. 倾斜向下 25°～30°喷射，每增加 100m，工作风压应提高 0.05～0.07MPa；c. 垂直向上喷射每增加 10m，工作风压应提高 0.02～0.03MPa。

2. 喷嘴处水压的选择

在采用干式喷射施工时，作业手必须在风流通过喷嘴时向材料注入正确的水量，而正确水量的注入必须有适宜的水压力。工程实践证明，喷嘴处的水压必须大于工作风压，并且压力稳定才会有良好的喷射效果。水压一般比工作风压大 0.10MPa 左右为宜。

正确选择喷嘴处的水压，对喷射混凝土的施工质量影响甚大。如加水过多（水压过大），则表面会出现流淌，喷射混凝土易出现下垂；如果加水过少（水压过小），则表面将呈现干斑，流的粉尘大并有过多回弹，将大大降低混凝土的强度。

3. 一次喷射厚度的确定

一次喷射厚度太薄，喷射时集料易产生大的回弹，一次喷射厚度太大，易出现喷射层下坠、流淌，或与基层面之间出现空壳。因此，一次喷射的适宜厚度，以喷射混凝土不滑移、不坠落为度，一般以大于集料粒径的 2 倍为宜。

根据施工经验，喷射混凝土的一次喷射厚度与喷射方向、是否掺加速凝剂有密切关系，也与水平夹角有一定关系。适宜的一次喷射厚度可参考表 20-15。

表 20-15　喷射混凝土一次喷射厚度

喷射方向	一次喷射厚度/mm	
	掺加速凝剂	不加速凝剂
向上	50～70	30～50
水平	70～100	60～70
向下	100～150	100～150

4. 集料含水率的控制

喷射混凝土所用的集料，如果含水率低于 4%，在搅拌、上料及喷射过程中，很容易使粉尘飞扬；如果含水率高于 8%，很容易发生喷射机料罐粘料和堵管现象。因此，集料在使用前应提前 8h 洒水，使之充分均匀湿润，保持适宜的含水率，这样对拌制拌合料时水泥同集料的粘结、减少粉尘和提高喷射混凝土的强度都是有利的。喷射混凝土所用集料中适宜的含水率，一般情况以 5%～7% 为宜。

5. 水泥预水化的控制

集料中有适宜的含水率，具有众多的优越性。但是，水泥与高湿度的集料接触会产生部分水泥预水化，特别加入速凝剂更会加速水泥预水化。水泥预水化的混合料，会出现结块成团现象，使拌合料温度升高，喷射后则形成一种缺乏凝聚力的、松散的、强度很低的混凝土。

水泥预水化并不是单一因素引起的，而是几种因素的联合作用结果。为了防止水泥预水化的不利影响，最重要的是缩短拌合料从搅拌到喷射的时间，即拌合料应随搅拌、随喷射，两者应当紧密衔接。

6. 严格控制混凝土的回弹

喷射混凝土的回弹量的大小与很多因素有关，是随着混凝土的配合比、喷射压力（速度）、喷射水压、喷射角度、喷射距离、操作技术等变化的，这些都直接影响回弹量的大小，而不能单纯根据喷射机的性能来确定。在以上众多影响因素中，混凝土的配合比是最重要的一个方面。经过反复试验，日本推荐出如下喷射混凝土的最佳配合比如表 20-16 所列。

混凝土回弹是由于喷射材料与坚硬表面、钢筋碰撞或集料颗粒间相互撞击，而从受喷射面上弹落下来的混凝土拌合料。回弹是喷射混凝土施工中的一大难题，它不仅浪费建筑材料和能量，而且改变了混凝土的配合比和强度。回弹率大小，同原材料的配合比、施工方法、喷射部位及一次喷射厚度关系很大。

表 20-16　回弹量较小的喷射混凝土配合比

方式	水灰比/%	细集料含量/%	单位水泥用量/(kg/m³)	速凝剂与水泥比/%	回弹量/%	28d 压缩强度/MPa	粉尘
干式(空气压送)	50	60	350	2	25	17	大
湿式(机械压送)	47	60	340	3	28	26	小
湿式(空气、机械混合压送)	48	50～60	360	3	28	24	小

为保证喷射混凝土的施工质量，进行喷射施工时应尽量减少回弹。在正常情况下，侧墙的回弹率不得超过 10%，拱顶的回弹率不得超过 15%。回弹物应及时回收利用，但掺量不得超过总集料的 30%，并要进行试验确定。

7. 加强喷射混凝土的养护

加强对喷射混凝土的养护，对于水泥含量高、表面粗糙的薄壁喷射混凝土结构尤为重要。为使水泥充分水化，减少和防止收缩裂缝，在喷射混凝土终凝后即开始洒水养护。

工程实践证明，喷射混凝土在喷射后的 7d 内，对于养护是最关键的时期，因此，在任何情况下，地下工程养护时间不得少于 7d，地面工程不得少于 14d。养护中喷水的次数，主要取决于水泥品种和空气湿度，当地下工程相对湿度大于 85% 时，也可采用自然养护。

冬季施工的喷射混凝土，应注意以下事项：作业区的气温不得低于 +5℃；干混合料进入喷射机时的温度及混合用水温度不低于 +5℃；分层喷射时，已喷射面层应保持适当的温度；受冻前必须养护到具有足够的强度。

规范规定：普通硅酸盐水泥配制的喷射混凝土，低于设计强度的 30% 时不得受冻；矿渣硅酸盐水泥配制的喷射混凝土，低于设计强度的 40% 时不得受冻。

8. 及时进行质量检查

在喷射混凝土施工中，及时进行质量检查是一项非常重要的工作，它便于及早发现问题，立即采取措施，保证施工质量。质量检查包括的内容很多，并且贯穿于施工的全过程。归纳起来主要有以下几个方面。

(1) 对原材料的质量检查　这是保证工程质量的基础，原材料质量的优劣，对喷射混凝土质量有直接影响，对各种原材料都应当按国家标准严格验收，不合格的原材料决不能用于工程。

(2) 对混凝土配合比的质量检查　在喷射过程中，要及时测定混凝土的配合比和回弹率，尤其是采用干喷法更要严格控制配合比，以达到设计标准。

(3) 对受喷射面混凝土的质量检查　要及时检查已经喷射的混凝土表面，检查是否有松动、开裂、下坠滑移等质量问题，如有以上问题应及时消除重喷。

(4) 对混凝土力学性能的质量检查　按规范规定及时制作喷射混凝土试件，进行混凝土力学性能的试验，以控制和评价喷射混凝土的质量。

三、喷射混凝土的施工工艺

1. 拌合料的配制和搅拌

喷射混凝土的集料应按设计的质量配料，只有在原材料表观密度经准确测定的情况下才可以在换算后按体积进行配料。按质量进行配料时，允许的称量偏差：水泥为 ±3%，砂石为 ±2%。向搅拌机投料的顺序为：先投入细集料，再投入水泥，最后投入粗集料。干拌合料应搅拌均匀、颜色一致。为了保证混凝土拌合物达到均匀，搅拌的最短时间应符合表 20-17 中的要求。

表 20-17 喷射混凝土拌合料搅拌的最短时间　　　　　　　　　　单位：s

喷射方式	搅拌机类型	搅拌机的容量/L		
		＜400	400～1000	＞1000
湿喷	自落式搅拌机	90	120	150
	强制式搅拌机	60	90	120
干喷	自落式搅拌机	150	180	210
	强制式搅拌机	120	150	180

注：掺有外加剂时，搅拌时间应适当延长。

对于干法施工的喷射混凝土，集料的平均含水率应达到 5％，如果含水率低于 3％，则集料不能被水泥充分包裹，从而使喷射回弹比较多，硬化后的混凝土密实度较低。当集料含水率低于 3％时，应事先进行加水。当集料的含水率大于 7％时，材料有结团成球的趋势，使喷嘴处的拌合料不均匀，很容易造成堵管。当集料中含水率过高时，可以通过加热使之干燥，或者向拌合料中掺加适量干料，但不能用增加水泥用量的方法来降低拌合料的含水量，否则会引起混凝土的过量收缩。

对于湿法施工的喷射混凝土，必须进行砂子含水率的测定，以便修正混凝土的用水量，获得期望的混凝土拌合物坍落度。无论干喷施工或湿喷施工，配料时集料与水泥的温度不应低于 5℃。

在混凝土拌合物运送过程中，会产生不同程度的离析。因此，在湿拌合料运到工地后应进行适当的搅拌。采用垂直管道运送干拌合料时，其离析是比较严重的，在不至于形成堵塞的条件下，连续快速地向管道倾卸拌合料，使已经离析的粗集料赶上前面的细集料和水泥，使它们比较均匀地混合在一起。

喷射混凝土拌合料在运输、存放的过程中，严防雨淋及大块石等杂物掺入，并在装入喷射机前进行过筛。由于水泥预水化的拌合料会产生结块成团现象，喷射后会形成一种无凝聚力的、松散的、强度很低的混凝土。为了防止水泥预水化而产生的不利影响，拌合料应随拌合、随喷射，不可预拌存放时间过长。在常温情况下，不掺加速凝剂时，拌合料存放时间不应超过 2h；掺加速凝剂时，拌合料存放时间不应超过 20min。

2. 混凝土的喷射作业

在混凝土喷射作业之前，用压缩空气吹扫待喷射作业面，吹干净喷射面上的松散杂质或尘埃；待喷射面有冻结的情况时，应用热空气融化并清除融化后的水分；受喷射面有较强吸水性时，要预先对受喷射面进行洒水；凡设有加强钢筋（丝）网时，为了不至于出现反弹，要将钢筋（丝）网牢固地固定在受喷射面的基层上。

为确保喷射混凝土的施工质量，在混凝土的喷射作业中，应当按照以下规定进行。

（1）喷射混凝土作业宜根据实际情况分区分段进行，分区分段应和其他作业，特别是井巷开挖支护作业交叉协调进行。

（2）交叉喷面的喷射顺序一定要正确，一般应当按照由下而上、先墙面后拱顶的顺序进行。

（3）喷射机的工作状况良好，是喷射混凝土质量的保障，在操作中应注意以下方面：

a. 在喷射机正式工作前，要对风、水、电线路进行认真检查和试运行，待一切正常后才能正式喷射操作；b. 喷射作业开始时应当先给风再给电，喷射即将结束时应当先关电后断风，在整个喷射过程中喷射机供料应连续均匀；c. 在喷射施工过程中，当突然发生停电、停风、停水而不能继续作业时，喷射机和输料管中的积料必须及时清除干净；d. 喷射作业结束时，必须将喷射机和输料管中的堆积料全部喷出后方可停机停风，并将喷射机受料口处加盖防护；e. 喷射前应先用高压风、水冲洗一下受喷射面，对于不良的岩层应采取加固措施；f. 在喷射操作时，喷嘴与受喷射面应尽量垂直，一般要保持 0.8～1.2m 的距离，如果采用双水环喷嘴，其距离可缩小至 0.15～0.45m；g. 喷射混凝土时，喷嘴应按螺旋形轨迹（$R=300$mm）一圈压半个圈地移动，一般是先喷凹洼处补平，然后再喷其他受喷射面。

（4）严格控制混凝土的水灰比是保证施工质量的关键。水灰比过小时，混凝土的回弹量大，粉尘大，密实性差；水灰比过大时，喷射层不稳定，甚至出现滑移流淌现象。一般以受喷射面混凝土表面平整、呈湿润光泽、黏性比较好、无干斑点时的水灰比为施工配合比，宜控制在 0.40～0.50 范围内。喷射混凝土作业的水灰比是靠喷射手调节喷嘴水环阀门控制的。

（5）当喷射混凝土的设计厚度较大，对喷射面需要分层进行喷射时，应按照以下规定进行作业。

① 混凝土中掺加速凝剂时，一次喷射厚度中，墙为 7～10cm，拱为 5～7cm。不掺加速凝剂时，一次喷射厚度：墙为 5～7cm，拱为 3～5cm。

② 掌握好喷射层之间的间歇时间。在常温情况下，当混凝土中掺加速凝剂时，间歇时间一般为 10～15min；当不掺加速凝剂时，可在混凝土达到终凝后进行。

③ 如果混凝土间歇时间超过 2h，再次喷射前应先喷水湿润混凝土表面，以确保混凝土层的良好黏结。

（6）在喷射操作中，如发现混凝土表面干燥松散、下坠滑移或拉裂时，应将这些部位及时清除，然后再进行补喷。

（7）对于不良地质条件下的喷射作业，应按照以下做法进行操作：a. 对于易风化或膨胀性的围岩，严禁用高压水冲洗岩面，可用高压风吹除岩面浮碴；b. 喷射作业应紧跟掘进工作面进行，待掘进放炮后可立即喷一层混凝土，作为临时支护，厚度一般应不小于 5cm；c. 混凝土中必须掺加适量的速凝剂，混凝土喷射完后到下一次掘进放炮的时间，常温下一般应不少于 4h。

（8）对于带钢筋（丝）网的喷射混凝土的作业，应按照以下做法进行操作：a. 钢筋（丝）网应随着岩面的变化而铺设，并与岩石面保持不小于 3cm 的间歇，以便混凝土与受喷射面能牢固地黏结在一起；b. 钢筋（丝）网应与锚杆或其他锚固点绑扎牢固，使其在喷射混凝土时不发生弹动；c. 如果发现有脱落的混凝土被钢筋（丝）网架住时应及时清除并进行补喷；d. 为保证混凝土与受喷射面良好地黏结，钢筋（丝）网的网格尺寸应不小于 20cm。

（9）对于有水的岩面喷射混凝土时，必须预先做好治水工作。岩面水的处理以排为主、先排后堵，其具体做法如下。

① 在潮湿的岩面上喷射混凝土时，混凝土中必须掺加速凝剂，适当减小混凝土的水灰比，加大喷射时的风压。

② 对于岩石面的渗水、滴水，宜采用导水或盲沟排水；对于一般的集中涌水，宜采用注浆堵水；对于竖井岩面淋水，可设置截水圈。

（10）喷射混凝土作业应尽量减少混凝土的回弹量。在正常作业的情况下，回弹量应控制在下列范围内：侧墙不超过15％，拱顶不超过25％。

（11）喷射混凝土在冬季施工时，应按照下列规定进行。

① 喷射作业区的气温不得低于5℃，当低于5℃时应采取措施，如搭设暖棚等。

② 干混合料进入喷射机时的温度及混合用水的温度，均不得低于5℃。

③ 喷射到受喷射面上的混凝土，在其强度未达到5MPa时不得受冻。

④ 当采用分层喷射时，已喷射的面层应始终保持适当的温度。

（12）重视喷射混凝土的养护。喷射混凝土的水泥用量较大，凝结硬化速度快。为使混凝土的强度均匀增加，减少或防止产生不正常收缩，必须认真做好混凝土养护。养护工作应符合下列要求。

① 在常温情况下，混凝土喷完后2～4h内，应当开始喷水养护。

② 喷水的次数应根据施工气温和喷射面上的实际情况而定，一般以保持混凝土表面湿润状态为宜。

③ 喷射混凝土的养护时间：当采用普通硅酸盐水泥时不得少于10d；当采用矿渣硅酸盐水泥或火山灰质硅酸盐水泥时不得少于14d。

第五节　外加剂在喷射混凝土中的应用实例

速凝剂是喷射混凝土施工不可缺少的一种外加剂。它的作用在于促使混凝土迅速凝结、硬化，有效地抵抗在喷射混凝土时因重力所引起的脱落或空鼓；提高混凝土的黏结力，缩短施工间隙时间，增大一次喷射厚度，减少混凝土的回弹量；提高喷射混凝土的早期强度，及时地发挥混凝土结构承载力。

一、喷射混凝土用速凝剂的开发与应用

根据国内外的工程实践，到目前为止，喷射混凝土用速凝剂的开发应用大致经历了两个阶段：第一阶段主要以铝氧熟料、纯碱或石灰岩为主要原料的无机物类速凝剂；第二阶段则以添加具有特定功能的有机材料制成复合型速凝剂。

1. 第一阶段

纯无机物类速凝剂。这类产品国内外品种繁多，是目前国内应用最为广泛的一类。这类产品在国外开发时间较早，主要是以工业铝酸盐、碳酸盐和硅酸盐等组分单独掺加或经烧结粉磨工艺后混合而成，比较著名的产品有联邦德国的特里可扎尔（Tricosal）和依索格瑞特（Isecret），日本的海得库斯和速凝P-500，瑞典的西古尼特（Sigunit）和西卡（SIKA），前苏联的恩卡（HKA）和奥艾斯（Oec）等。我国现有速凝剂生产厂家30多家，大多生产这类产品，大多数是以铝氧熟料为主要成分加入一定比例的纯碱配制而成，主要品种有红星一型（1966）、711型（1971）、尧山型（1973）、阳泉一型（1974）、782型（1978）、J85型（1985）、D型（1989）等。

在添加方式上，我国大多数以铝氧熟料和纯碱为基础的粉状速凝剂应用为主，国外发达国家大多以铝酸盐和硅酸盐为基础的液态速凝剂的应用为主。这类产品呈碱性且使混凝土后期强度损失，如特里可扎尔、依索格瑞特、海得库斯、西古尼特、西卡、恩卡、奥艾斯等，

其 28d 强度保留率只有 60%～70%。前苏联研制过以煅烧明矾石为主要原料的速凝剂，它使 28d 强度保留率达 73%～89%。我国研制的此类产品含碱量普遍较高，掺量一般占水泥质量的 4%～5%，后来研制的 782 型和 D 型速凝剂含碱量较低，但掺量一般为水泥质量的 5%～8%，甚至更高才能满足凝结时间的要求，其 28d 强度保留率在 65%～85%。

在这类速凝剂产品中，欧洲和日本曾出现过以水玻璃为主要成分的液态速凝剂，前苏联生产过以碱金属为主的可溶性速凝剂，但它们均存在碱性偏高和混凝土后期强度保留率偏低等问题。我国西安矿业学院研制过 KR-P、Z 型速凝剂，其 28d 强度保留率不足 80%，该院于 1993 年研制的以硫酸铝和氯化钙为主要成分的可溶速凝剂降低了速凝剂碱性，但未能克服氯离子对钢筋的腐蚀影响及硫酸铝用量偏大的缺点，其工业运用效果尚未有过报道，亦需进一步研究。

2. 第二阶段

含有机高分子材料的增稠剂等成分的复合型速凝剂。国外自 20 世纪 90 年代以来开发了喷射混凝土添加有机高分子材料的新技术，并相继有一些产品问世。日本研制过丙烯酰胺-丙烯酸钠共聚物作为喷射混凝土粉尘抑制剂，随后研制出甲基丙烯酸及其酯同丙烯酰胺共聚物的水解产物，加入聚乙烯醇醚类非离子表面活性剂及其硫酸酯的防尘剂，掺量为水泥质量的 0.05%～1.0%，使粉尘可以降低 22% 左右。这类添加剂有的是在使用时与速凝剂一起使用，有的是在生产速凝剂时加入从而制成复合型速凝剂。日本研制出喷射混凝土用酯化纤维素类添加剂，掺量一般为水泥质量的 1%～2%，具有良好的抑制粉尘的作用。

德国研制的粉状 SiliponSPR6 型添加剂，加入水泥质量的 0.3% 左右，可使粉尘浓度降低 85% 以上，还可使回弹损失降低，它使 28d 抗压强度降低 15%。近年由德国地下交通设施研究会（STUVA）开发了干喷新型防尘剂也有良好的降尘效果。德国专利 207719 报道过一种速凝剂由三乙醇胺、部分皂化的聚丙烯酰胺按水泥质量的 0.1%～0.3% 加入，凝结时间较短，28d 抗压强度有所提高。前苏联也有过这方面的研究应用，使用水溶性聚合物等作为添加剂用于喷射混凝土和聚合物混凝土中。目前，奥地利、瑞士等国家使用的 Delvo 系列喷射混凝土添加剂是复合型速凝剂的新的发展，Delvo 系列由稳定剂和活化剂组成，使用时在水泥中预先掺入 0.4%～2% 的稳定剂防止水泥絮凝生成水化物而硬化，能存放相当长的时间，活化剂的作用相当于速凝剂，在喷嘴处加入 3%～6%。Delvo 系列主要为湿喷施工而研制，也可用于干法，它克服了加入添加剂后混凝土拌合物不能较长时间存放的不足。掺入 Delvo 稳定剂可使未用完的料第二天接着使用，另外它能使回弹降低 50% 左右。国外也有过以减水剂掺入硅灰粉（水泥质量的 8%～10%）或加入水玻璃、铝酸钾等作喷射混凝土复合速凝剂的报道。

根据对实际工程的调查，从目前的发展状况来看，喷射混凝土用速凝剂的发展趋势有以下特点。

① 含碱性高的速凝剂开发并应用所占的比重逐渐减少，低碱或无碱的速凝剂越来越被人们所重视，现在已研制出很多低碱或无碱的速凝剂，并成功地应用于实际工程中。

② 单一的混凝土速凝剂向具有良好性能的复合速凝剂发展，通过添加减水剂、早强剂、防水剂、增黏剂、降尘剂等研制新型复合速凝剂。

③ 有机高分子材料和不同类型的表面活性剂在开发中更多地被采用，它们为减少喷射混凝土的回弹和粉尘含量，从理论研究到实际工程应用开辟了新途径。

④ 新型的喷射混凝土用速凝剂，必须具备无毒、无腐蚀、无刺激性等性能，同时对水

泥各龄期的强度无较大负影响，功能价格比优越等特征。

二、速凝剂在喷射混凝土中的工程应用实例

（一）高强超微外加剂在喷射混凝土中的运用

在矿井支护、隧道、大坝等工程中，混凝土由于施工难度剧增，并时刻面临着安全风险。喷射混凝土对现场适应性强，施工速度快等优良性能得到广泛的应用，喷射混凝土其支护方法和施工技术尤为重要，直接与安全、造价、质量和进度相关。但喷射混凝土存在强度低，回弹率大，滴水处往往导致喷射混凝土无法施设或喷射后出现严重剥落现象等缺陷，研制出性能优良的喷射混凝土对提高支护强度，减少浪费具有重要意义。

高强超微能喷射混凝土外加剂是新一代混凝土外加剂的一种全新产品，其工作原理为通过添加防水材料和减水成分增加混凝土的密实性，提高混凝土抵抗不良水质侵入的能力。通过添加高性能引气剂提高混凝土的抗冻融性和耐久性；通过复合阻锈防腐蚀剂获得不良水质侵入后的正面对钢筋及混凝土防护。该外加剂能够有效提高混凝土抗硫酸盐侵蚀的性能，对已经发生锈蚀或未发生锈蚀的钢筋混凝土结构进行保护，阻止因氯离子、碳化或杂散电流等各种原因造成的钢筋锈蚀。它突破了混凝土外加剂的传统理念，开创了使用新方法，从根本上解决了传统喷射混凝土的诸多不足和局限性。

高强超微喷射混凝土外加剂是在普通喷射混凝土基础上研制出的特殊外加材料，以使喷射混凝土在其性能上满足线、滴状出水条件下的喷射工艺，极大地改善了喷射混凝土的各项性能，该喷射混凝土除能满足强度要求外，还具有很好的耐腐蚀性，后期强度高，且大大减少了回弹量，具有较高的经济、技术价值。确保了隧洞安全、经济和高效施工。

高强超微喷射混凝土外加剂加入喷射混凝土后，强度不足的问题可完全解决。该产品在相同速凝剂掺量的情况下，因用水量减少，凝结时间至少提高50％以上，并且对速凝剂降低强度有抑制作用。凝结时间快，解决了喷射混凝土喷后放炮与不能承受自重而掉落的问题，拌制出的喷混凝土的工作性极佳，不泌水与板结，且坍损极小，解决了因坍落度损失，无法泵送所造成的弃料现象。回弹量至少会降2/3以上，节约了成本。

1. 高强超微喷射混凝土外加剂喷射混凝土中的优点

高强超微喷射混凝土外加剂经过在拉林线铁路、成昆铁路、石黔高速公路等工程中的使用，总结出以下结论。

（1）高强超微喷射混凝土外加剂能够填充水泥颗粒间的孔隙，显著提高抗压、抗折、抗渗、防腐、抗冲击及耐磨性能。具有保水、防止离析、泌水、大幅降低混凝土泵送阻力的作用。显著延长混凝土的使用寿命，特别是在氯盐侵蚀、硫酸盐侵蚀、高湿度等恶劣环境下，可使混凝土的耐久性提高1倍甚至数倍，还可提高一次喷射层的厚度，是高强混凝土的必要成分，喷射后能使喷面迅速干起来。

（2）高强超微喷射混凝土外加剂中细度小于$1\mu m$的占80％以上，平均粒径在$0.1\sim0.3\mu m$，其细度和比表面积为水泥的$80\sim100$倍，粉煤灰的$50\sim70$倍。由于其具有如此特性，掺入水泥中无泌水、板结现象。

（3）高强超微能喷射混凝土外加剂在形成过程中，因相变的过程中受表面张力的作用，形成了非结晶相无定形圆球状颗粒，且表面较为光滑，有些则是多个圆球颗粒粘在一起的团聚体。它是一种比表面积很大、活性很高的火山灰物质。高强超微能喷射混凝土外加剂的物料——微小的球状体可以起到润滑的作用，能够填充水泥颗粒间的孔隙，同时与水化产物生

成凝胶体，与碱性材料氧化镁反应生成凝胶体。

（4）喷射混凝土可调到能在 2min 内终凝，可使依次喷射层的厚度达到 350～700mm，黏结力高达 3MPa 以上，在支护完成后 2h 强度可达 1.6MPa，可以节约喷浆时间，提高作业循环，加快施工进度。

（5）混凝土的回弹率边墙可降到 2% 左右，拱部可降到 5% 左右，粉尘浓度降低 40%，节约施工成本，减少现场环境污染。

（6）减水率可达 30% 以上，28d 强度可提高到 50MPa，可配制 C40 防腐喷射混凝土，能充分解决岩爆与富水区喷射混凝土的问题。

（7）黏结力高　经过现场试验，掺高强超微喷射混凝土外加剂材料，其黏结力可达 3.5MPa，是普通喷射混凝土的 7～8 倍。这一特点对降低回弹、提高抗渗，尤其是渗水带喷护非常有益。

（8）一次喷射厚度较厚　由于黏结力较高这一特点，在不移动湿喷台车，机械手在同一部位往返喷射作业时，喷层厚可达 30cm 以上。这对改善开挖面作业面凹凸不平的应力状态，尽快给围岩提供支护力起到类似二次衬砌混凝土的作用，对降低岩爆的风险程度发挥主导作用，并在采取辅助措施解决渗水带的喷射混凝土工艺方面效果明显。

（9）抗渗指标高　通过试验发现，掺高强超微能喷射混凝土外加剂，其抗渗指标达到 22。这一特点可解决常规喷射混凝土在渗水洞段无法完成喷射工艺的问题，同时可在低压或有辅助措施的情况下，起到封堵散水的效果。

（10）速凝剂掺量低　掺高强超微喷射混凝土外加剂，可减少速凝剂掺量达到原初凝与终凝时间效果。

2. 掺高强超微喷射混凝土外加剂配合比设计注意事项

（1）砂率的确定　砂率宜控制在 50%～60%，这是综合考虑喷射混凝土的施工性能和力学性能后提出的。工程实践证明，砂率的大小既影响喷射混凝土的施工性能，也影响其力学性能，当砂率低于 50% 时，回弹率高，管路堵塞，施工工艺不易掌握，喷射层厚度相应变薄，喷射混凝土强度离散性很大；砂率过大，当高于 60% 时，由于粗集料不足，喷射时石子对混凝土冲击捣实力不大，使喷射混凝土的强度降低，同时使集料比表面积增大，要达到相应坍落度和流动性，水泥用量也要加大，既不经济也会使混凝土收缩增大。

（2）水灰比与坍落度的确定　湿法喷射施工水灰比宜控制在 0.45 之内。水灰比的大小影响喷射混凝土回弹率和强度。采取湿法喷射施工时，水灰比则可以准确控制。通过新产品高强超微喷射混凝土外加剂，用较小水灰比进行配合比设计，提高喷混凝土早期强度进行与加强现场控制来解决。坍落度是评价混凝土流动性、粘聚性和保水性的重要指标。湿法喷射施工时，应进行坍落度检测，坍落度规范规定宜控制在 80～130mm。

（3）胶凝材料取值　喷射混凝土作为特殊施工混凝土的一种，其配合比设计参数主要有胶凝材料用量、灰骨比、砂率、水灰比以及坍落度等。胶凝材料用量应控制水泥在 440kg/m³ 以上。水泥用量过少，回弹量大，初期强度增长慢，当水泥用量增加，喷射混凝土强度会提高，回弹减少。但水泥用量过多，一是不经济，二是混凝土凝结硬化时收缩也会增大。

（4）混凝土配合比的选定　喷射混凝土配合比一般采用经验公式和施工技术规范相结合的方法来确定。喷射混凝土配合比设计应包括常规配合比设计和喷射混凝土现场试喷、调整两个部分。前一部分是依据喷射混凝土的要求，按照混凝土常规配合比设计思路提出基准配比，后一部分是以基准配比为前提，在现场调整、验证、确定其配合比。两个步骤互为补充，缺一不可。喷射混凝土目标配合比设计，原则湿法喷射混凝土的体积密度可取2300kg/m³。

高强超微喷射混凝土外加剂加喷射混凝土，不仅可以起到减少裂缝、补偿收缩的作用，而且可以提高喷射混凝土的和易性，降低工程施工造价。对混凝土力学性能（包括抗拉、抗压、抗折强度）产生影响。试验表明：该混凝土除满足强度要求外还具有很好的耐腐蚀性；喷射混凝土的耐久性得到保障，喷射混凝土可作为永久衬砌的混凝土，结合试验室和现场试验研究，探索出适合情况的湿喷工艺；该项研究成果具有很大的创新性和很高的推广价值。

（二）大伙房水库输水工程喷射混凝土与外加剂

大伙房水库输水工程是辽宁省"十五"期间一项重要水利工程。大伙房水库输水工程的主体为深埋地下的长大隧洞，地质条件一般，主洞径8.2m，洞长85.332km，其中近80km采用由美国生产的TBM隧洞掘进机进行施工。因此，作为隧洞断面岩石支撑和衬砌的重要手段之一的喷射混凝土支护对TBM隧洞掘进机掘进进度和安全有着极大的影响。由于喷射混凝土的性能以及可操作性在很大程度上取决于外加剂的品种和性能，应通过试验来选择适合本工程的外加剂品种并进行组合，才能满足本工程的各种技术性能要求。

目前，国外关于喷射混凝土的应用与研究已经进入一个较高的阶段，而我国尤其是东北地区在此方面的应用和研究还处在起步阶段，选择一种可行的、适应东北地区工程特征的外加剂应用于喷射混凝土工程是广大工程建设者的崭新课题。本书在于通过对实际在建工程——大伙房水库输水工程喷射混凝土和外加剂的试验研究和分析，提出适合本地区和本工程的外加剂品种和具体应用方法。

1. 外加剂品种选择

喷射混凝土常掺入外加剂来改善其和易性、力学性能和耐久性。根据大伙房水库输水工程喷射混凝土设计要求和已建工程的成功经验，减水剂和速凝剂分别选用了以下几种。

（1）减水剂　选用沈阳GR-JS-2型减水剂、石家庄长安铁园TY-5A型减水剂、上海麦斯特RH561型减水剂3种高效减水剂进行应用试验。

（2）速凝剂　选用石家庄长安铁园液态速凝剂、巩义8604液态速凝剂、上海麦斯特SA160型速凝剂3种进行应用试验。

2. 外加剂性能试验

（1）原材料　本试验采用抚顺水泥厂42.5级普通水泥和施工现场附近12#料场的河砂及卵石。所用原材料经检测均满足设计要求。

（2）试验内容　采用对比试验法对所选用外加剂进行各项性能试验。其内容包括测定初、终凝时间，检测外加剂碱性；检验两种外加剂的相容性；检测减水剂的保塑性；检测外加剂与喷射混凝土强度关系及其回弹率；进行现场喷射试验。

3. 试验结果与分析

（1）凝结时间与相容性　试验结果表明，凝结时间与相容性符合设计要求的组合有：GR-JS-2型减水剂与8604液态速凝剂、铁园TY-5A型减水剂与铁园液态速凝剂、RH561型减水剂与SA160型速凝剂3种。因此在检测喷射混凝土强度和现场喷射试验时采用以上3种组合。

（2）保塑性与碱性　喷射混凝土施工要求具有较高的流动性，即塌落度高，而此种情况下喷射混凝土能否保持良好的保塑性至关重要。测试结果表明，RH561型减水剂的保塑性最好，而 TY-5A 型减水剂与 GR-JS-2 型减水剂的保塑性较差。碱性试验结果显示，SA160 型速凝剂呈弱酸性，而 8604 液态速凝剂呈强碱性，铁园液态速凝剂呈弱碱性，若把后两种速凝剂应用于本工程将容易引起碱-集料反应。因此，选用外加剂时应引起高度重视。

（3）喷射混凝土力学强度　喷射混凝土的 1d、7d、28d 抗压强度及 28d 强度降低率如表 20-18 所列。测试结果表明，3 种外加剂组合配制的喷射混凝土的强度相差较大，尤其是强度降低率。其中，RH561 型减水剂与 SA160 型速凝剂组合配制的喷射混凝土的各龄期强度最高且强度降低率最低，与 GR-JS-2 型减水剂与 8604 液态速凝剂组合强度降低率相差近 50%。

表 20-18　喷射混凝土力学性能检测结果

外加剂品种	抗压强度/MPa			强度降低率/%
	3d	7d	28d	
GR-JS-2 型减水剂与 8604 液态速凝剂	8.9	23.6	30.5	31.0
铁园 TY-5A 型减水剂与铁园液态速凝剂	9.1	24.6	32.8	25.5
RH561 型减水剂与 SA160 型速凝剂	9.8	26.5	36.8	17.3

（4）现场喷射混凝土　经现场喷射试验，GR-JS-2 型减水剂与 8604 液态速凝剂和铁园 TY-5A 型减水剂、铁园液态速凝剂两种组合配制的喷射混凝土回弹率较高（平均 22%），坍落度在 14mm 以下；RH561 型减水剂与 SA160 型速凝剂组合配制的喷射混凝土回弹率较低（平均 14%），且所测坍落度值在 15～17mm 内，完全满足设计和施工要求。另外，在几次洞内模拟喷射作业过程中，发现巩义 8604 速凝剂产生刺激性气雾，对洞内施工影响很大。

4. 工程应用与推广

本工程经过大量室内外试验和专家分析研究，决定在主洞喷射混凝土施工中采用由上海麦斯特外加剂厂生产的 RH561 型减水剂和 SA160 型速凝剂组合而成的外加剂。从目前工程应用情况来看，喷射混凝土在控制碱-集料反应以及保塑性、回弹率等方面均取得很好效果，不仅完全满足设计和施工要求，而且降低了工程成本。

由于 TBM 全断面隧洞掘进机在辽宁乃至东北尚属首次使用，与其相配套的喷射混凝土试验研究显得格外重要。上述外加剂试验研究成果与应用不仅为大伙房水库输水工程施工提供强有力的支持，而且在今后辽宁东部山区小水电的开发建设方面有着重要的推广和应用价值。

第二十一章

混凝土外加剂在道路混凝土中的应用

道路混凝土主要是指以混凝土作为面层路面混凝土，也称为混凝土路面。混凝土路面在使用的过程中，其上面有重型车辆反复荷载的作用，尤其是经常受到风、雨、霜、雪、冰冻、炎热、日晒等大自然作用的影响，是暴露在严峻环境中的结构物，并且行驶的车辆是高速运行的，如果道路混凝土的路面不平整，不仅会给驾驶人员和乘坐者一种不舒适和不安全感，而且还会给混凝土面层施加很大的冲击力，从而造成路面在很短的时间内遭到破坏。

第一节　道路混凝土的概述

回顾社会发展史，古今中外人类生存离不开交通和道路，社会生产发展更少不了交通和道路，人、车、路是构成交通的基本元素。在一定程度上，社会的进步、民族的振兴、地区的繁荣，与交通道路的发展密切相关。

一、对道路路面的基本要求

路面是道路的上部结构，直接承受车辆等荷载和其他自然因素的影响，常由各种坚硬材料分层铺筑于路基之上，因此，路面应能承受较大冲击力和各种自然因素的作用。

由此可知，对公路路面结构的基本要求是：a. 应具有足够的强度和刚度，使路面不裂、不碎、不沉、耐磨、无轮辙和推移；b. 应具有足够的稳定性，使路面能承受冷热、干湿、冻融和荷载的长期反复作用；c. 应具有足够的耐久性，使路面在荷载、气候因素的长期综合多次作用下耐疲劳、耐老化；d. 应具有足够的平整度，使车轮与路面之间有足够的附着力和摩阻力；e. 应具有与周围环境的协调性，主要包括洁净、低振动、低噪声、质地、亮度及色彩等方面。

路面通常是按照面层的使用品质、材料以及结构强度和稳定性等划分等级，一般分为高级、次高级、中级、低级 4 个等级。高速公路和一级公路是汽车专用路，采用的路面等级是高级，高级路面所用的材料主要有沥青混凝土、水泥混凝土、厂拌沥青碎石和整齐石块或条石。水泥混凝土路面是最近十几年来才发展起来的，国内外对水泥混凝土路面的修筑技术一直进行不懈地研究和总结，使水泥混凝土路面在技术上日臻完善，近年来在我国得到广泛推广应用。

道路水泥混凝土是指以硅酸盐水泥或其他特种水泥为胶结材料，以砂石为集料，可加入矿物掺合料或其他少量外加剂经拌和而成的混合料，经过浇筑或碾压成形，通过水泥的水化、硬化从而形成具有一定强度，用于铺筑道路的混凝土。

近年来，我国经济建设迅速发展，公路运输事业突飞猛进，高等级公路的里程快速增长，水泥混凝土路面作为主要的路面结构形式，自 1990 年以来，在公路建设中得到了飞速发展，截至 2018 年年底，我国已经建成水泥混凝土路面总里程达到约 300 万千米，目前我国已经是世界上公路水泥混凝土路面里程第一的国家。

水泥混凝土路面具有较高的抗压强度、抗折强度、抗磨耗、耐冲击等力学性能，具有不怕日晒雨淋、不怕严寒酷暑、经得起干湿循环与冻融循环的良好稳定性和耐候性，具有板面刚性大、荷载应力分布均匀、板面厚度较薄、容易铺筑与整修的优良性能。这是水泥混凝土高速发展的主要原因。

二、道路混凝土路面的分类

道路混凝土一般主要是指路面混凝土，目前国内外对道路混凝土主要分为水泥混凝土路面和沥青混凝土路面两大类。水泥混凝土路面是指以水泥混凝土为主要材料做面层的路面，简称混凝土路面。亦称刚性路面，俗称白色路面，它是一种高级路面。水泥混凝土路面有素混凝土、钢筋混凝土、连续配筋混凝土、预应力混凝土、钢纤维混凝土等各种路面。沥青混凝土路面指的是用沥青混凝土作面层的路面，是指经人工选配具有一定级配组成的矿料（碎石或轧碎砾石、石屑或砂、矿粉等）与一定比例的路用沥青材料，在严格控制条件下拌制而成的混合料。

根据所用建筑材料及施工工艺的不同，道路混凝土路面的分类如表 21-1 所列。

表 21-1　道路混凝土路面的分类

混凝土路面的类别	胶结料	路面所属分类	适用范围
水泥混凝土路面	水泥	素混凝土路面	高级路面、机场道面过水路面及停车场
		钢筋混凝土路面	高级路面、机场道面过水路面及停车场
		预制混凝土路面	低交通路面和一般道路路面试验阶段
		预应力混凝土路面	低交通路面和一般道路路面试验阶段
		钢纤维混凝土路面	高级路面与机场跑道
沥青混凝土路面	沥青	细粒式沥青混凝土路面	高级路面表层、防水层、磨耗层
		中粒式沥青混凝土路面	高等级路面底层、磨耗层、防滑层底面层
		粗粒式沥青混凝土路面	透水路面防滑层、透水路面
		开级配沥青混凝土路面	透水路面、底面层

三、道路水泥混凝土的特点

水泥混凝土路面是最近十几年来才发展起来的路面，国内外对水泥混凝土路面的修筑技术，一直进行着不懈地研究和总结，使水泥混凝土路面在技术上日臻完善，近年来在我国得到广泛推广应用。水泥混凝土是公路与城市道路、机场跑道最常见的路面面层材料。道路水泥混凝土路面具有以下主要优缺点。

1. 道路水泥混凝土路面的优点

（1）强度较高　水泥混凝土路面具有较高的抗压、抗折、抗磨耗、耐冲击等力学性能，适合于繁重交通的路面和机场跑道。

（2）稳定性好　水泥混凝土路面不怕日晒雨淋，不怕严寒酷热，经得起干湿循环与冻融循环的侵蚀作用，具有良好的水稳定性与耐候性，适合于冰冻和水淹地区的路面。

（3）整体性好　水泥混凝土的路面板厚度较薄，刚度较大，整体性好，作用于上面的荷载应力分布均匀；而且外露于表面，容易进行铺筑修整，特别适合于路基软弱的地区。

（4）耐久性好　水泥混凝土路面的耐久性优于沥青混凝土，沥青混凝土路面一般使用年限为 5 年，而水泥混凝土路面使用年限可达 20～40 年，特别在水侵蚀的环境中能保持良好的通行能力，适用于气候条件较差的地区。

（5）色泽鲜明　水泥混凝土路面的色泽鲜明，反光能力强，有利于夜晚行车，还可以根据需要做成不同颜色的混凝土路面。

2. 道路水泥混凝土路面的缺点

（1）水泥混凝土路面呈脆性，刚度比较大，但变形能力差，不能吸收由于温度等因素引起的变形，所以水泥混凝土路面需要在横向、纵向设置伸缩缝和施工缝，影响路面的连续性和平整性，而刚性的路面吸收震动和噪声的能力差，影响行车的舒适性。

（2）水泥混凝土路面对超载比较敏感，一旦外荷载超过设计的极限强度，混凝土面板就会出现断裂，其修补工作也比沥青混凝土路面困难。

（3）施工期较长　水泥混凝土路面铺筑完成后，需要较长时间的养护才能达到要求的强度，一般需要养护 14～21d 才能使用，不像沥青混凝土路面碾压结束就可行车。

四、混凝土路面技术指标与构造要求

（一）混凝土路面技术指标与构造要求

混凝土路面的技术指标主要包括标准轴载、使用年限、动载系数、超载系数、当量回缩模量、抗折强度和抗折弹性模量等。这些技术指标是根据不同交通量确定的，不同交通量混凝土路面技术参考指标如表 21-2 所列。

表 21-2　不同交通量混凝土路面技术参考指标

交通量的等级	标准轴载/kN	使用年限/a	动载系数	超载系数	当量回弹模量/MPa	抗折强度/MPa	抗折弹性模量/10^4MPa
特重	98	30	1.15	1.20	120	5.0	4.1
重	98	30	1.15	1.15	100	5.0	4.0
中等	98	30	1.20	1.10	80	4.5	3.9
轻	98	30	1.20	1.00	60	4.0	3.9

（二）混凝土路面的构造要求

1. 混凝土路面的厚度

水泥混凝土路面的厚度，主要取决于行车荷载、交通流量和混凝土的抗弯拉强度，可结合路面与基层强度和稳定性，参照表 21-3 选择。

表 21-3　路面混凝土板的经验厚度

交通量分级	标准荷载/kN	基层回弹弯沉值 L_0/cm	混凝土面层厚度范围/cm
特重	98	0.10	≥28

交通量分级	标准荷载/kN	基层回弹弯沉值 L_0/cm	混凝土面层厚度范围/cm
重	98	0.11	26～28
中等	98	0.13	23～26
轻	98	0.15	20～23

混凝土路面一般采用层式，路面的路拱坡度一般为 1.0%～1.5%，路肩横向坡度可与路拱坡度相同或大于 1.0%。

2. 混凝土路面板下的基层和土基

为防止在行车荷载反复作用下混凝土路面板产生下沉、错台、断裂、拱胀等质量病害，确保混凝土路面经久耐用，必须对混凝土路面板下的基层、垫层与土基提出一定技术要求和材料要求，如表 21-4 所列。

表 21-4　混凝土路面板下的基层和土基的技术要求

结构名称	技术要求	材料要求	厚度/cm
基层	基层要求铺设坚实、稳定、均匀、平整、透水性小、整体性好，确保混凝土路面经久耐用。基层铺设宽度，宜较路面两边各宽出 20cm，以备施工支模及防止边缘渗水至土基	(1)石灰稳定土，石灰碎石(砂砾)土； (2)级配砂砾石； (3)石灰土，碎(砾)石灰土，炉渣石灰土，粉煤灰石灰混合料，工业废渣等	15～20 20～30 10～15
垫层	垫层介于基层与路基之间(通常设于潮湿或过湿路基顶面)。按其作用不同应有较好的水稳定性与一定强度，寒冷地区应有良好的抗冻性。垫层铺设宽度应横贯路基全宽	(1)水泥或石灰稳定土，粉煤灰石灰稳定土； (2)砂、天然砂砾、碎石等颗粒材料； (3)冰冻潮湿地段在石灰土垫层下设隔离层(砂或炉渣)	≤15
土基	土基是混凝土路面的基础，必须有足够的强度和稳定性，表面应有合乎要求的拱度和平整度。土基上部 1m 厚度应用良好土质，填方路基应分层压实，压实系数以轻型击实法为标准，填方高度 80cm 以上的不小于 0.98，80cm 以下的不小于 0.95	土基的压实应在土壤的最佳含水量条件下进行	填土压实厚度一般以 20～30cm 为宜

3. 混凝土路面板接缝的布置和构造

(1) 接缝的布置　混凝土材料的面板会因热胀冷缩的作用而产生变形。白天的阳光照射会使路面板顶面温度高于底面温度，这种温差会使路面板中部产生隆起；夜间环境气温降低，可使板的顶面温度低于底面温度，造成路面板的边缘和角隅翘起。这些变形受到板与基础之间的摩擦阻力和黏结作用以及板的自重等的约束，使板的产生过大的变形，造成路面板的断裂和拱胀等破坏。

另外，由于环境温度的变化，例如冬季冻胀或春季融化，土基将产生不均匀的沉陷或隆起，路面板在行车荷载作用下也可能产生开裂。为了避免和克服以上这些缺陷，在混凝土路面设计和施工中，必须在纵向、横向布置接缝，把整个路面分割成许多板块，以避免出现混凝土裂缝。

横向接缝有胀缝和缩缝两种。缩缝保证路面板在温度和湿度降低时能自由收缩，从而避免产生不规则的裂缝。胀缝保证路面板在温度和湿度升高时能自由伸张，从而避免产生拱胀或路面板的挤碎和折断现象，同时胀缝也能保证路面板的自由收缩。另外，混凝土路面每天完工或因雨天及其他原因不能继续施工时，应尽量做到设置在胀缝之处；如不可能时也应做到设置缩缝处，并做成工作缝的构造形状。

（2）接缝的构造

① 胀缝的构造　胀缝间隙宽度为 18～25mm。如果施工时气温高，缝隙可小些，反之可大些，并在缝隙上部板厚的 1/4～1/3 处浇筑灌填缝料，下部则设置嵌缝板。对于交通量特重和重级别的路面，在胀缝处于板厚的中央设置滑动传力杆，杆的长度为 40～60cm，直径为 20～25mm，间距为 30～50mm。胀缝应根据板厚、施工温度、混凝土膨胀性并结合当地经验确定，一般应尽量少设置。在夏季施工，面板厚度等于或大于 20cm 时可以不设胀缝；其他季节施工，一般每隔 100～200m 设置一条胀缝。

② 缩缝的构造　缩缝一般采用假缝形式即在路面板上部设缝隙，当路面板产生收缩时，即沿此最薄弱断面有规则地自行断裂。对于交通量特重和水文条件不良地段，也应设置滑动传力杆，杆长 30～40cm，直径为 14～16mm。

③ 纵缝的构造　纵缝一般每隔一个车道宽度（3～4m）设置一道，这样对于行车和施工都比较便利。当双车道路全幅的宽度施工时，纵缝可做成假缝的形式；但当按半幅的宽度施工时，则可做成平头缝形式；当路面板的厚度大于 20cm 时，为便利板间传递，可采用企口式纵缝形式。

第二节　道路混凝土对原材料要求

水泥混凝土的面层，不仅直接承受行车荷载的重复作用，而且还要受到环境因素的影响。因此，要求混凝土的面层必须具有足够的耐久性，同时具有抗滑、耐磨、平整的表面，以确保行车的快速、安全和舒适。但是，要满足以上这样性能，则与材料品质、混合料组成有很大关系。研究水泥混凝土的路用要求，分析影响混凝土性能的因素，从而选择合格的材料，科学地进行配合比设计，这是技术人员应当掌握的基本知识。

道路混凝土的组成材料，基本上与普通水泥混凝土相同，也是由胶凝材料、集料和外加剂等材料组成，但是由于道路混凝土的特殊性，某些对普通混凝土影响不大的原材料，对道路混凝土有着显著的影响，因此，道路混凝土对混凝土原材料质量有着特殊的要求。

一、胶凝材料

水泥品种及强度等级的选用，必须根据公路等级、施工工期、铺筑时间、浇筑方法及经济性等因素综合考虑决定。从国内外路用水泥的使用情况来看，主要采用硅酸盐水泥、普通硅酸盐水泥和专用的道路水泥。无论采用何种水泥，均必须符合各项性能及经济合理的要求。对于机场跑道和高速公路的路面，还必须采用高耐磨性、抗冻性好的专用道路水泥。

1. 水泥品种选择

水泥是混凝土中最重要的胶凝材料，其质量的好坏在很大程度上取决于了混凝土性能的优劣。为提高道路的利用率，增强混凝土的耐久性，应选用抗弯拉强度高、干缩性小、耐磨性强、抗冻性好的水泥。

根据国内外的实践经验，特重、重交通的路面宜采用道路硅酸盐水泥，也可以采用硅酸盐水泥或普通硅酸盐水泥；中、轻交通的路面宜采用矿渣硅酸盐水泥；低温天气施工或有快通要求的路段可采用 R 型水泥。《公路水泥混凝土路面施工技术细则》（JTG/T F30—2014）中规定了各交通等级路面水泥各龄期的抗折强度、抗压强度，应符合表 21-5 的规定。

表 21-5　各交通等级路面水泥各龄期的抗折强度、抗压强度

交通等级	特重交通		重交通		中、轻交通	
龄期/d	3	28	3	28	3	28
抗压强度/MPa	≥25.5	≥57.5	≥22.0	≥52.5	≥16.0	≥42.5
抗折强度/MPa	≥4.5	≥7.5	≥4.0	≥7.0	≥3.5	≥6.5

各交通等级路面所选用水泥的化学成分、物理性能等路用品质要求，应符合表 21-6 中的规定。

表 21-6　各交通等级路面所用水泥的化学成分、物理性能

水泥性能	特重、重交通路面	中、轻交通路面
铝酸三钙	不宜大于 7.0%	不宜大于 9.0%
铁铝酸四钙	不宜小于 15.0%	不宜小于 12.0%
游离氧化钙	不得大于 1.0%	不得大于 1.5%
氧化镁	不得大于 5.0%	不得大于 6.0%
三氧化硫	不得大于 3.5%	不得大于 4.0%
碱含量	$Na_2O+0.658K_2O \leqslant 0.6\%$	怀疑有碱活性集料时，≤0.6%；无碱活性集料时，≤1.0%
安定性	雷氏夹或蒸煮法检验必须合格	蒸煮法检验必须合格
混合材种类	不得掺加窑灰、煤矸石、火山灰和黏土，有抗冻要求时不得掺加石灰、石粉	不得掺加窑灰、煤矸石、火山灰和黏土，有抗冻要求时不得掺加石灰、石粉
标准稠度需水量	不宜大于 28.0%	不宜大于 30.0%
烧失量	不得大于 3.0%	不得大于 5.0%
比表面积	宜在 300～450m²/kg	宜在 300～450m²/kg
细度/μm	筛余量不得大于 10.0%	筛余量不得大于 10.0%
初凝时间	不得早于 1.5h	不得早于 1.5h
终凝时间	不得迟于 10h	不得迟于 10h
28d 干缩率	不得大于 0.09%	不得大于 0.10%
耐磨性	不得大于 3.6g/m²	不得大于 3.6g/m²

2. 水泥强度等级

道路混凝土水泥强度等级的选用，应从混凝土的设计强度、和易性、耐久性和经济性等方面综合考虑。不宜用低强度等级的水泥配制高强度等级的混凝土，否则单位体积水泥用量大，混凝土的和易性和耐久性差，若增加水泥用量，会造成水泥的浪费，工程成本提高。按照水泥混凝土路面的交通等级，道路混凝土设计的抗折强度一般在 4.0～5.0MPa 之间。根据工程实践经验，当混凝土抗折强度设计等级为 4.0～4.5MPa 时，应选用 32.5 级的水泥；当混凝土抗折强度设计等级为 5.0～5.5MPa 时，应选用 42.5 级的水泥。表 21-7 为道路水泥混凝土各龄期控制强度值。

表 21-7　道路水泥混凝土各龄期控制强度值　　　　　　　　　单位：MPa

水泥强度等级	抗折强度			抗压强度		
	3d	7d	28d	3d	7d	28d
42.5	5.1	6.3	7.8	27.5	35.3	51.5
32.5	4.3	5.5	7.1	22.0	27.3	41.7

3. 水泥的温度

当混凝土采用机械化铺筑时，宜选用散装水泥。散装水泥的夏季出厂温度：南方地区不宜高于 65℃，北方地区不宜高于 55℃；混凝土搅拌时的水泥温度：南方地区不宜高于 60℃，北方地区不宜高于 50℃，且不宜低于 10℃。

二、粗集料

(一) 粗集料的品种

为保证混凝土具有足够的强度、良好的抗滑性、耐磨性和耐久性，配制道路混凝土所用的粗集料，通常多采用质地坚硬、洁净、耐久、级配良好的碎石或卵石。材料试验表明，卵石混凝土拌合物的和易性比碎石好，在相同的水灰比下，单位用水量和水泥用量较少，但抗折强度比较低。有关资料表明，碎石混凝土的抗折强度要比卵石混凝土高 30% 左右。这是因为卵石表面比较光滑，与砂浆黏结面的黏结力低于表面粗糙的碎石与砂浆的黏结力，形成了混凝土中最为薄弱的抗拉黏结面。从混凝土折断面也可以看出，卵石从砂浆中被剥离出来，表面几乎没有黏结砂浆。所以，不宜用卵石配制高抗折强度等级（≥5.0MPa）的道路混凝土，否则，混凝土的强度保证率不能满足设计要求。

《公路水泥混凝土路面施工技术细则》（JTG/T F30—2014）中规定：高速公路、一级公路、二级公路及有抗（盐）冻害要求的三、四级公路混凝土路面使用的粗集料级别应不低于Ⅱ级，无抗（盐）冻害要求时，Ⅰ级的粗集料吸水率不应大于 10%；Ⅱ级的粗集料吸水率不应大于 2%。碎石、碎卵石和卵石的技术指标如表 21-8 所列。

表 21-8　碎石、碎卵石和卵石的技术指标

项目	技术要求		
	Ⅰ级	Ⅱ级	Ⅲ级
碎石压碎指标/%	<10	<15	<20
卵石压碎指标/%	<12	<14	<16
坚固性(按质量损失计)/%	<5	<8	<12
针片状颗粒含量(按质量计)/%	<5	<15	<20
含泥量(按质量计)/%	<0.5	<1.0	<1.5
泥块含量(按质量计)/%	<0	<0.2	<0.5
有机物含量(比色法)	合格	合格	合格
硫化物及硫酸盐(按 SO₃ 质量计)/%	<0.5	<1.0	<1.0
岩石抗压强度	火成岩不应小于 100MPa；变质岩不应小于 80MPa；水成岩不应小于 60MPa		
表观密度/(kg/m³)	≥2500		

续表

项目	技术要求		
	Ⅰ级	Ⅱ级	Ⅲ级
松散堆积密度/(kg/m³)	≥1500		
空隙率/%	≤47		
碱集料反应	经碱集料反应试验后，试件无裂缝、酥裂、胶体外溢等现象，在规定试验龄期的膨胀率应小于0.10%		

注：1. Ⅲ级碎石的压碎指标，用作路面时应小于20%；用作下面层或基层时可小于25%。

2. Ⅲ级碎石的针片状颗粒含量，用作路面时应小于20%；用作下面层或基层时可小于25%。

（二）粗集料最大粒径

粗集料最大粒径直接影响着混凝土拌合物的和易性。集料的粒径增大，混凝土拌合物易产生离析泌水，与砂浆界面的黏结强度下降，抗折强度降低。根据工程实践经验，在一般情况下，卵石的最大公称粒径不宜大于19.0mm，碎卵石的最大公称粒径不宜大于26.5mm，碎石的最大公称粒径不宜大于31.5mm。贫混凝土基层粗集料的最大公称粒径不宜大于31.5mm；钢纤维混凝土与碾压混凝土的最大公称粒径不宜大于19.0mm。碎卵石或碎石中粒径小于75μm的石粉含量不宜大于1%。

（三）粗集料级配要求

粗集料的级配类型，基本上与普通混凝土基本相同。连续级配所配制的混凝土较密实，具有优良的工作性，不易产生离析现象。采用间断级配所配制的混凝土，所需要的水泥用量可以少些，但容易产生离析，并需要强力振捣。用作路面和桥面混凝土的粗集料，不得使用不进行分级的统料，应按最大公称粒径的不同，采用2~4个粒级的集料进行掺配。路面混凝土粗集料级配范围如表21-9所列。

表21-9 路面混凝土粗集料级配范围

级配类型	粒级/mm	方筛孔尺寸/mm							
		40	30	25	20	15	10	5	2.5
		通过百分率（以质量计）/%							
连续	5~40	95~100	55~69	39~54	25~40	14~27	5~15	0~5	—
	2.5~30	—	95~100	67~77	44~59	25~40	11~24	3~11	0~5
	2.5~20	—	—	—	95~100	55~39	25~40	5~15	0~5
间断	5~40	95~100	55~69	39~54	25~40	14~27	0~5	—	—
	2.5~30	—	95~100	67~77	44~59	25~40	25~40	3~11	0~5
	2.5~20	—	—	—	95~100	25~40	25~40	5~15	0~5

粗集料级配对混凝土抗折强度的影响主要体现在以下两个方面。

（1）良好的级配可以使粗集料获得较大的堆积密度，使集料的空隙率降低，需要填充空隙的浆体减少，在相同的水泥浆量下，使混凝土拌合物获得更好的工作性和更大的密实度，进而可以提高混凝土抗折强度。

（2）良好的级配可以使粗集料通过砂浆的黏结作用，相互之间保持较好的机械咬合状态，有利于提高混凝土抗折强度。在相同的水灰比下，单粒级碎石混凝土的抗折强度要比连续级配碎石混凝土的低。在道路混凝土的配制中，不宜用单粒级碎石配制道路混凝土，当无连续级配的粗集料时，也可用多种单粒级碎石按适当比例混合使用。

三、细集料

1. 细集料的品种

道路混凝土配制所用的细集料，应采用质地坚硬、耐久、洁净的天然砂机制砂或混合砂。

《公路水泥混凝土路面施工技术细则》（JTG/T F30—2014）中规定：高速公路、一级公路、二级公路及有抗（盐）冻害要求的三、四级公路混凝土路面使用的细集料级别应不低于Ⅱ级，无抗（盐）冻害要求三、四级公路混凝土路面、碾压混凝土及贫混凝土基层可使用级砂。特重、重交通混凝土路面宜使用河砂，砂的硅质含量不应低于25%。细集料技术指标如表21-10所列。

表 21-10　细集料技术指标

项目	技术要求		
	Ⅰ级	Ⅱ级	Ⅲ级
机制砂单粒级最大压碎指标/%	<20	<25	<30
氯化物(氯离子质量计)/%	<0.01	<0.02	<0.06
坚固性(按质量损失计)/%	<6	<8	<10
云母含量(按质量计)/%	<1.0	<2.0	<2.0
天然砂、机制砂的含泥量(按质量计)/%	<1.0	<2.0	<3.0
天然砂、机制砂的泥块含量(按质量计)/%	<0	<1.0	<0.5
有机物含量(比色法)	合格	合格	合格
硫化物及硫酸盐(按 SO_3 质量计)/%	<0.5	<0.5	<0.5
轻物质(按质量计)/%	<1.0	<1.0	<1.0
机制砂 MB 值小于 1.4 或合格石粉含量(按质量计)/%	<3.0	<5.0	<7.0
机制砂 MB 值大于等于 1.4 或合格石粉含量(按质量计)/%	<1.0	<3.0	<5.0
机制砂母岩抗压强度	火成岩不应小于 100MPa；变质岩不应小于 80MPa；水成岩不应小于 60MPa		
表观密度/(kg/m³)	≥2500		
松散堆积密度/(kg/m³)	≥1500		
空隙率/%	≤47		
碱集料反应	经碱集料反应试验后,试件无裂缝、酥裂、胶体外溢等现象,在规定试验龄期的膨胀率应小于 0.10%		

2. 细集料级配要求

优质的道路混凝土用砂希望具有较高的密度和较小的比表面积，这样才能既保证新拌混凝土有适宜的工作性，又保证硬化后混凝土有一定的强度和耐久性，同时又达到节约水泥的目的。因此，砂子不仅应质地坚硬、耐久、洁净，而且应符合表21-11的级配要求。

3. 细集料细度模数

根据我国公路工程施工实践证明，道路水泥混凝土所用砂子多为中砂，其细度模数一般宜控制在2.6~2.8之间，也可以使用细度模数在2.0~3.5之间的砂子。同样配合比用砂的细度模数变化范围不应超过0.3，否则应将砂子分别堆放，并调整配合比中的砂率后使用。

表 21-11　细集料标准级配范围

级配分区	筛孔尺寸/mm						
	10	5	2.5	1.25	0.63	0.315	0.16
	通过率/%						
Ⅰ	100	90～100	65～95	35～65	15～29	5～20	0～10
Ⅱ	100	90～100	75～100	50～90	30～59	8～30	0～10
Ⅲ	100	90～100	85～100	75～90	60～84	15～45	0～10

4. 机制砂的要求

道路路面和桥面所用的机制砂，除了应符合表 21-10 和表 21-11 中的规定外，还应检验砂浆的磨光值，其值宜大于 35，不宜使用抗磨性较差的泥岩、页岩、板岩等水成岩类母岩品种生产机制砂。用机制砂配制混凝土时，应同时掺加引气高效减水剂。

5. 淡化海砂的要求

在河砂资源紧缺的沿海地区，二级及二级以下的公路混凝土路面和基层可使用淡化海砂，但缩缝设传力杆混凝土路面不宜使用淡化海砂，钢筋混凝土及钢纤维路面和桥面也不得使用淡化海砂。用于道路混凝土的淡化海砂，除了应符合表 21-10 和表 21-11 中的要求外，还应符合下列规定。

① 淡化海砂带入每立方米混凝土中的含盐量不应大于 1.0kg。

② 淡化海砂中碎贝壳等甲壳类动物的残留物含量不应大于 1.0%。

③ 与河砂对比试验，淡化海砂应对砂浆磨光值、混凝土凝结时间、耐磨性、弯拉强度等无不利影响。

四、掺合料

随着公路基础设施建设的加快和公路建设水泥混凝土技术的不断进步，同样要求公路水泥混凝土具有早强、高强、低水化热、大流动性、轻质、高密实、高耐久性、成本低、易成形、易养护等特性。为了满足以上的要求，矿物掺合料已广泛应用于公路工程的水泥混凝土中，并起着不可缺少的重要作用。

1. 粉煤灰

粉煤灰是水泥混凝土中最常用的较廉价的掺合料。大量材料试验证明，掺加优质的粉煤灰，可以极大地改善混凝土拌合物的和易性，较细的粉煤灰颗粒，能很好地填充到混凝土的细微孔隙中，使硬化混凝土更加致密。但是，对于道路混凝土而言，由于粉煤灰混凝土的早期强度低，耐磨性不良，不利于提高道路利用率，因而在道路混凝土中的应用仍需要更进一步的研究。近年来，我国在粉煤灰道路混凝土的利用中取得了很大进展。

混凝土路面在掺用粉煤灰时，应选用质量指标符合表 21-12 中规定的Ⅰ、Ⅱ级粉煤灰，不得使用Ⅲ级粉煤灰。贫混凝土、碾压混凝土基层或复合式路面下面层，应选用符合表 21-12 中规定的Ⅲ级粉煤灰，不得使用等级外粉煤灰。

2. 磨细矿渣

磨细矿渣作为矿物掺合料在道路水泥混凝土中应用，在我国仍处于起步阶段。长安大学的研究结果表明，磨细矿渣掺量为 40% 的道路水泥混凝土，不仅其 28d 的抗折强度可以达到 9.1MPa，而且混凝土的耐磨性、抗冻性、抗渗性、收缩性能及疲劳等路用性能均得到了大幅度的提高。

表 21-12　粉煤灰的分级和质量指标

粉煤灰等级	细度(0.45μm 气流筛,筛余量)/%	烧失量/%	需水量比/%	含水量/%	氯离子/%	三氧化硫/%	混合砂浆活性指数	
							3d	28d
Ⅰ	≤12	≤5	≤95	≤1.0	<0.02	≤3	≥75	≥85(75)
Ⅱ	≤20	≤8	≤105	≤1.0	<0.02	≤3	≥70	≥80(62)
Ⅲ	≤45	≤15	≤115	≤1.5	—	≤3	—	—

注：1.45μm 气流筛的筛余量换算为 80μm 水泥筛的筛余量时换算系数约为 2.4。

2. 混合砂浆的活性指数为掺粉煤灰的砂浆与水泥砂浆的抗压强度比的百分数，适用于所配制混凝土强度等级大于等于 C40 的混凝土；当配制混凝土强度等级小于 C40 的混凝土时，混合砂浆的活性指数要求应满足 28d 括号中的数值。

五、外加剂

为了改善道路混凝土的技术性质，有时在混凝土的制备过程中必须加入一定量的外加剂。在配制道路混凝土中，常用的外加剂有引气剂、缓凝剂、减水剂、养生剂。

道路水泥混凝土应根据工程需要选用相应的外加剂，但所选用外加剂的质量应符合国家标准《混凝土外加剂应用技术规范》（GB 50119—2013）和《混凝土外加剂》（GB/T 8076—2008）中的规定。由于引用外加剂会改变混凝土对制备工艺的要求，使用时应特别小心，应在充分调查试验和实际试用后才可正式用于工程中，同时要注意配量正确和在混合料中拌和均匀。

1. 引气剂

引气剂能在混凝土中形成细小的、封闭的、均匀分布的气泡。材料试验证明，引气量适中，混凝土的抗折强度不但不降低，反而会有所提高，混凝土中的含气量在 4%～4.5% 时比较适宜。

正确使用引气剂可以有效提高水泥混凝土的弯拉强度及抗拉强度，减少混凝土干缩和温度收缩变形量，改善混凝土结构的抗裂性，同时还可以提高混凝土的抗渗性。因此我国规定：淡水、海水、盐碱水水位变动区，严寒和寒冷地区处在淡水、地下水冻区内，地处海水、海风环境（离海岸线 10km 范围内）、冬季需要洒除冰盐、有高抗（盐）冻性能要求的公路工程水泥混凝土结构，应在水泥混凝土中掺加适量的引气复合高效减水剂。其掺量应根据水泥混凝土的含气量要求通过试验确定。引气剂的掺量通过搅拌机口含气量检测结果反向控制。水泥混凝土的含气量及其误差，应满足表 21-13 的规定。当混凝土有 60d 以上龄期才遭遇冰冻的，在掺加引气复合高效减水剂的同时，还应加入符合要求的粉煤灰、磨细矿渣和膨胀剂，这样可提高水泥混凝土的密实度和抗渗性。

表 21-13　水泥混凝土的含气量及其误差

最大粒径/mm	16.0	19.0	26.5	31.5	37.5	45.0	63.0
抗冰冻要求的含气量/%	6.0±0.5	5.5±0.5	5.0±0.5	4.5±0.5	4.5±0.5	4.0±0.5	3.5±0.5
抗盐冻、抗海水冻的含气量/%	7.0±0.5	6.5±0.5	6.0±0.5	5.5±0.5	5.0±0.5	4.5±0.5	4.0±0.5

引气剂应选用表面张力降低值大、水泥稀中起泡容量多而细密、泡沫稳定时间长、不溶残渣少的产品。有抗冰冻要求地区，各交通等级路面、桥面、路缘石、路肩及贫混凝土基层

必须使用引气剂；无抗冰冻要求地区，二级及二级以上公路路面混凝土中也应使用引气剂。

2. 缓凝剂

在道路水泥混凝土工程中，缓凝剂主要用于水泥混凝土结构工程高温下施工控制坍落度的损失，解决水泥混凝土结构连续浇筑、降低水泥混凝土水化热、泵送混凝土和滑动模板等特殊工艺下施工的质量问题。

使用缓凝的外加剂施工时，应当根据施工现场气温或水泥混凝土拌合物温度、凝结时间、运输距离、停放时间、混凝土强度等选择适宜的品种，并确定最佳掺量。缓凝剂的最佳掺量为通过各项性能试验优选出的满足具体工程全部使用要求的掺量，一般不大于该外加剂的饱和掺量。最佳掺量是在厂家推荐掺量的范围内，按照本工程结构的具体要求，通过不同掺量的对比试验得出的适合本工程施工环境、工艺、原材料、配合比和结构类型等条件的掺量。当条件发生改变时，缓凝剂的最佳掺量应另行试验优选。

常用缓凝剂和缓凝减水剂的掺量（按水泥质量的百分数计），糖蜜类的掺量为 0.1%～0.3%，木质素磺酸盐类的掺量为 0.2%～0.3%，羟基羧酸及其盐类的掺量为 0.03%～0.1%，无机缓凝剂为 0.1%～0.2%。

3. 减水剂

减水剂主要用于改善新拌道路水泥混凝土的流变性能，同时也可以较好地改善混凝土的抗弯曲性能，提高混凝土的抗折强度。

《公路水泥混凝土路面施工技术细则》（JTG/T F30—2014）中明确要求，各交通等级路面桥面混凝土宜选用减水率大、坍落度损失小、可调控凝结时间的复合减水剂。高温条件下施工宜使用引气缓凝的高效减水剂；低温条件下施工宜使用引气早强的高效减水剂。在选定减水剂品种前，必须与所选用的水泥进行相容性检验。

养生环节是保证水泥混凝土结构强度正常增长、不产生开裂和微裂缝的关键环节。因此，掺加普通减水剂高效减水剂的公路工程水泥混凝土结构，应加强并尽早进行保温保湿养生。不同气温养生时间应符合表 21-14 中的规定。

表 21-14　公路工程水泥混凝土不同气温养生时间

气温/℃	0～10	10～15	15～20	20～25	25 以上
养生天数/d	28	21	14	10	7

4. 养生剂

用于水泥混凝土路面养生的养生剂性能应当符合《公路水泥混凝土路面施工技术细则》（JTG/T F30—2014）中的规定。混凝土路面施工用养生剂的技术指标如表 21-15 所列。

表 21-15　混凝土路面施工用养生剂的技术指标

检验项目		一级品	合格品
有效保水率/%		≥90	≥75
抗压强度比/%	7d	≥95	≥90
	28d	≥95	≥90
磨损量/(kg/m³)		≤3.0	≤3.5
含固量/%		≥20	
干燥时间/h		≥4	

续表

检验项目	一级品	合格品
成膜后浸水溶解性	应注明不溶或可溶	
成膜耐热性	合格	

注：1. 有效保水率试验条件：温度 38℃±2℃；相对湿度 32%±3%；风速（0.5±0.2）m/s；失水时间 72h。

2. 抗压强度比也可为弯拉强度比，指标要求相同，可根据工程需要和用户要求选测。

3. 在对有耐磨性要求的表面上使用养生剂时为必检项目。

4. 露天养生的永久性表面，必须为不溶；在要求继续浇筑的混凝土结构上使用，应使用可溶，该指标由供需双方协商。

六、钢筋

水泥混凝土路面所用的钢筋主要有传力杆、拉杆及补强钢筋等。钢筋的品种、规格应符合设计要求，钢筋应顺直，不得有裂缝、断伤、刻痕。表面油污和颗粒状或片状锈蚀应清除干净。所用的钢筋强度及弹性模量应符合表 21-16 的要求。

表 21-16　钢筋的强度与弹性模量

钢筋种类	屈服强度/MPa	弹性模量/MPa
Ⅰ级（Q235）	235	210000
Ⅱ级（20MnSi、20MnNb） 　钢筋直径＜25mm 　钢筋直径＞28mm	 335 315	200000
Ⅲ级（25MnSi）	370	200000
Ⅳ级（40MnV、45SiMnV、45SiMnTi）	540	200000

七、接缝材料

道路混凝土面板的接缝，是路面结构的重要组成部分，也是薄弱、易坏、影响路面使用寿命的极重要部位。填缝材料用于道路混凝土面板的接缝中，可防止路面上的水分侵入，防止砂石等硬块物体落入缝隙，保护面板的接缝使其发挥应有的作用。

用于道路混凝土接缝的材料，按使用性能分为接缝板材料和填缝材料两类。接缝板材料应选用适应混凝土板的膨胀与收缩、施工时不变形、耐久性良好的材料。填缝材料应选用与混凝土板壁黏结力强、回弹性好、能适应混凝土的收缩、不溶于水和不渗水、高温不溢、低温不脆的耐久性材料。

1. 接缝板材料

可作为接缝板的材料主要有木材泡沫橡胶及泡沫塑料类沥青纤维类和沥青类。接缝板应具有定的压缩性和弹性。当混凝土碰撞时不被挤出，收缩时能与混凝土板缝连接不产生间隙；在混凝土路面施工时不变形且耐腐蚀。

2. 填缝材料

填缝材料按施工温度不同可分为加热施工式和常温施工式两种，也就是现场灌注液体填缝料和预制嵌缝条。加热施工式填缝料目前主要有沥青橡胶类、聚氯乙烯胶泥类和沥青马蹄脂类；常温施工式填缝料目前主要有聚氯脂焦油类、氯丁橡胶类、乳化沥青橡胶类。常温施工式填缝材料技术要求如表 21-17 所列。

表 21-17　常温施工式填缝材料技术要求

试验项目		技术指标
灌入稠度/s		<20
失黏时间/h		6～24
弹性(球针法)	复原率/%	≥75
	贯入量/mm	3～5
流动度/mm		0
拉伸量(−10℃)/mm		≥15

工程实践表明，接缝板中的软木板、加热施工式填缝料的聚氯乙烯胶泥和常温施工式中的建筑密封膏以及聚酯改性沥青等材料性能优异，可供道路水泥混凝土路面工程使用。

第三节　道路混凝土的配制技术

水泥混凝土路面板厚度的计算以抗弯拉强度为依据，因此，道路混凝土的配合比设计应根据设计弯拉强度、耐久性、耐磨性、工作性等要求和经济合理的原则选用原材料，通过计算、试验和必要的调整，确定混凝土单位体积中各种组成材料的用量。

道路水泥混凝土配合比设计的主要任务是选好水灰比、单位体积水泥用量和砂率等设计参数。其一般设计步骤为：根据已有的配合比经验参数，初步设计计算混凝土的配合比；根据初步设计的配合比进行试拌，检验混凝土拌合物的和易性，按要求进行必要的调整；然后进行强度和耐久性试验，再进行必要的调整；根据混凝土的现场实际施工条件、集料供应情况、摊铺机具和气候条件等，再进行一定的调整，提出施工配合比。由此可见，道路水泥混凝土配合比设计与普通混凝土基本相同。

一、道路混凝土配合比设计的技术要求

道路工程最常用的混凝土有普通混凝土、钢纤维混凝土、碾压混凝土和贫混凝土等，这几种混凝土的组成材料不同，其配合比设计也有一定差异。

普通混凝土配合比设计适用于滑模摊铺机、轨道摊铺机、三辊轴机组及小型机具四种施工方式。设计中在兼顾经济性的同时，应满足设计弯拉强度、工作性和耐久性 3 项技术要求。

1. 确定混凝土的配制 28d 弯拉强度 f_c

普通路面混凝土的配制 28d 弯拉强度 f_c，首先应根据设计要求的混凝土强度等级 f_r 和施工单位质量管理水平，再按照《公路水泥混凝土路面施工技术规范》（JTGF30—2014）中的规定，可按下式计算：

$$f_c = \frac{f_r}{1-C_V} + ts \tag{21-1}$$

式中，f_c 为混凝土的试配弯拉强度的均值，MPa；f_r 为混凝土设计弯拉强度标准值，MPa；s 为混凝土弯拉强度试验样本的标准差，MPa；t 为混凝土保证率系数，应按表 21-18 确定；C_V 为弯拉强度变异系数，应按统计数据在表 21-19 的规定范围内取值，在无统计数

据时弯拉强度变异系数应按设计取值；如果施工配制弯拉强度超出设计给定的弯拉强度变异系数上限，则必须改进机械设备和提高施工控制水平。

表 21-18 保证率系数 t 值

公路技术等级	判别概率 p	样本数 n/组				
		3	6	9	15	20
高速公路	0.05	1.36	0.79	0.61	0.45	0.39
一级公路	0.10	0.95	0.59	0.46	0.35	0.30
二级公路	0.15	0.72	0.46	0.37	0.28	0.24
三、四级公路	0.20	0.56	0.37	0.29	0.22	0.19

表 21-19 各级公路混凝土路面弯拉强度变异系数

公路技术等级	高速公路	一级公路	二级公路		三、四级公路	
混凝土弯拉强度变异水平等级	低	低	中	中	中	高
弯拉强度变异系数 C_V 允许变化范围	0.05~0.10	0.05~0.10	0.10~0.15	0.10~0.15	0.10~0.15	0.15~0.20

2. 混凝土的工作性

（1）滑模摊铺机前混凝土拌合物的最佳工作性及允许范围应符合表 21-20 的规定。

表 21-20 混凝土路面滑模摊铺最佳工作性及允许范围

指标 界限	坍落度 S_L/mm		振动黏度系数 η/(N·s/m²)
	卵石混凝土	碎石混凝土	
最佳工作性	20~40	25~50	200~500
允许波动范围	5~55	10~65	100~600

注：1. 滑模摊铺机适宜的摊铺速度应控制在 0.5~2.0m/min 之间。

2. 本表适用于设置超铺筑角的滑模摊铺机；对不设置超铺筑角的滑模摊铺机，最佳振动黏度系数为 250~600N·s/m²；最佳坍落度卵石为 10~40mm；碎石为 10~30mm。

3. 滑模摊铺时的最大单位用水量，卵石混凝土不应大于 155kg/m³；碎石混凝土不应大于 160kg/m³。

（2）轨道摊铺机、三辊轴机组、小型机具摊铺的路面混凝土坍落度及最大单位用水量应满足表 21-21 的规定。

表 21-21 不同路面施工方式混凝土坍落度及最大单位用水量

摊铺方式	轨道摊铺机摊铺		三辊轴机组摊铺		小型机具摊铺	
出机坍落度/mm	40~60		30~50		10~40	
摊铺坍落度/mm	20~40		10~30		0~20	
最大单位用水量/(kg/m³)	碎石 156	卵石 153	碎石 153	卵石 148	碎石 150	卵石 145

注：1. 表中的最大单位用水量系采用中砂、粗细集料为风干状态的取值，采用细砂时应用减水率较大的减水剂。

2. 使用碎卵石时，最大单位用水量可取碎石与卵石的中值。

3. 混凝土的耐久性

路面和桥面引气水泥混凝土含气量及其允许误差，根据粗集料最大粒径、有无抗冻性要求、有无抗冰（盐）冻性要求等情况，应满足表 21-22 的推荐值。

表 21-22　路面和桥面引气水泥混凝土适宜含气量推荐值　　　　　单位:%

最大粒径/mm	水泥混凝土路面		
	有抗冻性要求	无抗冻性要求	有抗盐冻要求
16.0	5.0±1	6.0±0.5	7.0±0.5
19.0	4.5±1	5.5±0.5	6.5±0.5
26.5	4.0±1	5.0±0.5	6.0±0.5
31.5	3.5±1	4.5±0.5	5.5±0.5

各交通等级路面混凝土满足耐久性要求的最大水灰（胶）比和最小单位水泥用量，应符合表 21-23 中的规定。最大单位水泥用量不宜大于 $400kg/m^3$；掺加粉煤灰时，最大胶凝材料用量不宜大于 $420kg/m^3$。

表 21-23　混凝土满足耐久性要求的最大水灰比和最小单位水泥用量

公路技术等级		高速公路一级公路	二级公路	三、四级公路
最大水灰（胶）比		0.44	0.46	0.48
抗冰冻要求最大水灰（胶）比		0.42	0.44	0.46
抗盐冻要求最大水灰（胶）比		0.40	0.42	0.44
最小单位水泥用量/(kg/m³)	42.5 级水泥	300	300	290
	32.5 级水泥	310	310	305
抗冰(盐)冻时最小单位水泥用量/(kg/m³)	42.5 级水泥	320	320	315
	32.5 级水泥	330	330	325
掺粉煤灰时最小单位水泥用量/(kg/m³)	42.5 级水泥	260	260	255
	32.5 级水泥	280	270	265
抗冰(盐)冻掺粉煤灰最小单位水泥用量(42.5 级水泥)/(kg/m³)		280	270	265

注：1. 掺粉煤灰，并有抗冰（盐）冻性要求时，不得使用 32.5 级水泥。

2. 水灰（胶）比算以砂石料的自然风干状态计（砂含水量≤1.0%，石子含水量≤0.5%）。

3. 处在除冰盐、海风、酸雨或硫酸盐等腐蚀性环境中，或在大纵坡等加减速车道上的混凝土，最大水灰（胶）比可比表中数值降低 0.01%～0.02%。

二、道路混凝土配合比设计步骤

道路水泥混凝土配合比设计通常可按下述步骤进行。

1. 确定混凝土拌合物的和易性

道路水泥混凝土拌合物应具有与铺路机械相适应的和易性，以保证顺利施工和工程质量的要求。道路施工中水泥混凝土拌合物的稠度标准，以坍落度为 2.5cm、或工作度为 30s 为宜。在搅拌设备离浇筑现场较远时，或在夏季高温环境施工，坍落度会产生一定的损失，应适当加以调整。

2. 确定混凝土单位粗集料体积

单位粗集料体积应当在所要求的拌合物和易性及易修整性的允许范围内，并达到最小单位用水量。过去用细集料率的配合比参考表中，如果粗集料的最大尺寸、单位水泥用量、单位用水量、含气量及稠度等有变化，必须对细集料率进行修正，而用单位粗集料体积表示混凝土配合比则无此必要。

3. 确定混凝土的单位用水量

混凝土单位用水量大小，与粗集料的最大尺寸、集料级配及其形状、单位粗集料体积、砂率、拌合物稠度、外加剂种类、施工环境温度、施工条件、混凝土设计强度等因素有关。在道路混凝土工程施工中，必须以所用材料进行试验而确定。在一般情况下，单位用水量不宜超过 150kg，因为单位用水量过大，不仅会影响混凝土的可修整性，而且使混凝土的收缩增大而产生早期裂缝，同时也会降低混凝土的强度。

4. 确定混凝土单位水泥用量

混凝土单位水泥用量，应根据混凝土设计抗弯拉强度确定，一般情况下在 280～350kg 范围内。按强度决定单位水泥用量时，必须通过试验进行检验。如果根据耐久性确定单位水泥用量时，其水灰比应控制在 0.45～0.50 之间。

单位水泥用量过多，不仅工程造价较高，而且容易产生塑性裂缝和温度裂缝，所以在满足强度和耐久性等质量要求的前提下，应尽量减少水泥的用量。

5. 确定混凝土单位外加剂用量

混凝土单位外加剂用量，应根据混凝土的具体要求通过材料试验确定。

三、道路混凝土配合比设计方法

1. 确定混凝土的配制 28d 弯拉强度 f_c

普通路面混凝土的配制 28d 弯拉强度 f_c，首先应根据设计要求的混凝土强度等级 f_r 和施工单位质量管理水平，再按照《公路水泥混凝土路面施工技术细则》(JTG/T F30—2014)中的规定，可按式(21-1)进行计算。

2. 计算混凝土的水灰（胶）比

① 根据所用粗集料类型，分别计算水灰比：

碎石或碎卵石混凝土：

$$W/C = \frac{1.5684}{f_c + 1.0097 - 0.3595 f_s} \tag{21-2}$$

式中，W/C 为混凝土的水灰比；f_s 为水泥实测 28d 的抗折强度，MPa。

卵石混凝土：

$$\frac{W}{C} = \frac{1.2618}{f_c + 1.5492 - 0.4709 f_s} \tag{21-3}$$

② 当掺用粉煤灰时，应计入超量取代法中代替水泥的那一部分粉煤灰用量（代替砂的超量部分不计入），用水胶比 $[W/(C+F)]$ 代替水灰比 (W/C)。

③ 应在满足弯拉强度计算值和耐久性两者要求的水灰（胶）比中选取小值。

3. 确定混凝土砂率

砂率应根据砂的细度模数和粗集料的种类，查表 21-24 确定混凝土的砂率。在做软抗滑槽时，砂率可在表 21-24 的基础上增大 1%～2%。

表 21-24 砂的细度模数与最优砂率的关系

砂细度模数		2.2～2.5	2.5～2.8	2.8～3.1	3.1～3.4	3.4～3.7
砂率 $S_P/\%$	碎石	30～34	32～36	34～38	36～40	38～42
	卵石	28～32	30～34	32～36	34～38	36～40

4. 确定单位用水量

根据粗集料种类和表 21-25 中的适宜坍落度，分别按下列经验公式计算单位用水量（砂石料以自然风干状态计）。

对于碎石混凝土：

$$W_0 = 104.97 + 0.309S_L + 11.27C/W + 0.61S_P \qquad (21\text{-}4)$$

对于卵石混凝土：

$$W_0 = 86.89 + 0.370S_L + 11.24C/W + 1.00S_P \qquad (21\text{-}5)$$

式中，W_0 为不掺外加剂与掺合料混凝土的单位用水量，kg/m^3；S_L 为混凝土拌合物的坍落度，mm；S_P 为混凝土的砂率，%；C/W 为灰水比，水灰比的倒数。

对于掺加外加剂的混凝土单位用水量，可按式（21-6）进行计算：

$$W_{0w} = W_0(1 - \beta) \qquad (21\text{-}6)$$

式中，W_{0w} 为掺加外加剂混凝土的单位用水量，kg/m^3；β 为所用外加剂剂量的实测减水率，%。

表 21-25　公路桥涵用混凝土拌合物的坍落度

项次	结构种类	坍落度/mm
1	桥涵基础、墩台、仰拱、挡土墙及大型制块等便于浇筑振捣的结构	0～20
2	上列桥涵墩台等工程中较不便施工处	10～30
3	普通配筋的钢筋混凝土结构，如钢筋混凝土板、梁、柱等	30～50
4	钢筋较密、断面较小的钢筋混凝土结构（梁、柱、墙等）	50～70
5	钢筋配制特密、断面高而狭小，极不便灌注捣实的特殊结构部位	70～90

注：1. 使用高频振捣器时，其混凝土坍落度可适当减小。

2. 本表系指采用机械振捣的坍落度，采用人工振捣时可适当放大。

3. 需要配置大坍落度混凝土时，应掺加外加剂。

4. 曲面或斜面结构的混凝土，其坍落值应根据实际需要另行选定。

5. 轻集料混凝土的坍落度，宜比表中数值减少 10～20mm。

最后单位用水量应取计算值和表 21-26、表 21-27 中的规定值两者中的小值。如果实际的单位用水量仅掺加引气剂不满足所取数值，则应掺用引气（高效）减水剂。三、四级公路也可以采用真空脱水施工工艺。

表 21-26　混凝土单位用水量选用表　　　　　　　　单位：kg/m^3

项目	指标	卵石最大粒径/mm				碎石最大粒径/mm			
		10.0	20.0	31.5	40.0	10.0	20.0	31.5	40.0
坍落度/mm （塑性混凝土）	10～30	190	170	160	150	200	185	175	165
	35～50	200	180	170	160	210	195	185	175
	55～79	210	190	180	170	220	205	195	185
	75～90	215	195	185	175	230	215	205	195
维勃稠度/s （干硬性混凝土）	16～20	175	160	—	145	180	170	—	155
	11～15	180	165	—	150	185	175	—	160
	5～10	185	170	—	155	190	180	—	165

表 21-27　不同路面施工方式混凝土坍落度及最大单位用水量

摊铺方式	轨道摊铺机摊铺		三辊轴机组摊铺		小型机具摊铺	
出机坍落度/mm	40~60		30~50		10~40	
摊铺坍落度/mm	20~40		10~30		0~20	
最大单位用水量/(kg/m³)	碎石 156	卵石 153	碎石 153	卵石 148	碎石 150	卵石 145

注：1. 表中的最大单位用水量系采用中砂、粗细集料为风干状态的取值，采用细砂时，应使用减水率较大的（高效）减水剂。

2. 使用碎卵石粗集料时，最大单位用水量可取碎石与卵石中值。

5. 计算水泥用量

单位体积混凝土的水泥用量，可由式（21-7）进行计算，取计算值与表 21-23 中的规定值两者中的大值。

$$C_0 = \frac{C}{W} \times W_0 \tag{21-7}$$

式中，C_0 为混凝土的单位水泥用量，kg/m^3。

6. 计算砂石用量

混凝土中砂石的用量可用密度法或体积法计算。按密度法计算时，混凝土单位体积的质量可取 $2400 \sim 2450 kg/m^3$；按体积法计算时，应计入设计的含气量。

（1）按密度法计算　可按式（21-8）和式（21-9）联立计算：

$$C_0 + W_0 + S_0 + G_0 = \gamma_0 \tag{21-8}$$

$$S_P = \frac{S_0}{S_0 + G_0} \times 100\% \tag{21-9}$$

式中，C_0、W_0、S_0、G_0 分别为水泥、水、砂和石子的单位用量，kg/m^3；γ_0 为假定混凝土的单位体积质量，kg/m^3；S_P 为混凝土的砂率，%。

（2）按体积法计算　体积法计算砂石用量，可按式（21-9）和式（21-10）联立计算：

$$C_0/\gamma_{cc} + W_0/\gamma_w + S_0/\gamma_s + G_0\gamma_g + 10\alpha \tag{21-10}$$

式中，γ_{cc}、γ_w、γ_s、γ_g 分别为水泥、水、砂和石子的单位质量，kg/m^3；α 为混凝土中的含气量，%。

7. 确定外加剂用量

根据工程实际需要选择适宜的混凝土外加剂，参考有关工程的成功经验，初步确定外加剂的掺加量，通过试配与试验，最后确定在工程中实际采用的外加剂用量。

8. 进行配合比调整

通过以上计算得到的配合比，是根据经验公式和经验参数确定的各种材料初步用量，由于各方面的影响因素，它与材料的实际情况存在着一定的差异。为此，最后还必须通过试验进行配合比调整。

（1）进行混凝土试配调整　按上述初步确定出的配合比，选取一定比例进行试配，测定混凝土拌合物的工作性能（如坍落度指标等）。如果测得的工作性能低于设计的要求，则可保持水灰比不变，适当增加水泥浆的用量；如测得的工作性能超过设计的要求，则可以减少水泥浆的用量或者保持砂率不变，适当增加砂石的用量。当砂浆过多时，可适量增加石子；当砂浆过少时，可适量增加砂浆。每次调整加入的少量材料，重复进行试验，直至符合设计要求为止。

（2）进行混凝土强度试验　按照符合工作性能要求的配合比，适当增减水泥的用量，配制三组配合比的新拌混凝土试件，并测定其实际的表观密度，经标准条件下养护到规定的龄期，测定各组试件的强度。如果实测的强度未能达到要求配制的强度时，可以采取适当提高水泥强度等级、降低水灰比或改善集料级配等措施。

（3）试验室配合比的计算　通过试配和强度试验得到符合工作性能和强度要求的配合比后，还应按照混凝土的实测表观密度校正其计算表观密度。混凝土的计算表观密度为经过试配后每立方米混凝土各种材料用量之和，校正系数 K 为实测表观密度与计算表观密度之比值。各种材料用量均乘以校正系数 K，即为试验室配合比。

（4）换算成施工配合比　试验室配合比是在集料处于标准含水状态（饱和面干）下计算出来的各种材料的用量。施工现场所用集料的含水量并不是标准含水状态，而是经常发生变化的，因而应根据拌制时集料的实际含水量对试验室配合比进行调整。集料中的水分应从用水量中扣除，含水的砂石用量相应进行变化，由此得到施工配合比。

四、道路混凝土参考配合比

为方便道路水泥混凝土的试配，表 21-28 中列出了道路水泥混凝土试配制配合比，表 21-29 中列出了道路水泥混凝土参考配合比，在施工中可以根据工程实际查表采用。

表 21-28　道路水泥混凝土试配制配合比

| 搅拌次数 | 道路混凝土单位材料用量/（kg/m³） | | | | | 粗集料的体积/m³ | 固结系数/s | 坍落度/cm | 含气量/% |
	水泥	水	砂子	石子	引气剂				
1	338	130	753	1156	0.845	0.72	43	1.5	2.8
2	348	134	735	1156	0.870	0.72	32	2.5	3.1
3	341	134	748	1156	0.853	0.72	33	2.5	4.1

表 21-29　道路水泥混凝土参考配合比

| 序号 | 水泥强度等级/MPa | 混凝土强度等级/MPa | 水泥用量/（kg/m³） | 水灰比（W/C） | 混凝土质量配合比 | | | |
					水泥	中砂	碎石（1～2cm）	碎石（3～5cm）
1	32.5	C30	330	0.450	1	2.08	—	3.88
2	32.5	C30	340	0.430	1	1.68	0.485	3.74
3	32.5	C30	365	0.425	1	1.73	—	3.64
4	42.5	C30	300	0.427	1	2.25	—	4.58
5	52.5	C40	400	0.400	1	1.61	2.99	—

第四节　道路混凝土的施工工艺

水泥混凝土路面是由混凝土面板与基层组成的路面结构，水泥混凝土面板必须具有足够的抗折强度，良好的抗磨耗、抗滑、抗冻性能，也应具有尽可能低的线膨胀系数和弹性模量，使混凝土路面能承受荷载应力和温度应力的综合疲劳作用，为行驶的汽车提供快速、舒适、安全的服务。由此，水泥道路混凝土的施工，必须严格按照国家或行业现行的有关规范进行，使其施工质量符合设计要求。目前，水泥混凝土路面的施工工艺，我国主要采用轨道式摊铺机施工和滑模式摊铺机施工两种。

一、轨道式摊铺机施工

（一）施工准备工作

轨道式摊铺机在施工前的准备工作，包括材料准备及质量检验、混合料配合比检验与调整、基层的检验与整修等多项工作。

1. 材料准备及性能检验

根据拟定的施工进度计划，在正式施工前分期分批备好所需要的各种材料，并对其进行逐项核对调整。混凝土组成材料的性能检验主要包括：a. 对砂、石料抽样检验测定含泥量、级配、有害物质含量、坚固性；b. 对碎石还应抽检其强度、软弱及针片状颗粒含量和磨耗等；c. 对水泥除查验出厂质量报告单外，还应逐批抽验其细度、凝结时间、标准稠度用水量、安定性及 3d、7d 和 28d 的强度等是否符合要求；d. 对所采用的外加剂按其性能指标检验，通过试验判断是否适用。

对混凝土所用材料的检验应特别注意：a. 严格控制砂、石的含泥量，不准超过国家标准的规定；b. 水泥的品种、强度等级、矿物成分等，一定符合混凝土性能要求；c. 外加剂的性能一定符合设计要求。

2. 混凝土配合比检验与调整

关于混凝土混合料配合比检验与调整，在配合比设计部分已详细介绍，着重是工作性的检验与调整、强度的检验。

（1）工作性检验与调整按设计配合比适量取样试拌，测定混凝土拌合物的工作度，必要时还应通过试铺进行检验。

（2）强度的检验按工作性符合要求的配合比，制作混凝土的抗压、抗拉、抗弯试件，标准养护 28d 后测定其强度。若强度较低时，可采用水泥强度高的水泥、降低水灰比或改善集料级配等措施。

除进行上述检验外，还可以选择不同用水量、不同水灰比、不同砂率或不同集料级配等配制混合料，通过比较从中选出经济合理的方案。为及早、及时进行配合比检验与调整，试件可不采取标准养护 28d，可以压蒸 4h 快速测定强度后推算 28d 强度。

3. 基层检验与整修

（1）基层质量检验　基层强度应以基层顶面的当量回弹模量或以黄河标准汽车测定的计算回弹弯沉值作为检查指标。基层质量检查的项目与标准为：当量回弹模量值或计算回弹弯沉值，现场每 50m 测 2 点，不得小于设计要求；压实度以每 1000m² 测 1 点，亦不得小于规定要求；厚度每 50m 测一处，不得小于允许误差 ±10%；平整度每 50m 测 1 处，用 3m 直尺量测，最大不超过 10mm；宽度每 50m 测 1 处，不得小于设计宽度；纵坡高程要求用水准仪测量，每 20m 测 1 点，允许误差 ±10mm；横坡亦要求用水准仪测量，当路面宽度为 9～15m 时检测 5 点、大于 15m 时检测 7 点，允许误差应≤±1%。

基层完成后，应加强养护，控制行车，不出现车槽。如有损坏应在浇筑混凝土板前采用相同材料修补压实，严禁用松散粒料填补。对加宽的部分，新旧接槎要牢固、强度要一致。

（2）测量放样　测量放样是水泥混凝土路面施工的一项重要工作。首先应根据设计图纸放出路中心线及路边线。在路中心线上一般每 20m 设一中心桩，并相应在路边各设一对边桩。放样时，基层的宽度应比混凝土板每侧宽出 25～35cm。测设临时水准点每隔 100m 设置一个，以便于施工时就近对路面进行高程复核。放样时为了保证曲线地段中线内外侧车道混凝土块有较合理的划分，必须保持横向分块线与路中心线垂直。

（二）机械选型与配套

轨道式摊铺机施工，是公路机械化施工中最普遍的一种方法。各施工工序可以采用不同类型的机械，而不同类型的机械具有不同的工艺要求和生产率。因此，整个机械化施工需要机械的选型和配套。轨道式摊铺机的施工方法各工序可选用的施工机械，如表 21-30 所列。

表 21-30　轨道式摊铺机的施工配套机械

施工工序	可考虑选用的配套机械
混凝土卸料	侧面卸料机、纵向卸料机
混凝土摊铺	刮板式匀机、箱式摊铺机、螺旋式摊铺机
混凝土振捣	插入式振捣器、内部振动式振捣机、平板式振动器
混凝土养护	养生剂喷洒器、养护用洒水车
接缝施工机械	调速调厚切缝机、钢筋插入机、灌缝机
表面修整机械	纵向修光机、斜向表面修整机
修整粗糙面	纹理制作机、拉毛机、压（刻）槽机
其他配套机械	装载机、翻斗车、供水泵、计量水泵、移动电话、地磅等

1. 主导机械选型

决定水泥混凝土路面质量和使用性能的施工工序，主要是混凝土的拌和和摊铺成型，一般把混凝土摊铺机作为施工中的第一主导机械，把混凝土搅拌机械作为施工中的第二主导机械。在施工机械选型时，应首先选定主导机械，然后根据主导机械的技术性能和生产率，选择配套机械。

主导机械的选择，应考虑满足施工质量和进度的要求，同时还要考虑我国施工技术人员的素质、管理水平和购买能力等实际情况。用机械铺筑的路面质量（密实度和平整度）以及施工进度，取决于水泥混凝土的拌制质量。在选择拌和机械时，主要考虑混凝土的拌和能力、拌和质量、机械可靠度、工作效率和经济性。

2. 配合机械及配套机械

（1）配合机械　配合机械主要是指运输混凝土的车辆，选择的依据主要是混凝土的运输强度和运输距离。工程实践研究表明，运距在 1km 以内的距离，以 2t 以下的小型自卸车比较经济；运输距离在 5km 左右时，以 5～8t 的中型自卸车最为经济。考虑到混凝土在运输过程中水分的蒸发和离析等问题，更远的运输距离以采用容量为 6m³ 以上的混凝土搅拌运输车较为理想。

（2）配套机械　配套机械的选型和配套数量，必须保证主导机械发挥其最大效率，具使用配套机械的类型和数量尽可能少。

（3）机械合理配套　道路水泥混凝土施工机械的合理配套，主要指混凝土拌和机与摊铺机、运输车辆之间的配套情况。当混凝土摊铺机选定后，可根据机械的有关技术参数和施工中的具体情况，计算出摊铺机械的生产率。拌和机械与其配套就是在保证摊铺机械生产率充分发挥的前提下，使搅拌机械的生产率得到正常发挥，并在施工过程中保持均衡、协调一致。

当摊铺机和拌和机的生产率确定后，车辆在整个系统内的配套，实质上是车辆与拌和机的配套。车辆的配套问题可以应用排队论，找出合理的配套方案。考虑到装载点与车辆的配套是一个动态系统，即随着摊铺作业的推进，车辆的运输路程随时间的增加而增加。

在运输与装载过程中，随机影响因素比较多，如道路状况、运距长短、操作水平、天气变化、设备运行状况等都会发生不断变化，因此对排队论中单通道模型进行改进，增加时间变化等因素便于在配套方案中适时优化控制，通过输入不同的采集数据得到不同的结果，然后进行分析比较，找出合理的优化方案。

（三）道路水泥混凝土的搅拌与运输

1. 混凝土的搅拌

在搅拌机的技术性能满足混凝土拌制要求的条件下，混凝土各组成材料的技术指标和配比计量的准确性是混凝土配制质量的关键。在机械化施工中，混凝土的供料系统应尽量采用配有电子秤等自动计量设备。在正式搅拌混凝土前，应按混凝土配合比要求，对水泥、水和各种集料的用量准确调试，输入到自动计量的控制贮存器中，经试拌检验无误后，再正式拌和生产。混凝土生产应采用强制式搅拌机，其搅拌时间应符合有关规定：最短拌和时间不低于低限，最长拌和时间不超过最短拌和时间的 3 倍。

为确保混凝土拌和和运输的质量，应满足以下基本要求：a. 道路水泥混凝土的配制不允许用人工进行拌和，应采用机械进行搅拌，并且优先采用强制搅拌机；b. 投入搅拌机的每次原材料数量，应当按照施工配合比和搅拌机容量确定，称量的允许误差必须符合表 21-31 中的要求。

表 21-31 混凝土配制材料容许称量误差

序号	材料名称	容许误差（质量百分数）/%	序号	材料名称	容许误差（质量百分数）/%
1	水泥	±1%	3	水	±1%
2	粗、细集料	±3%	4	外加剂	±2%

（1）为保证首先浇筑的混凝土的质量，开工搅拌第一盘混凝土拌合物前，应先用适量的混凝土拌合物或砂浆进行搅拌，并将其作为废品排弃，然后再按照设计规定的配合比进行配合搅拌。

（2）搅拌机的装料顺序，可采用砂、水泥、石子，也可采用石子、水泥、砂。进料后，边搅拌边加水。

保证混凝土拌合物质量的重要条件，是严格控制混凝土的最短搅拌时间和最长搅拌时间，必须符合表 21-32 中的规定。

表 21-32 混凝土拌合物搅拌时间的规定

搅拌机的类型			搅拌时间/s	
类型	容量/L	转速/(r/min)	低流动性混凝土	干硬性混凝土
自落式	400	18	105	120
	800	14	165	210
强制式	375	38	90	100
	1500	20	180	240

注：1. 表中搅拌时间为最短搅拌时间；2. 最长搅拌时间不得超过最短时间的 3 倍；3. 掺加外加剂的搅拌时间可增加 20～30s。

2. 混凝土的运输

混凝土拌合物运输宜用自卸机动车，远距离运送商品混凝土宜用搅拌运输车，运输道路应平整、畅通。

为保证混凝土拌合物的（坍落度）工作性，在运输过程中应考虑蒸发失水和水化失水的影响，以及因运输的颠簸和振动使混凝土拌合物发生离析等。要减少这些因素的影响程度，其关键是缩短运输时间，并采取适当措施（表面覆盖或其他方法）防止水分损失和离析。

在施工有条件时，尽量采用自卸汽车或搅拌车运输混凝土。一般情况下，坍落度大于5.0cm 时用搅拌车运输。从开始搅拌到浇筑的时间，用自卸汽车运输时必须不超过 1h，用搅拌车运输时不超过 1.5h，如果运输时间超过限值，或者在夏季进行铺筑路面时，应当掺加适量的缓凝剂。

混凝土拌合物从搅拌机出料到浇筑完毕的时间，是混凝土的施工时间，它对混凝土的施工质量有重大影响，一般是由水泥品种、水灰比大小、外加剂种类、施工气温等所决定的。在一般情况下，施工气温对其影响最大。因此，对混凝土的施工时间也必须严格控制，以防止出现混凝土初凝现象。具体规定如表 21-33 所列。

表 21-33　混凝土容许施工最长时间

施工气温/℃	容许最长时间/h	施工气温/℃	容许最长时间/h
5～10	2.0	20～30	1.0
10～20	1.5	30～35	0.75

注：1. 若掺加缓凝剂时，可以适当延长时间；2. 若掺加速凝剂时，可以适当缩短时间。

（四）混凝土的摊铺与振捣

1. 轨道模板安装

轨道式摊铺机施工所用的整套机械，在轨道上移动前进，也以轨道作为控制路面表面的高程。由于轨道和模板同步安装，统一调整定位，将轨道固定在模板上，既作为水泥混凝土路面的侧模板，也是每节轨道的固定基座。

轨道高程控制是否精确，铺轨是否平直，接头是否平顺，将直接影响路面表面的质量和行驶性能。轨道模板本身的精度标准和安装精度要求，按表 21-34 和表 21-35 中的质量要求施工。

表 21-34　轨道及模板的质量指标

项目	纵向变形	局部变形	最大不平整度(3m 直尺)	高度
轨道	≤5mm	≤3mm	顶面≤1mm	按机械要求
模板	≤3mm	≤2mm	侧面≤2mm	与路面厚度相同

表 21-35　轨道及模板安装质量要求

纵向线型直度	顶面高程	顶面平整度(3m 直尺)	相邻轨、板间高差	相对模板间距离误差	垂直度
≤5mm	≤3mm	≤2mm	≤1mm	≤3mm	≤2mm

模板要能承受从轨道上传下来的机组重量，横向要保证模板的刚度。轨道的数量要根据施工进度配备，并要有拆模周期内的周转数量。施工时日平均气温在 20℃ 以上时，按日进度配置；日平均气温低于 19℃ 时，按日铺筑进度 2 倍配置。

设置纵缝时，应按要求的间距，在模板上预先作拉杆置放孔。对各种钢筋的安装位置偏差不得超过 10mm；传力杆必须与板面平行并垂直接缝，其偏差不得超过 5mm；传力杆间距偏差不得超过 10mm。

2. 摊铺

摊铺是将倾卸在基层上或摊铺机箱内的混凝土，按摊铺厚度均匀地充满模板范围之内。常用的摊铺机械有刮板式匀料机、箱式摊铺机和螺旋式摊铺机。

（1）刮板式匀料机　机械本身能在模板上自由地前后移动，在前面的导管上左右移动。由于刮板本身也旋转，所以可以将卸在基层上的混凝土向任意方向进行摊铺。这种摊铺机械重量较轻、容易操作、易于掌握，使用比较普遍，但其摊铺能力较小。德国弗格勒 J 型、美国格马可和我国南京建筑机械厂制造的 C-450X 等摊铺机均属于此种机型。

（2）箱式摊铺机　混凝土通过卸料机（纵向或横向）卸在钢制的箱内，箱子在摊铺机前进行驶时横向移动，混凝土落到基层上，同时箱子的下端按松铺厚度刮平混凝土。此种摊铺机将混凝土混合料一次全部放入箱内，载重量比较大，但摊铺均匀而准确，摊铺能力大，很少发生故障。

（3）螺旋式摊铺机　由可以正反方向旋转的螺旋杆将混凝土摊开，螺旋杆后面有刮板，可以准确调整高度。这种摊铺机的摊铺能力大，其松铺系数一般在 1.15～1.30 之间。它与混凝土的配合比、集料粒径和坍落度等因素有关，但施工阶段主要取决于坍落度大小。合适的松铺系数按各工程的配合比情况由试验确定。设计时可参考表 21-36 中的数值。

表 21-36　混凝土的摊铺系数

坍落度/cm	1	2	3	4	5
松铺系数	1.25	1.22	1.19	1.17	1.15

3. 混凝土的振捣

道路水泥混凝土的振捣，可选用振捣机或内部振动式振捣机进行。混凝土振捣机是跟在摊铺机后面，对混凝土进行再一次整平和捣实的机械。此种振捣机主要由"复平刮梁"和振捣梁两部分组成。"复平刮梁"在振捣梁的前方，其作用是补充摊铺机初平的缺陷、使松散铺筑的混凝土在全宽度范围内达到正确高度；振捣梁为弧形表面平板式振动机械，通过平板把振动力传至混凝土全厚度。

按混凝土工艺学的振动原理，道路水泥混凝土的振捣属于低频振捣，是以集料接触传递振动能量。振捣梁的弹性支承使进行振捣时同时具有弹压力。布料的均匀和松铺厚度掌握是确保质量的关键。"复平刮梁"的前沿堆壅有确保充满模板的少量余料，余料堆积高度不应超过 15cm，过多会加大"复平刮梁"的推进阻力。弹性振捣梁通过后混凝土已全部振实，其后部混凝土应控制有 2～5mm 回弹高度，并提出一定厚度的砂浆，使以后的整平工序能正常进行。靠近模板处的混凝土，还必须用插入式振捣器补充振捣。

（五）混凝土表面修整

振捣密实后的路面水泥混凝土，还应进行整平、精光、纹理制作等工序。

混凝土表面整平的机械有斜向移动的表面修整机和纵向移动的表面修整机。在整平混凝土表面操作时，要注意及时清除推到路边沿的粗集料，以确保整平的效果和机械正常行驶。对于出现的不平之处，应及时辅以人工挖填找平，填补时要用较细的混凝土拌合物，严格禁止使用纯水泥砂浆填补。

精光工序是对混凝土表面进行最后的精细修整，使混凝土表面更加密实、平整、美观，这是混凝土路面外观质量优劣的关键工序。我国一般采用 C-450X 刮板式的匀料机代替，这种摊铺机由于整机采用三点式整平原理和较为完善的修光配套机械，整平和精光质量较高。施工中应当加强质量检查与校核，保证精光质量。

纹理制作是提高水泥混凝土路面行车安全性的重要措施之一。施工时用纹理制作机，对混凝土路面进行拉槽或压槽，使混凝土表面在不影响平整度的前提下，具有一定的粗糙度。纹理制作的平均深度控制在 1～2mm 以内，制作时应使纹理的走向与路面前进方向垂直，相邻板的纹理要相互衔接，横向邻板上的纹理要沟通以利于排水。适宜的纹理制作时间，以混凝土表面无波纹水迹比较合适，过早和过晚都会影响纹理制作质量。近年来，国外还采用一种更加有效的方法，即在完全凝固的面层上用切槽机切出深 5～6mm、宽 3mm、间距为 20mm 的横向防滑槽。

（六）混凝土的养护

混凝土表面修整完毕后，应立即进行养护，使混凝土路面在开放交通前具有足够的强度。在混凝土养护初期，为确保混凝土正常水化，应采取措施避免阳光照射，防止水分蒸发和风吹等，一般可用活动的三角形罩棚将混凝土全部遮盖起来。

混凝土板表面的泌水消失后，可在其表面喷洒薄膜养护剂进行养护，养护剂应在纵横方向各喷洒一次以上，喷洒要均匀，用量要足够。也可以采取洒水湿养，即用湿草帘或麻袋等覆盖在混凝土板表面，每天洒水至少 2～3 次。

养护时间要达到混凝土抗弯拉强度在 3.5MPa 以上的要求。根据经验，使用普通硅酸盐水泥时约为 14d，使用早强水泥约为 7d，使用中热硅酸盐水泥约为 21d。

模板在浇筑混凝土 60h 以后拆除。但当交通车辆不直接在混凝土板上行驶，气温不低于 10℃时，可缩短到 20h 拆除；当温度低于 10℃时，可缩短到 36h 拆除。

（七）接缝的施工

水泥混凝土路面的接缝，可分为纵缝、横向缩缝和胀缝 3 种。接缝的类型不同，各自的作用不同，其施工要求也不同。

1. 纵缝施工

纵缝的构造一般采用平缝加拉杆型；若采用全幅施工时，也可采用假缝加拉杆型。纵缝构造如图 21-1 所示。

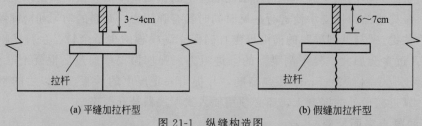

| (a) 平缝加拉杆型 | (b) 假缝加拉杆型 |

图 21-1　纵缝构造图

平缝施工应根据设计要求的间距，预先在模板上制作拉杆置放孔，并在缝隙壁一侧涂刷隔离剂，拉杆应采用螺纹钢筋，顶面的缝隙的槽用切缝机切成，深度为 3～4cm，并用填料填满。

假缝施工应预先将拉杆采用门型式固定在基层上，或用拉杆置放在施工时置入。假缝顶面的缝槽应采用切缝机切成，深度为 6～7cm，使混凝土在收缩时能从此缝向下规则开裂。

2. 横向缩缝施工

横向缩缝在混凝土硬化后，在适当的时机用切缝机进行切割。切缝过早，混凝土的强度不足，会使集料从砂浆中脱落，而不能切出整齐的缝；切缝过晚，不仅使切割造成困难，而且会使混凝土板在非预定位置出现早期裂缝。适时的切缝时间，应控制在混凝土已有足够的强度，而收缩应力尚未超出其强度范围时。它随混凝土的组成和性质（集料类型、水泥品种、水泥用量、水灰比等）、施工气候条件（温度、湿度、风力等）因素而变化。

试验研究表明，适时的切缝时间，一般可掌握在施工温度与施工后时间的乘积为 $200\sim300℃·h$，或混凝土的抗压强度为 $8.0\sim10.0MPa$ 时比较合适。切缝的方法以调深调速的切缝机锯切效果较好。为减少早期裂缝，切缝可采用"跳仓法"，即每隔几块板切一道缝，然后再逐块切割。切缝深度一般为板厚的 $1/4\sim1/3$，如果切缝太浅会引起不规则断板。

3. 胀缝施工

胀缝设置分浇筑混凝土终了时设置和施工中间设置两种。

施工终了时设置胀缝，可采用图 21-2(a) 所示的形式。传力杆长度的一半穿过端部挡板，固定于外侧定位模板中。混凝土浇筑前应先检查传力杆位置，浇筑时应先摊铺下层混凝土，用插入振捣器振实，并校正传力杆位置，再浇筑上层混凝土。浇筑相邻的面板时应拆除顶头木模，并设置下部胀缝板，木制嵌条和传力杆套管。

施工过程设置胀缝，可采用图 21-2(b) 所示的形式。胀缝施工先设置好胀缝板和传力杆支架，并预留好滑动空间。为保证胀缝施工的平整度以及机械化施工的连续性，胀缝板以上的混凝土硬化后，先用切缝机按胀缝的宽度切两条线，待填缝时将胀缝板以上的混凝土凿去，这种施工方法，对保证胀缝施工质量特别有效。

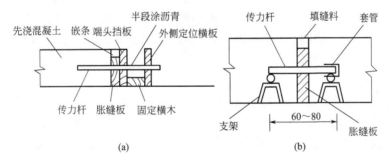

图 21-2　胀缝施工工艺（尺寸单位：cm）

4. 施工缝

施工缝是施工期间需要必须间断时设置的横缝，常设置于胀缝处或缩缝处，多车道施工缝应避免设置于同一横断面上。施工缝如果设置于缩缝处，板中应增设传力杆，其一端（长度的50%）锚固于混凝土中，另一端应涂上沥青，允许传力杆在混凝土变形时滑动。传力杆必须与缝隙壁垂直。

5. 接缝填封

混凝土板的养护龄期达到后，应及时填封接缝。填缝前对缝内必须清扫干净并保持干燥，填缝料应与混凝土缝隙壁黏结紧密，其灌注深度以 $3\sim4cm$ 为宜，下部可填入多孔柔性材料。填缝料的灌注高度，夏天应与板面平齐，冬天宜稍低于板面。

当采用加热施工式填缝料时，应当不断进行搅拌，并将其搅匀，至规定温度。当气温较低时，应用喷灯加热缝的侧壁；个别脱开处，应用喷灯加以烧烤，使其黏结紧密。目前用的强制式灌缝机和灌缝枪，能把改性聚氯乙烯胶泥和橡胶沥青等加热施工式填缝料和常温施工式填缝料灌入缝的宽度不小于3mm的缝内，也能把分子链较长、稠度较大的聚氨酯焦油灌入7mm宽的缝内。

接缝施工分别为常温施工式和加热施工式，所用封闭缝的材料应分别符合表21-37和表21-38中的技术要求。

表 21-37　常温施工式封缝材料技术要求

项目	技术要求检验项目	技术要求标准
封缝施工要求	灌入稠度/S 失黏时间/h 弹性(复原率)/% 流动度/mm 拉伸量/mm	<20 6～24 >75 0 >15

表 21-38　加热施工式封缝材料技术要求

项目	技术要求检验项目	技术要求标准
封缝施工要求	针入度(锥针法)/mm 弹性(复原率)/% 流动度/mm 拉伸量/mm	<9 >60 <2 >15

二、滑模式摊铺机施工

滑模式摊铺机与轨道式摊铺机不同，其最大的特点是不需要轨道和模板，整个摊铺机的机架支承在4个液压缸上，它可以通过控制机械上下移动，以调整摊铺机的铺层厚度。这种摊铺机的两侧设置有随机械移动的固定滑模板，不需另设轨模，一次通过就可以完成摊铺、振捣、整平等多道施工工序。

滑模式摊铺机的摊铺过程如图21-3所示。

其具体施工工艺为：首先由螺旋摊铺器把堆积在基层上的水泥混凝土向左右横向铺开，刮平器进行初步齐平，然后振捣器进行捣实，刮平器进行振捣后整平，形成密而平整的表面，再利用搓动式振捣板对混凝土层进行振捣密实和整平，最后用光面带进行光面。

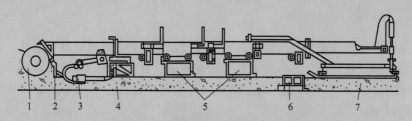

图 21-3　滑模式摊铺机摊铺过程示意

1—螺旋摊铺器；2—刮平器；3—振捣器；4—刮平板；
5—搓动式振捣板；6—光面带；7—混凝土面层

滑模式摊铺机的施工工艺过程与轨道式基本相同，但轨道式摊铺机所需配套的施工机械较多、施工程序多，特别是拆装固定式轨道和模板，不仅费工费时，而且成本增加、操作复杂。滑模式摊铺机则不同，由于其整机性能好，操纵方便和采用电子液压控制，因此，其生产效率高、施工工艺简单。

采用滑模式摊铺机铺筑加筋混凝土路面进行双层施工时，其工艺过程如图 21-4 所示。整个施工过程由下列两个连续作业行程来完成。

（1）第一作业行程　摊铺机牵引着装载钢筋网格的大平板车，从已整平的基层地段开始摊铺，此时可从正面或侧面供应混凝土，随后的钢筋网格大平板车，按规定位置将钢筋网格自动卸下，并铺压在已摊平的混凝土层上，如此连续不断地向前铺筑。

（2）第二作业行程　紧跟在第一作业行程之后压入钢筋网格，混凝土面层摊铺、振实、整平、光面等作业程序。钢筋网格是用压入机压入混凝土的。压入机是摊铺机的一个附属装

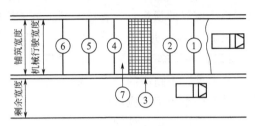

图 21-4　滑模摊铺机施工时的施工机械组合
1—摊铺机；2—钢筋网格平板机；
3—混凝土输送机；4—混凝土摊铺机；
5—切缝机；6—养护剂喷洒机；7—传送带

置，不用时可以卸下，使用时可安在摊铺机的前面，它由几个对称的液压千斤顶组成。施工开始时，摊铺机推着压入机前行，并将第一行程已铺好的钢筋网格压入混凝土内，摊铺机则进行摊铺、振捣、整平、光面等工序，最后进行切缝和喷洒养护剂。

三、道路施工中的注意事项

道路混凝土的施工，是确保公路工程质量的重要过程。道路混凝土的质量，除了受混凝土原材料、配合比的影响外，还受施工温度、条件、环境和质量等方面的影响，因此，在道路混凝土的施工中，应当严格按照行业标准《公路水泥混凝土路面施工技术规范》（JTG F30—2003）和《公路沥青路面施工技术规范》（JTG F40—2004）进行。另外，还要特别注意以下事项。

（一）施工中一般应注意的事项

1. 拌合物的坍落度

混凝土拌合物的坍落度是施工中的重要技术参数，关系到施工难易、施工速度、施工质量等。道路混凝土拌合物的坍落度选择，除要考虑施工气候、距离长短等因素外，主要根据所用摊铺机来确定。各种常用摊铺机所需的坍落度如表 21-39 所列。

表 21-39　各种摊铺机所需的坍落度

摊铺机类型	混凝土的坍落度/cm	摊铺机类型	混凝土的坍落度/cm
轨道式	1～5	振碾式	0～1
滑模式	3～5	简易机具	1～5

2. 混凝土的浇筑

混凝土的摊铺厚度，要根据混凝土振动设备而定。一般平板振动器摊铺厚度较小，不得大于 22cm；插入式振动器摊铺厚度可大些，一般为 23～30cm。在摊铺时，摊铺的顶面高程要高出道路路面 2cm 左右。

3. 路面混凝土板接缝

路面混凝土面板接缝的施工质量，不仅直接影响着路面的平整度，而且也直接影响路面的使用寿命。因此，对接缝施工必须高度重视、精心设计、按照规范、严格施工、确保

质量。

4. 混凝土道路开放时间

水泥混凝土道路的开放交通时间，这是确保工程质量的最后关键环节，开放过早会对道路造成不应有的损伤，开放过晚则影响道路的利用率。一般情况下，道路混凝土强度达到设计强度的 80%、机场道面混凝土达 100%、接缝全部灌入填缝材料后方可开放交通。

（二）特殊季节施工中的注意事项

水泥混凝土路面的施工质量要求很高，但施工质量受环境因素的影响较大，对在高、低温季节及雨季施工，应考虑其施工条件的特殊性，采取确保混凝土质量的技术措施，保证水泥混凝土路面满足设计的要求。

1. 高温季节施工中的注意事项

如果道路施工现场（包括拌和和铺筑场地）的气温高于 30℃ 时，则属于高温施工。高温会促进水泥的水化反应，增加水分的蒸发量，容易使混凝土板表面出现裂缝。因此，在高温季节施工应尽可能降低混凝土的浇筑温度，缩短从开始运输、浇筑、振捣到表面修整完毕的操作时间，并保证混凝土在凝结硬化中进行充分的养护。施工单位应根据高温施工的工艺设计要求，制定包括降温、保持混凝土工作性和基本性质的措施。

当整个施工环境气温大于 35℃，且没有专门的工艺措施时，不能再进行水泥混凝土路面施工。无论什么情况和条件，水泥混凝土拌合物的温度不能超过 35℃。为确保水泥混凝土的施工质量，在高温季节施工时，应有专人定期专门测量混凝土拌合物的温度。

在我国地理纬度和气候条件下，绝大部分地区在夏季是可以铺筑水泥混凝土路面的，但应根据施工环境气温和条件采取降温措施和其他技术措施。如材料方面可以采取降低砂石料和水的温度，或掺加缓凝剂等措施。在铺筑方面，可通过洒水降低模板与基层温度、缩短运输时间以及摊铺后尽快覆盖表面等。

2. 低温季节施工中的注意事项

水泥混凝土路面施工操作和养护的环境温度等于或小于 5℃，或昼夜最低气温有可能低到 -2℃ 时，即属于低温施工。

在低温施工和养护时，混凝土会因水泥水化速度降低而使强度增长缓慢，同时也会因混凝土内部水结冰而遭受冻害。因此，在低温季节施工时，施工单位应根据实际情况和条件，提出低温施工的工艺设计，包括低温操作和养护方面的各项技术措施。其主要技术措施如下。

（1）提高混凝土拌和时的温度　气温在 0℃ 以下时，拌制混凝土的水和集料必须加温。一般规定水的加热温度不能超过 60℃，砂石料应采用间接法加热，如保暖储仓、热空气加热、在矿料堆内埋设蒸气管等。不允许用炒、烧等方法直接对砂石加热，也不允许直接用蒸汽喷洒砂石料，砂石料加热不能超过 40℃。绝对不允许对水泥加热。

（2）路面保温的措施　水泥混凝土铺筑后，通常采用蓄热法保温养护。即选用合适的保温材料覆盖路面，使已加热拌制成的混凝土的热量和水泥水化反应产生的热量保存起来，以减少路面热量的失散，使之在适宜的温度条件下硬化而达到要求的强度。路面保温措施只需对原材料加热即可，而路面混凝土本身不加热，施工比较简单，易于控制，附加费用低，是简单而经济的冬季施工养护手段。

保温层的设计要考虑就地取材，在能满足保温要求的同时还要注意经济性。工程上常用麦秸、谷草、油毡纸、锯末、石灰、稻草等作为保温材料，覆盖于路面混凝土的表面。若采用以上材料作为保温层，其厚度不得小于 10cm。

（3）其他应注意的问题　水泥混凝土路面在低温季节施工，除采取以上主要技术措施外，还应注意以下问题。

① 在进行路面水泥混凝土配合比设计时，注意不宜采用过大的水灰比，一般不宜超过 0.60。

② 为使水泥混凝土尽快产生水化反应，应适当延长搅拌时间，一般为常温搅拌混凝土增加 50% 左右。

③ 为保证混凝土浇筑振捣完毕具有一定温度，混凝土出料温度不能低于 10℃。

④ 在混凝土摊铺时不宜把工作面铺大、拉长，应集中力量全幅尽快推进，加速完成摊铺工艺。

⑤ 建立定期测定温度制度。在搅拌站应测检砂石料、水和水泥搅拌前的温度，测定混凝土拌合物出料时的温度，每个台班不少于 4 次；测定混凝土摊铺时的温度，即测定经过运输工具运达工地卸料后混凝土的温度和摊铺振捣密实后的温度，每个台班不少于 6 次；测定混凝土在养护阶段的温度，浇筑完前两天每隔 6h 测 1 次，以后每昼夜至少测 3 次，其中 1 次应在凌晨 4 点测定。

⑥ 测温孔的位置应设在路面板边缘，深度一般为 10～15cm，温度计在测温孔内应停留 3min 以上。施工段全部测温孔应按照路面桩号编号，绘制出每一测温孔的温度——时间曲线。

⑦ 铺筑后的路面混凝土，要求在 72h 内养护温度应保持在 10℃ 以上，接下来的 7d 养护温度应保持在 5℃ 以上。

3. 雨季施工中的注意事项

水泥混凝土路面施工在雨季到来之前，应掌握年、月、日的降雨趋势的中期预报，尤其是近期预报的降雨时间和雨量，以便安排施工。施工单位要拟订雨季施工方案和建立雨季施工组织，了解和掌握施工路段的汇水面积及历年水情，调查施工区段内，路线的桥涵和人工排水构造物系统是否畅通，防止雨水和洪水影响铺筑场地和混凝土拌和、运输场地。

在混凝土拌和场地，对混凝土的搅拌设备应搭设雨棚遮雨。砂石料场因含水量变化较大，需要经常进行测定，以便调整混凝土拌合时的用水量。雨季空气比较潮湿，水泥的贮存要防止漏雨和受潮。混凝土在运输的过程中应加以遮盖，严禁淋雨并要防止雨水流入运输车箱内。在混凝土铺筑现场，禁止在下雨时进行混凝土浇筑。

如果铺筑前施工现场有雨水，应及时排除基层的积水。在混凝土达到终凝之前，应将塑料薄膜覆盖于已抹平的路面上，防止雨水直接淋浇。如果确实需要在雨天施工时，施工现场应准备工作雨棚，雨棚应轻便易于移动。

第五节　外加剂在道路混凝土中的应用实例

随着公路建设技术的不断进步，对水泥混凝土的要求也越来越高，不仅要求水泥混凝土可调凝、早强、高强、低水化热、大流动性、轻质、高密实和高耐久性，而且要求制备成本低、成型容易、养护简便等。为达到这些目的，水泥混凝土外加剂起着不可或缺的作用。使用外加剂的普及程度是衡量一个国家水泥混凝土技术水平高低的重要标志。水泥混凝土外加剂主要有减水剂、引气剂、缓凝剂、早强剂等几种常用的外加剂。

一、引气剂在道路水泥混凝土中的应用

我国北方寒冷和严寒地区新建或扩建的机场水泥混凝土跑道，刚投入使用后不久就出现了冻融破坏，主要表现为水泥混凝土跑道表面大面积掉皮，局部部位出现孔洞等损坏现象，严重影响跑道的使用，使跑道过早地结束其使用寿命。工程实践经验证明，提高机场水泥混凝土跑道施工质量的最有效方法，是在水泥混凝土中掺加适量的引气剂。

材料试验表明，引气剂的加入使水泥混凝土中形成各自封闭的微小气泡。这些气泡能够阻止水分进入水泥混凝土的内部，从而避免由于气温的降低引起水泥混凝土的水分的冻结，造成水泥混凝土的损坏。引气剂的加入可以提高水泥混凝土的抗冻性，但也会使水泥混凝土的强度有所降低。其原因是引气剂的加入在水泥混凝土中形成各自封闭的气泡，这些封闭的气泡将使水泥混凝土的强度降低。

1. 工程实例

空军某机场地处西北戈壁滩地区，年最低气温达 $-35℃$。为确保机场跑道水泥混凝土的施工质量，避免由于气温的降低引起水泥混凝土的水分的冻结，设计者引入引气剂以提高跑道混凝土的抗冻性的同时，为了保证混凝土的强度和耐久性达到设计要求，从而进行了一系列的材料试验，最终确定了混凝土的配合比。

2. 原材料选择

根据本工程的实际情况和质量要求，选择以下原材料：a. 水泥，42.5R 硅酸盐水泥，其技术指标应符合国家标准《通用硅酸盐水泥》（GB 175—2007）中的规定；b. 细集料，表观密度为 $2.66g/cm^3$，细度模数为 3.3 的中粗砂；c. 粗集料，表观密度为 $2.68g/cm^3$，粒径为 5～40mm 的碎石；d. 引气剂，为 PMS-NEA3 引气剂。

3. 混凝土配合比设计

（1）水泥用量与混凝土含气量的关系　为了研究水泥用量与混凝土含气量的关系，引气剂按 0.011％ 的剂量进行配比，砂率为 32％。表 21-40 为水泥用量与混凝土含气量的关系。从表 21-40 中可看出，混凝土的含气量并不是随着水泥的用量增加而增大，当单位体积水泥用量达到 $330kg/m^3$ 时，混凝土的含气量达到最大，即达到 4.59％。说明水泥用量直接影响气泡的形成、数量和稳定，导致混凝土的含气量的改变。

表 21-40　水泥用量与混凝土含气量的关系

水泥用量/(kg/m³)	320	325	330	335	340
含气量/%	3.85	4.36	4.59	4.41	3.90

（2）含气量对混凝土性能的影响　表 21-41 中列出了混凝土含气量的变化对混合料和易性影响的试验结果。从表中可以看出，随着混凝土含气量的增大，混合料的坍落度增加，说明混合料的和易性得到改善。这是因为引气剂的引入会在混凝土中产生大量的气泡，这些气泡如同滚珠一样起到良好的润滑作用。同时，大量气泡的存在增加了浆体体积、浆体黏度和屈服应力。因此，混合料的和易性、塑性和内聚性得到显著提高，离析和泌水现象显著降低。

表 21-41　混凝土含气量的变化对混合料和易性影响

坍落度/mm	4	13	15	17
含气量/%	0	3.90	4.41	4.59

材料试验结果表明，引气剂的加入可以保证在同样的配比下，提高混凝土的流动性；在同样的坍落度下，可以减少混合料的拌合水。水灰比的减少可以提高混凝土的强度，以减少由于引气剂的加入对混凝土强度造成的损失。

由于混凝土的抗弯拉强度是机场水泥混凝土跑道的强度设计指标，在表 21-42 中列出了混凝土的含气量对混凝土抗弯拉强度的影响。试验条件为：水泥用量为 330kg/m³，水灰比为 0.45，砂率为 33%。混凝土中引入大量的微小气泡后，导致了混凝土抗弯拉强度的降低。当混凝土含气量为 4% 左右时，混凝土的抗弯拉强度损失 10% 左右，这说明由于引气剂的加入，在混凝土中产生的气泡会导致混凝土抗弯拉强度的降低。因此，对混凝土的含气量要进行适当控制，避免混凝土产生过大的强度损失。

表 21-42　混凝土含气量对混凝土抗弯拉强度的影响

水泥用量/(kg/m³)	水灰比	含气量/%	抗弯拉强度/MPa	
			7d	28d
330	0.45	0	6.30	7.10
330	0.45	3.90	5.64	6.39
330	0.45	4.41	5.57	6.37
330	0.45	4.59	5.40	6.30

本工程地处寒冷地区，在混凝土中加入引气剂，其主要目的是提高混凝土的抗冻性。表 21-43 为引气剂对混凝土抗冻性的影响。试验条件为：水泥用量为 330kg/m³，含气量为 3.9%。从表 21-43 中可知，加入 PMS-NEA3 引气剂后，混凝土的抗冻性显著提高。基准混凝土，在冻融循环次数达到 150 次后，其相对动弹性模量仅为 24.7%；对于加入引气剂的混凝土（含气量为 3.9%），在冻融循环次数达到 200 次后，其相对动弹性模量高达 97.2%。

表 21-43　引气剂对混凝土抗冻性的影响

冻融循环次数	相对动弹性模量/%		冻融循环次数	相对动弹性模量/%	
	基准混凝土	引气混凝土		基准混凝土	引气混凝土
50	87.0	98.6	150	24.7	97.4
100	62.5	98.5	200	—	97.2

4. 混凝土配合比

综合以上的试验结果，本工程所用混凝土的配合比如表 21-44 所列。

表 21-44　混凝土的配合比

编号	含气量/%	坍落度/mm	混凝土材料用量/(kg/m³)					
			水	水泥	砂子	小石子	大石子	外加剂品种与用量
F-7	3.9	10	138	320	670	533	800	PMS-NEA3,0.0512
F-9	3.8	15	138	325	668	532	798	PMS-NEA3,0.0520

表 21-44 中所列的混凝土配合比，用于机场跑道混凝土的施工，解决了以往在同一机场出现的道面的冻融损坏，有效地改善了混凝土的抗冻性，完全可以防止冻融导致混凝土板的损坏。

二、减水剂在道路水泥混凝土中的应用

1. 工程实例

由于道路混凝土施工的特殊性，混凝土的坍落度宜控制在 10～25mm 范围内。考虑到商品混凝土的生产设备和运输设备在混凝土坍落度小于 70mm 时难以运行，对设备的损耗也比较大，因此在道路混凝土施工中，商品混凝土坍落度一般较大。现以某市公路路面一小区道路混凝土路面设计为例，说明减水剂在道路水泥混凝土中的应用。

2. 原材料选择

根据本工程的实际情况和商品混凝土的配制要求，选择以下原材料：a. 水泥，建福牌 P·O32.5R 水泥和紫金牌 P·O42.5R 水泥；b. 砂子，河砂，细度模数为 2.6，中砂Ⅱ区；c. 石子，碎石，5～31.5mm 连续级配；d. 粉煤灰，漳州后石电厂的Ⅱ级粉煤灰；e. 外加剂，采用 Point-A 型高效减水剂，其主要性能指标如表 21-45 所列。

表 21-45　高效减水剂的主要性能指标

序号	检验项目		技术要求	检验结果	单项评定
1	减水率/%		≥12	21.5	合格
2	泌水率/%		≤100	19	合格
3	凝结时间差/min	初凝	−90～+100	+38	合格
		终凝			
4	抗压强度比/%	1d	140	175	合格
		3d	130	164	合格
		7d	125	146	合格
		28d	120	131	合格
5	含气量/%		3.0	1.6	合格
6	对钢筋锈蚀作用		无	无	合格

注：外加剂检测的掺量为 1.5%（外掺）。

3. 配合比及施工应用情况

一般来说，对于城市中小区的水泥混凝土路面，其设计强度等级较低；而对市政工程的道路路面，其设计强度等级较高。掺加减水剂的道路混凝土配合比如表 21-46 所列。

表 21-46　掺加减水剂的道路混凝土配合比

编号	项目名称	外加剂/(kg/m³)	设计强度等级/MPa		水泥等级	水胶比	配合比/(kg/m³)			
			抗压强度	抗折强度			水泥	粉煤灰	砂子	石子
1	某小区道路	1.6	C25	4.0	P·O32.5R	0.48	302	4	523	1234
2	某城市道路	1.9	C40	5.5	P·O42.5R	0.39	350	61	625	1153

从表 21-46 中可以看出，钊对不同要求的路面混凝土，高效减水剂在掺量 1.6%～1.9% 之间可以满足 25 和 40 等级的路面混凝土配合比的要求。掺加高效减水剂的道路混凝土工程

的施土情况如表 21-47 所列。

表 21-47　掺加高效减水剂的道路混凝土工程的施土情况

编号	项目名称	出厂坍落度/mm	到工地坍落度/mm	施工和易性/mm	初凝时间（h：min）	抗折强度/MPa		
						3d	7d	28d
1	某小区道路	100	75	良好	7：30	2.63	3.42	4.81
2	某城市道路	110	70	良好	7：10	3.66	5.13	6.74

从表 21-47 中可以看出，高效减水剂能较大幅度地提高水泥混凝土的早期强度，包括混凝土的早期抗折强度。表 21-47 中 3d 的抗折强度可达设计抗折强度的 65％，28d 的抗折强度可达设计抗折强度的 120％。

在混凝土施工方面，掺加高效减水剂的水泥混凝土在到达工地时坍落度为 70mm 左右，刚好能满足商品混凝土的卸料要求，且混凝土未出现离析和泌水现象，和易性良好，非常便于施工；混凝土的初凝时在 8h 以内，从而避免了由于混凝土内外层凝结时间差异而导致的"起壳"现象；混凝土终凝后养护 14d，后期强度可稳定增长。

从以上应用实例可以看出，高效减水剂适合商品混凝土生产拌制具有早强功能的路面水泥混凝土。据实际检测，以上道路工程的路面情况良好。

第二十二章

混凝土外加剂在大体积
混凝土中的应用

大体积混凝土，一般是指结构的体积较大，又就地浇筑、成型、养护的混凝土。大体积混凝土结构，常见的大体积混凝土主要有水利工程的混凝土大坝、港口建筑物、高层建筑的深基础底板、大型设备的基础、其他重力底座结构物等，这些结构物都是依靠其结构形状、质量和强度来承受荷载的。因此，为了保证混凝土结构物能够满足设计条件和稳定性要求，混凝土必须具备耐久性好、抗渗性强，有足够的强度，满足单位质量要求，施工质量波动大等条件。

第一节 大体积混凝土的概述

大体积混凝土主要的特点就是体积大，一般实体的最小尺寸大于或等于1m。它的表面系数比较小，水泥水化热释放比较集中，内部温升比较快。由于混凝土内外温差较大时，会使混凝土产生温度裂缝，影响结构安全和正常使用。所以必须从根本上分析它，来保证施工的质量。由于大体积混凝土具有结构厚、体形大、所需强度不高、混凝土数量多、工程条件复杂和施工技术要求高等特点，则形成一种特殊的混凝土，这就是体积较大又就地浇筑、成型、养护的混凝土——大体积混凝土。

一、大体积混凝土的定义与特点

1. 大体积混凝土的定义

由于大体积混凝土结构的截面尺寸较大，所以因为在外荷载作用下引起裂缝的可能性很小。但是，水泥在水化反应过程中释放的水化热产生的温度变化和混凝土收缩的共同作用，将会产生较大的温度应力和收缩应力，这是大体积混凝土结构出现裂缝的主要因素。工程实践证明，这些裂缝往往给工程带来不同程度的危害，如何进一步认识温度应力、防止温度变形裂缝的开展，是大体积混凝土结构施工中的一个重大研究课题。

关于大体积混凝土的定义，目前国内外尚无一个统一的规定。美国混凝土学会（ACI）规定："任何就地浇筑的大体积混凝土，其尺寸之大，必须要求采取措施解决水化热及随之引起的体积变形问题，以最大的限度减少开裂。"日本建筑学会标准（JASS5）中规定："结构断面最小尺寸在80cm以上，同时水化热引起混凝土内的最高温度与外界气温之差，预计超过25℃的混凝土，称为大体积混凝土。"从上述两国的定义可知：大体积混凝土不是由其绝对截面尺寸的大小决定的，而是由是否会产生水化热引起的温度收缩应力来定性的，但水化热的大小又与截面尺寸有关。

我国有的规范认为，当基础边长大于20m、厚度大于1m、体积大于400m³时称为大体积混凝土。在现行国家标准《大体积混凝土施工规范》（GB 50496—2018）中规定，大体积混凝土是混凝土结构物实体最小几何尺寸不小于1m的大体量混凝土，或预计会因混凝土中胶凝材料水化引起的温度变化和收缩而导致有害裂缝产生的混凝土。一般认为当基础尺寸大到必须采取措施，妥善处理混凝土内外所产生的温差，合理解决混凝土体积变化所引起的应力，力图控制裂缝开展到最小程度，这种混凝土才称得上大体积混凝土。

2. 大体积混凝土的特点

由于大体积混凝土结构的截面尺寸较大，所以由荷载引起裂缝的可能性很小。但水泥在水化反应过程中释放的水化热产生的温度变化和混凝土收缩的共作用，将会产生较大的温度应力和收缩应力，这是大体积混凝土结构出现裂缝的主要因素。这些裂缝往往会给工程带来不同程度的危害，甚至会造成经济上的巨大损失，如何从进一步认识温度应力、防止温度变形裂缝的开展，是大体积混凝土结构施工中的一个重大研究课题。

大体积混凝土的最主要特点是以大区段为单位进行浇筑施工，每个施工区段的体积比较厚大，由此带来的问题是，水泥水化热引起结构物内部温度升高，冷却时如果不采取一定技术措施控制，则容易出现裂缝。为了防止裂缝的发生，必须采取切实可行的技术措施。如使用水化热较小的水泥，掺加适量的粉煤灰，使用单位水泥用量少的配合比，控制一次浇筑高度和浇筑速度，以及人工冷却控制温度等。

在大体积混凝土设计和施工过程中，从事设计与施工的技术人员，首先应掌握混凝土的基本物理力学性能，了解大体积混凝土温度变化所引起的应力状态对结构的影响，认识混凝土材料的一系列特点，掌握温度应力的变化规律。

为此，在结构设计上，为改善大体积混凝土的内外约束条件以及结构薄弱环节的补强，提出行之有效的措施；在施工技术上，从原材料选择、配合比设计、施工方法、施工季节的选定和测温、养护等方面，采取一系列的综合性措施，有效地控制大体积混凝土的裂缝；在施工组织上，编制切实可行的施工方案，制订合理周密的技术措施，采取全过程的温度监测。只有这样，才能防止产生温度裂缝，确保大体积混凝土工程的质量。

二、大体积混凝土的温度变形

混凝土随着温度的变化而发生膨胀或收缩变形，这种变形称为温度变形。对于大体积混凝土，产生裂缝的主要原因是由温度变形而引起的，因此，如何减少和控制大体积混凝土的温度变形是一个重要问题。

混凝土的热膨胀系数为 $(7\sim12)\times10^{-6}/℃$，由于具有热胀冷缩的性质，容易造成混凝土的温度变形，这对大体积混凝土尤其不利。因为混凝土是热的不良导体，散热的速度非常慢，在混凝土浇筑后，由于水泥的水化反应产生大量的水化热，其内部的温度远高于外部的温度，有时甚至相差 $50\sim70℃$，造成内部膨胀外部收缩，使外表产生很大拉应力而导致开裂。

从混凝土使用集料的品种来看，石英岩的热膨胀系数最大，其次为砂岩、花岗岩、石灰岩。但是，集料的热膨胀系数却低于水泥浆体，在混凝土中集料含量较多时混凝土的热膨胀系数则较小。

在约束条件下，混凝土浇筑结构产生的温差 ΔT 引起的温度变形，是温差与热膨胀系数的乘积。当乘积超过混凝土的极限拉伸数值时，混凝土则出现裂缝。

对于大体积混凝土的温度控制，主要应考虑混凝土浇筑时温度、混凝土最高温度和混凝土最终稳定温度（或外界气温）3个特征值。这3个特征值，有的是可以人为控制的，有的取决于气候条件。必须指出，在采取措施防止大体积混凝土裂缝上，应当考虑提高混凝土极限拉伸能力、降低内外温差、降低水泥用量、改善约束条件、掺加混合料和外加剂等。

三、混凝土裂缝产生的原因

大体积混凝土施工阶段所产生的温度裂缝，一方面是混凝土内部因素：由于内外温差而产生的；另一方面是混凝土的外部因素：结构的外部约束和混凝土各质点间的约束，阻止混凝土收缩变形，混凝土抗压强度较大，但受拉力却很小，所以温度应力一旦超过混凝土能承受的抗拉强度时，即会出现裂缝。这种裂缝的宽度在允许限值内，一般不会影响结构的强度，但却对结构的耐久性有所影响，因此必须予以重视和加以控制。

总结大体积混凝土产生裂缝的工程实例，产生裂缝的主要原因有以下几个方面。

1. 水泥水化热的影响

水泥在水化反应过程中产生大量的热量，这是大体积混凝土内部温升的主要热量来源，试验证明每克普通硅酸盐水泥放出的热量可达500J。由于大体积混凝土截面厚度大，水化热聚集在结构内部不易散发，所以会引起混凝土结构内部急骤升温。水泥水化热引起的绝热温升，与混凝土结构的厚度、单位体积的水泥用量和水泥品种等有关。混凝土结构的厚度越大，水泥用量越多，水泥早期强度越高，混凝土结构的内部温升越快。大体积混凝土测温试验研究表明，水泥水化热在1~3d内放出的热量最多，占总热量的50%左右；混凝土浇筑后的3~5d内，混凝土内部的温度最高。

混凝土的导热性能较差，浇筑初期混凝土的弹性模量和强度都很低，对水泥水化热急剧温升引起的变形约束不大，温度应力自然也比较小，不会产生温度裂缝。随着混凝土龄期的增长，其弹性模量和强度相应不断提高，对混凝土降温收缩变形的约束也越来越强，即产生很大的温度应力，当混凝土的抗拉强度不足以抵抗此温度应力时，便容易产生温度裂缝。

2. 内外约束条件的影响

各种混凝土结构在变形变化中，必然受到一定的约束，从而阻碍其自由变形，阻碍变形的因素称为约束条件，约束又分为内约束和外约束。结构产生变形变化时，不同结构之间产生的约束称为外约束，结构内部各质点之间产生的约束称为内约束。外约束又分为自由体、全约束和弹性约束3种。建筑工程中的大体积混凝土，相对水利工程来说（如混凝土大坝、混凝土水闸等），体积并不算很大，它承受的温差和收缩主要是均匀温差和均匀收缩，故外约束应力占主要地位。

大体积混凝土与地基浇筑在一起，当温度变化时受到下部地基的限制，因而产生外部的约束应力。混凝土在早期温度上升时，产生的膨胀变形受到约束面的约束而产生压应力，此时混凝土的弹性模量很小，混凝土的徐变和应力松弛均较大，混凝土与基层连接不太牢固，因而压应力较小。但当温度下降时，则产生较大的拉应力，若超过混凝土的极限抗拉强度，混凝土将会出现垂直裂缝。

在全约束的条件下，混凝土结构的变形应当是温差和混凝土线膨胀系数的乘积，即 $\varepsilon =$

$\Delta T \cdot \alpha$。当变形值 ε 超过混凝土的极限拉伸数值 ε_p 时，混凝土结构便出裂缝。由于结构不可能受到全约束，况且混凝土还有徐变，所以温差在 25~30℃ 情况下，也可能不产生裂缝。由此可见，降低混凝土内外温差和改善其约束条件，是防止大体积混凝土产生裂缝的重要措施。

3. 外界气温变化的影响

大体积混凝土结构在施工期间，外界气温的变化对防止大体积混凝土开裂有着重大影响。混凝土的内部温度是由浇筑温度、水泥水化热的绝热温升和结构的散热温度等各种温度的叠加之和组成。混凝土的浇筑温度与外界气温有着直接关系，外界气温越高，混凝土的浇筑温度也越高；如果外界气温下降，会增加混凝土的温度梯度，特别是气温骤然下降，会大大增加外层混凝土与内部混凝土的温差，因而会造成过大的温度应力，易使大体积混凝土出现裂缝。

大体积混凝土由于厚度大，不易散热，混凝土内部的温度一般可达 60~65℃，有的工程竟高达 90℃ 以上，而且持续时间较长。温度应力是由温差引起的变形所造成的，温差越大，温度应力也越大。因此，研究和采取合理的温度控制措施，控制混凝土表面温度与外界气温的温差，是防止混凝土裂缝产生的另一个重要措施。

4. 混凝土收缩变形的影响

混凝土收缩变形的影响主要包括塑性收缩变形和体积变形两个方面。

(1) 混凝土塑性收缩变形　在混凝土硬化之前，混凝土处于塑性状态，如果上部混凝土的均匀沉降受到限制，如遇到钢筋或大的混凝土集料，或者平面面积较大的混凝土，其水平方向的减缩比垂直方向更难时，就容易形成一些不规则的混凝土塑性收缩性裂缝。这种裂缝通常是互相平行的，间距一般为 0.2~1.0m，并且有一定的深度，它不仅可以发生在大体积混凝土中，而且可以发生在平面尺寸较大、厚度较薄的结构构件中。

(2) 混凝土体积变形　混凝土在水泥水化过程中要产生一定的体积变形，但多数是收缩变形，少数为膨胀变形。混凝土中约 20% 的水分是水泥硬化所必须的，而约 80% 的水分要蒸发。多余水分的蒸发会引起混凝土体积的收缩。混凝土收缩的主要原因是内部水蒸发引起混凝土收缩。如果混凝土收缩后，然后再使其处于水饱和状态，还可以恢复膨胀并几乎达到原有的体积。干湿交替会引起混凝土体积的交替变化，这对混凝土是很不利的。

混凝土干缩变形的机理比较复杂，其主要原因是混凝土内部孔隙水蒸发引起的毛细管应力所致，这种干缩变形在很大程度上是可逆的，即混凝土产生干燥收缩后，如果再使其处于水饱和状态，混凝土还可以膨胀恢复到原来的体积。

除上述干燥收缩外，混凝土还会产生碳化收缩变形即空气中的二氧化碳（CO_2）与混凝土中的氢氧化钙反应生成碳酸钙和水，这些结合水会因蒸发而使混凝土产生收缩变形。

四、对大体积混凝土的要求

大体积混凝土结构，如大坝、反应堆体、高层建筑深基础底板及其他重力底座结构物。这些结构物又都是依靠其结构形状、质量和强度来承受荷载的。因此，为了保证混凝土构筑物能够满足设计条件和坚固的稳定性，其混凝土必须具备耐久性好、密度较大、强度适宜、抗渗性好、施工质量波动小等条件。

大体积混凝土所选用的材料、配合比和施工方法等，应当与大体积混凝土构筑物的规模相适应，并且应当是最经济的。作为整体结构来讲，大体积混凝土所需的强度是不高的，这一点可以作为优点加以利用，尽量利用当地的材料资源，甚至质量较差的集料也可用于混凝土的配制，以便降低工程费用。

五、大体积混凝土温度裂缝控制

根据材料试验和工程实践证明，现有大体积结构出现的裂缝，绝大多数是由温度裂缝原因而产生的。温度裂缝产生主要原因是由温差造成的。混凝土的温差可分为以下 3 种。

① 混凝土浇注初期，产生大量的水化热，由于混凝土是热的不良导体，水化热积聚在混凝土内部不易散发，常使混凝土内部温度上升，而混凝土表面温度为室外环境温度，这就形成了内外温差，这种内外温差在混凝土凝结初期产生的拉应力当超过混凝土抗压强度时，就会导致混凝土裂缝。

② 在拆模前后，表面温度降低很快，造成了温度陡降，也会导致裂缝的产生。

③ 当混凝土内部达到最高温度后，热量逐渐散发而达到使用温度或最低温度，它们与最高温度的差值就是内部温差。

以上这 3 种温差都会使大体积混凝土产生温度裂缝。在这 3 种温差中，较为主要是由水化热引起的内外温差。

在结构工程的设计与施工中，对于大体积混凝土结构，为防止其产生温度裂缝，除需要在施工前进行认真温度计算外，还要做到在施工过程中采取一系列有效的技术措施。根据我国的大体积混凝土施工经验，应着重从控制混凝土温升、延缓混凝土降温速率、减少混凝土收缩变形、提高混凝土极限抗拉应力值、改善混凝土约束条件、完善构造设计和加强施工中的温度监测等方面采取技术措施。以上各项技术措施并不是孤立的，而是相互联系、相互制约的，设计和施工中必须结合实际、全面考虑、合理采用，才能收到良好的效果。

1. 水泥品种选择和用量控制

大体积混凝土结构引起裂缝的原因很多，但其主要原因是：混凝土导热性能较差，水泥水化热的大量积聚，使混凝土出现早强温升和后期降温现象。因此，控制水泥水化热引起的温升，即减少混凝土内外温差，对降低温度应力、防止产生温度裂缝将起到釜底抽薪的作用。

(1) 选用中热或低热的水泥品种　混凝土升温的热源主要是水泥在水化反应中产生的水化热，因此选用中热或低热水泥品种，是控制混凝土温升的最根本方法。如强度等级为 42.5MPa 的矿渣硅酸盐水泥，其 3d 的水化热为 188kJ/kg；而强度等级为 42.5MPa 的普通硅酸盐水泥，其 3d 的水化热却高达 250kJ/kg；强度等级为 42.5MPa 的火山灰质硅酸盐水泥，其 3d 内的水化热仅为同强度等级普通硅酸盐水泥的 67%。根据对某大型基础对比试验表明：选用强度等级为 42.5MPa 的硅酸盐水泥，比选用强度等级为 42.5MPa 的矿渣硅酸盐水泥，3d 内水化热平均升温高 5~8℃。

目前，在大体积混凝土中所用的水泥品种有：普通硅酸盐水泥（须掺加适量的粉煤灰）、矿渣硅酸盐水泥、粉煤灰硅酸盐水泥、中热硅酸盐水泥、低热矿渣硅酸盐水泥、低热粉煤灰硅酸盐水泥、低热微膨胀水泥等。

(2) 选用适宜的水泥用量　作为整体式结构，由于大体积混凝土所需要的强度是不高的，所以对水泥的强度要求并不高。在配制大体积混凝土中，通常会遇到用高强度水泥配制低强度等级混凝土的问题，这就往往需要在施工现场采取掺加适量活性矿物掺合料或严格控制水泥用量的措施。一般情况下，大体积混凝土的单位水泥用量在内部应取其最小用量，日本规定为 140kg/m³ 左右，我国试验结果表明不超过 150kg/m³，这样有利于降低水化热；在外部的混凝土应取较高用量，但也不宜超过 300kg/m³，这样对降低大体积混凝土内外部由于水化热引起的温度应力，以及保证大体积混凝土的使用强度和耐久性是有利的。

（3）选用适宜的水泥细度　水泥的细度虽然对水泥水化热量多少影响不大，但却能显著影响水泥水化放热的速率。据有关试验表明，比表面积每增加 $100cm^2/g$，1d 的水化热增加 $17\sim21J/g$，7d 和 28d 增加 $4\sim12J/g$。但也不能片面地放宽水泥的粉磨细度，否则强度下降过多，反而不得不提高单位体积混凝土中的水泥用量，以导致水泥的水化放热速率虽然较小，但混凝土的放热量反而增加。因此，低热水泥的细度，一般与普通水泥相差不大，只有在确实需要时，水泥的细度才能进行适当调整。

（4）充分利用混凝土的后期强度　根据大量的试验资料表明，每立方米混凝土中的水泥用量，每增减 10kg 其水化热将使混凝土的温度相应升降 1℃。因此，为了控制混凝土温升，降低温度应力，避免温度裂缝，一方面在满足混凝土强度和耐久性的前提下，尽量减少水泥的用量，对于普通混凝土控制在每立方米混凝土水泥用量不超过 400kg；另一方面可根据结构实际承受荷载的情况，对结构的强度和刚度进行复核，并取得设计单位、监理单位和质量检查部门的认可后，采用 f_{45}、f_{60} 或 f_{90} 替代 f_{28} 作为混凝土的设计强度，这样可使每立方米混凝土的水泥用量减少 $40\sim70kg$，混凝土水化热温升也相应降低 $4\sim7℃$。

2. 混凝土掺加适量的外加料

由于影响大体积混凝土性能的因素很多，如砂石的种类、品质和级配，用量、砂率、坍落度、外掺料等。因此，为了满足混凝土具有良好的性能，防止混凝土出现温度裂缝，在进行混凝土配合比设计中，不能用单纯增加水泥浆的方法，这样不仅会增加水泥用量，增大混凝土的收缩，而且还会使水化热升高，更容易引起裂缝。工程实践证明，在施工中优化混凝土级配，掺加适量的外加料，以改善混凝土的特性，是大体积混凝土施工中的一项重要技术措施。混凝土中常用的外加料主要是外加剂和外掺料。

（1）掺加外加剂　国内外常用的大体积混凝土外加剂，主要有引气减水剂和缓凝剂。

① 引气减水剂。在大体积混凝土中，掺加一定量的引气减水剂，在保持混凝土强度不变时，不仅可降低水泥用量的 $10\%\sim15\%$，而且还可引入 $3\%\sim6\%$ 的空气，从而改善混凝土拌合物的和易性，提高混凝土的抗冻性和抗渗性。

② 缓凝剂。在大体积混凝土施工时，掺入适量的缓凝剂，可以防止施工裂缝的生成，并能延长振捣和散发热量的时间。在大体积混凝土中，由于结构的尺寸较大，其内部的水化放热不易消散，很容易造成较大的内外温差，当温度应力达到一定数值时，会引起混凝土的开裂。掺入适量的缓凝剂后，可使水泥水化放热速率减慢，有利于热量的消散，使混凝土内部的温升降低，这对避免产生温度裂缝是有利的。

（2）掺加外掺料　大体积混凝土工程施工经验表明，在大体积混凝土中掺加适量的活性混合材料，既可以降低水泥用量，又可以降低大体积混凝土的水化热温升。在实际大体积混凝土工程中常用的活性混合材料有粉煤灰、火山灰等。用于大体积混凝土的粉煤灰质量要求，应当符合国家标准《用于水泥和混凝土中的粉煤灰》（GB/T 1596—2017）中的规定；用于大体积混凝土的火山灰质混合材料质量要求，应当符合国家标准《用于水泥中的火山灰质混合材料》（GB/T 2847—2005）中的规定。

3. 混凝土所用集料的选择

集料是混凝土的骨架，集料的质量如何，直接关系到混凝土的质量。所以，集料的质量技术要求，应符合国家标准的有关规定。混凝土试验表明，集料中的含泥量多少是影响混凝土质量的最主要因素。若集料中含泥量过大，它对混凝土的强度、干缩、徐变、抗渗、抗冻融、抗磨损及和易性等性能都产生不利的影响，尤其会增加混凝土的收缩，引起混凝土抗拉强度的降低，对混凝土的抗裂性更是十分不利。

在大体积混凝土施工中，对粗、细集料的质量要求，一定要符合现行国家标准《建设用卵石、碎石》（GB/T 14685—2011）和《建设用砂》（GB/T 14684—2011）中的规定，特别是对其含泥量、黏土含量要严格控制。

4. 控制混凝土出机和浇筑温度

为了降低大体积混凝土的总温升，减小结构物的内外温差，控制混凝土的出机温度与浇筑温度同样非常重要。

（1）控制混凝土的出机温度　在混凝土原材料中，砂石的比热容比较小，但占混凝土总质量的 85% 左右；水的比热容较大，但它占混凝土总质量的 6% 左右。因此，对混凝土出机温度影响最大的是石子的温度，砂的温度次之，水泥的温度影响最小。

为了降低混凝土的出机温度，其最有效的办法就是降低砂、石的温度。降低砂、石温度的方法很多，如在气温较高时，为防止太阳的直接照射，可在砂、石堆料场搭设简易的遮阳装置，砂、石温度可降低 3~5℃；如大型水电工程葛洲坝工程，在拌和前用冷水冲洗粗集料，在储料仓中通冷风预冷，再加上冰屑拌和，使混凝土的出机温度达到 7℃ 的要求。

（2）控制混凝土浇筑温度　混凝土从搅拌机出料后，经搅拌车或其他工具运输、卸料、浇筑、平仓、振捣等工序后的混凝土温度称为混凝土浇筑温度。在有条件的情况下，混凝土的浇筑温度越低，对于降低混凝土内外温差越有利。

关于混凝土浇筑温度控制，各国都有明确的规定。如美国在 ACI 施工手册中规定不超过 32℃；日本土木学会施工规程中规定不得超过 30℃；日本建筑学会钢筋混凝土施工规程中规定不得超过 35℃；我国有些规范中提出不得超过 25℃，否则必须采取特殊技术措施。

5. 延缓混凝土的降温速率

根据工程实践经验，大体积混凝土中产生的裂缝，绝大多数为表面裂缝。而这些表面裂缝的大多数，又是在经受寒潮冲击或越冬时经受长时间的剧烈降温后产生的。所以，在施工时若能减少混凝土的暴露面和暴露时间，就可以使这些混凝土面减小遭遇寒潮冲击，并在越冬时避免直接接触寒冷空气，从而减小产生裂缝的可能性。

大体积混凝土浇筑后，注意加强表面的保湿、保温养护，对防止混凝土产生裂缝具有重大作用。混凝土表面保湿、保温养护的目的有 3 个：①减小混凝土结构的内外温差，防止混凝土出现表面裂缝；②防止混凝土发生骤然受冷，避免产生贯穿裂缝；③延缓混凝土的冷却速度，以减小新老混凝土的上下层约束。

总之，在混凝土浇筑之后，以适当的材料加以覆盖，采取保湿和保温措施，不仅可以减少升温阶段的内外温差，防止产生表面裂缝，而且可以使水泥顺利水化，提高混凝土的极限拉伸值，防止产生过大的温度应力和温度裂缝。

6. 提高混凝土的极限拉伸值

混凝土的收缩数值和极限拉伸值，除与水泥用量、集料品种和级配、水灰比、集料含泥量等因素有关外，还与施工工艺和施工质量密切相关。因此，通过改善混凝土的配合比和施工工艺，可以在一定程度上减少混凝土的收缩和提高混凝土的极限拉伸数值 ε_p，这对防止产生温度裂缝也可起到一定的作用。

大量施工现场试验证明，对浇筑后未初凝的混凝土进行二次振捣，能排除混凝土因泌水在粗集料、水平钢筋下部生成的水分和空隙，提高混凝土与钢筋之间的握裹力，防止因混凝土沉落而出现的裂缝，减小混凝土内部微裂，增加混凝土的密实度，使混凝土的抗压强度提高 10%～20%，从而可提高混凝土的抗裂性。

7. 改善边界约束和构造设计

防止大体积混凝土产生温度裂缝，除了可以采取以上施工技术措施外，在改善边界约束和构造设计方面也可采取一些技术措施。如合理分段浇筑、设置滑动层、避免应力集中、设置缓冲层、合理配筋、设应力缓和沟等。

8. 加强施工过程中监测工作

在大体积混凝土的凝结硬化过程中，及时摸清大体积混凝土不同深度温度场升降的变化规律，随时监测混凝土内部的温度情况，对于有的放矢地采取相应的技术措施，确保混凝土不产生过大的温度应力，避免温度裂缝的发生，具有非常重要的作用。

目前在工程上所用的混凝土测定记录仪，不仅可显示读数，而且还自动记录各测点的温度，能及时绘制出混凝土内部温度变化曲线，随时可对照理论计算值，可有的放矢地采取相应的技术措施。这样在施工过程中，可以做到对大体积混凝土内部的温度变化进行跟踪监测，实现信息化施工，确保施工质量。

9. 掺加适量聚丙烯纤维材料

在混凝土中掺入适量的聚丙烯纤维，由于其在混凝土内部构成一种均匀的乱向支撑体系，从而产生一种有效的二级加强效果，它的乱向分布形式削弱了混凝土的塑性收缩，收缩的能量被分散到无数的纤维丝上，从而有效地增强了混凝土的韧性，减少混凝土初凝时收缩引起的裂纹和裂缝。

10. 加强混凝土保温养护措施

为避免大体积混凝土出现温差裂缝，必须采取保温养护措施，以减小内外温差。特别重要的一环是缓慢进行降温，充分发挥混凝土的徐变特性，为混凝土创造完全应力松弛的条件，同时使混凝土保持良好的潮湿状态，这对增加早期强度和减少收缩是十分有利的。

经工程实践证明，对不同部位的混凝土采用不同的保温养护方法，是避免出现温差裂缝的重要措施。如某工程对闸底板采取塑料薄膜＋土工织物＋草帘覆盖的保温措施，混凝土凝固后，用 35℃左右温水湿润养护，可以完全避免大体积混凝土温差裂缝。

第二节　大体积混凝土对原材料要求

选择大体积混凝土的原材料和优化混凝土配合比，其主要目的是使混凝土具有较小的抗裂能力，具体地说，就是要求混凝土的绝热温升较小、抗拉强度较大、极限拉伸变形能力较大、线膨胀系数较小，自生体积变形低收缩性。

一、对水泥的要求

大体积混凝土结构引起裂缝的原因很多，但其主要的原因是：混凝土的导热性能较差，水泥水化热的大量积聚。因此，控制水泥水化热引起的温升，对降低温度应力、防止产生温度裂缝将起到决定性的作用。

1. 水泥品种的选择

大体积混凝土升温的热源主要是水泥在水化反应中产生的水化热，因此选用中热或低热的水泥品种，是控制大体积混凝土温升的最根本方法。

现行的行业标准《普通混凝土配合比设计规程》（JGJ 55—2011）中建议：配制大体积混凝土的水泥，应选用水化热较低和凝结时间长的水泥，如低热矿渣硅酸盐水泥、中热硅酸盐水泥、矿渣硅酸盐水泥、粉煤灰硅酸盐水泥、火山灰质硅酸盐水泥等。当采用硅酸盐水泥或普通硅酸盐水泥时，应采取相应措施延缓水化热的释放。

对大体积混凝土所用的水泥，应进行水化热的测定，大体积混凝土施工所用水泥其 3d 的水化热不宜大于 240kJ/kg，7d 的水化热不宜大于 270kJ/kg。当混凝土有抗渗性要求时，所用水泥中的铝酸三钙含量不宜大于 8%；所用水泥在搅拌站的入机温度不应大于 60℃。

另外，水泥进场时应对水泥品种、强度等级、包装或散装仓号、出厂日期等进行检查，并对水泥的强度、安定性、凝结时间、水化热等性能指标及其他必要的性能指标进行复检。

2. 水泥用量的选择

根据大量的试验资料表明，每立方米混凝土中的水泥用量，每增减 10kg 其水化热将使混凝土的温度相应升降 1℃。因此，为控制混凝土的温升，降低温度应力，避免出现温度裂缝，在满足混凝土强度和耐久性的前提下，应尽量减少水泥的用量。

但是，目前我国大体混凝土均采用泵送商品混凝土施工工艺，即从过去的干硬性、低流动性、现场搅拌混凝土转向大流动性泵送混凝土浇筑，水灰比增加、砂率增大、集料粒径减小等，从而引起水泥用量增加，最终导致混凝土的水化热增加和体积收缩增加。

在泵送混凝土的施工中，混凝土的可泵性能与单位体积水泥用量有很大关系，水泥用量除了满足混凝土的强度和耐久性要求外，还要满足管道的输送要求。因为混凝土拌合物中石子本身无流动性，它必须均匀地分散在水泥浆体才能流动，而且石子产生相对移动的阻力和水泥浆体的厚度有关。在混凝土拌合物中，水泥浆填充集料间的空隙并包裹着集料，在集料表面形成浆层，而这种水泥浆层的厚度加大，则集料产生相对移动的阻力就会减小。若水泥用量不足，水泥浆不能包裹集料全部表面，造成管道输送时的摩阻力增大，并且这种混凝土的保水性差，容易产生泌水和离析，易发生混凝土堵管现象。如果水泥用量过大，混凝土拌合物黏度增高，泵送阻力也会增大，会使凝结硬化的混凝土增大干缩和开裂，在大体积混凝土施工中还会引起较大的温度应力而产生温度裂缝。所以选择合适的水泥用量是提高泵送混凝土的可泵性、降低工程成本、确保工程质量的关键。表 22-1 中列出了泵送混凝土最小水泥用量，供混凝土设计和施工参考。

表 22-1　泵送混凝土最小水泥用量

泵送条件	输送管道内径尺寸/mm			输送管水平换算距离/m		
	100	125	150	<60	60~150	>150
水泥用量/(kg/m³)	300	290	280	280	290	300

从表 22-1 中可知，输送管道内径的大小与水泥用量的多少成反比，输送管水平距离的长短与水泥用量的多少成正比。根据工程实践证明，用于大体积混凝土结构的泵送混凝土，其水泥用量最好控制在 320kg/m³，最大不得超过 350kg/m³。

3. 充分利用混凝土的后期强度

为了降低大体积混凝土结构因水泥水化热引起的温升，达到降低温度应力和保温养护费用的目的，在保证混凝土有足够强度满足使用要求的前提下，对结构的强度和刚度进行复核，并取得设计单位、监理单位和质量检测部门的认可后，采用 45d、60d、90d 的混凝土强度代替 28d 的设计强度，这样可使单位体积混凝土的水泥用量减少 40～70kg，混凝土水化热温升也相应降低 4～7℃。

　　结构工程中的大体积混凝土，大多采用矿渣硅酸盐水泥，其水泥熟料矿物含量要比硅酸盐水泥少得多，而且混合材料中的活性氧化硅、活性氧化铝与氢氧化钙、石膏的作用，在常温下进行比较缓慢，其早期强度比较低，但在混凝土的硬化后期，由于水化硅酸钙凝胶数量增多，使水泥石强度不断增长，最后甚至能超过同强度等级的普通硅酸盐水泥，对利用其后期强度非常有利。

二、对集料的要求

　　大体积混凝土所需的强度并不是很高的，所以组成混凝土的粗细集料比高强混凝土要高，约占混凝土总质量的 85%，正确选用砂石料对保证混凝土质量、节约水泥用量、降低水化热量、降低工程成本是非常重要的。集料的选用应根据就地取材的原则，首先考虑成本较低、质量优良、满足要求的天然砂石料。根据国内外对人工砂石料的试验研究和生产实践，证明采用人工集料也可以做到经济实用。

　　1. 粗集料

　　大体积混凝土宜优先选择以自然连续级配的粗集料配制。这种自然连续级配粗集料配制的混凝土，具有较好的和易性、较少的用水量、节约水泥用量、较高的抗压强度较好的耐久性等优点。石子选用卵石或碎石均可，但要求针片状颗粒少、颗粒级配符合筛分曲线的要求。这样可以避免堵泵、减少砂率、降低水泥用量、提高混凝土强度。

　　在选择粗集料粒径时，可根据施工条件，尽量选用粒径较大、级配良好的石子。当石子的最大粒径较大时，混凝土的密实性较好，并可以节约水泥。根据有关试验结果证明，采用 5～40mm 的石子比采用 5～20mm 的石子，每立方米混凝土可减少用水量 15kg 左右，在相同水灰比的情况下，水泥用量可节约 20kg 左右；混凝土的温升可降低 2℃。

　　材料试验结果表明，配制大体积混凝土选用较大集料粒径，确实具有很大的优越性。但是，集料粒径增大后，容易引起混凝土的离析，严重影响混凝土的施工质量，因此必须调整好集料的级配设计，施工中要加强振捣作业。

　　为了达到大体积混凝土预期的要求，同时又要发挥水泥最有效的作用，所选用的粗集料要有一个最佳的最大粒径。对于结构工程的大体积混凝土，粗集料的最大粒径不仅与施工条件和工艺有关，而且与结构物的配筋间距、模板形状等有关，石子的最大粒径不得超过结构截面最小尺寸的 1/4，也不得大于钢筋最小净距的 3/4，如采用泵送混凝土施工，石子的最大粒径还应符合泵送混凝土的要求。

　　现行国家标准《大体积混凝土施工规范》(GB 50496—2018) 中建议：粗集料宜选用粒径 5～31.5mm，并连续级配，含泥量不大于 1%；当采用非泵送施工时，粗集料的粒径于适当增大。

　　2. 细集料

　　大体积混凝土中的细集料，以采用优质的中、粗砂为宜，细度模数宜控制在 2.0～3.0 范围内，含泥量不宜大于 3%。根据有关试验资料证明，当采用细度模数为 2.79、平均粒径为 0.381mm 的中粗砂时，比采用细度模数为 2.12、平均粒径为 0.336mm 的细砂，每立方米混凝土可减少水泥用量 28～35kg，减少用水量 20～25kg，这样就降低了混凝土的温升和减小了混凝土的收缩。

泵送混凝土的输送管道形式很多，既有直管，又有锥形管、弯管和软管。当混凝土通过锥形管和弯管时，混凝土颗粒间的相对位置就会发生变化，此时，如果混凝土中的砂浆量不足，很容易发生堵管现象。所以，在混凝土配合比设计时，可以适当提高砂率；但如果砂率过大，将对混凝土的强度产生不利影响。因此，在满足混凝土可泵性能的前提下，尽可能选用较小的砂率，以满足混凝土的强度要求。

3. 集料的质量要求

粗细集料是混凝土的骨架，集料的质量如何，直接关系到混凝土的质量。所以，集料的质量技术要求，应符合规行国家标准的有关规定。混凝土试验表明，集料中的含泥量多少是影响混凝土质量的最主要因素。如果集料中含泥量过大，它对混凝土的强度、干缩、徐变、抗渗、抗冻融、抗磨损及和易性等性能都产生不利的影响，尤其会增加混凝土的收缩，使混凝土的抗拉强度降低，对混凝土的抗裂性更是不利。因此，在大体积混凝土的施工中，石子的含泥量不得大于 1％，砂子的含泥量不得大于 3％。

集料在混凝土中起骨架的作用，其级配越好，所组成的混凝土骨架越稳定，抗变形的能力越好；级配越好，混凝土的水泥用量越少，工程的造价越低。

三、对矿物掺合料的要求

在一般情况下，混凝土中加入适量的矿物掺合料，不仅可以改善混凝土的施工性能，而且还可以减少水泥用量、延长混凝土的凝结时间、降低水化热，从而提高混凝土的抗裂性能。但是，不同的矿物掺合料对混凝土抗裂性能的作用是不同的。在大体积混凝土中，粉煤灰是使用最广泛的矿物掺合料。三峡大坝等大体积混凝土工程均是采用粉煤灰作为矿物掺合料。

1. 粉煤灰对大体积混凝土的作用

工程实践证明，在混凝土中掺入一定量的粉煤灰后，除了粉煤灰本身的火山灰活性作用，生成硅酸盐凝胶，作为胶凝材料的一部分起增强作用外，在混凝土单位体积用水量不变的条件下，由于粉煤灰颗粒呈球状并具有"滚珠效应"，可以起到显著改善混凝土和易性的效能。若保持混凝土拌合物原有的流动性不变，则可以减少单位体积用水量，从而可提高混凝土的密实性和强度。由此可见，在混凝土中掺入适量的粉煤灰，不仅可以满足混凝土的可泵性能，而且还可以降低混凝土的水化热。材料试验也表明，不同掺量粉煤灰水泥水化热量随着龄期不同而变化，如表 22-2 所列。当粉煤灰的掺量达到 50％时，可降低水泥水化热 35％。

表 22-2　不同掺量粉煤灰水泥水化热量随着龄期的变化

水泥品种	粉煤灰掺量/%	水化热/(J/g)						
		1d	2d	3d	4d	5d	6d	7d
中热 52.5 水泥	0	177	221	244	258	266	272	276
	20	156	197	221	235	245	251	255
	30	143	180	202	215	224	231	237
	40	124	157	177	190	199	206	212
	50	102	132	150	160	167	173	178
	60	93	122	141	150	155	163	170

粉煤灰对混凝土后期强度的提高是非常显著的，60~90d 的抗压强度一般比 28d 的标准强度增长 20%~30%，所以掺加粉煤灰的大体积混凝土更可以从利用后期强度出发，进行混凝土的配合比设计，从而减少混凝土的初始水泥热量，有效地降低水泥的水化热。

2. 混凝土中粉煤灰用量的控制

粉煤灰虽然可以改善大体积混凝土的诸多性能，但绝对不是掺量越多越好。材料试验结果表明，如果粉煤灰取代过多的水泥，虽然降低了混凝土的水化热，28d 龄期的强度及后期强度不降低，但会显著降低混凝土的早期强度。大体积混凝土其水化热高峰期一般出现在前 3~5d，因而早期强度的提高对大体积混凝土尤为重要。若由于掺加粉煤灰过多，致使较多地降低了混凝土早期的极限拉伸强度，而较少地降低了混凝土由于冷缩和干缩造成的早期拉应力，并使前者低于后者，则仍出现大体积混凝土开裂问题。因此大体积混凝土中掺加矿物掺合料存在最优掺量，而最优掺量值的大小与粉煤灰品质及早期抗裂强度有关。

大量的工程研究实践证明，当粉煤灰的掺量为水泥质量 20% 以内时，能显著改善混凝土的各项性能，混凝土的早期抗压强度也不会降低过多，混凝土的成本有所降低，但不会降低很多；当粉煤灰的掺量为水泥质量 20%~40% 时，可以改善混凝土的绝大部分性能，但在改善一些性能的同时，也使混凝土的早期强度发展缓慢，混凝土的抗冻性能将有所降低，混凝土的成本显著降低。通常所指的粉煤灰混凝土，其粉煤灰的掺量大都在这一范围内。但对于建筑工程的基础大体积混凝土而言，因可从采取 90d 或 180d 后期强度作为混凝土配合比及施工验收的依据，因此还可以适当提高粉煤灰的掺入量。

3. 混凝土中粉煤灰的掺加方式

大体积混凝土中粉煤灰的掺加方式，可分为"等量取代法"和"超量取代法"两种。前者是用等体积的粉煤灰取代水泥的方法，取代量应通过试验确定；后者是一部分粉煤灰取代等体积的水泥，超量部分粉煤灰则取代等体积的砂子，它不仅可以获得强度增加效应，而且还可以补偿粉煤灰取代水泥所降低的早期强度，从而保持粉煤灰掺入前后的混凝土强度等级。

四、对混凝土外加剂的要求

工程实践和材料试验表明，大体积混凝土内部的最高温度，大多数发生在混凝土浇筑后的第 3~5 天，此时混凝土的强度和弹性模量都很低，对水泥水化热引起的急剧温升约束不大，相应的温度应力也较小。随着混凝土龄期的增长，强度和弹性模量的增高，对混凝土内部降温收缩的约束也就越来越大，以致产生很大的拉应力。当混凝土的极限抗拉强度不足以抵抗这种拉应力时，便开始出现温度裂缝。因此，在大体积混凝土施工过程中，如何延缓混凝土绝热的出现时间、降低水泥水化热绝热峰值、提高混凝土本身的抵抗能力，以及有利于混凝土的泵送施工，就成为基础大体积混凝土考虑的主要问题，而要解决这些问题必须合理选用混凝土外加剂。

1. 外加剂对大体积混凝土的作用

进入 21 世纪以来，基础大体积混凝土已经有了非常广泛的应用，很多建筑物都采用大型箱型及筏基基础等。与此同时，裂缝问题在基础大体积混凝土的施工过程中也频繁出现，已经收到相关专家和研究者的高度重视。对于基础大体积混凝土在施工的时候出现的裂缝，能采取什么样的有效措施来控制其开裂，是需要进行更深层次的研究的，更需要在实际工程中不断地总结经验。在现代的大体积混凝土施工过程中，外加剂已经成为一种必需的材料，其对混凝土多种性能的改善具有很好的作用。

（1）延缓混凝土的凝结时间和降低水化热　若在混凝土中掺加适量的缓凝减水剂，混凝土的凝结时间可显著延缓，使混凝土的初凝和终凝时间相应延缓5～8h，其龄期1～3d的水化热减少，热峰值出现时间推迟，放热峰时的温度降低，从而有效地控制了混凝土的内外温差，减少或避免了混凝土开裂的可能性。

（2）减少单位体积用水量和水泥用量　在混凝土中掺入高效缓凝减水剂后，可以降低混凝土单位体积的水泥用量。例如配制设计强度等级为C35，若掺入高效减水剂，每立方米可减水用水量35kg，每立方米可减少水泥用量74kg，若按照水泥用量每增减10kg，温度也升降1℃计算，可降低水泥水化热产生的温升7.4℃。由于用水量的减少，减小了由于混凝土中水分的蒸发引起的混凝土干燥收缩开裂的可能性，同时也增强了混凝土的密实性和抗渗性。而水泥用量的减少能够降低由于水泥水化引起的大量水化热，使混凝土内部热峰值降低，不仅减小了温度应力，而且减小了由于混凝土内外温差过大引起混凝土开裂的可能性。

（3）改善混凝土的性能，推迟延缓水泥水化热作用　在大体积混凝土施工中掺入混凝土外加剂，可以大大改善混凝土的工作性能，提高混凝土的强度，增强混凝土的密实性，减少收缩、徐变和提高混凝土的抗渗性，同时由于水泥用量的减少和混凝土膨胀剂及高效缓凝减水剂的复合应用，可推迟或延缓水泥水化热的作用，增强混凝土的抗裂性能，防止大体积混凝土出现升温阶段的表面裂缝和降温阶段的收缩裂缝。

合理选用混凝土外加剂，可以明显改善混凝土的工作性能，降低混凝土的水灰比，延长凝结时间，推迟和降低温升峰值。外加剂的品种与掺量应根据混凝土性能的要求、施工及气候条件等因素确定，并且还要考虑外加剂与水泥的相容性及掺加外加剂后水泥的抗裂性。

2. 混凝土减水剂

（1）普通减水剂　普通减水剂主要是木质素磺酸钙，属于阴离子表面活性剂，它对水泥颗粒有明显的分散效应，并能使水的表面张力降低。因此，在泵送混凝土中掺入水泥质量的0.2%～0.3%，它不仅能使混凝土的和易性有明显的改善，而且可减少10%左右的拌合水，混凝土28d的强度可提高10%～20%；若不减少拌合水，混凝土的坍落度可提高10cm左右；若保持混凝土的强度不变，可节省水泥10%，从而可降低水化热。表22-3为木质素磺酸钙掺量与水泥水化热的关系，供混凝土施工中参考。

表 22-3　木质素磺酸钙掺量与水泥水化热的关系

灰砂比	水灰比	木质素磺酸钙的掺量/%	不同龄期水化热/(kJ/kg)							
			12h	1d	2d	3d	4d	5d	6d	7d
1:1.7	0.32	0	27.17	70.05	116.93	137.09	148.64	157.08	163.51	168.80
1:1.4	0.29	0.2	—	20.87	93.28	128.31	148.85	161.87	170.98	177.53
1:1.1	0.28	0.3	12.05	16.80	65.18	108.82	138.14	157.75	170.52	179.47
1:0.85	0.27	0.5	10.30	14.62	20.12	30.28	43.47	62.08	83.54	106.68

木质素磺酸钙由于兼有减水与缓凝的双重作用，再加上价格低廉，所以非常适合于大体积混凝土施工和泵送混凝土施工。但木质素磺酸钙的掺量也不能太多，因其标准稠水泥净浆的水灰比为0.26左右，而混凝土的水灰比要大得多，如果水泥的凝结时间延长到5h，普通混凝土的凝结时间将延长24h，则对冬季施工的混凝土或要求早期强度的混凝土工程带来不利，此时需要在掺加木质素磺酸钙的同时掺加早强剂。

（2）高效减水剂　基础大体积混凝土中常用的高效减水剂主要有 FDN、JM-Ⅱ、UNF、AF、MF 等品种。

FDN 的掺量范围为 0.2%～0.5%，常用的掺量为 0.4%。在常温情况下，掺用 FDN 的混凝土，其初凝时间可延长 0.5～2h，适合于炎热气候下使用，可使 1d、3d 混凝土的强度均提高 30%～50%，28d 混凝土的强度能提高 20% 以上。在同样强度条件下，可节约水泥用量 10%～15%，此外，掺加 FDN 外加剂可使混凝土的内部温升有所降低而延缓水化热热峰的出现。

JM-Ⅱ 的减水率在 20% 以上，最大可达 23.6%。对于大流动性混凝土，其减水效果更加明显，最大减水率可达 31.8%，28d 混凝土的强度较普通混凝土一般可提高 35%～60%。掺加 JM-Ⅱ 的混凝土，其初凝时间可延缓 10h 左右，这一特性为避免或减少施工缝提供了保证；掺加 JM-Ⅱ 的水泥基材水化热峰值明显降低，且峰值出现的时间向后推迟可达 24h，有效降低早期水化热，其 1d 的水化热量仅为纯水泥浆体的 1/7，从而有效地避免或减少温度裂缝的出现；JM-Ⅱ 的抗泌水抗离析性能好，且泵送摩擦阻力小，非常适用于配制泵送混凝土。

（3）缓凝减水剂　在大体积混凝土的施工过程中，为降低混凝土的水化热和推迟水化热的峰值，一般在可掺入缓凝减水剂，但目前在实际的工程应用中，在大体积混凝土中单纯采用缓凝剂已经比较少见，一般多常用缓凝减水剂。

缓凝减水剂的主要作用是延缓混凝土的凝结时间、降低水泥初期水化热和水化热的峰值，并具有减水剂的基本功能。木质素磺酸钙是一种天然的缓凝减水剂，而很多高效减水剂通过复合等方式也能达到缓凝的效果。但在实际施工过程中要严格控制缓凝减水剂的掺量，不得超量。超量使用缓凝减水剂会造成混凝土严重缓凝或长期达不到终凝，有的还会使混凝土的含气量增加，从而影响混凝土的强度。

在基础大体积混凝土施工中，常用缓凝减水剂的掺量为：木质素磺酸盐类为 0.3%～0.5%；糖蜜类减水剂为 0.1%～0.3%；羟基羧酸及其盐类为 0.01%～0.10%；无机缓凝剂为 0.1%～0.2%。其中糖蜜类减水剂的掺量高于 0.5% 时可能会导致混凝土促凝。

缓凝剂的缓凝效果与水泥组分、水灰比、掺入顺序、气温等有关。大体积混凝土中应用缓凝剂应注意以下问题。

① 根据对缓凝时间的要求选择缓凝剂。缓凝剂超量掺加，可能导致混凝土长时间不凝固或混凝土后期强度增长缓慢。

② 根据温度正确选择缓凝剂的最佳掺量。不同类别的缓凝剂在不同温度条件下、不同掺量时对凝结时间有不同影响。在温度不变的条件下缓凝剂存在最佳掺量，超过最佳范围，反而会缩短初凝时间。而温度变化时，有的缓凝剂的缓凝作用受温度影响明显，而另外一些则受温度影响较小。

温度升高时，有的缓凝剂需加大掺量，有的缓凝剂的最佳掺量保持不变，另外一些缓凝剂的最佳掺量反而降低。温度降低时，一般应少掺或不掺缓凝剂，以免出现超缓凝现象。但低温对大体积混凝土的影响并不显著，因为即使是冬季施工，由于混凝土体积大，散热慢，以及采取了保温措施，混凝土内部及表面温度一般都远高于气温。由此可见，并非环境温度越高，缓凝剂掺量就越大，环境温度越低，缓凝剂掺量就越小。在大体积混凝土施工前，应根据环境温度、缓凝剂类型进行试配以确定最佳掺量。

③ 缓凝剂使用前应进行水泥适应性试验。对于 C_3A 和碱含量低的水泥，缓凝剂的缓凝

效果较好。在混凝土中掺用缓凝减水剂和多元醇类缓凝剂，有时会引起"假凝"现象。

④ 缓凝剂不宜单独使用。单掺缓凝剂对抑制坍落度损失和缓凝效果都不明显，多元复配、有机无机复合对抑制坍落度损失和缓凝效果显著。此外，多数缓凝剂的缓凝效果会随气温的变化而波动，为防止混凝土长时间不凝或强度降低，缓凝剂宜辅以其他外加剂配合使用，以稳定其缓凝效果。

⑤ 掺用缓凝剂的混凝土塑性收缩一般会增加，最终的收缩随缓凝剂掺量的增加而增大，这在大体积混凝土施工中也应引起注意。

第三节　大体积混凝土的配制技术

大体积混凝土的配合比设计，与普通水泥混凝土基本相同，在配合比设计中要满足强度、耐久性和经济性的要求。与普通水泥混凝土不同之处，为有效控制混凝土温度裂缝的产生，主要是对混凝土的水泥水化热控制应特别严格。

一、大体积混凝土配合比设计的原则

大体积混凝土的配合比设计，不仅要满足最基本的强度和耐久性的要求，还应与大体积混凝土的规模相适应，并且应是最经济的。

大体积混凝土结构物的经济问题，是配合比设计中需要考虑的一个最重要的参数。某工程大体积混凝土构筑物型式的选择，有可能取决于经济条件。因此，大体积混凝土的配合比设计，既受结构型式、经济性的要求，又受混凝土强度、耐久性和温度性质的限制。在进行混凝土配合比设计时，主要应考虑以下几个方面。

（1）除集料的最大尺寸之外，用水量应根据能充分地拌和、浇灌和捣实的新拌混凝土容许的最大稠度来决定。典型的不配筋的大体积混凝土的坍落度控制在 1~3cm。若要采用预冷却混凝土，则在实验室做试验性拌合物时，也应在相同的低温下进行，因为在低温情况下，水泥水化速度较慢，在 5~10℃ 达到给定稠度的需水量比在正常室温（15~20℃）下更少些。

（2）在大体积混凝土中，水泥用量是由水灰比与强度之间的关系所决定的。这种关系在很大程度上受到集料组织的影响，不同水灰比、不同集料与抗压强度的关系如表 22-4 所列。将在标准养护条件下养护过的混凝土试块，与从高坝中钻取芯样（混凝土的水泥用量为 $223kg/m^3$）相比较，结果表明：在混凝土结构中的混凝土的实际强度大大超过了要求。在含有火山灰、粉煤灰等活性混合材料的混凝土中，观察到的强度增幅更为惊人，表明了活性混合材料可以增加强度，替代水泥用量和具有降低水化热的作用。在正常或比较温和的气候

表 22-4　不同水灰比、不同集料与抗压强度的关系

混凝土的水灰比	28d 混凝土抗压强度/MPa		混凝土的水灰比	28d 混凝土抗压强度/MPa	
	天然集料	破碎过的集料		天然集料	破碎过的集料
0.40	31.0	34.5	0.70	14.5	17.2
0.50	23.4	26.2	0.80	11.0	13.1
0.60	18.6	21.4			

注：当掺加火山灰时，强度应以 90d 为准，而水灰比则变为 $W/(C+F)$。

中，对大体积混凝土的内部，混凝土的最大容许水灰比为 0.80，而对暴露于水中或空气中的，其允许水灰比为 0.60。

（3）大体积混凝土的含气量，通常规定为 3%～6%，这样有利于提高混凝土的抗渗性和抗冻性等耐久性指标。根据工程经验，对大体积内部混凝土，按胶凝材料的总体积掺加 35% 的粉煤灰，对大体积外露混凝土，掺加 25% 的粉煤灰，是可以满足大体积混凝土各项技术性能要求的。采用的砂子，其细度模数通常为 2.6～2.8，粗集料用量为全部集料绝对体积的 78%～80%，细集料的含量相应为 20%～22%。

二、大体积混凝土配合比设计过程

大体积混凝土的配合比设计，在遵照其设计原则的前提下，整个设计过程必须按照现行国家或行业标准《普通混凝土配合比设计规程》（JGJ 55—2011）和《混凝土结构工程施工质量验收规范》（GB 50204—2015）中的规定执行。

三、大体积混凝土配合比设计实例

大体积混凝土配合比设计比较简单，主要是对内外温差、抗渗性、抗冻性等进行设计，其强度要求不高。因此，对大体积混凝土配合比设计的具体方法步骤，不再叙述。在表 22-5 中只列出工程中常用的大体积混凝土的配合比，供大体积混凝土工程中应用参考。

表 22-5　大体积混凝土参考配合比

序号	水灰比 (W/C)	引气剂 /%	减水剂 /%	骨料 D_{max} /cm	大体积混凝土中材料用量/(kg/m³)				28d 抗压强度 /MPa
					水泥	混合材料	砂子	石子	
1	0.58	0	0	22.9	225	0	552	1589	21.3
2	0.60	0	0	15.2	224	0	582	1523	33.6
3	0.59	0	0	20.3	178	浮石 36	559	1562	28.1
4	0.56	0	0	15.2	219	0	537	1614	29.6
5	0.47	3.0	0	15.2	111	粉煤灰 53	499	1672	18.7
6	0.54	3.5	0	15.2	111	浮石 56	461	1651	17.9
7	0.50	3.5	0.37	15.2	111	浮石 53	474	1662	24.6
8	0.53	3.5	0	15.2	111	页岩 56	432	1720	20.7
9	0.49	3.0	0	15.2	117	粉煤灰 50	528	1670	18.6
10	0.42	4.3	0	11.4	221	376		1691	33.5
11	0.58	0	0	7.60	276	0	713	1346	22.5

第四节　大体积混凝土的施工工艺

大体积混凝土结构的施工，与普通钢筋混凝土结构的施工基本相同，由于混凝土结构的体积大、产生的水化热多，很容易出现各种裂缝，所以大体积混凝土施工又具有自己的特点。大体积混凝土在施工过程中，主要包括钢筋工程施工、模板工程施工和混凝土工程的施工。

一、钢筋工程施工

大体积混凝土结构中的钢筋,具有数量多、直径大、分布密、上下层钢筋高差较大、整体性要求较高等特点,这是与一般混凝土结构的明显区别。

为使钢筋网片的网格方整划一、间距正确、便于施工,在进行钢筋绑扎或焊接时,可采用4~5m长的卡尺限位绑扎,如图22-1所示。即根据钢筋间距在卡尺上设置缺口,绑扎时在长钢筋的两端用卡尺缺口卡住钢筋,待绑扎牢固后拿去卡尺,这样既能满足钢筋间距的质量要求,又能加快绑扎钢筋的速度。钢筋的连接,可采用气压焊、对接焊、锥螺纹和套筒挤压连接等方法。

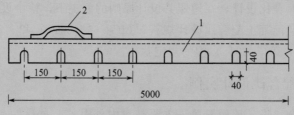

图 22-1　绑扎钢筋用的角钢卡尺(单位:mm)

1—∟ 63×6;2—ϕ12 把手

大体积混凝土结构由于厚度较大,多数设计为上、下两层钢筋。为保证上层钢筋的标高和位置准确无误,应设立支架支撑上层钢筋。过去多用钢筋作为支架,不仅用钢量大,稳定性差,操作不安全,而且难以保持上层钢筋在同一水平面上。因而,目前一般采用角钢焊制的支架来支承上层钢筋的重量、控制钢筋的标高、承担上部操作平台的全部施工荷载。钢筋支架立柱的下端焊在钢管桩的桩帽上,在上端焊上一段插座管,插入 ϕ48mm 钢筋脚手管,用横楞和满铺脚手板组成浇筑混凝土用的操作平台,如图22-2所示。

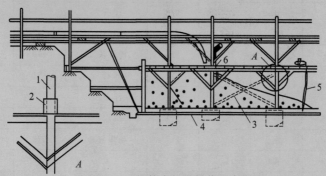

图 22-2　钢筋支架及操作平台

1—ϕ48mm 脚手架;2—插座管(内径50mm);3—剪刀撑;

4—钢筋支架;5—前道振捣;6—后道振捣

钢筋网片和骨架多在钢筋加工厂加工成型,然后运到施工现场进行安装。但工地上也要设简易的钢筋加工成型机械,以便对钢筋整修和临时补缺加工。

二、模板工程施工

模板是保证工程结构设计外形和尺寸的关键,而混凝土对模板的侧压力是确定模板尺寸的依据。大体积混凝土的浇筑常采用泵送混凝土工艺,该工艺的特点是浇筑速度快,浇筑面集中。由于泵送混凝土的操作工艺决定了它不可能做到同时将混凝土均匀地分送到浇筑混凝土的各个部位，所以，往往会使某一部位的混凝土升高很大，然后才移动输送管，依次浇筑其他部位的混凝土。因此，采用泵送工艺的大体积混凝土的模板，绝对不能按照传统、常规的办法配置。而应当根据实际受力状况，对模板和支撑系统等进行认真计算，以确保模板体系具有足够的强度和刚度。

1. 泵送混凝土对模板侧压力计算

我国现行国家标准《混凝土结构工程施工及验收规范》（GB 50204—2015）中对模板侧压力的计算，规定可按下列两式计算，并取两式中的比较小的值：

$$F = 0.22 \gamma t_0 \beta_1 \beta_2 V \tag{22-1}$$

$$F = 2.5H \tag{22-2}$$

式中，F 为新浇筑混凝土对模板的最大侧压力，kN/m^2；γ 为新浇筑混凝土重力密度，kN/m^2；β_1 为外加剂的影响修正系数，不掺加外加剂时取 1.0，掺加具有缓凝作用的外加剂时取 1.2；β_2 为混凝土坍落度影响修正系数，当坍落度小于 100mm 时取 1.10，不小于 100mm 时取 1.15；t_0 为新浇筑混凝土的初凝时间，h，可按实测确定，当缺乏试验资料时可采用公式 $t_0 = 200/(T+15)$ 计算；T 为混凝土浇筑时的温度，℃；V 为混凝土的浇筑速度，m/h；H 为混凝土侧压力计算位置处至新浇筑混凝土顶面的总高度，m。

2. 侧向模板及支撑

根据用以上公式计算出的混凝土的最大侧压力值，可确定模板体系各部件的断面和尺寸，在侧向模板及支撑设计与施工中，应注意以下几个方面。

（1）由于大体积混凝土结构基础垫层面积较大，垫层浇筑后其面层不可能在同一水平面上。因此，在钢模板的下端部常铺设一根 500mm×100mm 小方木，用水平仪找平调整，确保安装好钢模板上口能在同一标高上。另外，沿着基础纵向两侧及横向混凝土浇筑最后结束的一侧，在小方木上开设 50mm×300mm 的排水孔，以便将大体积混凝土浇筑时产生的泌水和浮浆排出坑外。

（2）基础钢筋绑扎结束后，应进行模板的最后校正，并焊接模板内的上、中、下 3 道拉杆。上面一道先与角铁支架连接后，再用圆钢拉杆焊在第三排桩帽上，中间一道拉杆斜焊在第二排桩帽上，下面一道直接焊接在底层的受力钢筋上。

（3）为了确保模板的整体刚度，在模板外侧布置 3 道统长横向围檩，并与竖向肋用连接件固定。

（4）由于泵送混凝土浇筑速度快，对模板的侧向压力也相应增大，所以，为确保模板的安全和稳定，在模板外侧另加 3 道木支撑，如图 22-3 所示。

三、混凝土工程施工

高层建筑基础工程的大体积混凝土浇筑数量巨大，如新上海国际大厦 17000m³，上海煤炭大厦 21000m³，上海世界贸易商城 24000m³，很多工业设备的基础亦达数千立方米以至万立方米以上。对于这些大体积混凝土的浇筑，最好采用集中搅拌站供应商品混凝土，搅拌运输车运送到施工现场，由混凝土泵（泵车）进行浇筑。

采用商品混凝土，这是一个全盘机械化的混凝土施工方案，其关键是如何使这些机械相互协调，否则任务一个环节的失调都会打乱整个施工部署。

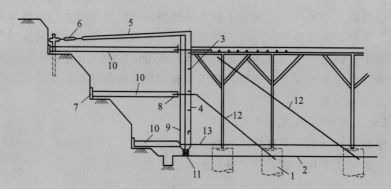

图 22-3　侧向模板支撑示意

1—钢管桩；2—混凝土垫层面；3—40×4 角铁搁栅；4—5mm 钢模板板面；5—L50×5，每模板 2 根
（校正模板上口位置）；6—花篮螺栓；7—统长木垫头板；8—2 根 8 号统长槽钢腰梁；9—2 根 8@1000；
10—75mm×75mm 方木@1000）；11—50mm×100mm 小方木，上口找平；
12—Φ22 拉杆；13—拉杆与受力钢筋焊接

1. 施工平面布置

混凝土泵送能否顺利进行，在很大程度上取决于合理的施工平面布置、泵车的布局以及施工现场道路的畅通。

（1）混凝土泵车的布置　混凝土泵车的布置是保证混凝土顺利浇筑的核心，在布置时应注意以下几个方面。

① 根据大体积混凝土的浇筑计划、顺序和速度等要求，选择混凝土泵车的型号、台数，确定每一台泵车负责的浇筑范围。

② 在泵车布置上，应尽量使泵车靠近基坑，使布料杆能够扩大服务半径，使最长的水平输送管道控制在 120m 左右，并尽量减少用 90°的弯管。

③ 严格施工平面管理和道路交通管理，抓好施工道路的质量，是确保泵车、搅拌运输车正常运输的重要一环。因此，各种作业场地、施工机具和材料都要按划定的区域和地点操作或堆放，车辆行驶路线也要分区规划安排，以保证行车的安全和畅通。

（2）防止泵送堵塞的技术措施　在泵送混凝土的施工过程中，最容易发生的是混凝土堵塞，为了充分发挥混凝土泵车的效率，确保管道输送畅通，可采取以下技术措施。

① 在混凝土施工过程中，加强混凝土的级配管理和坍落度控制，确保混凝土的可泵性。在常温情况下，一般每隔 2~4h 进行 1 次检查，发现坍落度有偏差时，及时与搅拌站联系加以调整。

② 搅拌运输车在卸料之前，应首先高速运转 1min，使卸料时的混凝土质量均匀。

③ 严格对混凝土泵车的管理，在使用前和工作过程中，要特别重视"一水"（冷却水）、"三油"（工作油、材料油和润滑油）的检查。在泵送过程中，气温较高时，如果连续压送，工作油温可能会升温到 60℃，为了确保泵车正常工作，应对水箱中的冷却水及时调换，控制油温在 50℃ 以下。

2. 大体积混凝土的浇筑

大体积混凝土的浇筑与其它混凝土的浇筑工艺基本相同，一般包括搅拌、运送、浇筑入模、振捣及平仓等工序，其中浇筑方法可结合结构物大小、钢筋疏密、混凝土供应条件以及施工季节等情况加以选择。

（1）混凝土浇筑方法　为保证混凝土结构的整体性，混凝土应当连续浇筑，要求在下层混凝土初凝前就被上层混凝土覆盖并捣实。为此，要求混凝土按不小于下述数量进行浇筑：

$$Q = Fh/T \tag{22-3}$$

式中，Q 为需要的混凝土浇筑量，m^3/h；F 为混凝土浇筑区的面积，m^2；h 为混凝土每层浇筑厚度，m；T 为下层混凝土从开始浇筑到初凝的延续时间，h。

浇筑方案，除应满足每一处混凝土在初凝以前就被上一层新混凝土覆盖并捣实完毕外，还应考虑结构大小、钢筋疏密、预埋管道和地脚螺栓的留设、混凝土供应情况以及水化热等因素的影响，常采用的方法可分为全断面分层浇筑、分段分层浇筑和斜面分层浇筑等方案如图 22-4 所示。目前工程上常用的是斜面分层浇筑法。

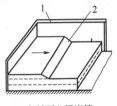　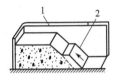　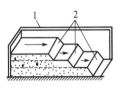

(a) 全断面分层浇筑　　　　(b) 分段分层浇筑　　　　(c) 斜面分层浇筑

图 22-4　大体混凝土结构浇筑方案

1—模板；2—新浇筑的混凝土

① 全断面分层浇筑　全断面分层浇筑，即在整个模板内全面分层，浇筑区面积即为基础平面面积。第一层全面浇筑完毕后浇筑第二层，第二层要在第一层混凝土初凝之前，全部浇筑振捣完毕，如此逐层进行，直至全部基础浇筑完成。采用这种方案要求搅拌系统的生产率能满足浇筑量的要求，适用于结构的平面尺寸不宜太大，施工时从短边开始，沿着长边向前推进比较合适。必要时可分成两段，从中间向两端或从两端向中间同时进行浇筑。

② 分段分层浇筑　分段分层浇筑，即混凝土从低层开始浇筑，进行一定距离后就回头浇筑第二层，如此向前呈阶梯形进行推进，这是大体积混凝土常用的浇筑方法。其分段的长度主要与搅拌系统生产能力 Q、混凝土初凝时间 t、结构的宽度 B、每层浇筑的时间间隔 T、混凝土浇筑层厚度 h 等有关。这种方案适用于单位时间内要求供应的混凝土较少，结构物厚度不太大而面积或长度较大的工程。

③ 斜面分层浇筑　斜面分层浇筑，即浇筑工作从浇筑层斜面下端开始，逐渐向上移动浇筑，这时振动器应与斜面垂直振捣。斜面分层也可以视为分段分层、分段长度小到一定程度的情况。斜面分层浇筑，即当混凝土结构的长度超过其厚度的 3 倍时可以采用斜面分层浇筑。采用此方案时，斜面坡度取决于混凝土的坍落度，混凝土浇筑厚度一般为 $20\sim30cm$，振捣工作应从浇筑层的下端开始。

(2) 混凝土的振捣　根据混凝土泵送时会自然形成一个坡度的实际情况，在每个浇筑带的前、后应布置两道振动器，第一道振动器布置在混凝土的卸料点，主要解决上部混凝土的捣实；第二道振动器布置在混凝土的坡脚处，以确保下部混凝土的密实。随着混凝土浇筑工作的向前推进，振动器也相应跟上，以保证整个高度混凝土的质量。其具体布置如图 22-5 所示。

(3) 混凝土施工要点　在大体积混凝土浇筑施工时，为保证混凝土在浇筑时不发生离析，便于浇筑振捣密实和施工的连续性，施工过程中应注意满足以下要求。

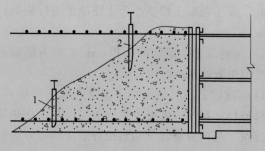

图 22-5 混凝土振捣示意
1—前道振动器；2—后道振动器

① 混凝土拌合物的自由下落高度超过 2m 时，应采用串筒、溜槽或振动管下落工艺，以保证混凝土拌合物不发生离析。

② 当采用分层浇筑方案时，混凝土每层的厚度 H 应符合表 22-6 中的规定，以保证混凝土能够振捣密实。

③ 采用分层分段浇筑方案时，在下层混凝土达到初凝之前，应保证将上层混凝土浇筑并振捣完毕，以确保结构的整体性。

④ 采用分层分段浇筑方案时，尽量使混凝土的浇筑强度（m³/h）保持一致，混凝土供料比较均衡，以保证施工的连续性。

表 22-6 大体积混凝土的浇筑层厚度

混凝土的种类	混凝土振捣方法	浇筑层厚度/mm
普通混凝土	插入式振捣	振动作用半径的 1.25 倍
	表面振捣	200
	人工振捣	
	(1)在基础、无筋混凝土或配筋稀疏构件中；	250
	(2)在梁、墙板、柱结构中；	240
	(3)在配筋稠密的结构中	150
轻集料混凝土	插入式振捣	300
	表面振捣(振动时需加荷)	200

3. 大体积混凝土养护时的温度控制

养护是大体积混凝土施工中一项十分关键的工作。养护主要是保持适宜的温度和湿度，以便控制混凝土内表温差，促进混凝土强度的正常发展及防止混凝土裂缝的产生和发展。根据工程的具体情况，应尽可能多养护一段时间，拆模后应立即回土或在覆盖保护，同时预防近期骤冷气候影响，以控制内表温差，防止混凝土早期和中期裂缝。大体积混凝土的养护与其他混凝土不同，不仅要满足强度增长的需要，还应通过人工的温度控制，防止因温度变形引起混凝土的开裂。

温度控制就是对混凝土的浇筑温度和混凝土内部的最高温度进行人为的控制。在混凝土养护阶段的温度控制应遵循以下几点。

① 混凝土的中心温度与表面温度之间、混凝土表面温度与室外最低气温之间的差值均应小于 20℃；当混凝土结构具有足够抗裂的能力时，一般应控制在 25～30℃ 之间。

② 混凝土拆模时，混凝土的温差不超过 20℃。其温差应包括表面温度、中心温度和外界气温之间的温差。

③ 采用内部降温法来降低混凝土内外温差。内部降温法是在混凝土内部预埋水管，通入冷却水，降低混凝土内部最高温度。冷却在混凝土刚浇筑完时就开始进行，还有常见的投毛石法，均可以有效地控制因混凝土内外温差而引起的混凝土开裂。

④ 保温法是在结构外露的混凝土表面以及模板外侧覆盖保温材料（如草袋、锯木、湿砂、珍珠岩粉等），在缓慢的散热过程中，使混凝土获得必要强度，控制混凝土的内外温差小于 20℃。

⑤ 混凝土表层布设抗裂钢筋网片，防止混凝土收缩时产生干裂。

4. 混凝土的泌水处理和表面处理

（1）混凝土的泌水处理　大体积混凝土施工，由于采用大流动性混凝土进行分层浇筑，上下层施工的间隔时间较长（一般为 1.5～3h），经过振捣后上涌的泌水和浮浆容易顺着混凝土坡面流到坑底。当采用泵送混凝土施工时，泌水现象尤为严重，解决的办法是在混凝土垫层施工时，预先在横向上做出 2cm 的坡度；在结构四周侧向模板的底部开设排水孔，使泌水及时从孔中自然流出；少量来不及排除的泌水，随着混凝土浇筑向前推进被赶至基坑顶端，由顶端模板下部的预留孔排至坑外。

当混凝土大坡面的坡脚接近顶端模板时，应改变混凝土的浇筑方向，即从顶端往回浇筑，在原斜坡相交成一个集水坑，另外有意识地加强两侧模板外的混凝土浇筑强度，这样集水坑逐步在中间缩小成小水潭，然后用软轴水泵及时将泌水排除。采用这种方法适用于排除最后阶段的所有泌水，如图 22-6 所示。

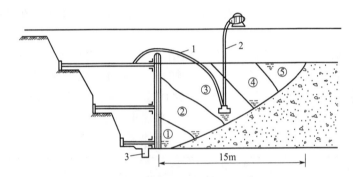

图 22-6　顶端混凝土浇筑方向及泌水排除
1—顶端混凝土浇筑方向（①～⑤表示分层浇筑流程）；2—软轴抽水机排除泌水；3—排水沟

（2）混凝土的表面处理　工程实测表明，大体积混凝土（尤其采用泵送混凝土工艺），其表面水泥浆较厚，这样不仅会引起混凝土的表面收缩开裂，而且会影响混凝土的表面强度。因此，在混凝土浇筑结束后要认真进行表面处理。处理的基本方法是在混凝土浇筑 4～5h，首先初步按设计标高用长的刮尺刮平，在初凝前（因混凝土内掺加木质素磺酸钙减水剂，初凝时间延长到 6～8h）用铁滚筒碾压数遍，再用木蟹打磨压实，以闭合收水产生的裂缝，经 12～14h 后覆盖二层草袋（包）充分浇水湿润养护。

第五节　外加剂在大体积混凝土中的应用实例

一、上海环球金融中心大厦中外加剂的应用

1. 工程概况

2005 年开始建设的上海环球金融中心，位于上海陆家嘴金融贸易区，北临世纪大道，西为金茂大厦，为多功能摩天超高层建筑。大厦的主楼高度为 492m，大楼地上为 101 层，地下 3 为层。主楼基础为筏形，混凝土设计要求为 P8、C40，基础外包尺寸为 69m×69m，主楼底板及厚度有 4.5m、4.0m、2.0m 及不同板厚之间的过渡区域。根据施工方案，主楼基础混凝土总量为 36900m³，最大一次浇筑量为 28000m³，在上海市基础大体积混凝土方面，当时堪称第一。

2. 技术难点

① 基础底板面积大，而且厚度不均，电梯井处的厚度达 12.04m，最大一次混凝土浇筑量为 28000m³，是目前上海市大体积基础单体混凝土量最大的工程，极容易产生收缩裂缝。

② 工程采用商品混凝土，要求商品混凝土 2h 坍落度的损失不大于 30mm，含气量小于 3%，180d 收缩数值小于 $300×10^{-6}$m/m，在混凝土配制技术上必须进行创新。

③ 基础施工正值元月的寒冷冬季，当时的施工环境温度仅为 2℃左右，大体积混凝土内部的温度难以控制。

④ 28000m³ 混凝土要求整体浇筑完成，而本工程地处上海陆家嘴金融、商务、旅游中心，交通流量非常大，必须合理设计混凝土初凝时间，科学安排商品混凝土的生产、运输和泵送，确保混凝土浇筑的连续性和时效性，防止混凝土冷接缝的产生。

3. 大体积混凝土配制技术研究

考虑到本工程在施工中的难点和要求，施工单位上海建工集团决定在基础混凝土中掺加适量的聚羧酸外加剂。

（1）聚羧酸外加剂的抗裂机制　材料试验结果表明，聚羧酸外加剂较木质素磺酸钙和萘系外加剂的收缩率比要小得多不同外加剂类型的收缩率如表 22-7 所列。上海建工集团通过砂浆试验发现，掺加 0.2% 聚羧酸外加剂的砂浆比掺加 1% 萘系外加剂的相同砂浆小 40% 的收缩值，而且两种砂浆试件具有同样的流动性、扩展度和水灰比。

表 22-7　不同外加剂类型的收缩率　　　　单位：%

编号 \ 品种	普通型（"木钙"）	普通型（"木钙"）缓凝	中效型（萘系）	高效型（萘系）	高效型（聚羧酸盐）
1	111	127	114	105	92
2	105	124	110	94	95
3	109	130	113	103	98
4	116	130	109	109	101
5	115	122	112	118	103
变动范围	105～116	122～130	109～114	94～118	92～103

经过进一步分析表明，聚羧酸的减缩功能来源于聚乙烯支链，试验结果表明带有不同长度聚乙烯支链的聚羧酸，可以提供更好的减缩效果。尽管目前对不同长度支链的聚乙烯产生减缩效果的机理尚未明确，但它至少说明聚羧酸的减缩特性类似于传统的减缩剂。

（2）混凝土搅拌工艺的改进　为了满足聚羧酸外加剂的减缩要求，决定采用以下的混凝土搅拌工艺：一定掺量的聚羧酸外加剂与混凝土的用水首先进行混合搅拌，使得聚羧酸外加剂充分溶解在水中。将计量后的粗、细集料和水泥、掺合料一起搅拌 20s；加入事先搅拌的外加剂水溶液搅拌 100s，每盘的搅拌时间总计为 120s。

（3）混凝土水化热的理论分析　大体积混凝土的温升和裂缝是由其物理变化所产生的，因此必须根据混凝土绝热温度的计算，并在温差作用下混凝土线膨胀而引起的内应力是否超过混凝土的抗拉强度，首先从理论上判断裂缝产生的可能性，进而对配合比设计进行验证，达到理论计算与工程实践的统一。

绝热温升 T_j：

$$T_j = W_g Q_0 / C_g \rho \tag{22-4}$$

式中，W_g 为每立方米混凝土的水泥用量，kg/m³；Q_0 为水泥的最终发热量，kJ/kg，取 461kJ/kg；C_g 为混凝土的比热容，kJ/kg，取 0.93kJ/kg；ρ 为混凝土的密度，kg/m^3，取 $2400kg/m^3$。

根据设计配合比中每立方米水泥用量为 270kg 代入式(22-1)：
$$T_j = 270 \times 461/0.93 \times 2400 = 55.8 \text{（℃）}$$

混凝土的最高温度：
$$T = 13 + 55.8 = 68.8 \text{（℃）}$$

根据中心点的温降系数表，当浇筑体的厚度为 4m，龄期为 5d 时的温降系数取 0.74，混凝土的线膨胀系数 $\alpha = 1 \times 10^{-5}$，混凝土弹性模量 $E = 325 \times 10^4$，混凝土入仓温度为 50.9℃，则混凝土的中心最大压应力：
$$\sigma = 0.5\alpha(T - T_y)E$$
$$= 0.5 \times 10^{-5}(68.8 - 50.9) \times 325 \times 10^4$$
$$= 2.9 \text{（MPa）}$$

由混凝土验证试验可知，7d 龄期的最低强度为 47.1MPa，一般混凝土的抗拉强度只有抗压强度的 1/10，因此 7d 龄期混凝土的抗拉强度约为 4.71MPa，由此推算 5d 龄期混凝土的抗拉强度可达 4.0MPa 左右，远远大于 2.9MPa，抗裂性指数为 1.38。

（4）混凝土配合比设计　在对混凝土所用原材料优选的基础上，进行科学的混凝土配合比设计，对保证混凝土质量尤为重要，针对工程基础承台混凝土设计强度 P8、C40 要求进行试配，最终确定的配合比如表 22-8 所列。

表 22-8　工程基础承台混凝土配合比　　　　　　　　　　单位：kg/m^3

材料名称	水	水泥	砂子	碎石	粉煤灰	矿渣粉	外加剂
品种规格	自来水	P·O42.5	中砂	5～25mm	Ⅱ级	S95	聚羧酸
单方用量	170	270	780	1040	70	70	2.72

注：混凝土的坍落度为 150mm±30mm。

4. 大体积混凝土的施工控制

（1）混凝土初凝时间的确定　根据混凝土结构设计，上海环球金融中心主楼基础底板的厚度达 4.0m 及 4.5m，电梯井处厚度达 12.04m，主楼大底板（包括临近塔楼的 2m 厚裙房基础），最大施工直径为 100m，计划每台泵车平均每小时的泵送量为 $35m^3$，每台泵车浇筑跨度为 5m 左右，浇筑时依靠混凝土的流动性形成大斜面分层下料分层振捣，每层厚度为 50cm。

据此可以计算出每层混凝土量为 $100 \times 0.5 \times 5 = 250$（$m^3$），以每小时的泵送量为 $35m^3$ 计，连续浇筑的时间 $t_1 = 250/35 \approx 7$（h），以每辆搅拌车装载量为 $7m^3$ 计，需要搅拌车 = $250/7 \approx 35$（辆），若每辆搅拌车进入指定的卸料位置所需时间为 1min，则 35 辆搅拌车需时间为 35min，即 0.58h，加之浇筑时管道长度的拆卸调整，以每段管道 2m 计，以最大施工直径处需拆装管道 50 次，每次耗时 1min，则管道移动时间为 50min，即 0.83h。据此可计算出每层混凝土的浇筑总时间为 $7 + 0.58 + 0.83 = 8.41$（h），混凝土的初凝时间确定为 9～10h。

（2）搅拌运输车辆的确定　为了避免混凝土施工中冷接缝的产生，混凝土浇筑容许时间应当小于混凝土的初凝时间，为了确保混凝浇筑的连续性，上海建工集团组织了所属七家搅拌站参与大底板的混凝土生产，参与环球金融中心基础大体积底板施工的混凝土搅拌站如表 22-9 所列。

表 22-9　参与环球金融中心基础大体积底板施工的混凝土搅拌站

搅拌站名称	运距/km	单程所需时间/min	搅拌站名称	运距/km	单程所需时间/min
浦新搅拌站	22	35	富康搅拌站	46	50
长桥搅拌站	26	45	汤臣搅拌站	32	50
浦莲搅拌站	8	25	杜行搅拌站	28	50
宏成搅拌站	22	45	平均	26	43

　　根据表 22-9 中所提供的数据和工程实际,考虑到搅拌在生产现场等候装料的时间,以及在施工现场等候卸料的时间,取搅拌车往返时间为 100min,7 家搅拌站的平均运距为 30km,每台泵车平均每小时的输送量为 35m³,每辆搅拌运输车平均装载量为 7m³,经验系数取为 1.3,将以上数据代入有关公式,则每台泵车所需的最少运输车辆为 $N=16$ 辆。根据施工计划安排,用 19 台泵车布料浇灌,则共需要运输车辆为 $M=304$ 辆。

　　在实际施工的过程中,上海建工集团集中了 350 辆搅拌运输车,这样确保了混凝土浇筑的连续性和时效性。

　　5. 与金茂大厦工程的对比

　　(1) 工程规模对比　环球金融中心与金茂大厦工程规模的比较如表 22-10 所列。

表 22-10　环球金融中心与金茂大厦工程规模的比较

工程名称	建筑面积/m²	地下层数	地上层数	总高度/m	最大厚度/m
环球金融中心	377300	3	101	492.0	12.04
金茂大厦工程	289500	3	88	420.5	4.0

　　(2) 施工规模对比　环球金融中心与金茂大厦施工规模的比较如表 22-11 所列。

表 22-11　环球金融中心与金茂大厦施工规模的比较

工程名称	一次浇筑量/m³	浇捣时间/h	搅拌站/家	搅拌车/辆	泵车/台
环球金融中心	28900	42	7	350	19
金茂大厦工程	13500	45	5	115	10

　　(3) 配合比的对比　环球金融中心与金茂大厦配合比的比较如表 22-12 所列。

表 22-12　环球金融中心与金茂大厦配合比规模的比较　　　　单位: kg/m³

工程名称	水	水泥	砂子	碎石	粉煤灰	矿渣粉	外加剂
环球金融中心	170	270	780	1040	70	70	2.72
金茂大厦工程	190	420	625	1050	70	—	3.38

　　(4) 混凝土温度对比　环球金融中心与金茂大厦混凝土温度的比较如表 22-13 所列。

表 22-13　环球金融中心与金茂大厦混凝土温度的比较

工程名称	测温时间	入模温度	中心最高温度	最高温升
环球金融中心	2005 年 1 月 28 日~2005 年 2 月 28 日	10~13℃	67.1℃	54.7℃
金茂大厦工程	1995 年 9 月 19 日~1996 年 11 月 13 日	27~36℃	97.5℃	68.6℃

　　(5) 混凝土强度及收缩　环球金融中心与金茂大厦混凝土强度及收缩的比较如表 22-14 所列。

表 22-14　环球金融中心与金茂大厦混凝土强度及收缩的比较

工程名称	强度等级	混凝土试块	平均强度/MPa	180d 收缩/10^{-6}
环球金融中心	40	209	69.1	295.7
金茂大厦工程	50	157	56.2	468.1

6. 环球金融中心工程总结

① 在超大体积混凝土配制上采用聚羧酸盐外加剂，利用这种外加剂卓越的坍落度保持性，使得出厂混凝土的和易性与现场混凝土的和易性相一致，从而在确保混凝土强度的同时具有优良的施工性能，在国内大体积混凝土配制技术上尚属首次。

② 在超大体积混凝土温度裂缝控制方面，利用聚羧酸盐外加剂独有的低掺量、大流动性、低收缩率特性，在控制混凝土早期收缩，特别是减少干缩方面发挥了突出的作用，是其他类型外加剂所不可比拟的。

二、苏通大桥主墩承台中外加剂的应用

1. 工程概况

苏通长江公路大桥，简称苏通大桥，位于江苏省东部的南通市和苏州市之间，西距江阴大桥 82km，东距长江入海口 108km，是国家高速公路沈海高速的过江枢纽，也是江苏省公路骨架重要的过江节点。建成时是我国建桥史上工程规模最大、综合建设条件最复杂的特大型桥梁工程。苏通长江公路大桥全长 32.4km，其中跨江部分长 8146m。工程于 2003 年 6 月 27 日开工，于 2008 年 6 月 30 日建成通车。

苏通大桥的主 4 号墩承台之大为世界罕见，其外形横断面为哑铃形，每个塔柱下承台的平面尺寸为 51.35m×48.10m，其厚度由边缘的 5m 变化到最厚处的 13.324m，两个承台间的联系梁平面尺寸为 11.05m×28.10m，厚度为 6m，联系梁中部设 2m 的后浇段，将两承台连成一个整体。混凝土的强度等级为 C35，混凝土的总方量为 42271m³。根据施工条件和温度控制要求，承台混凝土施工纵向分为 5 层，平面分为两块，中间设置后浇带，共分 11 次浇筑，分层厚度自下而上为 2.3m、2.3m、2.0m、3.0m、3.724m，单次最大浇筑方量 5548.5m³，其中 5m 直线段以钢吊箱为外模板，其余棱体面以竹胶板覆透水织物为外模板。

2. 技术要求

(1) 混凝土凝结时间　初凝时间 30～35h；终凝时间＜40h。

(2) 混凝土初始坍落度　因承台混凝土为泵送混凝土，加之此承台斜面坡度比较平缓，在浇筑斜面混凝土时采用提高混凝土拌合物流动性的方法适当缓解布料难度，所以将该超大承台混凝土的初始坍落度设计为 180～200mm；1h 后的坍落度大于 150mm。

(3) 混凝土拌合物的和易性良好，不出现离析和泌水现象。

(4) 混凝土 7d 的绝热温升值不大于 35℃，28d 的最大绝热温升值不大于 40℃。

(5) 充分利用混凝土的后期强度，以混凝土 60d 的抗压强度作为验收强度。

3. 技术难点

(1) 混凝土水化热温升　大体积混凝土应尽量降低混凝土的绝热温升，降低混凝土的绝热温升的有效办法，是掺加适量粉煤灰取代部分水泥。粉煤灰中因含有大量的活性氧化硅和氧化铝，有"固体减水剂"的美称，其掺入混凝土中具有增强效应、增塑效应、填充效应和削减温度高峰的作用，是配制大体积混凝土不可缺少的材料。加入适当旳粉煤灰可以改善混

凝土的和易性，增加混凝土中的胶凝物质，降低混凝土的水胶比，使混凝土的早期水化热量显著降低。粉煤灰可以和水泥水化放出的氢氧化钙反应，从而降低水化热。因此，以粉煤灰置换部分水泥后，水化热量放出的速度减缓了。水化热量降低的比例，一般是粉煤灰的置换率的1/2左右。因此，通过粉煤灰抑制混凝土的温升，可以有效地缓和混凝土的开裂。

掺加适量的缓凝剂也可以延缓混凝土浇筑时温度峰值，从而降低混凝土开裂的风险。另外，根据苏通大桥的主1号、2号墩承台与主3号墩承台混凝土温升曲线比对，聚羧酸外加剂比萘系外加剂温升曲线平缓，因此在进行承台混凝土配合比设计时，采取掺加缓凝聚羧酸高效减水剂。

（2）混凝土泌水的控制　大体积混凝土由于低水泥用量很容易使混凝土出现泌水，通过降低混凝土的水胶比，尽量减少混凝土拌合物的自由水，是避免和降低泌水的有效办法。以部分超细粉煤灰取代混凝土中的部分水泥，也可以改善混凝土的泌水。另外，在混凝土中掺加增稠剂以改善混凝土的黏度，也可以大大改善混凝土的泌水情况。在本工程承台的混凝土配合比设计时，拟采用以上3种技术路线解决混凝土泌水问题。

（3）粉煤灰离析的控制　苏通大桥承台混凝土的粉煤灰取代水泥用量率为30%～40%，粉煤灰的表观密度为2.2g/cm³，水泥的表观密度为3.1g/cm³，所以大掺量粉煤灰混凝土在振捣时很容易产生离析，导致粉煤灰上浮。材料试验表明，采用降低水胶比、减小混凝土初始坍落度等办法，可以有效地解决粉煤灰上浮的问题。另外，掺加适量的增稠剂以增大混凝土的黏度，也可以解决粉煤灰上浮的问题。

（4）混凝土抵抗"过振"的能力　苏通大桥4号墩承台为斜坡结构，为了保证所浇筑混凝土在浇筑过程中不出现蜂窝、麻面等质量缺陷，现场混凝土振捣工人在进行浇筑混凝土时难免会出现"过振"的现象，因此，所设计的混凝土应有抵抗"过振"而不出现"翻砂"的能力；另外，降低水胶比和掺加增稠剂提高混凝土拌合物的黏度，也可以较好地解决此难题。

（5）混凝土收缩的控制　为了降低混凝土泌水而采用了低水胶比的技术路线，使在承台混凝土配合比设计时的水胶比相对较小，这同时也导致了混凝土的收缩性加大，因碎石的强度、密度、吸水率和外加剂的种类也对混凝土的干缩影响也很大，因此，承台配合比设计时降低混凝土收缩的途径为：a.降低砂率；b.选用强度高、密度大、吸水率小的玄武岩碎石；c.选用收缩较小的聚羧酸高效减水剂。

4.原材料选择

（1）水泥　根据现行国家标准《混凝土结构耐久性设计规范》（GB/T 50476—2008）中的要求，为了改善混凝土的体积稳定性和抗裂性能，要求水泥厂生产的水泥C_3A含量不超过8%，水泥细度适中，游离氧化钙的含量不超过1.5%，C_2S的含量相对比较高，碱含量低于0.6%。本工程采用南通华新水泥厂生产的堡垒牌P·O42.5级水泥，水泥的各项物理指标如表22-15所列。

表22-15　水泥的各项物理指标

项目	技术指标	项目	技术指标
标准稠度/%	26.2	安定性	合格
细度/%	3.2	抗折强度/MPa	9.2
终凝时间/min	172	碱含量/%	0.54
初凝时间/min	113	抗压强度/MPa	53.8

（2）粉煤灰 为了确保粉煤灰的质量和用量的需要，本工程选用了南通华能磨细Ⅱ级粉煤灰和镇江谏壁风选Ⅰ级粉煤灰，各项技术指标分别如表 22-16 和表 22-17 所列。粉煤灰的质量主要是控制烧失量，所选用的粉煤灰的烧失量应尽量低。由于承台混凝土不属于预应力混凝土和引气混凝土，因此这两种粉煤灰的烧失量均满足现行国家标准《混凝土结构耐久性设计规范》（GB/T 50476—2008）中的要求。

表 22-16 南通华能磨细Ⅱ级粉煤灰的各项技术指标

项目	技术指标	项目	技术指标
含水率/%	0.02	细度/%	13.2
烧失量/%	3.81	需水量/%	99
三氧化硫/%	1.72	碱含量/%	—

表 22-17 镇江谏壁风选Ⅰ级粉煤灰的各项技术指标

项目	技术指标	项目	技术指标
含水率/%	0.04	细度/%	6.8
烧失量/%	2.04	需水量/%	93
三氧化硫/%	1.22	碱含量/%	—

（3）砂子 砂子采用江西赣江的中砂。该砂子经南京工业大学检验无潜在碱活性，坚固性试验的失重率小于 5%，中砂各项物理指标如表 22-18 所列。

表 22-18 中砂各项物理指标

项目	技术指标	项目	技术指标
细度模数	2.7	视密度/(g/cm³)	2.65
含泥量/%	0.8	表观密度/(kg/m³)	1490
空隙率/%	44	泥块含量/%	0.3

（4）碎石 碎石选用镇江茅迪 5～31.5mm 玄武岩。该碎石质地均匀坚固，颗粒形状和级配良好，吸水率低，空隙率小，经南京工业大学检验无潜在碱活性，碎石各项物理指标如表 22-19 所列。

表 22-19 碎石各项物理指标

项目	技术指标	项目	技术指标
针片状含量/%	2.0	密度/(g/cm³)	2.84
含泥量/%	0.5	堆扨密度/(kg/m³)	1560
最大粒径/mm	25	压碎指标/%	4.0

（5）拌合水 混凝土所用的拌合水为沉淀后的长江水，其技术指标应满足《混凝土拌合用水标准》（JGJ 63—2006）中的要求。

（6）外加剂 在混凝土中掺加适量的高效减水剂，可以改变水泥浆体的流变性能，改变水泥及混凝土结构，起到改善混凝土性能的作用。通过材料对比试验，选用上海华登外加剂厂生产的 HP400R 聚羧酸系列混凝土外加剂，该外加剂无氯离子，碱含量小于减水剂干重的 1%。HP400R 聚羧酸系列混凝土外加剂减水率高、掺量低、与低碱水泥适应性好，能够大大改善混凝土拌合物的经时损失，延缓混凝土温升峰值出现的时间，减小混凝土的收缩。

5. 配合比设计

根据本工程的实际情况，采用吴中伟院士提出的简易绝对体积法进行混凝土配合比设计，经过大量的材料试验，最终确定以下 3 个配合比方案备用。在进行混凝土配合比设计时，混凝土胶凝材料应始终在 $360\sim400kg/m^3$ 以内波动，水胶比较大的混凝土拌合物中游离水较多，混凝土拌合物就容易产生泌水，水胶比太小会加大混凝土的收缩，所以在进行混凝土拌制时水胶比控制在 $0.37\sim0.40$ 范围内波动。混凝土配合比试验结果如表 22-20 所列。

表 22-20　混凝土配合比试验结果

编号	材料用量/(kg/m³)						表观密度/(kg/m³)	坍落度/mm		凝结时间/h		抗压强度/MPa		
	水泥	粉煤灰	砂子	碎石	水	HP400R		T0	T1h	初凝	终凝	7d	28d	60d
1	242	148	710	1180	150	3.705	2430	220	210	30.5	35.4	30.8	47.8	49.7
2	228	152	728	1148	151	3.534	2400	210	190	32.5	36.2	25.5	39.1	47.9
3	222	148	738	1155	137	2,664	2400	210	195	30.5	34.8	24.7	46.3	53.3

注：表中外加剂数量均包括复合到外加剂中增稠剂的数量。

大体积混凝土的关键技术指标是绝热温升。试验中选取 1 号、2 号配合比送水利部长江科学院工程质量检测中心测试其绝热温升值。试验按照《水工混凝土试验规程》（DL/T 5150—2001）规定的方法进行，苏通大桥主墩混凝土配合比绝热温升试验结果如表 22-21 所列。

表 22-21　苏通大桥主墩混凝土配合比绝热温升试验结果

配合比编号	2 号	1 号	配合比编号	2 号	1 号
入仓温度/℃	9.7	12.3	14d	36.85	39.50
各龄期混凝土绝热温升/℃			15d	36.95	39.65
1d	3.80	4.00	16d	37.10	39.75
2d	6.15	6.30	17d	37.20	39.80
3d	12.00	13.80	18d	37.30	39.90
4d	21.80	23.95	19d	37.35	39.95
5d	27.50	29.60	20d	37.40	39.95
6d	30.50	32.60	21d	37.40	40.00
7d	32.30	34.90	22d	37.45	40.00
8d	33.75	36.20	23d	37.45	40.05
9d	34.90	37.30	24d	37.50	40.05
10d	35.65	38.15	25d	37.50	40.05
11d	36.10	38.70	26d	37.55	40.10
12d	36.40	39.05	27d	37.55	40.10
13d	36.65	39.30	28d	37.55	40.10

从表 22-21 中 1 号、2 号配合比的绝热温升值可以看出，两个混凝土配合比的绝热温升值均比较小，特别是早期的绝热温升值很小，7d 的绝热温升值均小于 35℃，这说明两个配合比早期的绝热温升值上升缓慢。这对大体积混凝土早期的温度裂缝控制极为有利。根据混

凝土试拌制和绝热温升试验结果，由于 1 号配合比 28d 的绝热温升值超过设计要求的 40℃，所以选定 2 号、3 号混凝土配合比作为现场施工用配合比。

6. 大体积混凝土现场施工控制

（1）混凝土的生产　根据本工程施工的实际需要，混凝土的生产系统配备 1 艘 160m³/h 和 1 艘 120m³/h 混凝土拌和船（每艘拌和船上设置两套搅拌设备和混凝土输送设备），按 60% 额定生产能力计算，则混凝土的浇筑强度最小可达 168m³/h，浇筑面最大面积为 2412.4m²，分层厚度按 20～30cm 计，则每层覆盖时间为 3.5h，满足了承台混凝土浇筑强度的要求。

（2）混凝土原材料供应　由于承台的一次性浇筑混凝土量大，混凝土原材料供应的难度比较大，所以采用早准备、多储备的方法保证混凝土原材料供应。搅拌船储满料后可以一次性浇筑 2000m³ 的混凝土，在混凝土浇筑前，储备多艘砂、石料船在墩位处等候，及时向搅拌船进行补料。水泥及粉煤灰的补充，利用专用的水泥及粉煤灰补给船直接进行补充。

（3）混凝土的浇筑工艺　承台混凝土的浇筑采用拖泵送，布料杆进行布料。每次浇筑时共设置 4 台拖泵和 4 台折叠式布料杆，折叠式布料杆的作用半径为 18m，另外再准备 1 台折叠式布料杆作为备用。

第一、二层混凝土分层浇筑分层振捣，每层浇筑厚度控制在 20～30cm，沿横桥方向进行，其中上、下承台分别由吊箱壁板附近开始，均向联系梁推进，这样可使混凝土表面产生的少量泌水，通过收口模板的缝隙汇入后浇段，便于潜水泵集中抽出。

第三～五层采用全断面、一次到位、斜面推进法浇筑，斜向分层厚度为 30～40cm，从联系区分别向上下游方向推进，采用 ZD75 型振捣棒进行振捣，间距为 50cm，由于斜向浇筑，混凝土流动较远，每台混凝土泵安排 2 台振捣棒在前面振捣，保证了混凝土的密实性，同时避免表面出现假凝。

承台内斜面为 1：3.36，为保证混凝土的质量，采用边支模板边浇筑的方法，每层模板高 1.2m。其余斜面则在适当位置开孔振捣及补料，同时用钢筋轻轻敲击模板，检查里面混凝土是否密实。为尽量减少模板顶口段的气泡及收缩裂缝，顶层混凝土浇筑完毕后，在顶层混凝土初凝前，对其进行二次振捣，并进行压实抹平。

当承台混凝土的温度基本稳定，强度达到设计要求后，进行联系梁的混凝土浇筑，联系梁采用补偿膨胀性混凝土，浇筑前对收口模板的外表面进行认真清理。

通过现场试验值班人员现场精心控制，在整个承台混凝土的浇筑过程中，混凝土拌合物的质量稳定，所拌制的混凝土和易性良好，流动性好，无泌水现象发生，混凝土凝结时间正常，工程施工非常成功。

7. 大体积混凝土监测结果

为避免大体积混凝土出现温度裂缝，对承台混凝土进行了温度应力以及外观进行了监测。

（1）大体积混凝土温度和强度监测　大体积混凝土温度和强度的监测结果如表 22-22 所列。

（2）大体积混凝土内部温度变化过程曲线　大体积混凝土内部温度变化过程曲线，如图 22-7 所示。

表 22-22　大体积混凝土温度和强度的监测结果

浇筑层号	浇筑日期	配合比编号	入模温度/℃	混凝土中心最高温度/℃	取样组数	60d强度/MPa	混凝土方量/m³
下游第一层	2005.3.6	2#	≤15	≤43	28	44.6	5587
上游第一层	2005.2.28	2#	上下浇筑分层厚度、构建尺寸完全相同,只测了下游温度		28	45.8	5601
下游第二层	2005.3.19	2#	≤16	≤45	27	44.2	5288
上游第二层	2005.3.12	2#	上下浇筑分层厚度、构建尺寸完全相同,只测了下游温度		32	46.3	5286
下游第三层	2005.4.20	3#	≤19	≤46	22	45.3	4456
上游第三层	2005.4.14	3#	上下浇筑分层厚度、构建尺寸完全相同,只测了下游温度		23	45.8	4555
下游第四层	2005.4.28	3#	≤20	≤51	16	48.3	3654
上游第四层	2005.4.24	3#	上下浇筑分层厚度、构建尺寸完全相同,只测了下游温度		20	47.0	3663
下游第五层	2005.5.8	3#	≤21	≤53	7	46.0	1291
上游第五层	2005.5.3	3#	上下浇筑分层厚度、构建尺寸完全相同,只测了下游温度		7	43.5	1304

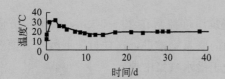

(a) 4#墩承台第一层混凝土断面平均温度过程线

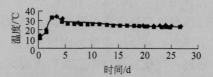

(b) 4#墩承台第二层混凝土断面平均温度过程线

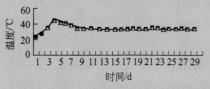

(c) 4#墩承台第三层混凝土断面平均温度过程线

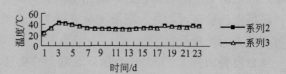

(d) 4#墩承台第四层混凝土(上排测温点)断面平均温度过程线

图 22-7　大体积混凝土内部温度变化过程曲线

从图 22-7 中可以看出,4# 墩承台混凝土在浇筑之后急剧升温,升温阶段在 1.5~2.5d,升温达到峰值后,温度稳定数个小时,随后承台混凝土的温度缓慢下降。混凝土峰值过后,初始混凝土温度下降快,2~6d 后下降速率较平缓,测温结束时混凝土温度趋向于准稳定状态。另外,当被第二层混凝土覆盖后,由于第二层混凝土的急剧升温,使第一层混凝土温度也有不同程度的回升,这是由于第二层混凝土向第一层混凝土传热的结果。

(3) 混凝土内部应力监测结果混凝土内部应力计时曲线如图 22-8 所示。

从图 22-8 中可以看出,混凝土浇筑后,随着混凝土内部温度的上升,混凝土的体积发生膨胀,混凝土中心点处为压应力,最大值分别为 2.0MPa 和 1.6MPa。随着混凝土内部温度的降低,混凝土中心点处由压应力逐渐转化为拉应力,在混凝土降温期拉应力增长较快,待混凝土内部温度降低到接近稳定温度后拉应力基本稳定。

(4) 承台的外观质量检查　浇筑完成的混凝土产品,颜色均匀,无蜂窝、麻面等质量通病出现。现场制取的混凝土抗压试件强度合格。混凝土构件经现场超声-回弹法检测强度合

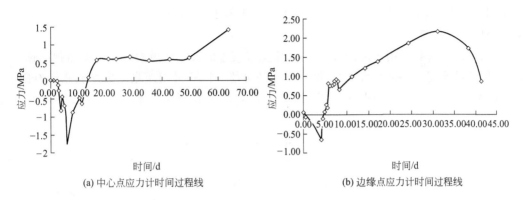

(a) 中心点应力计时间过程线　　　　　(b) 边缘点应力计时间过程线

图 22-8　混凝土内部应力计时曲线

格，经仔细检查确认混凝土无有害裂纹产生。

三、南水北调保定漕河段工程中外加剂的应用

1. 工程概况

南水北调中线工程，是从长江最大支流汉江中上游的丹江口水库调水，输水干渠地跨河南、河北、北京、天津 4 个省、直辖市。输水区域为沿线的南阳、平顶山、许昌、郑州、焦作、新乡、鹤壁、安阳、邯郸、邢台、石家庄、保定、北京、天津 14 座大、中城市。重点解决河南、河北、北京、天津 4 省市的水资源短缺问题，为沿线十几座大中城市提供生产生活和工农业用水。

南水北调中线总干渠漕河渡槽段，是南水北调中线"京石段"应急供水工程的重要组成部分，是目前国内已建成的规模最大的输水渡槽，是南水北调中线总干渠上的一座大型交叉建筑物。该工程位于河北省满城县神星镇，距离保定市约 30km。

工程所在区域为暖温带大陆性季风气候区，漕河干渠线路总长为 9319.7m，渡槽全长为 2300m，设计流量 125m³/s，加大流量 150m³/s，地震设计烈度为 6 度，渡槽的建筑物等级为 Ⅰ 级，设计防洪标准为百年一遇，校核防洪标准为三十年一遇。该段工程由进口段、进口连接段、槽身段、出口连接段组成。

渡槽槽身为大体积薄壁结构，具有跨度大、结构薄、级配小、等级高的特点，最长单跨长度 30m，底宽 20.6m，底板厚 50cm；采用高性能混凝土施工，渡槽槽身的钢筋稠密，采用最大集料的粒径为 25mm。

归纳起来，该项工程具有 2 个特点：a. 使用高性能混凝土；b. 渡槽为水工大体积混凝土薄壁结构。因此，防止混凝土的收缩开裂将成为该工程的主要技术目标。

2. 技术要求

（1）工作性能要求　根据本工程的结构和施工特点，要求新拌混凝土出机坍落度为 180～220mm，15min 坍落度不低于 180mm。混凝土的初凝时间不低于 10min，含气量控制在 (4.0±1.0)%。

（2）力学性能要求　混凝土的力学性能应满足《水工混凝土施工规范》（DL/T 5144—2015）中的要求，50 高性能的配制设计强度为 59.1MPa，弹性模量应大于等于 $3.45×10^4$MPa。

（3）耐久性能要求　根据本工程的结构和施工特点，要求混凝土的抗冻等级应大于等于

F200，抗渗等级应大于等于 W8，干缩变形应小于等于 350×10^{-6}。

3. 原材料选择

（1）水泥的选择　由于碱-集料反应对水工混凝土的破坏性极大，在水泥品种的选择上，必须选用低碱水泥，以减少发生碱-集料反应的可能。试验采用鹿泉东方鼎鑫水泥有限公司生产的 42.5 级普通硅酸盐水泥（低碱水泥），其基本物理力学性能试验结果如表 22-23 所列。

表 22-23　水泥基本物理力学性能试验结果

项目	安定性（试饼法）	比表面积/(m²/kg)	凝结时间(h:min)		抗压强度/MPa			抗折强度/MPa		碱含量($Na_2O+0.658K_2O$)
			初凝	终凝	3d	7d	28d	7d	28d	
试验结果	合格	340	23:9	3:15	32.5	44.7	61.4	8.64	10.37	0.40

（2）掺合料的选择　本工程所用的混凝土掺合料，采用衡水发电厂生产的粉煤灰，粉煤灰性能试验结果见表 22-24。其性能指标应符合《用于水泥和混凝土中的粉煤灰》（GB/T 1596—2017）和《水工混凝土掺用粉煤灰技术规范》（DL/T 5055—2007）中Ⅰ级粉煤灰的要求。

表 22-24　粉煤灰性能试验结果

项目	细度/%	烧失量/%	SO_3 含量/%	需水量比/%	含水率/%	碱含量($Na_2O+0.658K_2O$)
Ⅰ级粉煤灰要求	≤12	≤5.0	≤3.0	≤95	≤1.0	—
试验结果	8.6	4.8	0.40	95	0.30	0.86

（3）细集料的选择　本工程配制混凝土所用的细集料，采用漕河岭东料场的天然砂，根据《水工混凝土施工规范》（DL/T 5144—2015）对砂子进行试验，河砂颗粒级配的试验结果如表 22-25 所列。由此可见该砂子的细度模数为 2.63，属Ⅱ区中砂，符合本工程所用细集料的要求。

表 22-25　河砂颗粒级配的试验结果

筛孔尺寸/mm	5.0	2.5	1.25	0.63	0.315	0.16	筛子底
累计筛余/%	15.4	26.5	37.7	58.5	82.8	94.3	99.9

（4）粗集料的选择　本工程配制混凝土所用的粗集料，采用永胜料场的石灰石人工碎石。根据工程要求，渡槽 C50 混凝土采用一级配碎石，按《水工混凝土施工规范》（DL/T 5144—2015）对碎石进行试验，碎石颗粒粒径分布的试验结果见表 22-26，其他性能指标如表 22-27 所列。

表 22-26　碎石颗粒粒径分布的试验结果

筛孔尺寸/mm	20.0	10.0	5.0	筛子底
累计筛余/%	11.3	71.8	97.6	99.8

表 22-27　碎石其他性能指标

项目	表观密度/(kg/m³)	堆积密度/(kg/m³)	含泥量/%	泥块含量/%	针片状含量/%	压碎值指标/%
试验结果	2680	1440	0.3	0	4.9	9.7

通过试验可以发现，该碎石的含泥量和泥块含量均较低，但针片状的颗粒含量较多，这将在一定程度上影响混凝土拌合物的性能，所以必须通过适当调整浆体和集料比值及砂率，才能改善混凝土拌合物的工作性。

（5）外加剂的选择　混凝土配合比试验中掺用高效减水剂和引气剂。引气剂为北京中水利海利工程技术有限公司生产的 SK-H 高性能引气剂，其性能指标检验结果如表 22-28 所列。

表 22-28　SK-H 高性能引气剂性能检验结果

检测项目	掺量 /%	减水率 /%	泌水率比 /%	含气量 /%	凝结时间之差/min		抗压强度比 /%			碱含量 (Na$_2$O+0.658K$_2$O)
					初凝	终凝	3d	7d	28d	
一等品	—	≥6	≤70	≥3.0	-90	+120	≥95	≥95	≥90	—
SK-H	0.01	8.0	24	4.8	+40	+47	100	108	96	2.85

注：表中的一等品各项性能指标系指《混凝土外加剂》中的要求。

本工程混凝土配合比试验中掺用高效减水剂共 4 种，分别是：北京冶建特种材料公司的 JG-3 萘系缓凝高效减水剂、JG-2H 聚羧酸高效减水剂、石家庄育才建材有限公司的 GK-4A 萘系缓凝高效减水剂和意大利马贝集团的 SP1 聚羧酸高效减水剂。根据现行国家标准《混凝土外加剂》（GB 8076—2008）中一等品的要求对以上 4 种减水剂进行试验，其基本性能试验结果如表 22-29 所列。

表 22-29　4 种高效减水剂基本性能试验结果

检测项目	掺量 /%	减水率 /%	泌水率比 /%	含气量 /%	凝结时间之差 /min		抗压强度比 /%			碱含量 (Na$_2$O+0.658K$_2$O)
					初凝	终凝	3d	7d	28d	
一等品	—	≥12	≤100	≤4.5	-90	+120	≥130	≥125	≥120	—
JG-3	1.8	18.9	51.6	2.6	+270	+280	159	143	132	1.80
JG-2H	1.0	28.0	47.3	1.9	+17	+21	197	191	149	0.19
GK-4A	1.8	21.0	70.6	2.2	+260	+270	188	166	150	2.10
SP1	0.8	29.6	44.0	1.9	+140	+160	184	192	152	0.20

从表 22-29 中可以看出，聚羧酸高效减水剂的碱含量仅为萘系缓凝高效减水剂的 1/10 左右，并且聚羧酸高效减水剂的掺量也比萘系缓凝高效减水剂低得多，这样可大大降低由外加剂引入混凝土的碱含量，对控制混凝土碱-集料反应有极大的帮助。

4. 混凝土配合比设计

为满足南水北调中线工程漕河渡槽高性能混凝土的设计要求，在进行混凝土配合比设计优化时，必须全面兼顾各项性能要求，在减水剂的选择、掺合料掺量的确定、胶凝材料的用量等方面进行大量的试验和比较分析，最终得到满足工程实际需要的配合比。

（1）混凝土的水胶比　控制混凝土的水胶比小于 0.38，这样既可以满足混凝土的强度要求，而且不致引起自干燥收缩开裂。

（2）胶凝材料的用量　根据现行规范和设计要求，该结构体混凝土中水泥用量不得超过 500kg/m^3，水泥与活性矿物掺合料的总量不得超过 550kg/m^3，并应尽可能地提高粉煤灰对水泥的替代率，从降低碱-集料反应的潜在危险。

（3）砂率的确定　根据所用砂石集料的实际情况，通过最紧密堆积法确定砂率的范围为37.0%～41.0%。

（4）外加剂品种及掺量的确定　通过固定混凝土的胶凝材料总量及砂石比例，对掺加 4 种不同的高效减水剂的混凝土进行对比，其性能试验结果如表 22-30 所列。

表 22-30　混凝土配合比及其性能试验结果

| 编号 | 水胶比(W/B) | 粉煤灰掺量/% | 高效减水剂 | | SK-H引气剂/% | 单方混凝土材料用量/(kg/m³) | | | | | 坍落度/mm | | 含气量/% | 凝结时间(h:min) | | 抗压强度/MPa | | |
			种类	掺量/%		水泥	粉煤灰	水	砂	石	0h	1h		初凝	终凝	7d	14d	28d
CH-1	0.33	20	JG-3	3.0	0.025	389	97	162	686	1053	205	115	4.5	14:50	17:10	45.5	47.1	52.7
CH-2	0.33	20	GK-4A	3.0	0.025	389	97	162	686	1053	210	115	4.9	15:20	17:30	44.6	46.5	51.2
CH-3	0.32	15	JG-2H	1.4	0.05	413	73	156	686	1053	240	225	2.8	13:10	16:10	49.1	54.6	60.8
CH-4	0.30	20	JG-2H	1.4	0.05	389	97	146	686	1053	210	190	3.2	12:00	14:10	48.3	52.0	59.1
CH-5	0.32	15	SP1	1.2	0.05	413	73	156	686	1053	240	235	3.8	13:30	16:00	49.3	55.3	62.8
CH-6	0.30	20	SP1	1.2	0.05	389	97	146	686	1053	230	215	3.5	12:50	15:20	48.6	54.8	61.2

从表 22-30 中可从看出，如编号 CH-1 和 CH-2，萘系高效减水剂在掺量较大的情况下，也可以拌制出符合施工要求的大流动度混凝土。但由于萘系高效减水剂自身的缺陷，混凝土坍落度经时损失较大，1h 坍落度的损失可达 100mm，并且由于含气量高，使得混凝土强度的发展受到一些影响。使用聚羧酸高效减水剂，如编号 CH-3 和 CH-6，由于聚羧酸高效减水剂具有较高的减水率，每立方米混凝土可比萘系高效减水剂少用水 6～16kg。虽然增大粉煤灰的掺量会对混凝土的强度有所降低，但通过调整水胶比，混凝土的强度仍然可以得到可靠的保证。提高粉煤灰掺量的另一个优势是降低了早期混凝土的温升，减少了混凝土发生早期收缩开裂的可能。后期粉煤灰二次反应又使得混凝土的孔结构得到优化，孔隙减小得以密实，大大增加了混凝土抵抗侵蚀和冻融的耐久性。

考虑到萘系高效减水剂的碱含量较高，更容易引发碱-集料反应。施工单位决定选取 CH-1 为参照组，对 CH-4 和 CH-6 配合比做进一步的对比试验。

5. 外加剂掺量的确定

通过测定 CH-1、CH-4 和 CH-6 混凝土其他性能来确定最终实际应用的配合比。

（1）干燥收缩试验　混凝土的干燥收缩试件采用 100mm×100mm×515mm 的标准试件，按《普通混凝土长期性能与耐久性能试验方法》中规定的标准条件下养护及检测，在 1d 脱模后，测试其初始长度。混凝土干燥收缩率为同组 3 个试件的平均值。混凝土干燥收缩试验结果如表 22-31 所列。

表 22-31　混凝土干燥收缩试验结果

| 编号 | 收缩率/(μm/m) | | | | | | |
	1d	3d	7d	14d	28d	56d	90d
CH-1	97.2	142.3	182.2	208.5	258.6	339.1	415.9
CH-4	57.2	112.7	128.7	186.5	200.1	286.7	368.4
CH-6	48.4	89.2	97.6	159.1	191.5	263.3	312.1

从表 22-31 中可以看出，使用聚羧酸高效减水剂的混凝土收缩率要明显小于使用萘系高效减水剂的混凝土。对减水剂表面张力的测定中可以得知，聚羧酸高效减水剂对降低水溶液的表面张力效果更明显。这使得混凝土在干缩的过程中，毛细管应力集中趋势减缓，并且由于聚羧酸高效减水剂在很小的吸附情况下就能产生很好的分散效果，使得较多的活性剂分子散布在混凝土液相表面，一定程度上延缓了混凝土失水的速率，所以混凝土由于失水收缩产生的变形要小得多。

（2）抗渗性试验　混凝土抗渗性试验应按照《水工混凝土试验规程》（DL/T 5150—2017）中规定的逐级加压法进行。水压从 0.1MPa 开始，每隔 8h 增加 0.1MPa，直至试验水压达到 0.7MPa。之后稳压 8h，卸下试件劈开，测量渗水的高度，取 6 个试件渗水高度的平均值来进行评价。混凝土抗渗性试验结果如表 22-32 所列。

表 22-32　混凝土抗渗性试验结果

编号	抗渗试验结果		设计抗渗等级
	平均渗水高度/mm	抗渗等级	
CH-1	23	≥W7	≥W6
CH-4	18	≥W7	
CH-6	15	≥W7	

从试验结果来看，3 组混凝土的抗渗等级都达到了 W7 级，但从平均渗水高度看，使用 SP1 减水剂的混凝土渗水高度最低，平均渗水高度仅 15mm，表现出很好的抗渗能力。

（3）抗冻性试验　本工程混凝土抗冻设计等级是 F200，抗冻性试验应按照《水工混凝土试验规程》（DL/T 5150—2017）中规定的快速冻结法进行，试验龄期为 28d。混凝土中心冻融温度为（17±2）～（6±2）℃，一个冻融循环耗时 3～4h。当相对动弹性模量降至 60% 或质量损失达到 5% 时，则认为混凝土已经破坏。混凝土抗冻性试验结果如表 22-33 所列。

表 22-33　混凝土抗冻性试验结果

编号	循环次数	0	25	50	75	100	125	150	175	200
CH-1	相对动弹性模量/%	100	98.5	97.5	97.2	97.0	96.5	96.1	95.4	94.9
	失重率/%	0	0.29	0.36	0.40	0.43	0.51	0.55	0.68	0.79
CH-4	相对动弹性模量/%	100	99.2	98.9	98.4	98.0	97.3	96.9	96.7	96.1
	失重率/%	0	0.11	0.16	0.22	0.23	0.33	0.35	0.41	0.43
CH-6	相对动弹性模量/%	100	100.1	100.3	100.4	100.5	99.3	98.9	98.2	97.4
	失重率/%	0	-0.02	-0.05	-0.05	0.01	0.05	0.16	0.24	0.32

从表 22-32 中可以看出，3 组混凝土的相对动弹性模量损失都比较小，反映出混凝土具有较好的抗冻性能，而使用 SP1 聚羧酸高效减水剂的混凝土，在冻融的初期相对动弹性模量与质量有所增加，这可能是由于所配制的混凝土具有较高的强度，混凝土微观结构比较密实，混凝土的孔隙率低，因而混凝土的水渗透系数很低。随着冻融次数的增长，冻融循环没有对混凝土试件造成破坏，而水分则逐渐缓慢渗入试件的内部，因此测试的混凝土初期平均相对动弹性模量与质量均有所增加。

6. 最终混凝土配合比的确定

经过对以上试验结果的分析与讨论，并针对施工现场材料的最终调整，工程施工单位确定了现场混凝土配合比。渡槽槽身 C50 高性能混凝土配合比如表 22-34 所列；渡槽槽身 C50 高性能混凝土基本性能如表 22-35 所列。

表 22-34　渡槽槽身 C50 高性能混凝土配合比

混凝土材料用量/(kg/m³)							水胶比 [W/(B+F)]	砂率 /%
水泥	粉煤灰	砂子	碎石	水	SP1	SK-H 引气剂		
373	93	718	1056	140	5.60	0.117	0.30	40.5

表 22-35　渡槽槽身 C50 高性能混凝土基本性能

表观密度 /(kg/m³)	坍落度/mm		凝结时间/(h:min)		抗压强度/MPa			抗渗等级
	初始	1h 后	初凝	终凝	7d	14d	28d	
2385	235	225	13:00	15:10	51.8	57.6	64.2	≥W7

　　最终确定的南水北调中线京石应急供水工程漕河渡槽槽身 C50 高性能混凝土配合比，各项性能指标均满足设计要求。该施工配合比方案具有用水量低、胶凝材料用量少、和易性好、方便施工等特点。

　　在该工程中通过掺加第三代高效减水剂降低单位用水量，减少多余的水分，降低水泥用量，从而降低水化热，有效地提高大体积薄壁结构混凝土的耐久性及安全性。

第二十三章

混凝土外加剂在水工混凝土中的应用

水工混凝土是一种在水环境中使用的特种混凝土，即用以修建能经常或周期性地承受淡水、海水或冰块的冲刷、侵蚀、渗透和撞击作用的水工建筑物和构筑物所用的混凝土。水工混凝土体积一般较大，常用水上、水下或水位变化等部位。由于受到的自然条件比较严酷，因此在设计和施工中，应按照有关特殊要求和规定，注意对混凝土原材料的选择，精心进行配合比设计，使混凝土的水化热较低，收缩性较小，抗冲击和耐久性良好。

第一节 水工混凝土的概述

水工混凝土建筑物主要包括混凝土大坝、水闸、渠道、堤防、隧洞、渡槽等，这些水工混凝土建筑物能否长期安全运行不仅影响着巨大的经济效益，更是涉及大江大河防洪度汛等国计民生的大事，因此水工混凝土建筑物的耐久性，是极其重要的大问题。

水工混凝土常用于水上、水下和水位变动区等部位。因其用途不同，对混凝土的技术要求也不同：常与环境水相接触时，一般要求具有较好的抗渗性；在寒冷地区、特别是在水位变动区应用时，要求具有较高的抗冻性；与侵蚀性的水相接触时，要求具有良好的耐蚀性；在大体积构筑物中应用时，为防止温度裂缝的出现，要求具有抵热性和低收缩性；在受高速水流冲刷的部位使用时，要求具有抗冲刷、耐磨及抗气蚀性等。

一、水工混凝土的发展概况

发达国家对于水工混凝土的认识，始于 20 世纪初期，随着水利水电事业的发展，越来越多的混凝土大坝的施工兴建，对水工混凝土的了解越来越深刻。

在工程实践中发现混凝土的强度与水灰比有关，才逐步用低流态混凝土代替高流态混凝土；对混凝土配合比进行设计和试验，才懂得选择不同级配集料代替以往不洗不筛；为调节和降低混凝土水化热，才选用中、低热水泥品种，掺加掺合料和外加剂等措施；为适应大体积混凝土施工中受温度控制的制约，普遍采用柱状分块法浇筑、集料预冷、加冰拌和、快速入仓、薄层浇筑等综合措施。

正是以上对水工混凝土的认识和措施，为混凝土大坝向更大高度、更大规模发展创造了条件，为水工混凝土的施工不断提高质量、缩短工期、降低造价，改善结构性能等，找到了一条有效的途径。

我国的混凝土大坝建设起步于 20 世纪 50 年代初，比工业发达国家落后数 10 年。由于我国是个农业大国，水电资源非常丰富，建坝综合效益特别显著，所以，尽管建国初期工业基础薄弱，科学技术相对落后，资金也非常短缺，但是国家和政府把水电建设放在非常重要的位置，推动了水电事业的快速发展，基本上是每 10 年就上一个台阶。

　　自 20 世纪 60 年代以后，我国筑坝水平有突飞猛进的提高，很多水工建筑物的规模已跃居世界第一位，一些被世界坝工权威、专家定为"难以克服"的技术难题也已被相继征服，我国已成为世界坝工建设的中心。随着西部大开发，许多世界级高难度的大型和超大型水利枢纽工程已开始或着手兴建，为学科提出了一系列迫切需要解决的问题。1949 年以来，已建的水工建筑物正经历着老化过程，部分工程已处于病险期。水工结构与材料学科面临着崭新的机遇和严峻的挑战。

二、水工混凝土的分类方法

　　水工混凝土的分类方法很多，一般主要有以下几种：经常处于水中的水下构筑物；处于水位变化区域的构筑物；偶然受水冲刷的水上构筑物。除此之外，还可分为大体积及非大体积混凝土；有压头及无压头结构等。其具体分类方法如下所述。

　　① 按水工建筑物和水位的关系分类　按水工建筑物和水位的关系不同分类，可分为经常处于水中的水下混凝土和水位变化区域以上的水上混凝土。

　　② 按水工建筑物或结构的体积大小分类　按水工建筑物或结构的体积大小不同分类，可分为大体积混凝土（外部或内部）和非大体积混凝土。

　　③ 按混凝土受水压的情况分类　按混凝土受水压的情况不同分类，可分为受水压力作用的混凝土和不受水压力作用的混凝土。

　　④ 按受水流冲刷的情况分类　按受水流冲刷的情况不同分类，可分为受冲刷部分混凝土和不受冲刷部分混凝土。

　　⑤ 按大体积建筑物的位置分类　按大体积建筑物的位置不同分类，可分为外部区域的混凝土和内部区域的混凝土。

第二节　水工混凝土对原材料要求

　　由于坝体水工混凝土分区部位及各分区混凝土的性能，应符合现行的行业标准《混凝土重力坝设计规范》（SL319—2005）中的规定。因此，配制水工混凝土所用的原材料，与普通水泥混凝土基本相同，主要包括水泥、粗集料、细集料、水、混合材料和外加剂等。

一、水泥

　　水泥是水工混凝土中重要的组成材料，所用水泥的品质如何，关系到水工混凝土的质量是否符合设计要求。因此，水工混凝土所用的水泥应符合现行的国家标准及有关部颁标准的规定，不符合设计要求和现行标准的水泥，不能用于水工混凝土。

　　大型水工建筑物所用的水泥，可根据工程具体情况对水泥中的矿物成分等提出专门的要求。一项水利工程所用的水泥品种应尽量减少，一般以 2～3 个品种为宜，并经过检验技术指标完全合格后，固定厂家供应。

水工混凝土所用水泥的选择，与普通水泥混凝土一样，也是着重考虑水泥品种和水泥强度等级。但是，由于水工混凝土技术要求复杂，工程量大，消耗水泥多，所以在选择水泥时，必须从技术上、经济上和管理上全面考虑。

　　工程实践充分证明，水工混凝土选择水泥主要取决于：a. 工程部位所处的条件；b. 环境水有无侵蚀；c. 混凝土中有无活性集料；d. 选用的水泥品种尽量少；e. 运输距离尽量短。

　　1. 水泥品种的选择

　　在配制水工混凝土选用时，应根据混凝土所处的具体部位，选择不同品种的水泥，选择水泥品种时可按以下原则进行。

　　① 水位变化区域的外部混凝土、构筑物的溢流面处混凝土、经常受水流冲刷部位的混凝土、有抗冻要求的混凝土，应优先选用硅酸盐大坝水泥、普通硅酸盐大坝水泥、硅酸盐水泥和普通硅酸盐水泥等。

　　② 水工混凝土所处的环境水有硫酸盐侵蚀时，应当选用抗硫酸盐硅酸盐水泥，其质量应符合现行国家标准《抗硫酸盐硅酸盐水泥》（GB/T 748—2005）中的规定；也可以选用高铝水泥，其质量应符合现行国家标准《铝酸盐水泥》（GB 201—2015）中的规定。

　　③ 大体积建筑物的内部混凝土、位于水下的混凝土和高层建筑深基础混凝土，由于混凝土内部的温度较高，要求选用水化热小、含碱量低的水泥。通常宜选用矿渣硅酸盐大坝水泥、矿渣硅酸盐水泥、粉煤灰硅酸盐水泥和火山灰质硅酸盐水泥，以降低水泥的水化热，防止混凝土出现温度裂缝。

　　材料试验证明，配制水工混凝土所用的水泥，铝酸三钙（C_3A）的含量最好不超过 $3\%\sim5\%$，铝酸三钙（C_3A）和铁铝酸四钙（C_4AF）的总含量不宜超过 2%，最好选用硅酸二钙（C_2S）含量较高的水泥。

　　2. 强度等级的选择

　　选用的水泥强度等级应与混凝土的设计强度相适应。对于低强度等级的水工混凝土，当其强度等级与水泥强度等级不相适应时，应在施工现场掺加适量的活性混合材料，以此对混凝土的强度进行调整。

　　对于建筑物外部水位变化区域的外部混凝土、建筑物的溢流面处混凝土、经常受水流冲刷部位的混凝土、有抗冻要求的混凝土，选用的水泥强度等级不宜低于 32.5MPa。

　　运至施工现场的水泥，应当有水泥生产厂家的水泥品质试验报告，试验室对所用水泥必须进行复验，必要时应进行化学分析。

二、集料

　　配制水工混凝土所用的集料，主要包括粗集料（石子）和细集料（砂子）。选用的集料应根据优质经济、就地取材的原则，尽量选用天然集料，或选用人工集料，也可选用两者的混合集料。无论选用何种集料，其质量必须符合有关标准的规定。

　　1. 细集料的质量要求

　　用于配制水工混凝土的细集料与现行国家标准《建设用砂》（GB/T 14684—2011）中Ⅱ类砂相接近，其具体的质量应符合下列要求。

　　(1) 砂料应当质地坚硬、清洁无杂、级配良好，最好采用天然的河砂；当需要采用山砂或特细砂时，必须经过试验确定。

　　(2) 砂子的细度模数一般宜控制在 2.4～2.8 范围内。对于天然的砂子，宜按粒径分成两级；对于人工的砂子，可以不进行分级。

（3）为确保水工混凝土的质量，当砂料中有活性集料时，必须进行专门试验，以确定是否可用于配制水工混凝土。

（4）配制水工混凝土所用砂子的其他质量要求应符合表 23-1 中的规定。

表 23-1 细集料的质量技术要求

项目	指标	备注
天然砂中的含泥量/%	<3.0	含泥量是指粒径小于 0.08mm 的细屑、淤泥和黏土总量，不含有黏土团粒
其中黏土的含量/%	<1.0	
人工砂中的石粉含量/%	6～12	石粉是指粒径小于 0.15mm 的颗粒
坚固性/%	<10	指硫酸钠溶液法 5 次循环后的质量损失
云母含量/%	<2.0	
密度/（t/m³）	>2.50	
轻物质含量/%	<1.0	轻物质是指视密度小于 2.0g/cm 的物质
硫化物及硫酸盐含量，按质量计（折算成 SO_3）/%	<0.5	
有机质含量	浅于标准色	如深于标准色，应配成砂浆进行强度对比

2. 粗集料的质量要求

用于配制水工混凝土的粗集料，其质量应符合下列要求。

① 粗集料的最大粒径应适宜，不应超过钢筋间距的 2/3、构件断面最小边长的 1/4、混凝土板厚度的 1/2。对于少筋或无筋水工混凝土结构，应选用较大的粗集料粒径。

② 在水工混凝土工程施工中，宜将粗集料按粒径分成下列几个粒级：a. 当最大粒径为 40mm 时，分成 5～20mm 和 20～40mm 两级；b. 当最大粒径为 80mm 时，分成 5～20mm、20～40mm 和 40～80mm 3 级；c. 当最大粒径为 80mm 时，分成 5～20mm、20～40mm、40～80mm 和 80～120mm 4 级。

③ 配制水工混凝土采用连续级配或间断级配，应根据试验确定。如果采用间断级配，应注意混凝土在运输中集料易产生分离质量问题。

④ 当配制水工混凝土的粗集料含有活性集料、黄锈等时不能随便用于工程中，必须进行专门试验认可后才能使用。

⑤ 水工混凝土用的粗集料，不仅必须具有较好的级配，而且在某些力学性能方面比普通水泥混凝土要求高。应特别指出集料的极限抗压强度不得小于混凝土强度等级的 2.0～2.5 倍（普通水泥混凝土为 1.2～1.5 倍）。

⑥ 粗集料必须按照有关标准和规定，进行力学性能方面的检验。在水电行业无新的标准时，一般应参照国家标准《建设用卵石、碎石》（GB/T 14685—2011）中的要求，要进行岩石抗压强度和压碎指标两项检验。

⑦ 用于配制水工混凝土的粗集料，除必须满足以上几项要求外，其他质量技术要求应符合表 23-2 中的规定。

表 23-2 粗集料的质量技术要求

项目	指标	备注
含泥量/%	D_{20}、D_{40} 粒径级<1.0 D_{80}、D_{150}（或 D_{120}）粒径级<0.5	各粒径级均不应含有黏土团块

续表

项目	指标	备注
坚固性/%	＜5.0 ＜12	有抗冻性要求的水工混凝土 无抗冻性要求的水工混凝土
硫化物及硫酸盐含量,按质量计(折算成 SO₃)/%	＜0.5	
有机质含量	浅于标准色	如深于标准色,应配成砂浆进行强度对比
密度/(t/m³)	＞2.55	
吸水率/%	＜2.5	
针、片状颗粒含量/%	＜15	碎石经试验论证,可以放宽至25%

三、拌合水

用于水工混凝土的拌合水,与普通水泥混凝土完全相同,凡是适于饮用的水,均可用以配制和养护水工混凝土。拌合水的技术指标应符合现行的行业标准《混凝土用水标准》(JGJ 63—2006)中的要求。

四、活性混合材料

为了改善混凝土的性能,合理降低水泥用量,宜在水工混凝土中掺入适宜品种和适量的混合材,掺用部位及最优掺量应通过试验决定。在配制水工混凝土时,常掺加的活性混合材料多为粉煤灰,拌制水泥混凝土和砂浆时,作掺合料的粉煤灰成品应满足表 23-3 要求。

表 23-3　作掺合料的粉煤灰成品的要求

序号	质量指标	粉煤灰级别		
		Ⅰ	Ⅱ	Ⅲ
1	细度(0.045mm 方孔筛的筛余量)/%	≤12	≤20	≤45
2	需水量比/%	≤95	≤105	≤115
3	烧失量/%	≤5	≤8	≤15
4	含水量/%	≤1	≤1	不规定
5	三氧化硫含量/%	≤3	≤3	≤3

五、外加剂

为了改善水工混凝土的某些技术性能,提高水工混凝土的质量及合理降低水泥用量,应在配制混凝土时掺入适量的外加剂,外加剂的品种和掺量应通过试验确定。拌制水工混凝土或水泥砂浆常用的外加剂主要有减水剂、加气剂、缓凝剂和早强剂等。

水工混凝土在使用外加剂时,应注意如下事项。

① 外加剂不能直接加入混凝土混合料中,必须与水混合成一定浓度的溶液,各种成分的用量应十分准确,对含有大量固体的外加剂（如含石灰的减水剂）,其溶液应通过 0.6mm 的筛子过筛。

② 在混凝土的拌制过程中,外加剂溶液必须搅拌均匀。为确保外加剂起到预定的效果,应定期取有代表性的拌制品进行鉴定。

③ 混凝土的外加剂不可贮存时间过长,对外加剂的质量有怀疑时,必须进行试验鉴定,

不得将变质的外加剂用于混凝土中。

第三节 水工混凝土的配制技术

水工混凝土的配合比设计，大体上与普通混凝土相同。由于水工混凝土使用的环境比较特殊，所以在某些方面与普通混凝土还有一定区别。在进行水工混凝土配合比设计时，除应考虑符合水工混凝土所处部位的工作条件，并分别满足抗压、抗裂、抗渗、抗冻、抗冲击、抗磨损、抗风化和抗侵蚀等设计要求外，还应满足施工和易性要求，并采取措施合理降低水泥用量，以降低工程造价。

一、水工混凝土配合比设计的主要参数

在进行水工混凝土配合比设计时，其基本参数主要包括对水泥、集料、外加剂、和易性、强度、抗冻性和抗渗性等。其中，抗渗性和抗冻性是水工混凝土的两个极其重要的特殊性能，因而也是设计水工混凝土的主要参数，必须对这两个参数采取措施加以保证，这也是水工混凝土配合比设计的一项重要任务。其主要的保证措施如下。

① 选择能保证水工混凝土抗渗性和抗冻性的组成材料，如水泥的品种、强度、凝结时间、细度、安定性、水化热等；集料的颗粒级配、吸水率、空隙率、表观密度等；外加剂的种类和性质等。

② 在确定混凝土的水灰比时，不仅要根据水工混凝土的强度要求，同时也要根据混凝土的耐久性（抗渗性和抗冻性）的要求确定。

③ 在确定水工混凝土的水泥用量时，尤其是对于强度较小部位的混凝土，其水泥用量要在一定范围内选择，千万不可用量过小。

④ 在确定水工混凝土的配合比时，要合理选择能保证混凝土密实和耐久的集料拨开系数。

⑤ 对于大体积水工混凝土，有时要采用能减少放热量及体积变形，并能在低水泥用量下使混凝土密实的细填料。

⑥ 采用适宜和适量的引气剂，使水工混凝土结构内部产生均匀的封闭微小气泡，以阻断透水的通路，从而改善和提高混凝土的抗渗性、抗冻性等耐久性能。

二、水工混凝土配合比设计的基本原则

工程实践证明，水工混凝土配合比设计的原则，基本上与普通混凝土相同。根据水工建筑物的特点，水工混凝土配合比设计也具有一定的特殊性。在进行水工混凝土配合比设计时应注意以下基本原则。

① 最小单位用水量。水灰比是决定混凝土强度和耐久性的主要因素，对于水工混凝土，由于其抗渗性和抗冻性要求更高，所以在满足混凝土拌合物和易性的条件下，力求单位用水量最小，以降低混凝土的水灰比，提高混凝土的强度和耐久性。

② 粗集料选用原则。由于水工结构的体积一般较大、工程投资较多，对于混凝土中粗集料应当认真加以选择。在一般情况下，应根据水工结构物的断面、钢筋的稠密程度和施工设备等情况，在满足混凝土拌合物和易性的条件下，选择尽可能大的石子最大粒径和最多用

量，以降低工程的投资。

③ 优选集料的级配。选择空隙率较小的集料级配，对于提高混凝土强度、耐久性，节省水泥用量，降低工程造价，均有很大作用。因此，在进行水工混凝土配合比设计时，必须选择优良级配，同时也要考虑到料场材料的天然级配，尽量减少弃方。

④ 选料的基本原则。在进行水工混凝土配合比设计中，要经济合理地选择水泥的品种和强度等级，优先考虑采用优质、经济的粉煤灰掺合料和外加剂等。

优质的粉煤灰对改善混凝土拌合物的流变性具有显著效果，使混凝土易于振捣密实，因此在设计粉煤灰水工混凝土的坍落度时可取下限值。

在贫混凝土中，以超量取代法（即掺入的粉煤灰数量超过所取代的水泥量）掺加粉煤灰最为有效，超量系数一般以 1.5 左右为宜。

三、水工混凝土配合比的设计步骤

水工混凝土配合比的设计步骤与普通混凝土基本相同，除应符合水工混凝土所处部位的工作条件，分别满足抗压、抗渗、抗冻、抗裂（抗拉）、抗冲耐磨、抗风化和抗侵蚀等设计要求的规定外，还应满足混凝土拌合物的施工和易性的要求，并采取相应措施降低水泥用量。水工混凝土配合比的设计步骤一般如下。

① 根据水工混凝土设计要求的强度和耐久性选定水灰比，即根据强度、抗冻、抗渗、抗裂等要求确定水灰比，最终选定一个全部满足各种设计要求的水灰比。

② 根据混凝土施工和易性（坍落度）和石子最大粒径等选定单位用水量，以选定的水灰比和单位用水量，可求出水泥用量。

③ 根据以上所初步选定和计算的水泥用量、用水量和各种材料的密度等，按照普通混凝土配合比设计的"绝对体积法"或"表观密度法"，计算砂、石的用量，初步确定各种材料的用量。

④ 根据混凝土初步配合比计算和材料的实际情况，通过材料配合比试验和必要的调整，确定 $1m^3$ 混凝土材料用量和配合比。

四、水工混凝土配合比设计的注意事项

水工混凝土所修建的水工结构，大部分为挡水建筑物，混凝土配合比设计质量对建筑安全起着关键作用，甚至危及人民生命财产的安全。因此，在进行水工混凝土配合比设计中还应当注意如下事项。

（1）为确保水工混凝土的质量符合设计要求，工程中所用混凝土的配合比必须通过试验确定。在进行混凝土配合比时，必须按式（23-1）计算其保证强度 $R_保$：

$$R_保 = R_1/(1-t/C_v) = KR_1 \tag{23-1}$$

式中，$R_保$ 为水工混凝土的保证强度，MPa；R_1 为水工混凝土的设计强度，MPa；t 为混凝土保证率系数，如表 23-4 所列；C_v 为混凝土的离差系数，如表 23-5 所列；K 为混凝土强度保证系数，如表 23-6 所列。

表 23-4　混凝土保证率系数

混凝土保证率 $P/\%$	80	85	90	95
混凝土保证率系数 t	0.84	1.04	1.28	1.63

表 23-5　混凝土的离差系数

混凝土设计强度/MPa	<15	20～25	>30
混凝土离差系数 C_v	0.20	0.18	0.15

表 23-6　混凝土强度保证系数

C_v ＼ P	90	85	80	75
0.10	1.15	1.12	1.09	1.08
0.13	1.20	1.15	1.12	1.10
0.15	1.24	1.19	1.15	1.12
0.18	1.30	1.22	1.18	1.14
0.20	1.35	1.26	1.20	1.16
0.25	1.47	1.35	1.27	1.21

（2）对于大体积水工建筑物的内部混凝土，其胶凝材料的用量不宜低于 140kg/m³。混凝土的水灰比应当以集料在"饱和面干"状态下的混凝土单位用水量与单位胶凝材料用量的比值为准，单位胶凝材料用量为 1m³ 混凝土中水泥与活性混合材料质量的总和。

（3）水工混凝土的水灰比应根据设计对混凝土性能的综合要求，由试验室通过试验确定，所确定的水灰比不应超过表 23-7 中的规定。

表 23-7　水工混凝土最大允许水灰比

混凝土所在部位	寒冷地区	温和地区
上、下游水位以上（坝体外部）	0.60	0.65
上、下游水位变化区（坝体外部）	0.50	0.55
上、下游最低水位以下（坝体外部）	0.55	0.60
混凝土大坝的基础	0.55	0.60
混凝土大坝的内部	0.70	0.70
混凝土受水流冲刷部位	0.50	0.50

注：1. 在环境水有侵蚀性的情况下，外部水位变化区域及水下混凝土的最大允许水灰比应减少 0.05。

2. 在采用减水剂和加气剂的情况下，经过试验证明，内部混凝土的最大允许水灰比可增大 0.05。

3. 寒冷地区系指最冷月份月平均气温在 -3℃ 以下的地区。

（4）水工混凝土粗集料级配及砂率的选择，应尽量考虑到集料生产的平衡、混凝土拌合物的和易性及最小单位用水量等要求，经过综合分析后确定。

（5）水工混凝土拌合物的坍落度，应根据建筑物的特点、钢筋含量、混凝土的运输方案、混凝土的浇筑方法和施工气候条件等决定，尽可能采用较小的坍落度。在使用机械振捣的情况下，水工混凝土在浇筑地点的坍落度，可参考表 23-8 中的规定。

表 23-8　水工混凝土在浇筑地点的坍落度

建筑物的性质	圆锥坍落度/mm	建筑物的性质	圆锥坍落度/mm
水工素混凝土或少筋混凝土	30～50	配筋率超过 1% 的钢筋混凝土	70～90
配筋率不超过 1% 的钢筋混凝土	50～70	特殊部位或特殊要求	经试验后确定

第四节　水工混凝土的施工工艺

水工混凝土的施工工艺与普通水泥混凝土基本相同。为确保水工混凝土的施工质量，在整个施工过程中，应当严格按照现行的行业标准《水工混凝土施工规范》（DL/T 5144—2015）中的规定进行，在施工过程中主要是掌握好混凝土的拌制、浇筑、振捣和养护。

一、水工混凝土的拌制

在大型水利水电工程建设中，水工混凝土的用量特别大，要求也比较高，为满足施工进度和质量的要求，对混凝土的拌制可采用搅拌系统实现，如设置混凝土搅拌楼。拌和楼容量比较大、装料时间短、自动化程度高、生产效率高、拌制的质量好，特别适用于混凝土量集中的大型工程。对于一般水利水电工程，可采用移动式的混凝土搅拌机械或搅拌站进行拌制。为确保水工混凝土的拌制质量，在施工中应注意如下事项。

（1）水工混凝土在进行水工混凝土拌制时，必须严格遵守试验室签发的混凝土配料单进行配料，严禁擅自更改。水泥、砂子、石子和混合材均应以质量计，水及外加剂溶液可按质量折算成体积。配制时的称量要准确，偏差不应超过表23-9中所规定的数值。

表 23-9　混凝土各组分称量的允许偏差

材料名称	允许偏差/%	材料名称	允许偏差/%
水泥	±1	混合材料	±1
砂、石	±2	水、外加剂溶液	±1

（2）在混凝土拌制前，应结合工程的混凝土配合比情况，检验设备的性能，如发现不相适应时，应适当调整混凝土的配合比；当有条件时，也可调整混凝土搅拌设备的转速、叶片结构等，直至拌制的混凝土符合设计要求。

（3）在混凝土拌制的过程中，应根据气候条件定时测定砂石集料的含水量；在降雨的天气情况下，应相应地增加测定的次数，以便随时调整混凝土的加水量。同时，应采取相应措施保持砂石集料含水率稳定，砂子含水率应控制在6%以内。

（4）掺有活性混合材料（如粉煤灰、硅灰粉等）的混凝土进行拌制时，混合材料可以湿掺也可以干掺，但应保证在混凝土中掺和均匀。

（5）如果需在混凝土中掺加外加剂，应将外加剂溶液均匀地配入拌合水中。外加剂中的水量，应包括在混凝土用水量之内，以保证混凝土的水灰比不变。

（6）必须保证将混凝土中的各组分搅拌均匀，其拌和程序和拌和时间，应当通过试验确定，也可以参考表23-10中所规定的最小拌和时间。

表 23-10　水工混凝土最小拌合时间　　　　　单位：min

搅拌机进料容量 /m³	最大集料粒径 /mm	混凝土拌合物坍落度/cm		
		2～5	5～8	>8
1.0	80	—	2.5	2.0
1.6	120(或150)	2.5	2.0	2.0
2.6	150	2.5	2.0	2.0

搅拌机进料容量 /m³	最大集料粒径 /mm	混凝土拌合物坍落度/cm		
		2～5	5～8	>8
5.0	150	3.5	2.0	2.5

注：1. 入混凝土搅拌机的量不应超过搅拌机规定容量的10%。

2. 掺加混合材料、减水剂、引气剂及加冰时，宜延长搅拌时间，出机的混凝土中不应有冰块。

二、水工混凝土的浇筑

水工混凝土的浇筑是混凝土施工的重要环节，也是确保水工建筑物工程质量的关键，在进行混凝土浇筑中应做好如下工作。

1. 浇筑前的准备工作

水工混凝土浇筑前的准备工作十分重要，不仅关系到混凝土施工能否顺利进行，而且关系到混凝土工程质量能否达到设计要求。在一般情况下，建筑物地基必须验收合格后，方可进行混凝土浇筑的准备工作。水工混凝土浇筑前的准备工作主要包括以下内容。

（1）对于岩基上的杂物、泥土及松动岩石均应清除，用清水冲洗干净后并排净积水，清洗后的岩基在浇筑混凝土前应保持洁净和湿润；如果有承压力，必须由设计与施工单位共同研究，经处理合格后才能浇筑混凝土。

（2）对于容易风化的岩基及软基，应做好如下各项工作。

① 在架立模板绑扎钢筋之前，应处理好地基临时保护层，以避免在处理保护层时碰撞模板和钢筋。

② 在软土地基上进行操作时，应力求避免破坏和扰动原状土壤，如果出现扰动，应会同设计人员商定补救办法。

③ 非黏性土地基，如果其湿度不够，应至少浸湿15cm深，使其湿度与此种土壤在最优强度时的湿度相符。

④ 当地基为湿陷性黄土时，应采取有效措施进行专门处理。

⑤ 在混凝土浇筑前，应详细检查有关准备工作：地基处理情况，混凝土浇筑的准备工作，模板、钢筋、预埋件及止水设施等是否符合设计要求，并应做好施工记录。

2. 水工混凝土的运输

（1）水工混凝土拌合物的运输要求，与普通水泥混凝土基本相同。按照现行的行业标准《水工混凝土施工规范》（DL/T 5144—2015）中的规定，在不考虑掺加外加剂、掺合料及特殊施工影响的情况下，混凝土的运输时间不宜超过表23-11中的要求。

表23-11 混凝土拌合物的允许运输时间

气温/℃	混凝土拌合物的允许运输时间/min	气温/℃	混凝土拌合物的允许运输时间/min
30～35	20	10～20	45
20～30	30	5～10	60

（2）为了避免因日晒、雨淋、风吹受冻影响混凝土的质量，必要时应将运输工具加以遮盖或采取保温措施，所有的运输设备都应保证混凝土拌合物的自由下落高度不大于2m，否则应采用溜槽、串筒等缓降措施。

3. 水工混凝土的浇筑工艺

基岩面的浇筑表面和老混凝土的表面，在浇筑第一层混凝土前，必须先铺一层 $2\sim3cm$ 的水泥砂浆；对于其他表面是否铺筑水泥砂浆，应进行专门论证。

水泥砂浆的水灰比应比混凝土的水灰比减少 $0.03\sim0.05$。一次铺设的砂浆面积应与混凝土的浇筑强度相适应，采用的铺设工艺应保证新混凝土与基岩或老混凝土结合良好。

（1）混凝土应按设计的一定厚度、顺序、方向分层进行浇筑。在高压钢管、竖井、廊道等周边浇筑混凝土时，应使混凝土均匀上升。

（2）混凝土的浇筑层厚度，应根据混凝土拌制能力、运输距离、浇筑速度、施工气温及振捣器性能参数等因素确定。在一般情况下，浇筑层的允许最大厚度不应超过表 23-12 中规定的数值；如果采用低流态混凝土及大型强力振捣设备时，其浇筑层厚度应根据试验确定。

表 23-12 混凝土浇筑层的允许最大厚度

项次	振捣器的类别		浇筑层的允许最大厚度
1	插入式	电动、风动振捣器 软轴式振捣器	振捣器工作长度 4/5 振捣器头长度的 1.25 倍
2	表面振捣器	在无筋和单层钢筋结构中 在双层钢筋结构中	250mm 120mm

（3）浇筑仓内的混凝土应随浇筑随平仓，不得产生混凝土堆积。仓内如果有粗集料堆叠时，应均匀地分布到砂浆较多处，但不得用水泥砂浆进行覆盖，以免造成内部蜂窝。在倾斜面上浇筑混凝土时，应当从低处开始浇筑，浇筑面应保持水平。

（4）在浇筑混凝土的过程中，如果混凝土拌合物流动性较差，严禁在仓内浇水。若发现混凝土拌合物的和易性不符合要求时，必须采取加强振捣等有效技术措施，以保证混凝土质量。

（5）水工混凝土结构大部分为挡水的结构，要求其具有良好的抗渗性和整体性。因此，水工混凝土应连续浇筑，如因故中止且超过允许间歇时间时，则应按施工缝进行处理；如果下层混凝土能重塑者，仍可继续浇筑混凝土。浇筑混凝土的允许间歇时间，可通过试验确定，也可参考表 23-13 中的规定。

表 23-13 水工混凝土浇筑的允许间歇时间

混凝土浇筑时的气温/℃	浇筑允许间歇时间/min	
	普通硅酸盐水泥	矿渣硅酸盐水泥、火山灰质硅酸盐水泥
$20\sim30$	90	120
$10\sim20$	125	180
$5\sim10$	195	—

对于混凝土施工缝的处理应遵守以下规定。

① 已浇筑好的混凝土，在混凝土的强度尚未达到 $2.5MPa$ 前，不得在其上面进行上一层混凝土的浇筑准备工作。

② 混凝土表面应用压力水、高压砂粒或刷毛机等加工成粗糙面并清洗干净，排除混凝土的表面积水，在表面铺设一层 $2\sim3cm$ 的水泥砂浆，方可浇筑新的混凝土。

（6）在进行混凝土浇筑时，应经常清除黏附在模板、钢筋和预埋件表面的砂浆。

三、水工混凝土的振捣

（1）混凝土宜使用振捣棒进行振捣，每一个位置的振捣时间，以混凝土不再呈现明显下沉，并且不出现气泡，表面开始泛浆时为准。

（2）振捣棒前后两次插入混凝的间距，应不超过振捣棒的有效半径1.5倍。混凝土振捣棒的有效半径应根据试验确定。振捣棒进行振捣时，应垂直将棒插入混凝土中，并按顺序依次振捣，如果需要略微倾斜，则倾斜方向应保持一致，以免出现漏振。

（3）浇筑块的第一层混凝土以及两罐混凝土卸料后的接触处，应加强平仓和振捣，特别要防止这些混凝土出现漏振。振捣上层混凝土时，应将振捣棒插入下层混凝土5cm左右，以加强与下层混凝土的结合。

（4）结构物设计预面的混凝土浇筑完毕后，应使其表面达到平整，高程应符合设计要求，避免因高程不足而需浇筑二期混凝土。在浇筑高流态混凝土时，应使用相应的平仓振捣设备，如平仓机、振捣器组等，对这种流动性较大的混凝土必须振捣密实。

四、水工混凝土的养护

水工混凝土与普通混凝土基本相同，在浇筑完毕后应及时进行洒水养护，以保持混凝土表面经常湿润。低流态混凝土浇筑完毕后，更应加强养护，并延长养护时间。水工混凝土在养护中应注意以下方面。

（1）水工混凝土在浇筑完毕以后，其凝结硬化的早期应避免太阳的直接照射，混凝土的表面应加以遮盖。

（2）在常温条件下，水工混凝土在浇筑后12～18h内即开始养护，在炎热和干燥的气候情况下，应提前进行养护。

（3）水工混凝土的养护时间应根据选用的水泥品种而定，一般应控制在14～21d。重要结构部位或利用后期强度的混凝土，以及在炎热、干燥气候条件下，不仅应提前进行养护，而且应适当延长养护时间，一般至少养护28d。

（4）水工混凝土的养护方法很多，一般多采用人工洒水养护。在大仓面薄层浇筑的工程中，有的采用水套法进行养护，这对混凝土的散热防裂更为有利。对于一些不便于洒水和覆盖草袋养护的部位，也可用薄膜养生剂对混凝土进行养护。

（5）有温控要求的混凝土和低温季节施工的混凝土，其养护应按有关规定执行。混凝土的养护工作应有专人负责，并应做好施工记录。

第五节　外加剂在水工混凝土中的应用实例

一、外加剂在三峡大坝三期工程中的应用

位于西陵峡内的长江三峡水利枢纽工程，即三峡工程，是目前世界上最大的水利工程，也是我国有史以来建设最大型的工程项目。三峡工程建筑由大坝、水电站厂房和通航建筑物三大部分组成，坝高185m，总装机容量1820kW·h，年发电量8.47×10^{10}kW·h，蓄水位为175m。三峡工程具有发电、防洪、通航三大作用。

三峡大坝混凝土浇筑总量为 1610 万立方米，为世界之最。而创造这一奇迹的背后，是众多混凝土新技术、新材料的应用，在三峡大坝三期工程中，根据工程的实际需要，大规模地采用了自密实混凝土技术。但是这一新技术在应用的过程中，施工企业就围绕着采用什么样的外加剂，配制自密实混凝土进行了大量的探索试验，其中多次更换相应的外加剂，最终采用聚羧酸外加剂，并取得了满意的效果。

　　1. 工程概况

　　青云公司中标承建的三峡大坝三期工程左岸厂房坝段ⅡA 标段，其中的电站引水压力钢管道布置在左厂房的 1# ～10# 钢管坝段，顺流向划分为进水口及渐变段、坝内上斜直段、上弯段、斜直段、下弯段、下平段和厂内明管段。其中坝内上斜直段到下平段，按钢筋混凝土与钢板联合受力结构设计，钢管的直径为 12.4m，每条钢管外包混凝土的厚度为 2m，混凝土工程量约为 2.04 万立方米。坝内上斜直段、上弯段、下弯段及下平段钢管底部相对平缓，周围的钢筋多为 3～4 层，钢筋量大且密集，如果按常规混凝土施工，施工难度非常大，钢管底部混凝土振捣困难，不易振捣密实，很容易出现脱空现象。为解决这一技术难题，青云公司在充分试验和论证的基础上，将自密实混凝土用该部位。

　　自密实混凝土（简称 SCC）是指在自身重力作用下，能够自行流动、密实，即使存在致密钢筋也能完全填充模板，同时获得很好均质性，并且不需要附加振动的混凝土。早在 20 世纪 70 年代初期，欧洲就已经开始使用轻微振动的混凝土，但是直到 20 世纪 80 年代后期，自密实混凝土才在日本发展起来。日本发展自密实混凝土的主要原因是解决熟练技术工人的减少和混凝土结构耐久性提高之间的矛盾。欧洲在 20 世纪 90 年代中期才将自密实混凝土第一次用于瑞典的交通网络民用工程上。随后 EC 建立了一个多国合作自密实混凝土指导项目。从此以后整个欧洲的自密实混凝土应用普遍增加。

　　2. 自密实混凝土试配

　　自密实混凝土试验由青云公司试验室与日本株式会社合作完成，按照《水工混凝土试验规程》（SL 352—2006）和日本《土木学会自密实混凝土施工指南》（JISA 1101）中的规定进行，目的是研究解决压力钢管周围和底部填充的混凝土配合比参数，并为其他类似工程提供经验。试验选择掺入粉体类外加剂和水深性纤维素醚增黏剂两类配比进行研究选定。最终选择掺入粉体类外加剂进行了现场试用。

　　（1）设计技术要求　自密实混凝土设计指标如表 23-14 所列。

表 23-14　自密实混凝土设计指标

编号	混凝土	级配	抗冻等级	抗渗等级	水泥品种	使用部位
1	R28250	二级配	D250	S10	中热 52.5 级	管道周边
2	R90300	二级配	D250	S10	中热 52.5 级	孔口周边

　　（2）试验所用材料　自密实混凝土试验采用的原材料为三峡工程施工所用，全部满足中国长江三峡工程标准（TGPS）对各类原材料的要求。

　　① 水泥　采用葛洲坝水泥厂生产的 42.5 级中热硅酸盐水泥，其技术指标应符合现行国家标准《中热硅酸盐水泥、低热硅酸盐水泥》中的规定。

　　② 粉煤灰　采用安徽Ⅰ级粉煤灰，掺量为 20%～30%，其技术指标应符合现行国家标准《用于水泥和混凝土中的粉煤灰》中的规定。

　　③ 集料　细集料采用宜昌市夷陵区的人工砂，其母岩为鸡公岭矿山的斑状花岗岩。主

要矿物成分为石英、斜长石、白方石及磁铁矿等，3种混合成品砂，其中石屑为粗砂，巴马克制砂机生产偏中砂，棒磨机生产细砂，在系统生产时3种砂同时生产，调节搭配成人工砂。

粗集料采用基础开挖的微新和新鲜内云斜长花岗岩，矿物成分主要是长石、黑云母和少量角闪石。集料级配选择：按照不同比例配合测定其表观密度，从中选出表观密度大、空隙率较小的集料级配为最优级配。根据级配选择试验和施工现场情况，粗集料级配选定为二级配，中石：小石＝60：40。

④ 外加剂 采用浙江龙游外加剂厂生产的 ZB-1A，河北石家庄外加剂厂生产的 DH9，上海麦斯特公司生产的 SP-8N 和 303A，日本信越化工厂生产的增黏剂 SFCA2000 等。这些外加剂均符合中国长江三峡工程标准《混凝土外加剂技术要求及性能指标》（TGPSOS—1998）。

（3）混凝土试验过程 混凝土拌合按照现行的行业标准《水工混凝土试验规程》中第4.0.1条"混凝土拌合物室内拌合方法"进行。混凝土的水灰比为 0.37～0.45，粗集料级配为二级配，粉煤灰掺量为 20%～30%。拌合物和易性检验，设计扩散度为（60±5）cm，即拌合物自行流动后的两个相垂直的直径作为混凝土的扩散度，分别在混凝土流出后 5min、30min、60min 进行测量。混凝土自流填充模拟试验，采用尺寸为长×宽×高＝75cm×60cm×15cm 的端开口的方形槽，在槽的上方覆盖一带有通气孔的钢板，并在方形槽开口端搭接一个略高于方形槽的灌注口。通过模拟试验发现混凝土通过自流，完全可以充满方形槽，混凝土中的集料分布均匀，无集料分离现象。

（4）试验结果分析 掺加 ZB-1A 和 DH9 外加剂混凝土试验：当 ZB-1A 掺量为 0.8%，DH9 掺量为 0.005% 时，混凝土的坍落度、含气量均满足要求。

掺入增黏剂 SFCA2000 的试验：掺入一定量增黏剂后，混凝土的粘聚性增加，基本无泌水现象；当 SP-8N 掺量为 1.45%，单位用水量为 177kg/m³ 时，混凝土的坍落度、含气量均满足要求。

为了检验混凝土能否满足设计力学强度指标、抗压弹性模量、极限拉伸值、抗冻、抗渗等耐久性和变形性能，应进行混凝土 28d 龄期的试验。从试验结果看，各项指标均满足设计要求。最后试验选定使用的自密度混凝土配合比如表 23-15 所列。

表 23-15 自密度混凝土配合比

设计等级	集料级配	水灰比	砂率 /%	单位用水量 /(kg/m³)	粉煤灰掺量 /%	设计坍落度 /cm	外加剂掺量 (ZB-1A)/%
R90300 D250S10	二级配	0.37	44.5	160	25	25～27	0.80

自密实混凝土加入缓凝高效减水剂和引气剂，随着掺量的增加，含气量也增加，气泡在混凝土中起到一定的润滑作用，从而增大了混凝土的流动性，同时对混凝土的抗冻性能有利；但含气量过大，混凝土的强度降低较多，所以含气量应控制在 7.5%～8.5% 为好。其次，掺入一定量的增黏剂，对自密实混凝土的粘聚性有利，可减少因流动性大而容易产生集料分离和离析，满足混凝土拌合物和易性要求。

3. 自密实混凝土配合比优化

自密实混凝土通过现场实际应用，现在使用的混凝土配合比基本能够满足设计要求，但是施工过程中仍有粗集料与砂浆分离的现象。针对这一情况，施工单位试验室对混凝土配合比进行了进一步优化。试验材料选择过程与前面所述相同，外加剂方面增加了增黏剂，减水剂采用了南京水科院生产的 JM-Ⅱ泵送剂。

从试验结果看，粗集料采用中石：小石＝40：60，减水剂掺量采用 0.75％时，混凝土拌合物的流动性较好，增黏剂的使用更有效缓解了泌水较大和集料分离的现象。JM-Ⅱ泵送剂与 ZB-1A 相比较，JM-Ⅱ与 DH9 的相容性差，因此引气剂 DH9 的掺量相对高，具体控制含气量应达到设计含气量为准，从总体上讲，掺用增黏剂和集料级配、砂率的调整，使现存的集料分离问题得到了解决。自密实混凝土优化后配合比如表 23-16 所列。

表 23-16 自密实混凝土优化后配合比

设计等级	集料级配	水灰比	砂率/％	用水量/(kg/m³)	粉煤灰掺量/％	设计坍落度/cm	外加剂掺量/％		
							增黏剂	JM-Ⅱ	DH9
R90300 D250S10	二级配	0.37	46.0	160	25	25～27	1.2	0.75	0.007

4. 自密实混凝土配合比确定

虽然混凝土采用 JM-Ⅱ泵送剂和 ZNJ 增黏剂联合掺用的办法，有效地克服了集料分离的问题，使混凝土具有高流态抗分离和粘聚性好的优良性能，但在配制中需人工添加增黏剂，生产程序较为复杂。在三期工程中经过几个试验单位的反复对比试验，最终确定选用新型的聚羧酸系列的 Glenium SP8cr-hc 超高效减水剂，同时调整了原材料。

（1）混凝土原材料

① 水泥 在水工建筑物中，为了减小水泥水化热温升，宜选用中热硅酸盐水泥或低热硅酸盐水泥，在三峡三期工程中，自密实混凝土采用石门 42.5 中热硅酸盐水泥和石门 42.5 低热硅酸盐水泥，水泥 28d 的抗压强度分别达到 53.8MPa 和 53.3MPa，7d 水泥水化热量分别为 274kJ/kg 和 208kJ/kg。

② 粉煤灰 采用襄樊生产的Ⅰ级粉煤灰，需水量比为 92％，细度为 3.0％。

③ 集料 集料采用宜昌市夷陵区生产的人工砂、人工碎石，表观密度为 2650kg/m³，粗集料最大粒径选用 40mm，人工砂的细度模数为 2.50～2.60，石粉含量为 10％～14％。

④ 外加剂 混凝土外加剂采用上海麦斯特公司生产的聚羧酸系列的 Glenium SP8cr-hc 超高效减水剂及 AIR202 引气剂。

（2）在回填工程中的应用 右岸电站厂房肘管底部二期回填第一层因施工振捣困难，采用下部为大坍落度泵送混凝土、上部为自密实混凝土的施工方法，其中自密实混凝土由下至上分别采用二级配和一级配，肘管底部二期回填第一层剖面如图 23-1 所示，自密实混凝土施工配合比主要参数如表 23-17 所列。单仓沿坝轴线方向长约为 35m，混凝土浇筑方量约

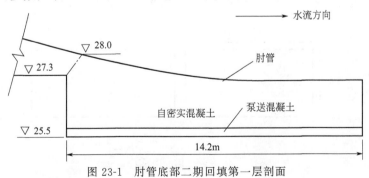

图 23-1 肘管底部二期回填第一层剖面

830m³，其中自密实混凝土约660m³，浇筑历时约22h，混凝土采用泵送浇筑方式，在肘管上开孔灌注，现场浇筑情况良好。

表 23-17　自密实混凝土施工配合比主要参数

工程部位	强度等级	级配	水胶比	用水量/(kg/m³)	粉煤灰掺量/%	砂率/%	SP8cr-hc掺量/%	AIR202掺量/%
右岸电站厂房	C25P250W10	一级配	0.37	180	25	49	0.50	0.70
	C25P250W10	一级配	0.40	175	20	51	0.50	0.40
右岸厂房坝段	C25P250W10	二级配	0.40	160	25	48	0.60	0.40

仓内埋设两层冷却水管通入冷水，以降温削减混凝土内部最高温度峰值，水管进水温度为8～10℃，浇筑混凝土即开始通水，24h更换方向一次，混凝土内部出现最高温度前通水流量为35～40L/min，最高温度出现后通水流量降至18～25L/min。根据经验公式推算出一、二级配混凝土的3d水泥水化热温升分别为37℃和34℃，预冷混凝土出机口处的温度约8℃，浇筑时的温度约15℃，混凝土内部3d左右达到约40℃的最高温升，冷却水管的埋设削减最高温度9～12℃，这样可以有效地控制混凝土温度裂缝的发生。

（3）混凝土拌合物旳性能

① 流动性　自密实混凝土属于高流态混凝土，不宜单一采用坍落度评价其流动性，依据现行的行业标准《水工混凝土试验规程》中的混凝土拌合物扩散度试验方法来测定混凝土拌合物扩散度，以此来评价自密实混凝土拌合物的流动性能。当试验采用粗集料最大粒径为20mm，水胶比为0.37，用水量为180kg/m³时，掺加0.50%的SP8cr-hc超高效减水剂，混凝土扩散度约为50cm，在30min内还有一定增长，30min后趋于稳定，60min无损失；当试验采用粗集料最大粒径为40mm，水胶比为0.40，用水量为160kg/m³时，混凝土扩散度也达到50cm。上述混凝土的流动性比较好，在扩散度测试过程中集料无离析现象。由于SP8cr-hc超高效减水剂的二次释放功能，提高了混凝土扩散度的保持能力，非常有利于混凝土浇筑。

② 通过钢筋栅间隙能力　为评价混凝土拌合物通过钢筋栅间隙的能力，使用图23-2试验装置进行试验。使混凝土拌合物从 A 向 B 水平流动通过两层间距为8cm的钢筋栅（钢筋直径为25mm），分别检测 a、b 两处的混凝土表观密度和高差，通过混凝土表观密度和高差比较，评价混凝土通过钢筋栅间隙的能力。试验结果表明，在混凝土参数基本相同的情况下，水胶比为0.37时，a、b 两处的表观密度差为0，高差为0.3～0.5m；水胶比增大到0.40时，表观密度差为4%，高差也有所增大，表明混凝土拌合物通过钢筋栅间隙能力与混凝土的水胶比有很大关系，当建筑物的钢筋比较密集时，水胶比不宜大于0.40。

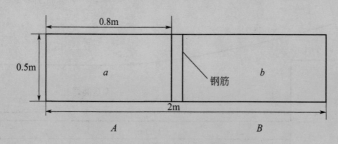

图 23-2　通过钢筋栅间隙的试验装置

③ 混凝土的填充能力　填充能力是表示自密度混凝土工作性的一个重要指标，一般采用 BOX 模型试验来进行检验，考虑到 BOX 模型太小，难以反映混凝土拌合物通过多层钢筋后的填充能力，根据实际情况对模型进行了改良，改良后的试验装置为长×宽×高＝2m×0.3m×0.5m 的木制"U"形槽，内置多层钢筋网，BOX 模型示意如图 23-3 所示。

试验时混凝土从一端倒入，流经布有钢筋网的中部，然后从另一端翻出。观察混凝土拌合物在流经钢筋网后是否发生分离，待混凝土硬化后，拆除模板观察混凝土对整个试验装置的填充情况和表面是否有缺陷。试验结果采用最大粗集料粒径为 20mm、水胶比为 0.37 的混凝土，流经钢筋网后无分离现象，拆除模板后"U"形槽试模边角填充饱满，试件外观无缺陷。

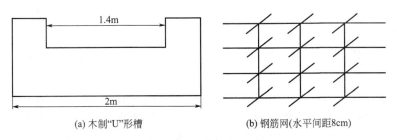

(a) 木制"U"形槽　　　　　(b) 钢筋网(水平间距8cm)

图 23-3　BOX 模型示意

（4）混凝土力学性能及耐久性能　自密实混凝土的抗压强度在水胶比及粉煤灰掺量相同的情况下，与常规混凝土基本相同，但自密实混凝土具有较高的轴心抗拉强度和极限拉伸值，同时自密实混凝土也具有良好的抗冻和抗渗性能，表 23-18 列出了混凝土抗压强度，表 23-19 列出了混凝土力学性能。

表 23-18　混凝土抗压强度

强度等级	级配	水胶比	粉煤灰掺量/%	扩散度/cm	含气量/%	28d 抗压强度/MPa
C25P250W10	二级配	0.37	25	60	4.8	46.4
C25P250W10	二级配	0.40	25	45	5.5	42.1
$C_{90}20P250W10$	二级配	0.48	35	—	4.6	24.9
$C_{90}15P100W8$	二级配	0.48	40	—	4.7	22.4

表 23-19　混凝土力学性能

强度等级	级配	水胶比	轴心抗拉强度/MPa	极限拉伸/10^{-4}	弹性模量/GPa	抗冻性能	抗渗性能
C25P250W10	一级配	0.37	3.82	1.21	30.7	≥F250	≥W10
C25P250W10	二级配	0.37	3.43	1.12		≥F250	≥W10

二、引气剂在水电工程中的应用

在水工建筑物中，耐久性主要表现为抗冻和抗渗。当引气剂掺入混凝土中，在搅拌过程中引入大量的均匀分布、稳定的、封闭的微小气泡。这些微小气泡的形成，避免了毛细管道形成，缓解了自由水受冻所产生的膨胀压力，从而提高了抗冻性和抗渗性，改善了混凝土的耐久性。掺入适量的引气剂后，引入了稳定、均匀、封闭的微小气泡，可使混凝土抗冻融性得到改善，其改善程度通常是几倍甚至十几倍的提高，这样大大延长了混凝土使用寿命。而对于不掺引气剂的混凝土，在搅拌过程中仅有 1%～2% 含气量，且气泡不均匀、不规则，对提高混凝土抗冻融不会产生有利影响。通过日常冻融试验，不掺引气剂的混凝土冻融 25 次左右时表面即出现剥落露石，而掺加引气剂的混凝土冻融次数可达 200 次或 300 次以上。工程实践表明，引气剂是提高混凝土抗冻和抗渗性能的有效途径，可以改善混凝土的耐久性，并已在水利工程中得到广泛的应用。

1. 引气剂在云南景洪水电站的应用

（1）水电站的工程概况 景洪水电站位于云南省西双版纳傣族自治州境内澜沧江下游河段，是澜沧江中下游河段规划的两库八级开发方案的第六段，上、下游分别与糯扎渡水电站和橄榄坝水电站衔接。坝址距景洪市约 5.0km。拦河坝为碾压混凝土重力坝，最大坝高为 114m，坝顶长为 704.5m。电站采用河床坝后式厂房，厂房坝段位于河床左侧主河槽部位，共设置 5 台机组，单机容量为 350MW，总装机容量为 1750MW。

景洪水电站主体工程包括冲沙底孔坝、段排沙建筑物及引水发电建筑物。混凝土总浇筑量为 206.5 万立方米，其中常态混凝土为 115.6 万立方米，碾压混凝土为 90.9 万立方米。

（2）外加剂的技术要求 与云南龙滩水电站工程基本相同，本水电站工程也采用了多种混凝土配合比，对引气剂的性能和适应性提出了更高的要求。经过试验证明，GYQ 高性能混凝土引气剂以优异的性能、稳定的产品质量在竞争中脱颖而出，在现场的使用中获得了施工单位的好评。

（3）应用情况分析 工程实践证明，GYQ 高性能混凝土引气剂掺量较低，引气质量好，气泡非常稳定，与高效减水剂的相容性好，溶液也很稳定。掺加 GYQ 高性能混凝土引气剂的常态混凝土和易性好，有效降低了混凝土的泌水率，可泵性能明显提高；碾压混凝土中掺加 GYQ 高性能混凝土引气剂，含气量比较稳定，不仅有效保证了混凝土的强度，而且混凝土抗冻、抗渗、极限拉伸都满足设计要求，大大提高了混凝土的耐久性能。

（4）经济效益分析 GYQ 高性能混凝土引气剂的使用，可以为用户带来可观的经济效益。假定不掺加引气剂混凝土的水泥用量为 330kg/m³，混凝土、水泥和 GYQ 高性能混凝土引气剂的价格分别为 350 元/m³、350 元/m³、1.5 万元/t。

当混凝土含气量为 4% 时，可以满足普通抗冻的要求，需要掺加 GYQ 高性能混凝土引气剂 0.3×10^{-4}。水泥用量和坍落度保持不变时，混凝土的抗压强度认为不损失，则掺加引气剂后每立方米混凝土增加成本为 $0.33 \times 0.3 \times 10^{-4} \times 15000 = 0.1458$（元/m³），但由于混凝土含气量为 4%，则相当于每立方米混凝土体积增加为 1.04m³，即每立方米混凝土体积增加收益为 $0.04 \times 350 = 14$（元），因此每立方米混凝土增加的收益为 $14 - 0.1458 = 13.8542$（元）。基准混凝土的价格越高，经济效益越好。

混凝土引气剂能大幅度提高混凝土建筑物的耐久性能，混凝土建筑物的使用寿命可以延长 1～6 倍，从而为国家节省巨大的建设资金和维修费用，经济效益不可估量。

（5）社会效益分析 当前我国正处在现代化建设的进程中，工程建设的速度不断加快，建设规模不断加大。如此巨大的工程规模，对混凝土的高性能化和混凝土工程的耐久性，都提出了更高、更加严格的要求。开发出一种性能优异的混凝土引气剂，对于我国飞速发展的基础设施和工程建设，满足混凝土工程耐久性和使用寿命具有极其重要的意义。

高性能混凝土引气剂是结合混凝土向高性能高耐久方面发展和建材产品绿色化发展趋势，而自行研制的一种多功能混凝土化学外加剂，符合资源、环境、经济、社会协调发展的道路。制备工艺在以水为反应介质的条件下进行，采用天然的植物提取物为原料，不采用任何对人体和环境有毒、有害的原材料，在生产过程中不排放有毒气体，不产生工业废渣，降低了环境负荷和生产成本；原料分子基本转化为有效产物，从而提高了原辅材料和能源的利用率，符合原子经济性原则。

在破坏生态环境平衡的众多因素中，水泥生产起着极大的负面作用，我国水泥的年产量已超过 20 亿吨，水泥在生产过程中排出大量的二氧化碳等有害气体，对环境会造成极大影响。在混凝土中掺入混凝土引气剂，可以节约水泥用量，可以为用户节约成本，有助于社会、经济和环境的可持续发展。

高性能混凝土引气剂的开发利用是对传统混凝土组成材料技术的突破，有利于高性能、高耐久性混凝土的推广应用，有利于混凝土建筑物使用寿命的提高，混凝土耐久性提高产生的社会效益难以估算。

2. 引气剂在广西龙滩水电站的应用

（1）水电工程概况　龙滩水电工程是国家实施西部大开发和"西电东送"重要的标志性工程，是仅次于三峡水电站的中国第二大水电站，是广西最大的水电站。龙滩水电站位于红水河上游，距天峨县城 15km。龙滩水电站是南盘江红水河水电基地 10 级开发方案的第四级，是红水河开发的控制性水库。上游为平班水电站，下游为岩滩水电站。

龙滩水电工程总投资为 300 多亿元，规划总装机容量 $6.3×10^6 kW$，安装 9 台 $7×10^5 kW$ 的水轮发电机组，年均发电量为 $187.1×10^8 kW·h$。水库总库容为 $272.7×10^8 m^3$，防洪库容为 $70×10^8 m^3$。工程分两期建设，一期建设装机容量为 $4.9×10^6 kW$，安装 7 台 $7×10^5 kW$ 的水轮发电机组，年均发电量为 $156×10^8 kW·h$，相应水库正常蓄水位为 375m，总库容为 $162×10^8 m^3$，防洪库容为 $50×10^8 m^3$。

龙滩水电工程主要由大坝、地下发电厂房和通航建筑物三大部分组成。龙滩水电工程施工包括碾压混凝土、抗冲耐磨混凝土、常态混凝土和泵送混凝土等多种类型。龙滩水电工程的建设创造了三项世界之最：最高的碾压混凝土大坝、规模最大的地下厂房、提升高度最高的升船机。

龙滩水电工程建成投产后，将极大缓解广西的供电缺口，且有 50% 以上的电力送往广东，作为广东"十一五"期间的电源点纳入电力电量平衡。龙滩水电工程的开发建设，对于推进"西电东送"、促进全国联网，实现能源资源的优化配置，对于满足广东和广西两省电力增长的需要，优化华南地区电源结构和电力结构，减轻红水河下游及西江两岸地区的洪水威胁，促进广西和贵州少数民族地区经济和社会发展，具有巨大的作用。龙滩水电工程是集发电效益、防洪效益、通航效益、环境效益和经济效益于一体的综合性水电工程。

（2）外加剂技术要求　龙滩水电工程现场条件比较复杂，施工中的影响因素众多。其中，水泥供应商有 3 家，粉煤灰供应商有 7 家，混凝土配制中大部分使用了人工砂。龙滩水电工程很大一部分混凝土配合比为水灰比很小的碾压混凝土。这些因素对混凝土引气剂的性能造成了很大的影响，对引气剂的技术性能提出了更高的要求。GYQ 高性能混凝土引气剂，以很低的掺量、稳定的产品质量和优异的产品性能及适应性，在工程招投标中脱颖而出，分别应用于大坝主体碾压混凝土、C50 抗冲耐磨混凝土、导流洞和地下厂房的常态混凝土及泵送混凝土中。

（3）应用情况分析　针对如此多的原材料品种和各种碾压、高强度、常态及泵送混凝土配合比，在具体的使用过程中，GYQ 高性能混凝土引气剂能显著改善混凝土的和易性，减少拌合物的离析和泌水，气泡稳定性能优异，极大地提高了混凝土的耐久性能。在与高效减水剂复合使用时，它们的相容性很好，不影响相互间的性能，满足了现场施工的要求。

3. 引气剂在云南阿海水电站的应用

（1）水电站工程概况　阿海水电站坝址位于云南省丽江市玉龙县（右岸）与宁蒗县（左岸）交界的金沙江中游河段，是原国家发展计划委员会组织审查通过的《金沙江中游河段水电规划报告》推荐的金沙江中游河段"一库八级"水电开发方案的第四个梯级。该工程以发电为主，兼顾防洪、灌溉等综合利用的水利水电枢纽工程。

阿海水电站工程属大（1）型一等工程，永久性主要水工建筑物为一级建筑物。工程以发电为主，兼顾防洪、灌溉等综合利用的水利水电枢纽工程。工程由混凝土重力坝、左岸溢流表孔及消力池、左岸泄洪冲沙底孔、右岸排沙底孔、坝后厂房等组成。电站最大坝高130m，正常蓄水位1504.00m，相应库容 $8.06 \times 10^8 m^3$；死水位1492.00m，死库容 $7.0 \times 10^8 m^3$，可调库容 $1.06 \times 10^8 m^3$，属于日调节水库。电站总装机容量2000MW，多年平均发电量 $88.77 \times 10^8 kW \cdot h$，为一等大（1）型工程。本工程施工总工期98个月，其中，下闸蓄水时间为第7年12月，第7年12月底第一台机组发电。工程静态投资约136亿元。

（2）外加剂技术要求　阿海水电站工程地处金沙江中游干热河谷，冬春天气晴朗干燥，降雨量非常少，夏季日照强烈，汛期降雨强度大。坝址处年降水量为700mm左右，年平均气温为18.7℃，平均蒸发量为2210mm，平均风速为2.4m/s。材料试验表明，引气剂的引气性能与气泡的稳定性受干热气候环境影响很大，表现为引气剂的掺量增大，混凝土含气量经时损失比较大，这是在施工中要引起注意的。

（3）应用情况分析　GYQ高性能混凝土引气剂，根据干热气候在配方上进行了优化，在具体使用的过程中，GYQ高性能混凝土引气剂的引气能力比较强，能显著改善混凝土的和易性，气泡稳定性能优越，极大地提高了混凝土的耐久性能。在与高效减水剂复合使用时，具有良好的相容性，完全可以满足现场施工的要求。

4. 引气剂在重庆银盘水电站的应用

（1）水电站工程概况　银盘水电站位于乌江下游河段，坝址位于重庆市武隆县境内，坝址控制流域面积 $74910km^2$，上游接彭水水电站，下游为白马梯级，是兼顾彭水水电站的反调节和渠化航道的枢纽工程，是重庆电网的主力电站。水库正常蓄水位215m，总库容 $3.2 \times 10^8 m^3$，大坝为混凝土重力坝，最大坝高80m，共安装4台单机容量150MW的轴流式水轮发电机组，年发电量 $26.9 \times 10^8 kW \cdot h$，通航建筑物为500t级的单级船闸。工程等级为二等，工程规模为大（2）型，混凝土浇筑总量达 $240 \times 10^4 m^3$。枢纽建筑物从左到右依次布置为电站厂房坝段、泄洪坝段、船闸坝段。

（2）外加剂技术要求　银盘水电站地处高热高湿地区，并且混凝土配合比中掺加了磨细磷矿渣及凝灰岩粉等矿物掺合料，对于引气剂的引气性能和配伍性能提出了更高的要求，在高热天气和矿物掺合料两者共同的影响下，引气剂分子很容易被吸附，从而造成引气比较困难，引气剂的掺量变大。

（3）应用情况分析　GYQ高性能混凝土引气剂分子的非离子特性特别有助于抵御矿物掺合料粉体的吸附，在具体使用的过程中，GYQ高性能混凝土引气剂在较低的掺量下就能显著地改善混凝土的和易性，气泡的稳定性也很好，从而极大地提高了混凝土的耐久性能，满足了现场施工的要求。

第二十四章

混凝土外加剂在轻质
混凝土中的应用

轻质混凝土是以硅酸盐水泥、活性硅和钙质材料（如粉煤灰、磷石膏、硅藻土）等无机胶结料，集发泡、稳泡、激发、减水等功能为一体的阳离子表面活性剂为制泡剂，形成的微孔轻质混凝土。混凝土终凝后气泡形成大量独立封闭的匀质微孔，形成蜂窝结构，降低体积密度和导热系数，提高热阻和隔声性能。

根据使用功能的不同也可掺入填料和集料（如粉煤灰、陶粒、碎石屑、膨胀珍珠岩等），可设计成轻质超强和超轻混凝土。在一般情况下，表观密度较大的轻质混凝土强度比较高，可以用作结构材料；表观密度较小的轻质混凝土强度比较低，主要用作保温隔热材料。

第一节　轻质混凝土的概述

轻质混凝土是由轻质粗集料、轻质细集料（或普通砂）、水泥胶凝材料和水配制而成的混凝土，其表观密度不大于 $1900 \mathrm{kg/m^3}$。轻质混凝土一般是用水泥作为胶凝材料，但有时也采用石灰或石膏作为胶凝材料。由于轻质混凝土具有轻质、高强、保温、抗震性能好、耐火性能高、易于施工等优点，所以是一种具有发展前途的新型混凝土。

轻质混凝土在我国开发和应用虽然较晚，但在应用范围和品种研制方面做出了不懈努力。目前，我国在轻质混凝土应用方面，正向着轻质、高强、多功能方向发展。随着建筑节能、高层、抗震和环保的综合要求，轻集料的质量和产量还远不能满足建筑业高速发展的需要。提高轻质混凝土的质量，大力推广应用轻质混凝土，这是摆在建筑业所有技术人员面前的一项重要任务。

一、轻质混凝土的种类

在建筑工程中，将表观密度小于 $1900 \mathrm{kg/m^3}$ 的混凝土均称为轻质混凝土。轻质混凝土一般主要用作保温材料，也可以作为结构材料使用。材料试验证明，在一般情况下，表观密度较小的轻质混凝土强度也较低，但其保温隔热性能比较好；表观密度较大的轻质混凝土强度也较高，可以用作结构材料。

在工程中常用的轻质混凝土，主要有轻集料混凝土、多孔混凝土、轻集料多孔混凝土和大孔混凝土，其中以轻集料混凝土和多孔混凝土应用最广泛。

（1）轻集料混凝土　轻集料混凝土是一种以表观密度较小的轻粗集料、轻砂（或普通砂）、水泥和水配制而成的混凝土。这种混凝土的表观密度为 $700\sim1900kg/m^3$，抗压强度可达 $5\sim50MPa$。

（2）多孔混凝土　多孔混凝土是在混凝土砂浆或净浆中引入大量的气泡而制得的混凝土。根据引气的方法不同，多孔混凝土又可分为加气混凝土和泡沫混凝土两种。多孔混凝土的表观密度较小，一般在 $300\sim800kg/m^3$ 范围内，是轻质混凝土中表观密度最小的混凝土。由于其表观密度较小，所以其强度比较低，一般干态强度为 $5.0\sim7.0MPa$，主要用于墙体或屋面的保温。在建筑工程中最常用的是加气混凝土。

（3）轻集料多孔混凝土　轻集料多孔混凝土是在轻集料混凝土和多孔混凝土的基础上发展起来的一种轻质混凝土，即在多孔混凝土中掺加一定比例的轻集料，从而制成表观密度较小的混凝土。这种混凝土的干表观密度在 $950\sim1000kg/m^3$ 时，其抗压强度可达 $7.5\sim10.0MPa$。

（4）大孔混凝土　大孔混凝土又称无砂大孔混凝土，这是一种由集料粒径相近的粗集料、水泥和水为原料配制而成的轻质混凝土。由于所用的粗集料粒径相近，粗集料之间无细集料填充，仅有很少的水泥浆将粗集料黏结在一起，使混凝土内部形成很多大孔，从而降低了混凝土的表观密度，增加其保温隔热性能。无砂大孔混凝土根据所用的粗集料不同，混凝土的表观密度可在 $1000\sim1900kg/m^3$ 范围内变化，抗压强度为 $5.0\sim15.0MPa$。

二、轻集料混凝土的分类

轻集料混凝土的种类很多，根据现行的行业标准《轻骨料混凝土技术规程》（JGJ 51—2002）的规定：一般包括按照用途不同分类、按照混凝土密度等级不同分类、按照细集料种类不同分类和按照粗集料种类不同分类 4 种方法。

（1）按照用途不同分类　按照用途不同分类，轻集料混凝土主要分为保温轻集料混凝土、结构保温轻集料混凝土和结构轻集料混凝土 3 种，如表 24-1 所列。

表 24-1　轻集料混凝土按用途分类

类型名称	混凝土强度等级的合理范围	混凝土表观密度的合理范围	主要用途
保温轻集料混凝土	CL5.0	<800	主要用于保温围护结构或热工构筑物
结构保温轻集料混凝土	CL5.0 CL7.5 CL10 CL15	800～1400	主要用于承重、保温的围护结构
结构轻集料混凝土	CL15 CL20 CL25 CL30 CL35 CL40 CL45 CL50	1400～1900	主要用于承重构件或构筑物

（2）按照混凝土密度等级分类　按照混凝土密度等级不同分类，轻集料混凝土可以分为14 个密度等级，如表 24-2 所列。

表 24-2　轻集料混凝土的密度等级

密度等级	干表观密度的变化范围/(kg/m³)	密度等级	干表观密度的变化范围/(kg/m³)
600	560～650	800	760～850
700	660～750	900	860～950

续表

密度等级	干表观密度的变化范围/(kg/m³)	密度等级	干表观密度的变化范围/(kg/m³)
1000	960~1050	1500	1460~1550
1100	1060~1150	1600	1560~6650
1200	1160~1250	1700	1660~1750
1300	1260~1350	1800	1760~1850
1400	1360~1450	1900	1860~1950

（3）按照细集料不同分类　按照细集料不同分类，轻集料混凝土可分为全轻质混凝土（用轻砂）与砂轻混凝土（普通砂）两种，如表 24-3 所列。

表 24-3　轻集料混凝土按照细集料种类分类

混凝土名称	细集料种类
全轻质混凝土	细集料全部用轻砂,如粉煤灰、岩砂、陶砂等
砂轻混凝土	细集料部分或全部采用普通砂

（4）按照粗集料不同分类　按照粗集料不同分类，轻集料混凝土可分为天然轻集料混凝土、工业废料轻集料混凝土、人造轻集料混凝土 3 种，如表 24-4 所列。

表 24-4　轻集料混凝土按粗集料种类分类

混凝土种类	粗集料品种	轻集料混凝土		
		混凝土名称	表观密度/(kg/m³)	抗压强度/MPa
天然轻集料混凝土	浮石 火山渣 多孔凝灰岩	浮石混凝土 火山渣混凝土 多孔凝灰岩混凝土	1200~1800	15.0~20.0
工业废料轻集料混凝土	炉渣 碎砖 自然煤矸石 膨胀矿渣珠	炉渣混凝土 碎砖混凝土 煤矸石混凝土 膨胀矿渣混凝土	1600~1800	20.0~30.0
	粉煤灰陶粒	粉煤灰陶粒混凝土	1750~1900	40.0~50.0
人造轻集料混凝土	膨胀珍珠岩	膨胀珍珠岩混凝土	800~1400	10.0~20.0
	页岩陶粒 黏土陶粒	页岩陶粒混凝土 黏土陶粒混凝土	800~1400	30.0~50.0

三、轻集料的分类

按照现行的行业标准《轻骨料混凝土技术规程》（JGJ 51—2002）的规定：粒径在 5mm 以上、堆积密度不大于 1200kg/m³ 的多孔体集料，称为粗轻集料；粒径在 5mm 以下、堆积密度不大于 1100kg/m³ 的材料，称为细轻集料（简称轻砂）。轻集料的分类方法很多，主要有按粒径大小、分类、按原材料来源分类、按使用功能分类、按材料属性分类和按材料粒型分类等。

1. 按原材料来源分类

按照国际材料与结构研究试验所协会（RILEM）的建议，轻集料可以分为天然轻集料、工业废料轻集料和人造轻集料 3 类。

（1）天然轻集料　由火山爆发或生物沉积形成的天然多孔岩石加工而成。如浮石、泡沫熔岩、火山渣、火山凝灰岩、多孔石灰岩等。

天然轻集料是由于地壳破裂流出的熔岩通过冷却而形成的多孔轻质岩石。由于熔岩的矿物成分和冷却形式不同，而形成各种不同的天然轻集料，如浮石火山渣、泡沫熔岩等。

天然轻集料内部孔隙较大，其表观密度和强度均较低，只能用来配制低强度的非承重结构用轻集料混凝土。

（2）工业废料轻集料　以粉煤灰、矿渣、煤矸石等工业废料为原料，经过加工而成的多孔轻集料。如粉煤灰陶粒、膨胀矿渣珠、烧结煤矸石陶粒、炉渣、煤渣等。

（3）人造轻集料　人造轻集料是以黏土、页岩、板岩或某些有机材料为原材料，经过加工而成的多孔材料。人造轻集料的种类很多，在工程上应用也比较广泛。如页岩陶粒、黏土陶粒、膨胀珍珠岩、沸石轻集料、聚苯乙烯泡沫轻集料等。

工业废渣轻集料和人造轻集料按制造原理不同，可分为烧胀法和烧结法两种。烧胀法就是将原料破碎后直接经高温煅烧，在高温煅烧时，由于集料内部含有水分或气体，在高温下发生体积膨胀，形成内部具有微细气孔结构、表面由一层坚硬薄壳包裹的陶粒。

烧结法就是将原料在高温下烧至部分熔融而形成多孔性结构。用烧结法生产的集料，其内部具有微细的多孔结构，其容重比天然轻集料大，强度也比天然轻集料高，因此可以用其配制高强度的结构轻集料混凝土。

2. 按使用功能分类

轻集料按使用功能不同分类，主要可分为结构型轻集料、结构保温型轻集料和保温型轻集料 3 种。

3. 按材料属性分类

（1）无机轻集料　无机轻集料主要包括天然和人造无机硅酸盐类的多孔材料，如浮石、火山渣等天然轻集料和各种陶粒、矿渣等人造轻集料。

（2）有机轻集料　有机轻集料主要包括天然或人造的有机高分子多孔材料，如木屑、炭珠、聚苯乙烯泡沫轻集料等。

4. 按材料粒型分类

按材料粒型不同，可分为圆球型、普通型和碎石型 3 种。

（1）圆球型　圆球型轻材料是原材料经造粒工艺加工而成，并呈圆球状的材料，如粉煤灰陶粒和磨细成球的页岩陶粒等。

（2）普通型　普通型轻集料是原材料经破碎加工而成的呈非圆球状材料，如膨胀珍珠岩、页岩陶粒等。

（3）碎石型　碎石型轻集料是由天然轻集料或多孔烧结块经破碎加工而成的呈碎石状的材料，如浮石、自然煤矸石、煤渣等。

四、加气混凝土的特点

自 1824 年波特兰水泥问世以来，特别 20 世纪 70 年代以后，混凝土一直向着快硬、高强、轻质、改性、复合、节能的方向发展。加气混凝土所具备的特点，正符合混凝土的发展方向，表现出光辉的发展前景。归纳起来，加气混凝土具有以下优点。

（1）节省大量的土地资源　我国建筑用的墙体材料，至今有些地区还是以黏土实心砖为主。据有关部门统计，黏土实心砖仍是墙体材料主体，每年要毁掉大量的良田，这对于人均耕地只有 1 亩多的我国来说，是一个十分严重的问题。加气混凝土的主要原料是砂或粉煤灰，以它代替黏土实心砖，不仅可以有效地保护耕地，而且可以吃砂造田。

（2）节省大量的煤炭资源 按照近几年的黏土实心砖的产量测算，烧制黏土砖每年要消耗煤 9.0×10^7 t 左右，占全国煤炭总产量的 6%。据科学试验测定，黏土砖的耗煤量为 $91kg/m^3$，加气混凝土的耗煤量为 $56kg/m^3$，如果能利用电厂废气进行养护，实际耗煤为 $22.5kg/m^3$，仅为黏土砖的 1/4～1/2。由此可见，加气混凝土与黏土实心砖相比在节能方面具有明显的优势。

（3）具有良好的耐久性 由于加气混凝土成材的机理与普通混凝土不同，则由硅、钙材料在水热条件下产生化学反应，生成水化硅酸钙将"集料残骸"胶结而成，它的强度和耐久性决定于自身的晶体构造。工程检测结果表明，加气混凝土在大气中暴露一年后，其抗压强度可提高 25%，10 年后强度仍能保持稳定。1931 年我国所建的加气混凝土工程，经历 80 余年仍然完好无损，这充分证明加气混凝土具有良好的耐久性。

（4）耐热耐火性能良好 加气混凝土是一种不燃性建筑材料。材料试验证明，在受热 80～100℃时，只会出现收缩性的微裂缝，温度小于 70℃时，混凝土的强度不会降低。当建筑物发生火灾后，加气混凝土构件只出现表皮龟裂和酥松现象，但将表面损伤部分清除后，通过采取措施修复仍可使用。由此可见，加气混凝土的耐热、耐火性能明显优于普通混凝土。

（5）具有优良的保温隔热性能 加气混凝土是承重和保温隔热合一的建筑材料，大量致密匀质密闭的气泡，使其具有优良的保温隔热性能。加气混凝土及其砌体的热导率为 $0.108～0.200W/(m \cdot K)$，仅为砖砌体的 1/15～1/7。按现行标准《夏热冬暖地区居住建筑节能设计标准》（JGJ 75—2012）计算，加气混凝土墙厚 225mm、250mm、300mm，就相当于黏土实心砖墙厚 730mm、890mm、930mm 的保温效果。由此可见，保温能力为黏土砖的 3～4 倍，为普通混凝土的 4～8 倍。加气混凝土既具有优良的保温隔热性能，又是理想的节能材料。

（6）具有轻质的优良性能 材料试验证明，加气混凝土气化体积占总体积的 70%～80%，固体物质只有 20%～30%，体积密度仅为 $400～700kg/m^3$，为黏土砖的 1/4～1/3，为普通混凝土的 1/6～1/4，同时也低于一般轻集料混凝土。因而，采用加气混凝土作为墙体材料，不仅可以大大减轻建筑物的自重，也可以节约建筑材料和工程费用。

（7）具有充分利用强度的优良性能 加气混凝土的抗压强度与孔隙率基本呈线性关系，体积密度越大，混凝土的强度越高。加气混凝土的强度虽然不如黏土实心砖的强度高，但在工程中的应用不是材料的强度，而是砌体强度。按现行规范计算，黏土实心砖的砌体强度仅能发挥其强度的 30%，而加气混凝土的砌体强度却发挥其强度的 80%，由此可见加气混凝土具有充分利用强度的优良性能。

第二节 轻质混凝土对原材料要求

一、轻集料混凝土的原材料组成

在建筑工程中所用的轻集料混凝土，其原材料主要由水泥、轻骨料、掺合料、拌合水和外加剂组成。

1. 水泥

轻集料混凝土本身对水泥无特殊要求，在选择水泥品种和强度等级时，主要应根据混凝土强度和耐久性的要求进行。由于轻集料混凝土的强度可以在一个很大的范围内（5～50MPa）变化，所以在通常情况下不宜用高强度等级的水泥配制较低强度等级的轻集料混凝土，以免影响混凝土拌合物的和易性。在一般情况下，所采用的水泥强度 f_{ce}，可为轻集料混凝土的强度为 $f_{cu,L}$ 的 1.2～1.8 倍。如果因为各种原因的限制，必须采用高强度等级的水泥配制较低强度的轻集料混凝土时，可以通过掺加适量的粉煤灰进行调节。

2. 轻集料

凡堆积密度小于或等于 $1200kg/m^3$ 的天然或人工多孔材料，具有一定力学强度且可以用作混凝土下集料均称为轻集料。轻集料是轻集料混凝土中的主要组成材料，其性能影响混凝土的性能能否符合设计要求，因此对轻集料的技术要求必须符合以下规定。

用于配制轻集料混凝土的轻集料，对其技术要求主要包括结构表面特征及颗粒形状、集料颗粒级配及最大粒径、轻集料的堆积密度、轻集料的强度及强度等级、轻集料的吸水率与软化系数等。

（1）结构表面特征及颗粒形状　轻集料的表面特征是指其表面粗糙程度和开口孔隙的多少。轻集料的表面比较粗糙，有利于硬化水泥浆体与轻集料界面的物理黏结；如果轻集料的开口孔隙多，会增加轻集料的吸水率，可能要消耗更多的水泥浆，但开口孔隙从砂浆中吸取水分后，可以提高集料界面的黏结力，降低集料下缘聚集的水分量，使混凝土的抗冻性、抗渗性和强度均得到一定的改善。

轻粗集料的颗粒形状主要有圆球型、普通型和碎石型 3 种。从轻粗集料受力的角度和对混凝土拌合物和易性的影响，集料呈圆球型比较有利；但从与水泥浆体黏结力的角度，普通型和碎石型要比球形好。在配制轻集料混凝土时，由于集料密度较轻，特别是圆球型比碎石型更容易产生上浮，其原因是碎石形集料表面棱角较多，颗粒之间的内摩擦力较大而又易互相牵制。

在选择轻集料时，可根据工程要求和轻集料上述特征进行选择。黏土陶粒、粉煤灰陶粒主要形状为圆球型，表面粗糙度较低，开口孔隙较少；页岩陶粒、膨胀珍珠岩为普通型，表面比较粗糙，开口孔隙稍多些；而浮石、自燃煤矸石、煤渣为碎石型，表面粗糙度高，开口孔隙也较多。

（2）集料颗粒级配及最大粒径　与普通水泥混凝土一样，轻集料的颗粒级配和最大粒径，对混凝土的强度等一系列性能有很大影响。轻粗集料级配是用标准筛的筛余量进行控制的，混凝土的用途不同，级配要求也不同，同时还要控制其最大粒径。轻粗集料的最大粒径，保温用（包括结构保温）轻集料混凝土的最大粒径为 30mm，结构用轻集料混凝土的最大粒径为 20mm。轻粗集料的级配要求如表 24-5 所列。

表 24-5　轻粗集料的级配要求

筛孔尺寸	d_{min}	$1/2d_{max}$	d_{max}	$2d_{max}$
	累计筛余（按质量计）/%			
圆球型及单一粒级	≥90	不规定	≤10	0
普通型的混合级配	≥90	30～70	≤10	0
碎石型的混合级配	≥90	40～60	≤10	0

除表 24-5 中所要求的颗粒级配外，对于自然级配和粗集料，其孔隙率应小于或等于 50%。

"轻砂"主要是指粒径小于 5mm 的轻集料，用于轻集料混凝土的轻砂，主要有陶粒砂和矿渣粒等，要求其细度模数应小于 4.0，轻砂的颗粒级配如表 24-6 所列。

表 24-6 轻砂的颗粒级配

轻砂名称	等级划分	细度模数	不同筛孔累计筛余百分率/%			
			10.0	5.00	0.63	0.16
粉煤灰陶砂	不划分	≤3.7	0	≤10	25~65	≤75
黏土陶砂	不划分	≤4.0	0	≤10	40~80	≤90
页岩陶砂	不划分	≤4.0	0	≤10	40~80	≤90
天然轻砂	粗砂	4.0~3.1	0	0~10	50~80	>90
	中砂	3.0~2.3	0	0~10	30~70	>80
	细砂	2.2~1.5	0	0~5	15~60	>70

（3）轻集料的堆积密度　轻集料的堆积密度也称为松堆密度，是指轻集料以一定高度自由落下、装满单位体积的质量。轻集料的堆积密度与其表观密度、粒径大小、颗粒形状和颗粒级配有关，同时还与集料的含水率有关。在一般情况下，轻集料的堆积密度约为其表观密度的 1/2。

为在轻集料混凝土施工中应用方便，现行的行业标准《轻骨料混凝土技术规程》（JGJ 51—2002）中将轻集料分为 12 个密度等级，在应用中可参考表 24-7 中的数值。

表 24-7 轻集料的密度等级

轻粗集料		轻砂	
密度等级	堆积密度范围/（kg/m³）	密度等级	堆积密度范围/（kg/m³）
300	<300	200	150~200
400	310~400		
500	410~500	400	210~400
600	510~600		
700	610~700	700	410~700
800	710~800		
900	810~900	1100	710~1100
1000	910~1000		

（4）轻集料的强度及强度等级　如何评价轻集料的强度，至今尚无公认的满意的试验方法，现有的试验方法，其测试结果相差很大，无法估计轻集料强度对混凝土强度的影响。特别对于轻细集料的强度，至今尚无很好的试验方法。轻集料的强度不是以单位强度来表示的，而是以筒压强度和强度标号来衡量轻集料的强度。

① 轻集料的筒压强度　表 24-8 中为国产粗集料的筒压强度与松散表观密度的关系，从表中可以看出，粗集料的松散表观密度越大，筒压强度也越高，其关系式如下：

$$R_\gamma = 0.0048\gamma \tag{24-1}$$

式中，R_γ 为轻集料的筒压强度，MPa；γ 为轻集料的松散表观密度，kg/m^3。

表 24-8　轻集料筒压强度

序号	堆积密度等级	粉煤灰 陶粒和陶砂	黏土 陶粒和陶砂	页岩 陶粒和陶砂	天然 轻集料
1	300	—	—	—	0.2
2	400	—	0.5	0.8	0.4
3	500	—	1.0	1.0	0.6
4	600	—	2.0	1.5	0.8
5	700	4.0	3.0	2.0	1.0
6	800	5.0	4.0	2.5	1.2
7	900	6.5	5.0	3.0	1.5
8	1000	—	—	—	1.8

② 轻集料的强度等级　轻集料的筒压强度反映了轻集料颗粒总体的强度水平。但是，在配制成轻集料混凝土后，由于轻集料界面黏结及其他各种因素的影响，轻集料颗粒与硬化水泥浆一起承受荷载时的强度，却与轻集料的筒压强度有较大的差别。为此，常用轻集料的强度等级来反映轻集料的强度性能。

轻粗集料的密度、筒压强度及强度等级的关系如表 24-9 所列。

表 24-9　轻粗集料的密度、筒压强度及强度等级的关系

密度等级	筒压强度/MPa		强度等级/MPa	
	碎石型	普通和圆球型	普通型	圆球型
300	0.2/0.3	0.3	3.5	3.5
400	0.4/0.5	0.5	5.0	5.0
500	0.6/1.0	1.0	7.5	7.5
600	0.8/1.5	2.0	10	15
700	1.0/2.0	3.0	15	20
800	1.2/2.5	4.0	20	25
900	1.5/3.0	5.0	25	30
1000	1.8/4.0	6.5	30	40

注：碎石型天然轻集料取斜线之左值；其他碎石型轻集料取斜线之右值。

（5）轻集料的吸水率与软化系数　由于轻集料的孔隙率很高，因此吸水率比普通集料要大得多。不同种类的轻集料，由于其孔隙率及孔隙特征有显著差别，所以吸水率也有很大差别。

由于轻集料的吸水率会严重影响混凝土拌合物的水灰比、工作性和硬化后的强度，所以在配制过程中应严格控制。

材料的软化系数 K 反映其在水中浸泡后抵抗溶蚀的能力，软化系数 K 可按式（24-2）进行计算：

$$K = f_w / f_g \tag{24-2}$$

式中，f_w 为材料吸水饱和后的强度，MPa；f_g 为材料完全干燥时的强度，MPa。

不同品种轻集料的吸水率与软化系数的要求如表 24-10 所列。

表 24-10 不同品种轻集料的吸水率与软化系数的要求

轻集料品种	堆积密度等级	吸水率/%	软化系数（K）
粉煤灰陶粒	700～900	≤22	≥0.80
黏土陶粒	400～900	≤10	≥0.80
页岩陶粒	400～900	≤10	≥0.80
天然轻集料	400～1000	不规定	≥0.70

3. 掺合料

为改善轻集料混凝土拌合物的工作性，调节水泥的强度等级，在配制轻集料混凝土时，可加入一些具有一定火山灰活性的掺合料，如粉煤灰、矿渣粉等。工程实践证明，在轻集料混凝土中掺加适量的粉煤灰，其效果比较理想。

4. 拌合水

对轻集料混凝土所用的拌合水没有特殊的要求。与普通水泥混凝土相同，其技术指标应符合《混凝土用水标准》（JGJ 63—2006）中的要求。

5. 外加剂

根据工程施工条件和性能要求，在配制轻集料混凝土时，可以掺加适量的减水剂、早强剂及抗冻剂等各种外加剂。无论掺加何种外加剂，其技术性能必须符合现行国家标准《混凝土外加剂》（GB 8076—2008）和《混凝土外加剂应用技术规范》（GB 50119—2013）中的规定。

二、加气混凝土的原材料组成

加气混凝土的原料由钙质原料、硅质原料、发气剂、稳泡剂、调节剂和防腐剂等组成。

1. 钙质原料

加气混凝土中的钙质原料主要有水泥、石灰等。这是加气混凝土中不可缺少的原料，起着非常重要的作用，因此，钙质原料的质量必须符合有关标准的要求。

（1）对水泥的质量要求 加气混凝土对水泥的质量要求，应根据加气混凝土的品种和生产工艺不同而不同。当单独用水泥作为钙质原料时，应采用强度等级较高的硅酸盐水泥或普通硅酸盐水泥，这些水泥在水化时可产生较多的氢氧化钙。当水泥与石灰共同作为钙质原料时，可使用强度等级为32.5MPa的矿渣硅酸盐水泥、粉煤灰硅酸盐水泥和火山灰质硅酸盐水泥。

对水泥中的游离氧化钙含量可适当放宽，这种水泥经过蒸压养护后，游离氧化钙将全部水化，而且水泥的掺量不是很高，不会引起安定性不良。

在配制加气混凝土时，不宜用高比表面积的早强型水泥作为钙质原料，因为早强型水泥水化硬化过快，会严重影响铝粉的发气效果，使加气混凝土达不到设计要求。

（2）对石灰的质量要求 用于加气混凝土的石灰，其质量必须符合下列要求：a. 有效氧化钙（以与 SiO 发生反应的 CaO，简称 ACaO）的含量大于60%；b. 氧化镁（MgO）的含量应小于7%；c. 采用消化时间 30min 左右的中速消化石灰，经细磨至比表面积 2900～3100cm²/g；d. 为防止粉磨时产生黏结，可加入石灰量 0.3% 的三乙醇胺作为助磨剂。

2. 硅质原料

用于配制加气混凝土的硅质原料，主要有石英砂、粉煤灰、烧煤矸石和矿渣等。硅质原料的主要作用是为加气混凝土的主要强度组分水化硅酸钙提供氧化硅（SiO_2）。因此，对硅质原料的主要要求有：a. 二氧化硅（SiO_2）含量比较高；b. 二氧化硅在水热条件下有较高的反应活性；c. 原料中杂质含量很少，特别是对加气混凝土性能有不良反应的氧化钾（K_2O）、氧化钠（Na_2O）及有机物等，应当严格加以控制。

3. 发气剂

发气剂是生产加气混凝土中不可缺少、极其关键的原料，它不仅能在浆料中发气形成大量细小而均匀的气泡，同时对混凝土的性能不会产生不良影响。对加气混凝土所用的发气剂，曾经进行过大量的试验研究，目前可以作为发气剂的材料主要有铝粉、双氧水、漂白粉等。考虑生产成本、发气效果、施工工艺等多种因素，在生产加气混凝土中采用铝粉作为发气剂是比较适宜的。

4. 稳泡剂

稳泡剂加入混凝土后，表面活性剂的亲水基一端与水相吸，憎水基一端与水相斥而指向气体，这样表面活性剂就被吸附在气-液界面上，降低了气-液界面的表面张力。同时，由于表面活性剂能在液相表面形成单分子吸附膜，使液面坚固而不易破裂，从而达到稳定气泡的目的。在加气混凝土的配制中，常用的稳泡剂有氧化石蜡稳泡剂、可溶性油类稳泡剂和SP稳泡剂3种。

5. 调节剂

为了在加气混凝土生产过程中对发气料浆的黏稠时间、坯体硬化时间等技术参数进行控制，往往要加入一些物质对上述参数进行调节，这类物质称为调节剂。在加气混凝土配制中常用的调节剂有纯碱、烧碱、石膏、水玻璃、硼砂和轻烧镁粉等。

6. 防腐剂

由于加气混凝土孔隙率高、碱度较低、抗渗性有效期短，钢筋加气混凝土制品中的钢筋很容易受到锈蚀。因此，在生产过程中应对钢筋的表面进行防锈处理，如在钢筋表面涂刷防腐剂。防锈剂的共同特点是：a. 对于钢筋有良好的黏结性，能牢固地黏附在钢筋表面上；b. 在加气混凝土蒸压的过程中，防锈剂涂层不会被破坏；c. 防锈剂的价格较便宜。

三、泡沫混凝土的原材料组成

泡沫混凝土的主要原材料为水泥、石灰、具有一定潜水硬性的掺合料、发泡剂及对泡沫有稳定作用的稳泡剂，必要时还应掺加早强剂等外加剂。

1. 发泡剂

发泡剂也称泡沫剂，是配制泡沫混凝土最关键原料，发泡剂关系到在混凝土中的发泡数量、形状、结构，必然会影响泡沫混凝土结构构件的质量。

（1）泡沫剂的种类　泡沫混凝土常用的泡沫剂有松香胶泡沫剂、废动物毛泡沫剂和其他泡沫剂。

① 松香胶泡沫剂。松香胶泡沫剂是用碱性物质定量中和松香中的松脂酸，使其生成松香皂，加入适量的稳定剂——胶溶液，再加入适量的水熬制而成，这是一种液体状的泡沫剂，配制泡沫混凝土非常方便。

② 废动物毛泡沫剂。废动物毛泡沫剂是将废动物毛溶于沸腾的氢氧化钠溶液中，用硫酸中和酸化后滤得红棕色液体，再经过浓缩、干燥、粉磨而制成的粉状物质。这种泡沫剂是动物毛在水解过程中产生的中间体的混合物，是一种表面活性物质。

③ 其他泡沫剂。其他泡沫剂主要是指树脂皂素泡沫剂、石油硫酸铝泡沫剂和水解血胶

泡沫剂。树脂皂素泡沫剂是用皂素的植物制成；石油硫酸铝泡沫剂是由煤油促进剂、硫酸铝和苛性钠配制而成；水解血胶泡沫剂是由新鲜（未凝结）动物血、苛性钠、硫酸亚铁和氯化铵配制而成。

（2）泡沫剂的制备

① 胶液的配制。将胶擦拭干净，用锤砸成 4～6cm 大小的碎块，经天平称量后，放入内套锅内，再加入计算用水量（同时增加耗水量 2.5%～4.0%）浸泡 2000h，使胶体全部变软，连同内套锅套入外套锅内隔水加热，加热中随熬制随搅拌，待全部溶解为止，熬煮的时间不宜超过 2h。

② 松香碱液的配制。将松香碾压成粉末，用 100 号的细筛过筛，将碱配制成碱液装入玻璃容器中。称取定量的碱液盛入内套锅中，待外套锅中水温加热到 90～100℃时，再将盛碱液的内套锅套入外套锅中继续加热，待碱液温度为 70～80℃时，将称好的松香粉末徐徐加入，随加入随搅拌，松香粉末加完后，熬煮 2～4h，使松香充分皂化，成为黏稠状的液体。在熬煮时，应当充分考虑到蒸发掉的水分。

③ 泡沫剂的配制。待熬好的松香碱液和胶液冷却至 50℃ 左右时，将胶液缓慢加入松香碱液中，并快速地进行搅拌，至表面有漂浮的小泡为止，即配制成泡沫剂。

（3）泡沫的质量鉴定　泡沫的质量如何直接影响着泡沫混凝土的质量，对泡沫的质量应当从坚韧性、发泡倍数、泌水量等指标来鉴定。

① 泡沫的坚韧性。泡沫的坚韧性就是泡沫在空气中在规定时间内不致破坏的特性，常以泡沫柱在单位时间内的沉陷距离来确定。规范规定：1h 后泡沫的沉陷距离不大于 10mm 时，才可用于配制泡沫混凝土。

② 发泡倍数。发泡倍数是泡沫体积大于泡沫剂水溶液体积的倍数。规范规定：泡沫的发泡倍数不小于 20 时才可用于配制泡沫混凝土。

③ 泌水量。泌水量是指泡沫破坏后所产生泡沫剂水溶液体积。规范规定：泡沫的 1h 的泌水量不大于 80mL 时，才可用于配制泡沫混凝土。

2. 水泥

配制泡沫混凝土，一般可采用硅酸盐系列的水泥，如硅酸盐水泥、普通硅酸盐水泥、矿渣硅酸盐水泥、火山灰硅酸盐水泥、粉煤灰硅酸盐水泥和复合硅酸盐水泥等；也可根据实际情况采用硫铝酸盐水泥和高铝水泥。

泡沫混凝土根据养护方法的不同，所采用的水泥品种和强度等级也不应相同。当采用自然养护时，应采用早期强度高、强度等级也高的水泥，如早强型（R 型）硅酸盐水泥、R 型普通硅酸盐水泥、硫铝酸盐水泥及高铝水泥；当采用蒸汽养护时，可采用一些掺混合材的硅酸盐水泥，对水泥的强度等级也无特殊要求。但应特别注意，当采用蒸汽养护时千万不能选用高铝水泥。

3. 石灰

如果泡沫混凝土采用蒸汽养护，可掺加适量的石灰代替水泥作为钙质原料，所用石灰的质量应符合加气混凝土中提出的标准。

4. 掺合料

用于配制泡沫混凝土的掺合料，主要有粉煤灰、沸石粉和矿渣粉。粉煤灰的质量同加气混凝土中的要求，对于沸石粉和矿渣粉的质量要求，主要包括以下 2 个方面：a. 化学成分应当符合水泥混合材料对矿渣和沸石的要求；b. 配制泡沫混凝土矿渣和沸石的细度，其比表面积应大于或等于 $3500cm^2/g$。

在某些情况下，也可以用石英粉作为硅质掺合料，但掺用石英粉时的泡沫混凝土，必须采用蒸压养护，其配料基本上类似于加气混凝土。

5. 稳泡剂

为确保泡沫混凝土中的泡沫数量和稳定，在制备泡沫时可以加入适量的稳泡剂，所用稳泡剂的品种与加气混凝土相同。

四、浮石混凝土对原材料的要求

1. 对浮石的技术要求

对浮石的技术要求主要包括以下几个方面。

（1）要尽量选用表观密度适宜和强度较大，表面孔隙较小而清洁的浮石。浮石的堆积密度应小于或等于 $600kg/m^3$，表观密度为 $900\sim1000kg/m^3$。

（2）配制浮石混凝土所用的浮石粗集料，其最大粒径一般不宜超过20mm。

（3）浮石粗集料的粒径一般可分为 $5\sim10mm$ 和 $10\sim15mm$ 两级。在正式配制混凝土之前，首先应进行试配，使混凝土的水泥用量尽可能减小。

（4）细集料宜选用级配良好、洁净的中砂，若采用浮石砂作为细集料，虽然能降低混凝土的表观密度，但对混凝土拌合物的和易性和混凝土的强度不利。

2. 对胶结材料的要求

（1）水泥的品种和强度　配制浮石混凝土的水泥，一般可选用强度等级为 42.5MPa 的硅酸盐水泥或普通硅酸盐水泥即可。

（2）水泥用量　配制浮石混凝土的水泥用量与混凝土设计要求的强度密切相关，随着强度的增大而增加，一般不应低于 $250kg/m^3$，试配时可参考表 24-11 中的数值。

表 24-11　浮石混凝土水泥用量参考值

混凝土的强度等级	C10	C20	C30
水泥用量/(kg/m³)	180~220	200~300	300~360

（3）为节约水泥并改善混凝土拌合物的和易性，可以掺入适量磨细的粉煤灰、硅藻土、烧黏土 $15\%\sim30\%$（以水泥质量计），或掺入适量的塑化剂、加气剂等外加剂。

第三节　轻质混凝土的配制技术

一、轻集料混凝土的配合比设计

普通混凝土配合比设计的原则和方法，同样适用于轻集料混凝土。但是，轻集料混凝土配合比设计，又与普通混凝土有着很大的区别，不仅要满足设计强度与施工和易性的要求，而且还必须满足对混凝土表观密度的限制，并能合理使用材料，特别应尽量节约水泥。

由于轻集料的种类很多，性能差异比较大，其强度往往低于普通水泥混凝土所使用的砂、石等集料，所以在混凝土配合比设计中的步骤也与普通水泥混凝土不同，如强度已不完全符合鲍罗米强度公式，水泥用量及用水量的确定也与普通水泥混凝土有所区别。

因此，在进行轻集料混凝土配合比设计时，要符合轻集料混凝土配合比设计的特点，满足轻集料混凝土配合比设计的要求，遵循轻集料混凝土配合比设计的原则，按照轻集料混凝土配合比设计的方法和步骤。

（一）配合比设计的要求和特点

1. 配合比设计的要求

轻集料混凝土配合比设计的任务，是在满足使用功能的前提下，确定施工时所用的、合理的轻集料混凝土各种材料用量。为满足混凝土设计强度和施工方便的要求，并使混凝土具有较理想的技术经济指标，在进行轻集料混凝土配合比设计时，主要应考虑以下 4 项基本要求：a. 满足轻集料混凝土的设计强度等级与表观密度等级；b. 满足轻集料混凝土拌合物在施工中要求的和易性；c. 满足轻集料混凝土在某些情况下应考虑的特殊性能；d. 在满足设计强度等级和特殊性能的前提下，尽量节约水泥，降低工程成本，满足其经济性要求。

轻集料混凝土的强度等级主要与水泥砂浆和集料强度有关。当配制全轻混凝土时，轻集料的强度往往大于水泥砂浆的强度，这时全轻混凝土的强度主要取决于水泥砂浆的强度。在配制轻砂混凝土时，由于普通水泥砂浆的强度往往大于轻集料的强度，轻砂混凝土的强度主要取决于轻粗集料的强度。

2. 配合比基本参数的选择

轻集料混凝土配合比设计的基本参数，主要包括水泥强度等级、水泥用量、用水量和有效水灰比、轻集料表观密度和强度、粗细集料的总体积、轻集料混凝土砂率、外加剂和掺合料等。

（1）水泥强度等级和用量的选择　轻集料混凝土所用水泥强度等级与水泥用量的选择，可按照表 24-12 中所列资料确定与选用。

表 24-12　轻集料混凝土水泥强度等级与水泥用量的选择

序号	轻集料混凝土强度等级	水泥强度等级/MPa	水泥用量/(kg/m³)
1	C5.0		200
2	C7.5		200～250
3	C10	32.5	200～320
4	C15		250～350
5	C20		280～380
6	C25		380～400
7	C30	42.5	340～450
8	C40		420～500
9	C50	52.5	450～550

工程实践证明，增加水泥用量，可以提高混凝土的强度。当轻集料混凝土的强度未达到给定集料强度顶点以前，水泥用量平均增加 20% 时，轻集料混凝土的强度可以提高 10%。但随着水泥用量的增加，混凝土的表观密度也随之提高，水泥用量每增加 50kg/m³，混凝土的表观密度增加约 30kg/m³。

如果轻集料混凝土水泥用量过高，不仅表观密度大、水化热高、收缩率大，而且在经济上也不适宜。我国规定高强度等级轻集料混凝土的最大水泥用量不得超过 550kg/m³。另外，为了保证轻集料混凝土有一定的抗压强度和耐久性，其最小水泥用量一般不得低于 200kg/m³。

（2）用水量和有效水灰比的确定　轻集料的吸水率比较大，不同于普通混凝土中的集料。每立方米混凝土的总用水量减去干集料 1h 后吸水量的净用水量称为有效用水量。轻集料混凝土有效用水量根据混合料和易性的要求，可按表 24-13 中的规定选用。

表 24-13 轻集料混凝土有效用水量

轻集料混凝土的施工条件	和易性		有效用水量/(kg/m³)
	工作度/s	坍落度/cm	
预制混凝土构件现浇混凝土	<30	0～3	155～200
(1)机械振捣的	—	3～5	165～210
(2)人工捣实或钢筋较密的	—	5～8	200～220

每立方米混凝土中有效用水量与水泥用量之比，称为轻集料混凝土的有效水灰比。有效水灰比应根据轻集料混凝土的设计强度等级要求进行选择，不能超过构件和工程所处环境规定的最大允许水灰比，如超过则应按规定的最大允许水灰比进行选用。轻集料混凝土的最大水灰比和最小水泥用量，可按表 24-14 中的规定进行选用。

表 24-14 轻集料混凝土的最大水灰比和最小水泥用量

序号	混凝土所处环境	最大水灰比	最小水泥用量/(kg/m³)	
			无筋	配筋
1	不受风雪影响的轻集料混凝土结构	—	225	250
2	受风雪影响的露天轻集料混凝土结构、位于水中及水位升降范围内的结构和在潮湿环境中的结构	0.70	250	275
3	寒冷地区水位升降范围内的结构、受水压作用的结构	0.65	275	300
4	严寒地区水位升降范围内的结构	0.60	300	325

（3）轻集料表观密度和强度的确定　根据轻集料的原材料和制造方法不同，一般轻集料的颗粒表观密度、强度和松散表观密度均随着颗粒尺寸的增大而减小。因此，用大粒级的轻集料配制的轻集料混凝土，其强度一般都比较低。为了克服这个缺点，可在混凝土拌合物中减小集料的最大粒径或掺入适量的砂。这种方法虽然增加了轻集料混凝土的表观密度，但只要混凝土的表观密度不超过规定值，配制高等级轻集料混凝土还是可行的。

（4）粗细集料的总体积的确定　轻集料混凝土的粗细集料总体积，指配制每立方米轻集料混凝土所需粗细集料松散体积的总和。这是用松散表观密度法进行配合比设计的一个重要参数。轻集料混凝土的粗细集料总体积主要与粗集料的粒型、细集料的品种以及混凝土的内部结构等因素有关。配制比较密实的普通轻集料混凝土时，混凝土粗、细集料的总体积可参照表 24-15 选用。

表 24-15 普通轻集料混凝土所需粗细集料总体积

序号	轻粗集料粒型	细集料品种	粗细集料总体积/m³
1	圆球型（如粉煤灰陶粒及粉磨成球状的黏土陶粒等）	轻砂	1.30～1.50
		普通砂	1.30～1.35
2	普通型（如页岩陶粒及挤压成型的黏土陶粒等）	轻砂	1.35～1.60
		普通砂	1.30～1.40
3	碎石型（如浮石、火山灰、炉渣等）	轻砂	1.40～1.55
		普通砂	1.40～1.50

（5）轻集料混凝土砂率的确定　轻集料混凝土中的砂率大小，对混凝土拌合物的和易性影响很大，直接关系到轻集料混凝土的施工质量和施工速度，也在一定程度上影响轻集料混凝土的弹性模量、表观密度和强度。砂率主要根据粗集料的粒形和孔隙率来决定。配制轻集料混凝土的适宜砂率，可参考表 24-16 所列出的数值。

表 24-16　轻集料混凝土的适宜砂率

序号	轻集料混凝土用途	细集料类型	砂率/%
1	预制构件用	轻砂	35～40
		普通砂	30～40
2	现浇混凝土用	轻砂	40～45
		普通砂	30～45

（6）外加剂和掺合料的确定　配制轻集料混凝土与普通水泥混凝土一样，可以根据混凝土设计性能的需要，允许采用各种外加剂（如减水剂、塑化剂、加气剂等）。为保证混凝土的质量，其用量必须通过试验确定，或按有关规程执行。

配制较低强度等级（CL10 以下）的轻集料混凝土时，允许掺加占水泥用量 20％～25％的粉煤灰或其他磨细的水硬性矿物掺合料，以改善混凝土拌合物的和易性。

（二）配合比设计的原则

轻集料混凝土的强度与水泥砂浆、集料的强度、水泥用量等因素有关。当配制全轻混凝土时，轻粗集料的强度往往大于水泥砂浆的强度，这时，全轻混凝土的强度主要取决于轻砂浆的强度；当配制砂轻混凝土时，由于普通砂浆的强度往往大于轻集料的强度，砂轻混凝土的强度主要取决于轻粗集料的强度。

由于轻集料混凝土配合比设计既要满足设计强度等级的要求，又要满足轻集料混凝土表观密度等级的要求，所以提高轻集料混凝土的强度和降低其表观密度等级，是轻集料混凝土配合比设计的主要原则。

（三）配合比设计的方法

轻集料混凝土的配合比设计是通过初步试算，然后再经过试配后调整确定的。配合比设计的方法分为两种：绝对体积法和松散体积法。砂轻混凝土宜采用绝对体积法；全轻混凝土宜采用松散体积法。在进行配合比计算中，粗细集料的用量均以干燥状态为准。

1. 绝对体积法

（1）配合比设计原则　绝对体积法计算配合比的原则为：假定每立方米砂轻混凝土的绝对体积为各组成材料的绝对体积之和。其中，砂率是根据砂子填充集料空隙的原理来计算的。绝对体积法配合比设计，一般适用于普通砂配制的砂轻混凝土。对于用轻砂配制的全轻混凝土，在测得轻砂的颗粒表观密度和吸水率数值后，亦可按此法进行配合比设计。

（2）配合比设计步骤

① 根据混凝土设计要求的强度等级、密度等级、混凝土用途、构件的形状及配筋情况等，确定混凝土的粗细集料的种类和粗集料的最大粒径。

② 测定粗集料的堆积密度、颗粒表观密度、筒压强度及 1h 吸水率，测定细集料的堆积密度及颗粒表观密度。

③ 根据轻集料混凝土的设计强度等级按下列计算混凝土的试配强度：

$$f_{ch} = f_{cc} + 1.645\sigma_0 \tag{24-3}$$

式中，f_{ch}为轻集料混凝土的试配强度，MPa；f_{cc}为轻集料混凝土的设计强度等级，MPa；σ_0为施工单位的混凝土强度标准差历史统计水平，无统计资料时可采用表 24-17数值。

表 24-17　轻集料混凝土总体标准差取值

混凝土强度等级	CL5～CL7.5	CL10～CL20	CL25～CL40	CL45～CL50
σ_0	2.0	4.0	5.0	6.0

④ 根据混凝土强度等级，确定水泥强度等级、品种及用量。按混凝土的强度等级，查表 24-18确定水泥强度等级和水泥品种；然后再根据计算的轻集料混凝土试配强度和轻集料密度等级，查表 24-19确定水泥用量。

表 24-18　轻集料混凝土合理水泥强度等级和品种选择

混凝土强度等级	水泥强度等级/MPa	适宜水泥品种
CL5～CL7.5	27.5	火山灰硅酸盐水泥
CL10～CL20	32.5	粉煤灰硅酸盐水泥
CL20～CL30	42.5	矿渣硅酸盐水泥
CL30～CL60	52.5 或 62.5	硅酸盐水泥、普通水泥、矿渣水泥

表 24-19　轻集料混凝土水泥用量

混凝土试配强度/MPa	轻集料密度等级/(kg/m³)						
	400	500	600	700	800	900	1000
<5.0	260～320	250～300	230～260				
5.0～7.5	280～360	260～340	240～320	220～300			
7.5～10		280～370	260～350	240～320			
10～15			280～350	260～340	240～330		
15～20			300～400	280～380	270～370	260～360	250～350
20～25				330～400	320～390	310～380	300～370
25～30				380～450	370～440	360～430	350～420
30～40				420～500	390～490	380～480	370～470
40～50					430～530	420～520	410～510
50～60					450～550	440～540	430～530

确定净用水量。根据轻集料混凝土的施工工艺要求的和易性（坍落度或工作度）要求，可参照表 24-20确定净用水量。

表 24-20　轻集料混凝土净用水量

序号	轻集料混凝土用途	和易性		净用水量/(kg/m³)
		工作度/s	坍落度 cm	
1	预制混凝土构件 (1)振动台成型 (2)振捣棒或平板振捣器	5～10 —	0～1 3～5	155～180 165～200
2	现浇混凝土构件 (1)机械振捣 (2)人工振捣或钢筋较密的	— —	5～7 6～8	180～210 200～220

表 24-20中的净用水量仅适用于粗集料为轻集料、细集料为普通砂的"砂轻混凝土"，

如果细集料也是轻集料，应在净用水量的基础上附加轻砂 1h 所吸的水量。当遇到这种情况时，对轻砂所增加的附加吸水量，可参考表 24-21 中的公式进行计算。

表 24-21　附加吸水量 W_1 计算方法

粗集料预湿润及细集料种类	附加吸水量计算公式	粗集料预湿润及细集料种类	附加吸水量计算公式
粗集料预湿，细集料为普通砂	$W_1=0$	粗集料预湿，细集料为轻砂	$W_1=Gq$
粗集料不预湿，细集料为普通砂	$W_1=Gq$	粗集料不预湿，细集料为轻砂	$W_1=Gq+Sq_s$

注：1. q_s 为细集料 1h 吸水率；q 为粗集料 1h 吸水率；W_1 为附加吸水量。

2. G、S 分别为粗集料、细集料的掺加量。

3. 当轻集料中含水时，必须在附加水量中扣除自然含水量。

⑤ 轻集料品种的选择　轻集料品种的选择应根据轻集料混凝土要求的强度等级、密度等级来确定。表 24-22 中列出了我国生产的轻集料可以达到的轻混凝土各种性能指标，在进行轻集料混凝土配合比设计时作为参考。

表 24-22　各种轻集料可以达到的轻混凝土各种性能指标

轻粗集料			轻细集料		混凝土可能达到的性能指标	
品种	堆积密度 /(kg/m³)	筒压强度 /(N/mm²)	品种	堆积密度 /(kg/m³)	密度 /(kg/m³)	强度等级
浮石	500	0.6	轻砂 普通砂	<300 1450	900~1000 1200~1400	CL5~CL7.5 CL10~CL15
火山渣	800	1.2	轻砂 轻砂 普通砂	<300 <900 1450	900~1000 1100~1300 1699~1800	CL5~CL10 CL10~CL15 CL15~CL20
页岩陶粒	500	1.5	轻砂 轻砂 普通砂	<300 <900 1450	900~1000 1100~1300 1699~1800	CL5~CL10 CL10~CL15 CL15~CL20
	800	2.5	轻砂 轻砂 普通砂	<300 <900 1450	900~1000 1100~1300 1699~1800	CL7.5~CL10 CL10~CL20 CL20~CL30
黏土陶粒	600	2.0	轻砂 轻砂 普通砂	<300 <900 1450	900~1000 1100~1300 1699~1800	CL7.5~CL10 CL10~CL15 CL15~CL20
	800	4.0	轻砂 轻砂 普通砂	<300 <900 1450	900~1000 1100~1300 1699~1800	CL7.5~CL10 CL10~CL25 CL20~CL35
粉煤灰陶粒	700	4.0	轻砂 轻砂 普通砂	<300 <900 1450	900~1000 1100~1300 1699~1800	CL7.5~CL10 CL10~CL25 CL20~CL30
	800	5.0	轻砂 轻砂 普通砂	<300 <900 1450	900~1000 1100~1300 1699~1800	CL10~CL15 CL10~CL30 CL25~CL40

⑥ 确定混凝土的砂率　由于轻集料的堆积密度相差非常大，具有"全轻"和"砂轻"混凝土之分，所以砂率宜采用密实状态的"体积砂率"。轻集料混凝土的砂率主要根据粗集料的粒形和孔隙率来确定，进行轻集料混凝土配合比设计时可参照表 24-16 选用。

⑦ 计算细集料的用量　轻集料混凝土细集料的用量，可按式(24-4)计算：

$$S=[1-(C/\rho_C+W/\rho_w)]\cdot S_P\rho_S \qquad (24-4)$$

式中，S 为每立方米轻集料混凝土中的细集料（或砂）的用量，kg/m³；C 为每立方米轻集料混凝土中水泥的用量，kg/m^3；ρ_C 为水泥的密度，kg/m^3；W 为每立方米轻集料混凝土中的净用水量，kg/m^3；ρ_W 为水的密度，kg/m^3；S_P 为密实体积砂率，%；ρ_S 为轻细集料或砂的密度，kg/m^3。

⑧ 计算粗集料用量　轻集料混凝土粗集料的用量，可按式（24-5）计算：

$$G=[1-(C/\rho_C+W/\rho_W+S/\rho_S)]\cdot\rho_G \tag{24-5}$$

式中，G 为每立方米轻集料混凝土中粗集料的用量，kg/m^3；ρ_G 为轻粗集料的密度，kg/m^3。

⑨ 计算总用水量　轻集料混凝土的总用水量，可按式（24-6）计算：

$$W_{总}=W+W_1 \tag{24-6}$$

式中，$W_{总}$ 为每立方米轻集料混凝土中总的用水量，kg/m^3；W 为每立方米轻集料混凝土中用水量，kg/m^3；W_1 为每立方米轻集料混凝土中附加用水量，kg/m^3。

⑩ 计算轻混凝土干表观密度　通过计算轻混凝土的干表观密度，与设计要求的干表观密度相比，若误差大于 3%，证明混凝土配合比设计失败，必须重新调整和计算配合比，轻混凝土的干表观密度可按式（24-7）计算：

$$\rho_{ch}=1.15C+G+S \tag{24-7}$$

⑪ 混凝土的试配和调整　轻集料混凝土拌合物的试配和调整，一般可按下列方法进行。

以计算的混凝土配合比为基础，保持用水量不变，再选两个相邻的水泥用量，分别按 3 个配合比拌制混凝土，测定混凝土拌合物的和易性，然后调整用水量，直到达到设计要求的和易性为止，并分别校正混凝土的配合比。

按校正的 3 个混凝土配合比进行试配，测定混凝土的强度及干表观密度，以达到既能满足设计要求的混凝土配制强度，又具有最小水泥用量和符合设计要求的干表观密度的配合比，作为轻混凝土选定的配合比。

对选定的轻混凝土配合比进行质量校正，其校正系数可按式（24-8）计算：

$$\eta=\rho_{CO}/(G+S+C+W) \tag{24-8}$$

式中，ρ_{CO} 为轻集料混凝土拌合物的振密实后湿表观密度，kg/m^3。

将选定配合比中的各项材料用量均乘以校正系数 η，即得最终的轻集料混凝土配合比设计值。

2. 松散体积法

（1）配合比设计原则　松散体积法是以给定每立方米混凝土的粗细集料松散总体积为基础，即假定每立方米混凝土的干重量为其各组成干燥材料重量的总和，最后通过试验调整得出配合比。此法适用于全轻混凝土的配合比设计。

（2）配合比设计步骤

① 根据原材料的性能和轻集料混凝土的设计强度、密度等级及施工和易性要求，确定粗细集料的种类和粗集料的最大粒径。

② 测定粗集料的堆积密度、筒压强度和 1h 吸水率，并测定细集料的堆积密度。

③ 利用混凝土强度计算公式 $f_{ch}=f_{cc}+1.645\sigma_0$，计算轻集料混凝土的试配强度。

④ 按照表 24-19 确定水泥的强度等级、品种及用量。

⑤ 根据施工对混凝土拌合物的和易性要求，按表 24-20 选择净用水量。

⑥ 根据轻集料混凝土的用途，按表 24-16 选取松散体积砂率。

⑦ 根据粗细集料的类型，按表 24-15 选取粗细集料的总体积。

⑧ 根据选用的粗细集料的总体积和砂率，按下式求出每立方米轻集料混凝土中的粗细集料用量：

$$S = V_S \rho_{1S} = V_1 S_P \rho_{1S} \tag{24-9}$$

$$G = V_G \rho_{1G} = (V_1 - V_S) \rho_{1G} \tag{24-10}$$

式中，V_S 为细集料的松散体积，m^3；V_G 为粗集料的松散体积，m^3；V_1 为粗细集料总的松散体积，m^3；ρ_{1S} 为细集料的堆积密度，kg/m^3；ρ_{1G} 为粗集料的堆积密度，kg/m^3。

⑨ 根据施工要求的和易性所选用的净用水量，以及粗集料 1h 吸水率计算附加水，并计算出总的用水量。

⑩ 计算轻集料混凝土干表观密度，并与设计要求的干表观密度进行对比，如果误差大于 3％时，则应重新调整和计算配合比。

（四）轻集料混凝土配合比

为便于施工中进行轻集料混凝土配制，表 24-23 中列出了工程中常用的高强轻集料混凝土的基本配合比，供施工试配时参考。

表 24-23 高强轻集料混凝土的基本配合比

粗集料粒径（最大/最小）/mm	细集料 $600\mu m$ 筛孔通过量/%	集料用量/(kg/m³)						用水量/(L/m³)
		圆滑型		不规则型		棱角型		
		细	粗	细	粗	细	粗	
20/15	45～64	450	1220	520	1150	590	1080	180
	65～84	380	1290	450	1220	520	1150	
	85～100	310	1360	380	1290	450	1220	
15/10	45～64	420	1190	480	1130	540	1070	200
	65～84	360	1250	420	1190	480	1130	
	85～100	300	1310	360	1250	420	1190	
10/5	45～64	400	1150	450	1100	500	1050	225
	65～84	350	1200	400	1150	450	1100	
	85～100	300	1250	350	1200	400	1150	

二、加气混凝土的配合比设计

加气混凝土的配合比设计是确保其质量的关键，在进行配合比设计中，既要遵循一定的设计原则，还要对各种材料的用量进行认真计算。

1. 加气混凝土配合比设计原则

根据加气混凝土的特点，在进行加气混凝土配合比设计时，首先要考虑必须满足其表观密度和强度性能。在一般情况下，加气混凝土表观密度和强度是相互矛盾的两个指标，表观密度小、孔隙率大，其强度则低；表观密度大、孔隙率小，其强度较高。在进行加气混凝土材料组成设计时，应在保证表观密度条件下尽量提高固相物质（即孔壁物质）的强度。

2. 铝粉掺量的确定

铝粉是加气混凝土中的关键材料，影响加气混凝土中气泡形成、混凝土的表观密度、混凝土的性能和强度大小，应认真加以确定。加气混凝土的表观密度取决于孔隙率，而孔隙率又取决于加气量，加气量又决定于铝粉掺量，所以铝粉掺量是根据表观密度的要求确定的。在一般情况下，铝粉的掺量应由试验确定，也可以根据工程中的经验公式计算求得。

3. 各种基本原料的配合比

确定各种基本原料的配合比，主要是保证材料在蒸压养护后化学反应形成的加气混凝土结构中孔壁的强度。孔壁强度决定于形成孔壁材料的化学组成和化学结构，孔壁材料的主要成分为水化硅酸钙和水石榴子石，而这些物质的强度又决定于其钙硅比和化学结构。

（1）钙硅比的确定　在确定各种基本原料配比时，确定料浆中的钙硅比（CaO/SiO_2）和水料比是非常重要的。国内外试验研究表明，$CaO\text{-}SiO_2\text{-}H_2O$ 体系及杂质影响下，水热反应生成物以 175℃ 以上的水热条件下，钙硅比（CaO/SiO_2）等于 1 时的制品强度最高。如果蒸压温度过高（＞230℃）和恒温时间过长，将会形成硬硅钙石，此时制品的强度反而会降低。

实际生产和试验研究表明，在进行加气混凝土配合比设计时，钙硅比不宜全部大于 1，而应当随原料组成不同有所区别。一般可按以下规定：a. 对于水泥-矿渣-砂系统，其钙硅比为 0.52～0.68；b. 对于水泥-石灰-粉煤灰系统，其钙硅比为 0.80～0.85；c. 对于水泥-石灰-砂系统，其钙硅比为 0.70～0.80。

（2）水料比的确定　加气混凝土的水料比不仅会影响加气混凝土的强度，而且对其表观密度也有较大的影响。水料比越小，加气混凝土的强度越高，且表观密度也随之增大。水料比的确定，同时还应考虑浇筑、发气膨胀过程中的流动性和稳定性。目前，在加气混凝土配合比设计中，尚未有确定水料比密度、强度、浇筑料流动性和稳定性之间关系的计算公式，在配料计算时，可参考表 24-24 选择适宜的水料比。

表 24-24　加气混凝土水料比选择参考

加气混凝土原料 ＼ 密度/（kg/m³）	500	600	700
水泥-矿渣-砂	0.55～0.65	0.50～0.60	0.48～0.55
水泥-石灰-砂	0.65～0.75	0.60～0.70	0.55～0.65
水泥-石灰-粉煤灰	0.60～0.70	0.55～0.65	0.50～0.60

4. 加气混凝土参考配合比

表 24-25 中列出了 3 种加气混凝土的配合比和热工性能，表 24-26 中列出了表观密度为 $500kg/m^3$ 加气混凝土的参考配合比，仅施工中参考。

表 24-25　3 种加气混凝土的配合比和热工性能

序号	组成原料	配合比	表观密度/（kg/m³）	热导率/[W/(m·K)]	传热系数/[W/(m²·K)]
1	水泥-矿渣-砂	20∶20∶60	540	0.110	$9.2×10^{-4}$
2	水泥-石灰-粉煤灰	18.5∶18.5∶63	500	0.095	$8.3×10^{-4}$
3	水泥-石灰-砂	15∶25∶60	532	0.100	$8.4×10^{-4}$

表 24-26　表观密度为 $500kg/m^3$ 加气混凝土的参考配合比

材料名称	水泥-石灰-砂	水泥-石灰-粉煤灰	水泥-矿渣-砂
水泥/%	5～10	10～20	18～20
石灰/%	20～33	20～24	30～32（矿渣）
砂子/%	55～65	—	48～52

续表

材料名称	水泥-石灰-砂	水泥-石灰-粉煤灰	水泥-矿渣-砂
粉煤灰/%	—	60～70	—
石膏/%	≤3	3～5	—
纯碱、硼砂/(kg/m³)	—	—	4,0.4
铝粉/10^{-4}	7～8	7～8	7～8
水料比	0.63～0.75	0.60～0.65	0.60～0.70
浇筑温度/℃	35～38	36～40	40～45
铝粉搅拌时间/s	30～60	30～60	15～25

三、泡沫混凝土的配合比设计

(一) 泡沫混凝土配合比的试配设计法

泡沫混凝土配合比试配设计法的原则，与加气混凝土基本相同。对于水泥-砂泡沫混凝土和石灰-水泥-砂泡沫混凝土，其配合比可首先以表 24-27 和表 24-28 的配合比数据为依据，初步选定两种配合比设计方案，每种配合比以 3 种与"开始时的"水料比相差 0.02～0.04 的水料比来进行试拌。例如，"开始时的"水料比为 0.32 时，试验拌料采用的水料比为：0.32、0.30、0.28。

表 24-27　水泥-砂泡沫混凝土试验拌料配合比

容量与配比 原材料	800kg/m³		1000kg/m³		1200kg/m³	
	Ⅰ配比	Ⅱ配比	Ⅰ配比	Ⅱ配比	Ⅰ配比	Ⅱ配比
每 1m³ 的材料用量/kg						
水泥	300	350	300	350	300	350
磨细砂子	460	410	650	600	840	790
水泥:砂子(质量比)	1:1.5	1:1.2	1:2.2	1:1.17	1:2.8	1:2.3
开始时的水料比	0.32	0.34	0.28	0.30	0.26	0.28

表 24-28　石灰-水泥-砂泡沫混凝土试验拌料配合比

容量与配比 原材料	800kg/m³		1000kg/m³		1200kg/m³	
	Ⅰ配比	Ⅱ配比	Ⅰ配比	Ⅱ配比	Ⅰ配比	Ⅱ配比
每 1m³ 的材料用量/kg						
石灰	100	100	100	100	100	100
水泥	70	100	70	100	70	100
磨细砂子	590	560	780	750	970	940
石灰:水泥:砂子(质量比)	1:0.7:5.9	1:1:5.6	1:0.7:7.8	1:1:7.5	1:0.7:9.7	1:1:9.4
开始时的水料比	0.38	0.40	0.36	0.38	0.34	0.36

注：1. 泡沫用水量不计算在水料比内；

2. 如果试验方法测得的多孔混凝土的抗压极限强度符合规范式设计的要求，则多孔混凝土配合比采用较小的胶凝材料用量。

对每种拌料分别浇灌 6 件尺寸为 100mm×100mm×100mm 的立方试块和 1 件300mm×300mm×300mm 的立方试块。按规定方法进行物理力学性质试验。凡是混凝土试块没有多孔拌合物的沉陷，并在所规定的表观密度下具有所需的抗压极限强度，同时胶凝材料用量又最小，这种试样就有最佳的胶凝材料、砂的配合比和最佳水料比。

对规定表观密度的多孔混凝土，其多孔拌合物的表观密度，可按下式进行计算：

$$G = KG_1(1 + W/B) + W_n \tag{24-11}$$

式中，G 为多孔混凝土拌合物的表观密度，kg/m^3；G_1 为在已烘干状态下的多孔混凝土的表观密度，kg/m^3；K 为泡沫混凝土和泡沫硅酸盐蒸压后，所含的结合水和吸附水的计算系数，$K = 0.95$；W/B 为水料比；W_n 为在泡沫混凝土搅拌机的泡沫搅拌器中倒入的水量和泡沫剂溶液量，L。

每 $1m^3$ 多孔混凝土的材料用量，可根据下列公式计算确定：

$$A = KG/(1 + H) \tag{24-12}$$

$$H = An \tag{24-13}$$

$$W = (A + H)/B \tag{24-14}$$

式中，A 为多孔混凝土的水泥用水或石灰和水泥拌合物的用量，kg/m^3；n 为每 1 份胶凝材料所用的磨细砂子的分数；H 为多孔混凝土的磨细砂的用量，kg/m^3；W 为多孔混凝土的用水量，kg/m^3。

目前，我国常用的泡沫混凝土多为粉煤灰泡沫混凝土，施工单位总结出了比较成功的配合比，表 24-29 中配合比可供施工中参考。

表 24-29　粉煤灰泡沫混凝土经验配合比

原材料名称	配合比	混合料有效 CaO/%	抗压强度/MPa
粉煤灰：生石灰：废模型石膏	74：22：4	8~10	9.92

要想获得规定容重的生产用泡沫混凝土拌料，就必须变动装在泡沫混凝土搅拌机砂浆滚筒中的干燥物质（水泥、石灰、磨细砂子）的数量，对于容量为 500L 和 750L 的泡沫混凝土搅拌机，根据泡沫混凝土不同容重而定的干燥物质的参考数量，如表 24-30 所列。

表 24-30　泡沫混凝土搅拌机每 1 次搅拌所需干燥物质的参考数量

泡沫混凝土的容重/(kg/m³)	每 1 次搅拌所需的干燥物质的数量/kg	
	500L 的泡沫混凝土搅拌机	750L 的泡沫混凝土搅拌机
800	260	550
1000	330	675
1200	400	750

（二）泡沫混凝土配合比的计算法

1. 确定混凝土的砂灰比

泡沫混凝土的砂灰比，可按式(24-15)进行计算：

$$K = S_0/H_a \tag{24-15}$$

式中，K 为泡沫混混凝土的砂灰比；S_0 为泡沫混凝土的砂用量，kg/m^3；H_a 为泡沫混凝土的总用灰量（石灰＋水泥用量），kg/m^3。

砂灰比 K 值与泡沫混凝土的要求表观密度有关，其关系如表 24-31 所列。

表 24-31　砂灰比 K 值的选用

混凝土表观密度/(kg/m³)	K 值	混凝土表观密度/(kg/m³)	K 值
≤800	5.0～5.5	1000	7.0～7.8
900	6.0～6.5	—	—

2. 计算总用灰量

当泡沫混凝土是以水泥和石灰为胶凝材料时，其总用灰量（水泥＋石灰）可按式（24-16）进行计算：

$$H_a = a \rho_f/(1+K) \tag{24-16}$$

$$H_a = C_0 + H_0 \tag{24-17}$$

式中，a 为结合水系数，随混凝土的表观密度而不同，当 $\rho_f \leqslant 600\text{kg/m}^3$ 时，$a=0.85$；当 $\rho_f \geqslant 700\text{kg/m}^3$ 时，$a=0.90$；ρ_f 为泡沫混凝土干表观密度，kg/m³；C_0 为泡沫混凝土中的水泥用量，kg/m³；H_0 为泡沫混凝土中的石灰用量，kg/m³。

3. 计算水泥用量

根据泡沫混凝土的施工经验，其水泥用量可按式（24-18）进行计算：

$$C_0 = (0.7\sim1.0)H_a \tag{24-18}$$

4. 计算石灰用量

根据水泥用量和石灰用量的关系，石灰用量可用式（24-19）进行计算：

$$H_0 = H_a - C_0 = (0\sim0.3)H_a \tag{24-19}$$

5. 确定水料比

泡沫混凝土的水料比，可按式（24-20）进行计算：

$$k = W/T \tag{24-20}$$

式中，k 为泡沫混凝土的水料比；W 为 1m³ 泡沫混凝土中的总用水量，kg；T 为 1m³ 泡沫混凝土中的用灰量与砂用量总和，kg。

泡沫混凝土的水料比与泡沫混凝土的表观密度有关，可参考表 24-32 中的数值。

表 24-32　水料比 k 值的选用

混凝土表观密度/(kg/m³)	k 值	混凝土表观密度/(kg/m³)	k 值
≤800	0.38～0.40	1000	0.34～0.36
900	0.36～0.38	—	—

6. 计算泡沫混凝土料浆用水量

由计算或查表确定的水料比和已知的总用灰量、砂用量，用式（24-21）可计算用水量：

$$W = k \cdot (H_a + S_0) \tag{24-21}$$

式中，W 为 1m³ 泡沫混凝土中的总用水量，kg/m³；k 为泡沫混凝土的水料比；H_a 为泡沫混凝土的总用灰量（石灰＋水泥用量），kg/m³；S_0 为泡沫混凝土的砂用量，kg/m³。

7. 计算发泡剂用量

泡沫混凝土中发泡剂用量，可按式（24-22）进行计算：

$$P_t = [1000 - (H_0/\rho_h + S_0/\rho_s + C_0/\rho_c + W_0)]/Z \cdot V_p \tag{24-22}$$

式中，P_t 为泡沫混凝土中发泡剂用量，kg/m³；ρ_h、ρ_s、ρ_c 分别为石灰、砂和水泥的密度；Z 为泡沫活性系数；V_p 为 1kg 发泡剂泡沫成型体积，L，对于 U-FP 型发泡剂 $V_p=$

700～750L/kg，对于松香皂发泡剂 $V_p=670～680$L/kg。

四、浮石混凝土的配合比设计

进行浮石混凝土的配合比设计，一般要经过确定浮石用量、砂子用量、水泥用量、用水量、测定表观密度和选定配合比等步骤。

1. 确定浮石用量

在确定浮石用量之前，首先要测定浮石的紧密容重，并测定其颗粒间的孔隙率 P_y，在紧密容重大和孔隙率 P_y 值小的情况下，浮石的级配最好，其质量即为每立方米浮石混凝土的用量。

配制浮石混凝土的浮石，一般选用 60% 粒径为 5～10mm 颗粒和 40% 粒径为 10～15mm 颗粒级配较好。浮石的级配和孔隙率可参见表 24-33。

表 24-33 浮石颗粒级配、密度和孔隙率参考表

配合比例/%		密度/(kg/m³)	孔隙率 P_y/%
5～10mm	10～15mm		
0	100	746	43.6
30	70	781	40.8
40	60	811	39.0
60	40	833	37.4

2. 确定砂子用量

先确定砂子的密度及浮石粗集料的空隙率计算砂子的用量，然后再乘以剩余系数 1.1～1.2。砂子的用量多少，与石子的空隙率有密切关系，空隙率大则砂子用量多。在一般情况下，砂子的用量为 680～800kg/m³。石子空隙率与砂子用量关系，如表 24-34 所列。

表 24-34 石子空隙率与砂子用量关系

浮石石子的空隙率/%	砂子的相应用量/(kg/m³)	浮石石子的空隙率/%	砂子的相应用量/(kg/m³)
43.8	790	390	700
40.8	735	37.4	674

3. 确定水泥用量

配制浮石混凝土水泥的用量，可根据浮石混凝土的强度，参考工程实践经验进行试配。若配制中等或低等强度的混凝土，必须加入 15%～30% 的掺合料或 0.2%～0.3% 的塑化剂。

4. 确定用水量

浮石混凝土的拌合水分两次加入。最初用水量以所配制的拌合物在手中挤压成团而不粘手为准。一般用水量应控制在 150～200kg/m³ 之间。

在不同水泥用量的条件下，再选择最优用水量，浮石混凝土的用水量以所配制混凝土的强度为最大（或混凝土拌合物最适宜施工）的用水量即为最优用水量。

5. 测定混凝土表观密度

先在混凝土试块破碎前称取其质量，然后在破碎后将试块烘干，根据测定的含水率，可得浮石混凝土的标准表观密度（干密度）。

6. 选定混凝土配合比

按照不同颗粒组成、不同水泥用量、不同用水量分别进行试配，利用正交试验法求得符合设计强度和表观密度要求的最优配合比。

第四节 轻质混凝土的施工工艺

轻集料混凝土的施工工艺基本上与普通混凝土相同。但由于轻集料的堆积密度小、呈多孔结构、吸水率较大，配制而成的轻集料混凝土也具有某些特征。只有在施工过程中充分加以注意，才能确保工程的施工质量。

一、轻集料的堆放及预湿润要求

轻集料应按不同品种和不同粒径分别堆放，如果堆放混杂，会直接影响混凝土的和易性、强度和表观密度。在采用自然级配时，轻集料的堆放高度不宜超过 2m，并防止树叶、泥土和其他有害物质的混入。轻砂的堆放和运输时，应采取防雨措施。

轻集料吸水量很大，会使混凝土拌合物的和易性很难控制，因此，在气温 5℃ 以上的季节施工时，应对轻集料进行预湿润处理。预湿润时间可根据外界气温和来料的自然含水状态确定，一般应提前 12～24h 对轻集料进行淋水、预湿润，然后滤干水分进行投料。在气温 5℃ 以下时，或表面无开口孔隙的轻集料，一般可不进行预湿。

二、轻集料混凝土的配料和拌制

轻集料混凝土的粗细集料、水、水泥和外加剂，均应按重量配料，其中粗细集料的允许偏差为 3%，水泥、水和外加剂的允许偏差为 2%。

在正式拌制混凝土前，应对轻集料的含水率进行测定；在正式拌制的过程中，应每隔 1d 复测 1 次。雨天施工或遇到混凝土拌合物和易性反常时，应及时测定轻集料的含水率，以调整拌合水量。

轻集料混凝土的拌制宜采用强制式搅拌机。轻集料混凝土拌合物的粗集料经预湿润处理和未经预湿润处理，应采用不同的搅拌工艺流程。

外加剂应在轻集料吸水后加入，以免吸入集料内部失去作用。当用预湿润粗集料时，液状外加剂可与净用水量同时加入；当用干粗集料时，液状外加剂应与剩余水同时加入。粉状外加剂可先制成溶液，采用上述方法加入，也可以与水泥混合同时加入。

对于易破碎的轻集料，搅拌时要严格控制搅拌的时间。合理的搅拌时间，最好通过试拌加以确定。

三、轻集料混凝土的运输

轻集料混凝土在运输过程中，由于粗集料的表观密度较小，很容易产生上浮现象，因此比普通混凝土更容易产生离析。为防止混凝土拌合物的离析，运输距离应尽量缩短，若出现严重离析，浇筑前宜采用人工二次拌和。

轻集料混凝土从搅拌至浇筑的时间，一般不宜超过 45min，如运输中停放时间过长，会导致混凝土拌合物和易性变差。

若用混凝土泵输送轻集料混凝土，要比普通混凝土困难得多。主要是因为在压力下集料易吸收水分，使混凝土拌合物变得比原来干硬，从而增大了混凝土与管道的摩擦，易引起管道堵塞。如果将粗集料预先吸水至接近饱和状态，可以避免在泵送压力下大量吸水，可以像普通混凝土一样进行泵送。

四、轻集料混凝土的浇筑成型

由于轻集料混凝土的表观密度较小，施加给混凝土下层的附加荷载较小，而内部衰减较大，再加上从轻集料混凝土中排出混入的空气速度比普通混凝土慢，因此浇筑轻集料混凝土所消耗的振捣能量要比普通混凝土大。在一般情况下，由于静水压力降低，混入拌合物中的空气就不容易排出，所以振捣必须更加充分，应采用机械振捣成型，最好使用频率为 16000 周/min 和 20000 周/min 的高频振动器；对流动性大、能满足强度要求的塑性拌合物，或结构保温类和保温类的轻集料混凝土，也可以采用人工振捣成型。

当采用插入式振动器时，由于它在轻集料混凝土拌合物中的作用半径约为普通混凝土中的 1/2，因此振捣点间距也要缩小 1/2。振捣点间距也可以粗略地按振动器头部直径的 5 倍控制。当轻集料与砂浆组分的容重相差较大时，在振捣过程中容易使轻集料上浮和砂浆下沉产生分层离析现象，在振捣中还必须防止振动过度。

现场浇筑的竖向结构物，每层浇筑厚度宜控制在 30～50cm，并采用插入式振捣器进行振捣。混凝土拌合物浇筑倾落高度大于 2m 时应设置混凝土串筒、斜槽等辅助工具，以免产生拌合物的离析。

浇筑面积较大的构件时，如其厚度大于 24cm，宜先用插入式振捣器振捣后，再用平板式振捣器进一步进行表面振捣；如其厚度在 20cm 以下可采用表面振动成型。

插入式振捣器在轻集料混凝土中的作用半径较小，大约仅为在普通混凝土中的 1/2。因此，振捣器插入点之间的间距也为普通混凝土的间距 1/2。

振捣延续时间以拌合物捣实为准，振捣时间不宜过长，以防止轻集料出现上浮。振捣时间随混凝土拌合物坍落度（或工作度）、振捣部位等不同而异，一般宜控制在 10～30s 内。

五、轻集料混凝土的养护

轻集料多数为孔隙率较大的材料，其内部所含的水分足以供给轻集料混凝土养护之用。当水分从混凝土表面蒸发时，集料内部的水分不断地向水泥砂浆中转移。水分的连续转移，在一段时间内能使水泥的水化反应正常进行，并能使混凝土达到一定的强度。这段时间的长短，视周围气候而定。

在温暖和潮湿的气候下，轻集料混凝土中的水分，可以保证水泥的水化，因而不需要覆盖和喷水养护。但在炎热干燥的气候下，由于混凝土表面失水太快，易出现表面网状裂纹，有必要进行覆盖和喷水养护。采用自然养护时，湿养护时间应遵守下列规定：用硅酸盐水泥、普通硅酸盐水泥、矿渣水泥拌制的轻集料混凝土，养护时间不得少于 14d。构件用塑料薄膜覆盖养护时，一定要密封。

轻集料混凝土的热容量较低，热绝缘性较大。采用蒸汽养护的效果比普通混凝土好，有条件时尽量采用热养护。但混凝土成型后，其静置的时间不得少于 2h，以防止混凝土表面产生起皮、酥松等现象。采用蒸汽养护和普通混凝土一样，养护时温度升高或降低的速度不能太快，一般以 15～25℃/h 为宜。

六、轻集料混凝土的质量检验

轻集料混凝土拌合物的和易性波动，要比普通混凝土的大得多，尤其是超过 45min 或用于轻集料拌制，更易使拌合物的和易性变坏。因此，在施工中要经常检查拌合物的和易性，一般每班不少于 1 次，以便及时调整用水量。

轻集料混凝土与普通混凝土的质量控制，检验其强度是否达到设计强度的要求是两者的共同点，而检验轻集料混凝土其表观密度是否在容许的范围之内，不是普通混凝土所要求的。因此，对轻集料混凝土的质量检验，主要包括其抗压强度和表观密度两个方面。

第五节　外加剂在轻质混凝土中的应用实例

一、轻质混凝土在卢浦大桥上的应用

1. 工程概况

上海卢浦大桥是上海市跨越黄浦江的第五座大桥，是当今世界跨度第二长的钢结构拱桥，也是世界上首座完全采用焊接工艺连接的大型拱桥。而在川扬路北引桥东段则采用分别为 LC40、LC30 的陶粒混凝土，即用陶粒混凝土制作的双孔空心板梁及桥面铺装层和防冲护墙，其设计要求密度等级为 1800kg/m³ 级的结构"砂轻"混凝土，其弹性模量应大于 $2.0×100MPa$，现大桥已建成且通车使用。

2. 原材料

（1）水泥　采用上海水泥厂生产的 P·O42.5 普通硅酸盐水泥，水泥的技术性能指标应符合现行国家标准《通用硅酸盐水泥》（GB 175—2007）中的要求。

（2）细集料　采用当地的河砂，其堆积密度为 1598kg/m³，细度模数为 2.60。

（3）陶粒　分别比较了以下两种结构用陶粒：a. 碎石型页岩陶粒，堆积密度为 820kg/m³，颗粒表观密度为 1463kg/m³，空隙率为 41%，吸水率为 5.0%，筒压强度为 5.8MPa，实测强度等级为 LC40；b. 圆球型页岩陶粒，堆积密度为 890kg/m³，颗粒表观密度为 1595kg/m³，空隙率为 43.5%，吸水率为 4.5%，筒压强度为 6.8MPa。

3. 配合比设计

材料试验证明，陶粒本身强度和掺量对陶粒混凝土的抗压强度有较大的影响，综合考虑到陶粒混凝土整体性能要求，以及在施工过程中亟待解决的泵送等其他性能要求，确定卢浦大桥选用碎石型页岩陶粒。

根据陶粒混凝土的力学特点，混凝土中的砂浆强度将成为陶粒混凝土强度发展的重要因素，而提高砂浆强度的关键在于保证拌合物和易性和水泥充分水化条件下使用尽可能小的水灰比。轻集料混凝土配合比如表 24-35 所列。

表 24-35　轻集料混凝土配合比　　　　　　　　单位：kg/m³

级别	水泥	砂子	陶粒	粉煤灰	拌合水	外加剂
LC40	440	728	508	78	190	5.0
LC30	410	680	550	140	180	2.0

4. 施工注意事项

（1）陶粒的堆放和预湿润 原料的堆放高度不宜过高，以便确保材料的匀质性，不同的材料应分开进行堆放。在进行陶粒混凝土配制前，陶粒必须按规定提前预湿，以达到陶粒混凝土的和易性和可泵性要求。

（2）陶粒混凝土用水量的控制 用水量和坍落度控制密切相关，混合料中的含水量会影响到陶粒混凝土的强度和耐久性，也影响新拌混凝土的坍落度和和易性。因此，在陶粒混凝土配合比设计中要考虑用水量和净用水量之间的关系，而关键在于随时测定陶粒的含水率，以便确定配制时的净用水量。

（3）陶粒混凝土的泵送 针对新拌混凝土容易发生陶粒上浮、泌水、和易性变化快和堵泵等现象，在施工中应采取如下措施。

① 在进行混凝土配合比设计时，适当控制陶粒混凝土中的陶粒用量，适当提高细粉料的用量和采取较低的水灰比（建议水灰比不大于 0.45），先确定陶粒吸着水和预吸水措施。

② 材料试验表明，影响泵送陶粒混凝土强度的主要参数为有效水灰比，但最高的配制强度还取决于陶粒本身颗粒强度、颗粒级配及孔隙率和最大粒径等因素。经过各方面综合考虑，本工程选用粒径为 5～16mm 的破碎型页岩陶粒为泵送陶粒混凝土的基本粗集料。

（4）由于陶粒的表观密度大多低于水、水泥等其他组分，以致它在拌合物中极易上浮，引起拌合物的分层、离析、匀质性变差，泵送比较困难。在搅拌、泵送成型过程中上浮均有不同程度的发生，尤其在成型前期更为严重。其控制方法有以下 4 种。

① 陶粒的级配、粒型。连续级配的陶粒可减轻上浮，因此陶粒应有良好的连续级配。另外，陶粒的粒径越大则上浮现象越严重，故其最大粒径不宜超过 20mm，以粒径较小为好。再者，陶粒越圆滑越易上浮，所以要求陶粒外形不必过圆过滑，并应掺入适量碎石型陶粒，减轻其上浮。有碎石型陶粒的应尽量采用。

② 在拌合物中掺入轻质矿物。陶粒与浆体的密度越接近，陶粒越不易上浮。在浆体内掺入轻质矿物可降低浆体密度，缩小陶粒与浆体的密度差。轻质矿物可选用漂珠、浮石粉、硅藻土、海泡石等；轻质矿物应细一些，细度应细于 100 目。

③ 在拌合物中加入外加剂。增黏剂可有效提高浆体的稠度。浆体的稠度越高，其对陶粒上浮的黏性阻力越大，陶粒也越不易上浮。因此，在浆体中加入增黏化学外加剂也是十分有效的方法。增黏剂可选用 CMS（羧甲基纤维素）等。

④ 在拌合物中加入纤维。纤维在拌合物中可产生牵拉作用和阻挡作用以及增浮作用，3 种作用叠加，可产生良好的防浮效果。因此，在拌合浆体中可加入一定量的聚丙烯纤维、维尼纶纤维等，加入量为 0.2～0.5kg/m³。

二、轻质混凝土在永定新河大桥上的应用

（一）工程概况

在沿海软土地基上建造的大型桥梁具有恒载比例高、基础处理费用高的特点，是最能体现轻集料混凝土应用效益的领域之一，因为轻集料混凝土密度较小的特点可有效降低桥梁上部结构的自重，大幅度地节省了基础、下部结构和预应力钢筋的费用。

永定新河大桥是唐津高速公路二期工程中一座大型桥梁，全长 1.5km。全桥横向分为上下行两座桥，各宽 12.0m，其中车行道 11.0m，两侧各设 0.5m 防撞护栏，上下行桥相距 2.0m。其主桥设计为 3 跨连续梁桥。原设计南北引桥为跨度 26m 大孔板简支梁，经优化设

计修改为跨度 35m 的连续箱梁结构，北引桥跨径布置为 $3\times(4\times35m)+5\times35m$，主梁共 4 联，南引桥跨径布置为 $3\times35m+3\times(4\times35m)+(30m+3\times35m)$，主梁共 5 联。经优化设计后的永定新河引桥上部结构全部采用高强陶粒混凝土。上部结构分成预制预应力连续箱梁和后浇桥面板两部制作，其中箱梁预制是施工的关键环节。高强轻集料混凝土的设计标准为：强度等级 CL40，密度等级 D1900。

（二）施工方案

由于桥跨度的中部肋板厚度仅 18cm，内设预应力管道和 4 层钢筋，最外层钢筋保护层厚度仅 1.5cm，对施工提出了较高的要求。根据市场上原材料状况、高强轻集料混凝土的特点、现场施工设备情况，确定了如下的施工方案。

1. 原材料选择

$5\sim16mm$ 连续粒级高强陶粒：堆积密度 $750\sim810kg/m^3$，其抗压强度为 40MPa，筒压强度不小于 6.0MPa，其他指标满足 GB/T17431—2010 对高强陶粒的要求。525R 型普通硅酸盐水泥。细度模数为 $2.5\sim3.0$ 的河砂。掺加高效减水剂、引气剂。拌合水采用可饮用水。

2. 混凝土配合比

经室内和现场试验后确定的配比如表 24-36 所列。

表 24-36　高强轻集料混凝土配比

单位：kg/m^3

使用部位	预制箱梁	桥面板	使用部位	预制箱梁	桥面板
水泥	520	520	减水剂	3.12	2.60
页岩粉煤灰陶粒	550	550	引气剂	0.026	0.026
水	135	135	饮用水	160	160
河砂	750	750	坍落度	$8\sim12cm$	$5\sim8cm$

注：陶粒为浸泡后捞起沥掉水的重量，含水率按 9% 计。

3. 投料及拌和

投料顺序为：预湿润陶粒＋砂＋水泥＋减水剂＋水＋引气剂。总搅拌时间不少于 180s，掺入引气剂后的搅拌时间不少于 90s。

4. 成型和养护

浇筑时的分层高度为 300mm 左右，应尽量趋于水平。采用振时、振点距短的振捣，养护时间不少于 7d。

（三）设计参数的选用和认识

1. 设计参数的选用

（1）混凝土的强度等级　粉煤灰页岩轻集料混凝土强度不低于 CL40 级。

（2）混凝土的密度　密度是高强粉煤灰页岩轻集料混凝土的重要特征值之一，它与强度成正比关系。经过对国内高强轻集料技术指标及轻集料混凝土施工技术的综合考虑，参照《轻集料混凝土技术规程》和《轻骨料混凝土结构设计规程》中的有关规定，确定其密度等级为 1900 级，密度标准值为 $1950kg/m^3$，钢筋轻集料混凝土为 $2050kg/m^3$。

（3）混凝土的弹性模量　该值与轻集料混凝土强度及密度有关，根据《轻骨料混凝土结构设计规程》中的规定，其值为 $2.05\times10^4 MPa$。

（4）混凝土的"徐变"终极值为 2.2，收缩应变为 8×10^{-4}。

（5）混凝土的线膨胀系数为 1.0×10^{-5}。

2. 设计中的认识

（1）在轻集料混凝土桥梁结构的设计中，材料密度是一个重要参数，必须科学、合理地选择，本工程中轻集料混凝土的密度设计取值与实际较吻合，而钢筋轻集料混凝土的实际密度值大于设计取值，这是因为该工程主梁为薄壁构件，含钢筋率较高。所以在桥梁结构设计中应根据构件含筋率，确定其不同的密度取值。

（2）弹性模量是轻集料混凝土的一项重要力学指标，本工程大量试验结果表明梁体材料的实际值大于《轻集料混凝土技术规程》和《轻骨料混凝土结构设计规程》中所规定值，而且差值较大。这就给桥梁构件的力学分析造成较大的误差，尤其对于预应力构件来说影响更大，应引起设计人员的高度重视。

（3）轻集料混凝土的"收缩徐变"问题也是在设计中需要考虑的。从本工程施工过程中对预制梁体的变形观测结果分析，"收缩徐变"对变形的影响与设计较吻合，但"收缩徐变"是一个长期的变化，设计取值是否合理尚待时间考验。

（4）轻集料混凝土的耐久性问题直接影响到桥梁的使用，虽然国外有几十年的工程实例，但本工程在使用过程中需加强观测。

（四）结语

总的来说，由于控制指标和影响因素的增多，高强轻集料混凝土材料设计的难易程度和性能影响因素的复杂性、施工过程精细程度要求和质量控制的严格性要求均高于普通混凝土。

高强轻集料混凝土应用技术是现代高强高性能混凝土技术领域中一个新的研究方向，高强轻集料混凝土在永定新河大桥工程中的应用只是在其桥梁工程中应用的开端，相信今后在应用领域方面会日趋拓宽。

第二十五章

混凝土外加剂在纤维增强
混凝土中的应用

自 1824 年发明波特兰水泥后，水泥混凝土得到迅速发展，经过 190 多年的研究和应用，混凝土已成为当今主要的一种优良建筑材料。但是，水泥混凝土仍然存在着一个突出的缺陷，即材料具有非常明显的脆性。它的抗压强度虽然比较高，但其抗拉强度、抗弯强度、抗裂强度、抗冲击韧性等性能却比较差。纤维增强混凝土就是人们考虑如何改善混凝土的脆性，提高其抗拉强度、抗弯强度、抗裂强度、抗冲击韧性等力学性能的基础上发展起来的，它具有普通钢筋混凝土所没有的许多优良品质。

第一节　纤维增强混凝土的概述

纤维混凝土又称纤维增强混凝土，是以水泥净浆、砂浆或混凝土作为基材，以适量的非连续的短纤维或连续的长纤维作为增强材料，均布地掺和在混凝土中，成为一种可浇筑或可喷射的材料，从而形成的一种增强建筑材料，则称为纤维混凝土，这是兴起于 20 世纪后半叶的一种新型建筑材料，也是用于某种特殊场合下的混凝土。

一、纤维混凝土的发展概况

纤维混凝土的发展始于 20 世纪初，其中以钢纤维混凝土研究的时间最早、应用的最广泛。早在 1910 年，美国的 H. F. Porter 就发表了关于短钢纤维增强混凝土的第一篇论文。1911 年，美国的 Graham 则提出了将钢纤维加入普通钢筋混凝土中。20 世纪 40 年代，由于军事工程的需要，英、美、法、德等国的学者，先后发表了纤维混凝土的研究报告，但这些研究报告均未能从理论上说明纤维对混凝土的增强机理，因而限制了这种复合材料在工程结构中的推广应用。

纤维混凝土真正进入应用于工程的研究，是在经过 50 年后的 20 世纪 60 年代初期。1963 年，美国的 J. P. Romualdi 等发表了钢纤维约束混凝土裂缝发展机理的研究报告，首次提出了纤维的阻裂机理（或称纤维间距理论），才使这种复合材料的发展有实质性的突破，尤其钢纤维混凝土的研究和应用受到高度重视。1966 年，美国混凝土协会成立了纤维混凝土专业委员会（ACI 544 委员会），继而国际标准化协会也增设了纤维增强水泥制品技术标准委员会（简称 ISO TC77）。

我国开展纤维混凝土的研究起步较晚，大约于 20 世纪 70 年代末，有关科研单位和大专院校才开始研究纤维混凝土的配合比、增强机理、物理力学性能等，并使纤维混凝土在实际工程中得以应用。目前，在一些水利、交通、军工、建筑、矿山等行业，纤维混凝土已有成功的实际应用经验，我国对于纤维混凝土已从实验研究阶段逐渐过渡到了实际工程的应用阶段。

随着人们对这些新型材料的认识深化，其应用领域也不断扩大。就目前的情况来看，纤维混凝土，特别是钢纤维混凝土在大面积混凝土工程上的应用最为成功。若钢纤维掺量大约为混凝土体积的 2.0%，其抗弯强度可提高 2.5～3.0 倍，韧性可提高 10 倍以上，抗拉强度可提高 20%～50%。

钢纤维混凝土在工程中应用很广，如桥面部分的罩面和结构；公路、地面、街道和飞机跑道；坦克停车场的铺面和结构；采矿和隧道工程、耐火工程以及大体积混凝土工程的维护与补强等。此外，在预制构件方面也有不少应用，而且除了钢纤维，玻璃纤维、聚丙烯纤维在混凝土中的应用也取得了一定经验。纤维混凝土预制构件主要有管道、楼板、墙板、柱、楼梯、梁、浮码头、船壳、机架、机座及电线杆等。

二、纤维混凝土的增强机理

自 1910 年纤维混凝土问世以来，经过多年的不懈努力，其增强机理才逐渐发展起来。目前，对于混凝土中均匀而任意分布的短纤维对混凝土的增强机理存在着两种不同的理论解释：其一，为美国的 J. P. Romualdi 提出的"纤维间距机理"；其二，为英国的 Swarny、Mamgat 等提出的"复合材料机理"。

（1）纤维间距机理　J. P. Romualdi 提出的"纤维间距机理"，是根据线弹性断裂力学理论来说明纤维材料对于裂缝发生和发展的约束作用。这一机理认为：在混凝土内部原来就存在缺陷，欲提高这种材料的强度，必须尽可能地减小缺陷的程度、提高这种材料的韧性、降低内部裂缝端部的应力集中系数。

纤维间距机理假定，纤维和基体间的黏结是完美无缺的。但是，事实却不尽如此，它们之间的黏结肯定有薄弱之处。因此，后来有人将间距的概念扩大到包括不同长度和直径的纤维，以及不同配合比的混合料，并提出了其他的间距计算公式。间距的概念一旦超出了比例极限就不再成立，因而还不能客观反映纤维增强的机理。

（2）复合材料机理　复合材料机理的理论出发点是复合材料构成的混合原理。将纤维增强混凝土看作是纤维强化体系，并应用混合原理来推定纤维混凝土的抗拉和抗弯强度。

在基体和纤维完全黏结的条件下，并在基体和连续纤维构成的复合体上（设纤维是同方向配置于基体中）施加拉伸力时，该复合体的强度是由纤维和基体的体积比和应力所决定的。

在具体运用复合材料机理时，应当考虑复合体在拉伸应力方向上有效纤维量的比例和非连续短纤维的长度修正，尽量同实际情况相符。由这一原理发展出了纤维混凝土强度与纤维的掺入量、方向、细长比以及黏结力间的关系。

三、纤维在混凝土中的作用

工程实践充分证明，在水泥混凝土中掺入短而细且均匀分布的纤维，具有明显的阻裂、增强和增韧效果。纤维与水泥基材复合的主要目的在于克服后者的弱点，以延长混凝土的使用寿命，扩大混凝土的应用领域。纤维在混凝土中主要起着以下 3 个方面的作用。

（1）阻裂作用　纤维掺入水泥混凝土后，可阻碍混凝土中微裂缝的产生和发展，这种阻裂作用既存在于混凝土的未硬化的塑性阶段，也存在于混凝土的硬化阶段。水泥基体在浇筑后的 24h 内抗拉强度很低，若处于约束状态，当其所含水分急剧蒸发时，极易生成大量的裂缝，此时，均匀分布于混凝土中的纤维可承受因塑性收缩引起的拉应力，从而阻止或减少裂缝的生成。混凝土硬化后，若仍处于约束状态，因周围环境温度与湿度的变化而使干缩引起的拉应力超过其抗拉强度时，也极易生成大量的裂缝，在此情况下纤维仍可阻止或减少裂缝的生成。

（2）增强作用　材料试验证明，水泥混凝土不仅抗拉强度比较低，而且因存在内部缺陷而往往难于保证质量。当混凝土中加入适量的纤维后，可使混凝土的抗拉强度、弯拉强度、抗剪强度及疲劳强度等有一定的提高，具有明显的增强作用。

（3）增韧作用　纤维混凝土在荷载的作用下，即使混凝土发生开裂现象，纤维还可横跨裂缝承受拉应力，并可使混凝土具有良好的韧性。韧性是表征材料抵抗变形性能的重要指标，一般用混凝土的荷载-挠度曲线或拉应力-应变曲线下的面积来表示的。另外，纤维在水泥混凝土中还可以提高和改善混凝土的抗冻性抗渗性及耐久性等性能。

第二节　钢纤维混凝土

以适量的钢纤维掺入普通混凝土中，成为一种既可浇筑或可喷射的特种混凝土，即为钢纤维混凝土。由于大量很细的钢纤维均匀地分散在混凝土中，钢纤维与混凝土的接触面积大大增加，并且在所有方向都使混凝土各向强度得到增强，大大改善了混凝土各项性能，使钢纤维混凝土成为一种新型复合材料。

钢纤维混凝土与普通混凝土相比，其抗拉强度、抗弯强度、耐磨性、耐冲击性、耐疲劳性、抗裂性和韧性等都得到很大改善和提高。钢纤维混凝土从 1970 年开始在我国推广应用。工程实践充分证明，钢纤维混凝土除具有普通混凝土的优点外，还具有以下优点：a. 减薄混凝土的铺设厚度；b. 扩大了工程伸缩缝之间的距离；c. 延长了使用寿命，是一种具有广阔应用前景的混凝土新品种。

一、钢纤维混凝土的组成材料

钢纤维混凝土所用的材料主要由钢纤维和混凝土基体组成，它们的质量和配比不仅直接影响钢纤维混凝土的质量，也影响着施工难易、造价高低。

1. 对钢纤维的要求

配制钢纤维混凝土时对钢纤维的要求主要包括钢纤维的强度、尺寸、形状、长径比和技术性能等方面。

（1）钢纤维的强度　工程实践和材料试验证明，钢纤维混凝土结构被破坏时，往往是钢纤维被拉断，因此要提高钢纤维的韧性，但也没有必要过于增加其抗拉强度。如果材料是用淬火或其他激烈硬化方法获得较高的抗拉强度，则使其质地变得硬脆。质地硬脆的钢纤维在搅拌过程中很容易被折断，也会降低强化效果。因此，仅从钢纤维的强度方面，只要不是易脆断的钢材，通常强度较高的钢纤维均可满足要求。

（2）钢纤维的尺寸　钢纤维的尺寸主要由强化特性和施工难易性决定。如果钢纤维过于粗、短，则钢纤维混凝土强化特性差；如果钢纤维过长、细，则钢纤维混凝土在搅拌时容易结团。比较合适的钢纤维尺寸是：圆截面长直形的钢纤维，其直径一般在 $0.25\sim0.75mm$ 范围内，扁平形钢纤维的厚度为 $0.15\sim0.40mm$，宽度为 $0.25\sim0.90mm$。这两种钢纤维的长度一般在 $20\sim60mm$ 范围内。

试验资料表明：在 $1m^3$ 混凝土中掺入 2% 的 $0.5mm\times0.5mm\times30mm$ 的钢纤维时，其总表面积可达到 $1600m^2$，是与其重量相同的 18 根直径为 16mm、长度为 5.5m 钢筋总表面积的 320 倍左右。适当增大钢纤维的总表面积可以增加钢纤维与混凝土之间的黏结强度。

（3）钢纤维的形状　材料试验充分证明，为了增加钢纤维同混凝土之间的黏结强度，常采用增大表面积或将钢纤维表面加工成凹凸形状，如波形、哑铃形、端部带弯钩、扁平形等。但工程实践也证明，钢纤维如果表面呈凹凸形，只是在同一方向定向时，对于提高与混凝土间的黏结强度效果显著，在均匀分散的状态下则不一定有效。同时，钢纤维不宜加工得过薄或过细，过薄或过细不仅在搅拌时易于折断，而且还会提高工程成本。

（4）钢纤维的长径比　为使钢纤维能比较均匀地分布于混凝土中，必须使钢纤维具有合适的长径比，一般均不应超过纤维的临界长径比值。当使用单根状钢纤维时，其长径比不应大于 100，在一般情况下控制在 $60\sim100$。各种混凝土结构中适用的钢纤维几何参数如表 25-1 所列。

表 25-1　各种混凝土结构中适用的钢纤维几何参数采用范围

钢纤维混凝土结构类别	长度/mm	直径/mm	长径比(L/d)	钢纤维混凝土结构类别	长度/mm	直径/mm	长径比(L/d)
一般浇筑成型结构	25~50	0.3~0.8	40~100	铁路用钢纤维轨枕	20~30	0.3~0.6	50~70
抗震混凝土框架节点	40~50	0.4~0.8	50~100	喷射钢纤维混凝土	20~25	0.3~0.5	40~60

（5）钢纤维的技术性能　普通水泥混凝土增强用的钢纤维技术指标，应符合表 25-2 中的要求。

表 25-2　水泥混凝土增强用的钢纤维技术指标

材料名称	相对密度	直径/mm	长度/mm	(软化点/℃)/(熔点/℃)	弹性模量/MPa	抗拉强度/MPa	极限变形/%	泊桑比
低碳钢纤维	7.80	0.25~0.50	20~50	500/1400	0.20	400~1200	0.4~1.0	0.30~0.33
不锈钢纤维	7.80	0.25~0.50	20~50	550/1450	0.20	500~1600	0.4~1.0	—

（6）钢纤维的种类与强度　钢纤维的分类有以下几种不同的方法：按钢纤维长度不同分类、按钢纤维加工方法不同分类和按钢纤维外形不同分类。在工程中所用的钢纤维有以下几种。

① 钢丝切断制成短钢纤维　用钢丝切断这种加工方法制作钢纤维比较简单，是用经过压延和冷拔的钢丝用刀具切断成一定长度的钢纤维，这种加工方法所获得的钢纤维抗拉强度很高，一般在 $1000\sim2000MPa$ 之间，但这种钢纤维与混凝土基体的黏结强度较小，且成本也比较高。

② 剪断薄钢板制成剪切钢纤维　将预先剪切成同钢纤维长度一样宽的卷材，连续不断地送入冲床进行切断。这种加工方法制成的钢纤维形状很不规则，但能增大与混凝土的黏结力。目前日本大多采用这种方法制造钢纤维。

③ 切削厚钢板制造切削钢纤维　采用一定厚度的钢板或钢锭为原料，用旋转的平刃铣

刀进行切削而制成的钢纤维。这种加工方法所用的原材料以软钢比较适宜。在加工的过程中，可以通过改变切削条件，来改变钢纤维的断面形状和尺寸，也可以制得极细的钢纤维。这种钢纤维具有轴向扭曲的特点，因此可以有效增大与混凝土的黏结力，且制得的钢纤维价格比较低。

④ 熔化钢抽丝制成熔融抽丝钢纤维　抽丝钢丝纤维从熔炼钢中抽出，即以离心力从圆盘分离并抛出而制成的钢纤维。这种钢纤维的断面呈月牙状，两头比中间稍粗。当用碳素钢加工时，由于急冷成淬火状态，质地变得硬脆，所以应当经过回火处理。

2. 对混凝土基体的要求

任何品种的纤维增强混凝土，都应采用强度高、密实性好的混凝土基体。因为只有采用这样的混凝土才能保证纤维与基体有较高的界面黏结强度，从而充分纤维的增强作用。当配制钢纤维混凝土时，对混凝土基体所用的原材料还有以下特殊要求。

（1）对水泥的要求　配制一般体积钢纤维混凝土的水泥应尽量选用强度等级等于或大于42.5MPa 的普通硅酸盐水泥或硅酸盐水泥。如果配制体积较大的混凝土构件，也可采用水化热较低的矿渣硅酸盐水泥或粉煤灰硅酸盐水泥。考虑到配制混凝土一般要掺加适量的高效减水剂，为减少新拌混凝土的坍落度损失，应控制水泥中铝酸三钙（C_3A）的含量小于 6%。

（2）对集料的要求　配制钢纤维混凝土所用的集料，要选用硬度高、强度大的碎石，并且对于粗集料的最大粒径应加以控制，一般要控制在 20mm 以下。当配制钢纤维喷射混凝土时，其最大粒径不得大于 10mm。如果粗集料粒径过大，不利于钢纤维在混凝土基体中均匀分散。粗集料的其他质量应符合国家标准《建设用卵石、碎石》（GB/T 14685—2011）中的规定。

对细集料一般可选用河砂和碎石砂，其质量要求应符合国家标准《建设用砂》（GB/T 14684—2011）中的规定。砂的细度不宜太小，细度模数 M_x 应控制在 2.5～3.2 之间。

（3）对掺合料的要求　为了提高混凝土基体的强度，在配制钢纤维混凝土时，一般应掺加适量的掺合料。用于钢纤维增强混凝土的掺合料，可以是二级以上的粉煤灰、硅灰、磨细高炉矿渣、磨细沸石粉等。粉煤灰、磨细高炉矿渣、磨细沸石粉的比表面积应控制在 4500m²/kg 以上。

在一些特殊情况下，也可以掺入一定量的聚合物，使混凝土基体成为聚合物混凝土。以聚合物混凝土为基体的钢纤维混凝土，能够进一步发挥钢纤维的增强作用。

（4）对外加剂的要求　配制钢纤维混凝土常用的外加剂主要有减水剂和缓凝剂两种。

① 减水剂。对于钢纤维增强混凝土，应选用减水率较高（>18%）、引气性低的高效减水剂。国内比较适用的高效减水剂品种有 NF、FDN 和 SM 等减水剂。

② 缓凝剂。在配制体积较大的钢纤维增强混凝土，并使用一些水化热较高的水泥（如硅酸盐水泥、普通硅酸盐水泥）时，可掺加适量的缓凝剂，以减缓水化热的放热速率，避免水化热引起的混凝土结构破坏。

二、钢纤维混凝土的技术性能

钢纤维混凝土的技术性能主要包括力学性能、耐久性能和收缩性能。

1. 力学性能

钢纤维混凝土的力学性能与普通混凝土基本相同，主要包括抗压强度、抗拉强度、抗折强度、抗剪切强度和抗冲击性。

（1）抗压强度　测定钢纤维混凝土的抗压强度，一般用边长 150mm 的立方体混凝土试件，在（20±3）℃的温度和标准的相对湿度的空气中养护 28d，然后按国家规定的标准方法测定。在确定其强度等级时，应有 95％的保证率。

有关资料推荐了钢纤维混凝土抗压强度计算公式，式（25-1）是通过对 55 组不同品种的普通钢纤维混凝土的抗压强度测定值，经统计归纳分析得出的。

$$f_{fcu} = f_{cu}(1+0.06\lambda_f) \tag{25-1}$$
$$\lambda_f = V_f L/d$$

式中，f_{fcu} 为钢纤维混凝土的抗压强度，MPa；f_{cu} 为不掺加钢纤维混凝土（基体）的抗压强度，MPa；λ_f 为钢纤维含量特征系数；L，d 分别为钢纤维的长度和直径。

从式（25-1）中也可以看出，钢纤维混凝土的抗压强度，比素混凝土基体多出的部分与钢纤维的掺量和相关尺寸有密切关系。

（2）抗拉强度　钢纤维混凝土的抗拉强度应为轴向拉伸强度，但由于在实际测定时夹具难以准确在一条直线上对试件夹紧拉伸，因此测得的数据变异性比较大。目前，一般用抗拉强度来表征轴向拉伸强度，经大量轴向拉伸强度与抗拉强度试验结果统计，钢纤维混凝土的轴向拉伸强度与抗拉强度的关系为：

$$f_{ft} = 0.85 f_{ct} \tag{25-2}$$
$$f_{ct} = 0.637 P/A \tag{25-3}$$

式中，f_{ft} 为钢纤维混凝土的轴向拉伸强度，MPa；f_{ct} 为钢纤维混凝土的抗拉强度，MPa；P 为试件抗拉破坏荷载，N；A 为试件抗拉面积，mm^2。

（3）抗折强度　钢纤维混凝土的抗折强度设计值可按式（25-4）进行计算：

$$f_{ftm} = f_{tm}(1+a_{tm}\lambda_f) \tag{25-4}$$

式中，f_{ftm} 为钢纤维混凝土的抗拉强度设计值，MPa；f_{tm} 为素混凝土（基体）的抗拉强度设计值，MPa；a_{tm} 为钢纤维对抗拉强度的影响系数，可通过试验确定，当 $f_{tm}<0.6MPa$ 时也可按表 25-3 中取值。

表 25-3　钢纤维对抗拉强度的影响系数 a_t 及抗折强度的影响系数 a_{tm}

钢纤维品种	熔抽（$L<35mm$）圆直型	熔抽（$L\geq35mm$）剪切型
a_t	0.36	0.47
a_{tm}	0.52	0.73

（4）抗剪切强度　钢纤维混凝土的抗剪切强度可以用普通混凝土抗剪切强度测定方法进行测定，也可以通过钢纤维混凝土抗压强度、抗拉强度与剪切强度的相关性来计算剪切强度。图 25-1 及图 25-2 分别表示了钢纤维混凝土抗剪切强度与抗压强度及抗拉强度的关系。

从以上两图中可看出，钢纤维混凝土抗剪切强度与抗压强度之比，随着钢纤维体积率的增加而呈上升趋势；而与抗拉强度之比基本上不受钢纤维体积率的影响，其比值一般约为 1.33。因此，只要测得钢纤维混凝土的抗压强度或抗拉强度，由图 25-1 和图 25-2 即可求得其钢纤维混凝土的抗剪切强度。

（5）抗冲击性　材料的抗冲击性是韧性的指标。钢纤维混凝土的主要优点之一，就是使普通混凝土的抗冲击性得到很大提高。目前，混凝土抗冲击性的测定方法很多，但不论采用

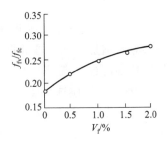

图 25-1　抗剪切强度与抗压强度的关系

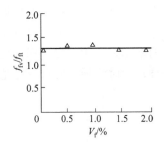

图 25-2　抗剪切强度与抗折强度的关系

何种方法，虽然测定的指标值有较大差异，但得到的结果都说明钢纤维混凝土抗冲击性有极大程度的改善。美国 ACI544 委员会的测定方法表明，钢纤维混凝土的抗冲击性是相应的基体混凝土的 12～20 倍。

2. 耐久性能

钢纤维混凝土的耐久性能主要包括抗腐蚀性、抗冻性和抗渗性。

（1）抗腐蚀性　钢纤维混凝土具有优良的抗腐蚀性，其主要原因：一方面是因为混凝土基体的强度较高、致密性较好；另一方面是钢纤维掺入后，对混凝土承受荷载及收缩变形产生的裂缝有很强的抑制和约束作用。因此，各种侵蚀介质向混凝土内部的扩散速度大大降低，从而提高了混凝土的抗腐蚀能力。

（2）抗冻性　钢纤维混凝土具有比普通混凝土更好的抗冻性。其抗冻性良好的主要原因不仅是基体混凝土孔隙率低，而且钢纤维的掺入对提高混凝土的抗冻性有以下 3 种作用：a. 改善了孔隙结构，即减少了连通孔、开口孔的数量；b. 在混凝土结构中形成与冰冻过程中，钢纤维具有阻碍和抑制膨胀的作用；c. 钢纤维的掺入使混凝土抗拉强度提高，本身就提高了抵抗冰冻引起的膨胀应力对混凝土结构的破坏作用。

（3）抗渗性　由于钢纤维混凝土孔隙率较低，所以其开口孔、连通孔少，抗裂性能大大提高，因此其抗渗性也必然得到相应提高。

3. 收缩性能

在普通混凝土掺入钢纤维后，由于钢纤维弹性模量高、尺度较小、间距较密，因此对混凝土的收缩有一定的抑制作用。据有关资料报道，随着混凝土中的钢纤维体积率的增加，混凝土的收缩抑制作用也随之增强。

三、钢纤维混凝土的配合比设计

近十几年来，我国混凝土科学技术人员对钢纤维混凝土配合比设计的方法进行很多研究，提出了不少配合比设计方法，为钢纤维混凝土的科学配制作出了一定成绩。目前，在工程中应用比较广泛的钢纤维混凝土配合比设计方法有：等体积替代细集料法、以抗压强度为控制参数法和二次合成设计法等。

1. 钢纤维混凝土配合比设计参数的确定

（1）钢纤维掺量的确定　钢纤维混凝土中钢纤维的含量，应以混凝土的抗拉强度和抗弯强度来确定，根据钢纤维混凝土的施工经验，一般情况下钢纤维掺量为混凝土体积的 2% 左右为宜，当使用单根状钢纤维时，其长径比控制在不大于 100，多数应控制在 60～80，并尽可能取有利于和基体混凝土黏结的纤维形状。对于粗集料最大粒径为 10mm 的钢纤维混凝土，钢纤维的掺量不应超过水泥质量的2％。

（2）混凝土水灰比确定　钢纤维混凝土的抗拉强度，基本上受钢纤维的平均间隔（S）和混凝土的基本强度所支配。钢纤维的平均间隔越小，势必导致增加钢纤维掺量并选用直径小的钢纤维；同时混凝土的水灰比越小，钢纤维混凝土的抗拉强度也越高。

由此可见，配制钢纤维混凝土宜采用强度等级较高的水泥，一般应选用42.5MPa的普通硅酸盐水泥；当配制高强钢纤维混凝土时，可选用52.5MPa以上的硅酸盐水泥或硫铝酸盐水泥。钢纤维混凝土的水泥用量比普通混凝土大，一般都超过400kg/m³。其所采用的水灰比与普通混凝土相同，一般控制在0.40～0.50范围内，如果掺加减水剂，既可节省水泥又可降低水灰比。

（3）粗集料最大粒径确定　普通混凝土中粗集料的最大粒径，主要根据构件尺寸和钢筋间距来决定，而钢纤维混凝土中粗集料的最大粒径对抗弯强度有较大影响。当钢纤维掺量为1％左右时，其影响比较小，达到1.8％时则影响十分明显。

试验充分证明，如果粗集料的粒径较大，钢纤维不容易均匀分散，引起局部混凝土中平均间隔加大，导致抗弯强度的降低。在粗集料最大粒径为15mm左右时，能够获得最高的强度，而最大粒径为25mm时，钢纤维的增强效果较差。因此，配制钢纤维混凝土粗集料最大粒径控制在10～15mm。

（4）混凝土砂率的确定　钢纤维混凝土配合比中的砂率，比普通混凝土的砂率有更重要的意义。试验证明，混凝土的砂率支配着钢纤维在混凝土中的分散度，对混凝土的强度有影响，另外砂率又是支配钢纤维混凝土稠度最重要的因素。

钢纤维混凝土配制试验证明，从强度方面考虑，砂率在60％左右比较合适；从混凝土的稠度方面考虑，砂率在60％～70％范围内比较合适。

（5）单位用水量的确定　钢纤维混凝土的单位用水量，与混凝土的稠度有密切关系。塑性钢纤维混凝土单位用水量如表25-4所列，半干硬性钢纤维混凝土单位用水量如表25-5所列。

表25-4　塑性钢纤维混凝土单位用水量

拌合料的条件	粗集料品种	最大集料粒径/mm	单位体积用水量/kg
$L/d=50, V_f=0.5\%$ 坍落度为20mm $W/C=0.50～0.60$ 中砂	碎石	10～15	235
		20	220
	卵石	10～15	225
		20	205

注：1. 坍落度变化范围为10～50mm时，每增减10mm，单位用水量相应增减7kg；2. 钢纤维体积率每增减0.5％，单位体积用水量相应增减8kg；3. 钢纤维长径比每增减10，单位体积用水量相应增减10kg；4. L/d为钢纤维的长径比。

表25-5　半干硬性钢纤维混凝土单位用水量

拌合料的条件	维勃稠度/s	单位体积用水量/kg
$V_f=1.0\%$ 碎石最大粒径10～15mm $W/C=0.40～0.50$ 中砂	10	195
	15	182
	20	175
	25	170
	30	166

注：1. 当采用的粗集料最大粒径为20mm时，单位体积用水量相应减少5kg；2. 采用的粗集料为卵石时，单位体积用水量相应减少10kg；3. 钢纤维体积率每增减0.5％，单位体积用水量相应增减8kg；4. V_f为钢纤维掺量。

（6）混凝土外加剂确定　由于钢纤维混凝土的水泥用量较大，一般情况下均超过400kg/m³，所以工程造价比较高。利用高效减水剂，不仅能大幅度地降低水泥用量，而且还可以降低工程造价。如果适当地使用高效减水剂，可节省水泥用量15%左右。高效减水剂对钢纤维混凝土水泥用量的减少效果如表25-6所列。

表 25-6　高效减水剂对钢纤维混凝土水泥用量的减少效果

砂率 /%	钢纤维混凝土类别	水泥用量		钢纤维混凝土的坍落度/cm				
		用量 /(kg/m³)	比较值 /%	$V_f=0\%$	$V_f=0.5\%$	$V_f=1.0\%$	$V_f=1.5\%$	$V_f=2.0\%$
60	不掺减水剂	410	100	7.0	4.7	2.4	0.6	0.0
	掺加减水剂	350	85	8.0	6.0	2.8	0.2	0.0
80	不掺减水剂	434	100	5.7	4.8	3.8	2.8	1.4
	掺加减水剂	366	84	7.0	5.7	4.7	3.4	1.7

注：表中 V_f 指钢纤维掺量。

2. 钢纤维混凝土参考配合比

随着钢纤维混凝土的推广应用，其配合比也趋于逐渐成熟，国内外总结出很多成功的配合比。美国农里欧斯大学经过试验研究，得出一种典型的钢纤维混凝土的设计配合比，他们经过实践认为，这是一组经济、合理、切实可行具有较高强度和较小干燥收缩值的配合比。这种钢纤维混凝土的配合比及特征如表25-7所列。

表 25-7　钢纤维混凝土配合比及特性

序号	纤维体积 /%	混凝土中混合物的比例（质量比）				水泥用量 /(kg/m³)	湿堆积密度 /(kg/m³)	含气体积 /%
		水泥	集料	钢纤维	水			
1	0	1	4.51	0	0.42	400	2.39×10^3	0.3
2	1.0	1	4.38	0.20	0.42	400	2.46×10^3	0
3	2.0	1	4.31	0.40	0.42	400	2.50×10^3	0.1
4	2.5	1	4.28	0.50	0.42	400	2.52×10^3	0.3
5	3.0	1	4.25	0.60	0.42	400	2.55×10^3	0
6	1.5	1	3.90	0.27	0.42	400	2.47×10^3	0.1
7	1.5	1	3.90	0.27	0.42	430	2.47×10^3	0
8	2.0	1	3.87	0.37	0.42	430	2.48×10^3	0.2
9	2.0	1	3.87	0.37	0.42	430	2.50×10^3	0
10	2.0	1	3.87	0.37	0.42	430	2.49×10^3	0
11	2.5	1	3.84	0.46	0.42	430	2.51×10^3	0
12	2.5	1	3.84	0.46	0.42	430	2.53×10^3	0
13	2.5	1	4.28	0.50	0.42	400	2.49×10^3	0.5
14	2.5	1	4.28	0.50	0.42	400	2.52×10^3	0.3

第三节　玻璃纤维混凝土

玻璃纤维混凝土，简称 GRC 或 GFRC 混凝土，是将弹性模量较大的抗碱玻璃纤维均匀地分布于水泥砂浆、普通混凝土基材中而制得的一种复合材料，是一种开发应用较早的纤维增强混凝土，它是在玻璃纤维与不饱和树脂复合材料（即玻璃钢）的基础上发展起来的。

玻璃纤维混凝土是一种轻质、高强、不燃类的新型建筑材料，它具有较高的抗拉强度和抗弯强度，韧性比较大，耐冲击性能好，其堆积密度及导热系数均小于水泥制品，可以根据需要设计成薄壁或水泥制品不易成型的其他形状的制品。但是，由于目前生产的玻璃纤维耐老化性能尚不过关，所以现阶段主要限于用作非承重或次要承重的构件或制品。

一、玻璃纤维混凝土的特点

根据纤维混凝土不同成型方法的需要，所制成的玻璃纤维主要有硬质玻璃纤维、软质玻璃纤维、玻璃纤维束、玻璃纤维网等类型。

以水泥砂浆为基体，用耐碱玻璃纤维作为增强材料，不仅必须具备在碱性环境中的长期稳定性，而且还必须具有增加抗拉强度、抗弯强度、提高韧性和耐冲击性能等力学性能。这样，不但可以改善混凝土构件或制品的使用功能，而且可以减小混凝土构件的断面尺寸，降低混凝土构件的自重，有利于在建筑工程中推广应用。

材料试验和工程实践证明，玻璃纤维混凝土由于使用玻璃纤维作为增强材料，比采用合成纤维、石棉纤维具有更大的优越性。玻璃纤维比高分子合成纤维价格便宜，比石棉纤维资源丰富，比增强塑料纤维耐火性好，比石棉水泥制品耐冲击性高。

归纳起来，耐碱玻璃纤维有以下优点。

① 抗拉强度高。由于玻璃纤维在混凝土中能均匀分布，使混凝土的抗拉强度普遍提高，可以防止混凝土出现收缩裂缝。

② 抗弯强度较高。这种混凝土的极限变形值较大，韧性比较好，大大提高了其抗弯强度，破坏时也不会出现飞散。

③ 耐冲击性能良好。材料试验证明，掺加玻璃纤维的混凝土，其耐冲击性能明显高于水泥混凝土。

④ 热工性能较好。玻璃纤维是一种完全不燃的无机燃料，具有良好的耐燃性。

⑤ 其他方面。隔声性比较好，其透水性小于石棉板。

二、玻璃纤维混凝土的组成材料

玻璃纤维混凝土主要由水泥、水、集料、玻璃纤维和外加剂按照一定比例配制而成。对所用水和集料的要求，与普通混凝土基本相同。

1. 对玻璃纤维的要求

在建筑工程施工中，由于水泥混凝土呈碱性，所以配制玻璃纤维混凝土的玻璃纤维一般多采用耐碱玻璃纤维，这种玻璃纤维除应当满足一般纤维的要求外，还应符合下列技术指标的要求。

（1）玻璃纤维的成分与性能　耐碱玻璃纤维是在玻璃纤维的化学组成中加入适量的氧化锆（ZrO_2）、氧化钛（TiO_2）等物质，从而提高玻璃纤维的耐碱蚀能力。锆和钛等元素的加入主要作用是使玻璃纤维中的硅氧结构更为完善，活性更小，从而降低了玻璃纤维与碱液发生化学反应的可能性。

根据工程实践证明，在玻璃纤维中加入氧化锆（ZrO_2）、氧化钛（TiO_2）后，也可以在玻璃纤维的表面涂覆一层树脂，或者将纤维表面经过一些特殊的浸渍处理，使玻璃纤维表面与碱液形成一个隔离层，不仅使碱不能对玻璃纤维表面侵蚀，同时也防止了氢氧化钙晶体在玻璃纤维表面的成长，从而增加了玻璃纤维的耐碱性。

（2）玻璃纤维的型式　用于玻璃纤维混凝土的玻璃纤维，一般不是玻璃的原丝，而是由100～200 根原丝组成的纤维束，每根原丝的直径约为 $10\mu m$。若干根集束纤维松弛地黏结在一起组成粗砂称为玻璃纤维无捻粗纱。将其切割成适当长度或用无捻粗纱编织成纤维毡或网格布，即可用于玻璃纤维增强混凝土的制备。表 25-8 列出了常用的一种耐碱玻璃纤维网格布的规格，可供在工程中参考选用。

表 25-8　耐碱玻璃纤维网格布的规格

网格尺寸 /mm	幅宽 /mm	经向		纬向		质量 /(kg/m²)
		经纱密度/(根/cm)	承载力/(kg/cm)	纬纱密度/(根/cm)	承载力/(kg/cm)	
5×5	850	4.0	32.4	2.0	15.1	130

2. 对水泥材料的要求

配制玻璃纤维所用的水泥，在工程中常用的有低碱度硫铝酸盐水泥、混合型低碱水泥和改性硅酸盐水泥等。

（1）低碱度硫铝酸盐水泥　低碱度硫铝酸盐水泥是目前在玻璃纤维混凝土中应用最多的一种水泥，这种水泥在 20 世纪 60 年代由中国建材研究院研制成功，其主要原料是石灰石、矾土、石膏，按一定的比例配料粉磨成生料后，在 1280～1350℃ 的温度下煅烧成以硫铝酸钙为主要矿物成分的熟料，最后掺以石膏磨细而制成。

低碱度硫铝酸盐水泥中不含硅酸三钙（C_3S），硅酸二钙（C_2S）的含量也很少，水化后产生的氢氧化钙要比硅酸盐水泥要少得多，因此其碱性较低，而硫铝酸钙是一种水化速度较快、早期强度较高的矿物。在进行水化反应的过程中，不仅不产生氢氧化钙，而且消耗体系中由硅酸二钙水化产生的氢氧化钙，使混凝土的碱度进一步降低。这个化学反应产生的化学收缩很小，可以在一定程度上抵消混凝土干缩对强度不利的影响。

（2）混合型低碱水泥　混合型低碱水泥是一种以硫铝酸钙熟料为基本原料，掺加适量的其他原料而组成的一种低碱性水泥。根据掺加的原料不同目前主要有以下几种混合型低碱水泥。

① 中国混合型低碱水泥　中国混合型低碱水泥是由中国建筑科学研究院研制的，其原料组成为硫铝酸钙熟料、硅酸盐水泥熟料或水泥、明矾石、石膏。

② 日本混合型低碱水泥　日本混合型低碱水泥是由日本秩父水泥公司研制的秩父玻璃纤维混凝土用水泥，其原料组成为硫铝酸钙熟料、硅酸盐水泥、水淬高炉矿渣、石膏。

③ 英国混合型低碱水泥　英国混合型低碱水泥是由英国兰圈公司研制的，其原料组成为硫铝酸钙熟料、硅酸盐水泥、偏高岭土、石膏。

（3）改性硅酸盐水泥　改性硅酸盐水泥是通过在硅酸盐水泥中掺加可降低碱性，而对水泥强度影响不大或对水泥强度产生有利影响的物质制成的低碱水泥。目前，在工程中应用的主要有以下几种。

① 荷兰 Intron-Forton 公司研制的聚合物低碱水泥，即在硅酸盐水泥中掺加适量的聚合物乳液，如氯丁胶乳液等。

② 法国 St. Goban 公司研制的低碱度水泥，这种水泥除在硅酸盐水泥中掺加适量的聚合物乳液外，还掺加一些高活性火山灰材料。

③ 我国建材研究院研制的矿渣-硅灰硅酸盐水泥，这种水泥是在矿渣硅酸盐水泥中掺加

10％～20％的硅灰。

④ 德国 Heidebery 公司研制的低碱矿渣水泥。这种水泥是在矿渣掺量达 70％的矿渣硅酸盐水泥中掺加硅灰或偏高岭土。据有关资料报道，这种水泥的水化产物中基本没有氢氧化钙，因此对玻璃纤维的碱腐蚀作用很小。

3. 对集料的要求

配制玻璃纤维混凝土所用的集料，一般只用细集料——砂，其质量除应符合现行国家标准《建设用砂》（GB/T 14684—2011）中的规定外，其他具体技术要求还应符合如下规定：a. 最大粒径≤2mm；b. 细度模数在 1.2～1.4 范围内；c. 含泥量应不大于 0.3％。

4. 对增黏剂的要求

为了有利于玻璃纤维的分散，在配制玻璃纤维混凝土时，应加入少量的增黏剂，一般可选择甲基纤维素或聚乙烯醇的水溶液。

三、玻璃纤维混凝土的配合比设计

1. 配合比设计的注意事项

（1）配合比设计计算要以发表的性能数据为基础，并要有充分的安全系数。由于生产厂家目前均具备一定的试验能力，因此使用时必须与对方联系，如建筑墙板要求承受风荷载和其他应力，就应进行相应的试验。

（2）使用直接喷射法制作墙板时，一般的标准厚度为 10～19mm，但由于存在表面偏差，最小厚度可能在 6～13mm，因此，设计时必须考虑用加劲肋增强，以提高墙板的刚度，增强其抗变形的能力。

（3）玻璃纤维混凝土，包括不含砂的玻璃纤维增强混凝土，很少出现裂缝，但如果玻璃纤维的含量过少，则抑制不住裂缝的扩展，将会沿玻璃纤维方向出现收缩裂缝。

（4）对于长、大断面的构件，由于玻璃纤维混凝土干缩时也会出现变形和裂缝，因此在玻璃纤维增强混凝土中配置钢筋和其他钢材。

（5）对于带有沟、槽或尖棱的制品，采用喷射玻璃纤维增强水泥时，玻璃纤维容易出现"搭接"现象，水泥基体不能充分覆盖，容易造成薄弱区域。因此在制作时必须进行碾压和精细处理，为减少玻璃纤维的"搭接"，应选用更加柔软的玻璃纤维。

2. 玻璃纤维混凝土经验配合比

玻璃纤维混凝土的配合比，根据成型工艺不同而不同。表 25-9 列出了采用喷射成型法和铺网-喷浆法时参考配合比，表 25-10 中列出了成型工艺不同时的参考配合比，可以供施工时进行选用。

表 25-9　不同成型工艺参考配合比

成型工艺	玻璃纤维	灰砂比	水灰比
直接喷射法	切断长度：34～44mm 体积掺率：2％～5％	（1∶0.3）～（1∶0.5）	0.32～0.38
铺网-喷浆法	抗碱玻璃纤维网格布 体积掺率：2％～5％	（1∶1.0）～（1∶1.5）	0.42～0.45
喷射-抽吸法	抗碱玻璃纤维无捻粗纱 切断长度：33～44mm 体积掺率：2％～5％	（1∶0.3）～（1∶0.5）	0.32～0.38

表 25-10 玻璃纤维混凝土不同成型工艺参考配合比

成型工艺	混凝土配合比				
	水泥	砂子	水	玻璃纤维 （体积掺率）/%	增黏剂
预拌法	1	1.0～1.2	0.32～0.38	3～4	0.01～0.015
压制成型法	1	1.2～1.5	0.70～0.80	3～4	0.01～0.015
注模成型法	1	1.1～1.2	0.50～0.60	3～5	0.03～0.05
直接喷涂法	1	0.3～0.5	0.32～0.40	3～5	—
铺网-喷浆法	1	1.2～1.5	0.40～0.45	4～6	—
缠绕法	1	0.4～0.6	0.60～0.70	12～15	—

第四节 聚丙烯纤维混凝土

聚丙烯纤维混凝土，是将切成一定长度的聚丙烯膜裂纤维均匀地分布在水泥砂浆或普通混凝土的基材中，用以增强基材的物理力学性能的一种复合材料。聚丙烯纤维混凝土具有轻质、抗拉强度高、抗冲击和抗裂性能等优点，也可以以聚丙烯纤维代替部分钢筋而降低混凝土的自重，从而增加结构的抗震能力。

配制聚丙烯纤维混凝土既可用于制作预制品，也可用于现场施工。掺加适量的短切聚丙烯膜裂纤维，即可部分或全部代替制品或构件中的钢筋，达到提高抗冲击性能，保持开裂后混凝土构件的整体性和降低自身质量等目的。

一、聚丙烯纤维混凝土的原材料

组成聚丙烯纤维混凝土的原材料主要有聚丙烯膜裂纤维、水泥和集料。

1. 聚丙烯膜裂纤维

聚丙烯膜裂纤维系一种束状的合成纤维，拉开后可成为网格状，其纤维直径一般为6000～26000旦尼尔（即9000m长的质量克数）。我国生产的聚丙烯膜裂纤维，其物理力学指标如表25-11所列。

表 25-11 聚丙烯膜裂纤维物理力学性能

比密度/(g/cm³)	抗拉强度/MPa	弹性模量/10⁴MPa	极限延伸率/%	泊桑比
0.91	400～500	0.8～1.0	8.0	0.29～0.46

2. 水泥

配制聚丙烯纤维混凝土对水泥没有特殊的要求，一般采用强度为 42.5MPa 或 52.5MPa 硅酸盐水泥或普通硅酸盐水泥均可。

3. 集料

配制聚丙烯纤维混凝土所用的粗集料和细集料，与普通水泥混凝土基本相同。其质量要求应当符合现行国家标准《建设用卵石、碎石》（GB/T 14685—2011）和《建设用砂》（GB/T 14684—2011）中的规定。

配制聚丙烯纤维混凝土细集料，可用细度模数为 $2.3\sim3.0$ 的中砂或 $3.1\sim3.7$ 的粗砂，粗集料可用最大粒径不超过 10mm 的碎石或卵石。

二、聚丙烯纤维混凝土的物理力学性能

聚丙烯纤维混凝土中的聚丙烯膜裂纤维的抗拉强度极高，一般可达到 $400\sim500\text{MPa}$，但其弹性模量却很低，一般为 $(0.8\sim1.0)\times10^4\text{MPa}$。所以，配制出的聚丙烯纤维混凝土，也具有比普通混凝土抗拉强度高、但弹性模量很低的特性。以致在较高的应力情况下，混凝土将达到极限变形，在纤维能够产生约束应力之前，混凝土即将开始破裂。

所以，聚丙烯纤维混凝土同不含纤维的普通混凝土相比，聚丙烯纤维混凝土的抗压、抗拉、抗弯、抗剪、耐热、耐磨、抗冻等性能几乎都没有提高，一般还将随着含纤率、长径比的增大而降低，这是由于稍大的纤维含量，引起混凝土物均匀性不良和水灰比过高的缘故。

但是，混凝土在纤维含量较小的情况下，这种复合材料的抗冲击性能，要比普通混凝土大得多，所以，一般常用于耐冲击要求高的构件。表 25-12 是聚丙烯纤维混凝土硬化后的物理力学性能。

表 25-12　聚丙烯纤维混凝土硬化后的物理力学性能

名称	性能特点
抗拉强度	用喷射法制得的混凝土极限强度可达 $7.0\sim10.0\text{MPa}$
抗弯强度	体积掺加率为 1% 左右时，抗弯强度提高不超过 25%；用喷射法（掺加率为 5%），抗弯极限强度可达 20MPa
抗压强度	比普通砂浆、普通混凝土无明显增加
抗冲击强度	体积掺加率为 2% 时，抗冲击强度可提高 $10\sim20$ 倍；用喷射法（掺加率为 6%），抗冲击强度可达 $3.0\sim3.5\text{J/cm}^2$
抗收缩性	体积掺加率为 1% 左右时，收缩率降低约 75%
耐火性	体积掺加率为 1% 左右时，耐火等级与普通混凝土相同
抗冻性	经 25 次冻融，无龟裂、分层现象，质量和强度基本无损失
耐久性	英国研究员曾将体积掺加率为 4% 的聚丙烯纤维混凝土构件在 $60\,℃$ 水中浸泡 1 年，未发现抗弯极限强度和抗冲击强度有明显下降

三、聚丙烯纤维混凝土的配合比设计

根据一些工程的实践经验，聚丙烯纤维混凝土的配制比因成型方法不同而异。表 25-13 列出了预拌法和喷射法的参考配合比，仅供施工中进行配合比设计的参考。

表 25-13　不同成型工艺的配合比

成型工艺	聚丙烯膜裂纤维要求	水泥	集料	外加剂	灰骨比	水灰比
预拌法	细度：$6000\sim13000$ 旦尼尔 切矩长度：$40\sim70\text{mm}$ 体积掺：$0.4\%\sim1\%$	强度 42.5MPa 或 52.5MPa 硅酸盐水泥或普通硅酸盐水泥	细集料：$D_{max}=5\text{mm}$ 粗集料：$D_{max}=10\text{mm}$	减水剂或超塑化剂，掺量由预拌试验确定	砂浆：水泥：砂 $=(1:1)\sim(1:1.3)$ 混凝土：水泥：砂：石 $=(1:2:2)\sim(1:2:4)$	$0.45\sim0.50$

续表

成型工艺	聚丙烯膜裂纤维要求	水泥	集料	外加剂	灰骨比	水灰比
喷射法	细度：4000～12000旦尼尔 切矩长度：20～60mm 体积掺率：2%～6%	强度42.5MPa或52.5MPa硅酸盐水泥或普通硅酸盐水泥	集料：D_{max}=2mm	减水剂或超塑化剂,掺量由预拌试验确定	砂浆：水泥：砂=(1：0.3)～(1：0.5)	0.32～0.40

第五节　碳纤维混凝土

当今，随着现代混凝土技术的不断进步与发展，人们逐渐地认识到各种高强纤维增强混凝土技术是克服钢筋锈蚀、碳化、盐蚀、碱集料反应等引起的钢筋混凝土"综合征"的有效措施，从而可以延长混凝土结构的有效使用寿命，提高混凝土的耐久性，使古老而廉价的混凝土材料焕发出新的活力。

一、碳纤维增强混凝土的发展和应用

碳纤维是高科技纤维中发展最快的品种之一，它具有高强度、高弹模、高抗疲劳性和高抗腐蚀性众多的优点，因此，国内外对碳纤维增强混凝土的研究日趋增多。但决定碳纤维能否推广使用于土木工程的关键是其价格的高低。随着工业技术的进步，ZOLTEK公司开发出了民用工业级大丝束碳纤维，大大降低了碳纤维的价格，为碳纤维在建筑工程领域的应用铺平了道路。国外在土木工程领域的应用包括以下几种。

① 短切碳纤维加入新混凝土中，目前主要应用于需要减重、防震耐腐蚀的环境中或喷射混凝土和道路工程中。

② 将碳纤维长丝支撑预应力筋代替钢筋埋植于混凝土中，主要用于海洋工程、大跨度桥梁及需要电磁透过的工程结构或结构加固的场合。

③ 将碳纤维长丝支撑预应力绞绳用于大跨度桥梁的拉锁或大跨度空间结构的悬索拉索等。

④ 将短切碳纤维或连续碳纤维应用于各种公路路面及桥梁路面工程和高速公路的防护栏，以提高公路的质量及耐久性。

⑤ 将碳纤维棒材与混凝土制成预制件，包括梁、板、屋架或网架，充分利用碳纤维的质轻、高强、耐腐蚀等优点。

⑥ 将碳纤维制成单向织物用于结构补强。

短切碳纤维填充到混凝土中，不仅约束微裂缝扩展，提高混凝土的抗裂性、抗渗性和抗冻性，减少干缩变形，而且可以明显地改善混凝土结构的物理力学特性。提高结构的抗震性和抗疲劳特性，这是由于碳纤维具有高强度和高弹性模量的优势。

另外，碳纤维增强混凝土具有良好的压敏性，而且具有一定导电性，如果在混凝土中埋藏电极可有效实现对混凝土结构件的在线检测（应变）和安全监控（损伤程度）。在实际应用中可实现对桥梁幕墙建筑的智能化管理。因此，短切碳纤维增强混凝土不仅具有减重增强的优点，而且还是一种智能材料，将来必然具有良好的发展前景。

目前，外国短切碳纤维增强混凝土主要应用于腐蚀性高、要求减重强度的场合，如薄壳结构、大跨度桥梁、海洋工程、超高层结构、抗震结构等。

二、碳纤维的种类与特性

碳纤维是将一些有机纤维在高温下碳化成石墨晶体，然后使石墨晶体通过"热张法"定向而得到的一种纤维材料。具有高强度、高弹性模量，按其原材料不同分为两种：一种是以聚丙烯腈为主要原料的高分子碳化纤维，通常称为聚丙烯腈基碳纤维，简称 PAN系碳纤维；另一种是以煤焦油、石油硬沥青为主要原料的碳化纤维，通常称为硬沥青系碳纤维。

碳纤维不仅有很高的抗拉强度和弹性模量，而且与大多数物质不起化学反应，因此用碳纤维配制的增强混凝土具有高抗拉性、高抗弯性、高抗裂性和高抗腐蚀性等优良性能。以硬沥青为原料的碳纤维，是石油化学工业和煤化学工业副产品的派生物，所以硬沥青系碳纤维的商品价格比聚丙烯腈基碳纤维（PAN系碳纤维）低得多，前者仅为后者价格的 1/10～1/5。

据有关资料介绍，目前硬沥青系碳纤维增强混凝土的成本（按掺入量 2%体积比计）约为镀锌钢纤维的 2 倍，大批量生产时，能与镀锌钢纤维、耐碱玻璃纤维的成本相接近，如表25-14 所列，今后将有很强的市场竞争力。

表 25-14　几种纤维增强混凝土的成本比较

纤维种类		参考价格 /(日元/kg)	1m³ 混凝土掺 2%纤维时		成本比较	
			纤维质量 /(kg/m³)	参考成本 /(日元/m³)	以碳素钢纤维为 1 时	以镀锌钢纤维为 1 时
钢	碳素钢	200	158	31600	1.0	0.7
	镀锌钢	300	158	47400	1.5	1.0
	不锈钢	800	158	126000	4.0	2.7
耐碱玻璃纤维		800	54	43200	1.4	0.9
碳纤维	低弹性	3000	32	96000	3.0	2.0
	高弹性	30000	30	90000	28.5	19.9

如表 25-14 所列碳纤维的密度约为玻璃纤维的 70%，抗拉强度虽然与玻璃纤维基本相同，但弹性模量却高于玻璃纤维好几倍。在现有的工业纤维材料中，碳纤维的比强度、比弹性模量都是最高的。此外，碳纤维还具有以下几个优点。

① 具有优异的耐碱、耐海水等抗化学腐蚀性，试验证明：除硝酸等强酸外，不怕其他酸碱的腐蚀。

② 具有较好的导电性。用碳纤维增强混凝土（CFRC）板装饰电子计算机房可防止静电感应。

③ 具有超高温耐热特性，这是碳纤维增强混凝土最突出的一个性能，可在 3000℃高温环境条件下使用。

④ 对人体无害，是一种环保型建筑材料，施工比较安全。

⑤ 施工工艺比较简单，可用一般混凝土搅拌机进行拌和。可采用挤压成型、加压成型等工艺生产制品，也可湿式喷射法喷射混凝土施工。

三、碳纤维增强混凝土的物理力学性能

1. 碳纤维增强混凝土的抗拉强度

碳纤维的基本性能如表 25-15 所列。试验混凝土的水灰比为 0.42，集料水泥比为 0.25，试件尺寸为 330mm×30mm×6mm。试验结果表明：随着碳纤维掺量的增加，碳纤维增强混凝土的抗拉强度、拉伸应变能力逐渐增大，试件龟裂的间隙和宽度减小，微细裂纹大多呈分散状态。另外，取拉断试件断面做显微镜观测，发现对面突出的纤维长度基本在 1mm 以下，以 0.3～0.6mm 最多，这说明碳纤维和胶结料的黏结特别好，碳纤维是被拉断的，而不是被拔出的。

表 25-15　碳纤维的基本性能

碳纤维的尺寸			密度 /(g/cm³)	抗拉强度 /MPa	弹性模量 /GPa	延伸率 /%
直径/μm	长度/mm	长径比(L/d)				
14.5	10	600	1.63	780	38	2.1

2. 碳纤维增强混凝土的抗弯强度

在进行碳纤维增强混凝土抗弯强度试验时，碳纤维的性能、混凝土的水灰比、集料水泥比等与抗拉强度试验时相同。试件尺寸为 530mm×40mm×6mm，两个支点的间距为 450mm，加载为中心加载。试验结果表明：碳纤维增强混凝土的抗弯强度随着碳纤维掺量的增加而提高，与此同时其韧性也得到明显提高。

3. 碳纤维增强混凝土的耐水性

将碳纤维增强混凝土试件投入 75℃ 的热水中，分别做龄期 1 周至 5 个月的不同龄期浸渍后的抗弯强度试验，以检验碳纤维增强混凝土的耐水性。试验结果表明：各个浸渍龄期的抗弯强度值虽有若干增减变化，但从总体来说，抗弯强度仍保持在热水浸渍前的强度水平，这充分说明 CFRC 的耐水性很好。

4. 碳纤维增强混凝土的抗冻性

按照 ASTMC 666 标准规定，碳纤维增强混凝土经过 300 次冻融循环试验，其相对动弹性模量在 95% 以上，这说明碳纤维增强混凝土具有很好的抗冻性。

5. 碳纤维增强混凝土长度尺寸变化

碳纤维增强混凝土试件出釜（蒸压养护）后的长度尺寸变化，为一般钢筋混凝土制品在 20℃、相对湿度 65% 标准条件养护下一年的 20%。碳纤维增强混凝土脱模两周至一年的长度变化仅为 ±2×10⁻⁴mm 左右，这说明碳纤维增强混凝土的尺寸稳定性非常好。

第六节　纤维混凝土的施工工艺

工程施工实践证明，纤维混凝土的施工工艺与普通混凝土有较大的差异，各种纤维混凝土的组成材料不同，它们的施工工艺也各不相同。因此，在纤维混凝土的施工过程中，应当根据不同纤维混凝土的特点，采取相应不同的施工工艺，这样才能确保其施工质量，达到工

程设计的要求。

一、钢纤维混凝土的施工工艺

钢纤维混凝土的质量如何，关键在于施工质量；施工质量如何，关键在于混凝土的拌制。另外，其浇筑和养护对质量也有重要影响。

1. 钢纤维混凝土的拌制质量控制

配制钢纤维混凝土最关键的问题是钢纤维不产生结团，能在混凝土中均匀分散。特别是当钢纤维掺量较多时，如果不能使其均匀分散，就容易同水泥浆或砂子结成球状团块，混凝土的强度必然会因拌合物不均匀而降低增强效果。因此，避免钢纤维产生结团是搅拌工序中的控制重点。

工程实践证明，避免钢纤维混凝土在拌制过程中出现结团主要可从以下几个方面着手。

（1）采用强制式搅拌机　工程实践充分证明，在混凝土中掺加钢纤维后，如果没有足够的搅拌能力，钢纤维在混凝土中很容易出现结团现象。因此，拌制钢纤维混凝土，必须采用搅拌能力较强的强制式搅拌机，在有施工条件时，最好采用"双卧轴"强制式搅拌机，这样才有可能使钢纤维比较均匀地分散于混凝土中。

（2）采用适宜投料顺序　由于钢纤维材料的掺加，使混凝土拌制比普通混凝土难度增大，因此采用适宜的投料顺序，对缩短搅拌时间、提高均匀性有重要作用。

表 25-16 中列出了 3 种不同的钢纤维混凝土配制中投料顺序，其根本区别在于先湿拌或先干拌后湿拌。先干拌虽然会使飞扬的粉尘较多，但由于钢纤维已分布均匀，后湿拌则纤维结团的可能性较小。

表 25-16　钢纤维混凝土的搅拌工艺

项目		操作工艺
搅拌设备		有施工条件时，最好采用"双卧轴"强制式搅拌机
纤维投料方法		(1)使用散装钢纤维时，应通过摇筛进行加料； (2)采用人工投料时，宜采用分散投料方式； (3)使用集束状钢纤维时，可集束进行投放
投料和搅拌	方法一	(1)粗细集料、水泥和水同时一次投入(时间 1min)； (2)再将钢纤维投入(时间 1.5～2.0min)
	方法二	(1)将粗细集料与钢纤维同时投入并进行干拌(时间 1min)； (2)再将水泥与水同时投入(时间 1.0～1.5min)
	方法三	(1)将细集料与水泥同时投入进行干拌(时间 0.5min)； (2)加入粗集料和钢纤维再进行干拌(时间 2min)； (3)最后同时加入水与活性剂进行湿拌(时间 1min)

究竟采用何种投料顺序并不是有固定的模式选择。如果工程中钢纤维混凝土用量较多，在确定采用何种投料顺序之前，可在施工现场对所用设备、材料配合比进行试拌，然后选择比较适宜的投料顺序。

2. 钢纤维混凝土的浇筑与养护

钢纤维混凝土的浇筑和养护，除了按照普通混凝土的要求外，其工艺要点应符合表 25-17 中的规定。

表 25-17　钢纤维混凝土浇筑和养护的工艺要点

项目	工艺要点
基本要求	(1)宜将模型的杂角、棱角处做成圆角,以避免钢纤维露在混凝土表面; (2)为使混凝土边角处达到饱满,宜进行模板外振动,较大的构件可采用附着式振动器捣实; (3)同一个连续浇筑区或一个完整的构件,浇筑工作应连续进行,不得中断;局部增强部分与普通混凝土搭接还应连续搭接,互相掺合,不得中断; (4)混凝土应采用机械振捣为主,边角部位可用人工进行补插,但要确实保证振捣密实; (5)振捣的时间应按规定进行,既不要欠振,也不要过振,特别是过度振捣则钢纤维的向下沉积; (6)浇筑和振捣方法在保证混凝土密实的同时,应保证钢纤维混凝土的均匀性和连续性,避免出现结团; (7)不得采用快速脱模
路面、地面和桥面	(1)混凝土表面浇筑基本平整后,先用平板动捣器振捣密实,然后再用振动梁振平; (2)用表面带有凸棱的金属圆滚将竖起的钢纤维和露在表面的石子压入混凝土内,再用圆滚将表面压平整;外表面不得裸露钢纤维,也不应留有浮浆; (3)如果混凝土表面需做拉毛处理的,可在初凝前做好,进行拉毛时不得将钢纤维带出;拉毛工具可用刷子或压滚,不得使用木刮板、粗布刷或竹扫帚; (4)路面、地面和桥面胀缩缝的设置,应当严格按设计施工
刚性防水屋面	(1)粗集料的最大粒径不应大于10mm; (2)应采用平板振动器进行振实,并在泛浆后抹平,收水后随即压光
局部增强	(1)钢纤维混凝土用于受压增强时,其配置范围如图25-3所示,其高度应不小于配置区最小边长加80mm,但三边临空和角部受压区不宜采用钢纤维混凝土增强; (2)对钢筋混凝土板作抗冲切的局部增强,其配置范围如图25-4所示; (3)框架节点中钢纤维混凝土进入相邻梁、柱中的范围为50~100mm,如图25-5所示; (4)用作局部增强的钢纤维混凝土所用的水泥,应与该结构混凝土所用的水泥同一品种、同一批号
混凝土养护	(1)养护基本上与普通混凝土相同,主要应注意连续保湿养护;预制构件也可以用蒸汽养护; (2)路面、地面和桥面等大面积面层,一般宜采用蓄水养护,或用蓄水性能良好的覆盖物淋水保湿养护

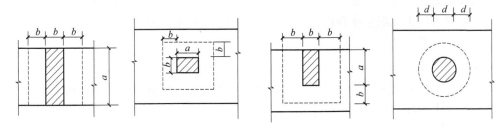

图 25-3　局部受压区钢纤维混凝土配置范围
(图中斜线为局部受压区;虚线为钢纤维混凝土最小配置范围)

二、玻璃纤维混凝土的施工工艺

　　玻璃纤维混凝土的浇筑、密实成型和纤维处理等施工工艺,与普通混凝土传统施工方法根本不同。浇筑要有专门的设备和特殊的方法,密实成型应采用不同类型的平板或插入式振动器、振动台和轮碾压设备。在一般情况下,玻璃纤维混凝土是采用普通硅酸盐水泥、粒径2mm以下的砂子,并根据不同的成型方法按适用的范围选用玻璃纤维。

　　为适应不同类型制品的需要,已经研究发展了预拌成型法、压制成型法、注模成型法、直接喷射法、喷射抽吸法、铺网-喷浆法和缠绕法等多种玻璃纤维混凝土的成型方法。如果采用玻璃纤维丝网,也可以采用与一般水泥制品相同的成型方法。

　　1. 预拌成型法

　　预拌成型法是先将水泥和砂在强制式搅拌机中干拌均匀,将增黏剂溶于少量的拌合水中

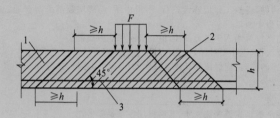

图 25-4　钢纤维混凝土在板内抗冲切增强配置范围
1—钢筋混凝土板；2—钢纤维混凝土；
3—冲切力影响锥体斜面线

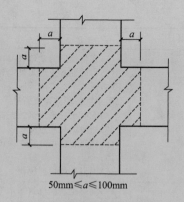

图 25-5　钢纤维混凝土在节点区的配置范围
（斜虚线为钢纤维混凝土增强区）

（一般占总拌合水的 1％左右），然后将短切玻璃纤维分散到有增黏剂的水中，再与拌合水同时加入列水泥与砂的干混合料中，边加边搅拌，直至均匀。

搅拌好的混凝土混合料分层浇入模板并分层捣实，每层厚度不得超过 25mm。捣实应采用平板式振动器。表面经抹光覆盖薄膜后，在温度大于或等于 10℃的条件下养护 24h 脱模。脱模后再在相对湿度大于或等于 90％、温度大于或等于 10℃条件下养护 7～8d 即可使用。

2. 压制成型法

压制成型法是在预拌成型法的基础上，浇筑成型后在模板的一面或两面采用滤膜（如纤维毡、纸毡等）进行真空脱水过滤，以减少已成型混凝土中的水分，而使混凝土的强度得到进一步提高，并可以缩短脱模的时间。由于成型后采用真空脱水，所以在搅拌时可适当增加水灰比，这样可增大混凝土拌合物的流动性，有利于混凝土成型。

3. 注模成型法

注模成型法是在混凝土预拌时适当加大水灰比，以提高混凝土拌合物的流动性，然后采用泵送的施工工艺，将混凝土浇筑到密封的模具内成型。注模成型法特别适用于生产一些外形复杂的混凝土构件。

4. 直接喷射法

直接喷射法是利用专门的施工机械喷射机进行施工的方法。施工时用两个喷嘴，一个喷嘴喷射短切的玻璃纤维，一个喷嘴喷射拌制好的水泥砂浆，并使喷出的短切纤维与雾化的水泥砂浆在空间混合后溅落到模具内成型。

待喷射混合的混合料达到一定厚度后，用压辊或振动抹刀压实，再覆盖塑料薄膜，经 20h 以上的自然养护后脱模，然后在相对湿度大于或等于 90％条件下养护 7d 左右。如果采用蒸汽养护，可先带模养护 4～6h 后，连模置于 50℃左右的蒸汽中养护 6～8h，脱模后再在相对湿度大于或等于 90％的环境下养护 3～4d 即可用于工程。直接喷射法施工工艺流程如图 25-6 所示。

5. 喷射抽吸法

喷射抽吸法是在用直接喷射法成型时，采用可抽真空的模具（模具表面开有许多小孔，并覆以可滤水的毡布）。当喷射到规定的厚度后，通过真空（真空度约 8000Pa）抽出部分水以降低混凝土的水灰比，达到降低孔隙率、提高强度的目的。

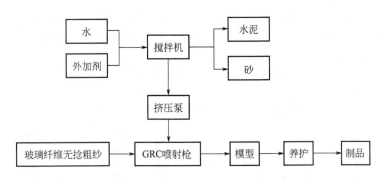

图 25-6　直接喷射法施工工艺流程

　　经过真空吸水后，可以使混凝土拌合料变为具有一定形状的湿坯，然后用真空吸盘将湿坯移至另一模具内，再进行进一步的模塑成型。这种方法不仅可以提高混凝土的强度，而且可以生产形状比较复杂的制品。所用的机具除模具与直接喷射法有区别外，还需要增加一套真空抽吸装置。

　　6. 铺网-喷浆法

　　铺网-喷浆法是将一定数量、一定规格的玻璃纤维网格布置于砂浆中，从而制得的一定厚度的玻璃纤维增强混凝土制品。具体的施工方法为：先用砂浆喷枪在模具内喷一层砂浆，然后铺一层玻璃纤维网格布；在网格布上再铺一层砂浆，接着铺第二层玻璃纤维网格布，如此反复喷射至设计厚度；再用真空抽吸法吸抽部分水，最后进行振压抹平收光。每层砂浆的厚度根据需要控制在 10～25mm，养护条件及时间与直接喷射法相同。铺网-喷浆法的施工工艺流程如图 25-7 所示。

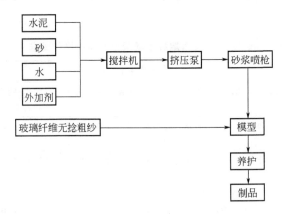

图 25-7　铺网-喷浆法的施工工艺流程

　　7. 缠绕法

　　缠绕法一般适用于生产玻璃纤维增强混凝土管材制品，如市政工程上常用的输水管道和空心柱材等。

　　玻璃纤维混凝土的缠绕法施工与以上几种施工方法均不相同，所用的机具也比较特殊。缠绕法的施工工艺如下。

　　连续的玻璃纤维无捻纱在配制好的水泥浆槽中浸渍，然后按预定的角度和螺距绕在卷筒上，在缠绕过程中将水泥浆及短纤维喷在沾满水泥浆的连续玻璃纤维无捻纱上，然后用辊压机进行碾压，并利用抽吸法除去多余的水泥浆和水。由于缠绕法的玻璃纤维体积率很高，一般可以达到15％以上，因此生产的玻璃纤维混凝土的强度很高。工程实践证明，如果生产大批的玻璃纤维混凝土管材制品，完全可以实现生产过程自动化。缠绕法生产玻璃纤维管材制品工艺如图25-8所示。

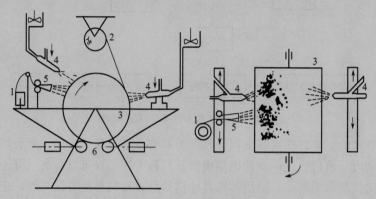

图 25-8　缠绕法生产玻璃纤维管材制品工艺

1—线筒；2—无捻纱；3—缠绕筒；4—水泥浆喷射机；

5—切断的纤维喷射机；6—辊压机

三、聚丙烯纤维混凝土的施工工艺

聚丙烯纤维混凝土的施工中，搅拌、运输、浇筑和养护等方法均与普通混凝土基本相同。由于在混凝土基体中掺加了适量的聚丙烯纤维。所以在一些具体操作中还有不同之处。表 25-18 为聚丙烯纤维混凝土的搅拌操作要求，表 25-19 为聚丙烯纤维混凝土施工中的注意事项。

表 25-18　聚丙烯纤维混凝土的搅拌操作要求

操作步骤	操作中的注意事项
1	混凝土的配合比是按普通混凝土进行设计的,聚丙烯纤维是另加的。此步是在混凝土基体配合比设计的基础上确定纤维掺量
2	按照聚丙烯纤维混凝土所需要的数量进行备料,质量要符合要求,称量要准确,并用清洁容器(或胶袋)盛好备用
3	将混凝土按原配合比数量投入混凝土搅拌机时,也同时将聚丙烯纤维投入,待这些干料搅拌均匀后,再加入水开始搅拌
4	搅拌完成后,取出部分拌合物试样进行观察,可能出现以下四个情况:一是合格,即可输送进行浇筑;二是稠度有很小的损失,这是因为纤维丝的影响,不会影响操作,可以浇筑混凝土;三是稠度与设计相差很大,处理的方法是加入适量的减水剂搅拌至合格即可使用,千万不可加水搅拌;四是混凝土搅拌合格,但纤维在混凝土中分布不均匀,这种情况可能由搅拌时间不足而造成,再搅拌30s便可
5	在聚丙烯纤维混凝土搅拌操作中,搅拌机组工作人员在熟练掌握搅拌工艺后,在一般情况下不宜多变动,这样可以保证混凝土的搅拌质量和搅拌效率

表 25-19　聚丙烯纤维混凝土施工中的注意事项

序号	项目	操作时的注意事项
1	检查质量	在混凝土搅拌完毕后,应按照规定随机进行取样检查;如果聚丙烯纤维均与分散在混凝土中,即可将混凝土送往浇筑地点
2	常规操作	聚丙烯纤维混凝土的浇筑、养护操作无特殊要求,在一般情况下与普通混凝土相同,可按照常规要求进行操作

续表

序号	项目	操作时的注意事项
3	劳保用品使用	聚丙烯纤维有一个最大的缺陷,易使人的皮肤过敏,操作者应按规定穿戴好防护帽、眼镜、手套、工作服、鞋袜等,避免在施工中沾染散飞的聚丙烯纤维
4	意外处理	如果施工中不小心,聚丙烯纤维沾在皮肤上,或感到眼睛有不适,应当立即用水进行冲洗,千万不可大意
		如果不慎聚丙烯纤维进入眼部,千万不可用手揉眼,当冲洗也不能解决时,应立即到医院检查治疗,不可进行非正规处理
5	其他事项	在整个施工过程中,不得将带有聚丙烯纤维的制品任意抛撒,避免聚丙烯纤维扩散

第七节　外加剂在纤维混凝土中的应用实例

我国水泥混凝土经历了普通混凝土、钢筋混凝土、预应力钢筋混凝土、纤维混凝土、聚合物混凝土以及近期的高性能混凝土等几个阶段,已成为当代最主要的建筑工程材料。混凝土外加剂,尤其是高效减水剂的发展,是混凝土技术的一次飞跃,20 世纪 90 年代初,出现的高性能混凝土是混凝土科学技术进步的产物,成为 21 世纪主要的建筑材料,也是国内外当前研究工作关注的热点。

水泥石、砂浆与混凝土的主要缺点是抗拉强度低、极限延伸率小、性脆,混凝土的自重大、脆性大、抗拉强度低等弱点限制了它的广泛应用,加入抗拉强度高、极限延伸率大、抗碱性好的纤维,以及高减水、高保塑、高增强作用的减水剂,可以克服这些缺点。通过以下工程应用实例完全可说明外加剂在纤维混凝土中的重要作用。

一、外加剂在钢纤维混凝土中的应用

1. 工程概述
某国防工程位于埋深 320m 的地下,其进口通道采用 C40 钢筋钢纤维增强混凝土进行衬砌。由于受力比较复杂,配置钢筋稠密,衬砌厚度达 250cm,所以采用现场配制、运输、泵送工艺施工,并在此基础上与同强度等级的普通混凝土进行了对比试验,验证了钢纤维混凝土的优良性能,在施工过程中取得了良好的效果。

2. 材料选择
(1) 水泥　经过比较和分析,决定采用产量较大、质量稳定的秦岭水泥厂生产的 P·O42.5 级散装水泥,水泥的强度富余系数为 1.15,不仅与外加剂的适应性良好,而且技术指标完全符合现行国家标准《通用硅酸盐水泥》(GB 175—2007) 中的要求。

(2) 细集料　细集料选用当地的天然优良河砂,砂的细度模数为 2.50,含泥量不得大于 1.8%,级配良好,其他技术指标应符合现行国家标准《建设用砂》(GB/T 14684—2011) 中的规定。

(3) 粗集料　钢纤维混凝土所用粗集料,应选用质地坚硬、级配良好的碎石。碎石的粒径过大或过小,都会影响钢纤维在混凝土中均匀分布及其增强的效果。本工程选用当地铁道碎石厂的碎石,其粒径规格为 5～20,针片状的含量为 5.8%,压碎指标值为 6.8%,含泥量不得大于 0.5%。碎石的其他技术指标应符合现行国家标准《建设用碎石、卵石》(GB/T 14685—2011) 中的规定。

（4）矿物掺合料　混凝土中加入钢纤维之后，混凝土拌合物的流动性会变差，同时因采用泵送施工，需要利用矿物掺合料的叠加效应，优化搅拌、运输和施工工艺，粉煤灰能减少混凝土干缩和徐变，降低水化热，提高混凝土的后期强度。本工程选用宝鸡第二电厂生产的Ⅱ级散装粉煤灰。

（5）外加剂　由于本工程采用钢纤维混凝土和泵送施工工艺，经过材料试验和对比，决定选用陕西天石生产的 TSH-1 型高效泵送剂，其掺量为水泥用量的 5％，混凝土的减水率可达到 18％。

（6）钢纤维　为满足钢纤维的增强效果与施工性能，通过钢纤维混凝土试验，选用切削型钢纤维，其两端弯曲，长度为 25～40mm，直径为 0.53～0.57mm，长径比控制在 64 左右，抗拉强度为 1145～1545MPa。

3. 配合比设计

本工程所用的钢纤维混凝土配合比如表 25-20 所列。

表 25-20　钢纤维混凝土配合比

混凝土种类	配合比/（kg/m³） 水泥∶砂∶碎石∶水∶粉煤灰∶外加剂	28d 抗折强度 /MPa	28d 抗压强度 /MPa	试件破坏情况
C40 泵送混凝土	386∶719∶1036∶164∶80∶19.2	6.9	46.2	脆性突然破坏
C40 钢纤维泵送混凝土	423∶854∶854∶164∶90∶21∶95（纤维）	10.5	51.2	塑性状态破坏，砍碎体呈连续状态

通过表 25-20 可以看出，C40 泵送钢纤维混凝土比同强度等级泵送混凝土水泥用量多，砂率比较高，28d 的抗压强度也稍大，抗折强度明显提高；根据破坏情况可以看出，泵送钢纤维混凝土具有较好的韧性和耐冲击抗裂抗爆性能。

二、外加剂在合成纤维混凝土中的应用

我国自 20 世纪 90 年代中期开始，已有数以千计的工程采用聚丙烯纤维混凝土，并取得非常显著的成效。主要的工程有广州新中国大厦、重庆世界贸易中心、北京亚运村、武汉长江二桥、三峡工程等。

（一）膨胀剂在聚丙烯纤维混凝土中的应用

1. 工程概况

复旦大学南区体育中心游泳馆，是一座无遮盖架空式钢筋混凝结构的标准游泳池，游泳池建在 13.65m 的高处，长×宽为 50m×25m，建筑面积为 6052m²，混凝土设计强度为 C30，抗渗等级为 P8，混凝土坍落度为（120±20）mm，工程选用商品混凝土进行浇筑，混凝土方量为 1100m³（包括看台等）。

由于该工程的施工工期要求比较紧，且不允许设置后浇带，再者，因为游泳池位于 3 层高的室外露天，受到温度、干湿、风速、沉降等变形产生的应力较大，容易产生裂缝。因此，游泳池的建造和施工，在技术上如何解决好混凝土不出现裂缝，混凝土要具有良好的防裂抗渗性能是该工程的施工技术上的关键之一。

2. 材料选择

为确保浇筑后的混凝土具有优良性能，胶凝材料选用海螺牌 P·O32.5 普通硅酸盐水泥。粗集料为 5～25mm 碎石，针片状含量不大于 15％，含泥量小于 1％；细集料选用优质的河砂，其细度模数应不小于 2.3，含水量应小于 2％；粉煤灰采用当地电厂的Ⅱ级粉煤灰。

外加剂选用 ZK-901 泵送剂；为抑制混凝土早期收缩和产生微膨胀作用的膨胀剂选用 UEA。提高混凝土抗拉和抗裂性能的材料选用改性聚丙烯纤维。

3. 混凝土配合比

掺加膨胀剂及改性聚丙烯纤维混凝土的配合比如表 25-21 所列。

表 25-21　掺加膨胀剂及改性聚丙烯纤维混凝土配合比

配合比/(kg/m³)								抗压强度/MPa		抗渗等级
水	水泥	黄砂	碎石	粉煤灰	纤维	膨胀剂	泵送剂	R₇	R₂₈	P
200	360	725	1010	60	0.8	45	2.79	22.5	35.8	8

4. 工程质量

混凝土经过 14d 养护后，经试验抗压强度已达到设计值。质量验收内容包括拆除模板后混凝土的表面有无裂缝和实测用 500t 水灌入游泳池后有无渗漏现象。经过一周灌水浸泡，其结构无一渗漏，质量完全符合设计与用户的要求。

（二）复合外加剂在聚丙烯纤维混凝土中的应用

上海某造船厂新建 1# 船坞属软土地基上的大型船坞。坞口为桩基基础的现浇钢筋混凝土"U"形整体式结构。由底板、西坞墩和东坞墩（水泵房、电机房）等组成，坞口底板混凝土厚度一般为 3m，局部为 4m，最厚处可达 6～7m，混凝土总量为 4650m³。东、西坞的平面尺寸为 19m×14m，坞墩底板混凝土厚度为 3m，墙厚为 0.6～0.8m，顶板为 0.4m。

为了避免混凝土出现裂缝，混凝土采用最大表观密度的级配，减小水泥用量，加入掺合料，选用外加剂等技术措施，但从相类似的船坞工程实践表明，采用上述技术措施后，在混凝土底板、墙板上仍然出现大量的裂缝。为此，在该工程东坞墩（水泵房、电机房）墙板、底板、顶板混凝土以及西坞墩底板的表层的一部分混凝土中（共有 3000 多立方米），每立方米混凝土掺加纤维长度为 19mm 的格雷斯纤维 0.60kg。本工程混凝土的配合比如表 25-22 所列。

表 25-22　混凝土的配合比　　　　　　　　单位：kg/m³

强度等级	水泥	水	砂子	石子	粉煤灰	矿渣粉	外加剂	纤维
C30	176	176	827	1095	100	75	4.27	0.60
C25	167	173	895	1090	100	47	3.41	0.60

注：水泥选用 52.5 硅酸盐水泥；外加剂选用 KPDN 泵送剂。

由表 25-22 可以看出，该工程中采用低水泥用量，掺入了大量的粉煤灰和矿渣粉，这样可降低混凝土中水化引起的混凝土温升。为了避免温度收缩和干燥收缩而引起的裂缝，又采取了加入纤维的技术措施。经过工程实践证明，在该工程东西坞墩的墙板、底板、顶板中的塑性裂缝完全消除，干缩裂缝得到明显改善，受到了使用单位的肯定。

第二十六章

混凝土外加剂在清水混凝土中的应用

　　清水混凝土是混凝土材料中"最高级"的表达形式，它显示的是一种最本质的美感，体现的是"素面朝天"的品位。清水混凝土具有朴实无华、自然沉稳的外观韵味，与生俱来的厚重与清雅是一些现代建筑材料无法效仿和媲美的。材料本身所拥有的柔软感、刚硬感、温暖感、冷漠感不仅对人的感官及精神产生影响，而且可以表达出建筑情感。因此建筑师们认为，这是一种高贵的朴素，看似简单，其实比金碧辉煌更具艺术效果。

　　世界上越来越多的建筑师采用清水混凝土工艺，例如世界级的建筑大师贝聿铭、安藤忠雄等都在他们的设计中大量地采用了清水混凝土。悉尼歌剧院、日本国家大剧院、巴黎史前博物馆等世界知名的艺术类公共建筑均采用了这一建筑材料。

第一节　清水混凝土概述

　　清水混凝土结构是指一次浇筑成形，混凝土的表面不进行任何装饰装修，直接采用混凝土的自然质感作为饰面效果，突出体现混凝土原色质感，通过混凝土表面有规则的线条等装饰图案，达到一种装饰效果的结构形式和设计风格的结构。该混凝土结构要求外观尺寸准确，混凝土表面平整光洁，色泽均匀一致，无外伤致损和污染现象，施工缝的设置整齐美观，不允许出现普通混凝土常有的蜂窝、麻面、砂带等质量通病，从而使混凝土主体结构形成自然的秀美外观。清水混凝土结构以混凝土本身的自然颜色和纹理作为最终装饰效果，体现了建筑物洁净自然庄重简约的个性，被越来越多的建筑师所采用。

一、清水混凝土的发展

　　清水混凝土产生于20世纪20年代，随着混凝土广泛应用于建筑施工领域，建筑师们逐渐把目光从混凝土作为一种结构材料转移到材料本身所拥有的质感上，开始用混凝土与生俱来的装饰性特征来表达建筑传递出的情感。此时多为国际主义风格。最为著名的是路易·康（Louis Kahn）设计的耶鲁大学英国艺术馆，美国设计师埃罗·沙里宁（Eero Searinen）设计的纽约肯尼迪国际机场环球航空大楼、华盛顿达拉斯国际机场候机大楼等。到20世纪60年代，越来越多的清水混凝土出现在欧洲、北美洲等的发达国家。到了20世纪80年代，一批新起的建筑师延续了国际主义风格，强调高技术、强调建筑结构的科学技术含量，形成了"高技派"，它们的代表人物有理查德·罗杰斯、诺曼·福斯特等，典型作品如香港汇丰银行。

在亚洲，日本最先走到了建筑前列。第二次世界大战以后，百废待兴，部分混凝土建筑省掉了抹灰、装饰的工序而直接使用，演绎到今天，日本的清水混凝土技术已经得到了很大的发展。在混凝土应用上，日本改变了以前不加以修饰的水泥表面手法，利用现代的外墙修补技术，将水泥墙面拆掉模板后进行处理，使水泥表面达到非常精致的水平，同时又充分展现出水泥本身特有的原始和朴素的一面。一种被认为更接近于东方禅学无为而为的思想，被以有"清水混凝土诗人"之称的安藤忠雄为代表的日本建筑师融入在设计中，充分体现了东方文化色彩。

在我国，清水混凝土是随着混凝土结构的发展不断发展的。20世纪70年代，在内浇外挂体系的施工中，清水混凝土主要应用在预制混凝土外墙板反打的施工中，取得了很大进展。后来，由于人们将外装饰的目光都投向面砖和玻璃幕墙，清水混凝土的应用和实践几乎处于停滞状态。直至1997年，北京市设立了"结构长城杯工程"奖，推广清水混凝土施工，使清水混凝土重获发展。近些年来，少量高档建筑工程如海南三亚机场、北京首都国际机场、上海浦东国际机场航站楼、东方明珠的大型斜筒体等都采用了清水混凝土。在中国，清水混凝土尚处于发展阶段，属于新兴的施工工艺，真正掌握此类建筑的设计和施工的单位不多。清水混凝土墙面最终的装饰效果，60％取决于混凝土浇筑的质量，40％取决于后期的透明保护喷涂施工，因此清水混凝土对建筑施工水平是一种极大的挑战。

随着绿色建筑的客观需求，人们环保意识的不断提高，返璞归真的自然思想的深入人心，我国清水混凝土工程的需求已不再局限于道路桥梁、厂房和机场，在工业与民用建筑中也得到了一定的应用。由中建三局北京公司作为总承包商建设的联想研发基地，被列为"中国首座大面积清水混凝土建筑工程"，标志着我国清水混凝土已发展到了一个新的阶段，是我国清水混凝土发展历史上的一座重要里程碑。

二、清水混凝土的分类

清水混凝土可分为普通清水混凝土、饰面清水混凝土和装饰清水混凝土。清水混凝土建筑如图 26-1 所示。

图 26-1　清水混凝土建筑

① 普通清水混凝土是指表面颜色无明显色差，对饰面效果无特殊要求的清水混凝土。

② 饰面清水混凝土是指表面颜色基本一致，由有规律排列的对拉螺栓眼、明缝、蝉缝、假眼等组合形成的、以自然质感为饰面效果的清水混凝土。

③ 装饰清水混凝土是指表面形成装饰图案、镶嵌装饰片或彩色的清水混凝土。

三、清水混凝土的优点

清水混凝土是名副其实的绿色混凝土。混凝土结构不需要装饰，舍去了涂料、饰面等化工产品，有利于环保；清水混凝土结构一次成型，不剔凿修补、不抹灰，减少了大量建筑垃圾，有利于保护环境。

消除了混凝土的诸多质量通病。清水装饰混凝土避免了抹灰开裂、空鼓甚至脱落的质量隐患，减轻了结构施工的漏浆、楼板裂缝等质量通病。

促使工程建设的质量管理进一步提升。清水混凝土的施工，不可能有剔凿修补的空间，每一道工序都至关重要，迫使施工单位加强施工过程的控制，使结构施工的质量管理工作得到全面提升。

降低工程总造价。清水混凝土的施工需要投入大量的人力物力，势必会延长工期，但因其最终不用抹灰、吊顶、装饰面层，从而减少了维保费用，最终降低了工程总造价。

第二节　清水混凝土对材料的要求

清水混凝土是由水泥、粗集料、细集料、掺合料、外加剂按照一定的比例配制而成的，有的清水混凝土工程还需要根据设计要求用涂料涂刷于其表面。

一、水泥

清水混凝土宜选用强度等级不低于 42.5MPa 的 P·O 或 P·Ⅱ 水泥。同一工程宜采用同一厂家、同一品种、同一批号、同一强度等级的水泥。

由于清水混凝土对色差的要求比较严格，而水泥凝结硬化后的颜色大致决定了混凝土的颜色，因此应保证所用水泥的颜色和技术参数宜一致。

二、粗集料

清水混凝土宜选用连续粒级，颜色应均匀，表面应洁净，并应符合表 26-1 中的规定。为预防清水混凝土产生色差，同一单位工程应采用同一货源。

表 26-1　粗集料的质量指标

混凝土强度等级	≥C50	≤C50
含泥量（按质量计）/%	≤0.5	≤1.0
泥块含量（按质量计）/%	≤0.2	≤0.5
针片状颗粒含量（按质量计）/%	≤8	≤10

三、细集料

清水混凝土宜选用洁净的中砂，并应符合表 26-2 中的规定。

表 26-2 细集料的质量指标

混凝土强度等级	≥C50	≤C50
含泥量(按质量计)/%	≤2.0	≤3.0
泥块含量(按质量计)/%	≤0.5	≤1.0

四、掺合料

在清水混凝土中掺入矿物掺合料的目的是为了增加混凝土的密实度,有效降低混凝土内部的水化热,降低混凝土出现裂缝的概率,同时也提高清水混凝土的工作性。

在选用矿物掺合料时,除了要考虑其常规性能指标以外,还要考虑其颜色以及厂家的供应能力。在选定供应厂家后,掺合料的颜色要保持均匀稳定性,以避免使混凝土产生色差。目前在清水混凝土中常用的矿物掺合料有粉煤灰和矿渣粉。

粉煤灰宜选用Ⅰ级粉煤灰,为保证清水混凝土的外观质量,同一工程的矿物掺合料应来自同一厂家、同一规格型号。

五、外加剂

在清水混凝土中,外加剂对混凝土的外观质量影响很大。所以在选用外加剂时,要着重考虑外加剂与水泥及掺合料的适应性和保水性,能够有效地控制混凝土的坍落度损失。所选用的外加剂,不能产生较大的气泡,在混凝土引入引气剂时,应当选用引入的气泡直径小且气泡稳定的引气剂。

目前,在清水混凝土中常用的是以聚羧酸为代表的高性能减水剂。而根据工程实际需要复配聚羧酸外加剂时,尤其要注意根据聚羧酸减水剂原液性能、缓凝剂品种、消泡剂及引气剂效果、黏稠效果,解决清水混凝土中常见病的防治,得到新拌混凝土良好的和易性和工作性,保持浆体的适合黏度,在满足硬化的混凝土的各方面性能指标的前提下,着重解决混凝土泌水和表面的气孔、水线、麻面和蜂窝。

(1)聚羧酸盐减水剂原液要和使用的水泥品种相适应。聚羧酸盐减水剂是一种梳形的共聚物,主链上具有羧酸基阴离子基团,侧链具有非离子型聚醚组成,由于主侧链长度、阴离子基团的数量、密度不同,所产生的静电斥力和空间位阻效应也发生变化。聚羧酸盐类因生产工艺各异和选择的不同,原材料的种类很多。目前以甲基丙烯酸聚乙二醇单甲醚脂化物接枝共聚生产的聚羧酸盐减水剂性能最为全面,对水泥的适应性好,通过简单的复配技术可以满足大多数水泥品种和不同强度等级的混凝土。

(2)缓凝剂的多元复配和合理使用,是在聚羧酸盐减水剂制备清水混凝土中的重要手段。聚羧酸盐减水剂应用于商品清水混凝土中需要复配技术,其中缓凝剂是不可缺少的组分,用以调整混凝土的流动性和控制混凝土坍落度的损失。缓凝剂与聚羧酸盐减水剂在复配中的相匹配范围比较窄,常用柠檬酸及衍生物基本不相匹配,与葡萄糖酸钠有良好的匹配性,但对混凝土的泌水影响比较大,很容易引起混凝土的泌水离析,因此在选择缓凝组分方面最好在采用相匹配的产品,同时进行多元复配技术,既考虑混凝土坍落度的控制,又照顾到混凝土的包裹性和黏稠度。

(3)适量的引气含量是改善清水混凝土性能的重要因素。聚羧酸减水剂本身属于引气减水剂。在合成过程中由于分子结构上的差异产生的引气量不一致。在复配中,必须先消泡后加引气剂，以调节含气量的大小，解决好混凝土引气量和混凝土黏稠度的关系。引气剂的种类目前国内使用的常规品种有松香热聚物、三萜皂荚类、烷基脂肪类引气剂。前者与聚羧酸减水剂相容性差无法采用，后者有较好的相容性和稳定性。制备清水混凝土的聚羧酸减水剂含气量通常控制在 2% 左右，因此必须正确地计算引气剂的掺量。

此外，清水混凝土冬季施工时还应掺入防冻剂，使用前应进行对比试验，目的是为了防止混凝土表面出现泛碱，影响清水混凝土的饰面效果及耐久性。

六、涂料

清水混凝土所选用的涂料，应是对混凝土表面具有保护作用的透明涂料，同时还应具有防污染性、憎水性和防水性。

由于水泥混凝土是一种多孔性材料，一旦被污染，很难清洗干净。为了保持清水混凝土构件的美观，在清水混凝土构件脱模后表面应涂刷疏水性涂料，通过防止吸水来避免污染或使得污渍容易清洗。

第三节　清水混凝土的配置技术

一、配置原则

清水混凝土配合比设计除应符合国家和行业现行标准《混凝土结构工程施工质量验收规范》（GB 50204—2015）、《普通混凝土配合比设计规程》（JGJ 55—2011）的规定外，还应符合下列规定。

① 应按照设计要求进行试配，确定混凝土表面颜色。

② 应按照混凝土原材料试验结果确定外加剂型号和用量。

③ 应考虑工程所处环境，根据抗碳化、抗冻害、抗硫酸盐、抗盐害和抑制碱-集料反应等对混凝土耐久性产生影响的因素进行配合比设计。

二、技术要求

清水混凝土的技术要求应符合现行的行业标准《清水混凝土应用技术规程》（JGJ 169—2009）中的规定。

① 清水混凝土 90min 的坍落度经时损失值宜小于 30mm。

② 清水混凝土拌合物入泵的坍落度值：柱子的混凝土宜为（150±20)mm；墙、梁、板的混凝土宜为（170±20)mm。

第四节　清水混凝土的施工

清水混凝土属于一次浇筑成型，不做任何外装饰，直接由结构主体混凝土本身的肌理、质感和精心设计施工的明缝、禅缝和对拉螺栓孔等组合而形成的一种自然状态装饰面。由此可见，清水混凝土的施工工艺还是比较简单的。

一、混凝土制备和运输

① 搅拌清水混凝土时应采用强制式搅拌设备，每次搅拌的时间应比普通混凝土延长20～30s，从而可以提高混凝土拌合物的均匀性和稳定性。

② 同一视觉范围内（水平距离清水混凝土构件表面5m，平视清水混凝土表面所观察的范围）所用清水混凝土拌合物的出机温度、拌合物状态应一致。

③ 清水混凝土拌合物从搅拌结束到入模板前不宜超过90min，严禁添加设计配合比以外用水或外加剂，防止现场调整混凝土的配合比而产生饰面效果差异。

④ 进入施工现场的清水混凝土应逐车检查其坍落度，不得有分层、离析等现象。

二、清水混凝土的浇筑

① 在清水混凝土浇筑前，应按照设计要求安装模板，并应保持模板内清洁、无积水。

② 在进行竖向混凝土构件浇筑时，应严格控制分层浇筑的间隔时间。分层厚度不宜超过500mm，防止混凝土"冷缝"的出现。

③ 门窗洞口宜从两侧同时浇筑清水混凝土，防止门窗洞口模板被混凝土的侧压力挤压变形而产生位移。

④ 清水混凝土应振捣均匀密实，严禁出现漏振、过振、欠振；振捣棒插入下层混凝土表面的深度应大于50mm。

⑤ 后续清水混凝土浇筑前，应先剔除施工缝处松动的石子或浮浆层，剔凿后应将残渣清理干净。

三、清水混凝土的养护

混凝土在同条件下的试件强度达到3MPa（冬季强度不小于4MPa）时拆除模板。拆除模板后应及时进行养护，以减少混凝土表面出现色差、收缩裂缝等现象。清水混凝土常采取覆盖塑料薄膜或阻燃草帘并与洒水养护相结合的方法，拆模前和养护过程中均应经常洒水保持湿润，养护时间不少于7d。冬季施工时若不能洒水养护，可采用涂刷养护剂与塑料薄膜、阻燃草帘相结合的养护方法，养护时间不少于14d。

四、清水混凝土冬季施工

① 冬季施工时，应在塑料薄膜外覆盖对清水混凝土无污染且阻燃的保温材料。

② 混凝土运输车和输送泵应有保温措施，保证使混凝土的入模温度不低于5℃。

③ 在混凝土施工过程中应有防风措施；当室外气温低于−15℃时，不得浇筑混凝土。

五、清水混凝土表面处理

清水混凝土又称装饰混凝土，因其极具装饰效果而得名。它一次浇筑成型，不做任何外装饰，直接采用现浇混凝土的自然表面效果作为饰面，因此不同于普通混凝土。想要混凝土表面颜色完全一致几乎是不可能的，许多因素都会引起混凝土表面颜色发生变化，例如原材料的种类、施工比、混凝土的养护条件、混凝土的振捣情况、脱模剂的使用情况、模板的表面结构、模板的吸附性能等，还有拆模时人为造成的颜色变化，都会给人在感官上带来不悦。

普通清水混凝土和饰面清水混凝土表面宜涂刷透明保护涂料，表面处理的施工工艺可以参考以下方法。

（1）气泡处理　清理混凝土表面，用与原清水混凝土同配比的（除砂石）水泥浆修补墙面，待水泥浆硬化后，用细砂纸均匀进行打磨，符合要求后用水冲洗干净。

（2）螺栓孔眼处理　清理螺栓孔眼的表面，将原来的堵头放回孔中，用专用刮刀取界面剂的稀液调制同配比的水泥砂浆，刮平周边的混凝土面，待砂浆达到终凝后擦拭混凝土表面浮浆，然后取出堵头，喷水进行养护。

（3）漏浆部位处理　清理混凝土表面松动的砂子，用专用刮刀取界面剂的稀液调制成颜色与混凝土基本相同的水泥腻子抹至需要处理的部位。待腻子达到终凝后用砂纸打磨，刮至表面平整、阳角顺直，喷水进行养护。

（4）缝隙处出现胀模，错台处理　用铲刀将需要处理的地方铲平，打磨后用水泥浆修复平整。在"明缝"处拉上通线，切割超出表面的部分，对"明缝"上下阳角损坏部位先清理浮渣和松动的混凝土，再用界面剂的稀释液调制同配合水泥砂浆，将"明缝条"平直嵌入"明缝"内，将水泥砂浆填补到应处理部位，用刮刀压实刮平，上下部分分次处理；待水泥砂浆达到终凝后，取出"明缝条"，及时清理被污染的混凝土表面，喷水进行养护。

（5）螺栓孔的封堵　当采用三节式螺栓时，中间一节螺栓留在混凝土内，两端的锥形接头拆除后，用补偿收缩的防水水泥砂浆进行封堵，并用专用封孔模具修饰，使修补的孔眼直径、孔眼深度与其他孔眼一致，并喷水进行养护。当采用对拉螺栓时，螺栓孔用补偿收缩水泥砂浆和专用模具封堵，取出堵头后，喷水进行养护。

第五节　清水混凝土的检查与验收

一、混凝土外观质量要求

1. 主控项目

清水混凝土的外观不应有《混凝土结构工程施工质量验收规范》（GB 50204—2015）中规定的严重缺陷和一般缺陷。对于已经出现的严重缺陷和一般缺陷，应由施工单位提出技术处理方案，经监理（建设）单位、设计单位认可后进行处理。对经处理的部位，应重新进行检查验收。

检查方法：观察、检查技术处理方案。

2. 一般项目

清水混凝土外观质量，应由监理（建设）单位、设计单位、施工单位对外观观感进行检查，作出记录。应根据清水混凝土的类别，从颜色、气泡、裂缝、光洁度、明缝、蝉缝、对拉螺栓孔眼等表面质量指标进行确定，具体标准如表 26-3 所列。检查数量不少于各检验批的 30%，且不应少于 5 件。

表 26-3　清水混凝土外观质量与检查方法

项次	项目	普通清水混凝土	饰面清水混凝土	检查方法
1	颜色	无明显色差	颜色基本一致,无明显的色差	距离墙面 5m 进行观察
2	修补	少量修补痕迹	基本上无修补痕迹	距离墙面 5m 进行观察

续表

项次	项目	普通清水混凝土	饰面清水混凝土	检查方法
3	气泡	气泡分散	最大直径不大于 8mm,深度不大于 2mm,每平方米气泡的面积不大于 20cm²	尺量
4	裂缝	宽度小于 0.2mm	宽度小于 0.2mm,长度不大于 1000mm	尺量、刻度放大镜
5	光洁度	无明显漏浆、流淌及冲刷痕迹	无明显漏浆、流淌及冲刷痕迹,无油迹、墨迹及锈斑,无粉化物	观察
6	对拉螺栓孔眼	—	排列整齐,孔洞封堵密实,凹孔棱角清晰圆滑	观察、尺量
7	明缝	—	位置规律、整齐,深度一致,水平交圈	观察、尺量
8	蝉缝	—	横平竖直,均匀一致,水平交圈,竖向垂直成线	观察、尺量

二、混凝土结构质量检查

清水混凝土结构允许偏差与检查方法应符合表 26-4 的规定。检查数量不少于各检验批的 30%,且不应少于 5 件。

表 26-4　清水混凝土结构允许偏差与检查方法

项次	项目		允许偏差/mm		检查方法
			普通清水混凝土	饰面清水混凝土	
1	轴线位移	墙、柱、梁	6	5	尺量
2	截面尺寸	墙、柱、梁	±4	±3	尺量
3	标高		±5	±3	经纬仪、线坠、尺量
4	相邻板面高低差		3	2	2m 靠尺、塞尺
5	模板垂直度	≤5m	4	3	拉线、尺量
		>5m	6	5	
6	表面平整度		3	2	尺量
7	标高	层高	±8	±5	水准仪、尺量
		全高	±30	±30	
8	阴阳角	方正	4	3	尺量
		顺直	4	3	
9	阳台、雨罩的位置		±8	±5	尺量
10	明缝的直角度		—	3	拉 5m 线,不足 5m 拉通线,钢尺检查
11	蝉缝错台			2	尺量
12	蝉缝交圈			5	拉 5m 线,不足 5m 拉通线,钢尺检查

第六节　外加剂在清水混凝土中的应用实例

一、工程概况

深圳大运会主体育场工程是 2011 年第 26 届世界大学生运动会的主会场,位于深圳市龙岗区体育新城。本工程总建筑面积为1319万平方米，看台座位共61404个。主体工程地上5层，地下1层（局部），主要结构形式为现浇钢筋混凝土框架剪力墙结构，设计使用年限为100年，混凝土总量超过13万立方米，其中现浇清水混凝土构件共432个，约112万立方米。

二、施工难点

根据设计图纸可知，清水混凝土构件多数为不规则截面，规格较多，高度不同，最大高度达13.6m，超过6m的柱子有50根，混凝土需要分段进行浇筑，很容易造成构件错台，给外观质量控制和混凝土浇筑带来一定困难。另外，工程地点距离商品混凝土搅拌站较远，且混凝土的浇筑速度比较慢，不能连续浇筑和振捣，对混凝土本身质量提出较高要求，普通混凝土已远不能满足施工的需要，必须采用高性能混凝土。

三、原材料选择

1. 基本材料

（1）水泥　选用色差浅、质量比较稳定、含碱量较低的P·O42.5普通硅酸盐水泥，其技术指标应符合现行国家标准《通用硅酸盐水泥》（GB 175—2007）中的要求。

（2）细集料　选用货源稳定、色差浅、级配良好的河砂，细度模数为2.5～3.0，含泥量应小于或等于1.5%，泥块含量应小于或等于1%，其他技术指标应符合现行国家标准《建设用砂》（GB 14684—2011）中的要求。

（3）粗集料　选用5～25mm连续级配的碎石，颜色一致，含泥量应小于1%，泥块含量应小于0.5%，针片状颗粒含量应小于或等于15%。

（4）掺合料　选用Ⅰ级粉煤灰，烧失量应不大于3%，颜色应与水泥基本一致。

2. 外加剂选用

由于该工程清水混凝土外观质量和结构耐久性要求均很高，且混凝土搅拌站距离工地比较远，因此必须克服混凝土在运输和施工过程中坍落度损失过快的问题，使混凝土中各组成材料分布更均匀，避免较大气泡的产生和提高外观质量与耐久性成为混凝土配合比设计的关键。经过多次试配和分析论证，采用优选聚羧酸高性能外加剂和现场制作样板优化配合比等措施，进行高性能清水混凝土配合比设计。聚羧酸高性能外加剂主要参数指标如表26-5所列。

表26-5　聚羧酸高性能外加剂主要参数指标

检测项目	指标要求		实测值	检测项目	指标要求	实测值
净浆流动度/mm	≥240		265	减水率/%	≥25	30.2
硫酸钠含量/%	≤10.0		0.9	常压泌水率比	≤20	0.2
氯离子含量/%	≤0.2		0.03	28d收缩率比/%	≤100	70
坍落度保持值/mm	30min	≥180	190	相对耐久性指标/%（冻融循环200次）	≥80	92
	60min	≥150	180			
抗压强度比	3d	≥160	165	对钢筋锈蚀作用	无锈蚀	无锈蚀
	7d	≥150	155	碱含量/%	≤10.0	1.61
	28d	≥130	137	凝结时间差/min	−90～+120	符合

四、混凝土试配

在高性能混凝土配合比的设计中，合理的水灰比、减水剂的选择与最佳掺量的确定，以及合理砂率的确定是配合比设计与优化的重点，试配时可采取如下措施。

（1）在基准配合比的基础上，掺加聚羧酸高性能外加剂可以提高混凝土匀质性和工作性，使新拌混凝土具有良好的流动性、粘聚性、包裹性和保水性，1h 的混凝土坍落度基本无损失，并且凝结时间满足施工的需要，克服普通清水混凝土施工中干涩、匀质性差、集料浆体易离散等不足，避免混凝土硬化后表面色差、孔洞及裂缝的质量通病。

（2）在混凝土中掺入粉煤灰可以减少水泥用量，同时降低水化热，减少混凝土早期收缩和开裂，提高混凝土的致密性；调整砂率可以使混凝土各组分材料分布更均匀，较好地改善混凝土的孔结构，从而提高混凝土的抗渗性和耐久性。掺入粉煤灰有利于改善混凝土的和易性，也更有利于施工操作。

混凝土配合比的主要参数如下。

① 水胶比。混凝土的水胶比过大，毛细孔增多，收缩性增大，抗碳化和抗氯离子的渗透能力下降，严重影响混凝土使用耐久性；混凝土的水胶比过小，混凝土的黏度加大，不利于运输和施工，还会加大混凝土的自身收缩。水胶比一般宜控制在 0.37～0.45。

② 砂率。试验配制的材料应与实际生产相一致，根据砂的细度模数和碎石的级配，以及孔隙率的大小确定砂率，并采用正交法在试配中进行优化，生产中及时调整。

③ 掺合料掺量。为保证混凝土的早期强度和外观效果，粉煤灰的掺加量应控制在水泥用量的 15% 以内。

（3）外观气泡的控制。由外加剂厂家对外加剂进行优化消泡处理，以避免大气泡的产生，使贴近模板表面的气泡易于排出，且不影响内部微小气泡的产生，混凝土硬化后外观的气泡少，颜色均匀良好，提高外观质量且混凝土结构更加致密，耐久性更加优良。

（4）现场制作混凝土构件样板，根据样板施工情况进一步调整和优化配合比。以 C40 混凝土配合比为例，试配的结果为（kg/m³）：水泥：水：粉煤灰：砂：碎石：外加剂＝371：168：60：720：1080：4.73。砂的细度模数为 2.9，碎石的孔隙率为 43%。水泥 28d 的抗压强度为 52.5MPa。混凝土的表观密度为 2400kg/m³；1h 坍落度为 190mm；扩展度为 650mm；7d 的抗压强度为 42.4MPa；28d 的抗压强度为 49.2MPa。

五、施工工艺

本工程清水混凝土的施工工艺流程如图 26-2 所示。

六、混凝土浇捣及养护

混凝土的浇筑按照现行的施工规范要求进行，并在浇筑前采用模板周边封堵、模板内坐浆和浇筑中合理振捣等措施，来达到清水混凝土内在与外观质量，具体措施如下。

① 模板安装时板缝处粘贴海绵条，以防止因漏水漏浆而形成黑疤；浇筑混凝土前用人工在模板根部铺筑约 5cm 厚与混凝土成分相同的水泥砂浆，以防止出现"烂根"现象。

② 混凝土入模板前先检查拌合物的坍落度及匀质性，入模的坍落度应控制在 160mm 左右。浇筑时分层下料，每层的浇筑厚度按约 600mm 控制，用 500mm 插入式振捣器按每 300mm 间距振捣 15～30s，充分密实排出气泡，然后再浇筑第 2 层混凝土，每两层浇筑完成

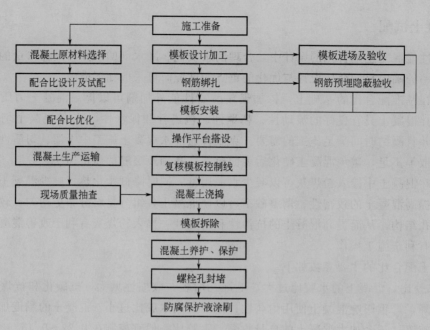

图 26-2　清水混凝土的施工工艺流程

后进行二次振捣约 10s。施工中应固定振捣人员，高度重视振捣工艺，防止因为过振和漏振，而造成混凝土外观质量缺陷。

③ 墙柱的顶部经人工刮平并压光。浇筑过程应连续以免形成色差或溅到模板的砂浆失水形成色斑，随时检查模板是否出现漏浆、渗水现象，及时检查紧固夹具及支撑，浇筑完毕后应重新复核垂直度。

④ 清水混凝土构件的模板应根据施工气温情况在 24～36h 后拆除，拆除的模板清理干净后，在指定地点整齐堆放备用。构件拆模后及时用塑料薄膜包裹进行养护，同时用旧模板包裹构件做好成品保护。在表面不失水的情况下充分养护 14d，然后进行防腐保护液施工。

七、防腐保护液施工

1. 施工工序

清水混凝土防腐保护液施工工序为：基层打磨→基层修补→涂刷底层漆→涂刷中层涂料→涂刷面层涂料。

2. 施工要点

（1）涂刷时间　清水混凝土构件养护完成后，即可进行防腐保护液施工，防止污水渗透造成污染。

（2）基层打磨清理　对于表面比较粗糙不平或已受污染的基底，用砂轮或 180 号砂纸进行打磨，以便使底漆能够均匀充分吸收。

（3）基层修补　对于混凝土明显缺陷部位，使用调整材料的腻子进行修补，使混凝土整体颜色统一、美观。

（4）涂刷底层漆　底层漆是一种水性浸透型吸水防水材料，可以渗透到混凝土基面的深层，形成防水结构，避免混凝土暴露在空气中而产生氧化、老化等不良反应。

（5）涂刷中层涂料　在涂刷中层涂料时，注意将涂刷的材料充分搅拌均匀，避免一次在墙壁上黏附，干燥后必须用360号砂纸将凸起表面打磨平。

（6）涂刷面层涂料　中层涂料工序完成后，可进行涂刷面层涂料。面层所用的水性氟碳透明漆能使基面表面形成微导电层、憎水层和致密层，能有效防止墙体因紫外线及酸雨的作用而产生的破坏。

（7）气候对涂料施工的影响　施工时混凝土的表面必须保持干燥，湿度过大易引起涂膜剥离等不良后果，周围环境湿度超过85％时应停止施工。

◆ 参考文献 ◆

［1］ 田培，刘加平，王玲，等. 混凝土外加剂手册. 北京：化学工业出版社，2015.

［2］ 马清洁，杭美艳. 混凝土外加剂与防水材料. 北京：化学工业出版社，2016.

［3］ 李继业，范国庆，张立山. 混凝土外加剂速查手册. 北京：中国建筑工业出版社，2016.

［4］ 冯浩，朱清江. 混凝土外加剂工程应用手册. 北京：中国建筑工业出版社，2012.

［5］ 刘冬梅. 混凝土外加剂基础. 北京：化学工业出版社，2013.

［6］ 施惠生，孙振平，邓恺，等. 混凝土外加剂技术大全. 北京：化学工业出版社，2013.

［7］ 陈文豹，田培，李功洲. 混凝土外加剂及其在工程中的应用. 北京：煤炭工业出版社，1998.

［8］ 陈建奎. 混凝土外加剂的原理与应用第二版. 北京：中国计划出版社，2004.

［9］ 冯乃谦. 实用混凝土大全. 北京：科学出版社，2001.

［10］ 张冠伦，王玉吉，孙振平. 混凝土外加剂原理与应用. 北京：中国建筑工业出版社，1996.

［11］ 张雄. 建筑功能外加剂. 北京：化学工业出版社，2004.

［12］ 葛兆明. 混凝土外加剂. 北京：化学工业出版社，2005.